Teubner Studienbücher Chemie

Christoph Elschenbroich

Organometallchemie

Teubner Studienbücher Chemie

Herausgegeben von

Prof. Dr. rer. nat Christoph Elschenbroich, Marburg
Prof. Dr. rer. nat. Dr. h.c. Friedrich Hensel, Marburg
Prof. Dr. phil. Henning Hopf, Braunschweig

Die Studienbücher der Reihe Chemie sollen in Form einzelner Bausteine grundlegende und weiterführende Themen aus allen Gebieten der Chemie umfassen. Sie streben nicht die Breite eines Lehrbuchs oder einer umfangreichen Monographie an, sondern sollen den Studierenden der Chemie – aber auch den bereits im Berufsleben stehenden Chemiker – kompetent in aktuelle und sich in rascher Entwicklung befindende Gebiete der Chemie einführen. Die Bücher sind zum Gebrauch neben der Vorlesung, aber auch anstelle von Vorlesungen geeignet. Es wird angestrebt, im Laufe der Zeit alle Bereiche der Chemie in derartigen Lehrbüchern vorzustellen. Die Reihe richtet sie auch an Studierende anderer Naturwissenschaften, die an einer exemplarischen Darstellung der Chemie interessiert sind.

Christoph Elschenbroich

Organometallchemie

6., überarbeitete Auflage

Teubner

Bibliografische Information der Deutschen Bibliothek
Die Deutsche Bibliothek verzeichnet diese Publikation in der Deutschen Nationalbibliografie;
detaillierte bibliografische Daten sind im Internet über <http://dnb.ddb.de> abrufbar.

Prof. Dr. rer. nat. Christoph Elschenbroich
Geboren 1939 in Gera. Studium der Chemie in München. 1966 Promotion bei E. O. Fischer. 1967-1968
Postdoktorat am Technion (Israel Institute of Technology, Haifa). 1969-1970 Industrietätigkeit bei der
Metallgesellschaft A.G, Frankfurt/Main. 1971-1975 Physikalisch-chemisches Institut der Universität
Basel, 1975 Habilitation. Seit 1975 Professor für Anorganische Chemie an der Philipps-Universität
Marburg. Forschungssemester an der Universität Zürich (1981), dem Brookhaven National Laboratory,
N. Y. (1986) und der ENSCP Paris (1994). Literaturpreis 1988 des Fonds der Chemischen Industrie mit
A. Salzer.

1. Auflage 1986
6., überarbeitete Auflage 2008

Alle Rechte vorbehalten
© B. G. Teubner Verlag / GWV Fachverlage GmbH, Wiesbaden 2008

Lektorat: Ulrich Sandten / Kerstin Hoffmann

Der B. G. Teubner Verlag ist ein Unternehmen von Springer Science+Business Media.
www.teubner.de

Umschlaggestaltung: Ulrike Weigel, www.CorporateDesignGroup.de
Druck und buchbinderische Verarbeitung: Strauss Offsetdruck, Mörlenbach
Gedruckt auf säurefreiem und chlorfrei gebleichtem Papier.
Printed in Germany

ISBN 978-3-8351-0167-8

Vorwort zur 4. Auflage

Dem Kenner früherer Auflagen fällt zweierlei sofort ins Auge: die Halbierung der Zahl der Autoren und der beträchtlich gewachsene Umfang der 4. Auflage. Während erstere durch eine neue Setzung der Prioritäten Albrecht Salzers bedingt ist, bedarf letzterer etwas ausführlicherer Erläuterungen.

Die Organometallchemie hat in den eineinhalb Jahrzehnten seit Erscheinen der ersten Auflage des Buches eine außerordentliche Entwicklung durchlebt. Diese reicht von synthetischen Glanzleistungen mehr prinzipieller Bedeutung, vor allem in der hauptgruppenelementorganischen Chemie, über die intensive Einbeziehung der f-Elemente als Bindungspartner des Kohlenstoffs bis zu inzwischen routinemäßiger Anwendung übergangsmetallorganischer Verbindungen für die homogene Katalyse, sowohl im Labormaßstab als auch in der Produktion. Hierbei läßt sich die Bedeutung der Metallorganik weniger an den Produktionsvolumina metallorganischer Verbindungen selbst ermessen, als an den diversen Produkten zu deren Herstellung sie beitragen. Als spannende Disziplin zunehmender Bedeutung ist die Bioorganometallchemie hinzugetreten, der Suche nach der Nadel im Heuhaufen nicht unähnlich. Diesen unterschiedlichen Arbeitsrichtungen stand der Einsatz hochentwickelter strukturanalytischer Methoden in Lösung und Festkörper sowie die in starker Ausweitung befindliche Anwendung quantenchemischer Rechenverfahren zur Seite.

Der Versuch, ein wenig von all dem herüberzubringen, wäre ohne einen Zuwachs im Umfang zum Scheitern verurteilt gewesen, und so ist der Untertitel „Eine kurze Einführung" in der Neubearbeitung auch entfallen. Immerhin ist es gelungen, die Seitenzahl des Sauriers *Krause-Grosse, Die Chemie metall-organischer Verbindungen*, 926 S., Bornträger, Berlin, 1937, deutlich zu unterschreiten. Wer sich dennoch am Umfang stört, dem sei mit *Blaise Pascal* entgegnet: „Je n'ai fait cette lettre-ci plus longue que parce que je n'ai pas eu le loisir de la faire plus courte", aus *Les Provinciales, 16ème lettre* (Ich habe diesen Brief so lang gemacht, weil ich nicht die Muße hatte, einen kürzeren zu schreiben).

Das Buch dürfte jetzt genügend Material für einen Jahreskurs (2×2 SWS) in Organometallchemie bieten, wie er vielerorts angeboten wird. Im wesentlichen unverändert blieb nur das Kapitel über Metall-Metall-Bindungen und Übergangsmetallcluster, weil sich hierzu keine grundsätzlich neuen Tendenzen abzeichneten und auch eine Systematik der Clustersynthesen nicht in Sicht ist.

Die Auswahl der Zitate im laufenden Text basiert mehr auf Nützlichkeitserwägungen als auf historischer Treue. Oft ist ein Aufsatz oder ein Übersichtsartikel dem Leser dienlicher als die erste Kurzmitteilung, welche die Priorität sichert. Für Entdeckungen epochaler Bedeutung („Meilensteine") finden sich hingegen die entsprechenden primären Quellen. Auch die Auswahl der weiterführenden Literatur in A-4 ist aufgrund der ungeheuren Fülle des Materials durch eine gewisse „sorgfältige Willkür" geprägt. Insgesamt dürfte die über das Personenverzeichnis zugängliche Literatur aber einigermaßen repräsentativ für die moderne Organometallchemie sein.

Mein Dank gilt zunächst den zahlreichen Kollegen, die Hinweise und Anregungen lieferten; von ihnen seien genannt A. Ashe, A. Berndt, M. Bickelhaupt, G. Boche, M. Brookhart, K. H. Dötz, J. Ellis, R. D. Ernst, H. Fischer, G. Frenking, A. Hafner, J. Heck, G. Herberich, R. W. Hoffmann, P. Jutzi, W. v. Philipsborn, K. Pörschke, Ch. Reichardt, P. Roesky, H. Schwarz, W. Siebert, J. Sundermeyer, R. Thauer, W. Uhl, M. Weidenbruch, H. Werner, N. Wiberg. Ex-Coautor A. Salzer danke ich für die gute Zusammenarbeit in der Vergangenheit. Wenn die 4. Auflage nicht völlig fremd erscheint, ist dies zum guten Teil auf die verbliebenen Beiträge A. Salzers zurückzuführen. Neue Zeichnungen fertigte mit sicherem Blick und viel Einfühlungsvermögen *Andrea Nagel* an, die Kontrolle der Literaturzitate, des Sachregisters und der Querverweise besorgte zuverlässig *Tina Schmidt*. Mein besonderer Dank geht aber an *Ursula Siepe*, die das gesamte Manuskript schrieb. Ihr Anteil geht über das Schreiben allein weit hinaus, ohne ihre Planung und Organisation wäre die Erstellung des Manuskriptes in vertretbarer Zeit schier unmöglich gewesen. Die Umsetzung des Manuskriptes und der Abbildungen in die Druckvorlage besorgte *Peter Pfitz* (Stuttgart), dem ich für seine Geduld bei der Einbindung zahlreicher Last-minute-Korrekturen und das insgesamt erfreuliche Erscheinungsbild des Textes danke. *Ulrich Sandten*, Lektor Wissenschaft im Teubner Verlag, tat sein möglichstes, angenehme Rahmenbedingungen für die Arbeit an der 4. Auflage zu schaffen und für eine zügige Herstellung Sorge zu tragen.

Christoph Elschenbroich

Marburg, im April 2003

Vorwort zur 5. Auflage

Während die Vorbereitung der 4. Auflage (2003) der *Organometallchemie* umfangreiche Überarbeitung und Erweiterung erforderte – schließlich lag die 3. Auflage zwölf Jahre zurück – hat die 5. Auflage das Volumen konstant gehalten. Da der Umbruch im wesentlichen unverändert blieb, erschließt sich nur dem aufmerksamen Leser, daß neben zahlreichen Korrekturen auch neues Material eingeflossen ist.

Hervorgehoben sei *Sekiguchis* inverserer Sandwichkomplex Li^+_2Cyclobutadien^{2-}, *Carmonas* Dizinkocen, *Berndts* planar tetrakoordiniertes Bor, *Aldridges* terminaler Organoborylenkomplex, *Sekiguchis* Disilin, *Powers* Digermin, *Filippous* Stannylidin- und Plumbylidinkomplexe, *Willners* akzeptorstabilisierte „Cyaphid"- und „Cyarsid"-Ionen sowie *Boches* und *van Kotens* Organocyanocupratstrukturen. Aus dem Gebiet der Organo-Übergangsmetallchemie wären ferner zu nennen: Fe–CN- und Fe–CO-Koordination im aktiven Zentrum von Hydrogenasen, nickelorganische Aspekte der biologischen Acetogenese, Ferrocenderivate für die Krebstherapie, neue Ergebnisse zur Natur von Isonitril-Metallkomplexen, partiell koordiniertes planares Cyclooctatetraen, hypoelektronische Cluster und Bemerkungen zur Kappa(κ)-Notation. Neben wichtigen Originalarbeiten wurden auch besonders aktuelle Übersichtsartikel hinzugefügt, wodurch das Personenverzeichnis ca. 100 zusätzliche Einträge aufweist.

Bei den Arbeiten an der 5. Auflage halfen die im letzten Vorwort erwähnten Personen, denen ich nochmals herzlich danke. Der Verlag B. G. Teubner spendierte, bei unverändertem Preis, einen festen Einband und kam damit dem Wunsch vieler Leser entgegen.

Mein Dank an die Studierenden und Kollegen, die auf Fehler hinwiesen und Verbesserungsvorschläge machten, verbindet sich mit der Hoffnung, daß dies auch weiterhin so bleibt.

Christoph Elschenbroich

Marburg, im Juli 2005

Vorwort zur 6. Auflage

Der Bedarf an einem Nachdruck bot die Möglichkeit der Durchsicht zur Eliminierung von Druckfehlern und Unstimmigkeiten in den Querverweisen. Ergänzungen sind nur in geringer Zahl eingeflossen, sie sind über die Namen *DiMagno, Grützmacher, Helmchen, Murata, Ono, Schaller* und *Schleyer* auffindbar. Einige Übersichtsartikel in A-4 wurden durch aktuellere ersetzt. Allen an dieser und an früheren Auflagen der *Organometallchemie* Beteiligten gilt weiterhin mein Dank.

Christoph Elschenbroich

Marburg, im November 2007

Inhalt

Übergangsmetallorganyle

Edward Frankland (1825–1899)
Pionier und Namensgeber der Organometallchemie,
um 1849, dem Jahr seiner Promotion
an der Universität Marburg

Einleitung

1 Meilensteine der Organometallchemie

1760   Die Wiege der metallorganischen Chemie ist eine Pariser Militärapotheke. Dort arbeitet *Cadet* an unsichtbaren Tinten aus Co-Salzlösungen und verwendet dabei auch Co-Mineralien, die As_2O_3 enthalten.

$$As_2O_3 + 4\ CH_3COOK \longrightarrow$$
„*Cadet*sche Flüssigkeit" enthält u.a. Kakodyloxid $[(CH_3)_2As]_2O$ (κακωδηζ = stinkend), **erste metallorganische Verbindung**.

1827   *Zeise*sches Salz $Na[PtCl_3C_2H_4]$, **erster Olefinkomplex**.

1840   *R. W. Bunsen* bearbeitet Kakodylverbindungen weiter unter dem Namen „Alkarsin". Die Schwäche der As–As-Bindung in Molekülen des Typs $R_2As–AsR_2$ führte zu zahlreichen Derivaten, u.a. $(CH_3)_2AsCN$, dessen Geschmack (!) von *Bunsen* geprüft wird.

1849   *E. Frankland* (*Bunsen*-Schüler in Marburg) versucht ein „Äthylradikal" herzustellen (auch das Kakodyl hielt man für ein Radikal).

$$3\ C_2H_5I + 3\ Zn \longrightarrow$$
$$ZnI_2 + 2\ C_2H_5$$
$$(C_2H_5)_2Zn \text{ (flüssig, pyrophor)} + C_2H_5ZnI \text{ (fest)} + ZnI_2$$

Frankland beherrscht bereits in bewundernswerter Weise die Handhabung luftempfindlicher Substanzen.

1852   *Frankland*: Darstellung der wichtigen Hg-Alkyle.

$$2\ CH_3X + 2\ Na/Hg \longrightarrow (CH_3)_2Hg + 2\ NaX,$$

ferner: $(C_2H_5)_4Sn$, $(CH_3)_3B$ (1860). In der Folgezeit Synthese zahlreicher weiterer Hauptgruppenmetallorganyle durch **Alkylübertragung** mittels R_2Hg oder R_2Zn.

Frankland prägt den Begriff **„organometallic"** und führt das Konzept der Valenz ein („combining power").

1852   *C. J. Löwig* und *M. E. Schweizer* stellen in Zürich aus Na/Pb-Legierung und Ethyliodid erstmals $(C_2H_5)_4Pb$ dar. Auf ähnliche Weise gewinnen sie auch $(C_2H_5)_3Sb$ und $(C_2H_5)_3Bi$.

1859   *W. Hallwachs* und *A. Schafarik* erzeugen Alkylaluminiumiodide.

$$2\ Al + 3\ RI \longrightarrow R_2AlI + RAlI_2$$

1863   *C. Friedel* und *J.M. Crafts* stellen **Organochlorsilane** dar.

$$SiCl_4 + m/2\ ZnR_2 \longrightarrow R_mSiCl_{4-m} + m/2\ ZnCl_2$$

1866   *J. A. Wanklyn*: $(C_2H_5)_2Hg + Mg \longrightarrow (C_2H_5)_2Mg + Hg$
Dies ist noch heute eine Methode zur Synthese halogenidfreier Mg-Alkyle.

1868   *M. P. Schützenberger* erhält $[Pt(CO)Cl_2]_2$, den ersten **Carbonylmetall-Komplex**.

1871   *D. I. Mendelejeff* benützt bereits metallorganische Verbindungen in der Diskussion seines Periodensystems.

Bekannt:	vorausgesagt:	gefunden:	
$Cd(C_2H_5)_2$	$In(C_2H_5)_3$	$In(C_2H_5)_3$	
$Si(C_2H_5)_4$	$\{$ Eka-Si$(C_2H_5)_4$	$Ge(C_2H_5)_4$	*C. Winkler*, 1887
$Sn(C_2H_5)_4$	$\{$ d = 0.96, Kp = 160 °C	d = 0.99, Kp = 163.5 °C.	

1890   *L. Mond*: $Ni(CO)_4$, **erstes binäres Metallcarbonyl**, Anwendung in der Ni-Raffination; *Mond* war der Gründer des Konzerns ICI (Imperial Chemical Industries) und ein bedeutender Kunstsammler und Mäzen.

1899   *P. Barbier* ersetzt in Umsetzungen mit Alkyliodiden Zn durch Mg:

$$\underset{H_3C}{\overset{H_3C}{>}}C = CH - CH_2 - C\underset{CH_3}{\overset{O}{\nwarrow}} \quad \xrightarrow[2.\ H_2O]{1.\ CH_3I,\ Mg} \quad \underset{H_3C}{\overset{H_3C}{>}}C = CH - CH_2 - \underset{CH_3}{\overset{OH}{\underset{|}{C}}} - CH_3$$

Weiter entwickelt durch *Barbiers* Schüler *V. Grignard* (Nobelpreis 1912 mit *P. Sabatier*). $RMgX$ ist weniger empfindlich als ZnR_2, dennoch ein besserer Alkylgruppenüberträger.

1901   *L. F. S. Kipping* stellt $(C_6H_5)_2SiO$ her, vermutet hochmolekulare Natur dieses Materials und nennt es „Diphenyl **Silicone**".

1909   *W. J. Pope*: Darstellung von $(CH_3)_3PtI$ als erstes **Übergangsmetall-σ-Organyl**.

1909   *P. Ehrlich*, Begründer der Chemotherapie (Nobelpreis 1908), setzt Salvarsan zur Bekämpfung der Syphilis ein.

1917   *W. Schlenk*: **Li-Alkyle** durch Transalkylierung
$2\ Li + R_2Hg \longrightarrow 2\ LiR + Hg$
$2\ EtLi + Me_2Hg \longrightarrow 2\ MeLi + Et_2Hg$

1919   *F. Hein* synthetisiert aus $CrCl_3$ und $PhMgBr$ „Polyphenylchromverbindungen", nach heutiger Kenntnis Sandwichkomplexe.

1922   *T. Midgley* und *T. A. Boyd*: Verwendung von $Pb(C_2H_5)_4$ als Benzinadditiv.

1927   *A. Job* und *A. Cassal* präparieren $Cr(CO)_6$.

1928   *W. Hieber*: Entwicklung der Chemie der Metallcarbonyle.
$Fe(CO)_5 + H_2NCH_2CH_2NH_2 \longrightarrow H_2NCH_2CH_2NH_2Fe(CO)_3 + 2\ CO$
$Fe(CO)_5 + X_2 \longrightarrow Fe(CO)_4X_2 + CO$

1929   *F. A. Paneth*: Alkylradikale via PbR_4-Pyrolyse, Nachweis durch Metallspiegel-Transport. *Paneth* erreicht das von *Frankland* gesetzte Ziel der Darstellung von Radikalen.

1930   *K. Ziegler* fördert den praktischen Einsatz von Li-Organylen durch Ausarbeitung eines einfacheren Syntheseverfahrens:
$RX + 2\ Li \longrightarrow RLi + LiX$ (heute übliches Verfahren)
$PhCH_2OMe + 2\ Li \longrightarrow PhCH_2Li + MeOLi$ (Etherspaltung, *H. Gilman*, 1958)

1931   *W. Hieber*: $Fe(CO)_4H_2$, erster **Übergangsmetall-Hydridkomplex**.

1935   *L. Pauling* gibt eine VB-Beschreibung der Bindungsverhältnisse in $Ni(CO)_4$.

1938   *O. Roelen* entdeckt die Hydroformylierung (**Oxo-Prozeß**).

1939   *W. Reppe*: Beginn der Arbeiten zur Übergangsmetallkatalyse der Reaktion von Acetylenen.

1943   *E. G. Rochow*: $2\ CH_3Cl + Si \xrightarrow[300\ °C]{Cu-Kat.} (CH_3)_2SiCl_2$ u.a.

Diese „Direktsynthese" von Organochlorsilanen ermöglichte erst die Erzeugung und Anwendung von **Siliconen** im großen Maßstab. Vorarbeiten von *R. Müller* (Radebeul bei Dresden) wurden durch den 2. Weltkrieg unterbrochen.

1951   *M. J. S. Dewar* schlägt ein Bindungsmodell für Alken-Übergangsmetall-Komplexe vor (ausgebaut durch *J. Chatt* und *L. A. Duncanson*, 1953) .

1951   *P. Pauson* (GB) und *S. A. Miller* (USA): Darstellung des Ferrocens, $Fe(C_5H_5)_2$, erster **„Sandwichkomplex"**.

1952   *H. Gilman* erschließt mit der Darstellung von $LiCu(CH_3)_2$ die synthetisch wichtige Klasse der **Organocuprate**.

1953   *G. Wittig* entdeckt eine neue Olefinsynthese, ausgehend von Phosphoniumyliden und Carbonylverbindungen (Nobelpreis 1979).

1955   E. O. Fischer: Gezielte Darstellung von **Di(benzol)chrom**, $(C_6H_6)_2Cr$.

1955   K. Ziegler, G. Natta: **Polyolefine** aus Ethylen bzw.-Propylen im **Niederdruckverfahren** mit dem Mischkatalysator ÜM-Halogenid/AlR_3 (Nobelpreis 1963).

1956   H. C. Brown: **Hydroborierung** (Nobelpreis 1979).

1959   J. Smidt, W. Hafner: Darstellung von $[(C_3H_5)PdCl]_2$, Eröffnung des Gebietes der Allyl-ÜM-π-Komplexe.

1959   R. Criegee: Stabilisierung von Cyclobutadien durch Komplexbildung in $[(C_4Me_4)NiCl_2]_2$ nach einer Prognose von H. C. Longuet-Higgins und L. Orgel (1956).

1960   M. F. Hawthorne erzeugt das ikosaedrisch gebaute closo-Borandianion $[B_{12}H_{12}]^{2-}$, vorausgesagt von H. C. Longuet-Higgins (1955).

1961   D. Crowfoot Hodgkin: Gemäß Röntgenstrukturanalyse enthält Vitamin B_{12}-Coenzym eine Co–C-Bindung (Nobelpreis 1964).

1963   USA: Aus mehreren Industrielaboratorien wird über das Dicarbacloso-boran $C_2B_{10}H_{12}$ berichtet.

1963   L. Vaska: trans-$(PPh_3)_2Ir(CO)Cl$ bindet reversibel O_2.

1964   E. O. Fischer: $(CO)_5WC(OMe)Me$, erster **Carbenkomplex**.

1965   G. Wilkinson, R. S. Coffey: $(PPh_3)_3RhCl$ wirkt homogenkatalytisch in der Hydrierung von Alkenen.

1965   R. Petit: Darstellung von $(C_4H_4)Fe(CO)_3$, Stabilisierung des antiaromatischen Cyclobutadiens durch Komplexbildung.

1965   J. Tsuji entdeckt die erste Pd-vermittelte C–C-Verknüpfung.

1967   G. Wilkinson stabilisiert das hochreaktive Kohlenstoffmonosulfid im Rhodiumkomplex, $(Ph_3P)_2Rh(Cl)CS$.

1968   A. Streitwieser: Darstellung von „Uranocen", $U(C_8H_8)_2$.

1969   P. L. Timms: Synthese von Organo-Übergangsmetallkomplexen durch Metallatom-Ligand-Cokondensation.

1969   A. E. Shilov entdeckt den Pt^{II}-katalysierten H/D-Austausch an Alkanen mit Protonen des Mediums in homogener Lösung und setzt damit den Grundstein für das heute blühende Arbeitsgebiet der **C–H-Aktivierung**.

1970   G. Wilkinson: Kinetisch inerte Übergangsmetallorganyle durch Blockierung der β-Eliminierung.

1972   R. F. Heck entdeckt die palladiumkatalysierte Substitution vinylischer H-Atome mittels Aryl-, Benzyl- und Styrylhalogeniden, die er anschließend zu einer der wichtigsten Namensreaktionen der Organometallchemie ausbaut.

1972   H. Werner: $[(C_5H_5)_3Ni_2]^+$, erster **Mehrfachdecker-Sandwichkomplex**.

1973   E. O. Fischer: $I(CO)_4Cr(CR)$, erster **Carbinkomplex**.

1973   Nobelpreis an E. O. Fischer und G. Wilkinson.

1976   Nobelpreis an W. N. Lipscomb: Theoretische und experimentelle Klärung der Struktur- und Bindungsverhältnisse von Boranen.

1976   M. F. Lappert eröffnet mit der Synthese von $[(Me_3Si)_2CH]_2Sn=Sn[CH(SiMe_3)_2]_2$ das Gebiet der HGE-**Dimetallene**.

1979   H. Köpf und P. Köpf-Maier entdecken die cancerostatische Wirkung von Titanocendichlorid $(C_5H_5)_2TiCl_2$.

1980   H. Bock: Erzeugung und Studium von Silabenzol C_5H_5SiH in der Gasphase (Matrixisolation: G. Maier, 1982).

1981   R. West: Darstellung von $(Mes)_2Si=Si(Mes)_2$, der ersten stabilen Verbindung mit **Si,Si-Doppelbindung**.

1981   Nobelpreis an *R. Hoffmann* (mit *K. Fukui*): Semiempirische MO-Konzepte zur einheitlichen Betrachtung anorganischer, organischer und metallorganischer Moleküle, **Isolobalanalogien**.

1981   *G. Becker* synthetisiert t-Bu–C≡P, die erste Verbindung mit einer C,P-Dreifachbindung.

1982   *R. G. Bergman*: Intermolekulare Reaktionen von Übergangsmetallorganylen mit Alkanan (**C–H-Aktivierung**)

1985   *W. Kaminsky* und *H. Brintzinger* berichten über das System „chirales Zirkonocendichlorid/Methylalumoxan (MAO)" als neue Katalysatorgeneration zur isotaktischen Polymerisation von Propen.

1986   *R. Noyori* gelingt die katalytische, enantioselektive Addition von Zinkorganylen ZnR_2 an Carbonylverbindungen.

1989   *P. Jutzi*: Darstellung von **Decamethylsilicocen** $(C_5Me_5)_2Si$,

1989   *H. Schnöckel* erzeugt AlCl(solv) und entwickelt hiermit eine metallorganische Chemie des einwertigen Aluminiums, *Beispiel*: $Cp^*_4Al_4$ (1991).

1991   *W. Uhl*: Synthese des Anions $[i\text{-}Bu_{12}Al_{12}]^{2-}$, eines closo-Alans mit Ikosaederstruktur.

1993   *D. Milstein* gelingt die Insertion von Rh in eine C–C-Bindung (**C-C Aktivierung**).

1994   *S. Harder* synthetisiert mit dem Lithocenanion $[Li(C_5H_5)_2]^-$ das leichteste Metallocen.

1995   *A. H. Zewail* studiert M–M- und M–CO-Bindungsspaltungen an Mn_2CO_{10} im Molekülstrahl auf der Femtosekunden-Zeitskala (10^{-15} s) mittels gepulster Laser (Nobelpreis 1999).

1995   *G. Kubas* synthetisiert den ersten σ-Komplex eines Silans und studiert das Tautomerie-Gleichgewicht mit der Hydrido-Silylform:

$$L_nM \cdots \overset{H}{\underset{SiMe_3}{|}} \;\rightleftharpoons\; L_nM \overset{H}{\underset{SiMe_3}{\diagdown}}$$

Diese Beobachtung trägt zum Verständnis des Mechanismus der C–H-Aktivierung bei.

1996   *P. P. Power* erzeugt erstmals einen Germinkomplex mit Mo,Ge-Dreifachbindung

1997   *C. C. Cummins*: Das C-Atom als ultimativer Ligand in einer Organometallverbindung: $[(R_2N)_3Mo≡C]^-$, ein „Carbonkomplex".

1997   *G. M. Robinson* stellt ein Salz $Na_2[ArGaGaAr]$ dar und postuliert für das Diaryldigallin-Anion eine Ga,Ga-Dreifachbindung. (Extremes Beispiel für sterischen Schutz labiler Strukturelemente!)

1999   *W. Ho* verfolgt die Dehydrierung einzelner Ethylenmoleküle an einer Ni(110)-Oberfläche mittels Rastertunnelmikroskopie (STM + IETS, scanning tunneling microscopy + inelastic electron tunneling spectroscopy).

2001   Nobelpreis an *K. B. Sharpless*, *W. S. Knowles* und *R. Noyori* für Pionierarbeiten auf dem Gebiet der enantioselektiven Katalyse.

2004   *E. Carmona* berichtet über Decamethyldizinkocen, $Cp^*Zn–ZnCp^*$, das erste Molekül mit einer ungestützten Zn^I–Zn^I-Bindung.

2004   *A. Sekiguchi* charakterisiert ein sterisch abgeschirmtes Disilin R–Si ≡ Si–R hiermit die Reihe R–EE–R (E = C, Si, Ge, Sn, Pb) vervollständigend.

2005   Nobelpreis an *Y. Chauvin*, *R. R. Schrock* und *R. H. Grubbs* für mechanistische und anwendungsorientierte Untersuchungen zur Olefinmetathese.

2007   Nobelpreis an *G. Ertl*: Studium der Adsorption und Aktivierung kleiner C-haltiger Moleküle (u. a. CO, CH_4, C_2H_6, C_2H_4) an Metall- und Metalloxidoberflächen.

2 Elementorganische Verbindungen: Einteilung und Elektronegativitätsbetrachtungen

Organometall-Verbindungen (Metallorganyle, engl. Organometallics) sind durch mehr oder weniger polare direkte Bindungen $M^{\delta+}-C^{\delta-}$ zwischen Metall und Kohlenstoff gekennzeichnet. Die organische Chemie der Elemente B, Si, P, As, Se und Te ähnelt in vieler Beziehung der Chemie ihrer metallischen Homologen. Man spricht daher häufig von „**Elementorganischer Chemie**", um diese Nicht- bzw. Halbmetalle mit in die Betrachtung einzubeziehen. Eine zweckmäßige Einteilung der Metallorganyle kann nach dem Bindungstyp erfolgen:

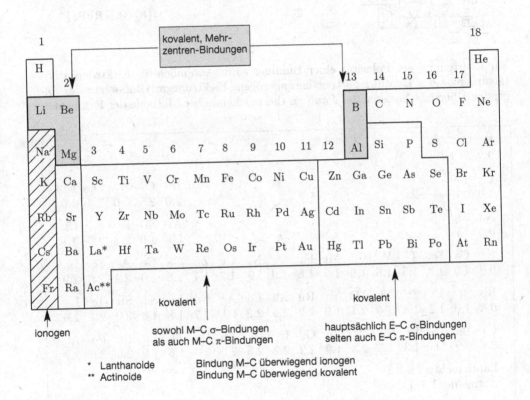

Der ähnlichen Elektronegativitäten EN(C) und EN(H) entsprechend erinnert die Klassifizierung ionogen/kovalent der Elementorganyle stark an die Einteilung der Elementhydride.

Überlappung	Knotenebenen längs Bindungsachse	Bindungstyp	Beispiel
	0	σ	$\rangle B-CH_3$
	1	π	$(CO)_5 Cr = CR_2$
	2	δ	$[R_4 Re \equiv ReR_4]^{2-}$

Zur Beurteilung der **Polarität einer Bindung** wird gewöhnlich die Elektronegativitätsdifferenz der Bindungspartner herangezogen. **Elektronegativitätswerte** der folgenden Übersicht basieren auf *Paulings* thermochemischer Methode der Festlegung:

H 2.2																	
Li 1.0	Be 1.6											B 2.0	C 2.5	N 3.0	O 3.4	F 4.0	
Na 0.9	Mg 1.3											Al 1.6	Si 1.9	P 2.2	S 2.6	Cl 3.1	
K 0.8	Ca 1.0	Sc 1.3	Ti 1.5	V 1.6	Cr 1.6	Mn 1.6	Fe 1.8	Co 1.9	Ni 1.9	Cu 1.9	Zn 1.7	Ga 1.8	Ge 2.0	As 2.2	Se 2.6	Br 2.9	
Rb 0.8	Sr 1.0	Y 1.2	Zr 1.3	Nb 1.6	Mo 2.1	Tc 1.9	Ru 2.2	Rh 2.3	Pd 2.2	Ag 1.9	Cd 1.7	In 1.8	Sn 1.8	Sb 2.0	Te 2.1	I 2.6	
Cs 0.8	Ba 0.9	La 1.1	Hf 1.3	Ta 1.5	W 2.3	Re 1.9	Os 2.2	Ir 2.2	Pt 2.3	Au 2.5	Hg 2.0	Tl 1.6	Pb 1.9	Bi 2.0	Po 2.0	At 2.2	

Lanthanoide: 1.1–1.3
Actinoide: 1.1–1.3

Werte (gerundet) nach *L. Pauling*, The Nature of the Chemical Bond, 3. Ed., Ithaca (1960); *A. L. Allred*, J. Inorg. Nucl. Chem. **17** (1961) 215.

Das Konzept der Elektronegativität EN ist vielschichtig, sowohl bezüglich der Art der Herleitung der diversen vorgeschlagenen Skalen als auch in der Wahl der für ein bestimmtes Problem geeignetsten Skala (*Huheey*, 1995). Hier seien nur einige, für die Anwendung in der Organometallchemie besonders wichtige Aspekte angeführt.

- Anders als bei den Elementhydriden ist für Element-Kohlenstoff-Verbindungen zu berücksichtigen, daß EN(C) vom **Hybridisierungsgrad des C-Atoms** abhängt. Da s-Elektronen einer stärkeren Kernanziehung unterliegen als p-Elektronen gleicher Hauptquantenzahl, steigt EN(C) mit zunehmendem s-Charakter im Hybridorbital: während $EN(C_{sp^3}) = 2.5$ für sp^3-hybridisierte C-Atome gilt, sind für höhere s-Anteile die Werte $EN(C_{sp^2}) = 2.75$ (vergleichbar mit S) und $EN(C_{sp})$ = 3.29 (vergleichbar mit Cl) vorgeschlagen worden (*Bent*, 1961). Diese Abstufung spiegelt auch die Zunahme der CH-Acidität $C_2H_6 < C_2H_4 < C_2H_2$ wider und legt nahe, daß die M–C-Bindung in Metallalkinylkomplexen (Kap. 14.1) wesentlich polarer ist als in Metallalkylen.

- Die Elektronegativität eines Elementes steigt mit zunehmender **Oxidationszahl**. Der Grad dieser Abhängigkeit variiert allerdings in unterschiedlichen EN-Skalen. *Beispiel:* $EN(Tl^I, Tl^{III})$ = 1.62, 2.04 (*Pauling*); 0.99, 2.55 (*Sanderson*).

- Ein verwandter Effekt ist die Abhängigkeit der Elektronegativität eines Atoms von der Natur der Substituenten, welche eine Partialladung auf dem Atom induzieren können. Dies rechtfertigt die Angabe von **Gruppenelektronegativitäten** EN_G (*Bratsch*, 1985).
  Beispiel: $EN_G(CH_3) = 2.31$, $EN_G(CF_3) = 3.47$.
  So führen die unterschiedlichen Gruppenelektronegativitäten für Et_3Ge- und Cl_3Ge-Reste in Et_3GeH und Cl_3GeH zur Umpolung der Ge–H-Bindung (S. 167). Als Gegenstück aus der Chemie der Übergangsmetalle sind die Fragmente L_nM zu nennen: Mit zunehmendem π-Akzeptor- und abnehmendem π-Donorcharakter von L steigt $EN(L_nM)$ an.

- Dem Bestreben, eine EN-Skala auf der Basis *elektronischer Eigenschaften individueller Atome* i zu errichten, entstammt der Vorschlag von *Mulliken* (1934): $EN_M = (IP_V + EA_V)/2$, worin IP_V das Ionisationspotential und EA_V die Elektronenaffinität eines Atoms **im Valenzzustand** bedeuten. Obgleich intuitiv einleuchtend, liegt die Problematik dieser Skala in dem Konzept „Valenzzustand", der kein stationärer Zustand, also spektroskopisch nicht direkt zugänglich ist. Stattdessen muß der Valenzzustand, der sich vom Grundzustand durch die „Promotionsenergie" unterscheidet, als gewichtetes Mittel mehrerer stationärer Zustände dargestellt werden (*Bratsch*, 1988). In dem Maße wie neuerdings zuverlässige EA-Werte experimentell zugänglich werden, gewinnt die EN_M-Skala an Bedeutung.

- Auf *Mullikens* ursprünglicher Definition von EN_M aufbauend, diese aber verfeinernd, ist das Konzept der **Orbital-Elektronegativität** (*Hinze, Jaffe*, 1963, 1996), $EN_i = -(\delta E/\delta n_i) = (\delta E/q_i)$, wobei n_i die Besetzungszahl, q_i die Ladung im Atomorbital i und E die Energie des Atoms im Valenzzustand ist. Der EN_i-Wert hat die Dimension eines elektrischen Potentials des Atoms i zur Anziehung von Elektronen vor der Bindungsbildung. Dies ist in Einklang mit *Paulings* Definition der Elektronegativität EN_P als der „Kraft eines Atoms in einem Molekül Elektronen an sich zu ziehen". Nachdem Atome im allgemeinen mehrere Valenzorbitale besitzen, ergeben sich pro Atom auch mehrere (unterschiedliche) EN_i-Werte. Diese

„Komplikation" spiegelt jedoch die Realität wider, wie ein Beispiel aus der Organo-P, As, Sb-Chemie zeigt (*Michl*, 1989).

Die Heteroarene Phosphinin C_5H_5P, Arsenin C_5H_5As und Stibin C_5H_5Sb (S. 217f.), Homologe des Pyridins C_5H_5N, sind interessante Studienobjekte zur Frage der Beteiligung der schwereren Elemente P, As, Sb an der aromatischen π-Konjugation. Die UV- und MCD-Spektren dieser Heteroarene erforderten zu ihrer Deutung die Annahme, daß die Störung des aromatischen π-Systems durch eine π-Akzeptorwirkung der Atome P, As, Sb bewirkt wird. Dies zwingt zu dem Schluß, daß die effektive π-Orbitalelektronegativität der Elemente P, As, Sb höher ist als die des Kohlenstoffs – im Gegensatz zu den in den diversen EN-Skalen aufgeführten Werten. Der scheinbare Widerspruch löst sich auf, wenn man berücksichtigt, daß im σ-Bindungsgerüst P gegenüber C als Elektronendonator wirkt. Die hiermit verbundene Verringerung der Abschirmung der Kernladung des P-Atoms hat dann eine energetische Absenkung des $P(p\pi)$-Orbitals zur Folge, d.h. dessen Elektronegativität nimmt zu.

Fragt man nach der **Nützlichkeit des Begriffes der Elektronegativität in der Organometallchemie**, so ist zwischen Haupt- und Nebengruppenelementen zu unterscheiden. In der Organometallchemie der **s- und p-Elemente** sind qualitative Diskussionen auf der Grundlage der EN-Werte der Bindungspartner sicher angebracht. Allerdings ist hierbei der organische Rest mit seiner Gruppenelektronegativität zu berücksichtigen, denn für das C-Atom ist die Bandbreite der EN-Werte, in Abhängigkeit vom Hybridisierungsgrad und der Natur des Substituenten, besonders groß. Auch die Variation des Bindungstyps und die damit einhergehende Abstufung der chemischen Reaktivität innerhalb einer Hauptgruppe wird durch EN-Werte gut erfaßt. Auf die Notwendigkeit, zwischen σ- und π-EN zu unterscheiden, wurde bereits verwiesen.

Wesentlich geringere Anwendbarkeit besitzt der Begriff der Elektronegativität in der Organometallchemie der **d- und f-Elemente**. Dies geht schon aus der geringen Variation der EN-Werte für Übergangsmetalle und besonders für die Lanthanoide und Actinoide hervor. Gravierender noch ist die Tatsache, daß in der Chemie der Übergangsmetalle die Betrachtung von Gruppenelektronegativitäten, anstelle atomarer EN-Werte, absolut erforderlich ist. Dies beruht darauf, daß die besonderen Bindungsverhältnisse in Übergangsmetallkomplexen die Elektronegativität von Fragmenten L_nM außerordentlich stark prägen können.

Hierzu ein Beispiel aus der Koordinationschemie: die Redoxpotentiale $E°$ $[L_nCo(III/II)]$ überstreichen, in Abhängigkeit von der Natur der Liganden, den Bereich von -0.80 V (L = CN^-) bis $+1.83$ V (L = H_2O). Es wäre gänzlich unangebracht und von keinerlei praktischem Wert, diese Parameter auf eine inhärente Elektronegativität isolierter Cobaltionen zurückzuführen.

Der geringe Nutzen des Elektronegativitätsbegriffes in seiner rudimentären Form für die Diskussion metallorganischer Befunde sei abschließend am Reaktivitätsvergleich eines Paares isostöchiometrischer Verbindungen eines Haupt- und eines Nebengruppenelementes demonstriert:

Beryllocen $(C_5H_5)_2Be$ ist ein äußerst luft- und wasserempfindlicher Stoff, Ferrocen $(C_5H_5)_2Fe$ hingegen inert, obgleich die Elektronegativitäten $EN_P(Be) = 1.6$ und $EN_P(Fe) = 1.8$ sehr ähnlich sind!

Verallgemeinernd läßt sich somit sagen, daß bei den Hauptgruppenelementorganylen die Gruppenzugehörigkeit des Metalls, für Übergangsmetalle hingegen die Natur des Liganden dominiert. In diesem Sinne erfolgt die Besprechung der einzelnen Verbindungen in den Kapiteln 4–11 bzw. 13–17.

3 Energie, Polarität und Reaktivität der M–C-Bindung

Bei der Diskussion der Eigenschaften metallorganischer Verbindungen muß sorgfältig zwischen **thermodynamischen** (stabil/instabil) und **kinetischen** (inert/labil) Aspekten unterschieden werden.

M–C-Einfachbindungen sind überall im Periodensystem anzutreffen (*Beispiele:* MgMe$_2$, PMe$_3$, MeBr, [LaMe$_6$]$^{3-}$, WMe$_6$). Für ÜM-Organyle und deren Stabilität gelten allerdings spezielle Regeln, die auf der größeren Zahl verfügbarer Valenzorbitale und der höheren Neigung der Übergangsmetalle zur Beteiligung an Mehrfachbindungen beruhen (vgl. Kap. 16).

Tabelle 1
Typische **M–C-Bindungslängen d(pm)** und daraus berechnete **Kovalenzradien r** für Hauptgruppenelemente, r = d–r$_C$ = d – 77. Diese Daten gelten für sp^3-hybridisierten Kohlenstoff als Bindungspartner.

				Gruppe							
2, 12			**13**			**14**			**15**		
M	d	r	M	d	r	M	d	r	M	d	r
Be	179	102	B	156	79	C	154	77	N	147	70
Mg	212	137	Al	197	120	Si	188	111	P	187	110
Zn	196	119	Ga	198	121	Ge	195	118	As	196	119
Cd	211	134	In	223	146	Sn	217	140	Sb	212	135
Hg	210	133	Tl	225	148	Pb	224	147	Bi	226	149

Quelle: Comprehensive Organometallic Chemistry **1982**, *1*, 10

3.1 Stabilität von Hauptgruppenelementorganylen

Gemessen an der Stärke von M–N-, M–O- und M–Hal-Bindungen sind **M–C-Bindungen** als **schwach** zu bezeichnen. Hierauf beruht aber u.a. die Nützlichkeit metallorganischer Reagenzien in der Synthese. Da die erforderlichen Standardentropien selten bekannt sind, werden in Diskussionen anstelle der freien Standardbildungsenthalpien ΔG_f° häufig die Bildungsenthalpien ΔH_f° als Maß für thermodynamische Stabilitäten verwendet (Tabelle 2). Ausschlaggebend für die kleinen negativen bzw. positiven ΔH_f°-Werte sind vor allem die hohen Bindungsenergien der konstituierenden Elemente (M, C, H) in ihren Standardzuständen.

Tabelle 2
Molare Standardbildungsenthalpien ΔH_f° (kJ/mol) und **mittlere molare Bindungsenthalpien $\bar{D}$ (M–C)** (kJ/mol) gasförmiger Methylverbindungen sowie einige Vergleichswerte $\bar{D}$(M–X), X = Cl, O:

Gruppe											
12			**13**			**14**			**15**		
MMe$_2$			MMe$_3$			MMe$_4$			MMe$_3$		
M	ΔH_f°	$\bar{D}$	M	ΔH_f°	$\bar{D}$	M	ΔH_f°	$\bar{D}$	M	ΔH_f°	$\bar{D}$
			B	−123	365	C	−167	358	N	−24	314
			Al	−81	274	Si	−245	311	P	−101	276
Zn	50	177	Ga	−42	247	Ge	−71	249	As	13	229
Cd	106	139	In	173	160	Sn	−19	217	Sb	32	214
Hg	94	121	Tl	−	−	Pb	136	152	Bi	194	141
vergl.											
			B–O		526	Si–O		452	As–O		301
			B–Cl		456	Si–Cl		381	Bi–Cl		274
			Al–O		500	Si–F		565			
			Al–Cl		420	Sn–Cl		323			

Daten für M–C : Comprehensive Organometallic Chemistry **1982**, *1*, 5
Daten für M–X: *J. E. Huheey*, Inorg. Chemistry, 3rd Ed., N.Y. (1983) A-32

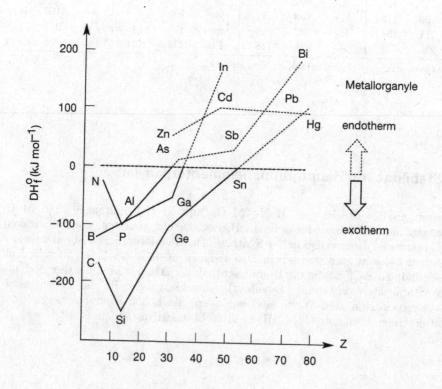

Mittlere molare Bindungsenthalpien $\bar{D}$ lassen sich nur bedingt zur Diskussion der Reaktivität von Elementorganylen verwenden, da die sukzessiven Bindungsdissoziationsenergien $D_{1,2...n}$ stark von dem Mittelwert $\bar{D} = (1/n) \sum_{i=1}^{n} D_i$ abweichen können. Als Beispiel diene Dimethylquecksilber (vergl. S. 77):

$$(CH_3)_2Hg \longrightarrow CH_3Hg + CH_3 \qquad D_1(CH_3Hg\text{-}CH_3) = 214 \text{ kJ/mol}$$
$$CH_3Hg \longrightarrow Hg + CH_3 \qquad D_2(CH_3\text{-}Hg) = 29 \text{ kJ/mol}$$

Die in Tabelle 2 aufgeführten Daten sind Richtwerte insofern, als absolute Übertragbarkeit auf andere chemische Umgebungen nicht gegeben ist. So hängt, wie eigentlich nicht anders zu erwarten, die Energie einer $L_nM\text{-}CX_3$-Bindung sowohl von Oxidationszustand und Ligandensphäre L_n des Metallatoms als auch von der Natur der Substituenten X am Kohlenstoffatom ab. Zu dieser Variabilität tragen sowohl sterische (z. B. $X = CH_3$) als auch elektronische Effekte (z. B. $L = \pi$-Akzeptorligand, $X = F$) bei.

Verallgemeinerungen

- Das Spektrum der M–C-Bindungsenergien überstreicht einen weiten Bereich:

Verbindung	$(CH_3)_3B$	$(CH_3)_3As$	$(CH_3)_3Bi$
$\bar{D}(M\text{-}C)$ kJ/mol	365	229	141
Bindung	„stark"	„mittel"	„schwach"

- Die **mittlere Bindungsenergie** $\bar{D}(M\text{-}C)$ nimmt innerhalb einer Hauptgruppe des Periodensystems mit zunehmender Ordnungszahl ab. Dieser Trend gilt auch für die Bindungen von M zu anderen Elementen der zweiten Periode. Als Grund sind die zunehmend unterschiedlichen Orbitalgrößen der Bindungspartner und die hieraus resultierenden ungünstigen Überlappungsverhältnisse zu nennen.

- **Ionogene Bindungen** treten dann auf, wenn M besonders elektropositiv und/oder das Carbanion besonders stabil ist. *Beispiele:*
  $Na^+[C_5H_5]^-$, $K^+[CPh_3]^-$, $Na^+[C{\equiv}CH]^-$.

- **Mehrzentrenbindungen** (**„Elektronenmangelbindungen"**) werden gebildet, wenn die Valenzschale von M weniger als halb gefüllt ist und das M^{n+} Kation stark polarisierend wirkt, d.h. ein großes Verhältnis Ladung/Radius (Z/r) besitzt. *Beispiel:*

  $[LiCH_3]_4$, $[Be(CH_3)_2]_n$, $[Al(CH_3)_3]_2$,   **aber:** $K^+[C_nH_{2n+1}]^-$.

  MCM 2e3c-Bindungen   vorwiegend ionogen gebunden

3.2 Labilität von Hauptgruppenelementorganylen

Molare Standardbildungsenthalpien ΔH_f° sind nur eingeschränkt zur Diskussion des thermischen Verhaltens von Metallorganylen geeignet, da im allgemeinen nicht thermischer Zerfall in die Elemente erfolgt, sondern andere Reaktionswege dominieren.

Beispiel:

$$Pb(CH_3)_4(g) \longrightarrow Pb(s) + 2\,C_2H_6(g) \qquad \Delta H = -307\,kJ/mol \tag{1}$$

Zur Triebkraft dieser Reaktion trägt die Standardbildungsenthalpie $2\,\Delta H_f^\circ(C_2H_6)$ des Produktes sowie ein Entropiebeitrag $\Delta S > 0$ bei. Neben der Reaktion (1) wurden für die Thermolyse des Bleitetramethyls auch weitere Reaktionswege nachgewiesen:

$$Pb(CH_3)_4(g) \longrightarrow Pb(s) + 2\,CH_4(g) + C_2H_4(g) \quad \Delta H = -235\,kJ/mol \tag{2}$$

$$Pb(CH_3)_4(g) \longrightarrow Pb(s) + 2\,H_2(g) + 2\,C_2H_4(g) \quad \Delta H = -33\,kJ/mol \tag{3}$$

Das Auftreten von Alkenen im Produktgemisch deutet an, daß neben der **homolytischen Spaltung**, Gl. (4)

$$R_3M-R \longrightarrow R_3M^\cdot + {}^\cdot R \longrightarrow \text{Folgeprodukte} \tag{4}$$

auch eine **β-Eliminierung** abläuft:

$$\begin{array}{c} R_2C - CR_2 \\ |\quad\; | \\ M \quad H \end{array} \longrightarrow \left\{ \begin{array}{c} R_2C - CR_2 \\ \vdots \quad\; \vdots \\ M\!-\!-H \end{array} \right\} \longrightarrow M-H + R_2C=CR_2 \tag{5}$$

Der konzertierte Charakter des Zerfallsweges (5) bewirkt eine Senkung der Aktivierungsenergie. Er ist allerdings auf Moleküle mit β-ständigem H beschränkt. Die verglichen mit $Pb(C_2H_5)_4$ höhere Zersetzungstemperatur von $Pb(CH_3)_4$ ist somit verständlich (S. 191).

Als weitere Bedingung für eine β-Eliminierung ist die Verfügbarkeit eines leeren Valenzorbitals an M zur Wechselwirkung mit dem C_β–H-Bindungselektronenpaar zu nennen. Daher kommt dem β-Eliminierungsweg des MR_n-Abbaus für Organyle der Gruppen 1, 2 und 13 (Valenzelektronenkonfigurationen s^1, s^2, s^2p^1) größere Bedeutung zu als für Organyle der Gruppen 14, 15 und 16 (s^2p^2, s^2p^3, s^2p^4).

Verfügt ein binäres Metallorganyl über freie Koordinationsstellen, so kann der β-Eliminierungsweg durch Bildung eines *Lewis*-Base-Adduktes blockiert und die thermische Stabilität erhöht werden (*Beispiel:* $(bipy)Be(C_2H_5)_2$, bipy = 2,2'-Bipyridyl). Eine zentrale Stellung nimmt die β-Eliminierung in der Chemie der Übergangsmetalle ein (Kap. 13.2).

Alle metallorganischen Verbindungen sind – wie auch organische Verbindungen – **thermodynamisch instabil** bezüglich Oxidation zu MO_n, H_2O und CO_2. Dennoch bestehen in der Handhabung der Metallorganyle an Luft und Wasser große Unterschiede, die durch den **Grad der kinetischen Inertheit** bedingt sind. *Beispiel:*

	Verbrennungs-enthalpie	thermo-dynamisch	Eigenschaft	kinetisch
$Zn(C_2H_5)_2$	−1920 kJ/mol	instabil	pyrophor	labil
$Sn(CH_3)_4$	−3590 kJ/mol	instabil	luftstabil	inert

Besonders labil gegenüber O_2 und H_2O sind Metallorganyle, die über freie Elektronenpaare oder energetisch tiefliegende unbesetzte Orbitale verfügen und in denen die M–C-Bindung stark polar ist. Vergleiche:

	an Luft	in Wasser	verantwortlich
Me_3In	pyrophor	hydrolysiert	Elektronenlücke an In, Bindungspolarität.
Me_4Sn	inert	inert	Sn gut abgeschirmt, Bindungspolarität klein.
Me_3Sb	pyrophor	inert	Freies Elektronenpaar an Sb.
Me_3B	pyrophor	inert	Elektronenlücke an B ist hyperkonjugativ geschlossen, Bindungspolarität klein.
$(Me_3Al)_2$	pyrophor	hydrolysiert	Elektronenlücke an Al im Monomeren, nucleophiler Angriff via 3d(Al) oder σ^*(Al–C) im Dimeren, Bindungspolarität groß.
SiH_4	pyrophor	hydrolysiert	Si sterisch schlecht abgeschirmt und relativ elektronenreich.
$SiCl_4$	inert	hydrolysiert	Bindungspolarität Si–Cl ist groß, Si elektronenarm, nucleophiler Angriff via 3d (Si) oder σ^*(Si–Cl)
$SiMe_4$	inert	inert	Si sterisch gut abgeschirmt, Bindungspolarität Si–C gering.

Diese Übersicht soll nur einige Argumente liefern, die im Einzelfall gegeneinander abzuwägen sind.

··

EXKURS 1: Woher stammen unsere Kenntnisse über M–C-Bindungsenergien?

Verglichen mit den detaillierten Informationen, die wir über Struktur, Spektroskopie und Reaktivität metallorganischer Moleküle besitzen, sind unsere Kenntnisse thermodynamischer Eigenschaften, wie etwa der Bindungsenergien in diesen Spezies, gering. Zuweilen ist nicht einmal klar, ob es sich im konkreten Falle um das kinetisch oder das thermodynamisch kontrollierte Produkt einer Reaktion handelt. Im folgenden soll an fünf Beispielen gezeigt werden, wie vielfältig die Methoden sind, die die Bestimmung von M–C-Bindungsenergien zum Ziel haben (*Marks*, 1990).

1 Klassische Kalorimetrie (*Skinner*, 1982)

Das klassische Verfahren ist die *Verbrennungskalorimetrie*, welche bereits kurz nach der erstmaligen Synthese des Dimethylzinks dessen Standardbildungsenthalpie ergab (*Guntz*, 1887). Hierbei werden die gemessene Verbrennungsenthalpie sowie bekannte Bildungsenthalpien der Produkte und Bindungsenthalpien der Edukte in die Bilanz eingebracht, welche die unbekannte Bindungsenthalpie(n) ΔH(M–C) liefert. Dieses Vorgehen setzt eine stöchiometrisch eindeutige Reaktion voraus. In der Anwendung auf metallorganische Moleküle erwachsen Probleme aus uneinheitlicher Verbrennung und aus Schwierigkeiten der Produktanalyse. Ferner ist die Aufteilung des Restenergiebetrages auf unterschiedliche M–C-Bindungen im Molekül oft problematisch. Eine Variante der klassischen Verbrennungskalorimetrie ist die thermochemische Verfolgung von Reaktionen in Lösung, etwa die Bromierung metallorganischer Moleküle.

$$L_nM-R + Br_2 \longrightarrow L_nM-Br + RBr \quad \Delta H_{Reak}$$
$$D(L_nM-R)_{Lös} = \Delta H_{Reak} + D(L_nM-Br)_{Lös} + D(R-Br)_{Lös} - D(Br_2)_{Lös}$$

Bei Variation von R erhält man über die gemessenen Reaktionswärmen ΔH_{Reak} relative Bindungsenergien $D(L_nM–R)$ oder, wenn $D(L_nM–Br)$ bekannt ist, Absolutwerte.

2 Photoakustische Stoßmikrokalorimetrie PAC (*Peters*, 1988)

Ein Laserimpuls der Energie $E_{h\nu}$ (typische Dauer: 10 ns) trifft auf die Lösung des Substrates, wird von diesem absorbiert und bewirkt dessen homolytische Spaltung.

$$L_nM–R \xrightarrow{\ E_{h\nu}\ } L_nM^{\cdot} + R^{\cdot} \qquad \Delta H_{beob}$$

$$\Delta H_{beob} = E_{h\nu} - \Delta H_R \Phi$$

Die Differenz zwischen der Energie des eingestrahlten Photons $E_{h\nu}$ und der gesuchten Bindungsdissoziationsenergie ΔH_R wird als thermische Energie an das Medium abgegeben. Hierdurch wird eine Druckwelle ausgelöst, die mittels eines piezoelektrischen Druckwandlers an der Zellwand beobachtet wird. Die Amplitude dieser Druckwelle ist proportional zur freigesetzten thermischen Energie ΔH_{beob}. Die Korrektur durch die Quantenausbeute Φ berücksichtigt den Anteil des absorbierten Lichtes, der möglicherweise nicht der photoinduzierten Dissoziation dient. Als Vorteile dieser Methode sind zu nennen:

- Spezifische Erfassung der Enthalpie einer *individuellen* Bindung im Molekül. Die klassische Kalorimetrie hingegen erfordert eine Aufteilung der Gesamtenthalpie über unterschiedliche vorliegende Bindungen.

- Vergleiche mit Daten, die aus Experimenten in der Gasphase stammen, bieten Hinweise auf Solvatationseffekte.

- Zeitaufgelöst ausgeführt können photoakustische Experimente neben thermodynamischen auch kinetische Informationen liefern, indem Folgereaktionen ebenfalls Reaktionswärme an das Medium abgeben und Druckwellen erzeugen können.

Probleme in der Anwendung auf metallorganische Moleküle liegen in niedrigen oder a priori unbekannten Quantenausbeuten Φ und in möglicherweise uneinheitlicher Photochemie; die letztere Einschränkung ist besonders für Übergangsmetallorganyle akut.

Ein aktuelles Beispiel für die Anwendung der PAC ist die Bestimmung der Energie der Co–C-Bindung (150 kJ mol^{-1}) in Molekülen der Vitamin B_{12}-Familie an nativem Material unter physiologischen Bedingungen (*Grabowski*, 1999).

3 Temperaturabhängigkeit der Gleichgewichtslage

Die analytische Verfolgung der Zusammensetzung eines Gleichgewichtsgemisches in Abhängigkeit von der Temperatur liefert über die *van't Hoff*-Gleichung

$$d\ln K/dT = \Delta H°/RT^2$$

einen Wert für die Reaktionsenthalpie $\Delta H°$. Angewandt auf die Metathesereaktion

$$L_nM–R + R'–H \rightleftharpoons L_nM–R' + R–H \qquad \Delta H°$$

(z.B. R = H, alkyl, alkenyl, aryl, alkinyl; R'–H = C_6H_6)

sollte bei Variation von R eine Skala relativer *Bindungsenthalpien D(M–R)* zugänglich sein. Diese Methode ist an Metallorganylen der frühen Übergangselemente mit Erfolg praktiziert worden (*Bercaw*, 1988). Einer breiteren Anwendung in der Organometallchemie dürfte die Schwierigkeit im Wege stehen, geeignete, sich rasch einstellende Gleichgewichtssysteme zu finden, die zudem ausreichende thermische Stabilität im erforderlichen Temperaturbereich besitzen.

4 Kinetische Methoden

Zur Bestimmung der M–C-Bindungsenthalpie eignet sich auch die Messung der Aktivierungsparameter einer homolytischen Spaltung *in Lösung* über die Verfolgung der Temperaturabhängigkeit der Reaktionsgeschwindigkeit (*Halpern*, 1988)

$$M-R \quad \underset{k_{-1}}{\overset{k_1}{\rightleftharpoons}} \quad M^{\cdot} + R^{\cdot} \qquad (1)$$

$$\underline{R^{\cdot} + T \quad \overset{k_T}{\longrightarrow} \quad R-T^{\cdot} \qquad (2)}$$

$$M-R + T \longrightarrow M^{\cdot} + R-T^{\cdot} \qquad (3)$$

$$D(M-R) \quad = \quad \Delta H_1^{\ddagger} - \Delta H_{-1}^{\ddagger} \qquad (4)$$

Nachdem sichergestellt wurde, daß die Reaktion in der Tat als homolytische Spaltung und nicht etwa, wie für Organometallmoleküle typisch ist, als Alkeneliminierung abläuft, sind im Prinzip die Aktivierungsenthalpien für die Spaltung ($\Delta H_1^{\ddagger}$) und die Rekombination ($\Delta H_{-1}^{\ddagger}$) zu messen, deren Differenz die Bindungsenthalpie D(M–R) ergibt (4). Dieses Verfahren ist selten ange-wandt worden, da die Bestimmung von $\Delta H_1^{\ddagger}$ experimentell schwierig ist. Stattdessen wird die Rekombination (k_{-1}) durch Zugabe eines Radikalfängers T unterdrückt. (Als Bonus liefert die Natur des Spinabfangproduktes R–T$^{\cdot}$ einen Beleg für den homolytischen Charakter der Spal-tung). Die Bindungsenthalpie D(M–R) ist dann angenähert gleich der Aktivierungsenthalpie $\Delta H_1^{\ddagger}$ für die Hinreaktion. Die Beziehung $\Delta H_1^{\ddagger} = D(M-R)$ ist auch durch die endotherme Natur der Bindungsspaltung (k_1) gerechtfertigt, aufgrund derer die Aktivierungsbarriere für die Rück-reaktion und damit $\Delta H_{-1}^{\ddagger}$ klein ist; der Übergangszustand ist dann produktähnlich (*Hammond*-Postulat). Findet sich kein geeignetes Spinabfangreagens T, so kann Gl.(4) angewandt und $\Delta H_{-1}^{\ddagger}$ durch die Aktivierungsenthalpie der Lösungsmittelviskosität angenähert werden (8–20 kJ/mol), denn die Rekombination (k_{-1}) ist im allgemeinen diffusionskontrolliert. Breite Anwendung fand auch diese Methode zur Bestimmung der Bindungsenergie D(Co–C) in einer Reihe von Modell-komplexen für das Vitamin B_{12}-Coenzym. Über eine entsprechende Untersuchung an nativem Material, die Co–C-Bindungshomolyse, induziert durch eine B_{12}-abhängige Ribonucleotid-Reduktase, berichtet *Brown* (1998).

In einem verwandten Verfahren wird die Aktivierungsenthalpie $\Delta H_1^{\ddagger}$ der laserinduzierten Pyro-lyse von Carbonylmetallen $M(CO)_n$ *in der Gasphase* zur Bestimmung der Bindungsenthalpie D(M–CO) herangezogen (*Smith*, 1984).

Eine Abschätzung von D(M–CO) gestattet zwar bereits die Aktivierungsenthalpie der Carbo-nylsubstitution in Lösung

$$M(CO)_n + L \longrightarrow M(CO)_{n-1}L + CO$$

unter der Annahme, der Prozeß sei dissoziativ aktiviert. Assoziative Beiträge lassen sich jedoch häufig nicht ausschließen, worunter die Zuverlässigkeit der Bestimmung leidet. Klarere Ver-hältnisse liegen in der Gasphase vor, in der nur die unimolekulare M–CO-Bindungsspaltung erfaßt wird.

$$M(CO)_n \quad \underset{k_1}{\overset{\Delta T}{\longrightarrow}} \quad M(CO)_{n-1} + CO \qquad (1)$$

$$M(CO)_{n-1} \quad \underset{k_2}{\overset{\Delta T}{\longrightarrow}} \quad M(CO)_{n-2} + CO \qquad (2)$$

$$\vdots \qquad\qquad \vdots \qquad\qquad \vdots$$

$$M(CO) \quad \underset{k_n}{\overset{\Delta T}{\longrightarrow}} \quad M \qquad + CO \qquad (n)$$

Da im allgemeinen (aber nicht ausnahmslos!) das *erste* abzuspaltende CO-Molekül in $M(CO)_n$ am stärksten gebunden ist, bildet k_1 den geschwindigkeitsbestimmenden Schritt der $M(CO)_n$-Pyrolyse. Die Rückreaktion (k_{-1}) kann vernachlässigt werden, weil $k_1 < k_2$, k_3, ... k_n, die Stationärkonzentrationen der Fragmente sind folglich äußerst gering. Ferner wird die Zerfallskinetik durch Zusatz von CO nicht beeinflußt, Rückreaktionen spielen also keine Rolle. Somit gilt auch hier $\Delta H_1^+ \approx D(M\text{–}C)$. Die Kinetik der Gasphasenpyrolyse besitzt den großen Vorteil, einen Wert $D(M\text{–}CO)$ für eine *individuelle* Bindung zu liefern, während klassische thermochemische Methoden den Mittelwert $\bar{D}(M\text{–}CO)$ über alle vorliegenden Bindungen ergeben. Diese Werte können deutlich differieren. *Beispiel* $Fe(CO)_5$: $D[(CO)_4Fe\text{–}CO] = 174$ kJ/mol, $\bar{D}[Fe(CO)_5] = 117$ kJ/mol. Beide Techniken auf dasselbe Molekül angewandt zeichnen somit ein vollständiges Bild der relativen Enthalpien aufeinanderfolgender M–CO-Bindungsspaltungen.

Eine weitere Differenzierung ist durch die Einführung des Begriffes *Bindungsenthalpieterm* E vorzunehmen (*Beauchamp*, 1990).

$$MR_n\ (g)\ \rightarrow\ MR_{n-1}^*\ (g) + R^*\ (g)\quad \Delta H_{nr} = E(M\text{–}R)$$
$$\downarrow \Delta H_{Reorg.}$$
$$MR_n\ (g)\ \rightarrow\ MR_{n-1}\ (g) + R\ (g)\quad \Delta H_r^\circ = D(M\text{–}R)$$

D und E unterscheiden sich durch die Reorganisationsenergie $\Delta H_{Reorg.}$ der bei der Bindungsspaltung entstehenden Fragmente. Hierbei besitzen die gesternten Fragmente dieselbe Konfiguration wie im Ausgangsmolekül, die ungesternten hingegen die neue Gleichgewichtskonfiguration nach Reorganisation (*Beispiel* R = Methyl: CH_3^* pyramidal, CH_3 trigonal planar, $\Delta H_{Reorg.} = 24$ kJ/mol). Bei der Angabe einer „Bindungsenergie" bezieht man sich gemeinhin auf die Fragmente in ihrer relaxierten Gleichgewichtskonfiguration. In der Korrelation mit anderen Parametern wie Bindungslängen oder Kraftkonstanten sind die E-Werte den D-Werten jedoch überlegen.

5 Massenspektrometrie

Zur Gewinnung thermochemischer Information für Reaktionen in der Gasphase können Tandem-Massenspektrometer mit gelenktem Ionenstrahl eingesetzt werden (*Armentrout*, 1985). Der Meßplatz besteht aus der Anordnung Ionenquelle–Massenspektrometer (MS1)–Reaktionszone–Massenspektrometer (MS2)–Ionendetektor. In einem typischen Experiment werden in MS1-Ionen erzeugt, von denen eine Sorte M^+ mit bestimmter Masse ausgewählt, auf definierte kinetische Energie beschleunigt und mit einem neutralen gasförmigen Reagens RL umgesetzt wird. Die Produkt-Ionen werden in MS2 nach Massen getrennt und bezüglich ihrer Energie analysiert (*Armentrout*, 1989). In der praktischen Ausführung dieser Technik sind zwei Varianten verfolgt worden.

a Zur Bestimmung der Metall-Ligand-Bindungsenergie für ML^+ bzw. ML wird die endotherme Reaktion

$$M^+ + RL\ \rightarrow\ ML^+ + R$$
$$\rightarrow\ ML\ + R^+$$

ausgeführt und die dem System zur Verfügung stehende kinetische Energie bis zu einem Schwellenwert E_T variiert, bei dem erstmals Produktbildung beobachtet wird. Die gewünschten thermochemischen Parameter lassen sich aus dem gemessenen Wert E_T ableiten. Hierbei ist folgendes zu beachten: Während der Energieinhalt des neutralen Partners RL durch die Reaktionstemperatur wohldefiniert ist, gilt dies nicht unbedingt für die Ionen M^+, welche von ihrer Erzeugung her elektronische Anregungsenergie tragen können. Diese ist in der Energiebilanz zu berücksichtigen.

Als Anwendungsbeispiel für Variante **a** sei die Bestimmung der Bindungsenergie $D(M\text{–}CH_3)$ aus Gasphasenreaktionen zwischen $M^+(Sc\text{–}Cu)$ und RCH_3 (R = $2\text{-}C_3H_7$, $t\text{-}C_4H_9$) angeführt (*Armentrout*, 1990).

b In dieser Variante (*Armentrout*, 1995) wird die interessierende metallorganische Spezies MR_n in MS1 ionisiert, die Ionen MR_n^+ werden durch variable Beschleunigungsspannung mit einer definierten kinetischen Energie versehen und mit einem Inertgas, meist Xe, zur Reaktion gebracht. Bei einer bestimmten Schwellenenergie E_T erfolgt kollisionsinduzierte Dissoziation (CID) von MR_n^+, die gebildeten Ionen werden in MS2 nach Masse und Energie analysiert.

$$MR_n \xrightarrow{-e^-} MR_n^+ \xrightarrow{E_T} \{MR_n^+\} \xrightarrow{Xe} MR_{n-1}^+ + R + Xe$$

Die gesuchte Bindungsdissoziationsenergie in MR_n^+ ist wiederum über die Energiebilanz zugänglich. Bindungsenergien für die entsprechenden neutralen Moleküle MR_n lassen sich unter Berücksichtigung gemessener Ionisierungsenergien $IE(MR_n)$ ableiten.

Nach Variante **b** können auch sequentielle Bindungsenergien für MR_n bestimmt werden, deren Abstufung Hinweise auf Strukturumwandlungen sowie, diese begleitend, Änderungen der Spinzustände in einer Kette von Bindungsdissoziationen liefert. Schließlich besitzt die thermodynamische Charakterisierung koordinativ ungesättigter Spezies Bedeutung in der Diskussion von Mechanismen der homogenen Katalyse (Kap. 18).

Zusammenfassend ist zu sagen, daß sich die thermodynamischen Verhältnisse metallorganischer (und anorganischer) Reaktionen wesentlich komplexer gestalten als im Falle organischer Prozesse, für welche die Zusammensetzung von Bindungsinkrementen C–C, C–H, C–O usw. nach dem Baukastenprinzip oft recht zuverlässige Voraussagen der Wärmetönung gestattet.

6 Computational Thermochemistry

Der inzwischen in der deutschsprachigen Literatur etablierte Begriff „*computational chemistry*" definiert die Voraussage und Simulation chemischer Eigenschaften, Strukturen und Prozesse mittels numerischer Methoden; diese Forschungsrichtung macht auch vor der Thermochemie der Metallorganyle nicht halt. In dem Maße, wie die Zahl der auf die experimentelle Bestimmung thermochemischer Größen spezialisierten Laboratorien stagniert, quantenchemische Rechnungen aber zuverlässiger und kostengünstiger werden, treten letztere in den Vordergrund. Dies trifft vor allem für Metallorganika zu, deren thermochemische Untersuchung besonders schwierig ist. Unter den zahlreichen Ansätzen scheint sich in der Thermochemie die Dichtefunktionaltheorie (DFT) besonders zu bewähren, laut *Ziegler* (1998) gestattet sie die Abschätzung von Bindungsenergien mit einem Fehler von ± 25 kJ mol^{-1}, wenn man alle Elemente des Periodensystems einbezieht. Allerdings liefern die Rechnungen Daten für Prozesse in der Gasphase; die den Chemiker mehr interessierenden Reaktionen in Lösung, an denen Solvatationsprozesse entscheidend beteiligt sein können, sowie heterogene Vorgänge von Bedeutung für die Katalyse sind von routinemäßiger quantenchemischer Behandlung noch weit entfernt.

Selbst der Begriff Bindungsenergie als solcher bedarf eigentlich einer ausführlicheren Betrachtung, wie schon aus der Vielzahl in der Literatur verwendeter Symbole und ihrer Definitionen hervorgeht. In diesem Text wird vereinfachend von Bindungsenergien D gesprochen, um Trends des chemischen Verhaltens zu diskutieren. Eine aktuelle Einführung in verfeinerte thermochemische Betrachtungen bietet *Ellison* (2003): *What are Bond Strengths?*

Hauptgruppenelementorganyle

4 Darstellungsmethoden im Überblick

Die Verfahren zur Knüpfung von Hauptgruppenelement-Kohlenstoff-Bindungen lassen sich grob nach folgenden Reaktionstypen gliedern:

Oxidative Addition $\boxed{1}$, Austausch $\boxed{2}$–$\boxed{7}$,

Insertion $\boxed{8}$–$\boxed{10}$ Eliminierung $\boxed{11}$, $\boxed{12}$.

Metall + organische Halogenverbindung Direktsynthese $\boxed{1}$

$$2\,M + n\,RX \longrightarrow R_nM + MX_n \quad (\text{bzw. } R_nMX_n)$$

Beispiele:

$$2\,Li + C_4H_9Br \longrightarrow C_4H_9Li + LiBr$$
$$Mg + C_6H_5Br \longrightarrow C_6H_5MgBr$$

Die hohe Bildungsenthalpie des Salzes MX_n verleiht diesem Reaktionstyp exothermen Charakter. Dies gilt nicht mehr für die Elemente hoher Ordnungszahl (M = Tl, Pb, Bi, Hg) mit schwacher Bindung M–C. Für diese wird $\Delta H_f^\circ\,(R_nM) > 0$ nicht mehr durch $\Delta H_f^\circ\,(MX_n) < 0$ überkompensiert und es muß für einen weiteren Beitrag zur Triebkraft gesorgt werden, etwa durch Einsatz einer Legierung, die neben dem zu alkylierenden Element ein stark elektropositives Element enthält.

Legierungsverfahren

$$2\,Na + Hg + 2\,CH_3Br \longrightarrow (CH_3)_2Hg + 2\,NaBr \quad \Delta H = -530\ \text{kJ/mol}$$
$$4\,NaPb + 4\,C_2H_5Cl \longrightarrow (C_2H_5)_4Pb + 3\,Pb + 4\,NaCl$$
$$(\text{Beitrag von } \Delta H_f^\circ\,(NaX) \text{ zur Triebkraft!})$$

Direktsynthesen sind ihrer Natur nach **oxidative Additionen** von RX an M° unter Bildung von $RM^{II}X$. Die Erzeugung neuer M–C-Bindungen durch Addition von RX an niedrigvalente Metallverbindungen ist der Direktsynthese prinzipiell ähnlich. *Beispiel:*

$$Pb^{II}I_2 + MeI \longrightarrow MePb^{IV}I_3$$

Metall + Metallorganyl Transmetallierung $\boxed{2}$

$$M + RM' \longrightarrow RM + M'$$
$$Zn + (CH_3)_2Hg \longrightarrow (CH_3)_2Zn + Hg \qquad \Delta H = -35\ \text{kJ/mol}$$

Dieses Prinzip ist anwendbar auf M = Alkali-, Erdalkalimetall, Al, Ga, Sn, Pb, Bi, Se, Te. RM' muß schwach exothermer oder besser endothermer Natur sein (z.B. Me_2Hg, $\Delta H_f^\circ = +94$ kJ/mol). Entscheidend für die Durchführbarkeit ist letztlich der Unterschied $\Delta(\Delta G_f^\circ)RM, RM'$.

Metallorganyl + Metallorganyl

Metall-Metall-Austausch [3]

$$RM + R'M' \longrightarrow R'M + RM'$$

$$4\ PhLi + (CH_2{=}CH)_4Sn \longrightarrow 4\ (CH_2{=}CH)Li + Ph_4Sn$$

Hier sorgt die Gleichgewichtsverschiebung durch Ausfällung von Ph_4Sn für präparativ nützliche Ausbeuten an Vinyllithium.

Metallorganyl + Metallhalogenid

Metathese [4]

$$RM + M'X \longrightarrow RM' + MX$$

$$3\ CH_3Li + SbCl_3 \longrightarrow (CH_3)_3Sb + 3\ LiCl$$

Das Gleichgewicht liegt auf der rechten Seite, wenn M elektropositiver als M' ist. Für RM = Alkalimetallorganyl hat dieses Verfahren, bedingt durch den hohen Beitrag von MX zur Triebkraft, einen weiten Anwendungsbereich. Auch diese Reaktionen laufen gelegentlich unter der Bezeichnung „Transmetallierung".

Metallorganyl + Arylhalogenid

Metall-Halogen-Austausch [5]

$$RM + R'X \longrightarrow RX + R'M \quad M = Li$$

$$n\text{-}BuLi + PhX \longrightarrow n\text{-}BuX + PhLi$$

Das Gleichgewicht liegt auf der rechten Seite, wenn R' besser als R in der Lage ist, eine negative Ladung zu stabilisieren. Somit ist diese Reaktion praktisch nur für **Aryl**halogenide von Bedeutung (X = I, Br, selten Cl, nie F). F an C_6H_5F wird nicht direkt gegen Li ausgetauscht, stattdessen erfolgt **ortho**-Metallierung. LiF-Eliminierung zum Arin und RLi-Addition an die $C{\equiv}C$-Dreifachbindung. Nach Hydrolyse wird PhR erhalten.

Konkurrenzreaktionen zum Metall-Halogen-Austausch sind die Alkylierung und die Metallierung von R'X. Der Metall-Halogen-Austausch ist jedoch, als vergleichsweise schnelle Reaktion, bei tiefen Temperaturen begünstigt („**kinetische Kontrolle**"). Dies gestattet es, Substrate mit reaktiven Substituenten wir NO_2, $CONR_2$, COOR, $SiCl_3$ etc. einzusetzen, die bei der tiefen Reaktionstemperatur von RLi nicht angegriffen werden. Der Metall-Halogen-Austausch von t-BuLi mit primären Alkyliodiden erfolgt rascher als die Deprotonierung von Methanol!

Neuere mechanistische Vorstellungen (*Bailey*, 1988) gehen von der intermediären Bildung von Radikalen aus. Demnach wird der Metall-Halogen-Austausch durch Einelektronenübertragung (single electron transfer, **SET**) eingeleitet:

$$RLi + R'X^{\cdot} \xrightarrow{\ SET\ } \left\{ \begin{matrix} Li^+\ R^{\cdot} \\ R'^{\cdot}\ X^- \end{matrix} \right\} \longrightarrow R'Li + RX$$

$$\text{Solvens-Käfig}$$

Der Nachweis von Radikalen im Reaktionsmedium gelang mittels EPR und CIDNP. Dies beweist allerdings noch nicht deren Rolle als mechanistische Zwischenstufen.

Eine mechanistische Alternative beinhaltet den nucleophilen Angriff von R–Li an R'–X unter intermediärer Bildung von Halogen-„**at-Komplexen**":

$$R\text{–}Li + R'\text{–}X \rightleftharpoons [R\overset{\ominus}{\text{–}}X\text{–}R'\ \overset{\oplus}{Li}] \rightleftharpoons R\text{–}X + R'\text{–}Li$$

In einem Einzelfall konnte ein derartiger „at-Komplex" isoliert und röntgenographisch charakterisiert werden: $[Li(TMEDA)_2]^+[(C_6F_5)_2I]^-$ (*Farnham*, 1986). Die Zuordnung eines der beiden Mechanismen oder sogar deren paralleler, konkurrierender Ablauf ist bis heute umstritten. Die

Beobachtung, daß Iod-„at-Komplexe" unter Radikalbildung zerfallen können (*Bailey*, 1998), deutet aber an, daß die Grenzen zwischen den beiden Alternativen unscharf sind und daß möglicherweise ein übergeordneter Mechanismus abläuft, der, je nach der Natur der Substrate, unterschiedliche Experimentalbefunde liefert.

Metallorganyl + C–H-acide Verbindung   Metallierung 6

$$RM + R'H \rightleftharpoons RH + R'M \qquad M = \text{Alkalimetall}$$

$$PhNa + PhCH_3 \rightleftharpoons PhH + PhCH_2Na$$

Metallierungen **(Ersatz von H durch M)** sind als Säure/Base-Gleichgewichte $R^- + R'H \rightleftharpoons RH + R'^-$ zu betrachten, die mit zunehmender Acidität von $R'H$ auf der Seite der Produkte liegen. Entscheidend für den praktischen Erfolg von Metallierungsreaktionen ist allerdings die **„kinetische CH-Acidität"** (S. 47).

Verbindungen besonders hoher CH-Acidität (Acetylene, Cyclopentadiene) können auch mit Alkalimetallen in einer Redoxreaktion metalliert werden:

$$C_5H_6 + Na \xrightarrow{\text{THF}} C_5H_5Na + 1/2\ H_2$$

Quecksilbersalz + organische Verbindung   Mercurierung 7

$$HgX_2 + RH \xrightarrow[-HX]{} RHgX \xrightarrow[-HX]{+RH} R_2Hg$$

Die Mercurierung, formal ebenfalls eine Metallierung, ist im Falle aliphatischer Verbindungen auf Substrate hoher CH-Acidität beschränkt (Alkine, Carbonyl-, Nitro-, Halogeno-, Cyanoverbindungen etc.).

$$Hg[N(SiMe_3)_2]_2 + CH_3COCH_3 \longrightarrow (CH_3COCH_2)_2Hg + 2\ HN(SiMe_3)_2$$

Im Falle des Mercurierungsagens $Hg(CH_3COO)_2$ läßt sich die zweite Stufe im allgemeinen nur unter scharfen Reaktionsbedingungen erzwingen. Einen breiteren Anwendungsbereich besitzt die **Mercurierung aromatischer Verbindungen**:

$$Hg(CH_3COO)_2 + ArH \xrightarrow[\text{Kat. } HClO_4]{MeOH} ArHg(CH_3COO) + CH_3COOH$$

Mechanistisch ist diese Reaktion vom Typ der elektrophilen aromatischen Substitution.

Metallhydrid + Alken (Alkin)   Hydrometallierung 8

$$MH + \overset{\diagup}{\underset{\diagdown}{C}}{=}\overset{\diagdown}{\underset{\diagup}{C}} \longrightarrow M-\overset{|}{\underset{|}{C}}-\overset{|}{\underset{|}{C}}-H$$

M = B, Al; Si, Ge, Sn, Pb; Zr

$$(C_2H_5)_2AlH + C_2H_4 \longrightarrow (C_2H_5)_3Al \quad \text{Hydroaluminierung}$$

Die Additionsfreudigkeit steigt gemäß Si–H<Ge–H<Sn-H<Pb–H, die Additionsrichtung ist cis.

Metallorganyl + Alken (Alkin)   Carbometallierung $\boxed{9}$

$$R-M \;+\; \diagup_{\diagdown}C=C^{\diagup}_{\diagdown} \longrightarrow R-\overset{|}{\underset{|}{C}}-\overset{|}{\underset{|}{C}}-M$$

$$n\text{-BuLi} + \text{Ph–C} \equiv \text{C–Ph} \quad \xrightarrow[\text{2. H}^+]{\text{1. Et}_2\text{O}} \quad \overset{\text{Ph}}{\underset{n\text{-Bu}}{\diagup}}C=C\overset{\text{Ph}}{\underset{\text{H}}{\diagdown}}$$

Wie die Hydrometallierung läuft auch die Carbometallierung als cis-Addition ab. Im Gegensatz zu M–H gelingt die Addition von M–C an Alkene bzw. Alkine nur im Falle der elektropositivsten Metalle (M = Alkalimetall, Al).

Metallorganyl + Carbenquelle   Carben-Insertion $\boxed{10}$

$$\text{PhSiH}_3 + \text{CH}_2\text{N}_2 \quad \xrightarrow{h\nu} \quad \text{PhSi(CH}_3)\text{H}_2 + \text{N}_2$$

$$\text{Me}_2\text{SnCl}_2 + \text{CH}_2\text{N}_2 \quad \longrightarrow \quad \text{Me}_2\text{Sn(CH}_2\text{Cl)Cl} + \text{N}_2$$

$$\text{Ph}_3\text{GeH} + \text{PhHgCBr}_3 \quad \longrightarrow \quad \text{Ph}_3\text{GeCBr}_2\text{H} + \text{PhHgBr}$$

$$\text{RHgCl} + \text{R}'_2\text{CN}_2 \quad \longrightarrow \quad \text{RHgCR}'_2\text{Cl} + \text{N}_2$$

Die Einschiebung des Carbens in eine M–C-Bindung wird jeweils vermieden, Einschiebungen in M–H und M–X sind begünstigt.

Pyrolyse von Carboxylaten   Decarboxylierung $\boxed{11}$

$$\text{HgCl}_2 + 2\,\text{NaOOCR} \longrightarrow \text{Hg(OOCR)}_2 \xrightarrow{\Delta} \text{R}_2\text{Hg} + 2\,\text{CO}_2$$

R sollte elektronenziehende Substituenten enthalten (R = C_6F_5, CF_3, CCl_3 etc.). Aus Organoelementformiaten entstehen durch Decarboxylierung Organoelementhydride:

$$(n\text{-Bu})_3\text{SnOOCH} \xrightarrow[\text{verm. Druck}]{170\,°\text{C}} (n\text{-Bu})_3\text{SnH} + \text{CO}_2$$

Arylierung mittels Diazoniumsalz $\boxed{12}$

Dieser Weg ist in der Organometallchemie nur von geringer Bedeutung.

$$\text{ArN}_2^+\text{Cl}^- + \text{HgCl2} \longrightarrow \text{ArN}_2^+\text{HgCl}_3^- \longrightarrow \text{ArHgCl, Ar}_2\text{Hg} + \text{N}_2$$
$$\text{(je nach Katalysator)}$$

$$\text{ArN}_2^+\text{X}^- + \text{As(OH)}_3 \longrightarrow \text{ArAsO(OH)}_2 + \text{N}_2 + \text{HX} \quad \text{(BART-Reaktion)}$$
$$\text{Arylarsonsäure}$$

5 Alkalimetallorganyle (Gruppe 1)

5.1 Lithiumorganyle

Darstellung: 1, 2, 3, 5, 6, 9

Am wichtigsten sind die Methoden **1** (da von Li-Metall ausgehend) und **6** (da *n*-BuLi käuflich ist).

$$CH_3Br + 2\ Li \xrightarrow[20\ °C]{Et_2O} CH_3Li + LiBr \qquad \boxed{1}$$

$$C_5Me_5H + n\text{-BuLi} \xrightarrow[-78\ °C]{THF} C_5Me_5Li + n\text{-Butan} \qquad \boxed{6}$$

Perlithiierte Kohlenwasserstoffe entstehen in der Kondensation von Li-Dampf mit Chlorkohlenwasserstoffen, so z.B. CLi_4 aus CCl_4 und Li (*Lagow*, 1972).

Die Luftempfindlichkeit alkalimetallorganischer Verbindungen gebietet deren Handhabung in einer **Schutzgas-Atmosphäre (N_2, Ar)**. Im Gegensatz zu *Grignard*-Reagenzien, deren Löslichkeitseigenschaften Ether erfordern, werden Organolithiumverbindungen meist kostengünstig in inerten Kohlenwasserstoffen wie Hexan bereitet und umgesetzt.

Für die **Gehaltsbestimmung** von RLi-Lösungen stehen volumetrische Methoden zur Verfügung. Eine einfache Säure-/Base-Titration mittels HX gemäß

$$RLi + H_2O \longrightarrow RH + LiOH$$

$$LiOH + HX \longrightarrow LiX + H_2O$$

ist ungeeignet, da Alkoxide ROLi (aus der Reaktion von RLi mit O_2 oder gegebenenfalls aus Etherspaltung stammend) einen zu hohen Gehalt an RLi vortäuschen würden. Daher bedient man sich einer doppelten Titration (*Gilman*, 1964) und ermittelt den Gehalt an RLi durch Differenzbildung (m+n)–n:

1. $m\ RLi + n\ ROLi + (m+n)\ HX \longrightarrow m\ RH + n\ ROH + (m+n)\ LiX$

2. $m\ RLi + n\ ROLi + m\ BrCH_2CH_2Br \longrightarrow m\ RBr + m\ LiBr + m\ C_2H_4 + n\ ROLi$

$$n\ ROLi + n\ HX \longrightarrow n\ ROH + n\ LiX$$

Neue Bestimmungsmethoden mit selbstindizierenden Reagenzien wie N-Pivaloyl-o-toluidin (R' = H) (*Suffert*, 1989) erlauben jedoch auch eine direkte Titration:

Dieses Verfahren wird durch Lithiumalkoxide nicht gestört. Zur Bestimmung von Phenyllithium in Lösung ist das Reagenz *N*-Pivaloyl-*o*-benzylanilin (R′ = C₆H₅) einzusetzen.

Eine besonders vielseitige Methode nutzt den Farbwechsel, der bei der Spaltung von Ditelluriden auftritt (*Ogura*, 1989):

$$PhTeTePh + RM \rightarrow RTePh + PhTeM$$
rot (M = Li, MgBr) blaßgelb

Sie eignet sich auch zur quantitativen Bestimmung der schwächer basischen Alkinyllithium- und *Grignard*-Reagenzien.

Struktur und Bindungsverhältnisse

Hervorstechendes Merkmal der Organolithiumverbindungen ist ihre Neigung, sowohl in Lösung als auch im festen Zustand **oligomere Einheiten** zu bilden. So kann die Struktur von festem **Methyllithium** als kubisch raumzentrierte Packung von [LiCH₃]₄ Einheiten beschrieben werden, in denen Li₄-Tetraeder jeweils 4 flächendeckende CH₃-Gruppen tragen (*Weiss*, 1964).

a) Einheitszelle
von [LiCH₃]₄ (s)

b) schematische Darstellung
der Einheit [LiCH₃]₄

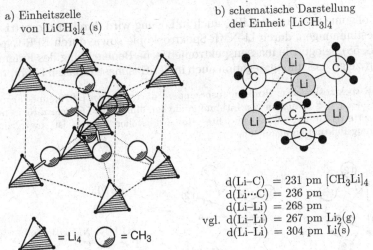

d(Li–C) = 231 pm [CH₃Li]₄
d(Li⋯C) = 236 pm
d(Li–Li) = 268 pm
vgl. d(Li–Li) = 267 pm Li₂(g)
d(Li–Li) = 304 pm Li(s)

= Li₄   = CH₃

Als Gitterbausteine liegen demnach verzerrte Würfel vor, deren Ecken abwechselnd durch C- und Li-Atome besetzt sind (b). Diese Art der Anordnung in Form eines **Heterocubans** wird für Spezies des Typs [**AB**]₄ häufig angetroffen.

Wie eine Betrachtung der Li–C-Abstände zeigt, wechselwirken die Methylgruppen einer $[LiCH_3]_4$-Einheit auch mit Li-Atomen des jeweils benachbarten Li_4-Tetraeders. Diese intermolekularen Kräfte vom Typ der agostischen Wechselwirkung (vergl. S. 277) sind für die geringe Flüchtigkeit und die Unlöslichkeit von $LiCH_3$ in nicht solvatisierenden Medien verantwortlich.

Eine ähnliche Struktur wie Methyllithium besitzt auch das **t-Butyllithium**. Die intermolekularen Wechselwirkungen sind hier jedoch schwach, t-BuLi löst sich im Gegensatz zu MeLi in Kohlenwasserstoffen und kann bei 70 °C/1 mbar sublimiert werden.

Der Grad der Assoziation von Lithiumorganylen wird entscheidend durch die Natur des Lösungsmittels geprägt:

LiR	Lösungsmittel	Assoziat
$LiCH_3$	Kohlenwasserstoff	Hexamer (Li_6-Oktaeder)
	THF, Et_2O	Tetramer (Li_4-Tetraeder)
	$Me_2NCH_2CH_2NMe_2$ (TMEDA)	Monomer
$Li(n\text{-}C_4H_9)$	Cyclohexan	Hexamer
	Et_2O	Tetramer
$Li(t\text{-}C_4H_9)$	Kohlenwasserstoff	Tetramer
LiC_6H_5	THF, Et_2O	Dimer
$LiCH_2C_6H_5$ (benzyl)	THF, Et_2O	Monomer
LiC_3H_5 (allyl)	Et_2O	hoch aggregiert ($n \geq 10$)
	THF	Monomer

Das Vorliegen oligomerer Formen $[LiR]_n$ auch in Lösung wird durch osmometrische Molgewichtsbestimmungen, durch Li–NMR-Spektroskopie sowie durch EPR-Experimente (vergl. S. 58) belegt. Die massenspektrometrische Beobachtung des Fragmentes $[Li_4(t\text{-}Bu)_3]^+$ zeigt, daß die Aggregation auch in der Gasphase erhalten bleibt.

Gründliche NMR-spektroskopische Studien, insbesondere durch *Brown* (1970) und *Fraenkel* (1984), haben erwiesen, daß Lösungen von Lithiumorganylen, ähnlich wie *Grignard*-Reagenzien (S. 65), komplizierte dynamische Gleichgewichtssysteme darstellen. Hierbei ist sowohl **intramolekulare Bindungsfluktuation** anzunehmen:

$[(t\text{-}Bu)^6Li]_4$

$^{13}C\ \{^1H\}$ NMR Befund:
T < −22 °C:
$^1J(^{13}C, 3\ ^6Li) = 5.4$ Hz
T < −5 °C:
$^1J(^{13}C, 4\ ^6Li) = 4.1$ Hz
(*Thomas*, 1986)

• = ^6Li
⑫ ⑬ = $^{12}C_\alpha, ^{13}C_\alpha$

als auch **intermolekularer Austausch**:

$$
\left.
\begin{array}{ccc}
R_4Li_4 & \rightleftharpoons & 2\ R_2Li_2 \\
+ & & + \\
R'_4Li_4 & \rightleftharpoons & 2\ R'_2Li_2
\end{array}
\right\}
\rightleftharpoons 2\ R_2R'_2Li_4 \rightleftharpoons 4\ RR'Li_2 \rightleftharpoons
\left\{
\begin{array}{c}
R_3R'Li_4 \\
+ \\
RR'_3Li_4
\end{array}
\right.
$$

Daß derartige Umverteilungsprozesse unter Spaltung der Li_4-Einheiten und nicht durch Ligand-übertragung unter Erhaltung von Li_4 erfolgen, wurde auch massenspektroskopisch gezeigt (*Brown*, 1970):

$$
t\text{-}Bu_4{}^6Li_4 + t\text{-}Bu_4{}^7Li_4 \xrightarrow{\text{Cyclopentan}} t\text{-}Bu_4{}^6Li_3{}^7Li + t\text{-}Bu_4{}^6Li_2{}^7Li_2 + \ldots
$$

Die kinetischen Parameter all dieser Vorgänge sind stark durch die Natur des Mediums und der Reste R geprägt.

Die Neigung der Lithiumorganyle, sowohl im festen Zustand als auch in Lösung Assoziate zu bilden, beruht auf der Tatsache, daß im einzelnen Molekül LiR die Zahl der Valenzelektronen zu gering ist, um via Zweielektronen-Zweizentrenbindungen (2e2c) alle verfügbaren Li-Valenzorbitale auszunützen („Elektronenmangel"). In den Assoziaten $[LiR]_n$ hingegen wird dieser Elektronenmangel durch Ausbildung von **Mehrzentrenbindungen**, z.B. 2e4c, ausgeglichen. Dies sei am Beispiel der tetraedrischen Spezies $[LiCH_3]_4$ veranschaulicht:

Li_4-Skelett mit 4 $Li(sp^3)$-Hybridorbitalen je Li-Atom. Orientierung:

1 × **axial**, identisch mit einer dreizähligen Achse des Tetraeders,

3 × **tangential**, in die Richtung der Normalen auf die Dreiecksflächen deutend.

Gruppenorbitale, gebildet aus tangentialen $Li(sp^3)$-Hybridorbitalen der Li-Atome einer Dreiecksfläche:

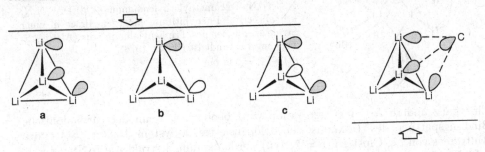

Bindendes **Vierzentren-Molekülorbital** aus der Wechselwirkung zwischen dem Li_3-Gruppenorbital **a** und einem $C(sp^3)$-Hybridorbital. Dieses 4c-MO ist sowohl Li–C- als auch Li–Li-bindend. Der Elektronegativitätsdifferenz zwischen Li und C entsprechend dürfte sich das Elektronenpaar der 2e4c-Bindung näher am C-Atom als an den Li-Atomen aufhalten.

MO-Diagramm für eine der
vier 2e4c-Bindungen in R_4Li_4:

Die **Bindungspolarität** $Li^{\delta+}$ ◄$C^{\delta-}$ ist experimentell, zum Beispiel NMR-spektroskopisch, nachweisbar. In Matrixisolation besitzen $LiCH_3$-Moleküle ein Dipolmoment von etwa 6 Debye (*Andrews*, 1967). Für den Fall vollständiger Ladungstrennung (ionisch) wäre ein Wert von 9.5 Debye zu erwarten. Feinheiten der Bindungsnatur werden derzeit noch diskutiert: So ist die Li–C-Bindung sowohl durch beträchtliche kovalente Anteile (*Lipscomb*, 1980; *Ahlrichs* 1986) als auch im wesentlichen ionisch (*Streitwieser*, 1976; *Schleyer*, 1988, 1994) gedeutet worden. Eine aktuelle quantenchemische Arbeit (*Bickelhaupt*, 1996) liefert für Methyllithium-Oligomere das Bild einer stark polaren Elektronenpaarbindung, welches durch die Beteiligung zweier Komponenten unterschiedlicher Polarität geprägt wird:

(1) einer kovalenten Elektronenpaarbindung zwischen bindenden C–C- und Li–Li-Fragmentorbitalen, die aus den $(CH_3^·)_4$- und $(Li^·)_4$-Einheiten stammen,

(2) einer stark polaren Wechselwirkung zwischen den jeweiligen antibindenden C–C- und Li–Li-Fragmentorbitalen. Hierbei stabilisiert der Abzug von antibindender Elektronendichte aus dem $(Li)_4^*$ Orbital den Li_4 Cluster.

Die unbesetzten axialen $Li(sp^3)$-Hybridorbitale werden im Kristallverband zur Wechselwirkung mit Methylgruppen benachbarter $[LiCH_3]_4$-Einheiten (S. 37) oder in Lösung zur Koordination von σ-Donoren (*Lewis*-Basen, Lösungsmittelmoleküle) benützt. Eine derartige Struktur besitzt auch das tetramere Etherat des **Phenyllithiums**, $[(\mu_3\text{-}C_6H_5)Li \cdot OEt_2]_4$.

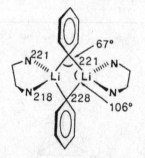

In Gegenwart des Chelatliganden N,N,N′,N′-Tetramethylethylendiamin (TMEDA, N͡ N) kristallisiert Phenyllithium hingegen dimer in einer Struktur, die der des Triphenylaluminiums (Al_2Ph_6, S. 112) eng verwandt ist (*Weiss*, 1978).
d(Li–Li) = 249 pm

Eine ganz andere Art der Assoziation wird beobachet, wenn der carbanionische Bindungspartner des Lithiums ein delokalisiertes π-System besitzt. Statt des Auftretens von Li_n-Clustern (n = 2, 4, 6) werden kolumnarstrukturierte Stapel ausgebildet, deren geometrische Einzelheiten von der Koordination solvatisierender Moleküle abhängen. Solvatfreies Cyclopentadienyllithium, LiC_5H_5 (LiCp), kristallisiert nach Art eines Polydecker-Sandwichkomplexes (S. 533), wobei die Li^+-Kationen nahezu auf einer Geraden liegen und die Cp-Ringe parallel, ekliptisch ausgerichtet sind. In Gegenwart von Komplexbildnern finden sich im Kristall hingegen monomere Bausteine, *Beispiel:* [Li(12-Krone-4)]C_5H_5. Ein Ausschnitt aus der Polymerstruktur von LiCp ist in dem Lithocen-Anion [Li(C_5H_5)$_2$]$^-$ gegeben, auf dessen Existenz schon vor langer Zeit aus Leitfähigkeitsmessungen geschlossen wurde (*Strohmeier*, 1962). Letztere legten das Vorliegen eines Gleichgewichtes nahe, aus welchem das Lithocen-Anion mit großvolumigen Kationen kristallin ausgefällt werden kann:

$$2 \text{ LiC}_5\text{H}_5 \;\rightleftharpoons\; \text{Li}^+ + [\text{Li(C}_5\text{H}_5)_2]^- \xrightarrow[\text{THF}]{\text{Ph}_4\text{P}^+\text{Cl}^-} \text{Ph}_4\text{P[Li(C}_5\text{H}_5)_2] + \text{LiCl}$$

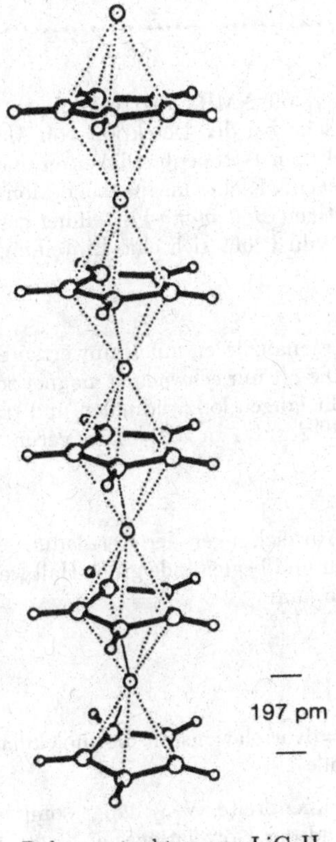

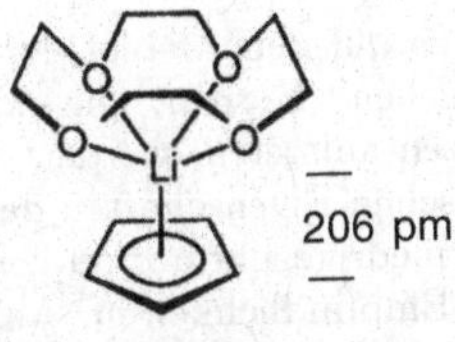

Struktur des sandwichartigen Komplexes [Li(12-Krone-4)]C_5H_5 (*Power*, 1991)

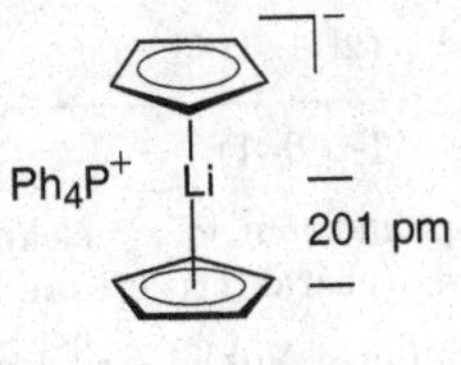

206 pm

197 pm

Polymerstruktur von LiC$_5$H$_5$ im Kristall (hochauflösende Pulverdiffraktometrie, (*Olbrich*, 1997)

Ph$_4$P$^+$ Li

201 pm

Struktur des Lithocenanions im Kristall, Ringstellung gestaffelt, Symmetrie D$_{5d}$ (*Harder*, 1994)

Zickzackketten mit gekippten Sandwicheinheiten werden, im Gegensatz zu den schwereren Alkalimetallen, für Lithiumcyclopentadienyle nicht angetroffen. Dies mag auf sterische Gründe zurückzuführen sein, die aus dem kleinen Ionenradius von Li$^+$ folgen. Zickzackketten findet man aber für Li-Verbindungen des offeneren Allylliganden, *Beispiel:* (Ph(CH)$_3$Ph)Li · Et$_2$O (*Boche*, 1986):

$d(Li–C_m) = 231$ pm
(Mittelwerte)
$d(Li–C_t) = 248$ pm

....

EXKURS 2: ^{6}Li- und ^{7}Li-NMR von Lithiumorganylen

Forschung auf dem Gebiet der Organometallchemie erfordert oft NMR-Spektroskopie an „ungewöhnlichen" Kernen. Die experimentellen Probleme, welche bei der Detektion von Metallresonanzen auftreten, werden durch die oft geringen natürlichen Isotopenhäufigkeiten und die magnetischen Eigenschaften der untersuchten Kerne verursacht. Kleine magnetische Momente ergeben niedrige Larmorfrequenzen und wegen der ungünstigen *Boltzmann*-Verteilung geringe relative Empfindlichkeiten. Anhand der Kern-Spinquantenzahl I läßt sich eine Einteilung der magnetisch aktiven Isotope in zwei Klassen vornehmen:

1. Kerne mit Spinquantenzahl I = 1/2

Diese liefern bei kleineren Molekülen in der Regel scharfe Resonanzlinien mit Halbwertsbreiten $W_{1/2}$ (Linienbreite in halber Höhe) zwischen 1 und 10 Hz. Die oft nur schwachen magnetischen Wechselwirkungen mit der Umgebung können jedoch zu sehr langen longitudinalen und transversalen Relaxationszeiten T_1 bzw. T_2 führen [*Beispiel:* $T_1(^{109}Ag)$ bis zu 10^3 s]. Dies verursacht Probleme bei der Detektion solcher Metallresonanzen.

2. Kerne mit Spinquantenzahl I ≥ 1

Derartige Kerne besitzen elektrische Quadrupolmomente (Abweichungen der Kernladungsverteilung von der Kugelform), was sehr kurze Relaxationszeiten und begleitende große Halbwertsbreiten $W_{1/2}$ (bis zu mehreren zehntausend Hz) verursachen kann.

$$W_{1/2} \sim \frac{(2I + 3) \; Q^2 \; q_{zz}^2 \; \tau_c}{I^2 \; (2I\text{-}1)}$$

Q = Quadrupolmoment, q_{zz} = elektrischer Feldgradient, τ_c = Korrelationszeit der molekularen Reorientierung (charakterisiert die Beweglichkeit der Moleküle).

Für ein bestimmtes Nuklid sind I und Q vorgegeben. Die Linienbreite $W_{1/2}$ hängt somit nur noch vom Quadrat des elektrischen Feldgradienten (q_{zz}^2) und der Korrelationszeit τ_c ab. Relativ scharfe Linien werden also bei Verbindungen mit niedrigem Molekulargewicht (kleines τ_c) beobachtet, falls die Quadrupolkerne von Ligandfeldern mit regulärer kubischer Symmetrie umgeben sind, wie dies z.B. für tetraedrische oder oktaedrische Ligandanordnungen zutrifft. In diesen Fällen ist durch die Abwesenheit eines elektrischen Feldgradienten q_{zz} der Ligandensphäre am Kernort ein wichtiger Relaxationsweg eliminiert. Die Korrelationszeit τ_c läßt sich in gewissen Grenzen auch über die Viskosität des Mediums (Wahl des Lösungsmittels, Meßtemperatur) steuern.

Ein grobes Maß für die Chance, magnetische Resonanz eines Kernes X zu beobachten, ist dessen Rezeptivität. Die **relative Rezeptivität** bezogen auf das Proton ($D_p^x = 1.000$) ist wie folgt definiert:

$$D_x^p = \frac{\gamma_x^3 \; N_x \, I_x \, (I_x + 1)}{\gamma_p^3 \; N_p \, I_p \, (I_p + 1)}$$

I = Kernspin
N = natürliche Häufigkeit (%)
γ = magnetogyrisches Verhältnis

$$\gamma = \frac{\text{magnetisches Moment}}{\text{mechanischer Drehimpuls}} = \frac{\mu_x}{I \cdot h/2p} \; \left(\frac{\text{rad}}{\text{s T}}\right)$$

In der nachfolgenden Tabelle sind die Eigenschaften unkonventioneller Kerne den Routinefällen ^{1}H, ^{11}B, ^{13}C, ^{19}F und ^{31}P gegenübergestellt.

Kern	N(%)	I	Q (barn) $(10^{-28}$ m^2)	NMR-Frequenz (MHz) bei 2.35 T	Standard	Relative Rezeptivität D_x^p
^{1}H	99.9	1/2	–	100	Me$_4$Si	1.000
^{6}Li	7.4	1	$-8.0 \cdot 10^{-4}$	14.7	Li$^+$(aq)	$6.31 \cdot 10^{-4}$
^{7}Li	92.6	3/2	$-4.5 \cdot 10^{-2}$	38.9	Li$^+$(aq)	0.27
^{11}B	80.4	3/2	$3.55 \cdot 10^{-2}$	32.1	BF$_3$.OEt$_2$	0.13
^{13}C	1.1	1/2	–	25.1	Me$_4$Si	$1.76 \cdot 10^{-4}$
^{19}F	100	1/2	–	94.1	CCl$_3$F	0.83
^{23}Na	100	3/2	0.12	26.5	Na$^+$(aq)	$9.25 \cdot 10^{-2}$
^{25}Mg	10.1	5/2	0.22	6.1	Mg^{2+}(aq)	$2.71 \cdot 10^{-4}$
^{27}Al	100	5/2	0.15	26.1	Al(acac)$_3$	0.21
^{29}Si	4.7	1/2	–	19.9	Me$_4$Si	$3.7 \cdot 10^{-4}$
^{31}P	100	1/2	–	40.5	H$_3$PO$_4$	$6.63 \cdot 10^{-2}$
^{51}V	99.8	7/2	0.3	26.3	VOCl$_3$	0.38
^{57}Fe	2.19	1/2	–	3.2	Fe(CO)$_5$	$7.39 \cdot 10^{-7}$
^{59}Co	100	7/2	0.4	23.6	[Co(CN)$_6$]$^{3-}$	0.28
^{71}Ga	39.6	3/2	0.11	30.5	Ga^{3+}(aq)	$5.62 \cdot 10^{-2}$
^{77}Se	7.6	1/2	–	19.1	Me$_2$Se	$5.26 \cdot 10^{-4}$
^{103}Rh	100	1/2	–	3.2	Rh(acac)$_3$	$3.12 \cdot 10^{-5}$
^{119}Sn	8.6	1/2	–	37.3	Me$_4$Sn	$4.44 \cdot 10^{-3}$
^{125}Te	7.0	1/2	–	31.5	Me$_2$Te	$2.2 \cdot 10^{-3}$
^{183}W	14.4	1/2	–	4.2	WF$_6$	$1.04 \cdot 10^{-5}$
^{195}Pt	33.8	1/2	–	21.4	[Pt(CN)$_6$]$^{2-}$	$3.36 \cdot 10^{-3}$

Quelle: *R. K. Harris, B. E. Mann*, NMR and the Periodic Table, Academic Press, New York, 1978.

Die große Bedeutung von Organolithiumverbindungen in der Synthese rechtfertigt eine kurze Betrachtung **Li-NMR**-spektroskopischer Charakteristika. Die Wahl zwischen den Isotopen ^{6}Li (I = 1) und ^{7}Li (I = 3/2) ist aus dem Blickwinkel der Aufgabenstellung zu treffen. Während ^{7}Li die größere Rezeptivität, wegen des größeren Quadrupolmoments aber auch größere Linienbreiten aufweist, ist ^{6}Li durch geringere Rezeptivität bei reduzierten Linienbreiten gekennzeichnet (*Wehrli*, 1978).

Somit zeigt **^{7}Li-NMR** die **höhere Empfindlichkeit**, **^{6}Li-NMR** jedoch die **bessere Auflösung** von Kopplungsmustern (^{6}Li trägt das kleinste aller bekannten Kernquadrupolmomente), vgl. *Günther* (1996).

Unter den Alkalimetallorganylen besitzen Lithiumorganyle nicht nur den größten Anwendungsbereich, sondern auch die größte Vielfalt der Struktur- und Bindungsverhältnisse. Li–NMR liefert wichtige Beiträge zur Klärung dieser Verhältnisse in Lösung. Während NMR der weitgehend ionogen aufgebauten Organyle der schweren Alkalimetalle Na–Cs durch die Natur des M$^+$-Solvatkomplexes bestimmt wird, wobei das organische Gegenion relativ unbedeutend ist, zeigen Li-NMR-Spektren eine größere Variationsbreite. Sie reicht von den dominant kovalent gebundenen Lithiumalkylen LiR bis zu den Ionenpaaren der Lithium-tetraorganometallate und der Organolithiumverbindungen stark resonanzstabilisierter Anionen wie Triphenylmethyl oder Cyclopentadienyl. Wie zu erwarten, spielen Lösungsmitteleffekte in der Li-NMR-Spektroskopie eine wichtige Rolle, denn die Solvatationskraft prägt die Polarität der Li-C-Bindung wesentlich und beeinflußt auch den Assoziationsgrad (S. 38).

Die NMR-Verschiebungen δ^7Li überstreichen einen kleinen Bereich von 10 ppm, der bei Beschränkung auf dominant kovalent gebundene Lithiumorganyle auf etwa 2 ppm schrumpft. Aufgrund der starken Lösungsmittelabhängigkeit sowie des geringen Verschiebungsbereiches sind $\delta^{6,7}$Li-Werte seltener zur Strukturaufklärung benutzt worden als die entsprechenden NMR-Parameter anderer Kerne.

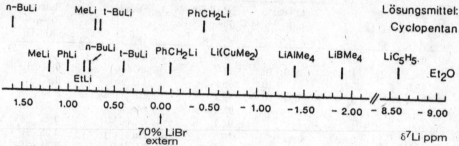

An Verallgemeinerungen lassen sich nennen:

- ^{7}Li-NMR-Resonanzen kovalenter Li-Organyle erscheinen bei tiefem Feld, solche ionogen aufgebauter Spezies bei hohem Feld.

- Lösungsmittelverschiebungen sind wesentlich, in ihrer Richtung aber nicht a priori vorhersehbar.

- Das Auftreten skalarer Kopplungen $^1J(^{13}C, ^6Li)$ bzw. $^1J(^{13}C, ^7Li)$ spricht für den Kovalenzanteil der Li-C-Bindung in Lithiumalkylen.

- Methode der Wahl zum Studium der Strukturdynamik in der Organolithiumchemie ist die Untersuchung von ^{6}Li-Organylen in $^{13}C_\alpha$-Anreicherung.

Anwendungsbeispiele

(1) **Nachweis der tetrameren Struktur von t-Butyllithium in Lösung**

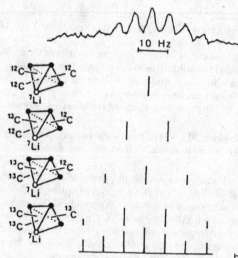

Die Rekonstruktion **b** des experimentellen Spektrums **a** [^{7}Li-NMR von t-BuLi (0.1 M) in Cyclohexan, RT, 57% ^{13}C-Anreicherung an den α-Positionen] ist eine Überlagerung der Spektren isotopomerer Spezies, in denen der beobachtete ^{7}Li-Kern mit 0, 1, 2 und 3 benachbarten ^{13}C-Kernen (I = 1/2) koppelt, $^1J(^{13}C, ^7Li) = 11$ Hz.

Die Übereinstimmung zwischen **a** und **b** zeigt, daß die im Festkörper vorliegende Assoziation zu [t-BuLi]$_4$-Einheiten auch in Lösung erhalten bleibt. Entsprechendes gilt für Methyllithium in THF bei –70 °C (*McKeever*, 1969).

② **Typ und Struktur von Ionenpaaren $Li^+C_mH_n^-$**

Verfügt die Gruppierung $C_mH_n^-$ einer Organolithiumverbindung über beträchtliche Resonanz-stabilisierung, so dominiert der ionogene Bindungstyp. In diesem Fall wird eine starke Lösungsmittelabhängigkeit der ^7Li-NMR-Verschiebung beobachtet, denn die Situationen „**Kontaktionenpaar**" und „**solvenssepariertes Ionenpaar**" führen zu stark unterschiedlichen Umgebungen für das Li^+-Kation. Zusätzlich zur Diagnose des Bindungstyps liefern ^7Li-NMR-Verschiebungen auch Hinweise auf die Position des Li^+-Kations relativ zum Anion. Dies sei am Beispiel Cyclopentadienyllithium versus Triphenylmethyllithium erläutert (*Cox*, 1974).

δ^7Li (1.0 M LiCl in H_2O als externer Standard)

Lithiumorganyl	Lösungsmittel			
	Et_2O	THF	DME	HMPA
$Li^+C(C_6H_5)_3^-$		-1.11	-2.41	-0.88
$Li^+C_5H_5^-$	-8.60	-8.37	-8.67	-0.88

Kontakt-Ionenpaar

Solvens-separiertes Ionenpaar

Die starke Hochfeldverschiebung des ^7Li-NMR Signals im Falle von $Li^+C_5H_5^-$ weist auf eine Struktur hin, in der sich das Li^+-Kation über der Ebene des cyclischen Carbanions, also im abschirmenden Bereich des aromatischen Ringstromes, aufhält. Die Abschirmung sollte noch zunehmen, wenn sich das Li^+-Ion zwischen *zwei* $C_5H_5^-$-Liganden befindet. In der Tat liefert das ^7Li-MAS-NMR Spektrum für das Lithocenanion in festem $Ph_4P[Li(C_5H_5)_2]$ den hohen Wert $\delta^7Li = -12.9$ ppm. Dieser Parameter kann nun als *Strukturkriterium* verwendet werden (*Johnels*, 1998). So wird für festes LiCp, in Einklang mit dessen Polydecker-Sandwichstruktur (S. 41), der Wert $\delta^7Li = -13.1$ ppm gemessen. Ferner ermöglicht Li-NMR ein Studium der Lage und der Li^+-Austauschdynamik für das Gleichgewicht

$$2\ LiCp \ \rightleftharpoons\ [Li(THF)_4]^+ + [LiCp_2]^-$$

δ^6Li -7.64   -1.10   -12.78   ppm

(THF, -100 °C)

Oberhalb -80 °C tritt Koaleszenz der ^6Li-NMR-Signale auf (*Paquette*, 1990).

Während im schwach solvatisierenden Lösungsmittel Tetrahydrofuran (THF) für $Li^+C(C_6H_5)_3^-$ und $Li^+C_5H_5^-$ unterschiedliche Ionenpaartypen realisiert sind, wird in dem stark solvatisierenden Lösungsmittel Hexamethylphosphorsäuretrisamid (HMPA) für beide Verbindungen die Bildung solvensseparierter Ionenpaare beobachtet.

Eine interessante neuere NMR-Methode zur Strukturuntersuchung gelöster Lithiumorganyle ist die **$^6Li,^1H$-HOESY-Technik** (2 D heteronukleare Overhauser Spektroskopie, *Schleyer* 1987). Da der Kern-Overhauser-Effekt auf Dipol-Dipol-Relaxation beruht, nimmt seine Wirkung mit r^{-6} ab. Somit läßt sich aus der Intensität der Kreuzpeaks zwischen ^6Li- und ^1H-Kernen auf deren räumliche Distanz schließen. $^6Li,^1H$-HOESY eignet sich u.a. zur Unterscheidung zwischen kontakt- und solvensseparierten Ionenpaaren, eine Anwendung ist die Strukturaufklärung von Lithiumorganocupraten $LiCuR_2$ in Lösung (S. 239).

Reaktionen von Organolithiumverbindungen

Lithiumorganyle LiR ähneln in ihrem Verhalten den *Grignard*-Reagenzien RMgX, sind jedoch reaktiver. Dieser Vorteil wird allerdings durch gewisse Einschränkungen bezüglich der Haltbarkeit erkauft. Zersetzung via LiH-Eliminierung unter Bildung von Alkenen setzt im allgemeinen erst bei erhöhter Temperatur (50–150 °C) ein. Als Ausnahme ist 2-Butyllithium zu nennen, dessen Zersetzung bereits bei 0 °C beginnt. Kritischer ist die Reaktivität gegenüber etherischen Lösungsmitteln. Nachfolgende Aufstellung (*Schlosser*, 1994) zeigt Temperatur-/Lösungsmittel-Kombinationen, für die das Organolithiumreagenz eine Halbwertzeit der Zersetzung durch Etherspaltung von mindestens 100 Stunden besitzt.

[°C]	Diethylether DEE	Tetrahydrofuran THF	Dimethoxyethan DME
+ 50	$Li–CH_3$		
+ 25	$Li–C_6H_5$		
0	**$Li–CH_2C_3H_7$**	$Li–CH_3$	
– 25	$Li–CH\begin{smallmatrix}CH_3\\C_2H_5\end{smallmatrix}$	$Li–C_6H_5$	
– 50	$Li–C(CH_3)_3$	**$Li–CH_2C_3H_7$**	$Li–CH_3$
– 75		$Li–CH\begin{smallmatrix}CH_3\\C_2H_5\end{smallmatrix}$	
– 100		$Li–C(CH_3)_3$	**$Li–CH_2C_3H_7$**
– 125			$Li–CH\begin{smallmatrix}CH_3\\C_2H_5\end{smallmatrix}$
– 150			$Li–C(CH_3)_3$

① **Metallierung und Folgereaktion**

$$R–Li + R'–H \rightleftharpoons R–H + R'–Li$$

Herausragendes Merkmal dieser für die Praxis wichtigen Methode der Einführung von Lithium ist die Diskrepanz zwischen Gleichgewichtslage und präparativ nützlicher Reaktionsgeschwindigkeit. Faßt man Organometallverbindungen R–M als Salze der CH-Säuren R–H auf, so wird das Metallierungsgleichgewicht mit zunehmender CH-Acidität von R'–H zunehmend nach rechts verschoben.

CH-Aciditätskonstanten einiger organischer CH-Säuren in nichtwässrigen Medien*) sowie Vergleichswerte für anorganische Säuren.

Verbindung	pK_s	Verbindung	pK_s
$(CN)_3C-H$	-5		
H_2SO_4	-2		21
$(NO_2)_3C-H$	0		
$HCIO_3$	0	$HC\equiv C-H$	24
(Cyclopentan-1,3-dion)	4.5	Ph_3C-H	30
		(Toluol-CH_3)	-35
CH_3COOH	4.7		
HCN	9.4	(Benzol-H)	-37
O_2N-CH_3	10		
(Cyclopentadien-H_2)	15	$C_3H_7CH_2-H$ (Alkane)	-44

*) Die pK_s-Werte sind durch Umrechnung an die Wasserskala angeschlossen.

Somit sollte sich die stärkere CH-Säure Benzol mittels n-BuLi, dem Salz der schwächeren CH-Säure Butan, in hoher Ausbeute metallieren lassen:

$$C_6H_6 + n\text{-}C_4H_9Li \rightleftharpoons C_6H_5Li + n\text{-}C_4H_{10}$$

Diese Reaktion verläuft jedoch unmeßbar langsam. Rascher Li/H-Austausch erfolgt erst nach Zugabe starker σ-Donoren wie Tetramethylethylendiamin (TMEDA) oder t-Butylat (t-BuO$^-$), welche die „kinetische C–H-Acidität" steigern:

$$\left(n\text{-}C_4H_9Li\right)_6 + \xrightarrow[\text{6 TMEDA}]{C_6H_{12}} 6 \quad \text{TMEDA} \cdot Li^+ C_4H_9^- \xrightarrow[-C_4H_{10}]{C_6H_6 \atop \text{rasch}} \text{TMEDA} \cdot Li^+ + C_6H_5^-$$

TMEDA bewirkt eine Spaltung des n-BuLi-Oligomers und, durch Komplexierung des Li$^+$-Kations, eine Polarisierung der Li–C-Bindung. Auf diese Weise wird der Carbanioncharakter des Butylrestes erhöht und die Reaktivität steigt an. Die Bedeutung der Monomerisierung für ein zügiges Fortschreiten der Metallierung wird durch den Befund erhärtet, das PhCH$_2$Li (in THF monomer) eine um vier Zehnerpotenzen raschere Metallierung als LiCH$_3$ (in THF tetramer) bewirkt, obgleich CH$_3^-$, verglichen mit PhCH$_2^-$, die stärkere Base darstellt.

Das folgende Beispiel der $(-)$-Spartein vermittelten **enantioselektiven Lithiierung** (*Hoppe*, 1997) beschreibt die Gewinnung eines chiralen Ferrocenylphosphans. Derartige Liganden sind wichtige Bausteine in Katalysatoren enantioselektiver Synthesen (Kap. 18).

82% (90% ee)

Im Falle der **Metallierung geminaler Dichloride** schließt sich eine LiCl-Eliminierung an und es werden **Chlorcarbene** gebildet:

$$CH_2Cl_2 + n\text{–BuLi} \xrightarrow[-C_4H_{10}]{} LiCHCl_2 \xrightarrow[-LiCl]{} :CHCl \longrightarrow \text{Folgereaktionen}$$

Nicht immer ist in derartigen Reaktionsfolgen das intermediäre Auftreten freier Carbene experimentell belegt. Man bezeichnet die α-Halogenorganolithiumverbindungen dann einschränkend als **Carbenoide**.

② **Deprotonierung von Organophosphoniumionen**

$$Ph_3PCH_3{}^+ + RLi \longrightarrow RH + \left\{ \begin{array}{cc} \overset{\oplus}{Ph_3P}-\overset{\ominus}{\underline{C}H_2} \longleftrightarrow Ph_3P=CH_2 \\ \text{Ylid} \qquad\qquad \text{Ylen} \end{array} \right\} + Li^+$$

$$R_2CO \downarrow$$

$$Ph_3P=O + R_2C=CH_2$$

Diese *Wittig*-Reaktion dient der Synthese terminaler Olefine.

③ **Addition an Mehrfachbindungen (Carbolithiierung)**

In ihrer Additionsfreudigkeit an **C–C-Mehrfachbindungen** nehmen Lithiumorganyle eine Stellung zwischen *Grignard*-Reagenzien und Organobor- bzw. Organoaluminiumverbindungen ein: $RMgX < \mathbf{RLi} < R_3B, (R_3Al)_2$.

Unter milden Bedingungen addieren sich Lithiumorganyle nur an konjugierte Diene und an Styrolderivate. Wie im Falle der Metallierung wirkt auch bei der Addition von Lithiumorganylen an Mehrfachbindungssysteme der Zusatz starker σ-Donoren wie TMEDA aktivierend (*Beispiel:* Start der Polymerisation von Ethylen durch n-BuLi/TMEDA).

Die durch Lithiumorganyle eingeleitete Polymerisation von Isopren liefert Polyisopren, einen Synthesekautschuk, der dem Naturprodukt weitgehend entspricht (*Hsieh*, 1957). Diese Entdeckung führte zur ersten großtechnischen Anwendung lithiumorganischer Verbindungen.

cis-1,4-Polyisopren
Synthesekautschuk

Die Verwendung von Et$_2$O oder THF als Lösungsmittel fördert hingegen die unerwünschten Additionsrichtungen trans-1,4, -3,4 und -1,2.

Die Carbolithiierung einer C–C-Mehrfachbindung kann auch intramolekular erfolgen:

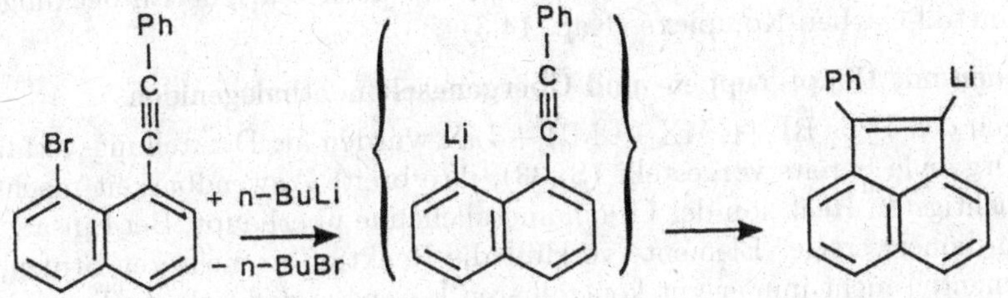

Ähnlich wie die Deprotonierung durch RLi läßt sich auch die Carbolithiierung enantioselektiv gestalten (*Normant*, 1999):

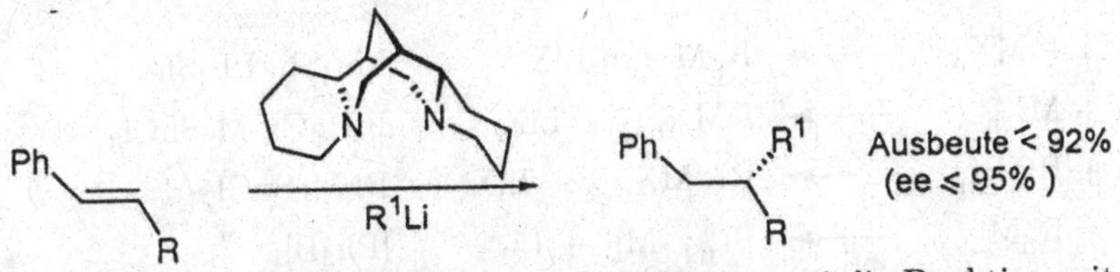

Von den RLi-Additionen an **C–N-Mehrfachbindungen** sei die Reaktion mit Nitrilen erwähnt, die eine vielseitige Ketonsynthese darstellt,

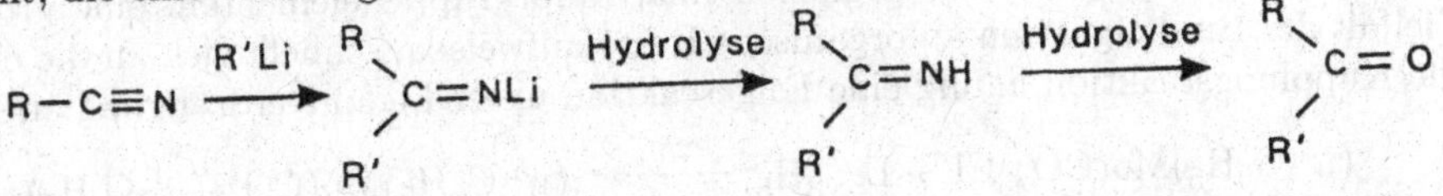

sowie die Reaktion mit Pyridin, bei der nach Art der *Tschitschibabin*-Reaktion 2-substituierte Pyridinderivate gebildet werden:

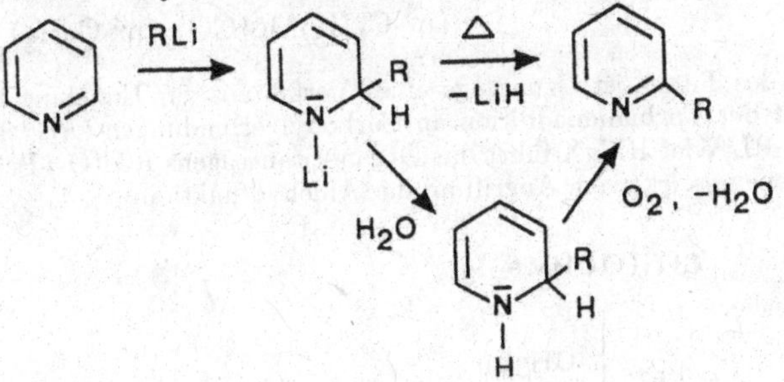

Additionen von Lithiumorganylen an **C–O-Mehrfachbindungen** ähneln weitgehend den Reaktionen von *Grignard*-Reagenzien, wobei die Neigung zu Nebenreaktionen für RLi oft geringer ist. Als Beispiel diene die Addition an N, N-Dimethylformamid, die zu Aldehyden führt:

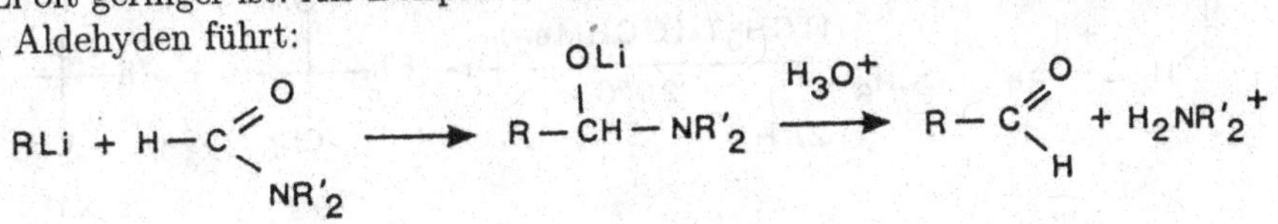

Während Umsetzungen von Lithiumorganylen mit freiem Kohlenmonoxid uneinheitlich verlaufen und wenig praktische Anwendung gefunden haben, sind Reaktionen von LiR mit komplexgebundenem CO in Übergangsmetallcarbonylen praktisch und prinzipiell von großer Bedeutung, führten sie doch u.a. zur Entdeckung der Übergangsmetall-Carben-Komplexe (Kap. 14.3).

④ **Reaktionen mit Hauptgruppen- und Übergangselementhalogeniden**

Umsetzungen des Typs $RLi + MX \rightarrow MR + LiX$ wurden als Darstellungsverfahren **4** für HG-Organyle bereits vorgestellt (S. 33), ihre breite Anwendbarkeit macht sie zur wohl wichtigsten Reaktion der Organometallchemie überhaupt. Bei Einsatz von Halogeniden höherwertiger Elemente verläuft die Reaktion in mehreren Stufen, die sich experimentell nicht immer gut kontrollieren lassen, so daß sich oft Trennungen anschließen müssen. Gelegentlich führt der Einsatz von LiR im Überschuß zur Bildung von „at-Komplexen".

Beispiele:

$$n\ RLi + MX_n \longrightarrow R_nM + n\ LiX \qquad Me_3Sb,\ Ph_4Sn$$

$$RLi + MX_n \longrightarrow RMX_{n-1} + LiX \qquad RMgCl,\ MeSnCl_3$$

$$RLi + R'MX_{n-1} \longrightarrow RR'MX_{n-2} + LiX \qquad PhMeSnCl_2$$

$$RLi + R_nM \longrightarrow [R_{n+1}M]^- + Li^+ \qquad [Ph_4B]^-$$
$$\text{„at-Komplex"}$$

Bei Übergangsmetallen, die, verglichen mit Hauptgruppenelementen, eine größere Vielfalt der Bindungsarten an organische Reste aufweisen, schließt sich an die einfache Kupplungsreaktion häufig eine Folgereaktion unter Ligandverdrängung an:

$$(\eta^5\text{-}C_5H_5)Mo(CO)_3Cl + LiC_3H_5 \xrightarrow[-LiCl]{} (\eta^5\text{-}C_5H_5)Mo(CO)_3(\eta^1\text{-}C_3H_5)$$

$$-CO \downarrow \quad \sigma/\pi\text{-Umlagerung}$$

$$(\eta^5\text{-}C_5H_5)Mo(CO)_2(\eta^3\text{-}C_3H_5)$$

Die intermediäre Alkylierung des Titans ist Grundlage eines Verfahrens zur Erzielung hoher **Chemo- und Stereoselektivität der Carbanionaddition** an Carbonylverbindungen (*Reetz, Seebach*, 1980f). Im Gegensatz zu RLi oder RMgX führt das Organotitanreagens $RTi(O\text{-}i\text{-}Pr)_3$ bei tiefen Temperaturen zu hoch chemoselektivem Angriff an der Aldehydfunktion:

Die entsprechende Umsetzung mit CH_3Li liefert hingegen ein 50:50 Gemisch von sekundärem und tertiärem Alkohol. Andere Substituenten wie CN, NO_2 und Br werden unter diesen Bedingungen nicht angegriffen.

Es wird vermutet, daß die Ti-C-Bindung deutlich weniger polar ist als die Bindungen Li–C und XMg–C, was zu geringerer Reaktionsgeschwindigkeit und höherer Selektivität führt. Auch der höhere Raumbedarf der Ti(O-i-Pr)$_3$-Gruppe, der größere sterische Abstoßung im Übergangszustand bewirkt, scheint dabei eine Rolle zu spielen.

Als Beispiel für eine stereoselektive Reaktion sei die Umsetzung von CH_3TiCl_3, das im Gegensatz zu den Alkoxiden noch *Lewis*-Säure-Eigenschaften besitzt, mit α-Alkoxyaldehyden erwähnt.

$$92 \quad : \quad 8$$

Vermutlich wird bei dieser Reaktion als Zwischenstufe ein oktaedrischer Chelatkomplex durchlaufen, in dem eine intra- oder intermolekulare Übertragung der Methylgruppe auf der sterisch weniger gehinderten Seite des Aldehyds begünstigt ist (*Reetz*, 1987).

5.2 Organyle der schwereren Alkalimetalle

Verglichen mit der überragenden Bedeutung der Lithiumorganyle in fast allen Bereichen der Organometallchemie spielen die Organyle der höheren Alkalimetalle mit Ausnahme von C_5H_5Na (NaCp) nur eine geringe Rolle.

Darstellung

$$2\,Na_{(Dispersion)} + n\text{-}C_5H_{11}Cl \longrightarrow n\text{-}C_5H_{11}Na + NaCl \qquad \boxed{1}$$

$$2\,K_{(Spiegel)} + (CH_2{=}CHCH_2)_2Hg \longrightarrow 2\,CH_2{=}CHCH_2K + Hg \qquad \boxed{2}$$

$$Na + C_5H_6 \longrightarrow \underset{(NaCp)}{C_5H_5Na} + 1/2\,H_2 \qquad \boxed{6}$$

Struktur und Bindungsverhältnisse

In der Gruppe der Alkalimetallorganyle nimmt der ionogene Charakter der M–C-Bindung von Li zu Cs zu, denn die größeren Alkalimetallkationen wirken schwächer polarisierend. **NaCH₃** besitzt noch die LiCH₃-Struktur. Für **KCH₃**, **RbCH₃** und **CsCH₃** liegt ein Gitter vom **NiAs-Typ** vor (CH₃⁻ trigonal prismatisch von 6 M⁺ umgeben, M⁺ oktaedrisch von 6 CH₃⁻ umgeben (*Weiss*, 1993). Dieser Wechsel des Gittertyps spiegelt den Gang der Ionenradienverhältnisse M⁺/CH₃⁻ wider, denn die Ionenradien r(M⁺) legen eine Einteilung in zwei Gruppen nahe: Li⁺ 69, Na⁺ 97 pm und K⁺ 133, Rb⁺ 147, Cs⁺ 167 pm.

Die größeren K⁺, Rb⁺, Cs⁺-Ionenradien prägen auch die Strukturchemie der Cyclopentadienylverbindungen, die Ähnlichkeiten und Unterschiede zu der des Lithiums aufweist. LiCp und NaCp besitzen die gleiche Festkörperstruktur, und dem Lithocen-Anion [LiCp₂]⁻ entspricht das Sodocen-Anion [NaCp₂]⁻ (*Harder*, 1996). KCp kristallisiert hingegen in Form einer Zickzackkette, in der die Verbindungsvektoren dreier K⁺-Ionen jeweils einen Winkel von 138° aufweisen (*Olbrich*, 1997). Diese Deformation sowie der größere Abstand K-Ringmitte (282 pm) ermöglicht η²-Wechselwirkungen der K⁺-Ionen mit Cp-Einheiten benachbarter Ketten. Derartige Wechselwirkungen sollten aber nicht als *Ursache* für die Deformation betrachtet werden, denn die Abwinkelung der Sandwichstruktur schwererer Hauptgruppenelemente scheint ein allgemeines, auch das *isolierte Molekül* betreffendes Phänomen zu sein (vgl. S. 70). Das Motiv der gekippten Sandwichstrukturen findet sich im Tripeldeckeranion [Cs₂Cp₃]⁻ wieder. Die besonders große Koordinationssphäre des Cs⁺-Kations begünstigt auch hier intermolekulare Wechselwirkungen.

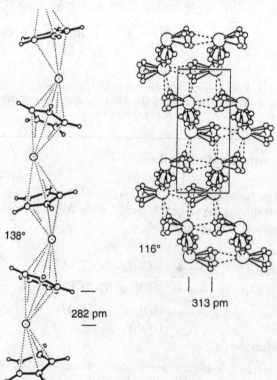

138°

282 pm

116°

313 pm

Gekippte Sandwichstrukturen in Kristallen von **KC₅H₅** (*Olbrich*, 1997) und **Ph₄P** **[Cs₂(C₅H₅)₃]** (*Harder*, 1996); man beachte das Vorliegen intramolekularer „face-on" und intermolekularer „side-on" Koordination der Cp-Ringe innerhalb einer Schicht von [Cs₂Cp₃]⁻-Ionen.

Chemische Reaktivität

Bei den Organylen der Alkalimetalle Na–Cs handelt es sich um **extrem reaktive** Verbindungen, die langsam sogar Paraffin-Kohlenwasserstoffe metallieren. Sie lösen sich nur in Lösungsmitteln, mit denen sie auch reagieren, in Kohlenwasserstoffen sind sie unlöslich. Die hohe Reaktivität wird durch den starken Carbanioncharakter bestimmt. Ether werden langsam in α-Stellung metalliert, es schließt sich eine Eliminierung von Alkoholat an (**Etherspaltung**):

$$CH_3CH_2OCH_2CH_3 + KC_4H_9 \longrightarrow C_4H_{10} + K^{\oplus}[\overset{\ominus}{\underset{CH_3}{|}}CH-O-C_2H_5]$$

$$\downarrow$$

$$KOC_2H_5 + H_2C{=}CH_2$$

Besonders rasch werden cyclische Ether wie THF gespalten.

Weitere die Stabilität begrenzende Reaktionswege sind die Selbstmetallierung:

$$2\ C_2H_5Na \longrightarrow C_2H_4Na_2 + C_2H_6 \longrightarrow \ ...$$

und die β-Hydrideliminierung:

$$C_2H_5Na \longrightarrow NaH + C_2H_4$$

Stabilere Produkte werden nur erhalten, wenn das entsprechende Carbanion resonanzstabilisiert, d.h. wenn die negative Ladung besser delokalisiert ist (C_5H_5Na, Ph_3CK).

Während der Einsatz binärer Alkalimetallorganyle MR (M = Na, K, Rb, Cs) von geringer praktischer Bedeutung ist, hat die Kombination von *n*-Butyllithium mit Kalium-*t*-butylat unter dem Namen „*Lochmann-Schlosser*-**Superbase**" (LSB) Eingang in die organische Synthese gefunden (*Schlosser*, 1988). Dabei ist die Nützlichkeit dieses Reagenz' der Kenntnis der tatsächlichen aktiven Spezies weit voraus. Die Vorstellung, es handele sich hierbei lediglich um *t*-Butylkalium, gebildet durch Metathese, wurde durch diverse Befunde widerlegt.

Zu den Charakteristika des **LSB**-Systems zählen:

- Hohe Reaktivität in der Metallierung auch schwacher C–H-Säuren

+ n-BuLi / t-BuOK $\longrightarrow$ K$^+$ Allylkalium

Reines *t*-BuLi bewirkt hingegen Carbolithiierung (Addition an die C=C-Doppelbindung)

- Regioselektivität der Metallierung

Rate: > >

● Konfigurationsstabilität von Allylkalium

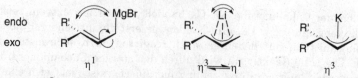

Während die $\eta^3 \rightleftharpoons \eta^1$-Umwandlung **(Metallotropie)** und die Rotation um eine C–C-Einfachbindung für Allyl-MgBr und Allyl-Li zu raschem Seitenwechsel des Metalls („oben/unten" bezüglich der C_3-Ebene) sowie endo/exo-Isomerisierung führt, ist Allyl-K wesentlich konfigurationsstabiler. Somit werden stereoselektive Synthesen möglich, indem die Zeit für die endo⇌exo Gleichgewichtseinstellung berücksichtigt wird (*Schlosser*, 1993):

Neben Alkalimetallorganylen, bei deren Bildung eine Bindung im organischen Rest gespalten wird, existiert eine zweite Klasse von Verbindungen, die ohne Bindungsbruch lediglich durch Elektronenübertragung vom Alkalimetall auf das organische Molekül entsteht:

$$M + ArH \rightleftharpoons M^+ + ArH^{\overline{\cdot}}$$

$$2\,M + ArH \rightleftharpoons 2\,M^+ + ArH^{2-}$$

Die derart gebildeten **Radikalanionen** $ArH^{\overline{\cdot}}$ und die meist diamagnetischen Dianionen ArH^{2-} besitzen sowohl praktische als auch theoretische Bedeutung. Natriumnaphthalinid $Na^+C_{10}H_8^{\overline{\cdot}}$ löst sich mit moosgrüner Farbe in Ethern wie DME oder THF und eignet sich als **selbstindizierendes Reduktionsmittel** zur Synthese von Metallkomplexen in niedrigen Oxidationsstufen. Vorteilhaft ist hierbei die Verfügung über ein starkes Reduktionsmittel in homogener Phase $[E_{1/2}(C_{10}H_8^{0/-}) = -2.5$ V gegen gesättigte Kalomelelektrode]. *Beispiel:*

$$(n\text{-BuO})_4Ti + 2\,Na^+C_{10}H_8^{\overline{\cdot}} \longrightarrow (n\text{-BuO})_2Ti + 2\,C_{10}H_8 + 2\,n\text{-BuONa}$$

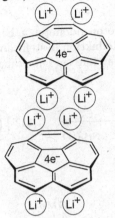

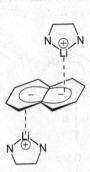

Alkalimetall-Aren-Additionsverbindungen konnten auch in kristalliner Form erhalten werden. Die Verbindung **[Li(TMEDA)]$_2$C$_{10}$H$_8$** (*Stucky*, 1972) kann als Aromatenkomplex (S. 492) eines Hauptgruppenelements betrachtet werden – ohne daß hierdurch eine Entscheidung bezüglich des Bindungstyps getroffen würde!

Höhere polycyclische aromatische Kohlenwasserstoffe können eine erstaunlich große Zahl zusätzlicher Elektronen aufnehmen. So bildet das Corannulen, welches man als ein Drittel eines C$_{60}$ Fullerengerüstes auffassen kann, die Verbindung **Li$_8$(C$_{20}$H$_{10}$)$_2$**, ein Sandwich mit 4 endo- und (2×2)exoplazierten Li$^+$-Kationen (*Scott*, 1994).

Elektronübertragungen auf cyclisch konjugierte Systeme können strukturelle Konsequenzen nach sich ziehen:

$$2\ C_8H_8 \xrightarrow[-K^+]{+K} 2\ C_8H_8^{\cdot-} \rightleftharpoons C_8H_8 + C_8H_8^{2-}$$

gewellt
4n π-El.
Cycloalken

planar
(4n+1) π-El.
Semiaromat
(*Pörschke*, 1997)

planar
(4n+2) π-El.
Aromat

Während die Radikalanionen cyclisch konjugierter Systeme meist monomer bestehen bleiben, neigen die Radikalanionen acyclischer Substrate zu Dimerisierung oder zur Einleitung einer Polymerisation. Im Falle des Diphenylacetylens konnte diese Tendenz zu einer vielseitigen **Synthese von Fünfring-Heterocyclen** mit B, Si, Sn, As und Sb als Heteroatomen ausgebaut werden (vergl. S. 92, 154, 219).

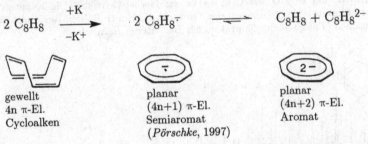

In Gegenwart von Protonendonoren gehen die Additionsverbindungen Folgereaktionen ein. Die **Birch-Reduktion** besteht aus einer Folge von Elektronentransfer(ET)- und Protonierungsschritten, sie hat präparative Bedeutung. *Beispiel:*

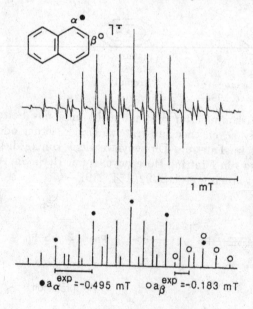

EXKURS 3: EPR-Spektroskopie an Organoalkalimetallverbindungen

① Radikalanionen aromatischer π-Systeme

In Alkalimetalladditionsverbindungen $M^+ArH^{\bar{\cdot}}$ besetzt ein ungepaartes Elektron das tiefste unbesetzte Molekülorbital (LUMO) der Neutralverbindung ArH. Entsprechend ist in Radikalkationen $ArH^{\dot{+}}$ das höchste besetzte Molekülorbital (HOMO) von ArH nur einfach besetzt. Die EPR-Spektren von $ArH^{\dot{+}}$ und $ArH^{\bar{\cdot}}$ bergen **Informationen über die Zusammensetzung der Grenzorbitale HOMO und LUMO** aus $C(p_\pi)$-AO's der Gerüst-C-Atome. Die Kenntnis der Form dieser Molekülorbitale ist angesichts der Grenzorbital-Kontrolle der Regioselektivität chemischer Reaktionen (*Fukui*) auch von praktischer Bedeutung. *Beispiel:*

Im Naphthalin-Radikalanion $C_{10}H_8^{\bar{\cdot}}$ ist das LUMO ψ_6 einfach besetzt. Gemäß unterschiedlicher Aufenthaltswahrscheinlichkeiten des ungepaarten Elektrons an α- und β-Positionen werden unterschiedliche Elektron-Proton Hyperfeinkopplungskonstanten $a(^1H_\alpha)$ und $a(^1H_\beta)$ beobachtet.

So läßt sich nach der **Beziehung von** *McConnell* via EPR-Spektroskopie die Form des einfach besetzten MO ψ_K herleiten.

$$a(^1H)_\mu = Q \cdot c^2_{K\mu}$$

$c_{K\mu}$ = Koeffizient des π-AO am Atom C_μ im einfach besetzten MO ψ_K

$a(^1H)$ = experimentelle isotrope Hyperfeinkopplungskonstante

$Q = -2.3$ mT

Der Parameter Q beschreibt die Wirksamkeit der **π-σ-Spinpolarisation**. Dies ist der Mechanismus, der in π-Radikalen für das Auftreten von Spindichte am Kernort des Protons und damit für die Beobachtung einer isotropen Hyperfeinkopplung $a(^1H)$ verantwortlich ist.

Der Mechanismus der π-σ-Spinpolarisation läßt sich folgendermaßen veranschaulichen:

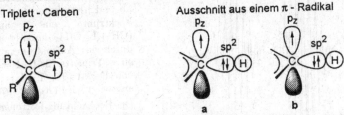

In einem gewinkelt gebauten Triplett-Carben werden die beiden orthogonalen Orbitale p_z und sp^2 spinparallel einfach besetzt. Dies ist ein Ausdruck der *Hund*schen Regel, angewandt auf Moleküle. Man kann auch sagen, die beiden ungepaarten Elektronen im Triplett-Carben seien ferromagnetisch gekoppelt. Der physikalische Grund für die *Hund*sche Regel läßt sich auf den Fall doppelter Besetzung des sp^2-Orbitals übertragen, wie sie in π-Radikalen (Prototyp: CH_3) vorliegt. Dies bewirkt, daß dasjenige der beiden C–H-Bindungselektronen, welches sich näher am einfach besetzten p_z-Orbital aufhält, eine lokale spinparallele Ausrichtung bevorzugt (Spinkorrelation). Somit dominiert die Spinkonfiguration **a** über die Alternative **b**, und am H-Atom tritt ein geringfügiger Überschuß an negativer Spindichte auf, welcher das negative Vorzeichen der Hyperfeinkopplungskonstanten $a(^1H)$ erklärt. Die Triplett-Präferenz einfach besetzter orthogonaler Orbitale und die Spinpolarisation liefern auch Argumente zur Deutung makroskopischen magnetischen Verhaltens (vergl. S. 489f., 544f.).

Die *McConnell*-Beziehung ist (in verfeinerter Form) auf eine große Zahl von π-Radikalen angewandt worden und hat quantenchemische Berechnungen der Elektronenstruktur bestätigt.

Häufig werden zusätzlich zu Hyperfeinaufspaltungen durch magnetische Kerne des Radikalanions auch Aufspaltungen durch das Gegenion (z.B. Na^+, Kernspin I = 3/2) beobachtet. In diesen Fällen liefert die EPR-Spektroskopie direkte Informationen zur Natur des Ionenpaares $M^+ArH^{\mp}$ (kontakt- oder solvenssepariert).

Wie die NMR- so eignet sich auch die EPR-Spektroskopie zum **Studium dynamischer Prozesse**. Als Beispiel sei das Ionenpaar M^+ Pyrazin$^{\mp}$ in THF (M = Alkalimetall) angeführt (*Atherton*, 1966).

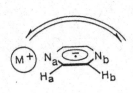

Li^+ bleibt auf der EPR-Zeitskala (10^{-6}–10^{-8} s) an eines der beiden N-Atome koordiniert. Dies folgt aus dem Hyperfeinaufspaltungsmuster, welches durch unterschiedliche Kopplungen $a(^1H_a)\neq a(^1H_b)$ und $a(^{14}N_a)\neq a(^{14}N_b)$ geprägt wird. Na^+ führt hingegen einen Platzwechsel zwischen den beiden N-Positionen aus (Aktivierungsenergie $E_a \approx 30$ kJ/mol), der auf der EPR-Zeitskala bei –65 °C langsam, bei +23 °C hingegen rasch ist. Im Falle des raschen Austausches wird eine Hyperfeinaufspaltung mit den Kopplungen $a(4^1H)=0.27$ mT, $a(2\ ^{14}N)=0.714$ mT und $a(^{23}Na)=0.055$ mT beobachtet.

② **Erhaltung der tetrameren Struktur [LiCH₃]₄ in Lösung**

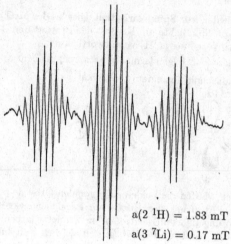

$$(t\text{-BuO})_2 \xrightarrow{\ h\nu\ } 2\ t\text{-BuO}^{\cdot} \xrightarrow[\text{Et}_2\text{O}]{(\text{LiMe})_4} $$

a(2 ^{1}H) = 1.83 mT

a(3 ^{7}Li) = 0.17 mT

Photolytisch erzeugte Radikale t-BuO$^{\cdot}$ spalten von [LiCH₃]₄-Einheiten ein H-Atom ab und hinterlassen laut EPR-Spektrum eine Spezies $(CH_3)_3Li_4CH_2^{\cdot}$, deren Identität durch das Aufspaltungsmuster eines Tripletts (2 ^{1}H, I = 1/2) von Dezetts (3 ^{7}Li, I = 3/2) angezeigt wird (*Kochi*, 1973).

Die Beobachtung isotroper Hyperfeinkopplungen liefert neben der Strukturinformation auch Hinweise auf einen kovalenten Anteil der Li–C-Bindung.

6 Organyle der Gruppen 2 und 12

Unter den Organylen der Gruppen 2 (Erdalkalimetalle) und 12 (Zn, Cd, Hg) sind, wegen ihrer Anwendung in der Synthese, die Organomagnesiumverbindungen von überragender Bedeutung. In geringerem Maße haben auch Organocadmium- und Organoquecksilberverbindungen präparative Verwendung gefunden. Die Reaktivität sinkt mit abnehmender Elektronegativitätsdifferenz zwischen Metall und Kohlenstoff:

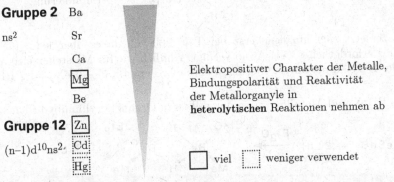

Gruppe 2   Ba

ns^2 Sr

           Ca

           Mg

           Be

Gruppe 12   Zn

$(n-1)d^{10}ns^2$ Cd

           Hg

Elektropositiver Charakter der Metalle, Bindungspolarität und Reaktivität der Metallorganyle in **heterolytischen** Reaktionen nehmen ab

☐ viel   ⬚ weniger verwendet

Organomagnesium-Verbindungen verfügen über eine einzigartige Paarung von hoher Reaktivität und leichter Zugänglichkeit. Die hohe Reaktivität von Quecksilberorganylen R_2Hg in Transmetallierungen beruht auf der leichten **homolytischen** Spaltung der Hg–C-Bindung.

6.1 Erdalkalimetallorganyle (Gruppe 2)

6.1.1 Berylliumorganyle

Organoberylliumverbindungen sind hochgiftig und sehr luft- und wasserempfindlich, sie bieten einige strukturelle Besonderheiten.

Darstellung und Strukturen

$$Be + R_2Hg \longrightarrow R_2Be + Hg \qquad \boxed{2}$$

$$BeCl_2 + 2\,RLi\,(RMgX) \longrightarrow R_2Be + 2\,LiCl\,(2\,MgXCl) \qquad \boxed{4}$$

Als *Lewis*-Säure bildet BeR_2 stabile Etherate $(Et_2O)_2BeR_2$ und ist daher nur schwierig lösungsmittelfrei zu erhalten.

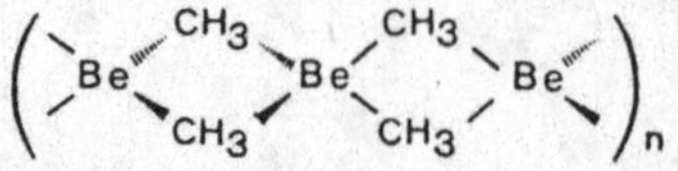

$$\left(\underset{CH_3}{\overset{CH_3}{Be}} \underset{CH_3}{\overset{CH_3}{Be}} Be \right)_n$$

Reines **$Be(CH_3)_2$** ist, wie α-$BeCl_2$, fest und polymer, Strukturtyp SiS_2. Die Brückenbindung in den Ketten gleicht derjenigen in Aluminiumalkylen(2e3c-Brückenbindung, vgl. $Al_2(CH_3)_6$, „Schrägbeziehung"). d(Be–Be): 210 pm. Be$\overset{C}{\diagdown}$Be: 66° (*Rundle*, 1951).

In der Gasphase ist BeR_2 monomer und linear gebaut, es weist Be(sp)-Hybridisierung auf. Be(t-Bu)$_2$ ist aus sterischen Gründen auch im festen Zustand monomer. Die Thermolyse von Be(t-Bu)$_2$ liefert reinstes solvatfreies Berylliumhydrid:

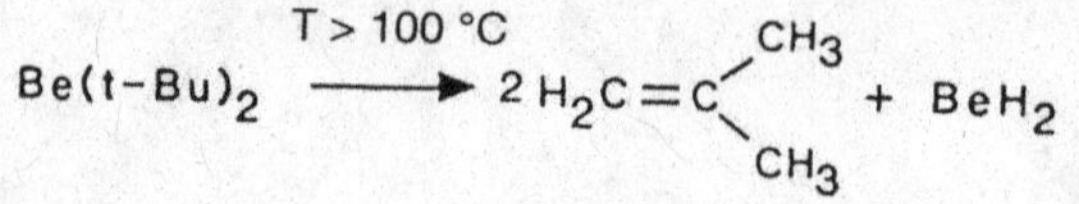

$$Be(t\text{-}Bu)_2 \xrightarrow{\;T > 100\,°C\;} 2\; H_2C = \underset{CH_3}{\overset{CH_3}{C}} + BeH_2 \qquad \beta\text{-Eliminierung}$$

$Be(CH_3)_2$ zersetzt sich hingegen erst bei T > 200 °C, da es über kein, für die Eliminierung erforderliches, β-H-Atom verfügt. Ähnlich wie für Mg stellen sich auch im Falle der Berylliumorganyle Gleichgewichte des Typs $BeR_2 + BeX_2 \rightleftharpoons 2\; RBeX$ ein.

In den aus RBeX und Metallhydriden darstellbaren Organoberylliumhydriden

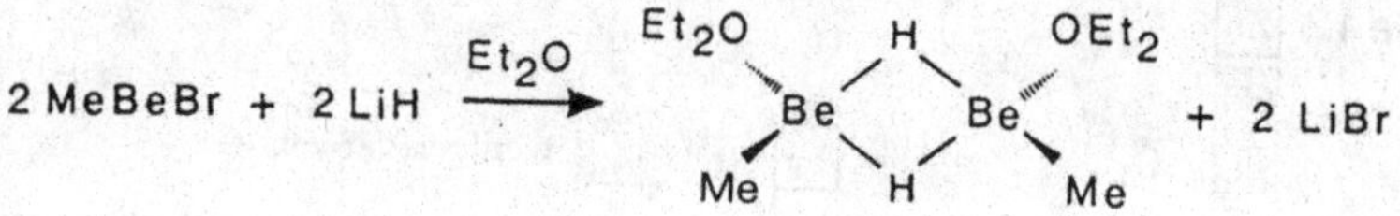

$$2\; MeBeBr + 2\; LiH \xrightarrow{\;Et_2O\;} \underset{Me}{\overset{Et_2O}{Be}} \underset{H}{\overset{H}{\diagup\diagdown}} \underset{Me}{\overset{OEt_2}{Be}} + 2\; LiBr$$

liegen gemäß ^{1}H-NMR Hydridbrücken und terminal gebundene Methylgruppen vor. Letztere sind nebeneinander in *cis*- und *trans*-Anordnung beobachtbar. Somit ist die Ausbildung einer **Hydridbrücke gegenüber einer Alkylbrücke begünstigt**. Isomerisierungen via intermediärer Spaltung der Hydridbrücken verlaufen auf der NMR-Zeitskala langsam.

Beryllocen war lange Zeit ein strukturchemischer Problemfall, denn Untersuchungen an unterschiedlichen Aggregatzuständen lieferten unterschiedliche Molekülgeometrien.

$$BeCl_2 + 2\; NaC_5H_5 \xrightarrow[Et_2O]{} (C_5H_5)_2Be$$

(*Fischer*, 1959)

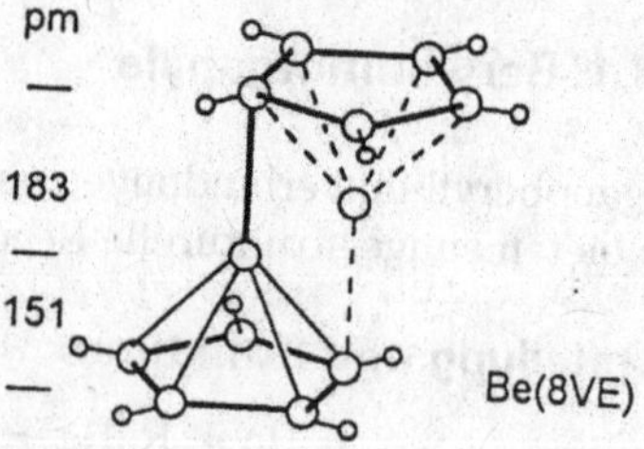

pm

183

151

Be(8VE)

Eine Tieftemperatur-Röntgenstrukturanalyse (*Beattie*, 1984) hat hier Klarheit geschaffen. Demgemäß besitzt Beryllocen im **Kristall** eine „**slipped sandwich**" Struktur, in der die beiden Cp-Ringe gegeneinander versetzt sind, entsprechend einer Formulierung als (η^1-C_5H_5)(η^5-C_5H_5)Be. Die unterbrochenen Linien in obiger Darstellung deuten an, daß das Be Atom zwei gleichwertige Positionen zwischen den versetzten Ringen einnehmen kann, die im Kristall statistisch besetzt werden. Man beachte den Bindungswinkel von etwa 90° zwischen der Ebene des peripher gebundenen Cp-Ringes und dem C–Be-Bindungsvektor: Somit bindet dieser Ring mittels eines $C(p_z)$-Orbitals des $C_5H_5^-$-π-Systems, welches durch die Be-Koordination nur geringfügig gestört wird. Eine Reinterpretation der Elektronenbeugungsdaten läßt eine derartige Struktur auch für gasförmiges Beryllocen zu.

In **Lösung** weist $(C_5H_5)_2Be$ ein Dipolmoment auf ($\mu = 2.24$ D in Cyclohexan), läßt jedoch im ^1H-NMR-Spektrum zwei äquivalente C_5H_5-Ringe erkennen. Offenbar erfolgt ein auf der ^1H-NMR-Zeitskala rascher Platzwechsel des Zentralatoms Be zwischen den alternativen Positionen (**fluktuierende Struktur, Haptotropie**), was zu überaus hoher Reaktivität gegenüber Sauerstoff und Wasserstoff führt.

Die Bindung im Beryllocen ist im wesentlichen ionogen. Die strukturellen Besonderheiten dieses Moleküls resultieren aus der Tatsache, daß der optimale η^5-C_5H_5–Be-Bindungsabstand kleiner ist als der halbe *Van der Waals*-Abstand zwischen zwei $C_5H_5^-$-Ionen. Eine „normale" η^5,η^5-Sandwichstruktur besitzt Di(pentamethyl-η^5-cyclopentadienyl)beryllium, Cp_2^*Be (*Carmona*, 2000).

Aus Beryllocen und Dimethylberyllium entsteht eine Halbsandwichverbindung, die nach der *Wade*-Systematik (S. 98) ein nido-Gerüst aufweist:

$$(C_5H_5)_2Be \ + \ Be(CH_3)_2 \longrightarrow 2 \ Be$$

171 pm
150 pm

Vom selben Typ ist auch die Verbindung $(C_5H_5)BeCl$ (Abstände 145 und 187 pm). Für die Neigung sowohl von Be als auch von B zur Beteiligung an 2e3c-Bindungen spricht die Struktur von Cyclopentadienylberylliumboranat:

$$(C_5H_5)BeCl \ + \ LiBH_4 \xrightarrow[- \ LiCl]{}$$

6.1.2 Magnesiumorganyle

Darstellung

$$Mg + RX \xrightarrow{Et_2O} RMgX(Et_2O)_n \qquad X = Br, I \qquad \boxed{1}$$

I_2-Zusatz aktiviert die Mg-Oberfläche, das hierbei gebildete MgI_2 bindet letzte Spuren von Wasser. Eine billige Variante der Technik setzt Kohlenwasserstoff/THF-Gemische ein:

$$Mg + PhCl \xrightarrow[\text{THF-Zusatz}]{\text{Petrolether}} PhMgCl(THF)_n \qquad THF:Mg > 1$$

Solvatfreie *Grignard*-**Reagenzien** lassen sich durch Cokondensation (CK) von Mg-Dampf mit dem Dampf des Alkylhalogenids auf einer gekühlten Oberfläche gewinnen (*Klabunde*, 1974):

$$\mathrm{Mg(g) + RX(g)} \xrightarrow[\text{2. RT}]{\text{1. CK, }-196\,°\mathrm{C}} \mathrm{RMgX}$$

Zur **Gehaltsbestimmung** von *Grignard*-Reagenzien eignet sich u.a. die Ditellurid-Titration (S. 37).

Eine besonders reaktive Form von Mg erhält man nach *Rieke* (1977) durch Reduktion von wasserfreiem $MgCl_2$ mit Kalium. *Rieke*-Magnesium reagiert sogar mit den trägen Fluoralkanen:

$$\mathrm{MgCl_2} \xrightarrow[-\,2\,\text{KCl}]{\text{K, THF}} \mathrm{Mg_{akt}} \xrightarrow[25\,°\mathrm{C},\,3h]{\mathrm{C_8H_{17}F}} \mathrm{C_8H_{17}MgF} \qquad 89\%$$

Rieke-Magnesium fällt in die Klasse der „**aktiven Metalle**", worunter man Zustandsformen versteht, denen durch Anwendung physikalischer oder chemischer Kunstgriffe gesteigerte Reaktivität verliehen wurde (*Fürstner*, 1993).

Zu den **physikalischen Methoden** zählen die Ultraschallbehandlung der Reaktionsmischung, der Einsatz aus der Gasphase kondensierter Metalle, wobei letztere in Form kleiner Metallcluster reagieren, oder die Erzeugung niedrig aggregierter Metalle durch elektrochemische Reduktion aus Lösungen wasserfreier Metallsalze.

Eine **chemische Methode** ist die Bereitung aktiver Metalle durch Reduktion von Metallverbindungen mittels Alkalimetallen oder, sicherer, Alkalimetalladditionsverbindungen wie $Li^+(\text{naphthalin}^{\bar{}})$. Ferner eignet sich die homolytische Spaltung labiler Addukte wie Mg-Anthracen (thermisch) oder labiler Übergangsmetallorganyle (photochemisch, vergl. S. 365). Hohe Reaktivität besitzen auch auf inerten Trägermaterialien wie Graphit aufgebrachte Metalle, wobei sowohl von oberflächlicher als auch von intercalierender Bindung auszugehen ist. Ein Beispiel ist das vielverwendete Kalium-Graphit-Laminat C_8K. Mit MgI_2 umgesetzt bildet es Magnesium-Graphit, welcher bereits bei −78 °C in nahezu quantitativer Ausbeute *Grignard*-Reagenzien liefert.

Funktionalisierte *Grignard*-**Reagenzien** lassen sich durch Iod-Magnesium-Austauschreaktion bei tiefer Temperatur darstellen:

Die Intoleranz gewöhnlicher *Grignard*-Zubereitungen gegenüber funktioneller Gruppen wie FG = Br, $CONR_2$, CN, CO_2Et kann so umgangen werden (*Cahiez*, 1998).

Zur Darstellung **binärer Mg-Organyle** dient die Transmetallierung

$$\mathrm{Mg + R_2Hg} \longrightarrow \mathrm{R_2Mg + Hg}$$

sowie die Gleichgewichtsverschiebung,

$$\mathrm{2\,RMgX + 2\,1{,}4\text{-Dioxan}} \rightleftharpoons \underset{\text{(in Lösung)}}{\mathrm{R_2Mg}} + \underset{\text{(Ausfällung)}}{\mathrm{MgX_2(Dioxan)_2}}$$

Dem Dioxan überlegen sind hier Polyether des Typs $Me(OCH_2CH_2)_nOMe$, $n = 2-5$ (*Saheki*, 1987). Auf diese Weise sind auch **Magnesacyclen** zugänglich:

$$2\ BrMg(CH_2)_nMgBr \xrightarrow[n\ =\ 4,5,6]{Dioxan} (CH_2)_n\ Mg + MgBr_2(Dioxan)_2$$

Neben Organohalogenverbindungen reagieren auch gewisse C=C-Doppelbindungssysteme in Direktsynthesen mit Mg:

(*Yasuda*, 1976)   (*Ramsden*, 1967)

Mg-Butadien, (2-Buten-1,4-diyl)magnesium, ein weißes, polymeres schwerlösliches Material unbekannter Struktur, wirkt als Quelle für Butadiendianionen. Es bewährt sich als Reagens zur Einführung des Bausteins $\eta^4\text{-}C_4H_6$ (*Nakamura*, 1985).

(*Rieke*, 1991)

Bekannt ist hingegen die Struktur des (1,4-Diphenylbutadien)magnesium-Komplexes. Es handelt sich um ein Magnesacyclopenten, in welchem die für Magnesium seltene Koordinationszahl 5 vorliegt (*Nakamura*, 1982).

Mg-Anthracen (orangegelbe Kristalle, Struktur: *Raston*, 1988) liefert mit wasserfreien Übergangsmetallchloriden Katalysatoren, die eine Hydrierung von Mg unter milden Bedingungen ermöglichen (*Bogdanović*, 1980):

$$Mg + H_2\ (1-80\ bar) \xrightarrow{Mg\text{-}Anthracen/MX_n/THF} MgH_2$$

$$MX_n = TiCl_4,\ CrCl_3,\ FeCl_2$$

MgH_2 läßt sich an 1-Alkene addieren (**Hydromagnesierung**)

$$MgH_2 + 2\ CH_2{=}CH\text{-}R \longrightarrow Mg(CH_2CH_2R)_2$$

und erzeugt bei seiner Spaltung oberhalb 300 °C pyrophores Mg für Synthesezwecke in solvat- und halogenidfreier Form. Ferner eignet sich MgH_2 als Hochtemperatur-Wasserstoffspeicher (*Bogdanović*, 1990).

Bildungsmechanismus und Konstitution der Mg-Organyle

Trotz extensiver praktischer Anwendung der *Grignard*-Reagenzien sind Einzelheiten der Bildungsweisen, Aggregationen in Lösung und Mechanismen der Folgereaktionen noch immer Gegenstand der Forschung (*Ashby* u.a.). Untersuchungen von *Walborsky* (1973f.) legten nahe, daß die Bildung von „RMgX" durch einen Elektronentransferschritt (ET) eingeleitet wird. Ein Hinweis auf das intermediäre Auftreten eines Radikals R˙ stammt aus der Reaktion mit dem Radikalfänger 2,2,6,6-Tetramethylpiperidin-1-oxyl, TEMPO (*Whitesides*, 1989):

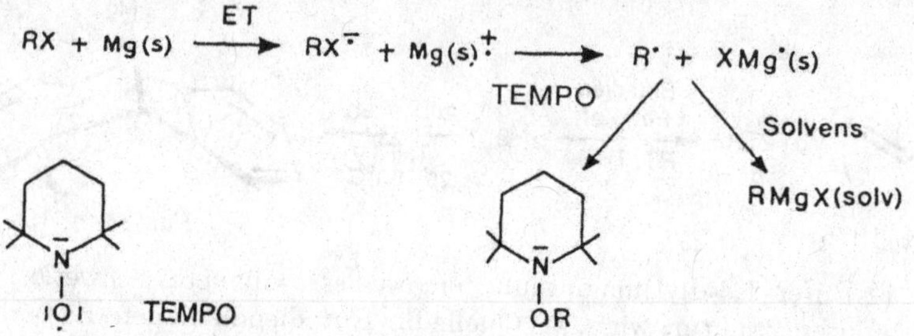

Die Möglichkeit der Beteiligung von ET-Reaktionen und die Erfahrung, daß derartige Prozesse durch Übergangsmetalle katalysiert werden, erklärt die Forderung nach Einsatz von Reinstmagnesium in mechanistischen Studien und entwertet gleichzeitig manche frühere Untersuchung.

$Mg(C_2H_5)_2$ besitzt wie $Be(C_2H_5)_2$ eine **polymere Kettenstruktur** mit Mg$\overset{Et}{\diagdown}$Mg-(2e3c)-Brückenbindungen. Mit sperrigen Gruppen R versehen, kristallisieren Magnesiumorganyle MgR_2 hingegen als Monomere (*Beispiel:* $Mg[C(SiMe_3)_3]_2$, *Eaborn*, 1989). Aus Ethern kristallisieren *Grignard*-Reagenzien gewöhnlich als tetraedrisch konfigurierte Solvate $RMgX \cdot 2Et_2O$. Der Chelatligand 18-Krone-6 erzeugt Moleküle des Rotaxan-Typs, in welchem lineare Moleküle $MgEt_2$ die Achse bilden (*Ritchey*, 1988).

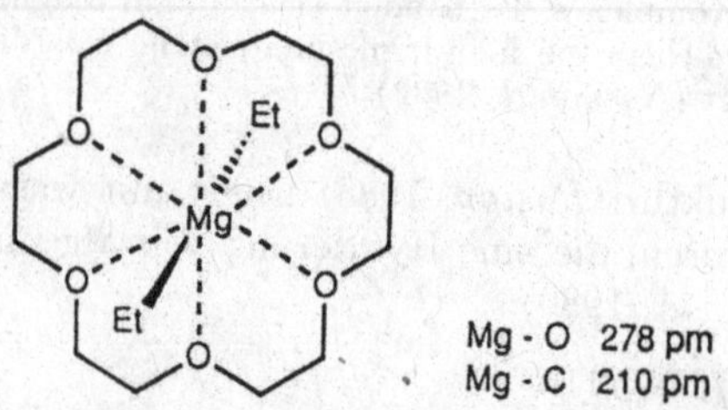

Mg · O 278 pm
Mg · C 210 pm

$MgEt_2$ ·18 - Krone - 6

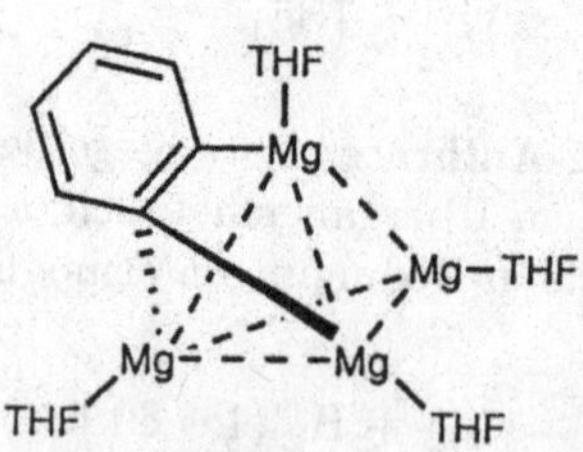

$(C_6H_4Mg \cdot THF)_4$

Eine originelle Problemlösung bietet die Natur in der Struktur des *o*-Phenylenmagnesiums $C_6H_4Mg \cdot THF$: Anstelle eines hochgespannten Magnesacyclopropenringes werden tetramere Einheiten ausgebildet, in denen die Dreiecksflächen von Mg_4-Tetraedern durch *o*-Phenyleinheiten überdacht sind. Dabei bindet ein C-Atom mit einer (2e2c) Bindung an ein Mg-Atom, das benachbarte C-Atom mittels (2e3c) Bindung an die beiden anderen Mg-Atome. Eine gewisse Ähnlichkeit der beiden Heterocuban-Strukturen $[Mg^{2+}C_6H_4^{2-}]_4$ und $[Li^+CH_3^-]_4$ (S. 37) ist nicht zu übersehen (*F. Bickelhaupt*, 1993).

Das bequem zugängliche **Magnesocen**, $Mg(C_5H_5)_2$ (*Fischer, Wilkinson*, 1954) ist ein nützliches Reagens zur Einführung von C_5H_5-Resten:

$$C_2H_5MgBr \xrightarrow[- C_2H_6]{C_5H_6,\ Et_2O} C_5H_5MgBr$$

$$Mg + 2\ C_5H_6 \xrightarrow[- H_2]{500\ °C}$$

x2, 220 °C, 10^{-4} mbar

$- MgBr_2$

$\longrightarrow Mg(C_5H_5)_2$

$MCl_2 \downarrow - MgCl_2$

$$M(C_5H_5)_2$$

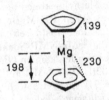

$Mg(C_5H_5)_2$ bildet weiße, pyrophore Kristalle, sublimiert ab 50 °C/10^{-3} mbar, und löst sich sowohl in unpolaren als auch in polaren aprotischen Solvenzien; die Hydrolyse erfolgt stürmisch. Die Strukturparameter gelten für $Mg(C_5H_5)_2$ im Kristall (Röntgenbeugung, *E. Weiss*, 1975). In der Gasphase liegen geringförmig aufgeweitete Bindungsabstände und eine Bevorzugung der ekliptischen Konformation vor (Elektronenbeugung, *Haaland*, 1975).

Das bei der Umsetzung von $Mg(C_5H_5)_2$ mit Übergangsmetallchloriden gebildete $MgCl_2$ liefert einen wesentlichen Beitrag zur Triebkraft derartiger **Cyclopentadienylierungen**. Die Bindungssituation im Magnesocen, insbesondere die Beteiligung kovalenter bzw. ionogener Anteile, ist noch umstritten. Die an Ferrocen erinnernde Struktur und die Abwesenheit eines Dipolmomentes für Magnesocen sind keine Beweise für kovalenten Bindungscharakter, da eine Sandwichstruktur auch im Falle rein ionogener Bindung die elektrostatisch optimale Anordnung darstellen würde. Auch die Realisierung eines Molekülgitters aus $Mg(C_5H_5)_2$-Einheiten ist nicht unbedingt als Indiz auf kovalenten Bindungscharakter zu werten, denn diese Anordnung ist aufgrund der unterschiedlichen Größe von Mg^{2+} und $C_5H_5^-$ günstiger als ein echtes Ionengitter. Für eine hohe Polarität der Bindung in $Mg(C_5H_5)_2$ spricht die elektrische Leitfähigkeit von Lösungen in $NH_3(\ell)$ oder in THF, die stürmische Hydrolyse zu $Mg(OH)_2$ und 2 C_5H_6 sowie die Ähnlichkeit der ^{1}H-NMR-Verschiebung mit entsprechenden Daten für Alkalimetallcyclopentadienyle:

Dominierender Bindungstyp:		ionogen		kovalent
	$Li(C_5H_5)$	$Na(C_5H_5)$	**$Mg(C_5H_5)_2$**	$Fe(C_5H_5)_2$
^{13}C-NMR δ(ppm)	103.6	103.4	**108.0**	68.2

^{25}Mg-NMR-Befunde, die für weitgehenden Ladungsausgleich zwischen Metall und Liganden zu sprechen scheinen, haben die Bindungsdiskussion für $Mg(C_5H_5)_2$ erneut angefacht (*Benn*, 1986).

Grignard-Reagenzien in Lösung

Eine kompakte Zusammenfassung der Verhältnisse in Lösung ist in Form des *Schlenk*-Gleichgewichtes (1929) gegeben:

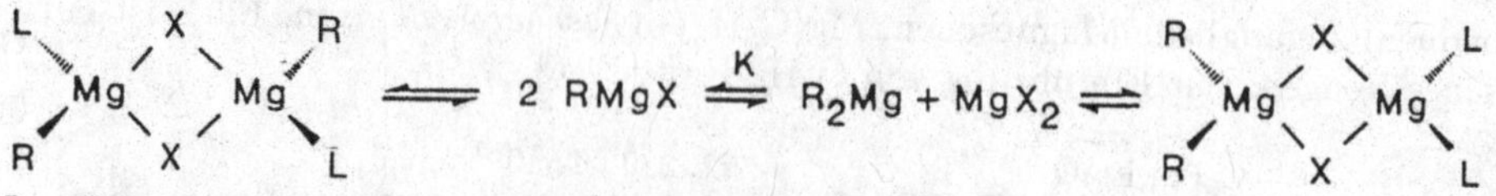

L = Lösungsmittelmolekül mit Donoreigenschaft, meist Ether
K = 0.2 für EtMgBr

Eine stöchiometrische Mischung von MgX_2 und R_2Mg in Ethern verhält sich chemisch wie ein konventionell zubereitetes *Grignard*-Reagens RMgX. Radioaktives ^{28}Mg (β-Strahler, $t_{1/2}$ = 21.2h), zugefügt in Form von $^{28}MgBr_2$, wird rasch über die Spezies MgX_2, RMgX und R_2Mg verteilt.

Der **dynamische Charakter** des *Schlenk*-Gleichgewichtes erweist sich auch im ^{1}H-NMR-Spektrum einer Lösung von CH_3MgBr. Bei Zimmertemperatur wird für die Methylprotonen nur ein Signal beobachtet, d.h. es findet ein rascher Austausch von CH_3 zwischen CH_3MgBr und $(CH_3)_2Mg$ statt. Getrennte Signale treten erst bei T < –100 °C auf (langsamer Austausch). Den direktesten Zugriff im Studium des *Schlenk*-Gleichgewichtes bietet die **^{25}Mg-NMR-Spektroskopie**, mittels derer die beteiligten Spezies nebeneinander nachgewiesen werden können (*Benn*, 1986). *Beispiel:* Et_2Mg (δ = 99.2), EtMgBr (δ = 56.2), $MgBr_2$ (δ = 13.9), ^{25}Mg-NMR in THF bei 37 °C. Die Koaleszenz bei 67 °C zu einem einzigen Signal (δ = 54) spiegelt sowohl die Austauschkinetik als auch die Temperaturabhängigkeit der Gleichgewichtslage wieder.

Wie die Einflüsse von Solvens, Konzentration und der Natur von R zeigen, sind die Verhältnisse in Wirklichkeit komplizierter als durch das *Schlenk*-Gleichgewicht angedeutet. In THF ist RMgX über weite Konzentrationsbereiche als $RMgX(THF)_2$ monomer. In Et_2O hingegen tritt RMgX nur in verdünnter Lösung (< 0.1 M) monomer auf, während in höherer Konzentration Ringe und Ketten gebildet werden:

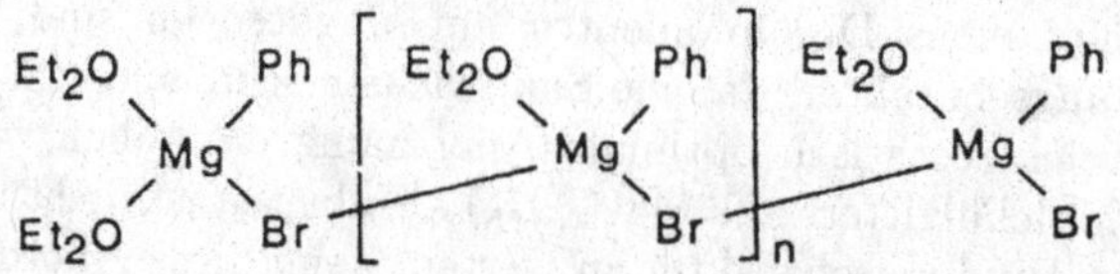

Hierbei werden generell **Halogenbrücken gegenüber Alkyl(2e3c)-Brücken bevorzugt** ausgebildet. Im Falle von *t*-BuMgX werden nur monomere und dimere Einheiten beobachtet.

Gleichgewichte des *Schlenk*-Typs mögen auch dafür verantwortlich sein, daß Grignard-Reagenzien im allgemeinen **nicht enantiomerenrein** zu erhalten sind, d.h. die sterische Information am α-C-Atom einer chiralen Vorstufe R^*X geht bei der Bildung von R^*MgX verloren (vergl. *Hoffmann*, 2003).

Hier gilt es aber zu differenzieren: Die Konfigurationsumkehr ist für sekundäre C-Atome deutlich verlangsamt, insbesondere wenn diese Bausteine starrer cyclischer Systeme sind, *Beispiel:*

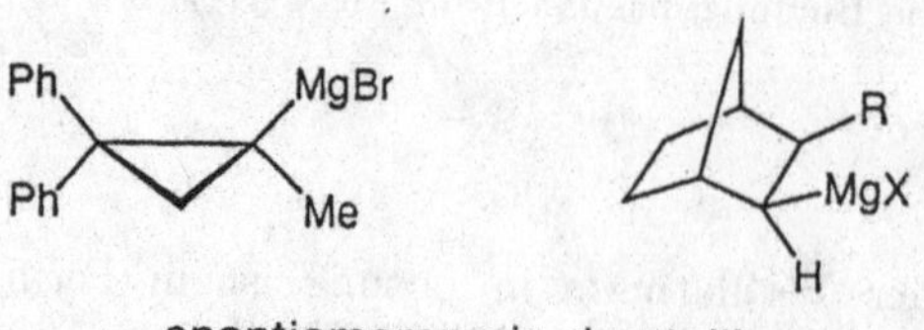

(*Davies*, 1969)

enantiomerenrein darstellbar

Auch Allylmagnesiumhalogenide unterliegen rascher Stereoisomerisierung:

$$\underset{\text{(E) trans}}{\underset{H}{\overset{R}{}}C=C\underset{CH_2MgCl}{\overset{H}{}}} \quad \underset{-80\ °C}{\rightleftharpoons} \quad \underset{\text{(Z) cis}}{\underset{R}{\overset{H}{}}C=C\underset{CH_2MgCl}{\overset{H}{}}} \qquad (\textit{Grutzner}, 1973)$$

RMgX-Lösungen in Et_2O zeigen elektrische Leitfähigkeit, der Dissoziationsgrad ist jedoch gering:

$$2\ RMgX \rightleftharpoons RMg^+ + RMgX_2^-$$

$$\underset{\text{KATHODE}}{\overset{\downarrow +e^-}{R^{\boldsymbol{\cdot}} + Mg}} \quad \underset{\text{ANODE}}{\overset{\downarrow -e^-}{R^{\boldsymbol{\cdot}} + MgX_2}} \qquad \text{Elektrolyse}$$

Bei der Elektrolyse entstehen an beiden Elektroden Radikale $R^{\boldsymbol{\cdot}}$. Sind diese Radikale relativ langlebig, so kann Dimerisierung erfolgen:

$$2\ PhCH_2MgBr \xrightarrow[\text{Kupplung}]{\text{Elektrolytische}} PhCH_2CH_2Ph + Mg + MgBr_2$$

Die elektrolytisch gebildeten Radikale können auch mit dem Elektrodenmaterial reagieren, wie etwa bei einem Verfahren zur Herstellung von Tetraethylblei:

$$4\ C_2H_5MgCl \xrightarrow[\text{Pb-Elektrode}]{\text{Elektrolyse}} Pb(C_2H_5)_4 + 2\ Mg + 2\ MgCl_2$$

Reaktionen von Magnesium-Organylen

Aus der Fülle der Anwendungen von *Grignard*-Reagenzien in der organischen Synthese sei nur eine kleine Auswahl vorgestellt (Produkte jeweils nach der Hydrolyse):

Die intermediäre Überführung von RMgX in $RTi(OCHMe_2)_3$ bewirkt, wie für LiR, hohe Chemo- und Stereoselektivität in Additionen an Carbonylfunktionen (vergl. S. 50). Enantioselektivität kann, wie im Falle der Lithiumorganyle (S. 47f.), durch Koordination von RMgX an (−)-Spartein erzielt werden.

In der Organometallchemie dienen *Grignard*-Reagenzien, ähnlich wie Organolithium-Verbindungen, als Alkylierungsmittel:

$$SbCl_3 \quad + \quad 3\ CH_3MgX \xrightarrow[-\ 3MgXCl]{} (CH_3)_3Sb \xrightarrow[\quad]{CH_3MgX}$$

RMgX ist jedoch weniger reaktiv als RLi und erzeugt im Gegensatz zu letzterem **keine „at"-Komplexe** wie $[(CH_3)_4Sb]^-$.

Das nachfolgende Beispiel zeigt die Synthese eines Metallacyclus:

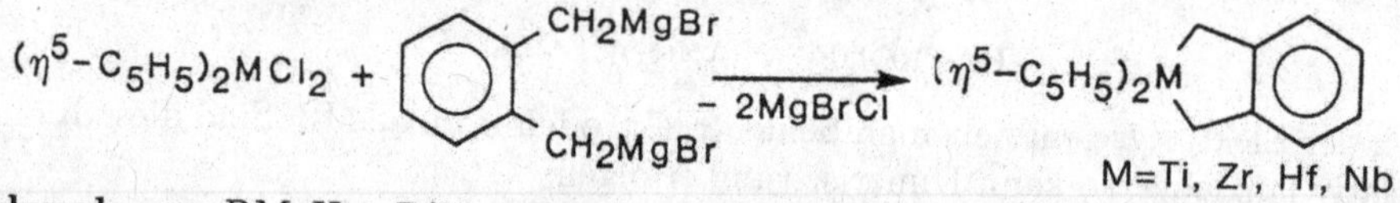

$$M=Ti,\ Zr,\ Hf,\ Nb$$

Kreuzkupplungen $RMgX + R'X \rightarrow R\text{–}R' + MgX_2$ werden durch Komplexe des Typs $(Ph_3P)_2MCl_2$, M = Ni, Pd, katalysiert (*Kumada*, 1972, vergl. Kap. 18).

Binäre Magnesiumorganyle MgR_2 besitzen in der Synthese einen ähnlichen Einsatzbereich wie *Grignard*-Reagenzien RMgX, ihre Reaktivität ist etwas höher. Die Löslichkeit von MgR_2 in Kohlenwasserstoffen kann von Vorteil sein, die schwierigere Darstellung ist nachteilig.

Organomagnesium-Hydride RMgH bilden sich gemäß:

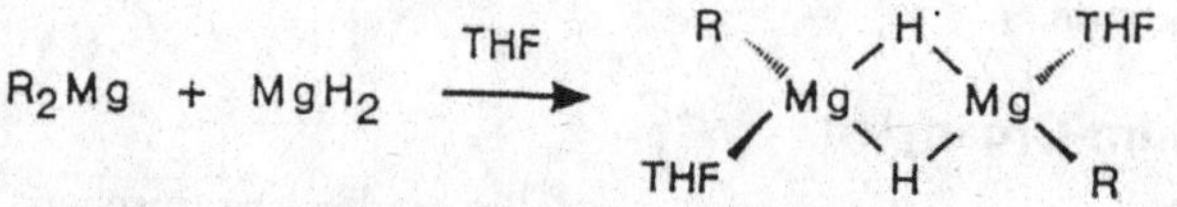

Man beachte die Bevorzugung der 2e3c-Hydridbrücke gegenüber einer entsprechenden Alkylbrücke.

Organomagnesium-Alkoxide RMgOR entstehen durch partielle Alkoholyse:

$$R_2Mg + R'OH \longrightarrow RMgOR' + RH$$

oder durch Reaktion von Ethern mit *Rieke*-Magnesium (*Bickelhaupt*, 1977):

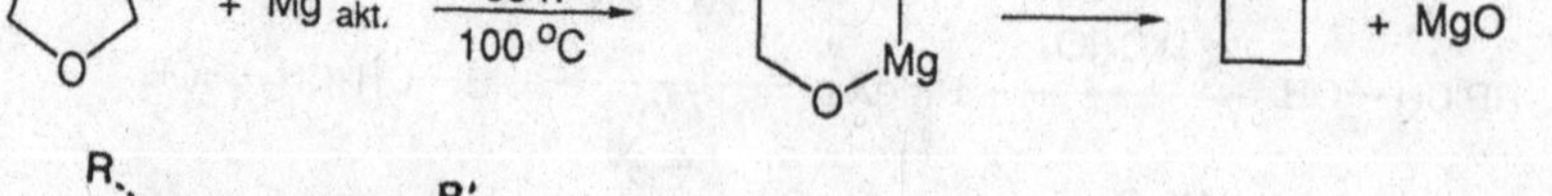

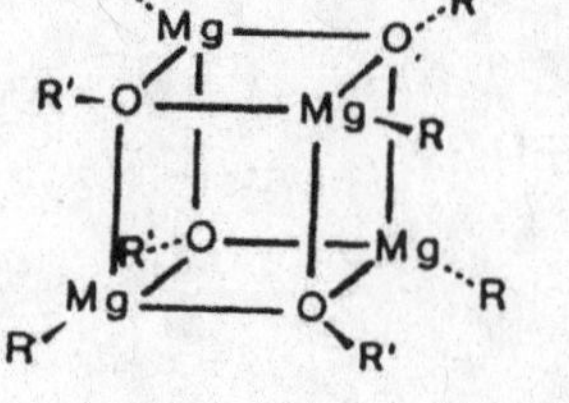

Die Struktur der Assoziate $(RMgOR')n$ wird durch die Fähigkeit des Alkoxidions RO^- geprägt, dreifach verbrückend zu wirken. Das Tetramere ist seinem Bautyp nach ein **Heterocuban** $(AB)_4$.

Magnesium- „at-Komplexe" $Mg_xM_yR_z$ (M = Metall der Gruppe 1,2 oder 13) wurden bereits von *Wittig* (1951) hergestellt:

$$MgPh_2 + LiPh \xrightarrow{Et_2O} \underset{\text{Lihiumtriphenylmagnesiat}}{LiMgPh_3 (Et_2O)_n} \quad \text{Lösung}$$

$$\downarrow TMEDA$$

Kristall

$[Mg_2Ph_6]^{2-}$ ist isoelektronisch und isostrukturell zu $[Al_2Ph_6]$ (S. 112). Aus den Abständen d(Li–C) ist auf Kovalenzanteile im Sinne einer Li–C_{Ph}–Mg-2e3c-Bindung zu schließen (*Weiss*, 1978).

Im Falle zweier Metalle vergleichbar elektropositiven Charakters wird eine weitgehend kovalent gebundene Einheit mit 2e3c-Brücken gebildet (*Stucky*, 1969):

$$MgMe_2 + Al_2Me_6 \longrightarrow$$

6.1.3 Calcium-, Strontium- und Bariumorganyle

Die Organyle der schwereren Erdalkalimetalle sind aufgrund nur begrenzter und keine Vorteile bietender Anwendung in der organischen Synthese sowie des schwierigen, streng kontrollierte Bedingungen erfordernden Zugangs bislang relativ unbedeutend geblieben. Bariumorganyle haben eine beschränkte Anwendung als Polymerisationsstarter gefunden. Wie die Organyle der schweren Alkalimetalle greifen die *Grignard*-Analoga RMX (M = Ca, Sr, Ba) Ether in der α-Position an. Diese Eigenschaft sowie die Unlöslichkeit in unpolaren Solvenzien erschweren ihren Einsatz in homogener Reaktion.

In Einklang mit dem elektropositiven Charakter der Elemente Ca, Sr, Ba und dem, verglichen mit Be^{2+} und Mg^{2+} größeren Ionenradius von Ca^{2+}, Sr^{2+} und Ba^{2+} besitzen die Organyle der schweren Erdalkalien Bindungen größeren Ionencharakters sowie die Tendenz zu höheren Koordinationszahlen. Die Metallorganik von Ca^{2+}–Ba^{2+} ähnelt somit mehr derjenigen der zweiwertigen Lanthanoidionen Yb^{2+}, Sm^{2+}, Eu^{2+} als der ihrer leichteren Homologen Be^{2+} und Mg^{2+} (*Hanusa*, 1990).

Die **Darstellungsverfahren**, Arten der Metallaktivierung und die bildungsmechanistischen Vorstellungen für Ca-, Sr- und Ba-Organyle entsprechen denen der Organomagnesiumchemie. Die Reaktivität der schweren Erdalkalien ist aber höher.

Einige Zugangswege sind die folgenden (M = Ca, Sr, Ba):

$$M + 2Cp^*H \xrightarrow[-H_2]{THF/NH_3 \text{ gesättigt}} MCp^*_2(THF)_2$$

$$MI_2 + 2NaCp^* \xrightarrow{Et_2O} MCp^*_2(Et_2O) \xrightarrow[\text{Rückfluß}]{Toluol} MCp^*_2 \quad \text{(Desolvatisierung)}$$

$$Ca \xrightarrow[-H_2]{NH_3(l)} Ca(NH_2)_2 \xrightarrow[Cp^*H]{THF, NH_3(l)} CaCp^*_2(THF)_2 + 2NH_3$$

Die Darstellung der höchst luft- und wasserempfindlichen **Calcio-, Strontio- und Bariocene** ist nicht lediglich als Füllarbeit zu betrachten; vielmehr erschloß sie eine Quelle provozierender Strukturinformation. $Ca(C_5H_5)_2$ ist im Kristall polymer aufgebaut (*Stucky*, 1974); der verglichen mit Magnesocen größere Metall-Ring-Abstand in Calciocen ermöglicht intermolekulare Wechselwirkung. Strukturaussagen über die isolierten Moleküle konnten nur für die permethylierten Komplexe $M(C_5Me_5)_2$ getroffen werden.

An dieser Stelle seien einige Besonderheiten des Liganden **Pentamethylcyclopentadienyl $C_5Me_5^-$ (Cp*)** genannt, welche den häufigen Einsatz von Cp* in der Organometallchemie rechtfertigen (*Jutzi*, 1987).

Cp* bietet im Vergleich zu Cp:

- stärkeren π-Donor- und schwächeren π-Akzeptorcharakter
- Zunahme des kovalenten und Abnahme des ionischen Bindungsanteils in Metallkomplexen des Sandwichtyps
- Erhöhung der thermischen Komplexstabilität
- kinetische Stabilisierung durch sterische Abschirmung des Zentralmetalls, somit verringerte *Lewis*-Acidität der Metallocene
- Schwächung der intermolekularen Wechselwirkungen, Vermeidung polymerer Strukturen, Erhöhung des Dampfdrucks und der Löslichkeit.

Diese Aspekte ermöglichten die Strukturanalyse isolierter Moleküle $M(C_5Me_5)_2$ in der Gasphase mittels Elektronenbeugung (*Blom*, 1990), die Vergleiche mit den Strukturen im Kristall gestattet (*Hanusa*, 1993).

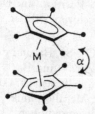

M	$M(C_5Me_5)_2$		MF_2
	XRD	GED	GED
Mg	180	180	180
Ca	147	154	140
Sr		149	108
Ba	131	148	100

Kippwinkel α in Permethylmetallocenen der Erdalkalimetalle
XRD = Röntgenbeugung (Einkristall)
GED = Elektronenbeugung (Gasphase)

Als überraschender Befund ergab sich für die Di(cyclopentadienyl)komplexe der schweren Erdalkalimetalle eine **gewinkelte Struktur**. Eine vergleichbare Abwinkelung tritt allerdings auch bei den entsprechenden gasförmigen Fluoriden auf (*Calder*, 1969), angesichts der isolobalen Natur der Liganden $C_5H_5^-$ und F^- ist diese Beobachtung bedeutsam. Während im Falle der

Verbindungen $M(C_5H_5)_2$ der p-Block-Elemente Ge, Sn und Pb die Existenz eines freien Elektronenpaares am Zentralmetall Argumente zur Erklärung der Abwinkelung liefert (S. 186), fordert die Abwesenheit eines solchen für die Verbindungen der s-Block-Metalle Ca, Sr und Ba zu subtileren Deutungsversuchen heraus. Diese lassen sich etwa wie folgt skizzieren:

- **Elektrostatisches Modell:** Die negativ geladenen Liganden polarisieren die Elektronenhülle des Zentralmetalls und stören deren Kugelsymmetrie. Die Abstoßung zwischen den negativen Ligandladungen und den durch sie erzeugten Dipolen wird minimiert, wenn das Molekül eine gewinkelte Struktur einnimmt (*Guido*, 1976; *Hanusa*, 1986).

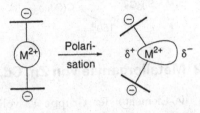

- *Van der Waals*-**Wechselwirkung:** Molekülmechanik-Kraftfeldrechnungen führen zu dem Ergebnis, daß die Triebkraft zur Abwinkelung aus dem Gewinn an *van der Waals*-Anziehung zwischen den Liganden stammt, denn in der gewinkelten Form liegt ein geringerer Interligand-Abstand vor als in der linearen. Dieser Abwinkelung unterliegen nur die Metallocene der größeren Zentralatome Ca, Sr, Ba, denn im Magnesocen befinden sich die Liganden bereits in der linearen Form ($\alpha = 180°$) auf *van der Waals*-Abstand (*Burdett*, 1993; *Allinger*, 1995).

- **(n–1)d-Orbitalbeteiligung:** Während die Beteiligung von „äußeren" nd-Orbitalen an Bindungen der p-Block Elemente umstritten ist, wird den „inneren" (n–1)d-Orbitalen in Bindungen der schweren s-Block Elemente zunehmend Bedeutung beigemessen. Diese läßt sich auf eine Verringerung der energetischen (n–1)d/ns Separierung, bewirkt durch relativistische Effekte (S. 250), zurückführen. In der valence bond Sprache ausgedrückt ist demgemäß für die schweren Erdalkalielemente (n–1)d ns-Hybridisierung (gewinkelt) günstiger als ns np-Hybridisierung (linear) (*Baerends*, 1990).

sp-Hybridisierung

ds-Hybridisierung

- **Ab initio MO-Methoden** haben zu Resultaten geführt, die sich nur im Lichte von Zusatzannahmen mit dem Experiment vereinigen lassen (*Blom*, 1990; *Schleyer*, 1992). Unbestritten ist allerdings, daß die Linearisierungsenergie der gewinkelten Erdalkalimetallocene mit 4–12 kJ mol⁻¹ klein ist (**„floppy organometallics"**), so daß an quantenchemische Verfahren der Geometrieoptimierung höchste Anforderungen gestellt werden.

Die strukturellen Besonderheiten der Erdalkalimetallverbindungen MX_2 bleiben ein faszinierender Befund, scheinen sie doch den gängigen Faustregeln und Erklärungsansätzen des Chemikers und seiner innewohnenden Vorliebe für hohe Symmetrie zu widersprechen. Ähnliches galt lange Zeit auch für den Jahn-Teller-Effekt. Schließlich demonstriert die Symmetrieerniedrigung auch eindrücklich den Wettstreit zwischen sterischen und elektronischen Effekten, den letztere in der eben behandelten Substanzklasse für sich entscheiden. Dies sei abschließend mit der Struktur des Di(supersilyl)calciums belegt, in der sich, trotz extrem raumerfüllender Gruppen, ein MX_2-Bindungswinkel von 150° einstellt (*Eaborn*, 1997). Di(trisyl)zink ist hingegen linear gebaut.

$$
\underset{150°}{(Me_3Si)_3C} \underset{}{\overset{Ca}{\diagdown}} C(SiMe_3)_3
$$

6.2 Metallorganyle von Zn, Cd, Hg (Gruppe 12)

Da die Elemente der Gruppe 12 vollständig gefüllte d-Schalen niedriger Energie besitzen, die weder Donor- noch Akzeptoreigenschaften aufweisen, empfiehlt sich die Betrachtung der Organometallchemie dieser Elemente im Anschluß an die Elemente der Gruppe 2.

6.2.1 Zinkorganyle

Darstellung

$$C_2H_5I + Zn(Cu) \xrightarrow{\Delta} „C_2H_5ZnI" \longrightarrow (C_2H_5)_2Zn + ZnI_2 \qquad \boxed{1}$$

$$Zn + R_2Hg \longrightarrow R_2Zn + Hg \qquad \boxed{2}$$

$$ZnCl_2 + 2\ RLi\ (RMgX) \longrightarrow R_2Zn + 2\ LiCl\ (MgXCl) \qquad \boxed{4}$$

$$3\ Zn(OAc)_2 + 2\ R_3Al \longrightarrow 3\ R_2Zn + 2\ Al(OAc)_3$$

Struktur und Eigenschaften

Im Gegensatz zu BeR_2 und MgR_2 treten die binären Organyle des Zinks ZnR_2 (R = Alkyl oder Aryl) stets monomer auf. Die Moleküle sind linear gebaut und besitzen niedrige Schmelz- und Siedepunkte [z.B.$(C_2H_5)_2)Zn$: Fp. –28 °C, Kp. 118 °C, pyrophor]. Während eine Selbstassoziation via Zn–R–Zn (2e3c)-Brücken offenbar nicht begünstigt ist, werden Zn–H–Zn (2e3c)-Brücken realisiert:

Ferner werden bereitwillig Komplexe mit σ-Donorliganden gebildet:

Dieser Koordinationstyp ist auch für die Assoziation der Moleküle RZnX verantwortlich.

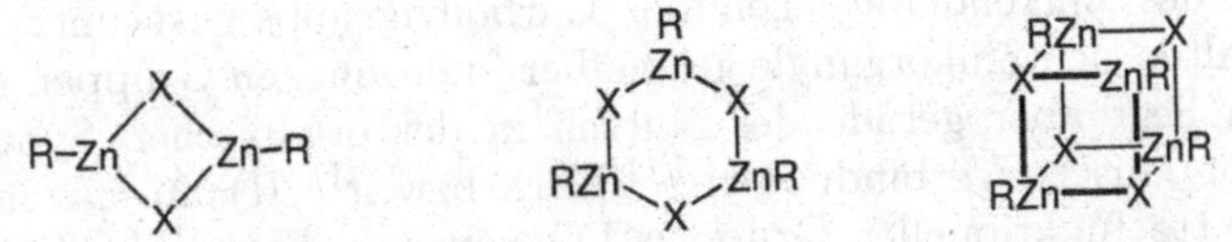

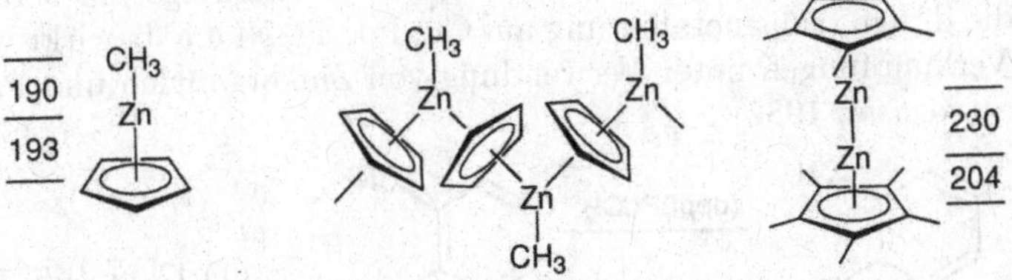

Das in der Gasphase monomere **(Cyclopentadienyl)(methyl)zink** bildet im Kristall Ketten mit verbrückenden Cp-Liganden aus. Eine verwandte polymere Struktur besitzt auch das **Zinkocen ZnCp₂**, die Zinkatome sind allerdings nicht über den Ringen zentriert, d.h. die Haptizität ist kleiner als 5 (*Boersma*, 1985). Neuesten Ursprungs ist **Decamethyldizinkocen** (η^5-Me₅C₅)Zn–Zn(η^5-Me₅C₅) (*Carmona*, 2004), das erste Molekül, in welchem eine Zn^I–Zn^I-Bindung gefunden wurde.

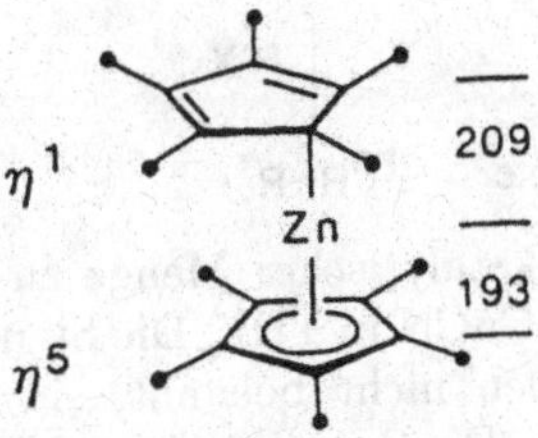

Die Struktur von **Bis(pentamethylcyclopentadienyl)zink** (Me₅C₅)₂Zn in der Gasphase zeigt η^1-, η^5-Koordination an und ähnelt somit der Struktur des Beryllocens (S. 60). Auf diese Weise wird, wie in CpZnMe, am Zn-Atom eine 18 Valenzelektronenkonfiguration erzeugt. In Lösung besitzt (Me₅C₅)₂Zn nur *ein* ^{1}H-NMR-Signal, was auf einen raschen Wechsel zwischen η^1- und η^5-Koordination hinweist (*Haaland*, 1985).

In ihrem **chemischen Verhalten** ähneln Organozinkverbindungen den Organomagnesium- und Organolithiumverbindungen, zeigen jedoch in Additionen eine geringere Reaktivität. Hierfür sind der hohe Kovalenzgrad der Zn–C-Bindung und die relativ geringe *Lewis*-Acidität der Zn^{II}-Zentren verantwortlich. In der metallorganischen Synthese ersetzen Zn-Organyle die Reagenzien LiR und RMgX, wenn relativ milde, nichtbasische Bedingungen erforderlich sind:

$$NbCl_5 + Me_2Zn \longrightarrow Me_2NbCl_3 + ZnCl_2$$

Die altbekannte *Reformatsky*-**Reaktion** verläuft über eine Organozink-Zwischenstufe:

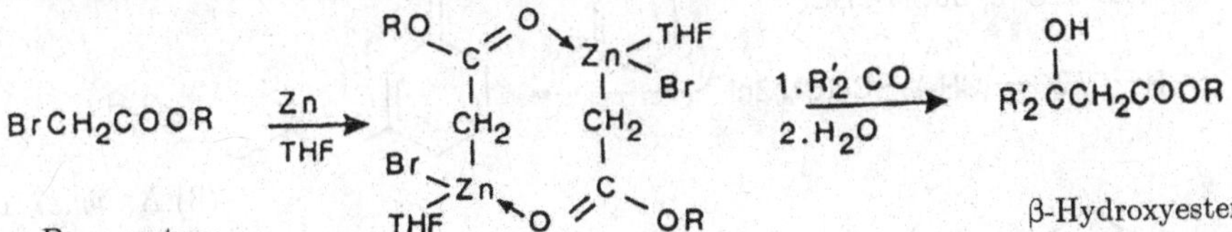

Die dimere Struktur des *Reformatsky*-Reagens' bleibt auch in Lösung erhalten (*van der Kerk*, 1984). Bei seiner Bereitung bewährt sich die Verwendung aktiver Formen des Zinks, z.B. *Rieke*-Zn (S. 62).

Die hohe Reaktivität des Zinkenolats gegenüber Carbonylgruppen ist untypisch, denn gewöhnlich verhalten sich Zinkorganyle gegenüber funktionellen Gruppen recht reaktionsträge. Hierin liegt aber gerade der Nutzen in der organischen Synthese begründet, denn zinkorganische Verbindungen $^{FG}RZnX$ bzw. $(^{FG}R)_2Zn$ lassen sich mit einer breiten Palette funktioneller Gruppen FG versehen darstellen. Für die anschließende Umsetzung mit Elektrophilen E^+ bedarf es allerdings einer Reaktivitätssteigerung, die durch Transmetallierung auf Cu, Pd, Ti, Ni u.a. bewirkt wird. Insbesondere C–C-Verknüpfungen unter Verwendung von Zinkorganylen und Palladium-Katalysatoren (*Negishi*, 1982)

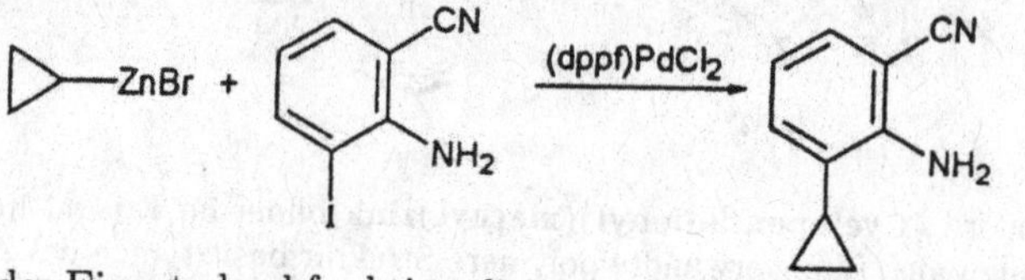

(1) *Campbell*, 1989

sowie der Einsatz hochfunktionalisierter Zink-Kupferorganyle (*Knochel*, 1993, 1997) haben in jüngerer Zeit große Bedeutung in der organischen Synthese erlangt. Dem *Knochel*-Verfahren, welches auf der Organocupratchemie basiert (S. 243), liegt folgendes Schema zugrunde:

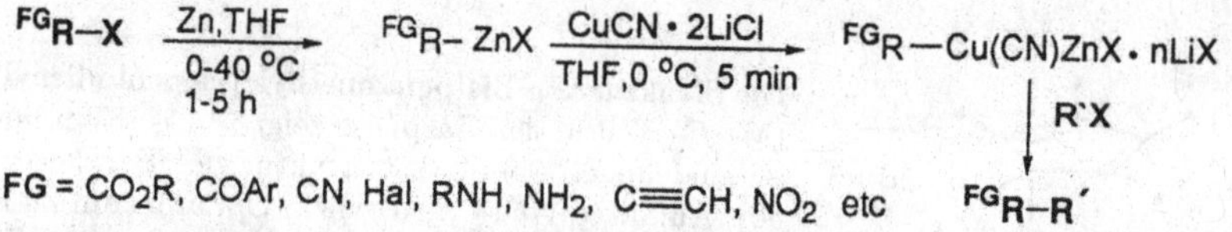

$$^{FG}R-X \xrightarrow[\substack{0-40\ ^\circ C \\ 1-5\ h}]{Zn, THF} \ ^{FG}R-ZnX \xrightarrow[THF, 0\ ^\circ C,\ 5\ min]{CuCN \cdot 2LiCl} \ ^{FG}R-Cu(CN)ZnX \cdot nLiX$$

$$\downarrow R'X$$

FG = CO_2R, COAr, CN, Hal, RNH, NH_2, C≡CH, NO_2 etc $^{FG}R-R'$

Häufig reicht es auch aus, das Salz CuCN · 2LiCl in katalytischer Menge zu verwenden. Der Zusatz von LiX fördert die Löslichkeit von CuCN in THF. Die Struktur der **Heterocuprate** $^{FG}R-Cu(CN)ZnX$ (S. 234) ist noch nicht bekannt, sie sind jedoch in zahlreichen Folgereaktionen eingesetzt worden. Die Substitutionen (1)–(3) und die Addition (4) illustrieren die Toleranz dieses Systems gegenüber funktionellen Gruppen:

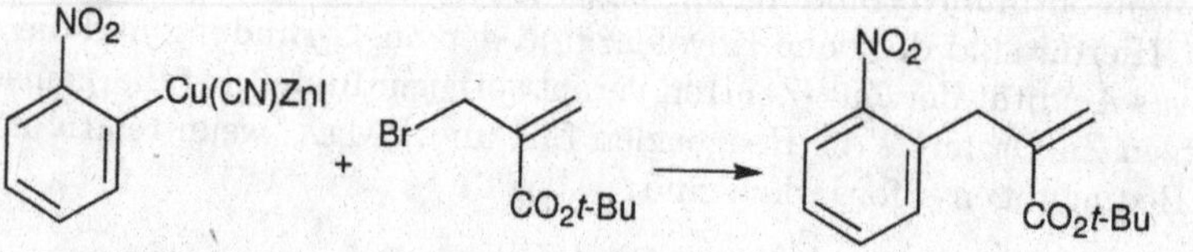

(2) *Knochel*, 1992

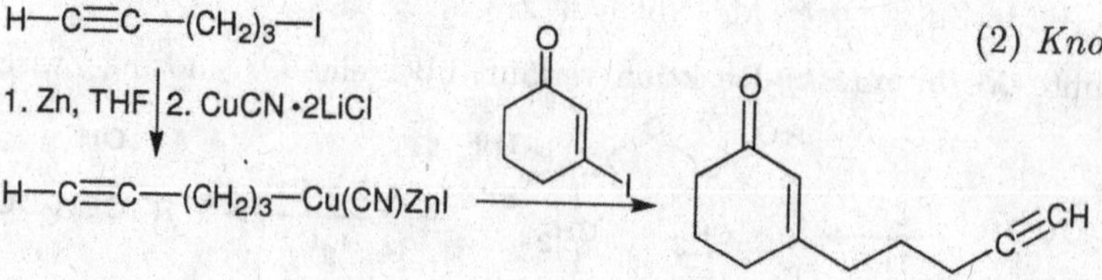

(3) *Knochel*, 1991

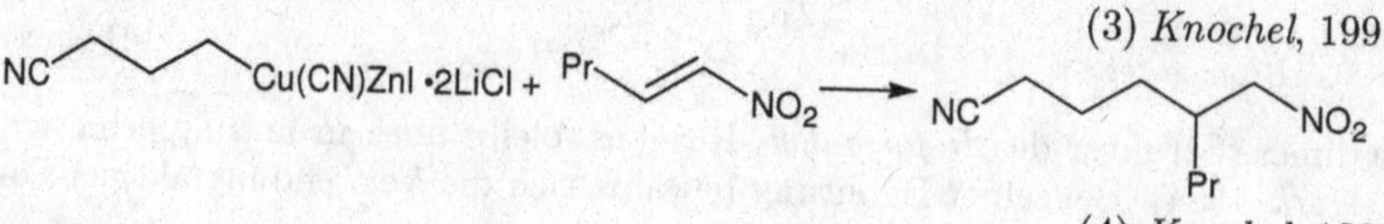

(4) *Knochel*, 1989

Derartige C–C-Verknüpfungen unter Erhalt der jeweils vorliegenden funktionellen Gruppen wären mit Lithiumorganylen oder Grignardreagenzien ohne präparativ aufwendigen Einsatz von Schutzgruppen oder maskierter Funktionalitäten kaum durchführbar. Auf die Wirkungsweise des Katalysators (dppf)PdCl$_2$, dppf = 1,1'-Bis-(diphenylphosphino)ferrocen (*Kumada*, 1984), kommen wir in Kap. 18.2 zurück.

Eine Steigerung der Reaktivität von Zinkorganylen kann auch durch Komplexbildung erzielt werden. Ist die Gruppe X* chiral, so sollten die Organozinkkomplexe RZnX* enantioselektiv reagieren. Dies führte *Noyori* zur Aufstellung eines Plans für die katalytische enantioselektive Alkylierung prochiraler Carbonylverbindungen:

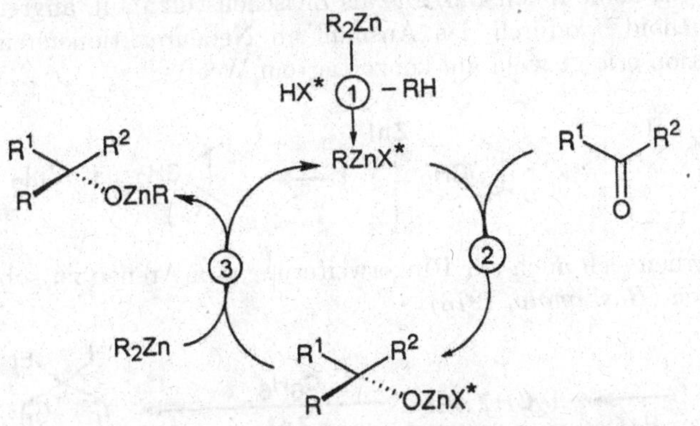

Bedingend für das Gelingen sind, daß Schritt ②wesentlich rascher ist, als die Addition von unmodifiziertem R$_2$Zn an das Keton und daß sich die Gruppe X* durch R austauschen läßt (Schritt ③). Bezüglich Einzelheiten enantioselektiver Katalysen vergl. Kap. 18.7. In chiralen Aminoalkoholen wie dem (–)-3-exo-Dimethylaminoisoborneol, (–)–DAIB, wurden Hilfsstoffe HX* gefunden, die zu einem katalytischen Verfahren der Synthesen chiraler Alkohole in beeindruckender Ausbeute und Enantiomerenreinheit führten (*Noyori*, 1986, 1991):

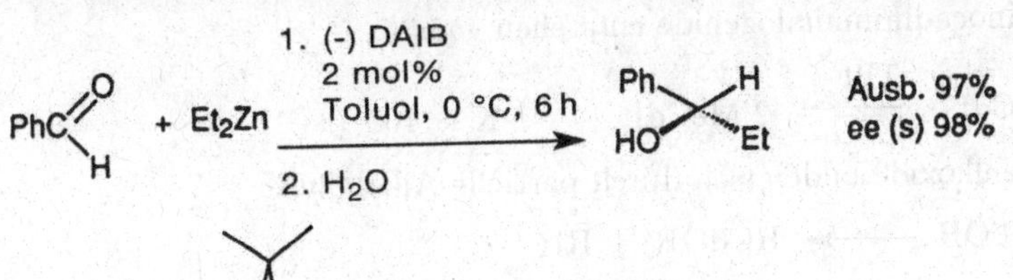

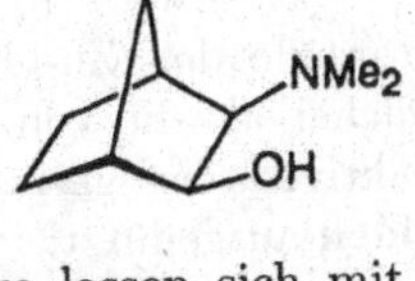

Ähnliche Erfolge lassen sich mit der Kombination R$_2$Zn/(i-PrO)$_4$Ti + Aldehyd, katalysiert durch chirale Titanate, erzielen (*Seebach*, 1991). Diese enantioselektiven Katalysen sowie die zuvor geschilderte Gewinnung hochfunktionalisierter Organozinkreagenzien und deren Aktivierung durch Transmetallierung haben die Organozinkchemie aus dem Dornröschenschlaf geweckt, in den sie nach Entdeckung der Grignardreagenzien versunken war.

Eine gewisse Rolle in der organischen Synthese spielen auch **Organozinkcarbenoide**, so etwa in der *Simmons-Smith*-**Reaktion** (1973), einer Cyclopropanierung, *Beispiel:*

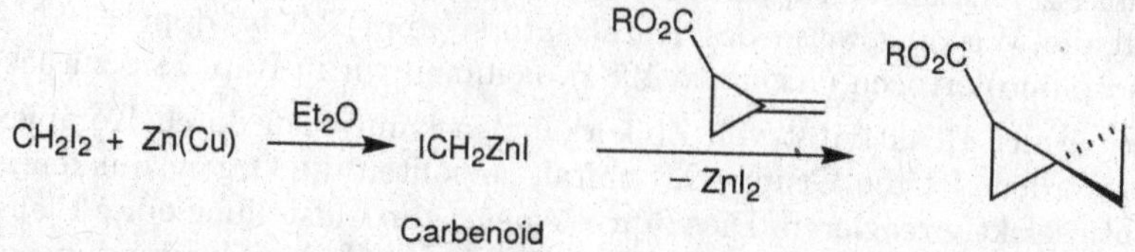

$$CH_2I_2 + Zn(Cu) \xrightarrow{\text{Et}_2O} ICH_2ZnI \xrightarrow{- ZnI_2}$$

Carbenoid

Bei diesem Verfahren treten keine freien Carbene als Zwischenstufen auf; angreifendes Agens ist ein Carbenoid, wodurch das Ausmaß an Nebenreaktionen eingeschränkt wird. Die Addition erfolgt wohl auf konzertiertem Weg:

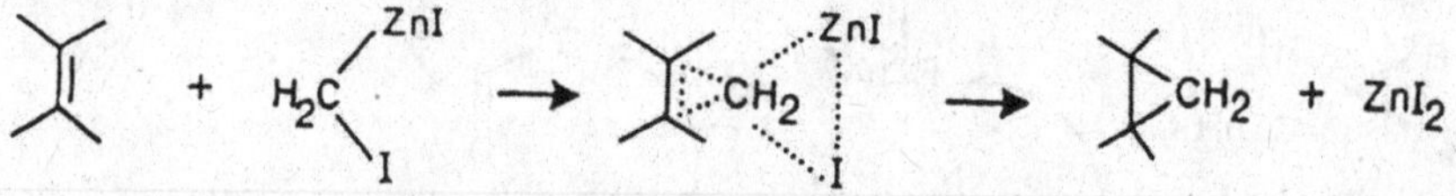

Organozinkcarbenoide eignen sich auch zur Ringerweiterung von Arenen zu substituierten Cycloheptatrienen (*Hashimoto*, 1973):

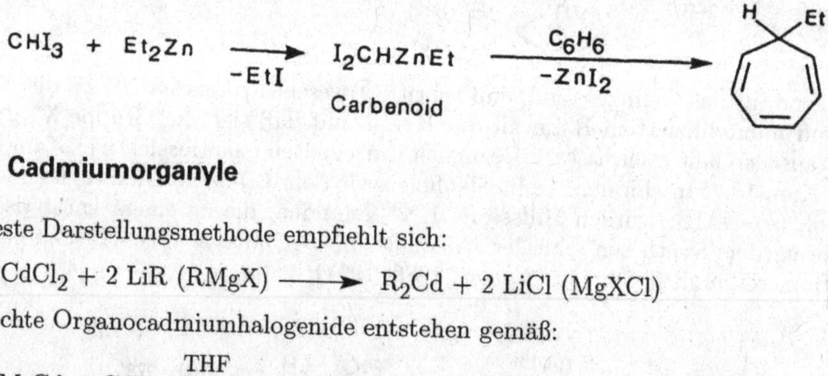

$$CHI_3 + Et_2Zn \xrightarrow[-EtI]{} I_2CHZnEt \xrightarrow[-ZnI_2]{C_6H_6}$$

Carbenoid

6.2.2 Cadmiumorganyle

Als beste Darstellungsmethode empfiehlt sich:

$$CdCl_2 + 2\,LiR\ (RMgX) \longrightarrow R_2Cd + 2\,LiCl\ (MgXCl) \qquad \boxed{4}$$

Gemischte Organocadmiumhalogenide entstehen gemäß:

$$M_2Cd + CdI_2 \underset{\text{THF}}{\rightleftharpoons} 2\,MeCdI \qquad K \approx 100$$

Organocadmiumalkoxide bilden sich durch partielle Alkoholyse:

$$R_2Cd + R'OH \longrightarrow RCdOR' + RH$$

Bezüglich Struktur und Reaktivität ähneln Cd-Organyle den Zn-Organylen. Die *Lewis*-Acidität der Moleküle R_2Cd ist jedoch schwächer als die von R_2Zn (Tetraorganocadmiate CdR_4^{2-} sind instabil) und die Reaktivität ist geringer. Letzterer Aspekt wird in einer **Ketonsynthese aus Säurechloriden** ausgenützt:

$$R_2Cd + CdCl_2 \rightleftharpoons 2\,RCdCl \xrightarrow{2\,R'COCl} 2\,R'COR + CdCl_2$$

Dieses Verfahren ist in Gegenwart der Gruppen $>C{=}O$, $-CO_2R$, $-C{\equiv}N$ anwendbar, an die sich Organocadmiumverbindungen, im Gegensatz zu *Grignard*-Reagenzien, nicht addieren.

Verglichen mit der Organozink- ist die Organocadmiumchemie in der organischen Synthese nur von geringer Bedeutung. Hierfür mögen die abgeschwächte Reaktivität bei gleichzeitig erhöhter thermischer und photochemischer Instabilität und, nicht zuletzt, die hohe **Toxizität** der Verbindungen R_2Cd und $RCdX$ verantwortlich sein. Cadmium-(und Zink-)Organyle finden aber als Reagenzien zur Abscheidung von Halbleiterfilmen wie ZnSe und CdS aus der Gasphase Verwendung in der Elektronik-Industrie (**OMCVD**, S. 592).

6.2.3 Quecksilberorganyle

Die Organoquecksilberchemie ist – historisch bedingt durch intensive Suche nach pharmakologisch wirksamen Verbindungen – sehr umfangreich. Ähnliches gilt für die arsenorganische Chemie. Verbindungen des Typs PhHgOR haben als **Fungizide, Antiseptika und Bakterizide** Anwendung gefunden, die Entwicklung ist jedoch rückläufig. Ferner erleichterte die inerte Natur der Hg–C-Bindung gegen Luft und Wasser Studien in der Frühzeit der Metallorganik. Heute sind einige Organoquecksilber-Reaktionen in der organischen Synthese von begrenzter Bedeutung.

Darstellung

$$RI + Hg \xrightarrow{\text{Sonnenlicht}} RHgI \quad \text{(historisch)} \qquad \boxed{1}$$

$$ArN_2{}^+Cl^- + Hg \xrightarrow{0\,°C} ArHgCl + N_2$$

$$HgCl_2 \xrightarrow{RLi} RHgCl \xrightarrow{RLi} R_2Hg \qquad \boxed{4}$$

$$Hg(OAc)_2 + RBR'_2 \longrightarrow RHgOAc + R'_2BOAc$$
$$\text{(R = primäres Alkyl, Alkenyl, R' = Cyclohexyl)}$$

$$PhH + Hg(OAc)_2 \xrightarrow{\text{MeOH}} PhHgOAc + HOAc \quad \text{(Mercurierung)} \qquad \boxed{7}$$

$$CH_2N_2 + HgX_2 \longrightarrow XCH_2HgX + N_2 \qquad \boxed{10}$$
$$\text{(X = Cl, Br)}$$

$$(CF_3COO)_2Hg \xrightarrow[120\text{–}180\,°C]{K_2CO_3} (CF_3)_2Hg + 2\,CO_2 \qquad \boxed{11}$$

$$Na[MeAlCl_3] \xrightarrow[\text{Hg-Anode}]{\text{Salzschmelze}} Me_2Hg \quad \text{(Elektroalkylierung)}$$

Struktur und Eigenschaften

Den ähnlichen Elektronegativitäten von Hg und C entsprechend ist die Bindung Hg–C hochgradig kovalent. Die Organometallchemie des Quecksilbers ist fast ausschließlich auf die Oxidationsstufe Hg^{II} beschränkt. Spezies der Art $R–Hg^I–Hg^I–R$ wurden gelegentlich postuliert, aber nie eindeutig nachgewiesen (R = org. Rest). Bekannt ist dieser Typ aber für R = $Si(SiMe_2SiMe_3)_3$ (*Apeloig*, 1999). Thermochemisch spiegelt sich die Instabilität von Hg^I-Organylen in stark unterschiedlichen

Dissoziationsenergien für die erste und die zweite Methylgruppe an $(CH_3)_2Hg$ wider, $D(MeHg–Me) = 214$ kJ/mol, $D(Hg–Me) = 29$ kJ/mol. Somit führen Versuche, Hg^I-Organyle reduktiv aus RHg^+-Kationen darzustellen, zu Hg–C-Bindungsspaltung:

$$RHg^+ \xrightarrow{e^-} \{RHg^{\cdot}\} \longrightarrow R^{\cdot} + Hg$$

Auch R_2Hg Moleküle werden durch thermische oder photochemische Energiezufuhr leicht homolytisch gespalten. Diese Reaktion stellt eine bequeme **Quelle für Radikale** dar, sie kann für homolytische aromatische Substitutionen eingesetzt werden:

$$R_2Hg \xrightarrow[-Hg]{h\nu} 2\ R^{\cdot} \xrightarrow[-1/2\ H_2]{ArH} ArR$$

Die Eignung von Organoquecksilberverbindungen als Transmetallierungsreagenzien (S. 32) beruht unter anderem auf dieser Schwäche der Hg–C-Bindung. Andererseits sind Hg-Organyle gegen Luft und Wasser weitgehend inert. Hierfür ist der nur schwach ausgeprägte Akzeptorcharakter der Moleküle R_2Hg und $RHgX$ verantwortlich. Die Bildung von Addukten unter Erhöhung der Koordinationszahl gelingt für R_2Hg nur, wenn R besonders elektronenaffin ist. [*Beispiel:* $(CF_3)_2Hg$-$(R_2PCH_2CH_2PR_2)$]. Bietet man Organoquecksilberhalogeniden Donor-Liganden an, so erfolgt eine Umverteilung, wobei die metallorganische Komponente die Koordinationszahl 2 bewahrt:

$$2\ RHgX + 2\ PR'_3 \longrightarrow R_2Hg + HgX_2(PR'_3)_2$$

Die Moleküle $RHgX$ und R_2Hg sind **linear** gebaut mit sp- oder d_{z^2}s-Hybridisierung am Hg-Atom. Sekundäre, intermolekulare Wechselwirkungen erzeugen nur geringe Abweichungen von der Linearität. Versuchen, durch „Kunstgriffe" gewinkelte C–Hg–C-Bindungen zu erzwingen, wird durch Cyclooligomerisierung ausgewichen (*Brown*, 1978):

o-Phenylenquecksilber
d(Hg··Hg) $= 358$ pm
d(Hg–C) $= 210$ pm
vergl.: d(Hg-Hg)Metall $= 302$ pm

Di(cyclopentadienyl)quecksilber, $(C_5H_5)_2Hg$, ist in wässrigem Medium darstellbar:

$$2\ C_5H_5Tl + HgCl_2 \xrightarrow{H_2O} (C_5H_5)_2Hg + 2\ TlCl$$

Struktur von $(C_5H_5)_2Hg$ im Kristall (*Boersma*, 1988): Es liegt reine η^1,η^1-Koordination vor, die Achse C–Hg–C ist in Einklang mit sp-Hybridisierung am Hg-Atom linear, die Bindung ist hochgradig kovalent. Man beachte die Bindungslängenalternanz im η^1-gebundenen C_5H_5-Ring.

$(C_5H_5)_2Hg$ bildet einerseits mit Maleinsäureanhydrid ein *Diels-Alder*-Addukt und zeigt im IR-Spektrum eine Hg $\underline{\sigma}$ C-Streckschwingung, liefert jedoch andererseits im ^{1}H-NMR Spektrum bei 25 °C nur *ein* Signal. Somit liegt in Lösung eine **fluktuierende Struktur** (η^1-C_5H_5)$_2$Hg vor, die auf der ^{1}H-NMR-Zeitskala zu Äquivalenz aller Ringprotonen führt (**Haptotropie**):

(*Wilkinson*, 1956)

Der Pentamethylcyclopentadienylligand Cp* ersetzt an $HgCl_2$ nur ein Chloridion; das Produkt **Cp*HgCl** besitzt im Kristall eine interessante Zinnenstruktur.

Auch ein anderer prototypischer Ligand der Organometallchemie, Kohlenmonoxid, konnte in jüngster Zeit an Quecksilber koordiniert werden (*Willner*, 1996):

$$Hg(SO_3F)_2 + 2\,CO + 8\,SbF_5 \xrightarrow[100\,°C]{SbF_5(l)} [Hg(CO)_2][Sb_2F_{11}]_2 + 2\,Sb_2F_9SO_3F$$

Das linear gebaute Kation $[Hg(CO)_2]^{2+}$ ist ein Vertreter der aktuellen „nichtklassischen", d.h. dominant σ-gebundenen Metallcarbonyle (S. 251f., 339, 343).

Als wichtigste Reaktionen von **synthetischer Bedeutung**, in denen Hg-Organyle als Zwischenprodukte auftreten, sind die Mercurierung, die Solvomercurierung/-Demercurierung und die Carbenübertragung zu nennen.

● Die **Mercurierung** ist eine Metallierung (H/Metall-Austausch) mittels Quecksilber(II)-acetat, die auf Arene sowie auf Aliphaten mit acidem H wie Alkine, Nitroverbindungen und 1,3-Diketone anwendbar ist.

$$PhH + Hg(OAc)_2 \longrightarrow PhHgOAc + HOAc$$

Mechanistisch ist sie als elektrophile Substitution (S_E) einzustufen. Mercurierungen werden durch starke nichtkoordinierende Säuren katalysiert, die das angreifende Elektrophil $HgOAc^+$ erzeugen.

$$Hg(OAc)_2 + HClO_4 \longrightarrow HgOAc^+ + ClO_4^- + HOAc$$

● Die **Solvomercurierung-Demercurierung** besteht in einer Addition von HgX^+ und Y^- an ein Alken mit anschließender Spaltung der Hg–C-Bindung nach dem Muster:

$$RCH=CH_2 \xrightarrow[HY]{\substack{HgX_2 \\ (X = NO_3,\, OAc)}} RCH\overset{\overset{\displaystyle Y}{\displaystyle |}}{}CH_2HgX \xrightarrow{H_2,\, NaBH_4} RCH\overset{\overset{\displaystyle Y}{\displaystyle |}}{}CH_3$$

(HY = Solvens oder Teil des Solvenssystems)
(Y = OH, OR, OAc, O_2R, NR_2 etc.)

Beispiel:

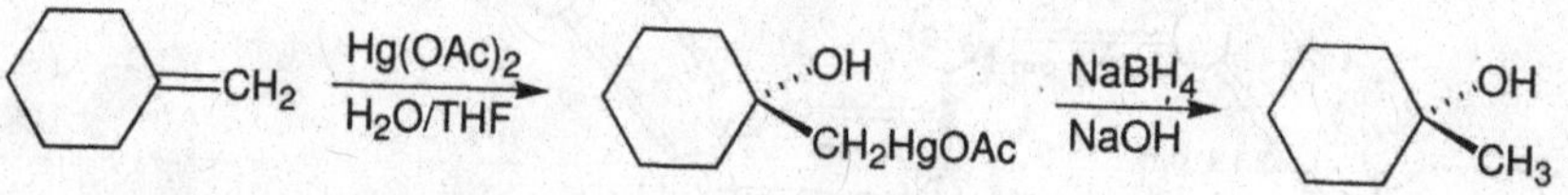

Das Verfahren hat eine große Anwendungsbreite, läuft unter besonders milden Bedingungen ab, wird von funktionellen Gruppen wenig gestört und ist selten von Gerüstumlagerungen begleitet. Der erste, in diesem Falle als **Oxymercurierung** bezeichnete Schritt, erfolgt in *Markownikow*-Richtung, er ergänzt somit die, in anti-*Markownikow*-Richtung verlaufende Hydroborierung (S. 88f.). Die generelle Bedeutung der Mercurierungsprodukte liegt im anschließenden Ersatz des Quecksilbers durch H, Halogen- oder andere funktionelle Gruppen.

● **Carbenübertragung mittels Phenyl(α-halogenmethyl)quecksilber (*Seyferth-Reagens*)**

Verbindungen des Typs $PhHgCX_3$ extrudieren bereitwillig Dihalogencarbene CX_2, die für Folgereaktionen eingesetzt werden können. Aus gemischt substituierten Spezies $PhHgCX_2X'$ wird jeweils $PhHgX'$ mit dem schwereren Halogen eliminiert.

Beispiele:

$$PhHgCl + CHCl_2Br + t\text{-}BuOK \xrightarrow[-25°C]{THF} PhHgCCl_2Br + KCl + t\text{-}BuOH$$

$$PhHgCX_2Br \xrightarrow[-PhHgBr]{\Delta} CX_2 \xrightarrow{Ar-C\equiv C-R}$$

X = Cl, Br

Diese **Cyclopropanierungen** laufen unter vergleichsweise milden Bedingungen, vor allem in Abwesenheit basischer Reagenzien ab, $PhHgCX_2X'$ ist allerdings zuvor zu isolieren. Probleme bereiten lediglich funktionelle Gruppen –COOH, –OH und $-NR_2$ am Alken, die mit $PhHgCX_2X'$ reagieren. Der Mechanismus der Dihalocyclopropanierung nach *Seyferth* wird – im Gegensatz zur *Simmons-Smith*-Reaktion (S. 76) – über freie Carben-Zwischenstufen formuliert.

....

EXKURS 4: Organoquecksilber-Verbindungen in vivo

Das Element Quecksilber hat durch die Minimata-Katastrophe in Japan (1953–1960) und wegen Massenvergiftungen durch Saatgetreide im Irak (1971/72) traurige Berühmtheit erlangt. In ersterem Falle geriet Quecksilber aus Industrieabwässern in Meeressedimente und in marine Organismen, im zweiten Falle wurde mit Ethylquecksilber-p-toluolsulfonanilid gebeizter Weizen verzehrt. Beim Arbeiten mit Quecksilberorganylen ist **höchste Vorsicht** geboten: Im Jahre 1997 führte der Hautkontakt von wenigen Tropfen Dimethylquecksilber 10 Monate nach der Exposition zum Tod der Experimentatorin. **Dimethylquecksilber durchdringt Latexhandschuhe in Sekundenfrist**. Umweltchemisch von Bedeutung ist die Beobachtung, daß Hg^{2+}-Ionen in Meerwasser auch durch Methylzinn- und Methylbleiverbindungen methyliert werden (*O'Connor*, 1986), um dann ihre toxische Wirkung zu entfalten.

Die Gefährdung durch Hg in vivo ist auf folgende Tatsache zurückzuführen:

- Anorganische Hg^{II}-Verbindungen werden durch biologische Methylierung in das **extrem toxische Ion CH_3Hg^+** überführt (*Jernelöv*, 1969). Tägliche orale Aufnahme von 0.3 mg CH_3HgX durch den Menschen führt bereits zu Vergiftungstungssymptomen. Über oxidative Methylierungen von Hg^0 in natürlicher Umgebung ist derzeit noch wenig bekannt.

- Viele Verbindungen CH_3HgX sind wasserlöslich, werden daher rasch in wässrigen Ökosystemen verbreitet und erfahren in gewissen Organismen (insbesondere Fischen) eine hohe Anreicherung. *Beispiel:* Wasser (Lake Powell, Arizona 0.01 ppb) → Nahrungskette → Forelle (84 ppb), Karpfen (250 ppb).

Was die **Herkunft** des Quecksilbers in natürlichen Wässern betrifft, so sind die anthropogenen Quellen der Neuzeit (Hg-Gewinnung aus Erzen, fossile Brennstoffe, Chloralkalielektrolyse, Fungizide) mit den natürlichen Quellen (z.B. Verwitterungsvorgänge des Gesteins, Vulkanismus) global vergleichbar, wegen höherer lokaler Konzentration jedoch gravierender. Das letzte Jahrzehnt sah allerdings eine starke Abnahme der Hg-Emission, im Bereich der Chloralkali-elektrolyse sogar um mehr als 90%.

In der **biologischen Methylierung** von Hg^{2+}-Ionen zu CH_3Hg^+ und in geringerem Maße zu $(CH_3)_2Hg$ wird Mikroorganismen, die in ihrem Stoffwechsel **Methylcobalamin $CH_3[Co]$**, ein Derivat des Vitamin B_{12}-Coenzyms verwenden, besondere Bedeutung zugeschrieben. $CH_3[Co]$ ist als einziger Naturstoff befähigt, die Methylgruppe als Carbanion, wie in der Reaktion mit Hg^{2+} erforderlich, zu übertragen (S. 293f.):

$$CH_3[Co] + Hg^{2+}aq \xrightarrow{H_2O} (H_2O)[Co]^+ + CH_3Hg^+aq \quad [Co] = Cobalamin$$

In diesem Zusammenhang sind zwei **Modell-Reaktionen** von Interesse:

- $[CH_3Co^{III}(CN)_5]^{3-} + Hg^{2+}aq + H_2O \rightarrow CH_3Hg^+aq + [(H_2O)Co^{III}(CN)_5]^{2-}$
  (*Halpern*, 1964)

Alkyl-Cobaloxim

Der biologischen Methylierung unterliegen übrigens auch andere Metallionen (Sn, Pb, As). Alkylierte Metallkationen sind jeweils giftiger als die rein anorganischen Formen, wobei maximale Toxizität für die permethylierten Monokationen $MeHg^+$, Me_3Sn^+, Me_2As^+ beobachtet wird.

Die **Verteilung** des CH_3Hg^+-Kations zwischen wässrigen Systemen und lebenden Organismen wird durch die Koordinationschemie dieses Ions gesteuert. Diese ist formal besonders einfach, da metallorganisches Hg^{2+} fast ausschließlich in der Koordinationszahl 2 auftritt, so daß in wässriger Lösung nur folgende Gleichgewichte zu berücksichtigen sind:

$$MeHgOH_2^+ + OH^- \rightleftharpoons MeHgOH + H_2O \qquad \text{Säure/Base}$$
$$MeHgOH_2^+ + MeHgOH \rightleftharpoons (MeHg)_2OH^+ + H_2O \qquad \text{Kondensation}$$
$$MeHgOH_2^+ + X^- \rightleftharpoons MeHgX + H_2O \qquad \text{Komplexbildung}$$

Bildungskonstanten: $MeHgF \ll MeHgCl < MeHgBr < MeHgI \ll MeHgSMe$

Das Ion **MeHg$^+$** ist somit als **weiche *Lewis*-Säure** einzustufen. Die Vorliebe des MeHg$^+$-Ions für weiche *Lewis*-Basen bewirkt, daß Verbindungen RHgX unterschiedliche Löslichkeitseigenschaften aufweisen:

X	MeHgX
Hal$^-$, CN$^-$, SCN$^-$, SR$^-$ (weiche Basen)	kovalente Bindung MeHg–X löslich in organischen Lösungsmitteln
NO$_3^-$, SO$_4^{2-}$ (harte Basen)	ionogene Bindung MeHg$^+$X$^-$ löslich in Wasser als MeHg(H$_2$O)$^+$

Somit dürfte die Aufnahme von MeHg$^+$ durch den Organismus in folgenden Schritten ablaufen:

$$\text{MeHg}^+\text{aq(SO}_4{}^{2-}, \text{NO}_3{}^-) \xrightarrow[\text{HCl}]{\text{Magen}} \text{MeHgCl} \text{ (lipidlösliche)}$$
(wasserlöslich)

Transport via Blutbahn

MeHgS ∿∿
(Bindungen an Zentren mit deprotonierten –SH-Gruppen)

Neben der Blockierung von Thiolgruppen in Enzymen durch MeHg$^+$ wurde auch dessen Bindung an N-Atome der DNA-Bausteine Uracil, Thymin und Adenin nachgewiesen.

Die Strukturanalyse des **Adeninderivates** **[C$_5$N$_5$H$_2$(HgCH$_3$)$_4$]NO$_3$** erwies, daß CH$_3$Hg$^+$-Kationen in Purinbasen sowohl Protonen ersetzen als auch an Aza-Zentren koordinieren können (*Beauchamp*, 1986). Der Befund, daß MeHg$^+$ Chromosomenschäden erzeugt und somit mutagen wirkt, findet dadurch eine Erklärung.

MeHgSR-Komplexe sind **thermodynamisch stabil**, jedoch **kinetisch labil**. Die Labilität sorgt dafür, daß das MeHg$^+$-Ion bei Änderungen des Mediums sofort verfügbar wird, ermöglicht aber auch eine Chemotherapie, die in der Überführung von MeHg$^+$ in Chelatkomplexe besteht, welche dann vom Organismus ausgeschieden werden. Im Stadium der Erprobung befinden sich hierfür Penicillamin (2-Amino-3-methyl-3-thiobuttersäure) sowie Thiolgruppen tragende synthetische Ionenaustauscherharze.

7 Organyle der Borgruppe (Gruppe 13)

In der Organometallchemie der Elemente B, Al, Ga, In und Tl dominieren Bor und Aluminium. Die Organoborchemie ist eng mit der Chemie der Organoborhydride verknüpft, so daß in diesem Kapitel auch die Borane zu streifen sind. Borane und Organoborane sind sowohl strukturell und bindungstheoretisch (Borancluster, Mehrzentrenbindung) als auch praktisch (Hydroborierung, Carbaborierung) von Bedeutung. Borane und Carborane waren zeitweilig als potentielle Raketentreibstoffe von Interesse, denn ihr spezifischer Brennwert ist um ca. 40% höher als der von Kohlenwasserstoffen. Allerdings bekam man die vollständige Verbrennung zu B_2O_3 und H_2O nie in den Griff. Es bilden sich anstelle von B_2O_3 stets Suboxide wie BO, was den Vorteil gegenüber Kohlenwasserstoffen aufhebt. Gewisse bororganische Verbindungen haben als Neutronenabsorber Verwendung in der Nuklearmedizin gefunden. Der Wert der Aluminiumorganyle gründet sich vor allem auf ihren Einsatz in einer Reihe großtechnischer Verfahren und als billige Carbanionüberträger im Laboratorium.

7.1 Organoborverbindungen

7.1.1 Organoborane

Darstellung

Organosubstitutionsprodukte der Einheit BH_3 sind auf einer Vielzahl von Wegen zugänglich. Da reines elementares Bor zu teuer und zu reaktionsträge ist, spielen Direktsynthesen allerdings keine Rolle.

Binäre Organoborane

$$Et_2OBF_3 + 3\,RMgX \longrightarrow R_3B + 3\,MgXF + Et_2O$$
$$R = \text{Alkyl, Aryl}$$

$$\boxed{4}$$

Mit überschüssigem RMgX entstehen Tetraorganoborate BR_4^-.

$$B(OEt)_3 + 1/2\,Al_2R_6 \longrightarrow R_3B + Al(OEt)_3$$

Al-Organyle bewirken im Gegensatz zu Li- und Mg-Organylen keine Quaternierung am Bor.

$$2\,(Me_2N)_2BCl \xrightarrow{\text{Na}} (Me_2N)_2B\!-\!B(NMe_2)_2 \xrightarrow[\text{HCl}]{\text{ROH}} (RO)_2B\!-\!B(OR)_2$$

1. 2 *t*-BuLi
2. 2 *t*-BuCH$_2$Li

Diese Reaktionssequenz beschreibt die Synthese eines Tetra(organo)diborans(4) der Oxidationsstufe B^{II}. Die sperrigen Substituenten bewahren das Molekül vor Umwandlung unter Disproportionierung (*Berndt*, 1980).

$$HB\!\!\diagup + RCH=CH_2 \longrightarrow RCH_2-CH_2B\!\!\diagdown \qquad \textbf{Hydroborierung} \quad \boxed{8}$$

Organoborhalogenide:

$$BCl_3 + SnPh_4 \longrightarrow PhBCl_2 + Ph_3SnCl \qquad\qquad \boxed{4}$$
$$\text{bzw. } Ph_2BCl + Ph_2SnCl_2$$

$$BCl_3 + ArH \xrightarrow{\text{AlCl}_3} ArBCl_2 + HCl$$

$$BR_3 + I_2 \longrightarrow R_2BI + RI$$

$$BCl_3 + HC\equiv CH \longrightarrow Cl_2BCH=CHCl \qquad \text{Haloborierung}$$

$$B_2Cl_4 + CH_2=CH_2 \longrightarrow Cl_2BCH_2-CH_2BCl_2 \qquad \text{Diborierung}$$

Organoborhydride $(R_2BH)_2$ bzw. $(RBH_2)_2$ lassen sich aus Organoborhalogeniden R_nBX_{3-n} via Ersatz von X durch H mittels LiH oder $LiAlH_4$ gewinnen. Organoborhalogenide dienen auch als Zwischenprodukte in der Synthese zahlreicher anderer Derivate:

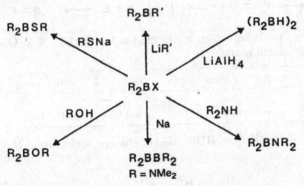

Tetraorganoborate BR_4^- können aus Tetrahaloboraten dargestellt werden:

$$NaBF_4 + 4\ PhMgBr \longrightarrow NaBPh_4 + 4\ MgBrF$$
$$\text{Kalignost}^® = \text{„Kalium erkennend“}$$

Das Ion BPh_4^- bildet schwerlösliche Salze mit K^+, Rb^+, Cs^+, Tl^+, Cp_2Co^+ etc. und eignet sich gut zur Labordarstellung von BPh_3:

$$NH_4BPh_4 \xrightarrow{\Delta} BPh_3 + NH_3 + PhH$$

Das zu $Ph_3C^{\cdot}$ isoelektronische Radikalanion $Ph_3B^{\overline{\cdot}}$ steht im Gleichgewicht mit seinem unsymmetrischen Dimeren (*Eisch*, 1993):

$$2\ Ph_3B \underset{\text{K, DME}}{\overset{}{\rightleftharpoons}} 2\ Ph_3B^{\overline{\cdot}} \rightleftharpoons$$

Organoboriniumionen R_2B^+ (KZ 2) existieren nur koordinativ abgesättigt als *Lewis*-Base-Addukte und werden dann Boroniumionen genannt (*Nöth*, 1985):

$$Ph_2BCl + AgClO_4 \xrightarrow[-AgCl]{MeNO_2,\ bipy} [Ph_2B(bipy)]^+ + ClO_4^-$$
$$\text{Boronium-Ion, KZ 4}$$

Eine besondere Situation ist für den elektronenreichen Rest $R = C_5(CH_3)_5$ (Cp*) gegeben: das Boroceniumion $Cp_2^*B^+$ bedarf keiner zusätzlichen Donorstabilisierung (S. 102).

Eigenschaften

Die binären Organoborane R_3B sind, bedingt durch die geringe Polarität der Bindung B–C, wasserstabil, aber oxidationsempfindlich. Die flüchtigen Bortrialkyle sind selbstentzündlich. BR_3 ist im Gegensatz zu BH_3 monomer. Eine mögliche Erklärung liegt darin, daß die Oktettlücke am Bor durch Hyperkonjugation mit Alkylresten geschlossen wird. Elektronenreiche Gruppen (z.B. R = Vinyl, Phenyl) führen zu partiellem Doppelbindungscharakter der B–C-Bindung. Ähnlich wirken Substituenten E mit freien Elektronenpaaren:

Die Zunahme der Stärke der Bor-Heteroatom-π-Bindung in R_2BE (Cl < S < O < F < N) läßt sich folgenden Befunden entnehmen:

E:	Cl	SMe	OMe	F	NR$_2$
Bildung von Addukten $R_2EB \cdot NR_3$:	beobachtet		nicht beobachtet		

Gemischte Organoborhydride R_2BH bzw. RBH_2 bilden Dimere, wobei stets **H-Verbrückung** vorliegt:

Zur Strukturaufklärung dieser Derivate des Diborans eignet sich u.a. die IR-Spektroskopie, die eine Unterscheidung zwischen verbrückend (H^b) und terminal (H^t) gebundenem Wasserstoff ermöglicht:

	Streckschwingung	Intensität
$\nu(B \overset{H^b}{\diagup} \diagdown B)$ symmetrisch	1500–1600 cm^{-1}	stark
$\nu(B \overset{H^b}{\diagup} \diagdown B)$ antisymmisch	1850	mittel
$\nu(B–H^t)$	2500-2600	

Die verglichen mit terminalem Hydrid geringere Schwingungsenergie von verbrückendem Hydrid ist auf eine verringerte Bindungsordnung (0.5) zurückzuführen, die aus dem Wechselwirkungsdiagramm einer BHB(2e3c)-Bindung hervorgeht.

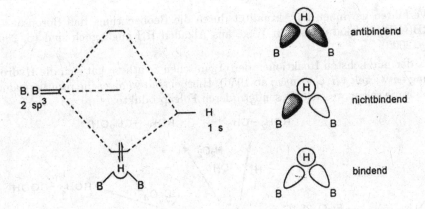

Über die facettenreiche Vorgeschichte dieser seinerzeit revolutionären Bindungsvorstellung berichtet *Laszlo* (2000).

Reaktionen

Kontrollierte Oxidation von Bororganylen R_3B führt zu den **Alkoxyboranen** R_2BOR (Borinsäureester), $RB(OR)_2$ (Boronsäureester) bzw. $B(OR)_3$ (Borsäureester), die auch durch Alkoholyse entsprechender Organohalogenborane R_nBX_{3-n} zugänglich sind. Verwendet man als Sauerstoffquelle ein Aminoxid, so kann das freigesetzte Amin acidimetrisch titriert werden; dies ist eine Methode zur **Bestimmung der Zahl ursprünglich vorhandener B–C-Bindungen**:

$$R_3B + 3\ Me_3NO \longrightarrow B(OR)_3 + 3\ Me_3N$$

Organoboronsäuren $RB(OH)_2$ sowie ihre Ester sind vielseitige Zwischenstufen in der organischen Synthese: mit Aryl-, Alkenyl- und Alkinylhalogeniden gehen sie Pd^0-katalysierte Kreuzkupplungen ein (*Suzuki*-Reaktion, S. 603):

$$RX + R'B(OH)_2 \xrightarrow[\text{Base}]{Pd^0L_n} R–R' + B(OH)_2X$$

Andere Folgereaktionen führen zu Alkoholen, Aminen, Ketonen und α-Olefinen:

Diese Verfahren gewinnen an Aktualität durch die Beobachtung, daß Boronsäure-ester $RB(OR)_2$ auf katalytischem Wege aus Alkanen RH zugänglich sind (S. 280, *Hartwig*, 2000).

Zu einer der nützlichsten Reaktionen der organischen Synthese hat sich die **Hydroborierung** entwickelt (*H. C. Brown*, ab 1956). Hierbei sind weniger die resultierenden Organoborane selbst wesentlich, sondern deren Folgeprodukte:

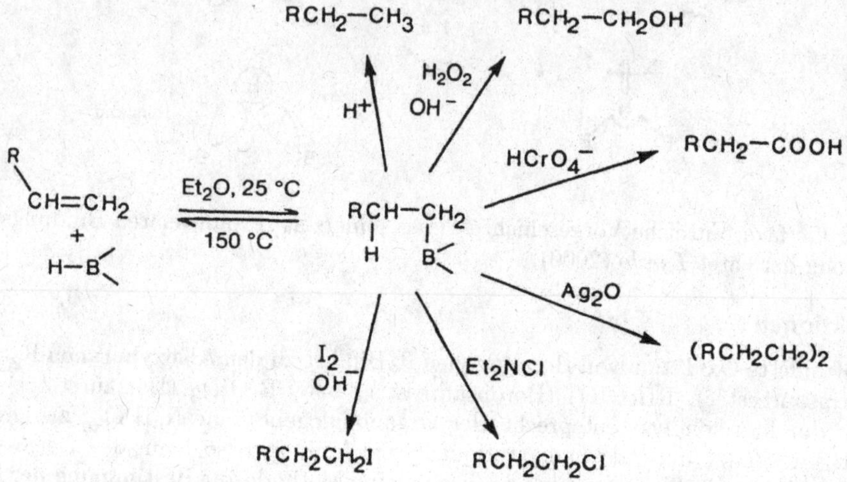

Die Hydroborierung verläuft **regioselektiv (anti-*Markownikow*, „H an das H-ärmere C-Atom")** und **stereoselektiv (cis)**. Sie ist **reversibel**, was zur kontrathermodynamischen Isomerisierung von Olefinen dienen kann:

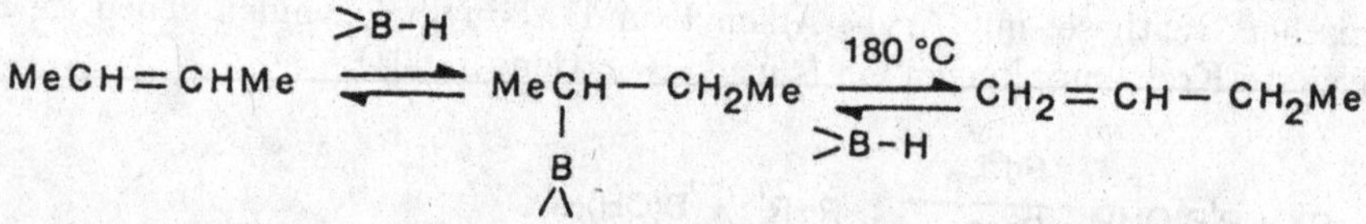

Besonders hohe Selektivitäten lassen sich mit sperrig substituierten Organoboranen erzielen. So addiert sich Bis(1,2-dimethylpropyl)boran („Disiamylboran") an 1-Penten und läßt 2-Penten unangegriffen (Selektivität > 99%).

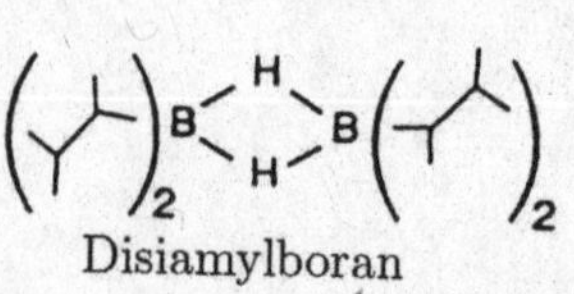

Disiamylboran

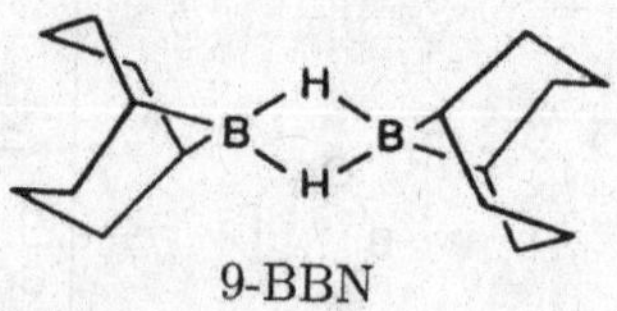

9-BBN

Bis(9-borabicyclo[3.3.1]nonan) („9-BBN"), darstellbar aus Diboran und 1,5-Cyclo-octadien, bietet auch den Vorzug bequemer Handhabbarkeit (bis 200 °C stabiler Feststoff, der lediglich Schutzmaßnahmen wie bei der Verwendung von $LiAlH_4$ erfordert). 9-BBN bewährt sich besonders in der **regioselektiven Reduktion** funktioneller Gruppen, wie etwa α,β-ungesättigter Aldehyde und Ketone, zu den entsprechenden Allylalkoholen:

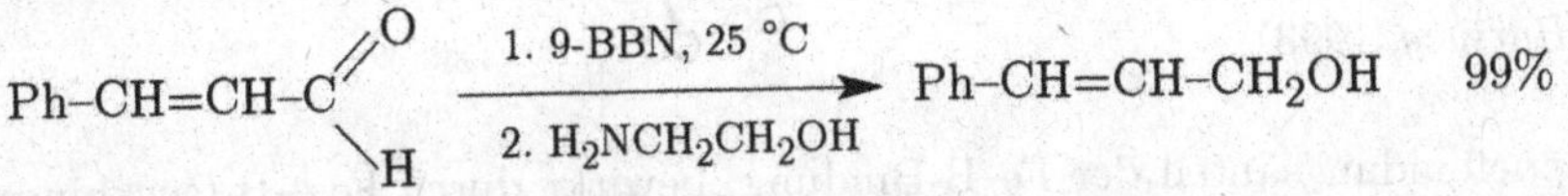

$$Ph-CH=CH-C{\overset{O}{\underset{H}{\diagup}}} \quad \xrightarrow[\text{2. H}_2\text{NCH}_2\text{CH}_2\text{OH}]{\text{1. 9-BBN, 25 °C}} \quad Ph-CH=CH-CH_2OH \quad 99\%$$

Enantioselektive Synthesen chiraler Alkohole aus prochiralen Alkenen lassen sich mittels chiraler Borane durchführen (*H. C. Brown*, 1961). Besonders hohe Enantiomerenüberschüsse (ee) liefert hierbei das Hydroborierungsreagens *trans*-2,5-Dimethylborolan (*Masamune*, 1985):

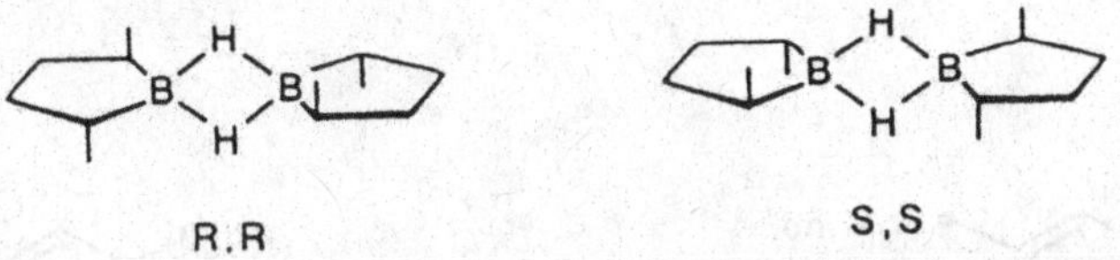

R.R

S,S

Ausgehend von der Beobachtung, daß sich Allylboronsäureester glatt an Aldehydfunktionen addieren (*Gaudemar*, 1966) haben auch **Carbaborierungen** Bedeutung in der organischen Synthese erlangt. Sie ermöglichen **diastereogene C–C-Verknüpfungen** hoher Selektivität. *Beispiel* (*Hoffmann*, 1982):

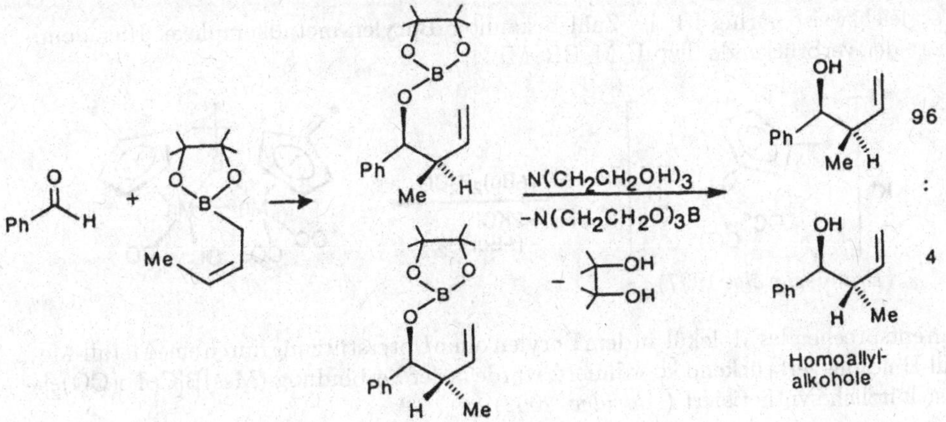

Man beachte, daß die Verknüpfung über das zu B γ-ständige C-Atom erfolgt.

7.1.2 Organobor-Übergangsmetallverbindungen

Den anorganischen Metallboriden und den Metallaboranen (S. 103) stehen Verbindungen gegenüber, in denen Übergangsmetalle an bororganische Reste gebunden sind. Überraschenderweise wurde die prinzipiell einfachste Klasse, in der ÜM–B 2e2c-Bindungen vorliegen, erst während des vorletzten Jahrzehnts erschlossen und vollständig charakterisiert. Die Organoborkomponente kann hier als **Boryl**($-BR_2$) oder als **Borylen** ($\rangle BR$)-Rest metallgebunden auftreten.

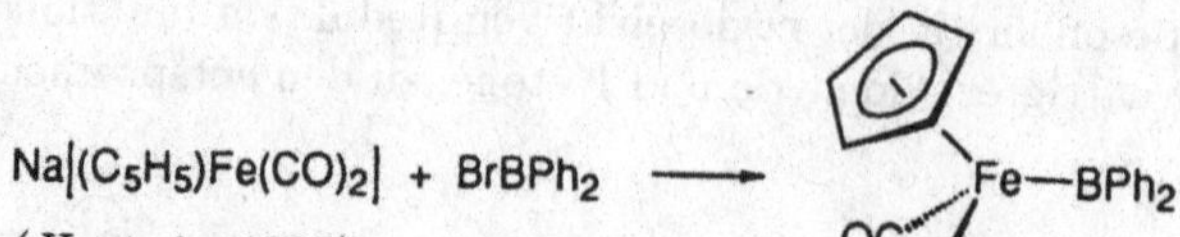

$$Na\lfloor(C_5H_5)Fe(CO)_2\rfloor + BrBPh_2 \longrightarrow$$

(*Hartwig*, 1993)

Der Doppelbindungsanteil der Fe–B-Bindung, bewirkt durch Fe $\xrightarrow{\pi}$ B-Rückbindung, ist gering, wie durch Studien der Spektren und der Reaktivität angezeigt wird.

Eine aktuelle Anwendung der **Boryl**-Übergangsmetallkomplexe ist die selektive Funktionalisierung von Alkanen zu terminalen Alkylboronsäureestern, vielseitigen Synthonen der organischen Synthese (S. 603):

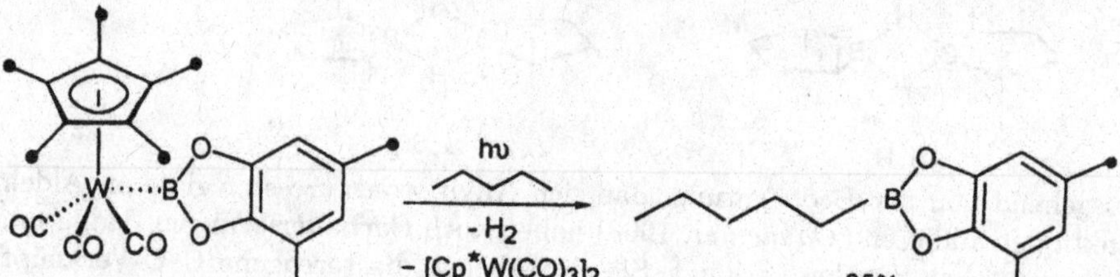

(*Hartwig*, 1997)

85%

Vergleichsweise gering ist die Zahl bekannter **Borylen**-metallkomplexe. Hier dominiert der verbrückende Typ $L_nM–BR–ML_n$:

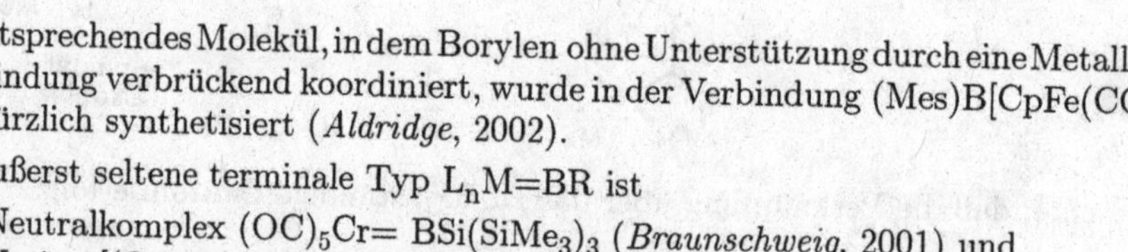

(*Braunschweig*, 1997)

Ein entsprechendes Molekül, in dem Borylen ohne Unterstützung durch eine Metall-Metall-Bindung verbrückend koordiniert, wurde in der Verbindung (Mes)B[CpFe(CO)$_2$]$_2$ erst kürzlich synthetisiert (*Aldridge*, 2002).

Der äußerst seltene terminale Typ $L_nM=BR$ ist

– im Neutralkomplex (OC)$_5$Cr= BSi(SiMe$_3$)$_3$ (*Braunschweig*, 2001) und
– im Kation [(C$_5$Me$_5$)(OC)$_2$Fe=BMes]$^+$ (*Aldridge*, 2003) verwirklicht.

7.1.3 Borheterocyclen

Bor wird in einer großen Zahl sowohl gesättigter als auch ungesättigter Heterocyclen angetroffen, in denen die Verknüpfungen C–B–C, C–B–N, N–B–N, O–B–O, C–B–O, C–B–S usw. vorliegen. Es sollen hier nur einige Beispiele vorgestellt werden, in denen metallorganische Aspekte dominieren.

Boracycloalkane (Boracyclane) können durch Metathesereaktion oder mittels cyclischer Hydroborierung gewonnen werden:

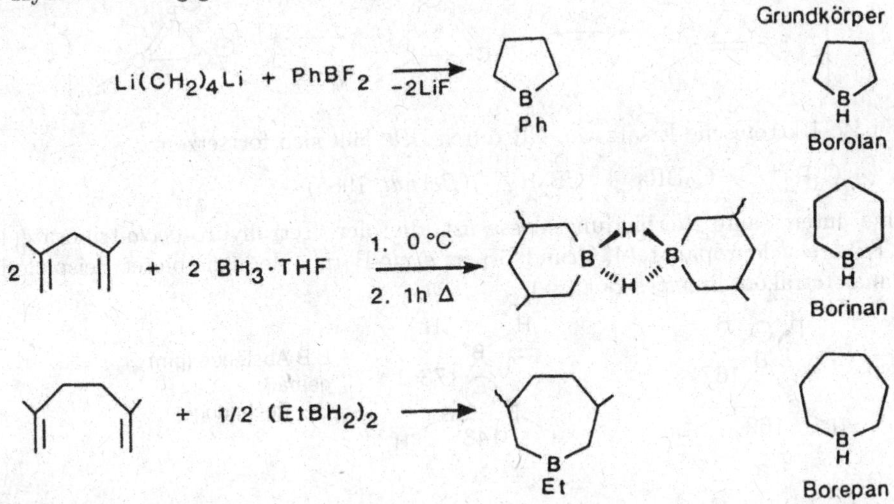

Grundkörper

$$Li(CH_2)_4Li + PhBF_2 \xrightarrow{-2LiF}$$

Ph

Borolan

$$2 \quad + \quad 2\ BH_3 \cdot THF \xrightarrow[2.\ 1h\ \Delta]{1.\ 0\,°C}$$

Borinan

$$+ \quad 1/2\ (EtBH_2)_2 \longrightarrow$$

Et

Borepan

Boracycloalkene und **Boraarene** sind in Zusammenhang mit der Frage nach der π-Elektronendelokalisation über ein $B(sp^2)$-Zentrum von Interesse. Daher bemühte man sich um die Synthese von **Boriren** C_2BH_3, welches mit Cyclopropenylium $C_3H_3^+$, dem kleinsten *Hückel*-Aromaten, isoelektronisch ist. Versuche, Borirene durch Addition von Organoborandiylen RB: an Alkine zu gewinnen, führten häufig zu 1,4-Dibora-2,5-cyclohexadien-Derivaten, formal Dimeren der Borirene (*van der Kerk*, 1983):

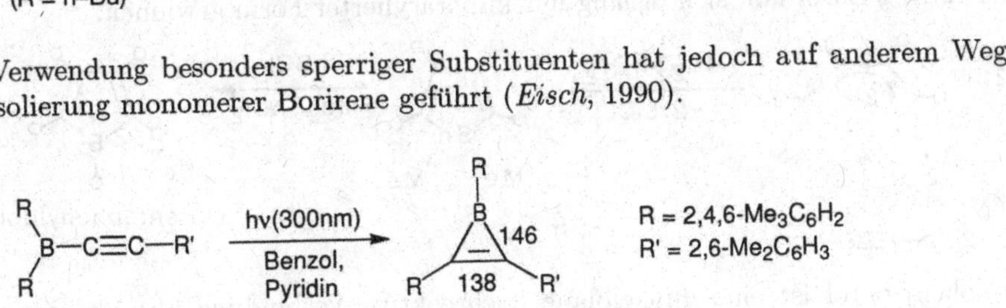

$$4\ C_8K + 2\ MeBBr_2 + R-C\equiv C-R \xrightarrow[C_6H_6]{\Delta} \quad + 4\ KBr$$

Me

Me

(R = n–Bu)

Die Verwendung besonders sperriger Substituenten hat jedoch auf anderem Wege zur Isolierung monomerer Borirene geführt (*Eisch*, 1990).

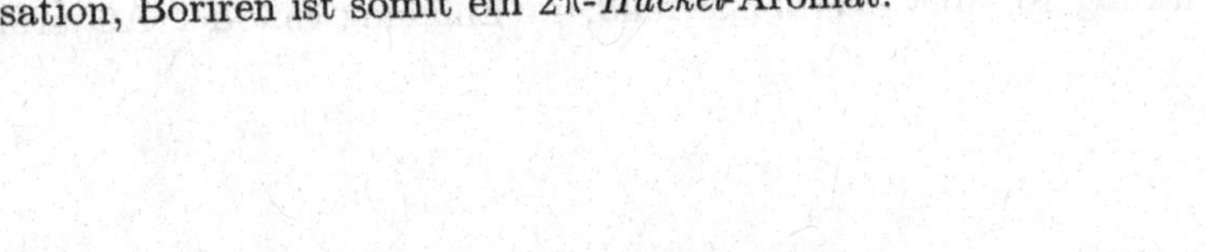

$$R_2B-C\equiv C-R' \xrightarrow[\text{Pyridin}]{\text{hv(300nm)}\atop\text{Benzol,}}$$

146

138

R = 2,4,6-Me$_3$C$_6$H$_2$
R' = 2,6-Me$_2$C$_6$H$_3$

Strukturdaten und spektroskopische Eigenschaften sprechen für weitgehende π-Delokalisation, Boriren ist somit ein 2π-*Hückel*-Aromat:

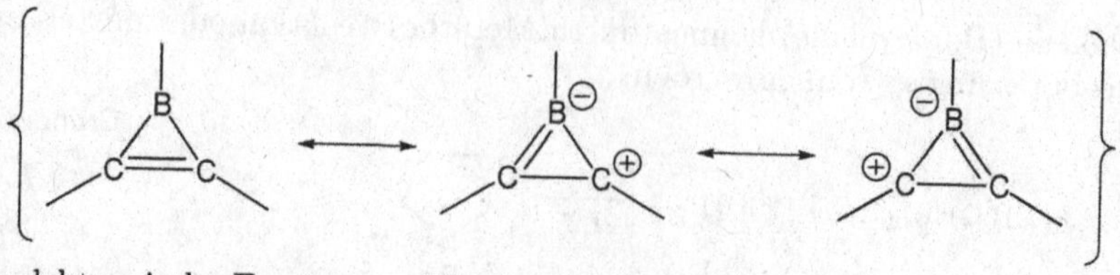

Der isoelektronische Ersatz von CR durch BR⁻ läßt sich fortsetzen:

$$C_3R_3^+ \qquad C_2BR_3 \qquad CB_2R_3^- \qquad (\textit{Berndt}, 1985)$$

Eine interessante Verbindungsklasse ist die der Tetrahydro-*cyclo*-triborate(1–) („Triboracyclopropanate"), Grundkörper: *cyclo*-$B_3H_4^-$, denn sie bietet Beispiele für planar-tetrakoordiniertes Bor ($\Rightarrow$).

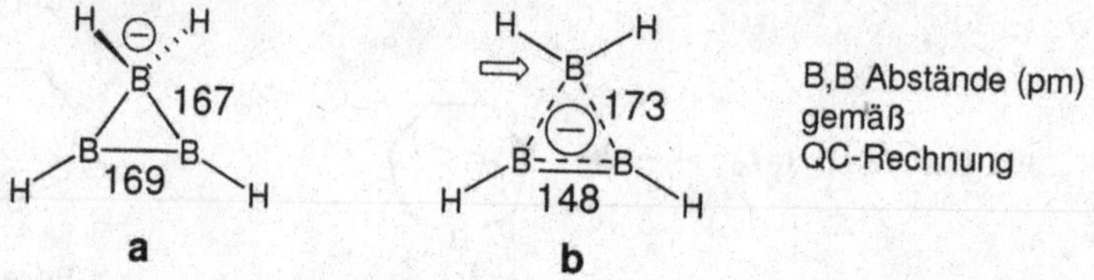

B,B Abstände (pm)
gemäß
QC-Rechnung

Von den beiden Alternativen ist gemäß quantenchemischer Rechnungen die „nicht-klassische Form" **b** um 240 kJ mol⁻¹ gegenüber der „klassischen Form" **a** stabilisiert. Die Bindungsverhältnisse in **b** werden als 2e2c-σ-Bindung (–) + 2e3c-σ-Bindung (⟋⟍) + 2e3c-π-Bindung (○) beschrieben („Doppelaromat"), letztere fordert eine koplanare Anordnung aller Atome. Typ **b** wurde in Form bororganischer Derivate realisiert (*Berndt*, 2002).

Kein Cyclotetraboran(4), sondern ein Tetrabora-tetrahedranderivat liefert die Enthalogenierung von RBF_2 (*Paetzold*, 1991):

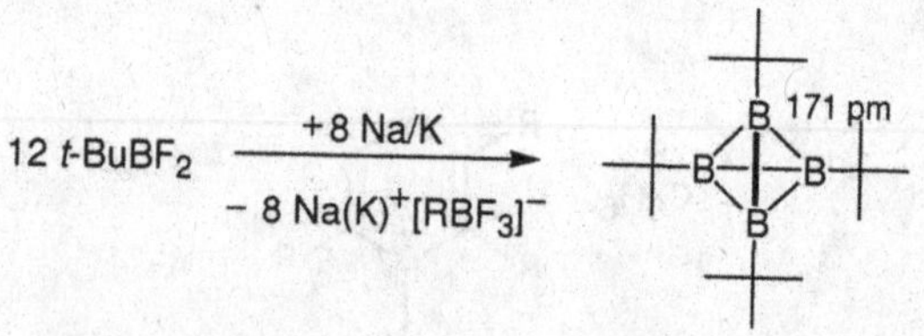

Die Zahl der Tetraederkanten (6) überschreitet die Zahl der verfügbaren Valenzelektronenpaare (4). Folglich sind für den R_4B_4 Cluster vier 2e3c Bindungen anzunehmen (vergl. S. 96).

Der Fünfring **Borol** läßt sich bislang nur in perarylierter Form gewinnen:

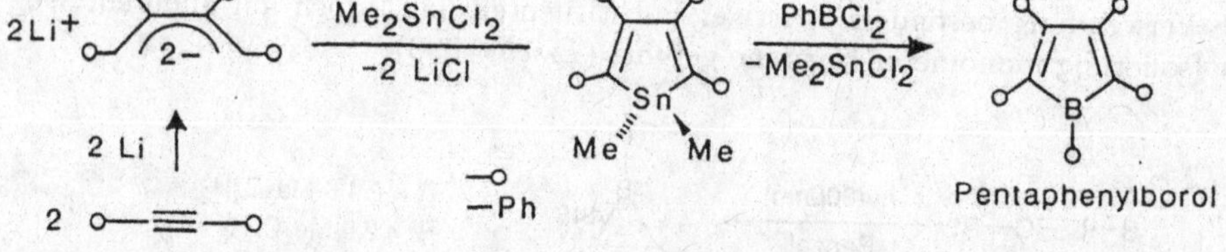

Pentaphenylborol

Pentaphenylborol ist eine dunkelblaue hochreaktive Verbindung, die als eine der stärksten bekannten Lewis-Säuren einzustufen ist. Diese Tatsache erstaunt zunächst, da spektrale Daten auf π-Konjugation mit dem B(sp²)-Zentrum hinweisen. Diese Wechselwirkung ist aber destabilisierend, in Einklang mit der Antiaromatizität (4 π-Elektronen) des Borols. Reaktionen, die diese Wechselwirkung unterbinden, sind somit begünstigt (*Eisch*, 1986). Hierzu zählen die Reaktionen des Borols mit der schwachen Lewis-Base Benzonitril und mit dem trägen Dienophil Diphenylacetylen.

Die Cokondensation von BF-Dampf mit Alkinen führt zu 1,4-Diboracyclohexa-2,5-dienen (*Timms*, 1968):

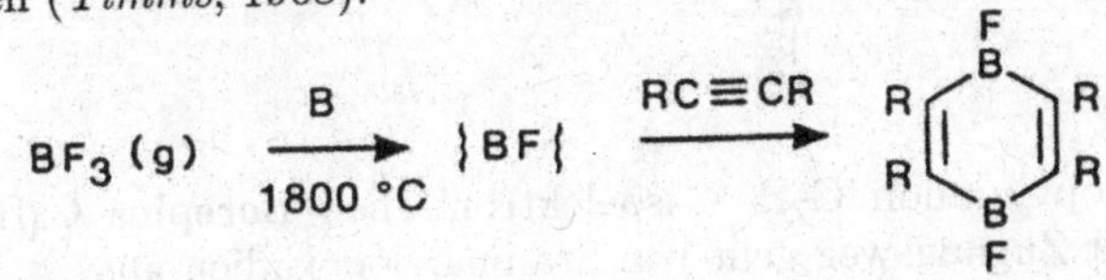

$$BF_3 \, (g) \xrightarrow[1800\,°C]{B} \{BF\} \xrightarrow{RC\equiv CR}$$

Borabenzol (Borinin) C_5H_5B ist nur in Form seiner Basenaddukte $C_5H_5B–L$ zugänglich:

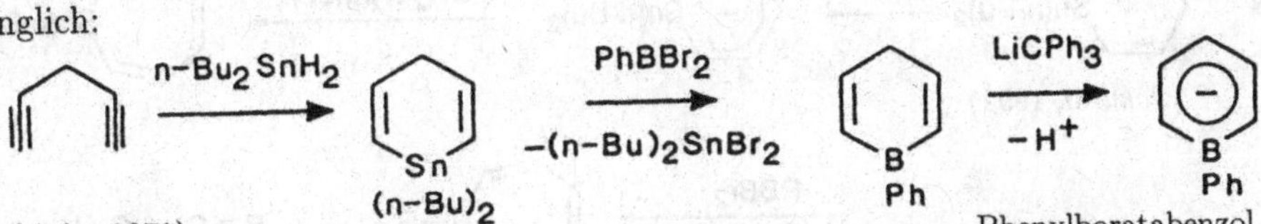

(*Ashe*, 1971)

Phenylboratabenzol

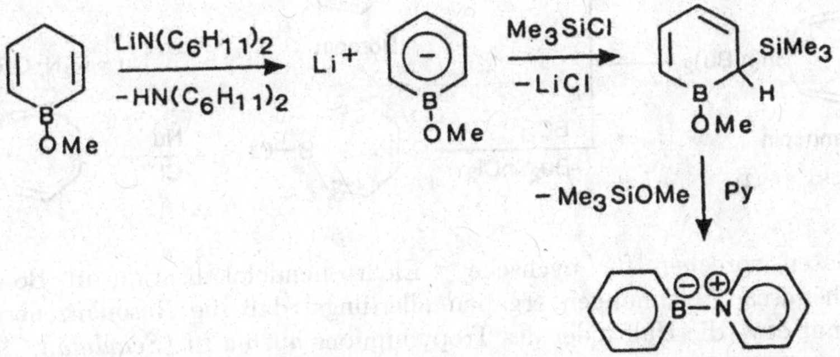

$- Me_3SiOMe \downarrow Py$

„Bora" bezeichnet den Ersatz eines CH-Fragmentes durch B, „Borata" den Ersatz von CH durch BH^-.

Das Pyridinaddukt des Borabenzols (*Maier*, 1985) ist isoelektronisch zu Biphenyl. Spektroskopische Daten, insbesondere ^{1}H-NMR, lassen **Boratabenzol** $C_5H_5BR^-$ als cyclisch konjugiertes aromatisches π-System erscheinen, in dem, bedingt durch unterschiedliche Elektronegativitäten, der Ersatz von C durch B als Störung wirkt.

Neuerdings gelang auch die Darstellung des Grundkörpers 1-*H*-Boratabenzol (*Fu*, 1995):

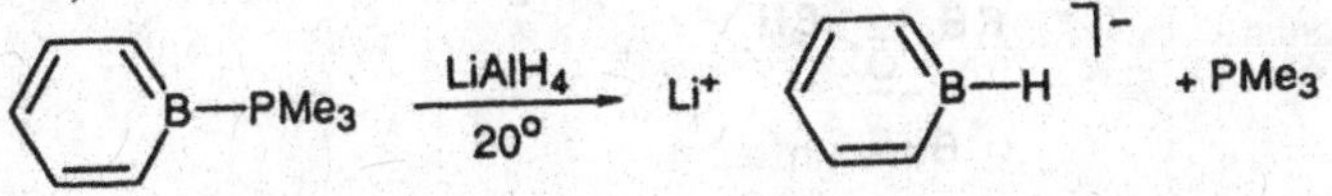

Aus THF als Lösungsmittel gewonnene Kristalle lassen die Bausteine $[Li(THF)_4]^+$ und $[(C_5BH_6)_2Li]^-$ erkennen, letzteren in Sandwichanordnung dem Lithocenanion $[(C_5H_5)_2Li]^-$ ähnelnd. Als Sandwichligand an Eisen gebunden, kennt man 1-*H*-Boratabenzol bereits aus den Arbeiten von *Ashe* (1979).

1-H-Boratabenzol bildet das Gegenstück zum Pyridiniumion in der isoelektronischen Reihe

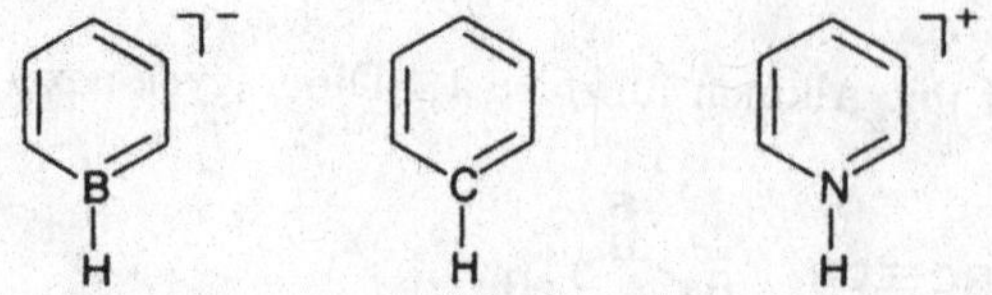

Auch Derivate des zum Tropyliumion $C_7H_7^+$ isoelektronischen **Borepins** C_6BH_7 sind bekannt. Ein vielseitiger Zugangsweg geht von Stannacylohexadien aus:

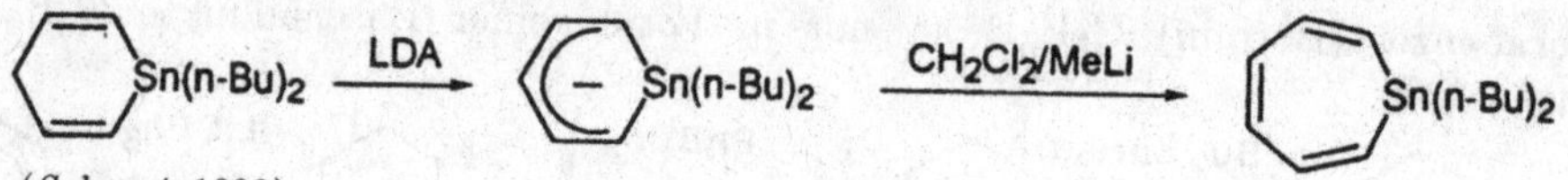

(*Sakurai*, 1992)

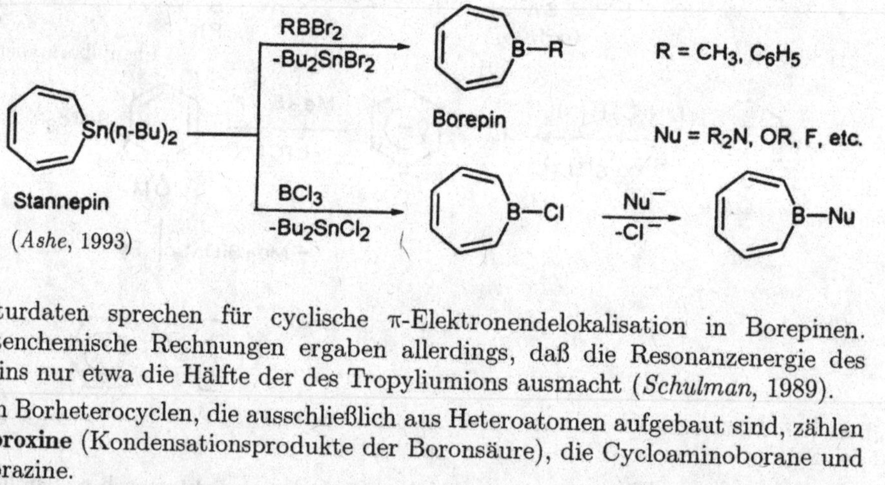

Stannepin

(*Ashe*, 1993)

R = CH$_3$, C$_6$H$_5$

Borepin

Nu = R$_2$N, OR, F, etc.

Strukturdaten sprechen für cyclische π-Elektronendelokalisation in Borepinen. Quantenchemische Rechnungen ergaben allerdings, daß die Resonanzenergie des Borepins nur etwa die Hälfte der des Tropyliumions ausmacht (*Schulman*, 1989).

Zu den Borheterocyclen, die ausschließlich aus Heteroatomen aufgebaut sind, zählen die **Boroxine** (Kondensationsprodukte der Boronsäure), die Cycloaminoborane und die Borazine.

In den planar gebauten Boroxinen sind die freien Elektronenpaare stärker lokalisiert als in den Borazinen.

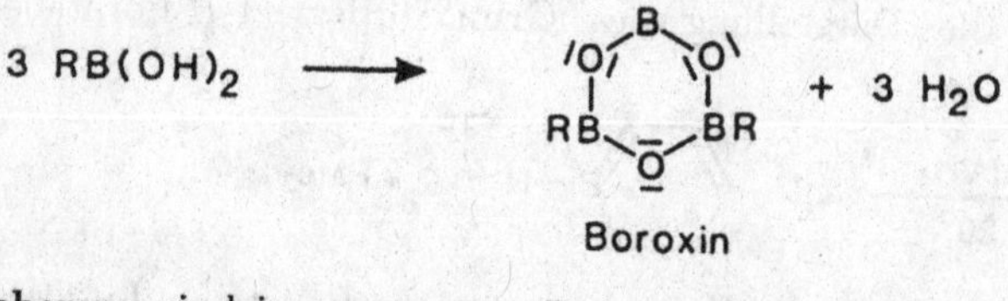

$$3\ RB(OH)_2 \longrightarrow \qquad + \ 3\ H_2O$$

Boroxin

Aminoborane sind in monomerer Form planar. Die Lage des Gleichgewichts zwischen den Monomeren und den gewellt gebauten, cyclischen Dimeren und Trimeren wird durch den Raumbedarf der Substituenten R beeinflußt. In beiden Formen ist die Oktettlücke am Bor geschlossen.

$$R_2BCl + R_2NLi \xrightarrow{-LiCl} \left\{ R_2B-\bar{N}R_2 \longleftrightarrow R_2\overset{\ominus}{B}=\overset{\oplus}{N}R_2 \right\} \text{Aminoboran}$$

Die isoelektronische Natur der Einheiten $\diagup$C=C$\diagdown$ und $\diagup$B=N$\diagdown$ legt den Ersatz ersterer durch letztere nahe. Im Falle des Benzols führt dies zu Cyclo-tris-**Borazinen** ($B_3N_3R_6$), die aufgrund ähnlicher Eigenschaften auch als *„anorganische Benzole"* oder als *„Borazole"* (*Stock*, 1926) bezeichnet wurden, wobei die Benzolähnlichkeit allerdings auf die physikalischen Eigenschaften beschränkt ist:

$$3\ MeNH_3Cl + 3\ BCl_3 \xrightarrow{-9HCl} \cdots \xrightarrow{MeMgBr} \cdots$$

Hexamethyl-cyclotrisborazin

Moderne Vergleiche zwischen Benzol und Borazol stellt *Fornarini* (1999) an. Demnach ist der Grad der Aromatizität des Borazols noch umstritten.

Jüngeren Ursprungs ist **Borphosphol**, das P-Analogon des Borazols, welches von *Power* (1987) in hochsubstituierter Form dargestellt wurde.

Mit den strukturellen Eigenschaften des Borphosphols (Planarität, gleiche B–P-Bindungslängen und Bindungsverkürzung) sind die Voraussetzungen für aromatische Konjugation gegeben. Diese wird gefördert durch den, verglichen mit B, N, wesentlich geringeren Elektronegativitätsunterschied des Paares B, P.

Nicht wie Benzolanaloga verhalten sich hingegen Arene, in denen $\diagup$C=C$\diagdown$ nur teilweise durch $\diagup$B=N$\diagdown$ ersetzt ist:

$$\xrightarrow[-2H_2]{Pd/C}$$

1,2-Azaborin $\longrightarrow$ **rasche Polymerisation**

Bedingt durch die unterschiedlichen Elektronegativitäten von B und N reagiert 1,2-Azaborin wie ein stark polarisiertes Butadien.

7.1.4 Polyedrische Borane, Carborane, Heterocarborane

„Boranes: Rule breakers become pattern makers" *K.Wade* (1974)

Eine kurze Betrachtung der binären Borane ist in diesem Zusammenhang unverzichtbar. Präparative Ergebnisse, teilweise zurückgehend auf *A. Stock* (1876–1946), ließen erkennen, daß auch in der Boran-Chemie homologe Reihen existieren:

B_nH_{n+6}	z.B. B_4H_{10}, B_9H_{15}
B_nH_{n+4}	B_2H_6, B_5H_9
B_nH_{n+2} [nur als $(B_nH_n)^{2-}$, n = 6–12]	$B_6H_6^{2-}$, $B_{12}H_{12}^{2-}$

In dem Maße, wie die Strukturen dieser Borane aufgeklärt wurden, wuchs auch der Wunsch nach einer Beschreibung der Bindungsverhältnisse. Um beides hat sich *W. N. Lipscomb* (1958f.) verdient gemacht.

Lipscomb ordnete die topologischen Verhältnisse und beschrieb die Elektronenstruktur auch komplizierter Borane zunächst via valence bond **(VB)-Betrachtungen**. In den Boranen liegen stets **weniger Elektronenpaare als Gerüst-Verbindungslinien** vor. Somit ist von einer gewissen Zahl von 2e3c-Bindungen auszugehen. Auf S.97 sind für einige einfache Borane Molekülstrukturen (links) und Valenzstrichformeln (rechts) gegenübergestellt. Während in den Strukturbildern die Zahl der Verbindungslinien **nicht** der Zahl der Elektronenpaare entspricht, ist dies für die Symbole in den Valenzstrichformeln der Fall.

Die Symbole haben folgende Bedeutung*):

„Offene" und „geschlossene" Dreizentrenbindungen unterscheiden sich in der Natur der konstituierenden Atomorbitale.

Die Anzahl s,t,y,x der unterschiedlichen Bindungsfragmente wird für ein bestimmtes Boran in seinem **styx-Code** zusammengefaßt. *Beispiel:* styx(B_5H_9) = 4120. Für ein Boran bekannter Zusammensetzung gibt es im allgemeinen nur einen styx-Code, der mit der Gesamtelektronenzahl und der Zahl der B- und H-Atome zu vereinbaren ist. Auf diese Weise werden Strukturvoraussagen möglich, die durch Spektroskopie und Röntgenbeugung zu bestätigen sind. Gelingt es nicht, der Symmetrie des Moleküls unter Verwendung von Mehrzentrenbindungsfragmenten in einer einzigen Valenzstrichformel gerecht zu werden, so sind mehrere Grenzformeln zur Beschreibung eines Resonanzhybrids zu verwenden. *Beispiel:* B_5H_9, Symmetrie C_{4v}. Für Decaboran (14) sind bereits 24 Grenzformeln zu schreiben, gänzlich unhandlich wird diese Darstellung der Bindungsverhältnisse für die hochsymmetrischen Borananionen $B_nH_n^{2-}$ (große Zahl von Grenzformeln).

*) Häufig werden, wie auch an anderer Stelle in diesem Text, 2e3c-Brückenbindungen durch 2 Valenzstriche dargestellt. *Beispiele:*

B_2H_6
DIBORAN (6)　　　2002

B_4H_{10}
TETRABORAN (10)　　　4012

B_5H_9
PENTABORAN (9)　　　4120

B_5H_{11}
PENTABORAN (11)　　　3203

B_6H_{10}
HEXABORAN (10)　　　4220

B_8H_{12}
OCTABORAN (12)　　　4420

B_9H_{15}
NONABORAN (15)　　　5421

$B_{10}H_{14}$
DECABORAN (14)　　　4620

Die moderne Beschreibung der polyedrischen Borane fußt auf **MO-Methoden**, eingeleitet durch die klassischen Arbeiten von *Hoffmann* und *Lipscomb* (1962), einer der ersten Anwendungen der Extended *Hückel*-Methode. Demnach wird durch eine bestimmte Zahl von Gerüstbindungselektronen bei definierter Zahl n von Gerüstbausteinen (B, C oder Heteroatom) eine bestimmte Struktur festgelegt. Die folgende Systematik ist auch als **Wade-Regeln** bekannt, sie bewährt sich besonders bei der Diskussion von Heteroboranen.

- Jede der n-Einheiten :B-H liefert 2 Gerüstbindungselektronen
- Jedes zusätzliche ·H liefert 1 Gerüstbindungselektron
- Ionenladungen sind bei der Zählung zu berücksichtigen.

Boran	Gerüstbindungs-elektronenpaare SEP*	Strukturtyp	Gerüststruktur	Beispiel
B_nH_{n+2}[#]	$n + 1$	closo (geschlossen)	Polyeder mit n Ecken 0 Ecken unbesetzt	$B_{12}H_{12}^{2-}$
B_nH_{n+4}	$n + 2$	nido (Nest)	Polyeder mit $n + 1$ Ecken 1 Ecke unbesetzt	B_5H_9
B_nH_{n+6}	$n + 3$	arachno (Netz)	Polyeder mit $n + 2$ Ecken 2 Ecken unbesetzt	B_4H_{10}

* engl. *Skeletal Electron Pair*
[#] Der closo-Typ bei binären Boranen ist nur als Anion $B_nH_n^{2-}$ verwirklicht.

Demgemäß lassen sich die Strukturen der Borane $B_6H_6^{2-}$, B_5H_9 und B_4H_{10} auf das Oktaeder-gerüst zurückführen, in dem 0, 1 bzw. 2 Ecken unbesetzt bleiben:

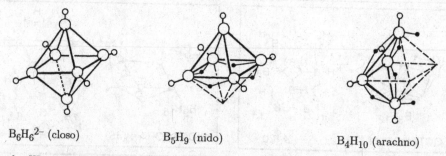

$B_6H_6^{2-}$ (closo) B_5H_9 (nido) B_4H_{10} (arachno)

Steigender Wasserstoffgehalt führt also zu zunehmend „offenen" Strukturen der entsprechenden Borane, denn die Zahl der erforderlichen BBB(2e3c) Bindungen nimmt ab. Eine Erweiterung der *Wade*-Klassifizierung wird in Kap. 16 angesprochen.

Idealisierte Strukturen für closo-, nido- und arachno-Borane

Nur die $(BH)_n$-Gerüste sind gezeigt. BH_2-Gruppen und B$\overset{H}{\diagdown}$B-Brücken finden sich jeweils an den Polyederöffnungen. In Heteroboranen sind eine oder mehrere Einheiten BH durch andere Bausteine ersetzt.

STRUKTURTYP		closo	nido	arachno
GERÜSTBINDUNGS-ELEKTRONENPAARE (SEP)		$n+1$	$n+2$	$n+3$
DREIECKS-FLÄCHEN	GERÜSTECKEN			
8	6			
10	7			
12	8			
14	9			
16	10			
18	11			
20	12			

(nach *R. W. Rudolph* 1972)

Horizontal: Änderungen in der Gerüststruktur mit zunehmendem Wasserstoffgehalt des Borans (allgemeiner: mit zunehmender Zahl von Gerüstbindungselektronen).

Diagonal: Rückführung offener Strukturen auf das jeweils zugrundeliegende geschlossene Deltaeder. Als „Deltaeder" werden Polyeder bezeichnet, die ausschließlich durch gleichseitige Dreiecke begrenzt sind.

Darstellungsmethoden

Nido- und arachno-Borane

$$Mg_3B_2 + H_3PO_4 \text{ aq} \longrightarrow B_4H_{10}, B_5H_9, B_6H_{10} \quad (A.\ Stock,\ 1912\ f)$$

$$4\ NaH + B(OMe)_3 \longrightarrow NaBH_4 + 3\ NaOMe$$

$$2\ NaBH_4 + H_3PO_4 \longrightarrow B_2H_6 \xrightarrow[-H_2]{\Delta} B_4H_{10}, B_5H_9, B_5H_{11}, \text{ etc.}$$

Boran-Pyrolyse

Darüber hinaus gibt es zahlreiche spezielle Methoden zur Synthese exotischer Borane. Besondere Bedeutung kommt jeweils der Kontrolle von Temperatur und Druck zu.

Closo-Borananionen

$$B_2H_6 + 2\ Et_3N \longrightarrow 2\ Et_3NBH_3 \xrightarrow[-H_2]{B_4H_{10},\ 190\ °C} 2\ [(Et_3NH)]^+[B_{12}H_{12}]^{2-}$$

$$(Et_4N)BH_4 \xrightarrow[-H_2]{185\ °C,\ 16\ h} 2\ [Et_4N]^+[B_{10}H_{10}]^{2-}$$

Tetrahydroborat-Pyrolyse

Die hohe Stabilität des Ikosaedergerüstes im closo-Borananion $[B_{12}H_{12}]^{2-}$ wird eindrücklich durch den Befund illustriert, daß dessen Oxidation mit 30% H_2O_2 (!) zum Perhydroxoderivat $[B_{12}(OH)_{12}]^{2-}$ führt (*Hawthorne*, 1999). Man vergleiche hierzu die eingangs erwähnte Eigenschaft offenkettiger Borane, als potentielle Raketentreibstoffe zu dienen! In Anlehnung an die Begriffe „anorganisches Benzol", $B_3N_3H_6$, und „anorganischer Kautschuk", $(PNR_2)_n$, könnte man das Salz $Cs_2[B_{12}(OH)_{12}]$ als „anorganischen Zucker" bezeichnen.

Heterborane, Carborane

Heteroborane enthalten von B verschiedene Gerüstatome (C, Sn, Pb, Al, Übergangsmetalle). Die vor allem von *Hawthorne* und *Grimes* dargestellten Carborane leiten sich formal von den Boranen durch **isoelektronischen Ersatz von BH⁻ durch CH** ab. Das neutrale Carboran $B_4C_2H_6$ besitzt demnach, wie das Dianion $B_6H_6^{2-}$, eine closo-Struktur.

Zu den am besten studierten Carboranen gehören die Dicarba-closo-dodecaborane(12), $C_2B_{10}H_{12}$, die wie das isoelektronische Anion $B_{12}H_{12}^{2-}$, Ikosaederstruktur aufweisen.

$$B_{10}H_{14} + 2\ Et_2S \xrightarrow[-H_2]{(n\text{-Pr})_2O} B_{10}H_{12}(Et_2S)_2 \xrightarrow[\substack{-H_2 \\ -Et_2S}]{HC\equiv CH} C_2B_{10}H_{12}$$

„ortho-Carboran"

Die beiden C-Atome werden zunächst in Nachbarstellung eingebaut („ortho-Carboran"). Thermisch läßt sich eine Isomerisierung zu meta-Carboran (T ≈ 600 °C) und para-Carboran (T ≈ 700 °C) bewirken. Für diese Wanderung der C-Atome auf der Oberfläche des Ikosaeders werden kuboktaedrische Übergangszustände angenommen:

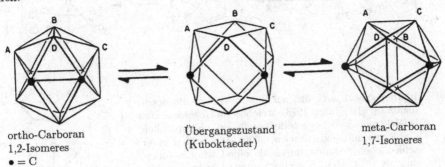

ortho-Carboran
1,2-Isomeres
● = C

Übergangszustand
(Kuboktaeder)

meta-Carboran
1,7-Isomeres

Es sind auch Carborane des nido- und arachno-Typs bekannt. Als Beispiel diene 1,2,3,4-Tetraethyl-1,2,3,4-tetracarbadodecaboran(12), $Et_4C_4B_8H_8$, dem die *Wade*schen Regeln nido-Struktur zuschreiben. Dieses Carboran besitzt wie $B_{12}H_{12}^{4-}$ n+2-Gerüstelektronenpaare.

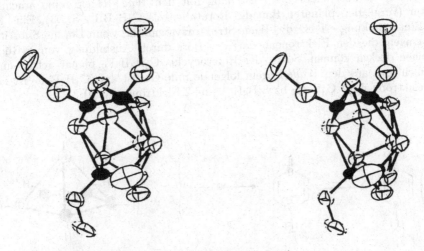

Stereobild der Struktur von $Et_4C_4B_8H_8$ (*Grimes*, 1984)

Anleitung zum räumlichen Sehen: Man bringe zwei Finger der Hand derart zwischen Augen und Papierebene, daß das rechte bzw. linke Auge nur das rechte bzw. linke Bild wahrnehmen kann. Nach paralleler Ausrichtung der Sehachsen, zu erreichen durch die Einstellung „unendlich", erscheint nach mehr oder weniger kurzer Zeit das plastische Bild des Moleküls. Es bleibt auch nach Entfernung der abdeckenden Finger bestehen. Voraussetzung ist, daß die beiden Bilder etwa im Augenabstand angeordnet sind.

Nido-Carborane, die strukturell an Halbsandwichkomplexe (S. 444) erinnern, konnten in Derivaten des Kations $[C_5BH_6]^+$ dargestellt werden (*Jutzi*, 1977):

Hierher gehört auch das auf S. 86 erwähnte Boroceni-umion Cp*$_2$B$^+$ (*Jutzi*, 1978), welches, im Gegensatz zum isoelektronischen Decamethylberyllocen, nicht-parallele Cp*-Ringe aufweist (*Cowley*, 2000). Die beiden unter-schiedlichen Formulierungen als nido-Carboran (oben) und als (η^5-C$_5$H$_5$)B-Komplex (unten) beschreiben den gleichen Sachverhalt.

Die nido-Struktur dieser Carborane läßt sich auf die isogerüstelektronische Natur von C$_5$BH$_6$$^+$ und B$_6$H$_6$$^{4-}$ (n+2 Elektronenpaare) zurückführen. C$_5$BH$_6$$^-$ (n+3 Elektronenpaare) besitzt hingegen, in Einklang mit den *Wade*-Regeln, eine arachno-Struktur (vergl. den planaren Bau des Boratabenzols C$_5$H$_5$BR$^-$, S. 93). Eine gewisse Einschränkung erfährt die *Wade*-Struktursystematik, wenn Borane Substituenten tragen, die den Elektronenbedarf des Bors durch Ausbildung von π-Rückbindungen decken können. So ist der Heterocyclus C$_4$H$_4$B$_2$F$_2$ planar gebaut und weist nicht das aus den *Wade*-Regeln folgende nido-Gerüst auf (C$_4$H$_4$B$_2$F$_2$ ist isogerüstelektronisch zu C$_4$B$_2$H$_6$ bzw. B$_6$H$_6$$^{4-}$, n+2 Elektronenpaare):

C$_4$H$_4$B$_2$F$_2$
Symmetrie D$_{2h}$

aber

C$_4$B$_2$H$_6$
Symmetrie C$_s$

Auch die Borsubhalogenide (BX)$_n$, n = 4–10, lassen sich nicht mit Hilfe der *Wade*-Regeln strukturell ordnen (*Beispiel:* B$_4$Cl$_4$ ist tetraedrisch gebaut, also ein closo-Typ, obgleich dieser für Dianionen B$_4$R$_4$$^{2-}$ vorausgesagt wird. Bezüglich weiterer Unstimmigkeiten in der Anwendung der *Wade*-Regeln vergl. *Grimes* (1982) und *Grady* (2004).

Nido- und arachno-Carborane sind Bausteine für die Synthese von **Heterocarbora-nen**, in denen neben C und B noch weitere Elemente im Gerüst enthalten sind.

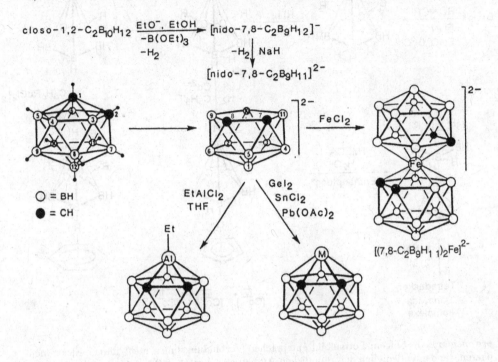

Das **Metallacarboran**-Anion $[(7,8\text{-}C_2B_9H_{11})_2Fe]^{2-}$ ist nur eines von vielen Beispielen, in denen der Fünfring eines partiell abgebauten ikosaedrischen Carborans die Rolle des Cyclopentadienyl-Liganden der Metallocene übernimmt (*Hawthorne*, 1965). Die Verwandtschaft der Di(carbollyl)metall-Komplexe mit den Metallocenen beruht letztlich auf der isolobalen (S. 552) Natur der Liganden Carbollyl $7,8\text{-}C_2B_9H_{11}^{2-}$ (von span. *olla* = Topf) und Cyclopentadienyl $C_5H_5^-$, beides 6π-Elektronendonor-Liganden.

An die Fünfringfläche des Carbollyls können auch Hauptgruppenelementfragmente koordiniert werden. Dies macht die Metalle Al, Ge, Sn und Pb zu Bausteinen von Ikosaedergerüsten, eine Situation, die der Strukturchemie dieser Elemente an sich fremd ist.

Ein etwas zierlicherer, aber ebenfalls vielseitig einsetzbarer Baustein ist das nido-Carborandianion $R_2C_2B_4H_4^{2-}$, welches wie auf S. 104 gezeigt zugänglich ist. Eine der herausragenden Eigenschaften dieses „kleinen" Caboranliganden ist seine Fähigkeit, niedrige **und** hohe Oxidationsstufen des Zentralmetalls zu stabilisieren (hier $Co^{II, III, IV}$). In „enthaupteter" Form, das heißt nach Entfernen der apicalen BH-Einheit, entsteht ein planarer C_2B_3-Ring der beidseitig metallbindungsfähig ist und der den Aufbau von Polydecker-Sandwichstrukturen ermöglicht (vergl. S. 553).

pro memoria: In obigem Formelbild entsprechen Verbindungslinien nicht immer Elektronenpaaren, sie deuten lediglich den räumlichen Aufbau an (vergl. S. 97).

Die Metallacarborane vereinigen in sich also Züge der Heterocyclenchemie, der Organometallchemie und der Clusterchemie. Dabei können Carboranliganden entweder die Rolle von Zuschauern oder die von aktiven Spielern ausfüllen (*Grimes*, 1999), je nachdem ob sie lediglich einen elektronischen Effekt auf das Zentralmetall und die restlichen Liganden ausüben oder ob sie selbst chemisch angegriffen und strukturell verändert werden. Beide Optionen sind intensiv studiert worden und haben zu einer großen Zahl neuer Moleküle geführt, die – auch im übertragenen Sinne des Wortes – als äußerst komplex zu bezeichnen sind (*Grimes*, 1992).

Carborane haben aber auch **Anwendungen** gefunden, die sie über den Status komplizierter Laborkuriositäten hinausheben.

Dies sei an zwei Beispielen illustriert.

- **Extrem schwach koordinierende Anionen** sind von hohem Interesse, denn sie gestatten u.a. die Isolierung besonders labiler Kationen (z.B. $[Ag(CO)_2]^+$, S. 252) sowie Kationen höchster Lewis-Acidität (vergl. R_3Si^+, S. 163). Ferner sind sie bedingend für die Erzeugung neuer Supersäuren extremer Broenstedt-Acidität.

Traditionell wurden hierfür die Anionen $[B(C_6F_5)_4]^-$, $[Sb_2F_{11}]^-$ und verwandte Spezies eingesetzt. Eine neue Klasse schwach koordinierender Anionen als Partner von starken Elektrophilen, Oxidantien und in Supersäuren wurde in jüngster Zeit mit Derivaten des closo-Carborans $[CB_{11}H_{12}]^-$ erschlossen (*Reed*, 1998).

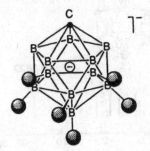

Rekordhalter ist derzeit das Hexachlorcarboran-Anion $[CB_{11}H_6Cl_6]^-$. Seine Basizität ist so schwach, daß es die Gewinnung der Supersäure $[C_6H_7]^+[CB_{11}H_6Cl_6]^-$ als kristalline, bis 400 °C stabile Substanz gestattet. Das Carborananion $[CB_{11}H_6Cl_6]^-$ ist somit schwächer basisch als neutrales Benzol, verdient also zu Recht die Bezeichnung „chemischer Superschwächling" (*Dagani*, 1998).

Das Benzolium-Ion $C_6H_7^+$ war bereits von *Olah* (1978) aus C_6H_6 und der Supersäure SbF_5/FSO_3H bei -78 °C erzeugt und ^{1}H-NMR-spektroskopisch beobachtet worden, entzog sich aber der Isolierung als stabiles Salz.

Die Supersäure $H[CB_{11}H_6Cl_6]$ protoniert sogar Fulleren, C_{60}; im Kation HC_{60}^+ bewegt sich das Proton gemäß ^{1}H-NMR nach Art eines Globetrotters rasch über die gesamte Kugelfläche (*Reed*, 2000).

- Die **Bor-Neutroneneinfangtherapie** (**BNCT**) beruht auf der Spaltbarkeit des Kerns ^{10}B durch thermische Neutronen, wobei die energiereichen Spaltprodukte ^{4}He und ^{7}Li entstehen, die ihre Energie auf der Weglänge eines Zelldurchmessers an die Umgebung abgeben. Eine ^{10}B-Anreicherung in Tumorzellen sollte somit in Verbindung mit Neutronenbestrahlung zur Zerstörung des malignen Gewebes führen (*Locher*, 1936). Die Herausforderung an den Chemiker besteht in der Synthese tumorsuchender, borhaltiger Substanzen. Besonders hohen Borgehalt bringen ikosaedrische Borancluster ein, die daher in den Vordergrund des Interesses gerückt sind (*Hawthorne*, 1993). Als Beispiel sei das in Japan in der Tumortherapie bereits eingesetzte Salz $Na_2[closo-B_{12}H_{11}SH]$ erwähnt. Ein vielversprechender Ansatz besteht in der Verabreichung borhaltiger Aminosäuren wie des L-Carboranylalanins. Derartige Liefermoleküle können ^{10}B-Atome in den Tumorzellen anreichern, indem sie in deren beschleunigten Proteinstoffwechsel eintreten. Wichtig für die klinische Praxis ist die analytische Überwachung des Bor-Anreicherungsgrades im malignen Gewebe. Hierfür würde sich im Prinzip eine ^{10}B-Kernspintomographie eignen, die es aber erst zu entwickeln gilt. Der konventionellen ^{11}B-NMR-Spektroskopie in ihrer Anwendung auf Organoborverbindungen gilt der folgende Exkurs.

EXKURS 5: ^{11}B-NMR von Organoborverbindungen

Von den beiden Borisotopen ^{10}B (20%, I = 3) und ^{11}B (80%, I = 3/2) weist letzteres günstigere NMR-Eigenschaften auf (vergl. S. 43), so daß fast ausschließlich ^{11}B-NMR-Spektroskopie betrieben wird.

Die chemischen Verschiebungen δ^{11}B überstreichen einen Bereich von etwa 250 ppm, sie werden durch die Ladung, die Koordinationszahl sowie die Natur der Substituenten am Bor geprägt. Für Trisorganoborane korrelieren die Verschiebungen δ^{11}B mit den Daten δ^{13}C isostruktureller Carbeniumionen.

Chemische Verschiebungen δ^{11}B einiger Organoborane (externer Standard $Et_2O \cdot BF_3$):

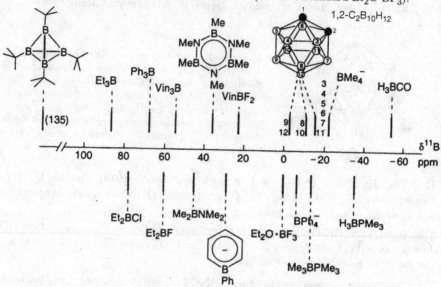

Zum Substituenteneinfluß auf δ^{11}B tragen σ- und π-Bindungseffekte bei. So ist der Kern ^{11}B in Et_2BF stärker abgeschirmt als in Et_2BCl. Diese den Elektronegativitäten von Cl und F entgegengerichtete Abstufung ist durch einen stärkeren Beitrag der π-Bindung $>B^{\ominus}=F^{\oplus}$ verglichen mit $>B^{\ominus}=Cl^{\oplus}$ zu deuten, der auf einen kürzeren Abstand d(B–F) zurückzuführen ist. Eine noch stärkere p-Donorfähigkeit weist der Substituent $-NR_2$ auf.

Die Fähigkeit α,β-ungesättigter organischer Reste, mit dreifach koordiniertem Bor in π-Konjugation zu treten, läßt sich an einem Vergleich der δ^{11}B- und δ^{13}C-Daten von **Vinylboranen** ablesen (*Odom*, 1975). Da die Abschirmung direkt an Bor gebundener Kerne C_α durch die Summe von induktiven (σ) und mesomeren (π) Effekten bewirkt wird und da diese ^{13}C-NMR-Signale wegen der Nachbarschaft zu ^{11}B, einem Kern mit elektrischem Quadrupolmoment, oft bis zur Unbeobachtbarkeit verbreitert sind (vergl. Exkurs ^{13}C-NMR, S. 421f.), kommt den Verschiebungen δ^{13}C der terminalen Kerne C_β besondere Bedeutung zu.

^{11}B- und ^{13}C-NMR-Daten

$B(CH_2CH_3)_3$		$B(CH=CH_2)_3$		$CH_2=CH_2$	
δ^{11}B	86.8	δ^{11}B	56.4		
δ^{13}C (CH$_2$)	19.8	δ^{13}C (CH)	α 141.7		
δ^{13}C (CH$_3$)	8.5	δ^{13}C (CH$_2$)	β 138.0	δ^{13}C (CH$_2$)	122.8

Der Beitrag der Grenzstruktur (b)

$$\left\{ \quad \underset{\alpha}{>}B - \underset{\alpha}{C}H = \underset{\beta}{C}H_2 \quad \longleftrightarrow \quad >B^{\ominus}= CH - \overset{\oplus}{C}H_2 \quad \longleftrightarrow \quad \right\}$$

(a)   (b)

manifestiert sich in der Abschirmung von ^{11}B in **B(CH=CH$_2$)$_3$** [verglichen mit B(C$_2$H$_5$)$_3$] und der Entschirmung von ^{13}C(CH$_2$) in B(CH=CH$_2$)$_3$ [verglichen mit C$_2$H$_4$]. Somit wirkt Bor auch in α-Alkenylboranen als π-Akzeptor.

Wesentlich stärker abgeschirmt ist ^{11}B naturgemäß in ***Lewis*-Base-Addukten** (Lösungsmittel-effekte!) und in Tetraorganoborat-Anionen mit vierfach koordiniertem Bor. Auffällig ist die besonders starke Abschirmung von ^{11}B in Borancarbonyl H_3BCO. Man bedenke aber, daß CO hier – im Gegensatz zur Bindung an Übergangsmetalle (S. 330f.) – nur als σ-Donor wirken kann. Auch die Anisotropie der diamagnetischen Suszeptibilität der C≡O-Dreifachbindung mag zur starken Abschirmung beitragen (Man vergleiche hierzu H_3BPMe_3 und H_3BCO).

^{11}B-NMR-Signale für **Carborane** sind im weiten Bereich zwischen +53 und –60 ppm zu finden. Im allgemeinen erfolgt Absorption bei um so höherem Feld, je höher der Verknüpfungsgrad des beobachteten Kernes mit anderen Gerüstatomen ist. Die große Linienbreite dieser Signale ist u.a. auf unaufgelöste Multiplettstruktur aus zahlreichen B,B- und B,H-Nah- und Fernkopplungen zurückzuführen.

Spin-Spin-Kopplungskonstanten $^1J(^{11}B, ^1H_t)$ für terminale B–H-Bindungen liegen zwischen 100 und 200 Hz, $^1J(^{11}B, ^1H_b)$ für B$^{\diagdown}$H$^{\diagdown}$B$(2e3c)$ Brücken zwischen 30 und 60 Hz (*Beispiel* B_2H_6: 135 bzw. 46 Hz). Die Aufspaltungsmuster lassen sich zur Konstitutionsermittlung von Boranen heranziehen.

Ein instruktives, wenn auch verführerisch einfaches Beispiel ist im ^{11}B-NMR-Spektrum von Pentaboran(9) gegeben:

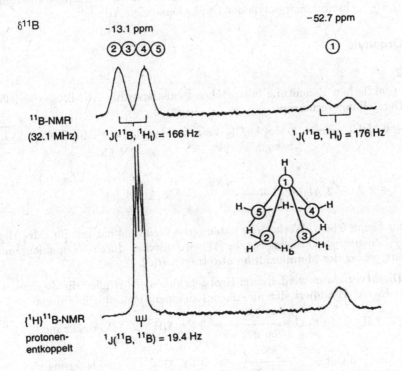

Diese Spektren spiegeln die hohe Symmetrie (C_{4v}) von B_5H_9 wider. Die hohe Symmetrie ist auch der Grund dafür, daß trotz der Quadrupolrelaxation des Kernes ^{11}B in diesem Falle natürliche ^{11}B-NMR-Linienbreiten von nur wenigen Hz beobachtet werden.

Die Kopplungen $^1J(^{11}B,^1H_b)$ lassen sich nur mit aufwendigen Techniken bestimmen (*Schaeffer*, 1973).

7.2 Aluminiumorganyle

Obwohl seit mehr als hundert Jahren bekannt und hochreaktiv, rückten Al-organische Verbindungen erst seit 1950 durch die bahnbrechenden Arbeiten K. Zieglers in den Vordergrund des Interesses. Die langjährige Beschränkung auf das Lösungsmittel Ether, welches die elektrophile Reaktivität von monomerem R_3Al durch Bildung von Solvaten $R_3Al \cdot OEt_2$ dämpft, mag für diese zeitliche Verzögerung verantwortlich sein. Was Aluminiumorganyle R_3Al gegenüber Organylen der Gruppen 1 und 2 auszeichnet, ist ihre bereitwillige Addition an Alkene und Alkine. Die Regio- und Stereoselektivität derartiger Carbaluminierungen wie auch der verwandten Hydroaluminierungen mittels R_2AlH sind als weiteres Plus zu nennen. Aluminiumorganyle, Derivate des billigsten aktiven Metalls, könnten als kostengünstige Reduktions- und Alkylierungsmittel die Li- und Mg-Organyle zunehmend verdrängen. Zu den neueren technischen Anwendungen der Aluminiumorganyle zählt ihr Einsatz als Vorstufen in der Produktion von Halbleitern sowie spezieller keramischer Materialien. Mehr der Grundlagenforschung der letzten beiden Jahrzehnte entstammen „subvalente" Aluminiumorganyle der Oxidationsstufen $Al^{II, I, 0}$.

7.2.1 Al^{III}-Organyle

Darstellung

Der großen praktischen Bedeutung entsprechend existieren für Al-Alkyle spezielle **technische Darstellungsverfahren**:

$$4\,Al + 6\,MeCl \longrightarrow 2\,\underset{\text{„Sesquichlorid"}}{Me_3Al_2Cl_3} \rightleftharpoons Me_4Al_2Cl_2 + Me_2Al_2Cl_4 \quad \boxed{1}$$

$$\Big\downarrow {\scriptstyle -\,2NaCl}$$

$$2\,Na[MeAlCl_3](s)$$

$$6\,NaCl + 2\,Al + \mathbf{2\,Al_2Me_6} \xleftarrow[3x]{6\,Na} Me_4Al_2Cl_2(s)$$

Dieses von der Firma Chem. Werke *Hüls* patentierte Verfahren hat nur für $[Me_3Al]_2$ und $[Et_3Al]_2$ Bedeutung. Das eingesetzte Al wird hierbei durch Vermahlen mit Et_3Al aktiviert, wobei der Metalloxidfilm abgetragen wird.

Im *Ziegler*-**Direktverfahren** werden zwei Beobachtungen (Al reagiert in Gegenwart von AlR_3 mit H_2, Al–H addiert sich an Alkene) zu einem Prozeß kombiniert:

$$Al + 3/2\,H_2 + 2\,Et_3Al \xrightarrow[\text{100–200 bar}]{\text{80–160 °C}} 3\,Et_2AlH \qquad \text{„Vermehrung"}$$

$$3\,Et_2AlH + 3\,C_2H_4 \xrightarrow[\text{1–30 bar}]{\text{80–110 °C}} 3\,Et_3Al \qquad \text{„Anlagerung"}$$

Summe: $Al + 3/2\,H_2 + 3\,C_2H_4 \longrightarrow Et_3Al$

Die Reaktionsfähigkeit von Al wird durch Zulegierung von 0.01–2% Ti erhöht. Werden Al und Alken im Molverhältnis 1:2 eingesetzt, so erhält man Dialkylaluminiumhydride R_2AlH.

Da der Anlagerungsschritt reversibel ist und die Affinität von Al-H für Alkene gemäß $CH_2=CR_2 < CH_2=CHR < CH_2=CH_2$ zunimmt, lassen sich aus Triisobutylaluminium bequem zahlreiche andere Al-Organyle darstellen:

$Al + 1,5 H_2 + 3 CH_2=CMe_2$

100 °C
200 bar

$(i\text{-Bu})_3Al$ $\xrightarrow[\; - 3\ CH_2=CMe_2 \;]{+ 3\ CH_2=CHMe}$ $(n\text{-Pr})_3Al$ $\xrightarrow[\; - 2\ CH_2=CHMe \;]{+ 3\ CH_2=CH_2}$ Et_3Al

Verdrängung   Verdrängung

140 °C
20 mbar

via $(i\text{-Bu})_2AlH + CH_2=CMe_2$ $(n\text{-Pr})_2AlH + CH_2=CHMe$

Das jeweils schwerer flüchtige, höher substituierte Alken kann aus dem Gasstrom ausgefroren und das Gleichgewicht zugunsten des gewünschten, thermodynamisch stabilsten Aluminiumorganyls verschoben werden. Dieses Verfahren bewährt sich besonders in der Herstellung höherer Aluminiumtrialkyle wie etwa Tris(n-octyl)aluminium aus Tris(i-butyl)aluminium.

Die kommerzielle Verfügbarkeit zahlreicher Aluminiumalkyle bewirkt, daß die Aufgabe ihrer **Darstellung im Laboratorium** selten anfallen wird. Dennoch seien einige Zugangswege genannt:

$3\ Ph_2Hg + 2\ Al \xrightarrow{\Delta T} 2\ Ph_3Al + 3\ Hg$ ⎕2

$3\ RLi + AlCl_3 \xrightarrow{Heptan} R_3Al + 3\ LiCl$ ⎕4

$3\ RCH=CH_2 + AlH_3 \cdot OEt_2 \longrightarrow (RCH_2CH_2)_3Al \cdot OEt_2$ ⎕9

Technische Anwendungen von Tris(alkyl)aluminiumverbindungen

① Die von *K. Ziegler* entdeckte mehrstufige Insertion von Ethylen in Al–C-Bindungen ist als **„Aufbaureaktion"** bekannt geworden. Sie dient zur Herstellung von 1-Alkenen sowie von unverzweigten primären Alkoholen.

$Et_3Al \xrightarrow[110°/100\ bar]{CH_2=CH_2}$ $Al\underset{(C_2H_4)_oEt}{\overset{(C_2H_4)_mEt}{-(C_2H_4)_nEt}}$ $\xrightarrow{O_2}$ $Al\underset{O(C_2H_4)_oEt}{\overset{O(C_2H_4)_mEt}{-O(C_2H_4)_nEt}}$

Aufbau

Verdrängung $\Big|\ \overset{CH_2=CH_2}{200\text{--}300\ °C}$ Hydrolyse $\Big|\ H_2O$

$Et_3Al + 3\ CH_2=CH-(CH_2CH_2)_{m,n,o}\!\!\diagup^H$ $3\ Et(CH_2CH_2)_{m,n,o}\!\!\diagup^{OH} + Al(OH)_3$

Die Aufbaureaktion kann bis zu einer Kettenlänge von etwa C_{200} fortschreiten. Begrenzend für die Kettenlänge wirkt die Konkurrenz zwischen Aufbau und Verdrängung. Von größtem praktischem Interesse sind die in diesem Verfahren erzeugten unverzweigten, geradzahligen 1-Alkanole der Kettenlängen C_{12}–C_{16}, die zu biologisch abbaufähigen Tensiden $ROSO_3H$ („Fettalkoholsulfate") weiterverarbeitet werden.

② Wird, anstelle von Ethylen, Propen oder ein anderes 1-Alken eingesetzt, so erfolgt nur eine einfache Einschiebung in die Al–C-Bindung. Die **katalytische Dimerisierung von Propen** ist Grundlage des *Goodyear*-SD-Verfahrens zur Herstellung von Isopren:

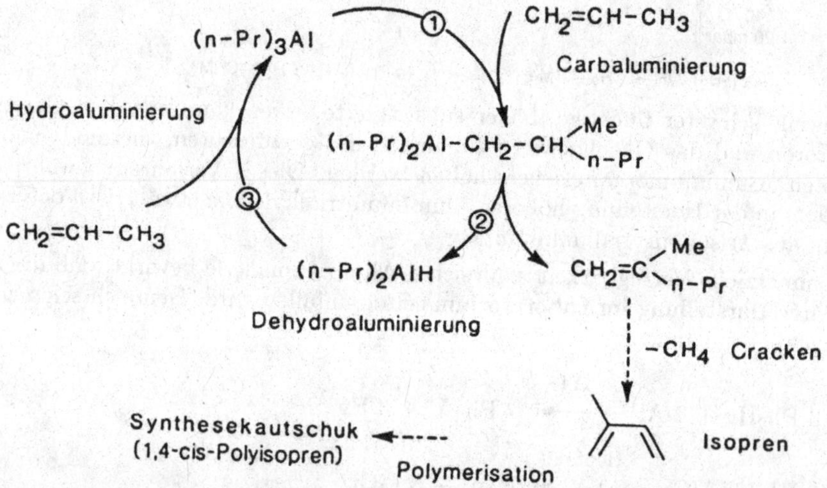

③ Die **Olefinpolymerisation** unter Verwendung von Mischkatalysatoren wie $Et_3Al/TiCl_4$ in Heptan (*Ziegler/Natta* „Niederdruckverfahren") wird in Kap. 18.11.2 beschrieben.

Eigenschaften

Die binären Aluminiumalkyle R_3Al sind farblose, leicht bewegliche Flüssigkeiten, die mit Luft heftig und mit Wasser explosionsartig reagieren. Aluminiumalkyle mit kurzen Ketten sind selbstentzündlich, ihre Handhabung erfordert **sorgfältiges Arbeiten unter Inertgasschutz** (N_2 oder Ar). Mit der Ausnahme von gesättigten und aromatischen Kohlenwasserstoffen werden Lösungsmittel von Aluminiumalkylen mehr oder weniger rasch angegriffen. Die thermische Spaltung in R_2AlH und Alken beginnt für Aluminiumalkyle mit β-verzweigten Alkylresten bei 80 °C, für Aluminiumtri-n-alkyle bei etwa 120 °C. Deutlich geringer ist die Reaktivität der Organoaluminiumhalogenide und -alkoxide, R_nAlX_{3-n} bzw. $R_nAl(OR')_{3-n}$.

Struktur und Bindungsverhältnisse binärer Aluminiumorganyle

Aluminiumorganyle besitzen eine ausgeprägte Tendenz zur Bildung **dimerer Einheiten Al_2R_6**. Hoher Raumbedarf der Reste R wirkt der Assoziation entgegen:

	Festkörper	Lösung (in Kohlen-wasserstoffen)	Gasphase
AlMe$_3$	dimer	dimer	dimer $\rightleftharpoons$ monomer
AlEt$_3$, Al(n-Pr)$_3$	dimer	dimer	monomer
Al(i-Bu)$_3$	dimer	monomer	monomer
AlPh$_3$	dimer	dimer $\rightleftharpoons$ monomer	monomer

Diese Dimerisierung wird bei Metallorganylen MR$_3$ der Gruppe 13 nur für das Aluminium beobachtet.

Strukturparameter für Al$_2$(CH$_3$)$_6$

Al$\diagdown^{C}\diagup$Al (2e3c)Bindungen

Zur Deutung der Strukturdaten für **Al-Alkyle** kann man vereinfacht von sp^3-Hybridisierung sowohl an den Al- als auch and den C-Atomen ausgehen. Während die vier terminalen Al–C$_t$ Bindungen „normale" Länge besitzen, weist der größere Bindungsabstand d(Al–C$_b$) im Brückenbereich auf eine geringere Bindungsordnung hin. Ähnlich wie im Fall der Borane (S. 87) läßt sich die Brückenbindung Al$\diagdown^{C}\diagup$Al als Zweielektronen-Dreizentren(2e3c)-Typ beschreiben, wobei jeweils zwei Al(sp^3)-Orbitale und ein C(sp^3)-Orbital wechselwirken. Da die Fragmente 2 (CH$_3$)$_2$Al' und 2 CH$_3$' insgesamt 4 Bindungselektronen liefern, stehen pro Al$\diagdown^{C}\diagup$Al-Brücke 2 Elektronen zur Verfügung.

Die Bindungswinkel und der Abstand d(Al–Al) fordern allerdings zur Verfeinerung der Bindungsvorstellung auf. So ist die Länge d(Al–Al) = 260 pm in Al$_2$Me$_6$ wesentlich kürzer als in dimeren Aluminiumhalogeniden, in denen die Brücke Al$\diagdown^{X}\diagup$Al durch zwei (2e2c)-Bindungen gebildet wird (*Beispiel:* Al$_2$Cl$_6$, d(Al–Al) = 340 pm). Der kurze Abstand d(Al–Al) in Al$_2$Me$_6$ ist als Hinweis auf eine direkte Al–Al-Wechselwirkung zu werten, denn dieser Abstand überschreitet die Summe der Kovalenzradien zweier Al-Atome (2 × 126 pm) nur geringfügig. In einer extremen Formulierung, die eine Al–Al-σ-Bindung beinhaltet, wird anstelle von Al(sp^3)-Hybridisierung (a) Al(sp^2)-Hybridisierung (b) angenommen.

Die Beschreibung (b) ist mit der beträchtlichen Aufweitung des Winkels C$_t$–Al–C$_t$ über 109.5° hinaus in Einklang und läßt den kleineren Bindungswinkel Al$\diagdown^{C_b}\diagup$Al als Kompromiß zwischen optimaler Überlappung und tolerierbarer Abstoßung $Al^{\delta+}/Al^{\delta+}$ erscheinen. Die Realität dürfte zwischen den Alternativen (a) und (b) angesiedelt sein.

Auch die Struktur des im Kristall dimeren **Aluminiumtriphenyls**, Al_2Ph_6, weist auf einen Bindungszustand hin, der zwischen mehreren extremen Formulierungen liegt. Als wichtigste Aspekte sind der kleine Winkel $C{\diagup}C{\diagdown}C$ am Brückenkohlenstoffatom und die Lage der Phenylringebene senkrecht zur Al–Al-Verbindungsachse zu nennen.

Strukturparameter
für $Al_2(C_6H_5)_6$

Hybridisierungsalternativen
am Brücken–C-Atom

Im Modell (a) trägt das Phenylcarbanion mit einem $C_b(sp^2)$-Orbital und einem Elektronenpaar zu einer (2e3c)-Brückenbindung $A{\diagup}C{\diagdown}Al$ bei. Die Konjugation im Aromaten bliebe erhalten. Die Formulierung (c) zeigt das Ion $C_6H_5^-$ als 4e-Liganden, der sich mit zwei $C_b(sp^3)$-Orbitalen an der Brücke $Al{\diagup}C_b{\diagdown}Al$ beteiligt. In dieser Variante würde die Brücke durch zwei (2e2c)-Bindungen gebildet, d.h. der Elektronenmangel im Brückenbereich wäre unter Opferung der aromatischen Konjugation im Liganden ausgeglichen. Der Bindungswinkel $C{\diagup}C_b{\diagdown}C$ (114°) spricht für eine Bindungssituation zwischen beiden Grenzfällen.

Aluminiumorganyle haben noch eine weitere Brückenvariante zu bieten: **Alkinylreste** bilden besonders starke Brücken, die durch unterschiedliche Bindungsbeziehungen des Atoms C_α zu den beiden Al-Atomen gekennzeichnet sind.

Struktur von **[Ph₂Al–C≡CPh]₂** im Kristall. (*Stucky*, 1974). C_α bildet eine σ-Bindung zum einen und eine π-Donorbindung zum an deren Al-Atom aus. Dieser Modus erinnert an die σ-π-Brücke bei Metallcarbonylen (S. 336). Im kovalenten Bindungsbild wirkt der Alkinylrest hier als 3e-Ligand, wodurch, verglichen mit Al-Alkylen, in der Brücke $Al{\diagup}C{\diagdown}Al$-Elektronenmangel abgebaut wird. Dieser Verbrückungstyp bleibt in der Gasphase erhalten (R = Me, Elektronenbeugung, *Haaland*, 1978).

Die **Assoziation** vieler Aluminiumorganyle in **Lösung** wird durch spektroskopische Ergebnisse, insbesondere ^{1}H- und ^{13}C-NMR, belegt. So liefert Trimethylaluminium bei –50 °C zwei ^{1}H-NMR-Signale im Verhältnis 1:2 [δ(CH_3,verbrückend) 0.50 ppm; δ(CH_3, terminal) –0.65 ppm], die bei –25 °C koaleszieren und bei +20 °C zu einem scharfen Signal (δ–0.30 ppm) verschmolzen sind. Dies läßt sich bereits durch intramolekulare Austauschprozesse deuten:

Da daneben auch intermolekularer Austausch abläuft, ist die Isolierung reiner Verbindungen AlRR′R″, die am Al-Atom unterschiedliche Alkylreste tragen, nicht möglich:

$$\text{etc.} \rightleftharpoons R_3Al + RR_2'Al$$

Der Betrag der Enthalpieänderung für das Dimer/Monomer-Gleichgewicht ist via ^{1}H-NMR zugänglich:

$$Al_2(CH_3)_6 \rightleftharpoons 2\,Al(CH_3)_3 \qquad \Delta H = 65 \text{ kJ mol}^{-1}$$

Schließlich ermöglicht das Studium gemischtsubstituierter Spezies AlRR′R″ mittels NMR die Beurteilung der **relativen Fähigkeit zur Brückenbildung**:

$R_2N > RO > Cl > Br$	$Ph–C\equiv C-$ > Ph	$Me > Et > i\text{-Pr} > t\text{-Bu}$
Zwei 2e2c-Bindungen, Trend folgt der *Lewis*-Basizität	Ungesättigte Brücken, σ- und π-Wechselwirkung	Eine 2e3c-Bindung, Raumbedarf ist entscheidend

Besonders starke Brücken bildet das Hydridion in den Verbindungen $(R_2AlH)_n$:

Lösung	rein, flüssig	rein, gasförmig
n = 3	n > 3	n = 2

In diesem Zusammenhang ist eine kurze **energetische Betrachtung** lehrreich. Die Enthalpieänderungen $\Delta H_{Reakt.}$ für die Spaltung von $[R_2AlX]_2$ in monomere Einheiten weisen folgenden Gang auf:

$$[R_2AlX]_2 \longrightarrow 2\ R_2AlX \qquad \Delta H_{Reakt.}$$

X:	**H**	>	Cl	>	Br	>	I	>	CH_3

$\Delta H_{Reakt.}$:	150		124		121		102		84 kJ/mol

Dies ist aber **nicht** die Reihenfolge abnehmender Bindungsenergie D(Al–X) in einer Brücke Al$\diagdown$X$\diagdown$Al, denn die angeführten Reaktionsenthalpien $\Delta H_{Reakt.}$ beschreiben einen Vorgang, der außer Bindungsspaltung noch weitere Veränderungen birgt. Vor allem ist zu berücksichtigen, daß sich das Al-Atom im Dimeren in tetraedrischer, im Monomeren hingegen in trigonal planarer Umgebung befindet.

pyramidal   planar

Bindungsspaltung

$\Delta H_{Reakt.} = \Delta H_{Al-X}$ +

Maß für die Bindungsenergie
Bindungsenergie D(Al–X)
in einer Al–X–Al-Brücke

Reorganisation

$\Delta H_{Reorg.}$

(1) Intramolekulare Abstossungseffekte nehmen ab:
pyramidal > planar

(2) Al(p_π)-X(p_π)-Bindung ist für die planare Form stärker als für die pyramidale Form.

(3) Al$\underline{\underline{\sigma}}$X-Bindungsenergie nimmt ab, sp^3 > sp^2.

Nach Korrektur durch $\Delta H_{Reorg.}$ ergibt sich für die Enthalpieänderung bei der Spaltung von Al–X-Bindungen in Al–X–Al-Brücken die Reihenfolge:

$$\Delta H_{Al-X} : Cl > Br > I > H > Me$$

Hydridbrücken erscheinen also deshalb so stark, weil $\Delta H_{Reorg.}$ für X = H klein ist. Dies ist auf das Fehlen eines π-Bindungsbeitrages in der trigonal planaren Form und die nur geringfügige Minderung der inter-Ligand-Abstoßung bei der Einebnung zurückzuführen.

Reaktionen von Aluminiumorganylen

Die eingangs erwähnte hohe Reaktivität aluminiumorganischer Verbindungen des Typs AlR$_3$ läßt eine Fülle synthetischer Anwendungen zu, die nur exemplarisch aufgezeigt werden können. Einschränkend sei bemerkt, daß häufig nur eine der drei Al–C-Bindungen reagiert. So ist die Reaktivität von RAlX$_2$ (X = Hal, OR′ etc.), verglichen mit AlR$_3$, stark herabgesetzt. Hierfür dürfte die Assoziation zu stabilen Dimeren und Oligomeren via X-Brücken verantwortlich sein.

Bei der Umsetzung von Aluminiumalkylen mit höher halogenierten Kohlenwasserstoffen ist Vorsicht geboten: Der **Kontakt von AlR$_3$ mit CHCl$_3$ oder CCl$_4$ kann zu Explosionen führen.** Von Bedeutung für die Synthese ist die Tatsache, daß sich Li-Organyle, *Grignard*-Reagenzien RMgX und Al-Organyle in ihrer Chemoselektivität ergänzen.

$$R_2Al-C(Ph)=C(R)-Ph \quad\xleftarrow{\ PhC\equiv CPh\ }$$

$$(RAlNR')_4 \quad\xleftarrow{\ R'NH_2\ }$$

$$\left.\begin{array}{c}R_2Al(OR') \\ RAl(OR')_2 \\ Al(OR')_3\end{array}\right\} \quad\xleftarrow{\ ROH\ }$$

$$R_2AlCH_2CHRR' \quad\xleftarrow{\ CH_2=CHR'\ }$$

$$MAO \quad (R = Me) \quad\xleftarrow{\ H_2O\ (l)\ }$$

$$R_2AlCl + RR' \quad\xleftarrow{\ R'Cl\ } \quad AlR_3 \quad\xrightarrow{\ O_2\ } \quad Al(OR)_3$$

$$R_2AlH \quad\xleftarrow[\substack{300\ \text{bar} \\ 150\ °C}]{\ H_2 ,\ LiR\ }$$

$$AlR_3 \xrightarrow{\ Cp_2TiCl_2\ } Cp_2Ti\!\!\begin{array}{c}-AlMe_2 \\ \diagdown \\ Cl\end{array}$$

$$Li[AlR_4] \quad\xleftarrow{\ AlCl_3\ }$$

$$RAlCl_2 + R_2AlCl$$

$$SnR_4 \quad (R = Me) \quad\xleftarrow{\ SnCl_4\ }$$

Methylalumoxan (MAO) ist der hochreaktive Cokatalysator in der durch Gruppe 4 Metallocenylhalogenide wie Cp_2ZrCl_2 katalysierten Olefinpolymerisation (S. 659). MAO wird nach patentierten Vorschriften durch **vorsichtige** Hydrolyse von $AlMe_3$ hergestellt.

$$Al_2Me_6 \xrightarrow{\ Al_2(SO_4)_3 \cdot 10\,H_2O\ } \ \left[Al-O\right]_{\!n} \ +\ \left[\ldots\right]_n \ +\ \ldots$$

Die hier nur beispielhaft gezeigten Struktureinheiten sind via *Lewis*-Säure-/Base-Wechselwirkung zu weiterer Assoziation befähigt, so daß ein hochkompliziertes uneinheitliches System entsteht, welches darüber hinaus metastabil ist gemäß

$$3(RAlO)_n \xrightarrow{\ \Delta T\ } n\,R_3Al\!\uparrow \ +\ n\,Al_2O_3 \qquad \Delta H < 0$$

Gezielt synthetisierte einheitliche Organoalumoxane sind dem MAO der Praxis als Cokatalysatoren noch klar unterlegen (*Barron*, 1995).

Während eine Domäne von LiR und RMgX die Addition an polare Doppelbindungen wie C=O und $-C\equiv N$ ist und Addition an $>C=C<$-Doppelbindungen im allgemeinen nur in konjugierten Systemen erfolgt (vergl. S. 48), addiert AlR_3 auch an isolierte Mehrfachbindungen $>C=C<$ und $-C\equiv C-$ (**Carbaluminierung**). Wie im Falle der Hydroborierung sind die Folgereaktionen der primären Al-organischen Addukte von Interesse. Das Geschwindigkeitsgesetz der Carbaluminierung ist mit einem vorgelagerten Dimer/Monomer Gleichgewicht in Einklang:

$$1/2\,(Et_3Al)_2 \ \rightleftharpoons \ Et_3Al \xrightarrow[\text{geschw. best.}]{\ CH_2=CHR\ } \left[\begin{array}{c} CH_2-\overset{\oplus}{C}HR \\ | \\ \underset{\ominus}{Et_2}Al-Et\end{array}\right] \longrightarrow \begin{array}{cc} CH_2 & CHR \\ | & | \\ Et_2Al & Et \end{array}$$

$$\text{Rate} = k[(Et_3Al)_2]^{1/2} \cdot [\text{Alken}]$$

Die Carbaluminierung erfolgt streng als **cis-Addition**, Alkine reagieren rascher als Alkene und terminale Alkene rascher als interne Alkene. Die R_2Al-Gruppe tritt im allgemeinen an das am niedrigsten substituierte (terminale) C-Atom des Alkens.

Eng verwandt mit der Carbaluminierung ist die **Hydroaluminierung** (vergl. „Anlagerung" im *Ziegler*-Direktverfahren, S. 108):

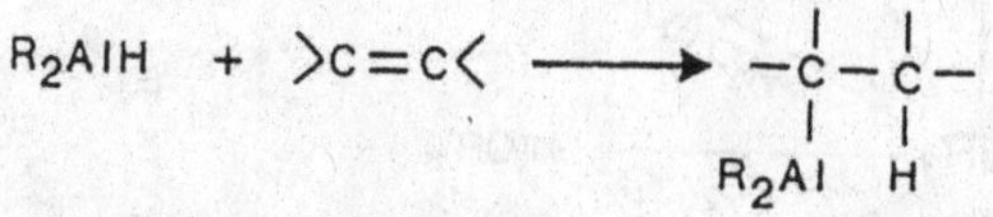

$$R_2AlH \;+\; \text{>}C\!=\!C\text{<} \;\longrightarrow\; -\overset{|}{\underset{R_2Al}{C}}-\overset{|}{\underset{H}{C}}-$$

Die Bereitschaft zur Hydroaluminierung wächst gemäß

$$RCH\!=\!CHR \;<\; R_2C\!=\!CH_2 \;<\; RCH\!=\!CH_2 \;<\; CH_2\!=\!CH_2$$

Eine umgekehrte Abstufung weist die Dehydroaluminierung auf, bei der diese Alkene freigesetzt werden (vergl. S. 109).

Hydroaluminierungen verlaufen hoch **stereoselektiv (cis)**, zeigen aber unterschiedliche Grade der **Regioselektivität (anti-*Markownikow*)**:

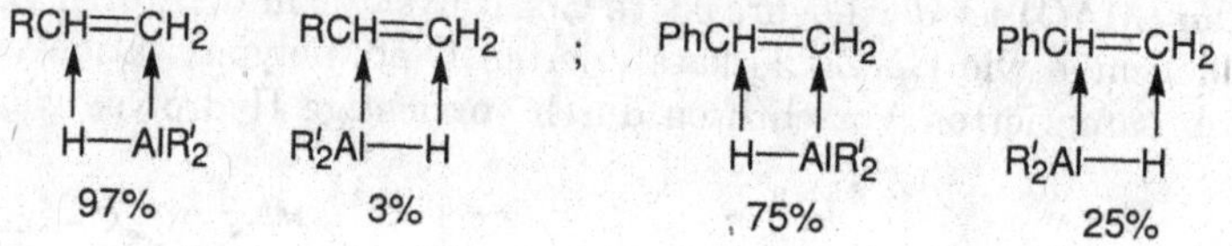

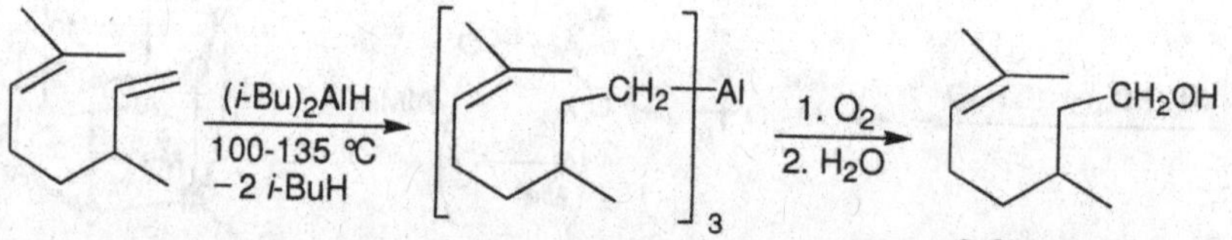

Verglichen mit der Hydroborierung besitzt die Hydroaluminierung den Vorteil der leichten, kein Peroxid erfordernden Oxidation der Al–C-Bindung. Als Nachteil ist die geringerere Chemoselektivität zu nennen: neben C–C-Mehrfachbindungen werden auch funktionelle Gruppen angegriffen und im Falle terminaler Alkine erfolgt Metallierung der CH-aciden Position –C≡C–H.

Aluminium teilt mit Phosphor die Stärke der Element-Sauerstoff-Bindung. Daher verwundert es nicht, daß eine zur *Wittig*-Reaktion (S. 316) analoge aluminiumorganische Reaktion entdeckt wurde (*Eisch*, 1988):

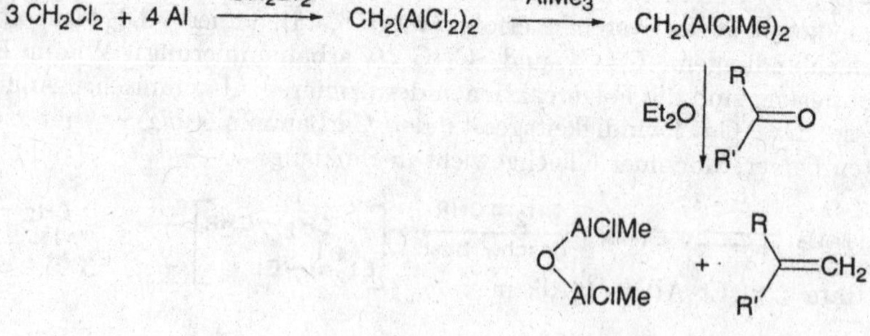

Diese **Carbonylolefinierung** ist kostengünstig und vermeidet die stark basischen Bedingungen der *Wittig*-Reaktion.

Lewis-Base-Addukte der Aluminiumorganyle

Aluminiumorganyle sind stärkere *Lewis*-Säuren als Bororganyle. Sie sind zu den **harten Säuren** zu zählen, denn die *Lewis*-Basizität gegenüber $AlMe_3$ zeigt folgenden Gang:

$$Me_3N > Me_3P > Me_3As > Me_2O > Me_2S > Me_2Se > Me_2Te$$

harte Basen   weiche Basen

Mit Me_2S und Me_2Se bilden sich komplizierte Gleichgewichtsgemische, denn die Stärke der $Al{\diagup}^{CH_3}{\diagdown}Al$ Brücke ist vergleichbar mit der Stärke der *Lewis*-Säure-/Base-Wechselwirkung. Der Befund, daß in der Gruppe 13 nur die Al-Organyle Dimere bilden, ist ebenfalls als Ausdruck der hohen *Lewis*-Acidität von AlR_3 zu werten.

Die Bestimmung der Koordinationszahl am Al für in Lösung vorliegende Addukte bereitet oft Schwierigkeiten – insbesondere dann, wenn es sich um Reaktionen mit mehrzähnigen *Lewis*-Basen handelt. Für Verbindungen des Typs $(R_nAlX_{3-n})_m$ ($m = 1, 2, 3$) und $(R_2AlO(CH_2)_2Y)_2$ ($Y = OR'$, NR_2') kann die chemische Verschiebung im ^{27}**Al-NMR**-Spektrum Hinweise liefern (*Benn*, 1986, 1987):

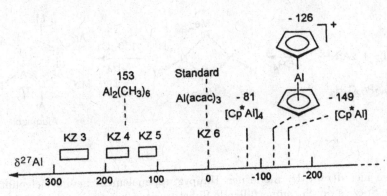

η^5-Cyclopentadienylverbindungen des Aluminiums (Kap. 7.2.2) absorbieren bei besonders hohem Feld. Dies erinnert an die ^{7}Li–NMR-Spektren der Lithiumcyclopentadienyle (S. 45) und ist auf die Lage des Al-Kerns im abschirmenden Bereich des aromatischen Ringstroms zurückzuführen.

Die Reaktion von R_3Al mit **tertiären Aminen** endet gewöhnlich mit der Adduktbildung, im Falle **sekundärer und primärer Amine** schließen sich Folgereaktionen an:

$$(Me_3Al)_2 \xrightarrow{\quad} \begin{array}{l} \xrightarrow{\quad Me_3N \quad} Me_3Al-NMe_3 \\[2mm] \xrightarrow{\quad Me_2NH \quad} 2\ Me_3Al-NHMe_2 \xrightarrow[-\ 2\ CH_4]{110°} (Me_2AlNMe_2)_2 \\[2mm] \xrightarrow[\Delta \quad -8\ CH_4]{MeNH_2} (MeAlNMe)_4 \end{array}$$

Me₂AlNMe₂-Ring:
$$Me_2Al \overset{\displaystyle N^{Me_2}}{\underset{\displaystyle N_{Me_2}}{\bigm|\bigm|}} AlMe_2$$

Heterocubangerüst

Die *Lewis*-Säure-/Base-Wechselwirkung erhöht den Carbanioncharakter der CH_3-Gruppe sowie die NH-Acidität. Hierdurch wird die Eliminierung von CH_4 in obigen Reaktionen gefördert.

$$H_3C^{\ominus} \quad {}^{\oplus}H \atop -Al-N-$$

Einen überraschenden Verlauf nimmt die Folgereaktion der Adduktbildung, wenn Trimethylaluminium mit einem sperrig substituierten Anilinderivat umgesetzt wird (*Power*, 1988):

$$(Me_3Al)_2 + 2ArNH_2 \xrightarrow{-CH_4} \ldots \xrightarrow[-CH_4]{170\ °C} \text{Alumazol}$$

$Ar = 2,5(i\text{-Pr})_2C_6H_3$

Alumazol

Wir begegnen hier der in der modernen Hauptgruppenelementchemie vielgeübten Praxis, labile Spezies durch raumerfüllende Substituenten kinetisch zu stabilisieren. **Alumazol** $Al_3N_3R_6$ ist ein Gruppenhomologes des Borazols $B_3N_3R_6$ (S. 95), besitzt aber im Gegensatz zu letzterem keine Benzolähnlichkeit, denn an Luft oder Wasser erfolgt augenblicklich Zersetzung. Die Al$\dddot{}$N-Bindungslängen im Sechsring sind ausgeglichen, andere Aromatizitätskriterien, wie etwa Ringstromeffekte, sind hingegen nicht erfüllt. Alumazol ist der bisher kleinste Vertreter der Poly(N-alkyl-iminoalane) $(RAlNR')_n$, n = 3–16, deren höhere Glieder Raumstrukturen bevorzugen [vergl. $(MeAlNMe)_4$, ein Heterocuban].

Addukte von Aluminiumalkylen mit ungesättigten *Lewis*-Basen können sich unter Alkylgruppenwanderung umlagern, so daß letzlich eine Carbaluminierung bewirkt wird. Mit Nitrilen werden auf diese Weise dimere Bis(organo)aluminium-ketimide gebildet:

$$(Me_3Al)_2 \xrightarrow{\text{t-BuCN}} 2 \ \text{t-BuC} \overset{\oplus}{\equiv} \overset{Me}{\underset{\ominus}{N}} \overset{|}{-AlMe_2} \xrightarrow{\Delta}$$

Carbanionen addieren sich an AlR$_3$ zu Tetraorganoalanaten:

$$2 \ LiC_2H_5 + Al_2(C_2H_5)_6 \longrightarrow 2 \ LiAl(C_2H_5)_4$$
(löslich in Kohlenwasserstoffen)

Derartige **„at-Komplexe"** entstehen auch in der Reduktion mit Alkalimetallen:

$$3 \ Na + 2 \ Al_2(C_2H_5)_6 \longrightarrow 3 \ NaAl(C_2H_5)_4 + Al$$

LiAlEt$_4$ ist wie BeMe$_2$ polymer gebaut, wobei aber statt Be-Atomen abwechselnd Li- und Al-Atome über $Li\overset{C}{\diagdown}Al(2e3c)$-Bindungen kantenverknüpfte Tetraederketten ausbilden:

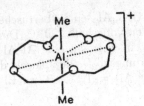

$$[LiAlEt_4]_n$$

Die Isolierung des extrem *Lewis*-sauren **Bis(organo)aluminiumkations** R$_2$Al$^+$ gelingt – ähnlich wie für R$_2$B$^+$ (S. 86) – nur als Addukt an *Lewis*-Basen. Wie zu erwarten, realisiert Al jedoch eine höhere Koordinationszahl.

{Me$_2$Al-15-Krone-5}$^+$: Das lineare Kation Me$_2$Al ist hier nahezu zentrisch plaziert. Im Inneren des größeren Liganden 18-Krone-6 nimmt es hingegen eine exzentrische Position ein (*Atwood*, 1987).

7.2.2 Subvalente Aluminiumorganyle

Als **subvalent** bezeichnet man Verbindungen, in denen das entsprechende Zentralatom seine „normale" Oxidationsstufe unterschreitet. Der Begriff ist jedoch unscharf, denn beim Übergang zu schwereren Elementen einer Hauptgruppe schwindet seine Definitionsgrundlage (*Beispiel:* B^L-Verbindungen sind echt subvalent, Tl^L-Verbindungen hingegen die Regel). Gänzlich unüblich ist die Bezeichnung subvalent in der Organo-ÜM-Chemie, in der die speziellen Bindungsverhältnisse (σ-Donor/π-Akzeptorsynergismus, Kap. 12) bestimmter Liganden der Oxidationsstufe M^0 besondere Stabilität verleihen.

Al^{II,I}-Organyle. Quantenchemische Rechnungen ergaben, daß die heterovalente Form [Al^I]$^+$[Al^{III}H$_4$]$^-$ gegenüber der homovalenten Form Al$_2^{II}$H$_4$ bevorzugt ist (*Lammertsma*, 1989).

Einer Disproportionierung von Al$_2$R$_4$ ist somit durch Einsatz sperriger Reste R zu begegnen. Dieses Vorgehen führte *Uhl* (1988) zur Synthese des ersten Al^{II}-Organyls, gleichzeitig der ersten Verbindung mit einer Al–Al-Bindung:

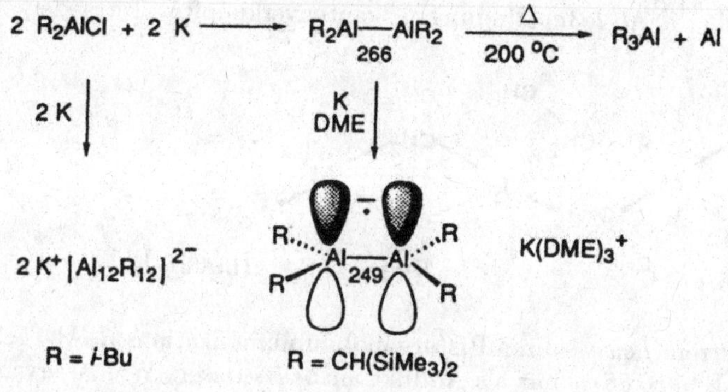

Der sterische Schutz verleiht dem Tetraorganodialan(4) R$_4$Al$_2$ eine überraschend hohe thermische Stabilität, Disproportionierung erfolgt erst oberhalb 220 °C. Durch Reduktion läßt sich ein Dialan-Radikalanion erzeugen, in welchem eine Al–Al-π-Bindung der Ordnung 1/2 vorliegt, der Gang der Bindungsabstände spiegelt dies wider ebenso wie die kleine Kopplungskonstante a(2 ^{27}Al) = 1.17 mT im EPR-Spektrum, die eine π-Spinpopulation anzeigt.

Inzwischen ist die Chemie der Verbindungen mit E–E-Einfachbindung (E = Al, Ga, In) einem systematischen Studium unterzogen worden (*Uhl*, 1993, 1997).

Einen anderen Verlauf nimmt die *Wurtz*-Kupplung bei Einsatz von (*i*-Bu)$_2$AlCl; hierbei entsteht unter anderem ein Al-Analogon des closo-Dodecaboran(12)-Anions [B$_{12}$H$_{12}$]$^{2-}$. Wie letzteres besitzt das [Al$_{12}$-*i*-Bu$_{12}$]$^{2-}$-Anion Ikosaederstruktur (*Uhl*, 1991).

Als besonders nützlich zur Synthese von Aluminiumsuborganylen hat sich Aluminiummonochlorid erwiesen, welches über eine Hochtemperaturreaktion und anschließendes Abschrecken zugänglich ist (*Schnöckel*, 1996):

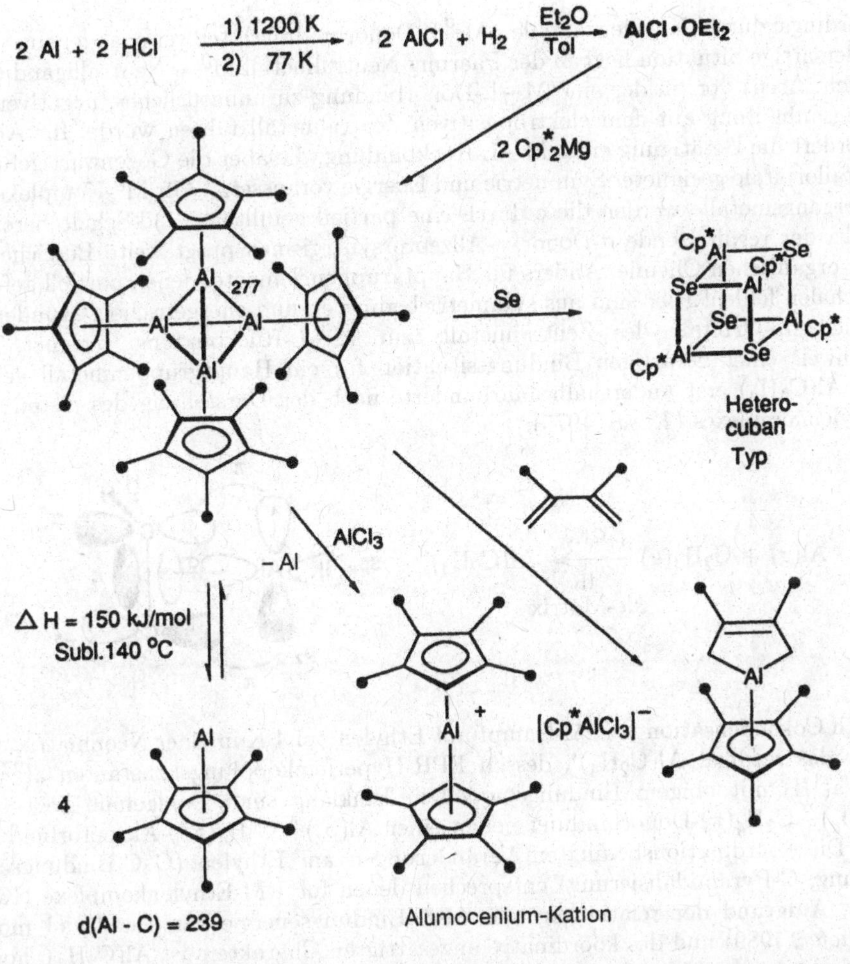

$$2\ Al + 2\ HCl \xrightarrow[\text{2) 77 K}]{\text{1) 1200 K}} 2\ AlCl + H_2 \xrightarrow[\text{Tol}]{\text{Et}_2\text{O}} AlCl \cdot OEt_2$$

2 Cp*$_2$Mg

Se →

Hetero-
cuban
Typ

– Al

AlCl$_3$

ΔH = 150 kJ/mol
Subl. 140 °C

4

d(Al - C) = 239

[Cp*AlCl$_3$]$^-$

Alumocenium-Kation

Das Aluminiummonochloridetherat AlCl·OEt$_2$ wird als dunkelrote, bei –50 °C über Wochen metastabile Lösung eingesetzt. Auch das Tetraaluminatetrahedran Cp*$_4$Al$_4$, das erste Al^I-Organyl (*Schnöckel*, 1991), ist, für eine aluminiumorganische Verbindung, bemerkenswert hydrolyse- und oxidationsresistent. Der Al–Al-Abstand in Cp*$_4$Al$_4$ unterschreitet den entsprechenden Wert in Al-Metall um 9 pm. Dennoch stellt sich in der Gasphase und in Lösung gemäß ^{27}Al–NMR (S. 117) ein Tetramer⇌Monomer-Gleichgewicht ein; es ermöglichte eine Strukturbestimmung des Halbsandwichkomplexes Cp*Al mittels Elektronenbeugung und ist die Grundlage für Folgereaktionen, die zu neuartigen Al^{III}-Organylen führen (*Schnöckel*, 1996).

Al^0-Organyle. Elementorganische Verbindungen, in denen das Zentralmetall die Oxidationszahl 0 aufweist, sind uns in der bisherigen Besprechung noch nicht begegnet. Den elektropositiven Alkali- und Erdalkalimetallen in ihrer Bindung an Alkyl-, Aryl- und Cyclopentadienylgruppen wird die positive Oxidationszahl M^I bzw. M^{II} zugeschrieben. Die hohe Ladungstrennung der rein ionischen Formulierung wird allerdings durch Kovalenzanteile ($M \xleftarrow{\sigma} L$-Donorbindung) teilweise abgebaut. Eine andersartige Situation liegt in der Paarung Neutralmetall M^0 + Neutralligand (CO, Alken, Aren) vor, in der eine M←L-Donorbindung zu unnatürlicher, negativer Ladungsanhäufung auf dem elektropositiven Zentralmetall führen würde. Ihr Abbau erfordert die Betätigung einer M→L-Rückbindung, die aber die Gegenwart gefüllter Metallorbitale geeigneter Symmetrie und Energie voraussetzt. Für M^0-Komplexe der Übergangsmetalle werden diese durch eine partiell gefüllte (n–1)d-Schale bereitgestellt, der resultierende σ-Donor/π-Akzeptorsynergismus prägt weite Bereiche der ÜM-organischen Chemie. Anders für Hauptgruppenelemente, denen partiell gefüllte d-Schalen fehlen! Hier sind aus symmetriebedingten und energetischen Gründen lediglich np-Orbitale des Zentralmetalls zur M→L-Rückbindung geeignet. Der Nachweis einer derartigen Bindungssituation für ein Hauptgruppenmetall gelang mit $Al(C_2H_4)$ erst anderthalb Jahrhunderte nach der Darstellung des ersten Ni^0-Ethylenkomplexes (*Kasai*, 1975):

$$Al(g) + C_2H_4(g) \xrightarrow[\text{4K}]{\text{CK}} Al(C_2H_4)^{\bullet}$$
Ne-Matrix

Durch Cokondensation von Al-Dampf mit Ethylen bei 4 K in einer Neonmatrix entsteht das Radikal $Al(C_2H_4)^{\bullet}$, dessen EPR-Hyperfeinkopplungskonstanten $a(^{27}Al)$ und $a(^{1}H)$ mit obigem Bindungsmodell in Einklang sind. Demgemäß liegt eine $Al(sp_x) \xleftarrow{\sigma} C_2H_4(\pi)$-Donorbindung neben einer $Al(p_z) \xrightarrow{\pi} C_2H_4(\pi^*)$-Akzeptorbindung vor. Die koordinationsbedingten Veränderungen am Ethylen (C–C-Bindungsaufweitung, C-Pyramidalisierung) entsprechen denen für ÜM-Ethylenkomplexe (Kap. 15.1). Aufgrund der relativ geringen M–L-Bindungsenergie von ca. 65 kJ mol^{-1} (*Schaefer*, 1989) und des koordinativ ungesättigten Charakters ist $Al(C_2H_4)^{\bullet}$ hochreaktiv und nur in Matrixisolation sowie in der Gasphase (*Schwarz*, 1990) zu handhaben.

7.3 Gallium-, Indium-, Thalliumorganyle

Die Organometallverbindungen der Elemente Gallium, Indium und Thallium stehen in ihrer praktischen Bedeutung weit hinter entsprechenden Verbindungen des Bors und Aluminiums zurück. Ga- und In-Organyle dienen als **Dotierungsreagenzien in der Halbleiterproduktion**. So läßt sich etwa durch thermische Zersetzung eines gasförmigen Gemisches von Trimethylgallium and Arsan eine Schicht von Galliumarsenid bilden (**MOCVD, m**etal **o**rganic **c**hemical **v**apor **d**eposition, S. 592):

$$(CH_3)_3Ga(g) + AsH_3(g) \xrightarrow{700-900\ °C} GaAs(s) + 3\ CH_4(g)$$

Organothalliumverbindungen haben trotz ihrer hohen **Toxizität** begrenzte Anwendungen in der organischen Synthese gefunden.

Die Organometallchemie des Galliums ähnelt noch in vielem der des Aluminiums. Sie ist überwiegend eine Chemie von Ga^{III}. Die Erschließung der Organometallchemie von subvalentem $Ga^{II,I}$ ist eine neue Entwicklung, die gründliches Überdenken klassischer Bindungsvorstellungen, insbesondere Element-Element-Mehrfachbindungen betreffend, ausgelöst hat. Für Indium sind neben der Stufe In^{III} Organometallverbindungen der Oxidationsstufe In^I schon länger bekannt [*Beispiel* $(C_5H_5)In$]. Im Falle des Thalliums wird die Organometallchemie durch beide Stufen Tl^{III} und Tl^I in ähnlichem Maße geprägt.

7.3.1 Ga^{III}-, In^{III}- und Tl^{III}-Organyle und deren *Lewis*-Base Addukte

Eine Neigung zur Bildung von Dimeren ist für die Organyle R_3M (M = Ga, In, Tl) kaum mehr feststellbar. Auch die *Lewis*-Aciditäten der Verbindungen R_3M nehmen, wie Messungen der Dissoziationswärmen der Addukte $R_3M \cdot NMe_3$ erwiesen, für die auf das Al folgenden Elemente wieder ab (B < **Al** > Ga > In > Tl).

Die Darstellung der Verbindungen R_3Ga, R_3In sowie gemischter Spezies R_nMX_{3-n} erfolgt nach Standardmethoden der Organometallchemie:

$$2\ M + 3\ Me_2Hg \longrightarrow 2\ Me_3M + 3\ Hg \qquad \boxed{2}$$
$$(M = Ga, In, \neq Tl)$$

$$GaBr_3 + 3\ MeMgBr \longrightarrow Me_3Ga \cdot OEt_2 + 3\ MgBr_2 \qquad \boxed{4}$$

$$InCl_3 + 2\ MeLi \longrightarrow Me_2InCl$$

$$Me_3M + HCN \longrightarrow Me_2MCN + CH_4 \quad (M = Ga, In) \qquad \boxed{6}$$

$$Et_2GaH + CH_2{=}CH{-}CH_3 \longrightarrow Et_2(n\text{-Pr})Ga \qquad \boxed{8}$$

Die binären Organyle **R_3Ga** und **R_3In** sind in Lösung und Gasphase **monomer** und stark oxidationsempfindlich. Ein Austausch der Alkylreste gemischter Trisalkyle $RR'R''M$ erfolgt erst bei höherer Temperatur.

Die Oktettlücke am Ga kann durch **Komplexbildung** geschlossen werden:

$$Me_2GaCl \xrightarrow{NH_3} [Me_2Ga(NH_3)_2]^+Cl^-$$

$$Me_3Ga \xrightarrow[Et_2O]{H_2O} [Me_2GaOH]_4 \begin{array}{c} \xrightarrow{H^+_{aq}} [Me_2Ga(H_2O)_2]^+ \\ \\ \xrightarrow{OH^-_{aq}} [Me_2Ga(OH)_2]^- \end{array}$$

Bemerkenswert ist – angesichts der pyrophoren Natur der meisten binären Organyle R_3Ga – die Hydrolyse- und Oxidationsresistenz der zweiten und dritten Ga–C-Bindung in der Spezies $[R_2GaL_2]^{+,-}$.

Statt durch Komplexbildung kann eine Oktettkonfiguration auch durch **Selbstassoziation** erzielt werden:

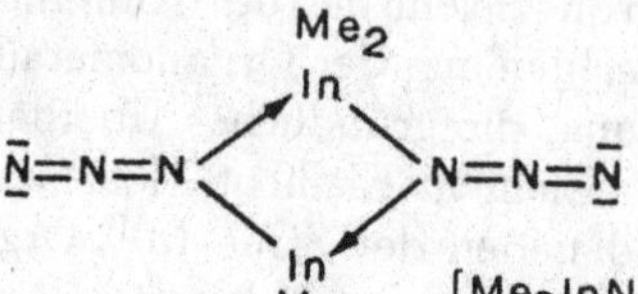

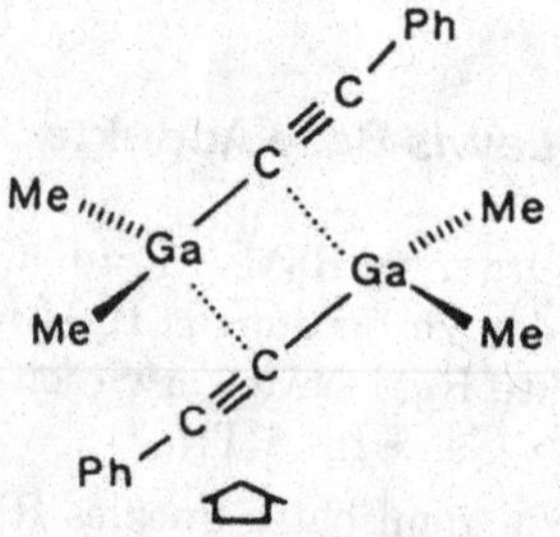

Die im Gegensatz zu anderen R_3Ga-Verbindungen dimere Natur dieses Derivates unterstreicht die besonders hohe Brückenbildungstendenz von Alkinylgruppen (S. 112) (*Oliver*, 1981).

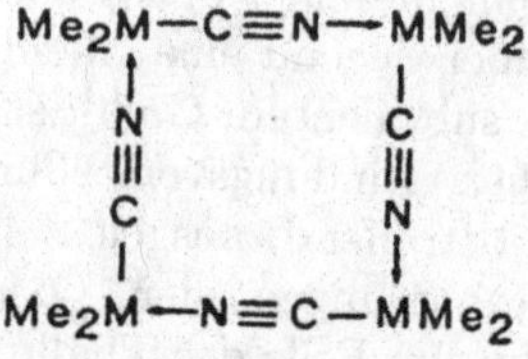

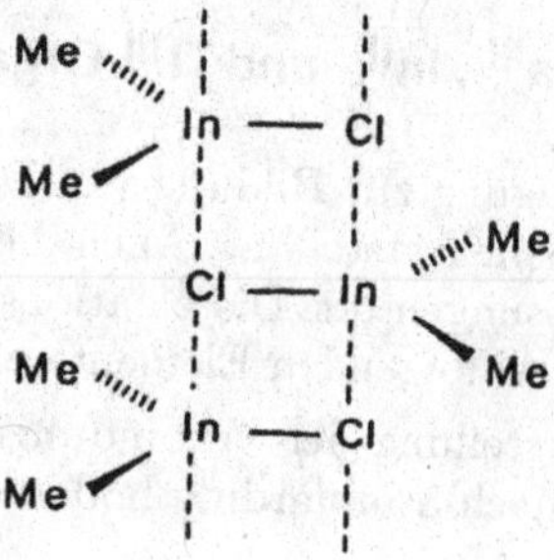

In der Organometallchemie des Thalliums spielt – im Gegensatz zu Ga und In – der **Oxidationsstufenwechsel** M^{III}/M^I eine wichtige Rolle. So werden die Ausbeuten in der Synthese von Thalliumtrisalkylen aus anorganischen Tl^{III}-Verbindungen und Li-Organylen bzw. *Grignard*-Reagenzien durch die oxidierende Wirkung von Tl^{III} beeinträchtigt. Andererseits bilden sich Tris(organo)thalliumverbindungen ausgehend von Tl^I-Verbindungen unter oxidativer Addition von MeI:

$$TlI + 2\ MeLi + MeI \longrightarrow Me_3Tl + 2\ LiI$$

$$MeTl + MeI \longrightarrow Me_2TlI$$

Die luft- und wasserempfindlichen binären Verbindungen R_3Tl unterliegen leichtem, gelegentlich sogar explosionsartigem Zerfall. Die Schwäche der Bindung Tl–C kann auch an der Alkylierung elementaren Quecksilbers durch R_3Tl abgelesen werden:

$$2\ R_3Tl + 3\ Hg \longrightarrow 3\ R_2Hg + 2\ Tl$$

Trimethylthallium, in Lösung und Gasphase monomer, bildet im Kristall ein dreidimensionales Netzwerk aus, in dem jedes Tl-Atom drei kurze und zwei lange Abstände zu benachbarten C-Atomen aufweist, Mittelwerte: 228 bzw. 324 pm (*Sheldrick*, 1970):

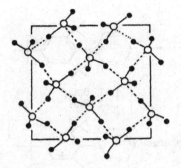

Eine Projektion der Struktur von **Me₃Tl** im Kristall läßt erkennen, daß je Tl-Atom vier CH_3-Gruppen verbrückend und eine CH_3-Gruppe terminal vorliegen. Die Distanzunterschiede in den Tl–C–Tl Einheiten weisen auf nur schwachen Mehrzentrenbindungscharakter dieser Brücken hin (O = Tl, ● = CH_3).

Spaltung einer Tl–C-Bindung in R_3Tl mittels Dihalogen führt zu Bis(organo)thalliumhalogeniden, die in polaren Lösungsmitteln sehr stabile Kationen bilden:

$$R_3Tl + X_2 \xrightarrow{\quad - RX \quad}$$
$$TlCl_3 + 2\ RMgX \xrightarrow{\quad - MgCl_2 \quad} R_2TlX \xrightarrow{H_2O} R_2Tl^+{}_{aq} + X^- \qquad \boxed{4}$$

Das Kation **R_2Tl^+** ist, wie die isoelektronischen Teilchen R_2Hg und R_2Sn^{2+}, **linear** gebaut. R_2TlOH wirkt in wässriger Lösung stark basisch:

$$R_2TlOH + H_2O \longrightarrow R_2Tl^+{}_{aq} + OH^-$$

Mit Methylenphosphoranen bilden die Organometallhalogenide von Ga^{III}, In^{III} und Tl^{III} oligomere Ylidkomplexe, die auf dem Wege einer Umylidierung (vergl. S. 247) entstehen:

$$Me_2MX \ + \ Me_3P=CH_2 \longrightarrow Me_2\overset{\ominus}{M}\overset{X}{\underset{CH_2-\overset{\oplus}{P}Me_3}{}}$$

$$- [Me_4P]X \quad\Big\downarrow\quad Me_3P=CH_2$$

$$\begin{array}{c} Me_2 \\ H_2C-M-CH_2 \\ | \quad \ominus \quad | \\ Me_2\overset{\oplus}{P} \quad \overset{\oplus}{P}Me_2 \\ | \quad \ominus \quad | \\ H_2C-M-CH_2 \\ Me_2 \end{array} \xleftarrow{\ \times\,2\ } Me_2M-CH_2-\overset{\ominus:CH_2}{\underset{\oplus}{P}Me_2}$$

M=Ga,In,Tl   X=Cl,Br

Boratabenzolderivate $C_5H_5BR^-$ leiten sich von Benzolderivaten durch den isoelektronischen Ersatz von CR und BR^- ab. Wie *Ashe* (1995) zeigen konnte, sind derartige Heterocyclen auch für das gruppenhomologe Element Gallium zugänglich:

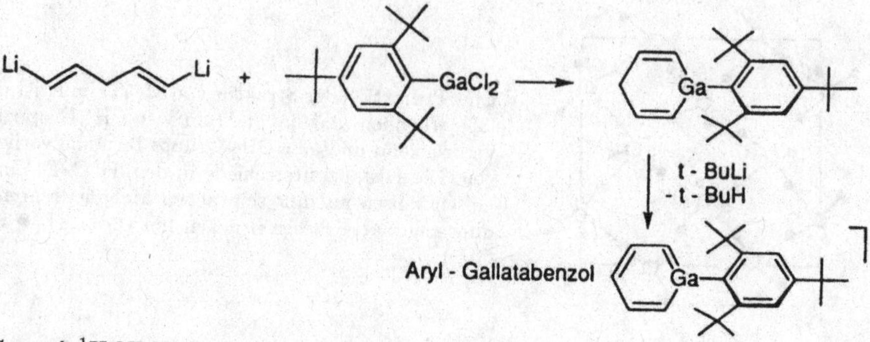

Aryl - Gallatabenzol

^{13}C- und ^{1}H-NMR-Spektren weisen auf einen Ringstrom und somit auf aromatischen Charakter des Gallatabenzols hin.

7.3.2 Ga^{II,I}-, In^{II,I}- und Tl^{II,I}-Organyle

Organometallverbindungen der schwereren Homologen des Bors, in denen die Oxidationsstufe M^{II} realisiert ist, sind erst seit Ende der Achtziger Jahre bekannt (*Uhl*, 1989):

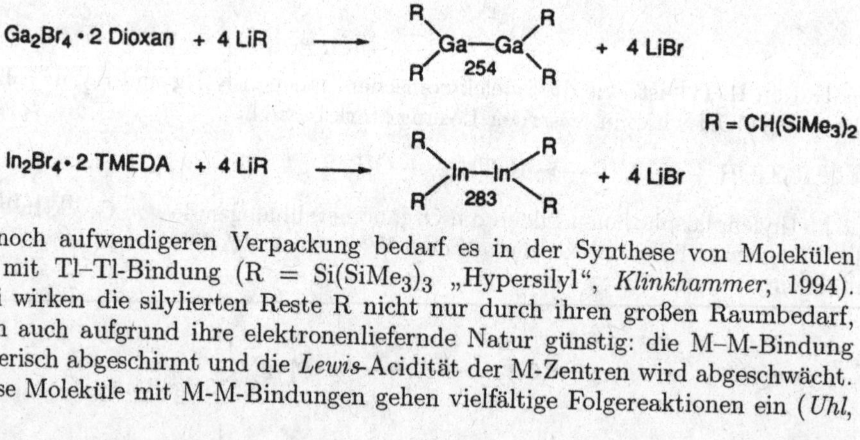

Einer noch aufwendigeren Verpackung bedarf es in der Synthese von Molekülen R$_4$Tl$_2$ mit Tl–Tl-Bindung (R = Si(SiMe$_3$)$_3$ „Hypersilyl", *Klinkhammer*, 1994). Hierbei wirken die silylierten Reste R nicht nur durch ihren großen Raumbedarf, sondern auch aufgrund ihre elektronenliefernde Natur günstig: die M–M-Bindung wird sterisch abgeschirmt und die *Lewis*-Acidität der M-Zentren wird abgeschwächt. All diese Moleküle mit M–M-Bindungen gehen vielfältige Folgereaktionen ein (*Uhl*, 1997).

Besonders hohe Aktualität besitzt die Organometallchemie des einwertigen Galliums, Indiums und Thalliums. Wie schon länger bekannt ist, bildet Indium mit dem Cyclopentadienylrest Verbindungen in den Oxidationsstufen In^{III} (σ-Organyle) und In^{I} (π-Komplexe) (*Fischer*, 1957):

$$InCl_3 + 3\ NaC_5H_5 \xrightarrow{THF} (\eta^1\text{-}C_5H_5)_3In$$

$$\downarrow 150\ °C,\ 1\ mbar,\ -\ C_{10}H_{10}$$

$$InCl + LiC_5H_5 \xrightarrow[60\ °C]{Benzol} (\eta^5\text{-}C_5H_5)In$$

(C$_5$H$_5$)$_3$In zeigt im ^{1}H-NMR-Spektrum auch bei –90 °C nur ein Signal und besitzt demnach eine fluktuierende Struktur.

Das sublimierbare, wasserstabile, aber luftempfindliche $(C_5H_5)In$, eine der wenigen leicht zugänglichen Verbindungen von In^I, eignet sich zur Darstellung anderer In^I-Verbindungen:

$$(C_5H_5)In + HX \longrightarrow InX + C_5H_6 \quad (X = \text{Oxinat, Acetylacetonat etc.})$$

Ein interessanter Aspekt der Struktur von $(C_5H_5)In$ ist der stark unterschiedliche Metall-Ring-Abstand im Kristall und in der Gasphase. Dies deutet auf einen höheren kovalenten Anteil der In–C-Bindung im isolierten Molekül hin:

Dipolmoment 2.2 Debye

399 pm

399 pm

177°

128°

232 pm

273 pm   273 pm

273 pm

(*Tuck*, 1982)

d(In-C) = 285-309 pm

$(C_5H_5)In$ im Kristall:
Polymerketten $[(C_5H_5)In]_x$
(*Beachley*, 1988)

$(C_5H_5)In$ in der Gasphase:
monomerer Halbsandwichkomplex
(*L. S. Bartell*, 1964)

$[(C_5Me_5)In]_6$, in Lösung monomer, enthält im Kristall ein In_6-Oktaeder (*Beachley*, 1986); die Struktur ähnelt der von $[(C_5H_5)Ni]_6$ (S. 564).

Die bekannteste Organometallverbindung von Tl^I, $(C_5H_5)Tl$, kann sogar in wässrigem Medium dargestellt werden:

$$Tl_2SO_4(aq) + 2\ C_5H_6 \xrightarrow{\text{NaOH}} 2\ (C_5H_5)Tl + Na_2SO_4 + 2\ H_2O$$

$(C_5H_5)Tl$ ist sublimierbar, in polaren Solvenzien mäßig gut löslich und kann an Luft gehandhabt werden; die Verbindung hat sich als Cyclopentadienylierungsreagens, z.B. von Übergangsmetallionen, bewährt. Die Struktur von $(C_5H_5)Tl$ gleicht weitgehend der von $(C_5H_5)In$.

Der Halbsandwich $(C_5H_5)Tl$ kann zum Sandwich $[(C_5H_5)_2Tl]^-$ erweitert werden:

$$(C_5H_5)Tl + (C_5H_5)_2Mg \xrightarrow{\text{PMDETA}} [(C_5H_5)Mg(PMDETA)]^+ +$$

$$\text{PMDETA} = (Me_2NCH_2CH_2)_2NMe$$

Das **Thallocen-Anion** $[(\eta^5-C_5H_5)_2Tl]^-$ ist isolelektronisch zu Stannocen (S. 186) und wie dieses gewinkelt gebaut. Auch das nächste Homologe, $[(\eta^5-C_5H_5)_3Tl_2]^-$ ist bekannt, es ähnelt strukturell einem Ausschnitt aus der $[(\eta^5-C_5H_5)Tl]_\infty$-Kette festen Thallocens (*Wright*, 1995).

(C_5H_5)In möge als Modell für eine Diskussion der Bindungsverhältnisse in **(Cyclopentadienyl)Hauptgruppenelement-Verbindungen** (C_5H_5)M dienen (*Canadell*, 1984). Die relativ geringe Elektronegativitätsdifferenz zwischen In und C läßt für isolierte Moleküle (C_5H_5)In einen beträchtlichen Kovalenzanteil erwarten. Baut man das Molekül gedanklich aus den Fragmenten :In$^+$ (sp-Hybrid) und $C_5H_5^-$ (6πe) auf, so sind folgende Metall-Ligand-Wechselwirkungen möglich:

Alle drei Wechselwirkungen erzeugen eine Ladungsübertragung L→M. Ihr Ausmaß, und damit der Kovalenzanteil, wird durch die relativen Energien der Basisorbitale bestimmt, er ist im Einzelfall mittels quantenchemischer Rechnungen zu ergründen. Derartige Betrachtungen gelten auch für die isolobalen (S. 552) Fragmente R–Be$^+$, R–Mg$^+$, R–B^{2+}, R–Al^{2+} sowie Ge^{2+}, Sn^{2+} und Pb^{2+}.

Neben der Variation des Metallfragmentes ist auch eine solche des Liganden denkbar. Dies führt zu der Fragestellung, ob der zu $C_5H_5^-$ (6πe) iso-π-elektronische Ligand C_6H_6 zur Bildung von **(Aren)Hauptgruppenelement-π-Komplexen** befähigt sei:

Während die überraschend hohe Löslichkeit von $Ga^I[Ga^{III}Cl_4]$ in Benzol schon länger bekannt ist, was eine Ga^I-Aren Wechselwirkung nahelegte, gelang die Isolierung und die Strukturaufklärung derartiger Addukte erst in jüngerer Zeit (*Schmidbaur*, 1985). In der Verbindung $[(\eta^6\text{-}C_6H_6)_2Ga]GaCl_4\cdot3C_6H_6$ liegen gewinkelte Bis(aren)-gallium(I)-Kationen vor, die über $GaCl_4^-$-Tetraeder verbrückt sind.

Struktur von $[(\eta^6\text{-}C_6H_6)_2Ga]GaCl_4\cdot3C_6H_6$ im Kristall. Drei Benzolmoleküle der empirischen Formel befinden sich außerhalb der Koordinationssphäre des Galliums. Die Abstände d(Ga–Cl) sind unterschiedlich, ebenso die Abstände d(Ga–C) mit 308 bzw. 323 pm (Mittelwerte).

In einem verwandten Mesitylen-π-Komplex von In^I führt die Verbrückung durch $InBr_4^-$-Tetraeder zu einer polymeren Struktur:

Einheit aus der Kettenstruktur von $\{[(\eta^6\text{-Mesitylen})_2In]InBr_4\}_n$ in schematischer Darstellung. Der Kippwinkel der Sandwicheinheit beträgt hier 133°, die Abstände d(In–C) 315 bzw. 321 pm.

Gemeinsam ist diesen Materialien die leichte Abgabe des Arenliganden bei erhöhter Temperatur, wobei die Stabilität gemäß $Ga^I > In^I > Tl^I$ sinkt, mit zunehmendem Alkylierungsgrad des Arens hingegen steigt. Ferner ist die Tendenz zu erkennen, die offenbar günstige Koordination an Halogenidliganden nicht vollständig zu opfern.

Im Gegensatz zu (Aren)Übergangsmetall-π-Komplexen $[(C_6H_6)_2Cr$ schmilzt unzersetzt bei 284 °C!] ist die Bindung in (Aren)Hauptgruppenelement-π-Komplexen den **schwachen Wechselwirkungen** zuzuordnen. Um so bemerkenswerter ist daher eine Koordinationsform von Ga^I an Arene, die im Bereich der Übergangsmetall-π-Komplexe bislang ohne Vorbild ist (*Schmidbaur*, 1987):

In dem Ionenpaar $\{(\eta^{18}\text{-}[2.2.2]\textbf{Paracyclophan})\textbf{Ga}\}(\textbf{GaBr}_4)$ besitzt das Zentralmetall Ga^I nahezu gleiche Abstände zu den drei Ringmitten, ist aber vom Ligandzentrum längs der dreizähligen Achse um 43 pm in Richtung auf das Gegenion $GaBr_4^-$ verschoben. Sicher wirkt sich hier der Chelateffekt stabilisierend aus.

In den zuletzt behandelten Verbindungen der Oxidationsstufe M^I sorgt der Elektronenreichtum der Liganden $C_5H_5^-$ und C_6H_6 für eine Absättigung der Valenzschale des Zentralmetalls. Das Gegenstück hierzu ist im Liganden CH_3 gegeben, der nur unter speziellen Bedingungen Hinweise auf die Existenz von Molekülen MCH_3 liefert. So konnte *Schwarz* (1990) mittels Neutralisations-Reionisations-Massenspektrometrie in der Gasphase das Molekül $AlCH_3$ charakterisieren, dem quantenchemische Rechnungen eine Al/CH_3-Dissoziationsenergie von 285 kJmol^{-1} zuschreiben. Die Reaktion thermisch erzeugter Ga- und In-Atome mit CH_4 in einer Argonmatrix unter Photolysebedingungen ergab die Moleküle $GaCH_3$ und $InCH_3$, die mittels IR-Spektroskopie identifiziert wurden (*Andrews*, 1999):

$$CH_4 + M \xrightarrow[\text{Ar(s)}]{\substack{h\nu \\ \text{200–400 nm}}} CH_3MH \xrightarrow[\text{Ar(s)}]{\substack{h\nu \\ \text{200–400 nm}}} CH_3M^{\bullet} + H^{\bullet}$$

$$M = Ga, In$$

Handfeste Ergebnisse lieferte wieder der Einsatz von Organoelement-Vorstufen mit sterisch anspruchsvollen Substituenten, welche Disproportionierungsreaktionen unterdrücken.

$$4\ \text{Li}[\text{Cl}_3\text{GaR}] \bullet x\ \text{THF} + 4\ \text{Mg} \xrightarrow{\text{RIEKE}} \begin{array}{c} \text{R} \\ | \\ \text{Ga} \\ \diagup\ 267 \\ \text{R-Ga}\text{---Ga-R} \\ \diagdown\ \diagup \\ \text{Ga} \\ | \\ \text{R} \end{array} \quad \begin{array}{l} + 4\ \text{MgCl}_2 \\ + 4\ \text{LiCl} \end{array}$$

(*Uhl*, 1998)

$$4\ \text{LiR} \bullet x\ \text{THF} + 4\ \text{InCl} \longrightarrow \begin{array}{c} \text{R} \\ | \\ \text{In} \\ \diagup\ 300 \\ \text{R-In}\text{---In-R} \\ \diagdown\ \diagup \\ \text{In} \\ | \\ \text{R} \end{array} \quad + 4\ \text{LiCl}$$

(*Cowley*, 1993)

$$4\ \text{LiR} \bullet 2\ \text{THF} + 4\ \text{TlC}_5\text{H}_5 \longrightarrow \begin{array}{c} \text{R} \\ \diagdown \\ \text{Tl} \\ \diagup\quad\ \diagdown\ \text{R} \\ \text{Tl}\text{---Tl} \\ \text{R}\ \diagup\quad\diagup \\ \text{Tl} \\ \diagdown \\ \text{R} \end{array} \quad + 4\ \text{LiC}_5\text{H}_5$$

R = C(SiMe$_3$)$_3$

(*Uhl*, 1997)

Ironischerweise wurde die entsprechende Aluminiumverbindung Al$_4$[C(SiMe$_3$)$_3$]$_4$, d(Al–Al) = 274 pm, als letzte dargestellt (*Roesky*, 1998).

Während die E$_4$-Tetraeder für E = Al, Ga, In regulär gebaut sind, ist das Tl$_4$-Tetraeder stark verzerrt, die Tl–Tl-Bindungslängen variieren zwischen 333 und 357 pm. Für die Clusterbindung stehen nur vier Elektronenpaare zur Verfügung, quantenchemische Modellrechnungen (MP2-Niveau) für die Tetramerisierungsenergien von EH-Einheiten lieferten die Werte

B$_4$H$_4$ (-1153) > Al$_4$H$_4$ (-571) > Ga$_4$H$_4$ (-556) > In$_4$H$_4$ (-337 kJmol^{-1})

(*Kaupp*, 1998)

Es überrascht daher nicht, daß sich in Lösung Gleichgewichte einstellen, die für Tl$_4$[C(SiMe$_3$)$_3$]$_4$ vollständig auf der Seite des Monomeren liegen. Mit einem noch sperrigeren Substituenten versehen, ist bereits die Indiumverbindung monomer und dies sogar im festen Zustand:

Tl$_4$[C(SiMe$_3$)$_3$]$_4$ $\rightleftharpoons$ 4 TlC(SiMe$_3$)$_3$

(*Uhl*, 1997)   (*Power*, 1998)

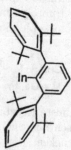

Von den Reaktionen der Verbindungen M$^\text{I}$(Gruppe 13)–R bzw. ihrer Tetramerer seien nur die Oxidation und die ÜM-Koordination herausgegriffen, die beide in geometrisch ansprechende Substanzklassen führen:

Oxidation der tetraedrischen Cluster $E_4[C(SiMe_3)_3]_4$ mit Chalcogenspendern erzeugt Heterocubane (*Uhl*, 1998). Noch origineller ist der Reaktionsverlauf bei Einsatz von ÜM-Spendern wie Ni(COD)$_2$ (*Uhl*, 1998, 1999). Er basiert auf der isolobalen Natur der Spezies ER und CO, dergemäß die Moleküle Ni[Ga-C(SiMe$_3$)$_3$]$_4$ und Ni[In-C(SiMe$_3$)$_3$]$_4$ Analoga von Ni(CO)$_4$ sind. Hierbei wird die π-Akzeptorfunktion der Liganden E–R durch die unbesetzten p_x- und p_y-Orbitale an E ausgeübt. Dies gilt übrigens auch für die Einheit AlCp* im Carbonylsubstitutionsprodukt (CO)$_4$FeAlCp* (*Fischer*, 1997). Die besonders kurzen ÜM–E-Bindungslängen und die Ergebnisse quantenchemischer Rechnungen (DFT) legen nahe, daß der π-Akzeptorcharakter der Organoelement(Gruppe 13)Spezies :E–R den des Liganden CO sogar übertrifft (*Frenking*, 1999).

Die Natur der Mehrfachbindung, die vom Liganden :E–R ausgeht, ist allerdings noch umstritten. Ausgelöst wurde die Kontroverse durch die Synthese eines sterisch hochabgeschirmten Moleküls (CO)$_4$FeGaR und dessen etwas plakative Bezeichnung als „Ferrogallin", hiermit eine Fe$\equiv$Ga-Dreifachbindung andeutend (*Robinson*, 1997):

Eine entgegengesetzte Auffassung vertritt *Cotton* (1998), der hier von einer Fe,Ga-Bindungsordnung 1 ausgeht. Für *Frenking* (1999) liegt eine stark polare Ga,Fe-Bindung mit beträchtlicher Ga←$^\pi$-Fe-Rückbindung, bezüglich der Angabe einer bestimmten Bindungsordnung jedoch ein „Pseudokonflikt" vor. In der Diskussion möglichen Mehrfachbindungscharakters war Gallium schon zuvor als *enfant terrible* in Erscheinung getreten:

Das Cyclotrigallen-Dianion [R$_3$Ga$_3$]$^{2-}$ ist isoelektronisch zum Cyclopropenium-Kation [R$_3$C$_3$]$^+$ (*Breslow*, 1957) und wie dieses ein *Hückel*-Aromat (4n+2 π-Elektronen, n = 0). Magnetische Befunde, die das Vorliegen eines aromatischen Ringstroms belegen würden, stehen allerdings noch aus.

Während die formale Ga,Ga-π-Bindungsordnung 1/3 für das Cyclotrigallen-Dianion im wesentlichen akzeptiert wurde, löste die Bezeichnung „Digallin", d.h. der Anspruch einer Ga–Ga-Dreifachbindung in der Spezies [R$_2$Ga$_2$]$^{2-}$, einen heftigen Disput aus. Vereinfacht gesagt, spiegeln sich die unterschiedlichen Meinungen in den relativen Gewichten wider, die den Grenzstrukturen im Resonanzhybrid beizumessen sind:

Eine gemäßigte Position nimmt in dieser Diskussion *Power* (1997, 1999) ein, der von der Dominanz der Grenzstrukturen **b** und **c** ausgeht. In der Tat ergeben quantenchemische Rechnungen (*Allen*, 2000), daß die Ga-Atome in [RGaGaR]$^{2-}$ eine beträchtliche Anhäufung von Elektronendichte aufweisen, sie sollten demgemäß eine hohe *Lewis*-Basizität besitzen.

Abschließend zu diesem Thema sei darauf verwiesen, daß der Zusammenhang zwischen Bindungslänge, Bindungsstärke und Bindungsordnung alles andere als trivial ist (*Klinkhammer*, 1997). So können sich die Bindungslängen „starker" Einfachbindungen und „schwacher" Dreifachbindungen ähneln. Eine Herleitung von Bindungsordnungen aus Strukturdaten ist somit mit Problemen behaftet, und es können, wie bereits erwähnt, Pseudokonflikte auftreten.

7.3.3 Thallium in der organischen Synthese

Die Bedeutung der, besonders von *McKillop* (1970) erschlossenen, Anwendungen des Thalliums in der präparativen organischen Chemie wird durch die hohe **Toxizität** dieses Elementes eingeschränkt. Zwei charakteristische Aspekte der Organothalliumchemie sind die außerordentliche Steigerung der Reaktivität beim Übergang von Diorganothalliumderivaten R_2TlX zu den Thalliumtrisalkylen R_3Tl sowie der bereitwillige Wechsel zwischen den Oxidationsstufen Tl(III) und Tl(I). Als wichtigste Anwendungen sind einige Varianten der C–C-Verknüpfung zu nennen. Frühe Beispiele sind die Synthese unsymmetrischer Diaryle sowie eine unter besonders milden Bedingungen erfolgende aromatische Iodierung. Der primäre Angriff besteht in einer **elektrophilen aromatischen Thalliierung**, die an die Mercurierung (S. 80) erinnert, dieser aber eine höhere Regioselektivität voraushat (*Ryabov*, 1983).

Diese photochemisch bewirkte Diarylkupplung profitiert von der geringen Bindungsenergie $\bar{D}(Tl–C) = 115$ kJmol^{-1}. Die C–C-Verknüpfung kann auch Pd(II)-katalysiert geführt werden (*Ryabov*, 1983):

$$2\ ArH + Tl(TFA)_3 \xrightarrow[\substack{THF,\ RT \\ 5\ d}]{Li_2PdCl_4} Ar\text{–}Ar + Tl(TFA) + 2\ TFAH$$

Das Verfahren überzeugt durch die hohe Selektivität bezüglich der Bildung von 4,4′-Diarylen.

In einer neuen Ketonsynthese werden Thalliumtrisalkyle mit Säurehalogeniden gekuppelt (*Marko*, 1990). Die Methode eignet sich besonders zur Darstellung verzweigter Ketone, sie toleriert die Gegenwart von Alken-, Ester- und Ketofunktionen. R_2Tl–Cl kann rückgewonnen und rezirkuliert werden, so daß das Verfahren bezüglich der Organothalliumkomponente $R^1{}_2TlCl$ mit unterstöchiometrischen Mengen auskommt, ein angesichts der Toxizität von Thalliumorganylen kaum zu überschätzender Vorteil:

8 Elementorganyle der Kohlenstoffgruppe (Gruppe 14)

Verbindungen, in denen der Kohlenstoff an eines seiner homologen Elemente Silicium, Germanium, Zinn oder Blei gebunden ist, definieren den Bereich der Hauptgruppenelementorganik, der bislang im höchsten Grade technische Anwendungen gefunden hat:

- Silicone stellen Werkstoffe mit einzigartigen Eigenschaften dar.
- Die Anwendung von Organozinnverbindungen als Kunststoffstabilisatoren sowie als Fungizide im Pflanzenschutz ist noch weit verbreitet.
- Der, allerdings stark rückläufige, Einsatz von Bleialkylen als Benzinadditive setzte diese lange Zeit an die Spitze aller industriell produzierten Metallorganika.

Entsprechend umfassend ist der Kenntnisstand von Struktur und Reaktivität dieser Verbindungen. Stellt man einen Vergleich mit den Organylen der Borgruppe an, so sind für die Elementorganyle der Kohlenstoffgruppe die **geringere Polarität der Bindung E◄C** sowie, in Molekülen ER_4, die **Abwesenheit einer Oktettlücke** am Zentralatom zu nennen. Dies hat zur Folge, daß für ER_4 keine Neigung zur Assoziation via (2e3c) Alkyl- bzw. Arylbrücken besteht. Die Reaktivität gegenüber Nucleophilen ist gedämpft und im Gegensatz zu den entsprechenden Verbindungen $AlMe_3$ und PMe_3 werden meist wasserstabile, häufig auch luftstabile Substanzen wie $SiMe_4$ oder $SnPh_4$ erhalten ("*sanfte Metallorganyle*"). Es ist lohnend, einige **Gruppentrends für die Bindung E–C** zu betrachten:

E	Thermische Stabilität	Bindungs- energie D(E–E) kJ/mol	Bindungs- energie D(E–C) kJ/mol	Bindungs- länge d(E–C) pm	Elektro- negativität EN_{AR}	Bindungs- polarität $E^{\delta+} \blacktriangleleft C^{\delta-}$
C		348	348	154	2.50	
Si		226	301	188	1.74	
Ge		163	255	195	2.02	
Sn		146 (grau)	225	217	1.72	
Pb		100	130	224	1.55	

Bindungsenergien nach *J. Emsley*, The Elements, 2. Ed., Clarendon Press, Oxford (1991)

Dieser Gang bewirkt unterschiedliche Reaktivitäten sowohl in **homolytischen Reaktionen**:

$$Et_4C \xrightarrow{Cl_2} Et_3C–C_2Cl_nH_{5-n} \text{ etc.}$$

$$Et_4Si \longrightarrow Et_3Si–C_2Cl_nH_{5-n}$$

Chlorierung im organischen Rest, C–C- bzw. C–Si-Bindungen bleiben erhalten

aber

$$Et_4Ge \xrightarrow{Cl_2} Et_3GeCl + EtCl$$

$$Et_4Sn \longrightarrow Et_nSnCl_{4-n} + 4-n \; EtCl$$

$$Et_4Pb \longrightarrow PbCl_4 + 4 \; EtCl$$

Chlorierende Spaltung der Ge–C-, Sn–C-, Pb–C-Bindungen

als auch in heterolytischen Reaktionen:

$$E = Si, Ge, Sn, Pb$$

nucleophiler
Angriff   elektrophiler
Angriff

Die Existenz energetisch tief liegender, E-zentrierter LUMOs bewirkt, daß **assoziative Mechanismen (A oder I_A)** der Substitution via Koordinationszahl 5 begünstigt sind.
Beispiel: Hydrolyse von R_3SiCl.

Geeignete LUMOs niedriger Energie fehlen. Assoziative Mechanismen der Substitution am gesättigten C-Atom sind ungünstig. Inertheit von R_3CCl

Welcher Art sind nun die durch die Elemente Si(Ge, Sn, Pb) in ihren Verbindungen bereitgestellten Akzeptororbitale? Diese Frage zielt nicht nur auf die chemische Reaktivität ab, sondern auch auf die Natur der Mehrfachbindung
$\{ \overset{>}{\underset{>}{Si}} - \underline{X}' \leftrightarrow \overset{\ominus}{\underset{>}{Si}} = \overset{\oplus}{X}' \}$ sowie der Hypervalenz in Ionen des Typs $SiX_6{}^{2-}$.
Traditionell wurde hierfür die Beteiligung von 3d-Orbitalen des Siliciums angeführt, etwa in den Hybridisierungsmodellen sp^3d und sp^3d^2. In zunehmendem Maße werden aber die 3d(Si)-Orbitale als energetisch zu hoch liegend angesehen, und man gibt dem Konzept der **negativen Hyperkonjugation** den Vorzug (*Reed*, 1990). Dieser Begriff sei anhand der Gegenüberstellung der Moleküle Cyclopentadien und Trifluoraminoxid erläutert:

$$(MO)\pi^* \leftarrow \sigma(C-H) \qquad\qquad (F-N)\sigma^* \leftarrow \pi(AO)$$

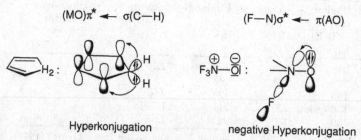

Hyperkonjugation   negative Hyperkonjugation

Im Falle eines Si,O-Mehrfachbindungsanteils in Silanolen und Siloxanen kann als Akzeptorfunktion ein unbesetztes $\sigma^*(Si-C)$-Orbital des Organosilylrestes dienen. Für das Beispiel eines Silanols stellen sich die beiden Betrachtungsweisen wie folgt dar:

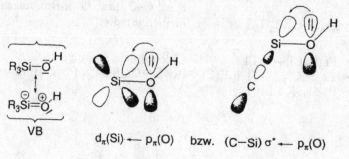

VB $d_\pi(Si) \leftarrow p_\pi(O)$ bzw. $(C-Si)\,\sigma^* \leftarrow p_\pi(O)$

Diese Si,O-π-Bindungsbeziehung deutet u.a. die verglichen mit Carbinolen höhere Broenstedt-Acidität der Silanole.

Neben der Bereitstellung geeigneter Akzeptororbitale sind für die höhere Reaktivität der Si, Ge, Sn, Pb-Organyle auch Größenverhältnisse und zunehmende Bindungspolarität $E^{\delta+}\blacktriangleleft C^{\delta-}$ verantwortlich. Sukzessiver Ersatz von R durch elektronegative Gruppen X in R_nEX_{4-n} erhöht die Angreifbarkeit von E durch Nucleophile. So ist $SnMe_4$ hydrolyseinert und $SnMe_6^{2-}$ unbekannt, $SnCl_4$ hingegen hydrolyselabil und $SnCl_6^{2-}$ darstellbar.

Charakteristische Unterschiede bestehen auch in der Art der Kettenbildung (Catenierung):

C,Si,(Ge)

$$(-\overset{|}{\underset{|}{E}}-\overset{|}{\underset{|}{E}}-)_n$$

$$(-\overset{|}{\underset{|}{E}}-\overset{|}{\underset{|}{C}}-)_n$$

$$(-\overset{|}{\underset{|}{E}}-O-)_n$$

E bewahrt die Koordinationszahl 4

(Ge),Sn,Pb

$$(-\overset{|}{\underset{/}{E}}-X-)_n \quad \text{z.B. } (Me_3SnCN)_n$$

$$(\underset{/}{\overset{\diagdown}{}} E \underset{X}{\overset{X}{\diagup}})_n \quad \text{z.B. } (Me_2PbCl_2)_n$$

E erhöht die Koordinationszahl auf 5 oder 6

Auch die **Hypervalenz**, definiert als Überschreitung der Koordinationszahl 4 für ein Hauptgruppenelement oder, allgemeiner, die Überschreitung der Oktettkonfiguration, erfordert nicht unbedingt die Beteiligung von nd-Orbitalen des Zentralatoms. Letztere läßt sich vermeiden, indem Mehrzentrenbindungen formuliert werden. So kann eine oktaedrische Spezies EX_6 durch drei orthogonale 4e3c-Bindungen $X(\sigma_{x,y,z})E(p_{x,y,z})X(\sigma_{x,y,z})$ beschrieben werden (*Rundle*, 1963). In quantenchemischen Rechnungen für hypervalente als auch für „normale" Moleküle ist die Verwendung von d-Orbitalen als „Polarisationsfunktionen" allerdings unverzichtbar (*Gilheany*, 1999).

8.1 Siliciumorganyle

8.1.1 Siliciumorganyle der Koordinationszahl 4

Darstellung

Aufgrund ihrer großen technischen Bedeutung sind viele einfache Organosilane kommerziell erhältlich, so daß deren Darstellung im Laboratorium selten erforderlich sein wird.

Das **Direktverfahren** (*Rochow-Müller*) der Technik zur Herstellung von Methylchlorsilanen geht von Si/Cu-Legierungen aus:

$$2\,RCl + Si/Cu \xrightarrow{\Delta} R_2SiCl_2 + \dots \quad \text{(vergl. S. 144)}$$
$$(R = Alkyl, Aryl)$$

Spezielle Organosilane gewinnt man durch **Metathesereaktionen**:

$\boxed{4}$

$$SiCl_4 + 4\ RLi \longrightarrow R_4Si + 4\ LiCl$$

$$R_3SiCl + R'MgX \longrightarrow R_3R'Si + MgXCl$$

$$2\ R_2SiCl_2 + LiAlH_4 \longrightarrow 2\ R_2SiH_2 + LiCl + AlCl_3$$

oder durch **Hydrosilierung** (*Speier*-Verfahren):

$\boxed{8}$

$$HSiCl_3 + R\text{–}CH=CH_2 \longrightarrow RCH_2CH_2SiCl_3$$

Die Hydrosilierung, die auch durch UV-Bestrahlung eingeleitet und durch Radikalbildner, Übergangsmetallkomplexe wie H_2PtCl_6 oder *Lewis*-Basen katalysiert wird, erfolgt in anti-*Markownikow*-Richtung (Kap. 18.3.4). Mechanistisch dürfte sie der Hydrierung von Alkenen ähneln. Polyene werden **regio- und stereo-spezifisch** hydrosiliert. Bei Verwendung von chiral substituierten Metallkomplexen als Katalysatoren sind sogar enantioselektive Hydrosilierungen prochiraler Alkene möglich.

Arylsilane können auch durch ***Vollhardt*-Cyclisierung** (S. 399) unter Verwendung von Silylalkinen dargestellt werden.

Eigenschaften und Reaktionen

• Sperrige Silylgruppen

Die Synthese neuartiger Moleküle niedriger Koordinationszahl, ungewöhnlicher Geometrie und/oder energetisch ungünstigen Mehrfachbindungscharakters erfordert häufig den Einbau sterisch anspruchsvoller Gruppen, welche unerwünschte Folgereaktionen der Zielmoleküle blockieren. Hierzu haben sich Si-haltige Einheiten besonders bewährt, die daher an dieser Stelle für späteren Bezug kurz vorgestellt seien (*Wiberg*, 1997):

Trimethylsilyl (TMS)   Monosyl   Disyl (*Lappert*-Gruppe)   Trisyl

Supersilyl (TMS*)   Hypersilyl   Tbt (*Okazaki*-Gruppe)

Ein Vorteil des Supersilylrestes ist die besondere chemische Inertheit, die auf der Abwesenheit wanderungsfähiger Me_3Si-Gruppen beruht. Dies gilt naturgemäß auch für den Megasylrest $(Supersilyl)_2MeSi$.

• Reaktionen unter Spaltung der Si–C-Bindung

C–C- und Si–C-Bindungen sind sich energetisch sehr ähnlich [$D(C\text{–}C) = 334$, $D(Si\text{–}C) = 318$ kJ/mol]. Für Organosilane ist somit hohe thermische Stabilität zu erwarten. So setzt die **homolytische Spaltung** für Tetramethylsilan erst oberhalb 700 °C ein und Tetraphenylsilan kann bei 430 °C an Luft unzersetzt destilliert werden! Aufgrund der geringen Polarität der Si◄C-Bindung erfolgen auch **heterolytische Spaltungen** nicht bereitwillig, sie erfordern scharfe, oder zumindest der jeweiligen Situation wohlangepaßte Reaktionsbedingungen. Da der Organosilylrest formal als R_3Si^+ austritt, korreliert die Neigung zur Si–C-Spaltung in R_3SiR' mit der CH-Acidität der Stammverbindung $R'H$ (*Beispiel:* Silylalkine $R_3Si-C\equiv CR$ werden leicht desilyliert).

Die heterolytische Spaltung kann prinzipiell auf vier unterschiedliche Arten eingeleitet werden, die sich in der Natur des angreifenden Agens (Elektrophil El oder Nucleophil Nu) und im Ort des Angriffs (Si oder C) unterscheiden. Die Angabe einer allgemeingültigen Reaktivitätsabstufung wird aber dadurch erschwert, daß Substituenten an den Bindungspartnern Si bzw. C beträchtlichen Einfluß ausüben.

Wagt man dennoch eine Klassifizierung, so entspricht folgende Abstufung der **Bereitwilligkeit zur Si–C-Bindungsspaltung** am besten der Erfahrung:

I	>	II	>	III	>	IV
Si–C(Aryl)		Si–C(Aryl)		Si–C(Alkyl)		Si–C(Alkyl)
↑		↑		↑		↑

Angriff: El   Nu   El   Nu

I Am leichtesten gelingt im allgemeinen die Si–C-Spaltung an **Arylsilanen** und verwandten Verbindungen, eingeleitet durch **elektrophilen Angriff am C-Atom**. *Beispiele:*

HX = CF_3COOH, R_FSO_3H

Diese **Protodesilylierung** ähnelt mechanistisch der elektrophilen aromatischen Substitution (*Eaborn*, 1975), sie erfolgt 10^4 mal schneller als der H-Austausch an entsprechenden Si-freien Arenen. Weitere elektrophil eingeleitete Spaltungen:

II Weniger bereitwillig erfolgen Si-C-Spaltungen an **Arylsilanen**, ausgelöst durch **nucleo-philen Angriff am Si-Atom**. Dennoch hat dieser Typ gewisse praktische Bedeutung erlangt, denn er stellt einen Zugangsweg zu Carbenen und zu Carbanionen dar, der stark basische oder reduzierende Bedingungen meidet. Als Nucleophil hat sich hierbei das Fluoridion bewährt, welches besonders hohe Affinität zu Si besitzt [D(Si–F) = 565 kJ/mol, stärkste aller formalen Einfachbindungen]. Es wird meist in Form des Salzes $(n\text{-Bu})_4\text{N}^+\text{F}^-$ (*Kuwajima*, 1976) bzw. $(n\text{-Bu})_4\text{N}^+\text{HF}_2^-$ (*DiMagno*, 2005) angeboten. *Beispiel* (*Hoffmann*, 1978):

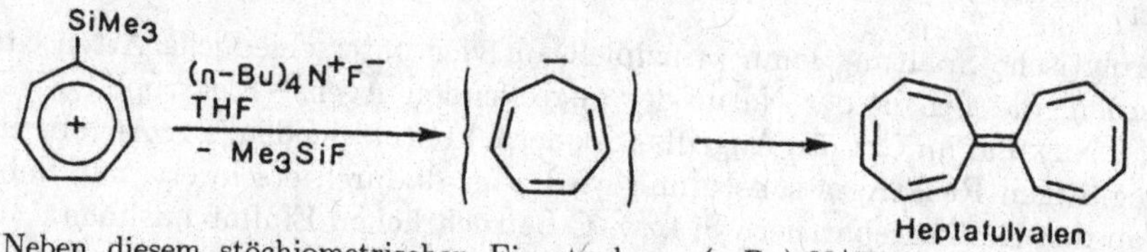

Neben diesem stöchiometrischen Einsatz kann $(n\text{-Bu})_4\text{N}^+\text{F}^-$ auch, in katalytischen Mengen angewandt, Reaktionen fördern, die über eine primäre Si–C-Spaltung verlaufen. Im folgenden Beispiel wird die intermediäre Erzeugung eines Allylcarbanions zur Synthese von Homoallylalkoholen genutzt (*Sakurai*, 1978):

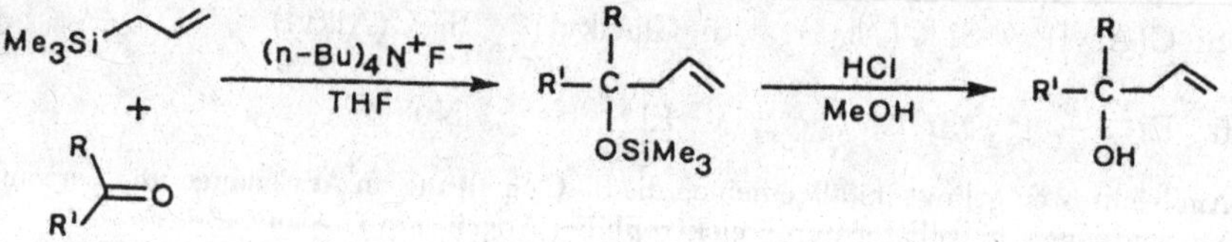

Daß hierbei nur katalytische Mengen an $(n\text{-Bu})_4\text{N}^+\text{F}^-$ benötigt werden, ist wohl dem Umsilylierungsschritt ③ zu verdanken:

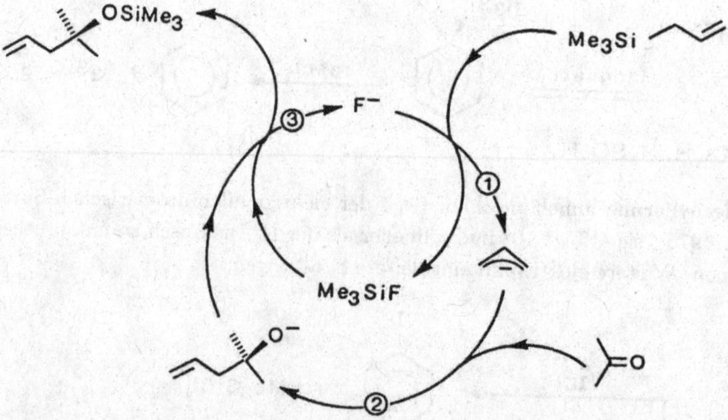

III Si–C-Spaltungen in **Alkylsilanen**, eingeleitet durch **elektrophilen Angriff am C-Atom**, erfordern die Gegenwart stark *Lewis*-saurer Katalysatoren:

$$\text{Me}_4\text{Si} + \text{HCl} \xrightarrow[\text{C}_6\text{H}_6]{\text{AlCl}_3} \text{Me}_3\text{SiCl} + \text{CH}_4$$

Eine langsame Spaltung wird allerdings auch durch konzentrierte Schwefelsäure bewirkt:

$$2\,\text{Me}_4\text{Si} \xrightarrow{\text{H}_2\text{SO}_4} (\text{Me}_3\text{Si})_2\text{O} + 2\,\text{CH}_4$$

IV Si–C-Spaltungen in **Alkylsilanen**, eingeleitet durch **nucleophilen Angriff am Si-Atom**, sind im allgemeinen langsam und werden nur durch starke Nucleophile in polaren, aprotischen Lösungsmitteln ausgelöst:

$$Me_3SiCR_3 + OR^- \xrightarrow[\text{HMPA}]{\text{langsam}} Me_3SiOR + CR_3^- \xrightarrow[\text{H}^+ \text{ aus Medium}]{\text{rasch}} HCR_3$$

HMPA = Hexamethylphosphorsäuretrisamid

In Konkurrenz zur nucleophilen Substitution kann das Organosilan auch eine Deprotonierung erfahren, denn Silylgruppen stabilisieren α-ständige Carbanionzentren gemäß:

$$\left\{ R_3Si-\overset{\ominus}{C}R_2 \longleftrightarrow R_3\overset{\ominus}{Si}=CR_2 \right\}$$

Dies ist eine $Si(d_\pi),C(p_\pi)$-Wechselwirkung, die nicht der Doppelbindungsregel unterliegt. In neueren Betrachtungen wird anstelle der Si(3d)-Orbitalen den unbesetzten σ^*-Orbitalen der Si–R-Bindungen Bedeutung als Partner in der $Si\overset{\pi}{-}C$-Bindung beigemessen (S. 136).

Die merkliche C–H-Acidität in α-Stellung zu einer Silylgruppe ist die Grundlage der **Olefinierung nach** *Petersen* (1968), einer Alternative zur *Wittig*-Reaktion:

Stereoselektive Synthesen von Alkenen nach dieser Methode scheitern im allgemeinen an der diastereoselektiven Gewinnung der entsprechenden β-Hydroxysilane.

Desilylierungen verlaufen rascher, wenn sie vom Abbau von Ringspannung begleitet sind:

oder wenn β-ständige gute Abgangsgruppen vorliegen:

$$R_3SiCH_2CH_2X \longrightarrow \left\{ R_3SiCH_2CH_2^+ X^- \right\} \xrightarrow{OH^-} R_3SiOH + C_2H_4 + X^-$$

Letzterer Reaktionstyp ist altbekannt (*Ushakov*, 1937) und in der Organosiliciumchemie weitverbreitet, was zum Begriff „**β-Effekt**" geführt hat. Es handelt sich um eine Eliminierung nach dem E_1-Mechanismus, der β-Effekt besteht hierbei in der stabilisierenden Wechselwirkung der polarisierbaren C–Si-Bindung mit einem β-ständigen unbesetzten p-Orbital des Carbeniumions:

Die beiden Varianten der Zwischenstufe **a** (Hyperkonjugation) und **b** (Bildung eines CCSi-Dreirings mit 2e3c-Bindung) unterscheiden sich energetisch nur wenig. Verglichen mit einer β–C–H-Bindung bewirkt eine β–C–Si-Bindung aber eine Stabilisierung, die je nach Natur der Gruppen R in der Größenordnung von 100 kJ/mol liegt (*Lambert*, 1999). Hieraus resultieren Beschleunigungen der Solvolyse um den Faktor $\leq 10^{12}$. β-Effekte üben auch die homologen Gruppen R_3E aus, wobei die Stärke gemäß E = Si < Ge < Sn < Pb zunimmt. Gleichgerichtet, aber wesentlich schwächer als der β-Effekt, ist der γ-Effekt. Eine α-ständige Silylgruppe wirkt hingegen Solvolyse-verlangsamend, da hier die konjugative Wechselwirkung zu energetisch ungünstigem $Si(p_\pi),C(p_\pi)$-Mehrfachbindungscharakter führt (vergl. S. 151f.):

Als praktische Anwendung des β-Effektes sei der Pflanzenwuchsstoff Alsol®, $(PhCH_2O)_2MeSiCH_2CH_2Cl$, genannt, bei dessen Hydrolyse das Pflanzenhormon Ethylen (*Schaller*, 1999) freigesetzt wird, welches die Reifung der Banane fördert.

Eine Sequenz von Si–C-Bindungsspaltungen ist auch für das dynamische Verhalten von Trimethylsilylcyclopentadien verantwortlich, welches sich im **^{1}H-NMR**-Spektrum manifestiert (*H. P. Fritz*, 1965):

$$Me_3SiCl + NaC_5H_5 \longrightarrow Me_3Si(\eta^1\text{-}C_5H_5) + NaCl$$

$\delta(^1H)$	Si–CH$_3$	H$_1$	H$_{2,5}$	H$_{3,4}$
-30 °C	0.2	3.31	6.44	6.55
+120 °C	0.2		5.75	

Zur Deutung wird eine Serie **metallotroper 1,2-Verschiebungen** angenommen ($k_{30°C}$ = 10^3 s^{-1}, E_a = 55 kJ/mol), das Molekül besitzt **fluktuierende Struktur**:

Zusätzlich läuft noch (wesentlich langsamer, relative Rate 10^{-6}) eine **prototrope 1,2-Verschiebung** ab, die zu einem Gleichgewichtsgemisch führt, dessen Zusammensetzung durch Analyse der *Diels-Alder*-Addukte ermittelt werden kann (*Ashe*, 1970):

• **Reaktionen unter Erhaltung der Si–C-Bindung**

Der relativ inerte Charakter der Si–C-Bindung bewirkt, daß die Gruppierungen $R_3Si–$ und $R_2Si\langle$ in vielen Reaktionen unangegriffen bleiben, also mehr eine Zuschauerrolle spielen. Organometallaspekte im engeren Sinne treten somit in der Chemie der Organosilylhalogenide, -hydroxide, -alkoxide, -amide etc. in den Hintergrund. Mit Ausnahme der technisch bedeutenden **Organochlorsilan-Hydrolyse** sollen daher Reaktionen von Organosilylderivaten mit Silicium-Heteroatom-Bindung der anorganischen Chemie der Hauptgruppenelemente zugewiesen und hier nur kurz gestreift werden. Auch ein anderer Aspekt der Organosiliciumchemie, die Verwendung von Resten **R₃Si als Schutzgruppen** in der organischen Synthese, sei hier nicht weiter ausgeführt.

Organosilanole und Silicone

Organochlorsilane R_nSiCl_{4-n} unterliegen bereitwilliger Hydrolyse zu den entsprechenden Silanolen $R_nSi(OH)_{4-n}$, die aber, wie auch die Kieselsäure $Si(OH)_4$ selbst, leicht Kondensationen eingehen. Im einfachsten Fall entsteht aus Trimethylchlorsilan das Hexamethyldisiloxan:

$$2\ Me_3SiCl \xrightarrow[- HCl]{H_2O} 2\ Me_3SiOH \xrightarrow{- H_2O} Me_3Si–O–SiMe_3$$

Zur Triebkraft der Hydrolyse trägt die hohe Si–O-Bindungsenergie bei [vergl.: $\bar{D}(Si–Cl) = 381\ kJ/mol$, $\bar{D}(Si–O) = 452\ kJ/mol$].

Die **Kondensationsneigung** wird durch die sterischen Verhältnisse am Silicium geprägt. Zierlich substituierte Silanole wie Me_3SiOH kondensieren so bereitwillig, daß in ihrer Synthese durch Hydrolyse von Me_3SiCl Basen wir Pyridin zugesetzt werden müssen, um gebildetes HCl, welches die Kondensation katalysiert, abzufangen. Bei der Hydrolyse sperriger Organochlorsilane wie Ph_3SiCl kann auf diese Maßnahme verzichtet werden.

Die Hydrolyse bifunktioneller Silane Me_2SiCl_2 führt zu höhermolekularen Kondensationsprodukten:

$$n\ Me_2SiCl_2 \xrightarrow[- H_2O]{H_2O} n\ Me_2Si(OH)_2 \longrightarrow (Me_2SiO)_n\ \text{Ketten und Ringe}$$

Die Bildung von Polysiloxanen, „Poly**silico**ket**onen**" $(R_2SiO)_n$, die im Gegensatz zur monomeren Natur der Ketone R_2CO steht, spiegelt die Schwäche der $\rangle Si{=}O$ $p_\pi{-}p_\pi$-Bindung wider.

Erste Siliconöle erhielt bereits *Ladenburg* (1872), Pionier der eigentlichen Silicon-chemie war *Kipping* (ab 1901). Voraussetzungen für die großtechnische Produktion von Siliconen waren die Nachfrage nach neuen Werkstoffen mit speziellen Eigen-schaften, die Klärung der Prinzipien der Polymerisation (*Staudinger*) und die Aus-arbeitung einer rationellen Synthese des Monomeren (*Rochow* und *Müller*).

Industrielle Herstellung der Monomeren

$$MeCl + Si/Cu \xrightarrow{300\ °C} Me_nSiCl_{4-n}$$

ca 9 : 1   „Direktverfahren" (*Rochow, Müller*, 1945)

Hierbei entsteht ein Gemisch verschiedener Methylchlorsilane, was aber nicht uner-wünscht ist, da diese Zwischenprodukte nach destillativer Trennung in der weiteren Verarbeitung zu Siliconen unterschiedliche Aufgaben erfüllen. Außer 5–10% Cu (in Form von Cu_2O) werden dem Si noch 0.1–1% eines elektropositiven Metalls wie Ca, Mg, Zn oder Al beigemischt. Hierdurch kann die Produkteverteilung der Spezies Me_nSiCl_{4-n} beeinflußt werden. Zusätze von 0.001–0.005% As, Sb oder Bi als „Pro-motor" steigern die Reaktionsgeschwindigkeit. Ein Nachteil des Direktverfahrens ist die energieaufwändige Reduktion von SiO_2 zu Si, die der oxidativen Addition von RCl vorgelagert ist.

In einem groben Bild vom **Mechanismus des Direktverfahrens** nimmt man eine negative Polarisierung des Siliciums in Richtung auf ein Kupfersilicid an (μ-Cu_3Si, *Falconer*, 1985). Si wäre dann leichter elektrophil angreifbar:

Neuere Untersuchungen haben Hinweise auf Silylen(R_2Si)-Zwischenstufen im Verlauf des Direktverfahrens erbracht (*Ono*, 1997).

Eine andere Vorstellung geht davon aus, daß die Si-Oberfläche durch CuCl oxidiert wird, wel-ches seinerseits aus Cu und CH_3Cl entsteht. Mit diesem Redoxaspekt steht in Einklang, daß für die Katalyse Cu **und** Cu_2O erforderlich sind (*Falconer*, 1994). Schließlich ist auch angenommen worden, daß sich intermediär Methylkupfer CH_3Cu bildet, welches an der Oberfläche zu Cu und Methylradikalen zerfällt, die dann mit Silicium reagieren. Die heterogene Natur der Reaktion und die große Zahl beteiligter Komponenten erschweren das mechanistische Studium des *Müller-Rochow*-Verfahrens außerordentlich.

Die gezielte Herstellung von Silicon-Halbfertigprodukten erfolgt durch Organochlor-silan-Hydrolyse und thermische Nachbehandlung in Gegenwart katalytischer Men-gen von H_2SO_4, gegebenenfalls unter Zusatz bestimmter Vernetzungsreagenzien.

Das Direktverfahren liefert ein Rohsilangemisch, in dem Me_2SiCl_2 (1.4 MJato) bei weitem überwiegt. Aber auch die Nebenprodukte spielen in der Polykondensation eine nützliche Rolle:

Me$_2$SiCl$_2$	MeHSiCl$_2$	MeSiCl$_3$	SiCl$_4$	Me$_3$SiCl	Disilane
ca. 80%	3%	8%	1%	3%	5%

$$\underset{\text{Ketten}}{-O-\underset{\underset{Me}{|}}{\overset{\overset{Me}{|}}{Si}}-O-} \qquad \underset{\text{Verzweigung}}{-O-\underset{\underset{O}{|}}{\overset{\overset{Me}{|}}{Si}}-O-} \qquad \underset{\text{Vernetzung}}{-O-\underset{\underset{O}{|}}{\overset{\overset{O}{|}}{Si}}-O-} \qquad \underset{\text{Kettenabbruch}}{-O-\underset{\underset{Me}{|}}{\overset{\overset{Me}{|}}{Si}}-Me}$$

Die Nachbehandlung dient der Einstellung gewünschter Kettenlängen:

$$Me_2SiCl_2 \xrightarrow[\text{Kondensation}]{\text{Hydrolyse}} \underset{\text{Ringe}}{(Me_2SiO)_m} + \underset{\text{Ketten}}{HO-SiMe_2-(OSiMe_2)_n^{\nearrow OH}}$$

$$\downarrow H_2SO_4 \quad \Delta T$$

$$HO-SiMe_2-(OSiMe_2)_{m+n}^{\nearrow OH}$$

$$Me_3SiCl \xrightarrow[\text{Kondensation}]{\text{Hydrolyse}} Me_3Si^{\diagdown O}{}_{\diagdown SiMe_3}$$

$$Me_3SiO-SiMe_2-(OSiMe_2)_{m+n}^{\nearrow OSiMe_3}$$

Nachträgliche Vernetzung läßt sich auf verschiedene Arten erzielen:

DBPO = Dibenzoylperoxid

Je nach Aufbau des Siloxangerüstes entstehen auf diese Weise **Siliconöle, -elastome-re und -harze**. Aufgrund ihrer hervorragenden Eigenschaften sind Silicone aus kaum einem Bereich der modernen Technik mehr wegzudenken. Zu ihren Vorzügen zählen ausgezeichnete thermische Beständigkeit und Korrosionsfestigkeit, geringe Temperaturabhängigkeit der Viskosität, gute dielektrische Eigenschaften, schaumdämpfende und wasserabweisende Wirkung sowie physiologische Unbedenklichkeit (Anwendungen in der kosmetischen Chirurgie). Letzterer Aspekt wird aber neuerdings in Frage gestellt.

Die besonderen **Materialeigenschaften** der Silicone lassen sich auf die Eigenart der **Si–O–Si––(Siloxan)**-Bindung zurückführen. Die hohe **Flexibilität** von $(-Me_2SiO-)_n$-Ketten deutet auf geringe Barrieren der konformativen Umwandlungen hin. Dies läßt sich an den Rotationsbarrieren um die E–C-Achse in Verbindungen $(CH_3)_4E$ demonstrieren:

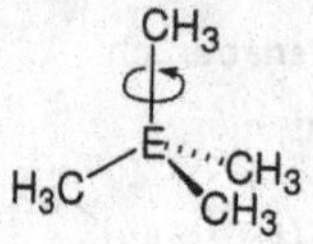

E:	C	Si	Ge	Sn	Pb
Rot.Bar.:	18	7	1.5	0	0 kJ/mol
d(E-C):	154	188	194	216	230 pm

Zur Flexibilität trägt auch die geringe Energie der **Si–O–Si-Biegeschwingung** bei:

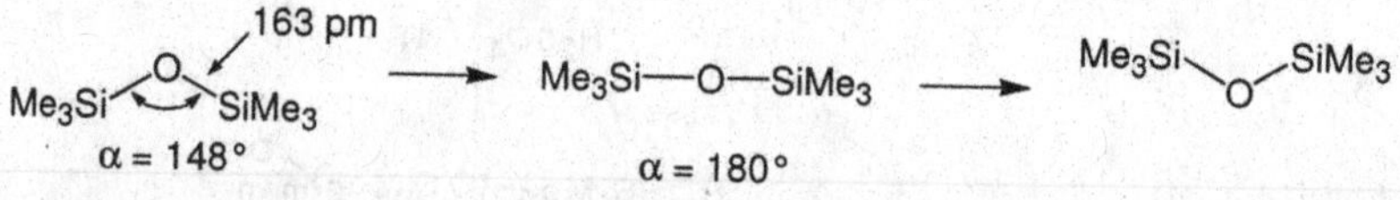

$$Me_3Si \overset{163\ pm}{\underset{\alpha\,=\,148°}{\diagup O \diagdown} SiMe_3} \longrightarrow Me_3Si—O—SiMe_3 \longrightarrow Me_3Si \diagdown_O\diagup SiMe_3$$

$$\alpha = 180°$$

Die Potentialkurve der Biegeschwingung zeigt im Bereich $140° < \alpha < 220°$ einen flachen Verlauf, der lineare Übergangszustand der Inversion $(\alpha = 180°)$ liegt nur etwa 1 kJ/mol über dem gewinkelten Grundzustand.

In diesem Zusammenhang ist erwähnenswert, daß Hexaphenyldisiloxan $Ph_3Si-O-SiPh_3$ bereits im Grundzustand eine lineare Anordnung Si–O–Si aufweist. Für die leichte Erreichbarkeit der linearen Anordnung Si–O–Si könnte die Maximierung des $O(p_\pi)\rightarrow Si(d_\pi)$- bzw. $O(p_\pi)\rightarrow Si-C(\sigma^*)$Bindungsanteils verantwortlich sein (*Jorgensen*, 1990).

Für den **kleinen Temperaturkoeffizienten der Viskosität**, der Siliconöle zu Schmierstoffen für extreme Temperaturintervalle macht, sind offenbar zwei gegenläufige Effekte verantwortlich:

Siloxanketten neigen zur Bildung von Helices mit intramolekularer Wechselwirkung der polaren Si–O-Einheiten. Bei Temperaturerhöhung öffnen sich die Helices, und der normalen Temperaturabhängigkeit der Viskosität (η sinkt mit steigendem T) wird durch zunehmende intermolekulare Wechselwirkung der ungeordneten Ketten entgegengewirkt.

Anwendungstechnisch wichtige Grenzflächeneffekte, die von Siliconen ausgehen, beruhen auf der Polarität des Si–O–Si-Segmentes und dem hydrophoben Charakter der an Si fixierten Alkylreste. Die Imprägnierung von Textilfasern durch Silicone sowie ihr Einsatz als Formentrennmittel in der Reifenproduktion mögen als Beispiele dienen.

Andere Verbindungen mit Baugruppen $-R_2Si-E-$ (E = S, N)

Neben den Siloxanen existieren in großer Zahl ketten- und ringförmige Verbindungen, die neben Organosilyleinheiten ($-SiR_2-$) andere Hauptgruppenelemente enthalten, deren Eigenschaften aber nicht dominant durch die elementorganischen Bausteine geprägt werden. Es seien daher nur einige repräsentative Beispiele angeführt.

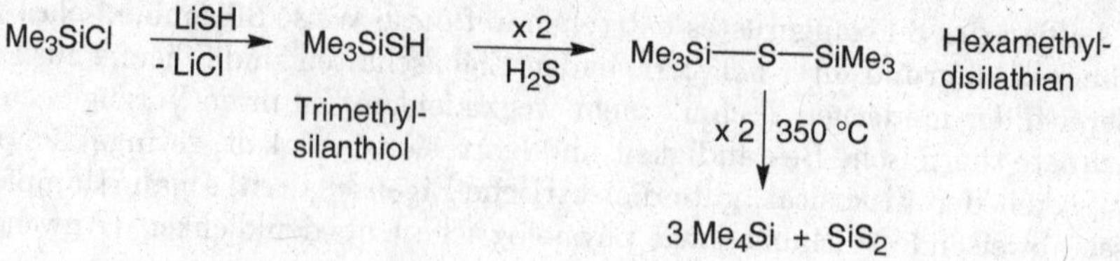

$$Me_3SiCl \xrightarrow[\text{- LiCl}]{\text{LiSH}} Me_3SiSH \xrightarrow[\text{H}_2\text{S}]{\text{x 2}} Me_3Si—S—SiMe_3 \quad \text{Hexamethyl-disilathian}$$

Trimethyl-silanthiol

$$x\ 2 \downarrow 350\ °C$$

$$3\ Me_4Si + SiS_2$$

$$3\ Me_2SiCl_2\ +\ 3\ H_2S\ +\ 6\ C_5H_5N \xrightarrow{-\ pyHCl}$$

Me₂Si ring structure: Hexamethylcyclotrisilathian

$$\xrightarrow{200\ °C}$$ planar

Die Si–S-Bindung in diesen Molekülen ist thermisch recht stabil, wird jedoch, im Gegensatz zur Si–O-Bindung, hydrolytisch leicht gespalten. Besonders umfangreich ist das Gebiet der **Organosilicium-Stickstoff**-Chemie. Charakteristisch für $-R_2Si-NR-$, verglichen mit $-R_2Si-O-$Einheiten, ist die Bevorzugung cyclischer gegenüber linearer Oligomerstrukturen und die bereitwillige hydrolytische Spaltung der Si–N-Bindung.

$$Me_3SiCl \xrightarrow[-\ NH_4Cl]{NH_3} Me_3SiNH_2 \xrightarrow[-\ NH_3]{100\ °C,\ x\ 2} Me_3Si-NH-SiMe_3$$

Hexamethyldisilazan

$$Me_3SiCl \xrightarrow[-\ NH_3,\ -\ NH_4Cl,\ -\ NaCl]{NaNH_2,\ C_6H_6,\ \Delta} (Me_3Si)_2NNa \quad \xleftarrow[NaH]{-\ H_2}$$

$$(Me_3Si)_2NNa \xrightarrow{MX_2} [(Me_3Si)_2N]_2M$$

Das sperrige **Bis(trimethylsilyl)amid**-Anion $(Me_3Si)_2N^-$ wird eingesetzt, wenn es gilt, niedrige Koordinationszahlen zu stabilisieren. So besitzt z.B. das Cobaltatom in $[Me_3Si)_2N]_2Co$ die Koordinationszahl 2, der niedrige Schmelzpunkt (Fp.: 73 °C) weist auf ein Molekülgitter hin. Lineare **Organopolysilazane** $(-R_2Si-NR-)_n$ sind nur schwierig darstellbar, da die Tendenz zur Bildung von Cyclosilazanen dominiert, wobei Sechsringe besonders begünstigt sind:

$$3\ Me_2SiCl_2\ +\ 9\ RNH_2 \xrightarrow{-\ 6\ RNH_3Cl}$$

R = H, Alkyl, Aryl

ein Cyclotrisilazan

Organosilylderivate des Hydrazins weisen unerwartete Isomerisierungen auf. Obwohl im Falle des Bis(trimethylsilyl)hydrazins aus sterischen Gründen das 1,2-Isomere bevorzugt sein sollte, setzt sich dieses über eine basenkatalysierte **dyotrope Umlagerung** mit dem 1,1-Isomeren ins Gleichgewicht (*West*, 1969):

$$2\ Me_3SiCl\ +\ 3\ N_2H_4 \xrightarrow{-\ 2\ N_2H_5Cl} Me_3SiNH-NHSiMe_3$$

$$+\ H^+ \Big\updownarrow -\ H^+$$

$$(Me_3Si)_2N-NH_2 \underset{-\ H^+}{\overset{+\ H^+}{\rightleftharpoons}} \left\{ Me_3SiN\underset{Si Me_3}{\overset{H}{\cdots}}N^{\ominus} \right\}$$

Diese Wanderungstendenz ist eine typische Eigenschaft der R_3Si-Gruppe. Allgemeiner spricht man von **Silatropie** als dem Bestreben von Silylgruppen, in einem Molekül an das Atom mit der höchsten negativen Partialladung zu wandern.

8.1.2 Si-Organyle der Koordinationszahlen 3, 2 und 1 und deren Folgeprodukte

Unter diesen Titel fallen folgende Klassen:

R_2Si	$R_2C{=}SiR_2$	$R_2Si{=}SiR_2$	R_3Si^-
Silylen	Silen	Disilen	Silylanion
RSi	$RC{\equiv}SiR$	$RSi{\equiv}SiR$	$R_3Si^{\cdot}$
Silylidin	Silin	Disilin	Silylradikal
			R_3Si^+
			Silyliumion

Folgeprodukte höherer Koordinationszahl am Si-Atom, die in engem Zusammenhang mit diesen Teilchen stehen, sind die Polysilylene (Organopolysilane), die Carbosilane sowie die Basenaddukte der Silyleniumionen.

Die Teilchen R_2E (E = Si, Ge, Sn, Pb) sind als substituierte Homologe des Methylens zu betrachten. Sie enthalten die Elemente der Gruppe 14 in der Oxidationsstufe E^{II}, deren Stabilität mit steigender Ordnungszahl zunimmt.

Bei den Organoderivaten handelt es sich durchweg um kurzlebige Zwischenstufen, die monomer nur unter speziellen Bedingungen studiert werden können (R = Alkyl, Aryl):

R_2C	R_2Si	R_2Ge	R_2Sn	R_2Pb
Methylen	Silylen	Germylen	Stannylen	Plumbylen

Der Nachweis für ihr intermediäres Auftreten ist über eine Analyse der Oligomerisierungs- bzw. Abfangprodukte sowie mittels Spektroskopie in Matrixisolation zu führen.

Silylene und Polysilylene (Organopolysilane)

Die Enthalogenierung von Organochlorsilanen führt zu **Organopolysilanen**, bei deren Bildung Silylen-Zwischenstufen anzunehmen sind.

Polymerisationsgrad und Verhältnis linear/cyclisch sind abhängig von den jeweiligen Reaktionsbedingungen. *Beispiele:*

$$Me_2SiCl_2 \xrightarrow{\text{Na/K}} (Me_2Si)_n + Me(Me_2Si)_mMe$$

Ringe, n = 5,6,7
Ketten, m ⩽ 100

$$3\ Ar_2SiCl_2 \xrightarrow{\text{Li, } C_{10}H_8} (Ar_2Si)_3$$

$$n\ Me_2SiCl_2 + 2\ Me_3SiCl \xrightarrow{\text{Na/K}} Me_3Si(SiMe_2)_nSiMe_3$$

Ketten, 1 < n < 24

Größere Reste R erhöhen die Löslichkeit der Polymeren in organischen Solvenzien. Aus den Organocyclosilanen lassen sich **Silylene** freisetzen und durch Folgereaktionen nachweisen (*Kumada*, 1981):

$(Me_2Si)_6$ $\xrightarrow[\text{77 K}]{h\nu/254\ nm}$

$\xrightarrow[- C_6H_6]{\Delta T\ oder\ h\nu}$

Silanorbornadien

$Me_2C=CMe_2$ Addition

Siliran
Me_2C-CMe_2
Si
Me_2

$\underset{Me}{\overset{Me}{\diagdown}}Si:$ Silylen

Polymeri-sation → $1/n\ (Me_2Si)_n$

R_3SiOR Insertion → $R_3SiSiMe_2OR$

In Zusammenhang mit der Reaktivität der Carbene und ihrer Homologen interessieren deren **Molekül- und Elektronenstrukturen** sowie die zugehörigen Spinzustände. Experimentell wird für Me_2C ein Triplett-Grundzustand (2 ungepaarte Elektronen), für Me_2Si, Me_2Ge, Me_2Sn hingegen ein Singulett-Grundzustand (0 ungepaarte Elektronen) gefunden. Während der Bindungswinkel in CH_2 bei etwa 140° liegt (EPR), beträgt er für SiH_2 nur 92° (IR, Raman; UV).

Die unterschiedlichen magnetischen und strukturellen Eigenschaften von CH_2 und SiH_2 lassen sich mittels unterschiedlicher Hybridisierungsverhältnisse deuten. In SiH_2 werden $Si(3p_x)$- und $(3p_y)$-Orbitale (90°) für die Si–H-Bindungen benützt, die beiden nichtbindenden Elektronen besetzen spingepaart das $Si(3s)$-Orbital und $Si(3p_z)$ bleibt unbesetzt. Im CH_2-Molekül hingegen dienen offenbar zwei $C(2s,2p)$-Hybridorbitale der Bildung der C–H-Bindungen, denn der Winkel H–C–H (140°) liegt zwischen 120° (erwartet für sp^2) und 180° (erwartet für sp). Die beiden anderen $C(2s,2p)$-Hybridorbitale nehmen dann zwei Elektronen mit parallelem Spin auf. Der tiefere Grund für diesen Unterschied liegt in der zunehmenden energetischen Separierung und Unterschieden in der Radialverteilung von ns- und np-Orbitalen beim Übergang auf schwerere Elemente einer Gruppe, welche die Beteiligung von s-Elektronen an σ-Bindungen zunehmend ungünstig werden läßt (Grenzfall: „inertes s-Elektronenpaar").

Vereinfachte Darstellung der Struktur- und Grenzorbital (HOMO, LUMO)-Verhältnisse für Methylen und Silylen

In verfeinerten Betrachtungen der Spezies ER_2 sind auch die elektronischen und sterischen Eigenschaften der Reste R zu berücksichtigen.

MO-Rechnungen (*Schleyer*, 1986) liefern für die HOMO/LUMO-Energiedifferenz die Werte 113 (CH_2) und 216 (SiH_2) kJ/mol^{-1}. Somit bevorzugt Methylen die high-spin-Form (Triplet), Silylen hingegen die low-spin-Form (Singulett), weil für SiH_2 die HOMO/LUMO-Aufspaltung größer ist als die Spinpaarungsenergie.

Ein Silylen besonderer Art ist die Verbindung $(C_5Me_5)_2Si$ (*Jutzi*, 1989):

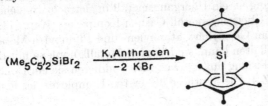

$(Me_5C_5)_2SiBr_2$ $\xrightarrow[-2\ KBr]{K,Anthracen}$

Dieses thermisch stabile aber sehr luftempfindliche Molekül zeigt den Aufbau eines axial-symmetrischen Metallocens („**Decamethylsilicocen**"). Die Elementarzelle enthält neben dem axialsymmetrische noch ein gewinkeltes Strukturisomeres.

Die **cyclischen Organopolysilane** $(R_2Si)_n$ besitzen einfach gefaltete (n = 4, 5) bzw. doppelt gefaltete (n = 6) Strukturen. Unerwartet sind die **elektronischen Eigenschaften**:

- In UV-Spektren von Alkanen treten Absorptionsbanden nur für $\lambda < 160$ nm auf. Polysilane hingegen absorbieren stark bathochrom verschoben in Bereichen bis $\lambda \leq 350$ nm (*Gilman*, 1964).

- Cyclosilane $(R_2Si)_n$, n = 3–6, können, im Gegensatz zu Cycloalkanen $(R_2C)_n$, zu Radikalanionen reduziert und zu Radikalkationen oxidiert EPR-spektroskopisch studiert werden (*Bock*, 1979).

- Organopolysilane weisen nach Dotierung mit AsF_5 Halbleitereigenschaften auf (*West*, 1986).

Während die C-Atome in Alkanen wegen der energetischen Ähnlichkeit und Ausdehnung der C(2s)- und C(2p)-AO perfekt sp^3-hybridisiert sind und in der Kette lokalisierte 2e2c-Bindungen ausbilden, führt die geringere Neigung der Si(3s)-Orbitale, mit Si(3p)-Orbitalen Hybride zu bilden, in Polysilanen zu Mehrzentrenbindungen höheren Si(3p)-Anteils, die sich über die ganze Kette erstrecken. Grob vereinfacht kann man der $(R_2Si)_n$-Kette einen gewissen eindimensionalen metallischen Charakter zusprechen, was die oben aufgeführten Befunde qualitativ erklären würde (*Schoeller*, 1987).

Für Organopolysilane zeichnen sich interessante Perspektiven der technischen Anwendung ab (*West*, 1986). Hierzu zählen ihr Einsatz als Photoinitiatoren für die Vinylpolymerisation und als photoempfindlicher, O_2-resistenter Lack in der Lithographie. Außerdem erweisen sie sich als geeignet zur Herstellung **keramischer Fasern** aus β-**Siliciumcarbid**. Intermediär gebildete präkeramische Polycarbosilane (MW $\approx$ 8000) lassen sich aus der Schmelze zu Fasern verspinnen, die anschließend in zwei Stufen thermisch in β-SiC, ein Material höchster Zugfestigkeit, umgewandelt werden (*Yajima*, 1975):

Neben der Addition, der Polymerisation und der Insertion ist als weitere **carbenanaloge Reaktion für R_2Si** die Bindung an ein Übergangsmetall in Betracht zu ziehen. Während aber das Gebiet der Übergangsmetall-Carben-Komplexe (Kap. 14.2) bereits hoch entwickelt ist und man Germylen-, Stannylen- und Plumbylen-Metallkomplexe vergleichsweise leicht erhalten kann, sind **Silylen-Metallkomplexe** mit der Koordinationszahl 3 am Si-Atom bislang äußerst rar. Meist addieren sie ein Donormolekül unter Erweiterung auf KZ 4. Die Synthese des ersten Komplexes der Form $L_nM{=}SiR_2$ gelang *Tilley* (1998).

$$Pt(PR_3)_2 + (Me_3Si)_2SiMes_2 \xrightarrow[- Me_3SiSiMe_3]{hv, Hexan} \begin{matrix} R_3P & & Mes \\ & Pt{=}Si & \\ R_3P & 221 & Mes \end{matrix}$$

$$R = i\text{-}Pr, Cy$$

Die bislang kürzeste Pt–Si-Bindungslänge in diesem planaren Silylenkomplex unterschreitet die der Pt–Si-Einfachbindung nur um 6%. Alkoholyse liefert $Pt(PR_3)_2$ und das Siloxan $Mes_2Si(OR)H$.

Ein Komplex mit zwei Silylen-Brückenliganden entsteht in unerwarteter Reaktion (*Weiss*, 1973):

$$2\ (\eta^5\text{-}C_5H_5)_2TiCl_2 \xrightarrow[DME]{H_3SiK} (\eta^5\text{-}C_5H_5)_2Ti \begin{matrix} H_2 \\ Si \\ \diagdown \\ Si \\ H_2 \end{matrix} Ti(\eta^5\text{-}C_5H_5)_2$$

Der μ-Silylen-Brückenligand ist allerdings als zweifach metallsubstituiertes Silan, also ein Molekül mit Si^{IV}, aufzufassen. Dies mag der Grund für die, verglichen mit terminalem Silylen, leichtere Zugänglichkeit von μ-R_2Si-Komplexen sein.

Moleküle mit Si=E-(p_π-p_π)-Bindung

Zahlreiche Ausnahmen von der klassischen **Doppelbindungsregel** („Elemente ab der dritten Periode bilden keine unter Normalbedingungen stabilen Verbindungen mit p_π-p_π-Bindung") haben Versuche provoziert, das Element Si in Wechselwirkungen des Typs $>Si{=}C<$ (Silen) bzw. $>Si{=}Si<$ (Disilen) einzubringen. $>Si{=}C<$-(p_π-p_π)-Bindungen wurden zunächst für reaktive Zwischenstufen formuliert. So konnte ein Silenderivat in einer Argon-Matrix bei 10 K spektroskopisch charakterisiert werden (*Guselnikow*, 1966):

$$\begin{matrix} H_2C{-}Si(CH_3)_2 \\ | \qquad | \\ H_2C{-}CH_2 \end{matrix} \xrightarrow[\text{Pyrolyse}]{600\ °C} \begin{matrix} CH_2 \\ \| \\ CH_2 \end{matrix} + \left\{ \begin{matrix} Si(CH_3)_2 \\ \| \\ CH_2 \end{matrix} \right\}$$

Silacyclobutan   Silen

Bei der Pyrolyse von Tetramethylsilan entsteht über intermediäre Silene ein kompliziertes Gemisch von **Carbosilanen** (*G. Fritz*, 1987):

$$(CH_3)_4Si \xrightarrow[700\ °C]{1\ min} CH_4 + \{(H_3C)_2Si{=}CH_2\} \longrightarrow {-}\underset{\underset{CH_3}{|}}{\overset{\overset{CH_3}{|}}{Si}}{-}CH_2{-}\underset{\underset{CH_3}{|}}{\overset{\overset{CH_3}{|}}{Si}}{-}CH_2{-}\Big/n$$

Der Anteil cyclischer Carbosilane beträgt etwa 15%.

$$\begin{matrix} H_2C{-}SiMe_2 \\ | \qquad | \\ Me_2Si{-}CH_2 \end{matrix} \qquad \begin{matrix} H_2C{-}SiMe_2 \\ Me_2Si \qquad CH_2 \\ H_2C{-}SiMe_2 \end{matrix}$$

Auch durch Salzeliminierung bilden sich Silene, die zu Cyclo-Carbosilanen weiterreagieren (*Wiberg*, 1977):

$$Me_2Si\text{---}C(SiMe_3)_2 \xrightarrow[- 50\ °C]{- LiOTs} Me_2Si{=}C(SiMe_3)_2$$

$$\big|\ OTs\quad Li$$

Ts = Tosylat

$$\downarrow \times 2$$

$$Me_2Si\text{---}C(SiMe_3)_2$$
$$(Me_3Si)_2C\text{---}SiMe_2$$

Eine bequeme Methode zur Erzeugung niedrig- bzw. unsubstituierten Silens bedient sich der Retrodienspaltung eines Silabicyclo[2.2.2]octadiens (*Barton*, 1972; *Maier*, 1981):

$$\xrightarrow[- C_6H_4(CF_3)_2]{\substack{1.\ 650\ °C \\ 10^{-5}\ mbar}} \quad \Big|\ 2.\ \text{Matrix-} \atop \text{isolation 10 K}$$

$$\underset{H\quad CH_3}{\overset{\bullet\bullet}{Si}} \xrightleftharpoons[h\nu > 320\ nm]{h\nu\ 254\ nm} H_2Si{=}CH_2 \xrightarrow[\times 2]{T > 35\ K} \begin{array}{c} H_2C\text{---}SiH_2 \\ H_2Si\text{---}CH_2 \end{array}$$

Die Isomeren Methylsilylen und Silen besitzen offenbar ähnliche Energie, ganz im Gegensatz zu den Kohlenstoffanaloga, für die die Carbenform energetisch beträchtlich höher liegt als die Ethylenform.

Die „Stabilisierung" eines Silens durch Koordination an ein Übergangsmetall gelang *Tilley* (1988). In Einklang mit gängigen Bindungsvorstellungen (S. 370f.) ist die Si=C-Bindung hier, verglichen mit nachfolgendem Beispiel, geringfügig aufgeweitet.

Das erste bei Raumtemperatur handhabbare Silen stellte *Brook* (1981) dar:

$$(Me_3Si)_3Si\text{---}\underset{R}{\overset{O}{C}} \xrightarrow{h\nu} \underset{Me_3Si}{\overset{Me_3Si}{\diagdown}}Si{=}\underset{R}{\overset{OSiMe_3}{C}}$$

R = Adamantyl   176 pm

Sperrige Trimethylsilyl- und Adamantylreste blockieren die Dimerisierung bzw. die Polymerisation dieses Silens zu Carbosilanen.

Die Grenzstruktur **a** scheint großes Gewicht zu besitzen, denn nach ^{1}H-NMR-Befunden besteht keine freie Drehbarkeit um die zentrale Si–C-Bindung. Aus den ^{13}C-NMR-Spektren kann auf einen gewissen Beitrag von **b** und **c** geschlossen werden (Ähnlichkeit mit ^{13}C-Verschiebungen in Carbenkomplexen). Die starke Entschirmung des C-Atoms spricht gegen die Beteiligung der Silyl–Ylid Grenzstruktur **d**.

Keinesfalls wird durch die Isolierung spezieller Moleküle mit Hauptgruppenelement-Mehrfachbindungen E=X bzw. E≡X (E = Element der dritten oder einer höheren Reihe) die „Doppelbindungsregel" außer Kraft gesetzt! Vielmehr zeigen die sterischen Erfordernisse, derer es hierzu bedarf, gerade, daß die Regel nach wie vor Gültigkeit besitzt, wenn auch in leicht modifizierter Form: „Hauptgruppenelemente der dritten und höherer Reihen bevorzugen die Ausbildung einer maximalen Anzahl von Einfachbindungen gegenüber einer begrenzten Zahl von p_π-p_π-Mehrfachbindungen". In den an dieser Stelle und nachfolgend beschriebenen Mehrfachbindungssystemen wird durch Einbau sterischer Hinderung lediglich Metastabilität erzeugt, d.h. das natürliche Bestreben des Abbaus von p_π-p_π-Mehrfachbindungen zugunsten von Einfachbindungen blockiert („kinetische Stabilisierung").

Eng verwandt mit dem Silenproblem ist der Einbau von Si in aromatische Heterocyclen. Für das fiktive Hexasilabenzol Si_6H_6 sagen quantenchemische Rechnungen eine aromatische Stabilisierungsenergie vom halben Betrag der Benzolstabilisierung voraus. Anders als für Benzol C_6H_6 bildet für Si_6H_6 allerdings die gesättigte Hexasilaprismanstruktur das globale Energieminium (*Nagase*, 1985).

$$\Delta H_{ber.} = -40 \text{ kJ mol}^{-1}$$

Ein Hexasilaprismanderivat ist übrigens präparativ zugänglich: entchlorierende Kupplung von $RSiCl_2SiCl_2R$ mit $Mg/MgBr_2$ in THF liefert das luftstabile Produkt R_6Si_6, R = 2,4-Diisopropylphenyl (*Sakurai*, 1993).

Bei Variation der Reagenzien führt die Kupplung zu einem Derivat des *tetrahedro*-Tetrasilans (*Wiberg*, 1993):

Auch ein *hexahedro*-Octasilan R_8Si_8 kubischer Struktur konnte dargestellt werden (*Matsumoto*, 1988). All diese $(RSi)_n$-Cluster sind als Oligomere von Silylidineinheiten RSi:, Analoga der Carbine RC:, aufzufassen. Während aber in der Kohlenstoffchemie die Oligomerisierung zu Alkinen, Oligoolefinen und Arenen führt, wird in der Chemie der höheren Homologen Si, Ge, Sn die Ausbildung von homonuklearen Mehrfachbindungen umgangen, und es entstehen Käfige und Cluster mit Element-Element-Einfachbindungen. Der Aufbau beträchtlicher Ringspannung wird hierbei in Kauf genommen.

Bereits der einfache Einbau einer Silylidineinheit in den Benzolring bereitet Schwierigkeiten. **Silabenzol** C_5SiH_6 läßt sich durch Blitzthermolyse erzeugen und in der Gasphase (*Bock*, 1980) sowie in Matrixisolation studieren (*G. Maier*, 1982):

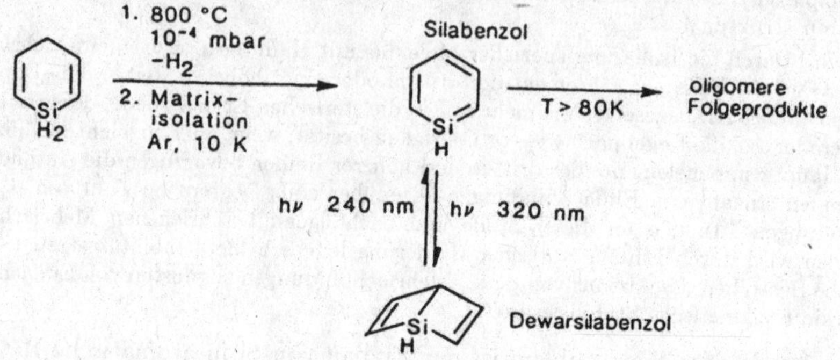

Das UV-Spektrum weist Silabenzol als schwach donorgestörten Aromaten aus. Thermisch robustere Silabenzolderivate erfordern eine aufwendige, sterisch schützende Verpackung. Nur bis −100 °C stabil ist 1,4-Di-*t*-butyl-2,6-bis(trimethylslyl)silabenzol. Im bei Raumtemperatur haltbaren Silabenzolderivat C_5H_5Si–Tbt ist die Schutzgruppe viermal so schwer wie der zu schützende Heterocyclus:

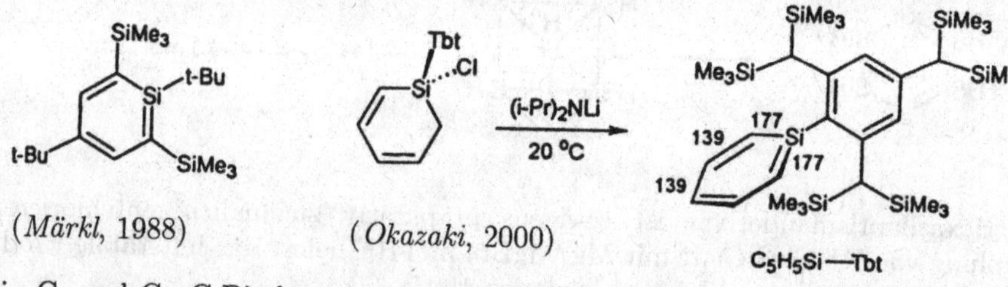

(*Märkl*, 1988)　　(*Okazaki*, 2000)

Die $Si\!\doteq\!C$- und $C\!\doteq\!C$-Bindungslängen, die Tieffeldverschiebung im ^1H-NMR-Spektrum und das UV-Spektrum lassen auf ein delokalisiertes 6π-Elektronensystem im Silabenzol schließen. In Analogie zur bereitwilligen Bildung des aromatischen Anions $C_5H_5^-$ aus C_5H_6 erscheint auch die Deprotonierung von **Silacyclopentadien** (**Silol**) C_4SiH_6 zum Anion $C_4SiH_5^-$ günstig. Die hohe Reaktivität des Grundkörpers Silacyclopentadien stellte sich der Umsetzung dieser Vorstellung jedoch entgegen. Während hochsubstituierte Silole einfach zugänglich und gut charakterisierbar sind,

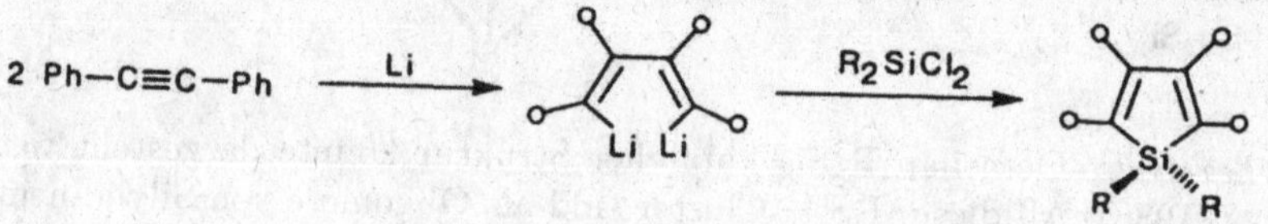

(*Curtis*, 1969)

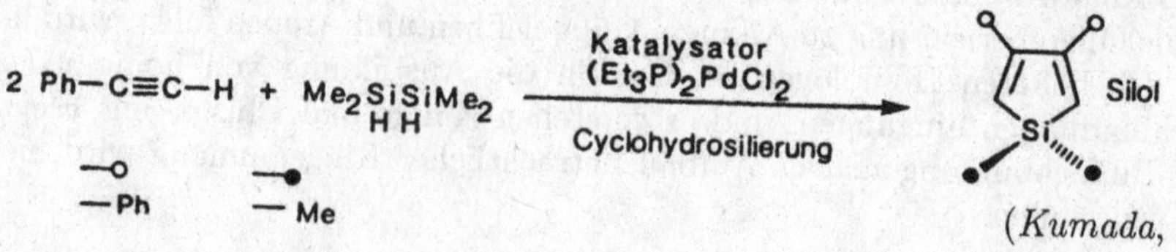

(*Kumada*, 1975)

neigen niedrig substituierte Silole, die noch Si–H-Bindungen enthalten, zu Folge-reaktionen wie der Bildung von *Diels-Alder*-Dimeren (*Barton*, 1979):

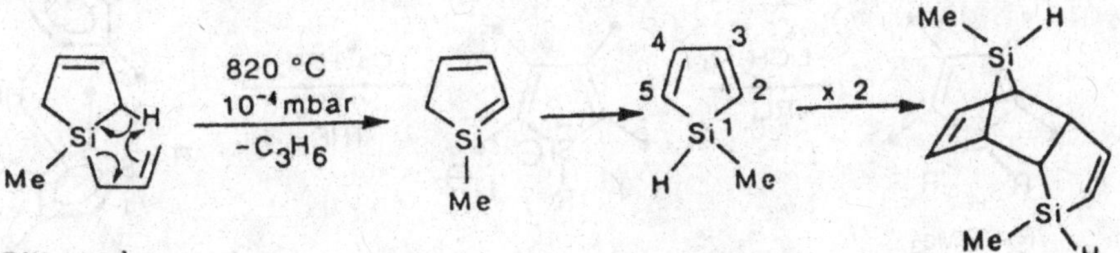

Blitzpyrolyse

In den Fällen, in denen monomere Silole strukturanalytisch charakterisiert werden konnten, sprechen die Daten für *geringfügige Konjugation im Fünfring*: Die C–C-Bindungslängen von 147 und 134 pm in 1,1-Dimethyl-2,5-diphenylsilol ähneln denen isolierter Einfach- bzw. Doppelbindungen. ^{1}H-NMR-Spektren lassen keine Ring-stromeffekte erkennen, da Silol(4πe) – im Gegensatz zu den Heterolen Pyrrol und Thiophen(6πe) – als nichtaromatisch zu betrachten ist (*Dubac*, 1990).

Silolylanionen $C_4SiH_5^-$ sind bislang nur in hochsubstituierter Form zugänglich:

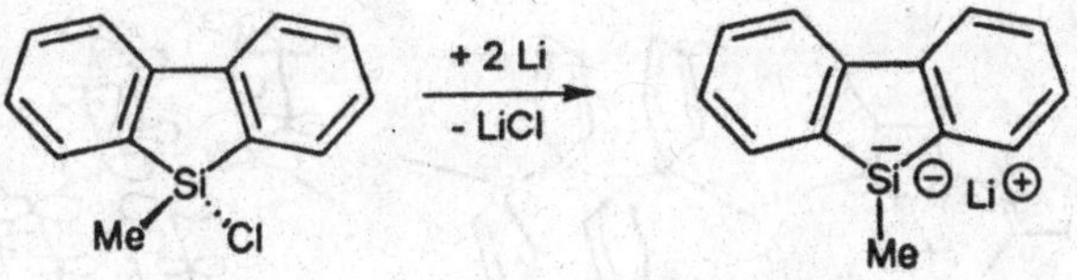

(*Gilman*, 1958)

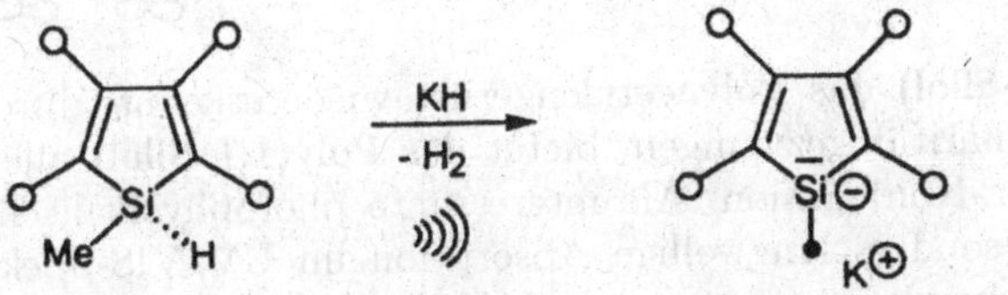

(*Boudjouk*, 1984)

Dies ist bedauerlich, da man sich von ergiebigen Synthesen niedrig substituierter Silolylanionen einen Einstieg in die Sila-Metallocenchemie erhoffte. Übergangsme-tallkomplexe mit η^1- und η^4-gebundenen Silolringen sind schon länger bekannt:

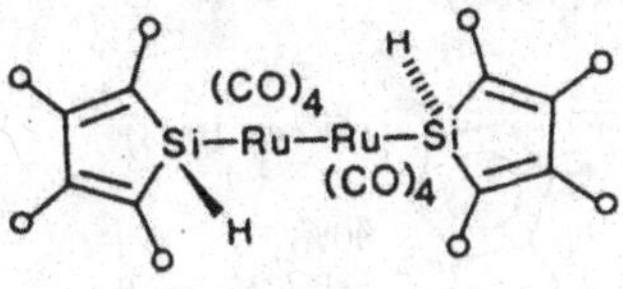

(*Abel*, 1976) 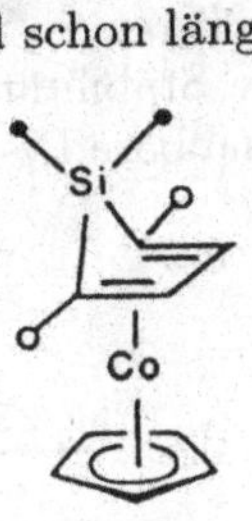   (*Sakurai*, 1973)

Neueren Datums ist hingegen die erste Charakterisierung eines Sandwichkomplex mit η^5-gebundenem Silolylring:

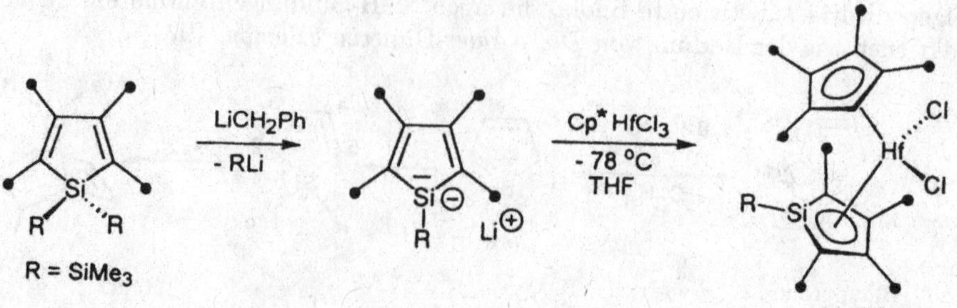

R = SiMe$_3$

16 VE

In Einklang mit seiner 16 VE-Konfiguration addiert dieser Komplex reversibel PMe$_3$ (*Tilley*, 1998).

Neben diesen mehr grundsätzlichen Fragestellungen läßt der Silolring aufgrund seiner besonderen elektronischen Eigenschaften aber auch praktische Anwendungsmöglichkeiten erahnen. Diese beruhen insbesondere auf der, verglichen mit anderen Heterocyclopentadienen, geringen HOMO-LUMO-Aufspaltung. Sie verleitete dazu, Oligomere sowohl mit 2,5- als auch mit 1,1-Verknüpfung zu synthetisieren, die vorerst als Modelle für Polymere dienen (*Tamao*, 1998):

2,5-   **1,1**   **1,1**

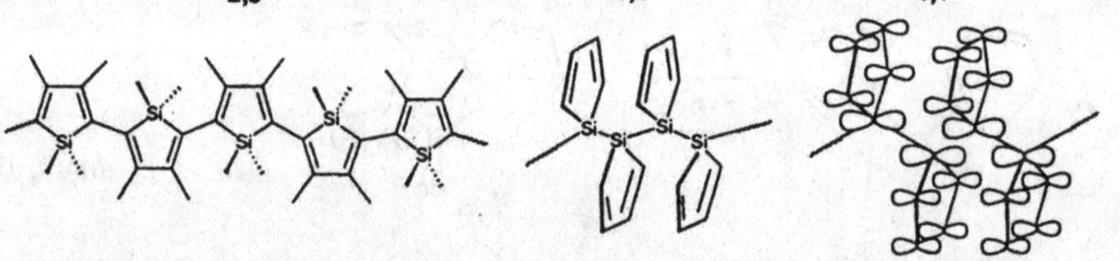

Während man im **Poly(2,5-Silol)** das Polyacetylengerüst wiedererkennt, durch Si-Überbrückung in die Coplanarität gezwungen, bietet das **Poly(1,1–Silol)** alle Voraussetzungen für effekte σ,π-Konjugation. Als interessante photophysikalische Eigenschaften werden eine besonders langwellige Absorption im UV/VIS-Spektrum sowie organische Elektrolumineszenzeffekte genannt (*Tamao*, 1998).

Disilene, Moleküle mit $\rangle$Si=Si$\langle$ -(p$_\pi$-p$_\pi$)-Bindungen, sollten aufgrund des, verglichen mit Si–C, größeren Si–Si-Abstandes und der ungünstigen π-Überlappungsverhältnisse geringere Stabilität besitzen als Silene, $\rangle$Si=C$\langle$. Das erste bei Raumtemperatur handhabbare Disilen synthetisierte *West* (1981):

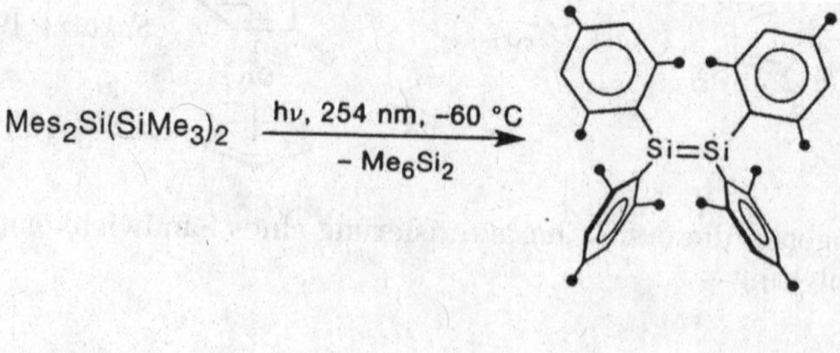

Mes$_2$Si(SiMe$_3$)$_2$ $\xrightarrow[\text{– Me}_6\text{Si}_2]{h\nu,\ 254\ \text{nm},\ –60\ °\text{C}}$

Si=Si

(*West*, 1983)

90%
gelbe Kristalle,
Fp 198 °C
d(Si=Si) = 215 pm
vergl.
d(Si–Si) = 235 pm

Wiederum ermöglicht erst die sterische Abschirmung des labilen Si=Si-Bindungs-bereiches die Isolierung des Produktes. Zierlicher substituierte Vorstufen wie $Me_2Si(SiMe_3)_2$ führen nur zu Organopolysilanen.

Disilene (und Digermene) wurden auf anderem Wege auch von *Masamune* (1982) dargestellt:

$$3\ Ar_2SiCl_2 \xrightarrow{LiC_{10}H_8} Ar_2Si{-}SiAr_2 \xrightarrow{h\nu} Ar_2Si{=}SiAr_2$$

$$Ar = 2{,}6\text{-}Me_2C_6H_3$$

Die Verkürzung des Bindungsabstandes beim Übergang von Si–Si auf Si=Si entspricht betragsmäßig dem Wert für das Paar C–C und C=C, ist aber, prozentual gesehen, geringer.

Ein interessanter Effekt ist die geringfügige Pyramidalisierung um die Si-Atome in Disilenen, d.h. die Winkelsumme unterschreitet 360°. Dieses Phänomen verstärkt sich beim Übergang auf die homologen Moleküle $R_2E{=}ER_2$ (E = Ge, Sn, Pb) und läßt sich, ausgehend von der Elektronenstruktur der Bausteine R_2E (S. 149), deuten:

E	δ
C	0°
Si	10°
Ge	12 - 32°
Sn	41°

Während die Annäherung zweier Triplett-CR_2-Einheiten zu einem planaren Ethylenderivat mit klassischer σ- und π-Bindung führt, erzeugt die Wechselwirkung zweier Singulett–ER_2-Bausteine nur in der gezeigten Orientierung die Ausbildung zweier Bindungen. Eine Folge dieser „nichtklassischen Doppelbindung" (*Ziegler*, 1994) ist die nichtplanare Struktur der Disilene, Digermene, Distannene und Diplumbene. Die Bevorzugung gewinkelter (diamagnetischer) Einheiten ER_2 der Homologen des Kohlenstoffs wurde bereits modellhaft am Paar CH_2/SiH_2 diskutiert (S. 149), sie findet sich in den gefalteten Strukturen ihrer Dimeren $R_2E{=}ER_2$ (E = Si, Ge, Sn, Pb) wieder. Eine ähnliche Argumentation wurde ursprünglich von *Lappert* (1976) vorgestellt, um den Faltungswinkel in seinem Distannen $[(Me_3Si)_2CH]_2Sn{=}Sn[CH(SiMe_3)_2]_2$ zu deuten. Sie bleibt auch gültig, wenn dem doppelt besetzten nichtbindenden Orbital der ER_2-Einheit etwas p-Charakter beigemischt wird.

Thermische Dissoziation der Disilene in monomere Silyleneinheiten erfolgt nur, wenn extrem sperrige Substituenten vorliegen. Trotz der sterischen Abschirmung ist die Si=Si-Bindung in $Mes_2Si{=}SiMes_2$ in Additionsreaktionen wesentlich reaktiver als eine typische C=C-Doppelbindung:

$$\text{Mes}_2\text{Si}=\text{SiMes}_2 \xrightarrow{\begin{array}{c}\text{H}_2\text{O, 50 °C}\end{array}} \quad \begin{array}{c}\text{Mes}_2\text{Si}-\text{SiMes}_2 \\ |\quad\quad | \\ \text{H}\quad\text{OH}\end{array}$$

$$\xrightarrow{\text{R}_2\text{CO}} \quad \begin{array}{c}\text{Mes}_2\text{Si}-\text{SiMes}_2 \\ |\quad\quad | \\ \text{R}_2\text{C}-\text{O}\end{array}$$

$$\xrightarrow{\text{R}-\text{C}\equiv\text{CH}} \quad \begin{array}{c}\text{Mes}_2\text{Si}-\text{SiMes}_2 \\ |\quad\quad | \\ \text{RC}=\text{CH}\end{array}$$

Wie Alkene (Kap. 15.1) sind auch Disilene zur koordinativen Bindung an Übergangsmetalle befähigt. Hierbei erfährt das Disilen eine Pyramidalisierung an den Si-Atomen unter cis-Faltung sowie eine Aufweitung der Si–Si-Bindungslänge, mit $d(\text{Si–Si}) = 226$ pm liegt sie im Komplex $(\text{C}_5\text{H}_5)_2\text{W}(\text{Si}_2\text{Me}_4)$ zwischen einer Einfach- und einer Doppelbindung (*Berry*, 1990).

In der Tat sind Disilene „bessere" Liganden als Alkene, indem sie über eine geringere HOMO/LUMO-Aufspaltung verfügen (Disilene sind orangegelb, Alkene hingegen farblos). Disilene sind, verglichen mit Alkenen, bessere π-Akzeptoren (*Ziegler*, 1994), der Donor/Akzeptor-Synergismus (S. 255) führt somit für Disilene zu einer stärkeren ÜM-Ligand-Bindung.

Der Einbau einer $\rangle\text{Si}=\text{Si}\langle$ –Doppelbindung in einen Dreiring interessiert wegen des Bezuges zum Kohlenstoffanalogen Cyclopropen. Die Synthese und Kristallstrukturanalyse eines Cyclotrisilen-Derivates gelang *Sekiguchi* (1999):

$$\text{R}_2\text{SiBr}_2 + 2\ \text{RSiBr}_3 \xrightarrow[\text{20 °C, 3 h}]{\text{Na/Tol}} \quad \begin{array}{c} \text{Si} \overset{\displaystyle \overset{R\ \ R}{Si}}{=\!\!=} \text{Si} \\ \text{214 pm} \end{array} \quad \text{Fp. 207 °C}$$

R = Si(t-Bu)$_2$Me

Die elektropositiven Silylsubstituenten wirken sterisch abschirmend, verringern aber auch elektronisch die Spannung im dreigliedrigen Ring (*Nagase*, 1993).

Ebenfalls hochaktuell ist die Charakterisierung des ersten Moleküls mit **konjugierten Si=Si-Doppelbindungen** (*Weidenbruch*, 1997):

$$\text{R}_2\text{Si}=\text{SiR}_2 + 2\text{Li} \xrightarrow{-\ \text{LiR}} \text{R}_2\text{Si}=\text{SiRLi}$$

$$\downarrow \text{-\ MesLi} \quad | \quad \text{MesBr}$$

R =

$$\text{R}_2\text{Si}=\text{SiRBr} \xrightarrow{\text{R}_2\text{Si}=\text{SiRLi}} \quad \begin{array}{c} \overset{232}{R}\ \overset{(235)}{}\ \overset{}{R}\ {217} \\ \text{Si}-\text{Si}\ {(215)} \\ \text{R}_2\text{Si}\quad\quad\text{SiR}_2 \end{array}$$

Gemessen an den entsprechenden (isolierten) Bindungsparametern liegt im **Tetrasilabutadien** eine merkliche Verringerung des Kurz-lang-kurz-Musters vor.

Fp. 237 °C

Noch schwieriger gestaltet sich naturgemäß das Vorhaben einer Synthese von Molekülen mit Dreifachbindungen des Typs R–C≡Si–R (**Silin**) und R–Si≡Si–R (**Disilin**). In derartigen Fällen bedient man sich gewöhnlich der Erzeugung und des Studiums der fraglichen Spezies in Matrixisolation oder Untersuchungen in der Gasphase. Als einziger Befund zur Existenz einer Si≡E-Dreifachbindung war bislang die Beobachtung der Silablausäure HSi≡N in Matrixisolation zu nennen (*G. Maier*, 1994). Problematisch an Molekülen mit –Si≡C-Dreifachbindung ist die – quantenchemisch vorausgesagte – Existenz topochemischer Isomerer und der geringen Aktivierungsenergie ihrer Umwandlung:

Substituenten wie F, Cl oder OR mit starker Bindung an Si begünstigen aber das Silinisomere. Die nichtlineare Form des Silins folgt aus quantenchemischen Rechnungen, die dieser Struktur ein flaches Minimum auf der Energiehyperfläche zuschreiben. Offenbar deutet sich beim Si-Atom bereits die Tendenz an, das s-Valenzorbital nicht vollständig in eine sp-Hybridisierung einzubringen. Diese Tendenz kulminiert beim Pb-Atom im Effekt des „inerten s-Elektronenpaars".

Der erste experimentelle Nachweis von Molekülen mit formaler –Si≡C-Bindung gelang *Schwarz* (1999) mittels massenspektrometrischer Methoden in der Gasphase:

Die Verknüpfungssequenz HCSiX folgt aus dem Fragmentierungsmuster, die Technik der Neutralisations-Reionisations-Massenspektrometrie (NR–MS) gestattet die Herleitung einer Lebensdauer im ps-Bereich für die Moleküle HC≡SiX. Das erste auch im präparativen Maßstab gewonnene Molekül mit einer –C≡Si-Dreifachbindung könnte demnach die Zusammensetzung R–C≡Si–OR besitzen, wobei die Gruppen R extrem sperrig sein müßten (*Apeloig*, 1997).

Die Synthese eines sterisch hochabgeschirmten „Disilins" (*Sekiguchi*, 2004) vervollständigt die Reihe der „Dimetalline" REER (E = C, Si, Ge, Sn, Pb). Die *trans*-Biegung und die Natur der Si,Si-Mehrfachbindung werden später vergleichend diskutiert (S. 200).

Silylanionen, Silylradikale und Silyliumkationen

Silylanionen R_3Si^- liegen in Lösungen von R_3SiLi in ionisierenden Solvenzien vor. Temperaturabhängige ^{1}H-NMR-Messungen zeigen, daß die Inversionsbarriere für die pyramidal gebauten, chiralen Silylanionen $RR'R''Si^-$ hoch ist:

$$Ph_3SiSiPh_3 \xrightarrow{\text{Li, THF}} Li^+SiPh_3{}^- \xleftarrow[-\ LiCl]{\text{Li, THF}} Ph_3SiCl$$

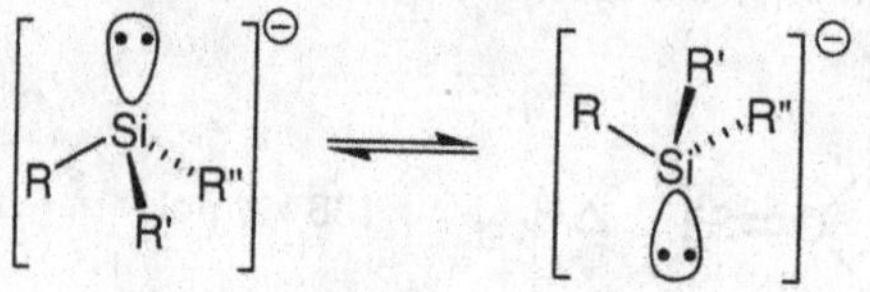

Inversionsbarriere
$\geq 100 \text{kJ/mol}$

Daher dürfte das aus koordinationschemischer Sicht hochinteressante, bislang hypothetische, freie Silolylanion $C_4SiH_5^-$ im Grundzustand eine nichtaromatische Diolefinstruktur (C_s) ausbilden. In der Tat ist die planare Form (C_{2v}) gemäß quantenchemischer Rechnungen als Anregungszustand zu betrachten:

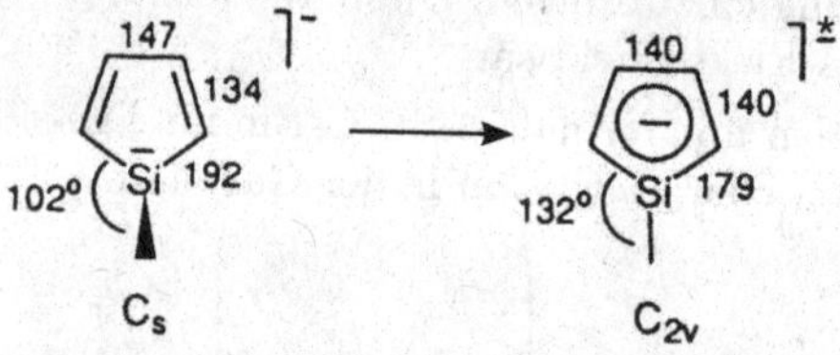

Inversionsbarriere (berechnet)
68 kJ/mol (*Damewood*, 1986) bzw.
16 kJ/mol (*Schleyer*, 1995)

Die verglichen mit R_3Si^- geringere Inversionsbarriere lässt auf eine gewisse aromatische Stabilisierung schließen.

Als η^5-Ligand liegt der Silolylring allerdings in planarer Form vor (S. 156).

Silylanionen R_3Si^- sind isoelektronisch zu Phosphanen R_3P und besitzen wie diese Ligandeigenschaften:

$$Ph_3SiLi + Ni(CO)_4 \longrightarrow Li^+[Ph_3SiNi(CO)_3]^- + CO$$

t-Bu_3SiNa dient zur Synthese von Supersilylderivaten der Hauptgruppenelemente:

$$EX_m + n\ t\text{-}Bu_3SiNa \longrightarrow (t\text{-}Bu_3Si)_nEX_{m-n} + n\ NaCl$$

$EX_m = MgBr_2$, $AlBr_3$, SiF_4,
$\quad\quad SiCl_4$, PCl_3, SCl_2

Die Schwierigkeit, Tris(supersilyl)elementverbindungen zu synthetisieren, läßt darauf schließen, daß der *Kegelwinkel* (*Tolman*, 1977) der Supersilylgruppe größer als $120°$ ist.

Milde Oxidationsmittel überführen Silanionen in Umkehrung obiger Bildungsgleichung in die entsprechenden Disilane. Im Falle des Supersilylanions $(t\text{-}Bu)_3Si^-$ entsteht so ein Disilan mit – verglichen mit der Norm $d(Si–Si) = 234$ pm – extrem langer Bindung Si–Si (*Wiberg*, 1986):

$$2\ (t\text{-Bu})_3\text{SiK} \xrightarrow[\text{Heptan}]{\text{NO}^+\text{BF}_4^-} 2\ \{(t\text{-Bu})_3\text{Si}^{\bullet}\} \longrightarrow (t\text{-Bu})_3\text{Si}\overset{270}{\underset{\text{pm}}{-}}\text{Si}(t\text{-Bu})_3$$

Superdisilan

Das leichtere Homologe Hexa(t-butyl)ethan ist übrigens unbekannt.

Silylradikale R$_3$Si$^{\bullet}$ sind, wie die Silylanionen R$_3$Si$^-$ und im Gegensatz zu Kohlenstoffradikalen R$_3$C$^{\bullet}$, **pyramidal** gebaut. In der pyramidalen Struktur von R$_3$Si$^{\bullet}$ liegt ein Hybridisierungsgrad Si(sp^{2+x}) vor, d.h. der s-Anteil ist kleiner als 33% (sp^2). Hierin spiegelt sich die zunehmende s/p-Separierung und radiale Inkompatibilität beim Übergang auf höhere Homologe einer Gruppe wider, gemäß derer der Anteil der ns-Orbitale in den Hybridorbitalen abnimmt. Ferner fiele die Resonanzstabilisierung eines planaren Tris(aryl)silylradikals

aufgrund der ungünstigen Si(p$_\pi$),C(p$_\pi$)-Überlappungsverhältnisse gering aus. Schließlich ist die Abstoßung der Substituenten, die für Methylradikale R$_3$C$^{\bullet}$ eine planare Struktur fordert (*Bickelhaupt*, 1996), für R$_3$Si$^{\bullet}$-Radikale wegen der größeren Si-C-Bindungslänge nur eingeschränkt wirksam. Diese Argumente deuten auch die, verglichen mit den R$_3$C$^{\bullet}$-Analoga, hohe Reaktivität der Silylradikale R$_3$Si$^{\bullet}$ bzw. die geringe Neigung von Hexaaryldisilanen zu homolytischer Spaltung:

$$\text{Ph}_3\text{Si}-\text{SiPh}_3 \xrightarrow{\ \ \ //\ \ \ } 2\ \text{Ph}_3\text{Si}^{\bullet}$$

Die Bindungsenergie E(Si–Si) ist zwar geringer als der Wert E(C–C) (vergl. S. 135), jedoch wird die Abstoßung der Substituenten, die eine Dissoziation fördern würde, durch die größere Bindungslänge d(Si–Si) vermindert. Dissoziation in Silylradikale wurde lediglich für das sterisch überfrachtete Disilan Mes$_3$Si–SiMes$_3$ beobachtet (*Neumann*, 1984).

Quellen für Silylradikale sind u.a die Reaktionen

Das linear gebaute Bis(trimethylsilyl)quecksilber als Mes$_3$Si$^{\bullet}$-Überträger ist vorzüglich zur Darstellung anderer Verbindungen mit **Silicium-Metall-Bindung** geeignet:

$$Me_3Si-Hg-SiMe_3$$

with reactions:

$\xrightarrow[\text{- Hg}]{\text{2 Li, THF}}$ 2 Me$_3$SiLi

$\xrightarrow[\text{- Hg}]{\text{DME, Mg}}$ (dioxane-coordinated Mg complex: Me$_3$Si, Me$_3$Si bonded to Mg with two O-donors)

$\xrightarrow[\text{- Hg, - CO}]{\text{Fe(CO)}_5, h\nu}$ (Me$_3$Si)$_2$Fe(CO)$_4$

Das Bestreben, **Silyliumionen R$_3$Si$^+$** als Analoga von Carbeniumionen R$_3$C$^+$ zu erzeugen, hat zu einer Flut experimenteller und theoretischer Arbeiten nebst begleitender kontroverser Diskussion geführt (*Lambert*, 1995; *Reed*, 1999). Die bereitwillige Bildung von Silyliumionen in der Gasphase, ihr Studium mittels Massenspektrometrie sowie die *in computero*-Reaktion (*Cremer*, 1995)

$$RSiH_2-H + RCH_2^+ \; \rightleftharpoons \; RSiH_2^+ + RCH_2-H \quad \Delta H = -240 \text{ kJ/mol}^{-1}$$

sprechen für eine relativ hohe thermodynamische Stabilität von Silyliumionen. Die verglichen mit Kohlenstoff geringere Elektronegativität des Siliciums läßt dies auch plausibel erscheinen. Als weitere Unterscheidungsmerkmale des Paares C/Si sind jedoch der größere Atomradius und die prinzipielle Verfügbarkeit unbesetzter d-Orbitale zu berücksichtigen, die dreifach koordinierten Silyliumionen R$_3$Si$^+$ eine außerordentlich hohe *Lewis*-Acidität sowie, darüber hinaus, Tendenz zur Ausbildung fünf- und sechsfach koordinierter Species verleihen. Intramolekularer Stabilisierung des R$_3$Si$^+$-Zentrums durch α-ständige Gruppen, sei es konjugativ (p$_\pi$–p$_\pi$-Wechselwirkung) oder hyperkonjugativ (σ–p$_\pi$-Wechselwirkung), wird durch die vergleichsweise große Bindungslänge Si–R entgegengewirkt. Somit kreisen alle Bemühungen um die Frage:

Wie „frei" ist eigentlich ein bestimmtes Silyliumion? (*Belzner*, 1997).

Ein Standard-Zugangsweg zu Silyliumionen ist die Reaktion:

$$R_3SiH + Ph_3C^+X^- \longrightarrow R_3Si^{\delta+}X^{\delta-} + Ph_3CH.$$

Sowohl Lösungsmittel mit Donoreigenschaften als auch vermeintlich inerte Gegenionen führen hierbei aber zu Addukten der Koordinationszahl 4 und höher mit kovalent gebundenen N- bzw. O-Funktionen:

(Structure left, *Hensen*, 1983): Me$_3$Si–N(pyridinium)$^+$ I$^-$, with angles 115°, 115°.

(Structure right, *Olah*, 1987): Ph$_3$Si–O–ClO$_3$, with distances 185, 174 and angles 113.5°, 105°.

Eine Strategie zur Erzeugung freier Silyliumionen R$_3$Si$^+$ muß daher auf der Verwendung von Lösungsmitteln und Gegenionen bar jeglicher Nucleophilie sowie auf der Wahl sterisch abschirmender Substituenten R beruhen. Als Kriterien für die

Verwirklichung eines ungestörten Silyliumions werden die Annäherung der Bindungswinkel am R_3Si^+-Zentrum, an den Wert C–Si–C = 120°, sowie die chemische Verschiebung im ^{29}Si-NMR-Spektrum herangezogen. Quantenchemische Rechnungen weisen Silyliumionen in nicht oder äußert schwach koordinierenden Lösungsmitteln Werte im Bereich $400 > \delta^{29}Si > 200$ ppm zu, während Wechselwirkungen mit dem Medium zu drastischen Hochfeldverschiebungen führen, $190 > \delta^{29}Si > -50$ ppm (*Cremer*, 1995). An diesen Maßstäben gemessen ist Silyliumionencharakter derzeit in folgenden Verbindungen besonders stark ausgeprägt:

i-Pr$_3$Si$^+$ CB$_{11}$H$_6$Cl$_6^-$
$\delta^{31}Si = 115$ ppm
$\sphericalangle$CSiC = 117.2°
(*Reed*, 1996)

Mes$_3$Si$^+$ B(C$_6$F$_5$)$_4^-$
$\delta^{31}Si = 225$ ppm
(*Lambert*, 1997)

Die Struktur des Kations im Salz $[i$-Pr$_3$Si$]^+[$CB$_{11}$H$_6$Cl$_6]^-$ kommt der eines freien Silyliumions schon recht nahe, die ^{29}Si-NMR-Signallage attestiert allerdings selbst hier noch eine vom Carborananion ausgehende Si$\cdots$Cl-Wechselwirkung.

In jüngster Zeit gelangen Synthese und Strukturbestimmung eines Salzes, in welchem ein sterisch hoch abgeschirmtes Silyliumkation und ein Carborananion extrem niedriger Nucleophilie vereint sind (*Reed, Lambert*, 2002).

$$\text{Mes}_3\text{Si} \diagdown\!\!\diagup\!\!\diagup + \text{Et}_3\text{Si}(\text{CB}_{11}\text{HMe}_5\text{Br}_6) \xrightarrow{-\text{Et}_3\text{Si} \diagup\!\!\diagup} [\text{Mes}_3\text{Si}]^+[\text{CB}_{11}\text{HMe}_5\text{Br}_6]^-$$

Das Trimesitylsilyliumion ist hier trigonal planar gebaut ($\Sigma \sphericalangle$ CSiC = 360°). Die chemische Verschiebung $\delta^{29}Si = 226.7$ ppm, ermittelt durch Festkörper–NMR (MAS, S. 440), gleicht dem Wert für $[\text{Mes}_3\text{Si}][\text{B(C}_6\text{F}_5)_4]$ in Lösung. Folglich ist in beiden Aggregatzuständen vom Vorliegen weitestgehend ungestörter, „freier" Silyliumionen R_3Si^+ auszugehen. Während das Silyliumion-Problem somit gelöst zu sein scheint, ist auf dem Gebiet der entsprechenden Germylium- und Stannyliumionen, R_3Ge^+ bzw. R_3Sn^+, noch Arbeit erforderlich.

Die Diskussion des Silyliumproblems wäre unvollständig ohne Erwähnung des Halbsandwichkations $[(\eta^5$-C$_5$M$_5)$Si$]^+$ (*Jutzi*, 2004). Wiederum macht der magische Ligand Cp* das Unmögliche möglich.

Nucleophile Substitutionsreaktionen am Silicium verlaufen nach dem Vorstehenden wohl kaum dissoziativ (D, S_N1) über intermediäre Silyliumionen. Stattdessen ist ein assoziativer (A, S_N2)-Mechanismus anzunehmen:

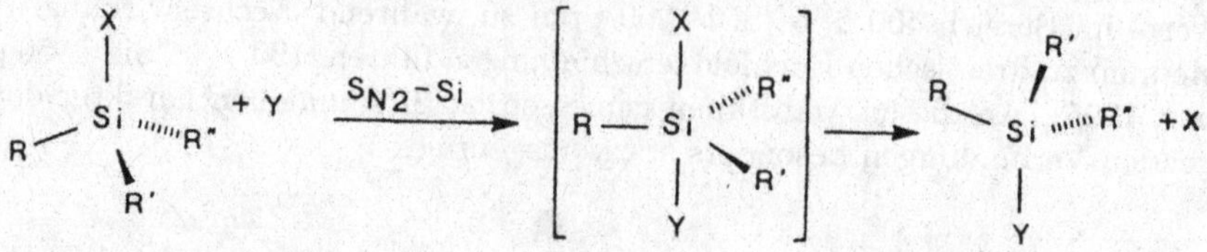

(X = gute Abgangsgruppe, d.h. die konjugate Base einer starken Säure)

Hierfür spricht u.a. die Abhängigkeit der Substitutionsrate von der Natur des angreifenden Nucleophils Y, die Verlangsamung im Falle elektronenliefernder Gruppen R und die häufig beobachtete Inversion.

Eine direkte Übertragung **diagnostischer Kriterien** aus dem Studium von Substitutionsmechanismen am C-Atom auf Reaktionen an Si-Zentren ist jedoch unzulässig, denn die bereitwillige Erhöhung der Koordinationszahl am Si-Atom und die Umlagerung trigonal bipyramidaler Zwischenstufen durch Pseudorotation entwerten Argumente, die sich etwa auf die Beobachtung von Inversion bzw. Retention der Konfiguration gründen.

So erfolgt rasche Substitution auch an einem Brückenkopf-Si-Atom, obwohl rückseitiger nucleophiler Angriff verbaut ist (*Sommer*, 1973):

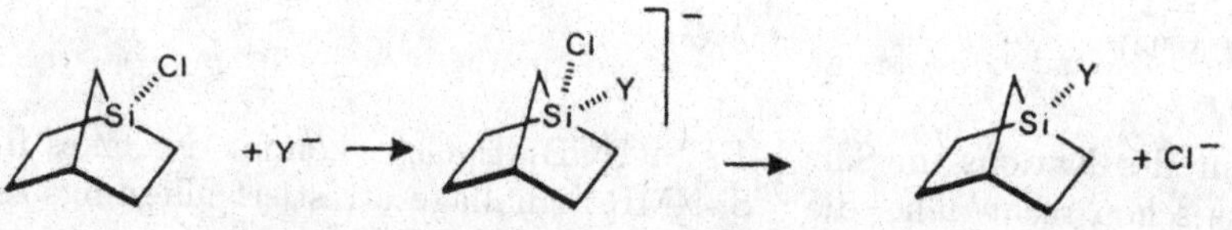

Dieser frontseitige Angriff des Nucleophils wird durch freie d-Orbitale am Si oder antibindende σ^*-Orbitale der Si–C-Bindungen ermöglicht, die eine Zwischenstufe der KZ 5 stabilisieren, er ist von Retention der Konfiguration begleitet.

Die häufig beobachtete Racemisierung im Verlauf nucleophiler Substitution an Si kann einen dissoziativen Mechanismus vortäuschen. Aus der Racemisierung darf aber nicht auf das intermediäre Vorliegen freier Silyliumionen geschlossen werden, denn ein fünffach koordiniertes Zwischenprodukt kann durch Umlagerung (Pseudorotation, PR) ebenfalls zu Racemisierung führen:

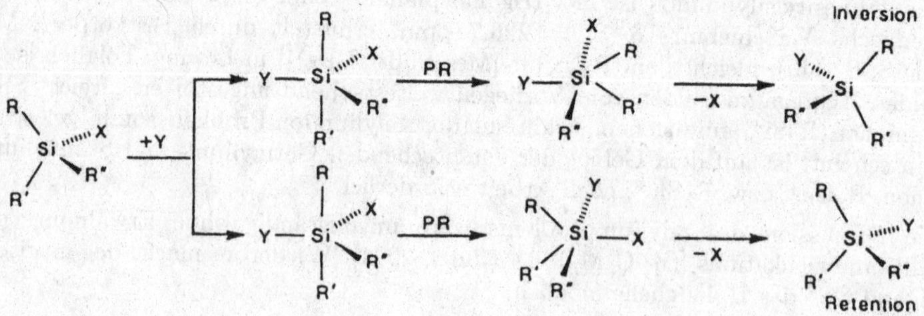

8.2 Germaniumorganyle

Als mittleres Element der Gruppe 14, im Zentrum des Periodensystems angesiedelt, weist Germanium die typischen Eigenschaften eines Halbmetalles auf. Lange Zeit blieb das von *Winkler* im Jahre 1886 dargestellte Tetraethylgermanium die einzige germaniumorganische Verbindung. Germaniumorganyle haben kaum technische Anwendungen gefunden und so ist das erarbeitete Material bislang vorwiegend von akademischem Interesse. Von den Elementen Si, Ge, Sn und Pb steht Ge in seiner Elektronegativität den Elementen H und C am nächsten. Die Polaritäten der Bindungen Ge–H und Ge–C und damit deren Reaktivitäten werden daher stark durch Substituenten beeinflußt.

8.2.1 Ge-Organyle der Koordinationszahl 4

Darstellung

Die Direktsynthese ist wie für Si auch für Ge durchführbar. Die gebildeten Organogermaniumhalogenide sind Synthone für weitere Ge-Organyle:

$$MeCl + Ge/Cu \longrightarrow Me_nGeCl_{4-n} \qquad \boxed{1}$$

$$Me_2GeCl_2 + 2\ RMgX \longrightarrow Me_2GeR_2 + 2\ MgXCl \qquad \boxed{4}$$

$$GeCl_4 + 4\ LiR \longrightarrow R_4Ge + 4\ LiCl$$

Bereitwilliger als in der Organosiliciumchemie erfolgen für Germaniumverbindungen Umverteilungsreaktionen vom Typ:

$$GeCl_4 + 3\ Bu_4Ge \xrightarrow[120\ °C,\ 4-6\ h]{AlCl_3} 4\ Bu_3GeCl \qquad \boxed{4}$$

sowie Ge–C-Bindungsspaltungen durch X_2 und HX:

$$Ph_4Ge + Br_2 \longrightarrow Ph_3GeBr + PhBr$$

$$R_4Ge + HCl \xrightarrow{AlCl_3} R_3GeCl + RH$$

$$Me_4Ge \xrightarrow[-\ SbCl_3]{SbCl_5} Me_3GeCl + Me_2GeCl_2$$

Schließlich sind auch *Wurtz*-Kupplungsreaktionen geeignet:

$$GeCl_4 + 4\ PhBr + 8\ Na \longrightarrow Ph_4Ge + 4\ NaCl + 4\ NaBr$$

Ausgehend von Ge^{II}-Verbindungen lassen sich **Germacyclen** erhalten:

Eigenschaften und Reaktionen

Tetraorganogermane R_4Ge sind chemisch weitgehend inert, sie werden durch starke Oxidationsmittel, oft nur in Gegenwart von *Friedel-Crafts*-Katalysatoren, gespalten, was zur Darstellung ternärer und quaternärer Germane dienen kann:

$$Ar_4Ge \xrightarrow{\ Br_2\ } Ar_3GeBr \xrightarrow{\ RMgX\ } Ar_3GeR$$

$$Ar_3GeR \xrightarrow{\ Br_2\ } Ar_2GeRBr \xrightarrow{\ R'MgX\ } Ar_2GeRR'$$

Man beachte die selektive Spaltung der Ge-Aren-Bindung (vergl. S. 139). Cyclopentadienyl(trimethyl)german zeigt, wie das Si-Analogon (S. 142) in Lösung Bindungsfluktuation in Form **metallotroper 1,2-Verschiebungen**:

$$Me_3GeCl + C_5H_5Li \longrightarrow$$

Die Wanderung der Me_3Ge-Gruppe entlang der C_5-Peripherie erfolgt rascher als die der Me_3Si-Gruppe. Da die Bindung C–Ge schwächer ist als die Bindung C–Si, weist dieser Befund auf einen „frühen" Übergangszustand der Germatropie, d.h. einen solchen nahe der Eduktkonfiguration, hin.

Organopolygermane bilden sich durch Halogenabspaltung mittels Alkalimetall oder Magnesium:

$$2\ Ph_3GeBr \xrightarrow{\ Li,\ THF\ } Ph_3Ge–GePh_3$$

$$n\ Me_2GeCl_2 \xrightarrow{\ Li,\ THF\ } (Me_2Ge)_n$$

Elektroreduktion von Bu_2GeCl_2 liefert Polygermane der Molmassen $M \leq 15000$ (*Satgé*, 1993).

Gut charakterisiert sind die Ringe mit n = 4,5,6. Unter bestimmten Bedingungen entstehen auch Käfigverbindungen:

$$RGeCl_3 \xrightarrow{\ Li,\ THF\ }$$

R = $(Me_3Si)_2CH$

Germaprisman
(*Sakurai*, 1989)

Organohalogengermane R_nGeX_{4-n} neigen, wie die entsprechenden Silane, zu Hydrolyse und Kondensation, allerdings mit abgeschwächter Reaktivität. Die Bereitschaft von Ph_3GeX zur Hydrolyse nimmt zu gemäß X = F < Cl < Br < I. Sperrig substituierte **Germanole** sind monomer haltbar: $(i\text{-}Pr)_3GeOH$ kondensiert erst oberhalb 200 °C zu dem **Germoxan** $[(i\text{-}Pr)_3Ge]_2O$. Die verminderte Reaktivität von R_3GeX, verglichen mit R_3SiX, ist u.a. auf einen geringeren Beitrag der Ge(4d)-Orbitale zur Stabilisierung eines Übergangszustandes der Koordinationszahl 5 zurückzuführen (vergl. S. 136). Diese schwache Neigung zu Ge(4d)-Beteiligung ist auch einem Vergleich der Bindungswinkel E–O–E in Siloxanen und Germoxanen zu entnehmen:

$$Ph_3Si-O-SiPh_3$$
$$180°$$

$$Ph_3Ge-O-GePh_3$$
$$140°$$

$$p_\pi(O) \longrightarrow d_\pi(Si) \quad bzw. \quad p_\pi(O) \longrightarrow \sigma^* (Si-C)$$

Organogermane R_nGeH_{4-n} erhält man am bequemsten durch Substitution:

$$R_nGeCl_{4-n} \xrightarrow{\text{LiAlH}_4} R_nGeH_{4-n}$$

Aufgrund sehr ähnlicher Elektronegativitäten (Ge 2.0, H 2.1) ist die Polarität der Bindung Ge–H gering, entsprechend niedrig ist ihre Reaktivität. So können Organogermane sogar in wässrigem Medium dargestellt werden:

$$MeGeBr_3 \xrightarrow{\text{NaBH}_4,\ \text{H}_2\text{O}} MeGeH_3$$

Das Reaktionsverhalten gegenüber Lithiumorganylen spricht im Falle von Ph_3SiH für hydridischen ($H^{\delta-}$), im Falle von Ph_3GeH für protischen ($H^{\delta+}$) Wasserstoff:

$$Ph_3Si-H + RLi \longrightarrow Ph_3Si-R + LiH \qquad \text{Metathese}$$

$$Ph_3Ge-H + RLi \longrightarrow Ph_3Ge-Li + RH \qquad \text{Metallierung}$$

Die Bindung Ge–H kann aber durch entsprechende Substituenten an Ge umgepolt werden, was zu unterschiedlichem Reaktionsverhalten führt:

$$\overset{\delta+}{Et_3Ge}\blacktriangleleft\overset{\delta-}{H} + {>}C{=}O \qquad H-\overset{|}{\underset{|}{C}}-OGeEt_3 \qquad \text{Germylether}$$

$$\overset{\delta-}{Cl_3Ge}\blacktriangleright\overset{\delta+}{H} + {>}C{=}O \qquad Cl_3Ge-\overset{|}{\underset{|}{C}}-OH \qquad \text{Germylcarbinol}$$

Die wichtigste Reaktion der Germane R_nGeH_{4-n} bzw. X_nGeH_{4-n} ist die **Hydrogermierung**. Sie wird durch Übergangsmetallkomplexe oder Radikalstarter katalysiert und verläuft unter milderen Bedingungen als Hydrosilierungen:

$$Ph_3GeH + CH_2{=}CHPh \xrightarrow{120\,°C} Ph_3GeCH_2CH_2Ph$$

$$(n\text{-}Bu)_3GeH + HC{\equiv}CR \xrightarrow{\text{H}_2\text{PtCl}_6} Bu_3GeCH{=}CHR$$

Besonders additionsfreudig sind Halogengermane:

$$Cl_3GeH + HC{\equiv}CH \xrightarrow{25\,°C} Cl_3GeCH{=}CH_2 \xrightarrow{\text{Cl}_3\text{GeH}} Cl_3GeCH_2-CH_2GeCl_3$$

Organogermane eignen sich auch zur Darstellung von Molekülen mit **Germanium-Metall-Bindung:**

$$2 \ Et_3GeH + Et_2Hg \longrightarrow Et_3Ge-Hg-GeEt_3 + 2 \ EtH$$

Als weitere Bildungsweisen für Ge–M-Bindungen seien genannt:

$$Ph_3Ge-GePh_3 \xrightarrow{\text{Li, THF}} 2 \ Ph_3GeLi$$

$$Me_3GeBr + NaMn(CO)_5 \longrightarrow Me_3Ge-Mn(CO)_5 + NaBr$$

8.2.2 Ge-Organyle der Koordinationszahlen 3, 2 und 1 und deren Folgeprodukte

Die Chemie der Organogermaniumverbindungen mit niedrigen Koordinationszahlen folgt weitgehend den Verhältnissen beim Silicium. Die zunehmende Bevorzugung der Oxidationsstufe E^{II} für die schwereren Elemente der Gruppe 14 äußert sich in der Bildung von **Germylenen** durch α-Eliminierung von MeOH (*Satgé*, 1973):

$$RGeH_2(OMe) \xrightarrow[- \ MeOH]{\Delta} \{RGeH\} \longrightarrow (RGeH)_n$$

Weitere Quellen für Germylene sind die Reaktionen

$$Me_2GeCl_2 \xrightarrow[- \ LiCl]{\text{Li, THF}} \{Me_2Ge\} \longrightarrow (Me_2Ge)_6 + (Me_2Ge)_n$$

polymer

$$Ge \ (g) + Me_3SiH \ (g) \xrightarrow[- \ 196 \ °C]{\text{Cokond.}} \{Me_3SiGeH\}$$

Während diese einfachen, hochreaktiven Germylene nur über Folgereaktionen wie Polymerisation oder Adduktbildung identifizierbar sind, können sperrig substituierte Germylene bei Raumtemperatur monomer erhalten werden (*Lappert*, 1976):

$$[(Me_3Si)_2N]_2Ge + 2 \ (Me_3Si)_2CHLi \xrightarrow{Et_2O} \begin{matrix} 2 \ (Me_3Si)_2NLi \\ + \\ [(Me_3Si)_2CH]_2Ge \end{matrix} \quad \begin{matrix} \text{Gasphase} \\ \\ \text{Lösung} \end{matrix}$$

$$\Updownarrow$$

$$[(Me_3Si)_2CH]_2Ge=Ge[CH(SiMe_3)_2]_2 \quad \text{Kristall}$$

Einfache Germylene lassen sich – allerdings nur als thermolabile Solvate – auch an Übergangsmetalle fixieren (*Marks*, 1971):

$$Na_2[Cr_2(CO)_{10}] + Me_2GeCl_2 \xrightarrow[-78\,°C]{THF} Me_2Ge\text{–}Cr(CO)_5 + NaCl$$

$$\vdots$$

$$THF \quad + NaCr(CO)_5Cl$$

Stabilere Komplexe dieser Art werden von Stannylenen R_2Sn gebildet.

Unsolvatisierte **Germylenkomplexe** erhält man durch Einführung sperriger Gruppen am Ge, z.B. $[(Me_3Si)_2CH]_2Ge=Cr(CO)_5$ (*Lappert*, 1977). Als Brückenligand bedarf auch das einfache Germylen Me_2Ge keiner Basenstabilisierung (*Graham*, 1968):

$$3\ Me_2GeH_2 + Fe_3(CO)_{12} \xrightarrow[\substack{-H_2 \\ -CO}]{65\,°C}$$

Besondere Verhältnisse liegen wieder im Falle der Cyclopentadienyl-Germylene vor, die aus Ge^{II}-Halogeniden darstellbar sind (*Curtis*, 1973):

$$GeBr_2 + 2\ C_5H_5Tl \xrightarrow{THF,\ 20\,°C} (C_5H_5)_2Ge + 2\ TlBr$$

$$GeCl_2 \cdot Dioxan + 2\ C_5Me_5Li \xrightarrow{THF} (C_5Me_5)_2Ge + 2\ LiCl + Dioxan$$

Monomeres **Germanocen** $(C_5H_5)_2Ge$ besitzt wie Stannocen und Plumbocen eine gewinkelte Sandwichstruktur, es bildet wesentlich rascher als seine Sn- und Pb-Analoga Polymere mit verbrückenden C_5H_5-Einheiten. Decamethylgermanocen $(C_5Me_5)_2Ge$ spaltet wie auch Decamethylstannocen (S. 188) bei Einwirkung von Tetrafluoroborsäure einen Liganden als Pentamethylcyclopentadien ab und erzeugt das interessante Kation $[(C_5Me_5)Ge]^+$ (*Jutzi*, 1980):

$$(Me_5C_5)_2Ge + HBF_4 \xrightarrow{-Me_5C_5H}$$

$(Me_5C_5)Ge^+$ ist isoelektronisch und isostrukturell mit $(C_5H_5)In$ (S. 127) und verwandten Verbindungen, das Zentralatom $E(ns^2)$ erzielt mit den 6π-Elektronen des Liganden jeweils eine Oktettkonfiguration.

Die Art der Experimente, die zu **Germenen**, Spezies mit **$Ge=E(p_\pi\text{-}p_\pi)$-Bindungen** führen sollen, gleicht weitgehend entsprechenden Untersuchungen an Silicium (*Barton*, 1973):

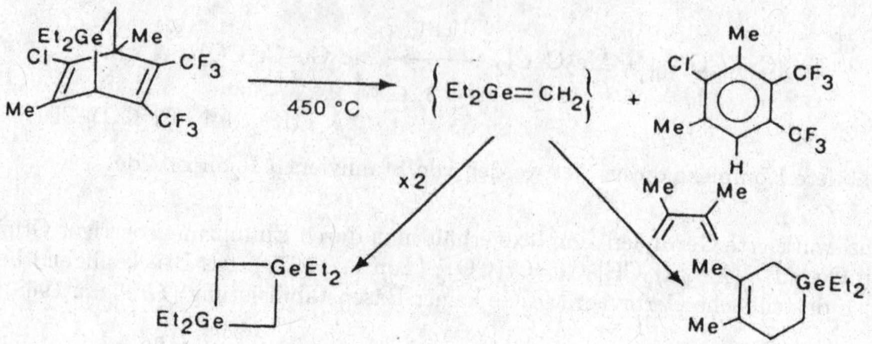

Überaus reaktiv ist die $\rangle$Ge=C$\langle$-Doppelbindung selbst dann, wenn sie Teil eines cyclischen 6π-Elektronensystems ist (*Märkl*, 1980):

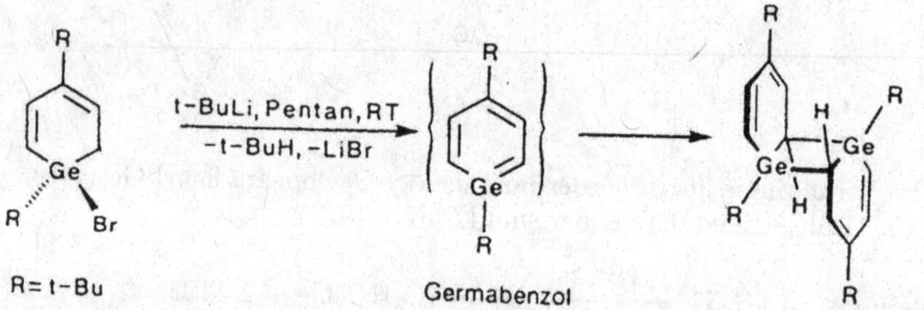

Wie im Falle des Siliciums gelingt auch für Germanium die Stabilisierung von Spezies mit $\rangle$E=E$\langle$-Doppelbindung durch sterische Abschirmung:

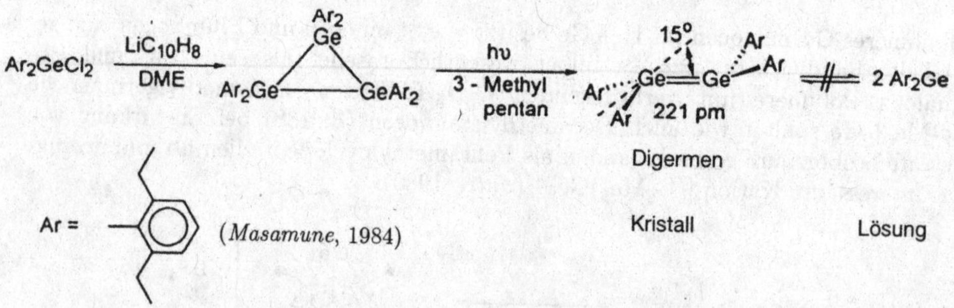

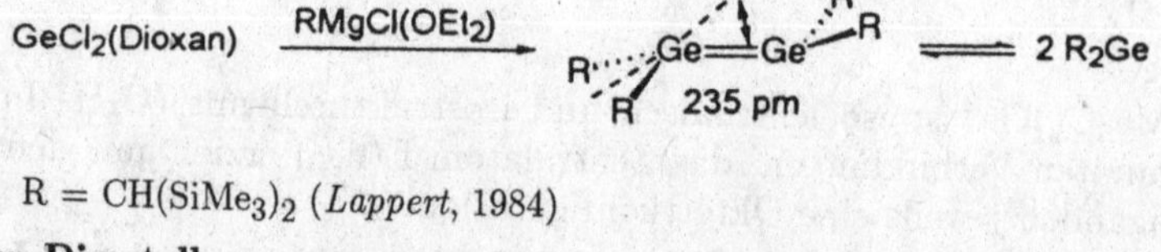

Die trans-Faltung der **Dimetallene**, gemessen durch den Winkel δ, wurde bereits anhand der Disilene (S. 157) diskutiert und auf eine **nichtklassische Doppelbindung** zurückgeführt.

Der *trans*-Faltung der „Dimetallene" entspricht die als *trans*-Biegung der „**Dimetalline**". In der Tat beschrieb *Power* (2002) ein Germanium-Analogon der Alkine, welches stark von der Linearität abweicht:

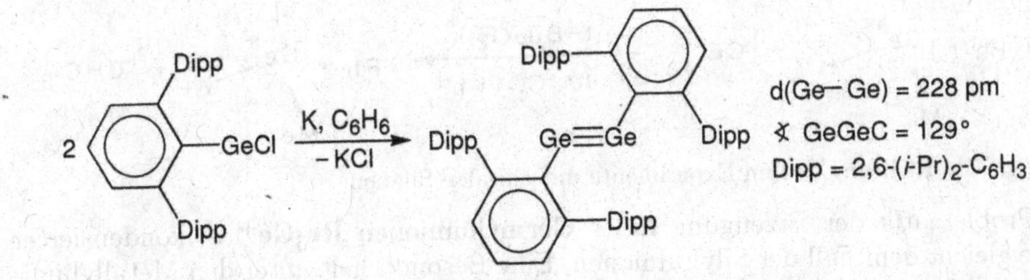

$$d(Ge-Ge) = 228 \text{ pm}$$
$$\sphericalangle \text{ GeGeC} = 129°$$
$$\text{Dipp} = 2,6\text{-}(i\text{-Pr})_2\text{-}C_6H_3$$

Die Bindungsordnung in den „Dimetallinen" der Gruppe 14 wird nach Vorstellung der entsprechenden Bleiverbindung RPbPbR vergleichend erläutert (S. 199).

Den Carbinkomplexen (S. 324) entspricht der **Germylidin(RGe)**-Komplex $(\eta^5\text{-}C_5H_5)(CO)2Mo\equiv GeC_6H_3\text{-}2,6\text{-Mes}_2$ (*Power*, 1996). Mo,Ge-Dreifachbindungscharakter wird durch die Abstandsverkürzung von 262 pm (Mo–Ge, Referenz) auf 227 pm (Mo≡Ge, hier) angezeigt.

Germylanionen R_3Ge^- bilden sich aus Organogermyl-Alkalimetallverbindungen in ionisierenden Lösungsmitteln wie Hexamethylphosphorsäuretrisamid (HMPA) oder $NH_3(\ell)$, sie können zur Knüpfung von Ge–Metall-Bindungen dienen:

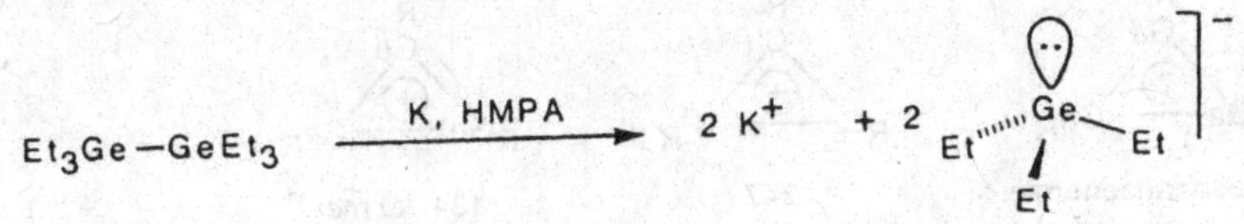

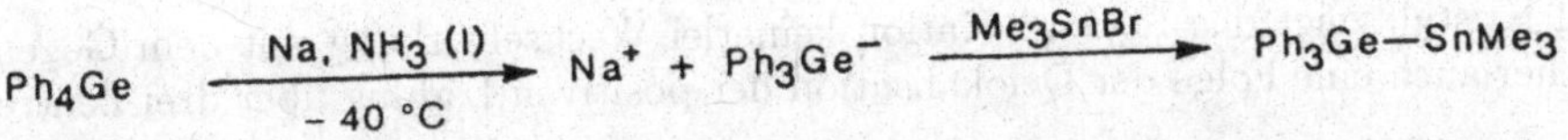

Die Erzeugung von **Organogermylradikalen** $R_3Ge^\bullet$ erfolgt, da nur sterisch überladene Digermane $Ar_3GeGeAr_3$ homolytischer Spaltung unterliegt, allgemeiner gemäß

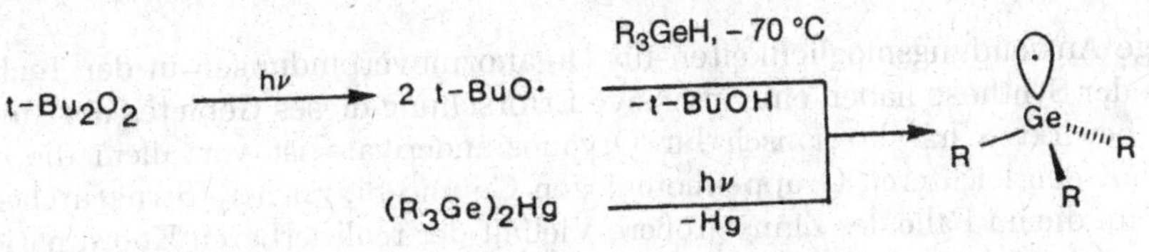

Diese Ge-zentrierten Radikale können über die Hyperfeinaufspaltung durch den Kern ^{73}Ge (7.6%, I = 9/2) EPR-spektroskopisch identifiziert werden. Der Betrag der Hyperfeinkopplungskonstanten $a(^{73}Ge)$ deutet auf pyramidale Struktur der Radikale $R_3Ge^\bullet$ hin. Diese Schlußfolgerung beruht darauf, daß isotrope EPR-Kopplungskonstanten zum s-Charakter des einfach besetzten Orbitals proportional sind. Somit liefert das EPR-Spektrum einen Hinweis auf den Hybridisierungszustand am Radikalzentrum.

Ein unabhängiger Befund, aus dem die Nichtplanarität der Radikale $R_3Ge^{\cdot}$ folgt, ist die Erhaltung der Konfiguration bei der radikalischen Chlorierung chiraler Germane (*Sakurai*, 1971):

$$\underset{\substack{| \\ Me}}{\overset{\substack{Naph \\ |}}{Ph\text{\tiny vvvv} Ge^* }}\!\!-\!\!H \;+\; CCl_4 \;\xrightarrow[80\,°C,\;11\,h]{t-Bu_2O_2}\; \underset{\substack{| \\ Me}}{\overset{\substack{Naph \\ |}}{Ph\text{\tiny vvvv} Ge^* }}\!\!-\!\!Cl \;+\; CHCl_3$$

In die gleiche Richtung deuten Experimente mit chiralen Silanen.

Die Problematik der Erzeugung freier **Germyliumionen Re_3Ge^+** in kondensierter Phase gleicht dem Fall der Silyliumionen. Eine Besonderheit unter den Metallyliumionen R_3M^+ der Gruppe 14 ist aber die Synthese eines Cyclotrigermyliumions $R_3Ge_3^+$, in welchem Germyliumcharakter sozusagen in verdünnter Form vorliegt (*Sekiguchi*, 1997):

$$2\,RNa \;+\; GeCl_2\cdot Dioxan \;\xrightarrow[-\,70\,°C]{THF}\; \underset{\substack{R \qquad\quad R}}{\overset{\substack{R \quad\; R \\ Ge}}{Ge=\!\!=Ge}} \;\xrightarrow[C_6H_6]{Ph_3C^+BPh_4^-}\; \underset{232}{\overset{R}{\underset{RGe\!-\!\!-GeR}{\overset{Ge}{\oplus}}}}\; BPh_4^-$$

$$R = t\text{-}Bu_3Si \quad (TMS^*)$$

Das Cyclotrigermyliumion $R_3Ge_3^+$, ein 2π-Elektronensystem, ist isoelektronisch zum aromatischen Cyclopropeniumion sowie zum Cyclotrigallandianion (S. 132):

$$\underset{\substack{\text{Resonanzenergie:} \\ \text{(berechnet, QC)}}}{\overset{\substack{R \\ Ga}}{\underset{RGa\!-\!\!-GaR}{\overset{}{2\!-\!}}}} \qquad\qquad \underset{247}{\overset{\substack{R \\ C}}{\underset{RC\!-\!\!-CR}{\overset{}{\oplus}}}} \qquad\qquad \underset{134\ kJ\ mol^{-1}}{\overset{\substack{R \\ Ge}}{\underset{RGe\!-\!\!-GeR}{\overset{}{\oplus}}}}$$

Im Kristall zeigt das $R_3Ge_3^+$-Kation keinerlei Wechselwirkung mit dem Gegenion, sicher auch eine Folge der Delokalisation der positiven Ladung über drei Zentren.

8.3 Zinnorganyle

Vielfältige Anwendungsmöglichkeiten für Organozinnverbindungen in der Technik sowie in der Synthese haben eine intensive Erforschung dieses Gebietes der Metallorganik bewirkt. Charakteristisch für Organozinnderivate ist vor allem die, verglichen mit den leichteren Gruppenhomologen Ge und Si, reichere Strukturchemie. Dies ist auf die im Falle des Zinns größere Vielfalt der realisierbaren Koordinationszahlen zurückzuführen. So basieren zwei Merkmale der Organozinnchemie, die Assoziation von Verbindungen R_nSnX_{4-n} über $Sn\overset{X}{\diagup}\!\diagdown Sn$-Brücken und die Ionisierung in Donorsolvenzien unter Bildung solvatisierter Stannoniumionen $[R_nSn(solv)]^{(4-n)+}$, auf der bereitwilligen Überschreitung der Koordinationszahl 4. Ein weiterer typischer Aspekt ist die Reaktionsfähigkeit von Sn–C-Bindungen, in denen C_α Teil eines ungesättigten Systems ist (z.B. Sn–Vinyl, Sn–Phenyl).

EXKURS 6: ^{119}Sn-Mößbauer- und ^{119}Sn-NMR-Spektroskopie

Neben den Standardmethoden der Instrumentalanalyse und der Röntgenbeugung sind auch diese spezielleren Techniken zur Lösung von Strukturproblemen in der Organozinnchemie geeignet. Während ^{119}Sn–NMR bevorzugt auf Spezies in Lösung angewandt wird, bewährt sich die ^{119}Sn-Mößbauer-Spektroskopie besonders dann, wenn kristallines Material für Röntgenstrukturbestimmungen nicht zur Verfügung steht.

Der Mößbauer-Effekt beruht auf der rückstoßfreien Emission und Resonanzabsorption von γ-Strahlen. Ein Mößbauer-Spektrum liefert die Parameter **Isomerieverschiebung IS** und **Quadrupolaufspaltung QS**. Atomkerne besitzen in ihren Grund- und Anregungszuständen des Kernspins unterschiedliche Radien und daher unterschiedliche elektrostatische Wechselwirkung mit den umgebenden s-Elektronen. Die Energiedifferenz zwischen Grund- und Anregungszustand wird daher durch die s-Elektronendichte am Kernort beeinflußt. Daher liefert ein Vergleich dieser Energiedifferenzen für Nuklide – z.B. ^{119}Sn – die sich in unterschiedlichen chemischen Umgebungen befinden, Auskünfte über die jeweilige s-Elektronendichte. Unterschiede in den Anregungsenergien zwischen Probe und Standard (SnO_2) werden als Isomerieverschiebung IS bezeichnet und aus meßtechnischen Gründen in mm s^{-1} angegeben, wobei eine positive IS erhöhte s-Elektronendichte bedeutet.

Ist der Kernspin des betreffenden Nuklides im Grund- und/oder im Anregungszustand größer als 1/2, so führen Abweichungen der elektronischen Umgebung des Kerns von kubischer, oktaedrischer oder tetraedrischer Symmetrie zu einer Aufspaltung des Mößbauer-Signals. Diese Quadrupolaufspaltung QS birgt weitere Strukturinformationen.

Aus der Sicht der Organoelementchemie sind neben ^{119}Sn als weitere, für die Mößbauerspektroskopie geeignete Kerne ^{57}Fe, ^{99}Ru, ^{121}Sb, ^{125}Te, ^{129}I, ^{193}Ir und ^{197}Au zu nennen.

Die **Isomerieverschiebungen IS** der **^{119}Sn-Mößbauer-Spektren** überstreichen einen Bereich von ± 5 mm s^{-1} [typische Werte: Sn^{IV} –0.5 bis 1.8 mm s^{-1}, Sn^{II} 2.5 bis 4.3 mm s^{-1}]. An folgenden Beispielen sei das Ansprechen der Isomerieverschiebung auf Änderung in der Sn-Umgebung aufgezeigt:

	IS mm s^{-1}	Variation
$[n\text{-}BuSnF_5]^{2-}$	0.27	
$[n\text{-}BuSnCl_5]^{2-}$	1.03	eines Liganden
$[n\text{-}BuSnBr_5]^{2-}$	1.38	
Ph_4Sn	1.15	
$n\text{-}Bu_4Sn$	1.35	der Oxidationsstufe
Ph_3Sn^-	2.00	
Cp_2Sn	3.74	
$cis\text{-}Me_2Sn(ox)_2$	0.88	der Geometrie
$trans\text{-}Me_2Sn(acac)_2$	1.18	

Die **Quadrupolaufspaltung QS** spiegelt die Stereochemie um das Sn-Atom wider. So läßt sich mittels QS zwischen isomeren Formen unterscheiden (*Bancroft*, 1972):

QS (mm s^{-1})	trans	cis	trans	cis
	3.0-4.0	1.7-2.4	3.8-4.2	1.7-2.1

Da solche Umgebungen auch in assoziierten Organozinnderivaten R_3SnX und R_2SnX_2 vorkommen, kann die Struktur dieser Verbindungen im festen Zustand bequem mittels ^{119}Sn-*Mößbauer*-Spektroskopie studiert werden (vergl. S. 179, 185).

Trotz des Vordringens von Festkörper-NMR- und Beugungsmethoden behält die Mößbauer-Spektroskopie ihre Bedeutung in der Gewinnung von Strukturinformationen an amorphen Proben sowie in der Ermittlung der Oxidationszahl.

In **^{119}Sn-NMR-Spektren** von Organozinn^{IV}-Verbindungen werden, relativ zum Standard $(CH_3)_4Sn$, **chemische Verschiebungen** δ zwischen +800 ppm (niedriges Feld bzw. hohe Frequenz) und −600 ppm (hohes Feld bzw. niedrige Frequenz) beobachtet. Wesentlich größer ist der Verschiebungsbereich für Sn^{II}-Verbindungen. In der Tat finden sich dort die Extrema der bislang beobachteten δ^{119}Sn-Werte. Die folgende Aufstellung illustriert einige Trends:

		δ^{119}Sn/ppm			
Me_3SnCH_2Cl	+4	$(\eta^1\text{-}C_5H_5)_4Sn^{IV}$	−26		
$Me_3SnCHCl_2$	+33	$(\eta^5\text{-}C_5H_5)_2Sn^{II}$	−2200		
Me_3SnCCl_3	+85	$[(\eta^5\text{-}C_5Me_5)Sn^{II}]^+BF_4^-$	−2247		
		$[(Me_3Si)_2CH]_2Sn^{II}$	+2328		
Me_4Sn	0	Me_3SnH	−104	$MeSnCl_3$	+21
Ph_2SnMe_2	−60	Me_2SnH_2	−224	$MeSnBr_3$	−165
Ph_3SnLi	−110	$MeSnH_3$	−346	$MeSnI_3$	−600
Ph_4Sn	−137				
$(H_2C{=}CH)_4Sn$	−157	$[Me_3Sn(bipy)]BPh_4$	−18		
$Me_2Sn(acac)_2$	−366	$Me_3SnCl\cdot py$	+25		
		$Mes_3Sn^+B(C_6F_5)_4^-$	+806		

Die starke Verschiebung nach tiefem Feld im ^{119}Sn-NMR-Spektrum der Verbindung $[Mes_3Sn]^+[B(C_6F_5)_4]^-$ ist der bislang überzeugendste Befund zur Existenz eines freien, unsolvatisierten Stannyliumions R_3Sn^+ (*Lambert*, 1999).

Eine wichtige Anwendung der ^{119}Sn-NMR-Spektroskopie besteht im Studium von Assoziationsvorgängen in Lösung, bei denen die Koordinationszahl am Sn zunimmt. Der Übergang von KZ 4 auf KZ 5 bzw. KZ 6 ist von einer starken Hochfeldverschiebung begleitet, die sich diagnostisch einsetzen läßt.

Als Beispiel diene das Monomer/Polymer-Gleichgewicht für Trimethylzinnformiat:

Konz. in $CDCl_3$:	0.05 M	2.5 M
δ^{119}Sn:	+ 152 ppm	+ 2.5 ppm
Struktur:	monomer	polymer

In inerten Komplexen mit hoher Koordinationszahl wie $Me_2Sn(acac)_2$ (KZ 6) ist die chemische Verschiebung hingegen nicht konzentrationsabhängig.

Die skalare **Kopplung** $^1J(^{119}Sn,^{13}C)$ wird durch die *Fermi*-Kontaktwechselwirkung vermittelt, sie korreliert demgemäß mit dem s-Charakter der Sn–C-Bindung. Die Abstufung

$J(^{119}Sn,^{13}C)$	Me_4Sn	Me_3SnCl	Me_2SnCl_2	$MeSnCl_3$	
	-338	-380	-468	-472	Hz

illustriert die in der Hauptgruppenelementchemie universell anwendbare *Bentsche* **Regel: Mit zunehmender Polarität einer Bindung $E^{\delta+}-X^{\delta-}$ steigt der p-Charakter der Bindungsorbitale von E und sinkt deren s-Charakter.** Demgemäß zeigen Moleküle EX_2Y_2 eine Abstufung der Bindungswinkel XEX < YEY wenn X elektronegativer als Y ist.

In der Reihe Me_nSnCl_{4-n} nimmt die Kopplungskonstante $^1J(^{119}Sn,^{13}C)$ mit abnehmendem n zu, weil in den Bindungen zum elektronegativeren Cl-Atom Sn(p)-Charakter dominiert, in den Bindungen zum elektropositiveren C-Atom hingegen Sn(s)-Charakter. Eine qualitative Deutung der *Bents*chen Regel gab *Pauling* (1969), Probleme bei deren Anwendung auf Übergangsmetallverbindungen erläutert *Kaupp* (1999); vergl. auch Kap. 13.2.1.

8.3.1 Sn-Organyle der Koordinationszahlen 6, 5 und 4

Darstellung, Strukturen und Eigenschaften

$$4\ R_3Al + 4\ NaCl + 3\ SnCl_4 \xrightarrow{PE} 3\ R_4Sn + 4\ NaAlCl_4 \qquad \boxed{4}$$

$$4\ CH_2{=}CH{-}MgBr + SnCl_4 \xrightarrow{THF} (CH_2{=}CH)_4Sn + 4\ MgBrCl \qquad \boxed{4}$$

Verbindungen, die über ein gewisses Maß an CH-Acidität verfügen, lassen sich mittels Organozinnamiden metallieren:

$$Me_3SnNMe_2 + HC{\equiv}CPh \longrightarrow Me_3SnC{\equiv}CPh + Me_2NH \qquad \boxed{6}$$

Die Einführung von R_3Sn-Gruppen gelingt auch nucleophil in Form von Organo-stannylanionen:

$$Me_3SnCl + 2\ Na \xrightarrow[-NaCl]{} Me_3SnNa \xrightarrow[0\ °C]{RC_6H_4Br} RC_6H_4SnMe_3$$

R = CN, Acyl, OAc

Hydrostannierungen können Pd-katalysiert oder radikalisch geführt werden: $\boxed{8}$

$$R'CH{=}CH_2 + R_3SnH \xrightarrow[THF]{Pd(PPh_3)_4} R'CH_2CH_2SnR_3$$

In letzterem Falle entstehen allerdings häufig E/Z-Isomerengemische. Gemischt-substituierte Zinnorganyle finden breite Anwendung in der *Stille*-Kupplung (Kap. 18.2.4).

R_3Sn-Cyclopentadienyle besitzen, wie auch die entsprechenden Si- und Ge-Verbindungen, in Lösung fluktuierende Struktur. Derartige **metallotrope 1,2-Verschiebungen** wurden auch für größere Ringe nachgewiesen:

R = Alkyl, Aryl
Cyclopentadienyl

Die Fähigkeit des Zinns zur Ausbildung hypervalenter Spezies wie $SnCl_6^{2-}$ manifestiert sich auch in seiner Organometallchemie. So sprechen ^{13}C- und ^{119}Sn-NMR-Befunde für die Bildung von „at"-Komplexen (*Reich*, 1986):

$$(CH_3)_4Sn + LiCH_3 \rightleftharpoons Li^+[Sn(CH_3)_5]^-$$

Dabei unterliegt das zu Pentamethylstiboran Me_5Sb isoelektronische, trigonal bipyramidale Pentamethylstannation $[Sn(CH_3)_5]^-$ raschem Austausch der axialen und equatorialen Methylgruppen (Pseudorotation).

Die **Organostannane** R_4Sn sind gegenüber dem Angriff von O_2 und H_2O inert sowie meist auch thermisch belastbar. Me_4Sn zerfällt erst oberhalb 400 °C, labiler sind Zinnorganyle mit ungesättigten Resten, was sich präparativ ausnützen läßt:

$$(CH_2=CH)_4Sn + 4\ LiPh \longrightarrow 4\ CH_2=CHLi + Ph_4Sn \qquad \boxed{3}$$

Die Thiophilie des Zinns äußert sich in der Reaktion von Ph_4Sn mit Schwefel, bei der gewellte Sechsringe $(Ph_2SnS)_3$ gebildet werden:

$$3\ Ph_4Sn + 6\ S \xrightarrow{\quad 200\ °C \quad} \underset{}{\text{(gewellter Sechsring)}} + 3\ Ph_2S$$

Organozinnhalogenide R_nSnX_{4-n} entstehen durch Spaltung von Sn–C-Bindungen mittels Halogenwasserstoff oder Dihalogen.

$$Me_4Sn + HX \longrightarrow Me_3SnX + MeH$$

$$Me_4Sn \xrightarrow[-MeX]{X_2} Me_3SnX \xrightarrow[-MeX]{X_2} Me_2SnX_2$$

Diese Reaktion wird vermutlich durch einen Elektronentransferschritt (ET) eingeleitet, sie stellt ein Modell für andere M–C-Spaltungen der Organometallchemie dar (*Kochi*, 1980):

$$R_4Sn + X_2 \xrightarrow{ET} [R_4Sn^{+\cdot}\ X_2^{-\cdot}] \longrightarrow [R^{\cdot}\ R_3Sn^+\ X_2^{-\cdot}] \longrightarrow R_3SnX + RX$$

Weitere Darstellungsmethoden für Organozinnhalogenide:

$$Sn/Cu + 2\ MeCl \xrightarrow{200\text{–}300\ °C} Me_2SnCl_2 \qquad \text{(Direktverfahren)}\quad \boxed{1}$$

$$SnCl_2 + RCl \xrightarrow{Kat.\ SbCl_3} RSnCl_3 \qquad \text{(Oxidative Addition)}$$

$$R_4Sn + SnCl_4 \xrightarrow[rasch]{0\text{–}20\ °C} R_3SnCl + RSnCl_3 \xrightarrow[langsam]{180\ °C} 2\ R_2SnCl_2 \qquad \boxed{4}$$

$$SnCl_2 + HCl \xrightarrow{Et_2O} HSnCl_3 \cdot Et_2O \xrightarrow{R_2C=CHCOOR'} Cl_3SnCR_2CH_2COOR'\ \boxed{8}$$
$$\text{(Hydrostannierung)}$$

Organozinnhalogenide ermöglichen die Darstellung gemischt-substituierter Organostannane $R_2SnR'_2$, R_3SnR' etc. Strukturell neigen Organozinnhalogenide, -pseudohalogenide und -carboxylate zur Assoziation unter Ausbildung von σ-Donorbrücken:

Me₃SnF (Zers. 360 °C vor Erreichung des Fp.) bildet Ketten aus trans-eckenverknüpften trigonalen Bipyramiden mit unsymmetrischen Brücken Sn–F–Sn (*Trotter*, 1964). Wesentlich schwächer sind die Brücken Sn–Cl–Sn in festem Me₃SnCl (Fp.: 37 °C, Kp.: 152 °C), dessen Struktur mittels *Mößbauer*-Spektroskopie untersucht wurde.

$$d(Sn-F) = 212 \text{ pm}$$

Me₂SnF₂ (Zers. 400 °C vor Fp.) kristallisiert wie SnF₄ in einer Netzstruktur, wobei jeweils zwei axiale Methylgruppen und vier equatoriale, verbrückende Fluoridionen am Sn-Atom die KZ 6 erzeugen (*Schlemper*, 1966).

$$d(Sn-C) = 221 \text{ pm}$$

Me₂SnCl₂ (Fp. 106 °C, Kp. 190 °C) hingegen bildet im Kristall Zickzackketten aus stark verzerrten, kantenverknüpften Oktaedern mit schwachen Chloridbrücken (*Davis*, 1970).

Ein Vergleich der Strukturdaten für Me₃GeCN(s) und Me₃SnCN(s) demonstriert die größere Bereitschaft des Zinns zur Erweiterung der Koordinationssphäre (*Schlemper*, 1966):

Me₃GeCN KZ(Ge) = 4
gestauchte Tetraeder

Me₃SnCN KZ(Sn) = 5
trigonale Bipyramiden

Eine noch größere Neigung zu höheren Koordinationszahlen hat das Blei, indem bereits Ph₂PbCl₂ – im Gegensatz zu Me₂SnCl₂ – im Kristall die Koordinationszahl 6 aufweist (Ketten aus kantenverknüpften Oktaedern, symmetrische Brücken Pb–Cl–Pb). Somit wird die Realisierung einer höheren Koordinationszahl mit zunehmender Ordnungszahl des Zentralatoms und mit zunehmender Elektronegativität der Liganden bevorzugt. Die Assoziationstendenz ist dafür verantwortlich, daß chirale Tris(organo)zinnhalogenide in Lösung, im Gegensatz zu entsprechenden Verbindungen von C, Si und Ge, rasch racemisieren:

Folgereaktionen der Organozinnhalogenide erschließen viele neue Substanzklassen:

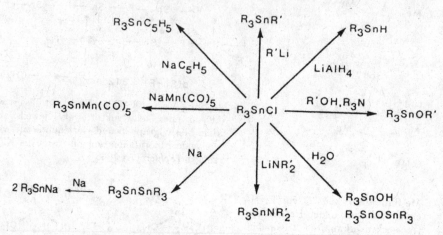

Die Hydrolyse der $\rangle$Sn–Cl-Bindung in saurer Lösung führt unter Erhaltung der Sn–C-Bindungen zunächst zu hydratisierten **Stannyliumionen**, die mit großen Anionen gefällt werden können:

$$Me_3SnCl \xrightarrow[NaBPh_4]{H_3O^+_{aq}} [Me_3Sn(OH_2)_2]^+ BPh_4^-$$

trigonal bipyramidal,
H_2O auf axialen Positionen

In wässrig alkalischem Medium entstehen aus Organozinnhalogeniden die entsprechenden **Organozinnhydroxide**, deren Kondensationsneigung mit abnehmendem Alkylierungsgrad zunimmt:

$$R_3SnCl \xrightarrow{OH^-/H_2O} R_3SnOH \xrightarrow[2x]{Na,C_6H_6} R_3Sn \diagdown O \diagup SnR_3 \xrightarrow{H_2O} 2\,R_3SnOH$$

Lösung: dimer   Stannoxan,   Stannanol,
Feststoff: polymer   Organozinn-   Organozinn-
                   oxid   hydroxid

$$R_2SnCl_2 \xrightarrow{OH^-/H_2O} R_2Sn(OH)_2 \longrightarrow (R_2SnO)_n$$

$$\nearrow^{OH^-} [R_2Sn(OH)_4]^{2-}$$

$$\searrow_{H_2SO_4} R_2SnSO_4$$

isolierbar
für R = t-Bu

Polystannoxane

—Sn—O—Sn—O—Sn—
—O—Sn—O—Sn—O—

$$RSnCl_3 \xrightarrow{OH^-/H_2O} \left\{ RSn(OH)_3 \right\} \longrightarrow (RSnOOH)_n$$

Stannonsäure
vernetzt, polymer

Der amphotere Charakter der Stannoxane steht in deutlichem Gegensatz zur inerten Natur der Siloxane, die sich in den Materialeigenschaften der Silicone äußert. Die Doppelkettenstruktur der Polystannoxane folgt aus ^{119}Sn-*Mößbauer*-Spektren.

Organozinnalkoxide können unter Verwendung einer Hilfsbase dargestellt werden:

$$R_3SnX + R'OH + Et_3N \longrightarrow R_3SnOR' + [Et_3NH]^+X^-$$

oder via Umalkoxylierung:

$$(R_3Sn)_2O + 2\ R'OH \xrightarrow[-H_2O]{} R_3SnOR' + H_2O$$

Ähnlich erfolgt auch die Synthese eines Bis(acetylacetonates) der Koordinationszahl 6 am Zinn:

$$R_2Sn(OMe)_2 + 2\ acacH \longrightarrow trans\text{-}R_2Sn(acac)_2 + 2\ MeOH$$

Organozinnamide sind nicht durch Ammonolyse von R_3SnCl, sondern nur durch nucleophile Substitution mittels Amid zu gewinnen:

$$R_3SnCl + LiNR'_2 \longrightarrow R_3SnNR'_2 + LiCl$$

$$Bu_3SnPh + KNH_2 \xrightarrow{NH_3(\ell)} Bu_3SnNH_2 + PhK$$

Organozinnamide haben Anwendung in der organischen Synthese gefunden:

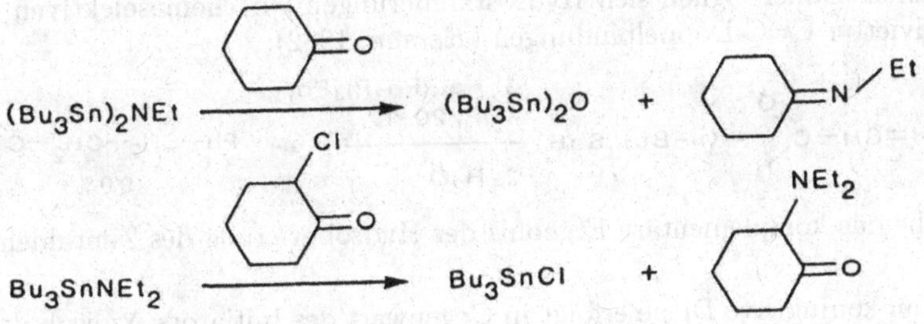

Organozinnhydride sind neben den Halogeniden die vielseitigsten Reagenzien. Sie sind aus letzteren bequem zugänglich:

$$R_nSnX_{4-n} \xrightarrow{LiAlH_4,\ Et_2O} R_nSnH_{4-n}$$

Organozinnoxide oder -alkoxide und $NaBH_4$ oder Natriumamalgam als Reduktionsmittel sind ebenfalls geeignet. Die Alkylstannane R_nSnH_{4-n} werden mit zunehmendem Alkylierungsgrad stabiler: Während SnH_4 bei Raumtemperatur langsam zerfällt, ist Me_3SnH unter Luftausschluß unbegrenzt haltbar.

Als wichtigste Reaktionen der Organozinnhydride sind zu nennen:

Hydrostannierung $\quad$ $\geq$Sn—H $\;+\;$ A≡B $\longrightarrow$ $\geq$Sn—A—B—H

Hydrostannolyse $\quad$ $\geq$Sn—H $\;+\;$ X—Y $\longrightarrow$ $\geq$Sn—Y $\;+\;$ HX

dehydrierende Kupplung $\geq$Sn—H $\;+\;$ H—Sn$\leq$ $\xrightarrow{\text{Kat.}}$ $\geq$Sn—Sn$\leq$ $+\;$ H$_2$

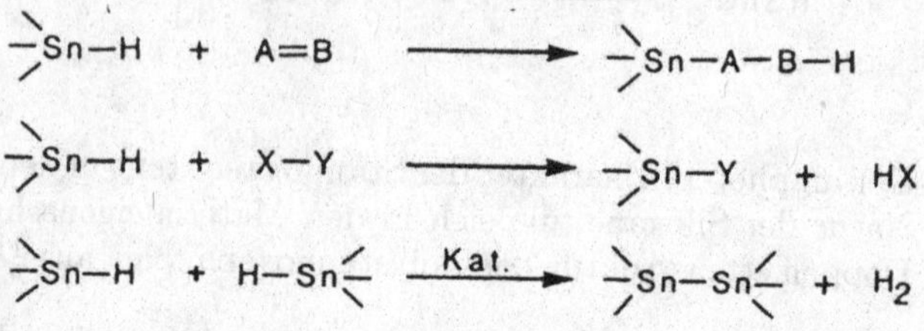

Die **Hydrostannierung** (*van der Kerk*, 1956) dient der Knüpfung neuer Sn-C-Bindungen, sie kann als 1,2 oder als 1,4-Addition erfolgen:

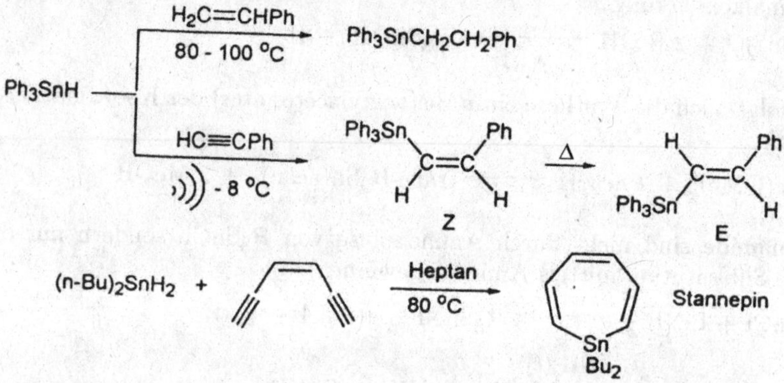

Unter diesen milden Bedingungen und in Abwesenheit von Katalysatoren (*Lewis*-Säuren und Radikalbildnern) werden polare Doppelbindungen wie C=O und C=N nicht angegriffen. Daher eignen sich Hydrostannierungen zur **chemoselektiven Hydrierung** aktivierter C=C-Doppelbindungen (*Keinan*, 1982):

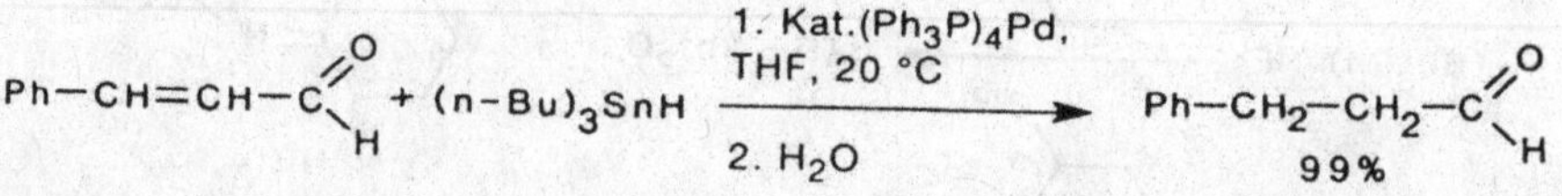

Man vergleiche das komplementäre Ergebnis der Hydroborierung des Zimtaldehyds (S. 89).

1,4-Addition an konjugierte Diene erfolgt in Gegenwart des Initiators Azoisobutyronitril (AIBN):

$$Et_3SnH + CH_2=CH-CH=CH_2 \xrightarrow{\text{AIBN}} Et_3SnCH_2-CH=CH-CH_3$$

Durch Wahl der Reaktionsbedingungen läßt sich Regioselektivität erzielen:

Gegenüber der Hydroborierung und der Hydrosilierung zeichnet sich die Hydrostannierung durch ihre **mechanistische Vielfalt** aus (*Neumann*, 1965). Die relative Schwäche und die geringe Polarität der Sn–H-Bindung eröffnet sowohl

- **radikalische Reaktionswege:** AIBN als Initiator und/oder UV-Bestrahlung, eingeleitet durch die Homolyse der Bindung $R_3Sn–H$, als auch
- **Hydridübertragungsprozesse:** Reaktionsmedium hoher Polarität, *Lewis*-Säure-Katalyse durch $ZnCl_2$, SiO_2, Reaktionspartner hoher Elektrophilie, gefördert durch Polarisierung der entsprechenden Mehrfachbindung.

Auch die **Hydrostannolyse** kann nach homolytischem oder nach heterolytischem Mechanismus ablaufen. Die geringe Polarität der Sn–H-Bindung bewirkt, daß Organozinnhydride, je nach der Natur des angreifenden Agens, als Spender für H^-, H^+ oder $H\cdot$ fungieren können:

$$R_3Sn–H + MeCOOH \longrightarrow R_3SnOOCMe + H_2 \qquad \text{R_3SnH als } H^- \text{-Spender}$$

$$4\ R_3Sn–H + Ti(NR'_2)_4 \longrightarrow (R_3Sn)_4Ti + 4\ HNR'_2 \qquad H^+ \text{-Spender}$$

$$2\ R_3Sn–H + R'_2Hg \longrightarrow (R_3Sn)_2Hg + 2\ R'H \qquad H\cdot \text{-Spender}$$

$$-\ Hg \downarrow \begin{array}{l} R = Me, -10\ °C \\ R = Ph, +100\ °C \end{array}$$

$$R_6Sn_2$$

Die homolytische Variante der Hydrostannolyse stellt eine der bequemsten Methoden für die Überführung $R–X \rightarrow R–H$ dar; sie erfolgt als Radikalkettenreaktion:

$$R'_3Sn–H \xrightarrow{\text{h}\nu \text{ oder AIBN}} R'_3Sn\cdot + H\cdot \qquad \text{(Start)}$$

$$R'_3Sn\cdot + R X \longrightarrow R'_3SnX + R\cdot$$

$$R\cdot + R'_3SnH \longrightarrow R H + R'_3Sn\cdot$$

Reaktivität: $RI > RBr > RCl \gg RF$

Ein Anwendungsbeispiel ist die selektive Reduktion geminaler Dihalogenide in Gegenwart anderer empfindlicher Gruppen (*Kuivila*, 1966):

Befinden sich das Halogenatom und die C=C-Doppelbindung in geeignetem räumlichem Abstand, so laufen radikalische **Cyclisierungen** ab, wobei die Bildung vom Fünfringen dominiert:

(*Walling*, 1966)

Substituenten an C5 begünstigen endo- zu Lasten der exo-Cyclisierung. Daneben sind aber auch größere Ringe sowie Heterocyclen über diese Organozinnroute zugänglich. Vielseitigkeit und die Möglichkeit stereochemischer Steuerung (*Beckwith*, 1980) haben Organozinnreagentien zu breiter Anwendung in der organischen Synthese verholfen.

Organopolystannane interessieren u.a. bezüglich der Neigung der Hauptgruppenelemente, homonukleare Ketten zu bilden. Diese Catenierungstendenz nimmt in der Gruppe 14 mit zunehmender Ordnungszahl zwar ab, jedoch sind im Falle des Zinns noch zahlreiche Spezies linearer, verzweigter und cyclischer Struktur bekannt. Es ist hierzu allerdings erforderlich, die schwache Sn–Sn-Bindung [D(Sn–Sn) = 151 kJ/mol, vergl. D(Si–Si) = 340 kJ/mol)] durch Alkylierung oder Arylierung abzuschirmen. Im Falle der unsubstituierten Stannane liegen über Sn_2H_6 hinaus keine sicheren Befunde vor. Die Darstellung von **Organooligostannanen** hingegen gelingt durch *Wurtz*-Kupplung:

$$Me_3SnBr \xrightarrow[NH_3(\ell)]{Na} Me_3Sn\text{–}SnMe_3 \xrightarrow{Na} 2\,Na^+ + 2\,Me_3Sn^-$$

$$\downarrow SnCl_4$$

$$Sn(SnMe_3)_4$$

$$Me_2SnCl_2 \xrightarrow[NH_3(\ell)]{Na} (Me_2Sn)_6 \quad + \quad ClMe_2Sn(SnMe_2)_nSnMe_2Cl$$

Dodecamethyl-cyclohexastannan   Kettenlänge variiert, je nach Reaktionsbedingungen, n ≤ 12.

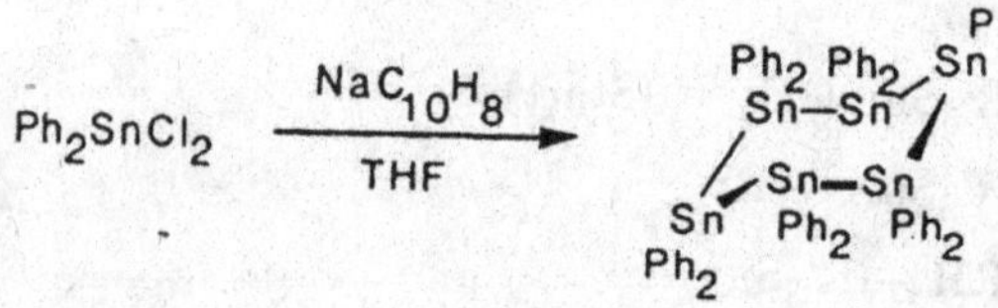

$Ph_2SnCl_2 \xrightarrow[THF]{NaC_{10}H_8}$

d(Sn–Sn) = 277 pm
vergl. graues Zinn:
d(Sn–Sn) = 281 pm
(*Dräger*, 1983)

In derartigen Cyclooligomerisierungen begünstigen tiefe Reaktionstemperaturen und sperrige Arylgruppen die Bildung kleiner Ringe:

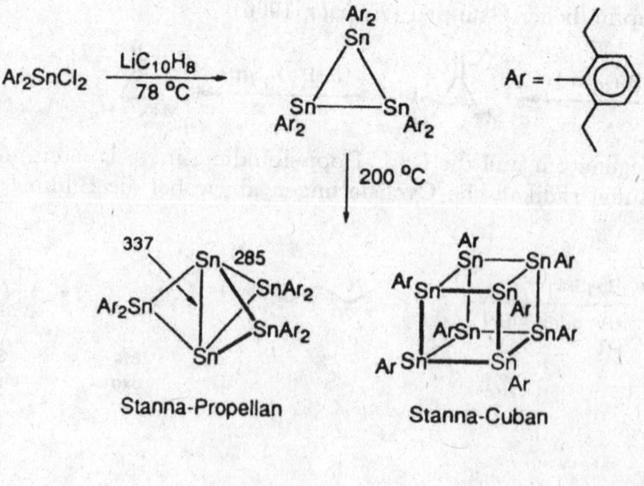

$Ar_2SnCl_2 \xrightarrow[78\,°C]{LiC_{10}H_8}$

Ar =

$\downarrow$ 200 °C

(*Masamune*, 1983)

(*Sita*, 1989)

Stanna-Propellan   Stanna-Cuban

Ferner eignet sich die **Thermolyse von Organozinnhydriden**:

$$Ar_2SnH_2 \xrightarrow[- H_2]{\text{Kat. DMF oder Pyridin}} (Ar_2Sn)_5 + (Ar_2Sn)_6$$

$$2\ R_3Sn\text{–}SnR_2H \xrightarrow[\text{Kat. Amine}]{\Delta,\ Pd(PPh_3)_4} R_3Sn(R_2Sn)_2SnR_3$$

sowie die **Hydrostannolyse**:

$$RSnH_3 + 3\ Me_3SnNEt_2 \xrightarrow{20\,°C} R\text{–}Sn\begin{array}{l}\diagup SnMe_3 \\ \text{—}SnMe_3 \\ \diagdown SnMe_3\end{array} + 3\ Et_2NH$$

Organooligostannane sind thermisch recht stabil (*Beispiel*: $Ph_3Sn\text{–}SnPh_3$, Fp. 237 °C), jedoch wesentlich luftempfindlicher als die Grundkörper R_4Sn. Hexamethyldistannan bildet an Luft bei Raumtemperatur langsam das Stannoxan $(Me_3Sn)_2O$, am Siedepunkt (182 °C) ist Me_6Sn_2 pyrophor. Hexaorganodistannane eignen sich gut zur Knüpfung von **Sn-Übergangsmetall-Bindungen**:

$$Me_6Sn_2 \begin{cases} \xrightarrow[-2\ Ph_3P]{(Ph_3P)_4Pt^0} trans\text{–}(Ph_3P)_2Pt^{II}(SnMe_3)_2 \\ \xrightarrow{Co_2(CO)_8} 2\ Me_3Sn\text{–}Co(CO)_4 \end{cases}$$

Diese Komplexe illustrieren die isovalenzelektronische Natur von R_3Sn^- und R_3P.

8.3.2 Sn-Organyle der Koordinationszahlen 3, 2 und 1 und deren Folgeprodukte

Organostannylanionen R_3Sn^- sind auf verschiedene Weise erhältlich:

$$\begin{array}{ll} R_3Sn\text{—}SnR_3 & \text{Na, THF} \\ R_3SnBr & \text{Na, NH}_3(l) \\ R_4Sn & \text{Na, NH}_3(l) \\ R_3SnH & \text{NaH, Et}_2O \end{array} \longrightarrow R_3SnNa \rightleftharpoons \left[\overset{..}{Sn}\underset{R}{\overset{R}{<}}\right]^- + Na^+$$

Die Lage des Dissoziationsgleichgewichtes hängt von der Natur von R und der Solvatationskraft des Lösungsmittels ab. Für Ph_3SnNa in $NH_3(\ell)$ wird weitgehende Dissoziation in Ionen angenommen, Me_3SnLi in $EtNH_2$ zeigt hingegen nur geringe Elektrolytleitfähigkeit. Alkalimetallorganostannite R_3SnM dienen auch zur Bindung des Zinns an Übergangsmetalle:

$$Ph_3SnLi + Ni(CO)_4 \xrightarrow[- CO]{THF} [Li(THF)_n]^+[Ni(CO)_3(SnPh_3)]^-$$

Während die Angabe einer Koordinationszahl 3 für Stannylanionen R_3Sn^- ebenso wie für Stannyliumionen R_3Sn^+ (S. 178) wegen der Ionensolvatation eigentlich nicht gerechtfertigt ist, sind die **Organostannylradikale $R_3Sn^{\cdot}$** uneingeschränkt als Spezies

mit dreifach koordiniertem Zinn zu betrachten. Ihre spontane Bildung durch homolytische Spaltung von Distannanen erfolgt nur, wenn durch Einbau sperriger Reste
nachgeholfen wird (*Neumann*, 1982):

$$Ar_3SnSnAr_3 \xrightarrow{\Delta} 2\ Ar_3Sn^{\cdot}$$

Ar =

Weitere Quellen für Organostannylradikale:

R_3SnH $\xrightarrow[77K]{(t-BuO)_2,\ h\nu}$

R_4Sn $\xrightarrow[77K]{\delta\text{-Strahlen}}$

R_3SnSnR_3 $\xrightarrow{h\nu}$

Stannylradikale $R_3Sn^{\cdot}$, formal Sn^{III}-Verbindungen, sind wie $R_3Ge^{\cdot}$ und $R_3Si^{\cdot}$ (aber im Gegensatz zu $R_3C^{\cdot}$) pyramidal gebaut. Dies läßt sich aus der großen Hyperfeinkopplungskonstanten
$a(^{119}Sn)$ im EPR-Spektrum folgern [*Beispiel:* $Ph_3Sn^{\cdot}$, $a(^{119}Sn) = 155$ mT], aufgrund derer das
einfach besetzte Orbital beträchtlichen $Sn(5s)$ Charakter besitzt (*Howard*, 1972). Die pyramidale Struktur der Stannylradikale ist somit in Einklang mit der *Bent*schen Regel (S. 175). Im
Falle planarer Struktur und einfacher Besetzung eines $Sn(5p)$ Orbitals wäre hingegen eine sehr
kleine Kopplungskonstante zu erwarten, die dann auf Spinpolarisation doppelt besetzter $Sn(s)$-
Orbitale bzw. von sp^2-Hybridorbitalen zurückzuführen wäre. Eine Konsequenz der pyramidalen
Struktur von $R_3Sn^{\cdot}$ ist die Möglichkeit, daß radikalische Reaktionen chiraler Organostannane
$RR'R''SnH$ unter Konfigurationserhaltung verlaufen. Dies wurde in Einzelfällen bestätigt.

Die Lebensdauer von Organozinnradikalen $R_3Sn^{\cdot}$ ist stark vom Raumbedarf der
Gruppen R abhängig: Die Spanne reicht von diffusionskontrollierter Dimerisierung
im Falle von $Me_3Sn^{\cdot}$ bis zu einer Halbwertszeit von einem Jahr für $[(Me_3Si)_2CH]_3Sn^{\cdot}$
(*Hudson*, 1976). Das Studium der Organozinnradikale wird u.a. durch die Rolle
gerechtfertigt, die sie als Zwischenprodukte in wichtigen Verfahren der organischen
Synthese spielen.

Organozinnmoleküle der Koordinationszahl 2 liegen in den **Stannylenen R_2Sn** vor.
Im Falle einfacher Alkyl- oder Arylsubstituenten R treten diese Stannylene, wie
auch die entsprechenden Germylene, Silylene und Carbene, nur als reaktive Zwischenstufen mit typischen Folgereaktionen auf:

Der sperrige Substituent Ar = 1,3,5-Tris(isopropyl)phenyl ermöglicht die Isolierung eines Distannylens, welches mit der trimeren Form Hexaarylcyclotristannan im thermischen Gleichgewicht steht (*Masamune*, 1985):

$$Ar_2SnCl_2 \xrightarrow[\substack{1. -78\,°C \\ 2. \quad 60\,°C}]{NaC_{10}H_8} \quad \substack{Ar_2 \\ Sn \\ / \quad \backslash \\ Ar_2Sn-SnAr_2} \quad \underset{-78\,°C}{\overset{\Delta H > 0 \\ \rightleftarrows \\ h\nu}{}} \quad Ar_2Sn=SnAr_2$$

$$Ar = 2,4,6-(iso-C_3H_7)_3C_6H_2$$

Die Dimerisierung zu $Ar_2Sn=SnAr_2$ in Lösung wird durch die Beobachtung von ^{117}Sn-Satelliten (I = 1/2) im ^{119}Sn-NMR-Spektrum angezeigt.

Ein bei Raumtemperatur in Lösung monomer vorliegendes Stannylen konnte durch Einführung des Substituenten Bis(trimethylsilyl)methyl dargestellt werden (*Lappert*, 1976):

$$2\ SnCl_2\ +\ 4\ LiR \xrightarrow[-4\ LiCl]{Et_2O,\ -10\,°C} 2 : Sn\underset{R}{\overset{R}{\diagdown}} \longrightarrow \underset{276\ pm}{\overset{41°\ \diagup R \diagdown 112°}{R\cdots Sn=Sn\overset{R}{\underset{R}{}}}}$$

R = CH(SiMe₃)₂   Lösung   Kristall

Auf diesem Wege ist auch das entsprechende Germylen R_2Ge sowie das Plumbylen R_2Pb erhältlich.

Die gewinkelte Struktur des Stannylens kann aus der Beobachtung von zwei Streckschwingungen, $\nu(Sn-C)_{antisym}$ **und** $\nu(Sn-C)_{sym}$, im IR-Spektrum gefolgert werden. Eine Diskussion der Bindungsverhältnisse der „nichtklassischen" Doppelbindung im trans-gefalteten Distannen bedient sich der für Disilene (S. 157) erwähnten Argumente. Entscheidend ist letztlich die größere s/p-Separierung für Atome höherer Reihen und die daraus folgende Abneigung, s-Charakter in Hybridorbitale einzubringen (S. 175). Eine weitere Konsequenz dieser Situation ist die gewinkelte Achse $\rangle Sn=Sn=Sn\langle$ (156°) im kürzlich dargestellten Tetrasupersilyltristannaallen $R_2Sn_3R_2$ (*Wiberg*, 1999).

Eine Erweiterung auf die Koordinationszahl 3 am Zinn erfährt $[(Me_3Si)_2CH]_2Sn$ in **Übergangsmetall-Stannylenkomplexen**:

$$R_2Sn + Cr(CO)_6 \xrightarrow[-CO]{h\nu} R_2SnCr(CO)_5 \quad (R = CH(SiMe_3)_2)$$

Weniger sperrige Stannylene bilden Übergangsmetallkomplexe, in denen durch *Lewis*-Basenaddition am Zinn die Koordinationszahl 4 erzeugt wird (*Marks*, 1973):

$$\substack{\text{t-Bu} \\ \text{Sn} \cdots\cdots Fe(CO)_4 \\ \text{t-Bu}}$$

^{119}Sn-Mößbauer-Spektren weisen für derartige Basenaddukte allerdings auf die Oxidationsstufe Sn^{IV} hin mit der Folge, daß die an Sn gebundenen Gruppen als R^- und $[Fe(CO)_4]^{2-}$ zu betrachten sind (*Zuckerman*, 1973).

Stannylenbrücken μ-SnR$_2$ können durch Photolyse bestimmter Zinn-Übergangs-metallderivate gebildet werden (*Curtis*, 1976):

$$2\ Me_2SnCl_2$$
$$+\ 4\ NaCo(CO)_4 \xrightarrow[-NaCl]{} 2\ Me_2Sn[Co(CO)_4]_2 \xrightarrow[-2\ CO]{\substack{h\nu \\ -50\,°C}}$$

Das am längsten bekannte Sn^{II}-Organyl ist das Di(cyclopentadienyl)zinn, **Stannocen** (*Fischer*, 1956):

$$SnCl_2 + 2\ NaC_5H_5 \xrightarrow[-2\ NaCl]{THF} (\eta^5\text{-}C_5H_5)_2Sn$$

Fp.: 105 °C, oxidations- und
hydrolyseempfindlich

Stannocen selbst besitzt eine gewinkelte Sandwichstruktur, die sich mit zunehmendem Raumbedarf der Substituenten in der Ringperipherie der gestreckten Form nähert:

$$d(Sn–C) = 271\ pm \qquad \bullet = CH_3 \qquad \circ = C_6H_5$$

Für die Diskussion der gewinkelten Stannocenstruktur im Geiste des VSEPR-Modells ist die Existenz eines nichtbindenden Elektronenpaares am Zinnatom wesentlich. Wie aber der Abstufung der Kippwinkel als Funktion des Substitutionsgrades zu entnehmen ist, spielen neben elektronischen auch sterische Faktoren eine strukturbestimmende Rolle Der jeweils realisierte Kippwinkel ist somit als Kompromiß sterischer Ligandabstoßung und effizienter Nutzung der Sn-Valenzorbitale für die Metall-Ligand-Bindungen zu verstehen. Dies sei anhand einer einfachen Valence-bond-Betrachtung erläutert:

Im gewinkelten Stannocen bildet das zentrale Sn^{2+}-Ion sp$_x$p$_z$-Hybridorbitale zur σ-Wechselwirkung mit a$_1$-Orbitalen der C$_5$H$_5^-$-Liganden (vergl. S. 128) und zur Unterbringung des nichtbindenden Elektronenpaares aus, das leere Sn(p$_y$)-Orbital kann mit den besetzten e$_1$-Orbitalen der C$_5$H$_5^-$-Liganden eine zusätzliche π-Bindung eingehen. Die geringe Interligand-Abstoßung der C$_5$H$_5^-$-Ringe wird hierbei toleriert. Im Decaphenylstannocen hingegen erzwingt die sterisch anspruchsvolle periphere Substitution eine axialsymmetrische Struktur, zur Metall←Ligand-σ-

Bindung steht jetzt aus Symmetriegründen nur noch ein $Sn(p_x)$-Orbital zur Verfügung. $Sn(p_y,p_z)$-Orbitale dienen der schwächeren Metall←Ligand-π-Bindung. Das nichtbindende Elektronenpaar besetzt in der linearen Form das $Sn(5s)$-Orbital. Diese Beschreibung behält ihre Gültigkeit, wenn man eine geringe s,p_x-Mischung zuläßt. Günstig ist jedenfalls der, verglichen mit der gewinkelten Struktur, höhere $Sn(5s)$-Charakter des nichtbindenden Elektronenpaares, welcher mit der mit steigender Ordnungszahl in einer Gruppe abnehmenden Bereitschaft, s-Elektronen in Hybride einzubringen, harmoniert. Der mäßig sperrige Ligand $C_5Me_5^-$ bewirkt im Kontinuum gewinkelt-linear einen Mittelwert des Kippwinkels. Die aus diesem Hybridisierungsmodell folgende hohe s-Elektronendichte am Kernort spiegelt sich im ^{119}Sn-NMR Spektrum in besonders starker Abschirmung, d.h. Absorption bei hohem Feld, wider (S. 174). Die Beobachtung einer Kopplung $^3J(^{119}Sn,^1H)$ für $(C_5Me_5)_2Sn$ ist als Hinweis auf partiell kovalente Natur der Metall-Ligand-Bindung zu werten. Verfeinerte MO-Betrachtungen zur Molekül- und Elektronenstruktur der Hauptgruppenmetallocene stellt *Jutzi* (1999) an.

Durch Metathese bildet sich ein Halbsandwichkomplex des Zinns mit – aus ähnlichen Gründen wie für Stannocen – gewinkelter Struktur (*Noltes*, 1975):

$(\eta^5\text{-}C_5H_5)_2Sn$ + SnX_2 ⟶ 2

X = Cl, Br

Die vielfältigen Folgereaktionen der Stannocene sind geprägt durch die Bindungsalternativen $\eta^1\text{-}C_5H_5$ und $\eta^5\text{-}C_5H_5$, die Tendenz zum Übergang $Sn^{II}\rightarrow Sn^{IV}$ und die Abspaltung eines C_5H_5-Liganden bei Angriff von *Lewis*-Säuren:

Die Reaktion von Stannocen mit BF_3 führt nicht, wie ursprünglich vermutet, zu dem einfachen Adduct $(C_5H_5)_2Sn \cdot BF_3$, sondern unter Verlust eines C_5H_5-Liganden zu einem lockeren Assoziat der Bausteine $[(THF)Sn(C_5H_5)]^+$, $[Sn(C_5H_5)_2]$ und $[BF_4]^-$ (*Zuckerman*, 1985).

Die Umsetzung von $(\eta^5\text{-}C_5Me_5)_2Sn$ mit Tetrafluoroborsäure bewirkt Protonierung und Abspaltung eines Liganden (*Jutzi*, 1979):

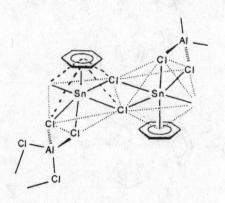

$(\eta^5\text{-}C_5Me_5)_2Sn \xrightarrow[\substack{-C_5Me_5H \\ -BF_4^-}]{HBF_4}$

Sn ⌐+ bzw. Sn ⌐+

Halbsandwich   Cluster

Das hochsymmetrische Kation $[(\eta^5\text{-}C_5Me_5)Sn]^+$ läßt sich am einfachsten als Spezies beschreiben, in der das einsame Elektronenpaar an Sn^{2+} und die sechs π-Elektronen des Liganden $C_5Me_5^-$ am Zentralatom eine Oktettkonfiguration schaffen. $[(\eta5\text{-}C_5Me_5)Sn]^+$ kann aber auch als Cluster aufgefaßt und seine Struktur mit Hilfe der *Wade*schen Regeln (S. 98) diskutiert werden.

Hierbei ist für den Baustein Sn^+ nur ein einzelnes zum Clusterzentrum gerichtetes Elektron als gerüstbindend zu betrachten. Es resultieren dann $1(Sn^+)+15(5\times \colon C\text{-}CH_3)$ = 16 Skelettbindungselektronen bzw. 8 SEP. Für den Cluster mit n = 6 Ecken sind somit (n+2) SEP verfügbar, was eine nido-Struktur zur Folge hat. Die Struktur von $[(\eta^5\text{-}C_5Me_5)Sn]^+$, eine pentagonale Bipyramide mit fehlender Ecke, bestätigt dies.

Wie im Falle von Ga, In, Tl (C_5H_5M versus $C_6H_6M^+$, S. 128) ist auch für die Elemente der Gruppe 14 die Frage nach der Existenz von **Aren-Metallkomplexen** zu stellen, in denen anstelle von $C_5H_5M^+$ als Strukturelemente $C_6H_6M^{2+}$-Einheiten vorliegen. In der Tat wurden aus Aromaten, $SnCl_2$ und $AlCl_3$ Spezies der Zusammensetzung $(ArH)Sn(AlCl_4)_2 \cdot ArH$ bzw. $(ArH)SnCl(AlCl_4)$ erhalten (*Amma*, 1979). Während ersterer Typ in seiner Struktur der analogen Pb-Verbindung entspricht (S. 199), weist letzterer dimere Einheiten $Sn_2Cl_2^{2+}$ auf.

Ausschnitt aus der Kettenstruktur von **$C_6H_6SnCl(AlCl_4)$** im Kristall. Das Rückgrat besteht aus einer Folge von Vierringen ($Sn_2Cl_2^{2+}$) und Achtringen (gebildet aus je einem Sn-Atom benachbarter $Sn_2Cl_2^{2+}$-Einheiten und zwei verbrückenden $AlCl_4^-$-Ionen).

Durch die lockere Bindung eines C_6H_6-Moleküls wird an Sn eine verzerrt oktaedrische Umgebung geschaffen. Man beachte auch hier wieder die weitgehende Bewahrung energetisch günstiger Koordination von Cl^--Ionen an Sn^{II}.

Koordinationszahl 1 besäße Zinn im **Stannylidin RSn**, welches aber, wie alle anderen Homologen RE der Gruppe 14, nur in dimerer Form oder an ein Übergangsmetall gebunden auftritt. Erstere Variante wurde von *Power* (2002) auf analoge Weise wie für E = Ge (S. 171) realisiert. Die *trans*-Biegung im Molekül 2,6-Dipp$_2$-H$_3$C$_6$SnSnC$_6$H$_3$-2,6-Dipp$_2$, Dipp = C$_6$H$_3$-2,6-(i-Pr)$_2$ ist mit einem Winkel SnSnC von 125° gegenüber dem Germaniumhomologen geringfügig erhöht.

Der Stannylidinkomplex Cl(PMe$_3$)$_4$W≡Sn-C$_6$H$_3$-2,6-Mes$_2$ geht auf *Filippou* (2003) zurück; die Achse WSnC ist linear und der W, Sn-Abstand extrem kurz, so daß von einer W,Sn-Dreifachbindung auszugehen ist.

Technische Anwendungen von Organozinnverbindungen

Zinnorganyle zeichnen sich neben ihrem Einsatz im Laboratorium durch eine besonders große Vielfalt der praktischen Anwendungsbereiche aus. Von der Produktion, die seit 1950 um mehr als das 50fache zugenommen hat, werden etwa 60% als **PVC-Stabilisatoren** verbraucht, 30% als **Biozide** und der Rest für spezielle Zwecke wie etwa der Entwicklung zinnorganischer Antitumormittel (*Gielen*, 1996).

PVC-Stabilisatoren gehören dem Bautyp R$_2$SnX$_2$ an (*Beispiel:* n-Bu$_2$Sn(SCH$_2$COO -i-C$_8$H$_{17}$)$_2$, ein Organozinn-thioglycolat). Ihre Wirkung beruht darauf, daß sie die progressive HCl-Abspaltung aus Polyvinylchlorid während der thermischen Verarbeitung (180–200 °C) unterdrücken, indem sie Chloridionen an reaktiven allylischen Zentren des Kunststoffes durch langkettige Thioglycolat-Reste ersetzen. Nach der Verarbeitung wirken die Organozinnverbindungen auch als UV-Stabilisatoren, radikalische Kettenreaktionen werden durch sie abgebrochen.

Ein weiterer Anwendungsbereich für Me$_2$SnCl$_2$ liegt in der Aufbringung dünner SnO$_2$-Schichten auf Glasoberflächen durch Behandlung bei 400–500 °C.

Verbindungen des Typs R$_3$SnX dienen als Biozide in der Schädlingsbekämpfung, als Fungizide, in der Anstrichkonservierung, generell als Desinfektionsmittel gegen Gram-positive Bakterien [*Beispiele:* Cy$_3$SnOH, (n-Bu$_3$Sn)$_2$O, n-Bu$_3$SnOOC-(CH$_2$)$_{10}$CH$_3$, Ph$_3$SnOOCCH$_3$]. Ein günstiger Aspekt ist der endgültige Abbau der Zinnorganyle zu harmlosem SnO$_2$·aq, ein bedenklicher Faktor hingegen die Abgabe toxischer R$_3$Sn$^+$(aq)-Ionen an die Umgebung.

Die **Toxizität** zinnorganischer Verbindungen wächst mit dem Alkylierungsgrad und sinkt mit der Kettenlänge der Substituenten. Maximale Toxizität weisen demnach Substanzen auf, die Me_3Sn^+ freisetzen können. Der Einsatz der bislang weitverbreiteten TBT(*tributyltin*)-Wirkstoffe (*Beispiel:* Bu_3SnX) unterliegt daher derzeit strikter Kontrollen (*Rouhi*, 1998).

Zunehmend skeptisch wird auch, trotz ihrer großartigen Erfolge, die Verwendung zinnorganischer Reagentien in der organischen Synthese betrachtet. Dies gilt insbesondere auf dem Bereich der Arznei- und Nahrungsmittel. Es ist sogar von einer „Flucht vor der Tyrannei des Zinns" die Rede, womit die Suche nach metallfreien Radikalquellen gemeint ist (*Walton*, 1998).

8.4 Bleiorganyle

Die Verbannung des Antiklopfmittels Bleitetraethyl aus Otto-Kraftstoffen hat einer Industrie, die zeitweise etwa 20% der Jahresproduktion des Bleis verbrauchte, weitgehend den Boden entzogen. Die Organobleichemie wurde damit auf Fragestellungen mehr akademischer Natur zurückgeworfen., Verglichen mit den leichteren Homologen C, Si, Ge und Sn fördert der große Atomradius des Bleis die Realisierung der höheren Koordinationszahlen 5–8. In Einklang mit dem metallischen Charakter des Bleis treten in ionisierenden Medien solvatisierte Organobleikationen auf. Die Neigung zur Ausbildung homonuklearer Metall-Metall-Bindungen („Catenierung") ist im Falle des Bleis fast gänzlich geschwunden [D(Pb–Pb) ≈ 100 kJ/mol]. Angesichts der Tatsache, daß für rein anorganische Verbindungen Pb^{II} die bevorzugte Oxidationsstufe darstellt, ist die bereitwillige Disproportionierung von Organobleiverbindungen mittlerer Oxidationsstufe zu Pb^0 und Pb^{IV} bemerkenswert. Vom energetischen Standpunkt aus betrachtet, wird die Organobleichemie durch die **Schwäche und Polarisierbarkeit der Pb–C-Bindung** [D(Pb–C) ≈ 130 kJ/mol] geprägt, die sowohl radikalische als auch ionische Reaktionswege zuläßt.

Die NMR-Spektroskopie profitiert in ihrer Anwendung auf Organobleiverbindungen von der Existenz des Isotops ^{207}Pb (23%, I = 1/2). Die chemischen Verschiebungen in ^{207}Pb-NMR-Spektren umfassen einen Bereich von 1300 ppm; die Faktoren, die zu Abschirmungsunterschieden führen, ähneln den Verhältnissen in Zinnorganylen. Kopplungskonstanten $^2J(^{207}Pb,^1H)$ können sowohl den ^{207}Pb-NMR als auch den ^{1}H-NMR Spektren (^{207}Pb-Satelliten) entnommen werden. Sie liegen zwischen 62 Hz [Me_4Pb] und 155 Hz [$Me_2Pb(acac)_2$] und liefern Hinweise auf den Pb-6s-Charakter in der Pb–CH₃-Bindung.

8.4.1 Pb^{IV}-Organyle

Darstellung und Eigenschaften

$$PbCl_2 + 2\ MeMgI \xrightarrow{Et_2O} \{PbMe_2\} + 2\ MgClI$$

$$\downarrow x\ 6$$

$$3\ Me_4Pb + 3\ Pb$$

4

$$Pb(OAc)_4 + 4\ RMgCl \xrightarrow{\text{THF, 5 °C}} R_4Pb + 4\ MgCl(OAc)$$

Ein vollständiger Verbrauch des eingesetzten Bleis gelingt auch durch Zusatz von MeI:

$$4\ MeLi + 2\ PbCl_2 \xrightarrow{\text{Et}_2\text{O}} Me_4Pb + 4\ LiCl + Pb$$

$$2\ MeI + Pb \longrightarrow Me_2PbI_2 \quad \text{(oxidative Addition)}$$

$$2\ MeLi + Me_2PbI_2 \longrightarrow PbMe_4 + 2\ LiI$$

Unsymmetrisch substituierte Pb^{IV}-Organyle lassen sich wie folgt gewinnen:

$$R_3PbCl + LiR' \longrightarrow R_3PbR' + LiCl \qquad \boxed{4}$$

$$R_3PbH + H_2C{=}CHR' \longrightarrow R_3PbCH_2CH_2R' \quad \textit{(Hydroplumbierung)} \quad \boxed{8}$$

Führt man die Alkylierung bei tiefer Temperatur durch, so werden Hexaorgano-diplumbane erhalten:

$$6\ RMgX + 3\ PbCl_2 \xrightarrow[-20\,°C]{\text{Et}_2\text{O}} R_3Pb{-}PbR_3 + Pb + 3\ MgX_2 + 3\ MgCl_2$$

$$\text{x2} \downarrow 25\,°C$$

$$3\ R_4Pb + Pb$$

Die einfachen **Organoplumbane** Me_4Pb und Et_4Pb sind farblose, stark lichtbrechende, giftige Flüssigkeiten, Ph_4Pb ist ein weißer kristalliner Feststoff. Diese Verbindungen werden unter Normalbedingungen von Luft, Wasser und Licht nicht angegriffen, erfahren aber bei höheren Temperaturen Spaltung in Pb, Alkan, Alken und H_2. Die thermische Stabilität von R_4Pb sinkt gemäß R = Ph > Me > Et > iso-Prop. Die Thermolyse von Me_4Pb in Pb und Methylradikale sowie der Transport abgeschiedenen Bleis durch die gebildeten Radikale sind Inhalte des klassischen Experimentes von *Paneth* (1929).

Tetraethylblei Et_4Pb wurde *Otto*-Kraftstoffen in der Konzentration 0.1% als Antiklopfmittel zugesetzt. Die Wirkungsweise besteht in einer Desaktivierung von Hydroperoxiden durch gebildetes PbO sowie in einem Abbruch radikalischer Kettenreaktionen des Verbrennungsvorganges durch Produkte der Et_4Pb-Homolyse:

$$Et_4Pb \longrightarrow Et_3Pb^{\cdot} + Et^{\cdot} \text{ (rasch bei } T > 250\,°C)$$

$$Et_4Pb + Et^{\cdot} \longrightarrow C_2H_6 + Et_3PbCH_2CH_2^{\cdot} \text{ usw.}$$

$BrCH_2CH_2Br$ als weiteres Additiv überführt PbO in flüchtige Pb-Verbindungen, die den Verbrennungsraum verlassen können. Um die Belastung der Umwelt durch toxische Bleiverbindungen einzuschränken, wurde als Ersatz u.a. Methylcyclopentadienyl(tricarbonyl)mangan (S. 472) vorgeschlagen. Längerfristig ist weltweit mit vollständiger Eliminierung der Bleialkyle aus *Otto*-Kraftstoffen zu rechnen.

Die Chemie der Substitutionsprodukte der binären Bleialkyle, R_nPbX_{4-n} (X = Hal, OH, OR, NR_2, SR, H etc.), zeigt nur graduelle Unterschiede zur entsprechenden

Organozinnchemie. Analoge Reaktionen verlaufen im Falle des Bleis im allgemeinen unter milderen Bedingungen.

Organobleihalogenide R_nPbX_{4-n} sind mittels Dihalogen, besser aber unter Verwendung von Halogenwasserstoff oder von Thionylchlorid darstellbar:

$$R_4Pb \xrightarrow[-RH]{HX} R_3PbX, R_2PbX_2$$

Die Reaktion mit HCl ist für Ph_4Pb 60mal schneller als für Ph_4Sn.

Verbindungen $RPbX_3$ nähern sich in ihrer Instabilität bereits dem $PbCl_4$ an. Eine Darstellungsmöglichkeit ist in der oxidativen Addition von RI an PbI_2 gegeben:

$$PbI_2 + MeI \longrightarrow MePbI_3$$

R_3PbX und R_2PbX_2 sind in Lösung solvatisiert monomer, im Feststoff werden Polymerketten mit Halogenbrücken, vergleichbar mit den Organozinnhalogeniden, gebildet. Die Assoziationstendenz ist für die Bleiverbindungen aber stärker ausgeprägt. Ähnliche Polymerketten liegen auch in Organobleicarboxylaten vor.

Organobleisulfinate entstehen durch SO_2-Einschiebung in die Pb–C-Bindung:

Die Bereitschaft zur Erhöhung der Koordinationszahl äußert sich in der Existenz zahlreicher Komplexionen:

$$\overset{\frown}{O \quad O} = CH_3COO^- \qquad \overset{\frown}{N \quad N} = Me_2N(CH_2)_2NMe_2 \text{ (TMEDA)}$$

Organobleihydroxide $R_nPb(OH)_{4-n}$ entstehen durch Hydrolyse der entsprechenden Chloride:

$$R_3PbCl + 1/2\ Ag_2O(aq) \longrightarrow R_3PbOH + AgCl$$

$$R_2PbCl_2 + 2\ OH^- \longrightarrow R_2Pb(OH)_2 + 2\ Cl^-$$

$R_2Pb(OH)_2$, im Bereich $8 < pH < 10$ die dominante Spezies, ist **amphoter**. Bei $pH > 10$ liegt $[R_2Pb(OH)_3]^-$ vor, bei $5 < pH < 8$ $[R_2Pb(OH)_2]^{2+}$ und bei $pH < 5$ $[R_2Pb(aq)]^{2+}$. Dikationen $R_2Pb_{(solv)}^{2+}$ bilden sich aus R_2PbCl_2 auch in anderen Medien, die Gruppen **R_2Pb^{2+}** ist, wie die isoelektronischen Einheiten R_2Tl^+ und

R_2Hg, **linear** gebaut. Die Kondensation von Organobleihydroxiden zu **Plumboxanen** erfolgt wenig bereitwillig, sie erfordert Abzug des Wassers am Vakuum oder Umsetzung mit Natrium:

$$2\ R_3PbOH \xrightarrow{\text{Na, }C_6H_6} (R_3Pb)_2O + NaOH + 1/2\ H_2$$

Umgekehrt werden Plumboxane leicht solvolytisch gespalten, mit Alkoholen erhält man **Organobleialkoxide**, die im Feststoff zu Ketten assoziieren.

$$(R_3Pb)_2O \xrightarrow[-\ H_2O]{R'OH} 1/n\ (R_3PbOR')n \xleftarrow[-\ NaCl]{NaOR'} R_3PbCl$$

Kettenstruktur von
$[(CH_3)_3PbOMe]_n$

Organobleialkoxide addieren sich an polare C=C-Doppelbindungen (**Oxyplumbierung**, *Davies*, 1967). Bei der Methanolyse des Adduktes entsteht wieder Et_3PbOMe, so daß dieses in der Addition von MeOH an Alkene als Katalysator wirkt:

Wie Zinn besitzt auch Blei hohe Affinität zu Schwefel, Pb–S-Bindungen sind wasserstabil:

$$2\ R_3PbX + NaHS \xrightarrow{0\ °C,\ H_2O} (R_3Pb)_2S + NaX + HX$$

$$R_3PbCl + R'SH + Py \longrightarrow R_3PbSR' + [PyH^+]Cl^-$$

Organobleihydride R_nPbH_{4-n} demonstrieren besonders deutlich die Abstufung in den Eigenschaften entsprechender Sn- und Pb-Verbindungen. Während Me_3SnH in inerter Umgebung bei Raumtemperatur unbegrenzt haltbar ist, zerfällt Me_3PbH bereits ab −40 °C, beschleunigt durch Licht, zu Pb, H_2, CH_4 und Me_3Pb–$PbMe_3$:

$$2\ Me_3PbH \xrightarrow{h\nu} 2\ Me_3Pb^\cdot + H_2$$

$$2\ Me_3Pb^\cdot \longrightarrow Me_3Pb\text{--}PbMe_3 \quad \text{(unter anderem)}$$

Thermisch etwas stabiler sind Verbindungen mit größeren Alkylresten wie Bu_3PbH, allen gemeinsam ist jedoch die hohe Licht- und Luftempfindlichkeit. Als Darstellungsmethoden eignen sich die Reaktionen:

$$R_3PbBr \xrightarrow{\text{LiAlH}_4,\ \text{Et}_2O} R_3PbH$$

$$(Bu_3Pb)_2O + Et_2SnH_2 \longrightarrow 2\ Bu_3PbH + (Et_2SnO)_n$$

Nicht zu Organobleihydriden führt die Umsetzung von **Organoplumbylanionen** R_3Pb^- mit Protonenspendern:

$$Ph_3PbCl \xrightarrow[-\ \text{NaCl}]{\text{Na, NH}_3(\ell)} NaPbPh_3 \xrightarrow[-\ \text{NaBr}]{\text{NH}_4\text{Br, NH}_3(\ell)} NH_4^+[PbPh_3]^-$$

Aus dieser und ähnlichen Reaktionen kann auf die folgende Abstufung der **Protonenaffinitäten** geschlossen werden:

$$Ph_3Si^- > Ph_3Ge^- > Ph_3Sn^- > Ph_3Pb^- \quad (\text{vergl. } NH_3 > PH_3 > AsH_3)$$

Die hohe Reaktivität der Pb–H-Bindung äußert sich in den milden Bedingungen, unter denen Reduktionen organischer Halogen- und Carbonylverbindungen ablaufen:

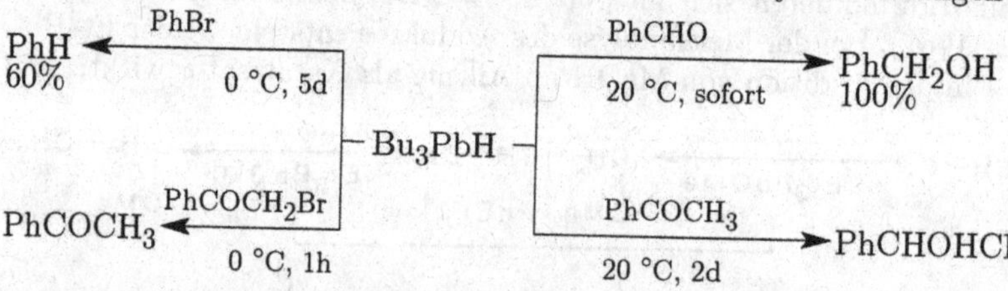

Für die Reaktionen mit Halogeniden werden radikalische Mechanismen angenommen, im Falle der Reduktion von Carbonylverbindungen sind polare Mechanismen nicht ausgeschlossen. Auch die **Hydroplumbierung** konjugierter Alkene und von Alkinen erfolgt bereits unter schonenden Bedingungen:

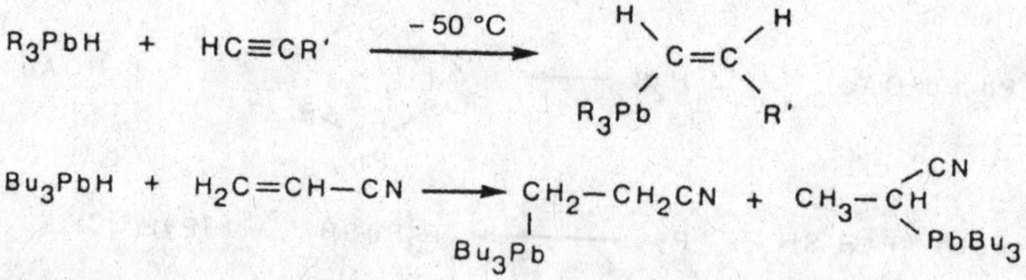

Medium	Mechanismus				
Et$_2$O, O °C	radikalisch	92	:	8	
BuCN, 20 °C	polar	24	:	76	

Dieser Vergleich zeigt, daß der Wechsel des Mediums einen Übergang von radikalischem zu polarem Mechanismus bewirken kann. Die radikalische Hydroplumbierung erfordert keinen Radikalstarter, da diese Rolle von der bereits bei 0 °C merklichen Homolyse der Pb–H-Bindung übernommen wird. Bu_3SnH hingegen bewirkt in

Abwesenheit eines Katalysators (5h, 0 °C) an $H_2C=CHCN$ keine Hydrostannierung. Dies demonstriert einmal mehr die, verglichen mit Organobleihydriden, höhere Stabilität der Organozinnhydride. Trotz gewisser Reaktivitätsvorteile hat die hohe **Toxizität** der Organobleiverbindungen deren breiten Einsatz in der organischen Synthese weitgehend verhindert.

8.4.2 Pb^{III}-, Pb^{II}- und Pb^{I}-Organyle

Organobleiverbindungen in Oxidationsstufen < IV liegen in Organoplumbylradikalen $R_3Pb^{•}$, Organoplumbanen $R(R_2Pb)_nR$, Plumbylenen R_2Pb und Plumbylidinen RPb vor. Aufgrund der niedrigen Pb-Pb-Bindungsenergie sind Verbindungen mit **Pb$_n$-Ketten** nur in wenigen Fällen charakterisiert worden.

Neben den bereits genannten Diplumbanen $R_3Pb–PbR_3$ verdienen die Propan- und Neopentananaloga $(cyclo-Hex)_8Pb_3$ (*Dräger*, 1986) und $(Ph_3Pb)_4Pb$ Erwähnung. Letzteres entsteht in unübersichtlicher Reaktion:

$$Ph_3PbCl \xrightarrow[- LiCl]{Li, THF} Ph_3PbLi \xrightarrow[0\ °C]{H_2O,\ O_2} (Ph_3Pb)_4Pb \qquad [\text{rot, thermolabil}]$$

Die aus *Grignard*-Reagenzien und $PbCl_2$ leicht zugänglichen Hexa(aryl)diplumbane (*van der Kerk*, 1970) zeigen vielfältige Folgereaktionen, die in bereits erwähnte Substanzklassen führen:

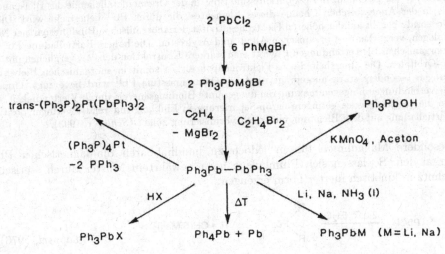

Trotz der Schwäche der Pb–Pb-Bindung ist die Einstellung des Dissoziationsgleichgewichtes $R_3Pb–PbR_3 \rightleftharpoons 2\ R_3Pb^{•}$ nicht beobachtbar; eine Lösung von Hexa(mesityl)diplumban in Biphenyl bleibt sogar bis zum Zersetzungspunkt (ca. 300 °C) diamagnetisch. Geringe Substituentenabstoßung im Dimeren und unwesentliche Resonanzstabilisierung des Monomeren dürften diesen Befund erklären.

Organoplumbylradikale lassen sich jedoch bei tiefer Temperatur auf anderen Wegen erzeugen und ESR-spektroskopisch studieren:

$$Me_3PbCl \xrightarrow{Na,77K} \quad Me{-}\underset{\underset{Me\cdot}{|}}{Pb}\cdots Me \quad \xleftarrow{\gamma,\,77K} \quad Me_4Pb$$

Wie die entsprechenden Radikale $Me_3E\cdot$ (E = Si, Ge, Sn), aber im Gegensatz zum Methylradikal, ist $Me_3Pb\cdot$ pyramidal gebaut (vergl. S. 161).

Plumbylene R_2Pb treten im allgemeinen nur als reaktive Zwischenstufen auf, so etwa im Zerfall von Organo-Oligoplumbanen:

$$Me_3Pb{-}PbMe_3 \xrightarrow[-Me_4Pb]{\substack{Raumtemp. \\ Tageslicht}} \{Me_2Pb\}$$

$$\downarrow Me_3PbPbMe_3$$

$$Me_3Pb{-}\underset{\underset{Me}{|}}{\overset{\overset{Me}{|}}{Pb}}{-}PbMe_3 \longrightarrow Pb \;+\; 2\,Me_4Pb$$

Diese spontane Disproportionierung des zierlichen Plumbylens $PbMe_2$ in Pb + $PbMe_4$ ist Ausdruck der Dominanz der Oxidationsstufe Pb^{IV} in der Organometallchemie des Bleis, anders als in der Anorganischen Chemie dieses Elementes, die durch Pb^{II} beherrscht wird. Dieser Gegensatz beruht auf der höheren Elektronegativität der anorganischen Bindungspartner N, O, Halogen, verglichen mit organischen Alkyl- und Arylresten. Die höhere Partialladung $Pb^{\delta+}$ in anorganischen Bleiverbindungen bewirkt eine stärkere Kontraktion der 6s–, verglichen mit den 6p-Orbitalen. Die „Inertheit des 6s-Elektronenpaares" ist somit in anorganischen Bleiverbindungen besonders stark ausgeprägt, und die Oxidationsstufe Pb^{II} wird bevorzugt. Organobleiverbindungen hingegen maximieren die gesamte Bindungsenergie durch Vierbindigkeit, wobei die vergleichsweise geringere 6s/6p-Separierung in Einklang mit relativ geringer positiver Partialladung auf dem Bleiatom, eine sp³-Hybridisierung zuläßt (*Schleyer*, 1993).

Besondere Maßnahmen führen jedoch zu handhabbaren diamagnetischen Pb^{II}-Organylen. So lassen sich Plumbylene nach bewährtem Muster durch sterischen Schutz in kinetisch inerter Form erzeugen:

$$PbCl_2 \xrightarrow{2\,LiR,\,Et_2O} \quad \underset{R}{\overset{R}{\diagdown}}Pb: \qquad R = CH(SiMe_3)_2$$

(*Lappert*, 1976)

$$\angle\,CPbC\;94^\circ \qquad R = $$

(*Edelmann*, 1991)

Wie die entsprechende Sn-Spezies binden Plumbylene an Übergangsmetalle, *Beispiel:* $[(Me_3Si)_2CH]_2Pb=Mo(CO)_5$. Einfachere Plumbylene koordinieren als einzähnige Liganden durch Donorliganden B stabilisiert (*Marks*, 1973) oder verbrückend ohne selbige:

$$2\ R_2PbCl_2\ +\ 2\ Na_2Fe(CO)_4\ \xrightarrow{\text{THF}}\ (CO)_4Fe \underset{\underset{R_2}{Pb}}{\overset{\overset{R_2}{Pb}}{\diagdown \diagup}} Fe(CO)_4$$

$$B \Updownarrow$$

$$2\ (CO)_4Fe-PbR_2$$
$$\uparrow$$
$$B$$

R = Et, *n*-Bu, Ph
B = THF, Py etc.

Hier wäre allerdings wieder die Wahl plausibler Oxidationszahlen zu diskutieren: Die hohe Stabilität des Tetracarbonylferrates $[Fe(CO)_4]^{2-}$ (S. 348) und die Bevorzugung hoher formaler Oxidationszahlen in der Organometallchemie des Bleis lassen die Zuordnung Fe^{-II}, Pb^{IV} in obigen „Plumbylen"-Komplexen realistischer erscheinen. Übergangsmetallkomplexe mit verbrückenden PbR_2-Einheiten wurden bereits von *Hein* (1947) beschrieben.

Wie für Silylene, Germylene und Stannylene interessiert auch für Plumbylene die Lage des Monomer-Dimer-Gleichgewichtes, gleichbedeutend mit der Frage nach der Existenz von $Pb(p\pi)$-$Pb(p\pi)$-Doppelbindungen. Plumbylene PbR_2 mit R = 2,4,6-$(CF_3)_3C_6H_2$ und R = $CH(SiMe_3)_2$ sind auch im Kristall monomer. Dimerisierung wird hingegen für R = 2,4,6-$(i$-Pr$)_3C_6H_2$ beobachtet (*Weidenbruch*, 1999):

$$2\ PbCl_2\ +\ 4\ RMgBr\ \xrightarrow{-110\rightarrow20\,^\circ C}\ 2\ R_2Pb: \rightleftharpoons R\overset{R}{\underset{R}{\diagdown}}Pb{=}Pb\overset{44^\circ}{\diagup} R$$

R = 2,4,6-$(i$-Pr$)_3C_6H_2$ Lösung   Kristall (305 pm)

Damit ist die **E=E-Doppelbindung** für alle Elemente der Gruppe 14 (**C, Si, Ge, Sn, Pb**) experimentell verwirklicht. Als wichtigster Trend ist die Abnahme der Element-Element-Bindungsenergie zu nennen, die mit zunehmender Ordnungszahl von E höhere Anforderungen an die Natur der sterischen Schutzgruppe stellt. Die geringe Dimerisierungstendenz des Plumbylens ist auf die besonders hohe energetische Separierung und radiale Inkompatibilität der $Pb(6s,p)$-Orbitale zurückzuführen. Zu dieser trägt neben den Abschirmungseigenschaften auch relativistisch bedingte $Pb(6s)$-Orbitalkontraktion bei (*Pyykö*, 1988).

Ferner illustriert die Reihe das bereits angesprochene Problem einer Bindungslängen/Bindungsordnung-Korrelation (S. 132), denn der Abstand $d(Pb=Pb)$ = 305 pm für die „nichtklassische Doppelbindung" im *Weidenbruch*-Diplumben überschreitet den Wert $d(Pb–Pb)$ = 285–290 pm in einfach gebundenen Diplumbanen (*Dräger*, 1986)!

Auch das **Plumbocen** (*Fischer*, 1956) ist eine Organo-Pb^{II}-Verbindung:

$$PbX_2 + 2\,NaC_5H_5 \xrightarrow{\text{DMF, THF}} (\eta^5\text{-}C_5H_5)_2Pb + 2\,NaX$$

(X = Cl, OAc)

gelb, sublimierbar, Fp. 138 °C,
luft- und wasserempfindlich,
Dipolmoment $\mu = 1.2$ Debye (D)
(1 D = 3.33×10^{-30} C m)

Im Einklang mit dem Dipolmoment wird für Plumbocen, wie für Stannocen, in der Gasphase eine gewinkelte Sandwichstruktur gefunden; im Festkörper liegt dagegen eine polymere Kettenstruktur vor (*Hanusa*, 1998):

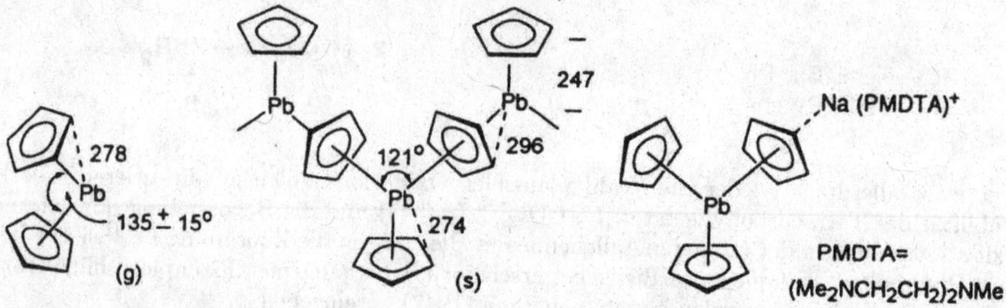

Ausschnitte aus der Polymerstruktur des Plumbocens lassen sich auch in Form von Plumbat-Kompexanionen realisieren, entstanden durch Addition von $C_5H_5^-$ (*Wright*, 1997):

$$Pb(C_5H_5)_2 + NaC_5H_5 \xrightarrow{\text{PMDTA}} [Na(PMDTA)]^+[Pb(C_5H_5)_3]^-$$

Auch höhere Aggregate wie $[Pb_2(C_5H_5)_5]^-$ und $[Pb(C_5H_5)_2]_6$ (cyclisch) sind bekannt. Eine solche „at"-Komplexbildung könnte auch die elektrische Leitfähigkeit erklären, die an Lösungen von Plumbocen in Ethern beobachtet wurde (*Strohmeier*, 1962):

$$(C_5H_5)_2Pb \xrightleftharpoons{\text{THF}} [(C_5H_5)Pb(THF)]^+ + [(C_5H_5)_3Pb]^-$$

Das Kation in diesem Gleichgewicht entspricht dabei den, mit anderen Gegenionen isolierten Halbsandwichkationen $(C_5Me_5)M^+$ (M = Ge, Sn).

In seinen Reaktionen ähnelt Plumbocen dem Stannocen:

$$(\eta^5\text{-}C_5H_5)_2Pb \quad
\begin{cases}
\xrightarrow{\text{ROH}} Pb(OR)_2 + 2\,C_5H_6 \\
\xrightarrow{\text{HX}} (\eta^5\text{-}C_5H_5)PbX \text{ (gewinkelt)} \\
\xrightarrow{\text{BF}_3} (\eta^5\text{-}C_5H_5)_2Pb \cdot BF_3
\end{cases}$$

Der hohe Schmelzpunkt (Fp. 330 °C) von $(C_5H_5)PbCl$ deutet, wie auch im Falle von $(C_5H_5)_2Pb \cdot BF_3$, auf polymere Strukturen hin (*Puddephatt*, 1979):

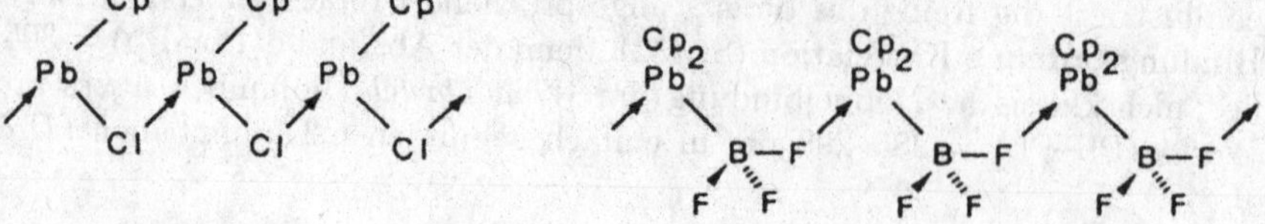

Die Bevorzugung der niedrigeren Oxidationsstufe Pb^{II} manifestiert sich im unterschiedlichen Verhalten von Stannocen und Plumbocen gegenüber Methyliodid:

$$CH_3I \begin{array}{c} \xrightarrow[\text{Oxidative Addition}]{(\eta^5\text{-}C_5H_5)_2Sn} (\eta^1\text{-}C_5H_5)_2(CH_3)SnI \\[2em] \xrightarrow[\text{Substitution}]{(\eta^5\text{-}C_5H_5)_2Pb} (\eta^5\text{-}C_5H_5)PbI + C_5H_5CH_3 \end{array}$$

Für die bei Hauptgruppenelementen schwache η^6-Koordination von Arenen liefert auch Pb^{II} ein *Beispiel* (*Amma*, 1974):

$$PbCl_2 + 2\ AlCl_3 \xrightarrow[\text{2. Krist.}]{\text{1. } C_6H_6,\ 80\ °C} [(\eta^6\text{-}C_6H_6)Pb(AlCl_4)_2]\cdot C_6H_6$$

Es liegt eine Kette aus Pb^{II}-Ionen und $AlCl_4^-$-Tetraedern vor, die Koordinationssphäre um Pb^{II} wird durch ein weiteres zweizähnig bindendes $AlCl_4^-$-Ion sowie einen η^6-C_6H_6-Liganden ergänzt. Der verglichen mit Plumbocen größere Pb–C-Abstand signalisiert eine schwächere Bindung. Das zweite Benzolmolekül der empirischen Formel befindet sich außerhalb der Koordinationssphäre des Bleis.

Plumbylidin RPb, formal eine Pb^I-Spezies, existiert bislang nur als Ligand in Komplexen des Typs $L_nM\equiv Pb$–Ar (*Filippou*, 2004) und als sterisch geschütztes „Diplumbin" ArPbPbAr (*Power*, 2000):

$$2\ Pb(Br)Ar \xrightarrow[\substack{-\ 2\ Br^- \\ -\ H_2}]{LiAlH4} \overset{\displaystyle Ar}{\underset{\displaystyle Ar}{\cdot Pb-Pb\cdot}}$$

$Ar = 2,6\text{-}(2,4,6\text{-}i\text{-}Pr_3C_6H_2)_2C_6H_3$
$d(Pb–Pb) = 319$ pm
$\sphericalangle\ PbPbC = 94°$

Wie man den Strukturdaten entnimmt, ist in ArPbPbAr der Metall,Metall-Dreifachbindungscharakter gänzlich verschwunden, denn der Pb,Pb-Abstand überschreitet sogar die Bindungslänge einer Pb,Pb-Einfachbindung (308 pm) und die Vektoren C_{Ar}-Pb stehen senkrecht auf die Pb–Pb-Achse.

Nachdem nun die Reihe ArEEAr (E = C, Si, Ge, Sn, Pb) experimentell vollständi-
belegt ist, können Struktur- und Bindungsverhältnisse vergleichend diskutiert werden (*Power*, 2004).

Ar–EE–Ar	C	Si	Ge	Sn	Pb
$\sphericalangle\ C_{Ar}EE\ °$	180	137	129	125	94
d(E,E) pm	120	206	228	267	319
vergl. d(E–E)	154	232	244	277	290
Einfachbindung					

| E-Hybridisierung: | sp | | $\approx sp^2$ | | keine |

Bindungswinkel und Bindungslängen (relativ zu den Werten für E–E-Einfach-
bindungen) zeigen, daß im Alkin ArCCAr sicher eine –C≡C–-Dreifachbindung, im
„Diplumbin" ArPbPbAr hingegen eine Pb–Pb-Einfachbindung vorliegt. Die Spezies
ArEEAr (E = Si, Ge, Sn) liegen zwischen den Extremwerten der Bindungsordnung.
Dieser Gang läßt sich bereits mittels der *Bent*'schen Regel (S. 175) deuten, gemäß
derer mit zunehmend elektropositivem Charakter eines Zentralatoms Bindungen
zunehmenden p-Charakters gebildet werden. Im Grenzfall Alkin liegt C(sp)-
Hybridisierung vor. Im Grenzfall „Diplumbin" hingegen haben sowohl die Pb–Pb-
als auch die Pb–C-Bindungen reinen p-Charakter und das nichtbindende „inerte"
Elektronenpaar am Blei besetzt jeweils ein 6s-Orbital. Für „Disilin", „Digermin"
und „Distannin" kann in grober Näherung von $E(sp^2)$-Hybridisierung ausgegangen
werden. Somit nimmt die E,E-Bindungsordnung mit zunehmender Ordnungszahl
stetig ab, und die Bezeichnung „Dimetallin" ist eigentlich nur für Alkine gerechtfertigt. Dies steht übrigens im Einklang mit der Doppelbindungsregel (S. 153).

Organobleiverbindungen in vivo

Bleiorganische Verbindungen haben im Prinzip viele potentielle Anwendungsbereiche mit Zinnorganylen gemeinsam. Die **Toxizität** des Bleis hat jedoch den Einsatz
von Bleiorganylen als Biozide oder als Kunststoffadditive weitgehend verhindert.
Dies gilt nicht im Bereich der Benzinadditive, wo erst in jüngster Zeit einschränk-
ende Maßnahmen ergriffen wurden.

Wie auch im Falle von Hg und Sn besitzen für Pb die hochalkylierten Organometall-
kationen R_3Pb^+ und R_2Pb^{2+} die größte Toxizität. Derartige Ionen entstehen sowohl
durch **Biomethylierung** anorganischer Bleiverbindungen als auch als Metabolite von
Bleitetraorganylen im Organismus. R_3Pb^+ hemmt die oxidative Phosphorylierung
sowie u.a. die Funktion der Glutathiontransferasen. R_2Pb^{2+} blockiert Enzyme, die
benachbarte Thiolgruppen aufweisen. Anorganisches Pb^{2+} hingegen wird in der
Knochensubstanz angereichert, wo es Ca^{2+} ersetzt. Die **Chelattherapie** ist zur Aus-
scheidung von Organobleiverbindungen wenig geeignet, da Komplexbildner wie
Diethylentriaminpentaacetat oder Penicillamin nur skelettgebundenes Pb^{2+} mobili-
sieren.

9 Elementorganyle der Stickstoffgruppe (Gruppe 15)

Der umfassende Begriff „Elementorganische Chemie" ist in der Gruppe 15 besonders gerechtfertigt, denn die organische Chemie des Nichtmetalles Phosphor, der Halbmetalle Arsen und Antimon sowie des Metalles Bismut weist vielfältige innere Zusammenhänge auf. Was praktische Anwendungen in Technik und Laboratorium betrifft, steht die Chemie der As-, Sb- und Bi-Organyle ganz im Schatten der Organyle der Gruppen 13 und 14. Die Addition von Organoelementhydriden an ungesättigte Systeme, die sich als Hydroborierung, Hydroaluminierung und Hydrostannierung in der organischen Synthese bewährt hat, findet in der Gruppe 15 keine Entsprechung, denn die Organoelementhydride von P, As, Sb und Bi sind schwierig zu handhabende Verbindungen hoher Labilität. Das große Interesse, welches der pharmakologischen Wirkung von As-Organylen zu Beginn des 20. Jahrhunderts zukam, ist mit der Entdeckung der Antibiotika geschwunden. Andere technische Anwendungen sind durch die **hohe Toxizität As-, Sb- und Bi-organischer Verbindungen** eingeschränkt, in der Halbleiterproduktion spielen aber Arsenorganyle als Komponenten des MOCVD-Verfahrens (metal-organic chemical vapor deposition) eine gewisse Rolle.

Größere Bedeutung haben Organyle der Gruppe 15 als σ–**Donor/π-Akzeptor-Liganden in Übergangsmetallkomplexen**. Aktualität besitzt auch die Einbeziehung von P, As, Sb und Bi in $\mathbf{E=E(p_\pi\text{-}p_\pi)}$ und $\mathbf{E=C(p_\pi\text{-}p_\pi)}$-**Mehrfachbindungssysteme**. Die begrenzte praktische Anwendbarkeit einerseits und die große Vielfalt der Struktur- und Bindungsverhältnisse andererseits machen die Metallorganik von As, Sb und Bi derzeit mehr zu einer „Chemie für Chemiker".

Die Vielfalt beruht vor allem auf der Realisierung **zweier** Oxidationsstufen, E^{III} und E^V, die hier, im Gegensatz zu den Metallen der Gruppen 13 und 14, **beide** zu umfangreichen elementorganischen Verbindungsklassen führen. Hinzu kommt die Variation der Koordinationszahlen, die Existenz von Verbindungen, die unterschiedliche Substituenten tragen (z.B. $R_nE^VX_{5-n}$, n = 1–4) mit den entsprechenden Isomeriefällen, und die Bildung von Oligomeren und Polymeren durch Kondensation oder durch *Lewis*-Säure/Base-Wechselwirkung.

Die Abnahme der Energie sowohl homonuklearer (E–E)- als auch heteronuklearer (E–C, E–H)-Bindungen gemäß P > As > Sb > Bi (vergl. S. 24) prägen, wie in den Gruppen 13 und 14, auch in der Gruppe 15 das Bild. In der gleichen Richtung nimmt die Polarität der E–C-Bindung zu.

Während ^{31}**P-NMR** Routine ist, wurde ^{75}**As-NMR** (100%, I = 3/2) bislang nur selten eingesetzt. Zur Aufklärung der Strukturverhältnisse hat auch die ^{121}**Sb-Mößbauer-Spektroskopie** wertvolle Beiträge geliefert.

Abweichend von den Gruppen 13 und 14 erfolgt die Besprechung der schwereren Homologen As, Sb und Bi gemeinsam; Organophosphorverbindungen werden nur erwähnt, sofern sich interessante Parallelen abzeichnen.

9.1 E^V-Organyle (E = As, Sb, Bi)

Die folgene Übersicht zeigt ausgewählte Beispiele E^V-organischer Verbindungen (X = Hal, OH, OR, 1/2 O) sowie die Benennung der entsprechenden Stammverbindung (R = H). Binäre Hydride und Organoelementhydride sind für die Stufe E^V nicht bekannt. Für *gekennzeichnete Spezies liegen Röntgenstrukturbestimmungen vor.

	As^V	Sb^V	Bi^V
[R$_6$E]$^-$	Li$^+$[As(2,2'-PhPh)$_3$]$^-$	Li$^+$[SbPh$_6$]$^-$	*Li$^+$[BiMe$_6$]$^-$
R$_5$E	*Ph$_5$As (Arsoran bzw. λ^5-Arsan)	*Ph$_5$Sb (Stiboran bzw. λ^5-Stiban)	*Me$_5$Bi (Bismoran bzw. λ^5-Bismutan)
[R$_4$E]$^+$	[Me$_4$As]$^+$Br$^-$ (Arsonium)	[Ph$_4$Sb]$^+$[BF$_4$]$^-$ (Stibonium)	*[Me$_4$Bi]$^+$[SO$_3$CF$_3$]$^-$ (Bismutonium)
R$_4$EX	Me$_4$AsOMe	*Me$_4$SbF, Ph$_4$SbOH	Ph$_4$BiONO$_2$
R$_3$EX$_2$	*Me$_3$AsCl$_2$ (Ph$_3$AsO·H$_2$O)$_2$	*Me$_3$SbF$_2$ Ph$_3$Sb(OMe)$_2$	*Ph$_3$BiCl$_2$ Ph$_3$BiO
R$_2$EX$_3$	Me$_2$AsCl$_3$ *Me$_2$AsO(OH) (Arsinsäure)	*Ph$_2$SbBr$_3$ Ph$_2$SbO(OH) (Stibinsäure)	
REX$_4$	PhAsCl$_4$ PhAsO(OH)$_2$ (Arsonsäure)	MeSbCl$_4$ PhSbO(OH)$_2$ (Stibonsäure)	

9.1.1 Pentaorganoelementverbindungen R$_5$E

Darstellung

Die starke Oxidationskraft der Halogenide EX$_5$ bedingt, daß die Organyle R$_5$E nicht aus direkter Umsetzung mit RMgX oder LiR, sondern nur über zweistufige Verfahren zugänglich sind:

$$Me_3As \xrightarrow{\cdot Cl_2} Me_3AsCl_2 \xrightarrow{MeLi,\ Et_2O} Me_5As \qquad \text{(analog: Me}_5\text{Sb)} \boxed{4}$$

$$Ph_3As \xrightarrow{PhI} [Ph_4As]^+I^- \xrightarrow[-\ LiI]{PhLi} Ph_5As$$

$$Ph_3Sb \xrightarrow{Cl_2} Ph_3SbCl_2 \xrightarrow[-\ 3\ LiCl]{3\ PhLi} Li^+[SbPh_6]^- \quad \text{„at-Komplexe"}$$

$$\xrightarrow[-\ PhH]{-\ LiOH\ \big|\ H_2O} Ph_5Sb$$

$$(CH_3)_3Bi \xrightarrow[]{CH_3SO_3CF_3} [(CH_3)_4Bi]^+[SO_3CF_3]^-$$

$$(CH_3)_3Bi \xrightarrow[-\,SO_2]{SO_2Cl_2} (CH_3)_3BiCl_2 \begin{cases} \xrightarrow{2\ CH_3Li,\ -90\ °C} (CH_3)_5Bi \\ \xrightarrow{3\ CH_3Li,\ -78\ °C} Li^+[Bi(CH_3)_6]^- \end{cases}$$

Seppelt, 1994

Derartige Reaktionen sind auch zur Darstellung ternärer Verbindungen $R_3R'_2E$ geeignet. Spezies des Typs $R_4R'E$ entstehen gemäß:

$$R_5E \xrightarrow[-\,RX]{X_2} R_4EX \xrightarrow[-\,MgX_2]{R'MgX} R_4R'E$$

quaternäre Verbindungen des Typs $R_3R'R''E$ nach:

$$R_3E \xrightarrow{R'X} R_3R'EX \xrightarrow[-\,LiX]{R''Li} R_3R'R''E$$

Die Addition von Alkylhalogeniden $R'X$ an R_3E erfolgt mit den Reaktivitätsabstufungen:

$$E = As > Sb \gg Bi \qquad R\ = Alkyl > Aryl$$
$$X = I > Br > Cl \qquad R' = Alkyl > Aryl$$

Die Addition von PhX wird durch $AlCl_3$ gefördert.

Struktur und Eigenschaften

Die thermische Stabilität der Pentaorganyle R_5E folgt der Abstufung As > Sb $\gg$ Bi und Aryl > Alkyl:

$$Me_5As \xrightarrow{T > 100\ °C} Me_3As + CH_4 + C_2H_4$$

$$Ph_5Sb \xrightarrow{T > 200\ °C} Ph_3Sb + C_{12}H_{10}\ (Biphenyl)$$

$$Me_5Bi \xrightarrow{T \geq 20\ °C} explosive\ Zersetzung$$

Die Luftempfindlichkeit der Organoarsorane und -stiborane, R_5As bzw. R_5Sb, ist wesentlich geringer als die der Organoarsane und -stibane, R_3As bzw. R_3Sb. Die Pentaalkylderivate sind wasserempfindlich:

$$Me_5As + H_2O \longrightarrow Me_4AsOH + MeH$$

Charakteristisch ist die bereitwillige Bildung von **onium-Ionen**:

$$Ph_5E + BPh_3 \longrightarrow [Ph_4E]^+[BPh_4]^-$$
$$E = As, Sb, Bi$$

und von **at-Komplexen**:

$$Ph_5E + LiPh \longrightarrow Li^+[EPh_6]^-$$

Ein interessantes, bislang noch nicht vollständig geklärtes Phänomen ist die Farbigkeit hochalkylierter Bismorane: Me_3BiCl_2 ist weiß, Me_5Bi hingegen violett. Möglicherweise ist ein Me→Bi CT-Übergang verantwortlich.

Die Spezies Me_4Bi^+, Me_5Bi und $BiMe_6^-$ besitzen die VSEPR-konformen Strukturen tetraedrisch, trigonal bipyramidal und oktaedrisch. Dies ist nicht trivial, denn in der Reihe der Pentaaryle Ar_5E werden im Kristall die beiden komplementären Geometrien, trigonal bipyramidal und quadratisch planar, gefunden:

E = Sb, Bi

Der Verweis auf „Packungseffekte" ist naheliegend, ohne weitere Erläuterungen (*Dance*, 1996) aber nicht besonders erhellend. Jedenfalls folgt aus dieser Beobachtung, daß der energetische Unterschied der beiden Geometrien gering ist. Die Äquivalenz der Methylprotonen im ^{1}H-NMR-Spektrum von Me_5E, selbst bei –100 °C, deutet in dieselbe Richtung. Der Austausch zwischen axialen und äquatorialen Positionen der trigonalen Bipyramide, der lediglich Winkeländerungen erfordert (**Pseudorotation**, *Berry*-Mechanismus), ist daher mit einer geringen Energiebarriere behaftet. Quantenchemische Rechnungen ergaben, daß sich die beiden Geometrien für gasförmiges Me_5Sb lediglich um 7 kJ mol^{-1} unterscheiden, wobei die trigonale Bipyramide das globale Minimum darstellt (*Haaland*, 1993).

9.1.2 Organoelementderivate R_nEX_{5-n}

Komplizierte Strukturverhältnisse werden angetroffen, wenn Arsorane und Stiborane neben organischen Gruppen R noch Reste X (Halogen, OH oder OR) enthalten. Darstellungsweisen für den Fall X = Halogen wurden bereits erwähnt. Strukturell sind für Spezies R_nEX_{5-n} (mindestens) vier Varianten beobachtet worden, deren Realisierung vom Substitutionsgrad sowie von der Natur von E, R und X abhängt:

kovalent, monomer
trigonale Bipyramide
elektronegative Gruppe axial
Beispiel: Me_3AsCl_2

kovalent, dimer
kantenverknüpfte Oktaeder
organische Gruppen axial
Beispiel: Ph_2SbCl_3

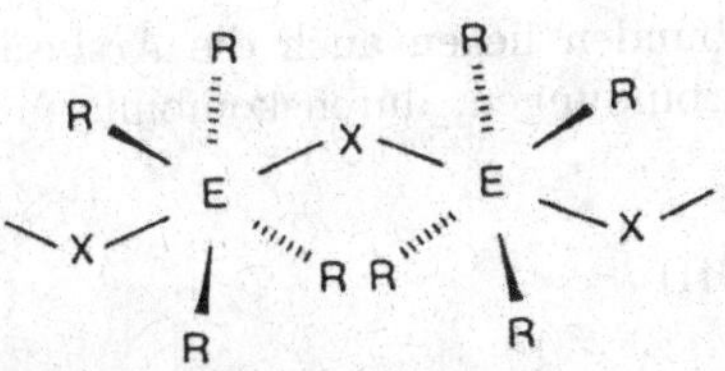

kovalent, polymer
eckenverknüpfte Oktaeder
Halogen in Brückenfunktion
Beispiel: Me$_4$SbF

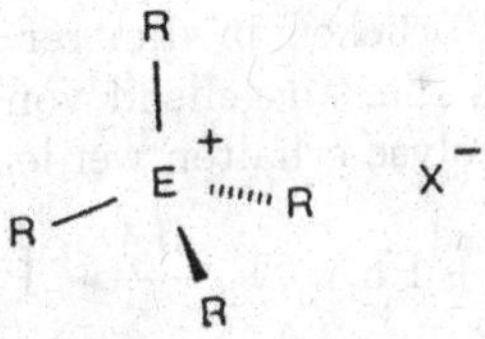

ionisch
Tetraeder
Beispiele: Ph$_4$AsI = [Ph$_4$As]$^+$I$^-$
Me$_2$SbCl$_3$ = [Me$_4$Sb]$^+$[SbCl$_6$]$^-$

Neben Röntgenstrukturanalysen haben ^{121}Sb-Mößbauer-Spektren Auskünfte über die Koordinationsgeometrie des Antimons geliefert. Chirale Arsonium- und Stiboniumionen [RR'R''R'''E]$^+$ sind **konfigurativ stabil**.

Die **thermische Stabilität** der Verbindungen R$_n$EX$_{5-n}$ sinkt mit abnehmendem n. Die Spaltungsreaktionen sind als Rückreaktionen der in 9.1.1 erwähnten Additionen zu betrachten:

$$Ph_2AsCl_3 \xrightarrow[100\ °C]{CO_2\text{-Strom}} Ph_2AsCl + Cl_2$$

$$Me_2AsCl_3 \xrightarrow[50\ °C]{} MeAsCl_2 + MeCl$$

$$R_3SbX_2 \xrightarrow{\Delta} R_2SbX + RX$$

Labile Organoelementhalogenide lassen sich jedoch als Basenaddukte stabilisieren (*Beispiel:* MeSbCl$_4$·Pyridin).

Neue Substanzklassen erschließt die **Solvolyse der Verbindungen R$_n$EX$_{5-n}$**. Die Hydrolyse von R$_4$AsCl liefert stark basische, wohl vollständig dissoziierte **Arsoniumhydroxide**:

$$R_4AsCl \xrightarrow[-\ AgCl]{Ag_2O,\ H_2O} [R_4As]^+OH^-$$

Tetraphenylarsoniumionen Ph$_4$As$^+$ sind bewährte Fällungsmittel für großvolumige Anionen. Das Arsenobetain Me$_3$As$^\oplus$-CH$_2$COO$^\ominus$ wurde im Schwanzmuskel des Hummers *Panulirus longipes cygnus George* aufgefunden (*Cannon*, 1977).

Die Hydrolyse des Dichlorids Ph$_3$AsCl$_2$ führt in Wasser zum Triphenylarsanoxid(Hydrat) mit interessanter dimerer Struktur (*Ferguson*, 1969):

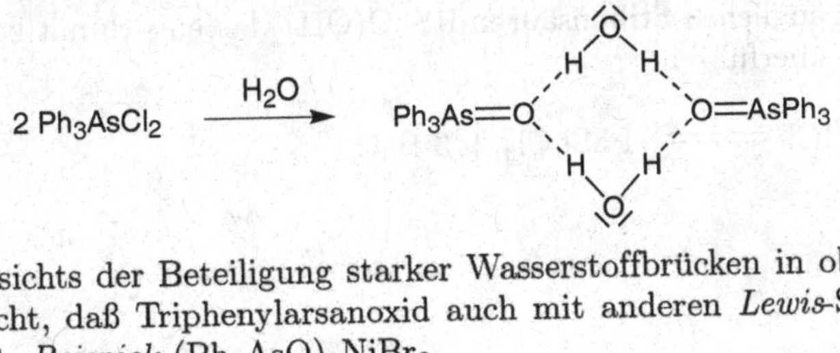

Angesichts der Beteiligung starker Wasserstoffbrücken in obigem Falle verwundert es nicht, daß Triphenylarsanoxid auch mit anderen *Lewis*-Säuren stabile Addukte bildet, *Beispiel:* (Ph$_3$AsO)$_2$NiBr$_2$.

Über Wasserstoffbrücken in dimerer Form gebunden liegen auch die **Arsinsäuren** $R_2AsO(OH)$ vor, die, ausgehend von As^{III}-Verbindungen, durch kombinierte Oxidation und Hydrolyse erhalten werden können:

$$PhN_2^+X^- + PhAsCl_2 \xrightarrow[-N_2]{H_2O} Ph_2AsO(OH)$$

$$Me_2AsCl \xrightarrow{H_2O_2} Me_2AsO(OH)$$

Wie die Carbonsäuren RCOOH dimerisieren auch Arsinsäuren R_2AsOOH mittels Wasserstoffbrückenbindungen:

Arsinsäuren sind amphoter:

$$[Me_2AsO_2]^- \underset{H_2O}{\overset{OH^-}{\rightleftharpoons}} Me_2AsO(OH) \underset{H_2O}{\overset{H_3O^+}{\rightleftharpoons}} [Me_2As(OH)_2]^+$$

Auf analogem Wege, sowie durch Hydrolyse von R_2SbCl_3, sind die polymer gebauten **Stibinsäuren** $[R_2SbO(OH)]_n$ zugänglich.

Unter den Organoelement-Sauerstoffverbindungen der Gruppe 15 weitaus am intensivsten studiert wurden die Arsonsäuren und die Stibonsäuren. Grund hierfür ist die Entdeckung von *Thomas* (1905), daß *p*-Aminophenylarsonat, *p*-$H_2NC_6H_4AsO(OH)$ (ONa) (Atoxyl) chemotherapeutische Wirkung in der Bekämpfung der Trypanosomen (Erreger der Schlafkrankheit) entfaltet. Noch heute dienen substituierte Arylarsonsäuren in begrenztem Maße als Herbizide, Fungizide und Bakterizide. Die Darstellung der **Arsonsäuren** $RAsO(OH)_2$ erfolgt wiederum ausgehend von As^{III}-Verbindungen, formal durch oxidative Addition von ArX an As^{III} mit anschließender Hydrolyse:

$$ArN_2^+X^- + As(ONa)_3 \xrightarrow[2.\ H_3O^+{}_{aq}]{1.\ OH^-{}_{aq}} ArAsO(OH)_2 \qquad \text{BART-Reaktion}$$

Arsonsäuren sind als mäßig starke Säuren zu bezeichnen, sie sind überaus oxidationsresistent und bilden polymere Anhydride $(RAsO_2)_n$. In der Analytik findet Phenylarsonsäure Verwendung als **Fällungsreagens** für Metallionen (Sn^{IV}, Zr^{IV}, Th^{IV}).

Die auf analoge Weise zugänglichen **Stibonsäuren** $RSbO(OH)_2$ lassen sich mit konz. HCl reversibel in $RSbCl_4$ überführen:

$$PhSbO(OH)_2 + 4\ HCl \rightleftharpoons PhSbCl_4 + 3\ H_2O$$

9.2 E^{III}-Organyle (E = As, Sb, Bi)

Für die Oxidationsstufe E^{III} ist die Zahl der Substanzklassen, die sich aus der allgemeinen Formulierung R$_n$EX$_{3-n}$ ergibt, naturgemäß kleiner als für die Oxidationsstufe E^V. Hinzu kommt, daß die *Lewis*-Acidität auf der Stufe E^{III} gering ist und at-Komplexe [ER$_4$]$^-$ somit nicht auftreten. Ternäre Spezies wie [Ph$_2$SbI$_2$]$^-$ sind hingegen bekannt.

Andererseits verfügen aber die Verbindungen R$_3$E über ausgeprägte Donoreigenschaften, was zu umfangreicher **Koordinationschemie** führt. Ferner werden für E^{III} im Gegensatz zu E^V, auch **Organoelementhydride R$_n$EH$_{3-n}$** gebildet.

Die folgende Übersicht zeigt ausgewählte Beispiele E^{III}-organischer Verbindungen (X = Hal, OH, OR, 1/2 O, H):

	As^{III}	Sb^{III}	Bi^{III}
R$_3$E	Ph$_3$As	Ph$_3$Sb	Ph$_3$Bi
	(CF$_3$)$_3$As	(n-C$_3$H$_7$)$_3$Sb	Me$_3$Bi
	(η^1-C$_5$H$_5$)$_3$As	(CH$_2$=CH)$_3$Sb	
	Arsan	Stiban	Bismutan
[R$_2$E]$^-$	[Me$_2$As]K	[Ph$_2$Sb]Na	[Ph$_2$Bi]Na
R$_2$EX	Ph$_2$AsCl	Ph$_2$SbF	Me$_2$BiBr
bzw. Kon-	Me$_2$AsOR		
densations-	(Ph$_2$As)$_2$O	(Me$_2$Sb)$_2$O	
produkt	Me$_2$AsH	Me$_2$SbH	Me$_2$BiH
REX$_2$	PhAsCl$_2$	MeSbCl$_2$	PhBiCl$_2$
bzw. Kon-	MeAs(OR)$_2$	MeSb(OR)$_2$	
densations-	(MeAsO)$_n$	(PhSbO)$_n$	
produkt	MeAsH$_2$	PhSbH$_2$	

9.2.1 Trisorganoelementverbindungen R$_3$E

Darstellung

$$2\,As + 3\,MeBr \xrightarrow[Cu]{\Delta} Me_2AsBr + MeAsBr_2 \qquad \text{(Direktsynthese)} \quad \boxed{1}$$

$$\downarrow \text{PhLi} \qquad \downarrow \text{PhLi}$$

$$Me_2AsPh \qquad MeAsPh_2 \qquad\qquad \textit{Ternäre Organoarsane}$$

$$EX_3 + 3\,RMgI \xrightarrow{\text{THF}} R_3E + 3\,MgIX \qquad\qquad \boxed{4}$$
$$E = As, Sb, Bi \quad (RLi)$$

$$AsCl_3 + HC\equiv CH \xrightarrow{AlCl_3} (ClCH=CH)_n AsCl_{3-n} \qquad \text{(Insertion)} \quad \boxed{9}$$
$$(n = 1, 2, 3)$$

Synthese eines Chelatliganden:

$$Me_2SbCl \xrightarrow[\substack{oder \\ LiAlH_4}]{Zn/HCl} Me_2SbH \xrightarrow{Na/THF} Me_2SbNa \longrightarrow$$

Struktur und Eigenschaften

Die Elementtrisalkyle R_3E, bei Raumtemperatur Flüssigkeiten (Me_3As, Kp. 50 °C), unterscheiden sich von den Pentaalkylen R_5E durch gesteigerte Luftempfindlichkeit, Trisalkylstibane R_3Sb und -bismutane R_3Bi sind sogar pyrophor. Wesentlich resistenter sind die bei Raumtemperatur festen Elementaryle Ph_3E, ihre Oxidation zu Ph_3EO erfordert Reagenzien wie $KMnO_4$ oder H_2O_2. Die Oxidationsempfindlichkeit steigt in der Reihe $R_3As < R_3Sb < R_3Bi$. Von Wasser werden die Elementtrisorganyle nicht angegriffen. Trisorganoarsane besitzen praktische Bedeutung in Erzeugung von III/V-Halbleitern mittels der MOCVD-Technik (metal organic chemical vapor deposition, S. 592).

Vergiftungserscheinungen in Räumen, deren Tapeten das Pigment Schweinfurter Grün [3 $Cu(AsO_2)_2 \cdot Cu(CH_3COO)_2$] enthielten, wurden bereits 1897 von *Gosio* auf die Entwicklung gasförmiger Arsenverbindungen durch den Schimmelpilz Penicillium brevicaule zurückgeführt. Erst 1932 identifizierte *Challenger* Trimethylarsan als Hauptbestandteil des *„Gosio-Gases"*. Seine grundlegenden Arbeiten zur **Biomethylierung** anorganischer Ionen wurde in der Folgezeit auf viele andere Elemente übertragen (vergl. Hg S. 82, 294; Pb S. 200).

Wichtige Folgereaktionen seien am Beispiel des Trimethylstibans Me_3Sb vorgestellt:

Aufgrund ihrer ausgeprägten σ-Donor/π-Akzeptoreigenschaften sind die Spezies **R_3E** vorzügliche **Komplexliganden**, die Bildungstendenz für Metallkomplexe sinkt dabei in der Reihe $R_3P > R_3As > R_3Sb > R_3Bi$.

Trisorganoarsane, -stibane und -bismutane sind pyramidal gebaut, die Bindungswinkel $C \diagup E \diagdown C$ sind etwas größer als in den jeweiligen Hydriden EH_3, sie nehmen ab in der Reihe $R_3As > R_3Sb > R_3Bi$ [*Beispiel:* (p-ClC$_6$H$_4$)$_3$E: 102°, 97°, 93°]. Chirale Moleküle RR'R''E sind konfigurativ stabil, für Me(Et)PhAs beträgt die Inversionsbarriere 177 kJ/mol (*Mislow*, 1972).

Der **Cyclopentadienyl**-Ligand führt auch für Elemente der Gruppe 15 zu bemerkenswerter Strukturvielfalt. η^1-gebunden tritt der unsubstituierte Rest $C_5H_5^-$ auf, so etwa in den Spezies $Me_2E(\eta^1\text{-}C_5H_5)$, E = As, Sb, und $(\eta^1\text{-}C_5H_5)_3E$, E = As, Sb, Bi. Dabei werden, wie im Falle der Moleküle $Me_3M(\eta^1\text{-}C_5H_5)$ (M = Si, Ge, Sn) **metallotrope 1,2-Verschiebungen** beobachtet. Sie äußern sich darin, daß die Ringprotonen bei charakteristischen Temperaturen auf der ^{1}H-NMR-Zeitskala äquivalent werden.

In den überaus empfindlichen und polymerisationsfreudigen Tris(cyclopentadienyl)verbindungen $(\eta^1\text{-}C_5H_5)_3E$ (E = As, Sb, Bi) schließt dieser dynamische Prozeß alle drei Liganden ein; er ist für As bei T < –30 °C langsam (^{1}H-NMR-Zeitskala). Für Sb, Bi gelang ein Einfrieren der momentanen Konfigurationen bislang nicht. Dies steht in Einklang mit einer Senkung der Barriere der 1,2-Verschiebung bei Übergang auf die schwereren Elemente, bedingt durch die Abnahme der E–C-Bindungsenergie und einen frühen Übergangszustand.

Belädt man die C_5-Ringperipherie mit Substituenten, so wird der η^5-Bindungsmodus bevorzugt. Dabei prägt, wie schon am Beispiel der isoelektronischen Stannocene (S. 186) diskutiert, der Raumbedarf der Substituenten den Kippwinkel des gebildeten Arsenocenium- bzw. Stiboceniumions:

Führt man anstelle von 5 Methylgruppen drei *t*-Butylgruppen in die Ringperipherie ein, so sinkt der Kippwinkel deutlich:

$[(t\text{-Bu})_3C_5H_2]_2\ MCl + AlCl_3$
$M = Sb, Bi$

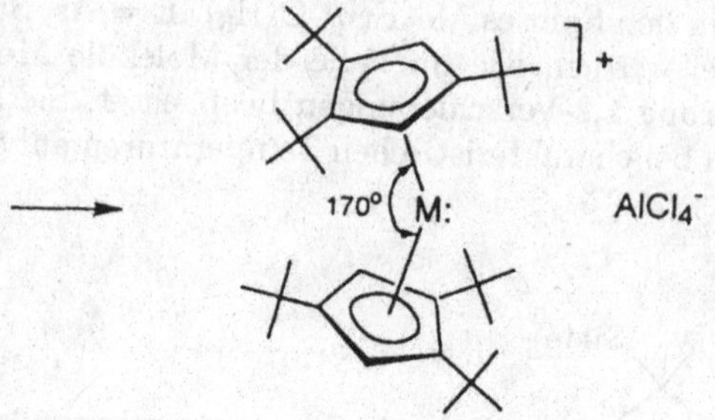

$\xrightarrow{\hspace{2cm}}$

$170°$ M: $AlCl_4^-$

(*Sitzmann*, 1997)

Die sich jeweils einstellende Abwinkelung spiegelt die Balance zwischen elektronischen Effekten (Hybridisierungsgrad des Zentralatoms) und sterischer Wechselwirkung der Substituenten (Anziehung und Abstoßung) wider.

9.2.2 Organoelementderivate R_nEX_{3-n}

Zusätzlich zu den bereits in 9.2.1 enthaltenen **Darstellungsmethoden** sind für **Organoelement[III]-halogenide** einige speziellere Verfahren zu nennen. Partielle Alkylierungen erfordern kontrollierte Bedingungen und sterisch anspruchsvolle Gruppen:

$$SbBr_3 + t\text{-BuMgCl} \xrightarrow{-50\,°C} t\text{-BuSbBr}_2 + MgClBr$$

$$SbCl_3 + 2\ t\text{-BuMgCl} \xrightarrow{0\,°C} (t\text{-Bu})_2SbCl + MgCl_2$$

Die Übertragung organischer Reste von Si auf As- oder Sb-Halogenide wird durch die Energie der Silicium-Halogen-Bindung getrieben:

$$ECl_3 + C_5H_5SiMe_3 \xrightarrow{\hspace{1cm}} C_5H_5ECl_2 + Me_3SiCl \quad (E = As, Sb)$$

$$2\ PhSi(OEt)_3 + SbF_3 + 10\ HF \xrightarrow{H_2O} Ph_2SbF + 2\ H_2SiF_6 + 6\ EtOH$$

Halogenmethylderivate des Arsens bilden sich via Carbeninsertion:

$$AsCl_3 + n\ CH_2N_2 \xrightarrow[-N_2]{} (ClCH_2)_nAsCl_{3-n} \quad (n = 1,2,3)$$

und 2-Chlorovinylderivate durch Alkininsertion:

$$AsCl_3 + HC\equiv CH \xrightarrow{AlCl_3} Cl_2AsCH=CHCl$$

Lewisit, ein Kampfstoff des ersten Weltkrieges.

Verbindungen des Typs **R_2EX** sind gezielt darstellbar gemäß

$$Me_2PhAs + HI \xrightarrow{\hspace{1cm}} Me_2AsI + PhH$$

$$R_3E + X_2 \xrightarrow{\hspace{1cm}} R_3EX_2 \xrightarrow[-RX]{\Delta} R_2EX$$

Verbindungen **REX$_2$** erhält man durch die Reaktion

$$MePh_2As + 2\ HI \longrightarrow MeAsI_2 + 2\ PhH$$

Die selektive Abspaltung des Phenylrestes steht im Gegensatz zur thermodynamischen Stabilität der As–C-Bindung [D(Ph–As) = 280 kJ/mol, D(Me–As) = 238 kJ/mol]. Offenbar tritt bevorzugt die Gruppe mit der besseren Carbanionstabilisierung aus.

Auch die Reduktion von Arsonsäuren bzw. Stibonsäuren führt zum Ziel:

$$PhEO(OH)_2 \xrightarrow{SO_2,\ HCl} PhECl_2 \quad (E = As,Sb)$$

Die Organoelementhalogenide R_nEX_{3-n} (X = Cl, Br, I; n = 1, 2) sind wie die Verbindungen R_3E und EX_3 pyramidal gebaut; sie kristallisieren in Molekülgittern, in denen gegebenenfalls Halogenbrücken ausgebildet werden:

In Ph$_2$SbF wird die Koordinationssphäre des Antimons durch das einsame Elektronenpaar zur verzerrten trigonalen Bipyramide ergänzt: starke Sb-F→Sb-Brückenbindungen erzeugen im Kristall eine Kettenstruktur (*Sowerby*, 1979).

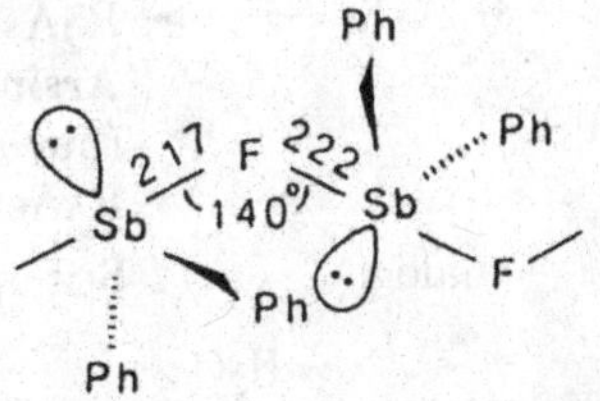

Einem derartigen Verbrückungsprinzip liegt auch die Struktur von PhBiCl$_2$·THF zugrunde (*Errington*, 1993). Sperrige Substituenten verhindern die Assoziation via Halogenbrücken: [(Me$_3$Si)$_2$CH]$_2$BiCl ist auch im Kristall monomer (*Breunig*, 1999).

Aus den Organoelementhalogeniden R_nEX_{3-n} lassen sich mittels Halogenidfängern Donor-stabilisierte **Organoelementkationen** gewinnen (*Carmalt*, 1996):

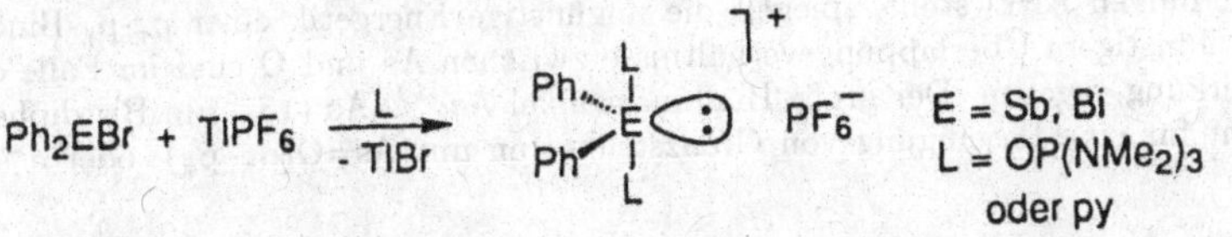

$$Ph_2EBr + TlPF_6 \xrightarrow[-\ TlBr]{L} \left[\cdots \right]^+ PF_6^- \qquad \begin{array}{l} E = Sb,\ Bi \\ L = OP(NMe_2)_3 \\ oder\ py \end{array}$$

Die trigonal-bipyramidale Struktur mit einem Elektronenpaar als equatorialem Phantomliganden entspricht der VSEPR-Erwartung.

Einen unerwarteten Verlauf nimmt der Versuch der reduktiven Kupplung eines Di(organo)chlorarsans R$_2$AsCl; anstelle des Diarsans R$_4$As$_2$ wird ein trimeres **Dialkylarsenid** isoliert (*Lappert*, 1987):

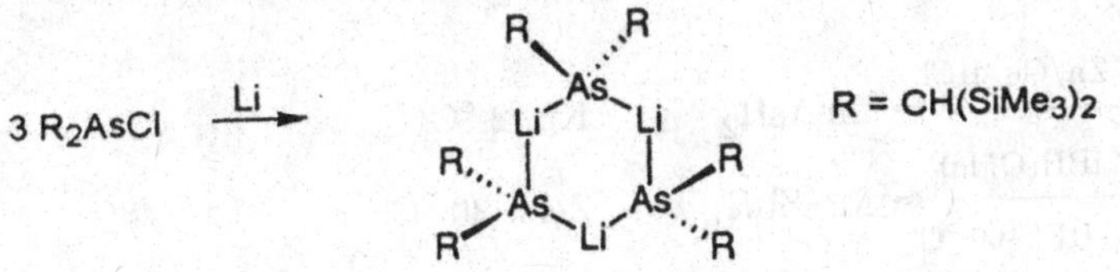

$$3\ R_2AsCl \xrightarrow{Li} \qquad \qquad R = CH(SiMe_3)_2$$

Mildere Enthalogenierung mittels eines elektronenreichen Olefins führt zu **Arsinylradikalen**, die in monomerer Form über Wochen stabil sind (*Lappert*, 1980):

$$2\ R_2AsCl \xrightarrow[-\ [(Me_2N)_2C=C(NMe_2)_2]^{2+}]{(Me_2N)_2C=C(NMe_2)_2,\ h\nu} 2$$

EPR:
$a(^{75}As) = 3.72\ mT$

$R = CH(SiMe_3)_2$

Ihre Persistenz ist Ausdruck der Schwäche der As–As-Bindung in Diarsanen R_4As_2, daneben aber auch durch die sterische Abstoßung der voluminösen *Lappert*-Substituenten $R = CH(SiMe_3)_2$ bedingt.

Die **Hydrolyse der Organoelement^{III}-halogenide** führt über die schlecht charakterisierten Hydroxoverbindungen hinaus zu Kondensationsprodukten:

$$R_2AsX \xrightarrow{H_2O} R_2AsOH \qquad + \qquad (R_2As)_2O$$

Arsinige Säure   Bis(diorganoarsan)oxid
(nur als Ester   „Kakodyloxid"
R_2AsOR' bekannt)

analog: Stibinige Säure   +   Bis(diorganostiban)oxid

$$RAsX_2 \xrightarrow{H_2O} RAs(OH)_2 \qquad + \qquad 1/n\ (RAsO)n$$

Arsonige Säure   Organoarsanoxid
(nur als Ester
$RAs(OR')2$ bekannt)

analog: Stibonige Säure   +   Organostibanoxid

Die polymere Struktur der Organoarsanoxide $(RAsO)_n$, die im Gegensatz zum monomeren Bau der Nitrosoverbindungen RNO steht, spiegelt die ungünstige Energetik einer p_π-p_π-Bindung R–As=O wider. Günstigere Überlappungsverhältnisse zwischen As und O sind im Falle einer d_π-p_π-Wechselwirkung gegeben. Der große Bindungswinkel As$\diagup$O$\diagdown$As (137°) in Bis(diphenylarsan)oxid spricht für eine Beteiligung von Grenzstrukturen mit As=O(d_π-p_π)- oder(σ^*-p_π)-Bindung:

$$\left\{ Ph_2As\diagup O\diagdown AsPh_2 \longleftrightarrow Ph_2As^{\ominus}\diagup \overset{\oplus}{O}\diagdown AsPh_2 \longleftrightarrow Ph_2As^{\oplus}\diagup \overset{\ominus}{O}\diagdown AsPh_2 \right\}$$

Organoelement^{III}-hydride R_nEH_{3-n} sind hochreaktive, oxidationsempfindliche Verbindungen, deren Stabilität gemäß E = As > Sb > Bi, R = Alkyl > Aryl und n = 2 > 1 (>0) abnimmt. Die geringe Polarität der Bindung E–H macht sie jedoch hydrolysestabil. Eine allgemeine Darstellungsmethode besteht in der Substitution von X durch H gemäß:

$$MeAsCl_2 \xrightarrow{Zn/Cu,\ HCl} MeAsH_2 \qquad Kp.\ 2\ °C$$

$$Me_2SbBr \xrightarrow[THF,\ -60\ °C]{LiBH(OMe)_3} Me_2SbH \qquad Zers.\ 30\ °C$$

$$MeBiCl_2 \xrightarrow[Me_2O,\ -110\ °C]{LiAlH_4} MeBiH_2 \qquad Zers.\ -45\ °C$$

Auch die Reduktion von Organoelement^V-Verbindungen führt zu entsprechenden Hydriden:

$$Me_2AsO(OH) \xrightarrow[- \ ZnCl_2]{Zn, \ HCl} Me_2AsH \qquad Kp. \ 37 \ °C$$

$$PhAsCl_4 \xrightarrow[- \ H_2]{LiBH_4, \ Et_2O} PhAsH_2 \qquad Kp. \ 148 \ °C$$

Einige typische Reaktionen der Verbindungen R_nEH_{3-n} seien am Beispiel von $MeAsH_2$ aufgezeigt:

$$MeAsH_2 \begin{cases} \xrightarrow{O_2} (MeAs)_n \xrightarrow{O_2, \ H_2O} (MeAsO)_n \longrightarrow MeAsO(OH)_2 \\ \xrightarrow{B_2H_6} MeH_2As \cdot BH_3 \\ \xrightarrow[- \ H_2]{Na, \ NH_3(\ell)} MeHAsNa \end{cases}$$

Die Organoelementhydride der Gruppe 15 addieren sich an C=C-Mehrfachbindungen, diese Reaktionen sind jedoch in der organischen Synthese ohne praktische Bedeutung.

9.3 Ketten und Ringe mit E–E-Einfachbindungen

Ein Blick auf den Gang der Energien homonuklearer Einfachbindungen für Elemente der Gruppe 15 zeigt, daß Ketten und Ringen aus den schweren Elementen keine große Stabilität zukommen sollte. Als Anhaltspunkte seien die Bindungsenergien in den E_4-Molekülen erwähnt: $D(P–P) = 201$, $D(As–As) = 146$, $D(Sb–Sb) \approx 120$ kJ/mol. Dennoch wurden Verbindungen mit As_n-Ringen bereits zu Beginn des letzten Jahrhunderts dargestellt (*Bertheim*, 1908) und dienten noch dazu einem guten Zweck:

Salvarsan®   (*Ehrlich*, 1909)

Bei diesem Verfahren entstehen nebeneinander Ringe unterschiedlicher Größe, die sich energetisch nur geringfügig unterscheiden, wobei solche mit n = 3 und n = 5 dominieren (*Nicholson*, 2005).

Salvarsan bekämpft *Treponema pallidum*, den Erreger der Syphilis. Wahrscheinlich setzen obige Arylcycloarsane hierbei langsam oxidativ den eigentlichen Wirkstoff Arylarsonige Säure $ArAs(OH)_2$ frei. As-haltige Chemotherapeutika haben allerdings mit der Entdeckung der Antibiotika an Bedeutung verloren.

Einfachste Verbindungen dieses Typs sind die Spezies $R_2E–ER_2$. Tetramethyldiarsan $Me_2As–AsMe_2$, Hauptbestandteil der *Cadet*schen Flüssigkeit (S. 15), läßt sich rationeller durch Kupplung herstellen:

$$Me_2AsH + Me_2AsCl \xrightarrow[-\,HCl]{} Me_2As-AsMe_2 \qquad Kp.\ 78\ °C$$

Die Schwäche der As–As-Bindung bewirkt vielfältige Folgereaktionen:

$$Me_2As-AsMe_2 \begin{cases} \xrightarrow{CF_3C\equiv CCF_3} Me_2As(CF_3)C=C(CF_3)AsMe_2 \\[4pt] \xrightarrow{Na,\ NH3(\ell)} 2\ Me_2AsNa \\[4pt] \xrightarrow[-\,2\ CO]{Mn_2(CO)_{10}} (CO)_4Mn\underset{As}{\overset{As}{\diagup\!\!\diagdown}}Mn(CO)_4 \end{cases}$$

μ–Dimethyl-arsenido-brücken

Tetramethyldistiban $Me_2Sb-SbMe_2$, bereits von *Paneth* (1934) beschrieben, ist pyrophor und zersetzt sich im geschlossenen System bei Raumtemperatur mehr oder weniger rasch. Me_4Sb_2 ist **thermochrom:** als Feststoff bei –18 °C blaßgelb, bei +17 °C (Fp.) rot, in Schmelze oder Lösung blaßgelb. Im Kristall werden Ketten mit intermolekularen Sb–Sb-Wechselwirkungen ausgebildet (*Ashe*, 1984):

Die Oxidation der Distibane liefert eine Vielfalt von Organoantimonoxiden aus der ein besonders hübsches Beispiel herausgegriffen werden soll:

$$2\ R_2Sb-SbR_2 \xrightarrow[2.\ H_2O_2]{1.\ O_2} (R_2SbO)_4(O_2)_2 \qquad (\textit{Breunig},\ 1997)$$

R = o–Tolyl

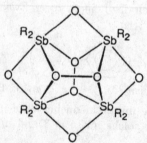

Diese Käfigverbindung weist zwei vierfach verbrückende O_2-Liganden auf. Dabei sind die vier O-Atome der O_2-Brücken und die vier Sb-Atome nach Art des Realgars As_4S_4 angeordnet.

Auch das erste vollständig charakterisierte Dibismutan ist relativ neuen Ursprungs (*Calderazzo*, 1983):

$$2\ Ph_2BiCl \xrightarrow[NH_3\ (\ell)]{Na} Ph_4Bi_2$$

orange

Zers: 100 °C

Nach den Bindungswinkeln zu urteilen, besitzen die Bi–C-Bindungsorbitale im wesentlichen 6p- und das einsame „inerte" Elektronenpaar am Bi-Atom somit 6s-Charakter.

Tetraphenyldibismutan zeigt kein thermochromes Verhalten, wohl aber das Tetramethylderivat Me_4Bi_2. (Kristall: violett, Schmelze: gelbrot). Offenbar korreliert die Thermochromie mit dem Grad der intermolekularen Wechselwirkungen, die ihrerseits durch den Raumbedarf der Substituenten gesteuert werden. Dabei nimmt diese Wechselwirkung für die Moleküle Me_4E_2 mit zunehmender Masse von E zu. Dies läßt sich dem **Abstandsquotienten** $Q = E\cdots E/E–E$ entnehmen, der gemäß $Q = 1.72$ (P) > 1.52 (As) > 1.30 (Sb) > 1.15 (Bi) abnimmt; die inter$(\cdots)$ und intra$(-)$-molekularen Abstände gleichen sich einander also an (*Becker*, 1988). Einen ähnlichen Trend weisen übrigens die Intra- und Interschichtabstände in Modifikationen der schwereren Pnikogene auf. Der Abstandsquotient Q definiert Bereiche thermochromen Verhaltens: für Werte $\gtrsim 1.4$ (P, As) wurden keine auffälligen thermischen Farbeffekte beobachtet.

Die intermolekularen Wechselwirkungen $E\cdots E$ zwischen Tetraorganodipnikogenen sind nur ein Beispiel für ein verbreitetes Phänomen, welches gelegentlich als **„secondary bonding"** bezeichnet wurde (*Alcock*, 1972). Es handelt sich hierbei um schwache Anziehungskräfte zwischen schweren Atomen und Ionen (*Beispiele*: $Cu(I)\cdots Cu(I)$, $Au(I)\cdots Au(I)$, $Hg(0)\cdots Hg(0)$, $Tl(I)\cdots Tl(I)$, $Bi(II)\cdots Bi(II)$), die auch gegen eine Coulomb-Abstoßung wirken können. Sie sind im wesentlichen *van der Waals*-Kräften gleichzusetzen. Ihre theoretische Behandlung erfordert somit die Einbeziehung der Elektronenkorrelation wie am Beispiel der Paarwechselwirkung $H_2Bi–BiH_2\cdots H_2Bi–BiH_2$ modellhaft gezeigt wurde: Rechnungen auf dem *Hartree-Fock*-Niveau ergeben Abstoßung, solche mittels der *Møller-Plesset*-Methode unter störungstheoretischer Abschätzung der Korrelationsenergie hingegen Anziehung (*Klinkhammer*, 1995). Als Größenordnung der $E\cdots E$-Anziehung sei der Betrag von $\approx 15\,kJ\,mol^{-1}$ für $Bi(II)\cdots Bi(II)$ genannt. Die Einbeziehung relativistischer Effekte (*Pyykkö*, 1997) erhöht die Wechselwirkungsenergie merklich.

Längere Ketten und kompliziertere polycyclische Gerüste aus Elementen der Gruppe 15 entstehen in Kondensationsreaktionen oder bei der Reduktion von Verbindungen, die RAs^{III}- oder RAs^V-Einheiten enthalten:

(Baudler, 1985)

(Pentamethyl)cyclopentaarsan $(MeAs)_5$ kann in **unsubstituierte $(As)_n$-Ringe** ($n =$ 3,5) überführt werden, die dann Bausteine in Übergangsmetallclustern bilden. Die Bildungsverhältnisse in $(cyclo-As_3)Co(CO)_3$ (*Dahl*, 1969) lassen sich auf der Grundlage der isolobalen Eigenschaften (S. 552) der Fragmente :As̈: und $(CO)_3$Co̤: deuten. Schwieriger ist die Bindungsdiskussion für den Tripeldeckerkomplex $(cyclo-As_5)[Mo(C_5H_5)]_2$ (*Rheingold*, 1982):

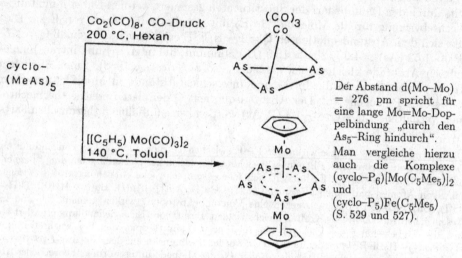

Der Abstand d(Mo–Mo) = 276 pm spricht für eine lange Mo=Mo-Doppelbindung „durch den As_5–Ring hindurch". Man vergleiche hierzu auch die Komplexe $(cyclo-P_6)[Mo(C_5Me_5)]_2$ und $(cyclo-P_5)Fe(C_5Me_5)$ (S. 529 und 527).

Besonders groß ist die Strukturvielfalt für Oligostibine, die Ketten (catena-), Ringe (cyclo-) und Käfige bilden können (*Breunig*, 1997). Catena-Oligostibine entstehen durch Reduktion geeigneter monomerer Vorstufen:

$$2\ Me_2SbBr + n\ MeSbBr_2 \xrightarrow[THF]{Mg} Me_2Sb(SbMe)_nSbMe_2 \quad n \leq 5$$

liegen aber als komplizierte Gleichgewichtsgemische vor, die neben Ketten auch Ringe enthalten. Monocyclostibine $(RSb)_n$ kennt man für n = 3–6. Sie sind sowohl auf oxidativem als auch auf reduktivem Wege darstellbar:

$$4\ (t\text{-Bu})_2SbLi \xrightarrow[2.\ CH_3OH]{1.\ I_2} cyclo\text{-}(t\text{-Bu})_4Sb_4 \qquad (\textit{Issleib}, 1965)$$

$$4\ (t\text{-Bu})SbCl_2 \xrightarrow[THF]{Mg} cyclo\text{-}(t\text{-Bu})_4Sb_4 \qquad (\textit{Breunig}, 1982)$$

Neuesten Datums ist ein Cyclotristiban:

$$3\ RSbCl_2 \xrightarrow[THF]{Li_3Sb,\ -40\ °C} \qquad (\textit{Breunig}, 1998)$$

R = $CH(SiMe_3)_2$

Ein prinzipieller Zusammenhang zwischen den jeweiligen Reaktionsbedingungen und der erzielten Ringgröße ist noch nicht ersichtlich, vielmehr erfordern derartige Synthesen geduldiges Experimentieren. So führte erst die Variation der Aufarbeitungsbedingungen einer lange bekannten Umsetzung zur Isolierung eines Sb_8-Käfigs, der dem P_8-Ausschnitt aus der Struktur des Hittorfschen Phosphors gleicht:

$$8 \; RSbCl_2 \xrightarrow[\substack{- MgCl_2 \\ - RMgCl}]{Mg, \; THF} Sb_8R_4 \qquad\qquad (\textit{Breunig}, \; 1997)$$

R = CH(SiMe$_3$)$_2$

Diese Struktur läßt sich auch als Sb_4-Tetraeder beschreiben, in dem vier Kanten durch RSb-Einheiten überbrückt sind.

Organobismutringe konnten erst neuerdings dargestellt werden, obgleich Spezies mit Bi–Bi-Bindungen in der Anorganischen Chemie wohlbekannt sind (vergl. die Clusterionen $Bi_5{}^{3+}$, $Bi_9{}^{5+}$ und $Bi_4{}^{2-}$):

$$12 \; RBiCl_2 \xrightarrow[-MgCl_2]{Mg, \; THF, \; -35 \; °C} 4 \; R_3Bi_3 \rightleftharpoons 3 \; R_4Bi_4 \qquad (\textit{Breunig}, \; 1998)$$

R = CH(SiMe$_3$)$_2$

Der gefaltete Vierring in R_4Bi_4 zeigt einen transannularen Abstand Bi···Bi, der auf eine schwache metallophile Wechselwirkung der eben (S. 215) beschriebenen Art hinweist.

9.4 E (P, As, Sb, Bi) als Partner in Mehrfachbindungen

Die Erzeugung von Teilstrukturen, die E(p_π)-C(p_π) bzw. E(p_π)–E(p_π)-Wechselwirkung enthalten, wird für die höheren Elementen der Gruppe 15 mit den gleichen Strategien erzwungen wie im Falle der Gruppe 14: Einbeziehung in konjugierte Systeme, Abschirmung der labilen Bindung durch sperrige Gruppen oder Koordination an Übergangsmetalle.

9.4.1 E=C(p_π-p_π)-Bindungen

Die **Heteroarene** C_5H_5E (E = N, P, As, Sb, Bi) bilden eine vollständige Gruppe homologer Verbindungen, die ein systematisches Studium ihrer Eigenschaften ermöglicht. Den Einstieg in diese Substanzklasse eröffnete *Märkl* (1966) mit der Synthese des 2,4,6-Triphenylphosphabenzols:

$$+ \; 3\, HC(O)H \; + \; H_2O \; + \; PyH^+BF_4^-$$

$P(CH_2OH)_3$ wirkt hierbei als verkappter PH_3-Baustein. Durch Variation des einge-setzten Pyryliumsalzes sind 2,4,6-Substitutionsprodukte des Phosphabenzols in großer Zahl zugänglich.

Eine rationelle Synthese des Grundkörpers entwickelte *Ashe* (1971):

E = P, As, Sb, Bi
DBU = Diazabicycloundecen
(ein spezielles Deprotonie-rungsreagens)

Die Sechsringe werden mit steigender Ordnungszahl von E zunehmend verzerrt.

139	138	140	139	140
139	141	139	140	140
N 137	P 173	As 185	Sb 205	Bi 217
∢CEC 117°	101°	97°	93°	
Pyridin (Azabenzol)	Phosphinin Phosphabenzol	Arsinin Arsabenzol	Stibinin Stibabenzol	Bismin Bismabenzol

Aus spektroskopischer Sicht sind diese Heterocyclen, wie auch das leichtere Grup-penhomologe Pyridin, aromatisch. Quantenchemische Rechnungen billigen Phosphi-nin 90% der aromatischen Stabilisierungsenergie des Benzols zu (*Gordon*, 1988). Chemische Befunde zur Aromatizität sind nur begrenzt verfügbar, denn die mono-meren Grundkörper C_5H_5E (E = P, As, Sb, Bi) sind oxidationsempfindlich und zunehmend thermolabil. Immerhin gelingt mit der *Friedel-Crafts*-Acylierung an Arsabenzol eine typische aromatische Substitution (*Ashe*, 1981). Die Stabilität der Heteroarene C_5H_5E sinkt gemäß E = P > As > Sb > Bi: Arsabenzol läßt sich noch bequem handhaben, Stibabenzol und Bismabenzol polymerisieren rasch, Bismaben-zol konnte bislang nur spektroskopisch oder als *Diels-Alder*-Addukt nachgewiesen werden:

Bismabarrelen-derivat

Stibabenzol und Bismabenzol liegen bei 0 °C im Monomer/Dimer-Gleichgewicht vor:

E = Sb, Bi

Angesichts der überaus hohen Reaktivität des Silabenzols (S. 154) überrascht die thermische Stabilität des Phosphabenzols (unter Luftausschluß bei Raumtemperatur unbegrenzt haltbar). Offenbar sind p_π-p_π-Bindungen an Phosphor (=**PR**) gegen Additionsreaktionen resistenter als p_π-p_π-Bindungen an Silicium (=**SiR₂**). Quantenchemische Rechnungen liefern für den fiktiven Vorgang CH_3–PH_2 + CH_2=SiH_2 $\rightleftharpoons$ CH_2=PH + CH_3SiH_3 eine Reaktionsenthalpie $\Delta H = -92$ kJ/mol (*Borden*, 1987).

Eine isolierte P=C(p_π-p_π)-Bindung liegt in dem hochsubstituierten **Methylenphosphoniumion** $[(i\text{-}Pr)_2N]_2P^{\oplus}$=C(SiMe₃)₂ vor. Die NPN- und SiCSi-Segmente stehen allerdings im Diederwinkel 60° zueinander (*Bertrand*, 1989).

Auch **Arsaalkene (Alkylidenarsane)** mit As=C(p_π-p_π)-Bindung sind monomer nur in sterisch abgeschirmter Form oder an ein Übergangsmetall koordiniert haltbar:

Bickelhaupt (1979)   *Werner* (1984)

Das **Arsaphosphaallen**, R–P=C=As–R, R = 2,4,6-t-BuC₆H₂, von *Escudie* (1998) auf relativ kompliziertem mehrstufigem Wege dargestellt, enthält sogar eine C=P- und eine C=As-Doppelbindung im selben Molekül.

Die Elemente der Gruppe 15 wurden auch in **ungesättigte Fünfringe** eingebaut. Der bequemste Syntheseweg läuft über eine Zirconacyclopentadien-Zwischenstufe (*Fagan*, 1988)

Die auf diese Weise gewonnenen **Phosphole, Arsole, Stibole** und **Bismole** lassen sich mittels Li in die entsprechenden aromatischen „olyl"-Anionen überführen, die u.a. als Übertragungsreagenzien in Heterometallocen-Synthesen dienen können (S. 526).

In Phosphol und Arsol behalten P bzw. As die für Verbindungen des Typs R_3E bevorzugte pyramidale Umgebung bei. Verglichen mit offenkettigen, konfigurativ stabilen Arsanen $RR'R''$As ist die Inversionsbarriere der Arsole jedoch um ca. 50 kJ/mol erniedrigt:

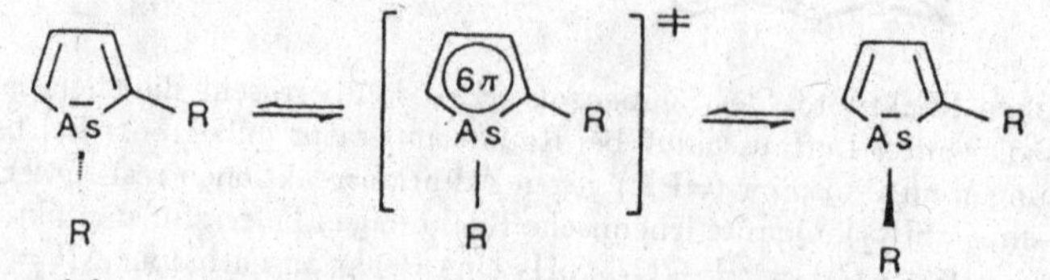

Dies spricht in letzterem Falle für eine Stabilisierung des planaren Übergangszustandes der Inversion durch As=C(p_π–p_π)-Wechselwirkung. Die folgende Gegenüberstellung illustriert die mit zunehmender Ordnungszahl abnehmende Tendenz zu E=C(p_π–p_π)-Wechselwirkung:

	Pyrrol	Phosphol	Arsol
Konfiguration an E	planar	pyramidal	pyramidal
Elektronenpaar an E	Teil eines 6πe-Systems	einsam	einsam
Charakter	Aromat	Diolefin	Diolefin
Enantiomere isolierbar?	nein	nein	ja

Ein verglichen mit den Methylenphosphoranen R_3P=CH_2 verminderter π-Bindungsbeitrag in entsprechenden As- und Sb-Verbindungen ist auch für Element^V-Ylide $R_3ECR'_2$ typisch. **Arsenylide (Alkylidenarsorane)** werden erhalten gemäß:

$$Ph_3AsMe^+Br^- \xrightarrow{\text{NaNH}_2,\ \text{THF}} Ph_3\overset{\oplus}{As}-\overset{\ominus}{CH_2}$$

$$Me_3AsCH_2SiMe_3{}^+Cl^- \xrightarrow{\text{BuLi, Et}_2O} Me_3\overset{\oplus}{As}-\underset{}{\overset{\ominus}{C}HSiMe_3}$$

$$\left\{ Me_3\overset{\oplus}{As}-\overset{\ominus}{\underline{C}H_2} \quad \longleftrightarrow \quad Me_3As=CH_2 \right\}$$

$$\textbf{Ylid} \qquad\qquad\qquad \text{Ylen}$$

(MeOH)

^{13}C-NMR-Daten [Hochfeldverschiebung, relativ kleine Kopplung $^1J(^{13}C,^1H)$ für die CH_2-Gruppe] zeigen sp^3-Hybridisierung am Methylen-C-Atom und damit die Dominanz der Ylid-Grenzstruktur an. Die verglichen mit den Methylenphosphoranen R_3PCH_2 gesteigerte Reaktivität der Methylenarsorane R_3AsCH_2 findet dann im höheren Carbanioncharakter letzterer eine Erklärung, die Abneigung der schweren Gruppe-15-Elemente, sich an p_π–p_π-Bindungen zu beteiligen, widerspiegelnd.

9.4.2 E≡C(p_π–p_π)-Bindungen

Darstellung und Eigenschaften von Molekülen mit E≡C-Dreifachbindungen seien an vier Beispielen vorgestellt.

• Einen Durchbruch bedeutete die Synthese des ersten Moleküls mit P≡C-Dreifachbindung durch *Becker* (1981).

Dieses Phosphaalkin erwies sich als nützliches Reagenz zur Gewinnung von P-Käfigverbindungen und P-Heterocyclen mittels Cyclooligomerisierung:

(*Regitz*, 1989) (*Binger*, 1995)

Durch Variation der Bedingungen der Pyrolyse- bzw. der Templatreaktionen sowie durch Isomerisierungen und Folgereaktionen ist eine überwältigende Fülle neuer phosphororganischer Verbindungen und ihrer Übergangsmetallkomplexe zugänglich geworden (vergl. *Regitz*, 1997 und Kapitel 15.5.1). *Vanquickenborne* (1999) hat mechanistische Einzelheiten der Phosphaalkin-Dimerisierung einer theoretischen Analyse unterzogen.

• Als λ_5-Phosphaalkine mit polarer $P^{\delta+}$◄$C^{\delta-}$-Mehrfachbindung zu beschreiben sind die Carbene vom *Bertrand*-Typ (2000):

Die Grenzformel **a** bezieht ihre Berechtigung aus dem Bindungswinkel PCSi von 165°, die Grenzformel **c** reflektiert die typische Carbenreaktivität dieser Spezies.

- **Arsaalkine (Alkylidinarsane)** konnten sterisch geschützt gewonnen werden – die Synthese des ersten Moleküls mit C≡As-Dreifachbindung vollzog *Märkl* (1986):

Einen wesentlichen Beitrag zur Triebkraft dieser Reaktion liefert hier, wie auch in zahlreichen anderen Fällen, die Siloxaneliminierung.

Der tetraedrische Cluster $(MeC)AsCo_2(CO)_6$ (*Seyferth*, 1982) könnte formal als Substitutionsprodukt des Metallcarbonyls $Co_2(CO)_8$ betrachtet werden, in dem der verbrückende Ligand Ethylidinarsan MeC≡As zwei CO Liganden ersetzt:

Hier ist allerdings die Grenze der Nützlichkeit des gängigen Konzepts „Stabilisierung labiler Spezies durch Komplexbildung" erreicht, denn im obigen Clustermolekül hat der Baustein MeC≡As seinen hochungesättigten Charakter weitgehend verloren.

- Eine naheliegende Frage ist die nach der Existenz einer homologen Reihe
  CN⁻ (Cyanid), CP⁻ („Cyaphid"), CAs⁻ („Cyarsid").
Gemäß quantenchemischer Rechnungen unterschreitet die thermodynamische Stabilität des CP⁻-Ions die des CN⁻-Ions um 165 kJ/mol⁻¹ (*Pyykkö*, 1990).

Die Synthese eines Komplexes mit verbrückendem μ-η^1,η^2-Cyaphid-Liganden gelang *Angelici* (1992, 1999):

Während Rückbindungseffekte aus der Koordination an zwei Platinatome die C,P-Bindungsordnung hier sicher unter drei senken, sollten in den von *Willner* (2004) beschriebenen $(CF_3)_3$B-Addukten von $C\equiv P^-$ und $C\equiv As^-$ echte Dreifachbindungen vorliegen, denn das Element Bor besitzt keine π-Donor-Eigenschaften. Diese Reaktion folgt dem Muster der *Märkl*schen Arsaalkinsynthese:

$$(E = P, As)$$

156 pm (CP)
$\nu_{CP} = 1468\ cm^{-1}$

Seine pseudohalogenid-analoge Rolle als terminaler Ligand spielt das Cyaphid-Anion im kürzlich von *Grützmacher* (2006) beschriebenen Komplex *trans*-$[(dppe)_2Ru(H)(C\equiv P)]$:

Die C,P-Bindungslängen und C,P-Streckschwingungsfrequenzen dieser drei Koordinationsformen des Cyaphid-Anions können auf der Grundlage unterschiedlicher M→L Rückbindung in die C,P-Mehrfachbindung diskutiert werden.

157 pm
$\nu_{CP} = 1229\ cm^{-1}$

9.4.3 E=E(p_π–p_π)-Bindungen

Auch zur Realisierung von Molekülen mit E=E-Mehrfachbindungen, den Homologen der stabilen Azoverbindungen RN=NR, bedarf es des sterischen Schutzes oder der Metallkoordination. Versuche, durch reduktive Kupplung von Organoarsenhalogeniden zu einem Arsenomethan $CH_3As=AsCH_3$ zu gelangen, führten zu einem assoziierten Produkt, in welchem der Arsen-Arsen-Mehrfachbindungscharakter verloren gegangen ist (*Rheingold*, 1973):

$$n\ MeAsI_2 + n\ n\text{-}Bu_3Sb \xrightarrow[25\ °C]{10\ min} (MeAs)_n + n\ n\text{-}Bu_3SbI_2$$

(MeAs)n (purpurschwarze Kristalle) besitzt eine interessante Leiterstruktur mit unterschiedlichen As–As-Abständen. Die Abstände in den Sprossen entsprechen gewöhnlichen As–As-Einfachbindungen [vergl. d(As–As) = 243 pm in As_4], die Abstände längs der Holme deuten auf eine Bindungsordnung von etwa 0.5 hin. Das Material hat Halbleitereigenschaften.

Die kinetische Stabilisierung der P=P-Doppelbindung in **Diphosphenen** gelang nach bewährter Manier:

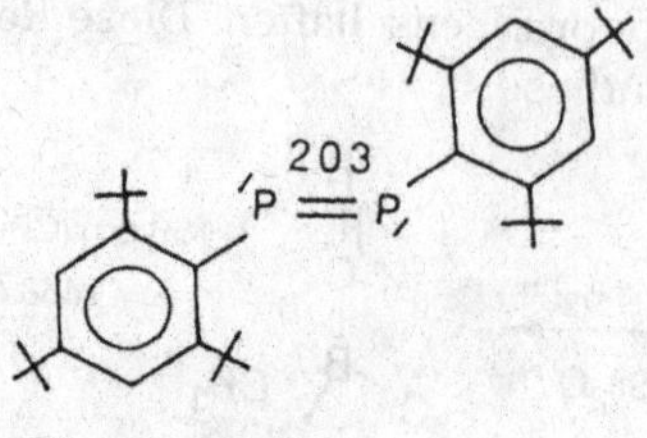

(*Yoshifuji*, 1981)
vergl. P_4: $d(P-P) = 223$ pm

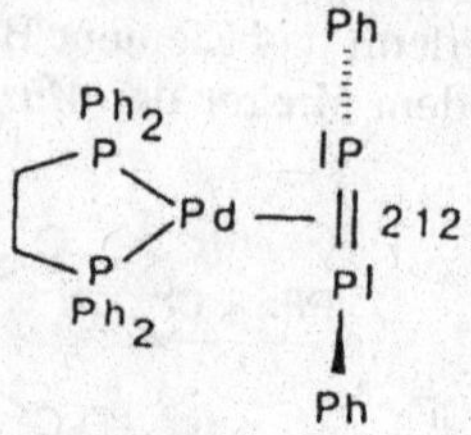

(*Chatt*, 1982)

Die Konservierung von As=As-Doppelbindungen folgt einem analogen Muster (*Cowley*, 1985):

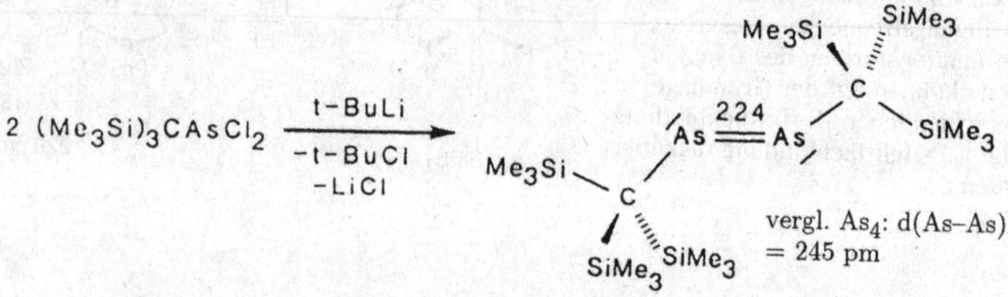

$$2 \ (Me_3Si)_3CAsCl_2 \xrightarrow[\substack{-t-BuCl \\ -LiCl}]{t-BuLi}$$

vergl. As_4: $d(As-As)$ = 245 pm

ebenso wie die von Sb=Sb- und Bi=Bi-Doppelbindungen (*Okazaki*, 1997, 1998):

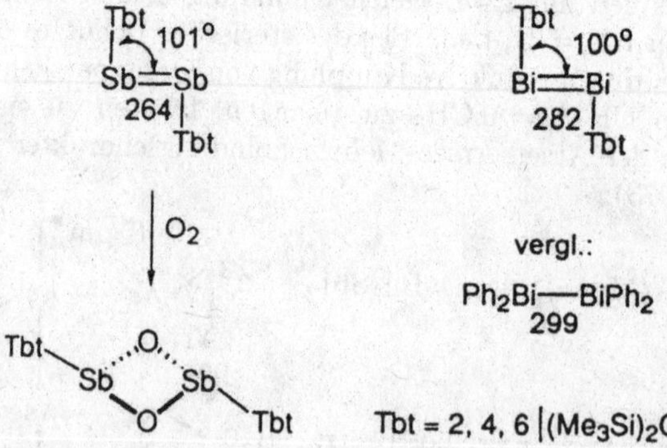

vergl.:

$Ph_2Bi-BiPh_2$
299

$Tbt = 2, 4, 6 \, |(Me_3Si)_2CH]_3C_6H_2$

Die O_2-Einschiebung in die Sb=Sb-Doppelbindung erfolgt im kristallinen Zustand unter geringfügiger Aufweitung der Gitterkonstanten.

Über eine komplette Reihe von R–E=E–R-Molekülen (E = P, As, Sb, Bi) mit identischer Gruppe R berichtete *Power* (1999); seine Schutzgruppe R ist dabei der *meta*-Terphenylrest 2,6-(Dimesityl)phenyl.

Die Moleküle RE=ER sind ambident, indem sie als Heteroalkene η^2- oder als σ-Donorliganden η^1- an Übergangsmetalle koordinieren können. Beim Übergang zu schwereren Homologen der Gruppe 15 erfolgt ein Wechsel des Bindungstyps:

$$(Me_3Si)_2CHPCl_2 \xrightarrow[-NaCl]{Na_2[Fe(CO)_4]}$$

Diphosphen–σ–Komplex
(*Power*, 1983)

$$(Me_3Si)_2CHSbCl_2 \xrightarrow[-NaCl]{Na_2[Fe(CO)_4]}$$

Distiben–π–Komplex
(*Cowley*, 1985)

Dieses unterschiedliche koordinative Verhalten ist typisch: einsame Elektronenpaare am Phosphor besitzen im allgemeinen höheren p-Charakter und damit ausgeprägtere σ-Donornatur als entsprechende Elektronenpaare an den schwereren Homologen Arsen, Antimon und Bismut.

9.4.4 E≡E(p_π–p_π)-Bindungen

Spezies E_2 mit E≡E-Dreifachbindung enthalten keine weiteren Gruppen, sind also keine Organoelementverbindungen. In diesem Zusammenhang ist jedoch bemerkenswert, daß sich Moleküle E_2 (E = As, Sb, Bi), die im Gegensatz zu N_2 in elementarer Form instabil sind, in Übergangsmetallkomplexen fixieren lassen (*Huttner*, 1982):

$$\left.\begin{array}{l} W(CO)_5THF \\ \\ Na_2W_2(CO)_{10} \end{array}\right\} \xrightarrow[E = As, Sb, Bi]{ECl_3}$$

Die Side-on-Koordination von E_2 (E = As, Sb, Bi) steht im Gegensatz zur fast ausschließlich angetroffenen End-on-Koordination in N_2-ÜM-Komplexen (*Leigh*, 1983); sie dürfte auf der kleineren π, π^*-Separierung in den schwereren E_2-Homologen beruhen, die diesen gute σ-Donor/π-Akzeptor-Ligandeigenschaften verleiht.Die bemerkenswerten Moleküle $E_2[W(CO)_5]_3$ können auch als Metalla-[1.1.1]heteropropellane betrachtet werden.

10 Elementorganyle von Selen und Tellur (Gruppe 16)

Die Organometallchemie der Gruppe 16 ist auf die Elemente Selen und Tellur beschränkt, denn Sauerstoff und Schwefel sind typische Nichtmetalle und die starke α-Strahlung des Kernes $^{210}_{84}$Po würde zu rascher Zerstörung einer etwaigen organischen Ligandensphäre führen. Selenorganyle haben seit der Entdeckung der *syn*-Eliminierung aus Organoselenoxiden (*Reich, Sharpless*, 1973) in der organischen Synthese stark an Bedeutung gewonnen. Eingeschränkter ist noch die Anwendungsbreite der Organotellurchemie in der organischen Synthese. Aus der Sicht des Komplexchemikers interessiert die Koordination hochreaktiver Moleküle wie Selenoformaldehyd ($H_2C=Se$) oder Tellurocarbonyl ($C\equiv Te$) an Übergangsmetalle. Einen weiteren Anstoß lieferte die Beobachtung, daß das organische Radikalkationsalz Bis(tetramethyltetraselenafulvalen)perchlorat bei 1.5 K vom metallisch leitenden in den supraleitenden Zustand übergeht (*Bechgaard*, 1981). Schließlich sind nach dem MOCVD-Verfahren (**metal o**rganic **c**hemical **v**apor **d**eposition, S. 592) aus den gasförmigen Komponenten $(CH_3)_2Cd$ und $(C_2H_5)_2Te$ dünne Schichten von Cadmiumtellurid CdTe herstellbar, die Halbleiterfunktionen in elektronischen Bauteilen ausüben (*Irvine*, 1987).

Im Gegensatz zu Schwefel enthält Selen ein für die Kernresonanzspektroskopie gut geeignetes Isotop: ^{77}Se (7.5%, I = 1/2) besitzt eine Rezeptivität, die dreimal so groß ist wie die von ^{13}C und kein Kernquadrupolmoment. Die chemischen Verschiebungen δ in ^{77}**Se-NMR**-Spektren von Selenorganylen umfassen einen Bereich von 3000 ppm, was dem sechsfachen Bereich der ^{13}C-NMR-Verschiebungen entspricht. Wie üblich korrelieren auch die Beträge der Kopplungskonstanten ^{1}J(^{77}Se, ^{13}C) mit dem s-Charakter der Se–C-Bindung [*Beispiel:* Me**Se**–CH₂CH₂Ph 62 Hz, Me**Se**–CH=CHPh 115 Hz, Me**Se**–C≡CPh 187 Hz].

Sehr ähnlich sind die Charakteristika der ^{125}**Te-NMR**-Spektroskopie, die u.a. sehr empfindlich auf Oxidationsstufe und Koordinationszahl in Tellurorganylen anspricht [*Beispiel:* δ^{125}Te: Ph₂Te 688, Ph₄Te 509, Ph₆Te 493 ppm, *Akiba* 1999].

Als weitere Methode hat sich die ^{125}**Te-Mößbauer**-Spektroskopie in der Organotellurchemie bewährt. Hier sind insbesondere Zusammenhänge zwischen C–Te–C-Bindungswinkeln, der stereochemischen Wirksamkeit nichtbindender Elektronenpaare am Te-Atom, deren Hybridisierungsgrad und damit deren s-Charakter am Kernort studiert worden. Unstimmigkeiten bei der Interpretation sind auf die Möglichkeit zurückgeführt worden, daß Te(5s²)-Elektronen Bänder besetzen, die aus intermolekularer Wechselwirkung folgen. Die s-Elektronendichte am Te-Kernort würde hierdurch verringert (*Silver*, 1977). Die Farbigkeit vieler Diorganotellurverbindungen ist in Einklang mit derartigen „secondary bonding"-Effekten (vergl. S. 215).

Ähnlich wie in der Gruppe 15 ist die Zahl der elementorganischen Substanzklassen für Selen und Tellur hoch. Dies ist durch die Ähnlichkeit der Elektronegativitäten von C, Se und Te, die möglichen Oxidationsstufen $E^{II,IV,VI}$ sowie den partiellen Ersatz von E–C-Funktionalitäten durch Hal-, O-, S-, N-haltige Gruppen bedingt.

Organoselenverbindungen zeigen im chemischen Verhalten große Ähnlichkeit mit Organoschwefelverbindungen. Präparativ wichtige Reaktionen verlaufen für Selenorganyle meist unter milderen Bedingungen, was für Naturstoffumwandlungen von Bedeutung ist. Verglichen mit Schwefel sind für Selen niedrigere Oxidationsstufen begünstigt, so daß die Organoselenchemie von den Stufen Se^{II} und Se^{IV} dominiert wird. Selenole RSeH sind acider als Thiole RSH, dennoch wirken Selenide RSe$^-$ stärker nucleophil als Sulfide RS$^-$. Selenylhalogenide RSeX sind elektrophiler als die entsprechenden Sulfenylhalogenide RSX.

Als Ausgangsmaterialien für viele Umwandlungen dienen Organoselenide (Organoselane) R_2Se und Organodiselenide (Organodiselane) R_2Se_2, die sich u.a. wie folgt gewinnen lassen:

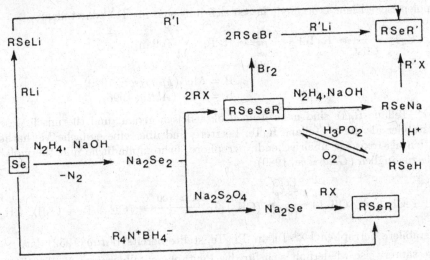

Aus RSeR und RSeSeR können Oxo-, Hydroxo- und Halogeno-Organoselenverbindungen in großer Vielfalt hergestellt werden.

Auch für Selen sei, inzwischen schon routinemäßig, auf die Natur der Cyclopentadienylverbindung verwiesen; aus Selenbis(dithiocarbamat) und Li(C_5Me_5) läßt sich Se(C_5Me_5)$_2$ darstellen, eine Verbindung mit starrer η^1-C_5Me_5-Koordination (*Morley*, 1997):

$$Se(S_2CNEt_2)_2 + 2\ LiC_5Me_5 \xrightarrow[\text{RT}]{\text{Tol}} (\eta^1\text{-}C_5Me_5)_2Se + 2\ LiS_2CNEt_2$$

Das Telluranalogon konnte bislang noch nicht isoliert werden.

Elementorganyle der Stufe Se^{IV} sind durch oxidative Addition zugänglich:

$$R_3SeI \xleftarrow{\ RI\ } R_2Se \xrightarrow{\ X_2\ } R_2SeX_2$$

Im Trimethyliodo-λ^4-selan Me$_3$SeI kündigt der große Abstand Se···I eine Tendenz zur salzartigen Struktur Me$_3$Se$^+$I$^-$ an. Die Stufe Se^{VI} ist elementorganisch bislang nur als gemischtes Derivat R_4SeF_2 realisiert worden (*Sato*, 1997):

Homoleptische Elementorganyle lassen sich hingegen für Te^{VI} darstellen:

$$R_4Te \xrightarrow[CH_3CN]{XeF_2} R_4TeF_2 \xrightarrow[\substack{bzw.\\PhLi}]{ZnMe_2} R_6Te \quad \lambda^6\text{-Tellan}$$

$$R = Me \quad (\textit{Morrison}, 1990)$$
$$R = Ph \quad (\textit{Akiba}, 1996)$$

Die λ^6-Tellane R_6Te sind nahezu ideal oktaedrisch gebaut und thermisch wesentlich stabiler als die λ^4-Tellane R_4Te. Letztere sind über eine einfache Methathesereaktion als toxische, übelriechende pyrophore, lichtempfindliche und thermolabile Stoffe zugänglich (*Geldridge*, 1989):

$$TeCl_4 + 4.2\ CH_3Li \xrightarrow[-4\ LiCl]{\substack{Et_2O\\-78\ °C}} (CH_3)_4Te \xrightarrow{T > 100\ °C} (CH_3)_2Te + C_2H_6,\ CH_4$$

Das stabilere Tetraphenyl-λ^4-Tellan, Ph_4Te, stellte bereits *Wittig* (1952) dar.

Interessanterweise wiederholt sich für das Pentaphenyltelluronium-Ion Ph_5Te^+ die für das isoelektronische Molekül Ph_5Sb gefundene Strukturanomalie, indem im Kristall die quadratische Pyramide gegenüber der trigonalen Bipyramide bevorzugt wird (*Akiba*, 1999):

$$Ph_6Te \xrightarrow{Cl_2} Ph_5TeCl \xrightarrow[2.\ Li\ B(C_6F_5)_4]{1.\ AgSO_3CF_3} \left[\begin{array}{c} Ph \\ Ph^{\cdots} \!\!\! \overset{|}{\underset{|}{Te}} \!\!\! {}^{\cdots} Ph \\ Ph \quad Ph \end{array} \right]^+ \ \left| B(C_6F_5)_4 \right|^-$$

Weitere Syntheseverfahren für Diorganotelluride gehen von metallischem Tellur bzw. von Alkalimetalltelluriden aus:

$$RLi + Te \xrightarrow{Et_2O} RTeLi \xrightarrow{R'X} RTeR'$$

$$R \diagdown\!\!\diagup^{Br} + Na_2Te \longrightarrow R \diagdown\!\!\diagup\!\!\diagdown^{Te}\!\!\diagup R$$

Als Illustration der Schwäche der Te–C-Bindung sei die bereitwillige oxidative Addition von Ph_2Te an elektronenreiche Übergangsmetalle genannt (*Tanaka*, 1997):

$$Ph_2Te + M(PEt_3)_n \xrightarrow[\substack{25\,°C \\ 30\,min}]{Bz} Ph\!\!-\!\!\underset{\underset{PEt_3}{|}}{\overset{\overset{PEt_3}{|}}{M}}\!\!-\!\!TePh$$

n = 3,4   M = Ni, Pd, Pt

Im Bereich der niedrigen Tellur-Oxidationszahlen ist das Anion $Ph_3Te_3^-$ bemerkenswert, denn mit dem nahezu linearen Bau der Te_3-Kette ist eine Analogie zum isovalenzelektronischen Triiodid-Anion I_3^- gegeben (*Sella*, 1999).

Anwendungen der Organoselenchemie in der organischen Synthese (*Liotta*, 1986) basieren auf dem Oxidationsstufenwechsel $Se^{II,IV,II}$ wie folgende Beispiele zeigen:

- β-Ketoselenoxide bilden durch **syn-Eliminierung von Selenensäure RSeOH** α,β-ungesättigte Carbonylverbindungen (*Reich, Sharpless*, 1973):

Dies ist wohl die schonendste Methode zur **Gewinnung von Enonen** aus Aldehyden, Ketonen und Estern.

- Auf verwandtem Wege lassen sich **Epoxide in Allylalkohole** umwandeln:

So kann etwa eine C=C-Doppelbindung regeneriert werden, die als Epoxid geschützt war.

- Die bewährte **Oxidation** von Alkenen zu Allylalkoholen mittels **Selendioxid** dürfte ebenfalls über Organoselen-Zwischenstufen verlaufen (*Sharpless*, 1973):

Alken   **Allyl-Selenin-Säure**   **Allylalkohol**

Die Rolle der **Organotellurchemie** in der organischen Synthese steht hinter der des leichteren Homologen Selen zurück. Hierzu tragen sicher die unerfreulichen Eigenschaften vieler Organotellurverbindungen, insbesondere derer mit kurzkettigen organischen Resten, bei (S. 228). Dem steht eine größere Kristallisationsbereitschaft vieler Organotellurverbindungen gegenüber sowie die milden Reaktionsbedingungen, die auf der Schwäche der Te–C-Bindung beruhen (*Engman*, 1985). Synthetische Anwendungen betreffen C–C-Verknüpfungen unter Te-Extrusion und Redoxumwandlungen funktioneller Gruppen. Man wird organtellurgestützte Verfahren allerdings nur dann anwenden, wenn sie gegenüber den zahlreich verfügbaren „harmloseren" Methoden einzigartige Vorteile bieten. Viele der nützlicheren Synthesevarianten bedienen sich der anorganischen Reagenzien Na_2Te, Na_2Te_2 oder $NaTeH$, verlaufen aber möglicherweise über tellurorganische Zwischenstufen. Eine vergleichende Bewertung des Synthesepotentials tellurorganischer Verbindungen erscheint derzeit noch nicht angebracht.

Mehr von akademischem Interesse ist – wie auch bei den höheren Elementen der Gruppen 14 und 15 – die Frage nach der Existenz von p_π–p_π-**Bindungen** zwischen C und Se bzw. Te. Einfach substituierte Selenocarbonylverbindungen oligomerisieren unter Abbau der $\rangle C{=}Se$-Doppelbindung. *Beispiel* (*Mortillaro*, 1965):

Ein sperrig substituiertes **Selenoketon (Selenon)** ist jedoch monomer haltbar (*Barton*, 1975):

In der Synthese des ersten kinetisch stabilisierten Selenoaldehydes bewährte sich, wie auch in anderen Fällen der Erzeugung von HGE,C-Mehrfachbindungen, eine Silyleliminierung, hier ausgehend von einem α-Silylselenocyanat (*Okazaki*, 1989):

In der $\rangle$C=Se-Doppelbindung liegt offenbar die Polarität $C^{\delta-}$-$Se^{\delta+}$ vor, denn im Gegensatz zur Ketofunktion $\rangle$C=O erfolgt die Addition von Lithiumorganylen gemäß

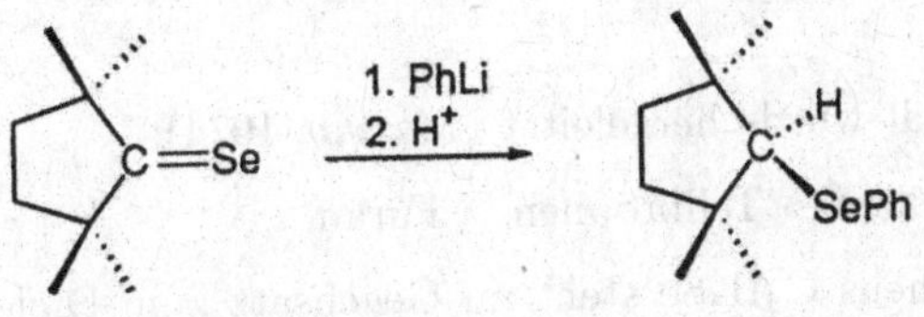

Das erste **Telluroketon (Tellon)** erhielt *Okazaki* (1993) durch quantitative Cycloreversion eines 1,3,4-Telluradiazolins:

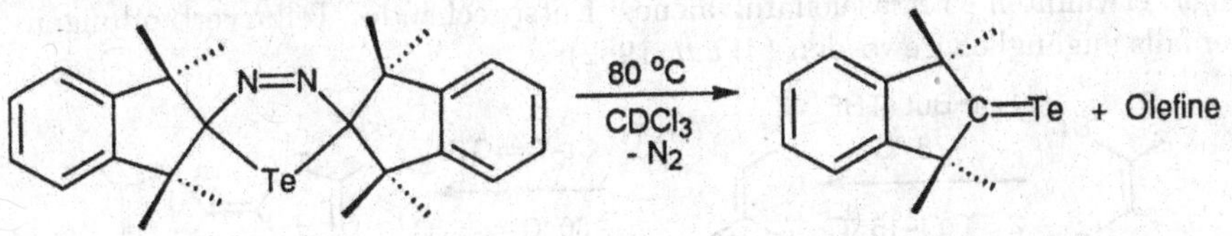

Die thermische Stabilität dieses Tellons harmoniert mit der Erfahrung, daß die Doppelbindungsregel für „späte" Hauptgruppenelemente an Bedeutung verliert.

Selenocarbonyl C≡Se, welches aus Kohlenstoffdiselenid CSe_2 in der Hochfrequenzentladung entsteht, polymerisiert bereits bei −160 °C und ist nur über Abfangreaktionen nachweisbar (*Steudel*, 1967) oder als Komplexligand haltbar (S. 352). In diesem Kontext ist die Stabilität des monomeren CSe_2 bemerkenswert, welches bei 125 °C unzersetzt destillierbar ist.

Die Bereitschaft der Elemente der Gruppe 16, p_π-p_π-Bindungen zu Kohlenstoff zu bilden, sollte auch aus dem Grad der Konjugation und daraus abgeleiteten Moleküleigenschaften der Heterocyclopentadiene C_4H_4E (E = O, S, Se, Te) hervorgehen. **Selenophen** (*Peel*, 1928) und **Tellurophen** (*Mack*, 1966) sind leicht zugängliche und wohlstudierte Verbindungen:

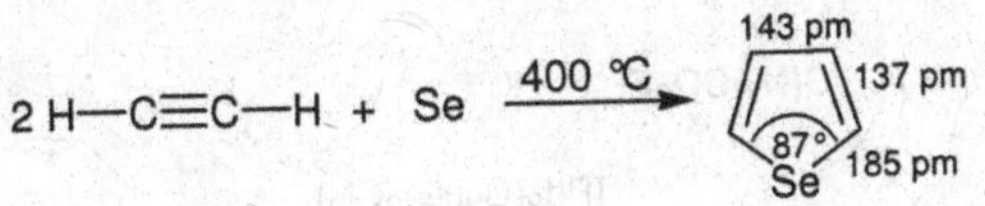

Die Strukturparameter stammen aus dem Mikrowellenspektrum (*Madgesiava*, 1969).
Vergl. d(Se-C)$_{einfach}$ = 193 pm

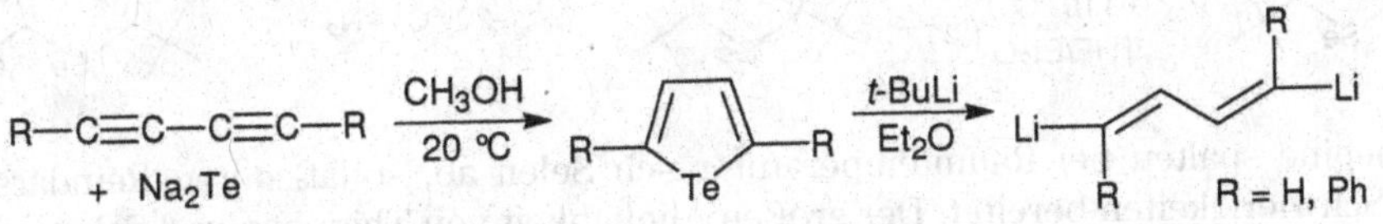

Der Ringschluß erfolgt durch Cyclohydrotellurierung mittels H_2Te, welches durch Methanolyse von Na_2Te entsteht.

Tellurophene bilden unter ringöffnendem Te,Li-Austausch 1,4-Dilithiobutadienderivate, die sich zur Synthese anderer Metallole und Heterole wie Silol, Stannol oder Arsol eignen (*Tamao*, 1998).

Auf der Grundlage chemischer Befunde (elektrophile Substitution dominiert über Addition) als auch physikalischer Kriterien (Bindungslängen, ^{1}H-NMR-Spektren, diamagnetische Suszeptibilität) ist Selenophen und Tellurophen aromatischer Charakter zuzuschreiben.

Als **Reihe abnehmender Aromatizität** wurde hergeleitet (*Marino*, 1974):

Benzol > Thiophen > Selenophen > Tellurophen > Furan

Die aromatische Natur des Selenophens C_4H_4Se steht im Gegensatz zum Diolefincharakter des isovalenzelektronischen Arsols C_4H_4AsH (S. 220).

Zwei Selenatome je Fünfring enthalten die ob ihrer elektrischen Eigenschaften eingangs erwähnten Tetraselenafulvalene. Entsprechende Tellurverbindungen sind ebenfalls zugänglich geworden (*Wudl*, 1982):

Tetratellurafulvalen

Das Selenapyrylium (**Seleninium**)-Kation $C_5H_5Se^+$ ist durch Hydridabspaltung aus 4H-Selenopyran zugänglich:

Salze des Seleninium-Kations zersetzen sich oberhalb 200 °C (u. U. explosionsartig), auch wenn sie harmlosere Gegenionen enthalten.

In *ortho*-Stellung disubstituierte Seleninium-Kationen können durch Ringerweiterung in **Selenepine** überführt werden (*Murata*, 1990):

Selenepine spalten bei Raumtemperatur rasch Selen ab, sodaß deren Reindarstellung Schwierigkeiten bereitet. Der großen Ähnlichkeit von Thiophen und Selenophen steht somit in der vinylogen Siebenringreihe, die verglichen mit Thiepin weitaus geringere Stabilität des Selenepins gegenüber.

Über eine Cyclohydrotellurierung ist auch der Siebenring **Tellurepin** darstellbar; aufgrund der Benzanellierung ist dessen Stabilität etwas erhöht. Immerhin ist die Umwandlung in Naphthalin durch Extrusion von Te bzw. $TeBr_2$ bei Raumtemperatur binnen weniger Tage vollständig (*Tsuchiya*, 1991):

Organoselen-Verbindungen in vivo

Selen ist für höhere Organismen ein **essentielles Spurenelement** (*Schwarz*, 1957), eine Selen-freie Diät führt zu Leberschäden und zu hämolytischen Prozessen. Der menschliche Organismus enthält 10–15 mg Selen, eine Aufnahme von mehr als 500 μg/Tag wirkt toxisch, eine solche von weniger als 50 μg/Tag erzeugt Mangelerscheinungen. Diese geringe therapeutische Breite bedingt eine strenge Dosierung gegebenenfalls erforderlicher Zusätze von Selen zur Nahrung.

Seine biochemische Rolle spielt Selen als Bestandteil der Glutathionperoxidase, eines Enzyms, welches für den Schutz essentieller SH-Gruppen und für die Zerstörung von Peroxiden verantwortlich ist, also als **Antioxidans** wirkt (*Rotruck*, 1973).

$$ROOH + 2\ G\text{-}SH \xrightarrow{\substack{\text{Glutathion-}\\\text{Peroxidase}}} G\text{-}S\text{-}S\text{-}G + ROH + H_2O$$

G-SH = Glutathion, γ-L-Glutamyl-cysteinyl-glycin; die oxidative Dimerisierung dieses Tripeptides erfolgt über die SH-Funktion der zentralen Aminosäure Cystein

Als selenhaltiger Bestandteil der Glutathionperoxidase wurde die Aminosäure Selenocystein (HSe)$CH_2CH(NH_2)COOH$ erkannt (*Stadtman*, 1984). Der Mechanismus dieser Katalyse ist aber noch nicht im Einzelnen geklärt.

Zu weiteren, in lebenden Organismen aufgefundenen, Se-Organylen zählen Selenomethionin MeSe$(CH_2)_2CH(NH_2)COOH$, Trimethylselenoniumsalze $Me_3Se^+X^-$ und Dimethylselenid Me_2Se, eine knoblauchartig riechende Komponente im Atem betroffener Organismen. Die Bildung von Me_2Se aus anorganischen Selenverbindungen dient offenbar der Entgiftung: Me_2Se ist weniger toxisch als Selen in anorganischen Oxoanionen oder in elementarer Form. Dies steht im Gegensatz zu Quecksilber, für welches die Probleme der Umweltbelastung durch die Biomethylierung verschärft werden (S. 81).

[75]Se-markierte Verbindungen (β$^-$, γ; $T_{1/2}$ = 118.5 d) finden seit geraumer Zeit Anwendungen in der diagnostischen Nuklearmedizin (*Masukawa*, 1987). So wird [75Se]Selenomethionin für die Abbildung (*imaging*) der Pankreas eingesetzt.

11 Metallorganyle von Kupfer, Silber und Gold (Gruppe 11)

Die Elemente Kupfer, Silber und Gold zählen eindeutig zu den Übergangsmetallen. Die Besprechung ihrer Chemie an dieser Stelle folgt lange gepflegter Tradition, sie leitet über zur Organometallchemie der d-Elemente (Kap. 12–18).

11.1 Kupfer- und Silberorganyle

Die erste Kupfer-Kohlenstoff-Verbindung war das, bereits von *Böttger* (1859) dargestellte, explosive Kupferacetylid $CuC \equiv CCu$. Unser heutiges Interesse an der Chemie kupferorganischer Verbindungen beruht vor allem auf Anwendungen in der organischen Synthese. Ausgangspunkte waren das Studium der Reaktionen von Kupferorganylen CuR mit organischen Halogeniden (*Gilman*, 1936) und die Beobachtung, daß Cu^L-Ionen die 1,4-Addition von *Grignard*-Reagenzien an konjugierte Enone katalysieren (*Kharash*, 1941). Daß hierbei Organokupfer-Zwischenstufen auftreten, wurde von *House* (1966) gezeigt. Von kaum zu überschätzender Bedeutung für synthetisch-organische Anwendungen war die Darstellung des ersten Organocuprats, $LiCu(CH_3)_2$, durch *Gilman* (1952). Die Isolierung und röntgenographische Charakterisierung reiner Organo–Cu-Verbindungen gelang erst in den letzten beiden Jahrzehnten. Probleme bestehen in der hohen Empfindlichkeit, insbesondere der binären Spezies MR, gegen H_2O und O_2 sowie in der geringen Löslichkeit in inerten Solvenzien. Erschwerend tritt hinzu, daß Edukte und Produkte des jeweiligen Syntheseverfahrens häufig unstöchiometrische Addukte wie $[(CuR)_x \cdot (CuBr)_y]$ oder Solvate bilden.

Die **Organometallchemie** von **Cu** und **Ag** ist praktisch ausschließlich die der **Oxidationsstufe +I**. Eine Ausnahme ist – durch elektronegative CF_3-Gruppen ermöglicht – in dem Tetraorganoargentat(III) $[Ag(CF_3)_4]^-$ gegeben. An dieser Stelle werden nur σ-Organyle besprochen, π-Komplexe der Elemente Cu, Ag und Au finden sich bei den entsprechenden Liganden in den Kapitel 13–16.

Darstellung
Cu-Organyle

$$CuX + LiR \xrightarrow{Et_2O, THF} CuR \xrightarrow{LiR} \underset{\textbf{Organocuprat}}{Li[CuR_2]}$$

$\boxed{4}$

Eine gute Quelle für CuX ist die Verbindung $[(n\text{-}Bu_3P)CuI]_4$.

Hinter der Bezeichnung „Organocuprat" verbirgt sich sowohl in Lösung als auch im festen Zustand eine komplizierte Strukturchemie. Traditionell unterscheidet man zwischen Cupratenniedriger Ordnung (**L.O.**) M^ICuR_2 und solchen höherer Ordnung (**H.O.**) $M^I_nCu_mR_{m+n}$ (m + n > 2). Ferner spricht man von **Homocupraten** $M^I_nCu_mR_{m+n}$ (m + n ≥ 2) sowie von **Heterocupraten** $M^I_nCu_mR_{m+n-x}X_x$ (X = Hal, CN, OR etc., R_{m+n} = R′ + R″ + ...).

Beispiele:

	L.O.	H.O.
Homocuprate	$LiCu(CH_3)_2$	$Li_2Cu(CH_3)_3$
Heterocuprate	$LiCu(CN)(CH_3)$	$Li_2Cu(CN)(CH_3)(C_6H_5)$

Neuere Ergebnisse der Einkristall-Strukturbestimmung und der ^{1}H,^{6}Li-NOESY-Methode (Nuclear Overhauser Effect Spectroscopy) lassen diese Klassifizierung aber lediglich als Etikettierung ohne strukturchemischen Aussagewert erscheinen (vergl. S. 239).

$$CuX + {}^{FG}R_2Zn \longrightarrow CuR^{FG} + {}^{FG}RZnX \qquad \boxed{4}$$

Der Einsatz zinkorganischer Verbindungen als Carbanionspender gewährt eine größere Toleranz funktioneller Gruppen (**FG**) als die Verwendung von Lithiumorganylen oder *Grignard*-Reagenzien (vergl. S. 74).

Diesen Vorteil bietet auch die oxidative Addition an *Rieke*-Kupfer:

Alkinyl-Cu-Verbindungen werden durch Metallierung hergestellt:

$$RC{\equiv}CH + [Cu(NH_3)_2]^+ \longrightarrow CuC{\equiv}CR + NH_3 + NH_4^+ \qquad \boxed{6}$$

$$PhC{\equiv}CH + Cu(t\text{-}BuO) \longrightarrow 1/n\ [CuC{\equiv}CPh]_n + t\text{-}BuOH$$

Entsprechend reagieren auch andere C–H-acide Substrate:

$$C_5H_6 + Ph_3PCu(O\text{-}t\text{-}Bu) \xrightarrow{-78\ ^\circ C} Ph_3PCu(\eta^5\text{-}C_5H_5) + t\text{-}BuOH$$

Kupferacetylide (Kupferalkinyle) sind hydrolyseinert, ihre Assoziation im festen Zustand entstammt der π-Komplexbildung des Kupfers mit benachbarten –C≡CR-Einheiten (S. 307).

Eine besonders stabile, sublimierbare Organo-Cu-Verbindung entsteht aus CuI-Chlorid und Trimethylmethylenphosphoran unter Umylidierung (*Schmidbaur*, 1973):

$$+ 2\ Me_4PCl$$

Der inerte Charakter dieses Komplexes mit verbrückenden Phosphoniodiylid-Liganden ist auf die Abwesenheit von β-ständigem Wasserstoff zurückzuführen (vergl. S. 273).

Ag-Organyle sind thermisch und photochemisch wesentlich instabiler als Cu-Organyle:

$$AgNO_3 + R_4Pb \xrightarrow[-R_3PbNO_3]{-80\ °C} AgR \xrightarrow{20\ °C} Ag + Alkane + Alkene \qquad \boxed{4}$$

$$AgNO_3 + ZnPh_2 \xrightarrow[0\ °C]{Et_2O} AgPh + PhZnNO_3 \qquad (\textit{van der Kerk}, 1977)$$

$$AgX + 2\ LiAr \xrightarrow{Et_2O} Li[AgAr_2] + LiX$$
$$\text{Organoargentat(I)}$$

Deutlich stabiler sind die entsprechenden **Perfluoralkyl-Ag-**Verbindungen R_FAg (vergl. S. 289)

$$\text{sublimierbar } \textit{in vacuo}, 160\ °C \qquad \boxed{8}$$
$$AgF + CF_2{=}CF{-}CF_3 \xrightarrow[30\ °C]{MeCN} AgCF(CF_3)_2{\cdot}MeCN$$

Argentofluorierung

$$[Ag(MeCN)_x]^+ + [Ag\{CF(CF_3)_2\}]^-$$
$$\text{Organoargentat(I)}$$

$$AgOAc + Cd(CF_3)_2{\cdot}glyme \xrightarrow[PMe_3]{Et_2O} Me_3PAg^ICF_3 \qquad \text{photolabil}$$
$$\Big\downarrow O_2$$
$$[Ag^{III}(CF_3)_4]^- \qquad \text{photostabil}$$

Ag-alkinyle entstehen durch Metallierung in Gegenwart einer Hilfsbase:

$$RC{\equiv}CH + AgNO_3 + NH_3 \longrightarrow AgC{\equiv}CR + NH_4NO_3 \qquad \boxed{6}$$

Thermisches Verhalten einiger Cu- und Ag-Organyle:

Verbindung	Zersetzungspunkt (°C)	Assoziationsgrad
CuMe	> −15 (explosiv)	
AgMe	−50	
CuPh	100	polymer
CuC_6F_5	220	tetramer
AgPh	74	polymer
$CuCH_2SiMe_3$	78 (Fp.)	tetramer
CuC≡CR	200	polymer
AgC≡CR	100–200	polymer

Struktur- und Bindungsverhältnisse

Der breitgefächerten Anwendung von Organokupferverbindungen in der organischen Synthese (*vide infra*) stand für lange Zeit ein Mangel an Strukturinformation gegenüber. Dies hat sich geändert, indem während der letzten beiden Jahrzehnte Einkristall-Strukturbestimmungen in beträchtlicher Zahl ausgeführt wurden. Was das mechanistische Verständnis betrifft, verbleibt aber das Problem der Identifizierung der reagierenden *Spezies in Lösung*, denn die Molekülstrukturen im Einkristall sind nicht unbedingt auf den gelösten Zustand zu übertragen. Dies gilt insbesondere für die synthetisch wichtigen Organocuprate.

Die erste Kristallstrukturbestimmung einer **Alkyl**kupferverbindung gelang *Lappert* (1973) an $CuCH_2SiMe_3$; die Stabilität dieser Verbindung ist relativ hoch, denn die Gruppe CH_2SiMe_3 erschwert aufgrund der Abwesenheit β-ständiger H-Atome intramolekulare und wegen ihrer Sperrigkeit intermolekulare Abbauwege. Gemäß ebullioskopischer Messung bleibt die tetramere Form in Lösung (Benzol) erhalten.

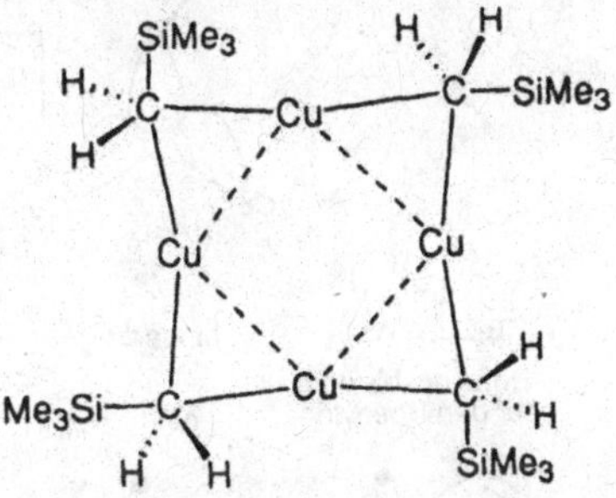

Cu[I] besitzt hier seine typische KZ 2 (linear). Dies führt im Tetrameren zu einer planaren Anordnung Cu_4. Die $Cu{\diagup}^C{\diagdown}Cu$-Brücken können als 2e3c-Bindungen betrachtet werden, entstanden durch Wechselwirkung von $C(sp^3)$- mit $Cu(sp)$-Hybridorbitalen (*Lappert*, 1977). Vergleiche: d(Cu–Cu) = 256 pm (Metall), r(Cu^+) = 96 pm.

$Cu_4(CH_2SiMe_3)_4$

$Cu\overset{202}{-}C$ CCuC 163.5°

$Cu\overset{242}{\cdots}Cu$ CuCCu 90°

Unsolvatisierte Kupfer- und Silber**aryle** kristallisieren ebenfalls in oligomerer Form (*Floriani*, 1989):

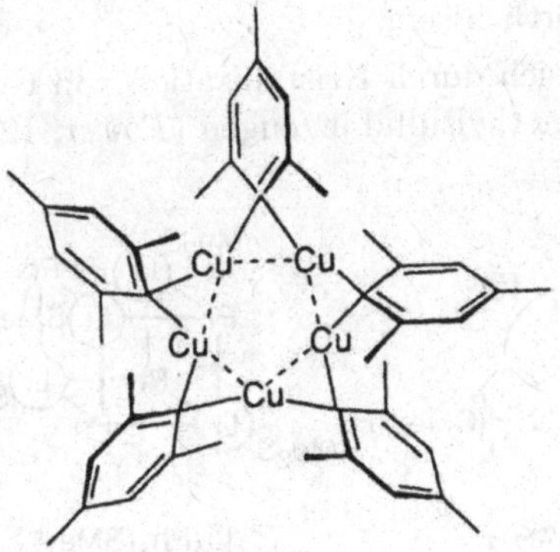

Cu_5Mes_5

$Cu\overset{195}{-}C$ CCuC 149-160°

$Cu\overset{247}{\cdots}Cu$ CuCCu 79°

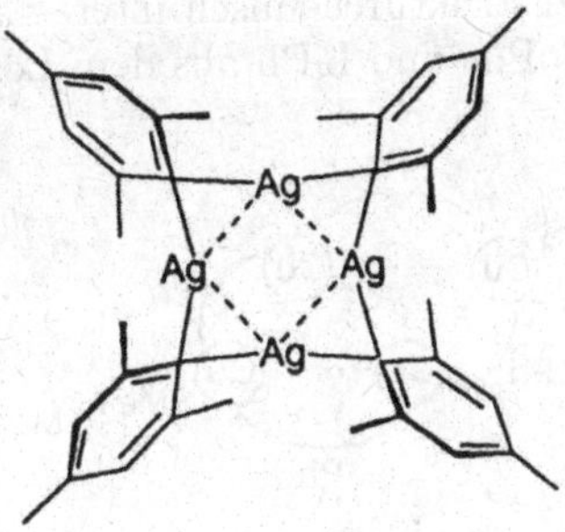

Ag_4Mes_4

$Ag\overset{220}{-}C$ CAgC 167°

$Ag\overset{274}{\cdots}Ag$ AgCAg 77°

In Lösung dominieren allerdings Dimere.

Die Bindungsverhältnisse in der Brücke $Cu\diagdown C\diagup Cu$ ähneln der Situation für Al_2Ph_6, die Verfügbarkeit von Cu(3d)-Elektronen ermöglicht aber zusätzliche Wechselwirkungen Cu(3d)→Aryl(π^*):

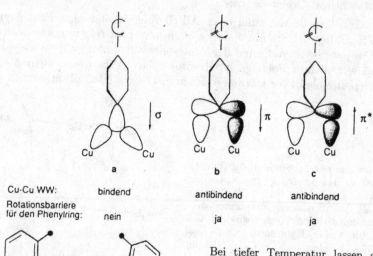

	a	b	c
Cu-Cu WW:	bindend	antibindend	antibindend
Rotationsbarriere für den Phenylring:	nein	ja	ja

Bei tiefer Temperatur lassen sich für **[(2-Tolyl)Cu]₄** mittels ^{1}H-NMR Stereoisomere nachweisen, also liegt eine Rotationsbarriere um die Bindung Cu–C vor. Dies spricht für Beiträge der Arten **b** und/oder **c** zur Brückenbindung $Cu\diagdown C\diagup Cu$ (*Noltes*, 1979).

Die Beiträge **b** und **c** dürften auch für die erhöhte thermische Stabilität von Kupferarylen, verglichen mit Kupferalkylen, verantwortlich sein.

Eine strukturchemisch interessante Reihe ließ sich durch Kristallisation von CuPh, $LiCuPh_2$ und LiPh aus dem Lösungsmittel Dimethylsulfid erzeugen (*Power*, 1990):

$Cu_4Ph_4(SMe_2)_2$ $Li_2Cu_2Ph_4(SMe_2)_3$ $Li_4Ph_4(SMe_2)_4$

Die Struktur des H.O.-Cuprats $Li_2Cu_2Ph_4(SMe_2)_3$ ähnelt der des binären Organyls Cu_4Ph_4 $(SMe_2)_2$, wobei aber 2 Cu durch 2 Li ersetzt sind; formaler Ersatz der beiden restlichen Cu durch Li führt zum binären Lithiumorganyl $Li_4Ph_4(SMe_2)_4$. Dieser Gang wird von zunehmender Deformation der M_4-Einheit begleitet: ihre Struktur wechselt von planar (Cu_4) über leicht gefaltet (Li_2Cu_2) zu stark gefaltet (Li_4). Letztere Anordnung ist typisch für den, in der Organolithiumchemie häufig angetroffenen Heterocubantyp A_4B_4.

Lithiumorganocuprate können auch als Kontaktionenensembles aufgefaßt werden, in denen Homocupratanionen CuR_2^- an Li^+-Kationen gebunden sind. Möchte man **iso-lierte** Organocupratanionen erzeugen, so gilt es, die Kontaktionenbindungen durch Komplexierung der Li^+-Kationen zu brechen. Dies gelingt z.B. mittels Kronen-etherzusatz (*Power*, 1985):

$$CuBr + 2\ RLi \xrightarrow{\text{12-Krone-4}} [(12\text{-Krone-4})_2 Li]^+ + [R\text{--}Cu\text{--}R]^-$$
$$R = Me,\ Ph$$

Nach diesem Prinzip können auch aus neutralen Kupferorganylen selbst Organo-cuprate entstehen:

$$dppe = Ph_2PCH_2CH_2PPh_2$$

Entscheidend für das Verständnis der Reaktivität von Lithiumcupraten in Lösung ist die Kenntnis des jeweils vorliegenden Ionenpaartyps, Kontaktionenpaar (**CIP**) oder Solvens-separiertes Ionenpaar (**SSIP**).

Eine Analyse der Lage des Gleichgewichtes gelingt mittels der bereits erwähnten (S. 45) ^{6}Li, ^{1}H-HOESY-Technik (*Gschwind*, 2000). Dies beruht darauf, daß der mittlere Abstand zwischen ^{6}Li und den Protonen ^{1}H des Restes R für die Situationen CIP bzw. SSIP stark differiert, was sich in der Intensität der entsprechenden Kreuzpeaks widerspiegelt. So ergab sich, daß THF als Lösungsmittel das SSIP stark begünstigt, während in Et_2O praktisch ausschließlich die Konfiguration CIP vorliegt. Daher deutet der Befund, daß Reaktionen von $LiCuR_2$ mit Enonen in Et_2O rascher ablaufen als in THF, darauf hin, daß CIP die angreifende Spezies ist. Offenbar bedarf es zur zügigen Reaktion mit Enonen der Verfügbarkeit der Lewis-Säure Li^+, um die Carbonylfunktion zu aktivieren; im besser solvatisierenden Lösungsmittel THF ist die Lewis-Acidität des Li^+-Kations aufgrund der Komplexbildung zu $[Li(THF)_4]^+$ jedoch stark abge-schwächt (*Boche*, 2000).

Die synthetisch wichtigen **Cyanocuprate** waren lange Zeit mit Unsicherheit bezüg-lich des Koordinationsortes des Cyanidions behaftet. Einkristallstrukturunter-suchungen haben erwiesen, daß das CN^--Ion zwei Li^+-Ionen verbrückt, so daß im Kristall die Einheiten $[Li_2CN \cdot solv]^+$ und $[R_2Cu]^-$ vorliegen. Somit erweisen sich diese formalen H.O.-Cyanocuprate strukturchemisch als L.O.-(Gilman-)Cuprate. Daß dies auch für die Verhältnisse in flüssiger Lösung gilt, wird vermutet, ist aber nicht bewiesen. Komplizierend tritt hinzu, daß im Kristall des L.O.-Cyanocuprats $[(t\text{-}Bu)CuCNLi(OEt_2)_2]_\infty$ anstelle von Li···CN···Li eine Li···CN···Cu-Verbrückung gefunden wurde (*Boche*, 1998).

$$[(C_6H_4CH_2NMe_2\text{-}2)_2CuCNLi_2(THF)_4]_\infty$$
van Koten, 1998

$$[(t\text{-Bu})_2CuCNLi_2(THF)_2(PMDTA)_2]$$
Boche, 1998

Cu-Organyle in der organischen Synthese

Eine grobe Einteilung kupferorganischer Syntheseverfahren kann erfolgen in

- Methoden, bei denen **Kupferpulver oder anorganische Kupferverbindungen** dem Eduktgemisch in katalytischer oder stöchiometrischer Menge zugesetzt werden ①–③. Diese Reaktionen verlaufen nachweislich oder vermutlich über Organokupfer-Zwischenstufen.

  Die Oxidationsstufe der effektiven Kupferspezies ist in manchen Fällen umstritten und die Bezeichnungen „reduktive Kupplung" bzw. „oxidative Kupplung" ist unscharf, da davon abhängig, ob man sich auf das Ausgangsmaterial (meist ein Arylhalogenid) oder die Organokupfer-Zwischenstufe bezieht.

- Verfahren, in denen eine gezielt dargestellte **Organokupferverbindung** als Synthon eingesetzt wird ④–⑦.

Diese Gliederung entspricht in etwa dem historischen Gang.

① Reduktive Kupplung: *Ullman*-Reaktion

Diese bereits 1904 entdeckte heterogene Synthese symmetrischer Biaryle (vergl. *Fanta*, 1964) bedient sich feinverteilten Kupferpulvers („Kupferbronze"), erfordert hohe Reaktionstemperaturen und wird durch elektronegative Substituenten Y gefördert:

$$2\,ArX \xrightarrow[T \geqslant 200\,°C]{Cu} Ar\text{–}Ar$$
Reaktivität
X Cl < Br < I

Bei Einsatz von löslichem Cu^I-Triflat kann diese Reaktion auch homogen geführt werden; sie ermöglicht dann ein Studium der Kinetik, welches mechanistische Folgerungen gestattet (*Cohen*, 1976):

Exp.: $d[Ar_2]/dt = k_{Ar_2}[ArBr]^2[Cu^I]$

Mech.: $ArBr + [Cu^I]^+ \underset{k_{-1}}{\overset{k_1}{\rightleftharpoons}} [ArCu^{III}Br]^+$

$$[ArCu^{III}Br]^+ + ArBr \xrightarrow{k_2} Ar_2 + [Cu^{III}Br_2]^+$$

Oxidativer Addition unter dem Wechsel $Cu^I \rightarrow Cu^{III}$ folgt demnach der nucleophile Angriff von $[ArCu^{III}Br]^+$ an einem zweiten Molekül ArBr.

② Oxidative Kupplung: *Glaser*-Reaktion

In diesem seit 1869 bekannten Verfahren werden terminale Alkine in basischem Medium in Gegenwart von Cu^I-Salzen und O_2 zu symmetrischen Diinen oxidiert, nach *Eglinton* (1959) werden Cu^{II}-Salze und als Base Pyridin verwendet.

Das folgende, klassische Beispiel zeigt die Synthese des in Zusammenhang mit dem Konzept „Aromatizität" wichtigen [18] Annulens (*Sondheimer*, 1962):

$$3 \ HC\equiv C-(CH_2)_2-C\equiv CH \xrightarrow{\substack{Cu(OAc)_2 \\ \text{Pyridin, 55 °C}}}$$

$$\xleftarrow{\substack{1.\ t-BuOK \\ t-BuOH \\ 2.\ H_2,\ Pd/C}}$$

Oxidative Kupplungen können auch intramolekular an Organocupraten ausgeführt werden. *Beispiel* (*Whitesides*, 1967):

$$2 \ Ph\diagdown\diagup Li + Ph_3PCuLi \xrightarrow[-78\ °C]{THF} LiCu\left(\diagdown\diagup^{Ph}\right)_2$$

$$\xrightarrow[-78\ °C]{O_2 \ oder \ Cu^{2+}}$$

Die Abwesenheit einer 1,2-Arylverschiebung spricht gegen radikalischen Charakter dieser Reaktion.

$$Ph\diagdown\diagup\diagdown\diagup^{Ph} \quad 88\%$$

Sorgfältige Einhaltung des folgenden Syntheseprotokolls gestattet die Synthese unsymmetrischer Diaryle (*Lipshutz*, 1993):

$$LiAr + CuCN \xrightarrow[-78\ °C]{\text{L.O.Heterocuprat}} LiCu(CN)Ar \xrightarrow[-125\ °C]{LiAr'} \overset{\text{H.O.Heterocuprat}}{Li_2Cu(CN)(Ar)(Ar')} \xrightarrow[-125\ °C]{O_2} Ar-Ar'$$

Ausb. 78-90%
Kreutzkuppl.> 96%

Die oxidative Kupplung kann auch zur stereoselektiven Synthese von Biarylen mit axialer Chiralität ausgebaut werden. Hierzu ist es erforderlich, die beiden zu kuppelnden Arylhalogenide vor der Bildung des Heterocuprats mit einem chiralen Brückenbildner zu verbinden, der nach vollzogener C–C-Verknüpfung wieder abzuspalten ist (*Lipshutz*, 1994). *Prinzip:*

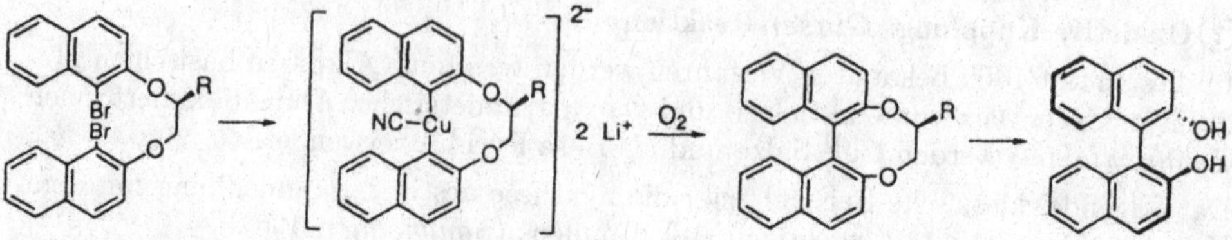

Auf diese Weise dargestellte enantiomerenreine Binaphthyldiole dienen als Bausteine von Reagentien, die über die Fähigkeit der chiralen Erkennung verfügen (vergl. *Noyori*, 1979).

Ebenfalls über eine intramolekulare oxidative Kupplung verläuft wahrscheinlich die Synthese des Biphenylens nach *Wittig* (1967):

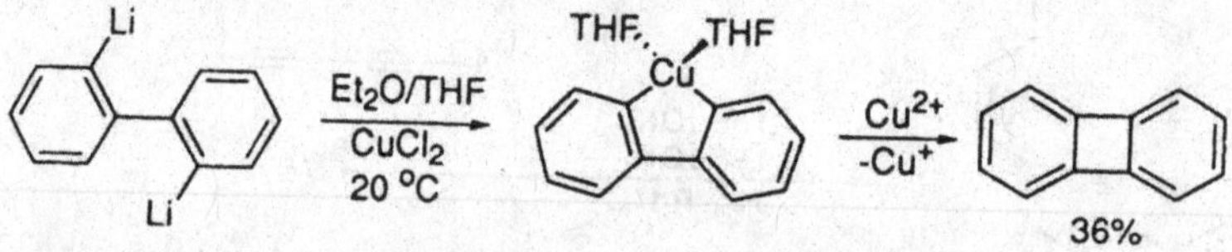

③ Redoxneutrale Kupplung: *Cadiot-Chodkiewicz*-Reaktion

Ein von *Cadiot* (1957) vorgestelltes Verfahren eignet sich besonders zur Synthese *unsymmetrischer* Diine. Es besteht in der Umsetzung von terminalen Alkinen mit 1-Bromalkinen in Gegenwart eines Amins sowie einer katalytischen Menge an Cu^I-Salz:

$$R-C\equiv C-H + Cu^+ \longrightarrow R-C\equiv C-Cu + H^+$$

$$R-C\equiv C-Cu + Br-C\equiv C-R' \longrightarrow R-C\equiv C-C\equiv C-R' + Cu^+ + Br^-$$

$$EtNH_2 + HBr \longrightarrow [EtNH_3]Br$$

Die Reaktion erfolgt bei Raumtemperatur und ist unempfindlich gegenüber vielen funktionellen Gruppen. Ist R oder R′ eine TMS-Schutzgruppe, so kann nach deren Abspaltung unter Erzeugung eines neuen terminalen Alkins weitergebaut werden. Auf diese Weise sind materialwissenschaftlich interessante Polyalkine zugänglich („molekulare Kohlenstoffdrähte", vergl. *Gladysz*, 2000).

④ Thermische Kupplung

An gezielt dargestellten Kupferorganylen kann auch durch Wärmezufuhr C–C-Verknüpfung bewirkt werden:

Ausb. 99%; Z,Z 95%

Hierbei bleibt die *Konfiguration* an der olefinischen Doppelbindung *erhalten*. Dieser stereochemische Befund spricht gegen das Auftreten von Propenylradikalen als Zwischenstufen, denn von Vinylradiakeln ist bekannt, daß deren Inversion auf der Zeitskala der Diffusionskontrolle rasch erfolgt (*Whitesides*, 1971).

⑤ Nucleophile Substitution an Organohalogenverbindungen mittels Organocuprat

Das Organocuprat Li[CuR$_2$] (*Gilman*-Reagens, 1952) wird in situ erzeugt und mit R'X zu einem unsymmetrischen Kupplungsprodukt umgesetzt:

$$2 \text{ RLi} + \text{CuI} \xrightarrow[-\text{LiI}]{\text{Et}_2\text{O}, -20\,°\text{C}} \text{Li[CuR}_2\text{]} \xrightarrow[-\text{LiX}, -\text{CuR}]{\text{R'X}} \text{R–R'}$$

R = Alkyl, Alkenyl, Aryl, Heteroaryl
R' = Acyl, Alkyl, Alkenyl, Aryl, Heteroaryl

Im Gegensatz zu den binären Organylen CuR sind Lithiumorganocuprate LiCuR$_2$ etherlöslich, verglichen mit den entsprechenden Lithiumorganylen LiR sind sie *schwächer nucleophil*; somit reagieren sie mit organischen Substraten *selektiver*, etwa gemäß der Abstufung:

$$\text{R'–C}\!\!\begin{array}{c}\text{O}\\ \diagup\!\!\diagdown\\ \text{Cl}\end{array} > \text{R'–C}\!\!\begin{array}{c}\text{O}\\ \diagup\!\!\diagdown\\ \text{OH}\end{array} > \text{Epoxid} > \text{R'I} > \text{R'Br} > \text{R'Cl} >$$

$$> \text{Keton} > \text{Ester} > \text{Nitril} \gg \text{Alken}$$

Konkurrenzreaktionen wie Metall/Halogenaustausch oder Eliminierung spielen für Li[CuR$_2$] eine geringere Rolle als für LiR. Die Knüpfung der neuen C–C-Bindung erfolgt auf der Seite des angreifenden Restes R unter Retention, auf der Seite des Substrates R'X unter Inversion der Konfiguration. Ist R'X ein Alkenylhalogenid, so bleibt bei der Substitution die Konfiguration erhalten:

$$\underset{\text{Ar}}{\diagup\!\!\diagup}\!\!\overset{\text{Br}}{=} + \text{Li[CuR}_2\text{]} \xrightarrow[0\,°\text{C}]{\text{Et}_2\text{O}} \underset{\text{Ar}}{\diagup\!\!\diagup}\!\!\overset{\text{R}}{=} + \text{Li[RCuBr]}$$

Von hohem praktischem Wert ist der Einsatz von Zinkorganylen RZnX anstelle von Lithiumorganylen LiR als ursprüngliche Carbanionspender, da sie wegen ihrer größeren Toleranz funktioneller Gruppen an R den Anwendungsbereich der Substitution beträchtlich erweitern (vergl. S. 74).

Homocupratreagenzien wie LiCuR$_2$ oder ZnXCuR$_2$ übertragen im allgemeinen *nur einen* der beiden Reste R. Handelt es sich um wertvolle Gruppen R, so setzt man aus ökonomischen Gründen Organocuprate LiCuR$_{NT}$R$_T$ ein, die neben dem zu übertragenden Rest R$_T$ einen nichttransferierbaren Rest R$_{NT}$ enthalten. Als geeignete Gruppen R$_{NT}$ sind Alkinyle –C≡C–R (*Corey*, 1972) und sterisch anspruchsvolle Organophosphide –P(t-Bu)$_2$ (*Bertz*, 1982) erkannt worden.

Eine weitere nützliche Variante besteht in der Verwendung von Cyanocupraten, insbesondere solcher „höherer Ordnung": Cuprate des Typs Li$_2$CuR$_2$(CN) vereinigen in sich die besondere Stabilität von Heterocupraten und die hohe Reaktivität von Homocupraten; sie bewähren sich in Fällen, in denen das Substrat R'X eine höhere Reaktionstemperatur bedingt, also in der Umsetzung mit sekundären Halogeniden und Epoxiden.

⑥ *Michael*-Addition an konjugierte Enone

Im Gegensatz zu Organolithium- und *Grignard*-Reagenzien, die bevorzugt an die Carbonylfunktion addieren (1,2-), bewirken Organocuprate an α,β-ungesättigten Carbonylverbindungen fast ausschließlich 1,4-Addition:

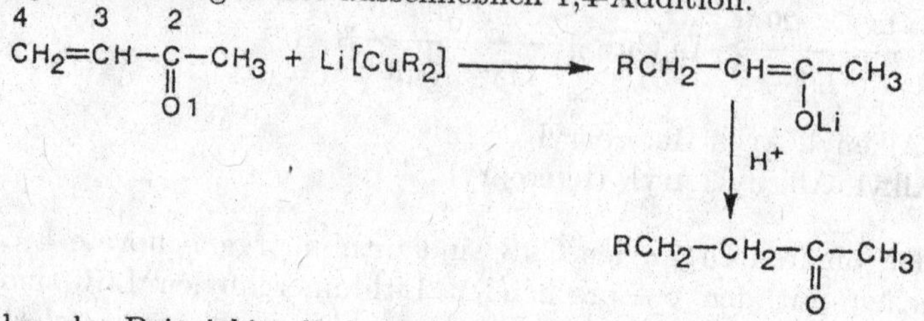

$$\overset{4}{CH_2}=\overset{3}{CH}-\underset{\underset{1}{\overset{\|}{O}}}{\overset{2}{C}}-CH_3 + Li[CuR_2] \longrightarrow RCH_2-CH=\underset{OLi}{C}-CH_3$$

$$\Big\downarrow H^+$$

$$RCH_2-CH_2-\underset{\overset{\|}{O}}{C}-CH_3$$

Am folgenden Beispiel ist die hohe **Stereoselektivität** der Addition abzulesen (*House*, 1968):

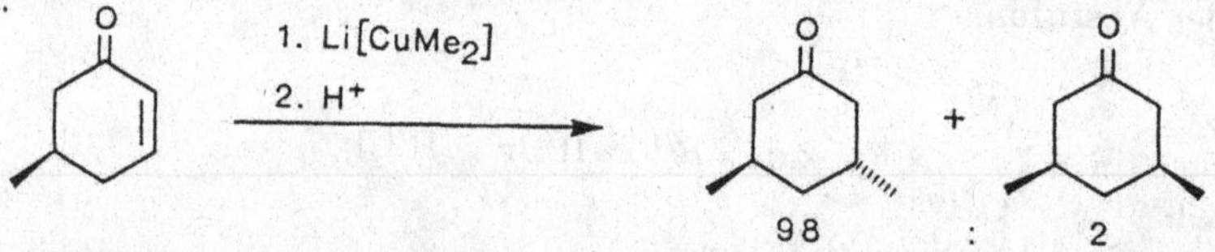

$$98 \quad : \quad 2$$

Die stöchiometrische Verwendung des Organocuprates $Li[CuR_2]$ ist der Variante *Grignard*-Reagens + katalytische Menge an $Cu^{I,II}$-Salz bezüglich Ausbeute und Stereoselektivität im allgemeinen überlegen. Der Zusatz von Me_3SiCl erhöht sowohl die Reaktionsgeschwindigkeit als auch die Regioselektivität der 1,4-Addition (*Nakamura*, 1991):

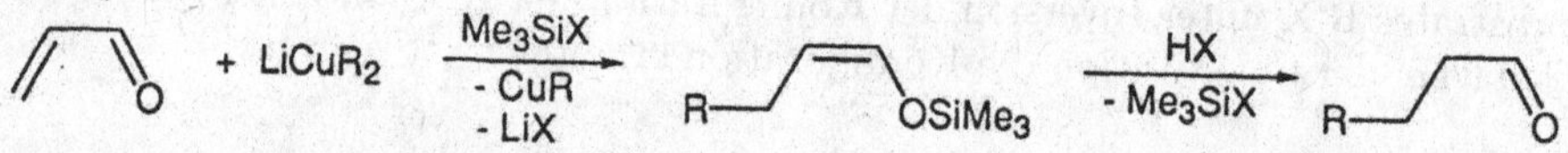

Die intermediäre Bildung des Silylenolethers profitiert von der Übertragung des Restes R vom weichen Cu^+-Ion auf das weiche Ende des Enonsystems und der harten Me_3Si-Gruppe auf das harte Sauerstoffatom. Auch ein BF_3-Zusatz wirkt aktivierend (*Yamamoto*, 1986). Die für die Substitution ⑤ erwähnten Vorzüge der Verwendung von $LiCuR_{NT}R_T$-Reagenzien sowie von Cyanocupraten gelten auch für die *Michael*-Addition.

Konjugate Additionen können auch *enantioselektiv* geführt werden, indem man von chiralen Heterocupraten ausgeht. Als Beispiel sei die Synthese des Duftstoffes (R)-(–)Muscon angeführt (*Tanaka*, 1991):

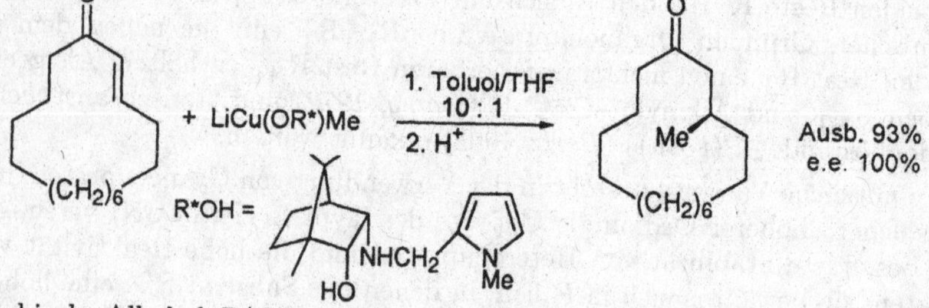

Der chirale Alkohol R*OH ist aus natürlichem D-Campher leicht herstellbar, er kann zudem nach der Synthese zurückgewonnen werden.

⑦ Carbocuprierung

Anders als Monoalkene addieren *Acetylen* und *terminale Alkine* bereitwillig Organokupferverbindungen; hierbei wird **hohe Regio- und Stereoselektivität** beobachtet (> 99.5% syn-Addition, *Normant*, 1971):

$$R^1Cu \cdot MgBr_2 \; + \; R^2\!\!-\!\!\equiv \quad \xrightarrow[\substack{-40\,°C \\ 15\,min}]{Et_2O} \quad \begin{array}{c} R^2 \\ \diagup \\ R^1 \quad Cu \cdot MgBr_2 \end{array} \qquad 70\text{-}85\%$$

Die Anwesenheit von $MgBr_2$ ist für das Gelingen essentiell, das Organokupferreagenz dürfte somit in Form des Heterocuprates $MgBr[BrCuR]$ angreifen. Besonders reaktiv sind Lithiumorganocuprate $LiCuR_2$, sie insertieren zwei Acetylenmoleküle:

$$LiCuR_2 \; + \; 2 \equiv \quad \xrightarrow[-50\,°C]{Et_2O} \quad \left(\underset{R}{\diagup\!\!\!\diagdown} \right)_2 CuLi \qquad > 80\%$$

Die durch Carbocuprierung erzeugten Alkenylkupferverbindungen besitzen hohes Synthesepotential in Folgereaktionen. Einschränkend sei bemerkt, daß *funktionalisierte Alkine* eine geringere Regioselektivität der Carbocuprierung aufweisen können als die entsprechenden Grundkörper. Dies ist auf Komplexbildung der Heteroatome funktioneller Gruppen mit der Kupferreagenz zurückzuführen, welche sterische Effekte überspielen kann:

in Et$_2$O : 49%   51%
in THF : 98%   2%

Ag-Organyle in der organischen Synthese

Thermische Instabilität, Lichtempfindlichkeit und nicht zuletzt Kostengründe haben Silberorganylen nur einen peripheren Platz im Methodenkatalog des Synthetikers zugewiesen. Neben klassischen Anwendungen wie der Katalyse der *Wolff*-Umlagerung durch Ag_2O, dem Einsatz von $AgNO_3$ zur Trennung von Alkenen über ihre $(\eta^2\text{-Alken})Ag^I$-Komplexe sowie einer neueren, Ag^+-katalysierten Cyclisierung OH-funktionalisierter Alkine

(*Pale*, 1987)
X= O, H$_2$

ist aus metallorganischer Sicht einzig die silberkatalysierte Gerüstumlagerung gespannter Ringsysteme von Interesse (vergl. S. 286 sowie *Bishop*, 1976):

Quadricyclan   Norbornadien

Diese Umlagerungen unterlägen als konzertierte Prozesse dem Symmetrieverbot (*Woodward-Hoffmann*-Regeln), in Gegenwart von ÜM-Ionen werden sie jedoch durch die Eröffnung mehrstufiger Wege möglich. Die unter milden Bedingungen erfolgende Isomerisierung von Cuban zu Cunean verläuft wohl über Argentocarbenium-ion-Zwischenstufen:

Cuban   Cunean

11.2 Goldorganyle

Die Chemie des Goldes wird durch die Oxidationsstufen Au^I und Au^{III} geprägt. In anorganischen Verbindungen überwiegt für $Au^I(d^{10})$ die Koordinationszahl 2 mit linearer Geometrie und 14 VE. Seltener sind Au^I-Komplexe der KZ 3 (trigonal planar, 16 VE) und der KZ 4 (tetraedrisch, 18 VE). $Au^{III}(d^8)$ Verbindungen der KZ 4 sind quadratisch planar gebaut, sie weisen 16 VE und ein unbesetztes $Au(p_z)$-Orbital auf. In rein anorganischen Komplexen werden für Au^{III} auch die Koordinationszahlen 5 und 6 beobachtet. In der **Organogoldchemie** sind die Fälle **Au^I, KZ 2** (linear) und **Au^{III}, KZ 4** (quadratisch planar) wesentlich. An dieser Stelle werden nur Gold-η^1-Organyle behandelt, Goldkomplexe mit Liganden höherer Haptizität finden sich an entsprechender Stelle in Kap. 15.

Au^I-Organyle

Au^I-Organyle erhält man bevorzugt als **Addukte LAuR** (L = PR_3, RNC) und als **Organoaurate M[AuR$_2$]** geringer Stabilität (*Kochi*, 1973).

$$Et_3PAuCl + MeLi \xrightarrow{-\ LiCl} Et_3PAuMe \xrightarrow{MeLi} Li[AuMe_2] \qquad \boxed{4}$$

Eine bedeutende Stabilisierung wird durch die Komplexierung des Kations M^+ erreicht (*Tobias*, 1976): So zersetzt sich [Li(pmdeta)][AuMe$_2$] erst bei 120 °C (pmdeta = Pentamethyldiethylentriamin).

Das Anion $AuMe_2^-$ ist wie die isoelektronischen $M(d^{10})$-Spezies $HgMe_2$, $TlMe_2^+$ und $PbMe_2^{2+}$ linear gebaut.

Die σ-Cyclopentadienylverbindung des Goldes besitzt gemäß ^{1}H-NMR eine **fluktuierende Struktur**:

$$Ph_3PAuCl + C_5H_5Na \xrightarrow{-\ NaCl} \text{etc}$$

Halogenalkylgoldverbindungen bilden sich durch Carbeninsertion:

$$Et_3PAuCl + CH_2N_2 \longrightarrow Et_3PAuCH_2Cl + N_2 \qquad \boxed{10}$$

Besonders gerne geht Au^I Bindungen an Ylide $R_3P{=}CH_2$ ein (*Schmidbaur*, 1975):

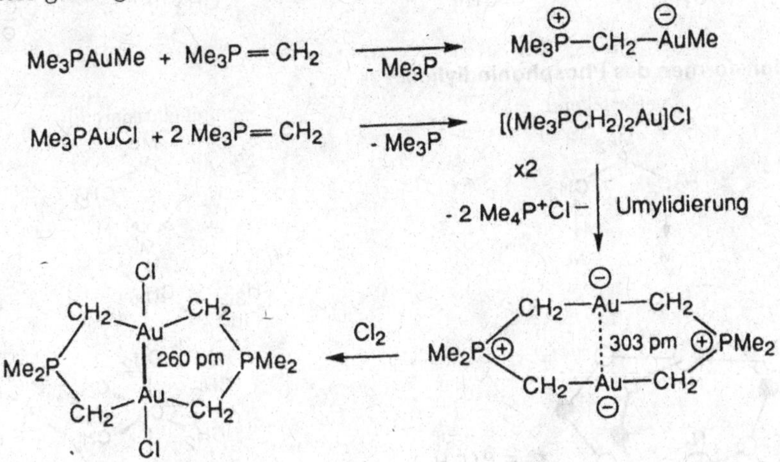

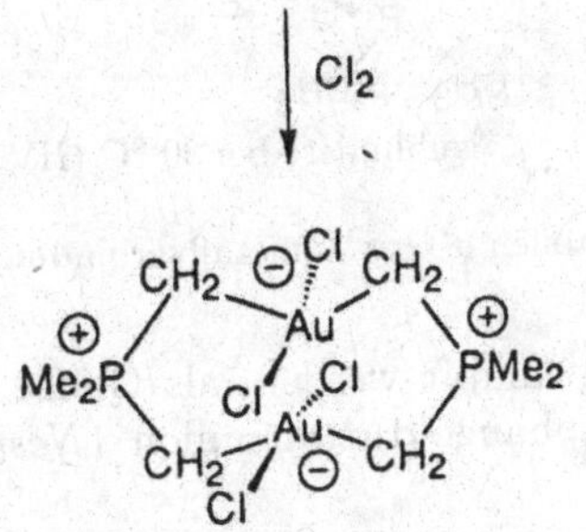

Das erste Oxidationsprodukt besitzt eine Au–Au-Bindung und ist als Au^{II}-Verbindung zu bezeichnen. Für diese ungewöhnliche Oxidationsstufe des Goldes sprechen auch spektroskopische Befunde (^{197}Au-Mößbauer-Spektrum, Röntgenphotoelektronenspektrum = ESCA). Die Oxidation kann bis zur Stufe Au^{III} fortgesetzt werden.

Bemerkungen zum Ylid-Liganden:

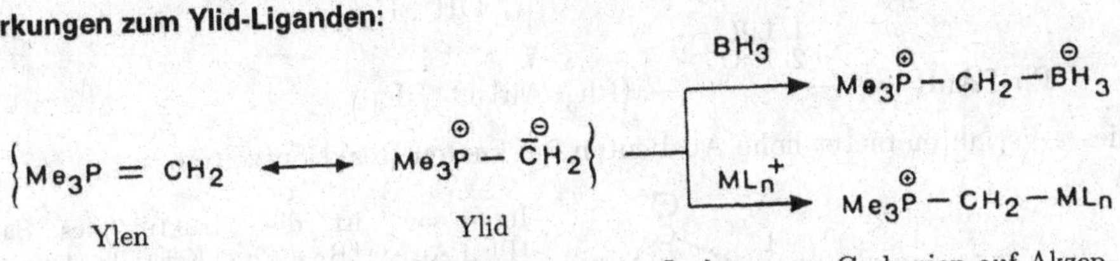

Diese Reaktionen bewirken einen Transfer der negativen Ladung vom Carbanion auf Akzeptoren wie *Lewis*-Säuren oder koordinativ ungesättigte Komplexfragmente ML_n^+.

Durch eine weitere Deprotonierung wird das Ylid zum Phosphoniodiylid und gewinnt chelatisierende und verbrückende Eigenschaften:

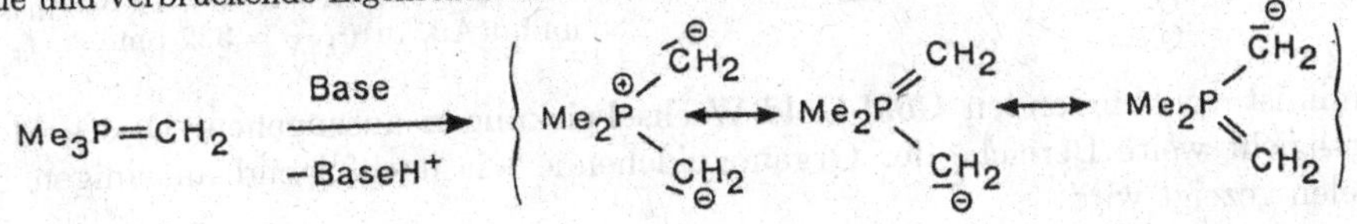

Dient als Base das Ylid selbst, so spricht man von **Umylidierung**:

$$(CH_3)_2P \overset{CH_3}{\underset{CH_2}{\big\langle}} \;+\; (CH_3)_2P \overset{CH_2}{\underset{CH_3}{\big\langle}} \longrightarrow (CH_3)_2\overset{\oplus}{P} \overset{CH_3}{\underset{CH_3}{\big\langle}} \;+\; (CH_3)_2P \overset{CH_2}{\underset{\overset{\ominus}{C}H_2}{\big\langle}}$$

Koordinationsformen des Phosphoniodiylids:

verbrückend

$$H_2C \overset{\overset{Me_2}{P}}{\diagup \diagdown} CH_2$$
$$\downarrow \qquad \downarrow$$
$$M \qquad M$$

chelatisierend

$$H_2C \overset{\overset{Me_2}{P}}{\diagup \diagdown} CH_2$$
$$\searrow \quad \swarrow$$
$$M$$

gelbe Kristalle, Zers. 87 °C

● = P(CH₃)₂
○ = CH₂

sublimiert bei 30 °C (HV)

Der verbrückende Typ führt zu thermisch überraschend stabilen σ-Organometallverbindungen, insbesondere der Münzmetalle (Cu, Ag, Au).

Au–C-Bindungen können auch mittels **Aurierung** geknüpft werden, als Quelle für LAu⁺ bewährt sich hierbei das Tris(triphenylphosphangold)oxoniumion (*Nesmeyanov*, 1980):

$$Ph_3PAuCl + AgBF_4 \xrightarrow[-AgCl]{} Ph_3PAu^+BF_4^-$$

$$\downarrow OH^-, H_2O$$

$$Ph_3PAuR \xleftarrow[\text{2. } H_2O]{\text{1. LiR}} (Ph_3PAu)_3O^+BF_4^-$$

Dieses Verfahren bietet hohe Ausbeuten bei kurzen Reaktionszeiten.

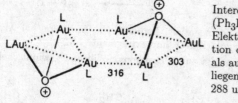

Interessant ist die Struktur des Salzes $(Ph_3PAu)_3O^+BF_4^-$ im Kristall, denn der Elektrostatik widersprechend bildet das Kation dimere Einheiten aus. Sowohl die intra- als auch die interionischen Au···Au-Abstände liegen zwischen den Größen d(Au,Au)$_{Metall}$ = 288 und d(Au,Au)$_{VDW}$ = 332 pm.

Somit ist von bindenden **Gold-Gold-Wechselwirkungen** auszugehen. Dieses Motiv durchzieht weite Bereiche der Organogoldchemie wie nachfolgend an einigen Beispielen gezeigt wird.

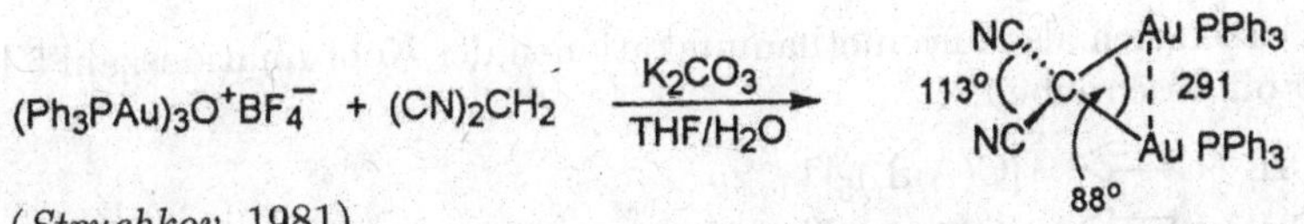

$(Ph_3PAu)_3O^+BF_4^-$ + $(CN)_2CH_2$ $\xrightarrow[THF/H_2O]{K_2CO_3}$

(*Struchkov*, 1981)

Trotz der Anwesenheit zweier sperriger PPh_3-Liganden unterschreitet die Au···Au-Distanz den van der Waals-Abstand $d(Au,Au)_{VDW}$ von 332 pm beträchtlich. Diese **aurophile Anziehung** zwischen zwei $Au^I(d^{10})$-Ionen, die in der Größenordnung von 30 kJ mol^{-1} liegt und damit energetisch mit einer starken Wasserstoffbrückenbindung vergleichbar ist, prägt auch die Strukturchemie binärer Goldorganyle:

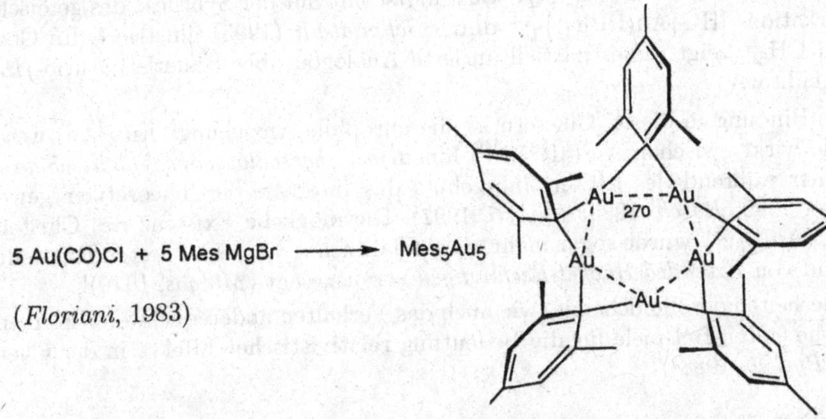

5 Au(CO)Cl + 5 Mes MgBr $\longrightarrow$ Mes$_5$Au$_5$

(*Floriani*, 1983)

Sie ist darüber hinaus Grundlage einer ungewöhnlichen Goldclusterchemie, die mit dem formalen Einbau von Carbanionen C^{4-} in reguläre $[LAu^I]_m^{m+}$-Polyeder auch metallorganische Züge trägt. So konnte *Schmidbaur* (1989) kohlenstoffzentrierte Goldclusterkationen darstellen:

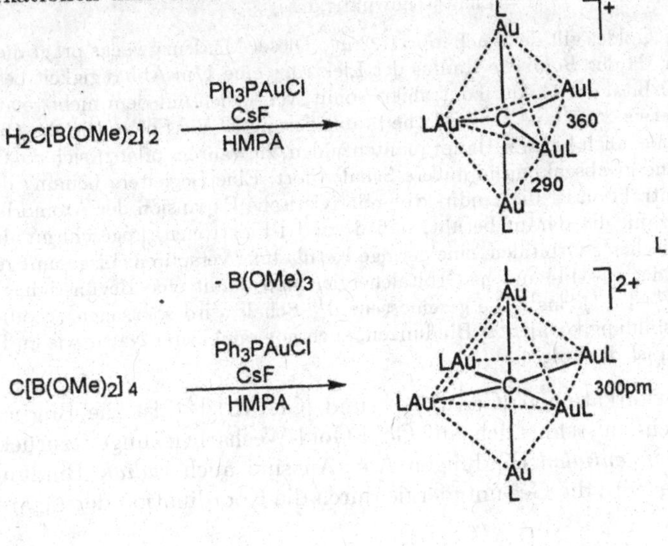

$H_2C[B(OMe)_2]_2$ $\xrightarrow[HMPA]{\substack{Ph_3PAuCl \\ CsF}}$

L = Ph$_3$P

$C[B(OMe)_2]_4$ $\xrightarrow[HMPA]{\substack{- B(OMe)_3 \\ Ph_3PAuCl \\ CsF}}$

Diese Spezies lassen sich als Auriomethaniumkationen der Koordinationszahl 5 bzw. 6 am Kohlenstoff beschreiben,

$$CH_5^+ \implies [C(AuL)_5]^+$$
$$CH_6^{2+} \implies [C(AuL)_6]^{2+}$$
$$\text{vergl. } H_3O^+ \implies [(LAu)_3O]^+$$

wobei die *Protonenähnlichkeit* der Einheit *LAu+* zu Tage tritt. In der Tat besteht die Isolobalanalogie (S. 552)

$$H \cdot \longleftrightarrow LAu \cdot \quad \text{bzw.} \quad H^+ \longleftrightarrow LAu^+$$

Besonders eindrucksvoll wird diese Verwandtschaft mit der Synthese des gemischten Clusterkations $[HC\{Au(PPh_3)\}_4]^+$ durch *Schmidbaur* (1995) illustriert. Im Gegensatz zu CH_5^+ zeigt dieses partiell aurierte Analogon aber keinerlei (Aurio-)*Brönstedt*-Acidität.

Für die Bindung in diesen Clustern ist die aurophile Anziehung (Au···Au) wesentlich. Sie wirkt zwischen $Au^I(4f^{14}5d^{10})$-Ionen *mit abgeschlossener Valenzschale* und hat daher während des letzten Jahrzehnts das Interesse der Theoretiker geweckt (*Mingos*, 1990; *Rösch*, 1994; *Pyykkö*, 1997). Die mögliche Existenz des Clusterkations $[C(AuL)_6]^{2+}$ wurde sogar mehr als ein Jahrzehnt vor seiner ersten Darstellung aufgrund von *Extended-Hückel-Rechnungen* vorausgesagt (*Mingos*, 1976)!

Besonderheiten der Goldchemie, wie auch das Verhalten anderer schwerer Elemente, waren die ersten Beispiele für die Bedeutung **relativistischer Effekte** in der Chemie (vergl. *Pyykkö*, 1988).

Relativistischen Effekten unterliegen Elektronen hoher Geschwindigkeit in 1s-Schalen schwerer Elemente, da sie, gemäß *Einsteins* spezieller Relativitätstheorie, einen Massenzuwachs erfahren:

$$m = m_o/\sqrt{1 - (v/c)^2}$$

m = bewegte Masse $\quad$ v = Elektronengeschwindigkeit
m_o = Ruhemasse $\quad$ c = Lichtgeschwindigkeit

Für das 1s-Elektron des Goldes gilt demnach $m = 1.23\, m_o$. Dieser Massenzuwachs prägt die Radialverteilungsfunktion, da der *Bohr*sche Radius des Elektrons eine $1/m$-Abhängigkeit besitzt. Das relativistische 1s-Orbital des Goldes kontrahiert somit, verglichen mit dem nicht-relativistischen Analogen, um etwa 20%, eine energetische Stabilisierung ist die Folge. Um die Orthogonalität aller ns-Orbitale, auch höherer Hauptquantenzahlen, zu wahren, pflanzt sich die Orbitalkontraktion unter Energieabsenkung in äußere Schalen fort. Eine Begleiterscheinung dieser „direkten" s-Orbitalkontraktion ist die „indirekte" relativistische Expansion der Atomorbitale höherer Nebenquantenzahl, die darauf beruht, daß d- und f-Elektronen, abgeschirmt durch Elektronen in relativistischen s-Orbitalen, eine geringe Kernladung verspüren. Insgesamt resultiert eine Annäherung der (n−1)d- und ns-Orbitalenergien und damit eine Begünstigung der Hybridisierung $(n-1)d^{10} \rightarrow (n-1)d^9ns^1$. Die geschlossene d^{10}-Schale wird sozusagen „geöffnet", die Möglichkeit der Ausbildung kovalenter Bindungen, auch homonuklearer Natur wie im Falle der Aurophilie Au···Au, ist die Folge.

Im Falle der Goldclusterkationen $[C(AuL)_5]^+$ und $[C(AuL)_6]^{2+}$ ist die Bindungsenergie allerdings nicht ausschließlich auf Gold-Gold-Wechselwirkungen zurückzuführen. Neben den *tangentialen* Bindungen Au···Au sind auch *radiale* Bindungen Au-C wirksam; ferner wird die Gesamtenergie durch die Koordination der Liganden

L an die Au^I-Bausteine gesenkt. Quantenchemische Rechnungen müssen neben relativistischen Korrekturen auch Elektronenkorrelationseffekte berücksichtigen. Die aurophile Anziehung ist somit nicht auf einen einzigen Verursacher zurückzuführen und die Gewichtung der verschiedenen Beiträge ist noch Gegenstand der Diskussion (*Kaltsoyannis*, 1997).

Au^I-Isocyanid und Au^I-Carbenkomplexe

Der Ligand RNC (Isocyanid) besitzt, wie CO oder PR_3, σ-Donor/π-Akzeptoreigenschaften (vergl. S. 354). Als besonders guter σ-Donor kann er aber auch an Metalle koordinieren, für die $M^{\pi}{\to}L$-Rückbindung eine geringe Rolle spielt.

Neutrale Isocyanid-Gold(I)-Komplexe gewinnt man am einfachsten durch Ersatz von Dimethylsulfid (*Bonati*, 1973):

$$RNC + (Me_2S)AuCl \xrightarrow[-Me_2S]{} (RNC)AuCl \xrightarrow{MeMgCl} (RNC)AuMe$$

Bis(isocyanid)gold(I)-Kationen werden als Salze mit nichtkoordinierenden Anionen isoliert:

$$(RNC)AuCl + RNC + BF_4^- \xrightarrow{Aceton} [RNC-Au-CNR]^+ BF_4^- + Cl^-$$

Die Überführung in (Carben)gold(I)-Komplexe gelingt durch Addition von OH- bzw. NH-aciden Verbindungen (vergl. S. 309):

Auch Di(carben)gold(I)-Komplexe sind auf diesem Wege darstellbar (*McCleverty*, 1973):

Mit langkettigen Resten versehen, die polare Gruppen tragen, zeigen (Carben)gold(I)-Komplexe (RHN)(RHN)CAuCl und (RO)(R′HN)CAuCl *flüssig-kristallines Verhalten*; als Metallomesogene sind sie von potentiellem, anwendungstechnischem Interesse (*Takahashi*, 1997).

Die „nichtklassischen" Metallcarbonyle von Cu^I, Ag^I, Au^I

Was bedeutet hier eigentlich „nichtklassisch"? Während in weiten Bereichen der Chemie der Metallcarbonyle das klassische Konzept des σ-Donor/π-Akzeptor-Synergismus zur Beschreibung der Metall-Ligand-Bindungsverhältnisse dient (vergl. S. 255f.), gibt es Randbereiche, für die ein Nur-σ-Bindungsbild angemessener erscheint (sog. „nichtklassische Metallcarbonyle"; *Strauss*, 1994; *Aubke*, 1994). Ironischerweise gehört die erste Übergangsmetallcarbonyl-Bildungsreaktion überhaupt, nämlich die

Absorption von CO duch saure Cu(I)-Salzlösungen (*Leblanc*, 1850; *Berthelot*, 1856), in das Gebiet der „nichtklassischen" Metallcarbonyle, wenngleich die Isolierung und röntgenographische Charakterisierung von Cu(CO)Cl erst vor kurzem gelang (*Jagner*, 1990). Auch Au(CO)Cl ist altbekannt (*Manchot*, 1925), eine verbesserte Synthese beschrieb *Calderazzo* (1973):

$$Au_2Cl_6 + 4\ CO \xrightarrow{SOCl_2} 2\ Au(CO)Cl + 2\ COCl_2$$

Rückblickend bietet die gut ausgebaute Chemie des zu CO isoelektronischen Liganden CN^- eigentlich viele Modellreaktionen (*Sharpe*, 1987). Münzmetallcarbonylchemie entwickelte sich auf breiter Front aber erst, als man das Augenmerk auf das Gegenion richtete und den gesuchten „nichtklassischen" Carbonylmetall-Kationen **Anionen extrem niedriger Nucleophilie** (*Reed*, 1998) zugesellte wie etwa

$$[SbF_6]^- \qquad [Sb_2F_{11}]^- \qquad [B(OTeF_5)_4]^- \qquad [1\text{-}R\text{-}CB_{11}F_{11}]^-.$$

Das Undecafluor-Carborananion $[1\text{-}R\text{-}CB_{11}F_{11}]^-$ ermöglichte sogar die Darstellung eines Salzes des lange gesuchten, zu $Ni(CO)_4$ isolelektronischen Kations $[Cu(CO)_4]^+$ (*Strauss*, 1999).

CuCl + Ag$^+$[1-R-CB$_{11}$F$_{11}$]$^-$

24 °C $\quad\bigg|\quad$ CO, CH$_2$Cl$_2$
1 Monat $\quad\bigg\downarrow\quad$ $-$AgCl

$[Cu(CO)_4]^+[1\text{-}R\text{-}CB_{11}F_{11}]^-$

In der Gruppe der Münzmetalle wurden bislang die Spezies

$$[Cu(CO)_n]^+ \ (n = 1\text{--}4),\ [Ag(CO)_n]^+ \ (n = 1\text{--}4)\ und\ [Au(CO)_n]^+ \ (n = 1\text{--}3)$$

als Salze mit schwach-nucleophilen Anionen dargestellt und charakterisiert. Für den Metallorganiker ungewohnt sind die Synthesebedingungen:

$$AgOTeF_5 + B(OTeF_5)_3 + CO \xrightarrow[25\ °C,\ 36h]{200\ mbar} [Ag(CO)]^+[B(OTeF_5)_4]^-$$

$$AuF_3 + 2\ SbF_5 + 3\ CO \xrightarrow[25\ °C]{SbF_5(\ell)} [Au(CO)_2]^+[Sb_2F_{11}]^- + COF_2$$

$$(\textit{Aubke},\ 1992)$$

In diesen Verfahren bindet eine *Lewis*-Säure das Gegenion des Metallsalzes unter Bildung eines neuen Gegenions extrem niedriger Nucleophilie. Die Energetik der Carbonylmetallkationen der Münzmetalle kennt man lediglich in der Gasphase (*Armentrout*, 1995), neutrale Carbonyle $[M(CO)_n]$ $(n = 1\text{--}4)$ dieser Metalle sind nur spektroskopisch in Matrixisolation identifiziert worden (*Ozin*, 1975). Zu den „nichtklassischen" Metallcarbonylen zählt man übrigens auch die Kationen $[Fe(CO)_6]^{2+}$, $[Ir(CO)_6]^{3+}$, $Pt(CO)_4^{2+}$ (S. 339) sowie $[Hg(CO)_2]^{2+}$ (S. 79).

Eine charakteristische Eigenschaft all dieser Spezies ist die ungewöhnlich hohe Streckfrequenz ν_{CO} im Schwingungsspektrum: Während „klassische" Metallcarbonyle im Bereich $\nu_{CO} < 2143$ cm^{-1} absorbieren, gilt für „nichtklassische" Metallcarbonyle $\nu_{CO} > 2143$ cm^{-1}; auf eine Diskussion dieses Befundes kommen wir in Kap. 14.4.3 zurück.

Au^{III}-Organyle

Ein altbekannter Zugangsweg zu Organo-Au^{III}-Verbindungen ist die **Aurierung** (*Kharash*, 1931):

$$2\ Au_2Cl_6 + 2\ C_6H_6 \xrightarrow{-2H[AuCl_4]}$$

Organogold(III)-Komplexe sind quadratisch planar gebaut.

Auch eine Metathese führt zum Ziel:

$$Au_2Br_6 + 4\ MeMgBr \longrightarrow$$

$\boxed{4}$ (*Pope*, 1907)

Die Einheit $Me_2Au^+(aq)$ ist erstaunlich stabil. Di(alkyl)goldcyanide sind im Gegensatz zu dimerem Di(alkyl)goldazid tetramer, denn der Ligand $C\equiv N^-$ bildet nur lineare Brücken. Im ^{1}H–NMR-Spektrum werden statt der erwarteten zwei CH$_3$-Signale derer vier beobachtet. Offenbar liegt neben der Form mit gleichartig orientierten CN-Brücken auch eine fehlgeordnete Form vor.

Die Bereitschaft von Au^{III}, sich an Au$\overset{C}{\diagdown}$Au 2e3c-Bindungen zu beteiligen, ist offenbar gering, denn statt durch Dimerisierung zu Au_2Me_6 (vergl. Al_2Me_6) sucht AuMe$_3$ seine Koordinationszahl mit Hilfe weiterer Liganden auf 4 zu erhöhen. So zersetzt sich das von *Gilman* (1948) in Lösung dargestellte Trimethylgold bereits bei T > –40 °C:

$$Au_2Br_6 + 6 \ MeLi \xrightarrow[-65\ °C]{Et_2O} 2 \ „AuMe_3“ + 6 \ LiBr$$

Das durch oxidative Addition von MeI an das Dimethylaurat $Li[AuMe_2]$ bereitete Triphenylphosphan-Addukt Ph_3PAuMe_3 ist hingegen bis 115 °C (Fp., Zers.) stabil (*Kochi*, 1973):

$$\underset{\text{linear}}{Li[Au^IMe_2]} \xrightarrow[-LiI]{MeI,\ Ph_3P} Ph_3PAu^{III}Me_3 \xrightarrow[-Ph_3P]{MeLi} \underset{\substack{\text{quadratisch} \\ \text{planar}}}{Li[AuMe_4]} \qquad (\textit{Tobias}, 1975)$$

Der Austritt des Liganden Ph_3P bei der Addition von Methyllithium zeigt, daß das Tetramethylaurat(III)-Ion mit einer 16VE-Schale bereits koordinativ abgesättigt ist. Dies ist eine typische Eigenschaft d^8-konfigurierter später Übergangsmetallionen (S. 259), sie wird uns im Folgenden noch öfter begegnen.

Die Aurat-Anionen $[Au^IMe_2]^-$ und $[Au^{III}Me_4]^-$ sind von *Kochi* (1999) dazu verwandt worden, die Möglichkeit einer Ausweitung der Organogoldchemie auf die Oxidationsstufen Au^{II} und Au^{IV} zu erproben. So lieferte die Oxidation von $[Au^IMe_2]^-$ mittels Ferriciniumion Cp_2Fe^+ einen Goldspiegel und Ethan, in Gegenwart von Ph_3P jedoch, als Disproportionierungsprodukte von „$AuMe_2$“, die Addukte Ph_3PAuMe und Ph_3PAuMe_3. Ist 9,10-Phenanthrenchinon PQ zugegen, so wird ein bei –78 °C stabiles Addukt $Me_2Au(PQ)_2$ erhalten, welches allerdings, angezeigt durch EPR-spektroskopische Befunde, als $Me_2Au^+(PQ^{\cdot-})PQ$, also eine Au^{III}-Verbindung zu beschreiben ist. Au^{II} bleibt, auch metallorganisch verpackt, eine kapriziöse Oxidationsstufe.

Übergangsmetallorganyle

12 Vorbemerkungen

Ihre eigentliche Vielfalt präsentiert die Organometallchemie im Bereich der Übergangsmetalle. Dies ist zurückzuführen auf

- Erweiterte Möglichkeiten der Ausbildung von Metall-Kohlenstoff-Bindungen: Während für Hauptgruppenelemente die Beteiligung von nd-Orbitalen neben ns- und np-Orbitalen an chemischen Bindungen die Ausnahme darstellt, sind für Übergangsmetalle **(n–1)d, ns- und np-Orbitale** gleichermaßen als **reguläre Valenzorbitale** zu betrachten (n = Hauptquantenzahl). Die partielle Besetzung dieser Valenzorbitale verleiht dem Übergangsmetall sowohl Elektronendonor- als auch Elektronenakzeptoreigenschaften, die in Wechselwirkung mit Donor/Akzeptor-Liganden wie CO, Isonitrilen, Carbenen, Olefinen, Cyclopentadienylanionen und Arenen eine feine Abstimmung der Metall-Ligand-Bindungsordnung M⋯L gestatten (**σ-Donor/π-Akzeptor-Synergismus**). Dieses Prinzip regiert weite Bereiche der Organoübergangsmetallchemie.

Wechselwirkungen:

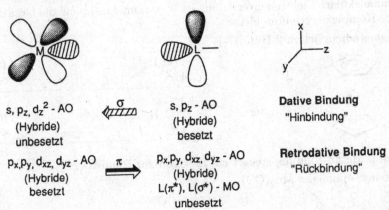

s, p_z, d_z^2 - AO
(Hybride)
unbesetzt

$\xrightarrow{\sigma}$

s, p_z - AO
(Hybride)
besetzt

Dative Bindung
"Hinbindung"

p_x, p_y, d_{xz}, d_{yz} - AO
(Hybride)
besetzt

$\xrightarrow{\pi}$

p_x, p_y, d_{xz}, d_{yz} - AO
(Hybride)
$L(\pi^*)$, $L(\sigma^*)$ - MO
unbesetzt

Retrodative Bindung
"Rückbindung"

- Zahl, energetische Lage und Überlappungsqualität der (n–1)d, ns, np Valenzorbitale ermöglichen sowohl (lokalisierte) **Metall-Metall-Mehrfachbindungen** als auch die Bildung von **Metallatom-Cluster** mit (delokalisierten) Mehrzentrenbindungen. Die Organo-Hauptgruppenelementchemie zieht hier während des letzten Jahrzehnts allerdings nach.

- Fähigkeit zum **Wechsel der Koordinationszahl**: Gemeinsam mit der Labilität der ÜM-C-σ-Bindung ergeben sich hieraus Möglichkeiten für eine metallorganische Katalyse (Kap. 18).

- Die vielfältigen Varianten der **Gestaltung des Koordinationsraums** um ein Übergangsmetallatom eröffnen Wege einer selektiven bzw. spezifischen Reaktionsführung. Hierbei ist zu unterscheiden zwischen

Chemoselektivität: bevorzugte Reaktion an einer von mehreren vorhandenen, unterschiedlichen funktionellen Gruppen;

Regioselektivität: bevorzugte Reaktion an einer von mehreren vorhandenen, unterschiedlichen chemischen Umgebungen.

Stereoselektivität:

Diastereoselektivität: Kontrolle der relativen Stereochemie

Enantioselektivität: Kontrolle der absoluten Stereochemie

„Selektiv" wird allgemein mit „bevorzugt", „spezifisch" mit „ausschließlich" gleichgesetzt.

12.1 Die 18 Valenzelektronen (18 VE)-Regel

Die 18 VE-Regel und das Konzept des σ-Donor/π-Akzeptor-Synergismus („Hin- und Rückbindung") stellen die rudimentärsten Ansätze zur Diskussion von Struktur- und Bindungsverhältnissen in ÜM-Organylen dar.

Die 18 VE-Regel (*Sidgwick*, 1927) basiert auf der valence bond (VB)-Betrachtung lokalisierter Metall-Ligand-Bindungen und besagt, daß thermodynamisch stabile ÜM-Komplexe dann vorliegen, wenn die Summe der Metall(d)-Elektronen und der von den Liganden zur Bindung beigesteuerten Elektronen 18 beträgt. Hierdurch erreicht das Zentralmetall formal die Elektronenkonfiguration des im Periodensystems folgenden Edelgases (daher 18 VE-Regel oder auch „Edelgasregel" genannt). Bei der Anwendung der 18 VE-Regel ist zu beachten:

① Die intramolekulare Elektronenverteilung ist so vorzunehmen, daß die Gesamtladung des Komplexes erhalten bleibt:

Di(cyclopentadienyl)eisen 2 $Fe(C_5H_5)_2$

oder:

$2(C_5H_5^-)$	12e
Fe^{2+}	6e
	18e
$2(C_5H_5\cdot)$	10e
Fe^o	8e
	18e

② Jede Metall-Metall-Bindung steuert **ein** Elektron zur Bilanz bei:

Decacarbonyl-dimangan $Mn_2(CO)_{10}$

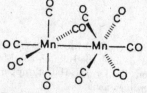

5(CO)	10e
Mn^o	7e
Mn–Mn	1e
	18e

③ Das Elektronenpaar eines Brückenliganden liefert formal **je ein** Elektron an die überbrückten Metallatome:

Nonacarbonyl-dieisen $Fe_2(CO)_9$

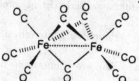

3(CO)	6e
3(μ-CO)	3e
Fe^o	8e
Fe–Fe	1e
	18e

Die 18 VE-Regel fordert hier wegen der ungeraden Zahl von Brückenliganden die Formulierung einer Fe–Fe-Bindung. Keinesfalls darf aber aus dieser Zählroutine auf die physische Gegenwart einer direkten Metall-Metall-Bindung geschlossen werden, worauf schon *R. Hoffmann* (1979) hingewiesen hat (vergl. auch S. 335).

Die häufigsten Liganden in Übergangsmetall-Organylen sind mit der für die Anwendung der 18 VE-Regel relevanten Elektronenzahl nachfolgend zusammengestellt:

neutral	positiv	negativ	Ligand L
1	0	2	Alkyl, Aryl, Hydrid, Halogen (X)
2	–	–	Ethylen, Monoolefin, CO,
			Phosphan etc.
3	2	4	π-Allyl, Enyl, Cyclopropenyl, NO
4	–	–	Diolefine
4	–	6	Cyclobutadien (C_4H_4 bzw. $C_4H_4^{2-}$)
5	–	6	Cyclopentadienyl, Dienyl
6	–	–	Aromaten, Triolefine
7	6	–	Tropylium ($C_7H_7^+$)
8	–	10	Cyclooctatetraen (C_8H_8 bzw. $C_8H_8^{2-}$)

Unter Verwendung von Übergangsmetallen mit entsprechender Zahl von d-Elektronen lassen sich auf der Grundlage der 18 VE-Regel mögliche Zusammensetzungen einer großen Zahl von Organometallkomplexen voraussagen. Für f-Elementorganyle der Lanthanoide und Actinoide führt ein entsprechendes Vorgehen nicht zum Ziel (vergl. Kap. 17).

Die vorliegenden Fakten legen eine Einteilung in drei Klassen nahe:

Klasse	Zahl der Valenzelektronen	18 VE-Regel
I	...16 17 18 19...	nicht befolgt
II	...16 17 18	nicht überschritten
III	18	befolgt

Auf welche Weise bedingt die Natur des Zentralatoms sowie die der Liganden die Zugehörigkeit eines Komplexes zu den Klassen I, II und III?

Klasse I $n(VE) \gtreqless 18$			Klasse II $n(VE) \leqq 18$			Klasse III $n = 18$			
	n(d)	n(VE)		n(d)	n(VE)		n(d)	n(L)	n(VE)
TiF_6^{2-}	0	12	ZrF_6^{2-}	0	12	$V(CO)_6^-$	6	12	18
VCl_6^{2-}	1	13	WCl_6	0	12	$CpMn(CO)_3$	7	11	18
$V(C_2O_4)_3^{3-}$	2	14	WCl_6^-	1	13	$Fe(CN)_6^{4-}$	6	12	18
$Cr(NCS)_6^{3-}$	3	15	WCl_6^{2-}	2	14	$Fe(PF_3)_5$	8	10	18
$Mn(acac)_3^-$	4	16	TcF_6^{2-}	3	15	$Fe(CO)_4^{2-}$	10	8	18
$Fe(C_2O_4)_3^{3-}$	5	17	$OsCl_6^{2-}$	4	16	$CH_3Co(CO)_4$	9	9	18
$Co(NH_3)_6^{3+}$	6	18	$W(CN)_8^{3-}$	1	17	$Ni(CNR)_4$	10	8	18
$Co(H_2O)_6^{2+}$	7	19	$W(CN)_8^{4-}$	2	18	$Fe_2(CO)_9$	8	10	18
$Ni(en)_3^{2+}$	8	20	PtF_6	4	16	$[CpCr(CO)_3]_2$	6	12	18
$Cu(NH_3)_6^{2+}$	9	21	PtF_6^-	5	17				
			PtF_6^{2-}	6	18				

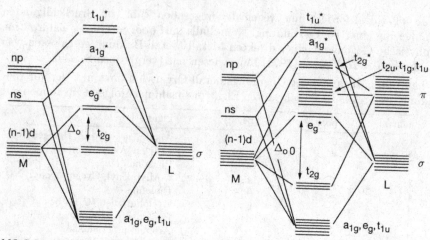

MO-Schema eines oktaedrischen Komplexes (vereinfacht)
σ-Bindung

MO-Schema eines oktaedrischen Komplexes (vereinfacht)
σ- und π-Bindung

Nach *P. R. Mitchell, R. V. Parish*, J. Chem. Ed. **46** (1969) 811.

Maximen

– antibindende MO	sollen nicht	
– nicht bindende MO	können	} besetzt werden
– bindende MO	sollen	

Erläuterungen

Klasse I Die Aufspaltung Δ_o ist relativ klein für 3d-Metalle sowie für σ-Liganden an niedriger Stelle in der spektrochemischen Reihe.

– t_{2g} ist nichtbindend, kann mit 0–6e besetzt werden.
– e_g^* ist nur schwach antibindend und kann u.U. mit 0–4e besetzt werden.

Somit ergeben sich 12–22 VE, d.h. die 18 VE-Regel wird nicht befolgt. Hierher gehören auch tetraedrische Komplexe mit inhärent kleiner Aufspaltung Δ_{tetr} und somit kleiner Ligandenfeldstabilisierung.

Klasse II Δ_o ist größer für 4d, 5d-Metalle (besonders in hohen Oxidationsstufen) sowie für σ-Liganden mittlerer oder hoher Position in der spektrochemischen Reihe.

– t_{2g} ist im wesentlichen nichtbindend und kann mit 0–6e besetzt werden.
– e_g^* ist stärker antibindend, wird daher möglichst nicht besetzt.

Die Valenzschale enthält maximal 18 VE. Eine ähnliche Aufspaltung Δ_o (t_{2g}, e_g^*) weisen auch Komplexe von 3d-Metallen mit Liganden sehr hoher Ligandfeldstärke auf (*Beispiel:* CN⁻).

Klasse III Δ_o ist maximal für Liganden an der Spitze der spektrochemischen Reihe (gute π-Akzeptoren wie CO, PF_3, Olefine, Arene).

– t_{2g} wird auf Grund der Wechselwirkung mit π-Ligandorbitalen bindend und ist mit 6e zu besetzen.

– e_g^* ist stark antibindend und bleibt möglichst unbesetzt.

Somit wird in Klasse III die 18 VE-Regel im allgemeinen befolgt, sofern nicht sterische Gründe die Ausbildung einer 18 VE-Schale verhindern [*Beispiel:* $V(CO)_6$, 17 VE, aber bereitwillige Bildung von $[V(CO)_6]^-$, 18 VE].

Metallorganische Verbindungen der Übergangselemente fallen fast ausschließlich in Klasse III.

Sonderstellung der M(d⁸)- und M(d¹⁰)-Komplexe

Für die Elemente am Ende der Übergangsreihen („späte" Übergangsmetalle) sind statt 18 VE-Komplexen solche mit 16 VE und 14 VE begünstigt.

Beispiele: M(d8)

$[Ni(CN)_4]^{2-}$	16 VE	
$[Rh(CO)_2Cl_2]^-$	16 VE	quadratisch planar, KZ 4
$[AuCl_4]^-$	16 VE	

Nach der 18 VE-Regel wäre KZ 5 zu erwarten. Diese ist für „frühere" d⁸-Metallatome realisiert: $Fe(CO)_5$, $(\eta^4\text{-}C_6H_8)(\eta^6\text{-}C_6H_6)Ru$, $[Mn(CO)_5]^-$.

Beispiele: M(d¹⁰)

$[Ag(CN)_2]^-$	14 VE	linear, KZ 2
R_3PAuCl	14 VE	

Eine qualitative Erklärung derartiger Abweichungen von der 18 VE-Regel berücksichtigt:

(1) das Elektroneutralitätsprinzip (*Pauling*, 1948)
(2) den π-Akzeptorcharakter der Liganden
(3) die Änderung der energetischen Separierung der (n–1)d-, ns- und np-Orbitale innerhalb einer Übergangsreihe

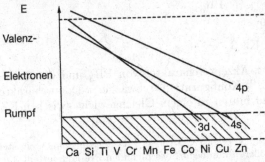

Qualitativer Gang der **Orbitalenergien innerhalb der ersten Übergangsreihe:** Am Ende der Reihe besitzen die d-Elektronen nahezu Rumpfelektronencharakter. Selbstverständlich ist die Grenze zwischen Valenz- und Rumpfelektronencharakter nicht scharf.

Mit zunehmender Ordnungszahl sinken alle Orbitalenergien, weil zusätzliche Valenzelektronen die zusätzliche Kernladung nur unvollständig abschirmen. Hierbei sinkt die Energie der (n–1)d–Elektronen „rascher" als die Energien der ns- und np-Elektronen, weil d-Elektronen geringere interelektronische Abstoßung besitzen als s- und p-Elektronen. Anders ausgedrückt: Die verglichen mit s- und p- diffusere Natur der d-Orbitale mit geringerer Aufenthaltswahrscheinlichkeit der Elektronen in Kernnähe hat zur Folge, daß d-Elektronen die Kernladung schlechter abschirmen als s- und p–Elektronen derselben Hauptquantenzahl. Der sukzessive Einbau von d-Elektronen längs einer Übergangsreihe erhöht somit die effektive Kernladung und bewirkt eine Stabilisierung der d-Orbitale. Die energetische Separierung der (n–1)d,ns,np-Orbitale steigt auch mit zunehmender positiver Atomladung, die energetische Reihenfolge der Atomorbitale nähert sich hierbei der des Einelektronensystems, d.h. die Energie wird von der Hauptquantenzahl n dominiert.

Es mag paradox erscheinen, daß die Reihenfolge des Einbaus von Elektronen gemäß Aufbauprinzip von der Reihenfolge der Elektronenabgabe bei Ionisierung abweicht:

$$\begin{array}{lllll}
0 \text{ VE} & 1 \text{ VE} & 2 \text{ VE} & 3 \text{ VE} & 4 \text{ VE} \\
\text{Ar} \rightarrow & \text{K}(4s^1) \rightarrow & \text{Ca}(4s^2) \rightarrow & \text{Sc}(3d^14s^2) \rightarrow & \text{Ti}(3d^24s^2) \\
 & & \text{Ti}^{2+}(3d^2) \leftarrow & \text{Ti}^+(3d^3) \leftarrow & \text{Ti}(3d^24s^2)
\end{array}$$

Nicht das zuletzt eingebaute Elektron (Aufbauprinzip) wird auch als erstes abgegeben (Ionisierung)! Demnach bevorzugt bei isoelektronischen Spezies die Neutralform eine ns^2-Besetzung, die Kationform hingegen $(n–1)d^2$-Besetzung. Als Grund ist die mit zunehmender positiver Zentralmetall-Ladung nebst begleitender Orbitalkontraktion zunehmende Spinpaarungsenergie zu nennen. Kationen vermeiden diese und bevorzugen die High-spin-Form $(n–1)d^2$ gegenüber der Low-spin-Form ns^2. Wer diesen Feinheiten nachgehen möchte, findet hierzu Anleitung bei *Pilar* (1978): „4s is always above 3d", und *Melrose* (1996): „Why the 4s orbital is occupied before 3d".

Beispiele für eine Argumentation nach (1)–(3):

- $Fe(CO)_5$, $Fe(CNR)_5$
  $Fe^o(d^8)$, 18 VE

Die d-, s- und p-Orbitalenergien sind noch ausreichend ähnlich, die effektive Rückbindung $Fe \overset{\pi}{\rightarrow} CO$ aus relativ großen $Fe^o(3d)$-Orbitalen führt zu Ladungsausgleich und Erfüllung des Elektroneutralitätsprinzips.

- $Ni(CO)_4$,
  $Ni^o(d^{10})$, 18 VE, KZ 4

aber

- $Ni(PR_3)_4 \overset{25\ °C}{\rightleftharpoons} Ni(PR_3)_3 + PR_3$
  $Ni^o(d^{10})$ $\qquad\qquad Ni^o(d^{10})$
  18 VE, KZ 4 $\qquad\quad$ **16 VE**, KZ 3

Der verglichen mit CO geringere π-Akzeptorcharakter von PR_3 und die niedrige Energie der d-Orbitale in der $Ni^o(d^{10})$-Konfiguration (schwacher π-Donorcharakter) schränken die Rückbindung ein und führen zu einem Gleichgewicht zwischen KZ 4 und KZ 3.

Neben dem **elektronischen Effekt** ist beim Vergleich CO versus PR_3 allerdings auch ein **sterischer Effekt** zu berücksichtigen: Der größere Raumbedarf des Liganden PR_3, dargestellt durch dessen Kegelwinkel (*Tolman*, 1977), begünstigt die niedrigere Koordinationszahl.

- $[Ni(CN)_5]^{3-} \rightleftharpoons [Ni(CN)_4]^{2-} + CN^-$
  $Ni^{II}(d^8)$ $\qquad\qquad Ni^{II}(d^8)$
  18 VE, KZ 5 $\qquad\quad$ **16 VE**, KZ 4

Das Gleichgewicht liegt hier weit auf der Seite des 16 VE-Komplexes, obwohl der gute π-Akzeptorligand CN^- angeboten wird und sterische Hinderung nicht gegeben ist. Die Erhöhung der Zentralmetall-Ladung $Ni^o \rightarrow Ni^{2+}$ bewirkt eine starke energetische Absenkung von 3d relativ zu 4s und 4p. Die Möglichkeit des Erreichens von Elektroneutralität via $Ni(3d_\pi) \rightarrow CN_\pi$-Wechselwirkung ist eingeschränkt.

Mit dem im Sinne der spektrochemischen Reihe schwächeren Liganden Cl^- ist nur noch der 16 VE-Komplex $[NiCl_4]^{2-}$ erhältlich.

Das gleichzeitige Vorliegen einer $M(d^{10})$-Konfiguration **und** einer Zentralmetall-Ladung (Cu^I, Ag^I, Au^I, Hg^{II}) führt zu weiterer energetischer Separierung zwischen den AO (n–1)d, ns und np. Es resultiert eine Begünstigung von **14 VE**-Komplexen der KZ 2 (linear). Statt durch M(sp)-Hybridorbitale beschreibt man die Bindung hier durch $M(d_z{}^2s)$-Hybridorbitale (*Orgel*, 1960). Die energetisch höher liegenden M(np)-Orbitale bleiben dabei unbeteiligt.

....

EXKURS 7 Ist das VSEPR-Modell (valence shell electron pair repulsion, *Gillespie-Nyholm*) im Bereich der Übergangsmetallkomplexe anwendbar?

Die Strukturen einfacher Verbindungen der HG-Elemente lassen sich oft durch Abzählen der bindenden und nichtbindenden Valenzelektronenpaare voraussagen. Eine wichtige Rolle spielt dabei die stereochemische Wirksamkeit einsamer Elektronenpaare. Eine generelle Übertragung des VSEPR-Prinzips auf ÜM-Verbindungen ist allerdings nicht möglich.

- Die weite Verbreitung der KZ 6 in der ÜM-Komplexchemie, unabhängig von der Zahl der Valenzelektronen (vergl. Klasse I, S. 257), zeigt, daß elektrostatischer Ligand-Ligand-Wechselwirkung und Anion/Kation-Radienverhältnissen neben kovalenten Wechselwirkungen eine große Bedeutung zukommt.

- Für 18 VE ÜM-Komplexe werden Strukturen beobachtet, wie sie auch mittels der VSEPR-Regel vorausgesagt würden. Im Falle von $M(d^4)$, KZ 7 sind die beiden komplementären Strukturen „pentagonale Bipyramide" (*Beispiel:* $[Mo(CN)_7]^{5-}$) und „einfach überdachtes trigonales Prisma" (*Beispiel* $[(t-BuNC)_7Mo]^{2+}$) verwirklicht. Auch für $M(d^8)$, KZ 5 werden komplementäre Strukturen gefunden: $[Ni(CN)_5]^{3-}$ und $Fe(CO)_5$.

- Für Spezies mit weniger als 18 VE werden VSEPR-Strukturvoraussagen nur im Falle von $M(d^{10})$-Komplexen erfüllt (*Beispiel:* $Ni(CO)_3$ ist trigonal planar gebaut).

- Für Spezies mit weniger als 18 VE und unvollständiger $M(d^n)$-Schale (n < 10) führt die VSEPR-Regel nicht zum Ziel. Stattdessen sind grobe Strukturvoraussagen wie folgt möglich:

(a) Gehe vom zugehörigen 18 VE-Komplex aus und entferne sukzessive Liganden mitsamt ihrer Bindungselektronenpaare.

(b) Belasse das zurückbleibende Fragment in unveränderter Struktur

Beispiel: $Cr(CO)_6 \rightarrow Cr(CO)_5 \rightarrow Cr(CO)_4 \rightarrow Cr(CO)_3$ im Schema auf S. 262.

Phänomenologisch betrachtet läßt sich sagen, daß für ÜM-Verbindungen Lücken die gleiche Rolle spielen wie im Falle von HGE-Verbindungen einsame Elektronenpaare. Dies gilt allerdings nur für Liganden mit bescheidenem Raumbedarf.

Nicht-VSEPR-Strukturen für ÜM-Organyle mit π-Akzeptorliganden sind dadurch bedingt, daß die stereochemisch wirksamen freien Elektronenpaare der HGE-Organyle im Falle der ÜM-Komplexe in $M \xrightarrow{\pi} L$-Rückbindungen eingehen. Sie sind dann in ihrer Auswirkung nicht mehr mit einem simplen Elektronenpaar-Abstoßungsmodell zu beschreiben.

Hauptgruppenelemente

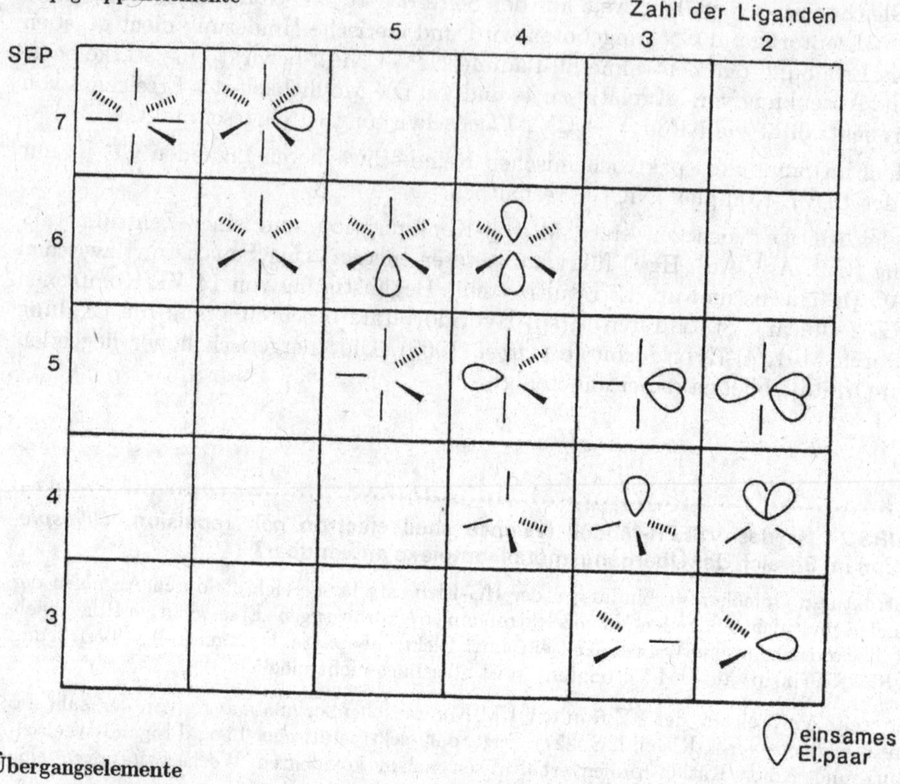

Zahl der Liganden

Übergangselemente

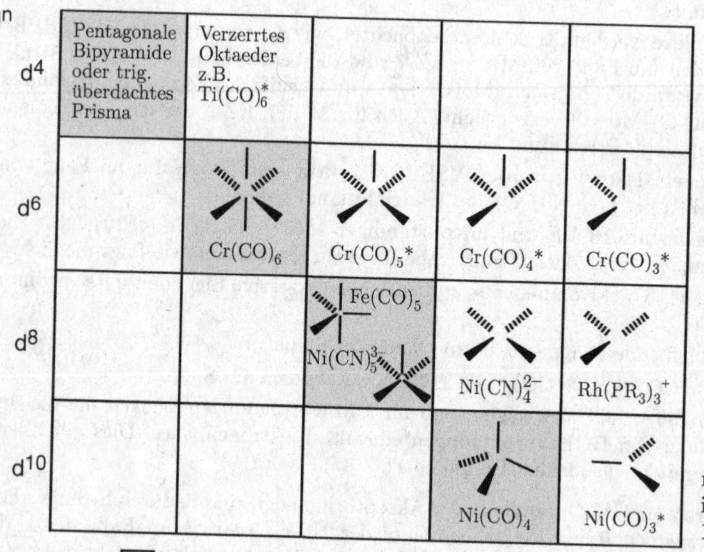

nach *D.M.P.Mingos*
in: COMC **3** (1982)
14

18 VE   * nur in Matrixisolation nachweisbar

12.2 Metallorganische Katalyse – einige Grundprinzipien

ÜM-organische Verbindungen spielen eine herausragende Rolle als selektive Reagentien in der organischen Synthese, insbesondere der homogenen Katalyse. Es ist daher angebracht, der nach der Art der Liganden gegliederten Behandlung ÜM-organischer Stoffklassen einige Betrachtungen zur Organometallkatalyse voranzuschicken. Nach dem „Gang durch die Liganden" (Kap. 13–15) wird dann im abschließenden Kapitel 18 der Einsatz von ÜM-Organylen in Synthese und Produktion angesprochen.

pro memoria

Ein Katalysator erhöht die Geschwindigkeit einer thermodynamisch möglichen Reaktion durch Eröffnung eines Weges niedriger Aktivierungsenergie. Existieren mehrere Reaktionswege, so kann ein Katalysator erhöhte Produktspezifizität bewirken, indem er nur eine der konkurrierenden Reaktionsfolgen beschleunigt.

Wirkungsweise von ÜM-Komplexen in der Katalyse

- Die Koordination der Reaktionspartner an ein ÜM bringt diese in **räumliche Nähe** zueinander und fördert so die Reaktion (*Beispiele:* Cyclooligomerisierung von Alkinen, Insertionen).

- Durch Koordination an ein ÜM kann ein Reaktionspartner für Folgereaktionen **aktiviert** werden (*Beispiele:* Hydrierung von Alkenen, Reaktionen von CO_2).

- Die Koordination eines organischen Substrats an ein ÜM kann zur **Erleichterung eines nucleophilen Angriffs** führen (*Beispiele:* die $PdCl_2$-katalysierte Oxidation von Ethylen zu Acetaldehyd, Reaktionen von Allylkomplexen).

- Ist der Katalysator chiral, so kann er auf das Substrat **asymmetrische Induktion** ausüben und enantioselektive Synthesen ermöglichen.

Katalytisch wirksame Systeme müssen somit über eine **freie Koordinationsstelle** verfügen oder eine solche in einem primären Dissoziationsschritt bereitstellen können.

Heterogene Katalyse

Die freie Koordinationsstelle liegt an einer Phasengrenze (fest/flüssig, fest/gasförmig), d.h. nur die Oberflächenatome sind katalytisch wirksam. Hauptvorteil ist die leichte Katalysatorrückgewinnung. Als Nachteile sind die geringere Spezifität, relativ hohe Reaktionstemperaturen und die Schwierigkeit des mechanistischen Studiums zu nennen.

Homogene Katalyse

Der Katalysator kann durch Ligandvariation maßgeschneidert und reproduzierbar hergestellt werden; somit läßt sich **hohe Spezifität** erzielen und die Verfahren können im allgemeinen bei niedrigen Temperaturen durchgeführt werden.

Im Idealfall ist der Katalysatorkomplex in mehreren Koordinationszahlen stabil und durch die feine Abstufung der Bindungsverhältnisse (Variation der Liganden) in der Lage, ein Substratmolekül **selektiv, aber nicht zu fest** zu binden.

Die Bereitschaft, auch koordinativ ungesättigt zu existieren, ist besonders gegen Ende der Übergangsreihen (M d^8, d^{10}) ausgeprägt. Daher enthalten die wichtigsten homogenkatalytisch aktiven Komplexe die „späten" Übergangsmetalle Ru, Co, Rh, Ni, Pd und Pt.

Der Wirkungsmechanismus der homogenen Katalyse läßt sich besser studieren als im heterogenen Fall, die **Katalysatorrückgewinnung** bereitet jedoch oft Schwierigkeiten. Ein Ausweg ist die Fixierung eines als homogenkatalytisch wirksam erkannten Systems auf einem **polymeren Träger** (*Pittman*, 1974):

Trägerfixierter *Wilkinson*-Katalysator (vergl. S. 628)

Eine andere, bereits in industrieller Anwendung befindliche Variante ist die **Katalyse im Zweiphasensystem flüssig/flüssig**. Hierbei wird als Ligand Tris(metasulfonato)-triphenylphosphan eingesetzt, der dem Katalysator Wasserlöslichkeit verleiht. Der Katalysator läßt sich dann verlustfrei von den organischen Produkten abtrennen (Anwendung: Hydroformylierung von Propen zu *n*-Butyraldehyd nach dem *Ruhrchemie/Rhone-Poulenc*-Verfahren, vergl. S. 636).

Katalytische Reaktionen und die 16/18 VE-Regel

Homogene Katalysen laufen in metallorganischen Elementarschritten ab, die so aneinander gekoppelt werden, daß sie eine Schleife bilden. Selten sind diese Cyclen in allen Einzelheiten mechanistisch studiert worden; zuweilen haben sie eher den Charakter von Plausibilitätsbetrachtungen oder gar von Karikaturen. Dennoch bilden sie häufig die Grundlage von Arbeitshypothesen und helfen bei der Planung neuer Experimente. Bei der Konzeption homogenkatalytischer, metallorganischer Cyclen darf nicht übersehen werden, daß der eigentlich wirksame Katalysator oft nicht bekannt ist. Statt von „Katalysator" wäre daher oft treffender von **„Präkatalysator"** zu sprechen, gewöhnlich ein wohlbekannter Komplex wie $(PPh_3)_3Rh(CO)H$, aus dem sich die katalytisch aktive Spezies, hier $(PPh_3)_2Rh(CO)H$, erst durch Liganddissoziation bildet. In industriellen Prozessen entsteht der Katalysator manchmal erst in situ, etwa aus Metallsalz und Ligand und sogar unter Verwendung der Edukte des jeweiligen Verfahrens.

In Diskussionen metallorganischer Reaktionsfolgen spielen 5 Reaktionstypen (und ihre Umkehrungen) eine zentrale Rolle (*Tolman*, 1972). Wichtige Kennzahlen, die den Reaktionstyp charakterisieren, sind dabei:

ΔVE Änderung der Zahl der Valenzelektronen des Zentralmetalls

ΔOS Änderung der Oxidationsstufe des Metalls (übliche Konvention:
-Hydrid, -Alkyl, -Allyl und -Cyclopentadienyl werden als Anionen betrachtet)

ΔKZ Änderung der Koordinationszahl

Metallorganische Elementarschritte

Reaktion	ΔVE	ΔOS	ΔKZ	Beispiel
→ *Lewis*-Säure Ligand Dissoziation	0	0	–1	$CpRh(C_2H_4)_2SO_2 \rightleftharpoons CpRh(C_2H_4)_2 + SO_2$
← *Lewis*-Säure Ligand Assoziation	0	0	+1	
→ *Lewis*-Base Ligand Dissoziation	–2	0	–1	$NiL_4 \rightleftharpoons NiL_3 + L$
← *Lewis*-Base Ligand Assoziation	+2	0	+1	
→ Reduktive Eliminierung	–2	–2	–2	$H_2Ir^{III}Cl(CO)L_2 \rightleftharpoons H_2 + Ir^{I}Cl(CO)L_2$
← Oxidative Addition	+2	+2	+2	
→ Insertion (migratorisch)	–2	0	–1	$MeMn(CO)_5 \rightleftharpoons MeCOMn(CO)_4$
← Extrusion	+2	0	+1	
→ Oxidative Kupplung	–2	+2	0	$(C_2F_4)_2Fe^0(CO)_3 \rightleftharpoons (CF_2)_4Fe^{II}(CO)_3$
← Reduktive Entkupplung	+2	–2	0	

Im Falle olefinischer Liganden beschreiben die Klassifizierungen „*Lewis*-Base Ligand Assoziation" und „Oxidative Addition" Grenzfälle eines Kontinuums von Zwischenformen. Welcher Reaktionstyp den Bindungsverhältnissen gerechter wird, muß anhand der elektronischen Eigenschaften des eintretenden Alkens erwogen oder experimentell mittels Röntgenstrukturbestimmung entschieden werden. *Beispiel:*

Pt^0 (d^{10})-π-Komplex

„Lewis-Base Ligand Assoziation"

Pt^{II}(d^8)-σ-Organyl
(Metallacyclopropan)

„Oxidative Addition"

Der Begriff „Insertion" bedarf ebenfalls eines klärenden Kommentars, da er lediglich das Ergebnis beschreibt, ohne über den Weg Auskunft zu geben. Auch die Bezeichnung „**migratory insertion**" (Platzwechseleinschiebung) ist unscharf, ist ihr doch nicht zu entnehmen, ob der Alkylrest oder der CO-Ligand wandert. Ferner gilt es, die intramolekulare Natur der Insertion zu beweisen.

Klassische Markierungsexperimente (*Calderazzo*, 1977) haben hier Klarheit geschaffen:

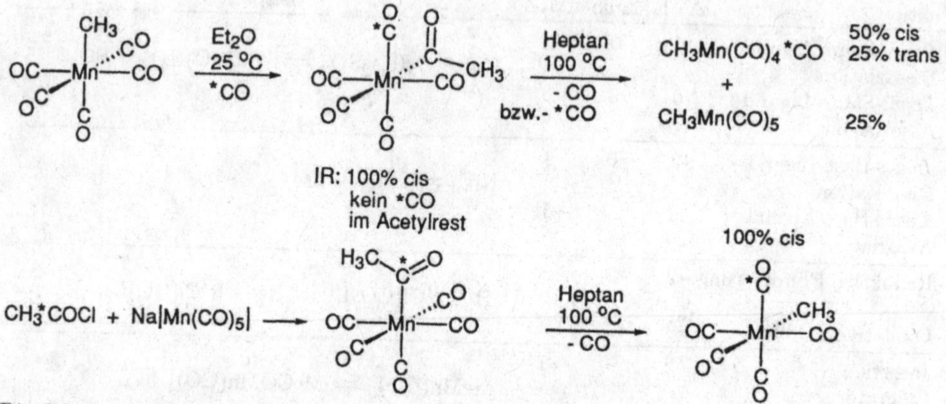

IR: 100% cis
kein *CO
im Acetylrest

Die CO-Gruppe des Acetylrestes stammt also aus der Koordinationssphäre von $CH_3Mn(CO)_5$, d.h. die **CO-Insertion** erfolgt **intramolekular**.

Die beobachtete Isomerenverteilung legt den Schluß nahe, daß der **Alkylrest** zu cis-ständigem, metallgebundenem CO **wandert** und der neue Ligand *CO die entstandene freie Koordinationsstelle besetzt.

Hohe praktische Bedeutung besitzen, wie sich in Kap. 18 erweisen wird, CO-Insertionen an quadratisch planaren Komplexen (*Anderson*, 1984). Letztere treten häufig 16 VE-konfiguriert auf, so daß die CO-Insertion entweder spontan am KZ 4-Komplex (16 VE) oder nach vorheriger Ligandassoziation (KZ 5, 18 VE) erfolgen könnte. Für beide Varianten sprechen Experimentalbefunde:

A (Insertion, Addition)

Spontane CO-Insertion an quadratisch planaren Komplexen ist begünstigt, wenn im Komplex RML(CO)X die Liganden R und CO cis-ständig sind und die M⋯R-Bindung durch einen Liganden mit starkem trans-Effekt geschwächt wird. Ferner ist die Gegenwart eines weiteren Liganden, der die durch R-Wanderung entstandene Lücke schließen kann, günstig. *Beispiel* (*Mawby*, 1971):

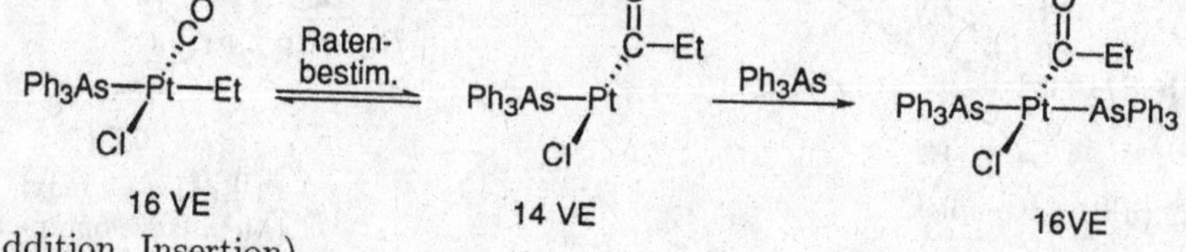

B (Addition, Insertion)

CO-Insertion nach Erhöhung der Koordinationszahl scheint für den Mechanismus der Hydroformylierung (S. 633) typisch zu sein. Der hier interessierende Teilschritt ist

$$Ph_3P-\underset{\underset{O}{\overset{|}{C}}}{\overset{R}{\overset{|}{Rh}}}-PPh_3 \;\rightleftharpoons\; Ph_3P-\underset{\underset{O}{\overset{|}{C}}}{\overset{\overset{O}{\overset{\|}{C}R}}{\overset{|}{Rh}}}-PPh_3 \;\longrightarrow\; Ph_3P-\underset{\underset{O}{\overset{|}{C}}}{\overset{\overset{O}{\overset{\|}{C}R}}{\overset{|}{Rh}}}-PPh_3$$

  16 VE   18 VE   16 VE

Die Varianten **A** und **B** sind mittels DFT (Dichte-Funktional-Theorie)-Rechnungen am Beispiel der Modellverbindung $CH_3Ni(CO)_2Cl$ vergleichend studiert worden (*Bottoni*, 2000). Demnach weisen die beiden Reaktionspfade recht ähnliche Energiebarrieren auf, so daß sie, in der Praxis, auch konkurrierend befolgt werden könnten. Dies erklärt die Schwierigkeiten, die kinetischen Daten der Carbonylierung der Komplexe RML_2X (M = Ni, Pd, Pt) einheitlich zu deuten (*Heck*, 1976).

Verallgemeinernd läßt sich sagen, daß die **CO-Insertion** in ÜM-C-Bindungen als reversible Wanderung des organischen Restes R an einen cis-ständigen CO-Liganden aufzufassen ist, sie erfolgt unter Konfigurationserhaltung (Retention) an R. Die Wanderungstendenz folgt der Abstufung Alkyl > Benzyl > Allyl > Vinyl ≥ Aryl > Propargyl. Hydrid, Acyl und Trifluormethyl wandern praktisch nie, Alkoxid und Amid selten. Ähnlich sind **Alkeninsertionen** zu betrachten, wobei die Abstufung H ≫ Alkyl, Vinyl, Aryl > Acyl ≫ Alkoxid, Amid beobachtet wird. Metall und wandernde Gruppe addieren hierbei an die selbe Stelle des Alkens. Eine Umkehrung der Alkeninsertion ist die bekannte β-Hydrideliminierung, ein dominanter Zerfallsweg für ÜM-σ-Organyle (S. 273). β-Alkyleliminierungen laufen hingegen nicht ab.

Bei der Aufstellung eines plausiblen **Reaktionsmechanismus** für eine metallorganische Katalyse hilft das 16/18 VE-Kriterium (*Tolman*, 1972):

①Diamagnetische metallorganische Komplexe der Übergangsmetalle existieren im normalen Temperaturbereich nur dann in signifikanten Konzentrationen, wenn das Zentralmetall 18 bzw. 16 Valenzelektronen besitzt. Als „signifikant" ist eine Konzentration zu betrachten, die spektroskopisch oder kinetisch erfaßt werden kann.

②Metallorganische Reaktionsfolgen (auch die Teilschritte einer Katalyse) laufen in Elementarschritten ab, deren Zwischenstufen 18 bzw. 16 VE aufweisen.

Durch①und②wird die Zahl der möglichen Reaktionen, die ein bestimmter Komplex eingehen sollte, erheblich begrenzt:

Elementarschritt	erwartet für Komplexe der Konfiguration:
Lewis-Säure Ligand Dissoziation *Lewis*-Säure Ligand Assoziation	16, 18 VE
Lewis-Base Ligand Dissoziation Reduktive Eliminierung Insertion Oxidative Kupplung	18 VE
Lewis-Base Ligand Assoziation Oxidative Addition Extrusion Reduktive Entkupplung	16 VE

Das 16/18 VE-Kriterium wird zunehmend als unzulässige Einschränkung angesehen (*Kochi*, 1986). So verläuft die assoziativ aktivierte CO-Substitution an $Mn_2(CO)_{10}$ über die 17 VE-Zwischenstufe $Mn(CO)_5 \cdot$ (S. 360). Auch die **Elektronentransfer-(ET)-Katalyse** (S. 347) der Substitution an 18 VE-Spezies ist durch Zwischenstufen mit 17 VE (oxidativ eingeleitet) bzw. 19 VE (reduktiv eingeleitet) zu deuten. Als Beispiel sei die ET-Katalyse der Substitution von CO durch Phosphan in (Methylidin)cobaltcarbonylclustern angeführt (*Rieger*, 1981). Zur Einleitung der Reaktion werden nur etwa 0.01 Äquivalente an Elektronen benötigt, bereitgestellt durch elektrochemische Reduktion oder durch Zugabe von wenig Benzophenonketyl:

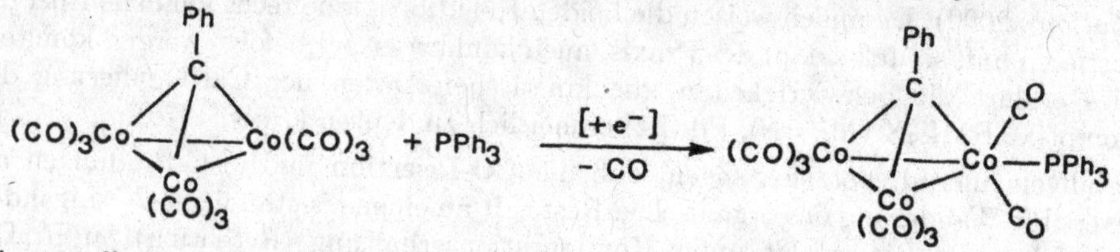

Da in metallorganischen Systemen Spuren von O_2 17 VE-Radikalkationen erzeugen können bzw. reduzierend wirkende Komponenten 19 VE-Radikalanionen, ist in manchen Fällen, die derzeit unter Anlegung des 16/18 VE-Kriteriums gedeutet werden, das Vorliegen eines radikalischen Reaktionsweges nicht a priori auszuschließen.

13 σ-Donor-Liganden

Wie in Kap. 2 angedeutet, empfiehlt es sich, die Organometallchemie der Übergangselemente nach den jeweiligen Liganden zu ordnen. Die nachstehende Tabelle enthält die wichtigsten Typen organischer Liganden mit mindestens zwei Kohlenstoffatomen, die über σ-Bindungen an das Übergangsmetall gebunden sein können.

Kohlenstoff-Hybridisierung	Ligand			
	endständig		verbrückend	
sp^3	$M-CR_3$	Alkyl	(Struktur)	3-Zentren-μ_2-Alkyl
			(Struktur)	μ_2-Alkyliden
			(Struktur)	μ_3-Alkylidin
sp^2	(Struktur)	Aryl	(Struktur)	3-Zentren-μ_2-Aryl
	$M=CR_2$	Carben oder Alkyliden	(Struktur)	μ_2-Alkylidin
	(Struktur) $M-C=C$	Vinyl	(Struktur)	μ_2-Vinyliden
	(Struktur) $M-C-R$, O	Acyl		
sp	$M\equiv CR$	Carbin oder Alkylidin	(Struktur)	$\mu_2(\sigma,\pi)$-Alkinyl
	$M-C\equiv CR$	Alkinyl		
	$M=C=CR_2$	Vinyliden	(Struktur)	3-Zentren-μ_2-Alkinyl

In dem Maße, wie auf der Seite des Liganden Voraussetzungen für die Ausbildung von Mehrfachbindungen gegeben sind, können zur reinen σ-Bindung (M-C-Einfachbindung) π-Bindungsbeiträge hinzutreten (M⋯C-Mehrfachbindung). Die Besprechung in diesem und den folgenden Kapiteln erfolgt etwa in der Reihe zunehmenden π-Akzeptorcharakters der Liganden, beginnend mit ÜM-Alkylen (**„σ-Komplexe"**) und endend mit ÜM-Komplexen cyclisch konjugierter π-Liganden (**„π-Komplexe"**).

13.1 Darstellungsmethoden für ÜM-Alkyle und ÜM-Aryle

Einige der unter [1]–[12] genannten Darstellungsverfahren für HGE-Organyle (S. 32f.) sind auf Übergangsmetalle übertragbar. Zusätzliche Synthesemethoden für ÜM-Organyle [13]–[15] gehen von Komplexen in niedriger Metall-Oxidationsstufe aus (Ligand = CO, PR_3, Olefin etc.), die für Hauptgruppenelemente nicht existieren.

Metallhalogenid + *Grignard*-Reagens (bzw. Li-, Al-Alkyl). **Metathese** [4]

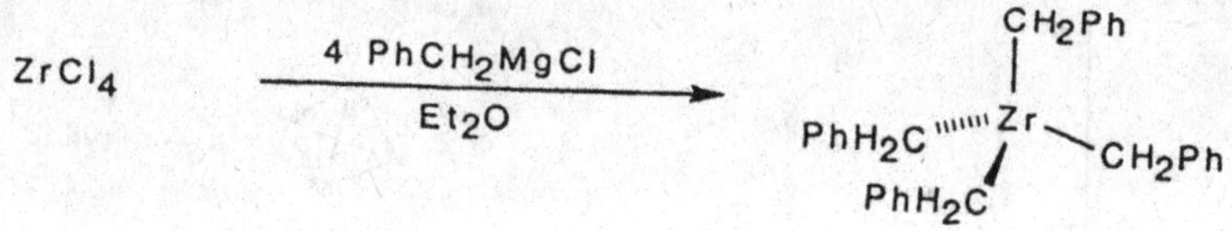

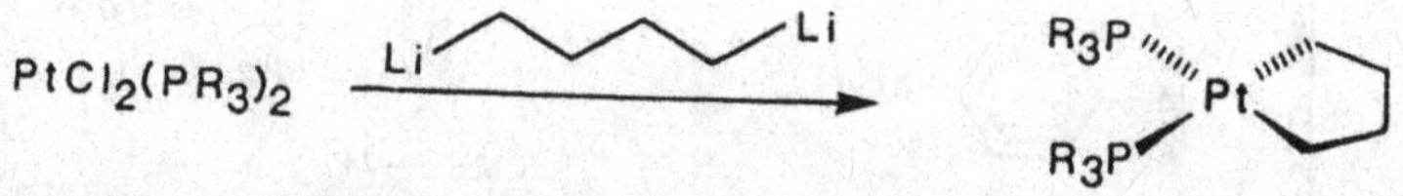

Neben den meist verwendeten stark carbanionischen Li- und Mg-Organylen können auch andere HGE-Organyle, insbesonders von Al, Zn, Hg und Sn eingesetzt werden. Mit diesen gelingt partieller Austausch einzelner Halogenidliganden, ferner werden funktionelle Gruppen geschont.

$$TiCl_4 \xrightarrow{Al_2Me_6} MeTiCl_3$$

$$NbCl_5 \xrightarrow{ZnMe_2} Me_2NbCl_3$$

$$L_2RPdX \xrightarrow[-\,Me_3SnX]{ArSnMe_3} L_2RPdAr$$

Derartige Metathesen werden in der Literatur häufig auch als Transmetallierungen bezeichnet.

Metallhydrid + Alken **Alkeninsertion** (Hydrometallierung) [8]

$$trans\text{-}(Et_3P)_2PtClH + C_2H_4 \longrightarrow trans\text{-}(Et_3P)_2PtClC_2H_5$$

CpFe(CO)$_2$H + ⟶ CpFe(CO)$_2$–CH$_2$–CH=CH–CH$_3$

1,4–Addition, cis und trans

Die Insertion eines Olefins in eine ÜM–H-Bindung ist auch der entscheidende Reaktionsschritt einiger homogenkatalytischer Prozesse (vergl. Kap.18).

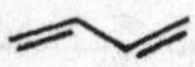

Metallhydrid + Carben   Carbeninsertion [10]

$$CpMo(CO)_3H \xrightarrow{CH_2N_2} CpMo(CO)_3CH_3$$

Carbonylmetallat + Alkylhalogenid   Metallat-Alkylierung [13]

$$Mn_2(CO)_{10} \xrightarrow{Na/Hg} Na[Mn(CO)_5] \xrightarrow{CH_3I} CH_3Mn(CO)_5 + NaI$$

$$W(CO)_6 \xrightarrow{NaCp} Na[CpW(CO)_3] \xrightarrow{C_2H_5I} CpW(CO)_3C_2H_5$$

Als Nebenreaktion tritt dabei häufig HX-Eliminierung aus RX auf, bewirkt durch die nucleophilen Carbonylmetallate.

Carbonylmetallat + Acylhalogenid   **Metallat-Acylierung**

Viele Metall-Acyle verlieren bei thermischer oder photochemischer Energiezufuhr ein Molekül CO (vergl. S. 266). Diese Reaktion ist oft reversibel.

---

16 VE-Metallkomplex + Alkylhalogenid   Oxidative Addition [14]

Viele 16 VE-Komplexe, in denen das Metall d^{10}- oder d^8-Konfiguration besitzt, addieren Alkylhalogenide, wodurch sich die Oxidationszahl des Metalls um +2 erhöht. Die oxidative Addition kann in **cis** oder in **trans** Orientierung erfolgen:

Auch 18 VE-Komplexe mit basischem Metall können diese Reaktion eingehen:

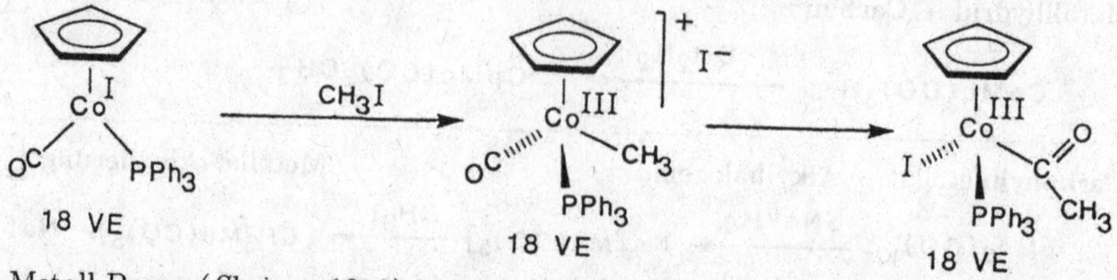

Als Metall-Basen (*Shriver*, 1970) bezeichnet man Komplexverbindungen mit hoher Elektronendichte auf dem Zentralmetall und der Bereitschaft zur Erhöhung der Koordinationszahl (vergl. *Werner*, 1983).

Olefinkomplex + Nucleophil   **Addition** $\boxed{10}$

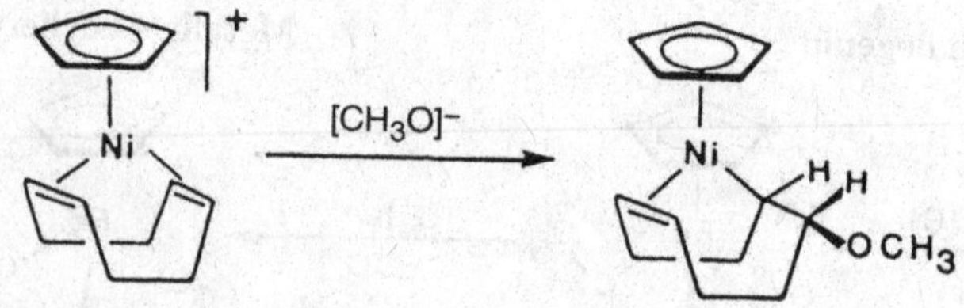

Bei nucleophiler Addition an η^2-Liganden kommt es zu einer π/σ-Umlagerung. *Beispiel:*

$$(CO)_5Mn \cdots \overset{CH_2}{\underset{CH_2}{\|}} \Big]^+ \xrightarrow{NaBH_4} (CO)_5Mn \overset{CH_2}{\diagdown}_{CH_3}$$

13.2 Einige Eigenschaften von ÜM-σ-Organylen

13.2.1 Thermodynamische Stabilität versus kinetische Labilität

Frühe Versuche zur Darstellung binärer Übergangsmetall-Alkyl- oder Arylkomplexe, wie etwa Diethyleisen oder Dimethylnickel, zeigten, daß solche Verbindungen unter normalen Bedingungen nicht haltbar sind, obwohl sie möglicherweise bei tiefen Temperaturen als Solvate in Lösung existieren.

Bekannte Verbindungen mit ÜM$\overset{\sigma}{-}$C-Bindung enthielten meist noch weitere, andersartige Liganden wie η^5-C_5H_5, CO, PR_3 oder Halogene:

$$PtCl_4 + 4\ CH_3MgI \longrightarrow 1/4\ [(CH_3)_3PtI]_4$$
(*Pope, Peachey* 1909)

$$CrCl_3 \cdot 3\ THF + 3\ C_6H_5MgBr \xrightarrow{THF} (C_6H_5)_3Cr(THF)_3$$
Zeiss, 1957   Heterocubantyp

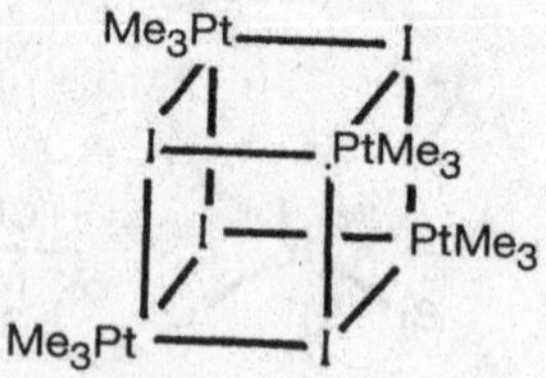

Weitere Beispiele: $CpFe(CO)_2CH_3$, $CH_3Mn(CO)_5$ ($Cp = \eta^5\text{-}C_5H_5$). Dies führte zu der Ansicht, ÜM$\overset{\sigma}{-}$C-Bindungen seien generell schwächer als HGE$\overset{\sigma}{-}$C-Bindungen, einer These, die heute nicht mehr haltbar ist.

Ein Vergleich der Kraftkonstanten für die M–C-Streckschwingung zeigt, daß HGE$\overset{\sigma}{-}$C- und ÜM$\overset{\sigma}{-}$C-Bindungen vergleichbare Stärke besitzen können:

M(CH$_3$)	Si	Ge	Sn	Pb	Ti
Kraftkonstanten k(M–C) [N cm^{-1}]	2.93	2.72	**2.25**	1.90	**2.28**

Thermochemische Daten für ÜM-Organyle deuten in die gleiche Richtung, und man nimmt heute an, daß die **Bindungsenergie von ÜM$\overset{\sigma}{-}$C-Bindungen** zwischen 120 und 350 kJ/mol liegt. Man beachte, daß die folgenden Daten Mittelwerte $\bar{D}$(M–C) und nicht individuelle Bindungsdissoziationsenergien D(M–C) darstellen (vergl. S. 25). Typische Werte sind eher im unteren Bereich der Spanne zu suchen:

Verbindung	$\bar{D}$(M$\overset{\sigma}{-}$C), kJ/mol	Verbindung	$\bar{D}$(M$\overset{\sigma}{-}$C), kJ/mol
Cp$_2$TiPh$_2$	330	WMe$_6$	160
Ti(CH$_2$Ph)$_4$	260	(CO)$_5$MnMe	150
Zr(CH$_2$Ph)$_4$	310	(CO)$_5$ReMe	220
TaMe$_5$	260	CpPtMe$_3$	160

Trotz ihrer fundamentalen Bedeutung ist die quantitative Bewertung der ÜM$\overset{\sigma}{-}$C-Bindungsenergie keineswegs als gesichert zu betrachten. Unstimmigkeiten können aus der Methodenvielfalt ihrer experimentellen Bestimmung folgen (Thermochemie, Photochemie, Gleichgewichtseinstellung, Kinetik, vergl. S. 27f.). Selbst bei Verfügung über einen zuverlässigen Wert $\bar{D}$(M–C) verbleibt die Frage nach dessen Übertragbarkeit auf andere Organometallfragmente (*Dias*, 1987).

Als gesichert kann jedoch gelten,

- daß die ÜM–C-Bindung schwächer ist als die ÜM-Bindung an andere Hauptgruppenelemente (F, O, Cl, N),
- daß ihre Energie (im Gegensatz zu HGE–C) mit steigender Ordnungszahl zunimmt und
- daß sterische Effekte bei der Beurteilung zu berücksichtigen sind (vergl. TaMe$_5$, WMe$_6$).

Ferner ist festzuhalten, daß die schwierige Handhabbarkeit binärer ÜM-σ-Organyle nicht auf besonders geringer **thermodynamischer Stabilität**, sondern vielmehr auf hoher **kinetischer Labilität** beruht (*Wilkinson*, 1974). Die Synthesestrategie in dieser Verbindungsklasse muß deshalb zum Ziel haben, Zerfallswege zu blockieren.

Ein allgemeiner Abbau-Mechanismus ist die β**-Eliminierung** unter Bildung von Metallhydrid und Olefin:

KZ = n+1   KZ = n+2   Zerfall

Als experimenteller Beweis für den β-Eliminierungsweg dient die Bildung von Kupferdeuterid in folgender Thermolyse:

$$(Bu_3P)CuCH_2CD_2C_2H_5 \longrightarrow (Bu_3P)CuD + CH_2=CDC_2H_5$$

β-Eliminierungen können auch Reversibilität aufweisen:

$$Cp_2Nb(C_2H_4)C_2H_5 \xrightleftharpoons[+C_2H_4]{-C_2H_4} Cp_2Nb(C_2H_4)H$$

Die *β*-**Eliminierung** wird **unterdrückt**, d.h. die ÜM—$^\sigma$Organyle werden inert, wenn

a die Bildung des austretenden Alkens sterisch oder energetisch ungünstig ist,

b der organische Ligand kein β-ständiges Wasserstoffatom trägt,

c das Zentralatom koordinativ abgesättigt ist.

a Doppelbindungen zu Elementen höherer Perioden sowie zu Brückenkopf-C-Atomen sind ungünstig (*Bredt*sche Regel):

Inerte ÜM-σ-Komplexe bildet u.a. der Rest R = $CH_2Si(CH_3)_3$ (Silaneopentyl). Beispiele sind die Verbindungen VOR_3 (gelb, Fp. 75 °C) und CrR_4 (rot, Fp. 40 °C).

Der Norbornylrest stabilisiert in den binären Komplexen MR_4 die seltenen Oxidationsstufen Cr^{IV}, Mn^{IV}, Fe^{IV} und Co^{IV}.

b Abwesenheit von *β*–H im organischen Liganden:

einzähnige Reste

$$-CH_3 \qquad -CH_2C(CH_3)_3 \qquad -CH_2Si(CH_3)_3 \qquad -CH(H)C_6H_5 \qquad -CH_2C(CH_3)C_6H_5$$

zweizähnige Reste

Man vergleiche die thermische Belastbarkeit des Neopentylkomplexes $Ti[CH_2C(CH_3)_3]_4$, (Fp. 90 °C) mit der von Methylderivaten wie $Ti(CH_3)_4$ (Zers. –40 °C.) Dies gilt auch für die entsprechenden Zirkonverbindungen: Während $Zr(Ph)_4$ nicht isoliert werden kann und $Zr(CH_3)_4$ sich bereits ab –15 °C zersetzt, ist Tetrabenzylzirkon bis zum Schmelzpunkt (132 °C) haltbar.

c Abwesenheit freier Koordinationsstellen am Zentralatom:

Dieser Aspekt wird durch die unterschiedlichen Eigenschaften von $Ti(CH_3)_4$ und $Pb(CH_3)_4$ beleuchtet:

$Ti(CH_3)_4$ $Pb(CH_3)_4$
Zers. –40 °C   bei 110 °C/1 bar destillierbar
                trotz kleinerer Kraftkonstante der M—$^\sigma$C-Bindung!

Der Abbau von $Ti(CH_3)_4$ erfolgt möglicherweise auf bimolekularem Wege:

$$(CH_3)_3Ti \underset{CH_3}{\overset{CH_3}{\cdots\cdots}} Ti(CH_3)_3$$

Diese dimere Spezies sollte eine Lockerung der Ti–C(2e2c)-Bindung durch Überführung in den Mehrzentrentyp Ti$\diagdown$C$\diagdown$Ti (2e3c) aufweisen.

Für $Pb(CH_3)_4$ wäre ein analoger Zerfallsmechanismus ungünstig, da dem Hauptgruppenelement Pb zur Schalenerweiterung nur energetisch hoch liegende äußere d-Orbitale zur Verfügung stehen. In Form seines Bipyridyladduktes $(bipy)Ti(CH_3)_4$ ist Tetramethyltitan thermisch wesentlich robuster (Blockierung freier Koordinationsstellen, Unterdrückung des bimolekularen Zerfalls). Zweizähnige Liganden wie auch der Phosphanligand Bis(dimethylphosphano)ethan (dmpe) sind aufgrund des Chelateffektes besonders geeignet. Ähnlich erklärt sich die kinetisch inerte Natur von (18 VE)ÜM$-\overset{\sigma}{}$Alkylen, die Cyclopentadienylliganden enthalten.

Dem labilen, koordinativ ungesättigten $Ti(CH_3)_4$ ist das relativ inerte sterisch abgeschirmte $W(CH_3)_6$ gegenüberzustellen (*Wilkinson*, 1973):

$$WCl_6 \xrightarrow[\text{DME}]{CH_3Li} W(CH_3)_6 \quad \text{(rote Kristalle, Fp. 30 °C)}$$

oktaedrisch   trigonal prismatisch
(*Haaland*, 1990; *Seppelt*, 1998)

Trigonal prismatische Struktur besitzen im Kristall auch die $M(d^0)$-Spezies $[Zr(CH_3)_6]^{2-}$, $[Nb(CH_3)_6]^-$, $[Ta(CH_3)_6]^-$, $[Mo(CH_3)_6]$ sowie der $M(d^1)$-Komplex $[Re(CH_3)_6]$. Offenbar sind die VSEPR-Regeln auf ÜM-Komplexe nicht ohne weiteres anwendbar, denn das Kriterium der Minimierung intramolekularer sterischer Abstoßung würde Oktaederstruktur erwarten lassen. Quantenchemische Rechnungen (*Kaupp*, 1998) ergaben, daß die Vermeidung von 180°-Ligandanordnungen, welche das trigonale Prisma vom Oktaeder unterscheiden, der Maximierung der σ-Bindungsenergie dient; eine anschauliche Erklärung läßt sich hierfür allerdings noch nicht geben (*Seppelt*, 2000).

Koordinative Absättigung und damit kinetische Stabilisierung wird auch in den Komplexen CH_3TiX_3 (X = Halogen, OR, NR_2) beobachtet. Kryoskopische Messungen an $CH_3Ti(OR)_3$ zeigen für $CH_3Ti(OCHMe_2)_3$ nur schwache Assoziatbildung, während $CH_3Ti(OC_2H_5)_3$ in Lösung nahezu vollständig als Dimeres mit Alkoxybrücken vorliegt.

R = iso-Pr

Zusätzlich sprechen He(II)-Photoelektronenspektren für eine erhebliche Mischung unbesetzter Ti-Orbitale mit doppelt besetzten Orbitalen der Sauerstoffatome. Diese π-Donorwirkung spielt auch bei anderen Komplexen $RTiX_3$ eine Rolle, ihre Stärke wächst in der Reihenfolge X = Cl < OR < NR_2.

Die Erfüllung aller drei Kriterien a–c führt zu einer Verbindung mit erstaunlich hoher thermischer Belastbarkeit:

Stabil bis 350 °C
(*Tzschach*, 1970)

ÜM–$\overset{\sigma}{-}$C-Bindungen treten sogar in Komplexen vom klassischen *Werner*-Typ auf, sofern diese kinetisch inert sind. Dies trifft vor allem für die Zentralmetalle $Cr^{III}(d^3)$, $Co^{III}(d^6)$ und $Rh^{III}(d^6)$ zu (*Espenson*, 1992). Beispiele sind die Komplex-kationen $[Rh(NH_3)_5C_2H_5]^{2+}$ und $[Cr(H_2O)_5CHCl_2]^{2+}$.

Unter den Verbindungen, die neben σ-gebundenen organischen Resten andere Hauptgruppenelemente tragen, habe die Organorheniumoxide besondere Bedeutung erlangt:

Methyltrioxorhenium (MTO) wurde erstmals von *Beattie* (1979) dargestellt, die überraschende Vielseitigkeit dieser Verbindung als stöchiometrisches und katalytisches Reagenz rief aber nach einem effizienteren Syntheseverfahren, welches *Herrmann* (1988) entwickelte:

Re_2O_7 $\xrightarrow[\text{- }(Me_3Si)_2O]{\text{2 ClSiMe}_3,\ \text{THF}}$ ... $\xrightarrow{\text{n-Bu}_3SnMe}$ ...

allg.: $2\ Re_2O_7 + 2\ ZnR_2 \xrightarrow[\text{- 40 °C}]{\text{THF}} 2\ RReO_3 + Zn(ReO_4)_2(THF)_2$

Die Organorheniumoxide sind nur ein Beispiel für die Tatsache, daß Metalloxid- und Metallorganyl-Funktionen im selben Molekül vereint durchaus kompatibel sind (*Roesky*, 2004). Die harte *Lewis*-Säure MTO vereint in sich hohe Stabilität (Wasserlöslichkeit!) mit hoher Reaktivität als Katalysator in der Olefinoxidation, der *Baeyer-Villiger*-Oxidation, der Olefinmetathese und der Olefinierung von Aldehyden (*Herrmann*, 1997, 1999).

13.2.2 Wechselwirkung von C–H-σ-Bindungen mit Übergangsmetallen

Oxidative Additionen polarer Moleküle RX an niedrigvalente Metalle prägen weite Bereiche der Organometallchemie. Sogar molekularer Diwasserstoff kann sich unter Umwandlung in zwei Hydridoliganden und Erhöhung der Metalloxidationszahl um 2 Stufen an Metalle addieren (S. 283). Somit ist zu fragen, ob auch C-H-Bindungen oder sogar C-C-Bindungen zu oxidativer Addition an Metalle befähigt sind. Diese Problemstellung hat sich unter dem Begriff „C–H-Aktivierung" bzw. „C–C-Aktivierung" zu einem hochaktuellen Forschungsgegenstand entwickelt. Die Zielrichtung ist offensichtlich: Die Aktivierung reaktionsträger Alkane durch intermediäre Bindung an Übergangsmetalle mit nachfolgender Funktionalisierung könnte neuartige

Verfahren der Nutzung fossiler Kohlenwasserstoffe für die organische Synthese erschließen. Attraktiv wäre sicher die Produktion von Essigsäure aus CH_4 und CO_2. Ferner ist die Umwandlung von Methan (einer Hauptkomponente des Erdgases) in einen flüssigen, leicht transportierbaren Energieträger von hoher wirtschaftlicher Bedeutung (vergl. *Crabtree*, 1995). Aber auch aus präparativer Sicht böte die C–H-Aktivierung prinzipielle Vorteile: Anstatt Positionen geringer C–H-Acidität mittels metallorganischer Superbasen zu deprotonieren, was zahlreiche funktionelle Gruppen nicht unversehrt überstehen würden, wäre es wünschenswert, die entsprechende C–H-Bindung Übergangsmetall-katalysiert zu aktivieren. Die anspruchsvollste Aufgabe ist bei derartigen Vorhaben sicher die **inter**molekulare Aktivierung **gesättigter** Kohlenwasserstoffe.

Zwar ähnelt die oxidative Addition von C–H an Metalle formal der Addition von H_2, doch ist sie wegen der, verglichen mit M–H, schwächeren Bindung M–C im allgemeinen thermodynamisch ungünstig (*Halpern*, 1985):

So sind (Hydrido)(σ-Alkyl)ÜM-Komplexe nur in geringer Zahl bekannt, (*Beispiel:* $(cy_3P)_2Ni(H)R$, *Wilke*, 1969), denn sie neigen zu spontaner reduktiver Eliminierung von Alkan, was einen Schritt im Mechanismus der homogenkatalytischen Hydrierung von Alkenen darstellt (Kap. 18.7). Hierin spiegelt sich auch die Erfahrung wider, daß $M-CH_3$-Bindungen im allgemeinen 40–60 kJ/mol schwächer sind als M–H-Bindungen.

Oxidative Additionen von C–H-Bindungen **aromatischer** Systeme an Übergangsmetalle kennt man schon länger. **Intramolekulare C–H-Additionen** des Typs

werden als Orthometallierung, ein Sonderfall der **Cyclometallierung**, bezeichnet (*Ryabov*, 1990). Zur weiten Verbreitung derartiger Cyclometallierungen trägt sicher ihr entropisch neutraler Charakter bei. Bedingung für ihren Ablauf ist das Vorhandensein von C–H-Bindungen, deren sterische Lage eine Annäherung an das Zentralatom gestattet. Nicht immer führen derartige Wechselwirkungen aber zur C–H-Bindungsspaltung. Häufig wird die C–H-Bindung in einer derartigen Situation lediglich gelockert, nach *M. L. H. Green* spricht man dann von **agostischen Wechselwirkungen**. Diese zeigen modellhaft den Angriff eines ungesättigten Komplexfragmentes an einer C–H-Bindung und tragen zum Verständnis der Aktivierung von C–H-Bindungen durch Metallkomplexe bei (vergl. S. 280). Derartige C–H–M-

Brücken konnten bisher vor allem für Komplexe nachgewiesen werden, in denen zu einer koordinierten Allyl- oder Dieneinheit β-ständige C–H-Bindungen vorliegen (*Brookhart*, 1988).

Als Beispiel diene der Cycloallyleisen-Komplex $\{(\eta^3\text{-}C_8H_{13})Fe[P(OMe)_3]_3\}BF_4$, dessen Struktur bei 30 K mittels Neutronenbeugung bestimmt wurde (*Stucky*, 1980):

L = P(OMe)₃   Fe (16 VE)

Die agostische Wechselwirkung $C{\diagdown}^{H}{\diagup}Fe$ ist mit der $B{\diagup}^{H}{\diagdown}B$-Brücke der Boranchemie vergleichbar, in beiden Fällen liegt eine 2e3c-Bindung vor; man beachte, daß das Fe-Atom koordinativ ungesättigt ist und mit einem leeren Orbital zur 2e3c-Bindung beiträgt.

Hinweise auf das mögliche Vorliegen agostischer Wechselwirkungen entnimmt man:

- den Strukturdaten (insbesondere Neutronenbeugung),
  der übliche C–H-Bindungsabstand von 110 pm erfährt eine Aufweitung auf 113–119 pm
- den ^{1}H-NMR-Verschiebungen nach hohem Feld ($\delta = -5$ bis -15 ppm)
- den verringerten Kopplungskonstanten [$^1J(C,H) = 75$–100 Hz]
- den IR-Streckfrequenzen bei niedrigen Wellenzahlen ($\nu_{CH} = 2700$–2300 cm^{-1})
- der Zunahme des aciden Charakters der C–H-Bindung.

Auch **intermolekulare C–H-Additionen** waren lange Zeit nur für **aromatische** Substrate bekannt. *Beispiel* (*Chatt*, 1965):

$$P{\diagdown}P = Me_2PCH_2CH_2PMe_2$$
dmpe

Die Verbindung $(dmpe)_2RuH(C_{10}H_7)$ ist thermolabil, sie steht im Gleichgewicht mit dem Komplex $(dmpe)_2Ru(C_{10}H_8)$ unbekannter Struktur.

Die moderne Ära der **intermolekularen Aktivierung von Alkanen durch Übergangsmetalle** wurde durch eine Arbeit von *Shilov* (1969) eingeleitet, in der er zeigte, daß K_2PtCl_4 in protischen Medien den H/D-Austausch an CH_4 katalysiert. In einer Folgearbeit (*Shilov*, 1983) wurde auch über Befunde zur Existenz einer CH₃Pt-Zwischenstufe berichtet. Die Reaktion läuft vermutlich nach folgendem Mechanismus ①–③ ab:

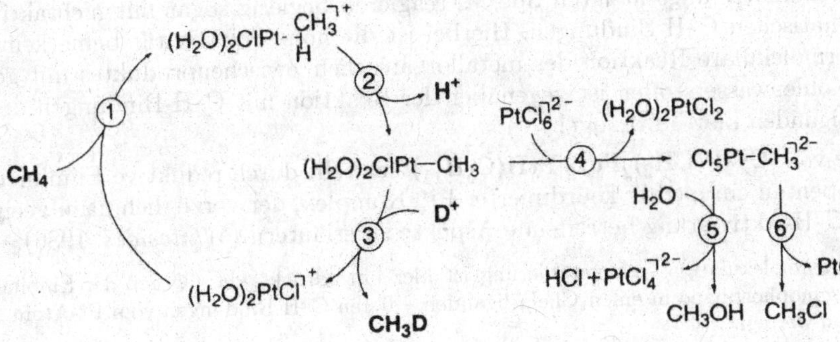

Eine Methylplatin(IV)-Zwischenstufe $[Cl_5Pt\text{–}CH_3]^{2-}$ bzw. $[(H_2O)Cl_4Pt\text{–}CH_3]^-$ wurde ^{1}H-NMR-spektroskopisch nachgewiesen. Verglichen mit dem unkatalysierten, thermischen H/D-Austausch an CH_4 sind die Bedingungen im Pt^{II}-katalysierten H/D-Austausch milde (K_2PtCl_4, D_2O, CH_3COOD, $DClO_4$, 100–120 °C). Die Pt^{II}-katalysierte Funktionalisierung des Methans ④–⑥ unter Bildung von CH_3OH bzw. CH_3Cl, erfordert hingegen, zusätzlich zu Pt^{II}, stöchiometrische Mengen von Pt^{IV} als Oxidans. Der *Shilov*sche Ansatz ist auf weitere Metalle ausgedehnt worden.

Die Isolierung der Produkte der oxidativen Addition von Alkanen an Übergangsmetalle in Substanz gelang zuerst *Bergman* und *Graham*:

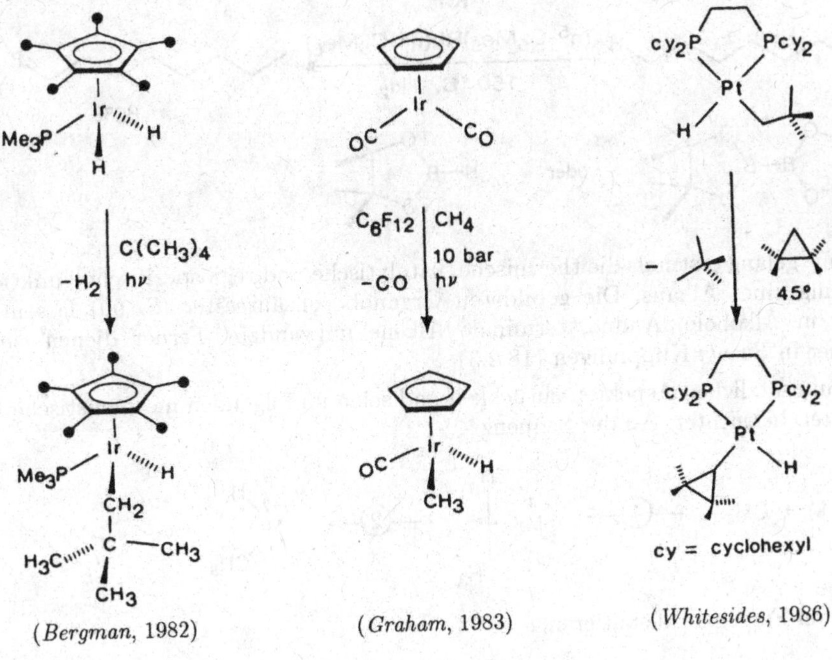

(*Bergman*, 1982)   (*Graham*, 1983)   (*Whitesides*, 1986)

Gemeinsam ist diesen Reaktionen die vorgeschaltete Erzeugung eines Teilchens niedriger Koordinationszahl bei hoher Elektronendichte auf dem Zentralmetall. Diese koordinativ ungesättigten Spezies reagieren begierig sogar mit nichtaktivierten aliphatischen C–H-Bindungen. Hierbei ist die hohe Selektivität bemerkenswert: Die intermolekulare Reaktion des metallorganischen Zwischenproduktes mit gesättigten Kohlenwasserstoffen ist gegenüber der Reaktion mit C–H-Bindungen des eigenen Liganden klar bevorzugt!

Im Falle von $[Cy_2P(CH_2)_2Pcy_2]PtH(C_5H_{11})$ entsteht durch reduktive Eliminierung von Neopentan ein niedrig koordinierter Pt°-Komplex, der vorzüglich dazu geeignet ist, die C–H-Aktivierung betreffende Aspekte zu erläutern (*Whitesides*, 1986):

- Die (intramolekulare) Cyclometallierung ist hier unterdrückt, da – wegen der Einbindung der Organophosphane in einen Chelatliganden – deren C–H-Bindungen vom Pt-Atom ferngehalten werden.

- Die Pt–C-Bindung aus intermolekularer Reaktion sollte relativ stark ausfallen, da Interligandabstoßungseffekte, die ÜM–C-Bindungen schwächen, hier gering sind.

- Die Isolobalbeziehung (S. 552) läßt die Reaktion des Fragmentes L_2Pt mit C–H-Bindungen als Analogie zur Insertion von Singulett-Carbenen in C–H-Bindungen erscheinen.

- Die Exposition des Pt-Atoms im Fragment L_2Pt erinnert an Spitzenatome an heterogenkatalytisch aktiven Metalloberflächen.

Während obige Beispiele mehr von prinzipiellem Interesse sind, stößt eine Beobachtung von *Hartwig* (2000) die Tür zu einer Vielzahl synthetischer Anwendungen auf:

Hiermit gelang erstmals die thermische, katalytische und regiospezifische Funktionalisierung eines Alkans. Die gebildeten Organoboronsäureester (S. 90) lassen sich leicht in Alkohole, Amine, terminale Alkene umwandeln. Ferner dienen sie als Partner in *Suzuki*-Kupplungen (18.2.3).

Zu grundsätzlichen Aspekten zurückkehrend seien im folgenden mechanistische Einzelheiten beleuchtet. An der Sequenz

sind zwei Fragen zu diskutieren:

- Ist dem oxidativen Additionsschritt ② eine Metall-Alkan-σ-Komplexbildung ① vorgelagert?
- Welche elektronischen Eigenschaften des Metalls und des Alkans fördern die oxidative Addition ②?

Am Prototyp Methan demonstriert, kann ein Alkan prinzipiell auf folgende Arten mit einem Übergangsmetall wechselwirken (*Perutz*, 1996):

η^1-H η^2-H, H η^3-H, H, H η^2-C, H   agostisch

Die lineare M···H–C-Koordination ist als 4e3c-Bindung, ähnlicher einer Wasserstoffbrücke, zu betrachten, die gewinkelten Einheiten M^{H}C als 2e3c-Bindung, der B^{H}B-Brücke in Boranen entsprechend. Der Typ η^2–H,H ist schon seit langem bekannt, erstmalig realisiert wurde er in der Verbindung Cp_2TiBH_4 (*Nöth*, 1960). Anstelle eines Methanmoleküls ist hier das isoelektronische Anion BH_4^- an das Metall koordiniert. Aufgrund ^{1}H-NMR-spektroskopischer Messungen an verwandten BH_4^--Komplexen unterliegen die koordinierten und freien H-Atome raschem intramolekularem Austausch.

Den vier Varianten der ÜM-Methan-Komplexbildung ist der agostische Fall zugesellt, in dem die fragliche Wechselwirkung **zusätzlich** zu einer bereits bestehenden Metall-Alkyl-σ-Bindung vorliegt. Experimentalbefunde zu letzterem Fall wurden bereits vorgestellt (S. 278). Schwieriger gestaltet sich die Behandlung der intermolekularen Metall-Alkan-Komplexbildung, denn eine Isolierung als Reinsubstanz nebst struktureller Charakterisierung steht bislang noch aus. Zahlreich sind allerdings spektroskopische und kinetische Daten, so daß heute von der Existenz von Metall-Alkan-Komplexen ausgegangen werden muß, wenn auch der Koordinationsmodus nicht in jedem Fall geklärt ist. Ihr Studium beschränkt sich auf die Matrixisolation bei tiefer Temperatur, Kurzzeitspektroskopie in flüssiger Lösung sowie auf die Gasphase.

Gründlich erforscht wurde die Bindung von Methan an das Komplexfragment $Cr(CO)_5$ (*Turner*, 1977):

$$Cr(CO)_6 \begin{array}{c} \xrightarrow[\text{h}\nu,\ \text{permanent}]{CH_4,\ 20\ K} (CO)_5Cr(CH_4) \qquad 489\ nm \\[2em] \xrightarrow[\text{h}\nu,\ \text{Laserblitz}]{C_6H_{12},\ 300\ K} (CO)_5Cr(C_6H_{12}) \qquad 503\ nm \end{array}$$

λ_{max} 229, 280 nm λ_{max}

Sowohl in fester Matrix (CH_4) als auch in flüssiger Lösung (C_6H_{12}) gibt sich das Photolyseprodukt $(CO)_5Cr(Alkan)$ durch ein charakteristisches UV/vis-Spektrum zu erkennen. Mittels photoakustischer Kalorimetrie (S. 28) wurde für die Bindungsenergie Cr–Alkan ein Wert von ≈ 60 kJ mol^{-1} bestimmt; Strukturinformation ließ sich allerdings nicht gewinnen. Strukturhinweise bietet hingegen das ^{1}H-NMR-Spektrum des ÜM-Alkan-Komplexes $(C_5H_5)Re(CO)_2$(Cyclopentan), der in photochemischer Reaktion entsteht (*Ball*, 1998):

Die beiden an der Re(C$_5$H$_{10}$)-Bindung beteiligten Protonen erscheinen auf der ^{1}H-NMR-Zeitskala äquivalent; ob die η^2-H,H-Form den Grundzustand oder aber den Übergangszustand eines dynamischen Prozesses darstellt, konnte noch nicht entschieden werden.

Während die Isolierung eines ÜM-Alkan-Komplexes in Substanz noch aussteht, gelang diese für **SiH$_4$**, das schwerere Homologe des Methans (*Kubas*, 1995):

Besonders interessant ist das mittels ^{31}P-NMR studierte Tautomeriegleichgewicht zwischen dem η^2-SiH$_4$-σ-Komplex und dem Hydrido-Silyl-Komplex der Koordinationszahl 7. Hier liegt in Lösung offenbar die für eine oxidative Addition von Alkanen an Übergangsmetalle postulierte Zwischenstufe neben dem Endprodukt vor! Daß in der Frage der Isolierbarkeit von σ-Komplexen Silane, verglichen mit Alkanen, eine Vorreiterrolle spielten, ist kein Zufall, sondern in den Metall-Ligand-Bindungsverhältnissen begründet, die es nun zu betrachten gilt. Die σ-Komplexe

sind eng verwandt, die Wechselwirkung weist aber eine Abstufung auf, die sich auf der Basis der Grenzorbitalenergien verstehen läßt. In allen drei Fällen steht einer Ligand(σ)→Metall-Donor-Wechselwirkung eine Ligand(σ*)←Metall-Akzeptorwechselwirkung gegenüber, beides Bindungen vom 2e3c-Typ:

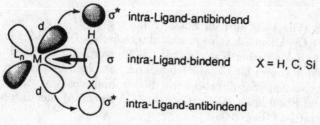

Es handelt sich also um eine Spielart des σ-Donor/π-Akzeptor-Synergismus mit der Besonderheit, daß das für die „σ-Hinbindung" $M(d) \leftarrow HX(\sigma)$ verantwortliche Elektronenpaar das **einzige** Intraligand-Bindungselektronenpaar darstellt. Berücksichtigt man ferner, daß die „π-Rückbindung" $M(d) \rightarrow HX(\sigma^*)$ die Intraligandbindung schwächt, so ist einsichtig, warum die relativen Beiträge der beiden Wechselwirkungen eine breite Palette der Koordinationsformen von lockerer Assoziation unter weitgehendem Erhalt der Identität von HX bis zur Koordination unter HX-Bindungsspaltung auffächern:

$$L_n\overset{z}{M} + HX \longrightarrow L_n\overset{z}{M}\cdots\overset{H}{\underset{X}{|}} \overset{OA}{\longrightarrow} L_n\overset{z+2}{M}\overset{H}{\underset{X}{<}}$$

σ - Komplex

Das Problem der Darstellung stabiler ÜM-Alkan-σ-Komplexe ist also in deren Nischendasein zwischen schwacher VDW-Wechselwirkung und Folgereaktion unter oxidativer Addition begründet.

Günstiger liegen die Verhältnisse bei H_2 und Silanen als σ-Komplexliganden, wie die beträchtliche Zahl isolierter Verbindungen anzeigt. H_2 verfügt, verglichen mit CH_4, über ein energetisch höher liegendes, „basischeres", σ-Orbital, was zu stärkerer M–H_2-Bindung beiträgt. M–H_2-bindungsverstärkend wirkt auch die π-Akzeptorwirkung des $H_2(\sigma^*)$-Orbitals, da der H_2-Ligand sterisch ungehindert ist, was die Orbitalüberlappung fördert. Während der $L_nM \overset{\sigma}{\leftarrow} H_2(\sigma)$-Beitrag die intra-$H_2$-Bindung zwar schwächen, sie aber nicht gänzlich spalten kann, ist letzteres für den $L_nM \overset{\pi}{\rightarrow} H_2(\sigma^*)$-Beitrag der Fall, und bei entsprechender π-Basizität des Fragments L_nM wird tatsächlich oxidative Addition von HX zu $L_nM(H)X$ beobachtet. Eine derartige oxidative Addition gestaltet sich für CH_4 als Ligand ungünstiger, denn der Methylrest im Liganden H_3C–H hemmt die sterische Annäherung und damit die Orbitalüberlappung mit L_nM. Somit ist ÜM-Alkan-Wechselwirkung vor allem eine Domäne von C–H-Einheiten, die Teil eines bereits koordinierten Liganden sind, ihre Entfaltung wird durch den Chelateffekt ermöglicht (sog. agostische Wechselwirkung, S. 277).

Silane als σ-Komplexliganden bedürfen dieser Stütze offenbar nicht: Zahlreichen Komplexen von Organosilanen R_nSiH_{4-n} mit seitlich gebundener η^2-Si,H-Einheit (*Schubert*, 1990) hat sich kürzlich der bereits erwähnte Prototyp L_nM-$(\eta^2$-$SiH_4)$ hinzugesellt (*Kubas*, 1995). Diese Befunde lassen sich mittels der σ-Basizitätsabstufung H_3C–H < H–H < H_3Si–H deuten. Hinzu tritt, daß in umgekehrter Richtung die X–H-σ-Bindungsenergie abnimmt, so daß SiH_4 die kleinste σ, σ*-Grenzorbitallücke und damit die für π-Rückbindungseffekte am besten verfügbaren unbesetzten σ*-Orbitale aufweist. In diesem Zusammenhang ist ein Vergleich der koordinationsbedingten H–X-Bindungsdehnungen erhellend: Bezogen auf das freie Molekül beträgt die Zunahme für η^2-C,H < 10% (Agostik), für η^2-H, H ≈ 11%, für η^2-Si,H jedoch ≈ 20% (vergl. *Crabtree*, 1993, *Lledós*, 2004).

Die Existenzhinweise auf ÜM–Alkan-σ-Komplexe belegen noch nicht, daß letztere tatsächlich Zwischenstufen der C–H-Aktivierung sind. Hierfür sprechen jedoch kinetische Studien unter Einsatz isotopenmarkierter Substrate (*Bergman*, 1986). So erfolgt der H/D-Austausch ①,②,③ am koordinierten Cyclohexylrest rascher als die reduktive Eliminierung ①, ②, ④, und der Austausch bleibt auf die α-Position des Alkans beschränkt. Dies läßt sich durch das Auftreten einer σ-Komplex-Zwischenstufe deuten:

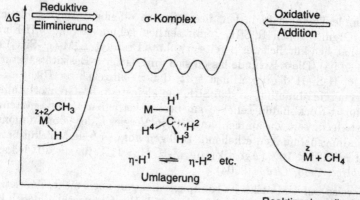

Die streng intramolekulare Natur der reduktiven Eliminierung folgt aus gemischten Ansätzen der Art

$$Cp^*Ir(PMe_3)(C_6H_{11})H + Cp^*Ir(PMe_3)(C_6D_{11})D \xrightarrow[\text{solv}]{\Delta}$$

$$C_6H_{12} + C_6D_{12} + Cp^*Ir(PMe_3)solv$$

in denen Kreuzprodukte $C_6H_{11}D$ und $C_6D_{11}H$ nicht nachweisbar sind.

Ein starkes Argument für das Durchlaufen einer σ-Komplex-Zwischenstufe ist auch der inverse Isotopeneffekt $k_H/k_D = 0.7$ in obiger Reaktion. Dieser läßt sich durch das vorgelagerte Gleichgewicht unter Bildung eines σ-Alkankomplexes deuten, welcher das Wasserstoffatom in der verglichen mit M–H stärkeren C–H-Bindung trägt. Ähnliche Experimente an $Cp_2W(CH_3)H$ und dessen Isotopomeren deuteten ebenfalls auf die Gegenwart eines Metall-σ-Komplexes im Verlauf der reduktiven Eliminierung hin (*Norton*, 1989).

Somit ist, dem Prinzip der mikroskopischen Reversibilität folgend, auch für die oxidative Addition von Alkanen an Übergangsmetalle – und damit die C–H-Aktivierung – eine Präkoordination des Alkans unter Bildung eines σ-Komplexes anzunehmen.

Oxidative Addition setzt die Verfügbarkeit über die Oxidationsstufen M^z und $M^{(z+2)}$ voraus und ist somit auf mittlere und späte Übergangsmetalle beschränkt; gänzlich unbegehbar wird ein derartiger Pfad der C–H-Aktivierung für d^0-Zentralmetalle. Dennoch sind die Metallocenderivate Cp^*_2M–R der d^0-Metalle Sc^{III}, Y^{III}, Ln^{III} zur Methanaktivierung befähigt wie folgender Isotopenaustausch zeigt (*Watson*, 1983):

$$Cp^*_2Lu-CH_3 \xrightarrow{\ ^{13}CH_4\ } Cp^*_2Lu\overset{^{13}CH_3}{\underset{CH_3}{\big|}}H \longrightarrow \left\{ Cp^*_2Lu \begin{smallmatrix} ^{13}CH_3 \\ \\ CH_3 \end{smallmatrix} H \right\}$$

σ - Komplex

$$Cp^*_2Lu-{}^{13}CH_3 + CH_4$$

Der über einen Vierzentren-Übergangszustand verlaufende konzertierte Prozeß beläßt das Zentralmetall in der Oxidationsstufe M^{III}, er wurde als „**σ-Bindungsmetathese**" bezeichnet (*Bercaw*, 1987). Man beachte, daß diese mechanistische Variante für mittlere und späte Übergangsmetalle nicht a priori ausgeschlossen werden kann, vielmehr bedarf es bei der mechanistischen Zuordnung einer Prüfung auf das intermediäre Auftreten der Oxidationszahl $M^{(n+2)}$ (*Bergman*, 1999).

13.2.3 Wechselwirkung von C–C–σ-Bindungen mit Übergangsmetallen

Die Überführung langkettiger aliphatischer Kohlenwasserstoffe natürlichen Vorkommens in kleine, für Synthesezwecke geeignete Einheiten bedient sich bislang relativ drastischer, unselektiver Methoden wie etwa der Hochtemperatur-Hydrokrackprozesse in Gegenwart heterogener Katalysatoren. Homogenkatalytische, selektive Verfahren unter milden Bedingungen erfordern eine Beherrschung der **C–C-Aktivierung**. Verglichen mit der H–H- und der C–H-Aktivierung gilt die C–C-Aktivierung aus kinetischer und aus thermodynamischer Sicht als schwieriger, obleich H–H-Bindungen in H_2 und C–H-Bindungen in gesättigten Kohlenwasserstoffen um etwa 40 kJ/mol stärker sind als C–C-Einfachbindungen (*Blomberg*, 1992). Kinetisch ungünstig wirkt sich, ganz abgesehen vom statistischen Faktor der größeren Häufigkeit von C–H-Bindungen in der Molekülperipherie, die sterische Unzugänglichkeit des C–C-Bindungsbereiches und die, verglichen mit C–H und ganz besonders H–H, stärker zentrierte Natur der $C(sp^3)$–$C(sp^3)$-Bindung aus. Die Präkoordination einer aliphatischen C–C-Bindung an ein Übergangsmetall ist somit erschwert. Eine thermodynamische Pauschalaussage soll hier nicht getroffen werden, da die Dissoziationsenergien für C–H- und C–C-Bindungen, abhängig von Hybridisierungsgrad und Resonanzstabilisierung, sich zwar ähneln, jedoch eine gewisse Bandbreite überstreichen. Dies gilt auch für einen Vergleich von ÜM–H- mit ÜM–C-Bindungen. Lange Zeit war daher die ÜM-Insertion in C–C-Bindungen auf Situationen beschränkt, in denen die C–C-Bindungsspaltung den Aufbau eines aromatischen π-Elektronensystems bewirkt, vom Abbau sterischer Spannung begleitet ist oder in denen zumindest eine entsprechende Nachbargruppe förderlich ist. So zeigte *Eilbracht* (1980), daß sich ein $Fe(CO)_2$-Fragment intramolekular in die $C(sp^3)$–$C(sp^3)$-Bindung eines Spirocyclopentadienliganden einschieben kann, wobei ein aromatisches Cyclopentadienylsystem entsteht:

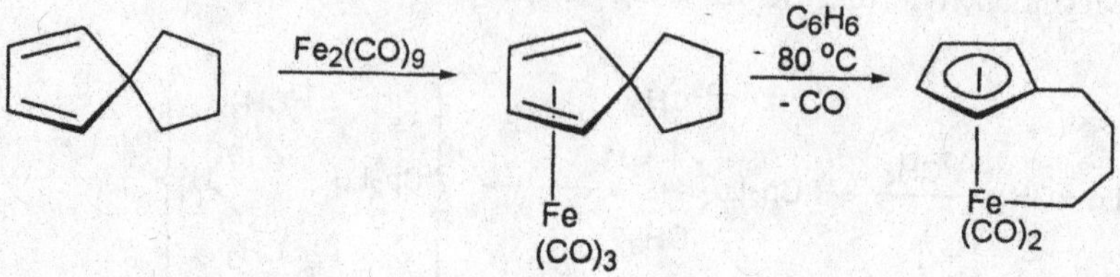

Die umfangreichste Klasse ist die der **Übergangsmetall-katalysierten Valenzisomerisierungen** und der **Ringerweiterungen** von σ-Bindungsgerüsten. Hierbei handelt es sich um Skelettumlagerungen unter Abbau von Ringspannung (*Bishop*, 1976). Zahlreich sind die Beispiele ÜM-induzierter Umwandlungen des Cyclobutanrings. Der Insertion eines ÜM-Fragmentes in eine C–C-Bindung des gespannten Rings kann eine CO-Einschiebung folgen, wie im Falle des Cubans (*Eaton*, 1970):

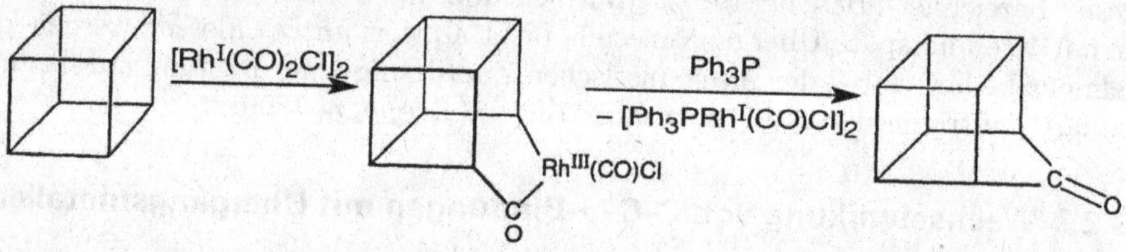

oder es können sich Eliminierungen anschließen, die zu ungesättigten Produkten führen:

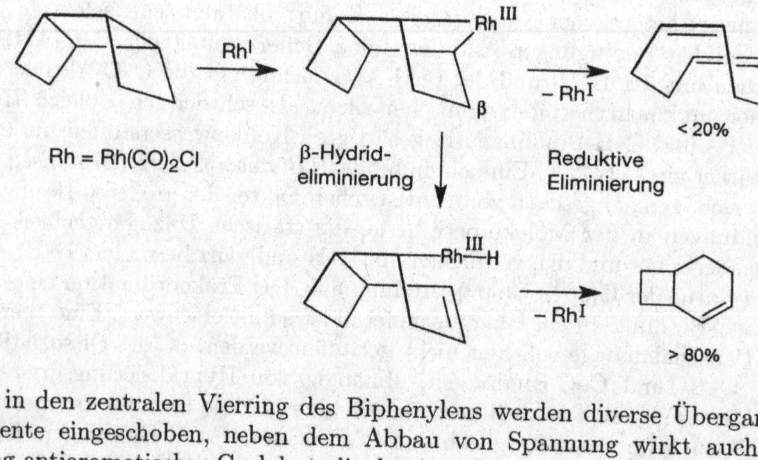

Auch in den zentralen Vierring des Biphenylens werden diverse Übergangsmetallfragmente eingeschoben, neben dem Abbau von Spannung wirkt auch die Aufhebung antiaromatischer Cyclobutadienkonjugation günstig. Die beiden platinacyclischen Zwischenstufen dieser homogenkatalytischen C–C-Aktivierung konnten isoliert werden (*Jones*, 1998):

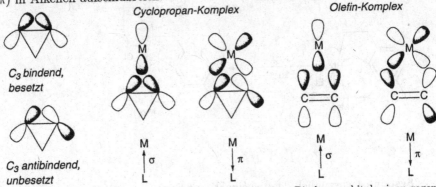

Häufig beobachtet wird die ÜM-induzierte Cyclopropanringöffnung, diese Reaktion führt zu Metallacyclobutanen, die auch bei vielen katalytischen Prozessen als Zwischenstufen auftreten (*Jennings*, 1994). Ein klassisches Beispiel ist die von *Tipper* (1955) entdeckte Reaktion von Cyclopropan mit Pt^{II}-Verbindungen (*McQuillin*, 1972):

$$[(C_2H_4)PtCl_2]_2 + \triangle \xrightarrow[-C_2H_4]{py} 2\ \text{[Pt-Komplex]} \xrightarrow{CN^-} \triangle$$

$\triangleleft\ C_1C_2C_3/C_3PtC_1 = 168°,\ C_1\text{–}C_3 = 255\ pm,\ Pt\text{–}C_2 = 269\ pm$

Den Mechanismus dieser Ringöffnung betreffend ist eine Betrachtung der Verwandtschaft der „gebogenen Bindungen" im Cyclopropangerüst mit der Doppelbindung (σ + π) in Alkenen aufschlußreich.

Cyclopropan-Komplex   Olefin-Komplex

C_3 bindend, besetzt

C_3 antibindend, unbesetzt

Der kleine Bindungswinkel im Dreiring bewirkt, daß die σ-Bindungsorbitale einen gegenüber sp³-Hybridisierung erhöhten p-Anteil und einen außerhalb der C–C-Achse liegenden Überlappungsbereich besitzen (sog. *Walsh*-Orbitale).

Im Olefin-Komplex kann der σ-Donor/π-Akzeptor-Synergismus die $C\overset{\pi}{-}C$-Bindungsordnung auf 0 reduzieren, die $C\overset{\sigma}{-}C$-Bindung bleibt dabei aber erhalten. Im Cyclopropan-Komplex hingegen wird die $C\overset{\sigma}{-}C$-Bindung durch die M←$^{\sigma}$L-Wechselwirkung geschwächt und durch die M→$^{\pi}$L-Wechselwirkung (bei vollständiger Elektronenübertragung) gespalten. Daher ist, geprägt durch die relative Stärke der Beiträge M←$^{\sigma}$L und M→$^{\pi}$L, von einem Kontinuum von Bindungsformen auszugehen, welches von lockerer Assoziation („η^2-Cyclopropan-Komplex") bis zu oxidativer Addition („Metallacyclobutan") reicht. Eine Strukturbestimmung an obigem Beispiel (S. 445) – insbesondere die transannulare Distanz C(1)–C(3) – weist auf Platinacyclobutancharakter hin. Die Freisetzung von Cyclopropan in der Reaktion mit dem guten π-Akzeptorliganden CN$^-$ zeigt aber an, daß die C_3H_6-Einheit, auch an Pt koordiniert, ihre Herkunft nicht vergessen hat.

Als *Milstein*s Meilenstein (1993) ist die Beobachtung zu werten, daß auch nichtgespannte, nichtaktivierte C–C-Bindungen Metallinsertion erfahren können, wenn der Prozeß intramolekular geführt wird und durch entsprechenden Entwurf der Molekülgeometrie die zu spaltende C–C-Bindung in räumliche Nachbarschaft zum Übergangsmetallzentrum gelangt.

Im Falle einer C_{Aryl}–C_{Methyl}-Bindung gelingt dies durch Einführung zweier Phosphinomethylensubstituenten am Aren, die das ÜM-Fragment pinzettenartig in die Nähe der C–C-Bindung bringen (*Milstein*, 1999):

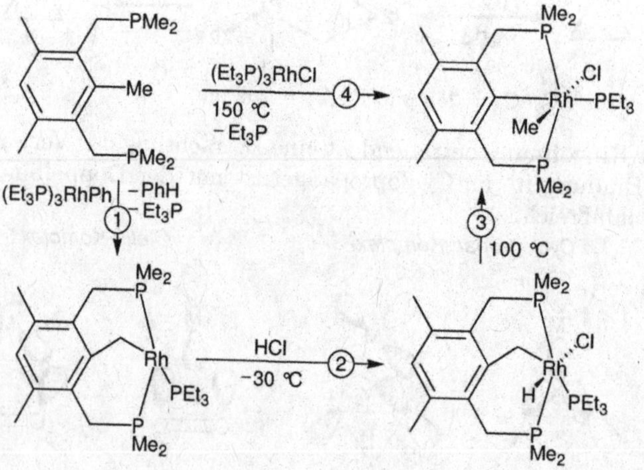

Dieses System ist vorzüglich dazu geeignet, auf Experimentalbefunden fußend kinetische und thermodynamische Aspekte der C–C-Aktivierung zu diskutieren, was hier allerdings nur verkürzt geschehen kann.

Ein wichtiger Aspekt ist die Konkurrenz zwischen C–C-Aktivierung und C–H-Aktivierung, deren Lage durch die Bindungsdissoziationsenergien $D(C_6H_5–CH_3) = 427$ und $D(C_6H_5CH_2–H) = 368$ kJ/mol geprägt wird. Quantenchemische Rechnungen legen nahe, daß die Aktivierungsenergien für C–C-Insertionen wesentlich höher anzusetzen sind als für C–H-Insertionen, wobei die Werte für 4d-Metalle die für 3d-Metalle unterschreiten (*Blomberg*, 1992). Andererseits ist zu berücksichtigen, daß M–C$_{Aryl}$-Bindungen für die Metalle Rh und Ir besonders stark, ja sogar stärker als M–H-Bindungen sind (*Martinho Simões*, 1990).

Tatsächlich wird im *Milstein*-System je nach Reaktionsführung entweder C–H- oder C–C-Insertion beobachtet. Unter milden Bedingungen dominiert – kinetisch kontrolliert – die C–H-Insertion, der sich eine Benzoleliminierung anschließt ①. Schärfere Bedingungen liefern – thermodynamisch kontrolliert – direkt das Produkt der C–C-Insertion, ④. Daß in diesem System die C–C-Insertion gegenüber der C–H-Insertion thermodynamisch begünstigt ist, wird sehr schön durch die Umlagerung ③ angezeigt, die ihre Triebkraft aus der Bildung der starken Rh–Aryl-Bindung bezieht. Diese Beobachtungen sind von grundlegender Bedeutung für die Zukunftsaufgabe einer C–C-Aktivierung mit dem Ziel der Gewinnung kleiner Synthesebausteine aus langkettigen, gesättigten Kohlenwasserstoffen.

13.2.4 ÜM–σ-Perfluororganyle

ÜM-Organyle R$_F$–M mit perfluorierten Liganden sind oft, verglichen mit den entsprechenden Verbindungen R$_H$–M, thermisch robuster. *Beispiel:*

$CF_3Co(CO)_4$
kann bei + 91 °C unzersetzt
destilliert werden

$CH_3Co(CO)_4$
zersetzt sich bei –30 °C

Aufgrund der hohen Gitterenergie der beim Zerfall entstehenden Metallfluoride sind R$_F$–M-Verbindungen thermodynamisch instabiler als die Analoga R$_H$–M. Somit ist die höhere thermische Belastbarkeit der R$_F$–M-Verbindungen wohl auf die höhere Bindungsenergie zwischen Metallen und Perfluoralkyl–C-Atomen zurückzuführen. Die Abstufung der Bindungsdissoziationsenergien, $D(M–R_F) > D(M–R_H)$, läßt sich wie folgt erklären:

$\overset{\delta^-}{R_F}\!\!\overset{\sigma}{-\!\!-}\!\!\overset{\delta^+}{M}$ — die relativ hohe Partialladung $M^{\delta+}$ erzeugt kontrahierte Metallorbitale, die bessere Überlappung mit C-Orbitalen ermöglichen,

$Ar_F\overset{\pi}{\longleftarrow}M$ — energetisch niedrig liegende π*-MO in perfluorierten Aromaten begünstigen eine Stabilisierung durch Ar$\overset{\pi}{\leftarrow}$M-Rückbindung.

Die hohe Bindungsenergie der M–R$_F$-Bindung mag auch dafür verantwortlich sein, daß Insertionen von CO-Molekülen in M–C$_F$-Bindungen deutlich erschwert sind:

$$R\!-\!M(CO)_n \xrightarrow{\Delta} RCO\!-\!M(CO)_{n-1}$$
erfolgt bereitwillig

$$R_F\!-\!M(CO)_n \xrightarrow{\Delta} R_FCO\!-\!M(CO)_{n-1}$$
nur ausnahmsweise und
bei höheren Temperaturen

Zur **Darstellung** von ÜM-Perfluoralkylen und ÜM-Perfluorarylen eignen sich Kupplungsreaktionen, oxidative Additionen und Insertionen, wobei aber, verglichen mit den entsprechenden Kohlenwasserstoff-Metallkomplexen, einige Besonderheiten zu beachten sind. So sind als Kupplungspartner für Carbonylmetallate Perfluoro**acyl**halogenide einzusetzen (*King*, 1964):

$$R_FCOCl \; + \; Na[Mn(CO)_5] \longrightarrow R_FCOMn(CO)_5 \xrightarrow[-\,CO]{\Delta} R_FMn(CO)_5$$

da die Chlor-perfluoralkane R_FCl aufgrund geringer Polarität $R_F^{\delta+}$–$Cl^{\delta-}$ mit Carbonylmetallaten nicht reagieren.

Iod-perfluoralkane R_FI zeigen die umgekehrte Polarisierung $R_F^{\delta-}$–$I^{\delta+}$, nucleophiler Angriff durch Carbonylmetallate erzeugt somit Metall-Iod-Bindungen:

$$2\,F_3CI \; + \; Na[Mn(CO)_5] \longrightarrow Mn(CO)_5I \; + \; NaI \; + \; C_2F_6$$

Auf Perfluorarene und -cycloolefine wirken die stark nucleophilen Carbonylmetallate hingegen unter Verdrängung von F^- ein (*Stone*, 1968):

$$[CpFe(CO)_2]^- \; + \; C_6F_6 \longrightarrow CpFe(CO)_2\text{—}C_6F_5 \; + \; F^-$$

In einer photochemischen Variante wird anstelle des Carbonylmetallats die Verbindung $Me_3SnMn(CO)_5$ eingesetzt. Die Reaktion profitiert dann von der hohen Energie der Sn–F-Bindung im Produkt Me_3SnF (*Clark*, 1970).

Mit neutralen Metallcarbonylen reagiert R_FI wie eine Pseudointerhalogenverbindung oxidativ addierend:

Perfluorolefine könne oxidative Cycloadditionen eingehen:

Auch Insertionen in Metall-Metall-Bindungen werden beobachtet:

$$Co_2(CO)_8 \; + \; F_2C{=}CF_2 \longrightarrow (CO)_4Co\text{–}CF_2\text{–}CF_2\text{–}Co(CO)_4$$

Nachdem Übergangsmetallzentren zur Aktivierung von C–C- und C–H-Bindungen befähigt sind, ist auch die Frage nach der Möglichkeit einer metallinduzierten **C–F-Aktivierung** zu stellen (*Richmond*, 1994). Die verglichen mit der C–C- (350 kJ/mol) bzw. C–H- (410 kJ/mol) höhere Energie der C–F-Bindung (450–500 kJ/mol) stellt hier besondere Anforderungen. Dabei besitzt die C-F-Aktivierung erhebliche praktische Bedeutung: Einerseits interessiert die Umwandlung von Perfluoralkanen in komplexere fluororganische Moleküle mit ungewöhnlichen Eigenschaften, andererseits gilt es, umweltbelastende Fluoralkane und Fluorchlorkohlenwasserstoffe zu harmlosen Stoffen abzubauen.

Die mechanistischen Vorstellungen zur ÜM-induzierten C–H- und C–C-Aktivierung lassen sich nicht ohne weiteres auf die C–F-Bindung übertragen. Aufgrund der hohen Elektronenaffinität der Fluorsubstituenten wird bei letzterer häufig Elektronentransfer als einleitender Schritt diskutiert (*Crabtree*, 1997):

$$R_FCF_3 + e^- \longrightarrow \{R_FCF_3^{\cdot-}\} \longrightarrow R_FCF_2{}^{\cdot} + F^-$$

Nach diesem Muster dürfte die – kommerziell ausgeführte – Aromatisierung von Perfluorcycloalkanen verlaufen:

Während in derartigen Hochtemperaturprozessen das Metall als stöchiometrisches Reduktionsmittel wirkt, erfordern subtilere Wege – mit Aussicht auf katalytische Reaktionsführung – eine genauere Betrachtung der ÜM–F–C-Wechselwirkung; sowohl elektronenarme als auch elektronenreiche Metallzentren sind prinzipiell geeignet. **Elektronenarme** Organometallfragmente können mit Halogeniden Komplexe mit C–X–M-Koordination bilden, deren Zahl für X = F jedoch gering ist. Eine derartige *end-on*-Koordination schwächt zwar – im Gegensatz zur *side-on*-Koordination – die C–X-Bindung nicht direkt, kann aber durch deren Polarisierung nucleophilen Angriff am C-Atom erleichtern. Im Einklang mit der harten Natur des Fluoridions sind für C–F–M-Brücken Erdalkali- und Seltenerdkationen besonders geeignet.

Eine Zwischenstufe dieser σ-Bindungsmetathese war allerdings nicht nachweisbar. Zahlreicher sind die Beispiele für C–F-Aktivierung, bewirkt durch **elektronenreiche** Organo–ÜM-Fragmente mit d^n (n ≥ 6)-Konfiguration. Die eingangs erwähnten oxidativen Additionen von Fluororganylen an Metallzentren sowie die nucleophile Substitution von Fluorid an $C(sp^2)$-Zentren, bewirkt durch Carbonylmetallate, gehören in diese Klasse.

Schließlich ist auch von C–F-Aktivierung zu sprechen, wenn ein fluororganischer Rest, an ein Übergangsmetall gebunden, gesteigerte Reaktivität aufweist. Dies ist beispielsweise für α-ständige C–F-Bindungen in ÜM–R_F-Einheiten der Fall, wie folgende Synthese eines Difluorcarbenkomplexes zeigt (*Roddick*, 1991):

$$(\eta^5\text{-Cp}^*)(CO)_3Mo\text{-}CF_3 \xrightarrow[-Me_3SiF]{+Me_3SiOSO_2CF_3} \left[(\eta^5\text{-Cp}^*)(CO)_3Mo=CF_2\right]^+ SO_3CF_3^-$$

Die Triebkraft dieser Reaktion wird durch die Bildung der besonders starken Bindungen $Mo=CF_2$ und Si–F geprägt.

Eine **übergangsmetallkatalysierte C–F-Aktivierung** unter milden Bedingungen in homogener Phase gelang erstmals *Milstein* (1995).

$$C_6F_6 + H_2 + Et_3N \xrightarrow[95\,°C,\ 6\ bar]{[(Me_3P)_4RhH]} C_6F_5H + [Et_3NH]F$$

Für diese Katalyse wurde folgender Mechanismus vorgeschlagen:

Während für die Schritte ② und ③ zahlreiche Vorbilder existieren (vergl. Kap. 18), ist der entscheidende Schritt ① im Detail noch ungeklärt. Als Alternativen bieten sich Elektronentransfer unter Bildung des Radikalanions $C_6F_6^-$ mit anschließender Abspaltung von F^- oder oxidative Addition von C_6F_6 an das Rh-Zentrum mit nachfolgender HF-Eliminierung an. Oxidative Additionen von Perfluorarenen an elektronenreiche Übergangsmetalle kennt man seit den Arbeiten von *Fahey* (1977).

Übergangsmetallkatalysierte C–F-Aktivierungen sowie – allgemeiner – C–Halogen-Aktivierungen werden auch als mögliche Reaktionswege der in vivo-Enthalogenierung diskutiert. Dies führt zu der Frage, ob Metall-Kohlenstoff-Bindungen in der Natur überhaupt vorkommen und welche Rolle sie gegebenenfalls spielen. Dem wollen wir uns im folgenden Abschnitt zuwenden.

13.3 Übergangsmetallorganyle in vivo

Die **Bioanorganische Chemie** hat in den letzten Jahrzehnten eine breite Palette von Metallen der s-, p- und d-Blöcke als wesentlich erkannt und dabei bereits ein Stadium erreicht, welches die Abfassung eigenständiger Lehrbücher rechtfertigte. Die **Bioorganometallchemie** hingegen bleibt bislang auf die Elemente Co, Fe und Ni beschränkt, wobei letztere bezüglich ihrer Bioorganometallaspekte derzeit noch kontrovers diskutiert werden. Ironischerweise könnten gerade die Neuzugänge Fe und Ni diejenigen Übergangsmetalle sein, an deren Sulfiden die ersten C–C-Verknüpfungen der Erdgeschichte abliefen:

$$CH_3SH + CO + H_2O \xrightarrow{\text{FeS-NiS}} CH_3COOH + H_2S$$

(„Chemoautotropher Ursprung des Lebens", *Wächtershauser*, 1997)

Es fällt auf, daß Vertreter der großen metallorganischen Verbindungsklassen wie der Olefin-, Cyclopentadienyl- und Aren-Metall-Komplexe *in vivo* bislang fehlen; ausgerechnet die relativ schwache und besonders reaktive $M\overset{\sigma}{-}C$-Bindung ist dagegen aufgefunden worden. Dies ist *natürlich* an die entsprechende Funktion in biologischen Prozessen gebunden. Ich skizziere hier den derzeitigen Erkenntnisstand zum Auftreten von $\text{ÜM}\overset{\sigma}{-}C$-Bindungen *in vivo* und komme auf die Frage nach dem Vorkommen von ÜM,C-Mehrfachbindungen an entsprechender Stelle (S. 308) zurück.

Eine $\text{Co}\overset{\sigma}{-}\text{C-Bindung}$ findet sich im reaktiven Zentrum der Cobalamine, ihr strukturchemischer Nachweis mittels Röntgenbeugung am Einkristall von Vitamin B_{12}-Coenzym gelang *D. Crowfoot-Hodgkin* bereits 1961.

Cobalamine bestehen aus dem Zentralatom Cobalt, einem substituierten Corrin als äquatorialem Ligandensystem, den axialen Liganden X und 5,6-Dimethylbenzimidazol sowie einem Ribofuranosylphosphat als verbrückender Gruppe. Die verschiedenen Cobalamine unterscheiden sich in der Art des Restes X:

XCobalamine   *Methylcobalamin*   *Cyanocobalamin (Vitamin B_{12})*   *5'-Desoxyadenosylcobalamin (B_{12}-Coenzym)*

Vitamin **B$_{12}$-Coenzym**, von dem der menschliche Körper etwa 3 mg/Person enthält, ist in neutralem, wäßrigem Medium stabil und resistent gegen Luftoxidation. Methylcobalamin (isolierbar aus Mikroorganismen) liefert erst ab 180 °C Methan und Ethan als Produkte einer homolytischen Spaltung der Bindung Co-C. Derartige Homolysen können auch photochemisch eingeleitet werden. In den **Isomerase-Reaktionen** katalysiert B$_{12}$-Coenzym 1,2-Verschiebungen von funktionellen Gruppen X. Nach der Natur von X unterscheidet man zwischen C-Skelett-Mutasen, Eliminasen und Aminomutasen.

Das Bestreben, diese und andere Reaktionsfolgen mechanistisch aufzuklären, hat zur Entwicklung einer umfangreichen Organometallchemie der Cobalamine sowie ihrer Modelle, der Cobaloxime, geführt (*Schrauzer, Dolphin*, 1976; *Golding*, 1990).

Viele Eigenschaften der natürlichen Cobalamine werden durch die **Cobaloxime** - aus Co^{II}-Salz, Dimethylglyoxim, Base und Alkylierungsmittel leicht zugängliche Verbindungen – gut simuliert (*Schrauzer*, 1964).

$$Co^{2+}{}_{aq} + 2 \; dmgH_2 \xrightarrow[X^-]{O_2, \; Base} XCo(dmgH)_2B + 2 \; HB^+$$

$$XCo(dmgH)_2 + CH_3MgX \xrightarrow{THF} CH_3Co(dmgH)_2B + MgX_2$$
$$(dmgH_2 = Dimethylglyoxim)$$

In der synthetischen Modellsubstanz Bis(dimethylglyoximato)(methyl)(pyridin)cobalt, **Methylcobaloxim**, stimmen die Bindungslängen d(Co-N$_{eq}$) und d(Co-C) mit denen im B$_{12}$-Coenzym genau überein. Auch die Ligandenfeldstärke ist sehr ähnlich.

Cobalamine sind chemisch äußerst vielseitig.

Eine Beschreibung der weitgehend kovalenten Bindung Co–C mittels mesomerer Grenzformeln

läßt, je nach Reaktionsbedingungen und Art des angreifenden Agens, drei **Wege der Co–C-Bindungsspaltung** möglich erscheinen, für die auch Beispiele gefunden wur-

den. Typ **a** steht Pate für den entscheidenden Schritt der durch Isomerasen katalysierten Umlagerungen, Typ **b** für die Wirkung der Methionin-Synthase (Homo-
cystein → Methionin) und **c** für die Biomethylierung (vergl. S. 81).

Übertragung von

$$[Co^{III}] \quad \xrightarrow[\text{Homolyse}]{\text{h}\nu \text{ oder } \Delta T} \quad (a) \quad [Co^{II}] + {}^\bullet CH_3 \xrightarrow{\text{Solvens}} CH_4, \quad CH_3^\bullet$$
$$C_2H_6$$

$$\xrightarrow[\text{Nucleophiler Angriff}]{RS^-} \quad (b) \quad [\overset{CH_3}{Co}] \longrightarrow [Co^I]^- + RSCH_3 \qquad CH_3^+$$

$$\xrightarrow[\text{Elektrophiler Angriff}]{Hg^{2+}_{aq}} \quad (c) \quad [\overset{OH_2}{Co^{III}}]^+ + CH_3Hg^+_{aq} \qquad CH_3^-$$

Der für ÜM-Organyle typische Abbau durch β-Eliminierung (S. 273) ist hingegen für
Alkylcobalamine blockiert, da der äquatorial chelatisierende Corrinligand die
Bereitstellung einer zur Alkylgruppe cis-ständigen, freien Koordinationsstelle ver-
hindert.

Wechsel der Oxidationsstufe des Co-Atoms in Cobalaminen lassen sich in vitro
sowohl elektrochemisch als auch durch chemische Reduktionsmittel erzielen:

$$E^0 \qquad -0.2V \qquad -0.8V$$

$$[\overset{OH_2}{Co^{III}}] \underset{-e^-}{\overset{+e^-}{\rightleftharpoons}} [Co^{II}] \underset{-e^-}{\overset{+e^-}{\rightleftharpoons}} [Co^I]^\ominus \begin{cases} \xrightarrow{RX} [\overset{R}{Co^{III}}] + X^- \\ \xrightarrow{H^+} \{ [\overset{H}{Co^{III}}] \} \longrightarrow [Co^{II}] + 1/2 H_2 \end{cases}$$

	B_{12b} purpur	B_{12r} braun	B_{12s} grün
Co	d^6	d^7	d^8
KZ	6	5	4

Die Standardreduktionspotentiale E^0 für die beiden Einelektronenprozesse sind nur
als Richtwerte zu betrachten, da sie nicht die Kriterien der Reversibilität erfüllen
und stark vom Medium abhängen (*Saveant*, 1983).

Vitamin B_{12s} wird durch O_2 oxidiert, ist aber unter anaeroben Bedingungen im physiologischen pH-Bereich metastabil und stellt ein außerordentlich starkes Nucleophil
dar. Durch oxidative Addition von Alkylierungsmitteln an B_{12s} können verschiedene Derivate des Cobalamins erhalten werden, Methylgruppenspender *in vivo* ist das
N^5-Methyltetrahydrofolat. Hydridocobalamin ist in wässriger Lösung unbeständig.

Der superreduzierten Form B_{12s} wird in Enzymreaktionen, die durch B_{12}-Coenzym katalysiert werden, eine wichtige Rolle zugeschrieben.

Neuere Vorstellungen (*Halpern*, 1985) betonen den Radikalcharakter Coenzym-B_{12}-katalysierter Umlagerungen. Demgemäß kann die Co–CH$_2$Ado-Bindung aufgrund ihrer bereitwilligen homolytischen Spaltung als Radikalquelle wirken. Co–C-Homolysen dürften auch durch sterische Effekte begünstigt werden, wie etwa der Abstoßung zwischen dem 5'-Desoxyadenosylrest und dem Corrinring und seinen Substituenten oder der *trans*-Koordination einer sperrigen Base aus dem Proteingerüst, denn die Co–C-Bindung (205 pm) in B_{12}-Coenzym ist vergleichsweise lang.

Isomerase-Reaktion

Der Homolyse ① schließt sich eine H˙-Abstraktion ② vom Substrat an, gefolgt von der 1,2-Verschiebung ③ und der Rückbildung des 5'-Desoxyadenosylradikals Ado-CH$_2^˙$, ④. Die in obigem Cyclus gezeigten Radikale sind allerdings nicht als „frei" zu betrachten, vielmehr bleiben sie, wie oben für ein Diol gezeigt, durch hydrophobe Wechselwirkungen und Wasserstoffbrückenbindungen an das aktive Zentrum des Enzyms fixiert (*Finke*, 1984). Man kann hier von einer „negativen Katalyse" sprechen (*Retey*, 1990), denn durch die Bindung an das Enzym werden für freie Radikale in Lösung typische Stabilisierungsreaktionen erschwert. Für die Bildung von Radikalpaaren RCH$_2^˙$ [Co˙^{II}] sprechen EPR-spektroskopische Befunde (*Golding*, 1996). Eine derartige lockere Bindung zwischen Coenzym und Substrat dürfte auch für die Chemo- und Regioselektivität der H˙-Abstraktion sowie für die Stereospezifität des H,X-Austausches verantwortlich sein. Mechanistische Einzelzeiten bedürfen allerdings noch der Klärung: So könnten die Schritte ① und ② auch als konzertierter Prozeß ablaufen.

Trotz mangelnder Detailkenntnisse (und des hohen Preises!) ist Vitamin B_{12} als Katalysator in der organischen Synthese eingesetzt worden (*Scheffold*, 1988). Organocobalamine wirken hierbei als Reservoirs organischer Reste R, die, je nach den gewählten Reaktionsbedingungen, als potentielle Elektrophile R$^+$, Radikale R˙ oder Nucleophile R$^-$ verwertbar sind. Unter den typischen reduzierenden Bedingungen werden die Organocobalamine anschließend via oxidativer Addition von RX regeneriert.

Neben konstruktiven, synthetischen Aufgaben können Cobalamine auch Abbauwege wie etwa reduktive Enthalogenierungen katalysieren:

$$R\text{--}Cl + 2e^- + H^+ \xrightarrow{\ B_{12}\ } R\text{--}H + Cl^-$$

Hierzu liegen sowohl abiotische als auch *in vivo*-Befunde vor. Es existieren sogar Mikroorganismen, die derartige Prozesse als Energiequellen nutzen („Dehalo-atmung"). Angesichts der Umweltbelastung durch Halogenkohlenwasserstoffe sind Verständnis und Nutzung dieser Vorgänge von aktueller Bedeutung. Metallorgani-sche Aspekte der Wirkungsweise reduktiver **Dehalogenasen** seien daher kurz skiz-ziert (*Wohlfahrt*, 1999). Als Beispiel diene die abiotische, Cobalamin-katalysierte Enthalogenierung von Chlorkohlenwasserstoffen und Fluorchlorkohlenwasserstoffen (Freonen) in Gegenwart von Titan(III)citrat als Reduktionsmittel. Hierbei läuft neben Cl/H-Austausch auch Reduktion zu CO ab (*Hogenkamp*, 1991):

Enthalogenierung

Der Katalysecyclus deutet das Produktspektrum, ist aber experimentell nur teilweise unter-mauert; für das intermediäre Auftreten von [Co^{II}] sprechen EPR-Befunde. Die Reduktions-äquivalente, die im abiotischen Fall von Ti(III)citrat stammen, könnten in der bakteriellen Enthalogenierung von Eisen-Schwefel-Clustern geliefert werden.

Die faszinierende Leistungsfähigkeit der Cobalamine, die auf ihrer Fähigkeit beruht, Co $\overset{\sigma}{-}$ C-Bindungen auszubilden und deren Reaktivität durch Oxidationsstufenwech-sel des Zentralmetalls Co zu steuern, hat zu intensiver Suche nach weiteren *in vivo*-ÜM-C-Bindungen geführt. Im Visier sind hier in erster Linie die Elemente Eisen und Nickel, wenngleich eindeutige strukturanalytische Beweise für die Beteiligung von Spezies mit Fe–C- oder Ni–C-Bindungen an enzymkatalytischen Cyclen derzeit noch fehlen. Vorerst existieren lediglich mechanistische Vorschläge, in denen Zwischen-stufen mit Fe–C- bzw. Ni–C-Bindung angenommen werden.

Spezies mit **Fe $\overset{\sigma}{-}$ C-Bindungen** sind gelegentlich als Zwischenstufen in enzymati-schen Prozessen vorgeschlagen worden, die durch **Cytochrom P-450-Enzyme** kataly-siert werden. Dieser Ansicht ist von *Bruice* (1992) widersprochen worden. Den Cytochrom P-450-Enzymen gemeinsam ist ein Eisenprotoporphyrin IX, welches als fünften Liganden den Cysteinatrest eines Proteins trägt und die sechste Koordinationsstelle für die Bindung und Aktivierung von O_2 zur Verfügung stellt.

Cytochrom P-450 überträgt ein O-Atom des O_2-Moleküls auf eine breite Palette von Substraten mit dem Ergebnis der Hydroxylierung von Alkanen, Epoxidation von Alkenen, N-Oxidationen und zahlreichen weiteren Umwandlungen. Als reaktive Spezies wird ein Oxoferryl(Fe^{IV}=O)-Porphyrinkomplex angenommen, der aus dem Fe^{III}-Protoporphyrin durch zweifache Oxidation gebildet wird. Neben dem Zentralatom Fe^{IV} dürfte somit ein Porphyrin (oder Protein)-Radikalkation vorliegen.

Eisenprotoporphyrin IX

Für den entscheidenden Schritt der O-Übertragung wird einem stufenweisen, radikalischen Mechanismus ①, dem sog. **Sauerstoff-Rückprall-Mechanismus** (vergl. *Groves*, 1985), gegenüber einem konzertierten Weg ② der Vorzug gegeben (*Ortiz de Montellano*, 1995). Zu diesem Ergebnis kommt auch eine aktuelle Quantenchemie/Molekülmechanik(QC/MM)-Studie (*Friesner*, 2004). Unstimmigkeiten, die bei der stereochemischen Produktanalyse gemäß ① auftreten, lassen sich ausräumen, wenn hingegen der „nichtsynchrone konzertierte" Oxeninsertionsmechanismus ② angenommen wir (*Newcomb*, 1995).

Diese mechanistische Kontroverse hat aus einer ganz anderen Forschungsdisziplin, des massenspektrometrischen Studiums der Reaktivität von Oxometallkationen in der Gasphase, eine interessante Deutung erfahren (*Schwarz*, 1998). Demgemäß wird der Reaktionstyp gasförmiger FeO^+-Kationen durch deren Spinmultiplizität geprägt. Ähnlich wie für Disauerstoff ($^3\Sigma_g^-$ bzw. $^1\Delta_g$) sollte für die Ferrylspezies FeO^+ ($^6\Sigma^+$ bzw. $^4\Delta$) die High-spin-Form stufenweise, über Radikalzwischenstufen verlaufende Wege, die Low-spin-Form hingegen konzertierte Prozesse mit jeweils entsprechender Produktverteilung bevorzugen.

$$(^6\Sigma^+) \quad FeO^+ + CH_4 \rightarrow FeOH^+ + CH_3^{\cdot} \rightarrow Fe^+ + CH_3OH$$
$$(^4\Delta) \quad FeO^+ + CH_4 \rightarrow Fe^+ + CH_3OH$$

Das Konzept der **Zweizustandsreaktivität** (two-state reactivity, TSR, *Schwarz*, 2000) verweist nun auf die Möglichkeit einer Spininversion im geschwindigkeitsbestimmenden Schritt. Demgemäß kann die Aktivierungsenergie dadurch eine Absenkung erfahren, daß das aus dem High-spin-Grundzustand reagierende System am Überkreuzungspunkt auf die Lowspin-Hyperfläche überwechselt. Die energetische Absenkung ergibt sich hierbei aus der kleineren inhärenten Barriere der Low-spin-, verglichen mit der High-spin-Reaktionskoordinate. Die Lage des Überkreuzungspunktes ist auf subtile Art von der High-spin/Lowspin-Separation, die Effizienz des Spinzustandswechsels von der die Spin-Bahn-Kopplung prägenden Natur der Eduktatome abhängig. Der Überkreuzungspunkt kann somit als Weiche angesehen werden, die die Verteilung über zwei Reaktionswege steuert und auf diese Weise ein Produktspektrum zur Folge hat, welches sich nicht durch ein einfaches entweder/oder deuten läßt.

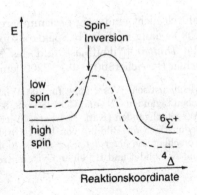

Die Anwendung dieses Konzeptes auf den Fall der Alkanhydroxylierung – vermittelt durch Cytochrom P-450 – unterstreicht die Ähnlichkeit des nackten FeO+-Kations mit dem aktiven Zentrum im Enzym, vernachlässigt aber sterische Effekte der Proteinumgebung und elektronische Effekte des Porphyrinsystems sowie des axialen Cysteinatliganden.

Zur Einleitung des Prozesses der P-450-vermittelten Hydroxylierung wird das Substrat RH – je nach seiner Natur mittels Wasserstoffbrückenbindungen oder hydrophober Wechselwirkungen – in einer Tasche nahe des Eisenporphyrin-Reaktionszentrums locker gebunden, geht also **keine kovalente Fe−C-Bindung** ein, übergangsmetallorganische Aspekte sind somit abwesend. In jüngster Zeit durchgeführte Röntgenstrukturbestimmungen an drei Zwischenstufen eines Cytochrom P-450-Katalysecyclus haben sowohl die Rolle der Porphyrin(Fe^{IV}=O)-Spezies als auch die Position des Substrates – in diesem Fall Campher – bestätigt (*Schlichting*, 2000). Die Natur bietet mit Cytochrom P-450 eine vorbildliche Lösung des Problems der **C–H-Aktivierung**, und so hat es nicht an Versuchen gefehlt, biomimetische Systeme ähnlicher Leistungsfähigkeit zu entwickeln (*Groves*, 1979; vergl. *Bergman*, 1995).

Auch **H–H-Aktivierung** läuft *in vivo* ab, sie wird durch **Hydrogenasen** bewirkt, die als aktive Zentren Eisencluster ([FeFe]H_2asen), häufiger jedoch Nickel-Eisencluster ([NiFe]H_2asen), enthalten, Beispiele finden sich u.a. in sulfat-reduzierenden Bakterien:

Desulfovibrio desulfuricans
(*Fontecilla-Camps*, 2001)

Desulfovibro gigas
(*Fontecilla-Camps*, 1996)

Weitere Wirkungsbereiche der Hydrogenasen liegen in der Stickstoffixierung, der Methanogenese, der Acetogenese und der Photosynthese; sowohl H_2-Produktion als auch H_2-Verbrauch werden katalysiert. Die Identifizierung der proteinkristallographisch nicht eindeutig bestimmbaren zweiatomigen Liganden am Eisen als CO und CN^- gelang mittels IR-Spektroskopie (*Albracht*, 1997). So sind die IR-Spektren für die *D.gigas* [NiFe]H_2ase und das Modell $[(\eta^5\text{-}C_5H_5)Fe(CN)_2(CO)]^-$ im diagnostischen Bereich $1800 < \tilde{\nu} < 2200$ [cm^{-1}] nahezu deckungsgleich (*Darensbourg*, 2000)!

Mechanistische Vorschläge für die Wirkungsweise der Hydrogenase müssen den bio-untypischen Liganden CN^- und CO (vergl. S. 336) eine wesentliche Rolle zuschreiben. Als σ-Donor/π-Akzeptorliganden (Kap. 14.4.) stabilisieren CO und CN^- niedrige Metall-Oxidationsstufen und begünstigen die Bildung von ÜM-Hydriden. Demgemäß geht ein hier vereinfacht dargestellter Vorschlag von *heterolytischer H_2-Spaltung* aus, wobei H^- intermediär eine Brücke zwischen Fe^{II} und Ni^{II} bildet und H^+ einen Cysteinatrest der Ligandensphäre protoniert (*Guigliarelli*, 1997):

$$H_2 \underset{}{\overset{[NiFe]H_2ase}{\rightleftharpoons}} 2\,H^+ + 2\,e^-$$

Hydrogenase

Starke Verdachtsmomente bezüglich einer möglichen Beteiligung an biologischen Prozessen kommen der **Ni—σ—C-Bindung** zu. Das Element Nickel ist bislang in sechs Enzymen nachgewiesen worden, die folgende Prozesse katalysieren (*Halcrow*, 1998):

- Urease $H_2N\text{-}CO\text{-}NH_2 + H_2O \xrightarrow{\text{Urease}} [H_2N\text{-}COO^-NH_4^+] \longrightarrow 2\,NH_3 + CO_2$

- Hydrogenase $\hspace{3cm} H_2 \overset{[NiFe]H_2ase}{\rightleftharpoons} 2\,H^+_{aq} + 2\,e^-$

- CO-Dehydrogenase $\hspace{2cm} CO + H_2O \overset{\text{CODH}}{\rightleftharpoons} CO_2 + 2\,H^+ + 2\,e^-$

- Acetyl-Coenzym A-Synthase $CO + CH_3^+ + CoA\text{-}S^- \overset{\text{ACS}}{\rightleftharpoons} CoA\text{-}SC(O)CH_3$

- Methyl-Coenzym M-Reduktase

$$CH_3S\text{-}CoM + HS\text{-}CoB \xrightarrow{\text{MCR}} CH_4 + CoM\text{-}S\text{-}S\text{-}CoB \text{ (Heterodisulfid)}$$

$$CoM\text{-}S\text{-}S\text{-}CoB + 2\,e^- + 2\,H^+ \xrightarrow[\text{Reduktase}]{\text{Disulfid-}} HS\text{-}CoM + HS\text{-}CoB$$

- Superoxid-Dismutase $\hspace{2cm} 2\,O_2^- + 2\,H^+ \xrightarrow{\text{NiSOD}} O_2 + H_2O_2$

In den Ureasen ist Ni^{2+} redoxinert, es wirkt lediglich als *Lewis*-saures Zentrum. In den anderen Enzymen werden hingegen Oxidationsstufenwechsel des Nickels diskutiert. CODH und ACS arbeiten in einem großen Enzymkomplex *in tandem* wie anschließend erläutert wird. Metallorganische Aspekte, wie die Beteiligung von Zwischenstufen mit Ni–C-Bindung, spielen wahrscheinlich für die Enzyme CODH/ACS und MCR eine Rolle.

Das Enzym **NiCODH** erfüllt in anaeroben Mikroorganismen zahlreiche Funktionen, für beide Reaktionsrichtungen von $CO + H_2O + FeSP^0 \rightleftharpoons CO_2 + FeSP^{2-} + 2H^+$ finden sich Beispiele. Das Eisen-Schwefel-Protein $FeSP^{0/2-}$ kann somit als Elektronendonor oder -akzeptor wirken. Die Bildung von CO_2 und H_2 aus CO und H_2O (z.B. in *Carboxydothermus hydrogenofumans*) kann übrigens als ein Bio-Analogon zur Wassergasreaktion betrachtet werden.

NiCODH aus *C. hydrogenoformans* konnte in CO-unbeladenem Zustand röntgenographisch charakterisiert werden (*Dobbek*, 2001). Als aktives Zentrum wurde ein $[NiFe_4S_5]$-Cluster erkannt, welcher quadratisch planar koordiniertes $Ni^{II}(d^8)$ enthält. Letzteres wird als Ort der Oxidation von CO angesehen, der mechanistische Vorschlag geht von einem nucleophilen Angriff am CO-Liganden durch eine am benachbarten Eisenion Fe_1 koordinierte Hydroxylgruppe im Sinne der „Basenreaktion" der Metallcarbonyle (S. 348) aus:

Struktur des Aktiven Zentrums von NiCODH aus *C. hydrogenoformans*

Strukturvorschlag für das CO-beladene aktive Zentrum

Die aus der Oxidation von CO stammenden zwei Elektronen können über den $[NiFe_4S_5]$-Cluster delokalisiert werden oder zur Reduktion zweier Protonen zu H_2 dienen.

Wie bereits erwähnt, ist CODH/ACS ein bifunktionelles Enzym, welches die Reduktion von CO_2 zu CO und die Verwertung von CO in der Acetyl-Coenzym-A-Synthese katalysiert. Die Strukturbestimmung des Enyzms CODH/ACS$_{MT}$ aus *Moorella thermoacetica* läßt diese Symbiose in einem neuen Licht erscheinen (*Lindahl*, 2003). Demnach wird CODH-katalysiert gebildetes CO durch einen Tunnel im Enzymkomplex auf das aktive Zentrum der ACS$_{MT}$ übertragen und an Ni^0 gebunden.

Der mechanistische Vorschlag für die **Acetogenese** trägt die Handschrift des Metallorganikers, indem die Schritte *Lewis*-Base-Addition ①, oxidative Addition ②, Insertion ③ und reduktive Eliminierung ④ zu einem Cyclus kombiniert werden (vergl. Kap. 12.2).

Die Beteiligung der formalen Oxidationsstufe Ni_P^0 wäre ein Novum in der Biochemie. Zur Plausibilisierung wird angeführt, daß die Metallthiolatliganden an Ni_P Eigenschaften besitzen, die denjenigen der Phosphane, bekannte Stabilisatoren für niedrige Metalloxidationsstufen, ähneln. Demnach fördert diese koordinative Umgebung die Reduktion $Ni_p^{II} \rightarrow Ni_p^{\circ}$ und ermöglicht die Koordination eines CO-Liganden. Die Bildung der Acetylgruppe aus CO und einem Methylspender nach dem *Lindahl*-Mechanismus kann als biologisches Analogon zum technischen *Monsanto*-Essigsäure-Verfahren (S. 627) angesehen werden.

Letztlich handelt es sich bei der biologischen Acetogenese um eine Fixierung von CO_2, denn beide Bausteine entstammen diesem: CO_2 wird Tetrahydrofolat-katalysiert zur CH_3-Gruppe sowie CODH-katalysiert zu CO reduziert. Die ACS-katalysierte Bildung des Acetylrestes aus CH_3 und CO schließt sich an.

Im einzelnen noch ungeklärt ist auch der Mechanismus, mittels dessen *Archaea* unter Verwendung des Enzyms Methyl-Coenzym M-Reduktase (MCR) den letzten Schritt der **Methanogenese** vollziehen. Während das Substrat Methyl-Coenyzm M das kleinste bislang aufgefundene Coenzym ist, gehört die Methyl-Coenzym M-Reduktase (≈ 300 kDa) zu den großen Enzymen. Als prosthetische Gruppe fungiert der **Faktor F 430**, ein Dodecahydroporphyrin-Nickel^{II}-Komplex. Der hohe Sättigungsgrad verleiht dem vierzähnigen Chelatliganden Flexibilität, welche der Stabilisierung der Oxidationsstufen $Ni^{I,II,III}$ förderlich ist. EPR-Untersuchungen an aktiver MCR lassen vermuten, daß in diesem die Stufe Ni^I vorliegt. Man nimmt an, daß das nucleophile Ni^I-Zentrum von CH_3–S–CoM eine Methylgruppe übernimmt, protolytische Spaltung der Ni–CH_3-Bindung würde Methan erzeugen.

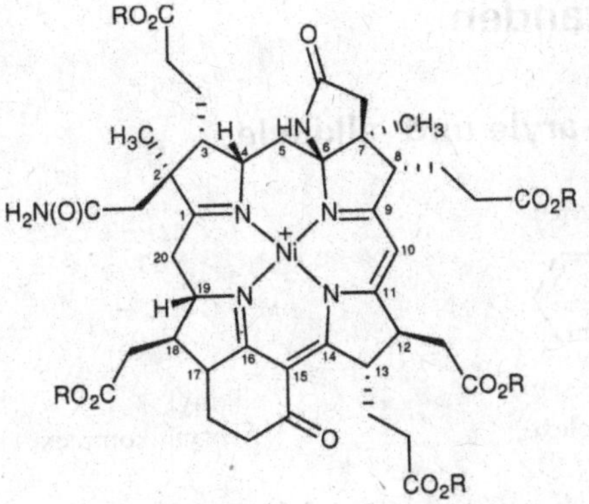

Struktur des **Faktors F 430** (R=H) der prosthetischen Gruppe der Methyl-Coenzym M-Reduktase (MCR), im Katalysecyclus als Ni(I,II,III) bezeichnet.

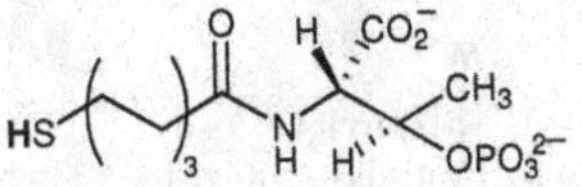

HS—CoB
Coenzym B

CH_3S—CoM
Methyl-Coenzym M

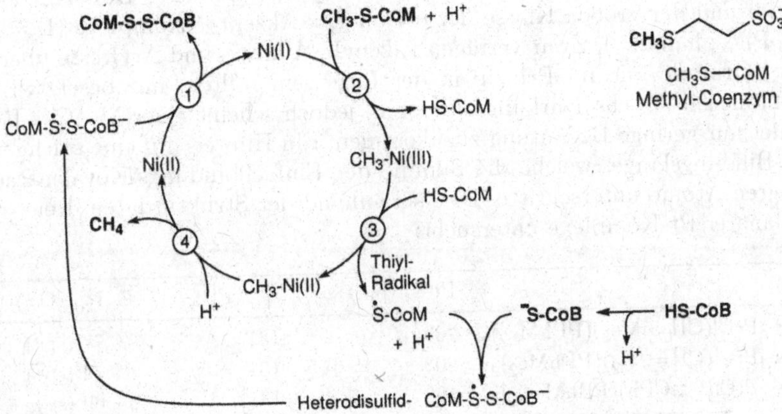

Methanogenese

Dieser mechanistische Vorschlag (*Thauer*, 1998) ist in Einklang mit der Kristallstrukturbestimmung an MCR, welche die Möglichkeiten sterisch günstiger Enzym-Substrat-Komplexe eingrenzt. Die Existenzfähigkeit eines F 430-Derivates mit axial an Ni^{II} gebundener Methylgruppe folgt aus Arbeiten von *Jaun* (1991):

$$(F\ 430)Ni^{II}(SO_3CF_3) + Mg(CD_3)_2 \rightarrow (F\ 430)Ni^{II} - CD_3 + MgCD_3(SO_3CF_3)$$

Das Strukturelement (high-spin d^8)Ni^{II}-CD_3 gibt sich im ^{2}D-NMR-Spektrum durch charakteristische Linienbreite und Fermi-Kontakt-Verschiebung nach hohem Feld zu erkennen (δ –490 ppm). Es bleibt allerdings zu zeigen, daß diese Spezies auch im Katalysecyclus aus F 430 Ni^{I}- und CH_3-Spendern entsteht.

Neben den in diesem Kapitel diskutierten Systemen, in denen ÜM-C-Bindungen essentieller Bestandteil *in vivo* ablaufender Prozesse sind, und der bereits erwähnten Toxizität der Organyle der Elemente Be, Tl, Sn, Pb, As, Sb, Bi, Se, Te, Cd, Hg sind zur **Bioorganometallchemie** im weiteren Sinne auch Moleküle zu zählen, denen die Ausstattung mit metallorganischen Fragmenten Eigenschaften verleiht, die sie für biologische Anwendungen empfehlen. Diese werden an entsprechenden Stellen des Textes erläutert, sie seien hier zur Vervollständigung des Kap. 13.3 nur stichwortartig genannt:

• Organometall-Biosensoren (S. 485)
• Organometall-Markierung von Biomolekülen, Organometall-Diagnostika (S. 233, 346, 355)
• Organometall-Therapeutika (S. 105, 213, 486, 506).

14 σ-Donor/π-Akzeptor-Liganden

14.1 Übergangsmetallalkenyle, -aryle und -alkinyle

Verbindungen, welche die Strukturelemente

-alkenyl	-phenyl	-alkinyl
(Vinylkomplexe)	(Arylkomplexe)	(Acetylidkomplexe)

enthalten, liegen im Bereich zwischen den Komplexen reiner σ-Donor-Liganden (ÜM-Alkyle) und der großen Klasse der σ-Donor/π-Akzeptor-Komplexe (L = CO, Isocyanid, Phosphan etc.). Zwar verfügen Alkenyl-, Alkinyl- und Arylreste über unbesetzte π*-Orbitale, die im Prinzip in der Lage sein sollten, mit besetzten Metall(d)-Orbitalen in Wechselwirkung zu treten, jedoch scheint einer M→C π-Rückbindung hier nur geringe Bedeutung zuzukommen. Ein Hinweis auf eine solche wäre eine M–C-Bindungslänge, welche die Summe der Einfachbindungs-Kovalenzradien der beteiligten Atome unterschritte. Dies sei anhand der Strukturdaten dreier quadratisch-planarer Pt-Komplexe untersucht:

	Pt–C (pm)	r_{kov} Pt^{II}	r_{kov} C
trans-[PtCl(CH$_2$SiMe$_3$)(PPhMe$_2$)$_2$]	208	131	77 (sp^3)
trans-[PtCl(CH=CH$_2$)(PPhMe$_2$)$_2$]	203	131	74 (sp^2)
trans-[PtCl(C≡CPh)(PPhMe$_2$)$_2$]	198	131	69 (sp)

Die Abstände Pt–C unterschreiten die Summe der Kovalenzradien von Pt^{II} und C (im jeweiligen Hybridisierungszustand, *Allen*, 1987) nur unwesentlich, sie liefern somit keinen Hinweis auf einen π-Bindungsanteil zwischen Pt und C. Im Falle einer deutlichen Rückbindung Pt(d$_\pi$)$\xrightarrow{\pi}$C(p$_\pi$*) wäre auch ein größerer Abstand d(C–C) zu erwarten, der aber nicht gefunden wird (*Muir*, 1977). Bei Argumentationen dieser Art ist allerdings Vorsicht angebracht, denn die M–C-Bindungslänge wird nicht nur durch die π-Bindungsordnung, sondern auch durch die Bindungspolarität geprägt. Zur Deutungsproblematik trägt weiterhin bei, daß die Komponenten M(d$_\pi$)→C(p$_\pi$*) und M(d$_\pi$)←C(p$_\pi$) die C≡C-Bindungslänge in gleicher Richtung beeinflussen. Aus experimenteller Sicht tritt erschwerend hinzu, daß die Dreifachbindungslänge nur sehr unempfindlich auf die Besetzung antibindender π*-Orbitale reagiert.

Auch der strukturelle trans-Effekt ist zur Beurteilung der Metall–alkinyl-Bindungsverhältnisse herangezogen worden. Wiederum stößt die Deutung auf Schwierigkeiten, denn es gelingt nicht, die Faktoren, die den strukturellen trans-Effekt prägen, einzeln zu quantifizieren; zu diesen gehören σ- und π-Anteile in der M–alkinyl-Bindung, die Natur des Zentralmetalls M und die Gruppenelektronegativität des Alkinylliganden (*Manna*, 1995).

Ein empfindlicherer Reporter der Metall–alkinyl-Bindungsverhältnisse ist in den Schwingungsfrequenzen $\nu_{C\equiv C}$ gegeben, denn diese überstreichen, im Gegensatz zu den C≡C-Bindungslängen, einen weiten Bereich (ca. 180 cm^{-1}). Die erwähnten Probleme der Interpretation bleiben aber bestehen.

Neben den allgemeinen **Darstellungsverfahren**, die auch für ÜM-Alkyle üblich sind (vergl. S. 270f.), besteht ein Zugangsweg zu ÜM–$\stackrel{\sigma}{-}$Alkenylverbindungen in der oxidativen Addition von HX an η^2-Alkinkomplexe:

$$(R_3P)_2Pt - ||| \quad \xrightarrow{\;HCl\;} \quad (R_3P)_2ClPt \diagdown$$

Die Protonierung **cis** zum Metall läßt auf eine vorhergehende Metallprotonierung schließen.

Auch durch nucleophile Addition an kationische η^2-Alkinkomplexe können ÜM–$\stackrel{\sigma}{-}$Vinylverbindungen erhalten werden. Hierbei werden aber **trans**-Vinylkomplexe gebildet, da das Nucleophil bevorzugt an der nicht-komplexierten Seite des Liganden angreift:

$$\text{Li}_2[\text{Cu(CN)Ph}_2]$$

Vinylgruppen treten gelegentlich auch als zweizähnige σ/π-Brückenliganden auf. Alternativ betrachtet liegt hier eine η^3-Ferraallyl-Koordination an das zweite Fe-Atom vor (*Krüger*, 1972):

$$\text{Fe}_2(\text{CO})_9 + \quad \underset{Br}{\overset{H}{}}C=C\underset{H}{\overset{Br}{}} \quad \longrightarrow \quad (\text{CO})_3\text{Fe} \overset{252}{-\!\!-\!\!-} \text{Fe(CO)}_3$$

Verglichen mit den nachfolgend zu besprechenden Metallalkinylen ist die Zahl der bekannten Metallalkenyle klein. Sie spielen jedoch eine wichtige Rolle als Zwischenstufen bei der Umwandlung von Alkinkomplexen, worauf wir in Kap. 15.2 zurückkommen.

ÜM–$\stackrel{\sigma}{-}$Arylkomplexe sind nur geringfügig stabiler als die analogen Alkylverbindungen. Wo Vergleiche möglich sind, übertrifft die Bindungsenergie D(M–Ph) den Wert für D(M–Me) um etwa 10% (*Beauchamp*, 1990). So zersetzt sich TiPh$_4$ oberhalb

0 °C unter Abspaltung von Biphenyl. Im Falle des Zentralmetalls Chrom verbleibt Biphenyl als η^6-Ligand in der Koordinationssphäre. Diese σ→π-Umlagerung war die erste, allerdings unerkannte Synthese eines Di(η^6-aren)metall-Sandwich-Komplexes (*Hein*, 1919):

$$(\eta^1\text{-}C_6H_5)_3Cr(THF)_3 \xrightarrow[\text{2. } H_2O, O_2, NaX]{\text{1. } \Delta \text{ oder } Et_2O} (\eta^6\text{-}C_6H_6)_2Cr^+X^- \; +$$

$$(C_6H_5\text{-}\eta^6\text{-}C_6H_5)(\eta^6\text{-}C_6H_6)Cr^+X^- \; + \; (C_6H_5\text{-}\eta^6\text{-}C_6H_5)_2Cr^+X^-$$

Kinetisch stabilisiert sind die quadratisch-planaren Ni-, Pd- und Pt-Komplexe $(Mesityl)_2M(PR_3)_2$.

Die **ortho**-Methylierung zwingt die Aryl-liganden in eine Konformation, die optimale Überlappung $Pt(d_{xy})$-Aryl(π^*) gewährleistet und das Zentralmetall vor axialem Angriff aus z-Richtung abschirmt. Ein Zerfall via β-Eliminierung ist durch die ortho-Methylierung blockiert.

ÜM–C(sp^2)-Bindungen liegen auch in den **Metallabenzolen** vor, Arene, in denen CH-Einheiten durch Übergangsmetallfragmente ML_n ersetzt sind (Kap. 15.5.5). Den ersten Vertreter dieser Substanzklasse synthetisierte *Roper* (1982) ausgehend von einem Thiocarbonylkomplex und Acetylen:

Das Osmabenzolderivat trägt seinen Namen zu recht, denn Planarität, angeglichene C–C-Bindungslängen, ^{1}H-NMR-Signale bei tiefem Feld und das chemische Verhalten weisen auf Aromatizität hin.

ÜM$^{\,\sigma}$-Alkinyle können als Komplexe des Liganden $HC\equiv C^-$, Acetylid, aufgefaßt werden, der zu CN^-, CO und N_2 isoelektronisch ist. Sie sind in Stöchiometrie, Farbe und magnetischen Eigenschaften den Cyanokomplexen verwandt. Auch eine Betrachtung des Acetylidions als Pseudohalogenid läßt sich aufgrund seiner Eigenschaften in Komplexbildungs- und Fällungsreaktionen rechtfertigen. Übergangsmetallalkinyle werden daher mehr der klassischen Koordinationschemie als der Metallorganik zugeordnet (*Nast*, 1982).

$RC\equiv C^-$ reagiert im Gegensatz zu CO oder RNC stark basisch; Acetylidkomplexe werden deshalb leicht hydrolytisch gespalten. Somit erfolgt die Synthese bevorzugt im schwächer protischen Lösungsmittel $NH_3(\ell)$:

$$K_3[Cr(CN)_6] + 6\,NaC\equiv CH \xrightarrow[-40\,°C]{NH_3(\ell)} K_3[Cr(C\equiv CH)_6] + 6\,NaCN$$

Hexa(ethinyl)chromat(III)

Acetylidkomplexe neigen zu **explosionsartiger Zersetzung**, dabei sinkt die thermische Stabilität gemäß $(ArC_2)_nM > (HC_2)_nM > (RC_2)_nM$.

Hydrolysestabiler, aber nicht weniger explosiv als die monomeren Alkinylkomplexe, sind die neutralen, polymeren Metallalkinyle von Cu^I, Ag^I, Au^I:

$$2\,CuI + 2\,KC\equiv CH \longrightarrow 2\,CuC\equiv CH \xrightarrow{T > 45\,°C} Cu_2C_2 + HC\equiv CH + KI$$

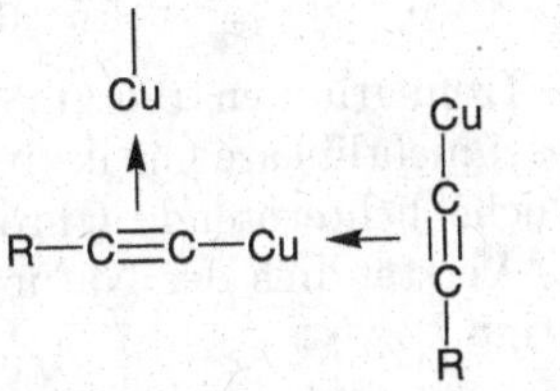

Zusätzliche Wechselwirkungen von Cu-Atomen mit benachbarten Alkinyleinheiten ergänzen zur Koordinationszahl $KZ(Cu) = 3$ (Alkinyl als η^2 Ligand betrachtet).

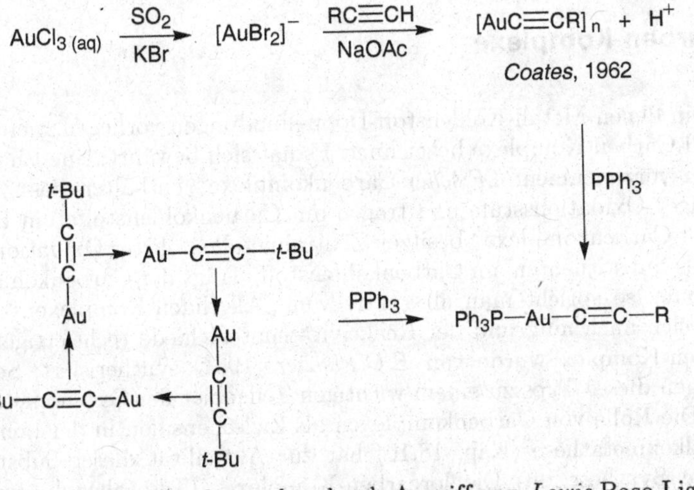

$$AuCl_3\,_{(aq)} \xrightarrow[KBr]{SO_2} [AuBr_2]^- \xrightarrow[NaOAc]{RC\equiv CH} [AuC\equiv CR]_n + H^+$$

Coates, 1962

Die oligomeren Goldalkinyle werden durch Angriff von *Lewis*-Base-Liganden besonders leicht depolymerisiert, denn Au^I besitzt nur eine geringe Neigung zur Überschreitung der KZ 2. Ferner ist, wie auch die Schwäche der Gold-Olefin-Bindung und die Schwierigkeit der Darstellung binärer Goldcarbonyle zeigen, der σ-Akzeptor/π-Donor-Synergismus für das „späte" ÜM-Ion $Au^I(d^{10})$ nur noch schwach ausgeprägt (vergl. S. 251).

Außer in binären ÜM–acetylid-Komplexen findet sich der Alkinylrest $RC\equiv C^{\ominus}$ auch als Coligand in einer großen Zahl gemischter ternärer und quaternärer Metallorganyle. Darstellungsverfahren basieren u.a. auf oxidativer Addition

$$Pd°(PPh_3)_4 + RC\equiv CX \xrightarrow{-PPh_3} trans\text{–}Pd^{II}X(C\equiv CR)(PPh_3)_2$$
$$X = Cl, Br, I$$

oder auf nucleophiler Substitution

Bimetallkomplexe mit linearen $-(C\equiv C)_n$-Brücken als Trenngruppen (vergl. auch S. 324) sind materialwissenschaftlich von hohem Interesse: nichtlineare Optik (NLO, S. 487), eindimensionale elektrische Leiter und künstliche lichterntende Chromophore wären hier zu nennen. Die Bemühungen um das Verständnis der Natur der Metall-alkinyl-Wechselwirkung sind also voll gerechtfertigt.

14.2 ÜM–Carben-Komplexe

Verbindungen, in denen Metall-Kohlenstoff-Doppelbindungen vorliegen, werden generell als Metall-Carben-Komplexe bezeichnet. Es hat sich bewährt, eine Einteilung in zwei Klassen vorzunehmen: „*Fischer*-Carbenkomplexe" enthalten das Zentralmetall in niedriger Oxidationsstufe und tragen am Carbenkohlenstoffatom Heteroatome, „*Schrock*-Carbenkomplexe" besitzen Zentralmetalle höherer Oxidationsstufe und C bzw. H als Substituenten am Carbenkohlenstoff. Trägt der Carbenkohlenstoff keine Heteroatome, so spricht man alternativ von „Alkyliden-Komplexen". Diese Einteilung läßt sich auch aufgrund der Reaktivitätsunterschiede rechtfertigen. Der erste ÜM-Carben-Komplex wurde von *E.O.Fischer* (1964) synthetisiert. Seitdem sind Verbindungen dieses Typs zu einem wichtigen Teilgebiet der Organometallchemie geworden. Die Rolle von Carbenkomplexen als Zwischensufen in der homogenkatalytischen Alkenmetathese (Kap. 18.10) hat zur Aktualität dieser Substanzen beigetragen. Die Synthese des Dichlorcarben-Komplexes (Tetraphenylporphyrin) $Fe(CCl_2) \cdot H_2O$, ausgehend von CCl_4, wird als Modellreaktion für den Abbau von Chlorkohlenwasserstoffen in der Leber unter Beteiligung des Enzymsystems Cytochrom P 450 betrachtet (*Mansuy*, 1978).

Darstellung

Die Zugangswege zu ÜM-Carbenkomplexen sind vielgestaltig. Sie fallen in zwei große Klassen: Verfahren, in denen eine bestehende Metall-C(Ligand)-Funktion chemisch modifiziert wird (**1.–4.**) und Verfahren, in denen ein Carbenligand, als solcher angeboten oder in situ erzeugt, am Metall angreift (**5.–8.**). Die nachfolgenden Prozesse sind auch als typische Reaktionen der diversen Ausgangsmaterialien von Interesse.

1. Addition von Lithiumalkylen an M–CO

(*Fischer*, 1964)

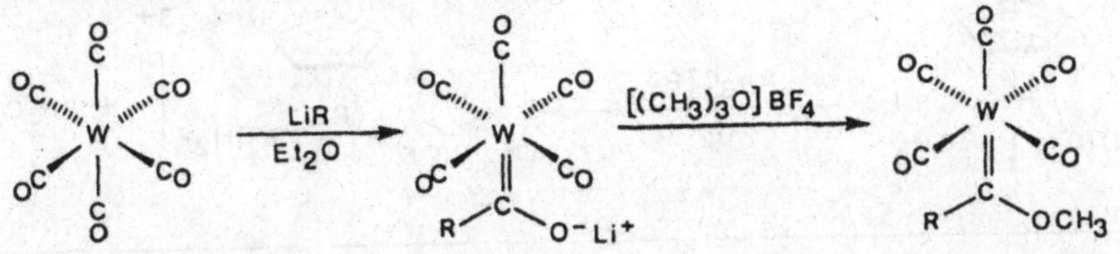

Diese Reaktion ist in Einklang mit quantenchemischen Rechnungen (*Fenske*, 1968), die anzeigen, daß das C-Atom in koordiniertem CO stärker positiv polarisiert ist als in freiem CO. Ein nucleophiler Angriff sollte deshalb möglich sein.

Eine Variante diese Verfahrens ist die Protonierung (Alkylierung) neutraler Acylkomplexe (*Gladysz*, 1983):

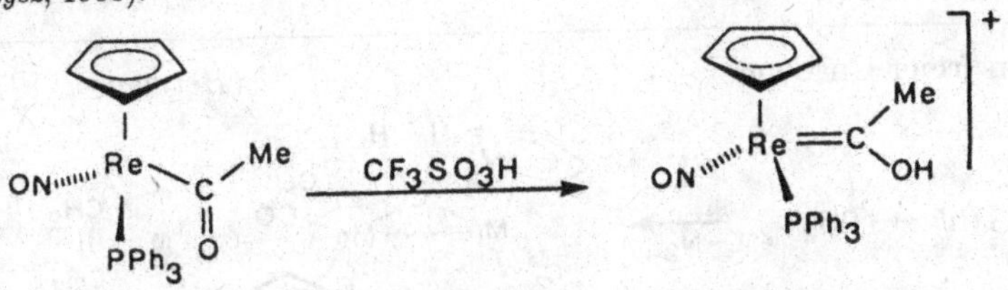

2. Addition von ROH an Isocyanid-Komplexe

(*Chatt*, 1969)

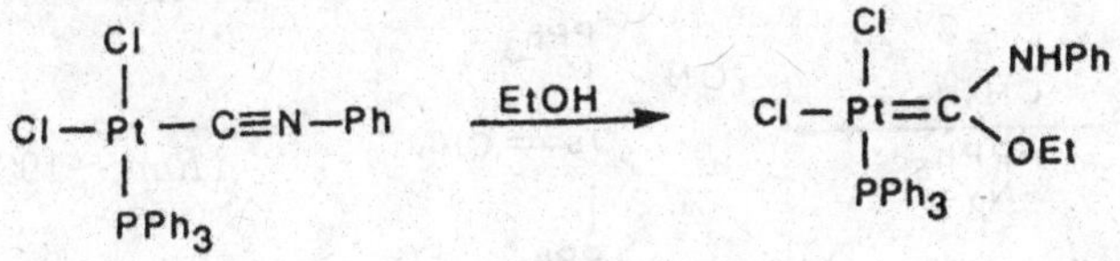

3. α-Deprotonierung einer M-Alkylgruppe

(*Schrock*, 1975)

intermolekular:

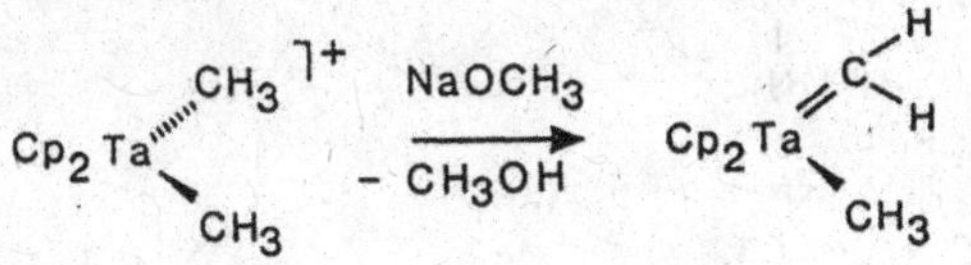

intramolekular:

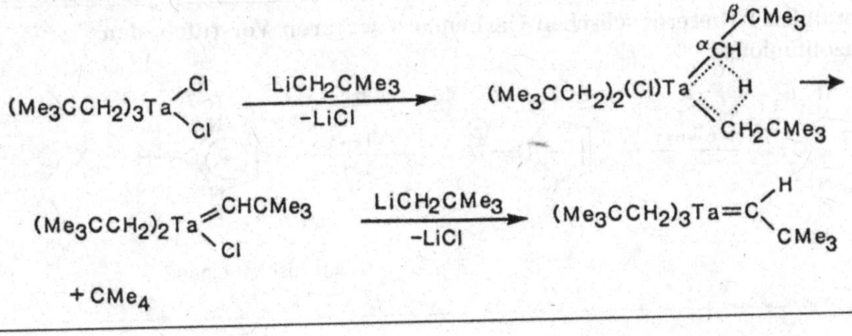

4. Dehydridierung einer M-Alkylgruppe

(*Gladysz*, 1983)

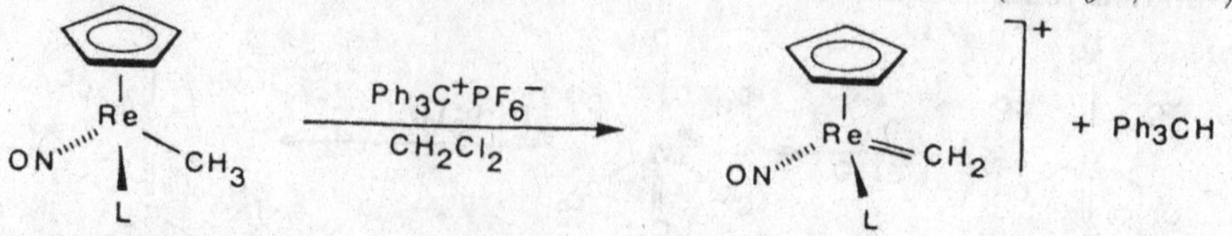

$$\xrightarrow[\text{CH}_2\text{Cl}_2]{\text{Ph}_3\text{C}^+\text{PF}_6^-}$$

$+ \ \text{Ph}_3\text{CH}$

5. Aus Carbonylmetallaten und geminalen Dichloralkanen

(*Öfele*, 1968)

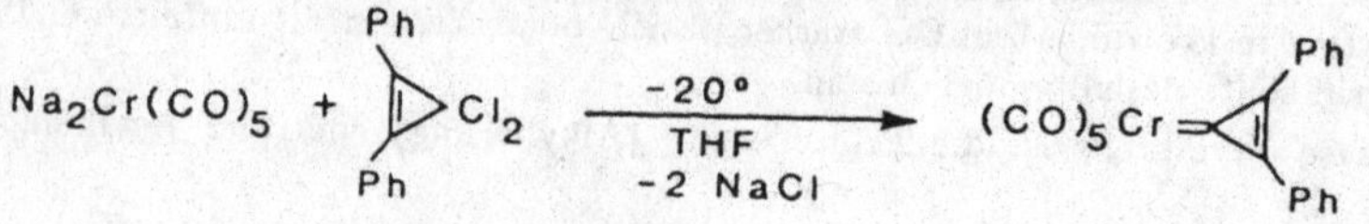

$$\text{Na}_2\text{Cr(CO)}_5 \ + \quad \xrightarrow[\substack{\text{THF} \\ -2\ \text{NaCl}}]{-20°} \quad (\text{CO})_5\text{Cr}$$

6. Durch Abfangen freier Carbene

(*Herrmann*, 1975)

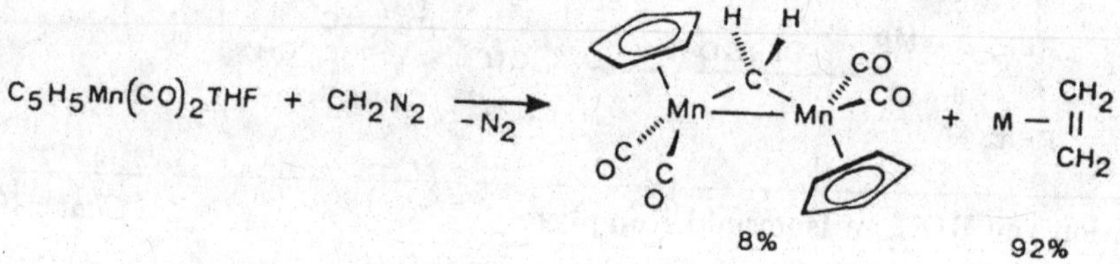

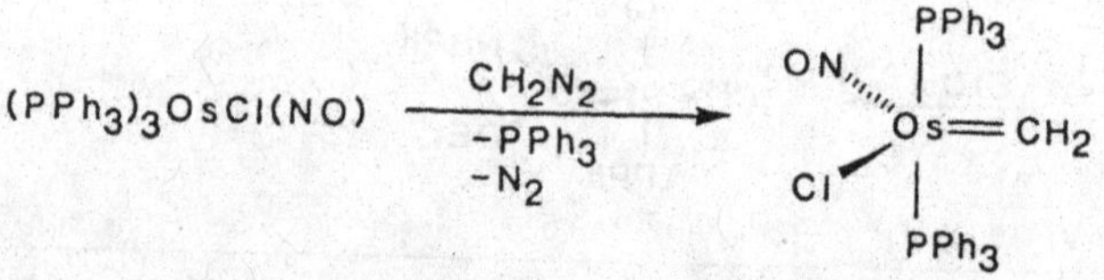

$$\text{C}_5\text{H}_5\text{Mn(CO)}_2\text{THF} \ + \ \text{CH}_2\text{N}_2 \ \xrightarrow{-\text{N}_2}$$

$+ \ \text{M} - \overset{\text{CH}_2}{\underset{\text{CH}_2}{\|}}$

8%   92%

$$(\text{PPh}_3)_3\text{OsCl(NO)} \ \xrightarrow[\substack{-\text{PPh}_3 \\ -\text{N}_2}]{\text{CH}_2\text{N}_2}$$

(*Roper*, 1983)

7. Aus elektronenreichen Olefinen

(*Lappert*, 1977)

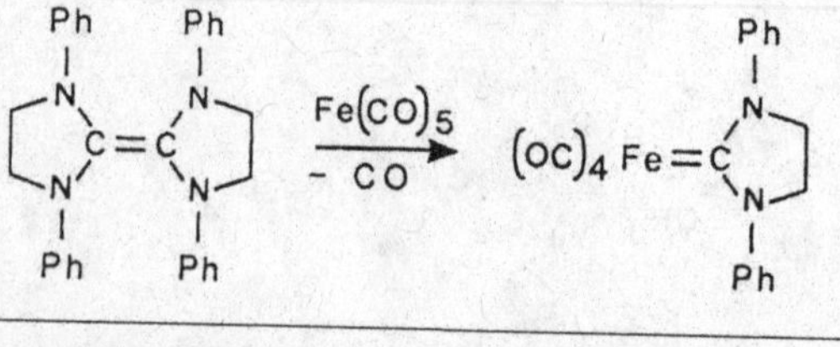

$$\xrightarrow[-\text{CO}]{\text{Fe(CO)}_5}$$

8. Aus stabilen N-heterocyclischen Carbenen bzw. ihren Vorstufen, den Imidazoliumionen

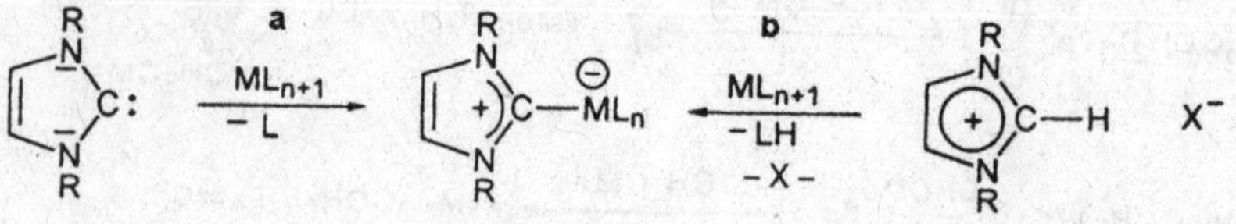

L = basischer Ligand

Wanzlick und Arduengo: Vision und Realisierung

Im Syntheseverfahren **8a** werden stabile Carbene als Reagenzien eingesetzt. Unter welchen Bedingungen und in welcher Verpackung sind Carbene aber überhaupt handhabbar?

Die Isolierung von Carbenen in Substanz hatte sich schon *Nef* (1895) zum Ziel gesetzt. Bis zur erfolgreichen Umsetzung verging allerdings nahezu ein Jahrhundert. Einen wesentlichen Anstoß lieferte *Wanzlick* (1962), der für nucleophile Carbene, d.h. solche, die elektronenliefernde Substituenten tragen, besondere Stabilität voraussagte. Das von ihm dargestellte elektronenreiche Alken besitzt jedoch, wie spätere Untersuchungen erwiesen, keine Neigung zur Dissoziation:

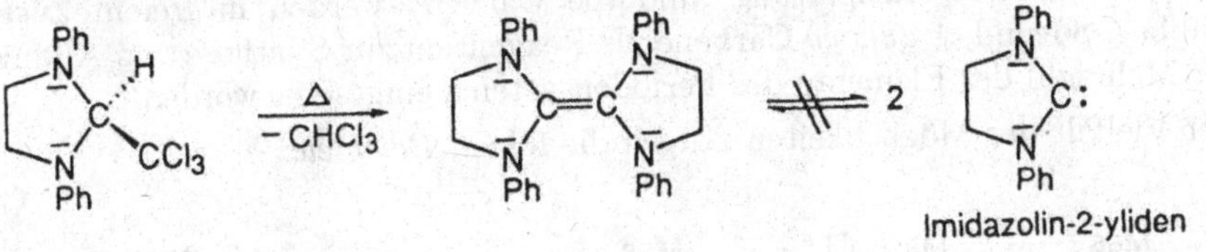

Imidazolin-2-yliden

Eine Stabilisierung könnten N-heterocyclische Carbene erfahren, wenn sie in ein aromatisches 6π-Elektronensystem eingebunden sind. Dies sollte sich über eine Deprotonierung von Imidazoliumsalzen verwirklichen lassen:

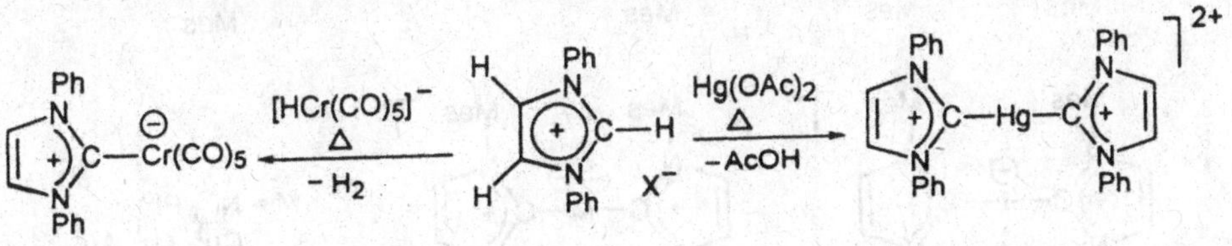

(*Öfele*, 1968)

Wanzlick, 1968

Die auf diesem Wege erzeugten Imidazol-2-ylidene konnten aber von *Wanzlick* und *Öfele* nicht frei, sondern nur als Bausteine von Folgeprodukten, etwa aus Reaktionen mit Metallkomplexfragmenten, gefaßt werden. Erst ein Wiederaufgreifen der Problematik durch *Arduengo* (1991) führte zum Erfolg:

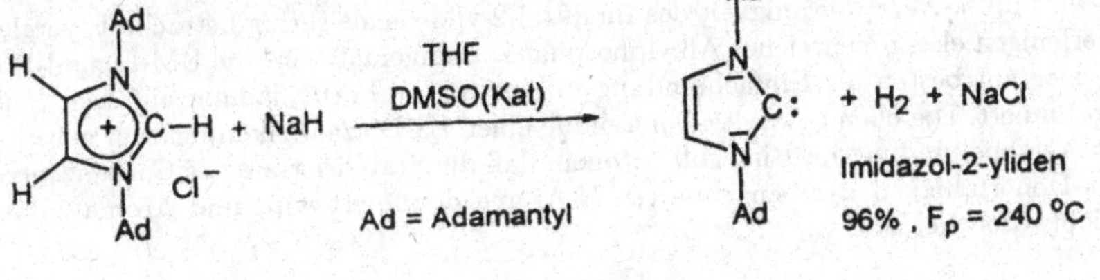

Ad = Adamantyl

Imidazol-2-yliden
96% , F_p = 240 °C

Wie sich bald erwies, ist der sperrige Adamantylrest zwar der kinetischen Stabilisierung dienlich, nicht jedoch für die Isolierbarkeit derartiger N-heterocyclischer Carbene bedingend, denn in der Folgezeit wurden auch zierlicher substituierte Spezies wie das 1,3,4,5-Tetramethyl- und das 1,3-Dimesitylderivat gewonnen. Auch die Forderung nach einem cyclischen 6π-Elektronensystem mußte alsbald aufgegeben werden, denn *Arduengo* (1995) synthetisierte ein thermisch stabiles Carben vom Imidazolin-2-yliden-Typ (Fp. 108 °C), *Wanzlicks* ursprünglichen Vorschlag bestätigend.

Zur thermodynamischen Stabilisierung der N-heterocyclischen Carbene tragen σ- und π-Effeke bei:

Der von den elektronegativen N-Atomen ausgehende –I-Effekt senkt die Energie des σ-Orbitals, welches vom freien Elektronenpaar am Carben–C-Atom besetzt ist, und der +M-Effekt, die π-Wechselwirkung der N-Elektronenpaare mit dem $C(p_z)$-Orbital, schließt die Oktettlücke am Carbenkohlenstoffatom. Es resultiert eine besonders große HOMO/LUMO-Aufspaltung, und die Carbene werden in freiem Zustand handhabbar. So sind *Arduengo*-Carbene als Reagentien zur Synthese von Addukten mit der Mehrzahl der Elemente des Periodensystems eingesetzt worden.

Von der Vielfalt der Möglichkeiten zeugen die folgen *Beispiele*:

Als Zentralatome können sowohl Metalle als auch Nichtmetalle fungieren. Ferner sind Metalle sowohl mit als auch ohne Rückbindungsfähigkeit zur Komplexbildung mit *Arduengo*-Carbenen befähigt.

In der Tat wird die π-Akzeptorfähigkeit des Imidazol-2-ylidens als gering betrachtet, vergleichbar etwa derjenigen elektronenreicher Alkylphosphane. Demgemäß wird die ÜM-Ligand-Wechselwirkung hier am besten als Einfachbindung mit negativer Formalladung auf dem Metallfragment formuliert. Die oben gewählte Darstellung einer 1,3-Diazaallylkonjugation nebst „isolierter" C=C-Doppelbindung im Ring soll betonen, daß die Stabilisierung des Carbenzentrums durch die π-Donorfähigkeit der benachbarten N-Atome dominiert wird und Aromatizität im Fünfring nicht essentiell ist.

Somit hat eine ursprünglich organisch-chemische Fragestellung, die Stabilisierung einer reaktiven Zwischenstufe, eine neuartige Koordinationschemie ausgelöst. Auch Anwendungen der N-heterocyclischen Carbene als Liganden in homogenkatalytisch wirksamen Komplexen werden bereits diskutiert (*Herrmann*, 1997).

Struktur und Bindungsverhältnisse

Die Metall-Carbenbindung kann durch verschiedene Resonanzstrukturen beschrieben werden:

$$\left\{ \underset{\mathbf{a}}{L_n\overset{\ominus}{\underline{M}}-\overset{\oplus}{C}\overset{\overline{X}}{\underset{R}{}}} \longleftrightarrow \underset{\mathbf{b}}{L_nM=C\overset{\overline{X}}{\underset{R}{}}} \longleftrightarrow \underset{\mathbf{c}}{L_n\overset{\oplus}{M}-\overset{\ominus}{C}\overset{\overline{X}}{\underset{R}{}}} \longleftrightarrow \underset{\mathbf{d}}{L_n\overset{\ominus}{M}-C\overset{\overset{\oplus}{X}}{\underset{R}{}}} \right\}$$

Die strukturellen, spektroskopischen und chemischen Eigenschaften der Carbenkomplexe werden durch die jeweilige Gewichtung dieser Grenzstrukturen in der Grundzustandswellenfunktion des Moleküls geprägt. Diese, für alltägliche Diskussionen immer noch gut geeignete Betrachtungsweise wird durch die Tatsache gestützt, daß sich die delokalisierten Molekülorbitale quantenchemischer Rechnungen in lokalisierte Orbitale transformieren lassen, die mehr oder weniger dem Bild des Chemikers von diskreten 2e2c-Bindungen („VB-Strukturen") entsprechen (vergl. *Gordon*, 1991). Im Sinne der klassischen Beschreibung der ÜM⟿E-Mehrfachbindungen (S. 255) skizziert die Grenzstruktur **a** die „σ-Hinbindung" und **b** die „π-Rückbindung". Als zusätzlicher Beitrag ist für Heterocarbene (N, O, S, Hal-substituiert) der π-Beitrag **d** zu berücksichtigen. Die Resonanzstruktur **c** beinhaltet eine um 2 Einheiten höhere Oxidationszahl des Zentralmetalls und die Betrachtung des Liganden nicht als neutrales Carben, sondern als Dianion $C(X)R^{2-}$.

Aus röntgenographischen Untersuchungen verschiedener Carbenkomplexe lassen sich folgende allgemeine **Strukturmerkmale** ableiten:

- Das Atom C(Carben) ist trigonal planar konfiguriert, Hybridisierung etwa sp^2.
- Die Bindung M–C(Carben) ist deutlich kürzer als eine M–C-Einfachbindung, aber länger als die Bindung M–C(CO) in Metallcarbonylen. Hieran läßt sich das Gewicht der Grenzstruktur **b** ermessen ($M(d_\pi)\rightarrow C(p_\pi)$-Beitrag).
- Die Bindung C–X (X = Heteroatom) ist kürzer als eine Einfachbindung. Dies weist auf Beteiligung der Grenzstruktur **d** hin ($C(p_\pi)\leftarrow X(p_\pi)$-Wechselwirkung).

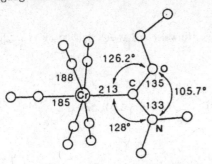

Struktur von $(CO)_5CrC(OEt)NMe_2$.

Die Atome Cr, C, O, N liegen in einer Ebene, die Einheit O–C–N steht bezüglich $Cr(CO)_5$ auf Lücke (*Huttner*, 1972).

Struktur von $(\eta^5\text{-}C_5H_5)_2Ta(CH_2)CH_3$.

Dieser Komplex gestattet einen Vergleich der Bindungsparameter von Fragmenten $M=CH_2$ und $M–CH_3$ in identischer Umgebung (*Schrock*, 1975).

Spektroskopische Eigenschaften

IR $\qquad$ $Cr(CO)_6$: $\nu_{(CO)}$-Streckschwingung (Raman): 2108 cm^{-1}

$(CH_3O)CH_3C{=}Cr(CO)_5$: $\qquad\qquad$ $\nu_{(CO)}$ trans zu Carben: 1953 cm^{-1}

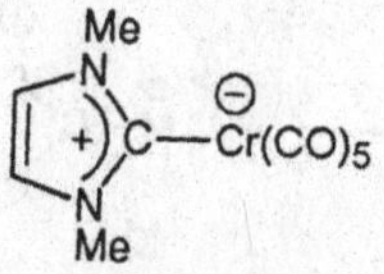

: $\qquad\qquad$ $\nu_{(CO)}$ trans zu Carben: 1927 cm^{-1}

Diese Daten deuten darauf hin, daß Carbene schwächere π-Akzeptoren und/oder bessere σ-Donoren als CO sind. Hiermit in Einklang steht auch das Dipolmoment $\rangle C^{\delta+} \blacktriangleleft Cr^{\delta-}(CO)_5$ von 4 Debye für $(CH_3O)(CH_3)C{=}Cr(CO)_5$, dessen Richtung eine positive Partialladung des Carbenkohlenstoffatoms anzeigt (Grenzstruktur **a**) und hier elektrophile Reaktivität des Carben-C-Atoms erwarten läßt. Besonders gering ist der π-Akzeptorcharakter N–heterocyclischer Carbene (*Herrmann*, 1997).

^{13}C–NMR	δ(ppm)	reagiert als:
$Cp_2(Me)Ta{=}CH_2$	224	Nu
$(t\text{-}BuCH_2)_3Ta{=}C\overset{t\text{-}Bu}{\underset{H}{}}$	250	Nu
$(CO)_5Cr{=}C\overset{N(CH_3)_2}{\underset{H}{}}$	246	El
$(CO)_5Cr{=}C\overset{OCH_3}{\underset{Ph}{}}$	351	El
$(CO)_5Cr{=}C\overset{Ph}{\underset{Ph}{}}$	399	El

Die **^{13}C-NMR**-Signale koordinierter Carben–C-Atome streuen über einen weiten Bereich, wie die Signale organischer Carbeniumionen erscheinen sie bei tiefem Feld (vergl. Ph$_3$C$^+$: δ 212 ppm, Me$_3$C$^+$: δ 336 ppm). Das Paar $(t\text{-}BuCH_2)_3Ta{=}C(t\text{-}Bu)H$ und $(CO)_5Cr{=}C(NMe_2)H$ zeigt, daß eine zuverlässige Herleitung nucleophiler bzw. elektrophiler Reaktivität aus dem ^{13}C-NMR-Spektrum nicht möglich ist.

Die ^{1}H–NMR-Spektroskopie liefert aber eindeutige Hinweise auf M=C- bzw. C=X-Doppelbindungsanteile:

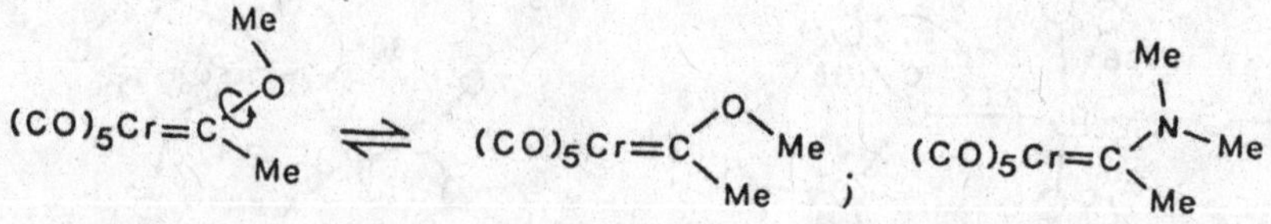

Im kristallinen Zustand liegt der Methoxy-Methyl-Carbenkomplex in der trans-Form vor. In Lösung hingegen sind bei –40 °C die cis- und trans-Form nebeneinander nachweisbar (4 ^{1}H-NMR-Signale). Temperaturerhöhung führt zu paarweiser Koaleszenz der ^{1}H-NMR-Signale, bedingt durch Anregung der Rotation um die C–O-Bindungsachse (E$_a$ = 52 kJ/mol, *Kreiter*, 1969). Die Rotationsbarriere im Dimethylaminokomplex ist höher, so daß bereits bei Raumtemperatur 3 Signale für die nichtäquivalenten Methylgruppen zu beobachten sind.

Besonders torsionsstabil, und daher mit hohem Doppelbindungscharakter versehen, ist die Bindung $M=CR_2$ in Alkylidenkomplexen vom *Schrock*-Typ (S. 317). So bleibt die Inäquivalenz der Methylenprotonen im ^{1}H-NMR-Spektrum von $MeCp(Cp)Ta(\mathbf{CH_2})CH_3$ bis T = 100 °C (Zers.) erhalten, was für die Methylenrotation eine Aktivierungsenthalpie $\Delta G^{\neq} > 90$ kJ/mol nahelegt.

Reaktionen von ÜM-Carben-Komplexen

Die nach den Methoden 1, 2, 7 und 8 dargestellten **Heterocarben-Komplexe** des *Fischer*-Typs sind relativ inert, denn die Koordinationslücke am Carben-C-Atom kann sowohl durch das einsame Elektronenpaar des Heteroatoms X als auch durch M(d)-Elektronen geschlossen werden. Dennoch ist das **Carben-C-Atom** hier noch **elektrophil** (Grenzstruktur **a**, S. 317), es reagiert mit einer Vielzahl von Nucleophilen wie Aminen und Lithiumalkylen unter Bildung anderer Carbenkomplexe.

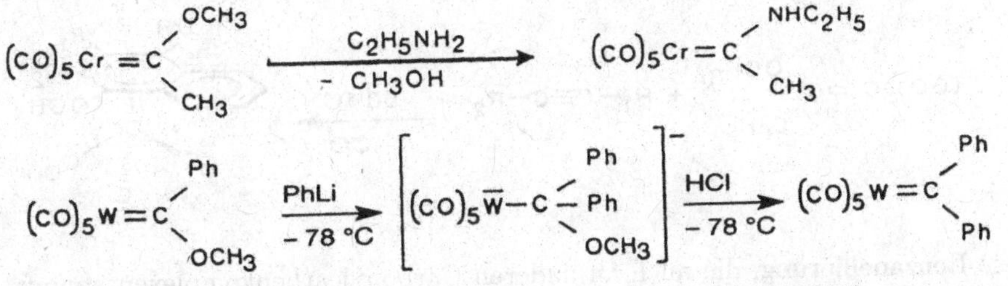

(*Casey*, 1973)

Die CH-Acidität einer benachbarten Methylgruppe ist beträchtlich erhöht, der Carbenligand kann somit das gebildete Carbanion stabilisieren:

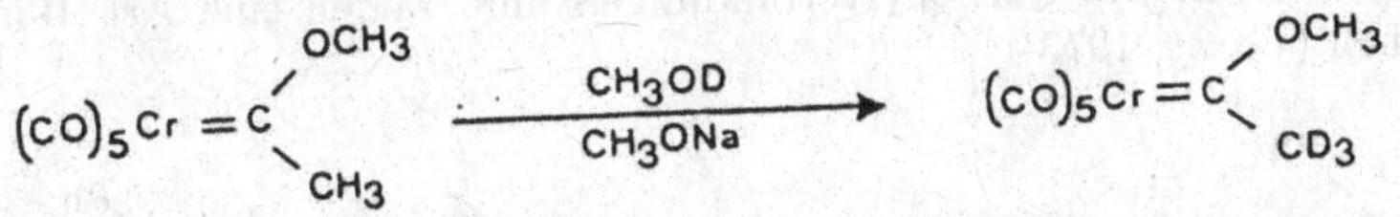

Carbenkomplexe sind im allgemeinen keine guten Quellen für freie Carbene. Einige Komplexe können jedoch als **Carbenüberträger** genutzt werden, so die (in situ erzeugten) kationischen Carbenkomplexe $[CpFe(CH_2)L_2]^+$ (*Brookhart*, 1987):

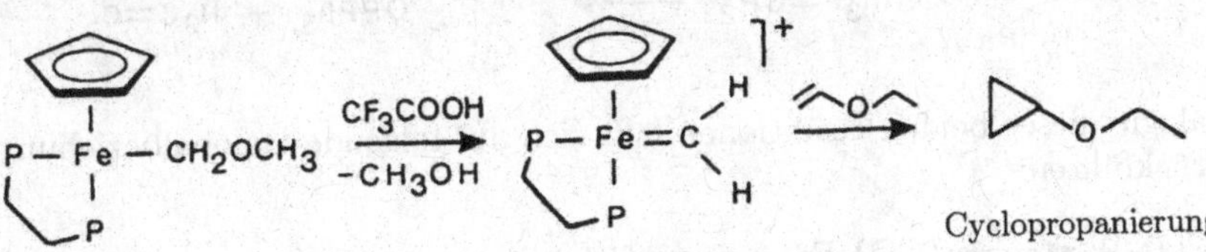

Cyclopropanierung

Hierbei und in anderen Fällen, in denen Carbenfragmente übertragen werden, ist die Beteiligung freier Carbene unwahrscheinlich:

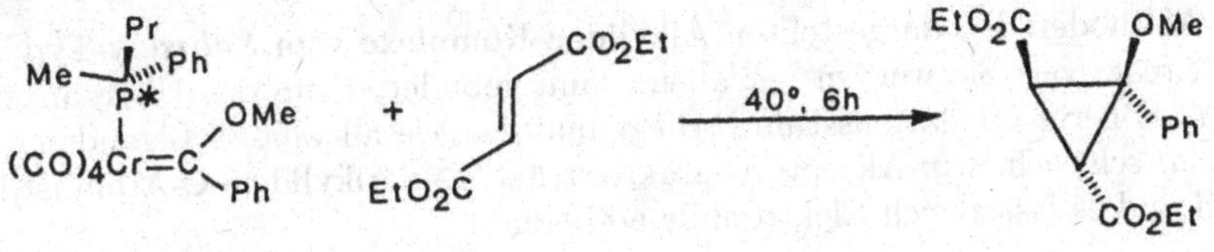

Der chirale Carbenkomplex reagiert mit Fumarsäurediethylester unter Chiralitätstransfer zum optisch aktiven Cyclopropan (*Fischer*, 1973). Bei dieser Reaktion wird vermutlich nach CO-Abspaltung zunächst das Olefin koordiniert und dann eine Metallacyclobutan-Zwischenstufe durchlaufen (vergl. *Chauvin*-Mechanismus, S. 641).

Eine weitere Möglichkeit, Carbenkomplexe für C–C-Verknüpfungen einzusetzen, wird bei der Reaktion mit Alkinen deutlich. Hierbei kann die Bifunktionalität von Carbonylcarbenkomplexen ausgenützt werden. Pentacarbonyl[methoxy(phenyl)carben]chrom reagiert bereits unter milden Bedingungen mit nicht-heteroatomsubstituierten Alkinen zu 4-Methoxy-1-naphtholen, die an Tricarbonylchrom-Fragmente π-gebunden sind (*Dötz*, 1975). Der unsubstituierte Naphtholring und die COCH$_3$-Einheit des zweiten Ringes werden dabei aus dem Carbenliganden gebildet, während die funktionelle Gruppe COH aus einem Carbonylliganden hervorgeht:

Diese **Benzanellierung**, die auch an anderen Carbonylcarbenkomplexen abläuft, ist u.a. für Naturstoffsynthesen eingesetzt worden, so zur Darstellung von Vitaminen der E- und K-Reihe. Zu ihren Vorzügen zählt die bemerkenswerte Chemo-, Regio- und Diastereoselektivität bei hohem Substitutionsgrad am Naphthol (*Dötz*, 1999).

Carbenkomplexe können, wie Carbonylverbindungen, mit Yliden eine Art *Wittig*-Reaktion eingehen (*Casey*, 1973):

vergl.:

Die Analogie dieser beiden Reaktionen läßt sich auf folgende Isolobalbeziehung (S. 552) zurückführen:

$$(CO)_5W \leftarrow_\sigma\rightarrow (CO)_4Fe \leftarrow_\sigma\rightarrow CH_2 \leftarrow_\sigma\rightarrow O$$
$$d^6\text{-}ML_5 \qquad\quad d^8\text{-}ML_4$$

Die nach Methoden 3–5 dargestellten **Alkyliden-Komplexe vom *Schrock*-Typ** sind wesentlich reaktiver. Sie werden vor allem dann gebildet, wenn das Übergangsmetallatom in höherer Oxidationsstufe vorliegt und das Metall weitere Liganden ohne oder mit nur schwachem π-Akzeptorcharakter trägt. Das **Alkyliden–C-Atom** ist hier **nucleophil** und es lassen sich Elektrophile addieren:

$$(Me_3CCH_2)_3Ta=C\overset{H}{\underset{CMe_3}{\diagdown}} \longrightarrow \frac{1}{x}\,[(Me_3CCH_2)_3TaO]_x + \overset{H}{\underset{R}{\diagup}}C=C\overset{CMe_3}{\underset{H}{\diagdown}}$$

$$+$$

$$O=C\overset{R}{\underset{H}{\diagdown}}$$

ÜM-Alkyliden-Komplexe reagieren hier also wie Metall-Ylide:

$$\left\{ Cp_2Ta\overset{CH_3}{\underset{CH_2}{\diagdown}} \longleftrightarrow Cp_2Ta\overset{\oplus\,CH_3}{\underset{\ominus\,\underline{C}H_2}{\diagdown}} \right\} \xrightarrow{Al_2Me_6} Cp_2Ta\overset{\oplus\,CH_3}{\underset{\ominus\,CH_2AlMe_3}{\diagdown}}$$

vergl.: $\left\{ Ph_3P=CH_2 \longleftrightarrow Ph_3\overset{\oplus}{P}-\overset{\ominus}{\underline{C}}H_2 \right\} \xrightarrow{Al_2Me_6} Ph_3\overset{\oplus}{P}-CH_2\overset{\ominus}{Al}Me_3$

Eine präparative Anwendung findet diese Analogie in *Tebbes* Reagens, einer Alternative zu den *Wittig*-Reagenzien (*Grubbs*, 1980):

$$Cp_2TiCl_2 \xrightarrow[\substack{-Me_2AlCl \\ -CH_4}]{\substack{Al_2Me_6 \\ Toluol,\ 20\ °C}} Cp_2Ti\overset{CH_2}{\underset{Cl}{\diagup}}\overset{Me}{\underset{Me}{\diagdown}}Al \xrightarrow[Base]{Ph-C\overset{O}{\underset{OR}{\diagdown}}} Ph-C\overset{CH_2}{\underset{OR}{\diagdown}}$$

Als eigentliches **Methylentransfer-Reagens** ist der Alkyliden-Komplex $Cp_2Ti=CH_2$ zu betrachten, gebildet aus *Tebbes* Reagens durch Abspaltung von Me_2AlCl. Klassische *Wittig*-Reagenzien sind für derartige Methylenierungen von Estern wenig geeignet.

Eine Variante dieses Verfahrens geht von einem Titanacyclobutan aus, welches aus *Tebbes* Reagens und einem Olefin erzeugt wird (*Grubbs*, 1982):

$$Cp_2Ti\overset{}{\underset{Cl}{\diagup}}AlMe_2 \xrightarrow[\substack{Base \\ -Me_2AlCl}]{\overset{Me}{\underset{Pr}{\diagdown}}} Cp_2Ti\overset{Me}{\underset{Pr}{\diagup}} \underset{\substack{-\,\overset{Me}{\underset{Pr}{\diagdown}}}}{\overset{0\,°C}{\rightleftharpoons}} [Cp_2Ti=CH_2]$$

$$\downarrow$$

Folgereaktionen

Das $\overline{\text{TiCCC}}$-Derivat kann, im Gegensatz zum $\overline{\text{TiCAlCl}}$-Reagens, kurzzeitig an Luft gehandhabt werden, sein Einsatz als Methylentransfer-Reagens bedarf **nicht** der Gegenwart von Basen.

Die Verteilung der **Reaktivitätsmuster** „elektrophil" und „nucleophil" über die beiden **Typen von Carbenkomplexen** mag dem Leser paradox erschienen sein: warum besitzen „*Fischer*-Komplexe" $L_nM=C(X)R$ (Zentralmetall in niedriger Oxidationsstufe, X = π-Donor-Substituenten) Carben-C-Atome elektrophiler Reaktivität und „*Schrock*-Komplexe" $L_nM=C(R)R$ (Zentralmetall höherer Oxidationsstufe, R, R' = H, Alkyl ohne π-Donorcharakter) nucleophile

Reaktivität? Die Aufzählung der Faktoren, die letztlich den Charakter des Carben-C-Atoms prägen, zeigt jedoch, daß eine simple Antwort nicht zu erwarten ist; zu berücksichtigen sind neben der Elektronenkonfiguration und Abschirmungscharakteristik am Zentralmetall, die induktiven und konjugativen Effekte der Liganden L und der Substituenten R und X sowie die Gesamtladung des Carbenkomplexes. Hinzu kommt, daß chemische Reaktionen sowohl ladungskontrolliert als auch grenzorbitalkontrolliert ablaufen können, in letzterem Fall ist eine negative Partialladung auf dem Carben-C-Atom nicht unbedingt mit nucleophilem Verhalten gleichzusetzen (*Roper*, 1986).

Als einfache Merkregel ließe sich anführen, daß die elektrophile Natur des Carben-C-Atoms in „*Fischer*-Komplexen" auf dem Zusammenwirken der π-Akzeptorliganden L am Metall und der induktiven Effekte der Heteroatome X am Carbenzentrum basiert, die nucleophile Natur der „*Schrock*-Komplexe" hingegen auf einer starken $M \xrightarrow{\pi} C$(Carben)-Rückbindung und der Abwesenheit von –I-Substituenten am Carben-C-Atom.

Ein heute allgemein anerkannter Deutungsansatz, der auch durch quantenchemische Rechnungen untermauert ist, wurde von *Hall* (1984) gegeben. Demnach werden die beiden Klassen von Carbenkomplexen auf die unterschiedliche Elektronenstruktur der Bausteine zurückgeführt: Metallkomplexfragmente und Carbene im Singulett-Zustand vereinigen sich zu *Fischer*-Komplexen und solche im Triplettzustand bilden *Schrock*-Komplexe.

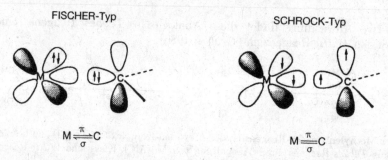

FISCHER-Typ $\qquad$ SCHROCK-Typ

$$M \underset{\sigma}{\overset{\pi}{\rightleftharpoons}} C \qquad\qquad M \overset{\pi}{\underset{\sigma}{=\!=}} C$$

Die M,C-Doppelbindung im *Fischer*-Typ stellt sich somit als Überlagerung zweier entgegengerichteter dativer Wechselwirkungen dar, im *Schrock*-Typ liegen hingegen zwei weitgehend unpolare kovalente Wechselwirkungen vor. Alle Faktoren, die eine Low-spin-Konfiguration am Metall fördern (z.B. π-Akzeptorliganden wie CO) und Singulettcharakter des Carbens begünstigen (z.B. π-Donorsubstituenten wie NR_2 oder OR) erzeugen daher den *Fischer*-Komplextyp. Da die σ-Hinbindung die π-Rückbindung betragsmäßig übertrifft, resultiert insgesamt eine positive Partialladung auf dem Carben-C-Atom und *Fischer*-Komplexe reagieren elektrophil, das Gewicht der „elektrophilen Resonanzstruktur" a (S. 313) dominiert also. Das chemische Verhalten der *Schrock*-Komplexe wäre demgemäß auf eine Dominanz der „nucleophilen Resonanzstruktur" c zurückzuführen. In der Tat ergaben quantenchemische Rechnungen für *Schrock*-Carbenkomplexe (*Gordon*, 1991), daß Resonanzstrukturen, in denen das Carben-C-Atom eine negative Ladung trägt, zu 50% beitragen und die restlichen Resonanzstrukturen ein formal neutrales Carben-C-Atom aufweisen. Dieses Ergebnis rechtfertigt im übrigen *Schrocks* Vorliebe, den Carbenliganden in „seinen" Komplexen als CR_2^{2-} (bei entsprechend erhöhter Metall-Oxidationszahl) zu betrachten.

Natürlich muß die *Fischer/Schrock*-Klassifizierung und ihre Rückführung auf die Natur der Bausteine zu Konflikten führen, wenn Metallkomplexfragmente der einen Sorte mit Carbenen der anderen Sorte gepaart werden (*Beispiel:* $Cp(CO)_2Mn=CMe_2$, eine *Fischer/Schrock*-Kombination). Am besten gibt man daher eine starre Zweiteilung auf und stellt den Zusammenhang zwischen Bindungsverhältnissen und Reaktivität jeweils durch Abwägen der einzelnen Faktoren her.

ÜM–Vinyliden-Komplexe, ÜM–Allenyliden-Komplexe und höhere Metalla-cumulene

Gemeinsames Merkmal dieser Verbindungsklassen ist die ÜM-Koordination eines *ungesättigten Carbens*. Als illustratives Beispiel sei eine C-homologe Reihe angeführt, deren Vertreter *Werner* (2000) synthetisieren konnte (L = *i*-Pr$_3$P):

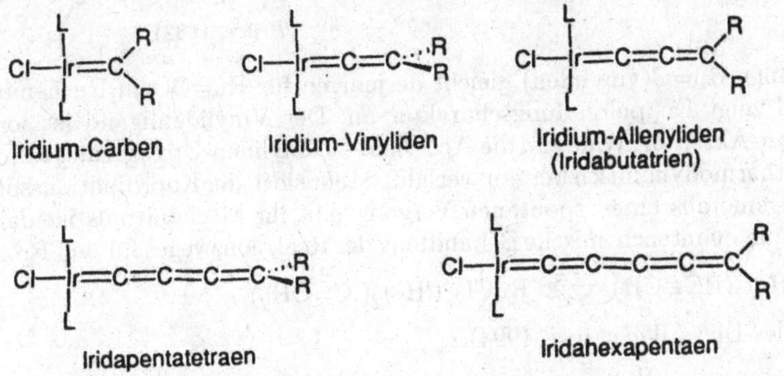

Iridium-Carben   Iridium-Vinyliden   Iridium-Allenyliden (Iridabutatrien)

Iridapentatetraen   Iridahexapentaen

Die hochungesättigten Kohlenstoffketten in diesen Molekülen interessieren sowohl aus synthetischer als auch aus materialwissenschaftlicher Sicht. **Vinyliden**, eine tautomere Form des Acetylens, besitzt in freiem Zustand geringe thermodynamische Stabilität und eine extrem kurze Lebensdauer ($\sim 10^{-10}$ s):

$$\text{H–C} \equiv \text{C–H} \quad \longleftrightarrow \quad \text{:C=CH}_2 \qquad \Delta H = 180 \text{ kJ mol}^{-1}$$

Vinylidene als Liganden in ÜM-Komplexen sind aber seit 1966 bekannt, das freie Elektronenpaar wird in diesen durch Wechselwirkungen mit dem Metall stabilisiert. Angesichts dieser Tautomeriebeziehung überrascht es nicht, daß Darstellungsverfahren für ÜM-Vinylidenkomplexe meist von Alkinderivaten ausgehen, so wie in folgenden *Beispielen* gezeigt:

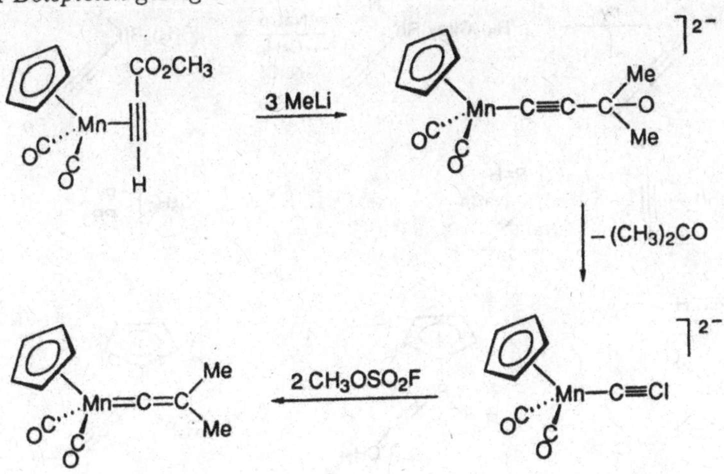

Vinylidenkomplex

(*Berke*, 1980)

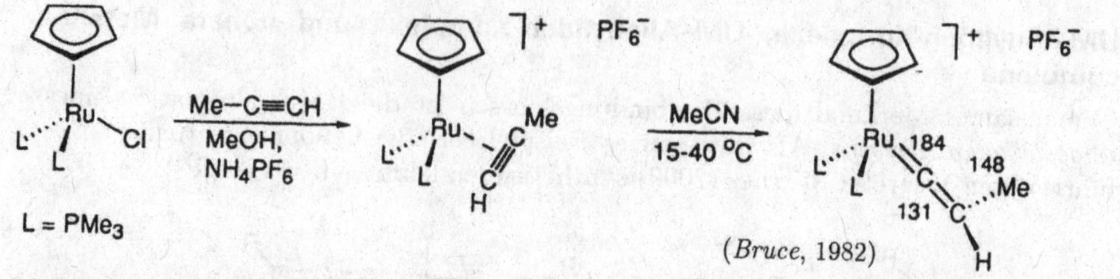

L = PMe₃

(*Bruce*, 1982)

Die Bindungslänge Ru=C(vinyliden) gleicht derjenigen für Ru=CO in Ruthenium-carbonylen und zeigt Doppelbindungscharakter an. Der Vinylidenligand ist somit ein vorzüglicher π-Akzeptor. Während die Acetylen → Vinyliden-Umlagerung für den freien Liganden thermodynamisch bergauf verläuft, stellt sie in der Koordinationssphäre des Übergangsmetalls einen spontanen Vorgang dar, ihr Mechanismus ist daher von Interesse. Eine quantenchemische Behandlung des Reaktionsweges für den Prozeß

$$RuCl_2(PH_3)_2(HC\equiv CH) \longrightarrow RuCl_2(PH_3)_2(:C=CH_2)$$

zeichnet folgendes Bild (*Wakatsuki*, 1994):

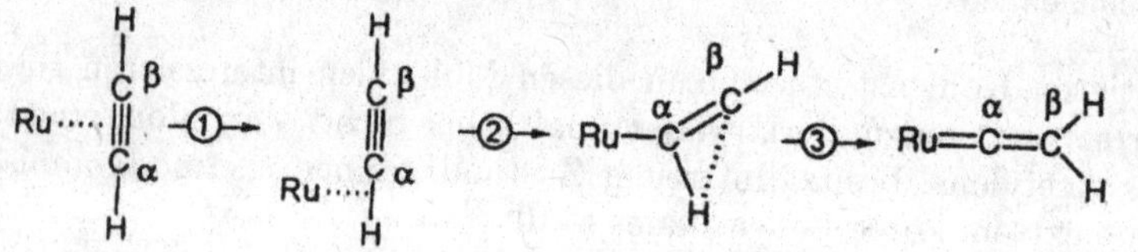

Die Verschiebung ① verwandelt η^2-CC- in η^2-CH-Koordination. In ② korreliert das C_α-H-Bindungselektronenpaar mit der Ru–C_α-σ-Bindung und ein C–C-π-Elektronenpaar mit der C_β–H-σ-Bindung. Gemäß ③ wird die Ru–vinyliden-Bindung durch Ru$\overset{\pi}{\rightarrow}$C-Rückbindung stabilisiert. Wasserstoff wandert auf diesem Weg als Proton. Die Oxidationszahl des Zentralmetalls Ru^{II}(d⁶) bleibt, im Gegensatz zur Alkin → Vinyliden-Umwandlung an M^I(d⁸)-Zentren, erhalten.

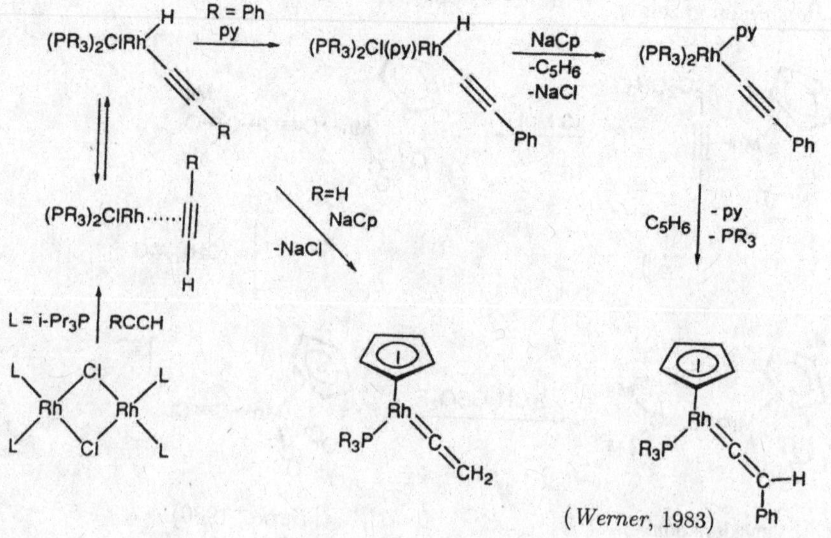

(*Werner*, 1983)

In dieser Reaktionsfolge tritt das Alkin in der Koordinationssphäre des Zentralmetalls Rhodium in drei Formen auf: als η^2-Alkinkomplex, als Alkinylhydrido-Spezies und als Vinylidenkomplex. Die erstmals von *Antonova* (1977) vorgeschlagene Sequenz

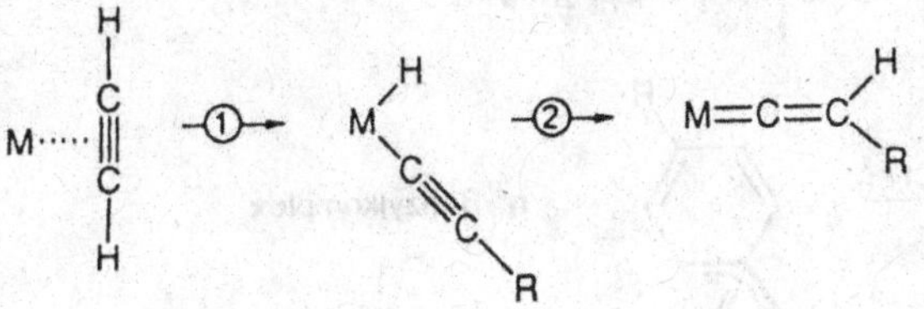

wurde auch für das Zentralmetall Iridium gefunden sowie für die Spezies $[P(CH_2CH_2PPh_2)_3CoL]^+$ (*Bianchini*, 1991). Für den der oxidativen Addition ① $[M^I(d^8) \rightarrow M^{III}(d^6)]$ folgenden Schritt ② wurde eine intramolekulare 1,3-H-Verschiebung und eine bimolekulare H-Übertragung vorgeschlagen. Aufgrund quantenchemischer Rechnungen wird letzterer Alternative die geringere Aktivierungsenergie zugeschrieben (*Wakatsuki*, 1997).

ÜM-Vinylidenkomplexe gehen vielfältige **Folgereaktionen** ein, die hier nur anhand allgemeiner Prinzipien gestreift werden können. Eine frühe quantenchemische Studie (*Fenske*, 1982) schreibt dem C_α-Atom Elektronenmangel, der $M{=}C_\alpha$-Doppelbindung und dem C_β-Atom hingegen Elektronenreichtum zu.

Hieraus läßt sich die Regioselektivität des Angriffs durch Elektrophile und Nucleophile ableiten:

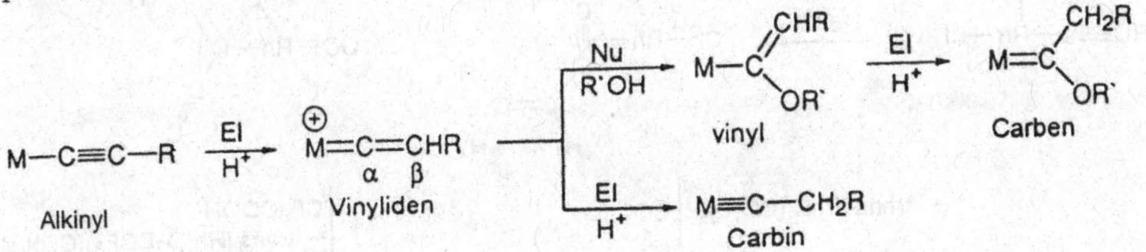

Das Zentralmetall wirkt hier offenbar als Elektronenreservoir und ermöglicht durch Elektronenaufnahme bzw. -abgabe die gezeigten Umwandlungen.

Ein spannendes Kapitel moderner Organometallchemie wurde mit den *Rhodium-induzierten Verknüpfungen von C_2-Einheiten* geschrieben, in denen Vinylidenkomplexe eine Schlüsselrolle spielen (*Werner*, 1993).

Durch geschickte Wahl der Reaktionsbedingungen lassen sich Alkine entweder zu Buteninen oder zu Butatrienen dimerisieren. Entscheidend ist die Reihenfolge der Zugabe von Säure HX und CO:

Vinyliden ($n = 0$) ist der kleinste Vertreter in der Reihe der ungesättigten Carbene :$C(=C)_n=CH_2$, die aufgrund der Häufung von Doppelbindungen auch Cumulenylidene genannt werden. Allenyliden :$C=C=CH_2$, Butatrienyliden :$C=C=C=CH_2$ und die höheren Cumologen besitzen gemäß theoretischer sowie experimenteller Studien höhere Stabilität als der Grundkörper Vinyliden. Dennoch gelangen die ersten Synthesen von Allenylidenkomplexen *Fischer* bzw. *Berke* erst im Jahre 1976. Beide Verfahren sind Vorbilder für die weitere Entwicklung des Gebietes geblieben. Die *Berke*-Methode beginnt wie die Vinylidenkomplex-Synthese (S. 319), um dann aber durch Säurezusatz in eine andere Richtung gelenkt zu werden:

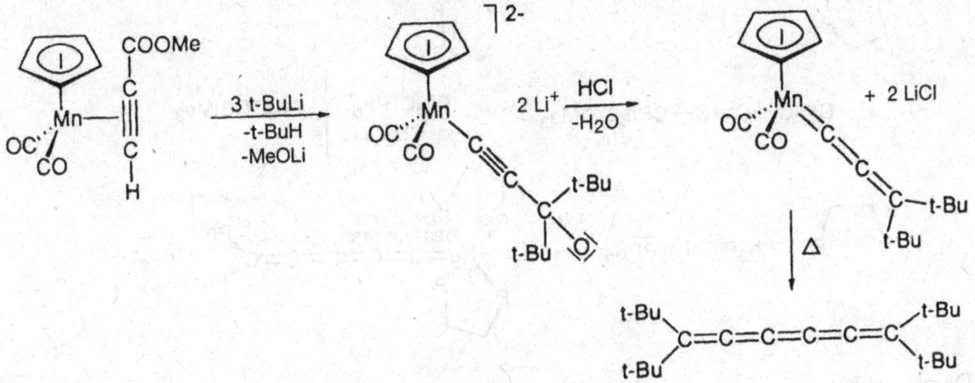

Die wohl universellste Methode zur Synthese von Allenylidenkomplexen beruht auf der Wasserabspaltung aus Hydroxymethylvinylidenliganden, die sich ihrerseits unter H-Verschiebung aus Propargylalkoholen in der Metallkoordinationssphäre bilden:

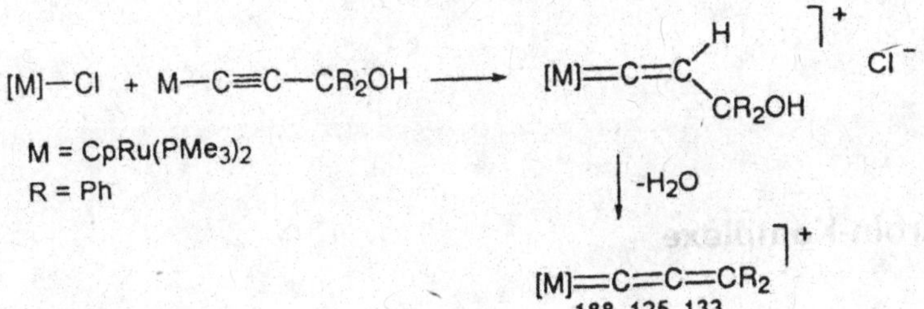

$M = CpRu(PMe_3)_2$
$R = Ph$

(*Selegue*, 1982)

Eine Betrachtung der Bindungsabstände läßt erkennen, daß die Resonanzstruktur **b** mit zentraler C,C-Dreifachbindung beträchtliches Gewicht besitzt:

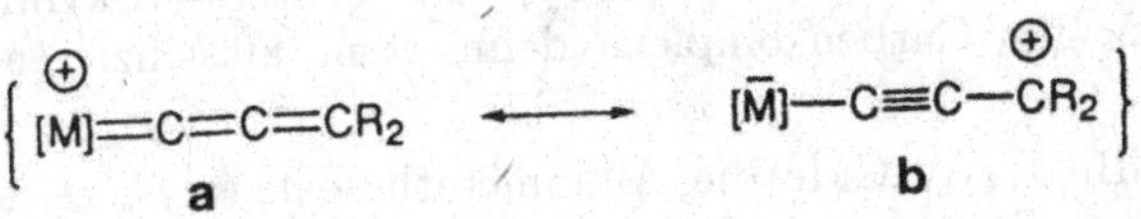

Dies ist in Einklang mit spektroskopischen Befunden, aufgrund derer die π-Akzeptorfähigkeit des Allenylidens geringer ist als die des Vinylidens.

Rekordhalter ist derzeit das metallkoordinierte Pentatetraenyliden, erstmals realisiert durch *Dixneuf* (1994) unter Anwendung des *Selegue*-Prinzips:

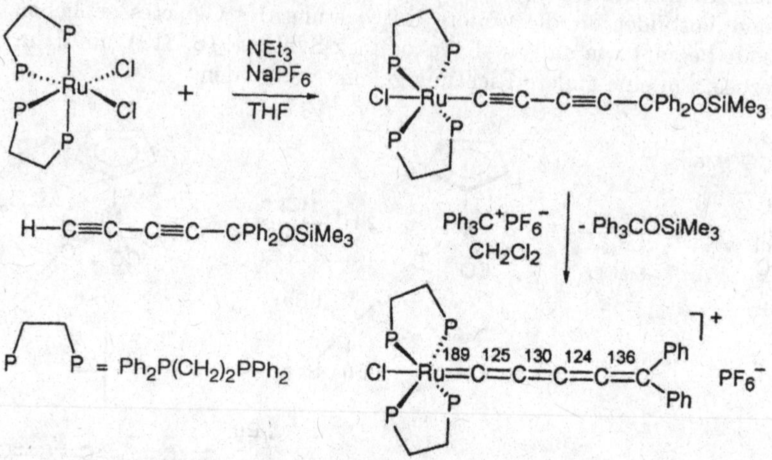

Das Bemühen, immer längere Metallacumulene zu synthetisieren, hat neben der präparativen Herausforderung und dem Erkenntnisgewinn an diesem ungewöhnlichen
Organometallbauprinzip auch einen praktischen Grund:

Metallacumulene des Typs $L_nM=(C=)_mC(NR_2)_2$ besitzen ausgeprägte nicht-linear
optische (NLO) Eigenschaften (*Fischer*, 1998), wobei die SHG (second harmonic
generation)-Effizienz mit der Zahl m der Metallacumulenbausteine zunimmt (zum
NLO-Effekt in der Organometallchemie vergl. S. 487).

14.3 ÜM-Carbin-Komplexe

Der Synthese des ersten Carbenkomplexes mit dem Strukturelemente M=C< folgte
neun Jahre später die Erschließung der Carbinkomplexe, mit der Funktionalität
M≡C– (*Fischer*, 1973).

Obgleich die Unterschiede weniger deutlich ausgeprägt sind als für Carbenkomplexe,
spricht man auch bei Carbinkomplexen vom *Fischer*-Typ bzw. *Schrock*-(Alkylidin-)
Typ mit den entsprechenden, für Carbenkomplexe definierten, klassifizierenden
Merkmalen.

Nachdem die Verbindung $(t\text{-BuO})_3W\equiv CMe$ die Alkinmetathese katalysiert, sind
auch Carbinkomplexe längst dem Stadium von Laborkuriositäten entwachsen (Kap.
18.10.2). Carbinkomplexe spielen ferner eine Rolle in der organischen Synthese und
der Darstellung von Organometallclustern (Kap. 16.5).

Darstellung

1. Die ersten Beispiele dieser Verbindungsklasse entstanden in unerwarteter Reaktion (*Fischer*, 1973):

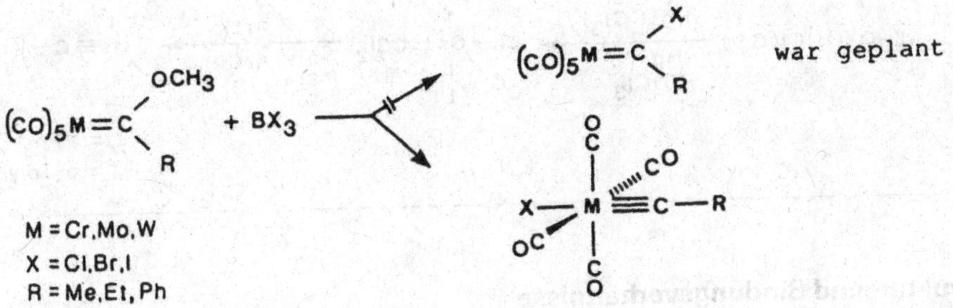

$$(CO)_5M=C\begin{smallmatrix}OCH_3\\R\end{smallmatrix} + BX_3 \longrightarrow$$

war geplant

M = Cr, Mo, W
X = Cl, Br, I
R = Me, Et, Ph

Hierbei wird immer die zum Carbenliganden **trans**-ständige CO-Gruppe substituiert. Dies ist bereits ein Hinweis auf den außerordentlich hohen, den CO-Liganden übertreffenden π-Akzeptorcharakter des Carbinliganden.

2. Ein anderer Weg, der wiederum nur bei den frühen Übergangsmetallen in hoher Oxidationsstufe möglich ist, ist die **α-Deprotonierung** eines Carbenliganden (*Schrock*, 1978):

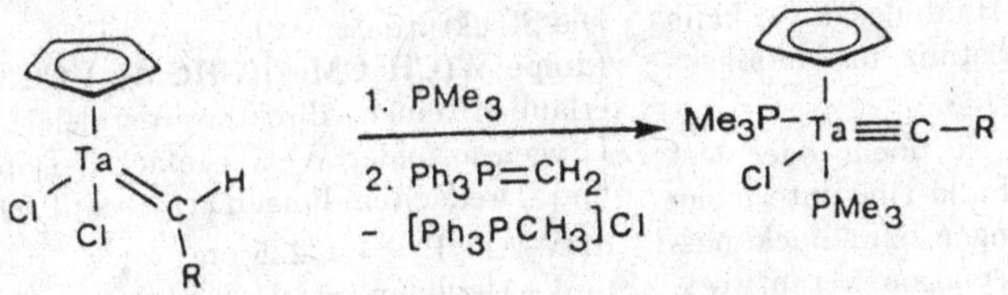

1. PMe₃
2. Ph₃P=CH₂
− [Ph₃PCH₃]Cl

Eine verwandte Reaktion ist die **α-H-Eliminierung**, bei der das α-Wasserstoffatom vom Alkylidenkohlenstoff zum Metall wandert (*Schrock*, 1980):

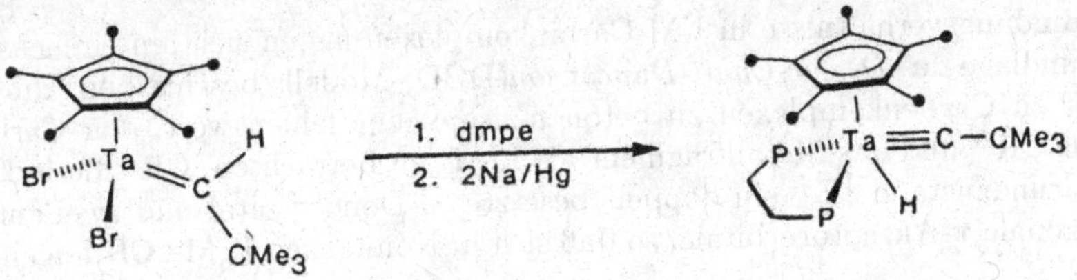

1. dmpe
2. 2 Na/Hg

3. ÜM–Alkylidin-Komplexe lassen sich auch in einer Metathesereaktion aus Hexa-(*t*-butoxy)diwolfram und Alkinen unter milden Bedingungen darstellen (*Schrock*, 1982):

$$(t\text{-BuO})_3W\equiv W(t\text{-BuO})_3 + RC\equiv CR \longrightarrow 2\ (t\text{-BuO})_3W\equiv C-R$$

R = alkyl

4. Eine weitere Möglichkeit ist die Umsetzung eines reaktiven Dichlorocarbenkomplexes mit Lithiumorganylen (*Roper*, 1980):

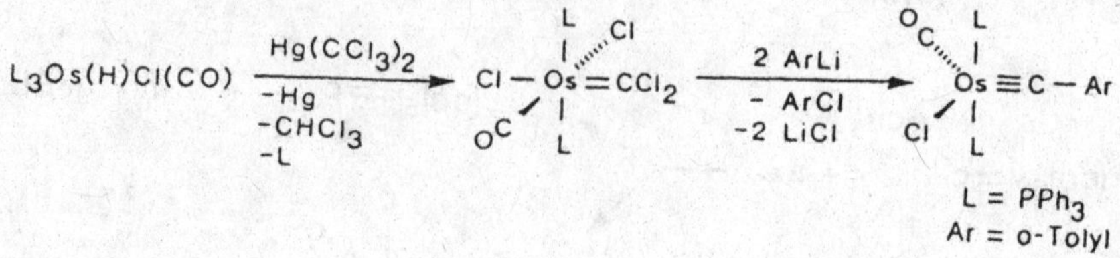

$$L_3Os(H)Cl(CO) \xrightarrow[\substack{-Hg \\ -CHCl_3 \\ -L}]{Hg(CCl_3)_2} Cl-\underset{\underset{L}{|}}{\overset{\overset{L}{|}}{\underset{OC}{Os}}}\!\!\!\overset{Cl}{=}CCl_2 \xrightarrow[\substack{-ArCl \\ -2\ LiCl}]{2\ ArLi} \underset{\underset{L}{|}}{\overset{\overset{OC}{\diagdown}}{\underset{Cl}{Os}}}\equiv C-Ar$$

$$L = PPh_3$$
$$Ar = o\text{-Tolyl}$$

Struktur- und Bindungsverhältnisse

$$Cr-C-Me \sim 180°$$

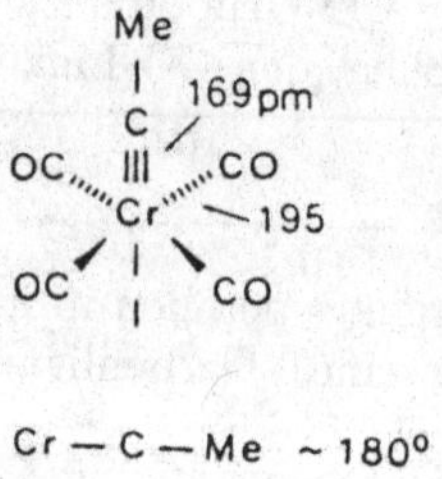

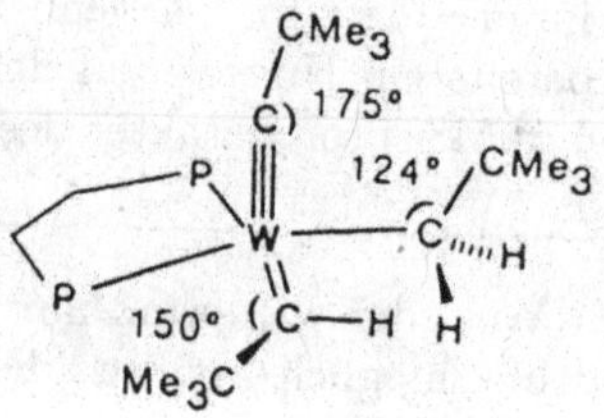

Die ÜM–C(Carbin)-Bindungslänge kann die entsprechende Distanz in Metallcarbonylen unterschreiten.

Die Achse M≡C–R ist linear oder fast linear, in letzterem Falle sind intermolekulare Wechselwirkungen bzw. Packungseffekte für die Deformation verantwortlich.

Die Strukturdaten von
(dmpe)W(CH$_2$CMe$_3$)(CHCMe$_3$)(CCMe$_3$)
erlauben einen direkten Vergleich der Längen formaler W–C–Einfach-, -Doppel- und -Dreifachbindungen (*Churchill*, 1979):
d(W–Alkyl)   = 225 pm
d(W–Alkyliden) = 194 pm
d(W–Alkylidin) = 178 pm.

Auch die Bindungsverhältnisse in ÜM-Carbinkomplexen lassen sich am einfachsten auf der Grundlage des *Dewar-Chatt-Duncanson*(DCD)-Modells beschreiben. Um die Ähnlichkeit zu Carbenkomplexen zu betonen, ist es empfehlenswert, den Carbinliganden als CR$^+$ und das Metallfragment als L$_n$M$^-$ zu betrachten. CR$^+$ besitzt im Singulett-Grundzustand $^1\Sigma^+$ ein doppelt besetztes σ-Donororbital und zwei entartete, orthogonale π-Akzeptororbitale, so daß sich in Komplexen L$_n$M≡CR folgendes Bild ergibt:

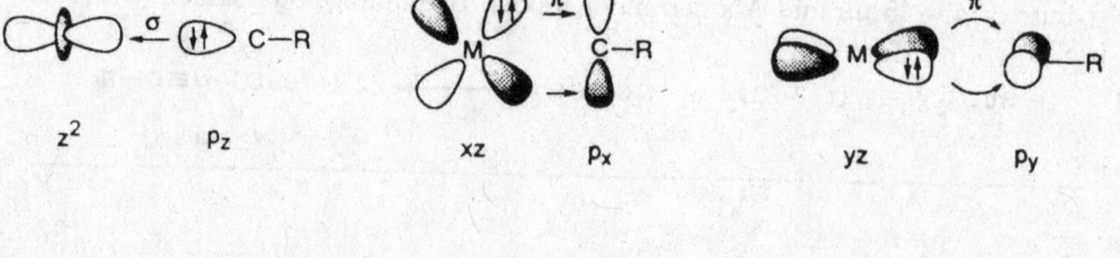

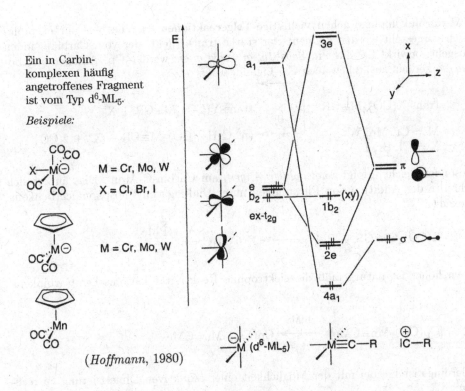

Ein in Carbin-
komplexen häufig
angetroffenes Fragment
ist vom Typ d^6-ML$_5$.

Beispiele:

M = Cr, Mo, W

X = Cl, Br, I

M = Cr, Mo, W

(*Hoffmann*, 1980)

Gezeigt ist hier ein qualitatives MO-Diagramm, erstellt nach dem **Fragmentorbital-ansatz**, in welchem Molekülorbitale eines Übergangsmetallkomplexes durch Wechsel-wirkung bekannter oder leicht zugänglicher Valenz-Molekülorbitale entsprechender Fragmente erzeugt werden (*Hoffmann*, 1975). Die Wahl der Fragmente L$_n$M$^-$ und |C–R$^+$($^1\Sigma^+$) im vorliegenden Fall ist durch Zweckmäßigkeitserwägungen geprägt (Vermeidung radikalischer „Bausteine" sowie unrealistischer Ladungstrennung). Die Wahl L$_n$M^{3+} und |C̲–R^{3-}, welche die Definition der *Schrock*-Carbinkomplexe wider-spiegelt, würde im Fragmentorbitalansatz zum gleichen Ergebnis führen. Keinesfalls besitzen „*Schrock*-Carbinkomplexe" aber die durch diese extreme Elektronenvertei-lung über die Fragmente suggerierte hohe positive Partialladung auf dem Zentral-metall!

In der Tat liefern quantenchemische Rechnungen recht ähnliche Elektronendichte-verteilungen für die beiden Klassen von Carbinkomplexen, die M,C-Dreifachbin-dung weist die Partialladungen L$_n$M$^{\delta+}$◄$^{\delta-}$CR auf, wobei die Polarität für *Schrock*-Komplexe sogar geringer ist als für *Fischer*-Komplexe. Daher ist vorgeschlagen wor-den, in der Diskussion von *Schrock*-Carbinkomplexen von einem neutralen Liganden ·C̲–R ($^4\Sigma^-$) auszugehen, der hierbei, wie für *Schrock*-Carbenkomplexe, im angereg-ten High-spin-Zustand formuliert wird (*Frenking*, 1998). Die Wechselwirkung mit einem Metallfragment L$_n$M, ebenfalls im Quartettzustand, führt dann zu einer kova-lenten M≡C-Dreifachbindung mit weitgehend ausgeglichener Ladungsverteilung.

ÜM-Carbinkomplexe gehen vielfältige **Folgereaktionen** ein, die hier nur exemplarisch vorgestellt werden können: Der starke trans-Effekt, der vom Carbinliganden ausgeht, bewirkt Labilität in *Substitutionsreaktionen*; werden Cp^--Anionen angeboten, so können zusätzlich auch CO-Liganden austreten:

$$\text{trans-}X(CO)_4M\equiv CR \begin{array}{c} \xrightarrow{\;Y^-\;} \text{trans-}Y(CO)_4M\equiv CR + X^- \\[1ex] \xrightarrow[C_5H_5^-]{} (\eta^5\text{-}C_5H_5)(CO)_2M\equiv CR + X^- + 2\,CO \end{array}$$

$$M = Cr, Mo, W$$
$$X = Cl, Br, I$$

Besonders leicht erfolgt *nucleophiler Angriff* am Carbin-C-Atom. Dies äußert sich schon in der Addition von Phosphanen unter Bildung von Phosphoniocarbenkomplexen:

$$X(CO)_4Cr\equiv CR + PMe_3 \longrightarrow X(CO)_4\overset{\ominus}{Cr}=C\overset{\displaystyle\overset{\oplus}{PMe_3}}{\underset{R}{\diagup\diagdown}}$$

Noch höher ist naturgemäß die elektrophile Reaktivität kationischer Carbinkomplexe:

$$[Cp(CO)_2Mn\equiv CMe]^+ \xrightarrow[-Li^+]{\;LiMe\;} Cp(CO)_2Mn=CMe_2$$

Allerdings ist hierbei mit der Möglichkeit einer reduktiven Dimerisierung zu rechnen:

$$[(CO)_5Cr\equiv CNEt_2]^+ \xrightarrow[\substack{-Na^+ \\ -Me_2P-PMe_2}]{NaPMe_2} (CO)_5Cr=C\overset{\displaystyle NEt_2}{\underset{\displaystyle Et_2N}{\diagup\diagdown}}C=Cr(CO)_5$$

Die Elektrophilie des Carbin-C-Atoms ist hier durch den +M-Effekt des Amidsubstituenten gedämpft.

Baseninduzierte *C–C-Verknüpfungen* können auch zu Ketenylkomplexen führen:

$$Cp(CO)_2Mo\equiv C-Ph \xrightarrow{\;PMe_3\;} Cp(CO)(PMe_3)_2Mo-C\overset{\displaystyle C=O}{\underset{\displaystyle Ph}{\diagup\diagdown}}$$

An dieser Stelle erwächst die Frage nach der intermolekularen *Übertragbarkeit von Carbinliganden*. Beispiele hierzu sind dünn gesät:

$$X(CO)_4Mo\equiv CR \xrightarrow{\;Co_2(CO)_8\;} (CO)_9Co_3(\mu_3\text{-}CR) \;+\; (CO)_6Co_2(\mu_2\text{-}RC\equiv CR)$$

| Tricobaltalkyl-idin–Cluster (Kap. 16) | Alkin-π-Komplex (Kap. 15.2) |

Man erkennt, daß das Carbin in obigen Produkten seine Metall-Ligand-Mehrfachbindungscharakteristik verloren hat. So bindet der μ_3-Alkyliden-Baustein im Cluster jeweils mit Einfachbindungen an drei Metalle. Schließlich werden auch *elektrophile Additionen an die* $M \equiv C$-*Dreifachbindung* beobachtet. Bereits beim Angriff des Protons als einfachstem Elektrophil sind die Verhältnisse kompliziert, da, je nachdem ob Grenzorbitalkontrolle oder Ladungskontrolle vorherrscht, Hydridocarbin-komplexkationen oder Carbenkomplexe gebildet werden, allgemein formuliert:

$$
L_nM \equiv C-R \quad
\begin{cases}
\xrightarrow[-X^-]{HX} & \left[L_nM \equiv C-R \atop \overset{|}{\overset{\displaystyle H}{}} \right]^+ \\[2em]
\xrightarrow[-L]{HX} & L_{n-1}(X)M = C\underset{R}{\overset{H}{<}}
\end{cases}
$$

Für beide Varianten sind Beispiele bekannt.

Werden anstelle von Protonen Metallkationen als Elektrophile angeboten, so können Mehrkernkomplexe entstehen:

$$
Cl(CO)(PPh_3)_2Os \equiv C\text{–}Tol + AgCl \longrightarrow Cl(CO)(PPh_3)_2Os = C\text{–}Tol \overset{\displaystyle Cl}{\underset{}{\overset{|}{\underset{\diagdown}{Ag}}}}
$$

Dieses Prinzip wurde im Laboratorium von *Stone* zu einem der wenigen rationellen Ansätze der Clustersynthese ausgebaut (Kap. 16.5).

Das Panoptikum der vorgestellten Reaktionen zeigt, daß die $M \equiv C$-Dreifachbindung in Carbinkomplexen ein außerordentlich vielseitiges Strukturelement für Folgeprozesse darstellt, über Einzelheiten berichtet zusammenfassend *Kreissl* (1988). Die aus dem Blickwinkel der Praxis wichtige Rolle von ÜM-Carbinkomplexen in der Alkinmetathese wird in Kap. 18.10.2 beleuchtet.

ÜM-Carbido-Komplexe: C⁻ als ultimativer metallorganischer Ligand

Carbidokomplexe, in denen das Kohlenstoffatom Koordinationszahlen von zwei und höher aufweist, sind in beträchtlicher Zahl bekannt, in ÜM-Carbonylcarbidoclustern zeigt der Kohlenstoff sogar seine Bereitschaft, fünf- und sechsfach metallkoordiniert aufzutreten (S. 249). Die entgegengesetzte Situation, Kohlenstoff als terminaler Ligand der Koordinationszahl eins, konnte erst kürzlich von *Cummins* (1997) verwirklicht werden.

Die Wahl des geeigneten Systems fußte auf der isoelektronischen Natur des Carbidions C⁻ mit dem N-Atom. Demnach sollte ein stabiler terminaler Nitridokomplex als Vorbild für einen zu synthetisierenden Carbidokomplex dienen, ein solches Modell ist in der Verbindung $[Ar(R)N]_3Mo \equiv N$: gegeben. Folgendes Vorgehen führte zum Ziel:

Somit beenden wir unsere Behandlung der ÜM–C-Mehrfachbindungen mit dem einfachsten denkbaren Fall, dem eines nackten, metallkoordinierten Kohlenstoffatoms, entstanden durch Deprotonierung eines Carbinkomplexes.

14.4 Metallcarbonyle

Übergangsmetallcarbonyle gehören zu den ältesten bekannten metallorganischen Verbindungen. Sie sind häufig eingesetzte Ausgangssubstanzen zur Synthese weiterer niedrigvalenter Metallkomplexe, vor allem auch von Metallclustern (Kap. 16). So kann der Carbonylligand nicht nur gegen eine große Anzahl anderer Liganden ausgetauscht werden (Lewis-Basen, Olefine, Arene), sondern die verbleibenden CO-Gruppen stabilisieren das Molekül gegenüber Oxidation oder thermischer Zersetzung. Metallcarbonylderivate spielen außerdem eine wichtige Rolle als Zwischenprodukte homogenkatalytischer Cyclen (Kap. 17).

Ferner sind Carbonylgruppen nützliche Sonden zur Ermittlung der elektronischen und molekularen Struktur einer Verbindung.

Neutrale binäre Metallcarbonyle

4	5	6	7	8	9	10	11
Ti	$V(CO)_6$	$Cr(CO)_6$	$Mn_2(CO)_{10}$	$Fe(CO)_5$ $Fe_2(CO)_9$ $Fe_3(CO)_{12}$	$Co_2(CO)_8$ $Co_4(CO)_{12}$ $Co_6(CO)_{16}$ $Rh_2(CO)_8$	$Ni(CO)_4$	Cu
Zr	Nb	$Mo(CO)_6$	$Tc_2(CO)_{10}$ $Tc_3(CO)_{12}$	$Ru(CO)_5$ $Ru_3(CO)_{12}$ $Os(CO)_5$	$Rh_4(CO)_{12}$ $Rh_6(CO)_{16}$	Pd	Ag
Hf	Ta	$W(CO)_6$	$Re_2(CO)_{10}$	$Os_3(CO)_{12}$ $Os_6(CO)_{18}$	$Ir_4(CO)_{12}$ $Ir_6(CO)_{16}$	Pt	Au

Neutrale binäre Carbonylkomplexe von Pd, Pt, Cu, Ag, Au wurden nur in Matrix-isolation bei tiefer Temperatur beobachtet (*Ozin*, 1976).

Kationische Metallcarbonyle sind vor allem eine Domäne der späten Übergangsmetalle (Gruppen 9–12), als „nichtklassische Metallcarbonyle von Cu^I, Ag^I, Au^I" wurden neuere Vertreter dieser Klasse bereits vorgestellt (S. 251). **Anionische Metallcarbonyle** haben eine weite Verbreitung über die d-Block-Elemente, ihnen gilt unser Augenmerk in Kap. 14.4.5.

14.4.1 Darstellung, Struktur und Eigenschaften

1. Metall + CO

$$Ni + 4\,CO \xrightarrow[\text{1 bar, 25 °C}]{} Ni(CO)_4$$

$$Fe + 5\,CO \xrightarrow[\text{100 bar, 150 °C}]{} Fe(CO)_5$$

Reines Eisen (ohne Oxidschicht) reagiert mit CO bereits bei Raumtemperatur/1 bar CO

2. Metallverbindung + Reduktionsmittel + CO

$$TiCl_4\!\cdot\!DME + 6\,CO \xrightarrow[\text{15-Krone-5}]{K|C_{10}H_8} 2[K(15\text{–Krone–}5)_2]^+ + [Ti(CO)_6]^{2-}$$

$$VCl_3 + 3\,Na + 6\,CO \xrightarrow[\text{300 bar}]{\text{diglyme}} [Na(diglyme)_2]^+ + [V(CO)_6]^- \xrightarrow[^{1/2}\,H_2]{H_3PO_4} V(CO)_6$$

$$CrCl_3 + Al + 6\,CO \xrightarrow[\text{140 °C, 300 bar}]{C_6H_6,\ AlCl_3} Cr(CO)_6 + AlCl_3$$

$$WCl_6 + 2\,Et_3Al + 6\,CO \xrightarrow[\text{70 bar}]{C_6H_6,\ 50\,°C} W(CO)_6 + 3\,C_4H_{10}$$

$$2\,Mn(OAc)_2 + 10\,CO \xrightarrow[(i\text{-Pr})_2O]{AlEt_3} Mn_2(CO)_{10} + C_4H_{10}$$

$$Re_2O_7 + 17\,CO \longrightarrow Re_2(CO)_{10} + 7\,CO_2$$

$$Ru(acac)_3 \xrightarrow[\text{300 bar, 130 °C}]{CO,\ H_2} Ru_3(CO)_{12}$$

$$2\,CoCO_3 + 2\,H_2 + 8\,CO \xrightarrow[\text{300 bar, 130 °C}]{} Co_2(CO)_8 + 2\,CO_2 + 2\,H_2O$$

3. Weitere Methoden

$$2\,Fe(CO)_5 \xrightarrow{CH_3COOH,\ h\nu} Fe_2(CO)_9 + CO$$

$$3\,Fe(CO)_5 \xrightarrow[-6\,HCO_3^-]{6\,OH^-} 3\,[HFe(CO)_4]^- \xrightarrow[-3\,OH^-,\ -3\,MnO]{3\,MnO_2} Fe_3(CO)_{12}$$

$$Fe(CO)_5 + XeF_2 + CO + 2\,BF_3 \longrightarrow [Fe(CO)_6]^{2+} + 2\,BF_4^- + Xe$$

Physikalische Eigenschaften einiger Metallcarbonyle

Verbindung	Farbe	Fp.(°C)	Symmetrie	IR ν_{CO} (cm^{-1})		Sonstiges
$V(CO)_6$	schwarz-grün	70(d)	O_h	1976		Paramagnetisch, S=1/2
$Cr(CO)_6$	weiß	130(d)	O_h	2000		$d(Cr–C) = 192$ pm $\Delta_o = 32'200$ cm^{-1}
$Mo(CO)_6$	weiß	– (subl)	O_h	2004		$d(Mo–C) = 206$ pm $\Delta_o = 32'150$ cm^{-1}
$W(CO)_6$	weiß	– (subl)	O_h	1998		$d(W–C) = 207$ pm $\Delta_o = 32'200$ cm^{-1}
$Mn_2(CO)_{10}$	gelb	154	D_{4d}	2044(m) 2013(s) 1983 (m)		$d(Mn–Mn) = 293$ pm
$Tc_2(CO)_{10}$	weiß	177	D_{4d}	2065(m) 2017(s) 1984(m)		
$Re_2(CO)_{10}$	weiß	177	D_{4d}	2070(m) 2014(s) 1976 (m)		
$Fe(CO)_5$	gelb	-20	D_{3h}	2034(s) 2013(vs)		Kp.: 103 °C, sehr giftig $d(Fe–C_{ax}) = 181$ pm $d(Fe–C_{eq}) = 183$ pm
$Ru(CO)_5$	farblos	–22	D_{3h}	2035(s) 1999(vs)		Instabil; bildet $Ru_3(CO)_{12}$
$Os(CO)_5$	farblos	–15	D_{3h}	2034(s) 1991(vs)		Sehr instabil; bildet $Os_3(CO)_{12}$
$Fe_2(CO)_9$	gold-gelb	d	D_{3h}	2082(m) 2019(2) 1829(s)		$d(Fe–Fe) = 246$ pm
$Co_2(CO)_8$	orange-rot	51(d)	C_{2v} (fest)			$d(Co–Co) = 254$ pm
			D_{3d} (Lösung)	2112 2071 2059 2044 2031 2001 1886 1857	2107 2069 2042 2031 2023 1991	
$Ni(CO)_4$	farblos	–25	T_d	2057		Kp.: 34 °C, sehr giftig $d(Ni–C) = 184$ pm zerfällt leicht in Ni und 4 CO

Strukturen binärer Metallcarbonyle

$$Rh_6(CO)_{16} = Rh_6(CO)_{12}(\mu^3\text{-}CO)_4$$

14.4.2 Varianten der CO-Verbrückung

Die drei wichtigsten Koordinationsformen des CO-Liganden sind:

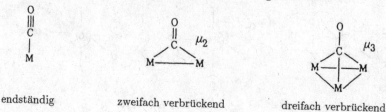

endständig   zweifach verbrückend   dreifach verbrückend

Zweifach verbrückende Carbonylgruppen kommen recht häufig vor, besonders in mehrkernigen Clustern; sie erscheinen zuweilen gemeinsam mit Metall–Metall-Bindungen:

CO-Brücken treten oft paarweise auf und können im dynamischen Gleichgewicht mit nicht-verbrückten Formen stehen. So ist Dicobaltoctacarbonyl in Lösung ein Gemisch mindestens zweier Isomerer:

Größere Metalle bevorzugen die unverbrückte Form (vergl. etwa die Strukturen von $Fe_2(CO)_9$, $Os_2(CO)_9$ oder $Fe_3(CO)_{12}$, $Os_3(CO)_{12}$). Vermutlich sind im Falle großer Metallatome der Bindungsabstand M–M und der Winkel M–C–M einer CO-Brücke nicht kompatibel.

Die Frage nach der Anwesenheit von **Metall–Metall-Bindungen** in Mehrkernkomplexen mit CO-Brücken ist subtiler Natur, denn die drei häufig angeführten Kriterien für das Vorliegen einer direkten M–M-Wechselwirkung (18VE-Regel, Bindungslänge, Magnetismus) halten einer genaueren Überprüfung nicht stand: Die 18VE-Regel kann keine Aussagen über einen Bindungstyp machen; ein M–M-Abstand, der dem Wert im Metallgitter entspricht, ist kein Beweis für eine kovalente Paarwechselwirkung; Diamagnetismus eines Materials aus offenschaligen Bausteinen kann auch durch antiferromagnetische Kopplung entstehen. So hilft bei der Beurteilung nur eine quantenchemische Behandlung weiter, als deren Ergebnis die Besetzungs-

zahlen bindender und antibindender Orbitale und die Überlappungspopulationen im interessierenden Bindungsbereich M···M erhalten werden. Einem besonders gründlichen theoretischen
Studium wurde Dieisennonacarbonyl unterzogen, die Arbeit von *Schaefer* III (1998) enthält
auch die einschlägigen Zitate zur Problemgeschichte. Demnach wird für $Fe_2(CO)_9$ das Vorliegen einer direkten Fe–Fe-Bindung verneint, und entscheidend für den Zusammenhalt sind die
Fe–(μ-CO)–Fe-Wechselwirkungen.

So kann man $Fe_2(CO)_9$ formal aus zwei Fragmenten $Fe(CO)_3$ und einer verbrückenden (μ-
CO)$_3$-Einheit aufbauen.

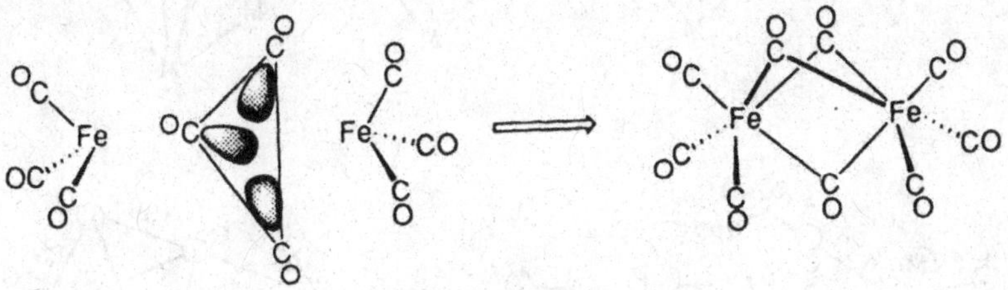

Die Wechselwirkung der beiden $Fe(CO)_3$-Fragmente ist gemäß Rechnung sogar schwach antibindend, die Fe–Fe-Überlappungspopulation ist negativ. Eine Bindung bewirkt erst die Wechselwirkung der beiden $Fe(CO)_3$-Fragmente mit der (μ-CO)$_3$-Einheit: Linearkombinationen der
C-zentrierten (μ-CO)-Elektronenpaare wirken als Donoren in Akzeptororbitale der $Fe(CO)_3$-
Fragmente, und LCAOs der π*(μ-CO)-Orbitale fungieren als Akzeptororbitale in der
$Fe(CO)_3$-(μ-CO)$_3$-Bindung. Eine direkte Fe–Fe-Wechselwirkung ist somit nicht erforderlich,
sie scheint der Molekülbildung sogar entgegenzuwirken (*Baerends*, 1991).

Neben der symmetrischen Brücke wird gelegentlich auch eine unsymmetrische **halbverbrückende (semibridging)** Variante angetroffen. Sie ist als Übergangsform zwischen terminalem und verbrückendem CO aufzufassen:

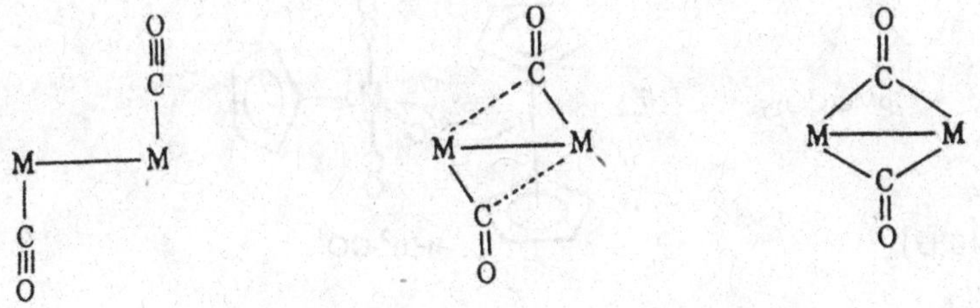

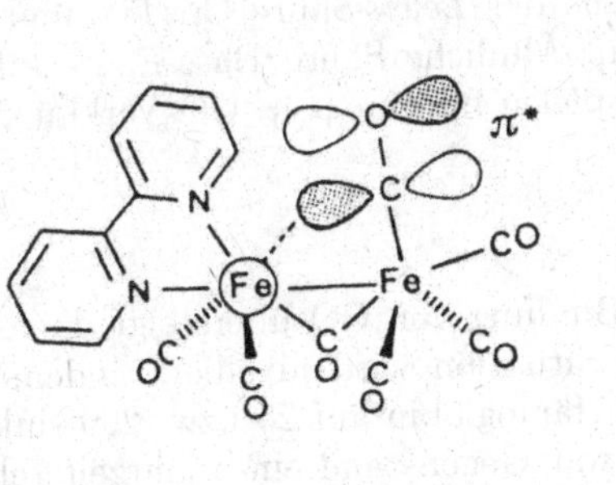

Die Substitution zweier CO-Liganden durch
bipy bedingt eine von $Fe_2(CO)_9$ stark abweichende Struktur. Der bessere σ-Donor/
schwächere π-Akzeptor bipy erzeugt eine
ungleiche Ladungsverteilung über die beiden
Fe-Atome. Die höhere Ladungsdichte auf Ⓕⓔ
wird durch ein zusätzliches terminales CO
sowie ein halbverbrückendes CO abgebaut.
Das halbverbrückende CO entfaltet hier
gegenüber Ⓕⓔ nur Akzeptorwirkung, die σ-
Donorwirkung bleibt auf Fe beschränkt.

In einer weiteren unsymmetrischen Form, der **σ/π-Brücke**, wirkt CO als 4e- oder 6e-Donor und tritt in ansonsten unüblicher seitlicher (side on) Koordination auf (vergl. ÜM-Vinyl-Komplexe, S. 305):

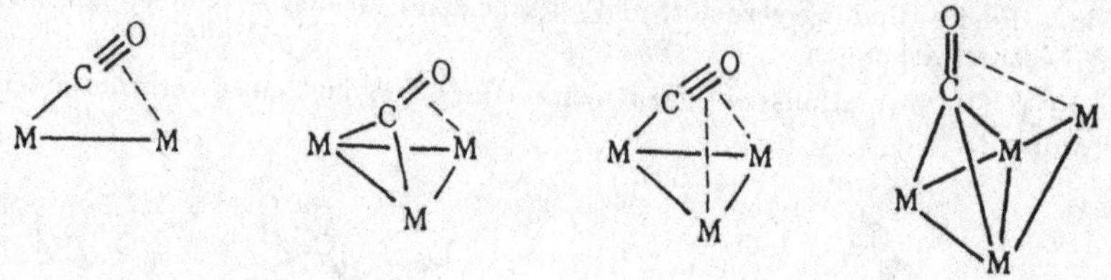

Beispiele:

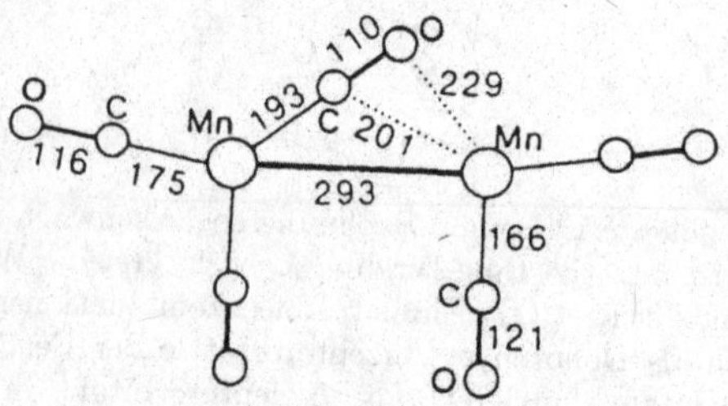

Die $Mn_2(CO)_5$-Einheit in
$(\mu\text{-}Ph_2PCH_2PPh_2)_2Mn_2(CO)_5$

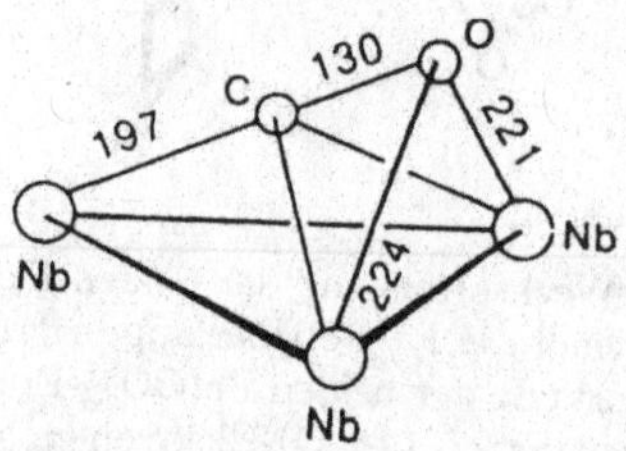

Die $Nb_3(\mu\text{-}CO)$-Einheit von
$[CpNb(CO)_2]_3(\mu\text{-}CO)$

Die verbrückende Form [M]–C≡O–[M′] tritt sehr selten auf und ist an bestimmte Voraussetzungen, die Fragmente [M] und [M′] betreffend, gebunden:

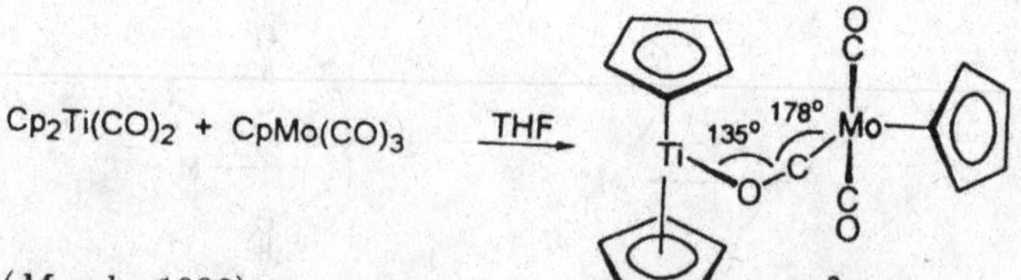

$Cp_2Ti(CO)_2 + CpMo(CO)_3 \xrightarrow{THF}$

(*Merola*, 1982)

$\mu\text{-}\eta^2\text{-}CO$

Man kann sich diesen Zweikernkomplex als aus der *Lewis*-Säure Cp_2Ti^+ und der *Lewis*-Base $CpMo(CO)_3^-$ aufgebaut vorstellen. Ähnliche Säure/Base-Paare bilden auch die Bausteine in anderen bekannten Beispielen für eine $\mu\text{-}\eta^2\text{-}CO$-Verknüpfung (*Stephan*, 1989).

FeCO in vivo: gewinkelt oder linear?

Die Affinität von freiem Häm in Lösung zur Bindung von CO übersteigt diejenige für O_2 um den Faktor 20000. Diese tödliche Situation wird nivelliert, indem die Faktoren für die Hämproteine Myoglobin und Hämoglobin auf 25 bzw. 200 sinken. Die molekulare Begründung für diesen Effekt war Gegenstand einer jahrzehntelangen Kontroverse („A Mechanism Essential to Life", Chem. & Eng. News, December 6, **1999**, 31). Frühe röntgenographische Untersuchungen ergaben für die Achse Fe–C–O eine Winkel von 40–60°, ein absolutes Novum für Metallcarbonyle, verfeinerte Messungen in jüngster Zeit haben diesen Winkel jedoch auf 7–9° sinken lassen. Es bleibt aber die Frage, ob in der *in-vivo*-Umgebung die $Fe(O_2)$-Bindung begünstigt oder die $Fe(CO)$-Bindung gehemmt wird; für beides werden Gründe geltend gemacht. Das O_2-Molekül wird – relativ platzsparend – gewinkelt an Fe gebunden, die negative Partialladung auf dem terminalen O-Atom ist Partner in einer Wasserstoffbrückenbindung (WBB) an das distale Histidin. CO hingegen wird nahezu linear an Fe gebunden, der Akzeptorcharakter des terminalen O-Atoms für eine WBB ist in CO wesentlich schwächer ausgeprägt.

Darüber hinaus dürfte die Bindung von CO an Hämproteine auch deshalb zurückgedrängt sein, weil die bevorzugte lineare Konfiguration Fe–C–O eine energieaufwändige Reorganisation der Proteinumgebung erfordern. Diese Faktoren lassen die Bindung von CO als Hämproteine weit weniger günstig erscheinen als es der oben angegebene Verteilungskoeffizient, CO versus O_2 gebunden an freies Häm, nahelegt.

14.4.3 Bindungsverhältnisse und Experimentalbefunde

Elektronenstruktur der Bindung ÜM–CO

Die Beschreibung dieser Bindung als Resonanzhybrid

$$\underset{(-)}{\underline{M}} - C \equiv \overset{(+)}{O}| \longleftrightarrow M = C = \underline{\overline{O}} \qquad (Pauling, 1935)$$

führt zu Bindungsordnungen zwischen 1 und 2 für die M–C-Bindung, zwischen 2 und 3 für die C–O-Bindung und zu weitgehender Wahrung des Elektroneutralitätsprinzips. Aufgrund seiner weiten Verbreitung in der Organometallchemie verdient der Ligand CO jedoch eine etwas genauere Betrachtung.

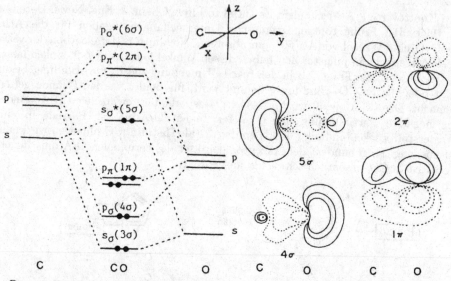

Das rudimentäre **Wechselwirkungsdiagramm für CO** ist durch s,p_y-Mischung zu verfeinern. Die (Symbole) beziehen sich auf die Orbitalreihenfolge, die sich unter Einbeziehung aller Elektronen (auch C,O 1s) ergibt. Entscheidend für die Diskussion der M–CO-Bindungsverhältnisse sind die Grenzorbitale 1π, 5σ und 2π. Dem MO 5σ wird gemeinhin schwach antibindender Charakter zugeschrieben, eindeutige Experimentalbefunde hierzu fehlen jedoch.

Auf der Grundlage quantenchemischer Rechnungen lassen sich für das freie CO-Molekül **Konturliniendiagramme** der Grenzorbitale zeichnen. Sie geben die Gestalt der für die M–C–O-Bindung wichtigen MO des Liganden wieder. Geschlossene und unterbrochene Linien geben die Phase an mit Absolutbeträgen von 0.3, 0.2 und 0.1.

Die Veränderungen, die das CO-Molekül bei Koordination an ein Übergangsmetall erfährt, sind mit physikalischen Daten, die CO im Grundzustand, im elektronischen Anregungszustand CO* und als Kation CO$^+$ betreffen, in Beziehung gesetzt worden.

Spezies	Konfiguration	d(C–O) pm	ν(CO) cm^{-1}	f/N cm^{-1}	Folgerung
CO	$(5\sigma)^2$	113	2143	18.56	
CO$^+$	$(5\sigma)^1$	111	2184	19.26	5σ schwach antibindend
CO*	$(5\sigma)^1(2\pi)^1$	S 124	1489		2π stark antibindend
		T 121	1715		
N$_2$	$(5\sigma)^2$	110	2330	22.4	

(*Johnson, Klemperer*, 1977) S = Singulett-, T = Triplett-Zustand

Die das 5σ MO betreffende Folgerung gründet sich auf die Vorstellung, daß Ionisierung aus einem antibindenden MO bindungsverstärkend wirkt und die Schwingungsfrequenz ν_{CO} hypsochrom verschiebt. Eine alternative Deutung (*Krogh-Jespersen*, 1996) sieht von einer möglicherweise antibindenden Natur des 5σ MO ab und deutet die Bindungsverstärkung auf elektrostatischer Grundlage: Entfernung eines Elektrons aus dem dominant C-zentrierten 5σ MO erzeugt am C-Atom eine positive Partialladung. Die Ladung C(δ+) wirkt C–O bindungsverstärkend, indem die Elektronegativitätsdifferenz zwischen C und O abgebaut wird, die C–O-Bindungspolarität abnimmt und der Kovalenzgrad steigt, CO$^+$ ist N$_2$-ähnlicher als CO (vergl. hierzu die Daten in obiger Tabelle). Unbestritten ist hingegen die stark antibindende Natur des 2π MOs, die sich in ausgeprägter Bindungsschwächung und Längenzunahme für CO*, verglichen mit CO, niederschlägt.

Die Bindungssituation in Metallcarbonylen sei zunächst am Fragment M–C–O betrachtet. Der Übergang vom Fragment M–C–O zum vollständigen Komplex, z.B. M(CO)$_6$, bringt keine neuen Aspekte zur Natur der Bindung M–CO, sondern ist eine Anwendung der MO-Methode auf vielatomige Moleküle. Symmetriebetrachtungen erleichtern hierbei die Aufteilung in σ (Oktaeder: a$_{1g}$, e$_g$, t$_{1u}$) – und π (Oktaeder: t$_{2g}$) – Wechselwirkungen. Folgende Wechselwirkungen sind zu berücksichtigen:

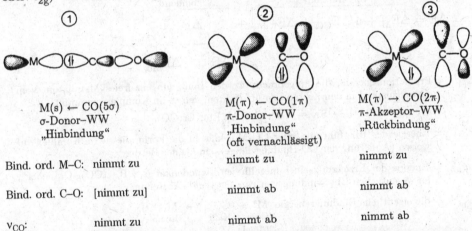

①	②	③
M(s) ← CO(5σ)	M(π) ← CO(1π)	M(π) → CO(2π)
σ-Donor-WW	π-Donor-WW	π-Akzeptor-WW
„Hinbindung"	„Hinbindung"	„Rückbindung"
	(oft vernachlässigt)	

	①	②	③
Bind. ord. M–C:	nimmt zu	nimmt zu	nimmt zu
Bind. ord. C–O:	[nimmt zu]	nimmt ab	nimmt ab
ν_{CO}:	nimmt zu	nimmt ab	nimmt ab

Diverse quantenchemische Rechnungen stimmen darin überein, daß der wichtigste Beitrag zur Bindung M–C–O in neutralen Metallcarbonylen durch die Wechselwirkung ③ geleistet wird. Allerdings gilt es hier zu differenzieren, da das σ-Donor ①/ π-Akzeptor③-Verhältnis auch von der Gesamtladung des Metallcarbonyls abhängt. Betrachtet man die präparativ realisierte Reihe isoelektronischer 18VE-Komplexe [M(CO)$_6$]^q (q = 2–, –, 0, +, 2+, 3+) als aus einem entsprechend geladenen Zentralmetallion und einem neutralen, oktaedrischen (CO)$_6$-Käfig aufgebaut, so ist der folgende Gang plausibel (*Frenking*, 1997):

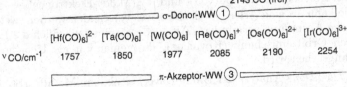

	[Hf(CO)$_6$]$^{2-}$	[Ta(CO)$_6$]$^-$	[W(CO)$_6$]	[Re(CO)$_6$]$^+$	[Os(CO)$_6$]$^{2+}$	[Ir(CO)$_6$]$^{3+}$
ν CO/cm^{-1}	1757	1850	1977	2085	2190	2254

Diese graduelle Abstufung, die sich in strukturellen und spektroskopischen Daten äußert, läßt eine Zweiteilung in „klassische" und „nichtklassische" Metallcarbonyle etwas gekünstelt erscheinen. Ähnlich wie die Klassifizierung „früh" und „spät" für Übergangsmetalle wird die „klassisch"/„nicht klassisch"-Etikettierung auch in diesem Text gelegentlich verwendet.

Als Ergebnis der beiden gegenläufigen Effekte ① und ③ resultiert eine weitgehende Ladungsdelokalisation, die gemäß quantenchemischer Rechnungen auf dem Zentralmetall jeweils eine schwache negative Partialladung beläßt und die Restladung über die Ligandensphäre verteilt.

Bislang wurde die Bindungsdiskussion ausschließlich aus dem Blickwinkel des DCD-Modells geführt, in eine verfeinerte Behandlung der Natur der ÜM–CO-Bindung gehen aber weitere Beiträge ein. Gemäß *Davidson* (1993) ist für die Bindungsenergie eines Metallcarbonyls $M(CO)_n$ folgende Summe zu schreiben:

$$M + n\ CO \longrightarrow M(CO)_n \quad \Delta E$$

$$\Delta E = \underbrace{\Delta E_M + n\ \Delta E_{CO} + \Delta E_{Käfig}}_{\text{vorbereitend}} + \underbrace{\Delta E_{ins}}_{\text{bindend}}$$

$$\Delta E_{ins} \longrightarrow \Delta E_{ster} \quad \Delta E_{mix}$$

ΔE_M = Promotionsenergie, die aufgebracht werden muß, um ein freies Metallatom vom Grundzustand in den Zustand zu überführen, den es im Komplex einnimmt.

    Beispiel: $Cr3d^5 4s^1$ (^7S) → $Cr^* t_{2g}^6$ ($^1A_{1g}$) für $Cr(CO)_6$

ΔE_{CO} = Energie der Überführung freier CO-Moleküle in die Form, die sie im Komplex aufweisen (Änderung der CO-Bindungslänge), ein kleiner Betrag.

$\Delta E_{Käfig}$ = Energie der Erzeugung eines metallfreien Ligandenkäfigs, z.B. „$(CO)_6$-Oktaeder", im wesentlichen Überwindung von *van der Waals*-Abstoßung.

ΔE_{ins} = die eigentliche Bindungsenergie $M^* + (CO)_n \rightarrow M(CO)_n$
                               Valenz- Käfig Komplex
                               zustand

Die drei „vorbereitenden" Beiträge sind endothermer Natur, nur der letzte Schritt ΔE_{ins} senkt die Energie ab, auch er kann in zwei Anteile zerlegt werden. ΔE_{ster} beschreibt den Effekt des Eindringens des CO(5σ)-Elektronenpaars in die 3 s,p,d-Schale des Zentralmetalls: Indem die 5σ-Elektronen der effektiven Kernladung des Zentralmetalls ausgesetzt sind, erhöhen sie dessen Abschirmung, die besetzten $M(t_{2g})$-Orbitale expandieren, z.B. unter Beimischung von 4d-Orbitalen, und werden besser zur Wechselwirkung mit den 2π-Akzeptororbitalen der CO-Liganden befähigt („statische Abschirmung"). Die ebenfalls energiesenkende „dynamische Abschirmung" ist auf die Korrelation der 5σ(CO) und t_{2g}(M,3d)-Elektronenbewegung zurückzuführen, sie kann als eine Art Ausweichmanöver verstanden werden, welches die interelektronische Abstoßung vermindert. ΔE_{mix} beschreibt schließlich die Energieabsenkung durch Orbitalmischung (Kovalenz), die gemeinhin als Ursache der Bindungsbildung angesehen wird.

Das Besondere an *Davidsons* Analyse der Bindungsverhältnisse in Metallcarbonylen ist die quantitative Aufteilung in endotherme und exotherme Beiträge sowie die Erkenntnis, daß qualitatives Verständnis und quantitative Rechnungen nur unter

Berücksichtigung der als statische und dynamische Abschirmung bezeichneten Effekte möglich sind.

Ist CO ein spezieller Ligand in der Organometallchemie?

Dieser Frage ging *R. Hoffmann* (1998) in einer Arbeit gleichen Titels nach, indem er die zu CO isolektronischen Spezies N_2, BF und SiO auf die Natur ihrer **Grenzorbitale 5σ (HOMO) und 2π (LUMO)** hin untersuchte. Als Ergebnis von DFT-Rechnungen wird folgende energetische Abstufung erhalten (die kursive Zahl gibt jeweils an, mit welchem Anteil (%) das elektropositive Atom in das jeweilige MO eingeht).

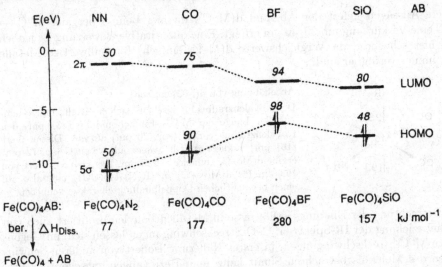

Als überraschendes Ergebnis folgt, daß SiO und insbesondere BF vorzügliche σ-Donor/π-Akzeptorliganden sein sollten. BF weist eine hochgradige Zentrierung des HOMOs 5σ und des LUMOs 2π am elektropositiven Ligatoratom B auf; sowohl der σ-Donor als auch der π-Akzeptorcharakter von BF ist dem von CO deutlich überlegen. Die energetische HOMO/LUMO-Aufspaltung ist somit für BF besonders gering, was ideale Bedingungen für das DCD-Modell darstellt.

Wie die berechnete Dissoziationsenthalpie zeigt, würde das *in computero*-Molekül Fe(CO)$_4$BF CO-Liganden **vor** der BF-Einheit abspalten! Der Realisierung von ÜM–BF-Komplexbildung steht, neben der verglichen zu CO schweren Zugänglichkeit von BF, die zu erwartende hohe Empfindlichkeit von BF-Komplexen gegenüber nucleophilem Angriff entgegen. Sterische Abschirmung als Schutzmaßnahme bietet sich an, die Komplexe des gruppenhomologen Liganden InR (S. 131) könnten hier Pate stehen. Somit nimmt der CO-Ligand aufgrund seiner ausgewogenen σ-Donor/π-Akzeptor-Verhältnisses, seiner mäßigen Reaktivität und seiner fast unbegrenzten Verfügbarkeit in der Tat eine Sonderstellung in der Organometallchemie ein.

Experimentalbefunde zum Mehrfachbindungscharakter M⋯C⋯O

Hinweise auf die Bindungsordnung in Metallcarbonylen stammen aus **Kristallstrukturbestimmungen und aus Schwingungsspektren**. In dem Maße, wie die Rückbindung vom Metall zu CO steigt, sollte die M–C-Bindung stärker und die C–O-Bindung schwächer werden. Dies sollte zu einer kürzeren M–C- und einer längeren C–O-Bindung führen.

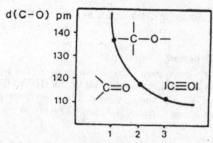

Die **Abstände d(C–O)** sind als Kriterium für die Bindungsordnung wenig geeignet, da zwischen den Bindungsordnungen 2 und 3 nur eine geringe Abstandsänderung erfolgt. Die Bindungsordnungen 1 und 2 hingegen unterscheiden sich deutlich im Abstand d(C–O). Die Bindungslänge in freiem CO beträgt 113 pm, während in Metallcarbonylen ein Abstand von 115 pm beobachtet wird.

Bessere Aussagen liefert der Abstand d(M–C), da hier beim Übergang M–C → M=C eine Verkürzung um 30–40 pm erfolgt. Eine quantitative Bewertung ist jedoch auch hier schwierig, da Vergleichswerte d(M–C, einfach) für nullwertige Metalle nicht immer verfügbar sind.

Abschätzung von d(MC, einfach):

Der Kovalenzradius für Mo^0 läßt sich ermitteln, indem man von der Länge der Mo–N Einfachbindung (231 pm) den Kovalenzradius von N (sp^3, 70 pm) abzieht. Dieser Wert (161 pm), addiert zum Kovalenzradius von C (sp, 72 pm) ergibt d(Mo–C, einfach) = 233 pm. Der kleinere Wert von 193 pm für d(Mo⋯C) in $(R_3N)_3Mo(CO)_3$ läßt also auf einen beträchtlichen Doppelbindungscharakter schließen.

Eine Betrachtung der Bindungsverhältnisse in Metallcarbonylen profitiert auch von der Einbeziehung der **IR-Spektren**: C–O-Streckschwingungen lassen sich, im Gegensatz zu M–C-Streckschwingungen, in erster Näherung isoliert von anderen Schwingungen des Moleküls betrachten Somit kann man Beziehungen zwischen der Frequenz der C–O-Streckschwingung und der C–O-Bindungsordnung herstellen.

● **Bindungsart der Carbonylgruppe**

Die Änderungen der Werte ν_{CO} (Wellenzahl der Streckschwingung) bei Komplexbildung sind sehr charakteristisch, für neutrale Metallcarbonyle findet man die IR-aktiven Streckschwingungen etwa in folgenden Bereichen:

frei	terminal	μ_2-CO	μ_3-CO
$\overset{O}{\underset{}{C}}$	$\overset{O}{\underset{M}{\overset{\|}{C}}}$	$\overset{O}{\underset{M \quad M}{C}}$	$\overset{O}{\underset{M \underset{M}{} M}{C}}$
ν_{CO} (cm^{-1}) 2143	1850–2120	1750–1850	1620–1700

● **Ladung des Komplexes**

Zunehmend negative Ladung führt zur Expansion, zunehmend positive Ladung zur Kontraktion der Metall(d)-Orbitale und begleitender Zunahme bzw. Abnahme der Überlappung M(d,π)–CO(π*). Die Komplexladung steuert also das Ausmaß der Rückbindung, was sich im Gang der Wellenzahlen ν_{CO} äußert. Vergl. auch die Reihe $[M(CO)_6]^q$, q = 2–, –, 0, +, 2+, 3+ (S. 339).

		ν_{CO} (cm^{-1})
	Ni(CO)$_4$	2060
d^{10}	[Co(CO)$_4$]$^-$	1890
	[Fe(CO)$_4$]$^{2-}$	1790
	[Mn(CO)$_6$]$^+$	2090
d^6	Cr(CO)$_6$	2000
	[V(CO)$_6$]$^-$	1860
	CO$_{frei}$	2143

Während die koordinationsbedingte C–O-*Bindungsschwächung* auf Rückbindung in das antibindende CO($2\pi^*$) MO zurückgeführt werden kann, erfordert die *Bindungsverstärkung* über den Grad in freiem CO hinaus, wie sie in den „nichtklassischen Metallcarbonylen" (S. 251) beobachtet wird, eine subtilere Deutung. Der Diskussion seien experimentelle Daten vorangestellt:

	Cr(CO)$_6$	Ni(CO)$_4$	**CO**	Cu(CO)$^+$	Ag(CO)$^+$	Au(CO)$_2^+$	**HCO$^+$**
ν_{CO}	2119	2060	2143	2180	2204	2235	2184 [cm^{-1}]
f_r	17.2	17.9	18.6	19.2	19.6	20.1	21.3 [N cm^{-1}]

„klassisch" „nichtklassisch"

Besonders aufschlußreich ist die hohe Kraftkonstante f_r für das metallfreie Formylkation HCO$^+$, gewissermaßen der Carbonylkomplex des Protons, in dem Zentralatom-Ligand π-Wechselwirkungen naturgemäß abwesend sind. Worauf beruht nun die hypsochrome Verschiebung in kationischen Carbonylkomplexen der späten Übergangsmetalle?

Bislang ging man davon aus, daß durch die ÜM$\xleftarrow{\sigma}$CO-Wechselwirkung die – umstrittene – Antibindung des 5σ MOs geschwächt wird. Da für die betrachteten Komplexe der späten ÜM aufgrund der hohen effektiven Kernladung, der die Metall-d-Elektronen unterliegen (Abschirmungscharakteristik, positive Komplexladung), die Bereitschaft zu ÜM$\xrightarrow{\pi}$CO-Rückbindung gering ist, überwiegt der ÜM$\xleftarrow{\sigma}$CO-Beitrag, und es resultiert intra-C–O-Bindungsverstärkung. Heute gibt man einem elektrostatischen Argument den Vorzug, welches auch der Überprüfung durch quantenchemische Rechnungen standgehalten hat (*Krogh-Jespersen*, 1996). Entscheidend ist demnach die koordinationsbedingte Erhöhung der positiven Partialladung auf dem C-Atom des CO-Liganden; Annäherung der Elektronegativitäten von C und O und damit eine Steigerung des Kovalenzgrades aller Bindungen im CO-Liganden sind die Folge. Modellrechnungen haben erwiesen, daß bereits die Plazierung eines positiven Punktladung ⊞ in der Nähe des C-Atoms von freiem CO bindungsverstärkend wird. Dies läßt sich sogar mit einer einfachen VB-Betrachtung veranschaulichen,

$$\boxed{+} \quad \left\{ |\overset{\ominus}{C}\equiv\overset{\oplus}{O}| \longleftrightarrow |C=\overline{\underline{O}} \right\} \quad \boxed{+}$$

nach der die Ladung ⊞ in C-Nähe die Resonanzform mit C≡O-Dreifachbindung und ⊞ in O-Nähe die Resonanzform mit C=O-Doppelbindung begünstigen sollte.

• Symmetrie des Moleküls

Zahl und Intensität von Carbonylbanden im Schwingungsspektrum hängen hauptsächlich von der lokalen Symmetrie am Zentralatom ab. Die Bestimmung der Symmetrie eines Metallcarbonylkomplexes gelingt häufig schon durch das Abzählen der IR-Banden. Die Zahl der erwarteten IR-aktiven Banden kann durch Anwendung der Gruppentheorie abgeleitet werden.

Komplex	Zahl und Rassen der IR-aktiven Banden $\nu(CO)$	Punktgruppe	Komplex	Zahl und Rassen der IR-aktiven Banden $\nu(CO)$	Punktgruppe
$M(CO)_6$	1 T_{1u}	O_h	$M(CO)_5$	2 $A_2'' + E'$	D_{3h}
$LM(CO)_5$	3 $2A_1 + E$	C_{4v}	$LM(CO)_4$	3 $2A_1 + E$	C_{3v}
trans-$L_2M(CO)_4$	1 E_u	D_{4h}	$LM(CO)_4$	4 $2A_1 + B_1 + B_2$	C_{2v}
cis-$L_2M(CO)_4$	4 $2A_1 + B_1 + B_2$	C_{2v}	trans-$L_2M(CO)_3$	1 E'	D_{3h}
fac-$L_3M(CO)_3$	2 $A_1 + E$	C_{3v}	cis-$L_2M(CO)_3$	3 $2A' + A''$	C_s
mer-$L_3M(CO)_3$	3 $2A_1 + B_2$	C_{2v}	$M(CO)_4$	1 T_2	T_d
$LM(CO)_3$	2 $A_1 + E$	C_{3v}	$L_2M(CO)_2$	2 $A_1 + B_1$	C_{2v}

• Akzeptor- und Donoreigenschaften anderer Liganden

Transständige Gruppen (etwa in oktaedrischen Komplexen) konkurrieren miteinander um die Elektronen des gleichen Metall–d-Orbitals (trans-Effekt). Zwei CO-Gruppen schwächen somit gegenseitig ihre Bindung an das Zentralatom. Wird eine CO-Gruppe durch einen Liganden ersetzt, der selbst ein schwächerer oder kein π-Akzeptor ist, führt dies zu einer Stärkung der *trans*-ständigen Metall–C-Bindung und einer Schwächung dieser C–O-Bindung.

Ein Vergleich der Wellenzahlen ν_{CO} einer Reihe von Komplexen der allgemeinen Zusammensetzung $L_3Mo(CO)_3$ zeigt dies deutlich (*Cotton*, 1964):

Verbindung	ν_{CO} (cm^{-1})
$(PF_3)_3Mo(CO)_3$	2055, 2090
$(PCl_3)_3Mo(CO)_3$	1991, 2040
$[P(OMe)_3]_3Mo(CO)_3$	1888, 1977
$(PPh_3)_3Mo(CO)_3$	1835, 1934
$(CH_3CN)_3Mo(CO)_3$	1783, 1915
$(dien)MoCO)_3$	1758, 1898
$(Py)_3Mo(CO)_3$	1746, 1888

PF_3 ist in dieser Reihe der beste π-Akzeptorligand, Pyridin und der dreizähnige Ligand Diethylentriamin (dien) sind dagegen sehr schlechte (oder gar keine) π-Akzeptoren, sondern reine σ-Donoren.

Für die π-Akzeptornatur der Phosphane gelten übrigens ähnliche Erwägungen wie sie zur Deutung des π-Akzeptorcharakters bzw. der Hypervalenz des Siliciums angeführt wurden (S. 136). Demnach ist die Beteiligung von 3d-Orbitalen des Phosphors nicht erforderlich, vielmehr kann die Rückbindung $M \xrightarrow{\pi} PR_3$ auf eine Wechselwirkung $d_\pi(M) \rightarrow \sigma^*(P-R)$ zurückgeführt werden (*Marynick*, 1984).

Basierend auf der Lage der ν_{CO}-Banden für Komplexe mit gemischter Ligandensphäre kann folgende **Reihe zunehmeder π-Akzeptorfähigkeit** aufgestellt werden:

$$NH_3 < RCN < PR_3 < P(OR)_3 < PClR_2 < PCl_2R < PCl_3 < PF_3 < RNC < CO < NO^+.$$

14.4.4 Wichtige Reaktionstypen

CO ist als Ligand derart weit verbreitet, daß ein Kapitel „Reaktionen von Metallcarbonylen" einen beträchtlichen Teil der Metallorganik umfassen müßte. An dieser Stelle erscheint daher nur eine kleine Übersicht mit Verweisen auf entsprechende Stellen des Textes.

• Substitution

CO-Gruppen können thermisch oder photochemisch (S. 355f.) gegen eine Vielzahl anderer Liganden ausgetauscht werden (*Lewis*-Basen, Olefine, Arene). Diese allgemeine Methode ist heute ein Standardverfahren zur Synthese von Metallkomplexen in niedriger Oxidationsstufe. Es gelingt selten, alle CO-Gruppen zu ersetzen.

Eine Variante ist die intermediäre Einführung eines labil gebundenen Liganden, der dann unter milden thermischen Bedingungen substituiert werden kann.

Weitere derartige **Carbonylmetall-Überträger** sind die Verbindungen $(THF)Mo(CO)_5$, $(CH_2Cl_2)Cr(CO)_5$ und $(Cycloocten)_2Fe(CO)_3$ (*Grevels*, 1984).

$^{99m}Tc(CO)_3^+$-Fragmente liefern das Komplexkation $[H_2O)_3^{99m}Tc(CO)_3]^+$, welches bequem herstellbar ist (*Schubiger*, 1998):

$$[^{99}MoO_4]^{2-} \xrightarrow{\ n\ } [^{99m}TcO_4]^- \xrightarrow[\substack{\text{pH 11, 75 °C, 30 min}}]{\substack{\text{0.9\% NaCl, H}_2\text{O} \\ \text{1 atm CO, NaBH}_4}} \underset{> 95\%}{[(H_2O)_3^{99m}Tc(CO)_3]^+}$$

Die Einheit $^{99m}Tc(CO)_3^+$ läßt sich auf diverse Biomolelüle übertragen, die Radioaktivität des Nuklids ^{99m}Tc ($t_{1/2} = 6$ h) macht $[(H_2O)_3Tc(CO)_3]^+$ somit zum Markierungsreagenz, z.B. in der Lokalisierung von Tumoren (*Plückthun*, 1999). Neben diagnostischen sind auch therapeutische Anwendungen denkbar.

Die Carbonylsubstitution an **18 VE-Komplexen** verläuft nach dissoziativem Mechanismus (**D**), d.h. über eine Zwischenstufe niedrigerer Koordinationszahl (bzw. deren Solvat):

$$\begin{array}{l}
Cr(CO)_6 \xrightarrow[-CO]{\text{langsam}} \{Cr(CO)_5\} \xrightarrow[+L]{\text{rasch}} LCr(CO)_5 \quad D(Cr\text{–}CO) = 155 \text{ kJ/mol} \\
\text{18 VE} \qquad\qquad\quad \text{16 VE} \qquad\qquad \text{18 VE} \\[4pt]
Ni(CO)_4 \xrightarrow[-CO]{} \{Ni(CO)_3\} \xrightarrow[+L]{} LNi(CO)_3 \quad D(Ni\text{–}CO) = 105 \text{ kJ/mol}
\end{array}$$

$Ni(CO)_4$ reagiert rascher als $Cr(CO)_6$, die Aktivierungsenthalpien $\Delta H^{\neq}$ dieser Reaktionen sind praktisch identisch mit den Bindungsenergien $D(M\text{–}CO)$.

Die Substitutionsrate weist für das **mittlere** Element einer Gruppe jeweils ein Maximum auf:

$$Cr < \mathbf{Mo} > W \qquad Co < \mathbf{Rh} > Ir \qquad Ni < \mathbf{Pd} > Pt.$$

Die Geschwindigkeit der Carbonylsubstitution kann auch durch die magnetischen Eigenschaften niedrig koordinierter Zwischenstufen geprägt sein. So ließ sich mittels Messungen des magnetischen Zirkulardichroismus (MCD) in Matrixisolation zeigen, daß $Fe(CO)_4$ einen Triplett-Grundzustand besitzt, der aus Gründen der Spinerhaltung nur relativ langsam weiterreagiert (*Poliakoff*, 1977). Dieser Befund trägt zum Verständnis der Kinetik der Substitution an $Fe(CO)_5$ bei.

Carbonylmetall-Komplexe mit **17 VE-Schale** werden nach assoziativem Mechanismus (**A**) substitutiert – es läßt sich zeigen, daß die Bildung einer 19 VE Zwischenstufe einen Gewinn an Bindungsenergie bringt (*Poë*, 1975):

$$V(CO)_6 \xrightarrow[+\ L]{\text{geschw.best.}} \{LV(CO)_6\} \xrightarrow[-\ CO]{\text{rasch}} LV(CO)_5$$

$\quad$ 17 VE $\qquad\qquad\qquad$ 19 VE $\qquad\qquad$ 17 VE

$V(CO)_6$ (17 VE) reagiert 10^{10} mal schneller als $Cr(CO)_6$ (18 VE) !

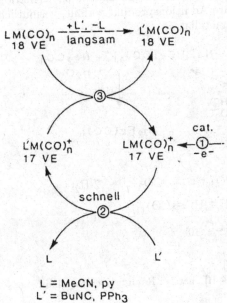

L = MeCN, py
L' = BuNC, PPh_3

Die Beschleunigung durch den Übergang vom 18 VE- zum 17 VE-Komplex wird in der **Elektronentransfer(ET)-Katalyse** genutzt, das Prinzip sei an einer oxidativ eingeleiteten ET-Katalyse erläutert (*Kochi*, 1983):

Die labile Spezies $LM(CO)_n^+$ muß **oxidativ** (chemisch oder elektrochemisch) nur in katalytischer Menge erzeugt werden, ①. Bedingung für den Kreisprozeß ist, daß die Lage der Redoxpotentiale den spontanen Ablauf des Schrittes ③ gestattet.

Die Substitution des Liganden CO gelingt durch **reduktiv** gestartete ET-Katalyse unter primärer Bildung eines 19 VE Radikalanions. Diese Variante ist durch die Lage des Gleichgewichts

$$[LM(CO)_{n-1}]^- + M(CO)_n$$

$$\Updownarrow$$

$$LM(CO)_{n-1} + [M(CO)_n]^-$$

bedingt, welches dem kritischen Schritt ③ entspricht.

• **Addition von Nucleophilen an η-CO**

Bildung von Carben-Komplexen (S. 309)

Bildung von Carbonylmetallaten (S. 348)

Bildung von Formylkomplexen (*Casey*, 1976):

$$Fe(CO)_5 + Na^+[(MeO)_3BH]^- \xrightarrow[-\ (MeO)_3B]{} Na^+[(CO_4Fe\overset{\overset{\displaystyle O}{\|}}{-}C-H]^-$$

- **Disproportionierung**

$$3 \, Mn_2(CO)_{10} + 12 \, py \xrightarrow[- 10 \, CO]{120 \, °C} 2 \, [Mn(py)_6]^{2+} + 4 \, [Mn(CO)_5]^-$$

(Hieber, 1960)

Derartige Disproportionierungen werden auch für $Co_2(CO)_8$ beobachtet, sie können auch photochemisch ausgelöst werden (*Tyler*, 1985).

- **Oxidative Decarbonylierung** (S. 349, 474)

14.4.5 Carbonylmetallate und Carbonylmetallhydride

Der klassische Weg zu anionischen Carbonylkomplexen (**Carbonylmetallaten**), ist die Umsetzung von Metallcarbonylen mit starken Basen (*„Hieber*-Basenreaktion"). Hierbei greift die Base OH^- am Carbonyl-C-Atom an (vergl. die analoge Reaktion mit Lithiumalkylen, S. 309) und das primäre Additionsprodukt zerfällt, vermutlich unter β-Hydrideliminierung, zum Carbonylmetallat:

$$Fe(CO)_5 + 3 \, NaOH_{(aq)} \longrightarrow Na^+[HFe(CO)_4]^- + Na_2CO_3 + H_2O$$

$$\downarrow +OH^-$$

$$\left[(CO)_4Fe\!-\!C\overset{O}{\underset{}{=}}\right]^- \xrightarrow[-HCO_3^-]{+2\,OH^-}$$

$$H\!-\!O$$

$$\downarrow H^+$$

$$H_2Fe(CO)_4$$

$$Fe_2(CO)_9 + 4 \, OH^- \longrightarrow [Fe_2(CO)_8]^{2-} + CO_3^{2-} + 2 \, H_2O$$

$$3 \, Fe(CO)_5 + Et_3N \longrightarrow [Et_3NH]^+[HFe_3(CO)_{11}]^-$$

$$Cr(CO)_6 + BH_4^- \longrightarrow [HCr_2(CO)_{10}]^-$$

Der primär gebildete Formylkomplex $[(CO)_5Cr\!-\!\overset{O}{\overset{\|}{C}}\!-\!H]^-$ hat bei Raumtemperatur eine Lebensdauer $\tau_{1/2} \approx 40$ min (*Casey*, 1976).

Carbonylmetallate werden von den meisten Metallcarbonylen gebildet. Protonierung von Carbonylmetallaten führt häufig zu isolierbaren **Carbonylmetallhydriden**, so im Falle von $Mn(CO)_5^-$, $Fe(CO)_4^{2-}$ und $Co(CO)_4^-$. Protische Verbindungen können aber auch oxidierend unter Rückbildung des neutralen Metallcarbonyls wirken:

$$[V(CO)_6]^- + H^+ \rightarrow V(CO)_6 + \tfrac{1}{2} \, H_2$$

und/oder Carbonylsubstitution auslösen:

$$2 \, [Ti(CO)_6]^{2-} + 4 \, ROH \rightarrow [Ti(CO)_4(OR)]_2^{2-} + 2 \, RO^- + 4 \, CO + 2 \, H_2$$

(Ellis, 1997)

Weitere Bildungsweisen von Metallcarbonylhydriden:

$$Co_2(CO)_8 + 2\,Na \longrightarrow 2\,Na^+[Co(CO)_4]^- \xrightarrow{\ H^+\ } 2\,HCo(CO)_4$$

$$Fe(CO)_5 + I_2 \xrightarrow[-\,CO]{} Fe(CO)_4I_2 \xrightarrow[THF]{NaBH_4} H_2Fe(CO)_4$$

$$Mn_2(CO)_{10} + H_2 \xrightarrow[200\ bar,\ 150\ °C]{} HMn(CO)_5$$

Eigenschaften einiger Carbonylmetallhydride

	Fp.:	Zers.:	IR ν_{M-H}	^{1}H-NMR δ(ppm)	pK$_s$	Acidität vergleichbar mit
HCo(CO)$_4$	−26 °C	−26 °C	1934	−10	1	H$_2$SO$_4$
H$_2$Fe(CO)$_4$	−70 °C	−10 °C		−11.1	4.7	CH$_3$COOH
[HFe(CO)$_4$]$^-$					14	H$_2$O
HMn(CO)$_5$	−25 °C	stab.RT	1783	−7.5	7	H$_2$S

Die Bezeichnung „Hydrid" für diese Verbindungen basiert auf dem Oxidationszahl-Formalismus. Sie darf nicht mit chemischer Reaktivität gleichgesetzt werden, denn die chemischen Eigenschaften der Übergangsmetallhydride variieren in weitem Maße, sie reichen von hydridischem Verhalten über inerten Charakter bis zu protischem Verhalten:

$$C_5H_5Fe(CO)_2H + HCl \longrightarrow C_5H_5Fe(CO)_2Cl + H_2 \quad \textbf{ÜM–H als Hydridspender}$$

$$HCo(CO)_4 + H_2O \longrightarrow H_3O^+ + [Co(CO)_4]^- \quad \textbf{ÜM–H als Protonenspender}$$

Die Strukturaufklärung von Hydridkomplexen mit Hilfe der Röntgenbeugung bereitet Schwierigkeiten, denn atomare Streufaktoren sind proportional zum Quadrat der Ordnungszahl und leichte Atome besitzen besonders große thermische Schwingungsamplituden. Besser geeignet ist die Neutronenbeugung.

Typische Werte für Bindungsparameter in Übergangsmetallhydriden liegen in den Bereichen d(M–H) = 150–170 pm und E(M–H) $\approx$ 250 kJ/mol.

Beispiele:

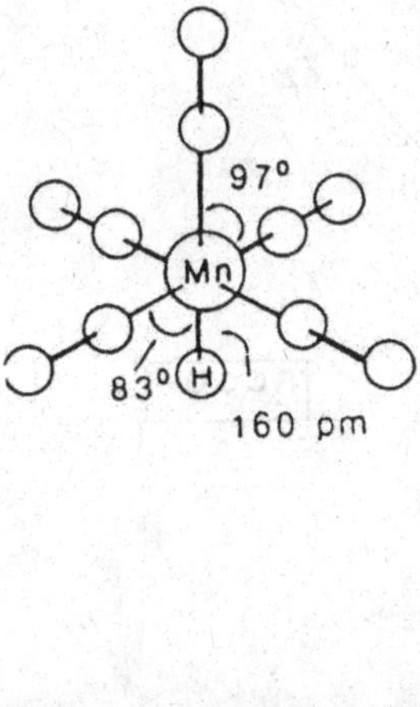

Der Hydridligand besetzt eine definierte Position am Koordinationspolyeder. So hat z.B. **Mn(CO)$_5$H** die Struktur eines leicht verzerrten Oktaeders. Die Mn-H Distanz entspricht in etwa der Summe der kovalenten Radien. Mit zunehmendem Raumbedarf der anderen Liganden (etwa PPh$_3$) können diese jedoch die Geometrie des Komplexes dominieren. (*Ibers*, 1969)

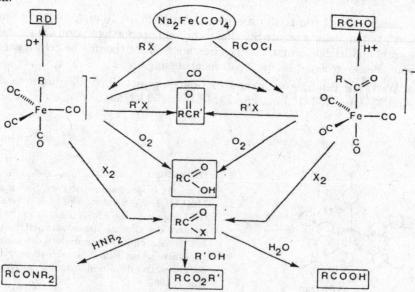

Besonders schwierig gestaltet sich die Lokalisierung von verbrückendem Hydrid (M–H–M) wegen der Nachbarschaft zweier stark streuender Metallatome. Die Lage des Hydridliganden in $[Et_4N]^+[HCr_2(CO)_{10}]^-$ wurde durch Neutronenbeugung ermittelt.

Die Bindungsverhältnisse in der $M^{\diagup H}\diagdown M$-Brücke ähneln denjenigen im Strukturelement $B^{\diagup H}\diagdown B$ („offene" 2e3c-Bindung).

M-H-Einheiten geben sich im **¹H-NMR-Spektrum** durch **starke Hochfeldverschiebung** zu erkennen (S. 432). Diese Hochfeldverschiebungen stehen in keinem einfachen Zusammenhang mit Struktur und Reaktivität der Komplexe. Aus der Abwesenheit eines Hochfeld-NMR-Signals ($0 > \delta > -50$ ppm) darf nicht auf die Abwesenheit einer M–H-Gruppe geschlossen werden. Für eine direkte Bindung M–H sprechen auch die **Kopplungskonstanten**, z.B. $^1J(^{103}Rh, ^1H) = 15\text{–}30$ Hz, $^1J(^{183}W, ^1H) = 28\text{–}80$ Hz, $^1J(^{195}Pt, ^1H) = 700\text{–}1300$ Hz.

Neben der **Protonierung** gehören die **Alkylierung** und die **Silylierung** zu den wichtigsten Folgereaktionen der Carbonylmetallate:

$$[Mn(CO)_5]^- + CH_3I \longrightarrow CH_3Mn(CO)_5 + I^-$$

$$[C_5H_5W(CO)_3]^- + (CH_3)_3SiCl \longrightarrow C_5H_5W(CO)_3Si(CH_3)_3 + Cl^-$$

Carbonylmetallate haben auch in der organischen Synthese Verwendung gefunden ($Na_2Fe(CO)_4$, „*Collman's* Reagens"). Organische Halogenverbindungen lassen sich nach Umsetzung mit Natriumtetracarbonylferrat auf vielfältige Weise funktionalisieren:

Als Vorteile sind hohe Ausbeuten (70–90%) zu nennen, andere funktionelle Gruppen müssen nicht maskiert werden, denn es erfolgt keine Addition an Keto- oder Nitrilgruppen. Nachteilig ist, daß $Fe(CO)_4^{2-}$ als starke Base wirken und mit tertiären Halogenverbindungen unter HX-Eliminierung reagieren kann.

Beispiele:

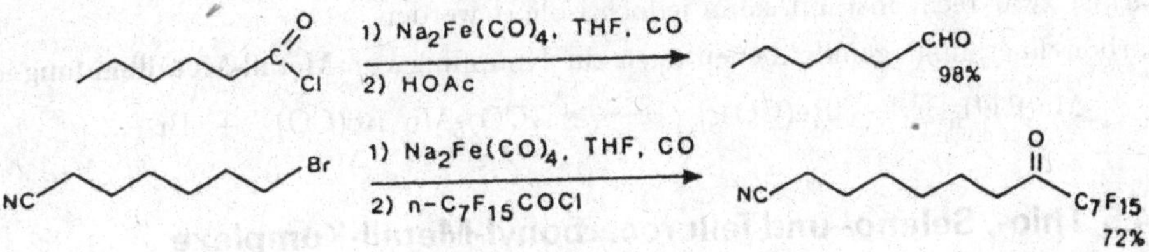

14.4.6 Carbonylmetallhalogenide

Carbonylhalogenide sind für die meisten Übergangsmetalle bekannt. Sie entstehen durch Umsetzung von Metallcarbonylen mit Halogenen oder durch Reaktion von Metallhalogeniden mit CO.

$$Fe(CO)_5 + I_2 \longrightarrow Fe(CO)_4I_2 + CO$$

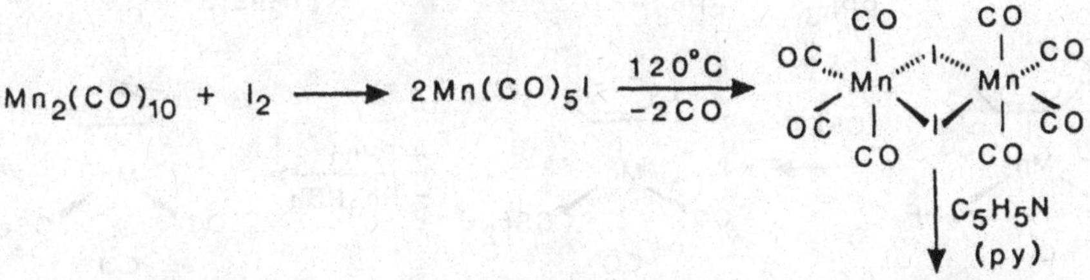

Die Bildung des fac-Substitutionsproduktes ist auf den trans-Effekt der CO-Liganden zurückzuführen.

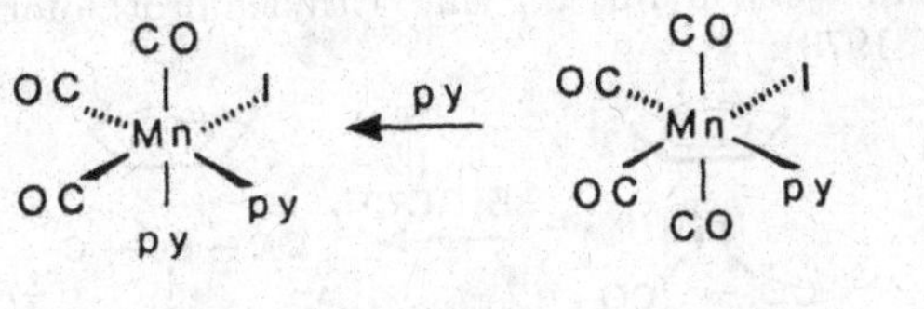

Die späten Übergangsmetalle Pd, Pt, Cu und Au bilden keine bei Raumtemperatur stabilen neutralen binären Metallcarbonyle, wohl aber Carbonylmetallhalogenide:

$$2\,PtCl_2 + 2\,CO \longrightarrow$$

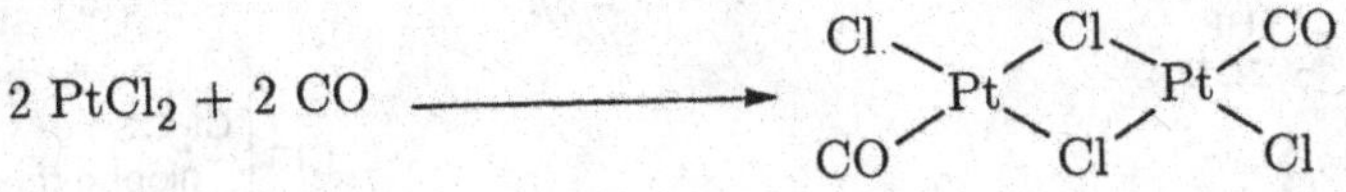

Binäre Carbonylmetallkationen $[M(CO)_n]^{m+}$ können nur erhalten werden, wenn anstelle von Halogenidionen Anionen extrem niedriger Nucleophilie angeboten werden (S. 251).

Die reversible Bindung von CO an Cu^I eignet sich zur Entfernung von CO aus Gasen:

$$2 \ [CuCl_2]^- \ + \ 2 \ CO \ \rightleftharpoons \ [Cu(CO)Cl]_2 \ + \ 2 \ Cl^-$$

$$Cu^+/NH_4OH + CO \ \longrightarrow \ [Cu(NH_3)_2CO]^+ \ \xrightarrow[-NH_4^+]{H^+} \ Cu^+ \ + \ CO$$

Der entsprechende Komplex [Cu(en)CO]Cl mit dem Chelatliganden Ethylendiamin (en) ist zwar recht instabil, kann jedoch isoliert werden.

Carbonylmetallhalogenide dienen auch zur Knüpfung von **Metall-Metallbindungen**:

$$Mn(CO)_5Br \ + \ [Re(CO)_5]^- \ \longrightarrow \ (CO)_5Mn-Re(CO)_5 \ + \ Br^-$$

14.5 Thio-, Seleno- und Tellurocarbonyl-Metall-Komplexe

Da die Moleküle CS, CSe und CTe monomer bei Raumtemperatur nicht stabil sind, müssen sie in der Koordinationssphäre eines Metalls erzeugt werden. Als gebräuchlichste Quelle für CS dient dabei CS$_2$, das zunächst selbst als η^2-gebundener Komplexligand koordiniert wird. Diese η^2-CS$_2$-Gruppe wird von Triphenylphosphan angegriffen, wobei der Thiocarbonylkomplex und Triphenylphosphansulfid entstehen (*Wilkinson*, 1967):

Andere Quellen für CS sind Ethylchlorothioformiat oder Thiophosgen (*Angelici*, 1968, 1973):

$$Cr(CO)_6 \ \xrightarrow[\substack{Na/Hg \\ THF \\ -2CO}]{+2e^-} \ [Cr_2(CO)_{10}]^{2-} \ \xrightleftharpoons[-2e^-]{+2e^-} \ 2 \ [Cr(CO)_5]^{2-}$$

$$Na_2Fe(CO)_4 + Cl_2CS \rightarrow (CO)_4FeCS + 2 \ NaCl$$

(*Petz*, 1978)

$$\xrightarrow[-2 \ Cl^-]{\substack{Cl_2CS \\ (Thiophosgen)}}$$

$$(CO)_5CrCS$$

Auch die Substitution von 2 Cl$^-$ durch E^{2-} in einem Dichlorocarbenkomplex führt zum Ziel (*Roper*, 1980):

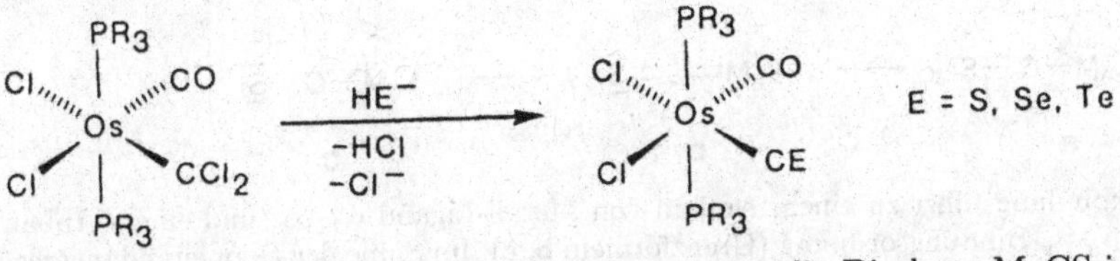

$$E = S, Se, Te$$

Die M–C–S-Gruppe ist im allgemeinen linear gebaut, die Bindung M–CS ist kürzer und somit stärker als die Bindung M–CO in vergleichbarer Umgebung:

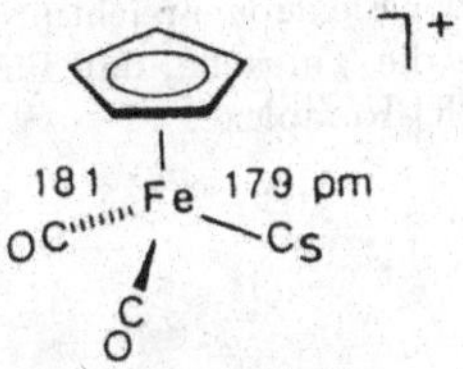

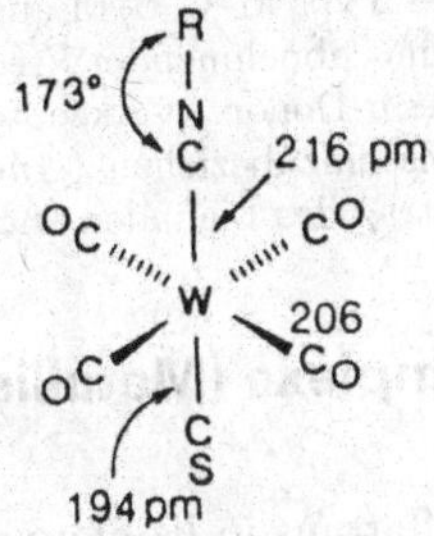

(*Angelici*, 1987)
$\nu_{CS} = 1348\ cm^{-1}$

(*Angelici*, 1976)
$\nu_{CS} = 1240\ cm^{-1}$
(R = cyclo–Hexyl)

Auch Brücken–CS-Liganden sind bekannt, offenbar ist CS zur Brückenbildung sogar besser geeignet und vielseitiger als CO:

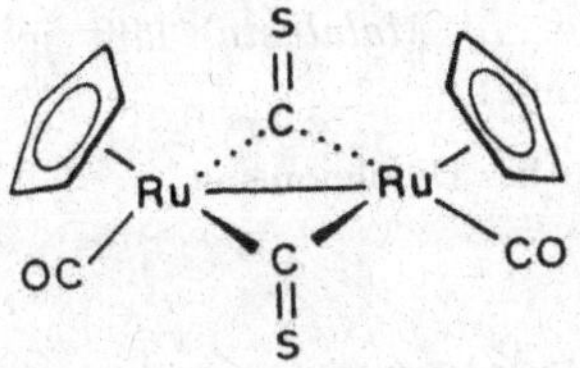

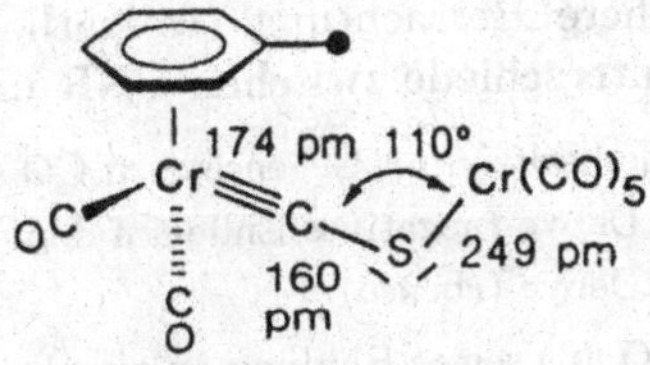

(*Angelici*, 1977)
$\nu_{CS} = 1118\ cm^{-1}$

(*Lotz*, 1986)
$\nu_{CS} = 1156\ cm^{-1}$
$[\nu_{CS} = 1220\ cm^{-1}$
in (PhMe)Cr(CO)$_2$CS]

Man beachte die bevorzugte Verbrückung μ-CS gegenüber μ-CO und den, von CO überaus selten (*Trogler*, 1985) realisierten Brückentyp M–C–S–M. Die gewählte VB-Formulierung ist in Einklang mit dem $\sphericalangle$ CSCr und der besonders kurzen Bindung Cr≡C, sie ähnelt der Bindungslänge in Carbinkomplexen (S. 326).

Übergangsmetall-Thiocarbonylkomplexe zeigen Frequenzen ν_{CS} zwischen 1160 und 1410 cm^{-1} (freies CS in Matrixisolation: **1274** cm^{-1}), Metallkoordination kann also sowohl Schwächung als auch Stärkung der CS-Bindung bewirken.

CS gilt, verglichen mit CO, als **stärkerer π-Akzeptor**. Diese Aussage läßt sich anhand einer VB-Betrachtung erläutern:

$$\left\{ \quad L_n\overset{\ominus}{\underline{M}}\!-\!C\!\equiv\!\overset{\oplus}{O}| \quad \longleftrightarrow \quad L_n\underline{M}\!=\!C\!=\!\overline{\underline{O}} \quad \longleftrightarrow \quad L_n\overset{\oplus}{M}\!\equiv\!C\!-\!\overset{\ominus}{\underline{O}}| \quad \right\}$$

$$\left\{ \quad L_n\overset{\ominus}{\underline{M}}\!-\!C\!\equiv\!\overset{\oplus}{S}| \quad \longleftrightarrow \quad L_n\underline{M}\!=\!C\!=\!\overline{\underline{S}} \quad \longleftrightarrow \quad L_n\overset{\oplus}{M}\!\equiv\!C\!-\!\overset{\ominus}{\underline{S}}| \quad \right\}$$

a   b   c

$M \overset{\pi}{\to} C$-Rückbindung führt zu einem Aufbau von Metall-Ligand d_π–p_π- und einem Abbau von Intraligand p_π–p_π-Bindungsordnung (Grenzformeln **b, c**). Im Sinne der Doppelbindungsregel (S. 151) sollten diese Beiträge für CS stärker ausfallen als für CO. Ein Vergleich der Bindungsabstände d(M–CS) versus d(M–CO) bestätigt diese Vermutung. Die Fähigkeit von Thiocarbonylkomplexen, Brücken des Typs M–C–S–M auszubilden, spiegelt das Gewicht der Grenzstruktur **c**(S) wider, sie wächst mit abnehmender Frequenz ν_{CS} im IR-Spektrum von L_nMCS. In eine verfeinerte Betrachtung des σ-Donor-/π-Akzeptorverhältnisses ist der Elektronenreichtum bzw. -mangel des Zentralmetalls einzubeziehen (*Andrews*, 1977) sowie die Tatsache, daß für CS-Komplexe der π-Donorbeitrag des Liganden wichtiger ist, als für CO-Komplexe.

14.6 Isocyanid-Komplexe (Metallisonitrile)

Der Ersatz des Sauerstoffatoms in Kohlenmonoxid $|C\!\equiv\!O|$ durch die Gruppierung NR führt zu Isocyaniden (Isonitrilen) $|C\!\equiv\!N\!-\!R$. In Zusammensetzung und Struktur entsprechen Metallisonitrile in weiten Bereichen den entsprechenden Metallcarbonylen.

$M(CNR)_6$	$M(CNR)_5$	$M_2(CNR)_8$	$M(CNR)_4$
M = Cr,Mo,W	M = Fe,Ru	M = Co	M = Ni

Eine gründlichere Betrachtung (wesentliche Beiträge: *L. Malatesta*) läßt jedoch wesentliche **Unterschiede zwischen CNR und CO** erkennen:

- Freie Isonitrile besitzen im Gegensatz zu CO ein beträchtliches Dipolmoment:
  $\mu_{CNPh} = 3.4$ Debye (negatives Ende auf dem C-Atom),
  $\mu_{CO} \;= 0.1$ Debye (ebenso).

- CNR kann CO aus seiner Bindung an ein Übergangsmetall verdrängen:
  $$Ni(CO)_4 + 4\ CNPh \longrightarrow Ni(CNPh)_4 + 4\ CO$$

- Die Bereitschaft von CNR als Brückenligand zu fungieren ist zwar dokumentiert [*Beispiel:* $(RNC)_3Co(\mu\!-\!CNR)_2Co(CNR)_3$], jedoch weniger stark ausgeprägt als für CO.

- Verglichen mit Metallcarbonylen ist die Neigung von Metallisonitrilen, in positiven Oxidationsstufen (+I, +II) aufzutreten, größer. So existieren kationische Metallisonitrile, für die bisher keine Carbonylanaloga bekannt sind [*Beispiele*: $[V(CN\text{-}t\text{-}Bu)_6]^{2+}$ (*Lippard*, 1981), $[Nb,Ta(CN\text{-}Xyl)_7]^+$ (*Ellis*, 1999)]. Die Neigung zur Ausbildung niedriger Oxidationsstufen (0, –I) ist dagegen geringer: das erste binäre Isonitrilmetallat wurde erst in jüngerer Zeit beschrieben (*Cooper*, 1994):
  $$Co(CNAr)_4I_2 + 3\ K^+C_{10}H_8^- \xrightarrow{\ DME\ } K(DME)_2^+\,[Co(CNAr)_4]^- + 2\ KI + 3\ C_{10}H_8$$

Isonitrilen **CNR** wird daher, verglichen mit CO, **stärkerer σ-Donor und schwächerer π-Akzeptorcharakter** zugeschrieben. Daß in (Isonitril)metall-Komplexen aber beide Beiträge wirken, geht aus den strukturellen und spektroskopischen Daten hervor.

$$\left\{ \quad \overset{\ominus}{\text{M}}-\text{C}\!\equiv\!\overset{\oplus}{\text{N}}-\text{R} \qquad \text{M}\!=\!\text{C}\!=\!\overset{\bar{\text{N}}}{\underset{\text{R}}{|}} \qquad \text{M}\!\equiv\!\overset{\oplus}{\text{C}}-\overset{\ominus}{\underset{\text{R}}{\bar{\text{N}}|}} \quad \right\}$$

a   b   c

Im VB-Formalismus wird die $M\overset{\pi}{\rightarrow}L$-Rückbindung durch die Grenzformeln **b** und **c** beschrieben, die MC-Bindungsverkürzung, CN-Bindungsverlängerung, CNR-Abwinkelung und eine Abnahme der Wellenzahl ν_{CN} anzeigen. Dabei sollte mit abnehmender Metall-Oxidationsstufe eine Zunahme des $M\overset{\pi}{\rightarrow}L$-Beitrages verbunden sein. Dies ließ sich experimentell bestätigen wie folgende Aufstellung für binäre oktaedrische (Isonitril)vanadium-Komplexe belegt (*Ellis*, 2000):

	C≡N-Xyl	[V(C≡N-Xyl)$_6$]$^{+,0,-}$			Xyl = 2,6-Me$_2$C$_6$H$_3$
	Ligand	[ ]$^+$	[ ]^0	[ ]$^-$	
d(V,C)		207	203	198	pm
d(C,N)	114	117	119	120	pm
⊰ CNC$_{Xyl}$	180	173(2)	163(4)	158(10)	°
ν_{CN} (THF)	2117	2033	1939	1870	cm^{-1}

$M\overset{\pi}{\rightarrow}L$-Rückbindung ◁▭▭▭▭▭▭▭

Von den drei Strukturparametern reagiert der Abstand d(V,C) am empfindlichsten auf Variation der Vanadium-Oxidationsstufe. Die Betrachtung des CNC$_{Xyl}$-Bindungswinkels läßt keine zuverlässige Aussage zum Grad der $M\overset{\pi}{\rightarrow}L$-Rückbindung zu. Dies hat einen faktischen und einen prinzipiellen Grund. Ersterer beruht darauf, daß der Bindungswinkel CNC$_{Xyl}$ des Isonitrilliganden im Kristall Interligand- und Komplexanion/Gegenion-Wechselwirkungen sowie Packungseffekten unterliegt, so daß sterische und elektronische Effekte nicht trennbar sind.

Das prinzipielle Problem bei dem Versuch einer Korrelation des CNR-Bindungswinkels mit dem Grad der $M\overset{\pi}{\rightarrow}$Isonitril-Rückbindung besteht darin, daß im MO-Bild Rückbindungseffekte vom Metall in zwei orthogonale π*-Orbitale der C≡N-Dreifachbindung wirken können, wobei die zylindersymmetrische Elektronenverteilung und damit die Linearität der Achse M–C–N–R erhalten bleibt. Analoge Überlegungen gelten auch für die Reihe [Co(CN-Xyl)$_5$]$^+$, [Co$_2$(CN-Xyl)$_8$] und [Co(CN-Xyl)$_4$]$^-$ (*Cooper*, 1994).

Aus den Reaktionen der Metallisonitrile sei die Addition von Verbindungen mit aktivem Wasserstoff (Alkohole, Phenole, Amine, Hydrazine) an koordiniertes CNR unter Bildung von Aminocarbenkomplexen hervorgehoben (vergl. Kap. 14.3):

$$[Pd(CNMe)_4]^{2+} \quad \xrightarrow[\text{2. HBF}_4]{\text{1. H}_2\text{NNH}_2} \quad$$

Daß die Chemie der Metallisonitrile stets im Schatten der Metallcarbonyle stand, ist eher auf den widerwärtigen Geruch der freien Liganden als auf einen Mangel an interessanten Reaktionen und Anwendungen zurückzuführen. So wird der radioaktive Isonitrilkomplex [^{99m}Tc(CN-CH$_2$CMe$_2$OMe)$_6$]$^{2+}$ (Cardiolite®, $\tau_{1/2}$ = 6 h) seit 1991 in der Radiodiagnostik des Herzens eingesetzt (*cardiac imaging*).

•••

EXKURS 8: Organometall-Photochemie

Durch Absorption eines Photons wird ein Molekül in einen elektronisch angeregten Zustand überführt, der eine neue chemische Spezies mit veränderter Elektronen- und Molekülstruktur und somit andersartigem chemischem Verhalten darstellt. Moleküle im elektronisch angeregten Zustand können, verglichen mit dem Grundzustand, andere Bindungswinkel bevorzugen (Bildung gespannter Systeme, S. 154), modifizierte Reaktivität funktioneller Gruppen und drastische Änderung der Säuredissoziationskonstanten aufweisen, anderes Redoxverhalten zeigen sowie durch Schwächung bestimmter Bindungen höhere Reaktivität besitzen. So erfordert etwa die thermische Substitution von CO in $(\eta^5\text{-}C_5H_5)Mn(CO)_3$ hohe Temperaturen, während sie photochemisch bereits bei Raumtemperatur möglich ist.

Die gründliche Diskussion einer photochemischen Reaktion beinhaltet im Idealfall die Beschreibung der **photophysikalischen Aspekte** (Natur und Lebensdauer der elektronisch angeregten Zustände), der **photochemischen Primärprozesse** (Bindungsbruch, bimolekulare Substitution, Redoxvorgang) und der **präparativen Nützlichkeit**. In der Organometallchemie ist man von derartiger Vollständigkeit meist noch weit entfernt. Die Probleme beginnen bereits bei der eindeutigen Klassifizierung der elektronischen Anregung, denn die aus der Ligandenfeldspektroskopie geläufige Unterscheidung zwischen metallzentrierten (d–d)- und Charge-Transfer(CT)-Übergängen ist auf die weitgehend kovalent gebundenen Übergangsmetallorganyle nur eingeschränkt übertragbar: Start- und Zielorbitale eines elektronischen Übergangs besitzen hier meist Metall- *und* Ligandanteile, so daß Zuordnungskriterien, wie etwa das Auftreten von Solvatochromie oder Substituenteneffekte, nur begrenzt anwendbar sind.

Im stark vereinfachten MO-Schema eines oktaedrischen Komplexes seien die unterschiedlichen Arten **elektronischer Anregung** definiert. *Verbindungslinien* führen zu den Basisorbitalen, die in den jeweiligen Molekülorbitalen dominieren. Quelle: *N. Sutin*, Inorg. React. Meth. **15** (1986) 260. Herausg.: *J.J.Zuckerman*.

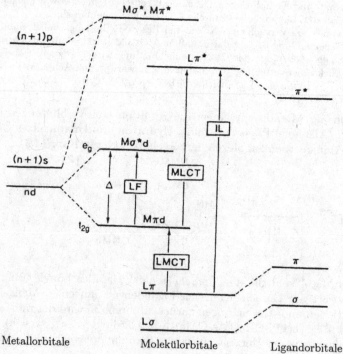

Metallorbitale   Molekülorbitale   Ligandorbitale

LF **Ligandenfeld-Übergang** zwischen Orbitalen mit überwiegendem Metall(nd)-Charakter. *Beispiel:* (Piperidin)$W(CO)_5$, $\lambda = 403$ nm, $\varepsilon = 3860$ (*Wrighton*, 1974).

Zu dieser Kategorie sind auch Anregungen $\sigma(M-M) \rightarrow \sigma^*(M-M)$ in Mehrkernkomplexen mit Metall–Metall-Bindung zu zählen. *Beispiel:* $Mn_2(CO)_{10}$, $\lambda = 336$ nm, $\varepsilon = 33700$ (*Wrighton*, 1975).

MLCT **Metall-Ligand Charge-Transfer**, formal intramolekulare Oxidation des Zentralmetalls und Reduktion der Liganden. *Beispiel:* (4-Formylpyridin)$W(CO)_5$, $\lambda = 470$ nm, $\varepsilon = 6470$ (*Wrighton*, 1973).

LMCT **Ligand-Metall Charge-Transfer**. *Beispiel:* $[Cp_2Fe]^+$, $\lambda = 617$ nm, $\varepsilon = 450$ (*Gray*, 1970).

IL **Intraligand-Übergang**, Elektronenanregung $n \rightarrow \pi^*$ bzw. $\pi \rightarrow \pi^*$ zwischen Orbitalen, die überwiegend an einem Liganden zentriert sind, Gegenstück zu LF. *Beispiel:* (trans-4-Styrylpyridin)-$W(CO)_5$, $\lambda = 316$ nm, $\varepsilon = 16300$ (*Wrighton*, 1973).

Zusätzlich existieren noch die Anregungen:

IT **Intervalenz-Übergang**, $M \rightarrow M'$ Charge-Transfer in Mehrkernkomplexen gemischter Valenz. *Beispiel:* Biferrocenyl$^+$, $[(C_5H_5)Fe^{II}(C_5H_4-C_5H_4)Fe^{III}(C_5H_5)]^+$, $\lambda = 1900$ nm, $\varepsilon = 550$ (*Cowan*, 1973).

MSCT **Metall-Solvens Charge Transfer**.
Beispiel: Cp_2Fe in CCl_4, $\lambda = 320$ nm. Einstrahlung mit der Frequenz der MSCT-Bande bewirkt Photooxidation des Substrates gemäß
$$Cp_2Fe + CCl_4 \rightarrow \{Cp_2Fe^+CCl_4^-\}^* \rightarrow Cp_2Fe^+ + Cl^- + CCl_3 \quad (\textit{Traverso}, 1970)$$

Für die der Lichtabsorption folgenden **photochemischen Primärprozesse** sind die Lebensdauern der elektronisch angeregten Zustände von entscheidender Bedeutung. Nicht immer wird der photochemisch aktive Zustand eines Moleküls durch Aufnahme eines Lichtquants direkt erzeugt:

Die intensiv rote Farbe von $[Fe(bipy)_3]^{2+}$ ist zwar auf eine MLCT-Anregung zurückzuführen, der MLCT-Zustand ist jedoch äußerst kurzlebig, ($\tau \leq 10^{-11}$ s) und es erfolgt rasche Relaxation zu einem längerlebigen, chemisch aktiven LF-Zustand ($\tau = 10^{-9}$ s, *Sutin*, 1980). Man beachte, daß die direkte Erzeugung eines LF-Zustandes (d–d-Übergang) dem *Laporte*-Verbot unterliegt.

Mit der primären elektronischen Anregung ist im allgemeinen auch eine Schwingungsanregung verbunden („vertikaler Übergang", *Franck-Condon*-Prinzip). Die überschüssige Schwingungsenergie wird aber unter Bildung eines thermisch äquilibrierten, elektronischen Anregungszustandes („thexi state") rasch an das umgebende Medium abgegeben.

Je nach Energie und Lebensdauer der Anregungszustände können sich folgende Vorgänge anschließen:

Unimolekulare Primärprozesse

Strahlungslose Desaktivierung $\qquad ML_6^* \longrightarrow ML_6 + $ Wärme

Lumineszenz $\qquad ML_6^* \longrightarrow ML_6 + h\nu$

Dissoziation, Assoziation $\qquad ML_6^* \xrightarrow[-L]{} ML_5 \xrightarrow{+A} ML_5A$

Dissoziation, oxidative Addition $\qquad ML_6^* \xrightarrow[-L]{} ML_5 \xrightarrow{+A-B} L_5M {\overset{\displaystyle A}{\underset{\displaystyle B}{<}}}$

Isomerisierung $\qquad$ *cis/trans* oder *d/l* Umlagerung

Homolytische Spaltung $\qquad L_5M-ML_5^* \longrightarrow 2\, ML_5^{\cdot}$

Reduktive Eliminierung $\qquad L_4M(H)_2^* \longrightarrow L_4M + H_2$

Bimolekulare Primärprozesse

Stoßdesaktivierung (thermisch) $ML_6^* + A \longrightarrow ML_6 + A + \text{Wärme}$

Energietransfer (elektronisch) $ML_6^* + A \longrightarrow ML_6 + A^*$

Elektronentransfer (nach MLCT) $ML_6^* + A \longrightarrow ML_6^+ + A^-$

$ML_6^* + B \longrightarrow ML_6^- + B^+$

Assoziation (nach MLCT) $ML_6^* + A \longrightarrow ML_6A \longrightarrow ML_5A + L$

Nachfolgend seien vier photochemisch eingeleitete metallorganische Reaktionstypen, die präparative Bedeutung erlangt haben, näher betrachtet.

1 Photochemische Substitution an Metallcarbonylen

Dies ist die am längsten bekannte und am häufigsten ausgeführte Photoreaktion der Metallorganik. *Beispiele:*

$$W(CO)_6 + PPh_3 \xrightarrow{h\nu} W(CO)_5(PPh_3) + CO$$

$$Fe(CO)_5 + {/\!\!/}\;{\backslash\!\!\backslash} \xrightarrow{h\nu} {\Big[}\!\!-Fe(CO)_3 + 2\,CO$$

$$CpV(CO)_4 + PhC\equiv CPh \xrightarrow{h\nu} CpV(CO)_{3-n}(PhC\equiv CPh)_n + (n+1)CO \quad n = 1,2$$

$$CpMn(CO)_3 \xrightarrow[\text{THF, }-CO]{h\nu} CpMn(CO)_2THF \xrightarrow[20\,°C,\,-THF]{L} CpMn(CO)_2L$$

Die Geschwindigkeitskonstante für den Vorgang $Cr(CO)_6 \to Cr(CO)_5 + CO$, der dem Eintritt eines neuen Liganden L vorausgeht, erfährt bei photochemischer Anregung $Cr(CO)_6 \to Cr(CO)_6^*$ eine Steigerung um den Faktor 10^{16}. Hierfür ist der LF-Übergang $t_{2g}(\pi) \to e_g(\sigma^*)$ verantwortlich, der die Depopulation eines M–CO-bindenden und die Population eines M–CO-antibindenden MO's bewirkt (vergl. auch das MO-Schema eines oktaedrischen Komplexes, S. 258).

Neue quantenchemische Rechnungen für die Metallcarbonyle $M(CO)_6$ (M = Cr, Mo, W) auf dem TDDFT-Niveau (time dependent density functional theory) unter Berücksichtigung relativistischer Effekte legen allerdings eine Revision der Elektronenstruktur und damit der Natur der Anregungsprozesse nahe. Demnach handelt es sich bei den niedrigstenergetischen Banden in den Elektronenspektren dieser Metallcarbonyle nicht um Ligandenfeld(LF)– sondern um MLCT-Banden (*Baerends*, 1999). Die qualitative Diskussion der Photosubstitution an Metallcarbonylen wird hierdurch nicht entwertet, denn auch ein MLCT-Übergang ist von einer Schwächung der M–CO-Bindung begleitet. Das Beispiel zeigt aber, daß das quantitative Verständnis selbst so archetypischer Moleküle wie sie die Spezies $M(CO)_6$ darstellen, noch heute der Überprüfung bedarf.

In Carbonylkomplexen gemischter Koordinationssphäre $M(CO)_mL_n$ führt photochemische Anregung zum Austritt des auch im Grundzustand am schwächsten gebundenen Liganden. Dies ist jeweils der Ligand in niedrigerer Position in der spektrochemischen Reihe:

$$M(CO)_5(THF) \xrightarrow{h\nu} M(CO)_5 + THF$$

Die Einführung des schwach gebundenen Liganden THF gelingt daher nur einfach. Bei Liganden vergleichbarer Bindungsstärke zum Metall werden hingegen Konkurrenzreaktionen beobachtet:

$$CO + M(CO)_4L \xleftarrow{h\nu} M(CO)_5L \xrightarrow{h\nu} M(CO)_5 + L$$

So kann $Mo(CO)_6$ in Gegenwart von überschüssigem Trimethylphosphit photochemisch vollständig in $Mo[P(OMe)_3]_6$ überführt werden (*Poilblanc*, 1972).

An $(\eta^6\text{-Aren})Cr(CO)_3$ läßt sich photochemisch sowohl das Aren als auch ein CO-Ligand ersetzen:

$$(\eta^6\text{-Aren})Cr(CO)_3 \xrightarrow[-CO]{h\nu} \{(\eta^6\text{-Aren})Cr(CO)_2\}$$

$$\xrightarrow[+CO]{Aren'} (\eta^6\text{-Aren}')Cr(CO)_3$$

$$\xrightarrow[+L]{} (\eta^6\text{-Aren})Cr(CO)_2 L$$

Geringere Bereitschaft zur CO-Substitution zeigen die entsprechenden Mo- und W-Komplexe. In Abwesenheit geeigneter freier Liganden kann die durch photochemische CO-Abspaltung gebildete Koordinationslücke durch Dimerisierung geschlossen werden:

$$2\ Re(CO)_5Br \xrightarrow[\substack{CCl_4 \\ -2\ CO}]{h\nu} (CO)_4Re \underset{Br}{\overset{Br}{<\!\!>}} Re(CO)_4$$

$$2\ C_5H_5Co(CO)_2 \xrightarrow[-2\ CO]{h\nu} (C_5H_5)Co \underset{\underset{O}{C}}{\overset{\overset{O}{C}}{=\!=\!=}} Co(C_5H_5)$$

Die interne Absättigung einer Koordinationslücke wird auch durch $\sigma(\eta^1) \rightarrow \pi(\eta^3)$-Umlagerung ermöglicht (*Green*, 1964):

$$\diagup\!\!\diagdown\!\!\text{Mn(CO)}_5 \xrightarrow{h\nu} \triangle\text{—Mn(CO)}_4 + CO$$

Eine weitere Variante koordinativer Absättigung ist die oxidative Addition, so etwa die Hydrosilierung (*Graham*, 1971):

$$Fe^0(CO)_5 \xrightarrow[-CO]{h\nu} \{Fe(CO)_4\} \xrightarrow{HSiCl_3}$$

(Struktur: Fe mit Liganden $SiCl_3$, H, OC, OC, CO, $\overset{C}{\underset{O}{|}}$)

Während die bisherigen Beispiele der Carbonylsubstitution **dissoziativ aktiviert** sind, gestatten die besonderen elektronischen Verhältnisse des Liganden **NO** einen **assoziativen Mechanismus**, der durch eine vorgelagerte, photochemische Überführung von NO^+ (linear koordiniert) in NO^- (gewinkelt koordiniert) eingeleitet wird (*Zink*, 1981):

$$(CO)_3\overset{-I}{Co}-N\equiv O| \xrightarrow{h\nu} \left\{(CO)_3\overset{+I}{Co}-N\diagdown_{O|}\right\} \xrightarrow[-CO]{^*Ph_3P} Ph_3P(CO)_2\overset{-I}{Co}-N\equiv O|$$

18 VE   16 VE   18 VE

kurzlebige
Zwischenstufe

2 Photochemische Reaktionen unter Spaltung von Metall-Metall-Bindungen

Mehrkernige ÜM-Organyle können M–M-Bindungsordnungen von 1–4 aufweisen (Kap. 16). Im einfachsten Falle sind zwei 17VE-Fragmente über eine M–M-Einfachbindung verknüpft, *Beispiele:* $[(C_5H_5)Mo(CO)_3]_2$, $Mn_2(CO)_{10}$, $Co_2(CO)_8$.

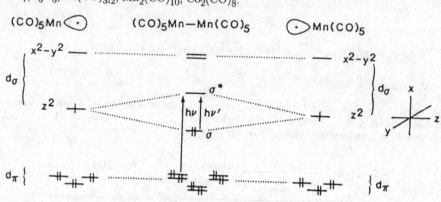

Die M–M-Einfachbindung ist in derartigen Molekülen die Schwachstelle, photochemische Anregung σ→σ* reduziert die Bindungsordnung auf 0 und nach **homolytischer Spaltung** werden zwei Organometallradikale erhalten, die Folgereaktionen eingehen:

$$Mn_2(CO)_{10} \xrightarrow{h\nu} 2\ Mn(CO)_5\cdot \xrightarrow{CCl_4} 2\ Mn(CO)_5Cl$$

Über das Studium von Konkurrenzreaktionen ist für die Halogenabstraktion folgende Reaktivitätsabstufung hergeleitet worden (*Wrighton*, 1977):

$$Re(CO)_5^\cdot > Mn(CO)_5^\cdot > CpW(CO)_3^\cdot > CpMo(CO)_3^\cdot > CpFe(CO)_2^\cdot > Co(CO)_4^\cdot$$

Diese Reihe läuft parallel zum Gang der energetischen Aufspaltungen $\Delta E(\sigma,\sigma^*)$, der sich aus der Bandenlage im optischen Spektrum des jeweiligen Dimeren ergibt. Eine große Grenzorbitalaufspaltung im dimeren Komplex korreliert also mit hoher Reaktivität der monomeren Einheit in Folgereaktionen.

Auch scheinbar einfache, photochemisch eingeleitete Substitutionsreaktionen verlaufen häufig über primäre Spaltung der Metall-Metall-Bindung (*Wrighton*, 1975):

$$Mn_2(CO)_{10} \xrightarrow{h\nu} Mn_2(CO)_{10}^* \xrightarrow[\text{2. + PPh}_3]{\text{1. – CO}} Mn_2(CO)_9(PPh_3)$$

$$2\ Mn(CO)_5^\cdot \xrightarrow[\text{2. – CO}]{\text{1. + PPh}_3} Mn(CO)_5^\cdot + Mn(CO)_4PPh_3^\cdot$$

Das 17VE-Radikal $Mn(CO)_5^\cdot$ ist substitutionslabil, der Ersatz von CO durch PPh_3 erfolgt auf assoziativem Wege, also ohne vorgelagerte Abspaltung von CO (*Brown*, 1985).

Die alternativen Reaktionspfade für die Carbonylsubstitution an elektronisch angeregtem $Mn_2(CO)_{10}^*$ unterscheiden sich im einleitenden Schritt, der entweder in Mn–CO- oder in Mn–Mn-Bindungsspaltung besteht. Von hohem grundsätzlichem Interesse ist daher das Studium der Dynamik dieser Bindungsspaltungen auf der Femtosekunden(10^{-15} s)-Zeitskala mittels gepulster Laseranregung und Flugzeit(TOF)-Massenspektrometrie (*Zewail*, 1995). Demnach erfolgt Mn–CO-Spaltung rascher als Mn–Mn-Spaltung. Nachdem aber die Bindungsenergien $C(Mn-CO) \approx 160$ kJ/mol und $D(Mn-Mn) \approx 150$ kJ/mol sehr ähnlich sind,

sind, dürfte der Geschwindigkeitsunterschied der Bindungsspaltung kinematisch bedingt sein: bei gleichem Betrag verfügbarer Energie ist die Rückstoßgeschwindigkeit für die Mn–CO-Trennung größer als im Falle der Mn–Mn-Trennung. Dies folgt aus den unterschiedlich reduzierten Massen der beiden Fragmentpaare. Hier liegt aber auch die Grenze der Übertragbarkeit der Verhältnisse in der Gasphase auf die Reaktion in flüssiger Lösung, bei der Käfigbildung nach Bindungsspaltung einen erheblichen Einfluß ausüben kann. Faszinierend ist dennoch, daß man heute in der Lage ist, metallorganische Fundamentalprozesse in Echtzeit zu beobachten.

Als weitere, präparativ nützliche, photolytisch eingeleitete Substitutionsreaktionen an Mehrkernkomplexen seien angeführt:

$$[CpNi(CO)]_2 \xrightarrow{h\nu} \{2\ CpNi(CO)\cdot\} \xrightarrow{R_2S_2} 2\ CpNi(CO)SR$$

$$[CpMo(CO)_3]_2 \xrightarrow{h\nu} \{2\ CpMo(CO)_3\cdot\} \xrightarrow[-2\ CO]{2\ NO} 2\ CpMo(CO)_2NO$$

Dem Substitutionsschritt geht hier eine M–M-Bindungsspaltung voraus. An $[CpFe(CO)_2]_2$ hingegen erfolgt die Substitution von CO durch Phosphane unter Erhalt der dimeren Struktur (*T.J.Meyer*, 1980):

$$\xrightarrow[-CO]{h\nu \atop PPh_3} Cp_2Fe_2(CO)_3PPh_3$$

Das gleiche gilt für $\mu(\eta^2{:}\eta^2\text{-}Et_2C_2[CpMo(CO)_2]_2$ (*Muetterties*, 1980):

$$\xrightarrow[-CO]{h\nu \atop P(OMe)_3}$$

Das Vorliegen von Brückenbindungsfunktionen, zusätzlich zur Metall-Metall-Bindung, wirkt demnach der homolytischen Spaltung entgegen. Photolysiert man den Cluster $Ir_4(CO)_{12}$ in Gegenwart eines Alkins, so bleibt der Aggregationsgrad Ir_4 zwar erhalten, das Metallgerüst wechselt jedoch von tetraedrischer zu planarer Struktur. Der Eintritt des elektronenreichen Alkins behebt den Elektronenmangel der Ir_4-Einheit also teilweise, eine **Abnahme des Metall-Metall-Verknüpfungsgrades** ist die Folge. Besonders interessant sind die beiden Varianten der Alkinbrücken, μ_2 und μ_4, in folgendem Beispiel (*Johnson*, 1978):

$$\xrightarrow[-4\ CO]{h\nu,\ 20\ °C,\ C_6H_6 \atop R{-}C{\equiv}C{-}R}$$

$$R = COOEt$$
$$\textcircled{Ir} = Ir(CO)_2$$

Die thermodynamische Stabilität metallorganischer Cluster kann aber auch dazu führen, daß unter photochemischen Bedingungen **Metall–Metall-Bindungen aufgebaut** werden:

$$2\ Co_2(CO)_8 \xrightarrow{h\nu} Co_4(CO)_{12}\ +\ 4\ CO$$

Gelegentlich sind Photoreaktionen zweikerniger Carbonylmetalle von einer **Disproportionierung** begleitet:

$$[CpMo^I(CO)_3]_2\ +\ Cl^- \xrightarrow[CH_3CN]{h\nu} CpMo^{II}(CO)_3Cl\ +\ [CpMo^0(CO)_3]^-$$

(T. J. Meyer, 1974)

$$Mn_2(CO)_{10} + 3\ NH_3 \xrightarrow[\substack{Pentan \\ -2\ CO}]{h\nu} [fac\text{-}Mn^I(CO)_3(NH_3)_3]^+[Mn^{-I}(CO)_5]^-$$

(Herberhold, 1978)

Diese Reaktionen lassen sich mechanistisch durch die Folge Homolyse → Substitution → Elektronentransfer deuten.

Für Heterometall-Mehrkernkomplexe kann die M–M'-Bindungsspaltung, je nach Wahl der Bausteine, homolytisch oder heterolytisch erfolgen. Dem homolytischen Modus unterliegen alle drei Komponenten des folgenden Cophotolysegleichgewichts:

$$Re_2(CO)_{10}\ +\ [CpFe(CO)_2]_2 \rightleftharpoons 2\ (CO)_5ReFeCp(CO)_2$$

Heterolytische M-M'-Bindungsspaltung tritt hingegen dann ein, wenn die Metall-Metall-Wechselwirkung als **dative** Bindung zu formulieren ist (*Tyler*, 1997):

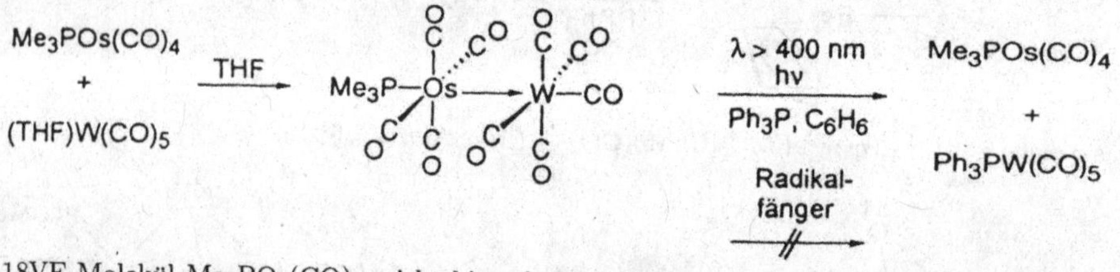

Das 18VE-Molekül $Me_3POs(CO)_4$ wirkt hier als Metallbase gegenüber der 16VE-Metallsäure $W(CO)_5$, dies spiegelt sich auch in den Reaktionsprodukten wider. Die Abwesenheit homolytischer Prozesse wird durch den negativen Ausgang von Experimenten mit Radikalfängern nahegelegt.

3 Photochemische Reaktionen unter Spaltung von ÜM–H-Bindungen

Nicht der Organometallchemie im engsten Sinne zugehörig, aber mit ihr verwandt, sind photochemische Reaktionen, die durch ÜM–H-Bindungsspaltungen eingeleitet werden.

Für **einkernige Di- und Oligohydride** besteht die Primärreaktion des angeregten Moleküls in **reduktiver Eliminierung** von H_2 (*Geoffroy*, 1980). Die hierbei gebildeten Spezies sind hochreaktiv, da elektronenreich und niedrig koordiniert, sie gehen auch mit relativ inerten Partnern präparativ nützliche Folgereaktionen ein:

$$(dppe)_2MoH_4 \xrightarrow[-2\ H_2]{h\nu} \{(dppe)_2Mo\} \xrightarrow{2\ N_2} trans\text{-}[(dppe)_2Mo(N_2)_2] \quad (Geoffroy,\ 1980)$$

$$Cp_2WH_2 \xrightarrow[-H_2]{h\nu} \{Cp_2W\} \xrightarrow{C_6H_6} Cp_2W\!\!\begin{smallmatrix} H \\ \diagdown \\ Ph \end{smallmatrix} \quad (Green,\ 1972)$$

$$(dppe)_2ReH_3 \xrightarrow[-H_2]{h\nu} \{(dppe)_2ReH\} \xrightarrow{CO_2} (dppe)_2Re\!\!\begin{smallmatrix} O \\ \diagup\ \diagdown \\ O \end{smallmatrix}\!\!CH \quad (Geoffrey,\ 1980)$$

$[dppe = Ph_2PCH_2CH_2PPh_2)]$

Die H_2-Eliminierung scheint **konzertiert** abzulaufen, denn in der folgenden Cophotolyse wird kein HD gebildet (*Geoffrey*, 1976):

$$(PPh_3)_3IrClH_2 \;+\; (PPh_3)_3IrClD_2 \xrightarrow{\;h\nu\;} 2\,(PPh_3)_3IrCl \;+\; H_2 \;+\; D_2$$

Oligohydridometallcluster wie $Re_3H_3(CO)_{12}$ neigen nicht zu photochemischer H_2-Eliminierung. Die Hydridliganden sind hier metallverbrückend gebunden, was den konzertierten Austritt eines H_2-Moleküls offenbar erschwert. Die Photochemie der Hydridocluster wird stattdessen durch Metall-Metall-Bindungsspaltung und Carbonylsubstitution geprägt.

Photoinduzierte Ligandsubstitution ist auch die übliche Reaktion von **Monohydridkomplexen**, homolytische Spaltungen von ÜM–H-Bindungen stellen hier die Ausnahme dar. Dies ist plausibel, denn die konzertierte Eliminierung eines H_2-Moleküls aus einem Dihydrid ist ein Reaktionsweg niedriger Energie, die Abspaltung eines H-Atoms aus einem Monohydrid hingegen ein Weg hoher Energie. Das Primärprodukt der photoinduzierten Dissoziation läßt sich in Matrixisolation IR-spektroskopisch beobachten (*Orchin*, 1978):

$$HCo(CO)_4 \xrightarrow[\text{Ar, 14 K}]{h\nu\,(\lambda = 310\ nm)} HCo(CO)_3 \;+\; CO$$

In Gegenwart potentieller Liganden wird Photosubstitution bewirkt:

$$HRe(CO)_5 \xrightarrow[-\,CO]{h\nu} \{HRe(CO)_4\} \xrightarrow{PBu_3} HRe(CO)_4PBu_3$$

Diese Reaktion ist viel langsamer als die über $Re(CO)_5\cdot$Radikale verlaufende Photosubstitution an $Re_2(CO)_{10}$. Somit kann für $HRe(CO)_5$ eine Re–H-Homolyse als Primärprozeß ausgeschlossen werden (*Brown*, 1977).

4 Photochemische Reaktionen unter Spaltung von ÜM$^{\sigma}$–C-Bindungen

Binären Übergangsmetallorganylen mit M$^{\sigma}$–C-Bindung stehen häufig thermische Zerfallswege zur Verfügung (β-Hydrideliminierung, S. 273), die das mechanistische Studium photochemisch eingeleiteter Reaktionen erschweren. Wendet man sich aber thermisch stabileren Komplexen mit gemischter Ligandensphäre zu, *Beispiel:* $(C_5H_5)Mo(CO)_3CH_3$, so treten zur photochemischen Reaktivität der Metall-Alkyl-Bindung Reaktionsmöglichkeiten in anderen Regionen des Moleküls hinzu. Diese Konkurrenzsituation schränkt die Übersichtlichkeit des mechanistischen Bildes beträchtlich ein. Mehr noch als in den Abschnitten **1–3** soll hier daher das Kriterium präparativer Nützlichkeit im Vordergrund stehen.

● Eine frühe Anwendung photochemischer Anregung in der Organometallchemie ist die Synthese von π-Allylkomplexen via σ→π-**Umlagerung** (*Green*, 1963):

18 VE   16 VE   18 VE

Die primäre Photoreaktion besteht hier im Verlust eines CO-Liganden, der Wechsel des Bindungsmodus der Allylgruppe von η^1 (σ-Komplex) nach η^3 (π-Komplex) schließt sich an. Nach diesem Muster können auch (η^5-Pentadienyl)metall-Strukturelemente aufgebaut werden (S. 415).

- Auch die **Photodesalkylierung** zur Erzeugung **reaktiver Organometallfragmente** für Folgereaktionen hat vielfältige präparative Anwendung gefunden. Beispiel (*Alt*, 1984):

$$Cp_2Ti(CH_3)_2 \xrightarrow[-2\ CH_4]{h\nu} \{Cp_2Ti\}$$

16 VE   14 VE

$$\xrightarrow{CO} Cp_2Ti(CO)_2$$

$$\xrightarrow{S_8} Cp_2Ti \overset{S}{\underset{S}{\diagup}} \overset{S}{\diagdown} S$$

$$\xrightarrow{PhC\equiv CPh} Cp_2Ti$$

$$Cp = C_5H_5$$

Bemerkenswert ist der Austritt von CH_4: Markierungsstudien weisen darauf hin, daß der hierfür benötigte Wasserstoff aus dem C_5H_5-Liganden stammt. Das Auftreten freier Radikale $CH_3^·$ ist daher unwahrscheinlich. C_2H_6 wird nur spurenweise aufgefunden. Die Photolyse von Molekülen mit ÜM$\overset{\sigma}{-}$C-Bindungen scheint somit grundsätzlich anders zu verlaufen als die Photolyse metallorganischer Dihydride, bei der die reduktive Eliminierung von H_2 dominiert. In Abwesenheit potentieller Liganden können Photodesalkylierungen zur Dimerisierung der Organometallfragmente führen (*Wrighton*, 1982):

$$CpRu(CO)_2C_2H_5 \xrightarrow[-CO]{h\nu} \left\{ CpRu \overset{CO}{\underset{\|}{-}} H \right\} \xrightarrow{CO} [CpRu(CO)_2]_2$$

$$+ H_2 + C_2H_4$$

Auch hier wird die Reaktion durch CO-Abspaltung photochemisch eingeleitet. Auf eine (Olefin)(Hydrido)-Komplexzwischenstufe weisen die Reaktionsprodukte H_2 und C_2H_4 hin. Der Weg über eine β-Eliminierung setzt die primäre Bildung einer freien Koordinationsstelle am Zentralmetall voraus. Sind an dieses, außer den σ-Alkylresten, nur mehrzähnige Liganden gebunden, so kann die photochemische Anregung zu einer Schwächung der Bindung eines dieser Liganden unter Verminderung der Haptizität führen (z.B. $\eta^5 \rightarrow \eta^3$).

Möglicherweise verläuft die photochemische Bildung von $(\eta^5\text{-}C_5H_5)_3Th$ aus der thermisch stabilen Verbindung $(\eta^5\text{-}C_5H_5)_3Th(i\text{-}Pr)$ nach diesem Muster (*Marks*, 1977):

$$(\eta^5\text{-}C_5H_5)_3Th(i\text{-}Pr) \xrightarrow[5\ °C]{h\nu} \left\{ (\eta^5\text{-}C_5H_5)_2(\eta^3\text{-}C_5H_5)Th \overset{H}{\diagdown} \right\}$$

$$\downarrow \Delta$$

$$(\eta^5\text{-}C_5H_5)_3Th + \diagup\!\!\diagdown + \diagup\!\!\diagup$$

● Die **Fischer-Müller-Reaktion**, eine vielseitige Methode zur Synthese von Aren- und Olefin-komplexen, bedient sich ebenfalls der photochemischen Spaltung von $M \overset{\sigma}{-} R$-Bindungen (M = V, Cr, Fe, Ru, Os, Pt; R = i-Pr). *Beispiel* (*Müller*, 1972):

$$FeCl_3 \xrightarrow[\substack{Et_2O \\ -70\,°C}]{(i\text{-}Pr)MgBr} (i\text{-}Pr)_3Fe(solv) \xrightarrow{h\nu}$$

nicht
isoliert

$(i\text{-}Pr)_2Fe\overset{H}{\underset{}{\diagup}}$

Die Bildung von C_3H_6 und C_3H_8 (1 : 1) suggeriert wiederum einen β-Hydrideliminierungs-mechanismus mit (Olefin)(Hydrido)-Komplexzwischenstufe.

Neben diesen präparativen Anwendungen besitzt die Organometall-Photochemie auch **technisches Potential** (*Tyler*, 1997). So können OM-Spezies als Initiatoren für kationische und radikalische Polymerisationen eingesetzt werden.

Beispielsweise läßt sich gemäß

Polyethylen-oxid

die *Lewis*-Säure $CpFe^+$ mit locker gebundenen Lösungsmittelmolekülen S erzeugen, die eine kationische Polymerisation von Ethylenoxid einleitet.

M–C-Homolysen können Startradikale für Vinylpolymerisationen liefern:

$$MR_4 \xrightarrow{h\nu} MR_3{}^\cdot + R^\cdot \qquad \begin{array}{l} M = Ti, Zr \\ R = neo\text{-}Pentyl \end{array}$$

Die photochemische Spaltbarkeit der M–M-Bindung läßt sich auch ausnützen, indem sie als Sollbruchstelle in Polymerketten eingebaut wird. Auf diese Weise können photoabbaubare Kunststoffe, Photoresistlacke zur Herstellung gedruckter Schaltungen sowie Vorstufen für keramische Werkstoffe erzeugt werden.

Schließlich lassen sich photolabile OM-Spezies mittels stabiler M–S-Bindungen auf Metallober-flächen fixieren. Durch Photosubstitution im OM-Segment kann dieses anschließend vielseitig modifiziert werden, um erwünschte elektrische oder magnetische Oberflächeneigenschaften zu erzielen:

Träger der
gewünschten Eigenschaft

Das Gebiet der Organometallphotochemie hat somit während des letzten Jahrzehnts einen beträchtlichen Ausbau erfahren, der von grundsätzlichen Studien über präparative Anwendungen bis zu technischen Prozessen reicht. Wesentliche Fortschritte wurden durch den Einsatz ultraschneller Methoden wie der im Pico- bzw. Femtosekundenbereich arbeitenden Laser-Blitzphotolyse erzielt (*Peters*, 1986; *Zewail*, 2000). Was die Photochemie so reizvoll macht, ist die enge Symbiose zwischen Spektroskopie und Chemie, schließlich sind die elektronenspektroskopische Charakterisierung der Edukte in ihrem Grundzustand und die photochemische Erzeugung der neuen reaktiven Spezies oft ein und dasselbe!

15 σ,π-Donor/π-Akzeptor-Liganden

Gemeinsames Merkmal der umfangreichen Klasse der **π-Komplexe** ist, daß sowohl die M ← L-Donor- als auch die M → L-Akzeptor-Wechselwirkung über Ligandorbitale erfolgt, die bezüglich der intra-Ligand-Bindung π-Symmetrie besitzen. Die Ligand-Metallbindung in π-Komplexen enthält immer eine M → L-π-Akzeptorkomponente, die M ← L-Donorkomponenten können, wie bei den entspechenden Liganden näher ausgeführt, σ-Symmetrie (Monoolefine) oder σ- und π-Symmetrie (Oligoolefine, Enyle, [n]-Annulene, Arene) aufweisen.

15.1 Olefinkomplexe

15.1.1 Homoalkenkomplexe

Olefine bilden in großer Zahl Komplexe mit Übergangsmetallen. Derartige Verbindungen spielen eine zentrale Rolle bei Reaktionen, die durch ÜM-Verbindungen katalysiert werden wie Hydrierungen, Oligomerisierungen, Polymerisationen, Cyclisierungen, Hydroformylierungen, Isomerisierungen und Oxidationen (Kap. 18).

Konjugierte Oligoolefine sowie nicht-konjugierte Diolefine mit sterisch günstiger Anordnung der Doppelbindungen bilden besonders stabile Komplexe (Chelateffekt).

Darstellung

1. Substitutionsreaktionen

$$K_2[PtCl_4] \; + \; C_2H_4 \; \xrightarrow[\text{60 bar}]{\text{verd. HCl}} \; K[C_2H_4PtCl_3]\cdot H_2O \; + \; KCl$$

Diese Verbindung wurde erstmals von *Zeise* im Jahre 1827 durch Kochen von $PtCl_4$ in Ethanol hergestellt. Die erste Darstellung aus Ethylen auf dem hier gezeigten Weg beschrieb *Birnbaum* (1868). Mit $SnCl_2$ als Katalysator läuft die Reaktion auch bei 1 bar C_2H_4 in wenigen Stunden ab.

$$Re(CO)_5Cl \; + \; C_2H_4 \; \xrightarrow{AlCl_3} \; [Re(CO)_5C_2H_4]AlCl_4$$

$AlCl_3$ erleichtert die Substitution von Cl^-, welches im $[AlCl_4]^-$-Gegenion gebunden wird.
Bei Verwendung von $AgBF_4$ wird Silberhalogenid ausgefällt und das nicht-koordinierende Anion BF_4^- eingeführt *(Warnung: $AgBF_4$ ist auch ein gutes Oxidationsmittel!)*:

$$CpFe(CO)_2I + C_2H_4 + AgBF_4 \longrightarrow [CpFe(CO)_2(C_2H_4)]BF_4 + AgI$$

Thermische Ligandsubstitution (*Reihlen*, 1930):

$$Fe(CO)_5 \; + \; \diagup\!\!\!\diagup \; \xrightarrow[\text{20 bar}]{135\,°C} \; \underset{(CO)_3}{Fe} \; + \; 2\,CO$$

Photochemische Ligandsubstitution, läuft auch bei tiefen Temperaturen ab (*E. O. Fischer*, 1960):

$$CpMn(CO)_3 \quad + \quad \overset{CHO}{\diagdown\diagup} \quad \xrightarrow{h\nu}$$

Metallinduzierte Ligandisomerisierung (*Birch*, 1968):

$$Fe(CO)_5 \quad + \quad \overset{OCH_3}{\bigcirc} \quad \xrightarrow{140\ °C} \quad \overset{OCH_3}{\bigcirc} \overset{}{-} Fe(CO)_3 \ + \ 2\ CO$$

Eine einfache Methode, isomere Olefine durch Umkristallisation der Silbernitrataddukte zu trennen, beruht auf dem Gleichgewicht (*van der Kerk*, 1970):

$$AgNO_3 \quad + \quad Olefin \quad \underset{}{\overset{EtOH}{\rightleftharpoons}} \quad [Ag(Olefin)_2]NO_3$$

Koordinativ ungesättigte Komplexe können olefinische Liganden aufnehmen, ohne daß eine Gruppe austritt (**Addition**):

$$IrCl(CO)(PPh_3)_2 \quad + \quad R_2C = CR_2 \quad \rightleftharpoons$$

16 VE \qquad\qquad\qquad\qquad\qquad 18 VE

---

2. Metallsalz + Olefin + Reduktionsmittel

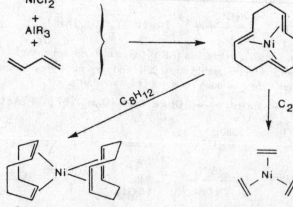

$$\begin{matrix} NiCl_2 \\ + \\ AlR_3 \\ + \end{matrix} \Bigg\}$$

C_8H_{12}

C_2H_4

(trans-trans-trans-Cyclo-dodecatrien)Ni[0] (*Wilke*, 1961): Die hohe Reaktivität dieses Komplexes kommt in der Bezeichnung „nacktes Nickel" zum Ausdruck.

Ni[0](COD)$_2$, gute Quelle für Ni[0] in Folgereaktionen.

Erster binärer Metall-Ethylen-Komplex, farblos, stabil bis 0 °C (*Wilke*, 1973).

$$PtCl_2(1,5-COD) \xrightarrow[Et_2O]{\substack{1,5-COD \\ C_8H_8Li_2}} Pt(1,5-COD)_2 \xrightarrow{C_2H_4} Pt(C_2H_4)_3$$

Tris(ethylen)platin ist nur unter C_2H_4-Atmosphäre stabil (*Stone*, 1977).

Eine spezielle Variante dieser Reaktion ist die **reduktive Spaltung von Metallocenen**:

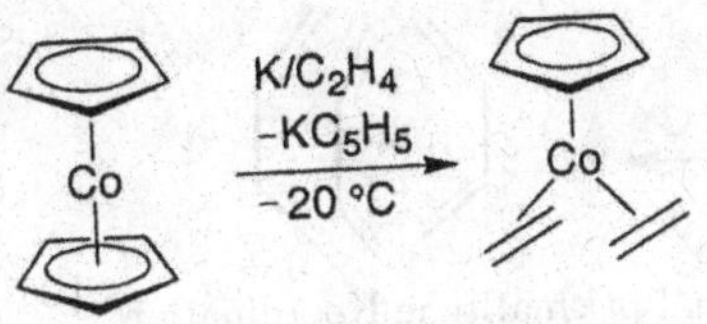

$$\text{Co} \xrightarrow[-20\,°C]{\substack{K/C_2H_4 \\ -KC_5H_5}} \text{Co}$$

CpCo$(C_2H_4)_2$ ist ein bewährter Überträger für CpCo-Halbsandwichfragmente.

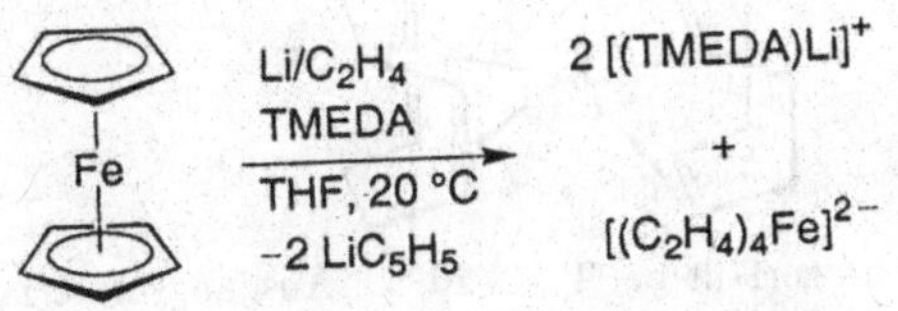

$$\text{Fe} \xrightarrow[\substack{THF,\ 20\,°C \\ -2\,LiC_5H_5}]{\substack{Li/C_2H_4 \\ TMEDA}} 2\,[(TMEDA)Li]^+ + [(C_2H_4)_4Fe]^{2-}$$

Auch in diesem Fe(d^{10})-Komplex sind die Ethyleneinheiten durch viele andere Liganden ersetzbar. Die Methode der **reduktiven C_5H_5-Ablösung** (*Jonas*, 1985) hat sich vielfach bewährt zur Bereitstellung von Zentralmetallen in extrem niedrigen Oxidationsstufen für Folgereaktionen.

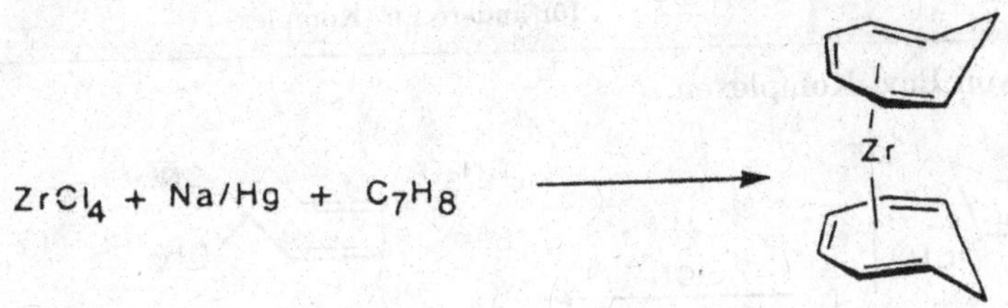

$$ZrCl_4 + Na/Hg + C_7H_8 \longrightarrow \text{(Zr-Komplex)}$$

(*Green*, 1991)

$$RhCl_3 + C_2H_4 \xrightarrow{C_2H_5OH/H_2O} \text{(Rh}_2\text{Cl}_2\text{-Komplex)}$$

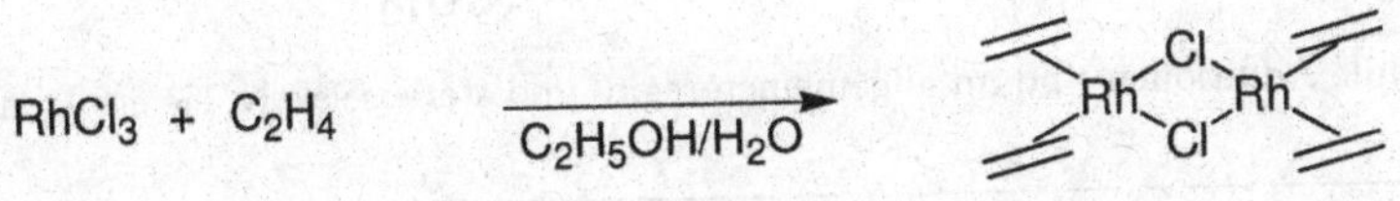

Als Reduktionsmittel wirkt hier überschüssiges Ethylen.

---

3. Butadienübertragung mittels Mg-Butadien

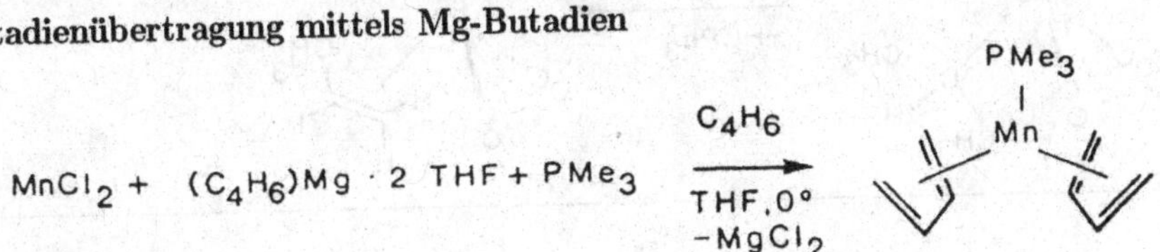

$$MnCl_2 + (C_4H_6)Mg \cdot 2\,THF + PMe_3 \xrightarrow[-MgCl_2]{\substack{C_4H_6 \\ THF,\,0°}} \text{(Mn-Komplex, PMe}_3)$$

(17 VE)

(*Wreford*, 1982)

Diese Verfahren ist auf andere ÜM-Halogenide anwendbar.

---

4. Metallatom-Ligand Cokondensation (CK)

In der CK werden atomare Metalldämpfe und der gasförmige oder gelöste Ligand auf einer gekühlten Fläche vereint. Bei Aufwärmen auf Zimmertemperatur erfolgt in Konkurrenz zur Metallaggregation die Bildung von Metallkomplexen (*Skell, Timms, Klabunde, Green*). Für viele wichtige Verbindungen stellt die CK zur Zeit den einzigen Zugangsweg dar (siehe 15.4.4). Als Nachteile dieser Methode sind die oft nur geringen Ausbeuten sowie der hohe Kühlmittelbedarf zu nennen.

$$\text{Mo(g)} + 3\ C_4H_6(g) \xrightarrow[\text{2. 25 °C}]{\text{1. CK, –196 °C}}$$

trigonal-prismatische Koordination

$$\text{Fe(g)} + \text{(g)} \xrightarrow{\text{CK}}$$

zerfällt bei T > –20 °C, Ausgangsmaterial
für andere Fe⁰-Komplex

5. Umwandlung von Enyl-Komplexen

Derartige nucleophile Additionen sind im allgemeinen regio- und stereoselektiv, sie erfolgen aus exo-Richtung.

6. Hydridabstraktion aus Alkylkomplexen

Struktur- und Bindungsverhältnisse – Monoolefin-Komplexe

Die Koordination eines Monoolefins an ein Übergangsmetall ist das einfachste Beispiel eines Metall-π-Komplexes. Die qualitative Beschreibung der Bindungsverhältnisse mittels des DCD-Modells (*Dewar, Chatt, Duncanson*, 1953) ähnelt bezüglich der Donor/Akzeptor-Charakteristik dem Fall ÜM–CO.

Als „Donorkomponente" (aus der Sicht des Liganden) fungiert die Wechselwirkung des gefüllten, bindenden π-Orbitals des Ethylens mit einem leeren Metallorbital, als „Akzeptorkomponente" die Wechselwirkung eines gefüllten Metallorbitals mit dem leeren, antibindenden π^*-Orbital des Ethylens. (Die Schraffur gibt hier die Phase an).

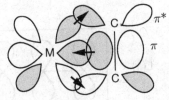

Die Neigung zur Bildung von Olefinkomplexen wird u.a. durch den σ-Akzeptor/π-Donorcharakter des Metalls geprägt. Unter der Voraussetzung, daß die σ-Akzeptoreigenschaft mit der **Elektronenaffinität EA** und die π-Donornatur mit der **Promotionsenergie PE** korreliert, können Daten für die freien ÜM-Atome bzw. Ionen zur Beurteilung der Komplexbildungstendenz mit Olefinen (und anderen Donor/Akzeptorliganden) verwandt werden.

Hohe Elektronenaffinität (EA) des Zentralmetalls fördert den Beitrag M $\xleftarrow{\sigma}$ Olefin, niedrige Promotionsenergie (PE) den Beitrag M $\xrightarrow{\pi}$ Olefin zur Bindung: Ni^0 ist ein guter π-Donor; Hg^{2+} ein guter σ-Akzeptor; Pd^{2+} ein guter π-Donor **und** ein guter σ-Akzeptor. Die Donor/Akzeptoreigenschaften des Zentralmetalls gegenüber dem Olefin werden auch durch weitere Liganden beeinflußt.

Daten: *R. S. Nyholm*, Proc. Chem. Soc. (1961) 273.

*Grundkonfigurationen:
Ni^0 d^8s^2, Pd^0 d^{10}, Pt^0 d^9s^1.

Atom oder Ion	Elektr. Konf.	PE (eV)	EA (eV)
Ni(0)*	d^{10}	1.72	1.2
Pd(0)*	d^{10}	4.23	1.3
Pt(0)*	d^{10}	3.28	2.4
Rh(I)	d^8	1.6	7.31
Ir(I)	d^8	2.4	7.95
Pd(II)	d^8	3.05	18.56
Pt(II)	d^8	3.39	19.42
Cu(I)	d^{10}	8.25	7.72
Ag(I)	d^{10}	9.94	7.59
Au(I)	d^{10}	7.83	9.22
Zn(II)	d^{10}	17.1	17.96
Cd(II)	d^{10}	16.6	16.90
Hg(II)	d^{10}	12.8	16.90

$$PE \begin{cases} nd^{10} \rightarrow nd^9 (n+1)p^1 \\ nd^8 \rightarrow nd^7 (n+1)p^1 \end{cases}$$

$$EA \begin{cases} nd^{10} \rightarrow nd^{10} (n+1)s^1 \\ nd^8 \rightarrow nd^8 (n+1)s^1 \end{cases}$$

Die Fähigkeit eines Olefins, in der Bindung an ein Übergangsmetall sowohl als *Lewis*-Base, als auch als *Lewis*-Säure zu fungieren, hilft bei der Erfüllung des Elektroneutralitätsprinzips. Man betrachte hierzu die Ergebnisse einer quantenchemischen Rechnung an Modellverbindungen (*Roos*, 1977):

	Berechnete Ladung auf		
	Ni	C_2H_4	NH_2 bzw. NH_3
$(C_2H_4)Ni(NH_2)_2$ „Ni(II)-Komplex"	+ 0.83	+ 0.02	− 0.43
$(C_2H_4)Ni(NH_3)_2$ „Ni(0)-Komplex"	+ 0.58	− 0.78	+ 0.11

Trotz unterschiedlicher formaler Oxidationsstufen führt die quantitative Behandlung der Bindungsverhältnisse zu sehr ähnlicher Ladung auf dem Zentralatom!

Die MO-Behandlung des MC_2-Fragments besteht in der symmetriegerechten Kombination von Metall- mit Ligandorbitalen:

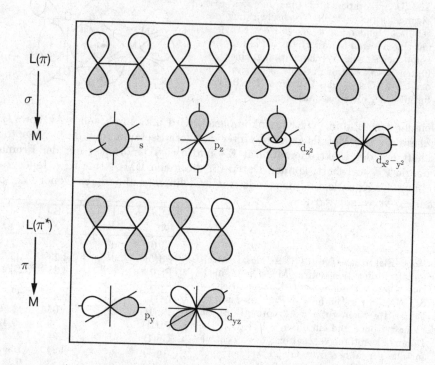

Nach übereinstimmender Meinung wird die Energie der ÜM–Alken-Bindung durch den Beitrag der $M \xrightarrow{\pi}$ L-Rückbindung dominiert (vergl. *Frenking*, 2000).

Sowohl der $M \xleftarrow{\sigma}$ Olefin-Donor- als auch der $M \xrightarrow{\pi}$ Olefin-Akzeptoranteil der Wechselwirkung schwächt die Intraligand(–C=C–)-Bindung. Dies folgt prinzipiell aus dem Wechselwirkungsdiagramm und wird auch experimentell bei einem Vergleich der $\nu_{C=C}$-Wellenzahlen von freiem und koordiniertem Ethylen deutlich:

Komplex	$\nu_{C=C}$ (cm^{-1})	Komplex	$\nu_{C=C}$ (cm^{-1})
$[(C_2H_4)_2Ag]BF_4$	1584	$(C_2H_4)Fe(CO)_4$	1551
$[(C_2H_4)_2Re(CO)_4]PF_6$	1539	$[CpFe(CO)_2C_2H_4]PF_6$	1527
$[C_2H_4PdCl_2]_2$	1525	$K[PtCl_3(C_2H_4)] \cdot H_2O$	1516
$CpMn(CO)_2(C_2H_4)$	1508	$[C_2H_4PtCl_2]_2$	1506
$CpRh(C_2H_4)_2$	1493	**C_2H_4, frei**	**1623**

Für die besonders ausgeprägte C=C-Bindungsschwächung im Falle des Komplexes $CpRh(C_2H_4)_2$ sind die dem Synergismus der Rhodium–Ethylen-Bindung förderlichen Daten PE und EA (S. 371) von Rh(I) verantwortlich.

Ein wesentlicher struktureller Aspekt ist der **Verlust der Planarität des Olefins bei Koordination an ein Übergangsmetall**. Diese Deformation wächst in substituierten Ethylenen C_2X_4 mit zunehmender Elektronegativität von X.

Struktur (Neutronenbeugung) von $K[PtCl_3(C_2H_4)]$. Der C–C-Abstand beträgt 137 pm, ist also ähnlich wie im unkomplexierten Olefin (135 pm). Das Olefin steht senkrecht zur $PtCl_3$-Ebene. Die Pt–Cl-Bindung trans zum Olefin ist leicht verlängert. Die Atome H(1) – H(4) und C(1), C(2) liegen nicht in einer Ebene. Der Interplanarwinkel der beiden CH_2-Ebenen beträgt 146° (*Bau*, 1975).

Struktur (Röntgenbeugung) von $(C_5H_5)Rh(C_2H_4)(C_2F_4)$. Die C-Atome von C_2F_4 haben einen kürzeren Abstand zum Metall als die von C_2H_4. Der Interplanarwinkel der beiden CH_2-Ebenen in C_2H_4 beträgt 138°, der der CF_2-Ebenen in C_2F_4 liegt dagegen bei 106° (*Guggenberger*, 1972).

Das Fragment $(\eta^2$-Alken)M weist somit strukturelle Ähnlichkeit mit Epoxiden auf, eine Betrachtung als Metallacyclopropan liegt nahe:

Epoxid

$(\eta^2$-Tetracyanoethylen)-Ni-Komplex

Eine derartige Formulierung scheint mit der *Dewar-Chatt-Duncanson*-Beschreibung der Bindungsverhältnisse zunächst wenig gemein zu haben. Es läßt sich jedoch zeigen, daß sich die realen Bindungsverhältnisse gut mit einer Deutung zu vereinbaren sind, die zwischen zwei Grenzfällen angesiedelt ist (*R. Hoffmann*, 1979):

Lokalisierte Orbitale	Linearkombination	Delokalisierte Orbitale	Symmetrieäquivalent

Metallacyclopropan-Beschreibung: zwei lokalisierte 2e2c MC-σ-Bindungen, Alken als biradikalischer zweizähniger Ligand (nicht planar)
kovalentes Bild

Dewar, Chatt, Duncanson-Beschreibung: eine delokalisierte 2e3c MC_2-σ-Bindung, eine delokalisierte 2e3c MC_2-π-Bindung. Alken als „einzähniger" Ligand (planar).
Donor-Akzeptor-Bild

Während im Grenzfall **B** sp²-hybridisierte C-Atome vorliegen (η^2-Ethylen planar, M–C lang, C–C kurz), ist im Grenzfall **A** der p-Anteil der C-Hybridorbitale größer (η^2-Ethylen nicht planar, M–C kurz, C–C lang). Die Abweichung des koordinierten Ethylens von der Planarität sollte daher mit der Neigung der C-Atome korrelieren, Hybridorbitale mit höherem p-Anteil zu bilden. Diese Neigung steigt in Einklang mit der *Bent*schen Regel mit zunehmender Elektronegativität der Substituenten X. [Als repräsentatives Beispiel für den Geist der *Bent*schen Regel (1960) diene ein Strukturvergleich folgender Radikale: $CH_3\cdot$ (planar, sp²) und $CF_3\cdot$ (pyramidal, sp³).

Wenn η^2-Koordination von Alkenen zur Pyramidalisierung an den Ligator-C-Atomen führt, so wäre zu erwarten, daß sterisch gespannte Alkene, die a priori von der Planarität abweichen, besonders starke Bindungen an ÜM ausbilden sollten. Dies ist in der Tat der Fall. Im Platinkomplex des Tricyclo[3.3.1.0³,⁷]non-3(7)-ens bringt der Ligand eine starke Alkenpyramidalisierung bereits mit.

Fp 193 °C(!)

Modell $Pt(\eta^2\text{-}C_2H_4)_{pyr}$

Quantenchemische Rechnungen am einfachen Modellkomplex mit vorgegebenem Pyramidalisierungswinkel ergaben, relativ zu planarem Alken, eine bedeutende Metall–Alken-Bindungsverstärkung (*Borden*, 1991). Diese ist auf eine durch Pyramidalisierung bewirkte Anhebung des HOMOs und Absenkung des LUMOs des Alkens zurückzuführen. In Einklang mit diesem Bild ist die Zunahme an Metall–Alken-Bindungsenergie (DCD-Bild: σ- und π-Anteile sind betroffen) wesentlich größer als die Zunahme der Rotationsbarriere um die Pt–Alken-Achse (nur der π-Anteil wird geopfert). Die hohe Bindungsenergie im Segment $\ddot{U}M(\eta^2\text{-}C_2R_4)_{pyr}$ ist auch dazu verwandt worden, hochgespannte Alkene zu stabilisieren (vergl. *Borden*, 1989). Die **Konformation bezüglich der M–Olefin-Bindungsachse** ist von der Koordinationszahl sowie der Zahl der Valenzelektronen des Metalls abhängig:

KZ 3, 16 VE
L_2M(Alken)
L_2M(Alkin)
Beispiele:
$(PPh_3)_2NiC_2H_4$
$Pt(C_2H_4)_3$

KZ 4, 16 VE
L_3M(Alken)

$K[PtCl_3(C_2H_4)]$

KZ 5, 18 VE
L_4M(Alken)

$(PPh_3)_2IrBr(CO)TCNE$
TCNE = Tetracyanoethylen

Die **gehinderte Ligandenbewegung** koordinierter Alkene (und Alkine) fällt häufig in einen Temperaturbereich, der ihr Studium mittels ^{1}H-NMR Spektroskopie gestattet.

^{1}H-NMR Spektrum von **$C_5H_5Rh(C_2H_4)_2$** (200 MHz):

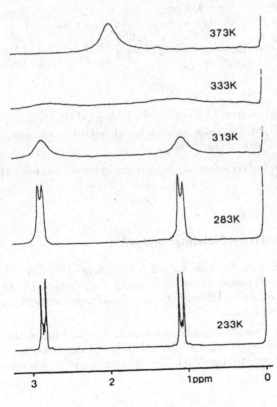

373K

333K

313K

283K

233K

Bei schneller Rotation um die Bindungsachse Metall-Ligand (die Rotationsfrequenz ist höher als die Signalseparierung in Hz) erscheinen die inneren (H_i) und die äußeren (H_a) Protonen äquivalent. Bei tiefer Temperatur wird die Rotation „eingefroren" und man beobachtet statt eines einzigen Signals ein AA'XX' Spektrum (*Cramer*, 1969).

Daß in der Tat eine Rotation um die Metall–Ligand-Achse, nicht aber um die Ethylen(C–C)-Achse abläuft, wird durch die Temperaturabhängigkeit des ^{1}H-NMR-Spektrums eines chiralen Ethylenkomplexes angezeigt:

Das Spektrum von $C_5H_5CrCO(NO)C_2H_4$ geht bei Temperaturerhöhung vom ABCD- in einen AA′BB′-Typ über, zwei diastereotope Protonenpaare bleiben also erhalten. Eine zusätzliche Rotation um die Ethylen-(C–C)-Achse würde hingegen den Typ A_4 erzeugen (*Kreiter*, 1974).

Befinden sich die Liganden C_2H_4 und C_2F_4 im selben Molekül (vergl. Struktur S. 373), so führen unterschiedliche Rotationsbarrieren dazu, daß die Rotation um die M-C_2F_4-Achse bei höherer Temperatur einsetzt, als die Rotation um die M–C_2H_4-Achse. Der für die Rotationsbarriere verantwortliche Beitrag einer $M \xrightarrow{\pi}$ Olefin-Rückbindung ist offenbar für C_2F_4 größer als für C_2H_4.

Die Vielzahl von Verbrückungsarten, die für die Liganden CO und RC≡CR beobachtet wurden, läßt die Frage aufkommen, ob auch **Alkene** als **Brückenliganden** fungieren können. Das erste Beispiel, in dem Ethylen formal eine Metall–Metall-Bindung überbrückt, fand *Norton* (1982):

Die C–C-Bindungslänge und die skalaren ^{1}J-Kopplungen in den NMR-Spektren (S. 426) weisen allerdings auf sp^3-Hybridisierung an den Ethylen–C-Atomen hin und berechtigen zu der Bezeichnung Diosmacyclobutan.

Der Komplex $Os_2(CO)_8(\mu_2\text{-}1{:}2\eta\text{-}C_2H_4)$ kann als Modell für chemisorbiertes Ethylen dienen (*Norton*, 1989).

Struktur- und Bindungsverhältnisse – Diolefinkomplexe

Vom bindungstheoretischen Standpunkt aus ist eine Unterscheidung zwischen Verbindungen mit isolierten und mit konjugierten Diolefinen gerechtfertigt. Die Bindung Metall–Ligand in Komplexen mit nichtkonjugierten Diolefinen entspricht der Bindung in Monoolefin-Metallkomplexen.

Konjugierte Di- und Oligoolefine besitzen dagegen delokalisierte π-MO unterschiedlicher Energie und Symmetrie. Sie zeigen eine größere Bandbreite der Kombinationen mit den AO des Metalls, woraus stabilere Metall–C-Bindungen resultieren können.

Metall-Ligand Wechselwirkungen in Butadienkomplexen:

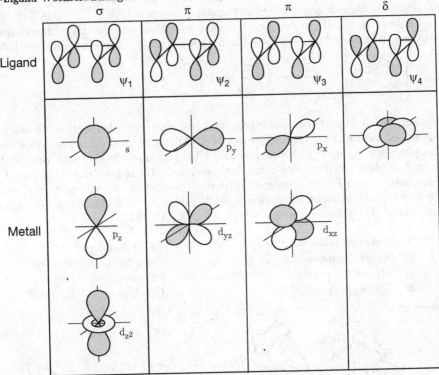

In Erweiterung des *Dewar-Chatt-Duncanson*-Konzeptes läßt sich die Bindung (η^4-C_4H_6)–M durch die Komponenten $\psi_1 \overset{\sigma}{\to} M$, $\psi_2 \overset{\pi}{\to} M$, $\psi_3 \overset{\pi}{\leftarrow} M$ und $\psi_4 \overset{\delta}{\leftarrow} M$ beschreiben. Beide Wechselwirkungen M$\overset{\pi}{\to}$L sollten eine Verlängerung der terminalen C–C-Bindungen und eine Verkürzung der internen C–C-Bindung bewirken. Dies ist eine Konsequenz der Depopulation von ψ_2, der Population von ψ_3 und der Lage der Knotenebenen für diese Ligandorbitale. In diesem Zusammenhang ist von Interesse, daß die Überführung von freiem Butadien in einen elektronischen Anregungszustand Bindungslängenänderungen in der gleichen Richtung erzeugt:

Nachfolgende Strukturbeispiele illustrieren den Einfluß der ÜM-Koordination auf die Liganddimensionen:

Für angeglichene C–C-Bindungsordnungen im η^4-(1,3-Dien)-Gerüst sprechen neben den Bindungslängen auch die Kopplungskonstanten $^1J(^{13}C,^{13}C)$. Die Kopplungskonstanten $^1J(^{13}C,^1H)$ weisen den terminalen C-Atomen einen Hybridisierungsgrad zwischen sp^2 und sp^3 zu, was sich durch zwei Grenzstrukturen beschreiben läßt:

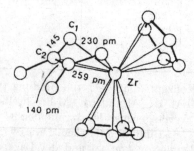

Welcher der beiden Formulierungen im konkreten Fall das höhere Gewicht zukommt, ist auch auf der Grundlage der M–C-Abstände zu diskutieren. Während die Komplexe der „späten" elektronenreichen Übergangsmetalle eher eine Beschreibung als π-Komplexe verdienen, ist für entsprechende Komplexe der „frühen" Übergangsmetalle eine Formulierung als Metallacyclopentene zutreffender. Bei derartigen Verallgemeinerungen darf allerdings die Natur der Substituenten am Liganden nicht außer acht gelassen werden (vergl. η^2-C_2X_4, S. 373).

Typ „Metallacyclopenten"
(η^4-Dimethylbutadien)ZrCp$_2$
M–C$_1$(terminal) = kurz
M–C$_2$(intern)   = lang

Typ „π-Komplex"
(η^4-Cyclohexadien)$_2$Fe(CO)
M–C$_1$(terminal) = lang
M–C$_2$(intern)   = kurz

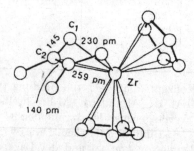

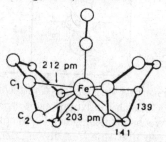

Weitere charakteristische Strukturmerkmale für (1,3-Dien)Fe(CO)$_3$-Komplexe lassen sich aus umfangreichen röntgenographischen und spektroskopischen Untersuchungen ableiten. Als Beispiel diene die Struktur von Tricarbonyl[3-6η-(6-methyl-hepta-3,5-dien-2-on)]eisen (*Prewo*, 1988):

(Anleitung zum Betrachten von Stereobildern siehe S. 101)

- Die terminalen Substituenten [z.B. C(7) und C(8)] liegen nicht in der Ebene der koordierten Kohlenstoffatome C(3)–C(6). Die Abweichung beträgt für die Bindung C(6)–C(7) 16.6°, für die Bindung C(6)–C(8) 52.4°. Sie ist auf eine **Verdrillung von C(6)–C(8)** gegen C(3)–C(6) zurückzuführen. Hierdurch wird die Überlappung von C(6)pπ- mit Fe(3d)-Orbitalen verändert.

- (1,3–Dien)Fe(CO)$_3$-Komplexe sind **konformationslabil**. Festkörperstrukturen zeigen eine annähernd quadratisch pyramidale Geometrie, wobei die apicale und zwei basale Positionen von Carbonylgruppen besetzt sind. Für einen niedrigsymmetrischen Komplex wie im obigen Beispiel erwartet man daher im ^{13}C-NMR-Spektrum drei Signale für die CO-Gruppen. Beobachtet wird im allgemeinen bei Raumtemperatur nur ein Signal, was auf einen raschen Austausch der CO-Gruppen hindeutet. Dieser Austausch kann bei tiefen Temperaturen eingefroren werden (*Takats*, 1976). Mit den experimentellen Daten am besten vereinbar ist ein Austauschprozeß, der als Rotation der Fe(CO)$_3$-Gruppe um ihre pseudo-C$_3$-Achse zu beschreiben ist, bei der das Dien nahezu planar bleibt („Turnstile-Mechanismus").

- (1,3–Dien)Fe(CO)$_3$-Komplexe sind **konfigurationsstabil**. Prochirale Diolefine bilden chirale Metallkomplexe, die in Enantiomere getrennt werden können.

Diolefinkomplexe des Zirkons sind – im Gegensatz etwa zu den entsprechenden (Dien)–Fe(CO)$_3$-Verbindungen – **nicht konfigurationsstabil**. Durch ein auf der NMR-Zeitskala rasch verlaufendes Umklappen des Diolefins (vermutlich über ein rein σ-gebundenes Metallacyclopenten) werden die beiden Cyclopentadienylringe äquivalent. Sind R$_1$ und R$_2$ verschieden, so sind **A** und **B** enantiomer und die Umlagerung bewirkt Racemisierung (*Erker*, 1982):

Unter den Organozirkonverbindungen findet man auch ein Beispiel für die selten auftretende **s-trans-Konfiguration** des koordinierten Butadiens (*Erker*, 1982):

In der Verbindung CpNb(η^4-C$_4$H$_6$)$_2$ werden die beiden Butadienisomeren gemäß ^{1}H-NMR sogar nebeneinander in derselben Koordinationssphäre angetroffen (*Yasuda*, 1988):

Ein Isomeres des Butadiens, das **Trimethylenmethan**, ist nur in metallkoordinierter Form stabil (*Emerson, Pettit*, 1966):

In den unterschiedlichen Fe–C-Abständen spiegelt sich die Abneigung des Trimethylenmethans wider, seine Planarität, und damit die intra–Ligand π-Konjugation, zu opfern.

Reaktionen: Komplexe nichtkonjugierter Olefine

Die **thermodynamische Stabilität** dieser Komplexe wird stark durch die Natur des Olefins geprägt:

- Elektronenziehende **Substituenten** erhöhen die Stabilität, elektronenliefernde Substituenten senken sie.

- Bei Vorliegen von **cis, trans-Isomerie** bilden cis-Olefine jeweils die stabileren Komplexe.

- Erstaunlich stabil sind Komplexe der **ringgespannten** Cycloalkene Cyclopropen, trans-Cycloocten und Norbornen (vergl. S. 374).

- Besondere Stabilität kommt aufgrund des **Chelat-Effektes** Komplexen zu, in denen isolierte Olefineinheiten Teile eines Carbocyclus sind. *Beispiele:*

Das **Redoxverhalten** läßt kaum Verallgemeinerungen zu. *Beispiel:*

$$(C_5H_5)M(CO)_2(Olefin) \xrightarrow{\;H_2,\ 25\ °C\;}\!\!\!/\!\!\!/\ \text{keine Reaktion}$$
$$M = Mn, Re$$

$$[C_2H_4PtCl_2]_2 \xrightarrow{\;H_2,\ 25\ °C\;} 2\,Pt + 4\,HCl + 2\,C_2H_6$$

Die typischste Reaktion von Monoolefinkomplexen ist die **Ligand-Substitution**, die vielfach schon unter sehr milden Bedingungen erfolgt. Sie ist für die Darstellung thermisch labiler Metallkomplexe von Bedeutung:

$$[(C_6H_{11})_3P]_2Ni(C_2H_4) + O_2 \longrightarrow [(C_6H_{11})_3P]_2Ni(O_2) + C_2H_4$$

(*Wilke*, 1967)   (erster Nickel–O_2-Komplex; stabil bis $-5\ °C$)

Von synthetischem Interesse ist das **Verhalten** einiger Metall-Olefin Komplexe **gegenüber nucleophilen Agenzien**. Sehr genau untersucht wurden die Reaktionen der dimeren Olefin-Palladiumchloride:

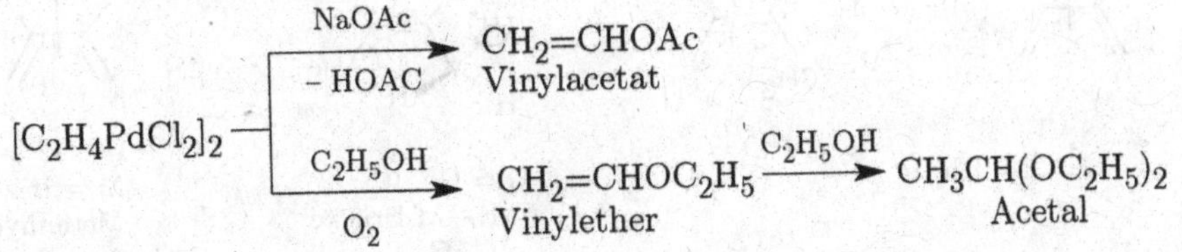

$$[C_2H_4PdCl_2]_2$$

NaOAc
– HOAC → $CH_2=CHOAc$ Vinylacetat

C_2H_5OH / O_2 → $CH_2=CHOC_2H_5$ Vinylether $\xrightarrow{C_2H_5OH}$ $CH_3CH(OC_2H_5)_2$ Acetal

Auch die technisch wichtige Olefinoxidation nach dem *Wacker*-Verfahren verläuft über (Ethylen)palladiumkomplex-Zwischenstufen (S. 618).

Komplexe des Typs $[CpFe(CO)_2(Olefin)]^+$ reagieren mit einer Vielzahl nucleophiler Reagenzien unter π-σ-Umlagerung der Metall-Ligand-Bindung zu stabilen neutralen Metallalkylen (*Rosenblum*, 1974):

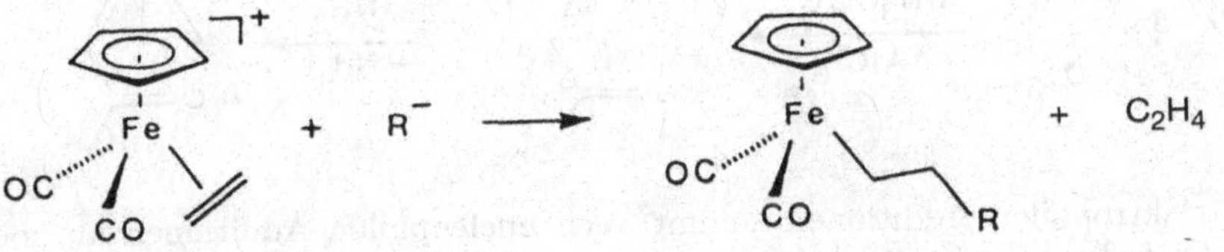

Die Wechselwirkung von Alkenen mit ÜM-Carben-Komplexen kann eine **Alkenmetathese** auslösen, die in Kap. 18.10 näher betrachtet wird.

Reaktionen: Komplexe konjugierter Di- und Oligoolefine

Metallkoordinierte Di- und Oligoolefine sind, verglichen mit dem freien Liganden, reaktionsträge; so lassen sie sich weder katalytisch hydrieren noch gehen sie *Diels-Alder*-Reaktionen ein. Sie reagieren jedoch, oxidative Stabilität vorausgesetzt, mit **Elektrophilen**, wie z.B. starken Säuren.

Addiert das Proton nicht am Metall, sondern an einem der koordinierten C-Atome, so muß die entstehende Elektronenlücke durch einen zusätzlichen Liganden wie CO geschlossen werden.

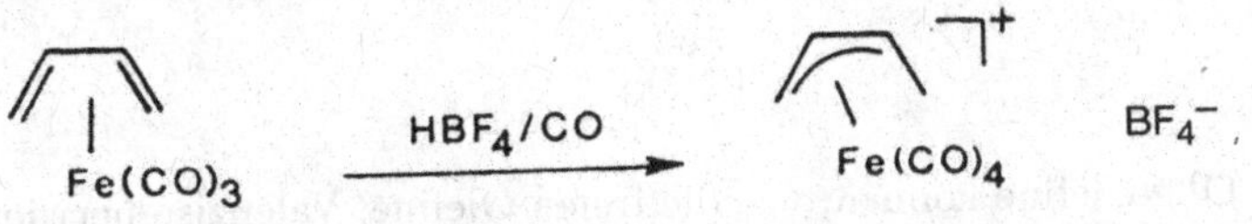

Eine andere Möglichkeit der Auffüllung der Elektronenlücke am Metall ist die Bildung einer C–H→M-Brücke. So liegen protonierte (Cyclopentadienyl)diolefin-komplexe im dynamischen Gleichgewicht der Formen **A**, **B** und **C** vor. Bei tiefer Temperatur dominiert für M = Co, Rh die Form **B** (S. 382), für M = Ir hingegen die Form **C** (*Salzer*, 1987):

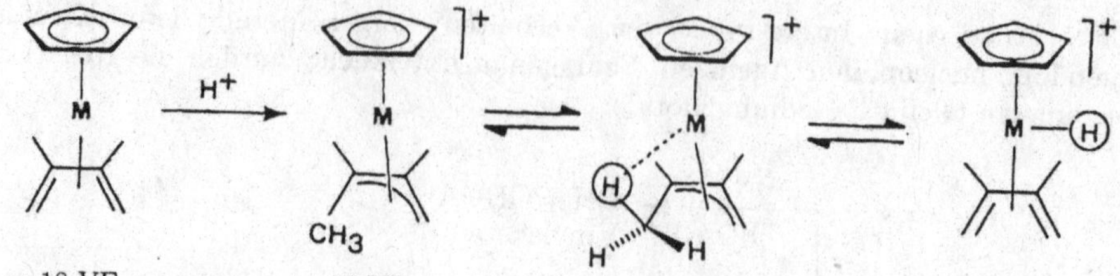

18 VE
M = Co, Rh, Ir

16 VE

A

M = Co, Rh
C–H→M-Brücke

B

18 VE
M = Ir
Metallhydrid

C

Form **B** ist ein Beispiel einer agostischen Wechselwirkung (S. 277).

Die *Friedel-Crafts*-Acylierung von (Dien)Fe(CO)$_3$ wird ebenfalls durch elektrophilen Angriff am terminalen C-Atom des Liganden eingeleitet (*Pauson*, 1974):

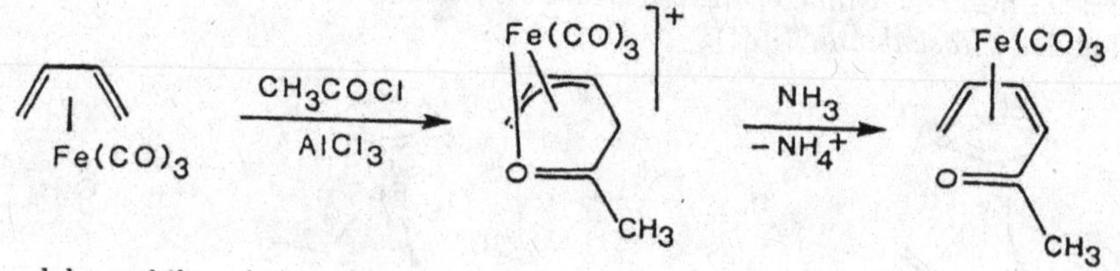

Neben elektrophilen Additionen kommt auch **nucleophilen Additionen** an koordinierte Olefinliganden zunehmende synthetische Bedeutung zu. Der Angriff von Lithiumorganylen an (Isopren)Fe(CO)$_3$ erfolgt bei –78 °C kinetisch kontrolliert ausschließlich an einem internen unsubstituierten Kohlenstoffatom, die Umkehr dieser Addition führt bei Raumtemperatur jedoch rasch zum thermodynamisch stabileren Allylkomplex. Analysiert wurde die Produktverteilung nach Protolyse der nur in Lösung stabilen Komplexanionen (*Semmelhack*, 1984):

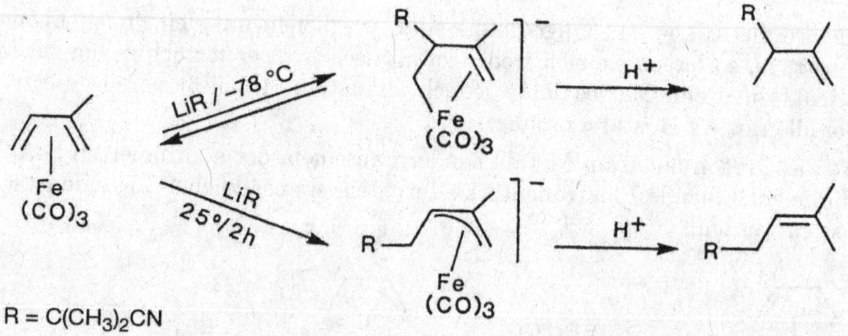

R = C(CH$_3$)$_2$CN

Metallkoordinierte Oligoolefine können, wie die freien Olefine, **Valenzisomerisierungen** eingehen, wobei jedoch die für organische Verbindungen geltenden „*Woodward-Hoffmann*-Regeln" nicht anwendbar sind. Vielmehr wird der Ablauf der Reaktion stark durch das jeweilige Organometallfragment und sein bevorzugtes Koordinationsverhalten beeinflußt. Dies sei am Beispiel von Bicyclo[6.1.0]nonatrien und seinen Metallkomplexen demonstriert:

Die Fe- und Co-Verbindungen enthalten das in freier Form wenig beständige Cyclononatetraen als Liganden. Im Falle des Cobalts kann ein durch Einschiebung in den Cyclopropanring entstandenes π,σ-gebundenes Zwischenprodukt isoliert werden. Einen anderen Verlauf nimmt die Valenzisomerisierung in Gegenwart des Fragmentes $Cr(CO)_3$.

Ein gründlich studierter oligoolefinischer Ligand ist das Cycloheptatrien C_7H_8. Wegen der Nähe der Cycloheptatrien- zu den Cycloheptatrienylkomplexen, die sich in der Umwandelbarkeit

$$\eta^7\text{-}C_7H_7^+ \underset{-\,H^-}{\overset{H^-}{\rightleftharpoons}} \eta^6\text{-}C_7H_8$$

äußert, werden sie gemeinsam in Kap. 15.4.5 angesprochen. Verhältnisse besonderer Art werden beim Liganden Cyclooctatetraen C_8H_8 angetroffen. Dieser Ligand kann sowohl in nichtplanarer Form als partiell oder vollständig koordiniertes Oligoolefin als auch in planarer Form als π-Perimeterligand $C_8H_8^{2-}$ an d- und f-Elemente binden. Wir wollen die C_8H_8-Koordinationschemie daher an späterer Stelle (Kap. 15.4.6 bzw. 17.2) behandeln.

15.1.2 Heteroalkenkomplexe

Übergangsmetallkomplexe des Silaethens (S. 152) und des Disilaethens (S. 158) wurden bereits erwähnt. Aus koordinationschemischer Sicht ist die Betrachtung von Ketoverbindungen als Heteroalkene (Formaldehyd = Oxaethen) sinnvoll. Die Bindungsmodi η^1-Vinyl und η^2-Alken der Olefine finden in endständiger (κ^1–O) und seitlicher (η^2-C,O) Koordination der Ketoverbindungen ihre Entsprechung:

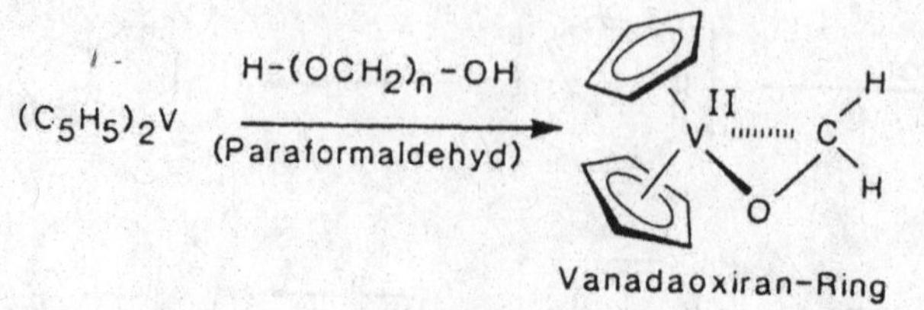

$(C_5H_5)_2V$ $\xrightarrow[\text{(Paraformaldehyd)}]{\text{H-(OCH}_2)_n\text{-OH}}$

Vanadaoxiran-Ring

Für diesen $\eta^2(C,O)$-Komplex ist die IR-Streckfrequenz ($\nu_{CO} = 1160$ cm^{-1}) sehr stark nach niedrigen Wellenzahlen verschoben (H_2CO, frei: $\nu_{CO} = 1746$ cm^{-1}) (*Floriani*, 1982).

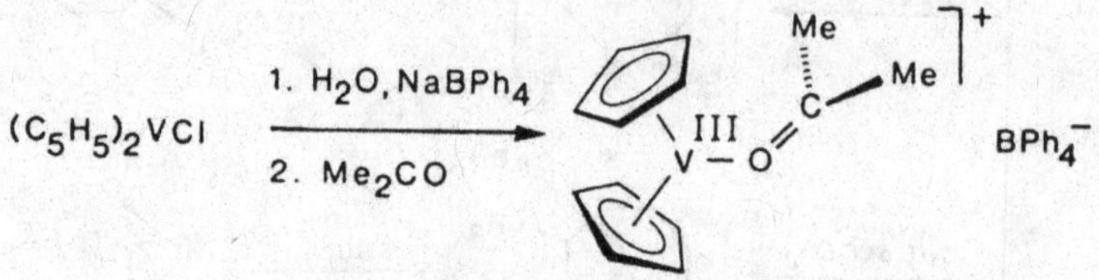

$(C_5H_5)_2VCl$ $\xrightarrow[\text{2. Me}_2\text{CO}]{\text{1. H}_2\text{O, NaBPh}_4}$ [...]$^+$ BPh_4^-

$\kappa^1(O)$-Koordination der Ketogruppe an das elektronenärmere $(C_5H_5)_2V^+$-Ion schwächt die C=O-Doppelbindung hingegen nur geringfügig ($\nu_{CO} = 1660$ vs 1715 cm^{-1}), da hier eine Rückbindung M $\xrightarrow{\pi}$ L entfällt (*Floriani*, 1981).

Formaldehyd- und Formylkomplexe besitzen wegen ihrer möglichen Beteiligung an *Fischer-Tropsch*-Prozessen (S. 624) hohe Aktualität. Ein essentieller Schritt,

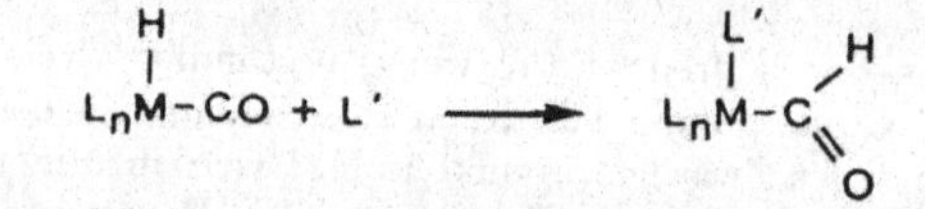

$$L_nM\text{-CO} + L' \longrightarrow L_nM\text{-C} \underset{O}{\overset{H}{\big<}}$$

die CO-Insertion in eine M–H-Bindung, ist allerdings thermodynamisch ungünstig und läuft im allgemeinen nicht spontan ab (auch die Bildung von freiem Formaldehyd aus H_2 und CO ist mit $\Delta H^\circ = +26$ kJ/mol endotherm). So stellt eine von *Roper* (1979) entdeckte Reaktionsfolge auch die Umkehrung eines *Fischer-Tropsch*-Prozesses dar:

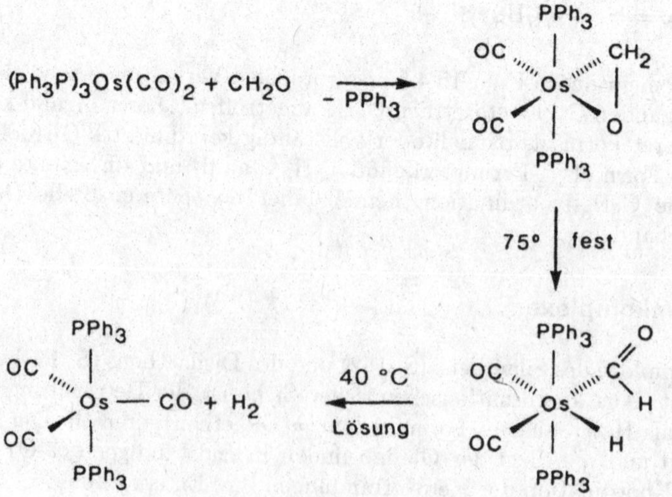

$(Ph_3P)_3Os(CO)_2 + CH_2O \xrightarrow{-PPh_3}$

$\downarrow$ 75° fest

$\xleftarrow[\text{Lösung}]{40\,°C}$

OC—Os—CO + H_2

Eine Reaktion in *Fischer-Tropsch*-Richtung ($2 H_2 + CO \rightarrow CH_3OH$) ist hingegen die Bildung von trimerem (η^2-Formaldehyd)zirkonocen aus Zirkonocendihydrid und Kohlenmonoxid; Spaltung mittels HCl unter Zr-Oxidation liefert Methanol. Der Prozeß erfordert allerdings 6 H$^+$ und 6 H$^-$, deren Bereitstellung aus 6 H$_2$ energetische aufwendig ist.

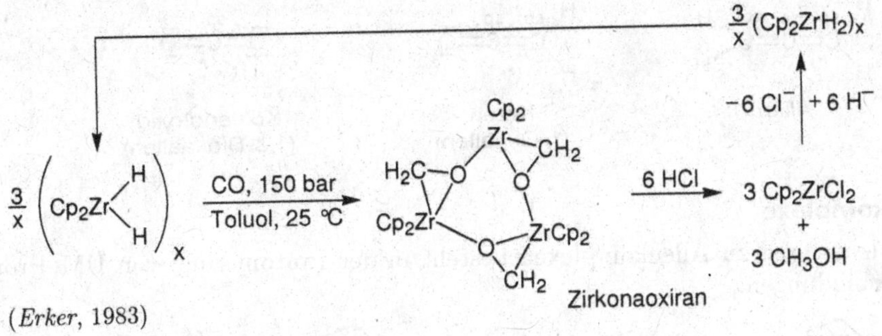

(*Erker*, 1983)

Ein Musterbeispiel für das Konzept „Stabilisierung reaktiver Teilchen durch Komplexbildung" stellt die Isolierung von Verbindungen, die die Einheit $H_2C=E$ (E = S, Se, Te) als Ligand enthalten, dar. Die entsprechende Spezies wird dabei erst in der Koordinationssphäre des Metalls erzeugt (*Roper*, 1978):

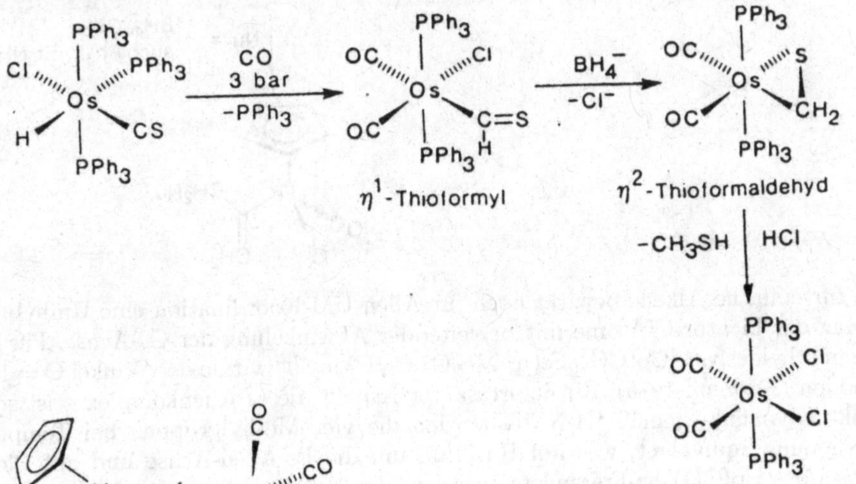

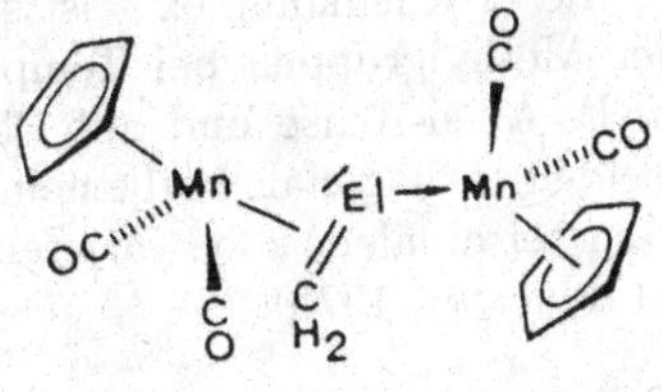

Ihre ambidente Natur entfalten Chalcogenoformaldehyde als Brückenliganden. Hierbei wird sowohl das π-Elektronenpaar der C=E-Doppelbindung, als auch das nichtbindende σ-Elektronenpaar an E koordinationschemisch betätigt (E = S, Se, Te) (*Herrmann, Herberhold* 1983).

15.1.3 Homo- und Heteroallenkomplexe

Einfacher und doppelter Ersatz von Methylengruppen in Allen durch O-Atome führt zu Liganden, deren Koordinationschemie vielfältiger und wichtiger ist als die des Grundkörpers selbst.

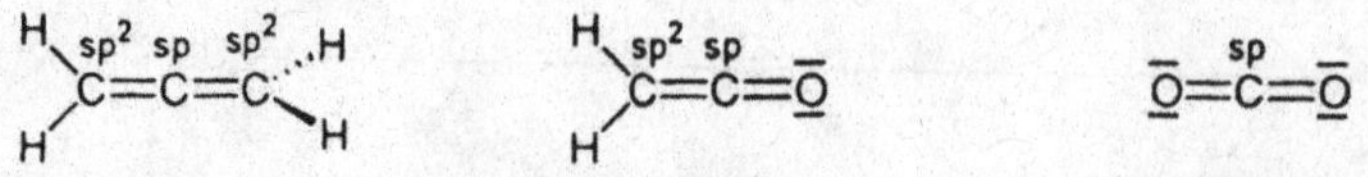

Allen	Keten (1-Oxaallen)	Kohlendioxid (1,3-Dioxaallen)

Allenkomplexe

Ein Zugangsweg zu Allenkomplexen besteht in der Protonierung von ÜM–Propargyl-Verbindungen:

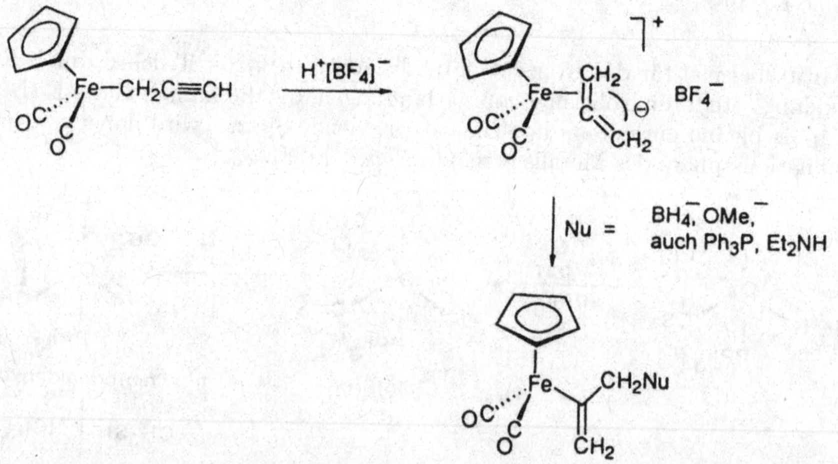

Wie für einfache Alkene bewirkt auch für Allen-ÜM-Koordination eine Umhybridisierung der Ligator-C-Atome mit begleitender Abwinkelung der C_3-Achse. Für das Tetramethylderivat $[Cp(CO)_2Fe(\eta^2\text{-}Me_2C=C=CMe_2)]^+$ wurde der Winkel $\Theta = 146°$ gefunden (*Foxman*, 1975). Ein interessanter Aspekt dieses Allenkomplexes ist seine Strukturdynamik: gemäß ^1H-NMR werden die vier Methylgruppen bei Temperaturerhöhung äquivalent, was auf Rotation um die Fe-Allen-Achse und auf Platzwechsel des $Cp(CO)_2$Fe-Fragments zwischen den beiden orthogonalen Alkeneinheiten hindeutet. η^2-Allene werden nucleophil meist am terminalen, koordinierten C-Atom angegriffen, wobei Vinylkomplexe entstehen (*Wojcicky*, 1975).

Ketenkomplexe

In freiem Zustand sind Ketene (Oxaallene) äußerst reaktionsfähige Moleküle, die zu Cyclodimerisierung und zu Polymerisation neigen. ÜM-Koordination bewirkt eine beträchtliche Dämpfung dieser Reaktivität. Da Koordination sowohl an die C=C- als auch an die C=O-Doppelbindung möglich ist, tritt eine beträchtliche Strukturvielfalt auf. Im folgenden ist die η^2-koordinierte Einheit jeweils durch Fettdruck markiert. So vielfältig wie die Strukturen sind auch die **Darstellungsverfahren** für Ketenkomplexe:

- Addition von Ketenen an koordinativ ungesättigte Spezies

$$Ph_2C=C=O \xrightarrow{\;Cp_2V,\;22\,°C\;} Cp_2V(\eta^2\text{-}Ph_2C\mathbf{C}\text{=}\mathbf{O})$$

$$\xrightarrow[-C_2H_4]{(Ph_3P)_2M(C_2H_4)} (Ph_3P)_2M(\eta^2\text{-}Ph_2\mathbf{C}\text{=}\mathbf{CO}) \qquad M = Ni,\, Pt$$

$$\xrightarrow[h\nu,\;15\,°C,\;6\,h]{Fe(CO)_5,\;-CO} (CO)_3Fe(\eta^2\text{-}Ph_2\mathbf{C}\text{=}\mathbf{CO})$$

- Carbonylierung von Carbenkomplexen

$$Cp(CO)_2Mn=CPh_2 + CO \xrightarrow[40\,°C,\;25\,h]{650\;bar} Cp(CO)_2Mn(\eta^2\text{-}Ph_2\mathbf{C}\text{=}\mathbf{CO})$$

$$[Cp(CO)_2Fe=CH_2]^+ + CO \xrightarrow[25\,°C,\;30\,m]{6\;bar} [Cp(CO)_2Fe(\eta^2\text{-}H_2\mathbf{C}\text{=}\mathbf{CO})]^+$$

$$PtL_4 + CH_2Br_2 + CO \xrightarrow[-2\,L,\;Br_2]{\substack{30\;bar\\20\,°C,\;10\,h}} L_2Pt(\eta^2\text{-}H_2\mathbf{C}\text{=}\mathbf{CO})$$

(über Carbenkomplexzwischenstufe)

$$L_2Ni{\Diamond}Me_2 + CO \xrightarrow[-\;\diagup\!\!\diagdown]{-50\,°C,\;5\,d} L_2Ni(\eta^2\text{-}H_2\mathbf{C}\text{=}\mathbf{CO})$$

- Deprotonierung von Acyl-Metall

Oxophilie des Zr^{IV}!

Offenbar wählen niedrigvalente mittlere und späte ÜM die $\eta^2(C,C)$-Koordination, während die frühen, oxophilen ÜM $\eta^2(C,O)$-Koordination der Ketene bevorzugen. Auch als Brückenligand kann Keten fungieren:

Wie η^2-Allen erfährt auch η^2-Keten bei ÜM-Koordination eine Abwinkelung. Der Gang der Bindungslängen entspricht der Erwartung:

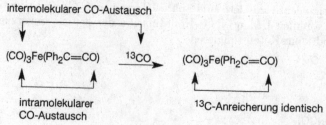

η^2(C, C)   frei η^2(C, O)   vergl. (frei)

(OC)$_3$Fe(Ph$_2$CCO)   Cp$_2$V(Ph$_2$CCO)

Während IR-Spektren zur Unterscheidung zwischen den beiden Koordinationsformen η^2(C,C) und η^2(C,O) wenig nützlich sind, bewährt sich hierfür die ^{13}C-NMR-Spektroskopie. Dies rührt daher, daß die magnetische Abschirmung des terminalen C-Atoms von Ketenen sehr empfindlich auf Änderungen des s:p-Hybridisierungsgrades reagiert.

Auch die **Reaktivität** von Ketenkomplexen überrascht durch ihre Vielfalt. Dies sei an einigen Beispielen – ohne ausführlichen Kommentar – gezeigt:

• Verdrängung von Ketenliganden

$$Cp_2(CO)_2Mn(Ph_2C{=}CO) \xrightarrow[55 \text{ atm}]{C_2H_4} Cp_2(CO)_2Mn(C_2H_4) + Ph_2CCO$$

$$Cp_2V(Ph_2CC{=}O) \xrightarrow{I_2} Cp_2VI_2 + Ph_2CCO$$

• Insertion (Ringerweiterung)

$$(Me_3P)_3(NO)Re + \underset{Me}{\overset{R}{\diagdown}}{=}O \underset{80\,°C}{\overset{26\,°C}{\rightleftharpoons}} (Me_3P)_3(NO)Re$$

• Decarbonylierung koordinierter Ketene

intermolekularer CO-Austausch

$$(CO)_3Fe(Ph_2C{=}CO) \xrightarrow{^{13}CO} (CO)_3Fe(Ph_2C{=}CO)$$

intramolekularer CO-Austausch

^{13}C-Anreicherung identisch

- Nucleophiler Angriff am Ketenliganden

- Elektrophiler Angriff am Ketenliganden

Kohlendioxidkomplexe

Eine wesentlich höhere Bedeutung als der zuletzt vorgestellten Chemie der Ketenkomplexe kommt der Koordination von CO_2 (1,3-Dioxaallen) an Übergangsmetalle zu. CO_2 stellt einen überreichlich vorhandenen[*] C_1-Baustein dar, dessen Verwertung aber – aufgrund der schwereren Reduzierbarkeit – auf Schwierigkeiten stößt.

$$CO_2 + e^- \rightleftharpoons CO_2^- \qquad E° = -1.9 \text{ V} \qquad (vs\, \text{NWE})$$

In dem stark negativen Reduktionspotential spiegelt sich die Stärke der C=O-Doppelbindung wider, deren Ordnung für nützliche Folgereaktionen zu vermindern ist. Dies ruft nach Aktivierung des CO_2-Moleküls durch Metallkoordination. CO_2-Komplexchemie ist daher ein hochaktuelles Arbeitsgebiet.

Das CO_2-Molekül bietet einem koordinativ ungesättigten Metallkomplexfragment ML_n drei Anknüpfungspunkte (*Leitner*, 1996):

Angriff		Typ	Modus
$\delta- \,\vert O\vert$	⟵	ML_n elektronenarm, *Lewis*-Säure	$\eta^1\text{-}\kappa O$
116 pm $\Vert$	⟵	ML_n σ-Akzeptor/π-Donor-Fragment	$\eta^2\text{-}\kappa C, \kappa O$
$2\,\delta+\ \text{C}$	⟵	ML_n elektronenreich, *Lewis*-Base	$\eta^1\text{-}\kappa C$
$\Vert$			
$\delta-\vert O\vert$			

[*] Die anthropogene Emission von CO_2 betrug 1989 4×10^9 t, Hauptquelle für CO_2 ist die industrielle Produktion von H_2 gemäß $CO + H_2O \rightarrow CO_2 + H_2$ und $CH_4 + 2\,H_2O \rightarrow CO_2 + 4\,H_2$. In der gleichen Größenordnung liegt der geschätzte CO_2-Ausstoß durch Termiten (*Crutzen*, 1982).

Dieser Zusammenhang läßt sich in den Strukturen der Produkte einiger **Synthesebeispiele für CO_2-Komplexe** wiederfinden, $\kappa^1(O)$-Koordination wird allerdings nur in Tieftemperatur-Matrixisolation beobachtet (*Beispiel:* $(CO)_5W-OCO$).

- **Substitution**

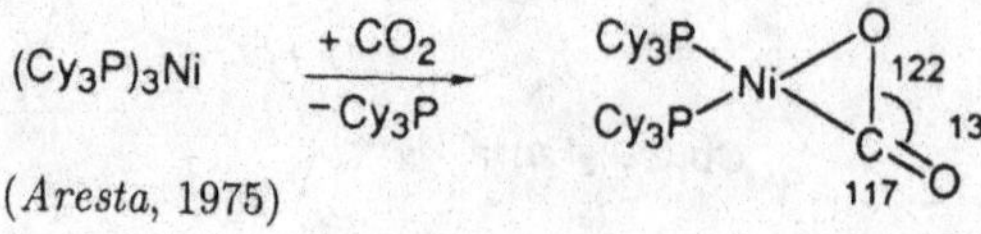

(*Aresta*, 1975)

Der planare Ni^0-Komplex besitzt einen gewinkelten CO_2-Liganden, die C,O-Bindungslängen rechtfertigen die Formulierung als Metallacyclus. CO_2 wird durch $P(OPh)_3$ ersetzt und sogar durch Ar ausgetrieben, die $\eta^2(C,O)-Ni$-Bindung ist somit schwach.

- **CO-Oxidation in der Koordinationssphäre**

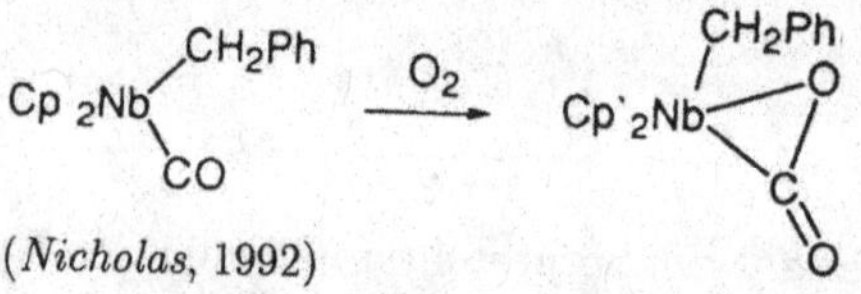

(*Nicholas*, 1992)

- **CO_2-Addition an ein elektronenreiches Fragment**

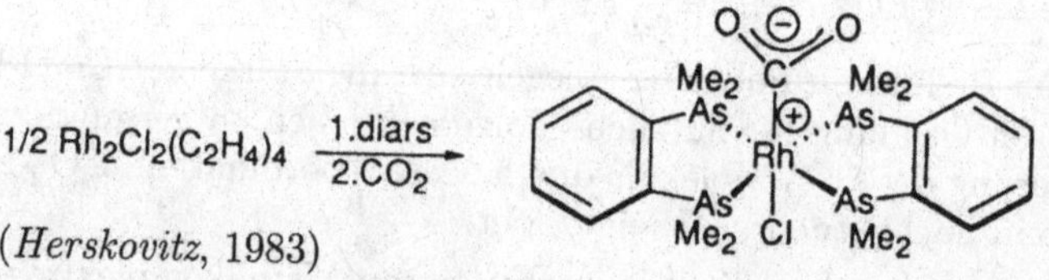

(*Herskovitz*, 1983)

In der **Charakterisierung** von CO_2-Komplexen spielt die Röntgenstrukturanalyse eine besonders wichtige Rolle, da IR-Daten hier selten eindeutig sind und auch die ^{13}C-NMR-Spektroskopie nur unter Berücksichtigung von chemischen Verschiebungen δ **und** transmetallischen Kopplungen ^2J aussagekräftig ist. Ein Beispiel ist die Unterscheidung zwischen $(R_3P)_2Ni^{2+}CO_3^{2-}$ und $(R_3P)_2Ni(\eta^2\text{-}CO_2)$; in diesem Fall liefert die ^{31}P-NMR-Spektroskopie auch Hinweise auf eine Strukturdynamik, denn für $T > 240$ K erscheinen die beiden Phosphanliganden chemisch äquivalent (*Aresta*, 1992).

Die Strukturvielfalt der CO_2-Koordination wird durch die verbrückenden Moden noch erhöht. Hier sollen die aufgefundenen Typen nur allgemein formuliert werden (vergl. *Leitner*, 1996):

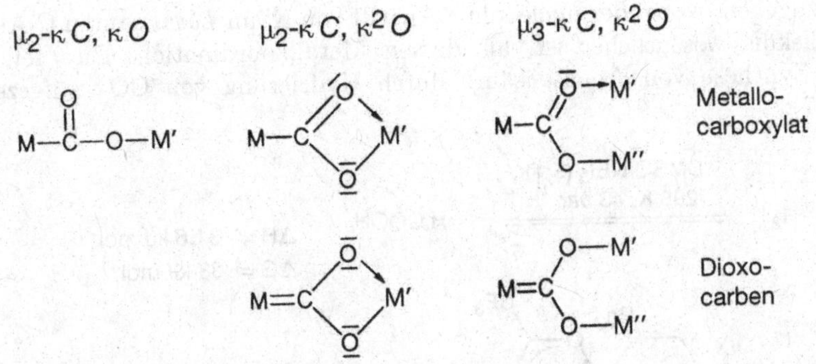

$$\mu_2\text{-}\kappa\,C,\,\kappa\,O \qquad \mu_2\text{-}\kappa\,C,\,\kappa^2 O \qquad \mu_3\text{-}\kappa\,C,\,\kappa^2 O$$

Metallo-carboxylat

Dioxo-carben

Die Koordination von M an das zentrale C-Atom erzeugt relativ hohe negative Partialladungen auf den terminalen O-Atomen, erhöht deren Nucleophilie und fördert so die Koordination an M' und M''.

Die Ausbildung einer Metallocarboxylat- oder einer Dioxocarbenform wird durch die elektronischen Eigenschaften der Metallfragmente M, M', M'' gesteuert, ihre Unterscheidung ist neben der Röntgenbeugung auch via ^{13}C-NMR möglich.

CO_2 als C_1-Synthesebaustein

Aus dem Blickwinkel der organischen Synthese wären vor allem solche Reaktionen von Interesse, in denen das thermodynamisch besonders stabile und kinetisch inerte CO_2-Molekül für die Ausbildung neuer C–X-Bindungen aktiviert wird. Eine naheliegende Arbeitshypothese ist im folgenden allgemeinen Katalysecyclus skizziert, in welchem [M] ein katalytisch wirksames, koordinativ ungesättigtes Komplexfragment bedeutet:

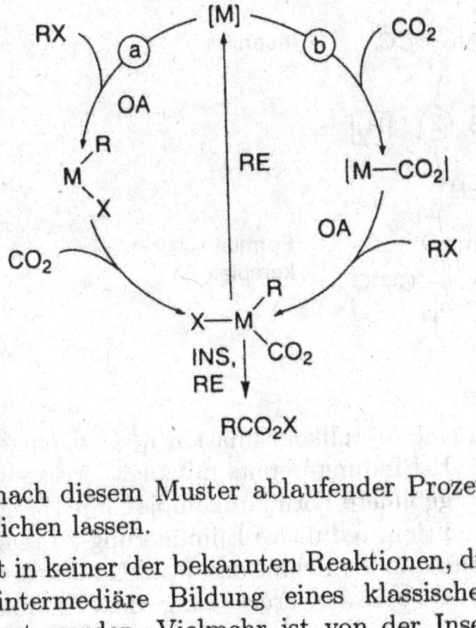

OA = Oxidative Addition
RE = Reduktive Eliminierung
INS = Insertion

Ein nach diesem Muster ablaufender Prozeß hat sich allerdings bislang nicht verwirklichen lassen.

So ist in keiner der bekannten Reaktionen, die CO_2 als Synthesebaustein verwenden, die intermediäre Bildung eines klassischen ÜM–CO_2-Komplexes als zwingend erkannt worden. Vielmehr ist von der Insertion von CO_2 in eine reaktive M–X-

Bindung auszugehen, wobei der nucleophile Angriff von X am *Lewis*-sauren C-Atom des CO_2-Moleküls wesentlicher ist, als dessen Metallkoordination. Dies sei am Beispiel der Synthese von Ameisensäure durch Hydrierung von CO_2 aufgezeigt (*Leitner*, 1997):

$$CO_2 + H_2 \; \underset{\text{298 K, 43 bar}}{\overset{\text{DMSO/NEt}_3 \, (5:1)}{\rightleftharpoons}} \; H\,COOH$$

$$\Delta H = -31.6 \text{ kJ mol}^{-1}$$
$$\Delta G = 33 \text{ kJ mol}^{-1}$$

Präkatalysator:

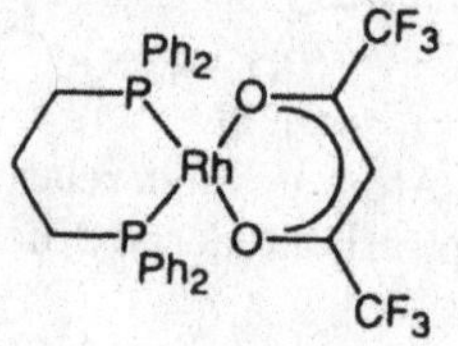

Erhöhter Druck und die Gegenwart von Amin machen diese Reaktion thermodynamisch möglich. Die Gegenwart von H_2 und Base bewirkt auch die Umwandlung des Präkatalysators in die katalytisch aktive Spezies (P–P)RhH. Kinetische und quantenchemische Modellstudien geben derzeit folgendem Cyclus den Vorzug:

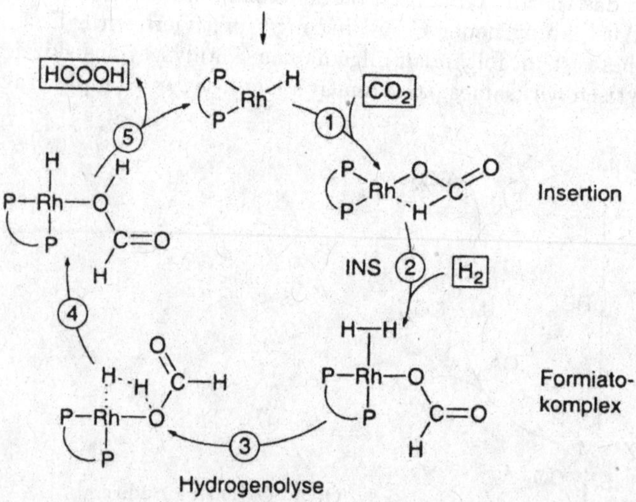

Man beachte, daß der Prozeß **nicht** durch eine Metallkoordination η^2-CO_2 eingeleitet wird, sondern daß in Schritt ① die Rh–H-Bindung bereits mitspielt. Als weitere Besonderheit ist zu nennen, daß der via ① gebildete Formiatokomplex mit H_2 nicht nach der klassischen Sequenz oxidative Addition, reduktive Eliminierung zu reagieren scheint, sondern via σ-Bindungsmetathese unter Erhaltung der Oxidationsstufe Rh^I. Als geschwindigkeitsbestimmend wird ⑤, die Freisetzung des Produktes HCOOH betrachtet.

Als hocheffizient und für industrielle Anwendungen prinzipiell gut geeignet hat sich in jüngster Zeit die **homogenkatalytische CO_2-Hydrierung in überkritischem CO_2** erwiesen (*Noyori*, 1996). Die Vorzüge dieses neuartigen Mediums scheinen vor allem auf der hohen Löslichkeit von H_2 in $scCO_2$ zu beruhen und auf der schwachen Solvatation des Katalysators durch $scCO_2$.

Als Präkatalysatoren dienen hier (Phosphan)ruthenium[II]-Komplexe. Außer Ameisensäure können nach diesem Verfahren mit hohen Umsatzzahlen auch Derivate wie Ameisensäureester und Formamide gewonnen werden:

$$CO_2 + H_2 + H_2O \xrightarrow[\substack{\text{scCO}_2 \\ \text{60–80 bar}}]{\text{Kat, Base}} HCOOH + H_2O$$

$$CO_2 + H_2 + ROH \longrightarrow HCOOR + H_2O$$

$$CO_2 + H_2 + NHMe_2 \longrightarrow HCONMe_2 + H_2O$$

Auch im Falle der Ameisensäuresynthese wirkt die Gegenwart H-acider Verbindungen beschleunigend. Daher wird in einem Vorschlag für den Übergangszustand angenommen, daß das CO_2-Molekül über eine O–H···O-Wasserstoffbrücke und eine Ru $\overset{H}{\cdots}$ C-Hydridbrücke fixiert ist. Die **CO_2-Insertion in die Ru–H-Bindung** unter Bildung einer Formiatokomplex-Zwischenstufe schließt sich an.

Die „CO_2-Aktivierung" beruht demnach nicht auf einer direkten η^2-CO_2-Koordination an das Zentralmetall, sondern auf der Polarisierung der C=O-Doppelbindung durch die O–H···O-Brücke, welche die Elektrophilie des zentralen C-Atoms von CO_2 steigert. Eine entsprechende Rolle wird koordiniertem Wasser auch in der Carboanhydrase (CA) zugewiesen, einem Enzym, welches die Reaktion $CO_2 + H_2O$ $\rightleftharpoons H^+ + HCO_3^-$ katalysiert und als entscheidenden Schritt die **CO_2-Insertion in eine Zn–OH-Bindung** aufweist.

Möchte man Kohlendioxid als C_1-Baustein in C–C-Verknüpfungen einsetzen, so besitzt die **CO_2-Insertion in M–C-Bindungen** zentrale Bedeutung:

$$M{-}R + CO_2 \rightarrow R{-}\overset{\displaystyle O}{\underset{}{\overset{\|}{C}}}{-}O{-}M \text{ bzw. } R{-}C\big(\substack{O \\ \\ O}^{-}\ M^+\big)$$

Der Rest R stammt hier aus Grignard- bzw. Organolithiumverbindungen, letztlich also aus Alkyl- bzw. Arylhalogeniden.

Für großtechnische Anwendungen vorzuziehen sind Alkene oder Alkine als Kupplungspartner. Als Beispiel sei eine Ni^0-katalysierte 2-Pyronsynthese in und mit $scCO_2$ gezeigt (*Walther*, 1998):

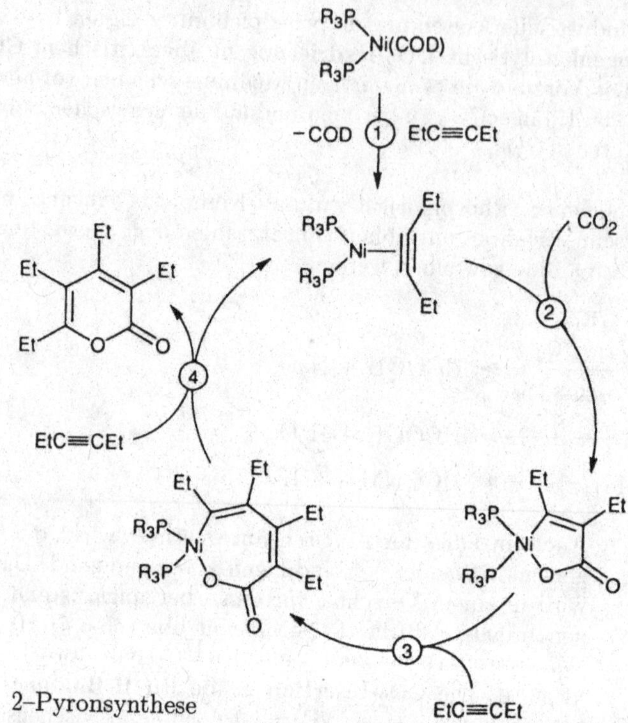

$$R_3P\!-\!Ni(COD)$$

$-COD$ ① $EtC\equiv CEt$

CO_2

②

③ $EtC\equiv CEt$

④

$EtC\equiv CEt$

2–Pyronsynthese

Wird anstelle von $(R_3P)_2Ni(Hex\text{-}3\text{-}in)$ der Komplex $(R_3P)_2Ni(\eta^2\text{-}CO_2)$ mit Hex-3-in in scCO$_2$ umgesetzt, so entsteht kein 2-Pyron. Somit wird der Katalysecyclus durch Koordination von Hex-3-in und nicht durch eine solche von CO$_2$ an das $(R_3P)_2Ni$-Fragment eingeleitet①. CO$_2$-Insertion②, EtC≡CEt-Insertion③ und 2-Pyron-Verdrängung ④ schließen sich an.

Nachdem hier bereits die Cyclooligomerisierung von Alkinen an ÜM-Zentren angesprochen wurde, ist es Zeit, die Komplexchemie der Alkine näher zu betrachten; dies ist Gegenstand des folgenden Kapitels.

15.2 Alkinkomplexe

Wichtigste Aspekte der metallorganischen Chemie der Alkine sind die große Variationsbreite an Koordinationsformen, die **Cyclooligomerisierung von Acetylenen** am Zentralmetall sowie die außerordentliche **Produktvielfalt**, der man in Reaktionen von Acetylenen mit Metallcarbonylen begegnet. Die verschiedenen **Koordinationsformen** werden gelegentlich nach ihrer Zähnigkeit klassifiziert. Diese Einteilung ist allerdings unscharf, da sie von der Wahl des jeweiligen Bindungstyps abhängt. Einer ähnlichen Dichotomie sind wir schon bei den alternativen Beschreibungen „π-Komplex" bzw. „Metallacyclopropan" für Alkenkomplexe begegnet (S. 374).

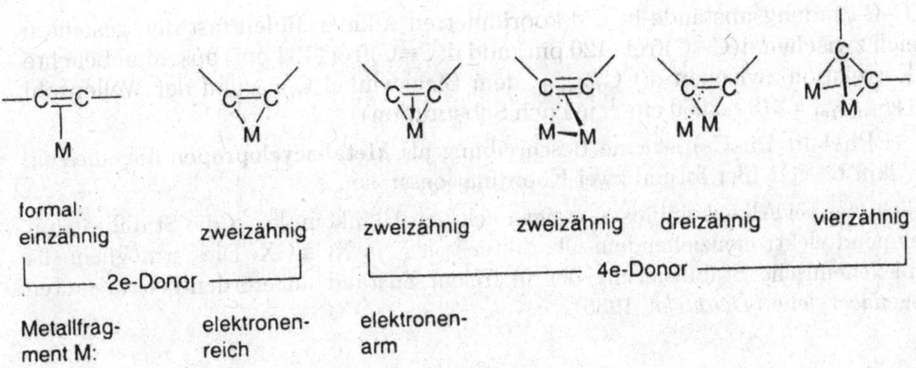

formal:
einzähnig
zweizähnig
zweizähnig
zweizähnig
dreizähnig
vierzähnig
2e-Donor
4e-Donor
Metallfrag-
ment M:
elektronen-
reich
elektronen-
arm

Neu hinzu tritt für Alkinkomplexe die Intraligand-π-Bindung senkrecht zur MCC-Ebene, sie kann gegenüber elektronenarmen Fragmenten $[L_nM]$ eine zusätzliche π-Donorfunktion ausüben, das Alkin wird dann zum 4e-Liganden.

15.2.1 Homoalkinkomplexe

Alkine als 2e-Donoren

Unter den **Darstellungsverfahren** dominieren Substitutionsreaktionen:

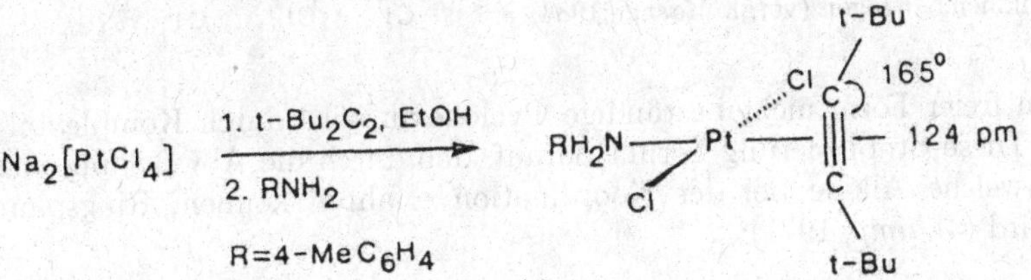

$Na_2[PtCl_4]$
1. t-Bu_2C_2, EtOH
2. RNH_2
R=4-MeC_6H_4
RH_2N
Pt
Cl
Cl
C
C
t-Bu
t-Bu
165°
124 pm

(*Chatt*, 1961) $\nu_{CC} = 2028\ \text{cm}^{-1}$

$Cp_2Ti(CO)_2$ + PhC≡CPh
Vacuum,
Heptan
25°C, 3h
-CO
Ti
CO
C
C
128 pm
146°

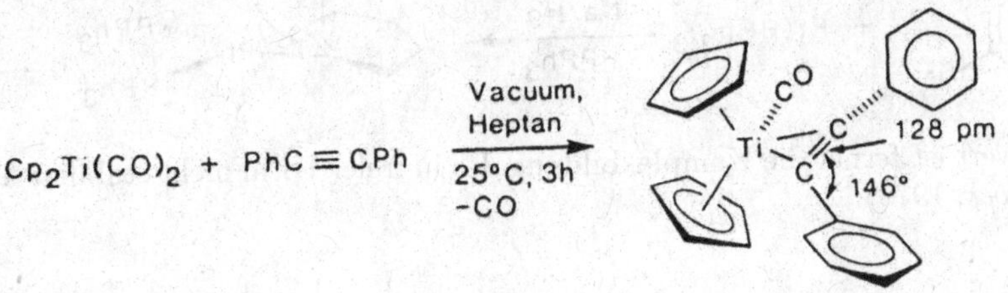

(*Floriani*, 1978) $\nu_{CC} = 1780\ \text{cm}^{-1}$

$(Ph_3P)_2Pt$
R
R
C
C
R
R
+ C_2Ph_2
$-C_2R_4$
Ph_3P
Ph_3P
Pt
C
C
Ph
Ph
140°
132 pm

(*Grim*, 1967) $\nu_{CC} = 1750\ \text{cm}^{-1}$

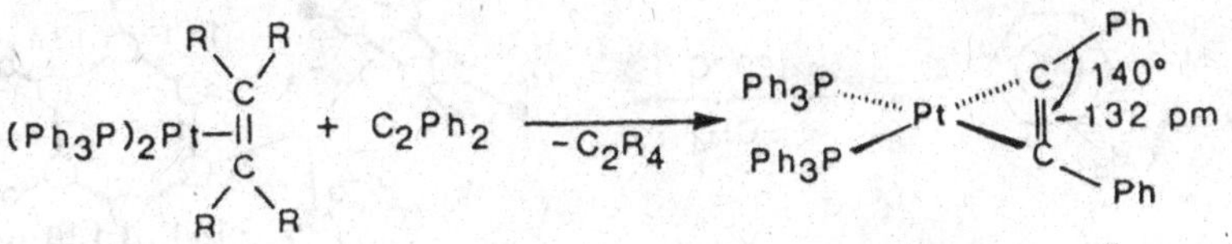

Die C–C-Bindungsabstände in ÜM-koordinierten Alkinen füllen fast den gesamten Bereich zwischen $d(C≡C)$frei (120 pm) und $d(C≡C)$frei (134 pm) aus. Man beachte die Korrelation zwischen $d(CC)_{koord.}$, dem Biegewinkel Θ_{CCR} und der Wellenzahl ν_{CC} ($\nu_{C≡C,frei}$ = 2190–2260 cm^{-1} je nach Substitution).

Für $(PPh_3)_2Pt(Ph_2C_2)$ ist eine Beschreibung als **Metallacyclopropen** angemessen, das Alkin besetzt hier formal zwei Koordinationsstellen.

Ähnlich wie bei Alkenkomplexen steigt auch bei Alkinkomplexen die Stabilität mit zunehmend elektronenziehendem Charakter von X in XC≡CX. Dies ermöglicht die komplexchemische Stabilisierung der in freiem Zustand außerordentlich brisanten Halogenacetylene (*Dehnicke*, 1986):

Das Beispiel zeigt, daß die Koordination von Alkinen auch an ÜM in höherer Oxidationsstufe möglich ist.

Derartige Komplexe könnten zum Verständnis der WCl$_6$-katalysierten Polymerisation von Alkinen beitragen (vergl. *Masuda*,1984).

Auch das in freier Form nicht beständige Cyclohexin wird durch Komplexbildung stabilisiert. Diese Stabilisierung beruht darauf, daß durch die Abweichung von der Linearität, welche Alkine bei der Koordination erfahren können, Ringspannung abgebaut wird (*Whimp*, 1971):

Bemerkenswert ist ferner die Komplexbildung des in freier Form nicht stabilen **Arins** C_6H_4 (*Schrock*, 1979):

M = Nb,Ta

Die Bindungslängen im η^2-gebundenen Arin sind alternierend (Symmetrie D_{3h}). Die Bindungslänge zwischen den zwei koordinierten C-Atomen ist von der Länge der zwei anderen kurzen Bindungen nicht signifikant verschieden. Die Formulierung als π-Arinkomplex oder als Metallabenzocyclopropen bleibt Geschmacksache.

Sogar **Benzdiin C_6H_2** (Tetradehydrobenzol) kann durch Koordination an zwei Ni(0)-Zentren stabilisiert werden. Die Strukturdaten dieses ungewöhnlichen Komplexes weisen auf weitgehende Lokalisierung der π-Elektronendichte im Bereich der koordinierten C-Atome hin (*Bennett*, 1988).

Wichtige **Folgereaktionen** von Mono(alkin)metallkomplexen wurden schon an anderer Stelle erwähnt. Zu nennen sind die Bildung von Vinylkomplexen durch nucleophilen Angriff am Alkin-C-Atom (S. 305) sowie die Synthese von Vinylidenkomplexen (S. 319f.).

Der Angriff von Hydridionen an η^2-koordiniertem Alkin kann aber auch zu η^3-Allylkomplexen führen, dem Gegenstand des folgenden Kapitels. Für diese Umwandlung wurde ein Mechanismus vorgeschlagen, der die Vielfalt der Koordinationsformen der ungesättigten C_3-Einheit illustriert (*Green*, 1986):

η^2 - Alkin η^2 - Vinyl η^1 - Vinyl η^2 - Allen

$M^* = CpMoL_2$
$L = P(OMe)_3$

η^3 - Allyl η^1 - Allyl

Die als Isomere gezeigten Formen η^2-Vinyl und η^1-Vinyl können auch als Grenzstrukturen eines Resonanzhybrids betrachtet werden,

a   **b**

wobei das Gewicht der Metallacyclopropenform **b** aufgrund ihres Metallcarbencharakters an der ^{13}C-NMR-Tieffeldverschiebung abgelesen werden kann (S. 314).

Sogar Metallcarbinkomplexe sind via Umwandlung eines η^2-Alkins zugänglich:

$$[M] = CpMo[P(OMe)_3]_2^+$$

ÜM-koordinierte Alkine stellen somit überaus vielseitige Liganden dar, die durch Variation der Reaktionsbedingungen in eine Vielzahl metallorganischer Verbindungsklassen führen.

Alkin-Oligomerisierung

Reaktionen von Alkinen mit Metallverbindungen können zu Di-, Tri- und Tetramerisierung des organischen Liganden führen. Nicht in allen Fällen wird dabei ein Metallkomplex isoliert (siehe Kap. 16). Die Umsetzung mit Palladiumsalzen kann neben Alkinkomplexen und Benzolderivaten auch Cyclobutadienkomplexe liefern (*Maitlis*, 1976):

$$2 \, PdCl_2 \; + \; 4 \, PhC{\equiv}CPh \longrightarrow$$

$$\text{---}\text{O} \atop \text{----} \; C_6H_5$$

Kinetische labile Organocobaltverbindungen sind zur Cyclooligomerisierung von Alkinen besonders gut geeignet. In einzelnen Fällen werden Aromatenkomplexe isoliert (*Jonas*, 1983):

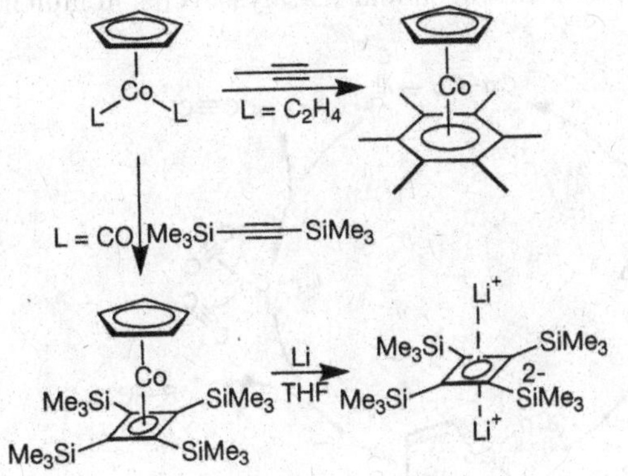

Das Cyclobutadien-Dianion ist planar, besitzt gleiche C–C-Abstände (149 pm) und gemäß ^{6}Li-NMR stark abgeschirmte ^{6}Li-Kerne. Somit liegt ein 6π-Aromat im Sinne der Hückel-Regel vor (*Sekiguchi*, 2000).

$$Co_2(CO)_8 \;+\; t\text{-}BuC{\equiv}CH \;+\; HC{\equiv}CH \longrightarrow$$

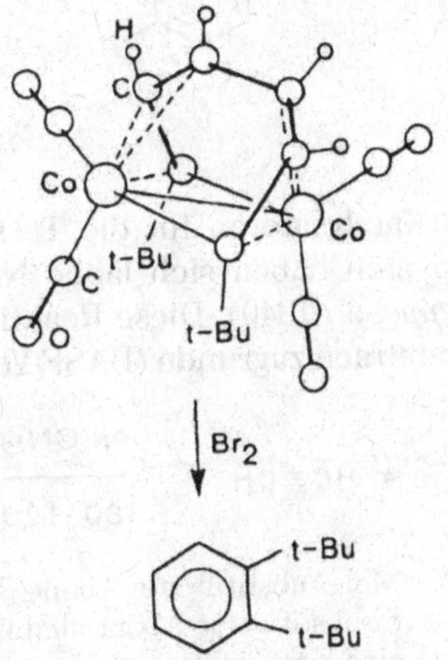

Dieser Zweikernkomplex mit einem, durch Alkintrimerisierung gebildeten „**fly-over-Liganden**", enthält $Co(d^7)$-Zentren, die η^1 an terminale C-Atome und η^3 an interne Allyleinheiten gebunden sind. CO-Liganden und eine Co–Co-Bindung ergänzen zur 18VE-Schale.

Durch $Co_2(CO)_8$-katalysierte Alkintrimerisierung wurde der sterisch überladene Aromat Hexaisopropylbenzol erstmals zugänglich (*Arnett*, 1964)

Nützlich ist auch die von *Yamazaki* (1973) entdeckte **Co-katalysierte Cocyclisierung von Alkinen und Nitrilen** (vergl. S. 440). Während *Vollhardt* (1984) die Synthese homocyclischer Systeme in den Vordergrund stellte, wurde sie durch *Bönnemann* (1985) zur vielseitigen Pyridinsynthese ausgebaut:

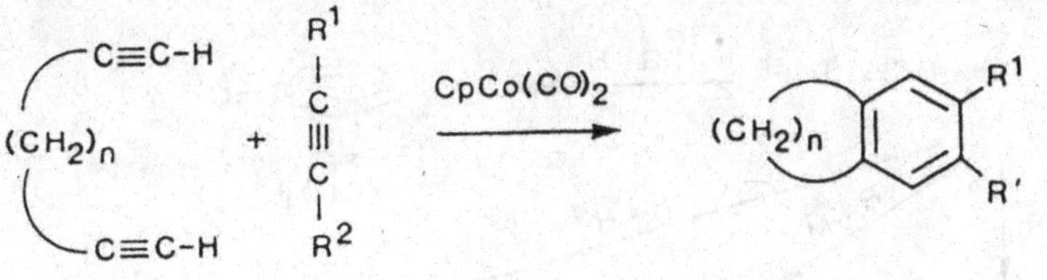

Vollhardt, (1974)

n = 2–5

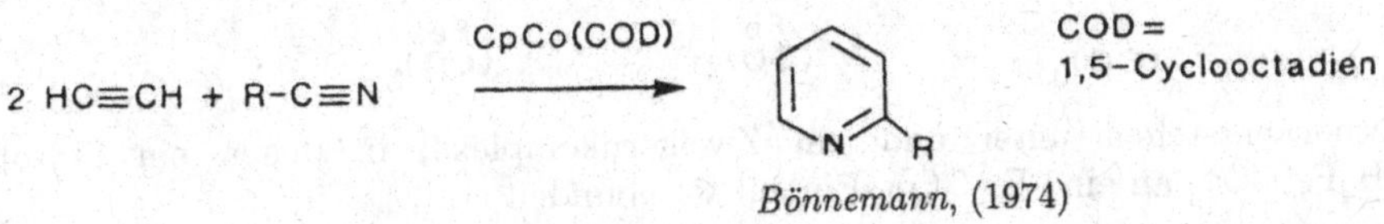

$$2\,HC{\equiv}CH \;+\; R\text{-}C{\equiv}N \;\xrightarrow{\;CpCo(COD)\;}$$

COD = 1,5-Cyclooctadien

Bönnemann, (1974)

Die *Bönnemann*-Cyclisierung dürfte nach folgendem Katalysecyclus ablaufen:

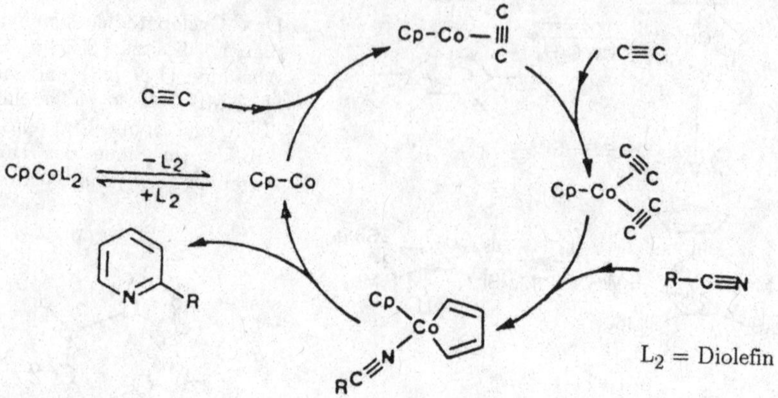

L$_2$ = Diolefin

Als Katalysatoren für die **Tetramerisierung** von Acetylenen zu Cyclooctatetraen-derivaten haben sich labile Ni(II)-Komplexe wie Ni(acac)$_2$ oder Ni(CN)$_2$ bewährt (*Reppe*, ab 1940). Diese Reaktion liegt auch der technischen Gewinnung von Cyclooctatetraen zugrunde (BASF-Verfahren):

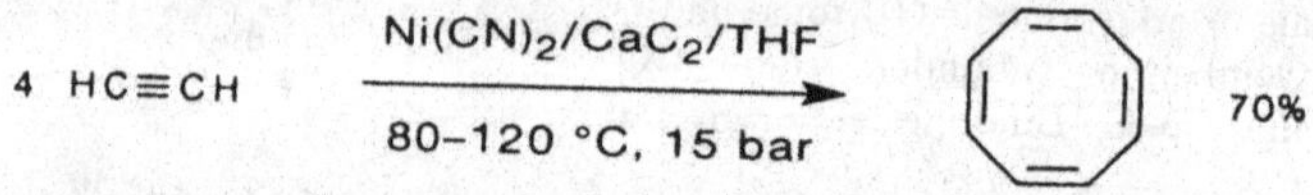

Monosubstituierte Alkine liefern hierbei tetrasubstituierte Cyclooctatetraenderivate, disubstituierte Alkine sind unreaktiv. In Gegenwart von PPh$_3$ (1:1 bezogen auf Ni) wird eine Koordinationsstelle an Ni blockiert, und es entsteht Benzol anstelle von Cyclooctatetraen.

Trotz aufwendiger Untersuchungen (vergl. *Colborn*, 1986) ist der Mechanismus dieser klassischen Reaktion der Metallorganik noch nicht vollständig aufgeklärt. Einen auf DFT-Rechnungen basierenden Vorschlag machte *Straub* (2004).

Cyclooligomerisierungen können auch unter **Einschiebung eines oder mehrerer Moleküle CO** verlaufen:

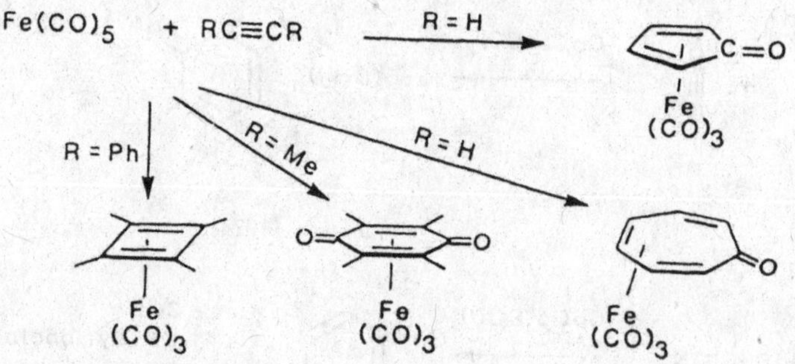

Hierbei entstehen unter anderem Zweikernkomplexe, in denen ein Ferrolring C$_4$H$_4$Fe(CO)$_3$ an eine Fe(CO)$_3$-Einheit π-gebunden ist:

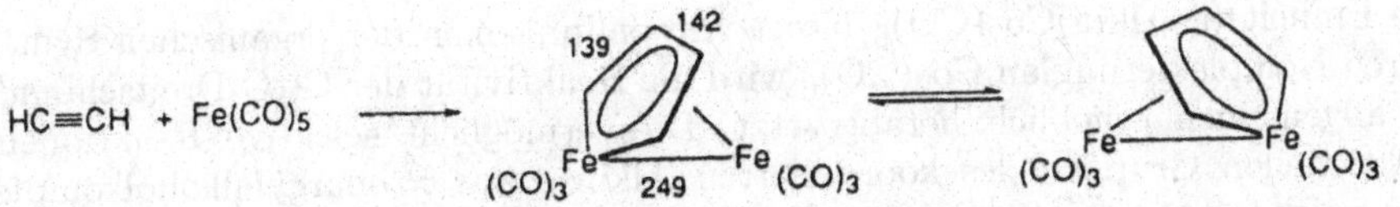

HC≡CH + Fe(CO)5
139
142
Fe
Fe
(CO)3
249
(CO)3
Fe
Fe
(CO)3
(CO)3

Die beiden $Fe(CO)_3$-Einheiten, die durch eine Metall-Metall-Bindung verknüpft sind, tauschen ihre Umgebungen aus, wie durch Markierungsexperimente festgestellt werden konnte. Chirale Derivate dieses Ferrolkomplexes unterliegen rascher thermischer Racemisierung. Die Bezeichnung „Ferrol“ für das Ferracyclopentadien, einen aromatischen Fünfring andeutend, wird in Kap. 15.5.5 gerechtfertigt.

Alkine als 4e-Donoren

Als **4e-Donoren gegenüber zwei Metallen** können Alkine wirken, wenn sie als **Brükkenliganden** fungieren. Man kann hier von zwei orthogonalen Metall(η^2-alken)-Bindungen ausgehen, die der Alkinbrückenligand betätigt. Die unterschiedlichen Formulierungen, die für die beiden sich weitgehend entsprechenden Produkte im nachfolgenden Schema gewählt wurden, sollen andeuten, daß die Beschreibung dieser Verbindungen (und anderer mehrkerniger Verbindungen dieses Typs) als „Acetylenkomplexe“ etwas willkürlich ist, man könnte sie auch als „Metall-Kohlenstoff-Cluster“ betrachten (Kap. 16).

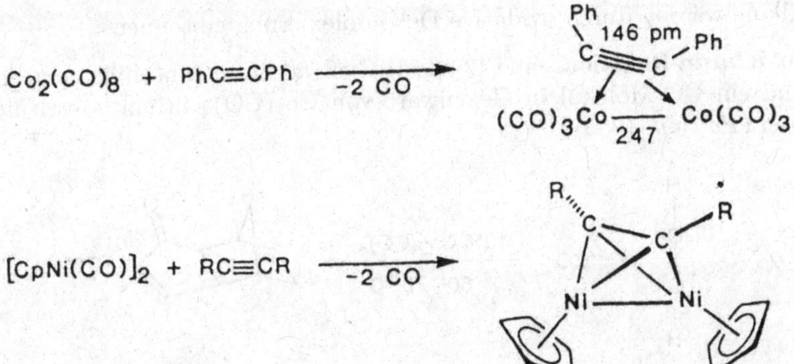

Co2(CO)8 + PhC≡CPh
-2 CO
Ph
146 pm
Ph
C
C
(CO)3Co
Co(CO)3
247
[CpNi(CO)]2 + RC≡CR
-2 CO
R
R
C
C
Ni
Ni

Sowohl terminal als auch verbrückend tritt ein Alkin in einem kantenverknüpften Metallatetrahedrancluster auf, der aus der labilen Vorstufe $(Tol)Fe(C_2H_4)_2$ zugänglich ist (*Zenneck*, 1988):

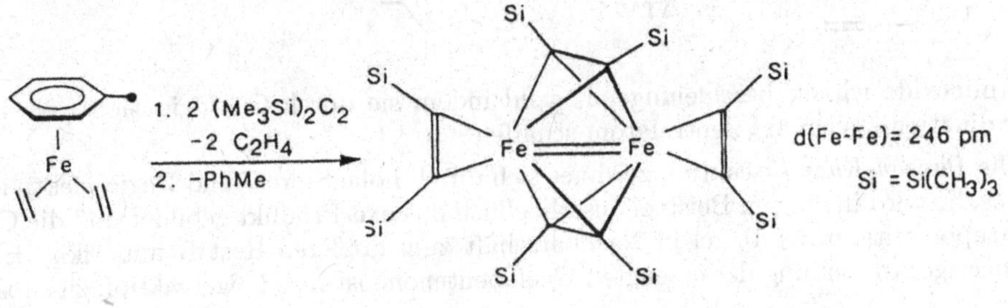

Fe
1. 2 (Me3Si)2C2
-2 C2H4
2. -PhMe
Si
Si
Si
Si
Fe
Fe
Si
Si
Si
Si
d(Fe-Fe)= 246 pm
Si = Si(CH3)3

Die Einheit $(\mu\text{-Alkin})Co_2(CO)_6$ bietet Anwendungen in der organischen Synthese: Durch Komplexierung an $Co_2(CO)_6$ wird die Reaktivität der $C\equiv C$-Dreifachbindung im allgemeinen erheblich herabgesetzt. Dies ermöglicht selektive Reaktionen an funktionellen Gruppen des koordinierten Alkins. Aus Propargylalkoholkomplexen lassen sich mit starken Säuren **metallstabilisierte Propargylkationen** erzeugen. Spektroskopische Daten deuten auf eine Delokalisation der positiven Ladung über die $(Alkin)Co_2(CO)_6$-Einheit hin. Komplexe dieses Typs eignen sich als selektive elektrophile Alkylierungsmittel von Ketonen, Enolacetaten und Aromaten (*Nicholas*, 1987).

Die freien Alkine werden durch oxidative Dekomplexierung gewonnen.

Die **Pauson-Khand-Reaktion**, eine [2+2+1]-Cycloaddition, überführt ein Alkin, ein Alken und ein CO-Molekül in Gegenwart von $Co_2(CO)_8$ in ein substituiertes Cyclopentenon (*Pauson*, 1985):

Sie kann auch intramolekular ablaufen:

Aminoxide wirken beschleunigend, wohl indem sie durch CO-Oxidation freie Koordinationsstellen am Zentralatom schaffen.

Die *Pauson-Khand*-Reaktion zeichnet sich durch hohe Stereo- und Regioselektivität aus. So wird in obigem Beispiel ausschließlich das **exo**-Produkt gebildet und die CO-Gruppe tritt in der Regel in Nachbarschaft zum größeren Rest R am Alkin. Eine wichtige Anwendung der erzeugten Cyclopentenone ist ihre Folgereaktion zu substituierten Cyclopentadienen, die – nach Deprotonierung – zur Synthese funktionalisierter Metallocene eingesetzt werden. Während die *Pauson-Khand*-Reaktion ursprünglich stöchiometrisch geführt wurde, sind neuerdings auch *katalytische* Varianten entwickelt worden (vergl. *Chung*, 1999). Hoher CO-Druck fördert den katalytischen Ablauf. Der Mechanismus ist noch nicht im einzelnen bekannt, der erste Schritt besteht sicher in der Bildung des Alkinkomplexes $(RC{\equiv}CR)Co_2(CO)_6$, weitere Zwischenstufen konnten bisher nicht beobachtet werden.

Die Zahl *asymmetrischer Pauson-Khand*-Reaktionen ist noch relativ gering. Wird in den prochiralen Komplex $Co_2(CO)_6(HC{\equiv}CPh)$ ein chirales Phosphan PPh_2R^* eingeführt, so können die gebildeten Diastereomeren $Co_2(CO)_5PPh_2R^*(HC{\equiv}CPh)$ – nach ihrer Trennung – enantioselektiven *Khand*-Reaktionen zugeführt werden (*Brunner*, 1988):

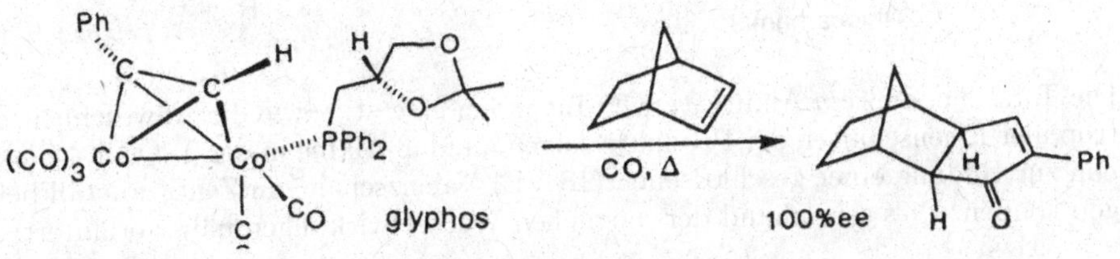

Die Bedeutung dieser Variante unterliegt allerdings aufgrund ihrer nichtkatalytischen Natur einer gewissen Einschränkung.

Als Paradebeispiel einer katalytischen, enantioselektiven Cyclocarbonylierung von Eninen sei das von *Buchwald* (1996) entwickelte Verfahren angeführt:

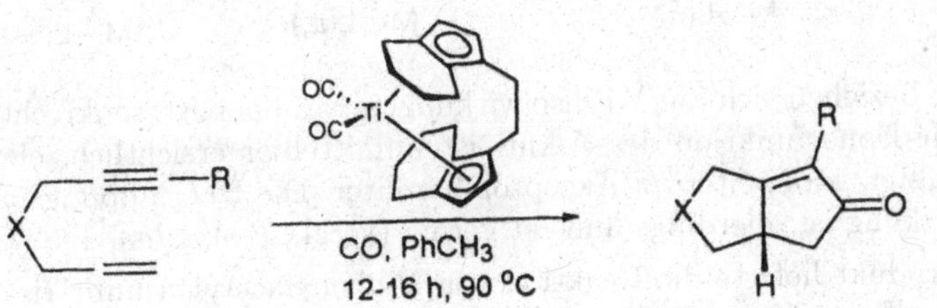

85 - 94 % Ausb.
74 - 96 % ee

Abgesehen von der beeindruckenden Stereokontrolle ist auch bemerkenswert, daß die *Buchwald*-Cyclisierung, im Gegensatz zum ursprünglichen *Pauson-Khand*-Verfahren, auf 1,1-disubstituierte Olefinkomponenten anwendbar ist. Ferner illustriert diese Reaktion, daß die [2+2+1]-Cycloaddition, von $Co_2(CO)_8$ ausgehend, eine beträchtliche Ausweitung erfahren hat (vergl. *Schmalz*, 1998).

Auch die Funktion eines **4e-Donors gegenüber einem Metall** kann von Alkinen ausgeübt werden.

Beispiele sind in den Produkten aus folgenden Reaktionen gegeben:

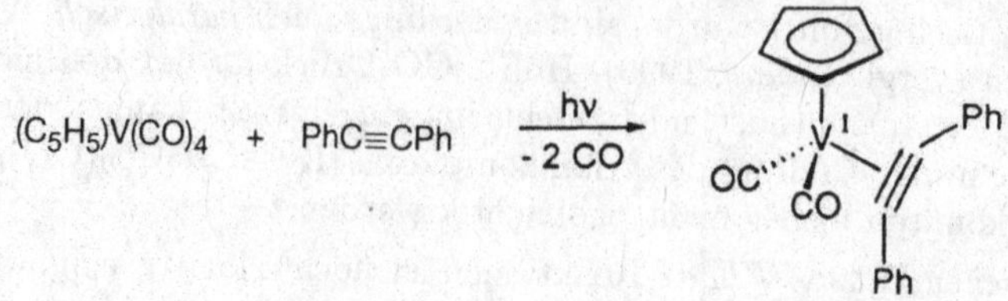

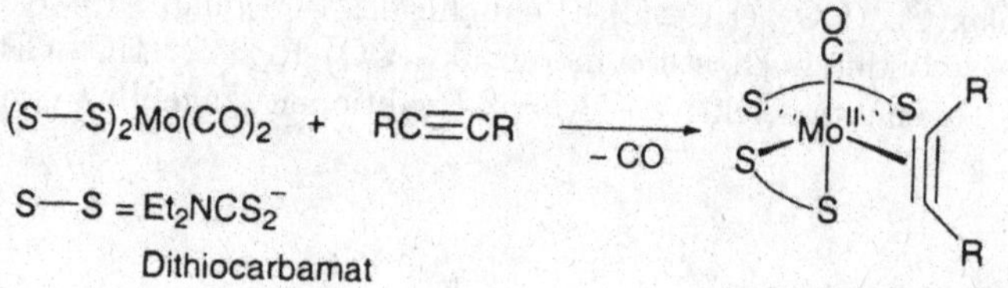

$(C_5H_5)V(CO)_4$ + PhC≡CPh $\xrightarrow[- 2\,CO]{h\nu}$

OC—V—Ph ... CO ... Ph

$(S—S)_2Mo(CO)_2$ + RC≡CR $\xrightarrow{- CO}$

S—Mo—S ... R

S—S = $Et_2NCS_2^-$

Dithiocarbamat

(*Templeton*, 1984)

Die Tatsache, daß *ein* Alkin *zwei* CO-Liganden ersetzt, sowie die Abwesenheit elektrophiler Eigenschaften der Produkte zeigen an, daß Alkine in der Tat mit 4 Elektronen zur Bildung einer geschlossenen (18 VE) Valenzschale am Zentralmetall beitragen können. Dies sei anhand der möglichen Wechselwirkungen näher erläutert:

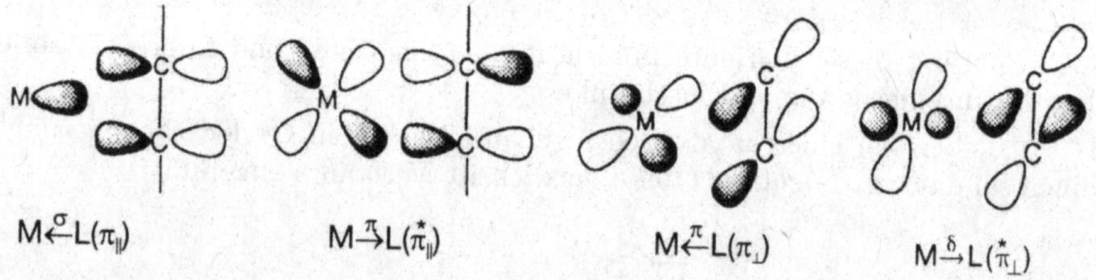

$M \overset{\sigma}{\leftarrow} L(\pi_{\parallel})$ $M \overset{\pi}{\to} L(\pi_{\parallel}^*)$ $M \overset{\pi}{\leftarrow} L(\pi_{\perp})$ $M \overset{\delta}{\to} L(\pi_{\perp}^*)$

Die Indizes ∥ und ⊥ beziehen sich auf Wechselwirkungen parallel bzw. senkrecht zur Ebene MCC. Die 4e-Donorfunktion des Alkins ist unmittelbar ersichtlich, ebenso wie dessen ausgeprägter „doppelter" π-Akzeptorcharakter. Die Überlappungsqualität der δ-Wechselwirkung ist allerdings äußerst gering (vergl. *Templeton*, 1989).

Ein unerwartetes Produkt lieferte die Reaktion von Diphenylacetylen mit Tris(acetonitril)tricarbonylwolfram (*Tate*, 1964):

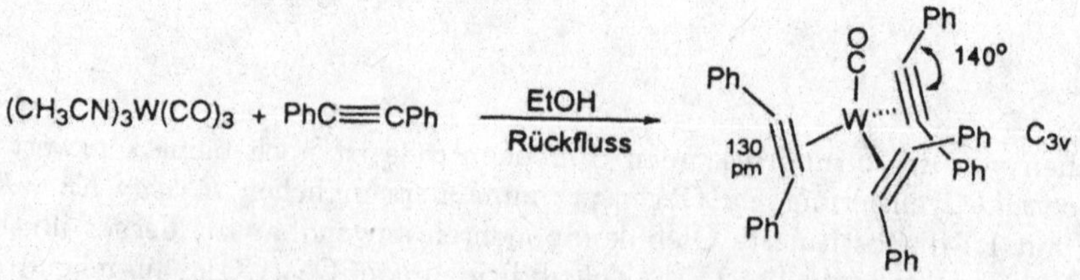

$(CH_3CN)_3W(CO)_3$ + PhC≡CPh $\xrightarrow[\text{Rückfluss}]{\text{EtOH}}$

Ph, Ph ... O≡C ... W ... 140° ... Ph, Ph ... 130 pm ... Ph, Ph ... C_{3v}

Der Überraschungseffekt beruht auf der die 18 VE-Regel scheinbar verletzenden Stöchiometrie Alkin:CO = 3:1. Wären nicht die Produkte (PhC≡CPh)$_3$W (Alkin als 4e-Donor) oder (PhC≡CPh)$_3$W(CO)$_3$ (Alkin als 2e-Donor) zu erwarten gewesen?

Klärung liefert hier eine gruppentheoretische Betrachtung (*King*, 1968): Die sechs gefüllten π-Orbitale der Alkinliganden ($3\pi_{\|} + 3\pi_{\perp}$) bilden in der Symmetrie C_{3v} eine Basis für die irreduziblen Darstellungen $A_1 + A_2 + 2$ E. Während für die drei $\pi_{\|}$-Orbitale symmetriegerechte Metallorbitale zur Bildung von drei $M \xleftarrow{\sigma} L(\pi_{\|})$-Bindungen verfügbar sind ($A_1 + E$), ist für die $M \xleftarrow{\pi} L(\pi_{\perp})$-Bindungen nur die Darstellung E geeignet, denn ein Orbital der Symmetrie A_2 hat das Zentralmetall nicht zu bieten. Somit können für die $W \xleftarrow{\pi}$ Alkin-Bindungen nur der sechs $\pi_{\perp}$-Elektronen verwendet werden, und es resultiert eine 16 VE-Schale ($W^0 d^6 + 6\pi_{\|} + 4\pi_{\perp}$), die durch einen zusätzlichen CO-Liganden auf 18 VE erweitert wird. Die Rolle der Alkinliganden als formale $3^1/_3$ e-Donorliganden in $(\text{Alkin})_3 W(CO)$ erscheint weniger gewöhnungsbedürftig, wenn man sich vergegenwärtigt, daß die Fluoridliganden in BF_3 unter Berücksichtigung von π-Bindungsanteilen als $2^2/_3$ e-Donoren zu betrachten sind.

15.2.2 Heteroalkinkomplexe

Den Heteroalkenen $R_2C{=}E$ (E = S, Se, Te) entsprechen **Heteroalkine** $RC{\equiv}E$ (E = P, As, vergl. 221), die ebenfalls als Liganden fungieren können (*Nixon*, 1981):

Diese Koordination führt zu einer beträchtlichen Aufweitung der C–P-Bindungslänge von 154 pm (frei) auf 167 pm (η^2-gebunden), die, wie üblich, aus der $Pt \xrightarrow{\pi}$ Ligand-Rückbindung folgt.

Auch der für Alkine bekannte Brückenbindungstyp wird von Phosphaalkinen realisiert:

Die seitliche η^2-Koordination von Heteroalkinen R-C$\equiv$E ist für E = P die Regel, für E = N hingegen die Ausnahme (*Wilkinson*, 1986). Es ist jedoch auch ein Beispiel bekannt geworden, in dem ein Phosphaalkin über das terminale P-Atom an ein ÜM bindet (*Nixon*, 1987):

Wie zu erwarten, wird die P$\equiv$C-Dreifachbindung durch diesen Bindungsmodus nur unwesentlich beeinflußt.

15.3 Allyl- und Enylkomplexe

Ungesättigte Kohlenwasserstoffe C_nH_{n+2} mit ungerader Zahl von C-Atomen können als Neutralliganden (mit ungerader Zahl von π-Valenzelektronen) oder als anionische bzw. kationische Liganden mit gerader Zahl von Valenzelektronen formuliert werden:

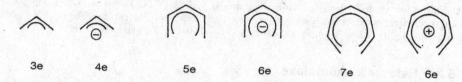

Die neutralen Radikale sind höchst reaktiv, die Anionen in Form der Li-, K-, Mg-Salze zwar sehr luft- und wasserempfindlich, unter Schutzgasatmosphäre jedoch stabil und charakterisierbar (S. 42). Bemerkenswert inert sind die kovalent gebundenen Komplexe dieser Liganden mit Übergangsmetallen, was sich in thermischer Belastbarkeit und Hydrolysebeständigkeit äußert.

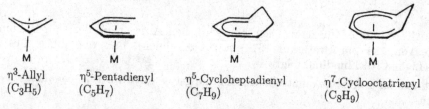

η^3-Allyl (C_3H_5) η^5-Pentadienyl (C_5H_7) η^5-Cycloheptadienyl (C_7H_9) η^7-Cyclooctatrienyl (C_8H_9)

Lediglich die binären Allylkomplexe sind sehr labil, sie neigen zu Dimerisierung des organischen Liganden unter Freisetzung des Metalls und werden dadurch zu wichtigen Vorstufen für homogenkatalytische Cyclen (Kap. 18).

In Bindungstyp und Reaktivität bestehen keine grundlegenden Unterschiede zwischen Enyl- und Oligoolefinkomplexen oder den im nächsten Kapitel zu behandelnden Komplexen cyclisch konjugierter Liganden C_nH_n. Die gegenseitige Umwandlung ineinander ist deshalb auch wichtigstes Merkmal ihrer Synthese und Reaktivität.

15.3.1 Allylkomplexe

Die erste Darstellung und richtige Beschreibung eines η^3-Allyl-Metallkomplexes gelang *Smidt* und *Hafner* (1959) mit der Verbindung $[(C_3H_5)PdCl]_2$, einem Produkt aus der Umsetzung von Palladiumchlorid mit Allylalkohol. Seitdem ist die Gruppierung η^3-Allyl-Metall zu einem weitverbreiteten Strukturelement in ÜM-Komplexen geworden, auch als Teil größerer Liganden. Entsprechend vielfältig sind die Zugangswege zu η^3-Allyl-Metall-Verbindungen.

Die nachfolgende Auswahl an Darstellungsmethoden läßt sich gliedern gemäß:

- Ersatz von X^- durch Allyl$^-$ **1**
- Umlagerung σ-Allyl(η^1) → π-Allyl(η^3)   **2, 3**
- Umwandlung π-Olefin (η^2 bzw. η^4) → π-Allyl(η^3)   **4–7**

Sie soll nicht lediglich als Katalog von Syntheseverfahren gewertet werden, vielmehr illustriert sie auch typische Reaktionsweisen der jeweiligen Substrate.

Darstellung

1. Metallsalz + Hauptgruppenelementorganyl (Metathese)

$$NiBr_2 + 2\ C_3H_5MgBr \xrightarrow[-10\ °C]{Et_2O} Ni(C_3H_5)_2$$

$$Co(acac)_3 + 3\ C_3H_5MgBr \longrightarrow Co(C_3H_5)_3 \qquad Zers.T > -55\ °C$$

$$ZrCl_4 + 4\ C_3H_5MgCl \xrightarrow[-78\ °C]{Et_2O} Zr(C_3H_5)_4$$

Dies ist ein allgemeiner Weg zu binären Allylkomplexen. Reaktion und Aufarbeitung muß bei tiefen Temperaturen erfolgen, da Verbindungen dieses Typs thermisch sehr labil sind (*Wilke*, 1966).

$$4\ PdCl_2 + (C_3H_5)_4Sn \xrightarrow[-SnCl_4]{4\ PPh_3} 4\ (C_3H_5)PdCl(PPh_3)$$

2. Carbonylmetallat + Allylhalogenid

Die σ/π-Umlagerung unter CO-Abspaltung kann thermisch (80 °C) oder photochemisch erfolgen.

(π-Allylkomplex des Benzylanions)

Metallcarbonyl + Allylhalogenid

$$CpCo^I(CO)_2 \;+\; C_3H_5I \xrightarrow[-\,CO]{} \left[\underset{Co^{III}}{\bigcirc} \right]^+ I^- \;+\; \underset{Co^{III}}{\bigcirc}$$

3. Metallhydrid und Diolefin

$$HCo(CO)_4 \;+\; \diagup\!\!\!\diagdown \xrightarrow[-\,CO]{} \underset{anti}{\underset{Co(CO)_3}{CH_3}} \;+\; \underset{syn}{\underset{Co(CO)_3}{CH_3}}$$

$$\left[(CO)_4Co \diagdown\!\!\!\diagup CH_3 \right] \qquad \text{zur } anti/syn\text{-Bezeichnung} \to S.\,410$$

Die Reaktion wird durch eine 1,4-Hydrocobaltierung des Butadiens eingeleitet. Der syn-Komplex ist das stabilere Isomere.

4. Metallsalz, Olefin + Base

$$Na_2[PdCl_4] \;+\; \bigcirc\!\!\!= \xrightarrow{Na_2CO_3} \left[\bigcirc\!\!= -Pd\diagup^{Cl} \right]_2$$

Zu diesem Reaktionstyp besteht folgende mechanistische Vorstellung (Trost, 1978):

$$\underset{H}{\diagup\!\!\!\diagdown} + PdCl_4^{2-} \xrightarrow{-\,Cl^-} \left[\underset{\eta^2}{\underset{H}{Pd\,Cl_3}} \right]^- \xrightarrow{-\,Cl^-} \underset{Cl\;Cl}{\overset{}{Pd}\diagdown^H} \xrightarrow{-\,HCl} \left(\!\!\diagdown - Pd\overset{Cl}{\underset{Cl}{}}Pd - \!\!\diagup \right)$$

5. Metallsalz und Allylhalogenid

$$Na_2[PdCl_4] \;+\; \diagup\!\!\!\diagup^{Cl} \xrightarrow{CO(Kat.)/H_2O/MeOH} 1/2\,[C_3H_5PdCl]_2$$

Die Bildung des η^3-Allylkomplexes aus Allylchlorid ist formal eine Disproportionierung, bei der neben dem koordinierten Allylanion organische Produkte mit Ketogruppen entstehen (Jira, 1971). Die Reaktion verläuft rascher, wenn man für die Gegenwart anderer Reduktionsmittel (CO, SnCl$_2$) sorgt. Bei Einsatz von Pd^o erübrigt sich diese Maßnahme (Klabunde, 1977):

$$2\,C_6H_5CH_2Cl\,(g) + 2\,Pd^o(g) \xrightarrow[OA]{CK} \underset{}{}$$

6. Überführung η^2-Allylalkohol $\rightarrow$ η^3-Allyl:

7. Elektrophile bzw. nucleophile Addition an Diolefinkomplex

Die durch die Protonierung entstandene Elektronenlücke am Metall wird durch eine *Lewis*-Base aufgefüllt.

8. Hydrierung einer Elektronenüberschußverbindung

9. Dimerisierung eines Allens

$$Fe_2(CO)_9 + 2\ CH_2=C=CH_2 \xrightarrow{-3\ CO}$$

Struktur und Bindungsverhältnisse

Metall-Ligand-Wechselwirkungen in Allyl-Komplexen:

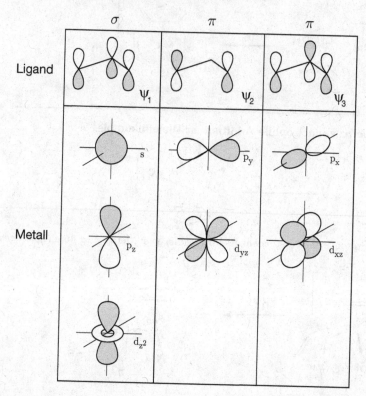

Im Liganden $C_3H_5^-$ sind die MO ψ_1 und ψ_2 je doppelt besetzt. Die Metall-Ligand-Bindung kann durch die Komponenten $\psi_1 \xrightarrow{\sigma} M$, $\psi_2 \xrightarrow{\pi} M$, $\psi_3 \xleftarrow{\pi} M$ beschrieben werden. Aus den Überlappungsverhältnissen folgt im Fragment (η^3-Allyl)metall eine **elektronische Rotationsbarriere** (S. 412).

Die Struktur des prototypischen **Bis(2-methallyl)-nickels** im Kristall ist durch parallele Anordnung der beiden η^3-Allyleinheiten und leichte Abwinkelung der C–CH$_3$-Bindung zum Zentralmetall hin gekennzeichnet (*Dietrich*, 1963). Die Abweichung des 2-Methallylliganden von der Planarität zeigt partielle Umhybridisierung am zentralen C-Atom von sp^2 in Richtung auf sp^3 an. Hierdurch wird die Orbitalüberlappung C(sp^{2+x}), Ni(3d) verbessert. Bis(η^3-allyl)nickel (*Wilke*, 1961) war der erste binäre Allyl-Metallkomplex.

Eine Strukturuntersuchung an **Bis(η-allyl)nickel** mittels Neutronenbeugung (*Krüger*, 1985) ergab beträchtliche Auslenkungen der C–H-Bindungen aus der C$_3$-Ebene; sie rechtfertigen die Bezeichnungen *syn* und *anti* für die H-Lagen relativ zu Ni (S. 408).

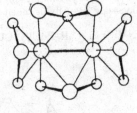

Struktur von [C_4H_7-PdCl]$_2$. Die Pd- und Cl- Atome liegen in einer Ebene, die mit der Ebene der Allyl–C-Atome einen Winkel von 111.5° bildet.

Struktur des Zweikernkomplexes (C_3H_5)$_4$Mo$_2$. Zwei Allylgruppen fungieren als Brückenliganden. Der Komplex ist in Lösung fluktuierend, d.h. die relative Anordnung der Allylgruppen zueinander ändert sich zeitlich (*Cotton*, 1971). d(Mo–Mo) = 218 pm

In ^{1}H-NMR-Spektren von Allylkomplexen sind die *syn*- und *anti*-Protonen der terminalen CH$_2$-Gruppen im allgemeinen inäquivalent. Häufig wird jedoch **dynamisches Verhalten** beobachtet, wobei die Umgebungen der terminalen Protonensorten auf der NMR-Zeitskala zeitlich gemittelt werden. Dies wird am besten durch die Annahme einer π-σ-π-Umlagerung gedeutet. In der σ-gebundenen Form ist die Allylgruppe um die C-C- und die M-C-Achse frei drehbar, so daß *syn*- und *anti*-Protonen ihre Plätze tauschen können:

π   σ   π

Für die – über ÜM-allyl-Komplexzwischenstufen verlaufende – enantioselektive Katalyse (Kap. 18.2.1) ist von Bedeutung, daß bei diesem Prozeß im Falle unsymmetrisch substituierter Allylliganden die stereochemische Information verlorengeht.

Bereits die Anwesenheit einer *Lewis*-Base (z. B. eines nucleophilen Lösungsmittels) kann diese Dynamik bewirken. Dies soll am Beispiel des ^{1}H-NMR-Spektrums von [C$_3$H$_5$PdCl]$_2$ gezeigt werden. In CDCl$_3$ wird für die Protonen das typische A$_2$M$_2$X-Muster eines π-gebundenen Allylliganden beobachtet, während in d^6-DMSO als Lösungsmittel bei 140°C ein A$_4$X-Muster mit scheinbar äquivalenten terminalen H-Atomen auftritt.Vermutlich wird die dimere Struktur des Komplexes durch Einbau von Lösungsmittelmolekülen reversibel geöffnet und die rasche π/σ-Umlagerung des Allylliganden ausgelöst (*Chien*, 1961).

^{1}H-NMR von [C$_3$H$_5$PdCl]$_2$ (**CDCl$_3$**, 25 °C, 200 MHz):

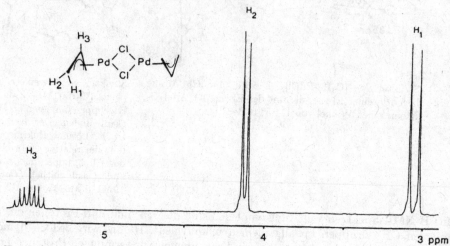

^{1}H-NMR von [C$_3$H$_5$PdCl]$_2$ (**d^6–DMSO**, 140 °C, 200 MHz):

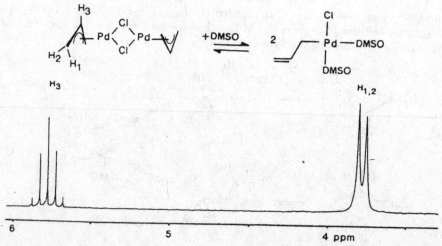

Bei einer Rotation des Allylliganden um die (η^3-C$_3$H$_5$)–M-Bindungsachse **ohne** π–σ–π-Umlagerung bleiben die terminalen *syn-* und *anti-*Protonen inäquivalent, erfahren jedoch Änderungen der Abschirmung. Auf der NMR-Zeitskala ist diese Rotation bereits bei Raumtemperatur so langsam, daß beide Isomere nebeneinander beobachtet werden können (*Ustynyuk*, 1968)

Eine Strukturfluktuation anderer Art kann in Zweikernkomplexen auftreten, in denen zwei Organometallfragmente synfacial an den Brückenliganden C_7H_8 gebunden sind. Für die Verbindung $(\mu\text{-}C_7H_8)[Rh(C_5H_5)]_2$ sprechen Tieftemperatur-NMR-Befunde für zwei unterschiedliche η^3-Bindungsmodi – π-Allyl einerseits und σ-Alkyl + π-Alken andererseits. Temperaturerhöhung führt zu rascher Racemisierung der beiden Enantiomeren mit begleitender Koaleszenz entsprechender NMR-Signalpaare (*Lewis*, 1974).

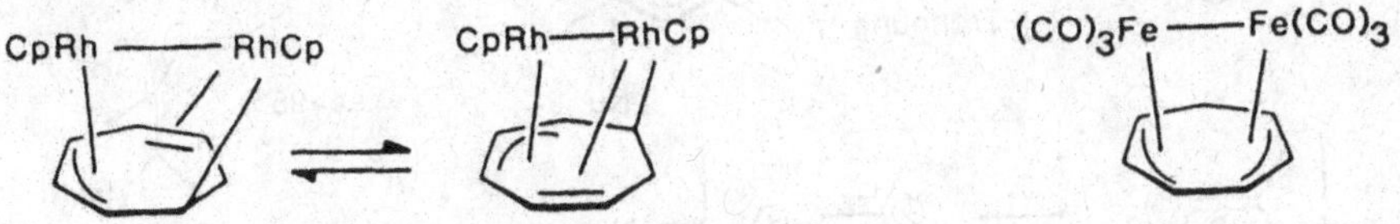

Der isovalenzelektronische Komplex $(\mu\text{-}C_7H_8)[Fe(CO)_3]_2$ weist bereits bei tiefer Temperatur die symmetrische Bis(η^3-allyl)-Struktur auf (*Cotton*, 1971).

Reaktionen von Allylkomplexen

Die Koordinationschemie des Allyliganden wird mit hoher Intensität bearbeitet; dies gilt insbesondere in Hinblick auf Anwendungen in der organischen Synthese. Hier sollen nur die wichtigsten Charakteristika der Reaktivität von Allylkomplexen skizziert werden und dies am Beispiel der Zentralmetalle Eisen und Molybdän. Auf die Rolle von Allylpalladiumkomplexen in der homogenen Katalyse kommen wir in Kap. 18 zurück.

Allylkomplexe wirken im allgemeinen als **selektive elektrophile Reagenzien**, deren Reaktivität allerdings durch entsprechende Maßnahmen umgestimmt werden kann. So reagieren $[(Allyl)Fe(CO)_4]^+$-Kationen mit einer Reihe von Nucleophilen, wobei der intermediär gebildete Olefinkomplex rasch unter Freisetzung des substituierten Olefins zerfällt (*Whitesides*, 1973):

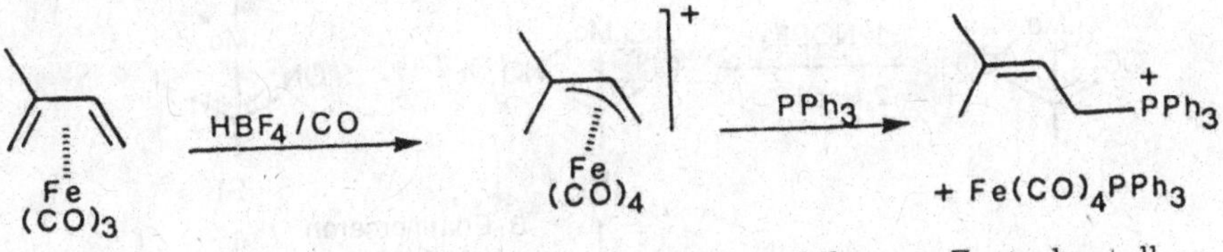

(Allyl)$Fe(CO)_3^-$-Anionen hingegen werden von Elektrophilen am Zentralmetall angegriffen, CO-Insertion unter Freisetzung eines Ketons kann sich anschließen:

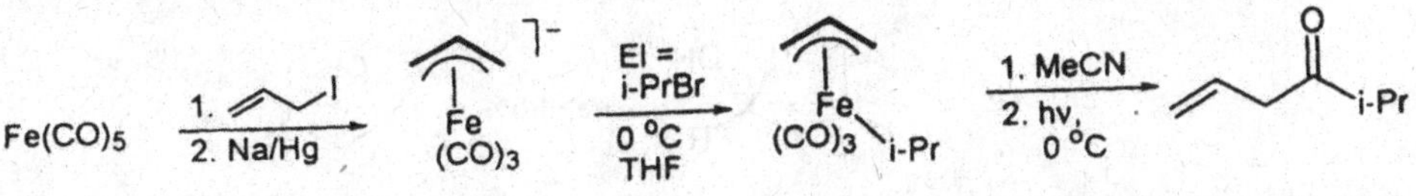

Auch an $CpMo(\eta^3\text{-allyl})L_2$-Derivaten läßt sich die Umstimmbarkeit der Reaktivität zeigen, darüber hinaus aber auch die Möglichkeit, **Allylierungen enantioselektiv** zu führen. $CpMo(\eta^3\text{-allyl})L_2$-Komplexe sind chemisch robust, leicht funktionalisierbar, unter anderem zu Diastereomerenpaaren, die – nach ihrer Auftrennung – zur Ausübung asymmetrischer Induktion dienen können.

Allylierung von Nucleophilen (Faller, 1983)

Als weiches Nucleophil greift das Enamin *cis* zum Nitrosylliganden an. Diese Regioselektivität wird durch die elektronische Asymmetrie am Zentralmetall bewirkt.

Allylierung von Elektrophilen (Faller, 1993)

Wird ein CO-Ligand hingegen durch Cl⁻ ersetzt, so resultiert ein ungeladenes Diastereomerenpaar, dessen Komponenten nucleophil reagieren. Durch Reaktion mit Aldehyden lassen sich dann in hoher Enantiomerenreinheit chirale Homoallylalkohole gewinnen. Letztere sind wichtige Bausteine für stereoselektive Synthesen.

Substitutionsreaktionen am Molybdänatom verlaufen hier unter Konfigurationserhaltung. Somit ist die erforderliche Enantiomerentrennung dadurch möglich, daß der Chloridligand durch S-(+)-10-Camphersulfonat ersetzt wird, die gebildeten Diastereomeren aufgrund unterschiedlicher Löslichkeit getrennt werden und anschließend wieder Chlorid eingeführt wird.

Olefinisomerisierungen, katalysiert durch Übergangsmetalle, verlaufen vermutlich ebenfalls über Allylkomplex-Zwischenstufen. Unter Insertion in eine zum koordinierten Olefin benachbarte CH_2-Gruppe wird ein Allylhydrid-Komplex gebildet, der dann zum isomeren Olefinkomplex weiterreagiert:

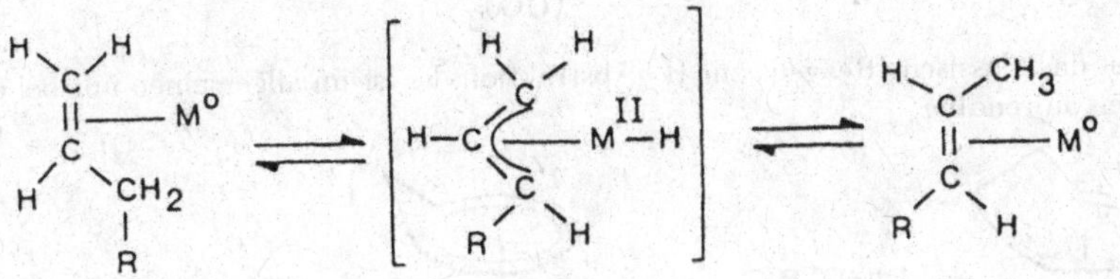

15.3.2 Dienyl- und Trienylkomplexe

Die η^5-Dienyl- und η^7-Trienylkomplexe können als **Vinyloge der Allylkomplexe** betrachtet werden. Die Stabilisierung der Enyl-Liganden durch Komplexbildung ermöglicht ihren Einsatz als Carbokation- bzw. Carbanionäquivalente in Folgereaktionen.

Die Darstellung der Dienyl- und Trienylkomplexe weist viele Parallelen zur Synthese von Allylkomplexen auf.

Darstellung

1. **Metallhalogenid + Hauptgruppenelementorganyl**

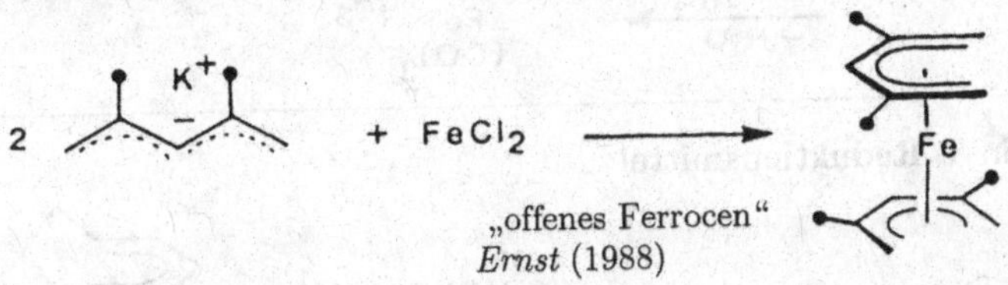

„offenes Ferrocen"
Ernst (1988)

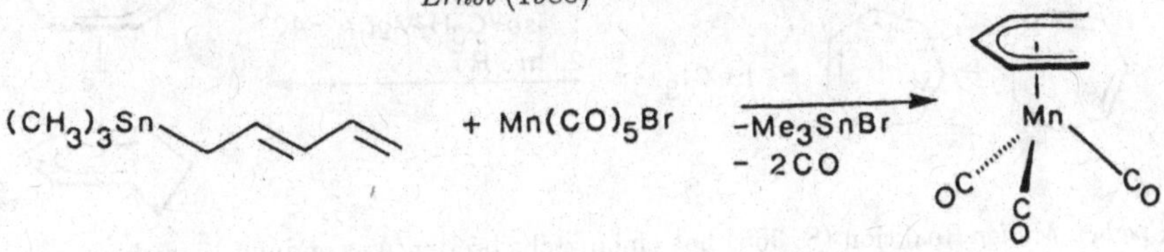

2. **Übertragungen von H^+ bzw H^-**

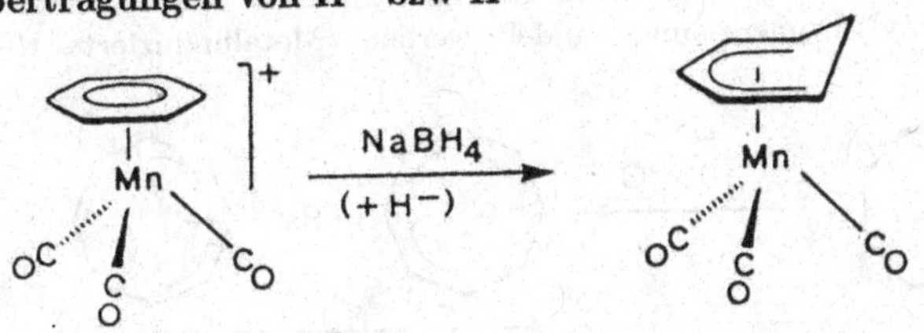

Hydridaddition

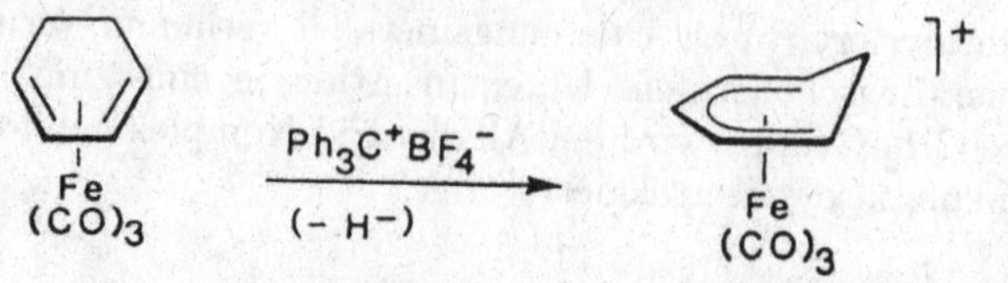

Hydridabstraktion

$Ph_3C^+BF_4^-$ ist das klassische Reagens zur H^--Abstraktion. Es ist im allgemeinen nur bei cyclischen Systemen anwendbar.

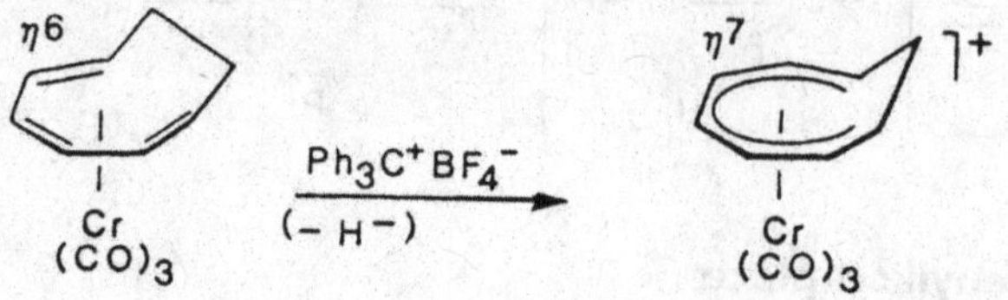

Ein Homotropylium-Komplex

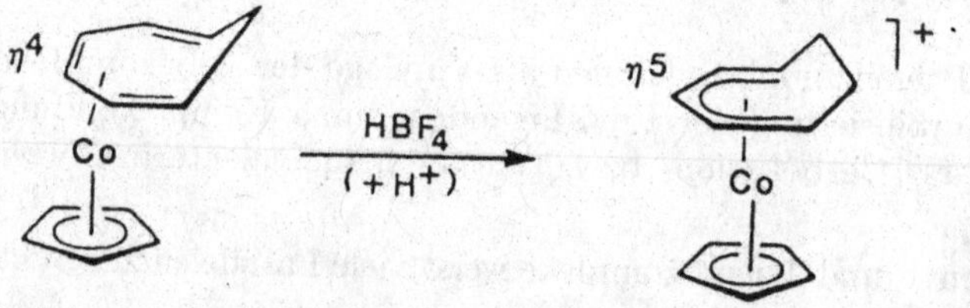

Protonierung einer nicht koordinierten Doppelbindung

Anstelle einer nicht-koordinierten Doppelbindung können auch vinyloge OH- oder OCH_3-Gruppen protoniert und als Wasser oder CH_3OH abgespalten werden:

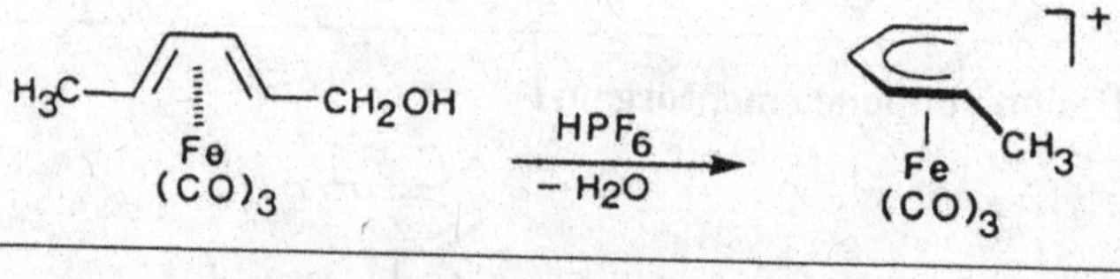

3. Metallsalz + Olefin + Reduktionsmittel

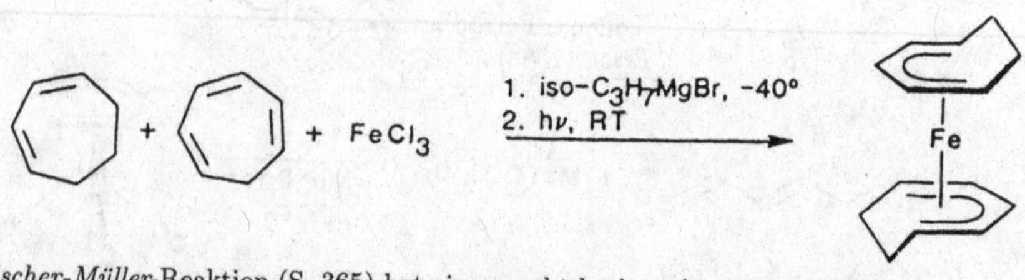

Die *Fischer-Müller*-Reaktion (S. 365) hat einen recht breiten Anwendungsbereich. Je nach Metall und Olefin werden dabei Olefinkomplexe oder Enylverbin-dungen gebildet.

Im Falle des Rutheniums wird zunächst ein gemischter Cycloolefinkomplex isoliert. Er kann anschließend thermisch unter Oxidationsstufenwechsel des Zentralmetalls $Ru^o \rightarrow Ru^{II}$ in das symmetrische Bis(cyclooctadienyl)-Isomere umgewandelt werden (**Metallinduzierte H-Verschiebung**) (*Vitulli*, 1980):

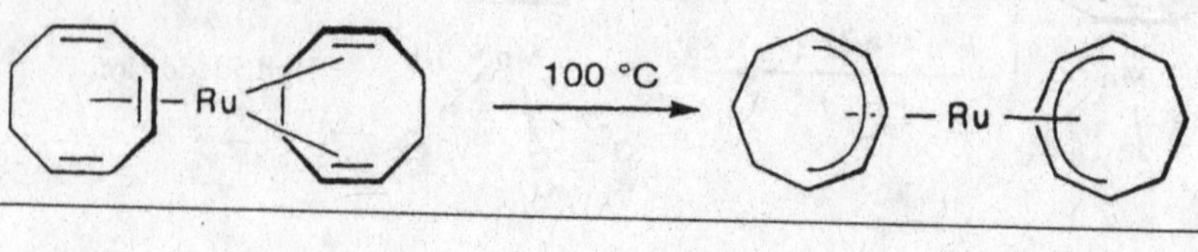

Struktur und Eigenschaften

Die Beschreibung der Struktur- und Bindungsverhältnisse in Pentadienylkomplexen entspricht derjenigen für die Metallocene, wobei aber einige Besonderheiten erwähnenswert sind (*Ernst*, 1999).

geschlossen   offen
verbrückt   offen

So bewirkt die Öffnung des geschlossenen $C_5H_5^-$- zum offenen $C_5H_7^-$-Liganden einen größeren Raumbedarf, offene Metallocene sind sterisch stärker abgeschirmt. Dies dämpft im Falle koordinativ ungesättigter Spezies ($\Sigma VE < 18$) die Tendenz der Bildung von Addukten (η^5-C_5H_7)$_2ML_n$. Die thermodynamische Stabilität von offenen Metallocenen ist höher als die ihrer geschlossenen Analoga.

Dies läßt sich an einem einfachen Korrelationsdiagramm erläutern, in dem der Einfluß der „Störung" Ringöffnung auf die Energie der Cyclopentadienyl π-MO betrachtet wird (vergl. hierzu auch S. 454). π-MO, die zwischen den Öffnungs-C-Atomen bindend waren, werden durch die Öffnung angehoben, solche die antibindend waren, werden abgesenkt.

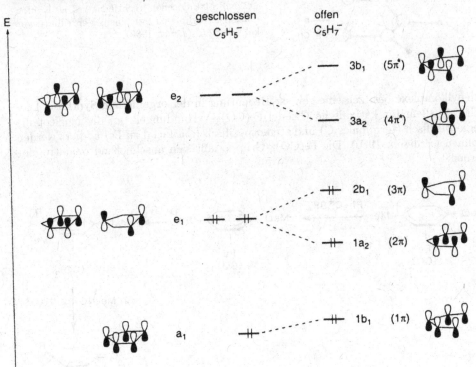

Man erkennt, daß der Übergang vom geschlossenen $C_5H_5^-$- zum offenen $C_5H_7^-$-Liganden, dessen HOMO/LUMO-Lücke verkleinert; $C_5H_7^-$ ist der bessere π-Donor. (via 3π, besetzt) und der bessere δ-Akzeptor (via 4π*, unbesetzt).

Offene Metallocene besitzen die scheinbar sich widersprechenden Eigenschaften stärkerer Metall-Ligand-Bindung und gesteigerter Reaktivität. So sind Folgereaktionen unter Wechsel der Koordinationsmoden η^5, η^3, η^1 für offene Metallocene wesentlich vielfältiger als für geschlossene Metallocene, wo sie die Ausnahme darstellen. Dies dürfte auf die Aromatizität des η^5-$C_5H_5^-$-Liganden zurückzuführen sein, dessen Störung möglichst vermieden wird. Eine Mittelstellung zwischen $C_5H_5^-$- und $C_5H_7^-$-Liganden nehmen die offen verbrückten Liganden des Typs $C_6H_7^-$ (Cyclohexadienyl) ein.

Strukturanalysen belegen den planaren Bau und die ausgeglichenen Bindungsordnungen im metallkoordinierten Dienylsystem.

Struktur von **Bis (2,3,4-trimethylpentadienyl) ruthenium**. Die Bindungslängen M–C sind nur wenig unterschiedlich und von der gleichen Größenordnung wie in den entsprechenden Cyclopentadienylverbindungen, was ihre Bezeichnung als „offene Metallocene" rechtfertigt. Die Konformation ist ekliptisch mit einem Verdrillungswinkel von 52.5° (*Ernst*, 1983).

Dienylkomplexe besitzen eine gewisse Bedeutung in der **organischen Synthese**. Dies gilt vor allem für kationische (Dienyl)Fe(CO)$_3$-Verbindungen, an die Nucleophile regiospezifisch (terminales C) und stereospezifisch (antifacial zu Fe) addiert werden können (*Pearson*, 1980). Die Fe(CO)$_3$-Gruppe läßt sich anschließend oxidativ entfernen:

Im folgenden Beispiel bewirkt der *ortho*-desaktivierende Einfluß der Methoxygruppe, daß der nucleophile Angriff am *ipso*-C-Atom erfolgt (*Pearson*, 1978):

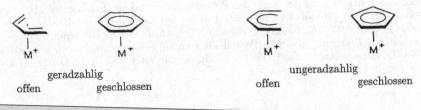

Die nucleophile Addition an kationische π-Komplexe ist eine der wichtigsten Methoden zur Umwandlung η^n-gebundener Liganden in die entsprechenden η^{n-1}-Liganden. Sowohl Allyl- und Dienylliganden als auch ungesättigte Kohlenwasserstoffe, wie Ethylen (S. 381), Butadien (S. 382) oder Benzol (S. 501f.), die normalerweise keine nucleophilen Additionsreaktionen eingehen, werden von Nucleophilen wie H^-, CN^- oder MeO^- angegriffen, wenn sie an Metallkationen koordiniert sind. Diese erhöhte Reaktivität koordinierter Polyene beruht auf einer Übertragung von Elektronendichte vom Kohlenwasserstoff zum positiv geladenen Metall.

Auf der Basis der Störungstheorie haben *Davies, Green* und *Mingos* (1978) Regeln formuliert, die dabei helfen, die **Richtung eines kinetisch kontrollierten nucleophilen Angriffs** auch für 18 VE-Komplexkationen, in denen mehrere ungesättigte Kohlenwasserstoffe koordiniert sind, vorherzusagen. Dabei muß zwischen **geradzahligen** (η^2, η^4, η^6) und **ungeradzahligen** (η^3, η^5) Liganden unterschieden werden. Ferner ist eine Unterscheidung zwischen **geschlossenen** (cyclisch konjugierten) und **offenen** Liganden zu treffen.

Die Neigung zu kinetisch kontrollierter nucleophiler Addition an 18 VE-Komplexkationen sinkt gemäß:

geradzahlig		ungeradzahlig	
offen	geschlossen	offen	geschlossen

① Nucleophiler Angriff erfolgt bevorzugt an **geradzahligen** koordinierten Polyenen.

② Nucleophiler Angriff an **offenen** koordinierten Polyenen oder -enylen ist gegenüber geschlossenen Liganden bevorzugt.

③ Für geradzahlige offene Polyene ist Angriff am **terminalen C-Atom** immer bevorzugt, für ungeradzahlige Polyenyle erfolgt dagegen Angriff am terminalen C-Atom nur, wenn ML_n^+ ein starker Elektronenakzeptor ist.

Die *Davies-Green-Mingos* (DGM)-Regeln sind in der Reihenfolge ① ② ③ anzuwenden. *Beispiele:*

Regel

Zum Verständnis der DGM-Regeln

Ausgangspunkt ist die Vorstellung, daß die Tendenz zu nucleophiler Addition an ein Ligand–C-Atom durch dessen positive Partialladung bestimmt wird. Die Chemo- und Regioselektivität des nucleophilen Angriffs weist nun auf unterschiedliche Partialladungen der einzelnen C-Atome hin. Diese Ungleichverteilung muß eine Folge der Metallkoordination sein, denn in freien, alternierenden Polyenen C_nH_{n+2} und in cyclischen π-Perimetern C_nH_n ist die Ladung längs der C_n-Kette ausgeglichen.

Das Zustandekommen der Ladungsdifferenzierung in den Komplexkationen kann anhand der Prototypen $C_3H_5^{\cdot}$ (Allyl) und C_4H_6 (Butadien) erläutert werden. Hierzu baue man die Komplexkationen gedanklich aus den neutralen Polyenliganden und den Fragmenten ML_n^+ auf und berücksichtige, daß aufgrund der positiven Ladung auf dem Metall die Bindung durch den Donoranteil $L(HOMO) \rightarrow M$ dominiert sein sollte. Der Abzug von Elektronendichte vom Liganden und damit Erzeugung positiver Partialladungen auf selbigem wird dann proportional zu den Koeffizientenquadraten des HOMO – qualitativ dargestellt durch die Größe der Orbitallappen – an den Ligand-C-Atomen sein.

Wie man dem Diagramm entnimmt, überwiegt der Abzug an den **terminalen** C-Atomen, die daher δ^+-Ladungen erwerben und im Komplex bevorzugt nucleophil angegriffen werden (Regel ③).

Auch die Einschränkung von Regel ③ ist einsichtig. Während im Falle geradzahliger Polyene das HOMO mit 2e besetzt ist, die sich in einem bindenden MO des Komplexes wiederfinden, also unabhängig vom Elektronenpaarakzeptorcharakter von ML_n^+ stets eine positive Partialladung ($0 < q < +2$) auf dem Polyen auftreten wird, tragen ungeradzahlige Polyene nur mit 1e ihres HOMO zur Bindung bei. Je nach der Akzeptorstärke von ML_n^+ werden dann Partialladungen $-1 < q < +1$ auf dem Polyen möglich, d.h. das einfachste Beispiel η^3-Allyl kann $C_3H_5^-$-ähnlich oder $C_3H_5^+$-ähnlich reagieren:

ML_n^+ **starker Elektronenakzeptor**

(η^3-C_3H_5) reagiert wie

ML_n^+ **schwacher Elektronenakzeptor**

(η^3-C_3H_5) reagiert wie

Die verglichen mit ungeradzahligen Polyenen ($-1 < q < +1$) größere Ladungsverschiebung für geradzahlige Polyene ($0 < q < +2$) läßt in letzterem Falle eine höhere Reaktivität der Komplexe gegenüber Nucleophilen erwarten (Regel ①).

Der bevorzugte Angriff an offenkettigen, verglichen mit geschlossenen Polyenen dürfte auf der ausgeglicheneren Ladungsverteilung in letzteren beruhen (Regel ②). In verfeinerte Betrachtungen sind Substitutionseffekte sowie mögliche Konkurrenzreaktionen (z.B nucleophiler Angriff an CO-Liganden) einzubeziehen. Die Zuverlässigkeit der DGM-Regeln ist an die Ladungskontrolle des nucleophilen Angriffs geknüpft. Erfolgt dieser orbitalkontrolliert, so wird von den Regeln abweichende Regioselektivität beobachtet; Beispiele hierzu diskutiert *Hoffmann (1985)*.

....

EXKURS 9: NMR in der Organometallchemie

Die beiden wichtigsten Methoden zur Strukturermittlung metallorganischer Moleküle sind die Röntgenstrukturanalyse und die NMR-Spektroskopie; indem diese Techniken die jeweiligen Moleküle in unterschiedlichen Aggregatzuständen erfassen, ergänzen sie sich gegenseitig. Zunehmend hat allerdings auch die Festkörper–NMR-Spektroskopie Anwendung in der Organometall chemie gefunden. Meßtechnische Einzelheiten – vor allem das in ständiger Entwicklung befindliche Gebiet der gepulsten NMR-Methoden – können hier naturgemäß nicht behandelt werden.

^{13}C-NMR

Trotz der geringen natürlichen Häufigkeit (1.1%) und der relativ kleinen Empfindlichkeit des ^{13}C-Kernes (1.6% von ^{1}H) stellt die ^{13}C-NMR-Spektroskopie ein unentbehrliches Hilfsmittel bei der Untersuchung metallorganischer Verbindungen dar.

Wesentliche Merkmale der ^{13}C-NMR-Spektroskopie in der Metallorganik sind die folgenden:

1. In protonenentkoppelten ^{13}C-NMR-Spektren erscheinen die Signale in Abwesenheit weiterer Kopplungspartner als scharfe Singuletts. Da weit größere Signaldispersion als in entsprechenden ^{1}H–NMR-Spektren beobachtet wird, können auf diese Weise nicht nur sehr komplizierte Verbindungen und Isomerengemische analysiert, sondern auch feinste strukturelle Unterschiede erfaßt werden.

   Besitzt das Zentralatom ein magnetisches Moment, eine hohe Isotopenhäufigkeit und nicht allzu kurze Relaxationszeiten T_1 bzw. T_2 (z.B. ^{103}Rh oder ^{195}Pt), so werden auch skalare Kopplungen $J(M, ^{13}C)$ beobachtet. Diese geben vor allem Aufschluß über die Bindungsverhältnisse Ligand-Zentralatom.

2. Die Analyse vollständig gekoppelter ^{13}C-NMR-Spektren erlaubt die Bestimmung der Kopplungskonstanten $J(^{13}C, ^1H)$. Diese liefern zusammen mit den Werten für $J(^1H, ^1H)$ Aussagen

über Struktur und Hybridisierungszustand der Liganden bzw. der Ligand–C-Atome. Besonders aussagekräftig sind dabei geminale und vicinale Kopplungskonstanten, die Hinweise auf eine koordinationsbedingte Änderung der intra-Ligand-π-Bindungsordnung enthalten.

3. Mit speziellen Techniken lassen sich (bei natürlicher Isotopenhäufigkeit) isotopomere Spezies untersuchen, die zwei benachbarte ^{13}C-Kerne besitzen, so daß auch Kopplungskonstanten $^1J(^{13}C,^{13}C)$ bestimmt werden können. Diese enthalten Informationen über die Hybridisierungszustände der C-Atome und die C,C-Bindungsordnungen in den organischen Liganden. Zusätzlich existiert für Komplexe eines bestimmten Metalls eine lineare Abhängigkeit zwischen den C,C-Bindungslängen und den Kopplungen $^1J(^{13}C,^{13}C)$.

4. Die ^{13}C-NMR-Spektroskopie ist zur Analyse von Austauschprozessen besonders geeignet. Da die Dispersion der chemischen Verschiebung bei ^{13}C-Spektren etwa fünfmal so groß ist wie in den entsprechenden ^{1}H-NMR-Spektren, können bedeutend raschere Prozesse über den gesamten Austauschbereich beobachtet werden. So kann die Ligandreorientierung in (Cyclooctatetraen)Fe(CO)$_3$ (vergl. S. 519) mit der ^{1}H-NMR-Spektroskopie nur im Bereich des schnellen Austauschs, mit der ^{13}C-NMR-Spektroskopie dagegen über den ganzen Austauschbereich studiert werden. Außerdem werden bei ^{13}C-Spektren oft bedeutend einfachere Spinsysteme angetroffen als bei den entsprechenden ^{1}H-Spektren, so daß Linienformanalysen meist wesentlich leichter durchzuführen sind.

I. Chemische Verschiebungen für ^{13}C-Kerne in diamagnetischen, metallorganischen Verbindungen

In Ansätzen zu einer quantitativen Deutung wird üblicherweise anstelle der chemischen Verschiebung die von *Ramsey* entwickelte Abschirmungsterminologie verwendet. Demnach wird die chemische Verschiebung durch dia- und paramagnetische Abschirmungsterme beeinflußt [Gl. (1)]. Dabei ist zu beachten, daß die Vorzeichenkonvention der Abschirmung der chemischen Verschiebung entgegengesetzt ist.

$$\sigma_i = \sigma_i^{dia} + \sigma_i^{para} + \sigma_{ij} \tag{1}$$

Der **diamagnetische Abschirmungsterm** σ_i^{dia} beschreibt die ungestörte sphärische Bewegung der Elektronen und nimmt in der ^{1}H-NMR-Spektroskopie die dominierende Rolle ein.

Der **paramagnetische Abschirmungsterm** σ_i^{para}, der eine Korrektur für die Störung der Elektronenbewegung und die nicht-sphärische Ladungsverteilung der Elektronen darstellt, ist dem diamagnetischen Abschirmungsterm entgegengerichtet. Er läßt sich gemäß *Ramsay* (1950) unter der Annahme einer mittleren Anregungsenergie ΔE nach Gl. (2) folgendermaßen berechnen:

$$\sigma_i^{para} = -\frac{\mu_o\,\mu_B}{2\pi} < r^{-3} >_{np} [Q_{ii} + \Sigma Q_{ij}]/\Delta E \qquad \begin{matrix}\mu_o = \text{Permeabilität} \\ \text{(Vakuum)} \\ \mu_B = Bohr\text{-Magneton}\end{matrix} \tag{2}$$

Neben dem mittleren Radius r der 2p-Orbitale des betrachteten Kohlenstoffatoms enthält diese Gleichung mit Q_{ii} und Q_{ij} Maßzahlen für die Elektronendichte bzw. die Bindungsordnungen, die, wie die experimentell oft nur schwer zugängliche mittlere Anregungsenergie ΔE, MO-Berechnungen zu entnehmen sind (ΔE wird oft näherungsweise der Energiedifferenz HOMO-LUMO gleichgesetzt).

Der dritte, **nichtlokale Term** σ_{ij} beschreibt die Einflüsse aller weiter entfernten Elektronen (z.B. Ringstromeffekte), er wird für ^{13}C in erster Näherung meist vernachlässigt.

Der paramagnetische Abschirmungsterm σ_i^{para} ist für alle Kerne außer Wasserstoff der dominierende Verschiebungsterm. Mittels Gleichung (2) läßt sich in einigen Fällen ein Zusammenhang zwischen chemischen Verschiebungen δ^{13}C und der Elektronenstruktur des betreffenden Moleküls herstellen. Von einer quantitativen Interpretation von δ^{13}C ist man jedoch, wie übrigens bei anderen Kernen auch, noch weit entfernt, vor allem darum, weil die verschiedenen Faktoren, die neben der mittleren Anregungsenergie den paramagnetischen Term beeinflussen, nur ungenau berücksichtigt werden können.

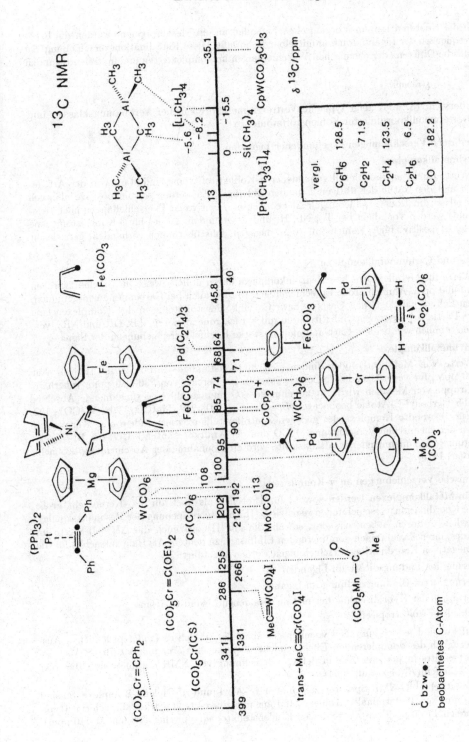

Durch die Koordination eines organischen Liganden an ein Metallfragment werden die Resonanzfrequenzen der Ligandatome unmittelbar beeinflußt. Diese **Koordinationsverschiebung** $\Delta\delta$ wird als die Differenz der chemischen Verschiebungen im komplexierten und im freien Liganden definiert:

$$\Delta\delta = \delta^{(\text{Komplex})} - \delta^{(\text{Ligand})}$$

(3)

Die Übersicht (S. 423) zeigt typische Vertreter metallorganischer Verbindungsklassen und $\delta^{13}C$-Werte metallkoordinierter Kohlenstoffatome.

1. Chemische Verschiebungen σ-gebundener Liganden

σ-Alkylmetallkomplexe

$\delta^{13}C$-Werte direkt an das Metall gebundener α-Kohlenstoffatome sind stark von der Art des Metalls und der Natur der übrigen Liganden abhängig. Es werden sowohl positive als auch negative Koordinationsverschiebungen $\Delta\delta$ beobachtet. Positive $\Delta\delta$ (Verschiebungen nach tieferem Feld) werden vor allem bei Ta, Nb, Hf und Zr gefunden. $\Delta\delta$ ist für β-Kohlenstoffatome meist leicht positiv, für γ-Kohlenstoffatome dagegen, falls überhaupt vorhanden, ganz leicht negativ.

Carben- und Carbinmetallkomplexe

$\delta^{13}C$-Werte für Metallcarben- bzw. -carbinkomplexe liegen üblicherweise im Bereich zwischen 200 und 400 ppm. Ähnlich große Entschirmungen werden auch bei Carbeniumionen gefunden, was den Schluß nahelegt, daß Carben- bzw. Carbinkohlenstoffatome in den Komplexen eine positive Partialladung tragen. Substituenten mit π-Elektronendonoren, z.B. OR und NR_2, verursachen, ähnlich wie bei den Carbeniumionen, starke Hochfeldverschiebungen der Signale.

Carbonylmetallkomplexe

$\delta^{13}C$-Werte von Metallcarbonylen finden sich für endständige Carbonyle im Bereich von 150–220 ppm, für verbrückende Carbonyle dagegen im Bereich von 230–280 ppm. Innerhalb einer Gruppe von Metallen wird mit zunehmender Ordnungszahl eine zunehmende Abschirmung der Carbonyl-C-Atome beobachtet, *Beispiel:* $Cr(CO)_6$ 212, $Mo(CO)_6$ 202, $W(CO)_6$ 192 ppm. Für verwandte Komplexe des gleichen Zentralmetalls existiert zudem eine Korrelation zwischen der chemischen Verschiebung $\delta^{13}CO$ und der Kraftkonstanten k(CO) der IR-Streckschwingung: Mit zunehmender Kraftkonstante wird eine Zunahme der Abschirmung beobachtet (*Butler*, 1979).

2. Chemische Verschiebungen an π-Komplexen

In **Olefin-Metallkomplexen** werden sowohl für Protonen als auch für ^{13}C-Kerne sehr große negative Koordinationsverschiebungen registriert (Hochfeldverschiebung der Resonanzsignale). Verschiedene Autoren haben versucht, sowohl die $\Delta\delta(^1H)$- als auch die $\Delta\delta(^{13}C)$-Werte im Sinne eines, ihrer Ansicht nach dominierenden Einflusses, zu deuten. Als Hauptursachen für die großen negativen Koordinationsverschiebungen werden angeführt:

- Änderung der Ladungsdichte im Liganden
- Änderung der π-Bindungsordnung im Liganden
- Änderung in der Hybridisierung der metallgebundenen Ligand-C-Atome
- verschiedene Anisotropieeffekte.

Diese Effekte sind jedoch zum Teil voneinander abhängig, so daß die widersprüchlichen Aussagen bezüglich des dominierenden Effektes nicht überraschen (*Trahanovsky*, 1974). Wesentliche Fortschritte in jüngerer Zeit in der QC-Berechnung von NMR-Parametern sollten hier Klarheit schaffen (*Kaupp* et al, 2004).

Charakteristische ^{13}C-NMR-Spektren zeigen auch η^3-**Allyl-** und η^4-**Diolefin-Komplexe**. So sind in Allylkomplexen die terminalen Kohlenstoffatome meist bedeutend stärker abgeschirmt (typischer Bereich 40–80 ppm) als die zentralen Kohlenstoffatome (typischer Bereich 70–110 ppm).

In der Reihe der d^{10}-Metalle nimmt in einem Allylliganden zudem die chemische Verschiebung der zentralen wie der terminalen Kohlenstoffatome in der Reihe Pd > Ni > Pt ab.

Auch bei Diolefinkomplexen sind die Beträge der Koordinationsverschiebungen der terminalen Kohlenstoffatome C_1 immer größer (bis zum 2–3fachen) als die der zentralen Kohlenstoffatome C_2. Das Verhältnis $\Delta\delta(C_1)/\Delta\delta(C_2)$ nimmt innerhalb einer Gruppe von Metallen mit zunehmender Ordnungszahl zu, wenn die Komplexe dem gleichen Typ angehören. *Beispiel:*

(η^4-Butadien)M(CO)$_3$	M:	Fe	Ru	Os
$\Delta\delta(C_1)/\Delta\delta(C_2)$		1.47	1.65	1.68

Dies kann mit zunehmender Umhybridisierung der terminalen C-Atome in Richtung auf sp^3 gedeutet werden.

Die Abschirmungsunterschiede koordinierter und nicht-koordinierter olefinischer C-Atome einerseits und terminaler und zentraler C-Atome eines koordinierten Diensystems andererseits werden am Beispiel des ^{13}C\{^{1}H\}-NMR-Spektrums von (η^4-Cycloheptatrien)Fe(CO)$_3$ deutlich:

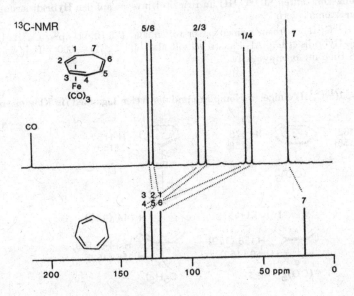

II. Kopplungskonstanten J(^{13}C,X)

In flüssiger Phase, in der die über den Raum wirkenden dipolaren Kopplungen durch die thermische Bewegung der Moleküle ausgemittelt werden, lassen sich nur die über die Elektronen der Moleküle vermittelten skalaren Spin,Spin-Kopplungen $^nJ(A,X)$ beobachten. Sie sind von der Feldstärke des äußeren Magnetfeldes unabhängig und lassen sich in Frequenzeinheiten angeben (n bezeichnet die Anzahl Bindungen zwischen A und X).

Beim Vergleich skalarer Kopplungen zwischen verschiedenartigen Kernen ist es sinnvoll, statt der skalaren Kopplungskonstanten $^nJ(A,X)$ selbst die reduzierten skalaren Kopplungskonstanten $^nK(A,X)$ zu diskutieren. Diese spiegeln direkt den Einfluß der elektronischen Umgebung auf die Kopplungen wider und sind von Größe und Vorzeichen der magnetogyrischen Verhältnisse γ unabhängig. Sie sind definiert gemäß:

$$^nJ(A,X) = h \frac{\gamma_A}{2\pi} \frac{\gamma_X}{2\pi} \; ^nK(A,X) \qquad (4)$$

Allgemein lassen sich die reduzierten skalaren Kopplungen zwischen zwei Kernen eines Moleküls als Summe der Beiträge Orbitalterm K^{OD}, Dipolterm K^{DD} und *Fermi*-Kontaktterm K^{FC} darstellen:

$$^nK(A,X) = K^{OD} + K^{DD} + K^{FC} \tag{5}$$

Für leichte Elemente ohne einsame Elektronenpaare (z.B. ^{13}C, ^1H) ist bei einer Kopplung über **eine** Bindung der *Fermi*-Kontaktterm K^{FC} dominant, so daß folgende, äußerst vereinfachte Beziehung angewandt werden kann (*Pople*, 1964):

$$^nK(A,X) \approx K^{FC} = 16\pi/9 \; \mu_0\mu_B^2 \, (^3\Delta E)^{-1} \, [S^2_A(0) \; S^2_X(0) \; P^2_{s_A s_X}] \tag{6}$$

Hierbei bedeutet $^3\Delta E$ die mittlere Triplett-Anregungsenergie, $S^2_A(0)$ bzw $S^2_X(0)$ die Elektronendichte in Valenz-s-Orbitalen am Kernort A bzw. X und $P^2_{s_A s_X}$ die s-Bindungsordnung zwischen A und X. Bei Kopplungen über mehrere Bindungen oder für Atome mit einsamen Elektronenpaaren (z.B. ^{19}F) sind jedoch auch die Terme K^{OD} und K^{DD} von Bedeutung.

So können die **Kopplungskonstanten** $^1J(^{13}C,^1H)$ im Prinzip Hinweise auf den **Hybridisierungsgrad** eines bestimmten Atoms liefern.

Typische Werte für $^1J(^{13}C,^1H)$ in freien Kohlenwasserstoffen sind 125 Hz bei sp^3-, 157 Hz bei sp^2- und 250 Hz bei sp-Hybridisierung. Als Faustregel gilt also $^1J(^{13}C,^1H) \approx 500 \, s$ [Hz], wobei s den s-Anteil im C–H-Bindungsorbital angibt.

Kopplungskonstanten $^1J(^{13}C,^1H)$ **einiger π-Komplexe und der freien Liganden (in Klammern):**

Man erkennt, daß π-Koordination die Kopplung $^1J(^{13}C,^1H)$ erhöhen, unverändert lassen, aber auch erniedrigen kann. Während eine einfache Deutung der Erhöhung von $^1J(^{13}C,^1H)$ im Falle der η^6-Aren- und η^5-Cyclopentadienylkomplexe noch nicht verfügbar ist (*Günther*, 1980), kann für Olefinkomplexe gut auf der Grundlage von Strukturdaten argumentiert werden. So läßt sich die Abnahme von $^1J(^{13}C,^1H)$ für $(Ph_3P)_2Pt(\eta^2$-$C_2H_4)$ durch partielle Umhybridisierung der C-Atome von sp^2 nach sp^3 erklären, die auch aus der Struktur von η^2-Olefinkomplexen hervorgeht (vergl. S. 373). Auch die Abnahme von $^1J(^{13}C,^1H)$ für die terminalen C-Atome in $(C_5H_5)_2Zr(\eta^4$-$C_4H_6)$ ist eine Wirkung der Umhybridisierung unter Verminderung des s-Anteils in den C–H-Bindungen. Die zentralen C-Atome bleiben offenbar sp^2-hybridisiert. Man beachte, daß diese Butadienkomplexe eines frühen Übergangsmetalls, in Einklang mit Strukturdaten, ohnehin besser als Metallacyclopentene formuliert werden (S. 378). Schwieriger ist die Diskussion für Komplexe des Typs $(CO)_3Fe(\eta^4$-Dien) zu führen (*v. Philipsborn*, 1976), da sich hier zu einer möglichen Umhybridisierung eine Verdrillung um die terminale C–C-Bindung gesellt (S. 428).

Zwar gelingt es häufig, nachträglich eine Erklärung für den Gang der Kopplungen $^1J(^{13}C,^1H)$ zu finden, als einfach zu handhabendes strukturanalytisches Hilfsmittel eignet sich dieser Parameter aber bislang noch nicht.

Die **Kopplungskonstanten** $^1J(M,^{13}C)$ enthalten Informationen zum Typ der Metall-Kohlenstoff-Bindung. So werden in σ-Komplexen bedeutend größere $^1J(M,^{13}C)$-Kopplungen beobachtet als in π-Komplexen. Dies ist wiederum auf einen erhöhten s-Charakter der Bindung in ersteren zurückzuführen.

Im Komplex **(Cp)Rh(σ-Allyl)(π-Allyl)** wird für die Rhodium-Kohlenstoff-σ-Bindung eine Kopplungskonstante $^1J(^{103}Rh,^{13}C)$ von 26 Hz beobachtet, während für die π-gebundenen Allyl–C-Atome solche von 14–16 Hz gefunden werden.

Anhand der Kopplungskonstanten $^1J(^{57}Fe,^{13}C)$ konnte für das mit ^{57}Fe angereicherte α-Ferrocenylcarbeniumion nachgewiesen werden, daß das exocyclische Kohlenstoffatom $[^1J(^{57}Fe,^{13}C) = 1.5\ Hz]$ nicht σ-gebunden sein kann, da für Fe$\overset{\sigma}{-}$C-Bindungen Kopplungskonstanten von ca. 9 Hz, für Fe—C-Bindungen in π-Komplexen dagegen solche von 1.5–4.5 Hz typisch sind (*Koridze*, 1983).

Die Beträge der Kopplungskonstanten $^1J(M,^{13}C)$ streuen gemäß der unterschiedlichen Werte der magnetogyrischen Verhältnisse γ_M über einen großen Bereich. So stehen den bereits erwähnten kleinen Werten $^1J(^{103}Rh,^{13}C)$ und $^1J(^{57}Fe,^{13}C)$ Kopplungskonstanten wie $^1J(^{183}W,^{13}C) = 43\ Hz$ für WMe$_6$, $^1J(^{183}W,^{13}C) = 126\ Hz$ für W(CO)$_6$ und $^1J(^{195}Pt,^{13}C_{Me}) = 568\ Hz$ bzw. $^1J(^{195}Pt,^{13}C_{CO}) = 2013\ Hz$ für cis-[Cl$_2$Pt(CO)Me]$^-$ gegenüber. Reduzierte Kopplungskonstanten $^1K(M,C)$ sind stets größer als entsprechende Werte $^1K(C,H)$.

Eine Kopplung $^1J(M,C)$ kann selbst bei hoher Häufigkeit des NMR-aktiven Metallisotops nur dann beobachtet werden, wenn die Relaxationszeiten T$_1$ beider an der Spin-Spin-Kopplung beteiligten Kerne lang sind gegenüber $1/(2\pi J)$, d.h. T$_1 > 10.1/(2\pi J)$. Dies ist für Kopplungen zwischen I = 1/2-Kernen im allgemeinen der Fall. Ist die Relaxationszeit T$_1$ eines der beiden Kopplungspartner hingegen sehr kurz, T$_1 \ll 1/(2\pi J)$, was häufig bei $^1J(M,^{13}C)$-Kopplungen mit Quadrupolkernen zutrifft, kann statt eines Multipletts nur ein scharfes Singulett beobachtet werden. Stark verbreiterte Multiplettlinien treten auf, wenn T$_1$ die gleiche Größenordnung aufweist wie $1/(2\pi J)$.

Geminale **Kopplungskonstanten** $^2J(X,^{13}C)$ gestatten Aussagen zur Stereochemie von Komplexen:

Für Verbindungen der schwereren Übergangsmetalle wie Ru, Os, Rh, Ir und Pt werden bei **cis/trans**-Beziehungen beträchtliche Unterschiede in den Kopplungskonstanten $^2J(X,^{13}C)$ beobachtet. So beträgt in **cis**-Pt(Me)$_2$(PMe$_2$Ph)$_2$ die Kopplung $^2J_{trans}(P,C)$ 104 Hz, die $^2J_{cis}$-Kopplung dagegen nur 9 Hz.

Vicinale Kopplungskonstanten $^3J(M,^{13}C)$- bzw. $^3J(^{13}C,^1H)$ sind, wie die entsprechenden **Kopplungen** $^3J(^1H,^1H)$, in Metallkomplexen von der Bindungslänge der mittleren C,C-Einfach- oder -Doppelbindung, vom Torsionswinkel φ und von der Elektronegativität eventuell vorhandener Substituenten abhängig. Die Abhängigkeit vom Torsionswinkel φ kann durch eine *Karplus*-Gleichung wiedergegeben werden (vergl. Lehrbücher der NMR-Spektroskopie):

$$^3J(X,C) = A\cos 2\varphi + B\cos\varphi + C$$

Dabei sind A, B und C empirische Konstanten.

So haben Untersuchungen an **exo**- und **endo**-Norbornyltrimethylstannanen und an Pt-Metallacyclen ergeben, daß die $^3J(M,C)$-Kopplungen in M–C–C–C-Baueinheiten *Karplus*-ähnliche Abhängigkeiten vom Torsionswinkel φ zeigen:

Sn–C(4) = 23.0   Sn–C(4) = 22.0   Kopplungen
Sn–C(6) = 69.0   Sn–C(6) = 34–38 $^3J(^{119}Sn, ^{13}C)$
Sn–C(7) = 0.0   Sn–C(7) = 59.0   in Hz

A = 25.2
B = –7.6
C = 30.4

Die aus den experimentellen Daten berechneten Parameter A, B und C der *Karplus*-Beziehung für $^3J(^{119}Sn,^{13}C)$ erlauben deren Anwendung im Studium von Struktur und Konformation zinnorganischer Verbindungen (*Kuivila*, 1974).

Für $(\eta^4$-1,3-Dien)metall-Komplexe können aus vicinalen Kopplungen $^3J(X,H)(X = H$ oder C) Informationen über die Ligandgeometrie erhalten werden. Bei der Koordination an ein Fragment ML_n werden die vicinalen **cis** und **trans** $^3J(^{13}C,^1H)$- und $^3J(^1H,^1H)$-Kopplungen verschieden stark reduziert. Dies läßt sich mit einem unterschiedlichen Herausdrehen der terminalen Substituenten aus der Dienebene deuten, wobei der **endo**-Substituent vom Metall weg, der **exo**-Substituent hingegen zum Metall hin gedreht wird (S. 378). So wird z.B. bei (4-Methyl-1,3-penta-dien)Fe(CO)₃ die vicinale Kopplung $^3J_{trans}(CH_3, H)$ so stark reduziert, daß sie sogar kleiner wird als die Kopplung $^3J_{cis}(CH_3, H)$, ein Phänomen, das bei freien Olefinen nie beobachtet wird (*v. Philipsborn*, 1988).

$^3J_{cis}(H,H)$ = 10.17 $^3J_{cis}(H,H)$ = 6.93 Hz   Reduktion
$^3J_{trans}(H,H)$ = 17.05 $^3J_{trans}(H,H)$ = 9.33 Hz   32%
                                                                        45%

$^3J_{cis}(C,H) = 7.0$
$^3J_{trans}(C,H) = 8.2$

$^3J_{cis}(C,H) = 5.0$ Hz
$^3J_{trans}(C,H) = 3.5$ Hz

Reduktion
28%
57%

III. Einfluß dynamischer Prozesse

Die ^{13}C-NMR-Spektroskopie ist nicht auf die Analyse statischer Molekülstrukturen beschränkt; sie kann auch dazu dienen, schnelle reversible intra- und intermolekulare Prozesse zu untersuchen und deren Aktivierungsenergien zu bestimmen, denn die Linienformen der Resonanzsignale werden in diesen Fällen temperaturabhängig. Treten dynamische Phänomene auf, die einen Kern aus einer bestimmten magnetischen Umgebung A mit der Geschwindigkeitskonstanten k in eine magnetische Umgebung B überführen, so lassen sich folgende Grenzfälle unterscheiden:

- das Gebiet des langsamen Austausches ($k \ll \Delta\omega$)
- das Koaleszenzgebiet ($k \approx \Delta\omega$)
- das Gebiet des schnellen Austausches ($k \gg \Delta\omega$)

wobei $\Delta\omega$ der Differenz der Resonanzfrequenzen der Kerne in diesen beiden magnetischen Umgebungen entspricht.

Die quantitative Auswertung solcher Spektren ist nur für den einfachsten Fall, in dem periodischer Wechsel zwischen zwei magnetischen Umgebungen erfolgt („two site exchange"), ohne Computersimulation möglich. Bei diesem in der Praxis häufig auftretenden Austauschprozeß können mit Hilfe von Näherungsformeln auf einfache Weise die maßgebenden temperaturabhängigen Geschwindigkeitskonstanten berechnet werden. Für den Fall gleicher Populationen pA und pB der Umgebungen („sites") A und B gilt

im Gebiet des **langsames Austausches**:

$$k = \pi (W_{1/2} - Wo_{1/2})$$

am **Koaleszenzpunkt**:

$$k = \pi \Delta\omega/\sqrt{2} = 2.22 \, \Delta\omega$$

und im Gebiet des **schnellen Austausches**:

$$k = (\pi \Delta\omega^2)/2 \quad (W_{1/2} - Wo_{1/2})$$

$Wo_{1/2}$ entspricht der Halbwertslinienbreite ohne Austausch (z.B. Linienbreite des Lösungsmittelsignals in Hz), $W_{1/2}$ der Halbwertsbreite des durch Austausch verbreiterten Signals. Wird das Spektrum bei verschiedenen Temperaturen gemessen, so können mit Hilfe der *Eyring*-Formel die freie Aktivierungsenthalpie $\Delta G^{\neq}$ sowie die Beträge $\Delta H^{\neq}$ und $\Delta S^{\neq}$ ermittelt werden. Letztere Größen stellen ein Maß für die Höhe der Energiebarriere der Geometrieänderung zum Übergangszustand dar.

In vielen Austauschprozessen werden gleichzeitig mehrere magnetisch aktive Kernsorten (z.B. ^{1}H, ^{13}C, ^{31}P etc.) durch denselben Vorgang beeinflußt. In solchen Fällen kann durch die richtige Wahl des zu messenden Kerns die Analyse des Austauschprozesses oft entscheidend vereinfacht werden. Zur Überprüfung der inneren Konsistenz der Resultate empfiehlt es sich, den Austauschprozeß mit Hilfe aller möglichen NMR-aktiven Kerne zu untersuchen.

Beispiel: Das Kation $[(C_5Me_5)Rh(2,3-Dimethylbutenyl)]^+$ unterliegt einer Umwandlung zwischen den Enantiomeren A und B. Im **¹H-NMR**-Spektrum entspricht dieser Austausch einem „five site exchange", da die Rotation der endständigen, über eine C–H–M-Brücke agostisch koordinierten Methylgruppe berücksichtigt werden muß.

Im **¹³C-NMR** dagegen wird ein „two site exchange" beobachtet (1↔4, 2↔3 und 5↔6). Für den Austausch A↔B wurden folgende Parameter ermittelt:

$\Delta G^{\neq}_{300K} = 38.9$ kJ/mol, $\Delta H^{\neq} \approx 29$ kJ/mol, und $\Delta S^{\neq} \approx -35$ J/molK (*Salzer, v.Philipsborn,* 1987).

¹³C-NMR-Spektrum von **[(C₅Me₅)Rh(2,3-Dimethylbutenyl)]BF₄** (CD₂Cl₂, 100.8 MHz):

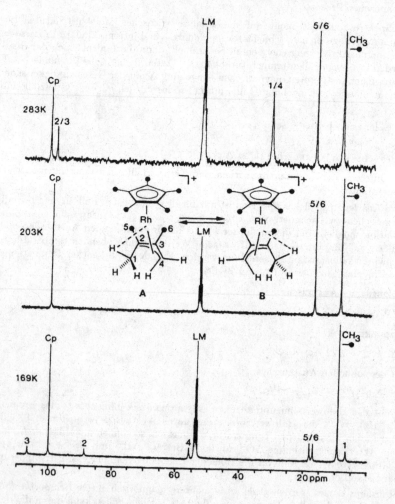

283 K: rascher Austausch
203 K: Koaleszenz der Signale 1↔4 und 2↔3,
169 K: langsamer Austausch

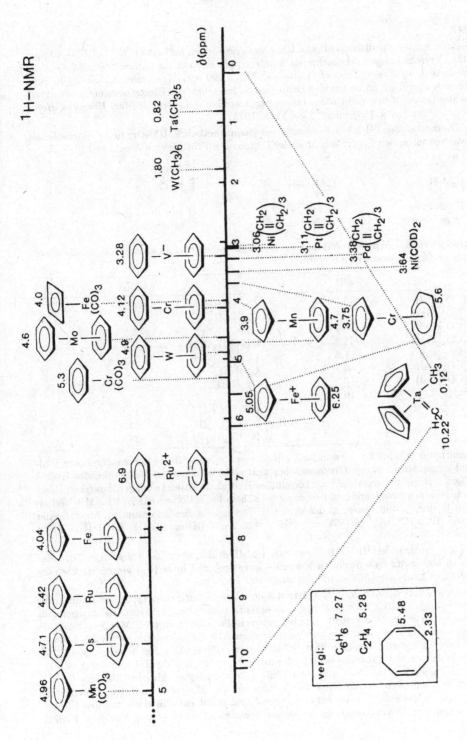

^{1}H-NMR

Protonenresonanzen für diamagnetische ÜM-Organyle können im Bereich $25 > \delta^1H > -40$ ppm auftreten, Verschiebungen von mehreren hundert ppm werden für paramagnetische Organometallkomplexe registriert [*Beispiel:* $(C_6H_6)_2V^{\cdot}$, $\delta^1H = 290$ ppm]. Im letzteren Falle ist die Beobachtbarkeit allerdings an bestimmte Bedingungen bezüglich der Elektronenspin-Relaxationszeit geknüpft, worauf hier nicht näher eingegangen werden soll (vergl. *la Mar, Horrocks, Holm*, „NMR of Paramagnetic Molecules", New York, 1973).

In der Diskussion der ^{1}H-NMR-Eigenschaften **diamagnetischer ÜM-Organyle** unterscheidet man zwischen folgenden Fällen zunehmender Distanz des Protons vom Zentralmetall:

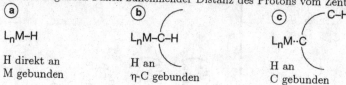

(a) **Metallgebundene Wasserstoffatome**, in der Organometallchemie als hydridisch bezeichnet, erfahren eine besonders starke Abschirmung:

	δ^1H		δ^1H
$(CO)_5CrH^-$	−6.9	Cp_2MoH_2	−8.8
$(CO)_5MnH$	−7.5	$Cp_2MoH_3^+$	−6.1
$(CO)_5ReH$	−5.7	$Cp(CO)_3CrH$	−5.5
$(CO)_4FeH_2$	−11.1	$Cp(CO)_3MoH$	−5.5
$(CO)_4RuH_2$	−7.6	$Cp(CO)_3WH$	−7.3
$(CO)_4OsH_2$	−8.7	Cp_2FeH^+	−2.1
$(CO)_4CoH$	−10.7	Cp_2RuH^+	−7.2
trans-$(Et_3P)_2ClPtH$	−16.8		

		δ^1H
	$(CO)_{10}Cr_2H^-$	−19.5
μ-H	$(CO)_{11}Fe_3H^-$	−15.0
	$(CO)_{24}Rh_{13}H_3^{2-}$	−29.3

Die Abschirmung scheint für verwandte Verbindungen in einer Reihe mit zunehmender Ordnungszahl zuzunehmen, stetige Gruppentrends sind nicht zu erkennen. Verbrückendes Hydrid (μ-H) absorbiert bei höherem Feld als terminales Hydrid. Positive Ladungen bewirken Resonanz bei tiefem, negative Ladungen Resonanz bei hohem Feld. Völlig anderes ^{1}H-NMR-Verhalten zeigen Hydridometallcluster, in denen das H$^-$-Ion jeweils den Hohlraum im M_n-Polyeder ausfüllt wie $[HCo_6(CO)_{15}]^-$ (S. 564) mit $\delta^1H = +23.2$ und $[HRu_6(CO)_{18}]^-$ mit $\delta^1H = +16.4$ (*Chini*, 1979).

In Deutungsversuchen der ^{1}H-NMR-Daten von ÜM-Hydriden ist zu berücksichtigen, daß das Proton – im Gegensatz zu schwereren Kernen – **intra (σ_i) und inter (σ_{ij}) atomaren Abschirmungsbeiträgen** ähnlicher Größenordnung ausgesetzt ist.

Vergleicht man obige Spanne der δ^1H-Werte mit der Verschiebung eines typischen Hauptgruppenelementhydrids ($[AlH_4]^-$: $\delta = 0.00$ ppm), so erkennt man sofort, daß dem Übergangsmetall als Bindungspartner des Wasserstoffs eine besondere Rolle zukommen muß. Man hat daher die stark negativen δ^1H-Werte auf den paramagnetischen Abschirmungsterm σ_i^{para} des benachbarten Übergangsmetalls zurückgeführt (*Buckingham*, 1964). Die Besonderheit der ÜM-Komplexe besteht in der Existenz energetisch niedrig liegender, am Metall lokalisierter elektronischer Anregungszustände, die unter dem Einfluß des angelegten Magnetfelds dem Grundzustand beigemischt werden. Auf diese Weise induziert das Magnetfeld auf dem Zentralatom ein magnetisches Moment, welches auf das Zentralatom selbst entschirmend, auf den Hydridliganden wegen der Distanzbeziehung hingegen abschirmend wirkt (σ_{ij}, nichtlokaler Effekt).

Quantenchemische Rechnungen (*Ziegler*, 1996), die es gestatten, dia- und paramagnetische Anteile getrennt zu erfassen, haben dieses Bild bestätigt. Insbesondere wird die Rolle des an das Hydridion gebundenen Komplexfragmentes ML_n durch die ^1H-NMR-Daten von hydridverbrückten Mehrkernkomplexen illustriert: Die Rechnungen ergeben Additivität der paramagnetischen Abschirmungsbeiträge, und auch die experimentellen Parameter δ^1H, die allerdings die Summe dia- und paramagnetischer Beiträge anzeigen, lassen eine derartige Abstufung erkennen. (Vergl. die Daten von $[(CO)_5CrH]^-$ und $[(CO)_{10}Cr_2H]^-$)

ⓑ **Protonen**, die **an metallgebundene C-Atome** fixiert sind, zeigen eine weit kleinere Spanne der chemischen Verschiebungen; die Koordinationsverschiebungen $\Delta\delta^1H$ liegen gewöhnlich im Bereich $1 < \Delta\delta < 3$ ppm, sie sind stets negativ (vergl. Übersicht S. 431).

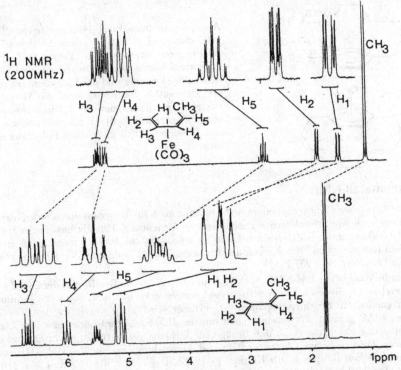

Die Abstufung der Koordinationsverschiebungen für einen Liganden niedriger Symmetrie ist aus dem Vergleich der (^1H-NMR-Spektren von (η^4-*cis*-Pentadien)Fe(CO)$_3$ und freiem *cis*-Pentadien ersichtlich (200 MHz, CDCl$_3$).

$\Delta\delta^1H$ sinkt gemäß:

terminal *endo*(H$_1$) > terminal *exo*(H$_{2,5}$) > zentral (H$_{3,4}$).

Zu $\Delta\delta^1H$-Werten für η-CH-Einheiten tragen lokale Effekte (Partialladung, Umhybridisierung) und nichtlokale Effekte (Nachbargruppenanisotropie des Metalls, koordinationsbedingte Änderung diamagnetischer Ringströme) bei. Eine quantitative Bewertung dieser Beiträge ist derzeit noch nicht möglich. Dennoch hat die Koordinationsverschiebung $\Delta\delta^1H$ hohen heuristischen Wert.

Wie die Kopplungskonstanten J(C,H) können auch **Kopplungen J(^1H, ^1H)** Informationen zur intra-Ligand-Bindungsordnung, zum Hybridisierungsgrad der C-Atome sowie zur Ligandgeometrie liefern. Schließlich werden zuweilen auch **Kopplungen $^2J(M, {}^1H)$** aufgelöst, sie sind charakteristisch für den Typ der Metall-Ligand Bindung. *Beispiele:*

$$W(CH_3)_6, {}^2J({}^{183}W,{}^1H) = 3 \text{ Hz}; \quad (\eta^2\text{-}C_2H_4)_3Pt, {}^2J({}^{195}Pt,{}^1H) = 57 \text{ Hz}.$$

Ⓒ Noch kleiner sind naturgemäß die Koordinationsverschiebungen $\Delta\delta({}^1H)$ für **Protonen an nicht-koordinierten C-Atomen**. Während jedoch nichtlokale Beiträge an der Abschirmung entsprechender ^{13}C-Kerne nur in geringem Maße beteiligt sind, können sie für ^1H-Kerne einen wesentlichen Anteil bilden. Nichtlokale Beiträge zu $\Delta\delta^1H$ sind besonders dann zu erwarten, wenn die Metallkoordination in den diamagnetischen Ringstrom eingreift, der die Abschirmung in der Umgebung von Aromaten prägt.

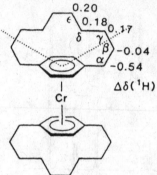

Als Beispiel diene Bis(1,4-decamethylen-η^6-benzol)chrom. Der Bereich, in dem $\Delta\delta^1H$ sein Vorzeichen wechselt, entspricht in etwa der Lage des Anisotropiekegels, der für freie Aromaten Gebiete der Abschirmung und der Entschirmung scheidet. Der Schluß, Koordination an ein Metall modifiziere den diamagnetischen Ringstrom, liegt nahe (*Elschenbroich*, 1987). Eine theoretische Arbeit (*Schleyer*, 2000) stellt diese Folgerung allerdings in Frage.

Übergangsmetall-NMR

Wie in der Chemie der Hauptgruppenorganyle gewinnt auch für Übergangsmetallkomplexe die NMR-Spektroskopie von Metallkernen zunehmend an Bedeutung. Um die historische Bedeutung der Übergangsmetall-NMR-Spektroskopie zu würdigen, sei daran erinnert, daß an der magnetischen Resonanz von ^{59}Co-Kernen das Phänomen der „Chemischen Verschiebung" entdeckt wurde (*Proctor, Yu*, 1951)!

Herausragende Aspekte der ÜM-NMR-Spektroskopie sind die **große Bandbreite der chemischen Verschiebungen δM**, die auch kleine Strukturänderungen erkennen läßt, sowie die **Dominanz des paramagnetischen Abschirmungsterms σ_p**. Dieser wird auch durch die mittlere Anregungsenergie ΔE geprägt, oft vereinfachend mit der HOMO-LUMO-Lücke bzw. der Ligandenfeldaufspaltung gleichgesetzt, so daß Bezüge zur Elektronenstruktur zu erwarten sind und auch gefunden wurden. Einige Charakteristika und Anwendungsbereiche des ÜM-NMR sollen nun an drei typischen Beispielen, die Kerne ^{57}Fe (2.2%, I = 1/2) ^{103}Rh (100%, I = 1/2) und ^{59}Co (100%, I = 7/2) betreffend, aufgezeigt werden.

^{57}Fe-NMR

Die relative Rezeptivität des Kernes ^{57}Fe beträgt nur 0.4% derjenigen des Kernes ^{13}C und der Spin I = 1/2 kann für ^{57}Fe wegen des Fehlens des Quadrupolmechanismus der Kernrelaxation zu Sättigungsproblemen führen. Dennoch haben NMR-spektroskopische Untersuchungen an Übergangsmetallkernen wie ^{57}Fe, ^{103}Rh und $^{107,109}Ag$, die den Kernspin I = 1/2 und kleine magnetischen Momente besitzen, mit der Verfügbarkeit von supraleitenden Hochfeldspektrometern und speziellen Pulstechniken wie der steady-state-Methode oder von Polarisationstransfer-Experimenten eine breitere Anwendung gefunden (*v. Philipsborn*, 1999). Die erhebliche Empfindlichkeitssteigerung bei hohem Feld hat ihre Ursache in der B_o-Abhängigkeit der *Boltzmann*-Verteilung und vor allem in der viel effizienteren T_1 Relaxation. Die Relaxationsrate wird für (I = 1/2)-Kerne im starken Magnetfeld durch die Anisotropie der chemischen Verschiebung dominiert, $1/T_1$ ist dann proportional zu $B_o{}^2$. Für Rh- und Fe-Diolefinkomplexe

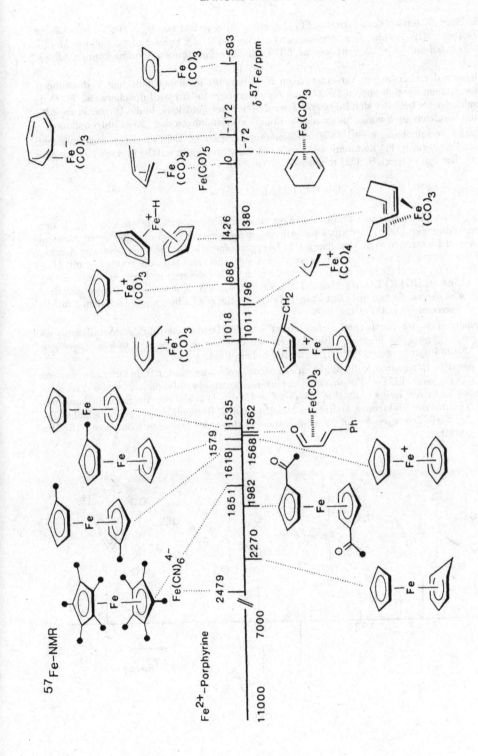

sind die Spin-Gitter-Relaxationszeiten (T_1) bei einem Magnetfeld von $B_o = 9.4$ T meist kleiner als 20 s (bei Fe(II)-Porphyrinen werden sogar solche von 0.02 s gefunden), so daß die Metall-NMR-Spektren mit der konventionellen FT-Technik aufgenommen werden können (*Benn*, 1986).

Der Bereich der chemischen Verschiebungen $\delta^{57}Fe$ umfaßt in diamagnetischen Verbindungen des Eisens einen Bereich von ca 12000 ppm. Als externer Standard wird üblicherweise $Fe(CO)_5$ verwendet. Dieser befindet sich im oberen Grenzbereich der Feldskala. In die Übersicht (S. 435) sind zum Vergleich auch einige anorganische Komplexverbindungen des Eisens aufgenommen.

Chemische Verschiebungen $\delta^{57}Fe$ vieler Eisenkomplexen lassen sich, da der paramagnetische Abschirmungsterm σ_i^{para} dominant ist, unter der Annahme einer mittleren Anregungsenergie im Sinne *Ramsays* (vergl. S. 422) qualitativ interpretieren:

$$\delta_i \sim - \sigma_i^{para} \sim <r^{-3}>_{nd} (Q_{ii} + \underset{i \neq j}{\Sigma Q_{ij}})/\Delta E$$

Die chemische Verschiebung ist also abhängig von der Elektronendichte am Kern (Q_{ii}), den Bindungsordnungen (ΣQ_{ij}), der mittleren Anregungsenergie (ΔE) und dem mittleren Abstand der Valenz-d-Elektronen vom Metallkern (für Übergangsmetalle mit teilweise besetzter d-Schale wird der Beitrag der p-Orbitale häufig vernachlässigt). So kann etwa die verglichen mit (Butadien)Fe(CO)$_3$ um 1500 ppm stärkere Entschirmung des Fe-Kerns in Ferrocen mit dem um 0.2 eV kleineren HOMO-LUMO-Abstand ΔE erklärt werden. Ein weiterer Beitrag zur Entschirmung ist die, verglichen mit (Butadien)Fe(CO)$_3$, geringere Ladungsdichte auf dem Zentralmetall in Ferrocen (formal Fe^{II}).

Die Abhängigkeit der chemischen Verschiebung von der **Oxidationsstufe** des Metallatoms ist ein genereller Trend. So liegen die Resonanzen von Fe^{II}-Verbindungen bei tiefem, diejenigen von Fe^0-Komplexen hingegen bei mittlerem und hohem Feld.

Elektronegative Heteroatome, die direkt an das Metall gebunden sind, z.B. in (η^4-Phenylbuten-3-on)Fe(CO)$_3$ oder in Fe^{II}-Porphyrin-Komplexen, verursachen besonders große Entschirmungseffekte. In der Reihe (Allyl)Fe(CO)$_3$X (X = Cl, Br, I) korreliert die Entschirmung des Kernes ^{57}Fe mit der **Elektronegativität** des Halogens. Diese Reihe illustriert auch die hohe Dispersion der Verschiebungen δ^{57}Fe, die eine Unterscheidung der isomeren Komplexe (Allyl)Fe (CO)$_3$I gestattet:

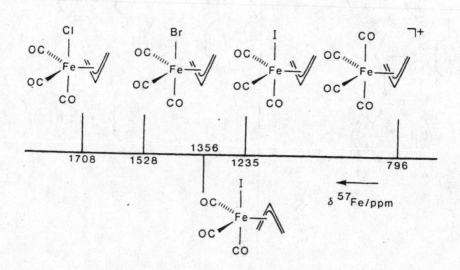

Der Einfluß der **Ladungsdichte am Zentralatom** auf dessen magnetische Abschirmung wird aus der Tatsache ersichtlich, daß sich der Verschiebungsbereich neutraler (Olefin)- bzw. (Diolefin)eisencarbonylkomplexe (−600 bis +550 ppm) deutlich vom Bereich der kationischen Komplexe $[(Allyl)Fe(CO)_4]^+$ und $[(Dienyl)Fe(CO)_3]^+$ (+600 bis +1500 ppm) unterscheidet.

Besonders deutlich wird dieser Zusammenhang bei der Betrachtung der $\delta^{57}Fe$-Werte folgender strukturell sehr ähnlicher aber unterschiedlich geladener Komplexe:

$(CO)_3Fe$ BF_4^-	$(CO)_3Fe$	$(CO)_3Fe$ Li^+

| $\delta(^{57}Fe)$ | 1435 | 170 | − 172 ppm |

Entgegen der Erwartung wird für protonierte Ferrocenderivate und für α-Ferrocenylcarbeniumionen (S. 467f.), verglichen mit Ferrocen, starke Abschirmung beobachtet. Dies widerspricht einfachen Argumenten, die ausschließlich auf induktive Effekte Bezug nehmen. Zur Deutung ist **Umhybridisierung** nichtbindender Fe(3d)-Orbitale herangezogen worden (*Koridze*, 1983).

Die Beispiele zeigen deutlich, daß eine quantitative Interpretation der chemischen Verschiebung von Metallkernen eine sorgfältige Berücksichtigung aller Beiträge zum paramagnetischen Verschiebungsterm erfordert.

Ein interessanter stereoelektronischer Effekt ist die starke Abhängigkeit der chemischen Verschiebung $\delta^{57}Fe$ von der Geometrie des Diolefins und von den Einflüssen gegebenenfalls vorhandener Alkylsubstituenten (*v. Philipsborn*, 1986):

$\delta^{57}Fe$ von (Dien)Fe(CO)$_3$-Komplexen

Dien	$\delta^{57}Fe$	Dien	$\delta^{57}Fe$
Cyclobutadien	−583	Buta-1,3-dien	0
Cyclohexa-1,3-dien	−72	Isopren	+54
Cyclohepta-1,3-dien	+86	trans-Penta-1,3-dien	+31
Cycloocta-1,3-dien	+169	cis-Penta-1,3-dien	+119
Cyclopentadien	+185	2-Methylpenta-2,4-dien	+179
Norborna-1,4-dien	+382	Hexa-2,4-dienal	+378
Cycloocta-1,5-dien	+380	Hexa-1,3-dien-5-on	+335

Für Eisencarbonylkomplexe cyclischer Diolefine wird mit zunehmender Ringgröße (d.h. mit zunehmendem CCC-Bindungswinkel des s-cis-Diensystems) eine zunehmende Entschirmung der ^{57}Fe-Resonanz beobachtet.

Dieser Effekt ist im allgemeinen bei 1,3-Dienen größer als bei 1,4- oder 1,5-Dienen. (Cyclopentadien)Fe(CO)$_3$, dessen Ligand als 1,3- oder als 1,4-Dien angesehen werden kann, besitzt einen mittleren Wert $\delta^{57}Fe$. Methylsubstituierte (Butadien)Fe(CO)$_3$-Derivate zeigen, verglichen mit dem Grundkörper, eine Entschirmung der ^{57}Fe-Resonanz. Diese Entschirmung kann mit induktiven Effekten nicht erklärt werden. Die Verschiebungen lassen sich jedoch mit beobachteten Geometrieänderungen der (Dien)Fe(CO)$_3$-Fragmente korrelieren. So werden die Fe-Kerne jener Komplexe am stärksten entschirmt, bei denen die Kohlenstoffatome des Diolefins am stärksten in Richtung auf höheren p-Anteil umhybridisiert sind.

Ähnliche Entschirmungseffekte werden auch bei methylsubstituierten $[(Allyl)Fe(CO)_4]^+$-Komplexen beobachtet:

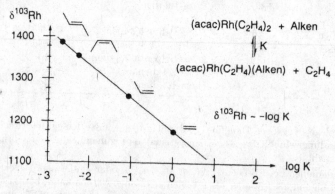

δ(^{57}Fe) 796   896   884   998 ppm

Entschirmende stereoelektronische Effekte dürften mit der Änderung der Metall-Ligand(d_π-p_π)-Überlappung zusammenhängen.

Eine andersartige Korrelation ist die zwischen thermischem und ^{57}Fe-NMR-spektroskopischem Verhalten: So nimmt sowohl für (Dien)Fe(CO)$_3$- wie auch für [(Allyl)Fe(CO)$_4$]$^+$-Komplexe innerhalb der gleichen Verbindungsklasse die Abschirmung der Metallresonanz mit der thermischen Stabilität zu. Zunehmende Stabilität ist Ausdruck einer großen HOMO-LUMO-Lücke ΔE. Somit ist die beobachtete Korrelation Ausdruck der Proportionalität $\delta_i \sim \Delta E^{-1}$ (S. 422), d.h. ^{57}Fe-NMR-Signale für Verbindungen hoher thermischer Stabilität erscheinen bei hohem Feld.

^{103}Rh-NMR

Die Beziehung $\delta_i \sim \Delta E^{-1}$ hat besondere Bedeutung auf dem Gebiet der homogenen metallorganischen Katalyse, denn sie erlaubt es, gezielt nach Komplexen zu suchen, die aufgrund ihrer Labilität als Präkatalysatoren geeignet sind. Die weite Verbreitung des Rhodiums in der Organometallkatalyse hat daher als Anstoß für die Beschäftigung mit ^{103}Rh-NMR gewirkt. Bedauerlicherweise besitzt das andere Lieblingsmetall des Katalyseforschers, ^{109}Pd, äußerst ungünstige NMR-Eigenschaften.

^{103}Rh gehört zu den wenigen I = 1/2-Kernen, die in 100% Häufigkeit vorkommen. Diese wünschenswerte Eigenschaft wird durch ein sehr kleines magnetisches Moment eingeschränkt. Immerhin übertrifft die Rezeptivität von ^{103}Rh die von ^{57}Fe um den Faktor 42. Als wichtigstes Ergebnis ist die wiederholt aufgefundene Korrelation zwischen der chemischen Verschiebung δ^{103}Rh und der Stabilität der entsprechenden Spezies zu nennen. Als Beispiel sei die Ligandensubstitution an (Acetylacetonato)rhodiumbis(ethylen) angeführt (*Öhrström*, 1994):

δ^{103}Rh

1400

1300

1200

1100

-3   -2   -1   0   1   2   log K

(acac)Rh(C$_2$H$_4$)$_2$ + Alken

$\Updownarrow$ K

(acac)Rh(C$_2$H$_4$)(Alken) + C$_2$H$_4$

δ^{103}Rh ~ -log K

Eine lineare Korrelation besteht übrigens auch zwischen δ^{103}Rh und der Wellenlänge der Absorptionsbande niedrigster Energie im UV-vis-Spektrum der Komplexe. Dies bestätigt die δ^{103}Rh-Abhängigkeit von ΔE^{-1}, wie von der *Ramsay*-Gleichung gefordert. Derartige einfache Zusammenhänge gelten allerdings nur innerhalb eng begrenzter Substanzklassen mit identischem Bindungstyp (*Öhrström*, 1996).

Ein Beispiel für ^{103}Rh-NMR als Leitmethode in der Organometallkatalyse ist die Hydrierung von CO$_2$ zu Ameisensäure. Diese Reaktion wird durch (Hexafluoracetylacetonato)rhodium-

(diphosphan), $(\text{acac}_F)\text{Rh(P–P)}$, katalysiert. Variation des Liganden P–P ergab, daß der Komplex mit der geringsten Abschirmung $\sigma^{103}\text{Rh}$, also der kleinsten Anregungsenergie ΔE, maximale katalytische Wirksamkeit besitzt (*Leitner*, 1997).

^{59}Co-NMR

Im Gegensatz zu den meisten Übergangsmetallkernen besitzt ^{59}Co eine sehr hohe, mit dem Proton vergleichbare Rezeptivität. ^{59}Co (I = 7/2) trägt ein relativ hohes Quadrupolmoment (0.40 barn). Demzufolge treten vor allem bei niedrigsymmetrischen oder großdimensionierten Organocobaltverbindungen aufgrund des großen Feldgradienten bzw. der langsamen molekularen Reorientierung außerordentlich große Linienbreiten (5–30 kHz) auf, was die Beobachtung der ^{59}Co-Resonanzen erschwert (vergl. S. 42).

Ferner sind die Verschiebungen δ^{59}Co und vor allem die Halbwertsbreiten $W_{1/2}$, wie die anderer Übergangsmetallresonanzen, lösungsmittel- und temperaturabhängig. Die Interpretation dieser NMR-Parameter setzt also vergleichbare Meßbedingungen voraus.

Der Einfluß der Komplexsymmetrie auf die Linienbreite $W_{1/2}$ läßt sich am Beispiel der Cobalamine (vergl. S. 293f.) demonstrieren (*v. Philipsborn*, 1986):

	Konz. (M)	T (K)	LM (pH)	δ^{59}Co (ppm)	$W_{1/2}$ (kHz)	Symmetrie
K[Dicyanocobalamin]	0.06	313	D_2O (7)	4040	14.0	axial
Cyanocobalamin	0.01	313	D_2O (7)	4670	29.5	nicht axial

Im axialsymmetrischen Dicyanocobalamin-Anion ist der Kern ^{59}Co stärker abgeschirmt als im Neutralkomplex Cyanocobalamin. Außerdem weist das axialsymmetrische Anion die geringere Linienbreite auf. **^{59}Co-NMR-Linienbreiten** sind somit als Sonden zur Ermittlung der Molekülsymmetrie geeignet. *Beispiel:* Unterscheidung von cis/trans- bzw. fac/mer-Isomeren (*Yamasaki*, 1968).

Der Bereich der **chemischen Verschiebung δ^{59}Co** umfaßt eine Spanne von ca. 18'000 ppm. Als externer Standard wird üblicherweise $K_3[\text{Co(CN)}_6]$ verwendet. Ein genereller Trend ist wieder die Abhängigkeit der chemischen Verschiebung vom Oxidationszustand des Metallatoms. Allerdings existieren für die einzelnen Teilbereiche keine scharfen Grenzen, und es gibt einige Ausnahmen von diesem Trend. *Beispiele:* $[\text{Cp}_2\text{Co}^{III}]\text{Cl}$ hat seine Resonanz bei –2400 ppm, mitten im Bereich der Co^{-I}-Komplexe, der Standard $K_3[\text{Co(CN)}_6]$, ein Co^{III}-Komplex, erscheint bei 0 ppm.

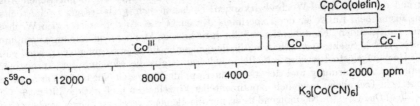

Die Bedeutung des $1/\Delta E$-Faktors im paramagnetischen Abschirmungsterm σ_i^{para} zur Verschiebung δ^{59}Co ergibt sich unter anderem aus einem Vergleich der Daten für Verbindungen CpCoL_2. So ist – entgegen Erwartungen, die sich auf die Elektronenaffinität der Liganden gründen – das Zentralatom in CpCo(CO)_2 stärker abgeschirmt als in $\text{CpCo(C}_2\text{H}_4)_2$. Daher scheint hier der unterschiedliche Beitrag der mittleren Anregungsenergie ΔE zu dominieren. Das Ergebnis einer Extended-*Hückel*-MO-Rechnung, nach der die HOMO-LUMO-Energiedifferenz für $\text{CpCo(C}_2\text{H}_4)_2$ um 0.3 eV geringer ist als für CpCo(CO)_2, bestätigt diese Deutung (*Benn*, 1985).

Der Betrag der energetischen Aufspaltung der Grenzorbitale HOMO und LUMO beeinflußt einerseits über die $1/\Delta E$ Abhängigkeit die Abschirmung des ^{59}Co-Kernes, spiegelt aber auch die Stärke der Metall-Ligand Wechselwirkung wider. Dies läßt neben Korrelationen zwischen ^{59}Co-NMR-Daten und Elektronenspektren (*Griffith*, 1957) auch solche mit dem chemischen Verhalten erwarten, die tatsächlich aufgefunden wurden. Sie seien am Beispiel der homogenkatalytischen Aktivität von Organocobaltkomplexen in der Synthese von Pyridinderivaten, illustriert (*Bönnemann, v. Philipsborn* 1984). In diesem Verfahren werden aus Alkinen und Nitrilen, je nach angewandtem Katalysator, ein- und mehrfach substituierte Pyridine, aber auch Arene erhalten (vergl. S. 399). Für eine Reihe von Komplexen (R-Cp)CoL$_2$ bzw. (R-Indenyl)CoL$_2$ als Präkatalysatoren konnte gezeigt werden, daß deren Aktivität und Selektivität mit δ^{59}Co korreliert.

Der eigentliche Katalysator CpCo (14 VE) wird in einer thermischen Startreaktion gebildet. Katalysatorvorstufen hoher **Aktivität**, die bereits bei niedriger Temperatur wirken, enthalten schwach abgeschirmte ^{59}Co-Kerne [*Beispiel:* CpCo(COD), δ^{59}Co $= -1176$ ppm]. CpCo(Cyclobutadien), mit besonders stark abgeschirmtem Kern [δ^{59}Co $= -2888$ ppm], ist dagegen katalytisch unwirksam. Offenbar wird Cyclobutadien stärker an Co gebunden (ΔE ist groß) und CpCo(C$_4$H$_4$) ist nicht in der Lage, den Katalysecyclus durch Bildung der koordinativ ungesättigten Spezies CpCo einzuleiten.

Die **Chemo- und Regioselektivität** wird durch die Natur des am Co-Atom verbleibenden Liganden Cp gesteuert. Auch hier wurde eine Korrelation mit NMR-Daten beobachtet, indem etwa das Produktverhältnis 1,3,5-Trisalkylpyridin/1,2,5-Trisalkylpyridin mit zunehmender Abschirmung des Kernes ^{59}Co steigt. Eine quantitative Deutung solcher Befunde ist äußerst schwierig, doch sind derartige Korrelationen von hohem praktischen Wert, denn sie weisen einen Weg, mit Hilfe der ^{59}Co-NMR-Spektroskopie gezielt nach katalytisch wirksamen Systemen zu suchen.

Festkörper-NMR

Kein noch so kurzes Exposé der Kernresonanz, angewandt auf eine bestimmte Substanzklasse, wäre vollständig ohne eine Erwähnung der Festkörper-NMR-Spektroskopie, hier in ihrer Anwendung in der Organometallchemie. Wenngleich man noch nicht von einer Routine-Methode sprechen kann, sind doch schon zahlreiche Studien bekannt geworden. Herausragendes Merkmal der Festkörper-NMR-Spektroskopie ist die Beobachtung anisotroper Wechselwirkungen, die bei Messung in flüssiger Lösung durch die rasche Molekülbewegung ausgemittelt werden. Dies bedeutet gleichzeitig Informationsgewinn und erhöhte Schwierigkeiten der Experimente, der Spektrenanalyse und ihrer Deutung. Die beiden zusätzlichen Informationen, die man Festkörper-NMR-Spektren entnehmen kann, sind die **Anisotropie der magnetischen Abschirmung** und die **Dipol–Dipol-Wechselwirkungen**. Es lassen sich, grob gesagt, zwei Arbeitsrichtungen ausmachen. Entweder der Experimentator sucht die aus den anisotropen Wechselwirkungen resultierenden „Komplikationen" durch technische Maßnahmen zu eliminieren, um von Festkörperproben Spektren zu erhalten, die denjenigen in flüssiger Lösung weitgehend entsprechen („Hochaufgelöste Festkörper-NMR"). Oder er strebt die Messung der Anisotropie der magnetischen Abschirmung und der dipolaren Kopplungen gezielt an; beide Varianten erfordern spezielle Techniken; bezüglich experimenteller Einzelheiten muß auf die Literatur verwiesen werden (*Duer*, 1999). Nachfolgend seien nur die elementaren Grundlagen sowie einige Anwendungsbeispiele aus der Organometallchemie skizziert.

Die **Anisotropie der chemischen Verschiebung (CSA)** ist eine Folge niedrigsymmetrischer Elektronendichteverteilung in der Umgebung eines beobachten magnetischen Kerns. Anlegen eines externen Magnetfeldes („Labormagnetfeld") erzeugt ein abschirmendes Sekundärfeld, dessen Richtung nicht mit der des erzeugenden Feldes identisch sein muß. Die Abschirmung ist somit eine tensorielle Größe, deren neun Komponenten aber bei Wahl eines geeigneten molekülinternen Achsensystems auf die drei Hauptwerte σ_{xx}, σ_{yy}, σ_{zz} reduziert werden können. Nach der jeweils vorliegenden lokalen Symmetrie um den beobachteten Kern unterscheidet man die Fälle

totalsymmetrisch $\quad \sigma_{xx} = \sigma_{yy} = \sigma_{zz}$ (kubisch)
axialsymmetrisch $\quad \sigma_{xx} = \sigma_{yy} \neq \sigma_{zz}$ (tetragonal)
asymmetrisch $\quad \sigma_{xx} \neq \sigma_{yy} \neq \sigma_{zz}$ (orthorhombisch)

Die Bezeichnungen in Klammern beziehen sich auf den g-Tensor der EPR-Spektroskopie, der zum σ-Tensor der NMR-Spektroskopie formale und auch inhaltliche Verwandtschaft besitzt.

Die Resonanzfrequenz $\Delta\nu$ eines Kernes ist somit richtungsabhängig gemäß:

Symmetrie:

$$\Delta\nu = \nu_o + 1/3\ \Delta_{cs}\ (3\cos^2\Theta_{cs} - 1) \qquad \text{axial}$$
$$\Delta\nu = \nu_o + 1/3\ \Delta_{cs}\ (3\cos^2\Theta_{cs} - 1 - \eta\sin^2\Theta_{cs}\cos^2\Phi_{cs}) \qquad \text{nicht axial}$$

ν_o = isotrope chemische Verschiebung
Δ_{cs} = Anisotropie der chemischen Verschiebung
η = Asymmetrieparameter
Θ_{cs} und Φ_{cs} definieren die Orientierung der Elektronendichte relativ zum Labormagnetfeld.

Der Bezug zwischen den experimentellen Parametern Δ_{cs}, η und den Hauptwerten des Abschirmungstensors, σ_{xx}, σ_{yy}, σ_{zz}, ist:

$$\Delta_{cs} = [\sigma_{zz} - 1/2(\sigma_{xx} + \sigma_{yy})]\nu_o \qquad \eta = 3(\sigma_{yy} - \sigma_{xx})\nu_o/2\Delta_{cs}$$

Die Hauptwerte σ_{xx}, σ_{yy}, σ_{zz} sind Ausdruck der Fähigkeit des Labormagnetfeldes, im Molekül abschirmende Sekundärfelder zu erzeugen. Da dieser Prozeß als feldinduzierte Beimischung angeregter Zustände zum Grundzustand beschrieben wird (vergl. S. 422), birgt die Abstufung der Größen σ_{xx}, σ_{yy}, σ_{zz} Informationen zur Erreichbarkeit (energetische Separierung ΔE) bestimmter Anregungszustände in den drei Raumrichtungen. Dies liefert, gemeinsam mit symmetriekontrollierten Auswahlregeln der jeweiligen Orbitalmischung, Auskünfte über Art und Energie der elektronischen Energieniveaus im betrachteten Molekül.

Festkörper-NMR-Spektren werden gewöhnlich an polykristallinem Material gemessen. Die erhaltenen Pulverdiagramme spiegeln die Tatsache wider, daß die Orientierungen der in statistischer Verteilung vorliegenden Spezies zwar gleich wahrscheinlich, aber nicht gleich häufig sind. Aus der Absorptionslinie einer stationären Probe lassen sich dann die Hauptwerte des chemischen Verschiebungstensors wie folgt entnehmen (idealisiert, Linienbreiten der Signale individueller Orientierungen nicht berücksichtigt):

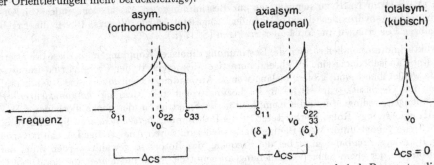

In der Praxis ist die experimentelle Linienform rechnerisch anzupassen, wobei als Parameter die gesuchten Werte δ_{ii} enthalten werden. Als Beispiel sei das Studium der Anisotropie der chemischen Verschiebung in Festkörper-^{119}Sn-NMR-Spektren substituierter Stannylene genannt (*Power*, 2000).

Wichtigste experimentelle Methode in der Festkörper-NMR ist die **CP/MAS**-Technik (**cross-polarization/magic angle spinning**). Unter Kreuzpolarisation versteht man die Magnetisierungsübertragung von einem häufigen (z.B. ^{1}H) auf einen seltenen magnetischen Kern (z.B. ^{13}C), sie dient der Erhöhung der Empfindlichkeit. Rotiert eine Probe um eine Achse im magischen Winkel von 54°44′ zur Richtung des Labormagnetfeldes, so wird der Faktor $(3 \cos^2\Theta - 1) = 0$, und die linienverbreiternde Winkelabhängigkeit von $\Delta\nu$ verschwindet. Hierbei werden auch die dipolaren Anteile der Kopplungen ausgemittelt. Dies setzt eine genügend hohe Rotationsfrequenz voraus ($\geq 40\,kHz$). Ist die gewählte Spinnerfrequenz kleiner als die durch Anisotropie der chemischen Verschiebung bzw. dipolare Kopplungen bewirkte Linienbreite, so treten Rotationsseitenbanden auf. Aus der Intensitätsverteilung dieser Seitenbanden können die Parameter Δ_{cs} und η gewonnen werden, welche die Anisotropie der chemischen Verschiebung kennzeichnen (*Waugh*, 1979).

Als Beispiel diene die Festkörper-NMR-spektroskopische Untersuchung des Organometall-Klassikers *Zeises* Salz. $K[PtCl_3(\eta^2\text{-}C_2H_4)]$ wurde mittels CP/MAS-^{13}C-NMR vermessen, und der Tensor der chemischen Verschiebung wurde bestimmt. Die Spektrenanalyse ergab, daß die Anisotropie der chemischen Verschiebung δ^{13}C des Liganden beim Übergang vom freien in den koordinierten Zustand abnimmt. Dies ist in Einklang mit zunehmender energetischer Separierung mischungsfähiger Energieniveaus des Ethylens (*Butler*, 1992). Die Bedeutung derartiger Messungen liegt in der Möglichkeit, Ergebnisse quantenchemischer Berechnungen der Elektronenstruktur von Organometallmolekülen experimentell zu überprüfen.

Eine reizvolle Anwendung der CP/MAS-NMR-Spektroskopie ist auch die Bestimmung der Anisotropie der chemischen Verschiebung CSA von Hauptgruppenelementatomen (^{13}C, ^{31}P, ^{14}N), die sich im Inneren von Übergangsmetallclusterionen befinden (vergl. S. 564). Auf diese Weise gelingt es, die Symmetrie der Lücke, die das entsprechende Atom besetzt, auszumessen. Die Symmetrie der Lücke begünstigt eine bestimmte Hybridisierung des Zwischengitteratoms, wobei oktaedrische Cluster sp-, trigonal prismatische Cluster sp²- und quadratisch antiprismatische Cluster sp³-Hybridisierung des Gastatoms fördern (*Heaton*, 1995). Weitere Folgerungen, die aus ^{13}C-CSA-Messungen abgeleitet werden können, betreffen das Vorliegen von Methylenbrücken, $\eta\text{-}CH_2$, und von halbverbrückenden Carbonylliganden, $\mu\text{-}CO$ (*Hawkes*, 1991). Selbstverständlich sind diese Befunde auch Röntgenstrukturanalysen zu entnehmen, die allerdings die Verfügbarkeit von Einkristallen voraussetzen. Festkörper-NMR hingegen gelingt auch an amorphem Material.

Vergleiche zwischen NMR-Spektren in Lösung und im festen Zustand ermöglichen Aussagen über intermolekulare Wechselwirkungen in letzterem. So können der Bestimmung des Tensors der chemischen Verschiebung Aussagen bezüglich der Koordinationszahl und -geometrie einer Spezies in kondensierter Phase entnommen werden. In diesem Zusammenhang ist insbesondere CP/MAS-^{119}Sn–NMR zu nennen, die zur Bestimmung des Assoziationsgrades von Organozinn-oxiden, -hydroxiden und -halogeniden eingesetzt wurde (*Harris*, 1988); die Ergebnisse ergänzen Folgerungen aus Mößbauer-Spektren (S. 177f.).

Strukturinformation liefert auch die Bestimmung **dipolarer Kopplungen**, da diese orientierungs- und abstandsabhängig sind. Während derartige Messungen in der Proteinstrukturanalyse bereits wohletabliert sind, gibt es bislang wenige Anwendungsbeispiele aus der Organometallchemie. Im Gegensatz zur ^{1}H-NMR in Lösung spielt die Messung *homonuklearer* ^{1}H,^{1}H-Kopplungen, bedingt durch die Komplexität der Spektren, in der hochauflösenden CP/MAS-NMR eine geringe Rolle. Verbreiteter ist die Bestimmung *heteronuklearer* dipolarer Kopplungen. Diese gelingt unter MAS-Bedingungen wiederum durch Analyse der Intensitätsverteilung der Rotationsseitenbanden, wobei die Frequenz des Rotors so gewählt werden muß, daß die Anisotropie der chemischen Verschiebung ausgemittelt wird, nicht aber die der Dipol-Dipol-Wechselwirkung.

Die Resonanzfrequenzen des beobachteten Kerns B ($I = 1/2$), der an einen magnetischen Kern C ($I = 1/2$) dipolar gekoppelt ist, betragen

$$\Delta\nu_B = \nu_B^\circ \pm 1/2\, D(3 \cos^2\Theta_{dd} - 1)$$

ν_B° = Resonanzfrequenz von B in Abwesenheit dipolarer Kopplung
Θ_{dd} = Winkel zwischen dem Interspinvektor und dem Labormagnetfeld.

Die dipolare Kopplungskonstante D ist gegeben durch

$$D = \frac{h}{4\pi^2} \left(\frac{\mu_o}{4\pi}\right) \frac{1}{r^3_{BC}} \gamma_B \gamma_C \qquad \begin{array}{l} \mu_o = \text{Permittivität des Vakuums} \\ \gamma = \text{magnetogyrisches Verhältnis} \end{array}$$

Demnach besitzt das NMR-Signal eine Linienform, die derjenigen von EPR-Spektren in Pulvern bzw. glasartig erstarrten Lösungen analog ist. Die dipolare Kopplungskonstante D kann dem Festkörper-NMR-Spektrum daher auf gleiche Weise entnommen werden, wie man den Nullfeldparameter D aus dem EPR-Spektrum eines Triplett-Diradikals gewinnt.

Linienform des Festkörper-NMR-Spektrums einer polykristallinen Probe, in welcher an den beobachteten Kern B ein Kern C dipolar gekoppelt ist. Die zwei beobachteten Übergänge entsprechen den unterschiedlichen Spinzuständen m_I des Kerns C (I = 1/2). Das Intensitätsprofil spiegelt die Häufigkeitsverteilung der Orientierungen des Interspinvektors relativ zum Labormagnetfeld wider.

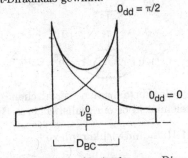

D_{BC} enthält strukturrelevante Information bezüglich des internuklearen Abstandes r_{BC}. Dies ist besonders für ^{13}C–^{1}H-Bindungen von Bedeutung, da sich H-Atome in der Röntgenbeugung nur schwer lokalisieren lassen. Als Beispiel sei die Bestimmung der Bindungsanstände und Bindungswinkel der verbrückenden Methylengruppe in cis-(μ-CH$_2$)(μ-CO)[FeCp(CO)$_2$]$_2$ angeführt (*Butler*, 1991).

Interessante Anwendungen verspricht die Festkörper-NMR-Spektroskopie auch in der Charakterisierung organischer Spezies, die an Metalloberflächen gebunden sind. Schließlich ist auch die Verfolgung dynamischer Prozesse an Organometallmolekülen im festen Zustand zu nennen. Vor allem Rotationen metallkoordinierter, ungesättigter cyclisch konjugierter Liganden sind häufig auch im festen Zustand aktiviert. Dieser Verbindungsklasse wenden wir uns im folgenden Kapitel zu.

15.4 Komplexe der cyclischen π-Perimeter C_nH_n

Die cyclisch konjugierten Systeme $C_nH_n^{+,0,-}$ treten als Liganden in folgenden fünf Substanzklassen auf:

I Sandwich-Komplexe

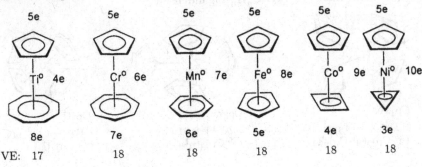

Schreibt man dem Zentralmetall die Oxidationsstufe M^0 zu, so wären die Ringe dieser Reihe als 3e-8e-Liganden zu betrachten.

In einer alternativen Formulierung verleiht man dem Liganden im Komplex die Ladung, die seiner stabilsten Form im planaren unkoordinierten Zustand entspricht ($C_3H_3^+$, C_4H_4, $C_5H_5^-$, C_6H_6, $C_7H_7^+$, $C_8H_8^{2-}$). Die Oxidationszahl des Zentralmetalls folgt dann aus der Ladungsbilanz.

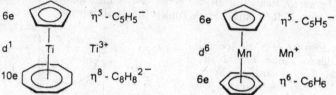

Beide Formalismen verfälschen die intramolekulare Ladungsverteilung, letzterer zeichnet aber ein realistischeres Bild der magnetischen Eigenschaften.

II Halbsandwichkomplexe   **III Mehrfachdecker-Sandwichkomplexe**

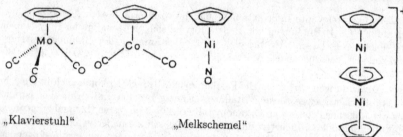

„Klavierstuhl"   „Melkschemel"

IV Komplexe mit gewinkelter Sandwichstruktur

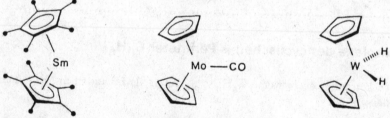

V Komplexe mit mehr als zwei C_nH_n-Liganden

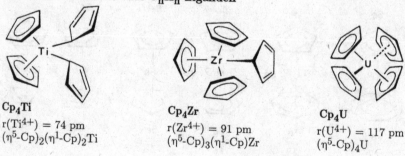

Cp$_4$Ti
$r(Ti^{4+}) = 74$ pm
$(\eta^5\text{-Cp})_2(\eta^1\text{-Cp})_2Ti$

Cp$_4$Zr
$r(Zr^{4+}) = 91$ pm
$(\eta^5\text{-Cp})_3(\eta^1\text{-Cp})Zr$

Cp$_4$U
$r(U^{4+}) = 117$ pm
$(\eta^5\text{-Cp})_4U$

15.4.1 $C_3R_3^+$ als Ligand

Ein Cyclopropenylkation $Ph_3C_3^+$ als einfachstes aromatisches System im Sinne der *Hückel*-Regel [(4n + 2) π-Elektronen, n = 0] wurde bereits 1957 von *Breslow* dargestellt, der Grundkörper $C_3H_3^+$ im Jahre 1967. Die Zahl der bekannten η^3-Cyclopropenylkomplexe ist jedoch bislang gering.

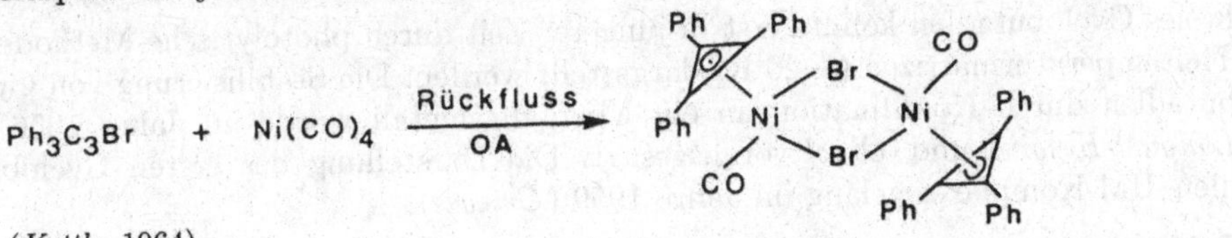

$$Ph_3C_3Br \quad + \quad Ni(CO)_4 \xrightarrow[OA]{Rückfluss}$$

(*Kettle*, 1964)

$$\xrightarrow[C_6H_6, \ RT]{TlCp}$$

d(Ni-C)   196 pm
d(C-C)   143 pm

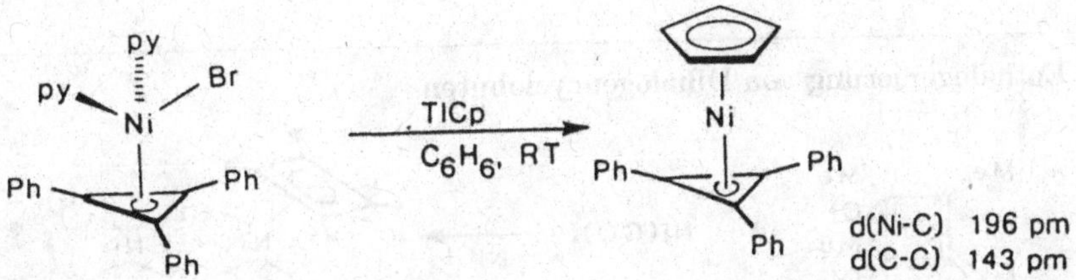

(*Rausch*, 1970)

Ein interessanter Aspekt der Cyclopropenyl–ÜM-Verbindungen ist die Vielgestaltigkeit der Koordinationsgeometrien des C_3-Fragments: Neben der axialen Symmetrie des Ni–C_3Ph_3-Komplexes werden auch unsymmetrische Formen angetroffen.

Eine kurze, zwei lange M–C-Bindungen (*Sacconi*, 1980):

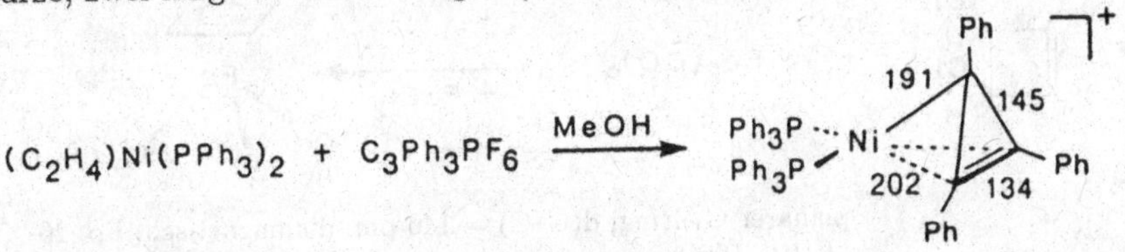

$$(C_2H_4)Ni(PPh_3)_2 \quad + \quad C_3Ph_3PF_6 \xrightarrow{MeOH}$$

191   145
202   134

Eine lange, zwei kurze M–C-Bindungen (*Weaver*, 1973):

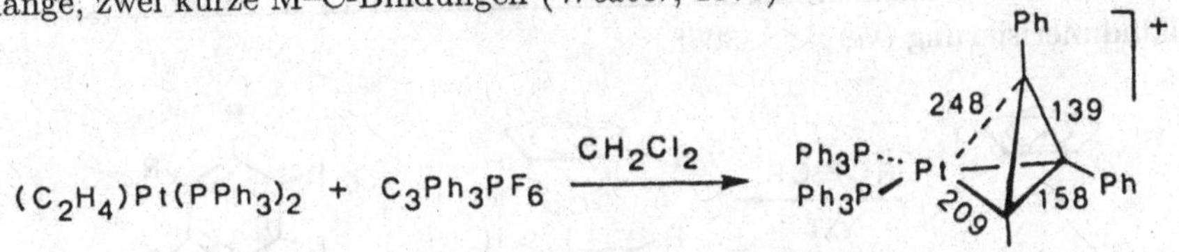

$$(C_2H_4)Pt(PPh_3)_2 \quad + \quad C_3Ph_3PF_6 \xrightarrow{CH_2Cl_2}$$

248   139
209   158

Als Fortsetzung der sich in dem Pt-Komplex andeutenden Tendenz kann die Bindungsform in $(Ph_3C_3)Ir(PMe_3)_2(Cl)CO$ betrachtet werden:

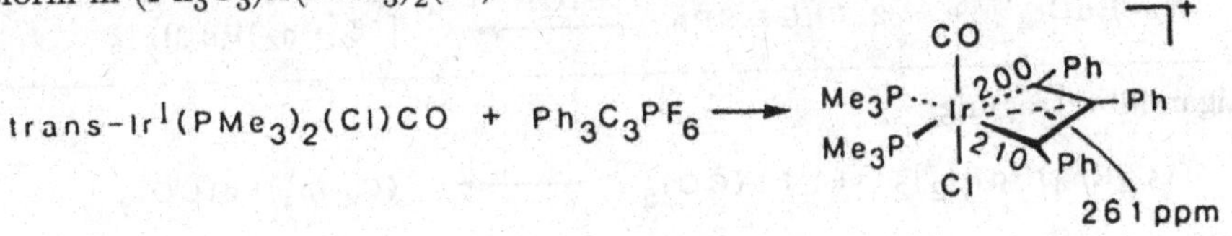

$$trans\text{-}Ir^I(PMe_3)_2(Cl)CO \quad + \quad Ph_3C_3PF_6 \longrightarrow$$

200
210
261 ppm

Diese Strukturentwicklung vom (η^3-Cyclopropenyl)Ni-Komplex zum Iridacyclobutan ist interessant, weil sie verschiedene **Stadien der Öffnung des gespannten Dreirings** widerspiegelt (vergl. Kap. 17.2).

15.4.2 C_4H_4 als Ligand

Freies Cyclobutadien konnte erst in jüngerer Zeit durch photolytische Methoden in Tieftemperaturmatrizen (8–20 K) dargestellt werden. Die Stabilisierung von Cyclobutadien durch Koordination an ein Übergangsmetall wurde im Jahre 1956 von *Longuet-Higgins* und *Orgel* vorausgesagt. Die Darstellung des ersten Cyclobutadien–ÜM-Komplexes gelang im Jahre 1959 (*Criegee*).

Darstellung

---

1. Enthalogenierung von Dihalogencyclobuten

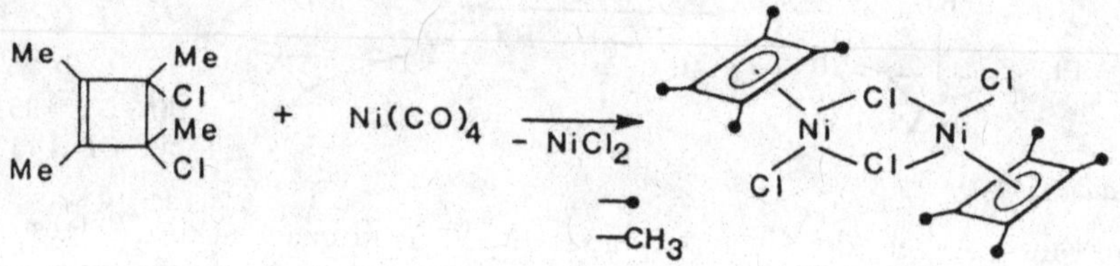

d(Ni–C) = 199-205 pm, d(C–C) = 140-145 pm, luftstabile, rotviolette Kristalle (*Criegee*, 1959)

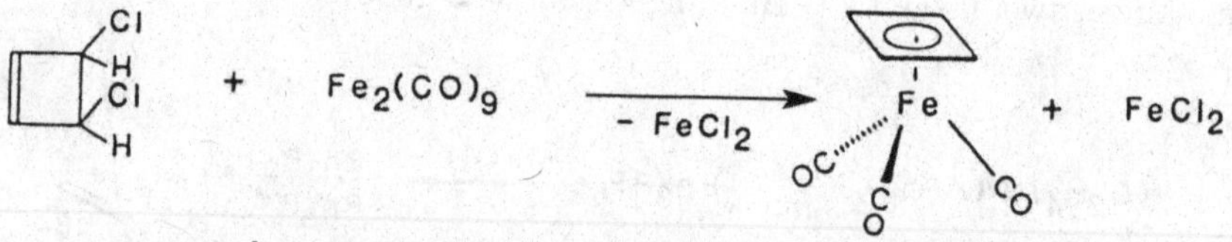

planarer C_4-Ring, d(C–C) = 146 pm, diamagnetisch, Fp. 26 °C (*Pettit*, 1965)

---

2. Alkindimerisierung (vergl. S. 398f.)

$$Na_2PdCl_4 + 2\ PhC{\equiv}CPh \xrightarrow{EtOH} [(C_4Ph_4)PdCl_2]_2$$

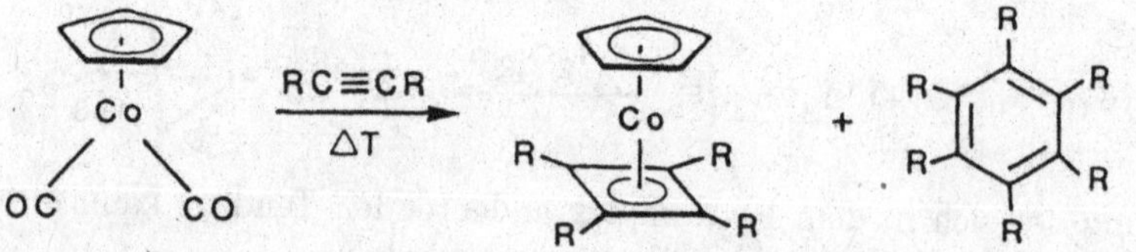

3. Ligandübertragung

$$[(C_4Ph_4)PdBr_2]_2 + Fe(CO)_5 \longrightarrow (C_4Ph_4)Fe(CO)_3$$

---

4. Ringkontraktion von Metallacyclopentadienen

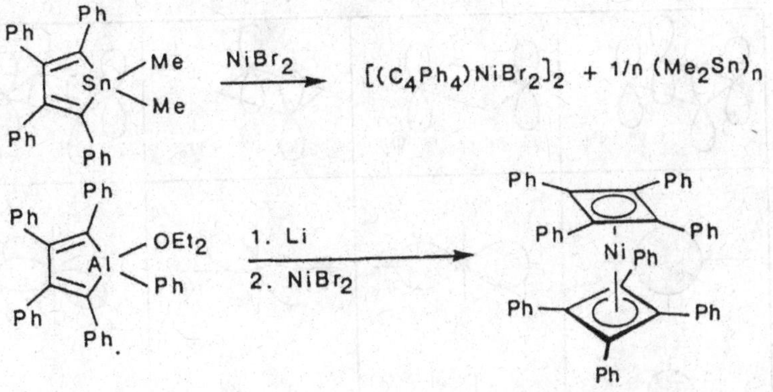

$$[(C_4Ph_4)NiBr_2]_2 + 1/n\ (Me_2Sn)_n$$

erster binärer Cyclobutadien-
Komplex (*Hoberg*, 1978)

5. Decarboxylierung von Photo-α-Pyron

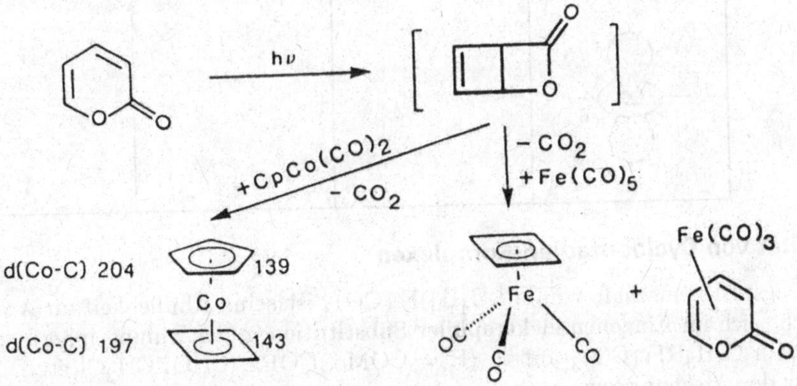

d(Co-C) 204

d(Co-C) 197

Struktur- und Bindungsverhältnisse

Während freies Cyclobutadien aufgrund spektroskopischer Befunde rechteckig gebaut ist (*Schweig*, 1986), besitzt η^4-Cyclobutadien in ÜM-Komplexen eindeutig eine quadratische Struktur. In seiner quadratischen Geometrie sollte Cyclobutadien zwei ungepaarte Elektronen aufweisen (einfache Besetzung der beiden entarteten MO ψ_2 und ψ_3). Der Diamagnetismus von η^4-C_4H_4-Komplexen läßt sich durch Wechselwirkung dieser einfach besetzten π-MO mit symmetriegleichen einfach besetzten Metallorbitalen deuten.

Metall-Ligand-Wechselwirkungen in Cyclobutadien-Komplexen:

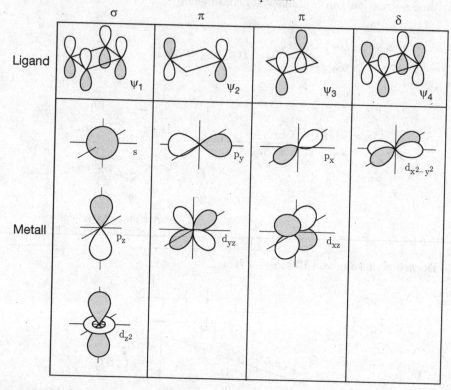

Reaktivität von Cyclobutadien-Komplexen

Die wichtigste Eigenschaft von $(\eta^4\text{-}C_4H_4)Fe(CO)_3$ ist seine Ähnlichkeit zu Aromaten, welche sich im Eingehen **elektrophiler Substitution** in der Ringperipherie unter Bildung von $C_4H_3RFe(CO)_3$ äußert (R = COMe, COPh, CHO, CH_2Cl etc.). Vorschlag für den Mechanismus:

An $C_4H_4Fe(CO)_3$ gebundene α-CH_2X-Gruppen werden leicht solvolysiert. Offenbar bewirkt die Koordination an Fe eine **Stabilisierung des α-Carbeniumions**, ein Effekt, der übrigens auch vom Ferrocenylrest ausgeht (*Watts*, 1979). Als PF_6^--Salz ist das Kation in Substanz isolierbar.

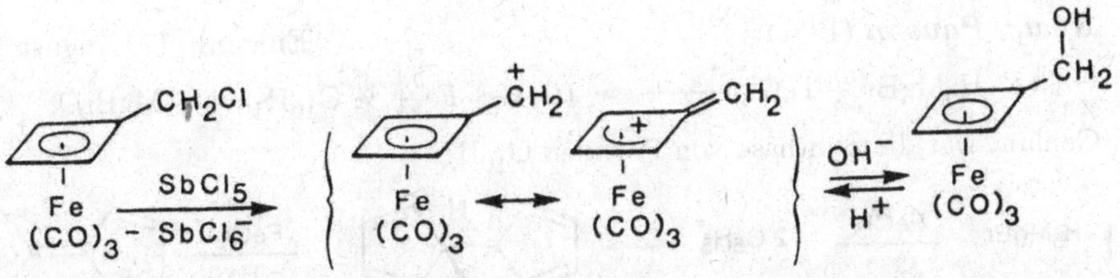

$C_4H_4Fe(CO)_3$ dient in der organischen Synthese als Quelle für freies Cyclobutadien. Mit Alkinen reagiert es zu *Dewar*-Benzolderivaten, während die Reaktion mit p-Chinonen einen eleganten Weg zur Synthese von Cubanen eröffnet (*Pettit*, 1966):

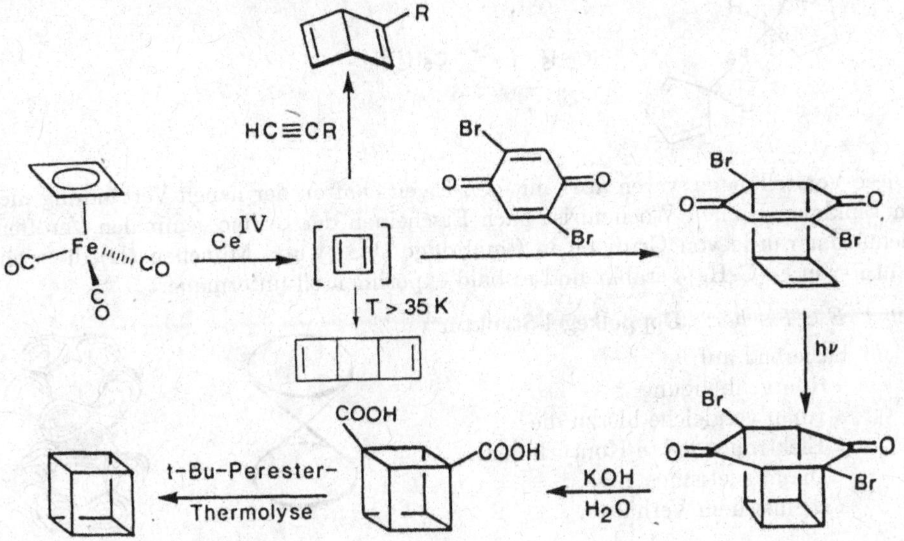

15.4.3 $C_5H_5^-$ als Ligand

Eine Cyclopentadienylmetallverbindung erhielt bereits *Thiele* (1901) aus der Umsetzung

$$C_5H_6 + K \xrightarrow{\text{Benzol}} K^+C_5H_5^- + \tfrac{1}{2} H_2$$

Erst ein halbes Jahrhundert später rückte der Ligand $C_5H_5^-$ (Cp^-) wieder in den Vordergrund des Interesses, indem zwei unabhängige Gruppen über die Zufallsentdeckung einer neuartigen eisenorganischen Verbindung berichteten.

- *Miller, Tebboth, Tremaine* (1952):   Eingang: 11. Juli 1951

$$2\,C_5H_6 + Fe \xrightarrow[\text{Al-, Mo-Oxide}]{300\,°C} (C_5H_5)_2Fe + H_2$$

Geplant war die Synthese organischer Amine aus Distickstoff und Cyclopentadien in Gegenwart von Eisenpulver.

- **Kealy, Pauson (1951):**   Eingang: 17. August 1951

$$3 \, C_5H_5MgBr + FeCl_3 \longrightarrow (C_5H_5)_2Fe + \tfrac{1}{2} \, C_{10}H_{10} + 3 \, MgBrCl$$

Geplant war die Synthese von Fulvalen $C_{10}H_8$:

$$2 \, C_5H_5MgBr \xrightarrow{\ FeCl_3\ } 2 \, C_5H_5^{\bullet} \longrightarrow \qquad \xrightarrow[-H_2]{\ FeCl_3\ }$$

Ursprüngliche Strukturvorschläge gingen vom Vorliegen kovalenter Zweizentrenbindungen bzw. ionischer Bindung aus:

$$[\,C_5H_5^{-} \quad Fe^{2+} \quad C_5H_5^{-}\,]$$

Diese Vorstellungen waren aber mit den Eigenschaften der neuen Verbindung nicht in Einklang. Binnen Wochenfrist nach Erscheinen der beiden seminalen Veröffentlichungen wurde von Gruppen in Cambridge (USA) und München (D) die wahre Natur von $Fe(C_5H_5)_2$ erahnt und alsbald experimentell untermauert.

1952 *E.O.Fischer*: „**Doppelkegel-Struktur**"

basierend auf:
- Röntgenbeugung
  (man vergleiche hierzu die
  Elektronendichte-Konturlinien)
- Diamagnetismus
- chemischem Verhalten

1952 *G.Wilkinson, R.B.Woodward*: „**Sandwich-Struktur**"

basierend auf:
- IR-Spektroskopie
- Diamagnetismus
- Dipolmoment = 0

Von weitreichender Wirkung war *Woodwards* (1952) Voraussage der Aromatizität von $(C_5H_5)_2Fe$ und deren Bestätigung durch elektrophile aromatische Substitution. Diese Benzolähnlichkeit hat der Verbindung $(C_5H_5)_2Fe$ auch die Bezeichnung **Ferrocen** eingebracht (vergl. engl. *benzene*). Über die turbulenten Monate zu Beginn des Jahres 1952 berichtet *Zydowski* (2000). Während sich *Woodward* anschließend wieder seiner eigentlichen Domäne, der organischen Synthese, zuwandte, starteten die Gruppen um *E.O.Fischer* (München) und *G.Wilkinson* (London) zum wohl folgenreichsten Wettlauf, der bislang auf dem Feld der Organometallchemie ausgetragen wurde und der in die Verleihung des Nobelpreises (1973) an die beiden Beteiligten mündete. Inzwischen ist die Ferrocenstruktur zur Ikone der metallorganischen Chemie avanciert.

15.4.3.1 Binäre Cyclopentadienyl-Metall-Verbindungen

Darstellung

1. Metallsalz + Cyclopentadienylverbindung

Dicyclopentadien muß zunächst durch eine Retro-*Diels-Alder*-Reaktion in das Monomere überführt werden. C_5H_6 ist eine schwache Säure mit $pK_s \approx 15$, es kann durch starke Basen oder Alkalimetalle deprotoniert werden. NaCp ist das gebräuchlichste Reagens zur Cyclopentadienylierung.

$$MCl_2 + 2\ NaC_5H_5 \longrightarrow (C_5H_5)_2M \quad M = V,\ Cr,\ Mn,\ Fe,\ Co$$
$$\text{Lösungsmittel} = THF,\ DME,\ NH_3(\ell)$$

$$Ni(acac)_2 + 2\ C_5H_5MgBr \longrightarrow (C_5H_5)_2Ni + 2\ acacMgBr$$

$$MCl_2 + (C_5H_5)_2Mg \longrightarrow (C_5H_5)_2M + MgCl_2$$

Außer als Ligandquelle kann NaC_5H_5 auch als Reduktionsmittel wirken:

$$CrCl_3 + 3\ NaC_5H_5 \longrightarrow (C_5H_5)_2Cr + 1/2\ C_{10}H_{10} + 3\ NaCl$$

Die Umsetzung von NaC_5H_5 mit Metall(4d,5d)-Salzen führt häufig über Redoxprozesse zu Cp-Metall-Hydriden oder zu Verbindungen, die auch σ-gebundene Cp-Ringe enthalten:

$$TaCl_5 \xrightarrow{\ NaCp\ } (\eta^5\text{-}C_5H_5)_2TaCl_3 \xrightarrow{\ NaCp\ } (\eta^5\text{-}C_5H_5)_2Ta(\eta^1\text{-}C_5H_5)_2$$

$$ReCl_5 \xrightarrow{\ NaCp\ } (\eta^5\text{-}C_5H_5)_2ReH$$

2. Metall + Cyclopentadien

$$M + C_5H_6 \longrightarrow MC_5H_5 + 1/2\ H_2 \qquad M = Li,\ Na,\ K$$

$$M + 2\ C_5H_6 \xrightarrow{\ 500\ °C\ } (C_5H_5)_2M + H_2 \qquad M = Mg,\ Fe$$

Weniger elektropositive Metalle reagieren nur bei hoher Temperatur oder als Metallatome unter den Bedingungen der Cokondensation (S. 370).

3. Metallsalz + Cyclopentadien

$$(Et_3P)Cu(t\text{-}BuO) + C_5H_6 \longrightarrow (\eta^5\text{-}C_5H_5)Cu(Et_3P) + t\text{-}BuOH$$

In diesem Verfahren bedarf es bei geringer Basizität des Salz-Anions einer Hilfsbase, um Cyclopentadien zu deprotonieren:

$$Tl_2SO_4 + 2\ C_5H_6 + 2\ OH^- \xrightarrow{\ H_2O\ } 2\ TlC_5H_5 + 2\ H_2O + SO_4^{2-}$$

$$FeCl_2 + 2\ C_5H_6 + 2\ Et_2NH \longrightarrow (C_5H_5)_2Fe + 2\ [Et_2NH_2]Cl$$

oder eines Reduktionsmittels:

$$RuCl_3(H_2O)_x + 3\ C_5H_6 + 3/2\ Zn \xrightarrow{\ EtOH\ } (C_5H_5)_2Ru + C_5H_8 + 3/2\ Zn^{2+}$$

Elektronenstruktur und Bindungsverhältnisse der Komplexe $(C_5H_5)_nM$

Eigenschaften und Bindungsverhältnisse der Metallcyclopentadienyle überstreichen einen weiten Bereich. In der folgenden Übersicht sind auch Hauptgruppenmetallverbindungen eingeschlossen.

Typ	Bindung	Eigenschaften	Beispiele
salzartig	Ionengitter, $M^{n+}(C_5H_5^-)_n$ ähnlich der Halogenide MX_n	Hochreaktiv gegenüber Luft, Wasser und Verbindungen mit aktivem Wasserstoff, nicht sublimierbar	n = 1: Alkalimetalle n = 2: schwere Erdalkalimet. n = 2,3: Lanthanoide
Zwischenstellung		Teilweise hydrolyseempfindlich(Ausnahme TlCp) aber sublimierbar	n = 1: In, Tl n = 2: Be, Mg, Sn, Pb, Mn, Zn, Cd, Hg
kovalent	Molekülgitter, π–$MO(C_5H_5)$ ↓ $M(s,p,d)$ π^*–$MO(C_5H_5)$ ↑ $M(d)$	Nur zum Teil luftempfindlich, im allgemeinen hydrolysebeständig, sublimierbar	n = 2: (Ti) V, Cr, (Re), Fe, Co, Ni, Ru, Os, (Rh), (Ir) n = 3: Ti n = 4: Ti, Zr Nb, Ta, Mo, U Th

Einige Eigenschaften von Metallocenen

Verbindung	Farbe	Fp(°C)	Sonstiges
„$(C_5H_5)_2$Ti"	grün	200 (Zers.)	Existiert als Dimeres mit 2 H-Brücken und einem Fulvalendiylbrückenliganden
$(C_5H_5)_2$V	purpur	167	sehr luftempfindlich
„$(C_5H_5)_2$Nb"	gelb		Dimeres mit $\eta^1 : \eta^5$-C_5H_4-Brücken und endständigen Hydridliganden
$(C_5H_5)_2$Cr	rot	173	sehr luftempfindlich
„$(C_5H_5)_2$Mo"	schwarz		verschiedene isomere Zweikernkomplexe mit Fulvalen- oder $\eta^1 : \eta^5$-C_5H_4-Brücken und endständigen Hydridliganden, diamagnetisch
„$(C_5H_5)_2$W"	gelb grün		
$(C_5H_5)_2$Mn	braun	173	luftempfindlich- und hydrolyseempfindlich, bei 158 °C Umwandlung in rosa Form.
$(C_5H_5)_2$Fe	orange	173	luftstabil, kann zu blau-grünem $(C_5H_5)_2$Fe$^+$ oxidiert werden.
$(C_5H_5)_2$Co	purpurschwarz	174	luftempfindlich, liefert das stabile gelbe Kation $(C_5H_5)_2$Co$^+$.
$(C_5H_5)_2$Ni	grün	173	langsame Oxidation an Luft zu labilem orangefarbenem $(C_5H_5)_2$Ni$^+$.

Die **MO-Behandlung** der ÜM-Cyclopentadienyl-Bindung folgt den bei den Olefinkomplexen dargestellten Prinzipien. Ausgegangen wird von den π–MO für C_5H_5:

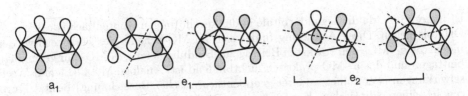

a_1 e_1 e_2

Diese Orbitale werden paarweise zu symmetrieangepaßten Linearkombinationen (SALC) vereint und mit Metallorbitalen entsprechender Symmetrie kombiniert. Gezeigt sind die Wechselwirkungen für ein Metallocen in gestaffelter Konformation (D_{5d}):

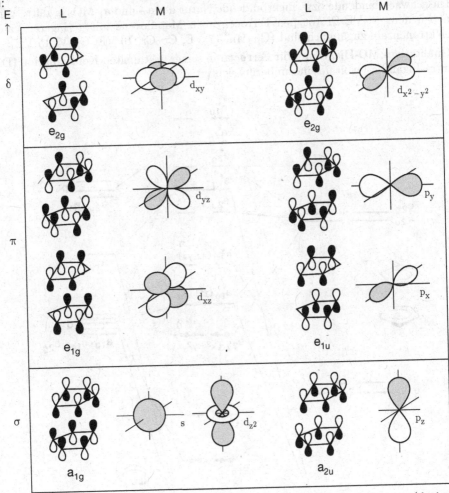

Man erkennt, daß die Überlappungsverhältnisse für die π-Wechselwirkung (dative Bindung Cp, $e_1 \rightarrow Fe\, d_{xz,yz}$) optimal und für die δ-Wechselwirkung (retrodative Bindung Cp, $e_2 \leftarrow Fe\, d_{xy,x^2-y^2}$) weniger günstig sind; die σ-Überlappung (Cp, $a_{1g} \rightarrow Fe\, d_{z^2}$)

ist nahezu null, da die Ligandorbitale in der kegelförmigen Knotenfläche des $Fe(d_z^2)$-Orbitals liegen. Diese Abstufung findet sich im MO-Schema des Ferrocens wieder, indem die e_1-MOs den stärksten Beitrag zur Bindung liefern, e_2-MOs nur geringfügig beitragen und das a_1-MO praktisch nichtbindend ist. Analoge Metall-Ligand-Wechselwirkungen (wenn auch anderer gruppentheoretischer Bezeichnung) besitzt Ferrocen in seiner ekliptischen Konformation (D_{5h}) sowie in allen anderen rotameren Formen (D_5), die Bindungsenergie ist also nahezu rotationsinvariant. Die Bevorzugung der einen oder der anderen Konformation ist im Einzelfall durch Gitterkräfte oder durch Abstoßungseffekte peripherer Substituenten geprägt. Eine theoretische Deutung der Bevorzugung „ekliptisch" gegenüber „gestaffelt" gibt *Murrell* (1980).

Die schwach bindende bzw. nichtbindende Natur der e_2- und a_1-MOs erklärt, warum neben dem 18 VE-Prototypen Ferrocen auch Metallocene mit geringerer Valenzelektronenzahl zugänglich sind (Cp_2Mn, 17 VE; Cp_2Cr, 16 VE; Cp_2V, 15 VE).

Qualitatives **MO-Diagramm für Ferrocen** in seiner gestaffelten Konformation (D_{5d}); intra-Ligand-σ-Orbitale sind unberücksichtigt:

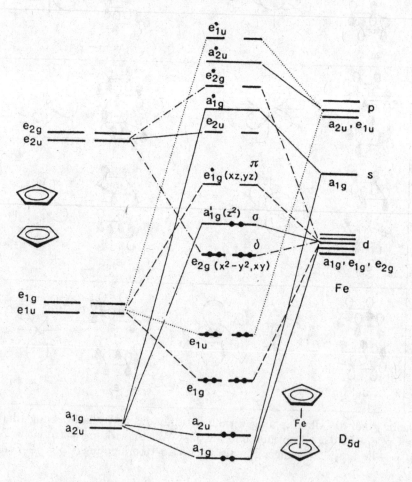

Einzelheiten im MO-Diagramm wie die Beträge der energetischen Separierung und die Reihenfolge von Orbitalen ähnlicher Energie variieren je nach angewandtem quantenchemischem Rechenverfahren. Eine gewisse Einschränkung seines heuristischen Wertes erfährt das Diagramm durch die geringe energetische Separierung der MO e_{2g} und a_{1g}. Dies sei anhand der magnetischen Eigenschaften der Metallocene erläutert.

Magnetismus der Metallocene

	Elektronen-konfiguration $\left\{ \begin{matrix}(a_{1g})^2\,(a_{2u})^2\\(e_{1g})^4\,(e_{1u})^4\end{matrix} \right\} +$	Zahl ungepaarter Elektronen n	Spin only Wert $\sqrt{n\,(n+2)}$	Magnetisches Moment (in *Bohr*'schen Magnetonen) erwartet	gefunden
Cp_2Ti^+	$(e_{2g})^1$	1	1.73	> 1.73	2.29 ± 0.05
Cp_2V^{2+}	$(e_{2g})^1$	1	1.73	> 1.73	1.90 ± 0.05
Cp_2V^+	$(e_{2g})^2$	2	2.83	2.83	2.86 ± 0.06
Cp_2V	$(e_{2g})^2 (a'_{1g})^1$	3	3.87	3.87	3.84 ± 0.04
Cp_2Cr^+	$(e_{2g})^2 (a'_{1g})^1$	3	3.87	3.87	3.73 ± 0.08
Cp_2Cr	$(e_{2g})^3 (a'_{1g})^1$	2	2.83	> 2.83	3.20 ± 0.16
Cp_2Fe^+	$(e_{2g})^3 (a'_{1g})^2$	1	1.73	> 1.73	2.34 ± 0.12
Cp_2Fe	$(e_{2g})^4 (a'_{1g})^2$	0	0	0	0
Cp_2Mn	$(e_{2g})^2 (a'_{1g})^1 (e^*_{1g})^2$	5	5.92	5.92	5.81
Cp_2Co^+	$(e_{2g})^4 (a'_{1g})^2$	0	0	0	0
Cp_2Co	$(e_{2g})^4 (a'_{1g})^2 (e^*_{1g})^1$	1	1.73	$> 1\,73$	1.76 ± 0.07
Cp_2Ni^+	$(e_{2g})^4 (a'_{1g})^2 (e^*_{1g})^1$	1	1.73	> 1.73	1.82 ± 0.09
Cp_2Ni	$(e_{2g})^4 (a'_{1g})^2 (e^*_{1g})^2$	2	2.83	2.83	2.86 ± 0.11

Für einige Metallocene lassen sich unter Verwendung des MO-Diagramms Elektronenkonfigurationen herleiten, die zu richtigen Voraussagen der magnetischen Eigenschaften führen. In anderen Fällen ist jedoch eine Entscheidung zwischen high-spin- oder low-spin-Form nicht a priori zu treffen (*Beispiel:* Cp_2V). Es bedarf dann verfeinerter Betrachtungen. Besonders eindrucksvoll manifestiert sich dieser Aspekt in der Abhängigkeit der Natur des elektronischen Grundzustandes des Manganocens, von dessen peripherer Substitution (S. 460).

Etwas subtiler ist das Problem der Grenzorbitalsequenz für Ferrocen und das Ferricinium-Kation. So folgte aus quantenchemischen Rechnungen für neutrales Ferrocen die Grenzorbitalkonfiguration $(e_{2g})^4(a_{1g})^2$, während Experimentalbefunde für das Ferriciniumkation auf die Konfiguration $(e_{2g})^3(a_{1g})^2$ deuteten. Hierzu wäre das Photoelektronenspektrum zu nennen, dessen Bandenintensitäten erkennen lassen, daß die erste Ionisierung aus einem e_2- und die zweite aus einem a_1-MO erfolgt (*Green*, 1981). Ferner verweisen das EPR-Spektrum und das magnetische Moment des Radikalkations Cp_2Fe^+ auf den bahnentarteten Grundzustand $^2E_{1g}$.

Erfolgt nun die erste Ionisierung aus dem Sub-HOMO e_{2g} des neutralen Ferrocens oder aus dem HOMO a_{1g} mit begleitender Inversion der Grenzorbitalsequenz? Auf letztere Variante hat bereits *Veillard* (1972) hingewiesen. Demnach ist für Metallocene *Koopmans'* Theorem (Ionisierungsenergie = − Orbitalenergie) nicht anwendbar. Dies läßt sich wie folgt deuten: Ionisierung aus dem HOMO a_{1g} führt zu Kontraktion aller MOs, wovon aber das metallzentrierte a_{1g}-Orbital stärker betroffen ist als Orbitale, die Ligand- und Metallanteile besitzen. Somit kommt es zu einer Umkehrung der Orbitalsequenz, und die scheinbare Unstimmigkeit löst sich auf. *Koopmans'* Theorem besagt also, daß ein MO-Diagramm nicht als „eingefroren" und von der Ladung des Zentralmetalls unabhängig betrachtet werden darf. Dies gilt besonders dann, wenn sich die betreffenden Grenzorbitale energetisch sehr ähnlich sind, sich aber im Ligand/Metall-Mischungsverhältnis stark unterscheiden. Inzwischen sind übrigens auch quantenchemische Rechnungen bekannt geworden, die bereits im neutralen Ferrocen das e_{2g}- über das a_{1g}-Orbital plazieren (*J.-Y.Saillard*, 1998).

Die Bindungseigenschaften des Liganden $C_5H_5^-$ sind mit denen des Liganden RN^{2-} verglichen worden (**„Cyclopentadienyl-Imido-Analogie"**, *Schrock*, 1990). In der Tat sind beide Anionen als 6e-Donorliganden zur Ausbildung von einer σ- und zwei π-Bindungen zu einem Metallfragment [M] befähigt:

Spektroskopische und strukturelle Ähnlichkeiten von Cyclopentadienyl- und Imido-komplexen scheinen diese Betrachtungsweise zu rechtfertigen (*Green*, 1992). Liegt anstelle des Restes R eine kationische Gruppe vor, so besitzen die beiden Liganden auch identische Ladung („Cyclopentadienyl-Phosphaniminat-Analogie").

Die durch unbesetzte e_2-Orbitale bewirkte π-Akzeptorfähigkeit des π-Perimeter-liganden $C_5H_5^-$ fehlt dem Imidoliganden allerdings.

Strukturelle Besonderheiten

Eine provozierende Beobachtung in der Chemie der *binären* HGE-Cyclopentadienyle war das häufige Auftreten von Metallocenen mit gekippter Sandwichstruktur. Dem haben binäre ÜM-Cyclopentadienyle wenig entgegenzusetzen. Monomere Verbindungen des Typs $(C_5H_5)_2$ÜM bilden praktisch ausschließlich axialsymmetrische Sandwichkomplexe mit parallel ausgerichteten Cp-Liganden. Lediglich für $(C_5H_5)_2$Mo in Matrixisolation wird aufgrund von IR-Daten eine geringe Abweichung von der axialen Symmetrie diskutiert (*Perutz*, 1988).

Häufig angetroffen wird die gekippte Sandwichstruktur hingegen in *ternären* ÜM-Verbindungen des Typs Cp_2ML_n (n = 1,2,3). Dies wird verständlich, wenn man die Änderung betrachtet, welche die Elektronenstruktur eines Metallocens beim Übergang von axialer in gekippte Geometrie erfährt (*Hoffmann*, 1976):

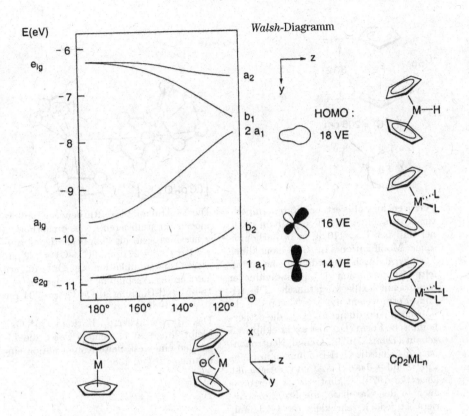

Das Korrelationsdiagramm zeigt Änderungen in der Natur und der Energie der Grenzorbitale eines axialsymmetrischen Metallocens, bewirkt durch zunehmende Abwinkelung, wie sie aus Extended-*Hückel*-Rechnungen folgen. Demnach erfahren die Folgeorbitale aus den e_{2g}- und a_{1g}-Funktionen energetische Anhebung, die aus dem e_{1g}-Satz energetische Absenkung. Die Symmetrieerniedrigung bewirkt auch eine Aufhebung der Orbitalentartungen. Somit ist eine Abwinkelung ($\Theta < 180°$) für binäre Metallocene energetisch ungünstig. Die neuen Hybridorbitale $1a_1$, b_2 und $2a_1$ liegen alle in der yz-Ebene, winkelhalbierend zwischen den beiden gekippten Cp-Ringebenen, und sie besitzen vorzügliche räumliche Ausrichtung zur Wechselwirkung mit zusätzlichen Liganden.

Der Energiegewinn bei der Ausbildung zusätzlicher M–L-Bindungen überkompensiert dann die Abwinkelungsenergie der Cp_2M-Einheit und die weite Verbreitung von Spezies der Form Cp_2ML_n ($n = 1,2,3$) wird plausibel (*vide infra*). Zunächst sollen aber einige strukturelle Eigenschaften binärer Verbindungen $Cp_2ÜM$ betrachtet werden, ausgehend vom Prototyp Ferrocen.

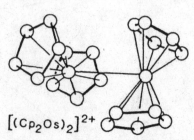

D_{5h} Fe 332

141

d(Fe–C) = 206 pm

δ

Fe

$[(Cp_2Os)_2]^{2+}$

Ferrocen kristallisiert bei Raumtemperatur in monokliner, bei T < 164K in trikliner und bei T < 110 K in orthorhombischer Modifikation. In der monoklinen Form wird durch Fehlordnung eine gestaffelte Konformation (D_{5d}) individueller Sandwichmoleküle vorgetäuscht. Die trikline Form weicht um δ = 9° von der ekliptischen Anordnung ab (D_5), die orthohombische Form (D_{5h}) ist exakt ekliptisch gebaut (*Dunitz*, 1979). Gemäß Neutronenbeugung sind die C–H-Bindungen in Richtung auf das Fe-Atom ausgelenkt (*Koetzle*, 1979). Ekliptisch ist Ferrocen auch in der Gasphase, die Rotationsbarriere ist jedoch sehr klein (≈ 4 kJ/mol, *Haaland*, 1966). Decamethylferrocen Cp^*_2Fe realisiert hingegen im Kristall (*Raymond*, 1979) und in der Gasphase (*Haaland*, 1979) die gestaffelte Konformation (D_{5d}).

Die Neutralkomplexe **Ruthenocen und Osmocen** kristallisieren, wie orthorhombisches Ferrocen, als ekliptische Konformere, d(Ru–C) = 221 pm, d(Os–C) = 222 pm. Das **Osminiumkation** Cp_2Os^+ dimerisiert unter Ausbildung einer langen Metall-Metall-Bindung, d(Os–Os) = 304 pm (*Taube*, 1987).

Das permethylierte Kation $Cp^*_2Os^+$ bleibt hingegen monomer, wobei die Liganden eine gestaffelte Konformation einnehmen (*Miller*, 1988).

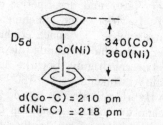

D_{5d} Co(Ni) 340(Co) 360(Ni)

d(Co–C) = 210 pm
d(Ni–C) = 218 pm

Struktur von **Cobaltocen und Nickelocen**: Die Fünfringe stehen auf Lücke (*E. Weiss*, 1975). Bei einem Vergleich der Metall–C-Abstände ergibt sich ein deutliches Minimum für Ferrocen, in Einklang mit der Besetzung aller bindenden Molekülorbitale. Die Aufnahme von 1 und 2 Elektronen in antibindende Orbitale bei $CoCp_2$ und $NiCp_2$ führt zur Bindungsschwächung und der beobachteten Aufweitung von d(M–C).

Titanocen ist ein Problemmolekül, da es aufgrund seines Elektronenmangels und der daraus erwachsenden extrem hohen Reaktivität Produkte bildet, die von der einfachen Sandwichstruktur abweichen. Hier sind zunächst zahlreiche Addukte $(Me_5C_5)_2TiL_{1,2}$ (L = Alkin, CO, PF₃ etc.) mit gewinkelter Sandwichstruktur zu nennen. Bei T ≤ – 30 °C wird sogar N₂ koordiniert („Azophilie"); das Addukt $(i\text{-}PrMe_4C_5)_2Ti(N_2)_2$ konnte röntgenographisch charakterisiert werden (*Chirik*, 2004).

In Abwesenheit zusätzlicher Donorliganden erfolgt Dimerisierung unter Ausbildung zweier Hydridobrücken:

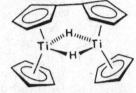

μ-(η^5:η^5) Fulvalendiyl-bis (μ-hydrido-η^5-cyclopendienyl-titan) entsteht bei der Reduktion von Cp_2TiCl_2 oder durch Umsetzung von $TiCl_2$ mit NaCp. Die Ausbildung von TiHTi 2e3c-Bindungen verringert den Elektronenmangel an den Ti-Atomen. Der Zweikernkomplexe ist bei Zimmertemperatur diamagnetisch, die beiden $Ti^{III}(d^1)$-Zentren bilden somit durch Spinpaarung einen Singulett-Grundzustand. ^{1}H-NMR-Messungen bei erhöhter Temperatur weisen allerding auf zunehmende Population des Triplettzustandes hin, somit ist die Ti···Ti-Wechselwirkung schwach (vergl. S. 544f.).

d(Ti···Ti)   299 pm
◁ C_5H_4/C_5H_4 17.7°
◁ C_5H_4/C_5H_5 138.6°
(*Troyanov*, 1992)

Eine derartige intramolekulare Addition wird gemäß ^{1}H-NMR sogar für Decamethyltitanocen beobachtet, indem sich folgendes Gleichgewicht einstellt (*Bercaw*, 1974):

In Gegenwart von D_2 erfolgt H/D-Austausch an allen 30 Positionen, in N_2-Atmosphäre entsteht $Cp^*_2TiN_2TiCp^*_2$.

$K_{25°C} \approx 0.5$
Toluol

14 VE, gelb
paramagnetisch

16 VE, grün
diamagnetisch

Das erste „echte" Titanocenderivat, welches auch röntgenographisch charakterisiert wurde, trägt an den Fünfringen jeweils vier Methyl- und eine $Me_2(t$-Bu)Si-Gruppe (*Lawless*, 1998). Die Struktur ist zentrosymmetrisch, die parallelen Ringe besitzen einen Abstand von 404 pm.

Eine Verbindung der Zusammensetzung „$(C_5H_5)_2Nb$" ist in Wirklichkeit kein einfaches Niobocen, sondern ein Dimeres, $[(C_5H_5)(C_5H_4)NbH]_2$, mit zwei η^1:η^5 Cyclopentadiendiylbrücken und zwei endständigen Hydridliganden. Diese Verbindung besitzt – im Gegensatz zu „Niobocen" – eine 18 VE-Schale (*Guggenberger*, 1973).

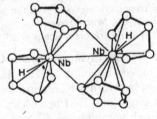

d(Nb–Nb) = 310 pm

Auch von Molybdän und Wolfram existieren keine Chromocen-analogen monomeren Metallocene. Bisher konnten vier isomere Zweikernkomplexe $[C_{10}H_{10}M]_2$ (M = Mo, W) charakterisiert werden, die teilweise ineinander umwandelbar sind. Sie zeigen wie die Titan- und Niob-Dimeren η^1:η^5-Cyclopentadiendiylbrücken oder η^5:η^5-Fulvalendiylbrücken sowie endständige Hydridliganden (*Green*, 1982):

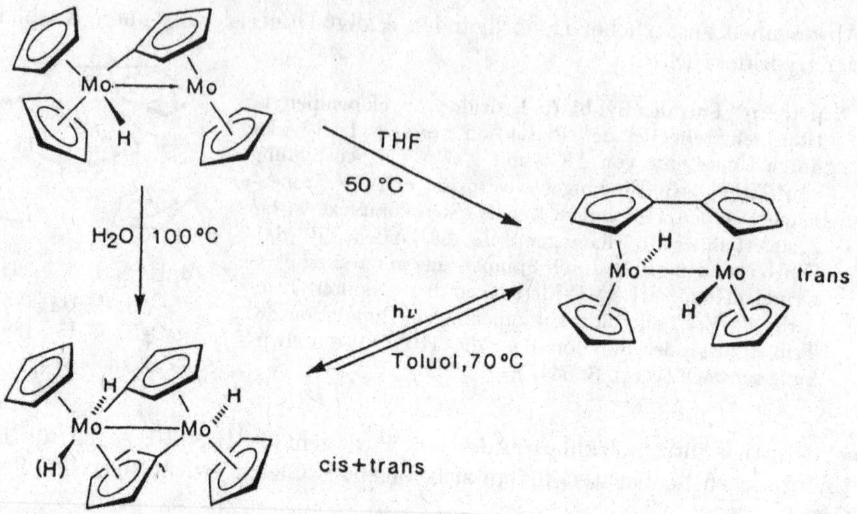

Eine monomere, axialsymmetrische Struktur besitzt hingegen, sterisch bedingt, das Decaphenylmolybdocen (*Master*, 1997).

Manganocen Cp_2Mn weist im festen Zustand eine Kettenstruktur ohne identifizierbare einzelne Sandwicheinheiten auf (*E. Weiss*, 1978):

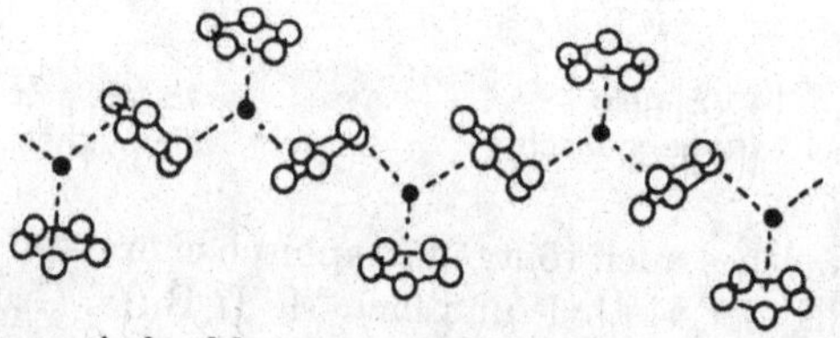

$d(Mn–C)_{terminal}$ = 242 pm

$d(Mn–C)_{Brücke}$ = 240–330 pm

Das magnetische Moment von $(C_5H_5)_2Mn$ zeigt ungewöhnliches Temperaturverhalten: als Feststoff oberhalb T = 432K, in der Schmelze sowie in Lösung bei Raumtemperatur wird, wie für die Konfiguration $(e_{2g})^2(a'_{1g})^1(e_{1g}^*)^2$ [Grundzustand $^6A_{1g}$] erwartet, ein magnetisches Moment μ = 5.9 B.M. gemessen. Im Bereich 432–67K tritt mit sinkender Temperatur zunehmend antiferromagnetisches Verhalten auf, entsprechend einer Zunahme cooperativer Wechselwirkungen. Ein Mischkristall von $(C_5H_5)_2Mn$ (8%) in $(C_5H_5)_2Mg$ besitzt hingegen über den gesamten Temperaturbereich μ = 5.94 B.M. (*Wilkinson*, 1956).

Für **Decamethylmanganocen Cp^*_2Mn** wird nur eine „normale" Sandwichstruktur gefunden (*Raymond*, 1979), das magnetische Moment μ = 2.18 B.M. weist auf eine low-spin Mn(d^5)-Konfiguration hin [Grundzustand $^2E_{2g}$]. **1,1′-Dimethylmanganocen** liegt laut He-Photoelektronenspektrum in der Gasphase als Gleichgewichtsgemisch von high-spin ($^6A_{1g}$) und low-spin ($^2E_{2g}$) Form vor.

Auch andere Manganocene weisen magnetisches Verhalten auf, welches in zunächst unverständlicher Weise von der molekularen Umgebung abhängt. Heute weiß man, daß sich die freien Moleküle von $(C_5H_5)_2Mn$ und $(CH_3C_5H_4)_2Mn$ derart nahe am **high-spin/low-spin cross over** Punkt befinden, daß bereits geringe intermolekulare Kräfte, die in gefrorenen Lösungen oder in Molekülkristallen wirken, ausreichen, um den beobachteten Wechsel des Grundzustandes zu bewirken (*Ammeter*, 1974).

Dabei wird, wie aufgrund der Ligandenfeldtheorie erwartet, in Umgebungen, die einen großen Mn-Cp-Abstand gestatten, die high-spin-Form ($^6A_{1g}$) begünstigt, in Matrizen, die einen kleinen Mn-Cp-Abstand erzwingen, hingegen die low-spin-Form ($^2E_{2g}$). Die Energiedifferenz beträgt etwa 2 kJ/mol. (Vergl. hierzu auch die Druckabhängigkeit der Elektronenspektren von Metallkomplexen.)

Rhenocen Cp_2Re, isoelektronisch mit dem Osmocenium-Kation, soll wie dieses eine dimere Struktur mit Metall-Metall-Bindung besitzen (*Pasman*, 1984). **Decamethylrhenocen Cp^*_2Re** ist hingegen monomer.

Das magnetische Verhalten des Decamethylrhenocens ist ähnlich kompliziert wie das des Manganocens. Der Einsatz eines Arsenals spektroskopischer und magnetochemischer Methoden hat zu dem Schluß geführt, daß Cp^*_2Re, je nach Aggregatzustand und Medium, im Gleichgewicht der Zustände $^2A_{1g}$ und $^2E_{5/2}$ vorliegt (*Cloke*, 1988).

Wie aus einigen der gezeigten Beispiele ersichtlich, kann Ringmethylierung erheblichen Einfluß auf Struktur und Eigenschaften von Metallocenen ausüben. Ein Alkylmetallocen besonderer Art ist das Superferrocenophan von *Hisatome* (1986):

Die Abschirmung des Zentralmetalls von der Umgebung ist in diesem Molekül vollkommen.

Ferrocenophane sind Vertreten der Klasse der **Metallocenophane**, Verbindungen, in denen ein oder mehrere Metallocene intramolekulare, interannulare Verbrückung aufweisen. Die Brücken können durch Kohlenwasserstoffketten, Heteroatome oder weitere Metallocene gebildet werden. *Beispiele:*

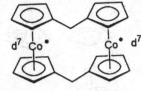

Metallocenophane interessieren in mehrerlei Hinsicht: So führt der Einbau kurzer Brücken zu einer Abwinkelung des Sandwichgerüstes mit begleitender Änderung der Elektronenstruktur und somit der Spektren (*Herberhold*, 1995). Sie kann auch Gerüstspannung bedingen, die sich dann in erhöhter Reaktivität, etwa in der Ringöffnungspolymerisation (ROP), äußert (*Manners*, 1995). So entstehen durch Thermolyse von [1]Silaferrocenophanen Poly(ferrocenylsilane). Die Substituenten am Si-Atom sind dabei in weiten Grenzen variierbar; sie prägen die Eigenschaften des gebildeten Polymers.

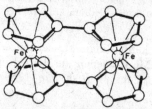

Fp. 78 °C   120–170 °C   ΔH < O

Die Produkte weisen Molmassen $10^5 < M_w < 10^6$ auf, entsprechend $n \leq 10^4$, sie zeigen filmbildende thermoplastische Eigenschaften. Die intermetallische Wechselwirkung in den Polymerketten ist gering, partielle Oxidation überführt sie in schwache elektrische Halbleiter.

Stärkere intermetallische Wechselwirkungen weisen naturgemäß Oligometallocene auf, in denen die Einheiten mittels des Liganden Fulvalendiyl $C_{10}H_8^{2-}$ direkt verknüpft sind; prototypisch hierfür ist das Biferrocenylen.

Bis-μ(fulvalendiyl)di-eisen, interessiert vor allem wegen der magnetischen Eigenschaften seines Dikations (Fe^{3+}, Fe^{3+}): Dieses ist, trotz des Vorliegens zweier $M(d^5)$-Ionen, diamagnetisch. Die Diskussion rankt hier um die Frage, ob die magnetische Fe,Fe-Wechselwirkung direkt („through space") oder durch Vermittlung des Ligandengerüstes („through bond") abläuft.

d(Fe–Fe) = 398 pm (*Churchill*, 1969)

Hiermit eng verwandt sind die Phänomene des intramolekularen Elektronentransfers und der gemischten Valenz. Das nachfolgende Beispiel illustriert gleichzeitig eine Anwendung der ^{57}Fe-Mößbauer-Spektroskopie (*Hendrickson*, 1985):

Die Beobachtung **zweier** Dubletts bei Raumtemperatur weist auf die Existenz von Fe^{2+} und Fe^{3+} nebeneinander hin, d.h. der intramolekulare Elektronentransfer (ET) ist langsam (gemischte Valenz), Zeitskala der Mößbauer-Spektroskopie 10^{-8} s).

Die Verschmelzung zu **einem** Dublett bei T > 350K zeigt **eine** Sorte Eisen an, der jetzt die Oxidationsstufe $Fe^{2.5+}$ zuzuschreiben ist (gemittelte Valenz, ET ist rasch).

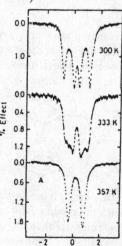

Sandwichkomplexe werden auch von verschiedenen ringanellierten Derivaten des Cyclopentadienylanions gebildet, so etwa von

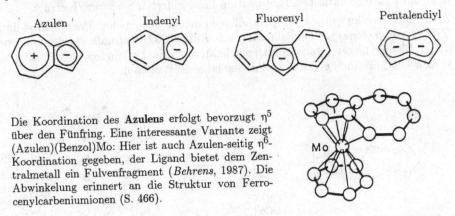

Die Koordination des **Azulens** erfolgt bevorzugt η^5 über den Fünfring. Eine interessante Variante zeigt (Azulen)(Benzol)Mo: Hier ist auch Azulen-seitig η^6-Koordination gegeben, der Ligand bietet dem Zentralmetall ein Fulvenfragment (*Behrens*, 1987). Die Abwinkelung erinnert an die Struktur von Ferrocenylcarbeniumionen (S. 466).

Komplexe anellierter Cp-Derivate zeigen oft erhöhte Reaktivität in der assoziativ aktivierten Substitution (*Mawby*, 1969), was zur Prägung des Begriffes **Indenyleffekt** geführt hat (*Basolo*, 1984). *Beispiel:*

Verglichen mit $(\eta^5\text{-}C_5H_5)Rh(CO)_2$ läuft die CO-Substitution am Indenylkomplex 10^8mal schneller ab. Im Falle des Indenylkomplexes profitiert der Übergangszustand mit η^3-Koordination am Fünfring von der vollen aromatischen Stabilisierung des anellierten Benzolrings. Man beachte, daß das Zentralmetall in allen drei Spezies seine 18 VE-Konfiguration bewahrt.

In diesem Zusammenhang sind strukturelle Besonderheiten von Interesse, die Indenylsandwichkomplexe mit mehr als 18 VE aufweisen (*Marder*, 1990). In Di(indenyl)cobalt und Di(indenyl)nickel würde eine Di-η^5-Koordination zu 19 bzw. 20 VE Besetzung des Zentralmetalls führen. Dem wird ausgewichen, indem eine *slip-fold*-(gleit-falt-)Verzerrung auftritt, die das Zentralmetall auf einer Position exzentrisch zur Fünfringmitte plaziert. Das Zentralmetall ist sozusagen „unterwegs" in Richtung auf eine allylische η^3-Koordination, die Elektronenüberschuß am Zentralmetall abbaut.

Faltung φ = 167°

Verschiebung ⟶ = 42 pm

20 VE Ni paramagn.

Ni 18 VE diamagn.

Diesem Effekt unterliegt nicht das paramagnetische Nickelocen, wohl aber das dia-magnetische Di(indenyl)nickel, weil in letzterem Falle die Freisetzung eines Elektro-nenpaares zur aromatischen Konjugation im anellierten Sechsring beiträgt.

Zwei kantenverknüpfte Cyclopentadienylanionen liegen im Pentalendiyldianion $C_8H_6^{2-}$ vor, welches als Dilithiumsalz von *Katz* (1962) erstmalig dargestellt wurde; dieser Ligand bietet interessante koordinative Varianten, indem er sowohl planar verbrückend als auch gefaltet chelatisierend auftreten kann.

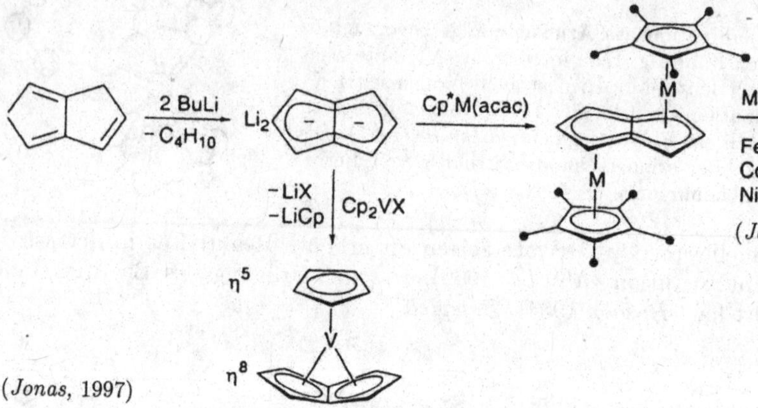

M	$\Delta E_{1/2}$ [V]
Fe	1.01
Co	0.89
Ni	0.83

(*Jonas*, 1988)

(*Jonas*, 1997)

Für besonders starke, durch den Brückenliganden vermittelte, Metall-Metall-Wechsel-wirkung sprechen die elektrochemischen und magnetischen Eigenschaften des Zweikern-komplexes.

So sind die Redoxaufspaltungen $\Delta E_{1/2}$ (Potentialdifferenzen zwischen den metallzen-trierten Erst- und Zweitoxidationen) besonders groß, und die (Co)$_2$- bzw. (Ni)$_2$-Komplexe der lokalen Konfiguration 19 VE bzw. 20 VE sind diamagnetisch. Es liegt also starke antiferromagnetische Kopplung über eine M–M-Distanz von $\approx$ 400 pm vor.

Ausgewählte Reaktionen der Metallocene

Ferrocen besitzt aufgrund seiner relativ hohen Redoxstabilität eine umfangreiche or-ganische Chemie. Ferrocen, Ruthenocen und Osmocen sind der **elektrophilen Sub-stitution** zugänglich. Verglichen mit Benzol reagiert Ferrocen 3×10^6 mal schneller:

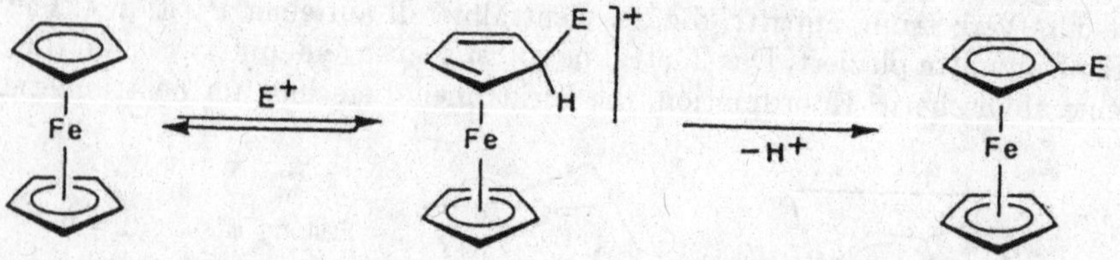

Dies kann auf die negative Partialladung des C_5H_5-Liganden in Metallocenen zurückgeführt werden. Die elektronenliefernde Wirkung des Ferrocenylrestes äußert sich auch darin, daß Ferrocenylamin $C_5H_5FeC_5H_4NH_2$ stärker basisch als Anilin und

Ferrocenylameisensäure schwächer sauer als Benzoesäure reagiert. Die elektrophile Substitution am Ferrocen sei an zwei Beispielen demonstriert.

Friedel-Crafts-Acylierung

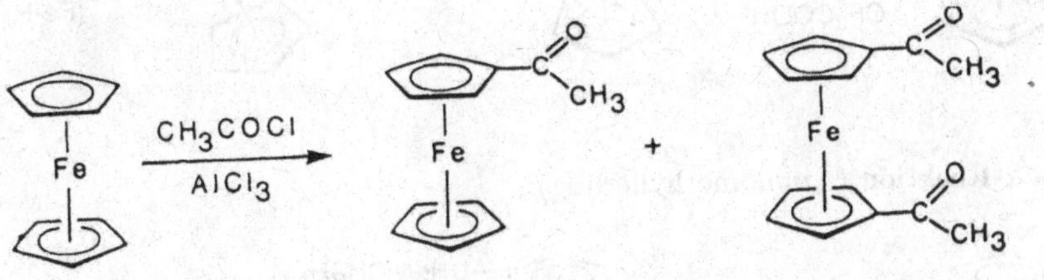

Beim Angriff stark oxidierender Elektrophile ist allerdings – in Konkurrenz zur Ringsubstitution – mit der Bildung des Ferriciniumions Cp_2Fe^+ zu rechnen.

Der Angriff des Elektrophils erfolgt aus **exo**-Richtung: Wie durch *intramolekulare* Acylierung zweier isomerer Ferrocencarbonsäuren gezeigt werden konnte, verläuft die Substitution ohne direkte Beteiligung des Eisenatoms. Das **exo**-Isomere, bei dem das Acyliumion nicht mit dem Metallatom in Wechselwirkung treten kann, cyclisiert nämlich rascher als das *endo*-Isomere (*Rosenblum*, 1966):

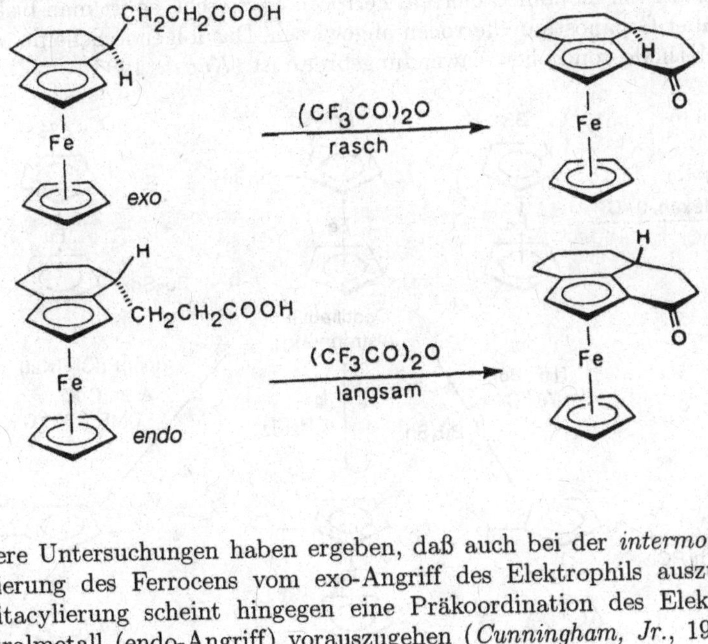

Neuere Untersuchungen haben ergeben, daß auch bei der *intermolekularen* Monoacylierung des Ferrocens vom exo-Angriff des Elektrophils auszugehen ist. Der Zweitacylierung scheint hingegen eine Präkoordination des Elektrophils an das Zentralmetall (endo-Angriff) vorauszugehen (*Cunningham, Jr.*, 1994). Die bereits von *Rosenblum* (1960) beschriebene Protonierung des Ferrocens durch starke Säuren könnte demnach ebenfalls durch exo-Angriff eingeleitet werden:

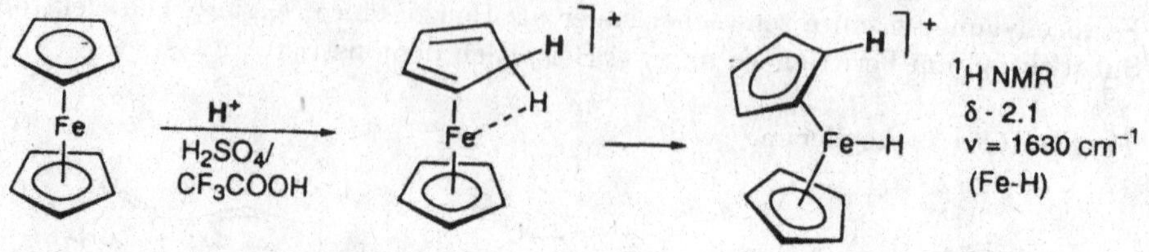

$$^1H\ NMR$$
$$\delta - 2.1$$
$$v = 1630\ cm^{-1}$$
(Fe-H)

Mannich-Reaktion (Aminomethylierung):

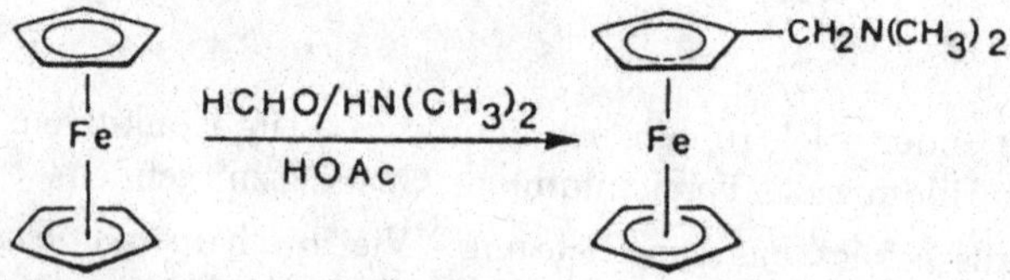

Die **Metallierung** des Ferrocens mittels Organolithiumreagenzien ist mit dem Problem der gezielten Einfach- und Mehrfachlithiierung behaftet. Synthetisch nützliche Folgereaktionen bedingen aber Zugangswege zu reinem Mono- bzw. 1,1'-Dilithio-ferrocen. Ist der Einsatz von monometalliertem Ferrocen erwünscht, so ist man bislang auf den Umweg über Organostannylferrocen angewiesen. Das folgende Schema zeigt aber, daß diese Methode von hoher Anwendungsbreite ist (*Kagan*, 1995):

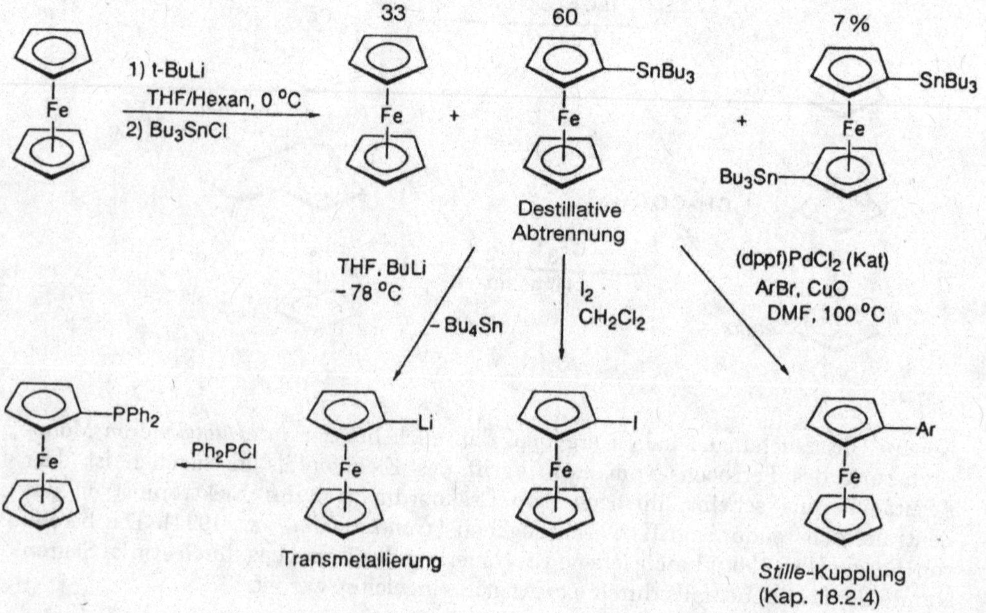

1,1'-Dilithioferrocen erhält man durch Lithiierung in Gegenwart von N,N,N',N'-Tetramethylethylendiamin TMEDA (*Rausch*, 1967):

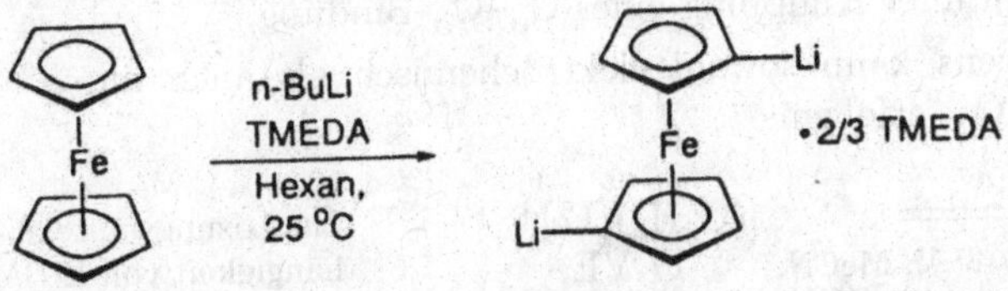

Das Dilithioderivat fällt als TMEDA-Addukt komplizierter Struktur aus (*Cullen*, 1985), es wird als solches in Folgereaktionen eingesetzt.

Zunehmende Bedeutung als Katalysatorbausteine in enantioselektiven Synthesen gewinnen chirale Ferrocenderivate. In ihrer Darstellung bedient man sich chiraler Diamine als Aktivatoren in der Metallierung. Als Beispiel sei die (−)-Spartein-vermittelte Lithiierung genannt (S. 48).

α-Ferrocenylcarbeniumionen sind besonders stabil und in Form von Salzen (mit BF_4^-, PF_6^- etc.) isolierbar (*Watts*, 1979):

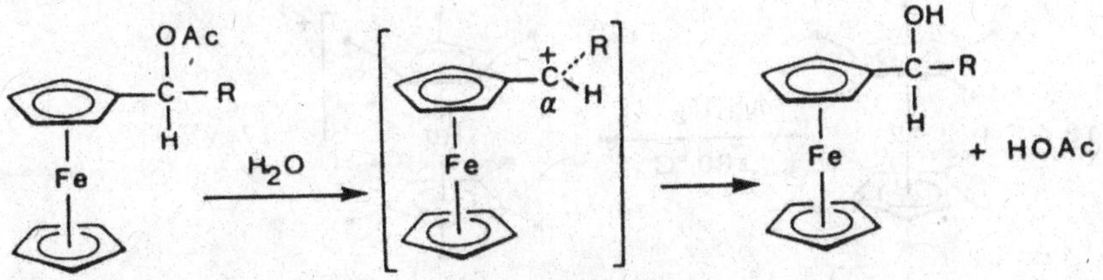

Eine alternative Formulierung wäre die als **Penta-fulvenkomplex**. Tatsächlich zeigen Röntgenstruktur-analysen, daß das α–C-Atom in die Bindungsbezie-hung einbezogen wird, d.h. das Fe-Atom ist von der Mitte des substituierten Rings in Richtung zum Substituenten hin verschoben (*Behrens*, 1979).

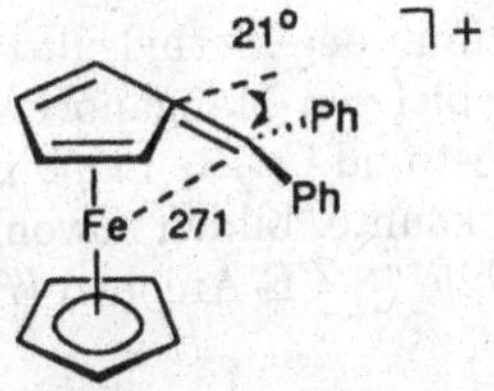

Sogar primäre Metallocenylcarbeniumionen lassen sich als Salze gewinnen und strukturchemisch untersuchen. Die Zentralmetall-C_α-Beziehung kann dann, unverfälscht durch sterische Effekte, studiert werden. Die Reihe [(Me$_5$C$_5$)M (Me$_4$C$_5$CH$_2$)]$^+$[B{C$_6$H$_3$(CF$_3$)$_2$}$_4$]$^-$ (M = Fe, Ru, Os) läßt erkennen, daß die Wechselwirkung M···C$_\alpha$ für M = Fe schwach ist, sich für M = Ru, Os hingegen einer M–C-Kovalenz nähert:

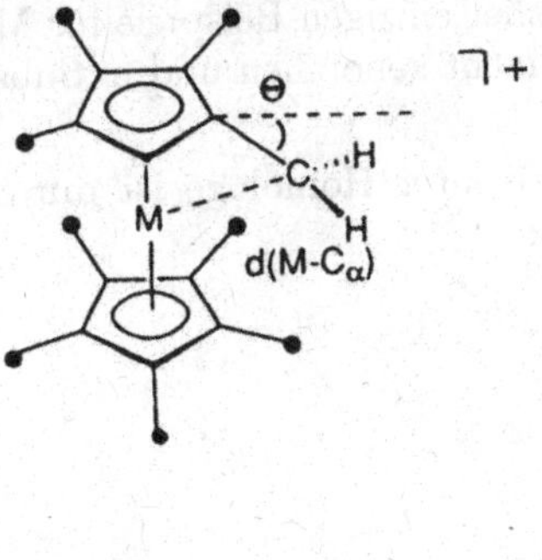

vergl.

Θ		d(M–C$_\alpha$)	M$\overset{\sigma}{-}$C (pm)
Fe	23.6°	257	213
Ru	40.3°	227	210
Os	41.8°	222	222

(*Kreindlin*, 2000)

Auch in der Reaktivität unterscheiden sich diese drei Metallocenylcarbeniumionen: Im Gegensatz zu den Ruthenocenyl- und Osmocenylderivaten dimerisiert das Ferrocenylcarbeniumion langsam uner Knüpfung einer C_α–C_α-Bindung.

Die **Oxidation des Ferrocens** kann sowohl elektrochemisch als auch durch viele Oxidationsmittel, z.B. HNO_3, erfolgen:

$$(C_5H_5)_2Fe \quad \underset{\substack{E° = +0.40\ V,\ MeCN,\\ NBu_4PF_6\ gegen\ GKE}}{\overset{-e^-}{\rightleftharpoons}} \quad [(C_5H_5)_2Fe]^+$$

18 VE   17 VE

Zur Lösungsmittelabhängigkeit von $E°(Fc^{+/0})$ vergl. S. 675.

Das Ferrocen/Ferriciniumpaar hat sich als interner Standard in der Organometall-Cyclovoltametrie bewährt (*Geiger*, 1996).

Ruthenocen und Osmocen sind ebenfalls oxidierbar, die entsprechenden Metalliciniumionen können jedoch monomer nicht isoliert werden. Statt dessen tritt Dimerisierung (S. 458) oder Disproportionierung zu Cp_2M und $[Cp_2M]^{2+}$ ein. Die entsprechende permethylierte Verbindung $(C_5Me_5)_2Ru$ ergibt dagegen ein bei –30 °C stabiles Kation $[(C_5Me_5)_2Ru]^+$ (*Kölle*, 1983):

18 VE   Ru $\xrightarrow[\text{–30 °C}]{AgBF_4}$ Ru   17 VE

Der Einfluß der Methylsubstitution auf die Stabilität von Metallocenen wird auch am Beispiel von Manganocen und Rhenocen deutlich. Während Cp_2Mn nicht reduzierbar ist und Cp_2Re monomer bisher nur in Tieftemperaturmatrizen nachgewiesen werden konnte, bilden sowohl **Decamethylmanganocen** als auch **Decamethylrhenocen** stabile 18 VE-Anionen (*Smart*, 1979; *Cloke*, 1985):

17 VE   M $\xrightarrow{K}$ M   18 VE   M = Mn, Re

$[(C_5Me_5)_2Ru]^+$ und $(C_5Me_5)_2Re$ sind damit die bisher einzigen Beispiele für Metallocene der 4d- und 5d-Reihe, die der 18 VE-Regel nicht gehorchen und in Substanz isoliert werden können.

Die Chemie der Metallocene von Co und Ni sowie ihrer Homologe ist durch die Tendenz bestimmt, eine 18 VE Schale zu erreichen:

$$(C_5H_5)_2Co \quad \underset{\substack{E° = -0.90\ V\\ gegen\ GKE}}{\overset{-e^-}{\rightleftharpoons}} \quad [(C_5H_5)_2Co]^+$$

19 VE   18 VE

Cobaltocen eignet sich daher als Einelektronen-Reduktionsmittel; zu den Vorzügen zählen die Löslichkeit in vielen polaren und unpolaren Medien und die Bildung des diamagnetischen, überaus inerten Kations $[Cp_2Co]^+$.

Cobalticiniumsalze sind außerordentlich stabil. So läßt sich die Dimethylverbindung mit starken Oxidationsmitteln ohne Spaltung der Co-Cp-Bindung an den Methylgruppen oxidieren:

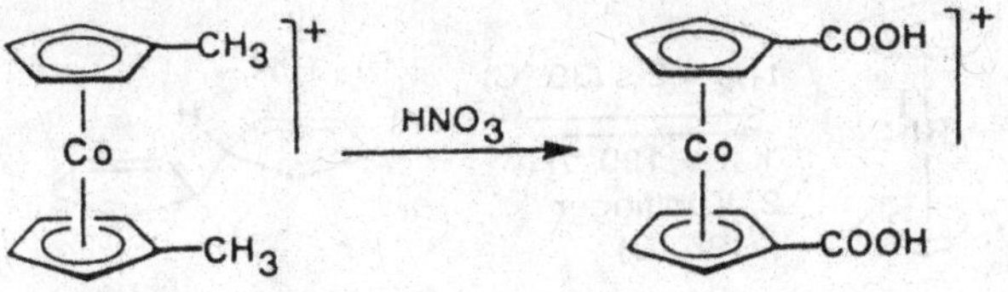

Auch gegenüber Halogenalkanen wirkt Cobaltocen als Reduktionsmittel:

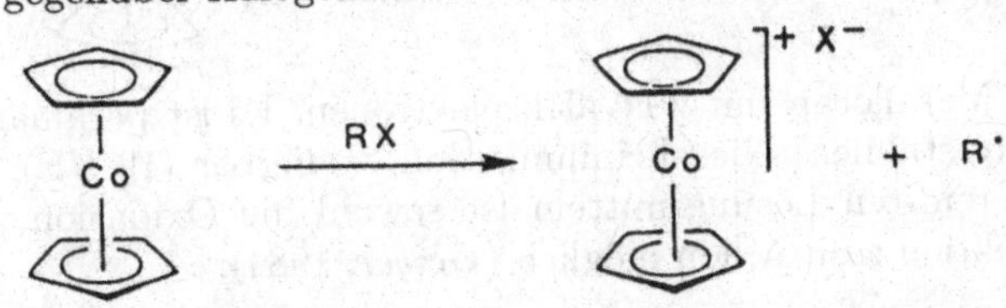

Organische Radikale addieren sich an Cobaltocen. Hierbei wird der η^5-Cyclopentadienyl- in einen η^4-Cyclopentadien-Liganden überführt und aus der 19 VE- eine 18 VE-Schale erzeugt:

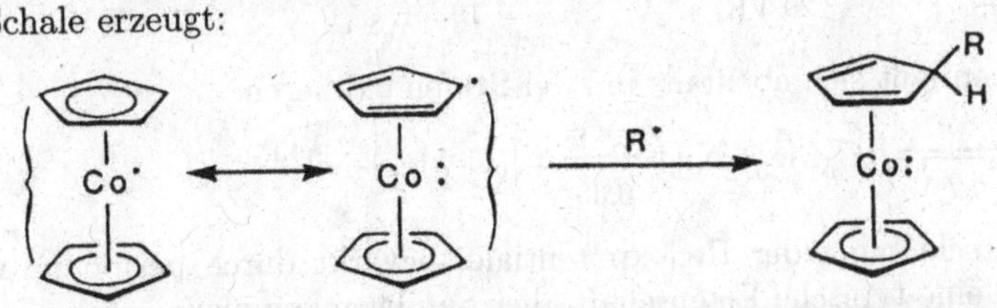

Auch das Biradikal O_2 addiert sich zunächst an Cobaltocen. Das gebildete Bis(cobaltocenyl)peroxid kann bei tiefer Temperatur isoliert werden:

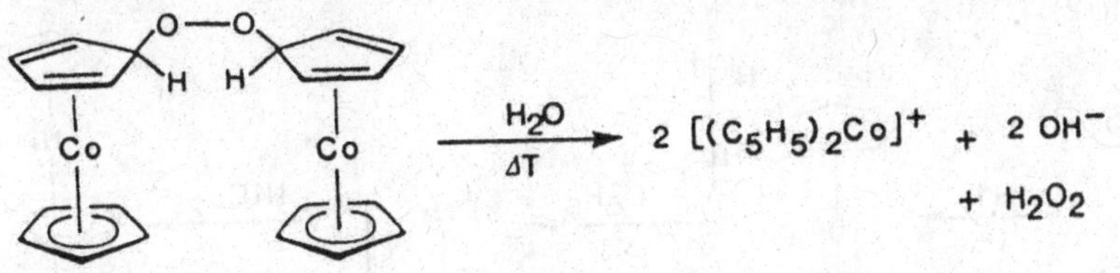

$$\xrightarrow[\Delta T]{H_2O} \quad 2\ [(C_5H_5)_2Co]^+ \ + \ 2\ OH^- \ + \ H_2O_2$$

Cobalticinium-Ionen reagieren mit Nucleophilen unter **exo**-Addition:

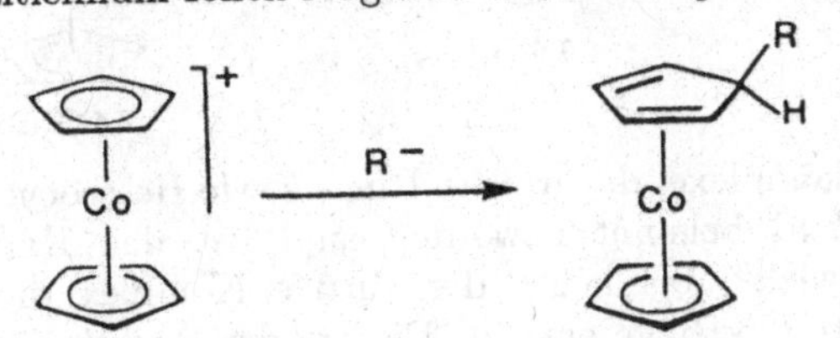

Auch die zu $[Cp_2Co]^+$ analogen 18 VE-Ionen $[Cp_2Rh]^+$ und $[Cp_2Ir]^+$ sind sehr stabil, nicht jedoch die monomeren Neutralkomplexe Cp_2Rh und Cp_2Ir, die bisher nur in einer Matrix stabilisiert werden konnten. Bei Raumtemperatur dimerisieren sie sofort. EPR-Messungen und EHMO-Rechnungen legen nahe, daß das ungepaarte Elektron in diesen Verbindungen hauptsächlich über die C_5H_5-Ringe verteilt ist.

Nickelocen ist das einzige Metallocen mit 20 Valenzelektronen. Es ist paramagnetisch und leicht zum (wenig stabilen) Nickeliciniumkation oxidierbar (19 VE). Bei tiefer Temperatur und in reinsten Lösungsmitteln ist sowohl die Oxidation zum Dikation als auch die Reduktion zum Anion möglich (*Geiger*, 1984):

$$[(C_5H_5)_2Ni]^- \underset{-1.6\ V}{\overset{-e^-}{\rightleftharpoons}} (C_5H_5)_2Ni \underset{0.1\ V}{\overset{-e^-}{\rightleftharpoons}} [(C_5H_5)_2Ni]^+ \underset{0.74\ V}{\overset{-e^-}{\rightleftharpoons}} [(C_5H_5)_2Ni]^{2+}$$

E°(*vs* GKE)

21 VE   20 VE   19 VE   18 VE

Decamethylnickelocen läßt sich ebenfalls in zwei Stufen oxidieren:

$$(C_5Me_5)_2Ni \underset{-0.7\ V}{\overset{-e^-}{\rightleftharpoons}} [(C_5Me_5)_2Ni]^+ \underset{0.35\ V}{\overset{-e^-}{\rightleftharpoons}} [(C_5Me_5)_2Ni]^{2+}$$

Die kathodische Verschiebung der Redoxpotentiale, bewirkt durch periphere Methylsubstitution, ist eine typische Eigenschaft aller Sandwichkomplexe.

Bei der Umsetzung von Nickelocen mit HBF_4 in Propionsäureanhydrid entsteht in überraschender Reaktion der Prototyp der **Mehrfachdecker-Sandwichkomplexe** (*Werner*, 1972):

Während Mehrfachdecker-Sandwichkomplexe, die größere Ringe sowie Heterocyclen enthalten, inzwischen in großer Zahl bekannt geworden sind, ist das Kation $[(C_5H_5)_3Ni_2]^+$, „**Tripeldecker-Sandwich**", bis heute der einzige Komplex dieses Strukturtyps, der nur unsubstituierte Cp-Ringe enthält. Die bei der Reaktion auftretenden Zwischenprodukte sind nur unter speziellen Bedingungen nachweisbar. Bei der Protonierung von **Decamethylnickelocen** bleibt die Reaktion auf der ersten Stufe stehen:

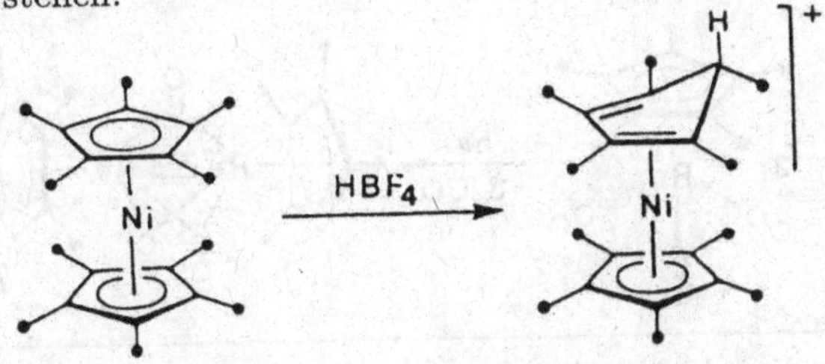

Tripeldeckerkomplexe mit dem Liganden $C_5Me_5^-$ sind auch mit Metallen der 8. Gruppe dargestellt worden (*Rybinskaya*, 1987):

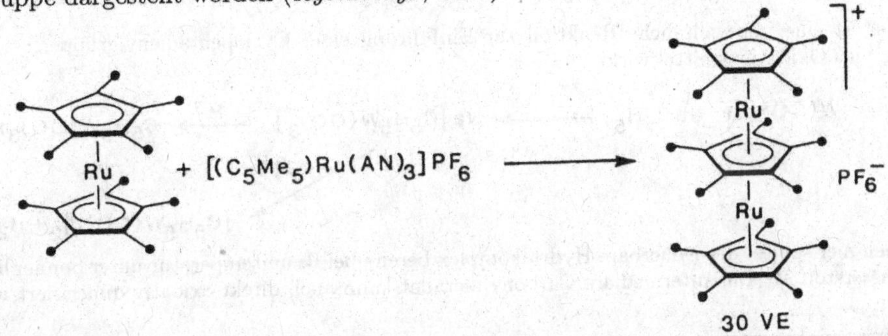

Die beiden Tripeldeckerkomplexe repräsentieren die Reihen der **34 VE-** bzw. der **30 VE-Verbindungen**, denen nach MO-Betrachtungen (*R.Hoffmann*, 1976) besondere Stabilität zukommen soll. Es sind allerdings auch Vertreter mit 31–33 VE bekannt geworden sowie Beispiele, in denen die magische Zahl von 30 unterschritten wird (S. 533).

15.4.3.2 Cyclopentadienyl-Metall-Carbonyle

Darstellung

1. **Metallcarbonyl + Cyclopentadien**

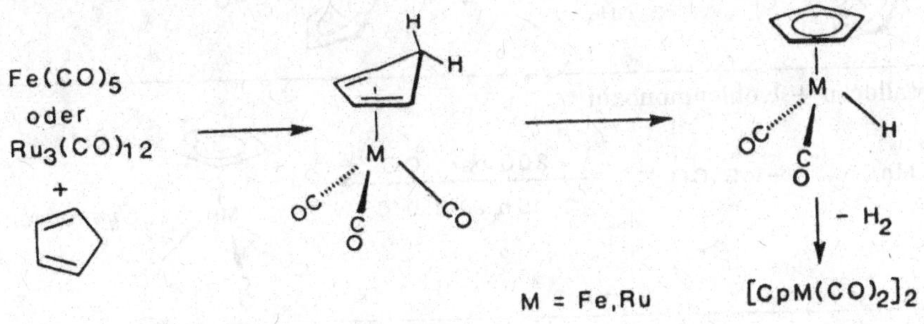

Die intermediär auftretenden Cyclopentadien- und Cyclopentadienyl(hydrid)komplexe können beide unter milden Bedingungen auf anderem Wege synthetisiert werden. Sie bilden beim Erwärmen oder unter Lichteinfluß die dimeren Komplexe (*Baird*, 1990).

2. Metallcarbonyl + Cyclopentadienylverbindung

$$Na[V(CO)_6] + C_5H_5HgCl \longrightarrow C_5H_5V(CO)_4 + Hg + NaCl + 2\ CO$$

Dies ist eine ungewöhnliche Reaktion zur Einführung einer Cyclopentadienylgruppe, bei der Hg^{II} als Oxidationsmittel wirkt.

Auch hier spaltet der isolierbare Hydridkomplex bereits bei Raumtemperatur unter Sonnenlicht Wasserstoff ab. Das intermediäre Carbonylmetallat kann auch direkt oxidativ dimerisiert werden.

3. Metallcarbonylhalogenid + Cyclopentadienylverbindung

4. Cyclopentadienylmetallhalogenid + Reduktionsmittel + CO

5. Metallocen + Kohlenmonoxid

6. Metallocen + Metallcarbonyl

$$Ni(C_5H_5)_2 + Ni(CO)_4 \longrightarrow [C_5H_5Ni(CO)]_2 + 2\,CO$$

Strukturen

Die einkernigen Verbindungen $CpM(CO)_n$ werden als **Halb-sandwichkomplexe** bezeichnet.

Angesichts ihrer umfangreichen Chemie ist für die Verbindung $CpMn(CO)_3$ der Trivialname *Cymantren* vorgeschlagen worden.

Zweikernige Cp-Metall-Carbonyle bieten weitere Beispiele für die bereits angesprochene Fähigkeit des Carbonylliganden, in Abhängigkeit von der Natur des Zentralmetalls terminal oder verbrückend aufzutreten:

M(3d):

M(4d, 5d):

$[CpFe(CO)_2]_2$ ist ein Molekül mit **fluktuierender Struktur**. In Lösung laufen folgende Prozesse ab:

- cis/trans Isomerisierung
- „*scrambling*" (Umverteilung der terminalen und verbrückenden CO-Liganden). Hierbei werden durch IR- und NMR-Spektroskopie 4 Spezies nachgewiesen:

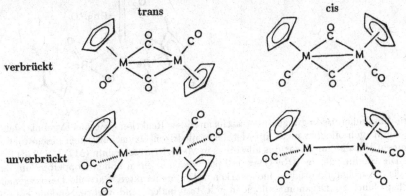

trans   **cis**

verbrückt

unverbrückt

Die komplizierte Strukturdynamik wurde von *Cotton* (1973) aufgeklärt.

Reaktionen der Cyclopentadienyl-Metallcarbonyle

Reduktion

$$CpV(CO)_4 \xrightarrow[-CO]{Na/Hg} Na_2[CpV(CO)_3]$$

$$[CpFe(CO)_2]_2 \xrightarrow{Na/Hg} 2\ Na[CpFe(CO)_2] \xrightarrow{CH_3I} CpFe(CO)_2CH_3 + NaI$$

Umsetzung mit Dihalogen

$$[CpFe(CO)_2]_2 + X_2 \longrightarrow 2\ CpFe(CO)_2X \xrightarrow{AlX_3/CO} [CpFe(CO)_3]+$$
$$(X = Br, I)$$

Unter photochemischen Bedingungen kann CCl_4 oder $PhCH_2Cl$ als Halogenspender dienen.

Ringsubstitution

$CpV(CO)_4$, $CpMn(CO)_3$ und $CpRe(CO)_3$ gehen, wie Ferrocen, bereitwillig elektrophile Substitutionsreaktionen am Cp-Ring ein.

CO-Substitution

$$CpMn(CO)_3 + L \longrightarrow CpMn(CO)_2L + CO \quad \text{L = Phosphan, Olefin, etc.}$$

$$CpCo(CO)_2 + L_2 \longrightarrow CpCoL_2 + 2\ CO \quad \begin{array}{l} \text{L = Phosphan oder andere} \\ \textit{Lewis-}\text{Base, } L_2 = \text{Diolefin} \end{array}$$

Die Aktivierung erfolgt thermisch oder photochemisch.

Oxidative Decarbonylierung

Neben den drastischen Bedingungen überrascht an dieser Reaktion auch das Ergebnis, daß (η^5-C_5R_5)-M-Bindungen offenbar nicht auf Metalle in niedrigen Oxidationsstufen beschränkt sind. Re^{VII} in einem Metallorganyl war uns allerdings in Methyltrioxorhenium (MTO, S. 276) bereits begegnet. Die Bindungslänge d(Re–O) = 170 pm weist auf einen hohen Doppelbindungsanteil hin, d.h. der Oxo-Ligand entfaltet hier starken π-Donorcharakter. Partielle Desoxygenierung mittels Ph_3P führt zu Organometalloxiden mit terminalem und verbrückendem Sauerstoff (*Herrmann*, 1987).

15.4.3.3 Cyclopentadienyl-Metall-Nitrosyle

Die Nitrosylgruppe ist koordinationschemisch besonders vielseitig, sie kann fungieren

als koordiniertes NO^+-Ion:
(isoelektronisch zu CO)

als koordiniertes NO^--Ion:
(isoelektronisch zu O_2)

$$L_{n-1}M\cdots IN\equiv O\mid \quad \xleftarrow[-L]{\quad :N=O: \quad} \quad L_nM^0 \quad \xrightarrow{\quad :N=O: \quad} \quad L_nM^{+I}\cdots :N=O:$$

18 VE
NO als 3e Ligand
lineare Struktur MNO

17 VE

18 VE
NO als 1e-Ligand
gewinkelte Struktur MNO

Durch intramolekulare Übertragung zweier Elektronen vom Metall auf den Liganden kann die Strukturumwandlung MNO(linear)→MNO(gewinkelt) ausgelöst werden; dabei wird am Zentralmetall eine freie Koordinationsstelle geschaffen und assoziative Mechanismen der Substitution werden möglich (vergl. S. 346).

In der Organometallchemie wird NO gewöhnlich als 3e-Ligand betrachtet; man erhält dann isolektronische Komplexe, indem man jeweils 3 CO gegen 2 NO austauscht oder indem man den Ersatz 1 CO gegen 1 NO durch eine positive Komplexladung ausgleicht. *Beispiele:*

$$Cr(NO)_4 \quad Mn(NO)_3CO \quad Fe(NO)_2(CO)_2 \quad Co(NO)(CO)_3 \quad Ni(CO)_4$$
$$C_5H_5V(CO)(NO)_2 \quad C_5H_5Cr(CO)_2NO \quad [C_5H_5Mn(CO)_2NO]^+$$

Darstellung

$$Ni(C_5H_5)_2 + NO \xrightarrow{-1/2\ C_{10}H_{10}} C_5H_5NiNO$$

$$2\ C_5H_5Co(CO)_2 + 2\ NO \xrightarrow{-4\ CO} [C_5H_5CoNO]_2$$

$$C_5H_5Re(CO)_3 + NO^+HSO_4^- \xrightarrow[-CO]{CH_2Cl_2} [C_5H_5Re(CO)_2NO]^+ + HSO_4^-$$

Struktur und Eigenschaften

NO kann wie CO terminal oder verbrückend auftreten; darüber hinaus weisen NO-Komplexe in dem Winkel MNO eine weitere Strukturvariable auf. Vereinzelt wird sogar lineare und gewinkelte Koordination im selben Molekül realisiert:

$\nu(NO)[cm^{-1}]$ $\nu(NO)_{lin.}$ = 1677
$\nu(NO)_{Brücke}$ = 1518
(*Fontana*, 1974)

176°
118 pm
169 pm
196 pm
119 pm

$\nu(NO)_{lin.} = 1845$
$\nu(NO)_{gew.} = 1687$
(*Eisenberg*, 1975)

$\nu(NO)_{lin.} = 1830$
(*Cox*, 1970)

$\nu(NO)_{lin.} = 1610$
Bei Raumtemperatur
flukt. Struktur
(*Cotton*, 1969)

Vergl.: $\nu(NO)_{frei} = 1876$ cm^{-1}, $\nu(NO^+)_{frei} = 2250$ cm^{-1}

Überlappungen in den Absorptionsbereichen der NO-Streckschwingungen bewirken, daß zuverlässige Strukturaussagen (MNO linear oder gewinkelt?) aus der Lage der ν_{NO}-Bande allein nicht möglich sind (*Ibers*, 1975). Verbrückende NO-Gruppen hingegen sind an der IR-Absorption bei besonders niedrigen Wellenzahlen gut zu erkennen.

Ausgehend von CpMn(CO)$_3$ lassen sich optisch aktive Verbindungen mit Mn als Chiralitätszentrum aufbauen:

$$C_5H_5Mn(CO)_3 \xrightarrow[-CO]{NO^+PF_6^-, \ AN} [C_5H_5Mn(CO)_2NO]^+$$

Die bevorzugte Substitution von CO zeigt stärkere Bindung des Liganden NO an.

$$+ \ PPh_3 \downarrow \ - CO$$

$$[C_5H_5Mn^*(CO)(NO)PPh_3]^+$$

$$+ \ OR^{*-} \downarrow$$

$$C_5H_5Mn^*(COOR^*)(NO)PPh_3$$

Wird als OR$^-$ das L-Mentholat-Anion OC$_{10}$H$_{19}^-$ verwendet, so gelingt eine Trennung der entstehenden **Diastereomeren** aufgrund ihrer Löslichkeitsunterschiede. In fester Form sind die Diastereomeren konfigurationsstabil.

Die Bedeutung dieser Verbindungen liegt weniger in ihrer Existenz selbst, sondern u.a. in der Möglichkeit, durch die Beobachtung von Konfigurationserhalt bzw. Racemisierung metallorganische Reaktionsmechanismen aufzuklären (*Brunner*, 1971).

15.4.3.4 Cyclopentadienyl-Metall-Hydride

Dieser Verbindungstyp wird **besonders von 4d- und 5d-Metallen** realisiert:

[Cp$_2$ZrH$_2$]$_n$ Cp$_2$MH$_3$ (Nb,Ta)   Cp$_2$MH$_2$ (Mo,W)   Cp$_2$MH (Tc, Re)

Entsprechende Verbindungen der 3d-Metalle neigen dagegen zu H-Abspaltung und Dimerisierung. Cluster des Typs [CpMH]$_4$ werden in Kap. 16.4 angesprochen.

Darstellung

$$MoCl_5 + 2\ NaC_5H_5 + NaBH_4 \xrightarrow[-78\ °C/65\ °C]{THF} (C_5H_5)_2MoH_2$$

$$ReCl_5 + NaC_5H_5 \xrightarrow{THF} (C_5H_5)_2ReH$$
$$1\quad :\quad 10$$

30–40%

^{1}H–NMR:
$\delta(10\ H) = 3.64$ ppm
$\delta(1\ H) = -23.5$ ppm

Cp_2ReH (*Wilkinson*, 1955) ist im Gegensatz zu dem erwarteten Produkt Cp_2Re luftstabil und diamagnetisch. Die Untersuchung von Cp_2ReH war eine der ersten Anwendungen der ^{1}H-NMR-Spektroskopie in der Organometallchemie.

Struktur: In den heute bekannten Verbindungen der Zusammensetzung $(C_5H_5)_2MH_n$ sind die Ringliganden gekippt angeordnet (verg. S. 457).

Die Fähigkeit von Re^{VII}, Hydridliganden in großer Zahl in seiner Koordinationssphäre zu sammeln [vergl. $(R_3P)_2ReH_7$, $K_2(ReH_9)$] entfaltet sich auch in der Klasse der Cyclopentadienyl-Metall-Hydride (*Herrmann*, 1986):

$$\nu_{(ReH)} = 2018\ cm^{-1}$$

Das ^{1}H-NMR-Spektrum zeigt bei –90 °C getrennte Signale für den axialen und die äquatorialen Hydridliganden, bei +60 °C hingegen ein einziges Signal gemäß raschem Austausch zwischen den beiden Positionen. Einige Charakteristika der ^{1}H-NMR-Spektren von ÜM-Hydriden sind auf S. 432 zusammengestellt.

Die **Reaktivität** der Cyclopentadienyl-Metall-Hydride wird vor allem durch die *Lewis*-**Basizität des Zentralmetalls** bestimmt. Diese äußert sich in der Protonierbarkeit:

$$(C_5H_5)_2MH_2 \underset{OH^-}{\overset{H^+}{\rightleftharpoons}} [(C_5H_5)_2MH_3]^+ \qquad (M = Mo, W)$$

$$(C_5H_5)_2ReH \underset{OH^-}{\overset{H^+}{\rightleftharpoons}} [(C_5H_5)_2ReH_2]^+ \qquad (\text{Basenstärke wie } NH_3)$$

Adduktbildung anderer Art ist im Titanocenylboranat realisiert, hier treten die beiden – isoliert nicht stabilen – Einheiten Cp_2TiH und BH_3 unter Ausbildung von Hydridbrücken (2e3c) zusammen (*Nöth*, 1960):

$$Cp_2TiCl_2 \xrightarrow[\substack{-\ 1/2\ H_2 \\ -\ 1/2\ B_2H_6 \\ -\ 2\ NaCl}]{2\ NaBH_4}$$

15.4.3.5 Cyclopentadienyl-Metall-Halogenide und Folgeprodukte

Das Halogenidion X^- ähnelt dem Hydridion H^- in seiner Natur als anionischer 2e-Ligand. Cp-Metallhalogenide sind jedoch in größerer Variationsbreite bekannt als Cp-Metallhydride.

$CpMCl_2$ (Ti,V,Cr)	Cp_2MCl_2 (Ti,Zr,Hf,V,Mo,W)	Cp_3MCl (Th,U)
$CpMCl_3$ (Ti,Zr,V)	Cp_2MBr_2 (Nb,Ta)	
$CpMCl_4$ (Nb,Ta,Mo)	Cp_2MCl (Ti,V)	

Darstellung

$$TiCl_4 + 2\ NaC_5H_5 \xrightarrow[25\ °C]{THF} (C_5H_5)_2TiCl_2 + 2\ NaCl$$

$$TiCl_4 + (C_5H_5)_2TiCl_2 \xrightarrow[130\ °C]{Xylol} 2\ (C_5H_5)TiCl_3$$

$$(C_5H_5)_2V + (C_5H_5)_2VCl_2 \longrightarrow 2\ (C_5H_5)_2VCl$$

$$(C_5H_5)_2Cr + CCl_4 \xrightarrow{0\ °C} (C_5H_5)CrCl_2$$

$$(C_5H_5)_2MoH_2 + 2\ CHCl_3 \xrightarrow{60\ °C} (C_5H_5)_2MoCl_2 + 2\ CH_2Cl_2$$

Die Verbindungen des Typs **Cp_2MCl_2** (M = Ti, Zr und Hf) haben „pseudo-tetraedrische" Struktur. Sie sind luftstabil und sublimierbar. Die Bindungsparameter gelten für die Ti-Verbindung.

Cp_2TiCl ist dimer:

$$2\ TiCl_3 + 2\ MgCp_2 \longrightarrow$$

Die Messung der magnetischen Suszeptibilität dieser Verbindung zeigt, daß Singulett- und Triplettzustand im thermischen Gleichgewicht vorliegen. Dies läßt auf eine schwache intramolekulare Wechselwirkung $Ti(d^1)$–$Ti(d^1)$ schließen (*R.L.Martin*, 1965).

Cp-Metallhalogenide lassen sich hydrolytisch in **Cp(aqua)metall-Kationen** überführen, gegebenenfalls kann durch Fällung von AgX nachgeholfen werden:

$$CpMX_n + n\ Ag^+ \xrightarrow{H_2O} [CpM(H_2O)_n]^{n+} + n\ AgX$$

Diese Spezies vereinigen in sich Attribute der Organometall- und der klassischen Koordinationschemie (*Koelle*, 1994). *Beispiele:*

$$[Cp_2Ti(H_2O)_2]^{2+}, \quad [CpCr(H_2O)_3]^{2+}, \quad [Cp^*Co(Rh, Ir)(H_2O)_3]^{2+}$$

Durch Substitutionsreaktionen (Anation) an der anorganischen Seite dieser Kationen, ist eine Vielzahl von Derivaten $[CpML_n]^{m+}$ $(m \leq n)$ zugänglich.

Das gemischte **Cp-Metallchloridhydrid** $Cp_2ZrCl(H)$ vermutlich polymerer Struktur hat als *Schwartz'*-Reagens Eingang in die organische Synthese gefunden. Alkene lassen sich durch **Hydrozirkonierung** und anschließenden oxidativen Abbau in substituierte Alkane überführen, das Zirkonocenhydrid kann zurückgewonnen werden (*Schwartz*, 1976).

Die Hydrozirkonierung verläuft als cis-Addition, bezüglich Substratstruktur und Chemoselektivität ist sie zwischen die Hydroborierung und die Hydroaluminierung einzuordnen.

Cp-Metallhalogenide sind auch Ausgangsmaterialien zur Synthese von Cp-Metallalkylen und Cp-Metallarylen. Im Falle des Zentralmetalls Zirkon kann auf diesem Wege $[Cp_2Zr(CH_3)(THF)]^+$ („*Jordans* Kation", 1991) erhalten werden, eine hochreaktive und vielseitige Spezies für katalytische C–H-Aktivierung und C–C-Verknüpfungen. Die 14 VE-Kationen $Cp_2M(R)^+$ interessieren auch als vermutete reaktive Zentren der Cp_2MX_2-vermittelten Olefinpolymerisation vom *Ziegler-Natta*-Typ (S. 656). An dieser Stelle seien nur Bildungsweisen und einige typische Folgereaktionen angeführt.

$Cp_2Zr(R)(L)^+$ und insbesondere die basenfreie Spezies Cp_2ZrR^+ sind starke Lewissäuren wie folgende Reaktion anzeigt:

$$Cp_2\,Zr(R)(L)^+ \;+\; BF_4^- \longrightarrow Cp_2\,Zr(R)(F) \;+\; BF_3 \;+\; L$$

Als weitere Reaktionen von *Jordans* Kation sind zu nennen:

Insertionen:

und σ-Bindungsmetathesen:

$$[Cp_2Zr(CH_3)(L)]^+ + RH \rightleftharpoons \left[Cp_2Zr \cdots \begin{array}{c} R \\ H \\ CH_3 \end{array} \right]^+ \rightleftharpoons CH_4 + [Cp_2Zr(R)(L)]^+$$

L = THF: langsam, L = PMe$_3$: schnell

Entsprechend verläuft die Hydrogenolyse der Zr–CH$_3$-Bindung mittels H$_2$. Diese Reaktionen sind als C–H- bzw. H–H-Aktivierungen zu betrachten. Die Reaktivitätsabstufung in Abhängigkeit von der Natur von L ist plausibel, denn der π-Donorligand THF dämpft die Elektrophilie des Zentralmetalls, während der π-Akzeptorligand PMe$_3$ sie erhöht. Adduktbildung mit R–H bzw. H–H ist somit für L = PMe$_3$ begünstigt. Die Chemie von *Jordans* Kationen besitzt viel Ähnlichkeit mit derjenigen der isoelektronischen Lanthanoidhalogenide Cp$_2$LnX (S. 580).

Auch gemischte **Cp-Metall-Carbonyl-Halogenide** sind wichtige Reagenzien der metallorganischen Synthese:

Diese Verbindungen lassen sich durch Spaltung zweikerniger Vorstufen mittels Dihalogen darstellen:

$$[CpFe(CO)_2]_2 + I_2 \longrightarrow 2\ CpFe(CO)_2I$$

Sie dienen der Knüpfung neuer ÜM–C-Bindungen:

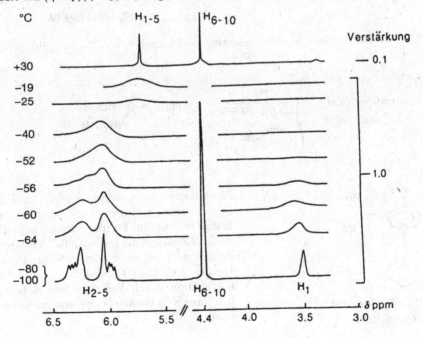

(*Glass*, 1985)

$(\eta^1\text{-Cp})(\eta^5\text{-Cp})Fe(CO)_2$ war die erste Organo-ÜM-Verbindung, an der das Phänomen der **Strukturfluktuation** (Nichtrigidität) studiert wurde (*Wilkinson*, 1956; *Cotton*, 1966). Die beiden Cp-Ringe liegen in den unterschiedlichen Bindungsformen $\alpha(\eta^1)$ und $\pi(\eta^5)$ vor, wobei jedoch bei Raumtemperatur durch rasche haptotrope Verschiebungen die Positionen 1–5 des σ-gebundenen Cp-Ringes äquivalent werden:

^{1}H–NMR von $(\eta^1\text{-Cp})(\eta^5\text{-Cp})Fe(CO)_2$ (60 MHz):

15.4.3.6 Spezielle Anwendungen von Metallocenderivaten

Bei einer Verbindungsklasse wie der der Metallocene, für die hoher Kenntnisstand und eine riesige Palette chemischer Derivate vorliegen, stellt sich die Frage nach praktischen Anwendungen. In der Tat haben sich Bereiche abgezeichnet, in denen Metallocene nützliche Beiträge leisten können, sie seien hier kurz skizziert.

Chirale Metallocene in der Katalyse

Von chiralen Ferrocenderivaten ist in diesem Text häufig die Rede (S. 48, 479, 483 etc.). Ihre Bedeutung beruht u.a. auf dem Einsatz als Bausteine in Katalysatoren für die stereoselektive Synthese. Auch chirale Zirkonocenderivate haben hierfür Verwendung gefunden.

Chirale 1,1'-Bis(diphenylphosphino)ferrocenderivate als Liganden in Katalysatoren für die enantioselektive Synthese wurden von *Kumada* (1974) eingeführt und von *Hayashi* (2000) weiterentwickelt.

Ein einfacher Zugangsweg besteht in der diastereoselektiven ortho-Lithiierung eines Ferrocenderivates mit chiralem Substituenten:

Als frühe Anwendung sei die stereoselektive Hydrierung von α-Acetamidoacrylsäuren genannt:

(S)-(R)-Josiphos
(Togni, 1994)

Mechanistische Aspekte werden in Kap. 18.7 behandelt. Inzwischen haben chirale Katalysatoren auf Ferrocenylphosphanbasis auch Eingang in industrielle Verfahren gefunden. Hierbei werden planar chirale Liganden eingesetzt, in denen eine π-Donorfunktion durch Variation von R bezüglich ihres Kegelswinkels abgestimmt werden kann.

Die Produktion des Vitamins Biotin (Lonza AG) beinhaltet die diastereoselektive Hydrierung eines vollständig substituierten Alkens:

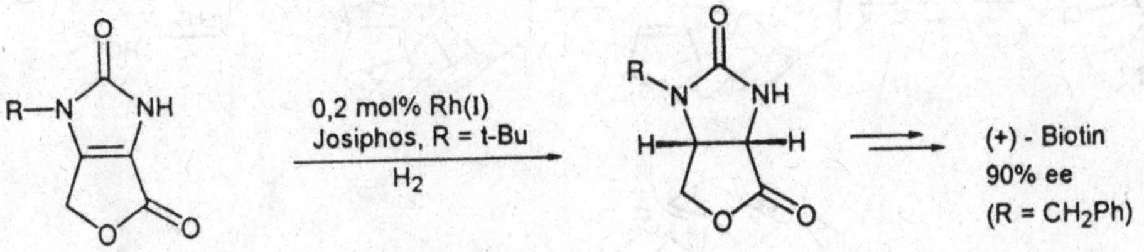

0,2 mol% Rh(I)
Josiphos, R = t-Bu
H_2

$\longrightarrow$ (+) - Biotin
90% ee
(R = CH_2Ph)

Eine stereoselektive Ketiminhydrierung führt zum Herbicid S-Metolachlor (Aventis AG):

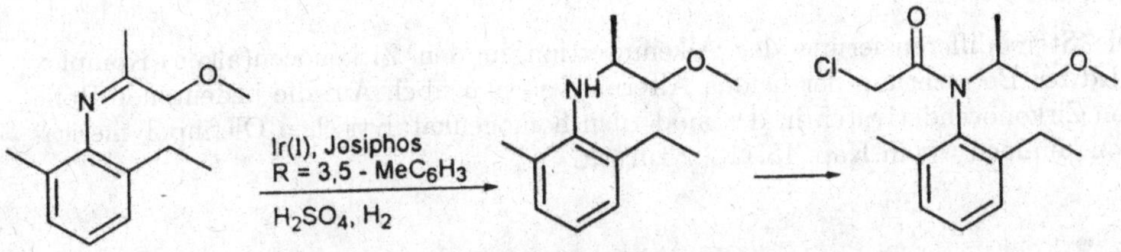

Ir(I), Josiphos
R = 3,5 - MeC_6H_3

H_2SO_4, H_2

Dieser im 10000 t/a-Maßstab durchgeführte Prozeß besticht durch hohe Katalysatoreffizienz (Substr.: Kat. $\geq 10^6$) bei hoher Reaktionsgeschwindigkeit.

Ein zentrales Anliegen der organischen Synthese sind homogen katalysierte stereoselektive C–C-Verknüpfungen. Im Brennpunkt des Interesses stehen hier chirale Zirkonocenderivate, als Beispiel diene die Zirkonocen-katalysierte asymmetrische Carbomagnesierung (*Hoveyda*, 1993). Im Falle ungesättigter Heterocyclen verläuft diese häufig unter Ringöffnung:

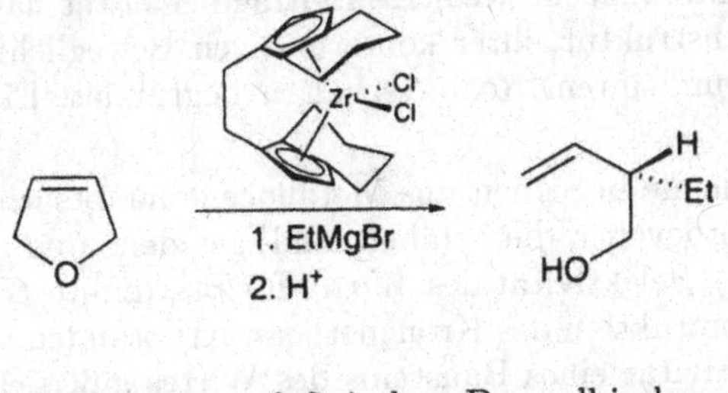

1. EtMgBr
2. H^+

Das Vorliegen einer olefinischen Doppelbindung und einer OH-Funktion macht das Produkt zu einem wertvollen chiralen Synthesebaustein.

Entscheidende Schritte dieser Reaktion sind die Bildung eines Zirkonocen(alken)-Komplexes und die stereoselektive Addition des Heterocycloalkens unter Bildung einer Zirkona-bicyclischen Zwischenstufe:

Die Stereodifferenzierung der Alkeninsertion in den Zirkonocen(alken)-Komplex wird bei Betrachtung der beiden Alternativen plausibel. Auf die bedeutende Rolle von Zirkonocenderivaten in der modernen homogenkatalytischen Olefinpolymerisation kommen wir in Kap. 18.11.2.2 zurück.

Metallocene in der supramolekularen Chemie

Der heute gerne verwendete Begriff *supramolekulare Chemie* hat eine lange Vorgeschichte: Schon *Pfeiffer* (1927) sprach in Zusammenhang mit der Assoziation von Carbonsäuren mittels Wasserstoffbrückenbindungen von „Übermolekülen". In der Definition von *Lehn* (1988) ist *supramolekulare Chemie* die *Chemie der Molekülanhäufungen und der intermolekularen Bindung*, also ein sehr allgemeines Phänomen. So zählt zur supramolekularen Chemie auch der Zusammenhang zwischen der Kristallarchitektur und den Eigenschaften der individuellen Moleküle (*organometallic crystal engineering*, *Braga*, 1998). Die Konzentration auf intermolekulare Wechselwirkungen hat eine Reihe neuer Arbeitsgebiete mit technischem Anwendungspotential geschaffen, zu denen Metallocene wichtige Beiträge geleistet haben. Dies ist in der einzigartigen Sandwichstruktur, ihrer konformativen Beweglichkeit, ihrer vielfältigen Derivatisierbarkeit und ihrem Redoxverhalten begründet. Einige Beispiele mögen dies erläutern.

Im Kontext der supramolekularen Chemie begegnen uns Metallocene hauptsächlich als Bausteine redoxaktiver Makroheterocyclen, die befähigt sind, geladene und neutrale Spezies zu *erkennen* (*Beer*, 1992). Selektivität des *Wirtes* für bestimmte *Gäste* wird hierbei durch entsprechende Konstruktion des Kronenethers, Kryptanden oder Spheranden ermöglicht. Die Redoxaktivität eines Bausteins des Wirtes läßt sich in zweifacher Hinsicht nutzen: Einerseits kann durch den Ladungszustand des Wirtes die Affinität zum Einbau eines Gastes gesteuert werden, andererseits prägt der Einbau eines geladenen Gastes das elektrochemische Potential des Redoxzentrums. Dies kann der gezielten Fixierung und Freisetzung ionischer Spezies dienen, man spricht dann auch von *molekularen Schaltern*.

Aufgrund der elektrostatischen Wechselwirkung des eingebauten M^+-Ions mit dem Ferrocen/Ferricinium-Redoxzentrum gilt

für die Gleichgewichtskonstanten $K_{Fc} > K_{Fc}^+$

und für die Redoxpotentiale $\quad E(Fc^{+/0})_{M^+} > E(Fc^{+/0})$

Derartige redoxaktive makrocyclische Liganden eignen sich zum elektrochemisch geschalteten Kationentransport durch Membranen, wobei obiger Cyclus durchlaufen wird (*Saji*, 1986). Hierbei wird, physiologisch wichtig, elektrische Energie in einen Konzentrationsgradienten umgewandelt. Bei entsprechender Ausstattung der Ferrocenperipherie sind auch *Erkennung* und Einbau von Anionen möglich (*Beer*, 2001).

Ein redoxgetriebener Schaltvorgang anderer Art ist die Bildung und Auflösung von Micellen.

Cholesterylferrocen, ein Metallomesogen: Während das neutrale Molekül nicht zur Aggregation neigt, erhält es auf der Ferriciniumkationstufe Tensidcharakter und lagert sich zu Micellen zusammen (*Gokel*, 1991).

Metallocene in der Medizin

An das oben Diskutierte anknüpfend sei zunächst der Einsatz von Ferrocenderivaten in *Biosensoren* erläutert. Er beruht auf der Tatsache, daß sich für Ferrocen, im

Gegensatz zu vielen Biomolekülen, Redoxgleichgewichte an Elektroden rasch einstellen. Steht man daher vor der Aufgabe ein Substrat *in vivo* amperometrisch zu erfassen, so kann das Ferrocen/Ferricinium-Paar als Redoxvermittler (Mediator) dienen. Als wichtigste Anwendung dieses Prinzips ist die Glucosebestimmung zu nennen, sie ist sowohl für die Überwachung industrieller Gärungsprozesse als auch in der Blutanalyse von Diabetespatienten von Bedeutung.

Das an der Elektrode erzeugte Ferriciniumion oxidiert die reduzierte Form des Enzyms Glucoseoxidase (GOD_{red}), dessen oxidierte Form GOD_{ox} dann das Substrat Glucose oxidiert. Alle Teilschritte sind rasch, der durch die Elektrode fließende Strom ist ein Maß für die Glucosekonzentration.

Intensive Forschungsaktivität löste die Entdeckung von *Köpf* (1979) aus, daß die Verbindung Cp_2TiCl_2 *cytostatische Eigenschaften* besitzt. Zu diesen Untersuchungen hatte die Ähnlichkeit des Titanocendichlorides mit dem bewährten Antitumoragens cis-Diammindichloroplatin(II), „Cisplatin", angeregt.

| Titanocendichlorid | Cisplatin | (*Z,E*-) Ferrocifen |

Variation des Zentralmetalls in Komplexen des Typs Cp_2MCl_2 erwies, daß für M = Ti maximale und für M = V, Nb, Mo merkliche Antitumoraktivität vorliegt, für M = Ta, W ist sie gering und für M = Zr, Hf nicht nachweisbar. Der Befund, daß Cp_2TiCl_2 auch Cisplatin-resistente Tumoren hemmt, läßt vermuten, daß die beiden Agentien sich in ihrem Wirkungsmechanismus unterscheiden. Cisplatin hydrolysiert zum Aquakomplexkation $[(H_3N)_2Pt(H_2O)_2]^{2+}$, welches an zwei benachbarte Guaninbasen eines Stranges der DNA koordiniert. Diese Störung beeinträchtigt die DNA in ihren normalen Funktionen, sie wirkt somit cytotoxisch (vergl. *Lippard*, 1999). Weniger klare Vorstellungen liegen zum Wirkungsmechanismus des Titanocendichlorides vor. Cp_2TiCl_2 hydrolysiert zwar rascher als $(H_3N)_2PtCl_2$, eine DNA-Intrastrang-koordination vergleichbar der des $(H_3N)_2Pt^{2+}$-Fragmentes ist aber für das Cp_2Ti^{2+}-Fragment sterisch behindert. Möglicherweise beruht die cytostatische Wirkung von Metallocendichloriden auf der Hemmung einer Matrix-Proteinase (*Clarke*, 1999).

In (Z,E)Ferrocifen ersetzt der Ferrocenylrest eine Phenylgruppe des Antiöstrogens und Brustkrebs-Cytostatikums Tamoxifen. Die Organometallvariante wirkt, im Gegensatz zum organischen Präparat, sowohl auf hormonabhängige als auch auf hormonunabhängige Tumoren (*Jaouen*, 2003).

Metallocene in der nichtlinearen Optik

Stoffe mit nichtlinearen optischen (**NLO**) Eigenschaften stehen im Brennpunkt moderner materialwissenschaftlicher Forschung und Entwicklung, denn sie versprechen vielfache Anwendungsmöglichkeiten in den Bereichen der optischen Signalverarbeitung und -schaltung, der optischen Frequenzumwandlung und möglicherweise auch der optischen Datenspeicherung.

Am weitesten fortgeschritten ist ihr Einsatz in der Frequenzverdoppelung von Laserlicht. Dabei bedecken die untersuchten Stoffe die ganz Palette chemischer Verbindungen von anorganischen Festkörpern wie $LiNbO_3$ über metallorganische Spezies wie Ferrocenderivate bis zu rein organischen Molekülen. Metallorganische NLO-Materialien stellen die jüngste Gruppe dar, ihre Erforschung fußt auf der Beobachtung von *Green* (1987), daß der Komplex cis-1-Ferrocenyl-2-(4-nitrophenyl)–ethylen eine überraschend hohe erste molekulare Hyperpolarisierbarkeit besitzt.

Einige Bemerkungen zum NLO-Effekt selbst sowie zu den Anforderungen an die Materialien sind hier angebracht.

Wechselwirkung von Licht mit Materie bewirkt eine zeitabhängige Änderung der Elektronendichteverteilung (= Polarisation) der Moleküle. Zum permanenten Dipolmoment μ_o addieren sich dann induzierte Dipolmomente:

$$\mu = \mu_o + \alpha \mathbf{E}_{loc} + \beta \mathbf{E}_{loc}\mathbf{E}_{loc} + \gamma \mathbf{E}_{loc}\mathbf{E}_{loc}\mathbf{E}_{loc} + \dots$$

$\mathbf{E}_{loc}$ = lokales, auf das Molekül wirkendes elektrisches Feld
α = lineare Polarisierbarkeit,   1. Ordnung
β = quadratische (erste) Hyperpolarisierbarkeit, 2. Ordnung
γ = kubische (zweite) Hyperpolarisierbarkeit,   3. Ordnung

Die Parameter $\alpha, \beta, \gamma \dots$ sind tensorielle Größen. Während für schwache Felder $\mathbf{E}$ nur die lineare Polarisierbarkeit wesentlich ist, treten für starke Felder $\mathbf{E}$, wie sie z.B. Laserlicht auszeichnen, nichtlineare Beiträge $\beta, \gamma \dots$ hinzu. Der Effekt der begleitenden Frequenzverdoppelung läßt sich wie folgt herleiten:

$$\mathbf{E}(t) = \mathbf{E}_o \cos(\omega t)$$

$$\mu(t) = \mu_o + \alpha \mathbf{E}_o \cos(\omega t) + \beta \mathbf{E}_o^2 \cos^2(\omega t) + \dots$$
$$= \mu_o + \alpha \mathbf{E}_o \cos(\omega t) + \tfrac{1}{2}\beta \mathbf{E}_o^2 + \tfrac{1}{2}\beta \mathbf{E}_o^2 \cos(2\omega t) + \dots$$

wegen $\cos^2(\omega t) = \tfrac{1}{2} + \tfrac{1}{2}\cos(2\omega t)$

Somit führt der durch β bestimmte Term zweiter Ordnung sowohl eine zeitunabhängige Komponente ein (optische Gleichrichtung) als auch eine Komponente doppelter Frequenz (Frequenzmischung). Entsprechend erzeugen die höheren Glieder der Reihe weitere Obertöne (THG, Frequenzverdreifachung etc.). Eine grobe Analogie ist das Erklingen der Obertöne (harmonics), wenn der Flötist die Geschwindigkeit des erzeugendes Luftstroms erhöht.

Polarisation kann als Beimischung höherer elektronischer Zustände zum Grundzustand betrachtet werden. Hieraus folgen die Anforderungen, die an ein Molekül mit **hoher nichtlinearer Polarisierbarkeit** zu stellen sind:

- tiefliegende elektronische Anregungszustände, z.B. eine kleine HOMO-LUMO-Lücke
- hohe Oszillatorenstärke des elektronischen Übergangs
- großer Unterschied der Dipolmomente im Grund- und Anregungszustand (angezeigt durch ausgeprägte Solvatochromie)
- Abwesenheit eines Symmetriezentrums.

Letztere Forderung läßt sich wie folgt erklären: Ein Objekt, welches über ein Symmetriezentrum verfügt, kann keine vektorielle Eigenschaft aufweisen. Entsprechend müssen in einer zentrosymmetrischen Punktgruppe alle Komponenten des Hyperpolarisierbarkeitstensors β verschwinden.

Obige Kriterien eröffnen übrigens die Möglichkeit, quantenchemische Rechnungen zur Voraussage von NLO-Effekten heranzuziehen (*Ratner*, 1994). Dies kann im Prinzip präparative Arbeit sparen, indem die Aktivität auf vielversprechende Substanzklassen zentriert wird.

Zu den molekularen Eigenschaften tritt allerdings die Forderung nach optimaler, nicht zentrosymmetrischer Packung im Festkörper hinzu, um den SHG-Wirkungsgrad zu steigern. Die praktische Bewertung der SHG-Aktivität kann im festen und im gelösten Zustand erfolgen, eine Diskussion der Meßmethoden bietet *Whittall* (1998). Bei Messungen im festen Zustand wird oft Harnstoff als Standard benützt; es ist über Materialien berichtet worden, deren SHG-Aktivität diejenige des Standards um den Faktor 1000 übertrifft. Gemessen an den Kriterien hoher nichtlinearer Polarisierbarkeit haben metallorganische Moleküle viel zu bieten. So besitzen viele Vertreter dieser Stoffklasse Metall-Ligand- oder Ligand-Metall-Charge-Transfer-Banden im UV/VIS-Bereich, deren Lage durch Variation der Ligandenperipherie und des Zentralmetalls abgestimmt werden kann. Dabei können die Zentralmetalle als Donor- bzw. Akzeptorzentren organische funktionelle Gruppen übertreffen. Auch der Einbau ungesättigter Trenngruppen zwischen Donor- und Akzeptorort kann zum SHG-Wirkungsgrad beitragen, da hierdurch die Konjugationslänge und damit die Dipolmomentänderung zwischen Grund- und Anregungszustand zunimmt.

Organometallmoleküle mit NLO-Eigenschaften entstammen Verbindungsklassen, für die folgende Spezies typisch sind:

Die $(SiMe_2)_n$-Kette gestattet σ-Delokalisation über die Si–Si-Einfachbindungen (S. 150). Die umfangreichsten Ergebnisse liegen allerdings für Ferrocenderivate vor. Der Ferrocenylrest fungiert hier als Donorkomponente, er ist in dieser Eigenschaft mit den besten organischen Donoren vergleichbar. Beispielhaft sei dem NLO-Ferrocenderivat der ersten Stunde eine Neuentwicklung gegenübergestellt:

(*Green*, 1987)

(*Heck*, 1996)

Die Fe/Cr-Bimetallkomplexe, von denen auch Vertreter mit anderen Trenngruppen synthetisiert wurden, gehören zu den Metallorganika mit den bislang höchsten, durch ihre β-Werte ausgewiesenen SHG-Aktivitäten. Ihre Wirkung beruht auf dem starken Wechsel der Polarität des Sesquifulvalens bei elektronischer Anregung.

Die hohe Reaktivität dieses Kohlenwasserstoffs macht ihn zwar für NLO-Anwendungen ungeeignet, er kann aber durch Metallkoordination an (C_5H_5)Fe- und $Cr(CO)_3$-Fragmente stabilisiert werden. Die Einfügung einer Etheneinheit steigert die NLO-Aktivität durch Erhöhung des Übergangsdipolmomentes. Mit –CH=CH– als Trenngruppe kristallisiert der Bimetallkomplex, wie erforderlich, in einer azentrischen Raumgruppe. Dieses Beispiel zeigt, daß der Zusammenhang zwischen Molekülstruktur und SHG-Aktivität schon recht gut verstanden ist, so daß sich Syntheseplanung anbietet. Für die Effekte höherer Ordnung (THG, FHG etc.) ist dies noch nicht der Fall. Metallorganische NLO-Materialien haben bisher noch keine praktische Anwendung in der Photonik gefunden. Hierzu sind noch weitere Entwicklungsarbeiten zu leisten, welche die optische Durchlässigkeit, die Minimierung von Streuverlusten, die thermische Stabilität und die mechanische Verarbeitung betreffen.

Metallocene als Bausteine molekularer Magnete

Das seit dem Altertum bekannte Phänomen des Magnetismus ist in Form entsprechender Bauelemente aus der technischen Entwicklung des letzten Jahrhunderts nicht wegzudenken. Bislang eine Domäne der anorganischen Chemie und durch „harte" metallurgische und festkörperchemische Prozesse gekennzeichnet, gewinnt neuerdings das Gebiet der „molekularen Magnete" an Bedeutung. Hierbei handelt es sich um Materialien, die aus organischen und/oder metallorganischen Molekülen oder Ionen aufgebaut sind und deren besondere magnetischen Eigenschaften auf intra- und intermolekularen Wechselwirkungen beruhen. Molekulare Magnete bieten eine Reihe technisch interessanter Perspektiven: Zur Variationsbreite organisch-chemischer, vergleichsweise „weicher" Synthesemethoden tritt die Löslichkeit, welche die Abscheidung magnetischer Schichten an Oberflächen und die Filmbildung gestattet.

Ferromagnetische Eigenschaften sollten gemäß eines Vorschlages von *McConnell* (1967) Stapel von Donor(D)- und Akzeptor(A)-Molekülen aufweisen, die nach spontaner Elektronenübertragung Ketten des Typs ...$D^+ A^- D^+ A^-$ ... bilden. Diesem

Konzept folgend, erzeugten *Miller* und *Epstein* (1987) aus Decamethylferrocen Cp^*_2Fe und Tetracyanoethylen TCNE das erste metallorganische Donor-Akzeptor-Salz, welches bei tiefer Temperatur Ferromagnetismus aufweist:

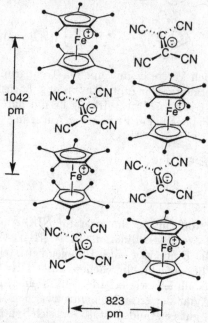

1042 pm

823 pm

Struktur des Radikalsalzes
$[Cp^*_2Fe^+][TCNE^-]$
$S = 1/2$ $S = 1/2$;

für $T < T_c = 4.8$ K tritt spontane Magnetisierung auf, d.h. die Spins der D^{+}- und A^{-}-Bausteine sind innerhalb der Stapel ferromagnetisch gekoppelt ($J = 26$ cm^{-1}). Eine schwächere, ebenfalls ferromagnetische Kopplung wirkt zwischen den Stapeln.

Ersatz des $Cp^*_2Fe^+$-Kations durch $Cp^*_2Mn^{+}$ erhöht die kritische Temperatur auf $T_c = 8.8$ K, Verwendung des diamagnetischen Kations $Cp^*_2Co^+$ oder des diamagnetischen Anions $C_3(CN)_5^-$ löschen den Ferromagnetismus. Somit sind **beide** Partner im Radikalsalz $[Cp^*_2Fe^+][TCNE^-]$ für dessen Ferromagnetismus verantwortlich. Auch die Elektronenkonfiguration des Metalliciniumradikals ist wesentlich, denn das Radikalsalz $[Cp^*_2Ni^+][TCNE^-]$ ist antiferromagnetisch.

Ferromagnetismus ist ein kooperativer Effekt, der auf der parallelen Ausrichtung aller Spins der Probe beruht. Somit wäre hier der Mechanismus der intermolekularen Spinkopplung zu betrachten. In diesem Zusammenhang werden (mindestens) drei Alternativen diskutiert (*Kahn*, 1991; *Miller*, 1994).

1. Spinkorrelation ungepaarter Elektronen in räumlich benachbarten orthogonalen Orbitalen gemäß der *Hund*schen Regel:

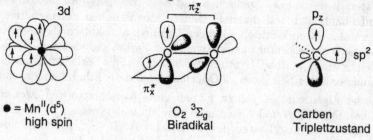

● = $Mn^{II}(d^5)$
high spin

$O_2 \ ^3\Sigma_g$
Biradikal

Carben
Triplettzustand

Mit dem Begriff Spinkorrelation verbindet man die Vorstellung, daß Elektronen gleichen Spins sich elektrostatisch weniger stark abstoßen als Elektronen entgegengesetzten Spins, da sich erstere in ihrer Bahnbewegung gegenseitig ausweichen, um das Pauli-Prinzip zu befolgen. Diese „Austauschstabilisierung" begünstigt den highspin-Zustand und damit die ferromagnetische Kopplung.

2. Parallelausrichtung der Spins ungepaarter Elektronen, die größere räumliche Distanz aufweisen, vermittelt durch eine Folge von **Spinpolarisation**sschritten entlang eines trennenden Bindungsgerüstes (vergl. Mechanismus der skalaren J-Kopplung der NMR-Spektroskopie).

Günstigste Spinkonfiguration in einem (μ-Pyrimidin)-Komplex, die beiden $V^{IV}(d^1)$-Zentren sind ferromagnetisch gekoppelt. Benachbarte Metall-Ligand- und Intraligand-σ-Bindungsorbitale sind orthogonal.

3. Magnetische **Dipol-Dipol-Wechselwirkung** zweier Elektronen e_1 und e_2 durch den Raum ohne Orbitalüberlappung

$$E = \frac{\mu_{e1}\mu_{e2}}{r^3} - \frac{3(\mu_{e1}\cdot r)(\mu_{e2}\cdot r)}{r^5}$$

μ_{e1}, μ_{e2} = magnetische Momentvektoren der Elektronen e_1 und e_2
$\quad r$ = Radiusvektor zwischen μ_{e1} und μ_{e2}
$\quad r$ = Abstand zwischen e_1 und e_2
(vergl. anisotroper Teil der Elektron-Elektron Spin-Spin-Wechselwirkung in Biradikalen)

Dieser Beitrag ist bislang nur vereinzelt zur Deutung ferromagnetischen Verhaltens verwendet worden, er ist schwach und daher wohl nur für extrem tiefe Temperaturen in Betracht zu ziehen.

Die Konzepte **1–3** haben bislang eher den Charakter von *ex post facto*-Erklärungen, als daß sie der Voraussage der magnetischen Eigenschaften neuer Materialien dienen könnten. Im Falle des Radikalsalzes $[Cp*_2Fe+][TCNE^{-}]$ ist die Deutung des Tieftemperaturferromagnetismus zudem noch kontrovers. So stehen bei der Suche nach neuen molekularen Ferromagneten Intuition und Experiment derzeit im Vordergrund.

Ein solches Experiment war der Übergang von η^5-Cyclopentadienyl- auf (η^6-Aren)-Sandwichkomplexe. Di(η^6-benzol)vanadium bildet mit TCNE schwarze, amorphe, unlösliche, pyrophore Produkte variabler Zusammensetzung, die bei Raumtemperatur ferromagnetisch sind (*Epstein*, 1991):

$$(\eta^6\text{-}C_6H_6)_2V \xrightarrow[CH_2Cl_2]{TCNE} V(TCNE)_x \cdot (CH_2Cl_2)y + 2\ C_6H_6$$
$$x \approx 2,\ y \approx 1/2$$

Die erwähnten Eigenschaften haben bislang eine Strukturaufklärung verhindert. Man stellt sich vor, daß $V^{2+}(d^3)$-Kationen über $TCNE^{-}$-Anionen verbrückt vorliegen. Wir verlassen hier das Gebiet der eigentlichen Organometallchemie, denn im Produkt $V(TCNE)_x \cdot (CH_2Cl_2)_y$ sind M–C-Bindungen wahrscheinlich abwesend. Das Material ist aber hochinteressant, da hier erstmalig aus molekularen Vorstufen Raumtemperaturferromagnetismus erzeugt werden konnte, es ist somit eine Quelle der Inspiration für zukünftige Entwicklungen auf dem Gebiet des molekularen Magnetismus.

15.4.4 C_6H_6 als Ligand

Die Koordination neutraler Arene an Metalle begegnete uns bereits bei den Hauptgruppenelementen (S. 128, 199). Während sie dort jedoch als schwache Wechselwirkung einzustufen und meist auf den festen Zustand beschränkt ist, bieten die Übergangsmetalle eine reiche Molekülchemie des η^6-Benzols und seiner Derivate. Bereits im Jahre 1919 isolierte *F.Hein* durch Umsetzung von $CrCl_3$ mit PhMgBr in Diethylether „Phenylchrom-Verbindungen", die – seinerzeit unerkannt – Bis(η^6-aren)chrom(I)-Komplexkationen darstellten. Die erste rationelle Synthese entwickelten *E.O.Fischer* und *W.Hafner* (1955).

15.4.4.1 Bis(aren)metall-Komplexe

Darstellung

1. *Fischer-Hafner*-Synthese

$$3\ CrCl_3 + 2\ Al + 6\ Aren \xrightarrow[\text{2. } H_2O]{\text{1. } AlCl_3} 3\ [(Aren)_2Cr]^+ + 2\ Al^{III}$$

Anwendungsbereich:

V	Cr	–	Fe	Co	Ni
–	Mo	Tc	Ru	Rh	–
–	W	Re	Os	Ir	–

$$\xrightarrow[\text{KOH}]{Na_2S_2O_4} (\eta^6\text{-Aren})_2Cr$$

Einschränkung:
Das Aren muß sich gegenüber $AlCl_3$ inert verhalten. Alkylierte Aromaten werden durch $AlCl_3$ isomerisiert. Potentielle aromatische Liganden, die Substituenten mit freien Elektronenpaaren enthalten, können nicht eingesetzt werden, da sie mit $AlCl_3$ *Lewis*-Säure-/*Lewis*-Base-Addukte bilden (z.B. Halogenbenzole, Aniline, Phenole).

2. **Cyclotrimerisierung von Alkinen**

Diese Bildung von Bis(aren)metall-Komplexen ist ohne große präparative Bedeutung.

$$(C_6H_5)_3Cr(THF)_3 + H_3CC{\equiv}CCH_3 \xrightarrow[\text{2) } H_2O,\ O_2]{\text{1) THF 20 °C}}$$

3. Reduktive Komplexierung

Diese Methode eignet sich besonders zur Synthese von Bis(aren)metall-Komplexen, deren freie Liganden bereitwillig Radikalanionen bilden (*Ellis*, 1997):

$$MCl_n(THF)_{6-n} + n \ LiC_{10}H_8 \longrightarrow (\eta^6\text{-}C_{10}H_8)_2M + n \ LiCl$$

$$C_{10}H_8 = \text{Naphthalin}$$

$$M = Cr, Mo \quad n = 3$$
$$M = V \qquad\quad n = 4$$

Im Falle des Zentralmetalls Vanadium wird intermediär das Anion $[(\eta^6\text{-}C_{10}H_8)_2V]^-$ gebildet, welches oxidativ in den Neutralkomplex zu überführen ist. Ähnlich gelingt die Synthese von Bis(biphenyl)titan:

$$TiCl_4(THF)_2 + 5 \ KC_{12}H_{10} \xrightarrow[\text{THF}]{-78\ °C} K[Ti(C_{12}H_{10})_2] + 3 \ C_{12}H_{10} + 4 \ KCl$$

$$C_{12}H_{10} = \text{Biphenyl} \qquad\qquad -KI \ \Big\downarrow \quad 1/2 \ I_2$$

$$(Ph\text{-}\eta^6\text{-}C_6H_5)_2Ti$$

Bis(aren)ÜM-Komplexe polycyclischer Aromaten sowie Bis(aren)titan-Komplexe waren zuvor nur via CK-Techniken zugänglich.

Überraschend ist das Ergebnis der reduktiven Komplexierung von Zirkon(IV) mittels Kaliumnaphthalinid (*Ellis*, 1994):

$$ZrCl_4(THF)_2 \xrightarrow[\substack{\text{DME}\\-60\ °C \rightarrow 0\ °C}]{\substack{KC_{10}H_8\\\text{[2,2,2]Crypt}}} 2 \ K[2,2,2]Crypt^+ \ +$$

Die Koordinationsform im gebildeten **Tris(η^4-naphthalin)zirkonat(2−)** erinnert an Tris(butadien)molybdän: Zr^{2-} und Mo^0 sind isoelektronisch!

4. Metallatom-Ligand-Cokondensation (CK) (S. 370)

$$Ti\,(g) \;+\; 2\,C_6H_6\,(g) \quad \xrightarrow[\text{2) 25 °C}]{\text{1) CK −196 °C}}$$

(*Green*, 1973)

Die CK-Technik ermöglicht die Synthese vieler einfacher Bis(aren)metall-Komplexe, die auf anderem Wege nicht zu erhalten sind. Sie stellt gewissermaßen eine Pionier-methode dar, indem sie kleine Mengen erwünschter neuer Moleküle liefert, deren Eigenschaften und Fingerabdrücke man dann studiert, um anschließend nach ergie-bigeren Synthesemethoden zu suchen.

Beispiele:

R = H,   M = Ti, Nb, Mo (*Green*, 1973, 1978)
R = *t*-Bu, M = Ti, Zr, Hf, Sc, Y, Gd, Dy
Ho, Er, Lu (*Cloke*, 1993)

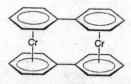

M = Cr, Mo (*Skell*, 1974)

(η^{12}-[2.2]Paracyclophan)chrom ist ein komprimierter Sandwichkomplex, denn der mittlere Abstand der beiden Ringe des freien Liganden (ca. 290 pm) unterschrei-tet den entsprechenden Abstand für (η^6–C_6H_6)$_2$Cr (322 pm) wesentlich (*Elschenbroich*, 1978).

Bis[μ-(η^6:η^6-biphenyl)]dichrom. Das Mo-nokation [ ]$^{+}$ ist in Lösung eine Verbin-dung mit gemittelter Valenz Cr$^{1/2,\,1/2}$. Das Dikation [ ]$^{2+}$ ist paramagnetisch, eine metallorganische Triplettspezies (*Elschenbroich*, 1979). Im Gegensatz dazu ist [Bis-μ-(η^5:η^5-fulvalendiyl)dieisen]$^{2+}$ diamagnetisch (S. 462).

Auch neutrale Sandwichkomplexe polycyclischer aromatischer Kohlenwasserstoffe wurden erstmalig durch CK-Synthese dargestellt.

M = V, Cr

(*Timms*, 1977)

racem
(und meso)

(*Elschenbroich*, 1998)

Im Falle höher anellierter Aromaten bevorzugt das Metallatom jeweils den Ring mit dem höchsten Index lokaler Aromatizität (ILA), d.h. den Ring, der beim Anschreiben aller Grenzstrukturen am häufigsten mit aromatischem Sextett erscheint. Dies ist jeweils der terminale, am geringsten anellierte Ring:

Polycyclische aromatische Kohlenwasserstoffe (PAH) sind die häufigsten organischen Moleküle im interstellaren Raum (ISR), sie stellen ~ 17% des kosmischen Kohlenstoffs (*Henning*, 1998). Eine Hypothese geht davon aus, daß PAH-Moleküle im ISR mit Metallionen Komplexe bilden können, *Beispiel*: $[(\eta^6\text{-Naphthalin})Fe]^+$. Dies würde die elementspezifische Verringerung der Metallkonzentration im interstellaren Raum deuten und könnte bei der Synthese organischer Moleküle sowie bei Keimbildungsprozessen im Raum eine Rolle spielen (*Chaudret*, 1995).

Elektronenstruktur und Bindungsverhältnisse in Bis(aren)metall-Komplexen

Die Bindungssituation gleicht weitgehend derjenigen der Metallocene. Wie dort geht die MO-Behandlung von den π-MO der Liganden aus:

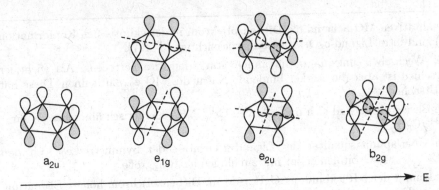

a_{2u} $\qquad$ e_{1g} $\qquad$ e_{2u} $\qquad$ b_{2g}

E

Symmetrieangepaßte Kombinationen der π-MO von 2 C_6H_6-Liganden und die zur Wechselwirkung geeigneten Metallorbitale:

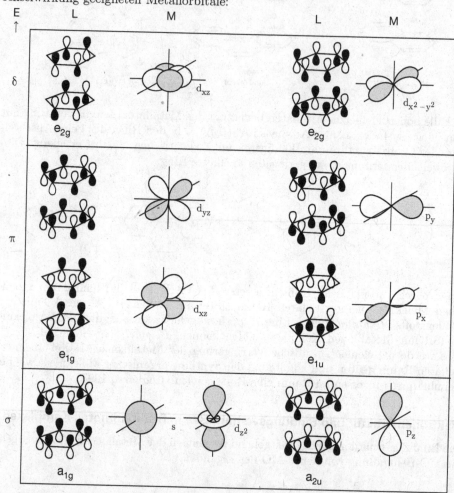

Im qualitativen **MO-Schema für Di(benzol)chrom** in der ekliptischen Konformation (D_{6h}) sind intra-Ligand-σ-Orbitale unberücksichtigt (S. 497).

Dieses Wechselwirkungsdiagramm ähnelt stark dem des Ferrocens. Als wichtiger Unterschied ist aber die stärker bindende Natur des MO e_{2g} zu nennen. Diese hat zwei Ursachen:

- Die Basisorbitale sind sich im Falle von Cr^0/C_6H_6 energetisch ähnlicher als für $Fe^{2+}/C_5H_5^-$.

- Die Überlappungsqualität der Ligand-π-Orbitale der Symmetrie e_{2g} mit den $Cr(3d_{xy,x^2-y^2})$-Orbitalen steigt mit zunehmender Ringgröße.

Somit kommt der δ-Rückbindung $C_nH_n \leftarrow M$ im Di(benzol)chrom höhere Bedeutung zu als im Ferrocen. Hinweise auf die intramolekulare Ladungsverteilung liefert die

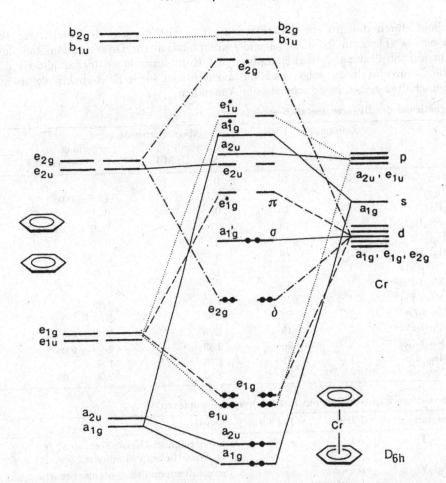

Röntgenphotoelektronenspektroskopie (ESCA). Demnach trägt das Zentralmetall in Di(benzol)chrom eine positive Partialladung (ca. +0.7) und die Liganden eine entsprechende negative Partialladung (ca. −0.35). Hierin spiegelt sich das Ausmaß der δ-Rückbindung wider (*Francis*, 1987).

Die **Bindungsenergie D(Cr–C₆H₆)** beträgt pro Ring gemäß thermochemischer Messungen etwa **170 kJ/mol** (*Skinner*, 1985), sie ist geringer als der entsprechende Wert **(260 kJ/mol)** für **Ferrocen** (*Armentrout*, 1995).

Neue thermochemische Messungen und begleitende quantenchemische Rechnungen eröffnen interessante Einblicke in die Abstufung der Metall-(η⁶-Aren)-Bindungsenergien (*Marks*,1996). So tritt mit zunehmender Ordnungszahl des Zentralmetalls in einer Gruppe Zunahme und in einer Reihe Abnahme der Bindungsenergie D̄-(M–Aren) auf, letztere korreliert also mit dem Atomradius des Zentralmetalls. Diese Trends sind wiederum mit der Überlappungsqualität, darüber hinaus aber auch mit der Abstufung der Ligand-Ligand-Abstoßung zu deuten, die mit abnehmendem Zentralmetallradius zunimmt.

Bedingt durch die größere Separation a_{1g}/e_{2g} tritt die aus der Verletzung von *Koopmans'* Theorem (S. 455) folgende Komplikation für Di(aren)metallkomplexe nicht auf. So besitzen Neutralkomplexe und Komplexkationen hier qualitativ dieselbe Grenzorbitalreihenfolge, und die magnetischen sowie EPR-spektroskopischen Eigenschaften zeigen keine scheinbaren Anomalien.

Magnetismus der Bis(aren)metall-Komplexe

	Zahl unge-paarter Elektronen	ΣVE	Magnetisches Moment	
			Spin-only Wert (B.M.)	experimentell gefunden (B.M.)
$(C_6H_6)_2Ti$	0	16	0	0
$(C_6H_6)_2V$	1	17	1.73	1.68 ± 0.08
$[(C_6H_6)_2V]^-$	0	18	0	0
$[(C_6Me_3H_3)_2V]^+$	2	16	2.83	2.80 ± 0.07
$(C_6H_6)_2Cr$	0	18	0	0
$(C_6H_6)_2Mo$	0	18	0	0
$[(C_6H_6)_2Cr]^+$	1	17	1.73	1.77
$[(C_6Me_6)_2Fe]^{2+}$	0	18	0	0
$[(C_6Me_6)_2Fe]^+$	1	19	1.73	1.89
$(C_6Me_6)_2Fe$	2	20	2.83	3.08
$[(C_6Me_6)_2Co]^{2+}$	1	19	1.73	1.73 ± 0.05
$[(C_6Me_6)_2Co]^+$	2	20	2.83	2.95 ± 0.08
$(C_6Me_6)_2Co$	1	21	1.73	1.86
$[(C_6Me_6)_2Ni]^{2+}$	2	20	2.83	3.00 ± 0.09

Einige weitere Eigenschaften von Bis(aren)metall-Komplexen

Verbindung	Farbe	Fp(°C)	Sonstiges
$(C_6H_6)_2Ti$	rot	–	luftempfindlich, Krist. Zers. ab 80 °C, in aromatischen LM autokat. Zers. RT
$(C_6H_6)_2V$	schwarz Lösung: rot	227	sehr luftempfindlich, paramagnetisch, reduzierbar zu $[(C_6H_6)_2V]^-$
$(C_6H_6)_2Nb$	purpurrot		sehr luftempfindlich, paramagnetisch, Zers. ca. 90 °C
$(C_6H_6)_2Cr$	braun	284	luftempfindlich, E°= –0.69 V in DME gegen GKE, das Kation $[(C_6H_6)_2Cr]^+$ ist luftstabil
$(C_6H_6)_2Mo$	grün	115	sehr luftempfindlich
$(C_6H_6)_2W$	gelb-grün	160	weniger luftempfindlich als $(C_6H_6)_2Mo$
$[(C_6Me_6)_2Mn]^+$	blaßrosa	–	diamagnetisch
$[(C_6Me_6)_2Fe]^{2+}$	orange	–	reduzierbar zu $[(C_6Me_6)_2Fe]^+$ violett, $(C_6Me_6)_2Fe$ schwarz, paramagnetisch, äußerst luftempfindlich
$[(C_6Me_6)_2Ru]^{2+}$	farblos	–	luftstabil, diamagnetisch, reduzierbar zu $(C_6Me_6)_2Ru$, orange, diamagnetisch, η^6,η^4-Koordination
$[(C_6Me_6)_2Co]^+$	gelb		paramagnetisch, reduzierbar zu $(C_6Me_6)_2Co^o$, sehr luftempfindlich

Strukturelle Besonderheiten

In den ersten Jahren nach der Darstellung des **Di(benzol)chroms** wurde eine Strukturdiskussion bezüglich der Symmetrie dieser Verbindung geführt (D_{3d} oder D_{6h}?). Während IR-Spektren und Neutronenbeugung für „lokalisierte Elektronenpaare", d.h. alternierende C-C-Bindungslängen wie in einem fiktiven Cyclohexatrien sprachen, belegen Elektronenbeugung und Tieftemperatur-Röntgenstrukturanalyse eine Struktur mit ausgeglichenen Bindungslängen und der Symmetrie D_{6h}. Dies ist die heute allgemein akzeptierte Struktur im Kristall. In flüssiger Lösung und in der Gasphase ist die Ringrotation nahezu frei (Barriere $\leq$ 4 kJ/mol). Gemäß ENDOR (electron nuclear double resonance)- Messungen erfolgt Ringrotation sogar in fester Phase (*Schweiger*, 1984).

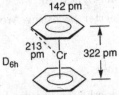

Der Ring-Ring-Abstand entspricht etwa dem *van-der-Waals*-Abstand zweier π-Systeme; d(C–C) ist, verglichen mit freiem Benzol, etwas aufgeweitet.

Das paramagnetische **Di(hexamethylbenzol)rhenium** ist bei Raumtemperatur monomer nicht stabil. Es kann als solches nur bei 77K EPR-spektroskopisch nach gewiesen werden(*Fischer*,1966):

$$[(C_6Me_6)_2Re]PF_6 \xrightarrow[\text{Kühlfinger}]{\text{Li}(\ell),\ 200\ °C}_{77\ K} \{(C_6Me_6)_2Re\cdot\} \xrightarrow{RT} [(C_6Me_6)_2Re]_2$$

18 VE   19VE   18VE

Die Dimerisierung kann formal als Übergang Re(0)→Re(I) und Ausbildung eines Cyclohexadienylliganden beschrieben werden. Auf diese Weise bewahrt das Zentralmetall seine 18 VE-Konfiguration (vergl. die analoge Dimerisierung von Rhodocen!).

Strukturvorschlag:

Di(hexamethylbenzol)ruthenium wäre als axialsymmetrischer Sandwichkomplex ein 20 VE-System. Indem jedoch einer der Ringe nur η^4-gebunden wird, kann eine 18 VE-Konfiguration erzielt werden. Der Komplex besitzt in Lösung eine **fluktuierende Struktur** (*Fischer*, 1970):

Das ^{1}H-NMR-Spektrum zeigt bei 35 °C Koaleszenz zu einem einzigen Methylprotonensignal an. Die Aktivierungsenthalpie für diese Strukturfluktuation wurde zu 65.3 kJ/mol bestimmt (*Muetterties*, 1978).

Reaktionen

Oxidation

Alle neutralen Bis(aren)metall-Komplexe mit reinen Kohlenwasserstoff-Liganden sind **luftempfindlich**. Substitution von Ring-H-Atomen durch elektronenziehende Gruppen vermindert diese oxidative Empfindlichkeit [*Beispiel:* $(\eta^6\text{-}C_6H_5Cl)_2Cr$ ist luftstabil].

Ligandenaustausch

Di(benzol)chrom(0) ist **kinetisch inert**. Ein Ringaustausch gelingt nur in Gegenwart von $AlCl_3$ als Katalysator. Zur Synthese neuer Derivate ist diese Methode allerdings ungeeignet (vergl. die Komplikationen bei der *Fischer-Hafner*-Synthese).

Substitutionslabil sind dagegen binäre Komplexe kondensierter Sechsring-Aromaten:

$$(\eta^6\text{-}C_{10}H_8)_2Cr \;+\; 3\,\text{bpy} \xrightarrow{\;25\,°C\;} (\text{bpy})_3Cr \;+\; 2\,C_{10}H_8$$

Dieser „Naphthalin-Effekt" (*Kündig*, 1985) läßt sich ähnlich erklären wie der Indenyl-Effekt (S. 463), indem Zwischenstufen, wie $(\eta^6\text{-}C_{10}H_8)(\eta^4\text{-}C_{10}H_8)(\text{bpy})Cr$, durch die Bildung eines ungestörten π-Elektronensextetts im nichtkoordinierten Teil des Naphthalinliganden stabilisiert werden. Die Labilität von $(C_{10}H_8)_2Cr$ ermöglicht die Darstellung eines gemischten (Benzol)(Naphthalin)-Zweikernkomplexes (*Lagowski*, 1987):

Elektrophile aromatische Substitution

Diese ist, im Gegensatz zu Ferrocen, an Bis(aren)metall-Komplexen **nicht** durchführbar, denn das angreifende Elektrophil bewirkt eine Oxidation des Zentralmetalls.

Metallierung

H/Metall-Austausch kann durch n-Butyllithium in Gegenwart von N,N,N',N'-Tetramethylethylendiamin (TMEDA) erfolgen. π-Gebundenes Benzol wird rascher metalliert als freies Benzol. Dabei wird ein Gemisch von Lithiierungsprodukten erhalten. Diese Reaktion bietet die Möglichkeit, substituierte Bis(aren)metall-Komplexe zu synthetisieren. *Beispiele:*

Addition von Nucleophilen

Kationische Bis(aren)metall-Komplexe reagieren bereitwillig mit Nucleophilen unter Ringaddition:

Die Zweitaddition von R^- befolgt hier die DGM-Regel ① (S. 419). Dagegen bildet der analoge Rutheniumkomplex auch das Produkt aus homoannularer Zweitaddition:

Der Unterschied könnte thermodynamisch bedingt sein, indem das edlere Metall Ru die Oxidationsstufe M^0 bevorzugt.

Addition von Radikalen

Di(benzol)chrom fängt Radikale R· ab unter Bildung paramagnetischer (η^6-Benzol)(η^5-cyclohexadienyl)chrom(I)-Spezies. Gemäß EPR-spektroskopischer Befunde unterliegt die Gruppe R intramolekularem interannularem Austausch (*Samuel*, 1998):

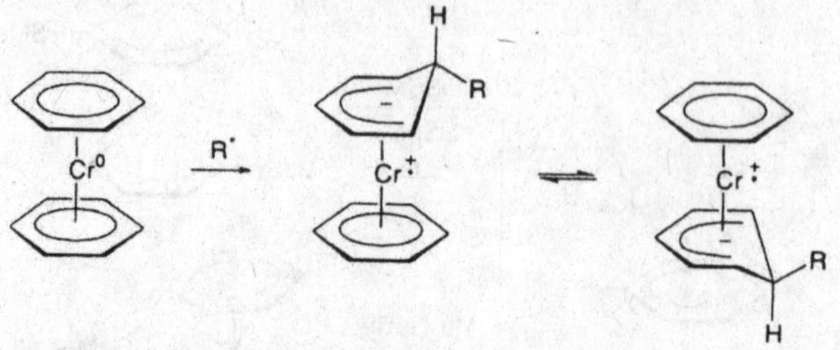

15.4.4.2 Aren-Metall-Carbonyle

$C_6H_6M(CO)_3$ (M = Cr,Mo,W)	$[C_6H_6V(CO)_4]^+$
$C_6H_6Fe(CO)_2$	$[C_6H_6Mn(CO)_3]^+$
	$[(C_6H_6)_3Co_3(CO)_2]^+$

Darstellung

1. Metallcarbonyl + Aren (Carbonylsubstitution)

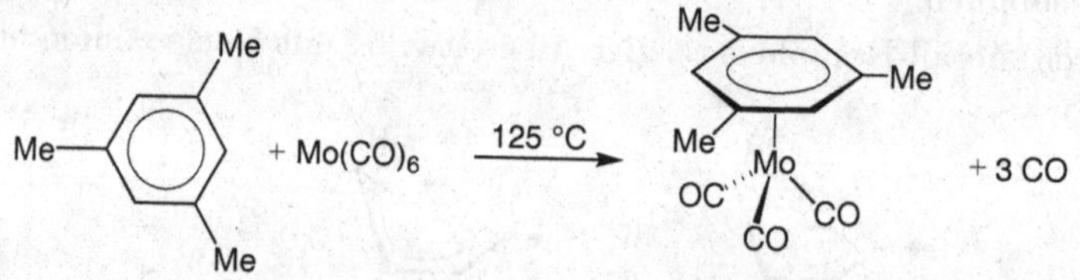

Diese CO-Verdrängung führt nicht über die Stufe (Aren)M(CO)$_3$ hinaus.

Ist das Aren 1,2- oder 1,3-heterodisubstituiert, so wird ein chiraler Komplex ArCr(CO)$_3$ gebildet; ist das Aren selbst chiral, so treten Diastereomere auf, die sich in günstigen Fällen trennen lassen (*Brocard*, 1989):

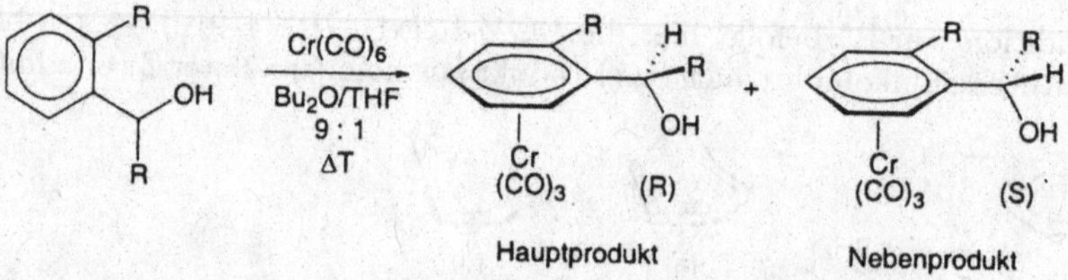

Die Diastereoselektivität läßt sich steigern, indem unter kinetischen Bedingungen gearbeitet wird; dies gelingt bei Raumtemperatur durch Einsatz des substitutionslabileren (Naphthalin)Cr(CO)$_3$ anstelle von Cr(CO)$_6$.

2. Metallcarbonylhalogenid + Aren + AlCl$_3$

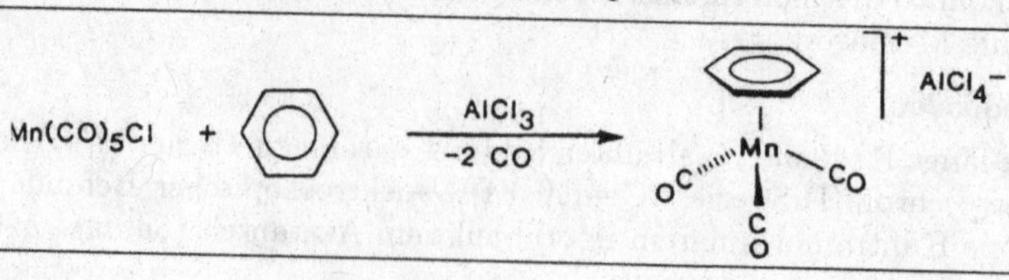

3. Ligandenaustausch (Arensubstitution)

$$(Aren)Cr(CO)_3 + Aren' \xrightarrow{\text{140 °C--160 °C}} (Aren')Cr(CO)_3 + Aren$$

$$(CH_3CN)_3Cr(CO)_3 + Aren \xrightarrow{\text{25 °C}} (Aren)Cr(CO)_3 + 3\,CH_3CN$$

$$Py_3Mo(CO)_3 + Aren \xrightarrow{\text{Et}_2OBF_3} (Aren)Mo(CO)_3 + 3\,PyBF_3$$

Strukturelle Besonderheiten

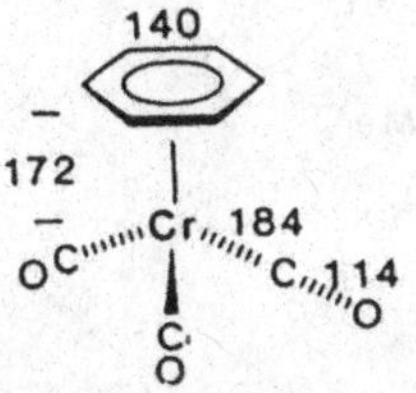

η^6-**Benzol(tricarbonyl)chrom**, Prototyp der Komplexe mit „Klavierstuhlform", bietet strukturchemisch keine Überraschungen. Das $M(CO)_3$-Fragment und das Aren sind gestaffelt angeordnet, die sechszählige Symmetrie des η^6-Benzols ist nicht gestört (*Dahl*, 1965).

vergl. $d(C{\equiv}O)$frei = 113 pm

Carbonylmetalleinheiten liefern jedoch auch Beispiele für Bindungsformen des Benzols, die vom üblichen η^6-Typ abweichen:

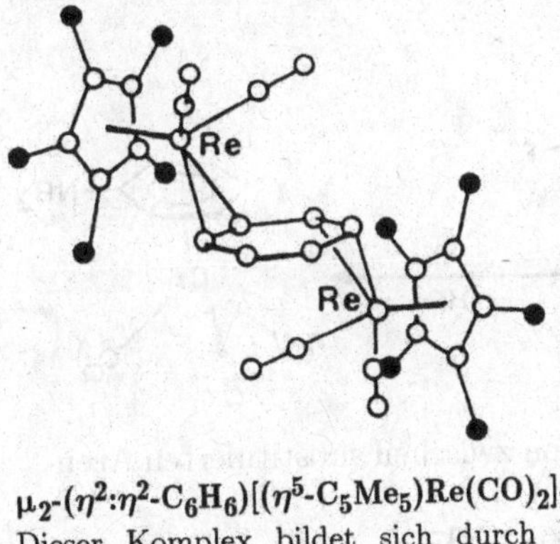

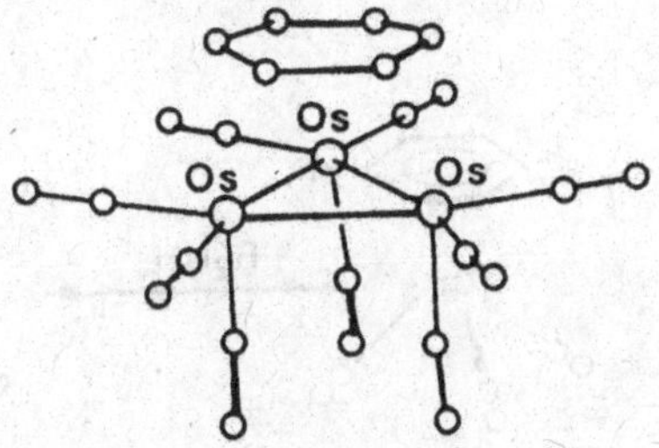

μ_2-$(\eta^2{:}\eta^2$-$C_6H_6)[(\eta^5$-$C_5Me_5)Re(CO)_2]_2$:
Dieser Komplex bildet sich durch Bestrahlung von $(C_5Me_5)Re(CO)_3$ in benzolischer Lösung (*Orpen*, 1985). Der Benzolring weist beträchtliche Alternanz der C–C-Bindungslängen auf.

μ_3-$(\eta^2{:}\eta^2{:}\eta^2$-$C_6H_6)Os_3(CO)_9$:
Benzol ist hier „flächendeckend" gebunden (*B.F.G.Johnson*, *J.Lewis*, 1985); die metallkoordinierten C_2-Einheiten besitzen kürzere Bindungsabstände als die „freien" C_2-Fragmente. Diese Bindungsform ähnelt der Koordination von Benzol an der Oberfläche von metallischem Rhodium (*Samorjai*, 1988).

Reaktionen von Aren-Metall-Carbonylen

Die Koordination einer $Cr(CO)_3$-Einheit prägt die Reaktivität des Arens in mehrfacher Hinsicht (*Semmelhack*, 1976):

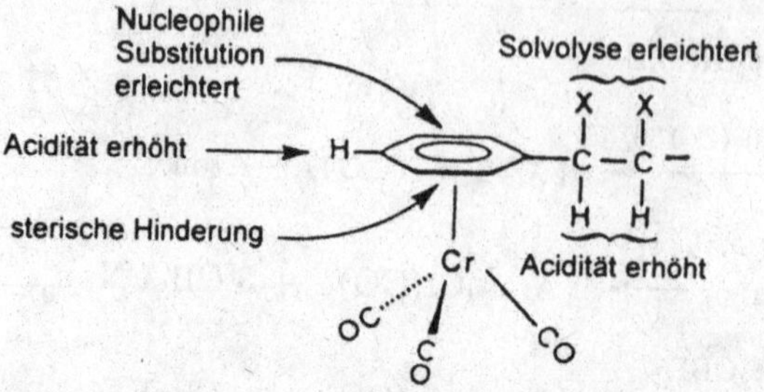

Elektrophile Substitution ist möglich, die Reaktivität des Komplexes ist jedoch geringer als die des freien Arens. Dies beruht auf dem induktiven Effekt des $Cr(CO)_3$-Fragmentes.

Nucleophile Substitution ist deutlich erleichtert:

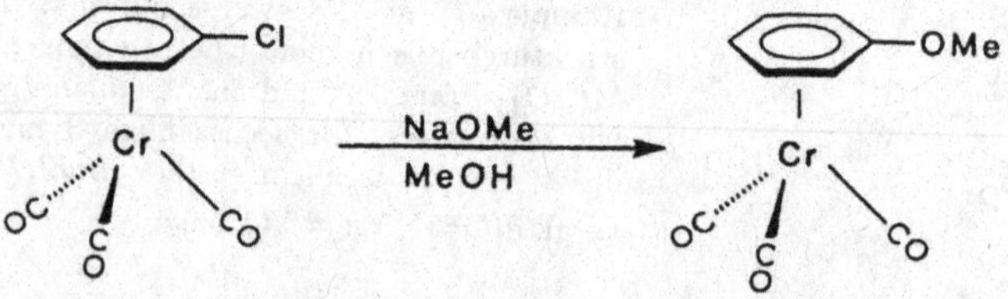

Die Reaktionsgeschwindigkeit von $(C_6H_5Cl)Cr(CO)_3$ ähnelt der von p-Nitro-chlorbenzol. Gemäß kinetischer Messungen verläuft die Reaktion über eine Zwischenstufe mit η^5-gebundenem Cyclohexadienylring, wobei der geschwindigkeitsbestimmende Schritt der *endo*-Verlust des Halogenidions ist.

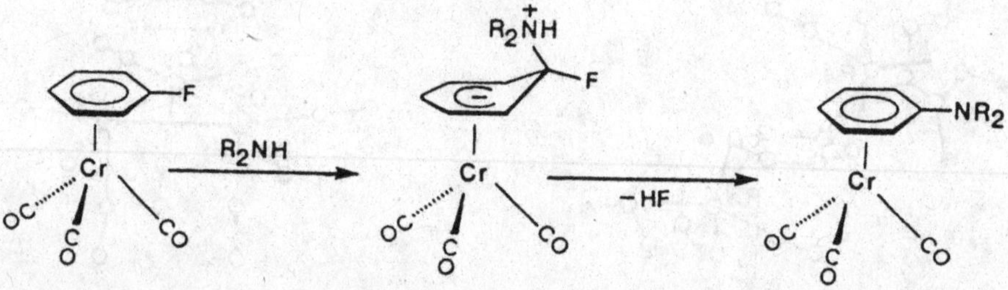

Von größerer präparativer Bedeutung ist die Reaktion zwischen substituierten Arenchromtricarbonylen und Carbanionen:

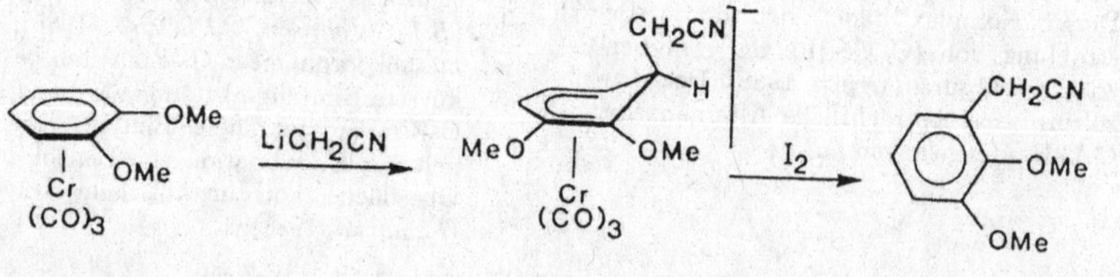

Der nucleophile Angriff erfolgt an der dem Metall abgewandten Seite (*exo*). Das anionische η^5-Cyclohexadienyl-Zwischenprodukt läßt sich in einigen Fällen isolieren (*Semmelhack*, 1981).

Der Angriff von σ-Donor/π-Akzeptorliganden kann zur **Verdrängung des η^6-Arens** führen:

$$C_6H_3Me_3Cr(CO)_3 + 3\,PF_3 \xrightarrow[140\,°C–150\,°C]{} \textit{fac}-(PF_3)_3Cr(CO)_3$$

Die **Oxidation** 18 VE-konfigurierter (Aren)metallcarbonyle führt nicht zu stabilen 17 VE-Radikalkationen [Gegensatz: Bis(aren)metall]. Bei der Oxidation von (Aren)molybdäntricarbonyl mit Iod wird die Stufe Mo^{II} erreicht und ein ungewöhnliches Gegenion gebildet (*Calderazzo*, 1986):

$$3\,\underset{\text{18 VE}}{(\eta^6\text{–Aren})Mo(CO)_3} \xrightarrow{I_2} \underset{\text{18 VE}}{[(\eta^6\text{–Aren})Mo(CO)_3I]^+} + [Mo_2I_5(CO)_6]$$

Ein interessantes Phänomen ist die von *Nicholas* (1971) entdeckte baseninduzierte **haptotrope $\eta^6 \rightleftharpoons \eta^5$-Verschiebung von $Cr(CO)_3$-Fragmenten** an benzanellierten Cyclopentadienen. Als einfachster Vertreter letzterer Substanzklasse sei das Inden betrachtet (*Ustynyuk*, 1982; *Ceccon*, 1991):

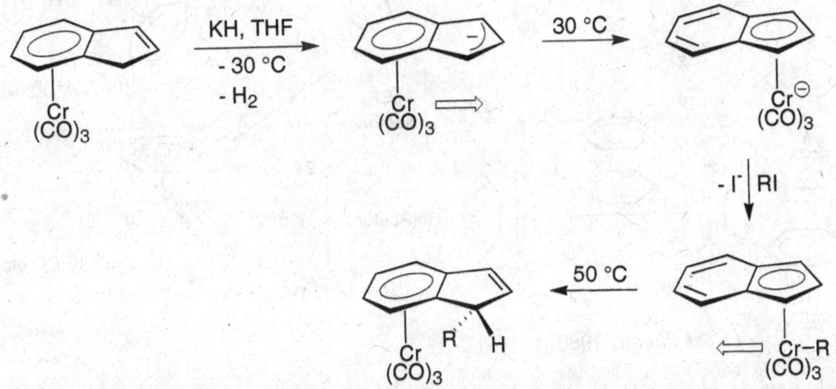

Wie *Ustynyuk* (1988) zeigte, kann thermisch auch eine entartete $\eta^6 \rightleftharpoons \eta^6$-Verschiebung ausgelöst werden, allerdings bedarf es hierzu schärferer Bedingungen:

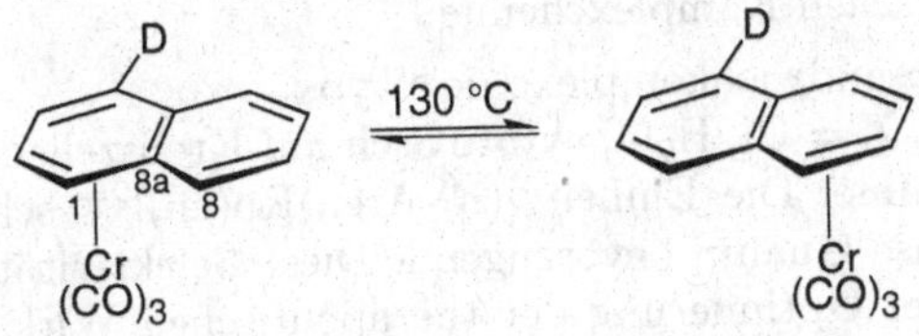

Theoretische Betrachtungen (*Hoffmann*, 1983) lassen vermuten, daß diese $Cr(CO)_3$-Interringverschiebungen nicht unbedingt auf dem kürzesten Wege erfolgen, sondern daß auf der Energiehyperfläche ein Zwischenminimum mit $\eta^{1,\,8a,\,8}$-Koordination durchlaufen wird.

15.4.4.3 Andere Verbindungen des Typs (η⁶-Aren)MLₙ

Es sollen hier nur zwei Reaktionen vorgestellt werden, die einen relativ breiten Anwendungsbereich besitzen.

Das durch Metallatom-Ligand-Cokondensation (CK) gebildete Zwischenprodukt $(\eta^6\text{-Tol})M(C_6F_5)_2$ kann **Fragmente $(C_6F_5)_2M$** auf eine Vielzahl von Aromaten **übertragen** (*Klabunde*, 1978):

$$2M + 2C_6F_5Br + C_6H_5Me \xrightarrow[-MBr_2]{} (\eta^6\text{-Tol})M(C_6F_5)_2 \xrightarrow[-\text{Tol}]{\text{Aren}} (\eta^6\text{-Aren})M(C_6F_5)_2$$
$$M = Co, Ni$$

Komplexkationen des Typs $[(Aren)Ru(solv)_3]^{2+}$ sind nützliche Reagenzien zur **Übertragung von $(Aren)Ru^{2+}$-Halbsandwicheinheiten** auf andere Aromaten:

(*Bennett*, 1979)

(*Boekelheide*, 1980)

Bemerkenswert ist die Resistenz des $(\eta^6\text{-Benzol})Ru^{2+}$-Fragmentes gegen hydrolytische Spaltung. Während von $(\eta^6\text{-}C_6H_6)RuCl_2$ die Cl⁻-Ionen leicht abgelöst werden, bleibt das Organometall-Strukturelement erhalten; es findet sich im Heterocubankation $\{[(\eta^6\text{-}C_6H_6)Ru]_4(OH)_4\}^{4+}$ wieder (*Stephenson*, 1982). Dieses Kondensationsprodukt sowie sein Vorläufer $[(\eta^6\text{-}C_6H_6)Ru(H_2O)_3]^{2+}$ vereinigen in sich Züge der metallorganischen und der klassischen Komplexchemie.

Wie *Sadler* (2003) fand, wirken Halbsandwichkomplexe des Typs $[(\eta^6\text{-Aren})RuX(ethylendiamin)]^{+,2+}$, $X = Cl, H_2O$, **cytotoxisch** auf Krebszellen einschließlich Cisplatin-resistenter Stämme. Die Einheit $[(\eta^6\text{-Aren})Ru(en)]^{2+}$ scheint die DNA anzugreifen, hierbei die Base Guanin bevorzugend. Diese Selektivität der Erkennung eröffnet Möglichkeiten der Optimierung der therapeutischen Wirksamkeit.

15.4.4.4 Benzol-Cyclopentadienyl-Komplexe

Komplexe, die sowohl Sechsring- als auch Fünfringliganden enthalten, sind auf verschiedenen Wegen zugänglich:

$$\text{MnCl}_2 \; + \; \text{NaC}_5\text{H}_5 \; + \; \text{C}_6\text{H}_5\text{MgBr} \quad \xrightarrow[\text{2. H}_2\text{O}]{\text{1. THF}} \quad \text{Mn} \quad 2\,\%$$

Als Hauptprodukt entsteht (Biphenyl)MnC$_5$H$_5$ (15%) und als weiteres Nebenprodukt der Zweikernkomplex μ-(η^6:η^6-Biphenyl)bis[(cyclopentadienyl)mangan] (3%). Auf analoge Weise ist (C$_6$H$_6$)Cr(C$_5$H$_5$) darstellbar (17 VE). Interessant ist die **Ringerweiterung** unter Bildung eines Cycloheptatrienylkomplexes (*Fischer*, 1966):

$$\text{Mn} \quad \xrightarrow[-40\ ^\circ\text{C}]{\text{RCOCl/AlCl}_3} \quad \text{Mn}^+ \; R$$

Bei dieser mechanistisch ungeklärten Reaktion handelt es sich formal um eine Einschiebung von RC$^+$ in den Sechsring. Sie wird auch für (C$_5$H$_5$)Cr(C$_6$H$_6$) beobachtet, nicht hingegen für (C$_6$H$_6$)Cr(CO)$_3$ oder für freies Benzol.

Am Ferrocen läßt sich ein Fünfring durch ein Aren austauschen (*Nesmeyanow*, 1963):

$$\text{Fe} \; + \; \text{(Aren)}R \quad \xrightarrow[\text{2. H}_2\text{O}]{\text{1. AlCl}_3/\text{Al}} \quad \text{Fe}^+\!-\!R \; + \; \text{C}_5\text{H}_6$$

Reduktion der 18 VE-konfigurierten (Aren)(cyclopentadienyl)Fe-Komplexkationen führt zu 19 VE-Radikalen (*Astruc*, 1983), nucleophile Addition zu neutralen Cyclohexadienylkomplexen

$$\text{Fe} \quad \xleftarrow{\text{NaBH}_4} \quad \text{Fe}^{\text{II}\;+} \quad \xrightarrow[\text{DME}]{\text{Na/Hg}} \quad \text{Fe}^{\text{I}}$$

[(C$_5$H$_5$)Fe(p-Xylol)]$^+$ eignet sich zur (C$_5$H$_5$)Fe$^+$-Übertragung unter schonenden Bedingungen (*Schumann*, 1984).

Analoge Aren-Komplexkationen des Rutheniums sind nur in schlechten Ausbeuten aus Ruthenocen zugänglich, der bevorzugte Syntheseweg geht von dimerem Benzol-Rutheniumdichlorid aus (*Baird*, 1972):

$$[\text{C}_6\text{H}_6\text{RuCl}_2]_2 \; + \; 2\ \text{TlCp} \quad \xrightarrow[\text{2. H}_2\text{O, NH}_4\text{PF}_6]{\text{1. EtOH}} \quad 2 \; \text{Ru}^+ \quad \text{PF}_6^-$$

Das Kation $[(C_5H_5)Ru(C_6H_6)]^+$ ist photolabil, es bildet Solvate $[(C_5H_5)Ru(solv)_3]^+$, die $(C_5H_5)Ru^+$-Einheiten auf andere Arene übertragen (vergl. S. 471, 521):

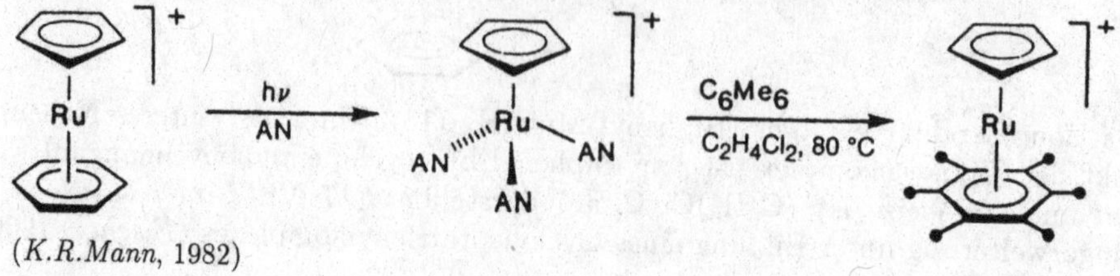

(*K.R.Mann*, 1982)

Auch die sukzessive Abspaltung von zwei H^--Ionen aus einem Cyclohexadien-Komplex kann zu einem η^5-C_5H_5/η^6-C_6H_6-Komplex führen:

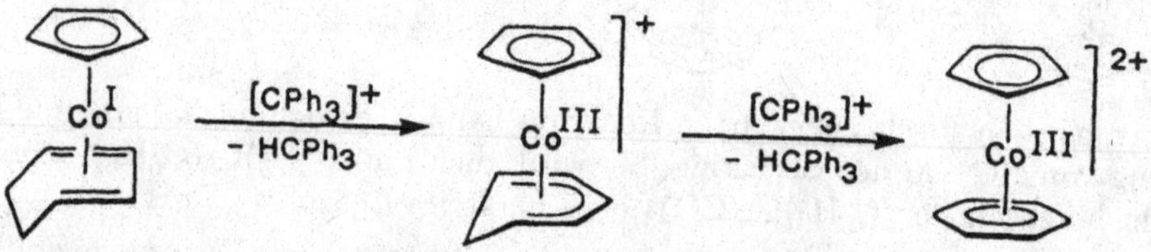

In dieser Verbindungsklasse können Arene als Brückenliganden mit *syn*- oder *anti*-Koordination auftreten. Im *syn*-Komplex wird der Brückenligand durch Trimerisierung von Acetylenen aufgebaut (*Jonas*, 1983):

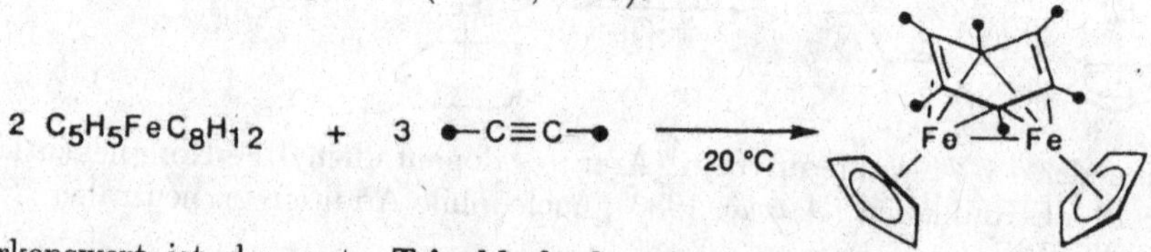

$$2\ C_5H_5FeC_8H_{12}\ +\ 3\ \bullet\text{—}C\equiv C\text{—}\bullet \xrightarrow{20\ °C}$$

Bemerkenswert ist der erste **Tripeldeckerkomplex** mit Benzol als Brückenligand (*Jonas*, 1983):

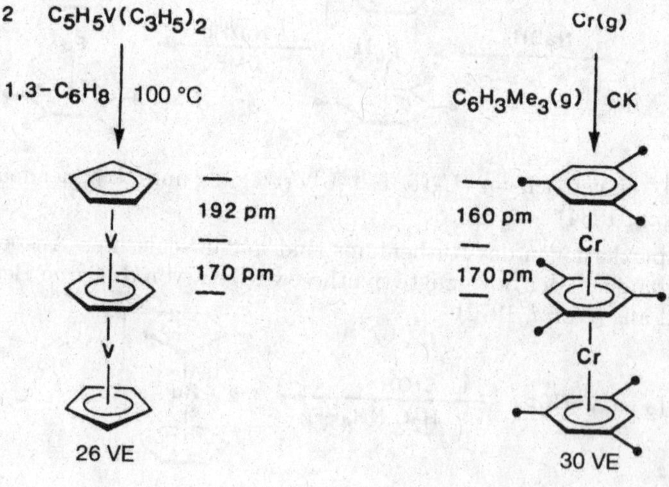

$$2\quad C_5H_5V(C_3H_5)_2 \qquad\qquad\qquad Cr(g)$$

Ein Tripeldeckerkomplex, der ausschließlich Arenliganden enthält, wurde durch Cokondensationssynthese dargestellt (*Lamanna*, 1987). Mit größerer Zahl von Decks und dem Stadium des Laborkuriosums entwachsen, könnten derartige Verbindungen, partiell oxidiert oder reduziert, interessante Leitfähigkeitseigenschaften aufweisen (vergl. S. 533).

EXKURS 10: Organometallchemie der Fullerene

Aus sp^2-hybridisierten C-Atomen gebildete Fünf- und Sechsringe finden sich auch als Strukturelemente im **Fulleren C_{60}**, die Frage nach dessen Eignung als Ligand im η^5- bzw. η^6-π-Perimeter-Metallkomplex liegt nahe.

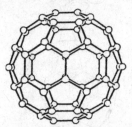 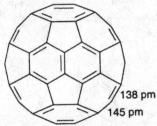

138 pm
145 pm

C_{60} fungiert koordinationschemisch jedoch nicht als Sandwichkomplexligand, sondern es reagiert wie ein elektronenarmes, partiell delokalisiertes, gespanntes Polyalken. Neben dem Prototypen C_{60} sind auch höhere Spezies isoliert worden (C_{70}, C_{76}, C_{78}, C_{84}, C_{90} ...), das umfangreichste chemische Tatsachenmaterial liegt aber für C_{60} vor.

Aus metallorganischer Sicht haben die Fullerene Vielfältiges zu bieten, es lassen sich drei Substanzklassen nennen:

- **Metallfulleride** $[M_m]^{m+}[C_{2n}]^{m-}$ sind Salze aus Kationen elektropositiver Metalle und Fullerenanionen (*Rosseinsky*, 1995).
- **Fullerenmetallkomplexe** $L_m MC_{2n}$ enthalten **exoedrisch** kovalent π- oder σ-gebundene Fragmente $L_m M$ (*Balch*, 1998).
- **Endoedrische Metallofullerene** $M_m@C_{2n}$ besitzen im Fullerenkäfig eingeschlossene Metallatome M – oder Minicluster M_m (*Yanoni*, 1993).

Das Fulleren C_{60} kann, in Einklang mit dem Vorliegen eines nur schwach antibindenden LUMO t_{1u}, maximal sechs zusätzliche Elektronen unter Bildung von **Fullerid-Anionen** aufnehmen; unter optimalen Aufnahmebedingungen lassen sich alle sechs Elektronenübertragungen cyclovoltammetrisch beobachten (*Echegoyen*, 1992):

$$E_{1/2} \quad \overset{-0.60}{} \quad \overset{-0.99}{} \quad \overset{-1.49}{} \quad \overset{-1.97}{} \quad \overset{-2.47}{} \quad \overset{-2.88}{} \quad V(GKE)$$
$$C_{60} \rightleftharpoons C_{60}^- \rightleftharpoons C_{60}^{2-} \rightleftharpoons C_{60}^{3-} \rightleftharpoons C_{60}^{4-} \rightleftharpoons C_{60}^{5-} \rightleftharpoons C_{60}^{6-}$$

Die relative hohe Elektronenaffinität der Fullerene, vergleichbar mit der des Benzochinons, ist auf eine C-Hybridisierung zurückzuführen, die aufgrund der Krümmung der Moleküloberfläche von exakt sp^2 abweicht. Stattdessen ist von $s^{1-x}p^{2+x/2}$ für das σ-Bindungsgerüst und $s^x p^{1-x}$ für die π-Orbitale auszugehen, deren merklicher s-Gehalt sie energetisch absenkt.

Starke Impulse erfuhr die Redoxchemie der Fullerene durch die Entdeckung, daß kaliumdotiertes Material der nominalen Zusammensetzung K_3C_{60} unterhalb $T_c = 18$ K supraleitend ist (*Haddon*, 1991), entsprechende Rb,Tl-Fulleride erreichen die kritische Temperatur $T_c = 45$ K. Einige **Fulleride** sind auch in Substanz isoliert worden, so etwa die Phasen MC_{60}, M_3C_{60} M_4C_{60} und M_6C_{60} (M = Alkalimetall). Die Synthese diskreter Verbindungen ist allerdings schwierig, die Größe des Fulleridanions ruft nach voluminösen Kationen, ein Beispiel ist die Verbindung $[(Me_5C_5)_2Ni]^+[C_{60}]^-$ („Decamethylnickelicinium-Buckminsterfullerid").

Für das C_{60}-Molekül können (im Prinzip) 12 500 Resonanzstrukturen geschrieben werden, von denen allerdings solchen mit Doppelbindungen in einem Fünfring geringes Gewicht zukommt. Somit tritt in C_{60} C,C-Bindungslängenalternanz auf (138 bzw. 145 pm), die Sechsringe sind in Richtung auf Cyclohexatrien verzerrt und eine η^6-Koordination wie in Arenmetallkomplexen ist nicht zu erwarten. Hinzu kommt die krümmungsbedingte Orientierung der $C(p_z)$-Orbitale von der Ringnormalen weg, was zu ungünstiger Überlappung mit ÜM(d)-Orbitalen führt. Somit sind die zahlreichen bekannten **exoedrischen Fullerenmetallkomplexe** ihrer Natur nach η^2-Alkenkomplexe. Hierbei wird ausschließlich die C,C-Doppelbindung der Sechsring/Sechsring-Verknüpfung angegriffen. Drei Beispiele mögen dies illustrieren.

(*Sharpley*, 1996)   (*Fagan*, 1991)   (*Shur*, 1995)

(*Fagan*, 1992) $(\eta^5\text{-}C_{60}Me_5)Tl$ (*Nakamura*, 2002)

Nachdem die Konjugation im C_{60}-Gerüst nur schwach ausgeprägt ist, sind auch Mehrfachadditionen möglich, im Addukt $C_{60}\{Pt(PEt_3)_2\}_6$ sind die $Pt(PEt_3)_2$-Gruppen oktaedrisch an C_{60} fixiert. Die Verbindung $Ru_3(CO)_9(\mu_3\text{-}\eta^2,\eta^2,\eta^2\text{-}C_{60})$ hingegen trägt die $Ru(CO)_3$-Einheiten in unmittelbarer Nachbarschaft als Bausteine eines Clusters. Die C,C-Bindungsalternanz des freien C_{60} wird durch die $Ru_3(CO)_9$-Koordination stark vermindert, sie ist mit 143 bzw. 146 pm gerade noch signifikant. Besonders stark ist die koordinationsbedingte C,C-Bindungsaufweitung in $Cp_2Ti(\eta^2\text{-}C_{60})$, die Länge $d(C\text{-}C) = 151$ pm läßt zu Recht von einem Titanacyclopropan sprechen.

Neben diesen π-Komplexen kann C_{60} auch **Addukte mit σ-Bindungen** an die eintretende Gruppe bilden. So wird C_{60} durch Lithiumorganyle und *Grignard*-Reagenzien nucleophil angegriffen. Diese Carbolithiierungen und Carbomagnesierungen können ein- und mehrfach ablaufen, sie eröffnen einen Weg zu organischen C_{60}-Derivaten (*Green*, 1996). Fünffache Methylierung von C_{60} mittels eines Organokupferreagens erzeugt Pentamethylmonohydro[60]fulleren $C_{60}Me_5H$, die Vorstufe eines Liganden, der eine Cyclopentadienyleinheit und das C_{60}-Gerüst in sich vereint (*Nakamura*, 2000).

Fullerene stellt man heute mittels eines Lichtbogenverfahrens her (*Krätschmer*, 1990). Werden die Graphitelektroden hierbei dotiert, so finden sich Komponenten des Dotierungsmaterials als Einschlüsse in den Fullerenkäfigen wieder. Derartige **endoedrische Metallofullerene $M_m@C_{2n}$** wurden bereits in großer Zahl, wenn auch in geringen Ausbeuten, erzeugt (*Yannoni*, 1993). Die eingebauten Metalle entstammen dabei den Gruppen 1–3 sowie der Reihe der Lanthanoide. Zweiwertige Metalle bilden bevorzugt Metallofullerene der Zusammensetzung $M@C_{60}$ (M = Ca, Sr, Sm, Eu, Yb), dreiwertige Metalle finden sich vor allem in größeren Fullerenen ($M@C_{82}$, M = Sc, Y, La, Ce, Pr, Nd, Tb, Dy, Ho, Er, Lu). Auch mehratomige Spezies können eingekapselt werden ($La_2@C_{80}$, $Sc_3@C_{82}$) sowie kleine Cluster, die auch ein Nichtmetallatom enthalten. Ein aktuelles Beispiel ist das Produkt $Sc_3N@C_{80}$.

An endoedrische Metallofulleren interessiert insbesondere die Oxidationsstufe des eingeschlossenen Metalls sowie dessen Lokalisierung. Erstere folgt aus Röntgenphotoelektronen (XPS)- sowie EPR-Spektren. So ist die Verbindung $La@C_{82}$ als internes Ionenpaar $La^{3+}C_{82}^{3-}$ zu beschreiben. Die S =1/2-Charakteristik des EPR-Spektrums liefert daneben auch Hinweise auf die nicht entartete Natur der LUMOs von C_{82}. Den eindeutigen Beweis dafür, daß sich das Metall tatsächlich im Inneren (endoedrisch) des Fullerens befindet, bietet das Synchrotron-Röntgenpulverdiffraktogramm von $Y@C_{82}$; diesem ist zu entnehmen, daß das Y^{3+}-Ion exzentrisch an der Innenwand des Käfigs klebt (*Shinohara*, 1995). Für das Metallofulleren $Sc_3N@C_{80}$ gelang sogar eine Einkristall-Strukturanalyse, demnach ist ein trigonal-planarer Cluster Sc_3N^{6+} in einem hochsymmetrischen Fulleren C_{80}^{6-} ikosaedrischer Symmetrie eingeschlossen (*Stevenson*, 1999). Möglicherweise übt die Einheit Sc_3N einen Templateffekt beim Aufbau des etwas ungewöhnlichen Fullerens C_{80} aus. Technische Anwendungen haben die endohedralen Metallofullerene bislang noch keine gefunden, was zum Teil an der schwierigen Zugänglichkeit größerer Mengen für technische Testverfahren liegen mag. Der Phantasie sind hier allerdings keine Grenzen gesetzt.

15.4.5 $C_7H_7^+$ als Ligand

Mit dem Cycloheptatrienyl-Liganden setzen wir die iso-π-elektronische Reihe $C_5H_5^-$, C_6H_6, $C_7H_7^+$ fort, womit allerdings nicht behauptet sei, daß sich in η^7-C_7H_7-Komplexen tatsächlich immer Tropyliumcharakter wiederfindet. Die bereitwillige gegenseitige Umwandlung von Cycloheptatrienyl(C_7H_7)- und Cycloheptatrien(C_7H_8)-Komplexen läßt es sinnvoll erscheinen, beide Substanzklassen gemeinsam zu betrachten. Grobgliedernd läßt sich sagen, daß die volle koordinationschemische Nutzung, d.h. die Bildung von η^7-C_7H_7 bzw. η^6-C_7H_8-Komplexen vor allem eine Domäne der frühen Übergangsmetalle (Gruppen 4, 5, 6) ist (*Green*, 1995), während die späteren Übergangsmetalle dazu tendieren, nur Ausschnitte des π-Perimeters im Sinne der Formen η^3-C_7H_7 oder η^4-C_7H_8 zu koordinieren. In diesen Fällen wird oft Haptotropie beobachtet. η^7-C_7H_7- und η^6-C_7H_8-Komplexe sind überwiegend vom gemischten Typ, in dem neben einem C_7-Liganden weitere Liganden anderer Art vorliegen.

C_7H_7 als Ligand

$C_7H_7MC_5H_5$ (M = Ti, V, Cr, Mo, W, Co).	$C_7H_7M(CO)_3$ (M = V, Mn, Re, Co)
$[C_7H_7MC_5H_5]^+$ (M = V, Cr, Mn)	$C_7H_7Re(CO)_4$
$[(C_7H_7)_2V]^{2+}$	$[C_7H_7Fe(CO)_3]^-$
$[C_7H_7MoC_6H_6]^+$	$[C_7H_7M(CO)_3]^+$ (M = Cr, Mo, W, Fe)

C_7H_8 als Ligand

$(C_7H_8)_2M$ (M = Zr, Mo)	$(C_7H_8)M(CO)_3$ (M = Cr, Mo, W, Fe, Ru)
$(C_7H_8)M(C_5H_5)$ (M = Co, Rh)	$(C_7H_8)MCl_2$ (M = Pd, Pt)
	$(\mu$–$C_7H_8)[Fe(CO)_3]_2$

Die Haptizität läßt sich jeweils unter Anwendung der 18 VE-Regel ableiten.

Darstellungsmethoden

1. Substitutions-'und Folgereaktionen

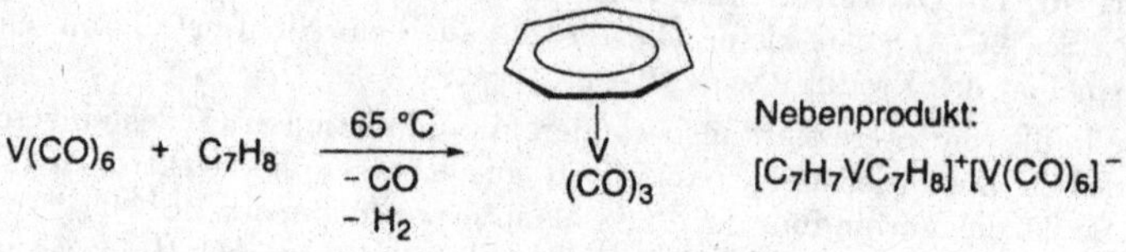

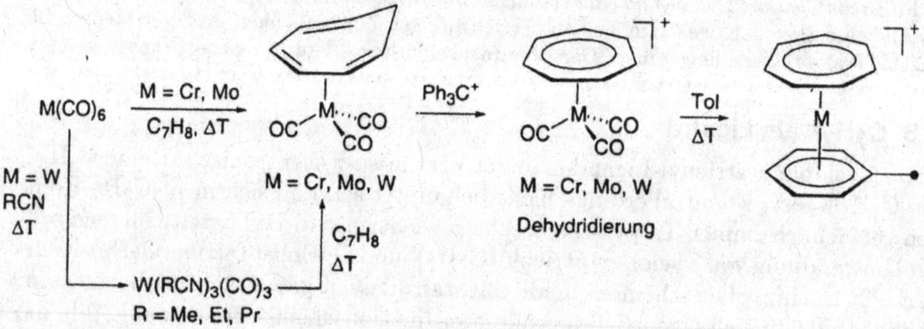

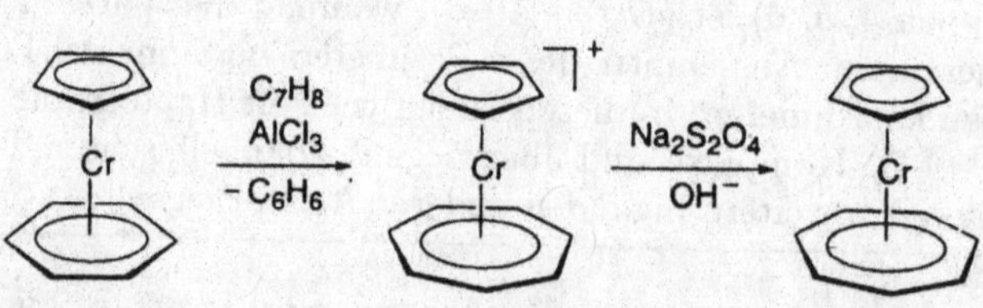

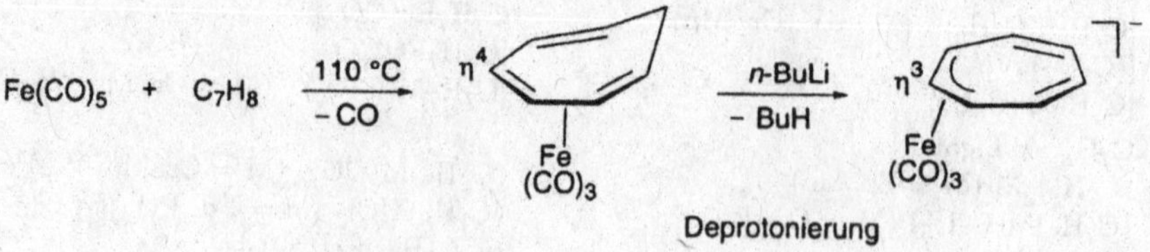

$$V(CO)_6 \;+\; C_7H_8 \xrightarrow[\substack{-\,CO\\-\,H_2}]{65\,°C}$$

(CO)$_3$

Nebenprodukt:

$[C_7H_7VC_7H_8]^+[V(CO)_6]^-$

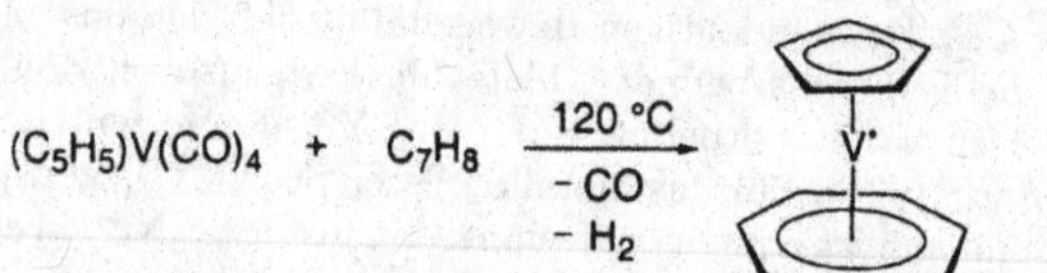

$$(C_5H_5)V(CO)_4 \;+\; C_7H_8 \xrightarrow[\substack{-\,CO\\-\,H_2}]{120\,°C}$$

$$M(CO)_6 \xrightarrow[\substack{C_7H_8,\,\Delta T}]{M = Cr,\,Mo}$$

M = W
RCN
ΔT

OC—M···CO
    CO

M = Cr, Mo, W

$\xrightarrow{Ph_3C^+}$

OC—M···CO
     CO

M = Cr, Mo, W

Dehydridierung

$\xrightarrow[\Delta T]{Tol}$

M

$$\longrightarrow W(RCN)_3(CO)_3$$
R = Me, Et, Pr

C$_7$H$_8$
ΔT

Cr

$\xrightarrow[-\,C_6H_6]{\substack{C_7H_8\\AlCl_3}}$

Cr

$\xrightarrow[OH^-]{Na_2S_2O_4}$

Cr

$$Fe(CO)_5 \;+\; C_7H_8 \xrightarrow[-\,CO]{110\,°C}$$

η^4

Fe
(CO)$_3$

$\xrightarrow[-\,BuH]{n\text{-BuLi}}$

η^3

Fe
(CO)$_3$

Deprotonierung

2. Reduktive Komplexierung

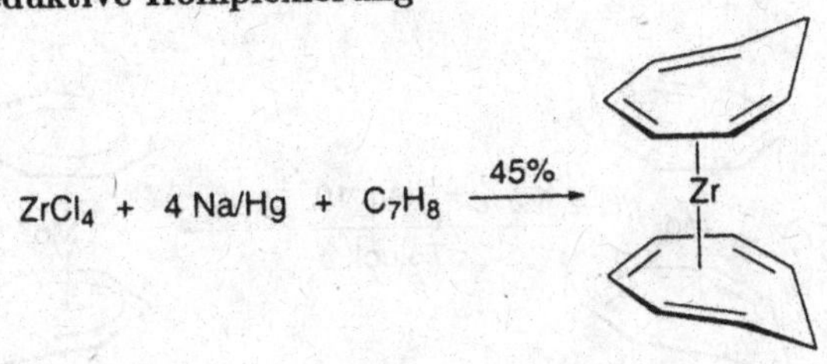

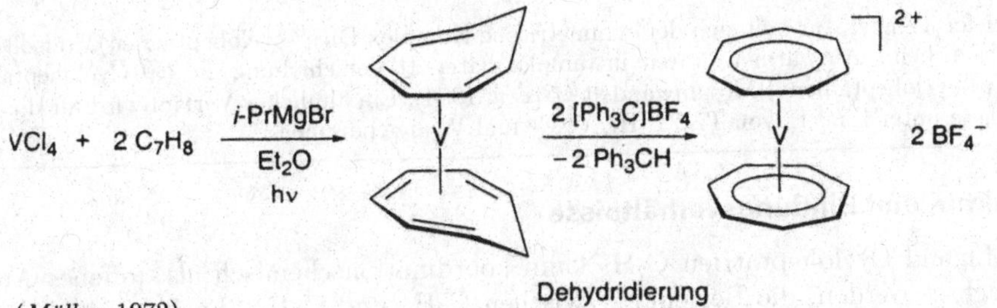

ZrCl4 + 4 Na/Hg + C7H8
45%
Zr

VCl4 + 2 C7H8
i-PrMgBr
Et2O
hν
V
2 [Ph3C]BF4
− 2 Ph3CH
2+
2 BF4−
Dehydridierung

(*Müller*, 1972)

C5H5MCl4 + C7H8
Mg
THF
M
M = V, Nb, Ta

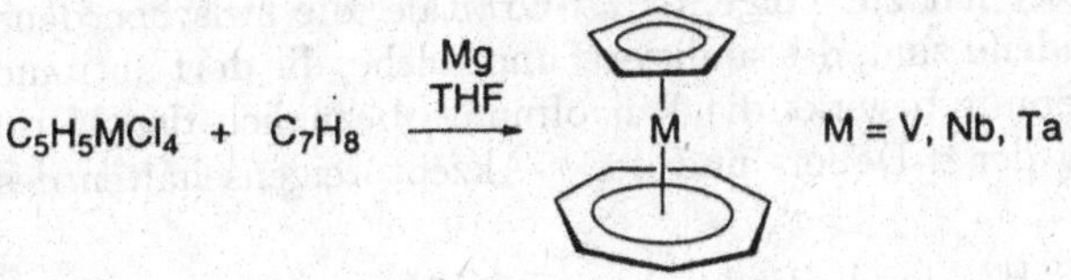

3. Photochemisch oder chemisch induzierte σ/π-Umlagerung

H
COCl
[Re(CO)5]−
−Cl−
O
C
Re(CO)5
hν
−CO
Re(CO)5
Me3NO
Re(CO)4
η3
Me3NO
Re(CO)3
η5

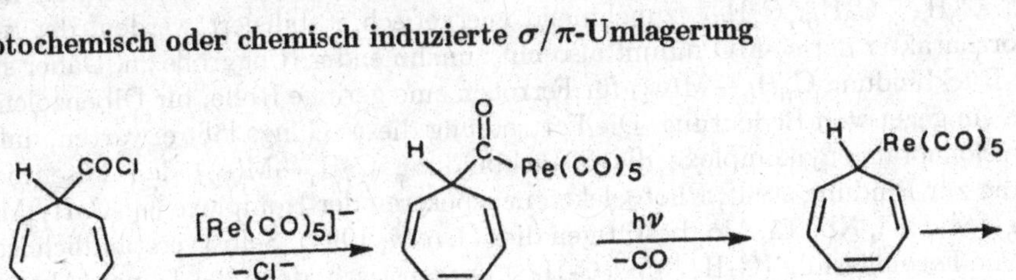

In der Bestrahlung von $C_7H_7COMn(CO)_5$ bei −68 °C wird direkt η^5-$C_7H_7Mn(CO)_3$ gebildet.

4. Metallatom-Ligand-Cokondensation (CK)

$$Mo\,(g) \;+\; C_7H_8\,(g) \quad \xrightarrow[\text{2. - 30 °C}]{\substack{CK \\ \text{1. -196 °C}}} \quad \cdots \quad \xrightarrow[\text{Toluol, } \Delta]{k_{50\,°C} = 3.4 \times 10^{-3}\ min^{-1}} \quad \cdots$$

Bei tiefer Temperatur läßt sich der symmetrische Komplex Di(η^6-cycloheptatrien)Mo isolieren, der sich beim Aufwärmen unter intramolekularer H-Verschiebung in (η^7-Cycloheptatrienyl)(η^5-cycloheptadienyl)Mo umwandelt (*Green*, 1984). Ein ähnlicher Verlauf wird für die CK-Synthese unter Einsatz von Ti, Zr, Hf, V, Cr und W angenommen.

Struktur- und Bindungsverhältnisse

Der Ligand Cycloheptatrien C_7H_8 kann koordinationschemisch als „offenes Aren" betrachtet werden, die Beziehung zwischen C_7H_8 und C_6H_6 ähnelt somit der zwischen $C_6H_7^-$ und $C_5H_5^-$ (vergl. „offene Metallocene", S. 417). Die Öffnung einer C,C-Bindung im π-Perimeter hat zur Folge, daß π-Orbitale, die zwischen den entsprechenden C-Atomen bindend sind, destabilisiert, und solche, die dort antibindend sind, stabilisiert werden. Somit bewirkt die Ringöffnung, bezüglich der Metallkoordination, eine Steigerung der π-Donor- **und** der π-Akzeptoreigenschaften des Liganden (*Green*, 1991).

Die Beschreibung der η^7-C_7H_7-Metall-Bindung kann analog zu derjenigen der η^5-C_5H_5-M- bzw. η^6-C_6H_6-M-Bindung erfolgen. Gemeinsam ist den drei aromatischen Carbocyclen das Vorliegen von π-Orbitalen der Symmetrien a, e_1 (besetzt) und e_2 (unbesetzt), die durch Kombination mit geeigneten Metallorbitalen zu Bindungen vom σ-, π- und δ-Typ führen. Hierbei ist zu berücksichtigen, daß die π-MO in der Reihe $C_5H_5^-$, C_6H_6, $C_7H_7^+$ zunehmend energetisch stabilisiert werden, der π-Akzeptorcharakter der e_2-MO nimmt also mit zunehmender Ringgröße zu. Daher spielt die δ-Rückbindung $C_nH_n \leftarrow M(e_2)$ für Ferrocen eine geringe Rolle, für Dibenzolchrom ist sie hingegen von Bedeutung. Die Fortsetzung dieses Gangs läßt erwarten, daß für η^7-Cycloheptatrienylkomplexe die δ-Rückbindung $C_7H_7 \leftarrow M(e_2)$ den wesentlichen Beitrag zur Bindung stellt, Photoelektronenspektren der Komplexe (η^7-C_7H_7)M(η^5-C_5H_5), M = Ti, Nb, Ta, Mo, bestätigen dies (*Green*, 1994). Selbstverständlich ist die extreme Formulierung $(C_7H_7^+)M^0(C_5H_5^-)$ unrealistisch, denn der Donor/Akzeptor-Synergismus führt in diesen kovalent gebundenen Molekülen zu weitgehendem Ladungsausgleich. Die Messung und Berechnung der Partialladungen sowie ihr Einfluß auf die chemische Reaktivität sind aber eine komplizierte Materie, zu der das letzte Wort noch nicht gesprochen ist. Erwähnt sei hier nur das Dipolmoment für $(C_7H_7)Cr(C_5H_5)$ von 0.73 Debye (2.44×10^{-30} C · m), dessen negatives Ende auf dem Fünfring liegt. Vollständige Ladungstrennung gemäß $(C_7H_7^+)Cr^0(C_5H_5^-)$ ergäbe hingegen ein Dipolmoment von 16.3 Debye.

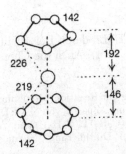

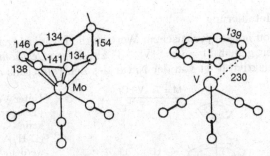

Die Struktur von **$C_5H_5VC_7H_7$** im Kristall zeigt, daß die Metall-C-Abstände zu beiden Ringen fast gleich groß und die Abstände vom Metall zu den Ringmittelpunkten demgemäß verschieden sind. Die zentrosymmetrische Bindung eines kleinen Übergangsmetalls an einen großen Ring ist wenig günstig, da schlechte Überlappungsverhältnisse vorliegen (*Lyssenko*, 2001).

Vergleich der Strukturen von **$C_7H_8Mo(CO)_3$** und **$C_7H_7V(CO)_3$**:

Im Trisolefin-Komplex deutliche Abwinkelung der nicht-koordinierten CH_2-Gruppe und alternierende C-C-Bindungsabstände; im Tropylium-Komplex zentrosymmetrische Koordination mit planarem C_7H_7-Ring und gleichen C–C-Abständen (*Dunitz*, 1960; *Allegra*, 1961).

Reaktionen

Redoxprozesse

Der Ersatz der Kombination $C_6H_6 + C_6H_6$ durch $C_7H_7 + C_5H_5$ bewirkt eine anodische Verschiebung der Potentiale für die Redoxpaare $[C_{12}H_{12}M]^{+/0}$:

	$(C_6H_6)M(C_6H_6)$	$(C_7H_7)M(C_5H_5)$	
Ti		+0.15 V	$(E_{1/2}$ vs. GKE)
V	−0.35 V	+0.26 V	$C_{12}H_{12}M^+ + e^- \rightarrow C_{12}H_{12}M$
Cr	−0.72 V	−0.61 V	

Demgemäß weist $(C_7H_7)V(C_5H_5)$ nur geringe Luftempfindlichkeit auf und ist bequem handhabbar vergl. $E_{1/2}(Cp_2Fe^{+/0}) = +0.40$ V. Auch Reduktionen der Neutralkomplexe sind für die unsymmetrische Ligandenkombination leichter durchführbar. So konnten einige Sandwichkomplexanionen – im Gegensatz zu Carbonylmetallaten rare Spezies – dargestellt und strukturell charakterisiert werden.

Beispiel: $[K(18\text{-Krone-}6)]^+[(\eta^7\text{-}C_7H_7)Nb(\eta^5\text{-}C_5H_5)]^-$.

Häufiger ist die Erzeugung entsprechender Radikalanionen in Lösung, deren EPR-Spektren wertvolle Hinweise auf die Orbitalkomposition liefern.

Beispiele: $[(\eta^7\text{-}C_7H_7)M(\eta^5\text{-}C_5H_5)]^{\bar{\cdot}}$, M = Ti, Cr.

Metallierung

Von hohem praktischem Wert ist die Lithiierung mittels *n*-BuLi, deren Bereitwilligkeit gemäß $M = Cr > V > Ti$ zunimmt (*De Liefde Meijer*, 1974). Auch die Chemoselektivität ist von der Natur des Zentralmetalls abhängig:

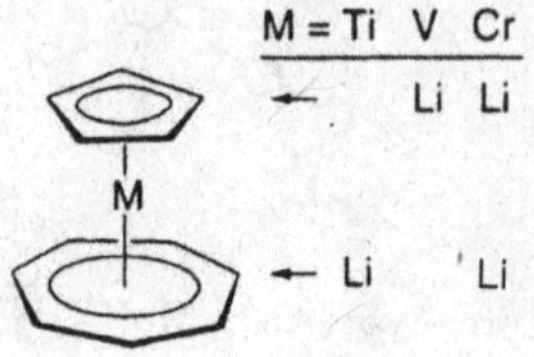

Unter Verschärfung der Reaktionsbedingungen (Temperaturerhöhung, Zusatz von TMEDA) kann auch für $(C_7H_7)Ti(C_5H_5)$ und für $(C_7H_7)V(C_5H_5)$ 1,1'-Dilithiierung erzwungen werden.

Eine überzeugende Deutung dieser Trends steht noch aus.

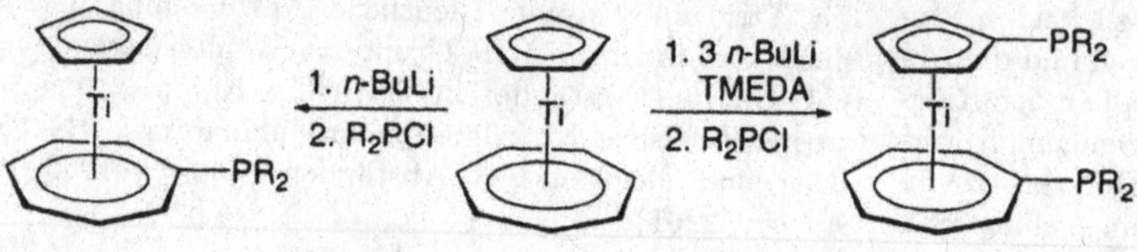

(*Rausch*, 1991)

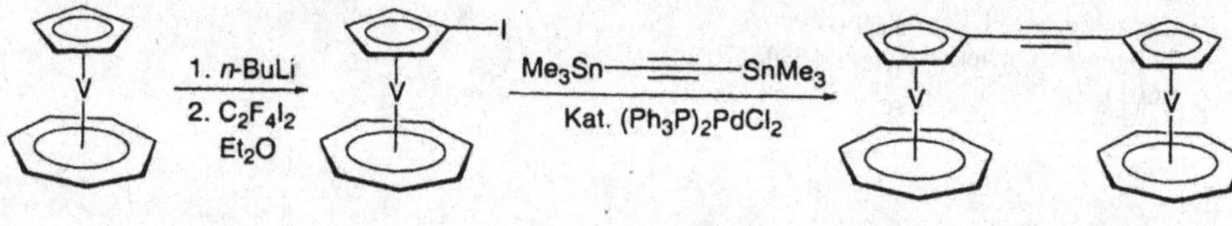

(*Elschenbroich*, 2005)

Addition von Nucleophilen

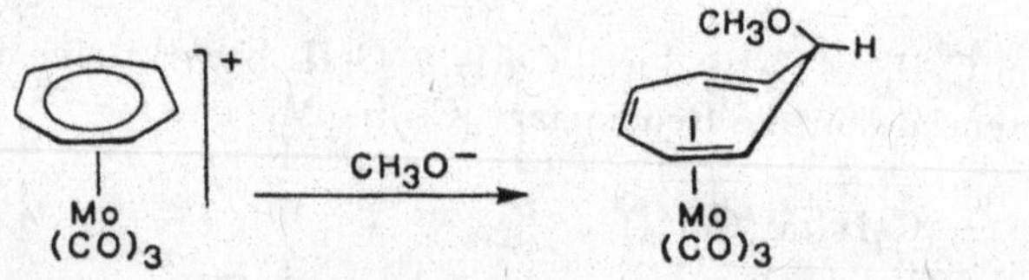

(*Brown*, 1986)

Möglicherweise wird diese Reaktion durch nucleophilen Angriff am Metall eingeleitet, dem sich eine Umlagerung anschließt. Andere Nucleophile, die *exo*-Ringaddukte bilden, sind Amine, Phosphane und Carbonylmetallate (*Beispiel:* $[Re(CO)_5]^-$). Während der Angriff von Lewis-Basen am Zentralmetall im Falle von 17,18 VE-Substraten einen Haptizitätswechsel $\eta^7 \rightarrow \eta^5 \rightarrow \eta^3$ des C_7H_7-Liganden erfordert, können 16 VE-Komplexe Lewis-Basenaddukte unter Erhalt der η^7-C_7H_7-Koordination bilden:

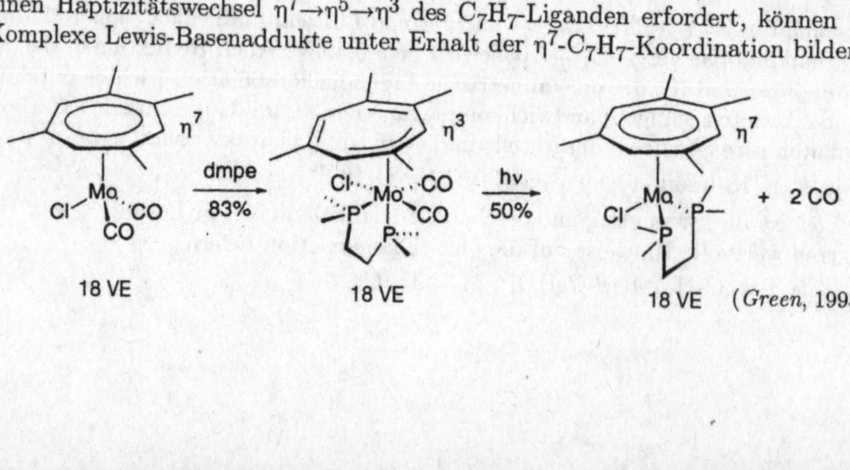

18 VE   18 VE   18 VE   (*Green*, 1993)

16 VE   18 VE   (*Green*, 1992)

Man erkennt, daß der bereitwillige Haptizitätswechsel des Cycloheptatrienyl-Liganden einen Weg niedriger Aktivierungsenergie für die Carbonylsubstitution eröffnet.

Bildung von ligandverbrückten Zweikernkomplexen

Partiell koordinierte Siebenringe können zusätzlich an ein zweites Übergangsmetall binden. Dies hat häufig die Ausbildung einer Metall-Metall-Bindung und fluktuierendes Verhalten des Brückenliganden zur Folge (*Takats*, 1976).

15.4.6 C_8H_8 als Ligand

Cyclooctatetraen (COT) kann es in seiner Vielseitigkeit als Komplexligand mit den Alkinen aufnehmen. Die Vielfalt der bekannten Verbindungen ist auf folgende Tatsachen zurückzuführen:

- COT kann als wannenförmiges Tetraolefin C_8H_8 (8e) oder als planarer Aromat $C_8H_8^{2-}$ (10e) koordinieren.
- Es besteht die Möglichkeit zu η^2-, η^4-, η^6-, η^8-Koordination (in Zweikernkomplexen auch η^3- und η^5-).
- COT kann sowohl terminal als auch verbrückend (*syn* und *anti*) an Metalle binden.

Die Bildung symmetrischer Sandwichkomplexe (η^8-C_8H_8)$_2$M ist eine Domäne der Zentralmetalle aus der Reihe der Lanthanoide und Actinoide, wobei sich die Frage nach der Beteiligung von M(4f,5f)-Orbitalen stellt (Kap. 17.1).

C_8H_8-ÜM-Komplexe, die planare Achtringe enthalten

Darstellung

$$\begin{array}{llll}
\text{Ti(OC}_4\text{H}_9)_4 \; + & \text{C}_8\text{H}_8 \; + & \text{Al(C}_2\text{H}_5)_3 & \\
0.2 & : \quad 2 & : \quad 2 & \longrightarrow \quad \text{Ti(C}_8\text{H}_8)_2 \\
0.2 & : \quad 0.4 & : \quad 2 & \longrightarrow \quad \text{Ti}_2(\text{C}_8\text{H}_8)_3 \\
\text{HfCl}_4 \; + & 2\,\text{Mg} \; + & 2\,\text{C}_8\text{H}_8 & \longrightarrow \quad \text{Hf(C}_8\text{H}_8)_2 \; + \; 2\,\text{MgCl}_2 \\
\text{Zr(allyl)}_4 \; + & 2\,\text{C}_8\text{H}_8 & & \longrightarrow \quad \text{Zr(C}_8\text{H}_8)_2
\end{array}$$

$$(C_5Me_5)TiCl_3 \xrightarrow[\substack{\text{oder} \\ Mg/C_8H_8,\ THF}]{K_2[C_8H_8]} (C_5Me_5)(C_8H_8)Ti$$

$$ZrCl_4 \xrightarrow[\substack{2.\ Li[Me_5C_5] \\ THF}]{1.\ K_2[C_8H_8]} (Me_5C_5)(C_8H_8)ZrCl \longrightarrow$$

$$\xrightarrow{LiR} (Me_5C_5)(C_8H_8)Zr{-}R$$

$$\xrightarrow[\substack{Na/Hg \\ Tol}]{} (Me_5C_5)(C_8H_8)Zr$$

$$(R_2PCH_2CH_2PR_2)Ni(C_2H_4) \xrightarrow[-C_2H_4]{C_8H_8} (R_2PCH_2CH_2PR_2)Ni(\eta^2\text{-}C_8H_8)$$

Struktur und Eigenschaften

Gemeinsames Merkmal der C_8H_8–d-Element-Komplexe ist die Abwesenheit symmetrischer Sandwichstrukturen $(\eta^8\text{-}C_8H_8)_2M$, wie sie für f-Elemente als Zentralatome typisch sind (S. 587f.). Der Interligandabstand wird durch die ÜM–C-Bindungslänge bestimmt; im Falle der großen C_8H_8-Ringe führt dies zu einer geringen Distanz des Zentralmetalls vom Ringzentrum, und zwei zentrosymmetrisch gebundenen η^8-C_8H_8-Ringen unterlägen beträchtlicher *van-der-Waals*-Abstoßung. Aus diesem Grunde werden „slipped"-Strukturen realisiert, in denen einer der C_8H_8-Liganden nur partiell koordiniert ist. Dieses Argument entfällt für gemischte Komplexe, die neben C_8H_8 einen kleineren π-Perimeterliganden enthalten, dem ein größerer Abstand Zentralmetall-Ringmitte zukommt.

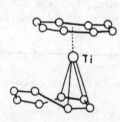

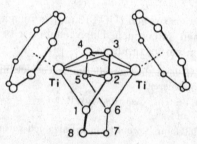

$(\eta^8\text{-}C_8H_8)(\eta^4\text{-}C_8H_8)$Ti: Violette Kristalle, sehr luftempfindlich. Ein Achtring ist planar (alle d(C–C) = 141 pm), der andere Ring ist gewellt und nur mit einer Butadien-Einheit gebunden. In Lösung beobachtet man eine **fluktuierende Struktur** (^{1}H-NMR) (*Wilke*, 1966). Dies gilt auch für die Zr- und Hf-Analoga (*Girolami*, 1991). Im Falle des 16 VE-Komplexes $(\eta^8\text{-}C_8H_8)(\eta^4\text{-}C_8H_8)$Zr ist noch Platz für einen weiteren Donorliganden, der zur 18 VE-Schale ergänzt; so bilden sich Addukte mit THF, NH_3 oder Isocyaniden NCR.

μ-[1-4η:3-6η-C_8H_8]$(\eta^8\text{-}C_8H_8)_2Ti_2$: Gelbe Kristalle, sehr luftempfindlich, paramagnetisch. Eine Doppelbindung des Brückenliganden bleibt unkoordiniert, 2 C-Atome sind an **beide** Ti-Atome koordiniert (*Dietrich*, 1966).

$C_5H_5TiC_8H_8$: darstellbar aus $CpTiCl_2$ + $C_8H_8^{2-}$ in THF, fällt in grünen paramagnetischen Kristallen an, 1 ungepaartes Elektron. Struktur: zentrosymmetrisch gebundene Fünf- und Achtringe (*Kroon*, 1970). PES- und EPR(ENDOR)-spektroskopische Befunde an diesem $Ti^{III}(d^1)$-Komplex weisen auf eine geringe positive Partialladung ($0 < \delta < 1$) auf dem Zentralmetall hin (*Gourier*, 1987).

$(d^ippe)Ni(\eta^2\text{-}C_8H_8)$: Die Planarität des η^2-koordinierten C_8H_8-Ligandcn ist außergewöhnlich, sie ist auf starke Ni → C_8H_8-Rückbindung zurückgeführt worden, die die Elektronendichte im π-Perimeterliganden erhöht (*Pörschke*, 1997). In diesem Zusammenhang interessiert folgender Gang:

C_8H_8 olefinisch, gewellt,
$[C_8H_8]^-$ „semiaromatisch", planar,
$[C_8H_8]^{2-}$ aromatisch, planar (vergl. S. 55)

Hiermit sei allerdings nicht impliziert, daß in obiger Spezies als Ligand ein $[C_8H_8]^-$ Radikalanion vorliegt.

C_8H_8–ÜM-Komplexe nicht planarer Achtringe

In der Mehrzahl der Fälle bindet C_8H_8 nach Art eines Di- oder Triolefins an d-Metalle und behält eine nichtplanare Form bei:

Die Koordination benachbarter Doppelbindungen des C_8H_8-Moleküls an ein Metall ist häufig mit dem Auftreten von **Strukturfluktuation** verbunden. Ein Problemfall war lange die Verbindung $(\eta^4\text{-}C_8H_8)Fe(CO)_3$:

$$Fe(CO)_5 + C_8H_8 \xrightarrow[-\ 2\ CO]{\text{Oktan, 125 °C}} C_8H_8Fe(CO)_3$$

Dieser Komplex läßt sich nicht hydrieren, obwohl er zwei „freie" C=C-Doppelbindungen zu enthalten scheint. Im ^1H-NMR-Spektrum wird auch bei tiefen Temperaturen nur ein Singulett beobachtet, das Gebiet des langsamen Austauschs (S. 429) wird selbst bei –150 °C nicht erreicht. Das ^{13}C–NMR-Spektrum hingegen zeigt bei T < –110 °C vier Signale für den η^4-C_8H_8-Ring, die bei –60 °C koaleszieren, E_a = 34 kJ/mol (*Cotton*, 1976). Offenbar läuft eine Ringrotation mit gleichzeitiger Ringdeformation ab, die bewirkt, daß die Geometrie des Komplexes trotz **aufeinanderfolgender 1,2-Verschiebungen** unverändert bleibt. Es gibt Anzeichen dafür, daß diese Fluktuation sogar noch im festen Zustand fortschreitet (*Fyfe*, 1972).

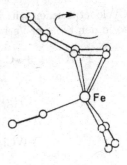

Im Falle partieller Koordination eines C_nH_n-Perimeters an ein Übergangsmetall können auch Isomerengemische auftreten. $CpCoC_8H_8$ ist ein untrennbares Gemisch der Verbindungen $(1, 2, 5, 6\ \eta\text{-}C_8H_8)CoCp$ und $(1\text{-}4\ \eta\text{-}C_8H_8)CoCp$, die sich langsam ineinander umwandeln. Der 1-4 η-Komplex zeigt, wie $(C_8H_8)Fe(CO)_3$, in Lösung Strukturfluktuation (*Geiger*, 1979):

$$CpCo(CO)_2\ +\ C_8H_8\ \xrightarrow{h\nu}$$

1, 2, 5, 6 η
starr

1-4 η
fluktuierend

Diese Isomerie, die auf der Koordination entweder konjugierter oder isolierter Paare von Doppelbindungen beruht, ist für C_8H_8-Komplexe weit verbreitet. Gewöhnlich wird die (1, 2, 5, 6 η)-Form bei späten ÜM in positiven Oxidationsstufen (Pt^{II}, Pd^{II}, Rh^I) angetroffen, während die (1-4 η)-Form von frühen ÜM sowie von Fe^0 und Ru^0 bevorzugt wird.

Zwei unterschiedliche Bindungsformen zum Zentralmetall bildet Cyclooctatetraen auch im binären Komplex $Fe(C_8H_8)_2$ aus:

$$FeCl_3 + i\text{-}C_3H_7MgCl + C_8H_8\ \xrightarrow[-30\ °C]{Et_2O}$$

$$Fe(acac)_3 + Al(C_2H_5)_3 + C_8H_8\ \xrightarrow[-10\ °C]{}\quad \blacktriangleright\ Fe(C_8H_8)_2$$

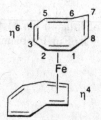

$Fe(C_8H_8)_2$ bildet schwarze, sehr luftempfindliche Kristalle, in denen unterschiedliche Haptizität der Ringe, (1-6 η) bzw. (1-4 η), vorliegt (*Allegra*, 1968). Die ^1H- und ^{13}C-NMR-Spektren zeigen bei 25 °C jeweils nur ein Signal, die Struktur ist in Lösung also fluktuierend. Die komplizierte Strukturdynamik in Lösung ist kürzlich von *Bennett* (1997) anhand der analogen Rutheniumverbindung $Ru(C_8H_8)_2$ gründlich studiert worden. $Fe(C_8H_8)_2$ katalysiert die Oligomerisierung von Alkenen und Alkinen.

Cyclooctatetraen tritt in einer Reihe von Zweikernkomplexen als **Brückenligand** auf, so in den binären Verbindungen $M_2(C_8H_8)_3$ (M = Cr,Mo,W):

$$2\ CrCl_3 + 3\ i\text{-}C_3H_7MgBr + 3\ C_8H_8\ \xrightarrow[Et_2O]{h\nu}$$

$$Cr(g) + C_8H_8(g)\ \xrightarrow[-196\ °C]{CK}\quad \blacktriangleright\ Cr_2(C_8H_8)_3$$

$$WCl_4 + K_2C_8H_8\ \xrightarrow{THF}\quad W_2(C_8H_8)_3$$

In beiden Verbindungen **$M_2(C_8H_8)_3$** sind die endständigenRinge nur η^4-gebunden (*Krüger*, 1976). Bei Annahme einer Metall-Metall-Dreifachbindung erreichen die Zentralatome eine 18 VE-Schale. In Lösung sind die Verbindungen fluktuierend, ^{1}H-NMR: Singulett, δ 5.26 ppm.

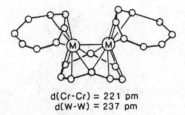

d(Cr-Cr) = 221 pm
d(W-W) = 237 pm

Ausschließlich verbrückend sind die C_8H_8-Liganden in $Ni_2(C_8H_8)_2$:

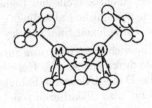

Beide Ni-Atome sind allylartig gebunden, der Ni–Ni-Abstand ist wegen Fehlordnungen im Kristall nur ungenau zu bestimmen (272–295 pm) (*Krüger*, 1976).

Ein interessanter Aspekt der **Cyclooctatetraen-Verbrückung** ist das Auftreten von **syn- und anti-Varianten**. Am gründlichsten wurde dies an Komplexen des Typs $(C_5H_5M)_2C_8H_8$ studiert (M = V, Cr, Fe, Ru, Co, Rh).

Synthesebeispiele:

$$2\ CrCl_2 + 2\ NaC_5H_5 + K_2C_8H_8 \xrightarrow[\text{2. 150 °C}]{\text{1. 25 °C}} (C_5H_5Cr)_2C_8H_8$$

$$2\ [C_5H_5Ru(CH_3CN)_3]^+ + K_2C_8H_8 \longrightarrow (C_5H_5Ru)_2C_8H_8$$

$$[ClRhC_8H_8RhCl]_x + 2\ TlCp \longrightarrow (C_5H_5Rh)_2C_8H_8$$

$$(C_5H_5Rh)_2C_8H_8 + 2\ AgBF_4 \longrightarrow [(C_5H_5Rh)_2C_8H_8]^{2+}$$

$(C_5H_5V)_2C_8H_8$ (28 VE) und **$(C_5H_5Cr)_2C_8H_8$** (30 VE) weisen *syn*-Koordination auf: der C_8H_8-Ring im Cr-Komplex ist in der Mitte so gefaltet, daß zwei nahezu planare C_5-Einheiten entstehen, die einen Winkel von 134° zueinander bilden. Die Cr–Cr-Bindung (239 pm) wird als Doppelbindung formuliert. Der Vanadiumkomplex (V–V = 244 pm) zeigt schwachen temperaturabhängigen Paramagnetismus (*Heck*, 1983).

In **$(C_5H_5Co)_2C_8H_8$** und **$(C_5H_5Rh)_2C_8H_8$** (36 VE) sind die beiden Metalleinheiten hingegen *anti*-koordiniert. Der wannenförmige C_8H_8-Ring bindet mit je zwei nichtkonjugierten Doppelbindungen ($\eta^4{:}\eta^4$) an je ein Metall. Bei der Oxidation der Rh-Verbindung zum stabilen Dikation (34 VE) werden zwei Kohlenstoffatome des C_8-Ringes $\eta^5{:}\eta^5$ an **beide** Metallatome koordiniert (*Geiger, Rheingold*, 1984). Eine derartige Struktur besitzt auch **$(C_5H_5Ru)_2C_8H_8$**.

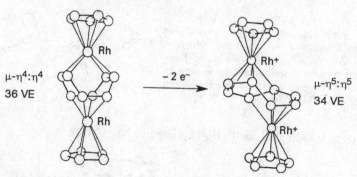

Verallgemeinernd läßt sich zur Strukturchemie der Verbindungen $(C_5H_5M)_2C_8H_8$ sagen, daß **abnehmende VE-Zahl zu geschlosseneren Strukturen** führt. Dies kündigt sich beim Übergang 36 VE→34 VE in der Koordination zweier C_8H_8–C-Atome an zwei Rh-Atome an und setzt sich beim Übergang auf 30 VE und 28 VE im Wechsel von *anti-* auf *syn-*Struktur mit begleitender Ausbildung von Metall-Metall-Bindungen fort (*Geiger, Salzer*, 1990).

15.5 Metall-π-Komplexe einiger Heterocyclen

Die Fähigkeit organischer Verbindungen, die Heteroatome wie N, P, O oder S enthalten, mit Übergangsmetallen σ-Komplexe zu bilden, ist grundlegend sowohl für die klassische Koordinationschemie als auch für die Bindung von Metallen in biologischen Systemen. Sind diese Heteroatome Glieder von Ringen wie Pyridin, Thiophen oder Pyrrolyl, so behalten sie ihre *Lewis*-Basizität im allgemeinen bei und neigen eher zur Komplexbildung als die cyclisch konjugierten π-Elektronensysteme. Dennoch können ungesättigte Ringe, in denen einzelne (oder alle) Kohlenstoffatome gegen Heteroatome ausgetauscht sind, unter bestimmten Bedingungen mit Übergangsmetallen auch π-Komplexe bilden. Dies führt in einzelnen Fällen zur Stabilisierung von Heterocyclen, die in freier Form nicht bekannt sind. Gemessen an Komplexen carbocyclischer Liganden ist die Zahl bekannter N-, P-, As und S-Heterocyclen-π-Komplexe allerdings gering. Wesentlich größer ist die Zahl an Borheterocyclen--π-Komplexen. Silaheterocyclen als Liganden wurden bereits angesprochen (S. 155f.).

Ein wichtiges Kriterium für die Eignung eines Heterocyclus zur Komplexbildung ist die durch Einbau des Heteroatoms bewirkte Modifizierung der Grenzorbitale, die für die Donor/Akzeptor-Fähigkeit des Liganden verantwortlich sind. Dies wird im folgenden zu diskutieren sein.

15.5.1 S-, Se- und Te-Heterocyclen

Thiophen C_4H_4S ist isovalenzelektronisch zum Cyclopentadienylanion $C_5H_5^-$, jedoch schwächer basisch als dieses und somit koordinationschemisch dem Benzol verwandt. Im Gegensatz zu $C_5H_5^-$ und C_6H_6 sind in C_4H_4S alle Orbitalentartungen aufgehoben. Wie Benzol bildet auch Thiophen $M(CO)_3$-Addukte allerdings geringerer Stabilität (*Öfele*, 1958):

$$\text{(Thiophen)} + Cr(CO)_6 \xrightarrow[-300]{85\,°C} \text{[Diagramm]} \quad d(Cr-C) \quad \begin{array}{l} 220\ pm\ \text{(Thiophen)} \\ 177\ pm\ \text{(Carbonyl)} \end{array}$$

$C_4H_4SCr(CO)_3$ fällt in orangefarbenen diamagnetischen Kristallen an, die isomorph zu $C_6H_6Cr(CO)_3$ sind. Selenophen- und Tellurophenkomplexe sind ebenfalls auf diesem Wege erhältlich. Höhere Ausbeuten lassen sich durch Einsatz von (Picolin)$_3$ Cr(CO)$_3$ in Gegenwart von $BF_3\cdot OEt_2$ und dem entsprechenden Liganden erzielen (*Öfele*, 1966).

Neben dem Halbsandwichkomplex $(C_4H_4S)Cr(CO)_3$ existieren auch Metallocenanaloga:

$$FeCl_2 + 2\ Me_4C_4S \xrightarrow[CyHex]{AlCl_3} \left[\text{[Diagramm]}\right]^{2+} \quad 2\ AlCl_4^{-}$$

(*Braitsch*, 1975)

Das Reduktionspotential dieses Dithiaferrocendikations ist identisch mit dem des Kations $[(Mes)_2Fe]^{2+}$; dies unterstreicht die große Ähnlichkeit der Liganden Thiophen und Benzol.

$$[CpRu(CH_3CN)_3]^+ + C_4H_4S \xrightarrow[\Delta]{CH_2Cl_2} \left[\text{[Diagramm]}\right]^+$$

(*Angelici*, 1987)

In diesem Thiaruthenocenkation ist Thiophen der labilere Ligand.

Die Koordinationschemie des Thiophens interessiert auch im Zusammenhang mit der Aufklärung des Mechanismus der metallkatalysierten Erdölentschwefelung, Thiophen wird hierbei als Modellsubstanz eingesetzt (*Rauchfuss*, 1991).

15.5.2 N-Heterocyclen

Cyclopentadienyl $C_5H_5^-$ und **Pyrrolyl $C_4H_4N^-$** sind iso-π-elektronisch, hier schien sich demnach ein umfangreiches Gebiet der Heterocyclen-π-Komplexchemie anzubahnen. Der Fortschritt erfolgte allerdings nur zögerlich.

Azacyclopentadienylkomplexe können in einer Redoxreaktion aus Pyrrol entstehen (*Pauson*, 1962):

$$2\ \text{(Pyrrol)} + Mn_2(CO)_{10} \longrightarrow 2\ \text{[Diagramm]} + H_2 + 4\ CO$$

oder über ein vorgebildetes Pyrrolylanion (*Pauson*, 1964):

Azaferrocen ($C_5H_5FeC_4H_4N$) bildet orangerote, diamagnetische, leicht sublimierbare Kristalle, die isomorph mit Ferrocen sind. Umsetzung mit Säuren führt zur Protonierung am N-Atom. Verglichen mit $C_5H_5^-$ ist das Pyrrolylanion $C_4H_4N^-$ ein schwächerer π-Donor und ein stärkerer π-Akzeptor. Die Broenstedt-Basizität des Azaferrocens ähnelt der des Pyridins. Die Reversibilität des Haptizitätswechsels $\eta^1 \rightleftharpoons \eta^5$ wurde erst in jüngster Zeit demonstriert (*Pryce*, 2000), sie hilft bei der Deutung der Labilität, die den Pyrrolylkomplexen zu eigen ist.

Als neuere Synthesen von Azaferrocenderivaten seien erwähnt:

(*Kuhn*, 1991)

Diese Reaktionen beleuchten das „Diazaferrocenproblem"; erstaunlicherweise ist der freie Grundkörper 1,1-Diazaferrocen bislang unbekannt. Dieses Gerüst ist nur in sterisch geschützter Form erhältlich oder als Addukt, in welchem die N-Atome Wasserstoffbrückenbindungen an Protonendonatoren bilden (*Kuhn*, 1996).

Für **Pyridin** ist die σ-Koordination über das nichtbindende Elektronenpaar am Stickstoff dermaßen bevorzugt, daß es zur Direktsynthese von η^6-Pyridinmetallkomplexen der sterischen Blockierung in 2,6-Stellung bedarf. (η^6-Pyridin)metallcarbonyle sind darstellbar, in Konkurrenz wird aber die Bindung an das homocyclische Aren beobachtet:

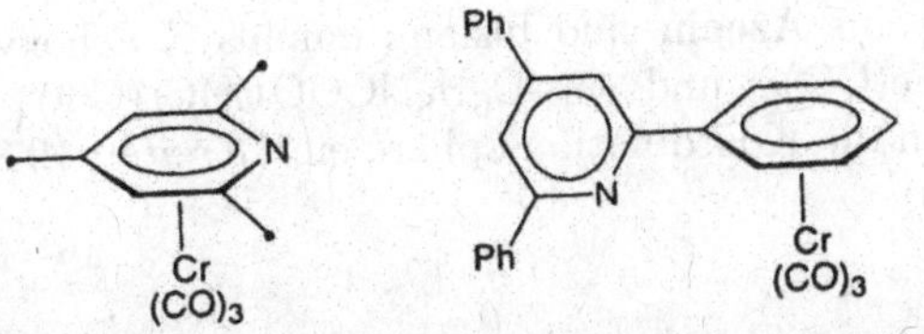

Der Grundkörper **Bis(η^6-pyridin)chrom** läßt sich darstellen, indem man in 2,6-Position Schutzgruppen anbringt, die nach der Komplexbildung entfernt werden (*Elschenbroich*, 1988):

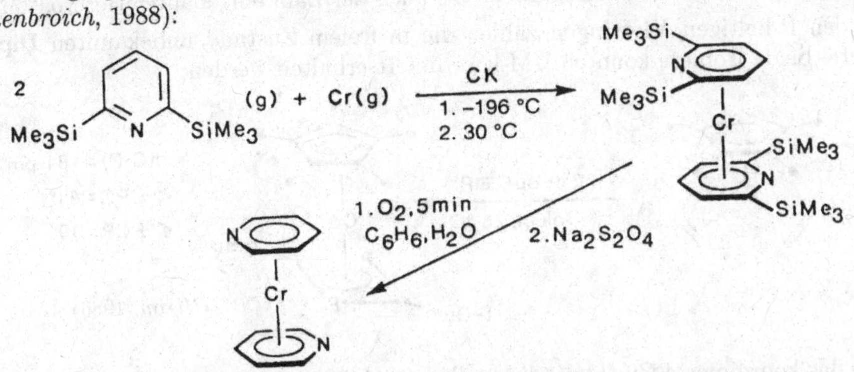

Das rote Bis(η^6-pyridin)chrom zeichnet sich gegenüber Di(benzol)chrom durch thermische und solvolytische Labilität aus. Deutlich stabiler ist der gemischte Komplex (η^6-Pyridin)(η^6-benzol)chrom, der via Metallatom-Ligand-Cokondensation zugänglich ist.

Die verglichen mit η^5-Pyrrolyl höhere Stabilität der η^6-Pyridinkomplexe wird plausibel, wenn man auf die Analyse der Bindungsverhältnisse in Di(benzol)chrom und Ferrocen zurückgreift. So wird die Bindung in Ferrocen durch die Donorkomponente $M \xleftarrow{\pi} C_5H_5(e_1)$ dominiert und die Akzeptorkomponente $M \xrightarrow{\delta} C_5H_5(e_2)$ ist unbedeutend. In Di(benzol)chrom hingegen sind beide Komponenten für die Bindung wesentlich. Der Ersatz von CH durch N im π-Perimeter hebt alle Orbitalentartungen auf und senkt diejenigen MOs ab, die am Substitutionsort einen Bauch der Wellenfunktion aufweisen (vergl. hierzu S. 529). Somit bewirkt der Einbau des elektronegativen N-Atoms für beide Prototypen eine Schwächung der $M \xleftarrow{\pi} C_nH_n$-Donorbindung. Im Gegensatz zu Azaferrocen profitiert aber Aza-Di(benzol)chrom von der energetischen Absenkung der Pyridin-π-Akzeptorbitale, welche die Rückbindung $M \xrightarrow{\delta} C_nH_n$ verstärkt. Dieses Argument mag auch erklären, warum – im Gegensatz zu Metallocenen – in einen Di(aren)metallkomplex mehr als zwei N-Atome eingebaut werden können (*Elschenbroich, Green*, 1993):

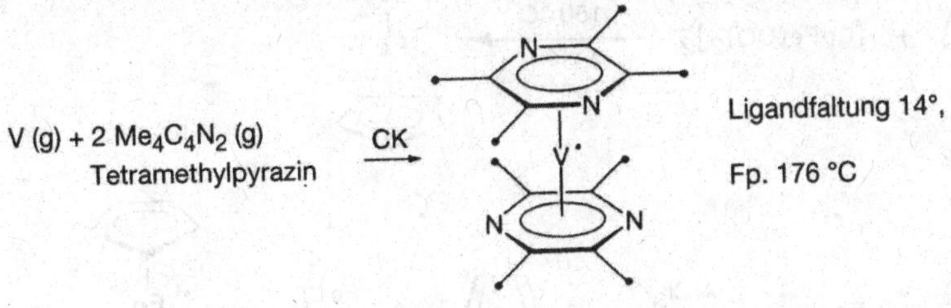

V (g) + 2 $Me_4C_4N_2$ (g)
Tetramethylpyrazin

Ligandfaltung 14°,

Fp. 176 °C

Für den starken Akzeptorcharakter des Pyrazinliganden sprechen die, verglichen mit Di(benzol)vanadium, stark anodisch verschobenen Redoxpotentiale $E_{1/2}[(\eta^6\text{-Pyrazin})_2V^{+/0/-}]$.

π-Komplexe des Siebenringheterocyclus **Azepin** sind bislang nur als N-Ethoxycarbonylderivate $(\eta^4\text{-}C_6H_6NCOOEt)Fe(CO)_3$ und $-(\eta^6\text{-}C_6H_6NCOOEt)Cr(CO)_3$ bekannt geworden, N tritt hier nicht in die Koordinationssphäre ein (*Kreiter*, 1977).

15.5.3 P- und As-Heterocylen

Breiter als für N als Heteroatom ist die Palette der P-Heterocyclenkomplexe; dies gilt sowohl bezüglich der Ringgrößen als auch der Zahl eingebauter Heteroatome.

Zu den P-haltigen **Vierringen** zählen die in freiem Zustand unbekannten **Diphosphete**, beide Isomere konnten ÜM-koordiniert erhalten werden:

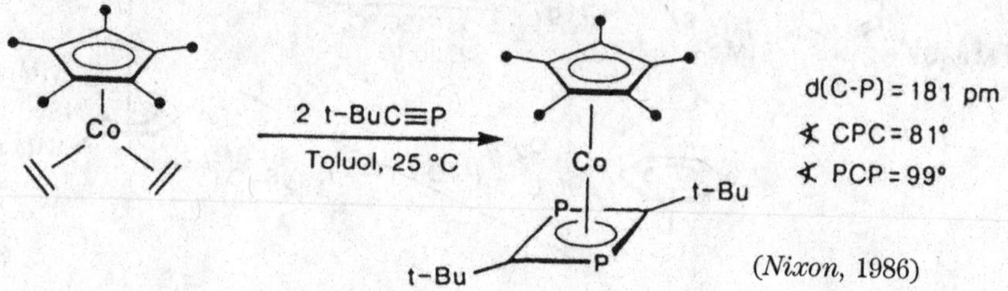

$$d(\text{C-P}) = 181 \text{ pm}$$
$$\sphericalangle \text{ CPC} = 81°$$
$$\sphericalangle \text{ PCP} = 99°$$

(*Nixon*, 1986)

Wie das koordinierte Cyclobutadien selbst (S. 447f.) besitzt auch dieses 1,3-Diphosphacyclobutadien gleiche Intraring-Bindungsabstände, im Gegensatz zu ersterem zeigt es jedoch Rautenform.

Die Cyclodimerisierung des Phosphaalkins läuft auch unter den Bedingungen der CK-Synthese ab, mit Mo-Atomen entsteht hierbei der einzigartige Tris(1,3-diphosphet)komplex (*Cloke*, 1994):

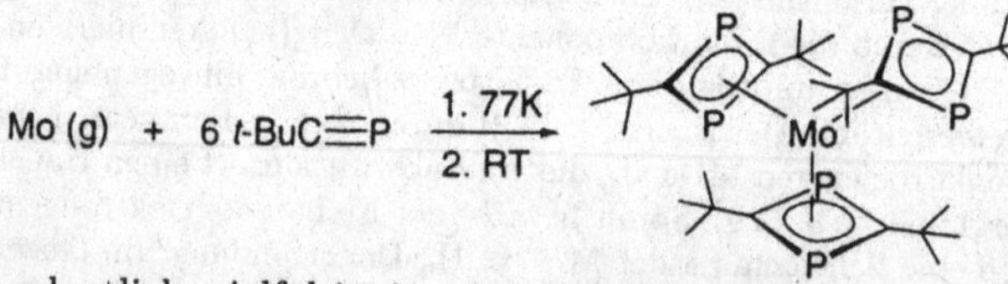

Außerordentlich vielfältig ist die Koordinationschemie der P-haltigen **Fünfringe**. Phosphaferrocen wurde bereits von *Mathey* (1977) dargestellt, 1,1′-Diphosphaferrocen folgte 1986:

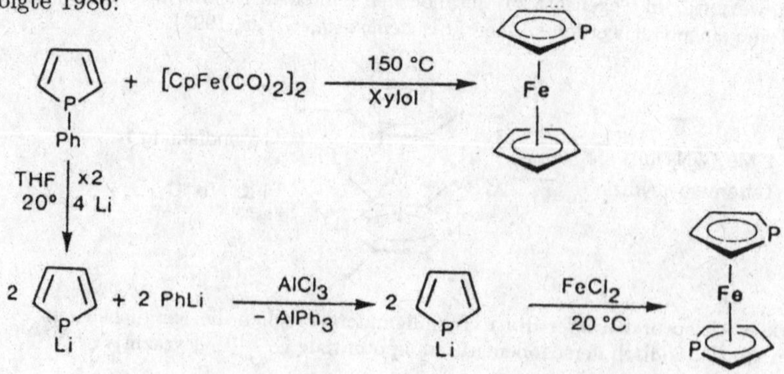

Auf diesem Wege ist auch 1,1'-Diarsaferrocen zugänglich (*Ashe*, 1987). **1,1'-Diphosphaferrocen** ist über die P-Atome noch zur σ-Donor/π-Akzeptor-Wechselwirkung befähigt, es kann nach Art eines diphos-Liganden zum Baustein für Mehrkernkomplexe werden. *Beispiel:*

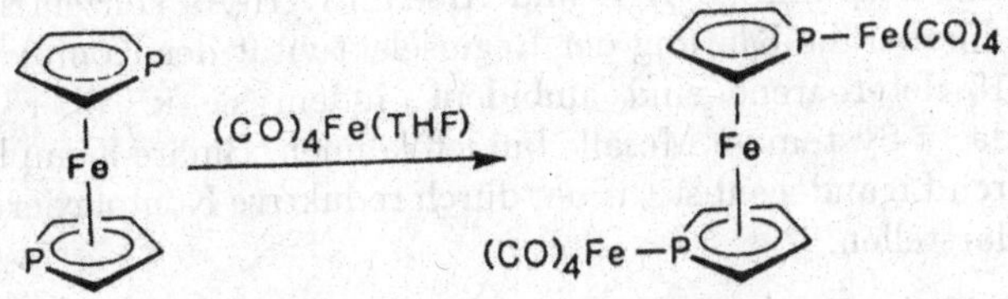

Phosphaferrocene sind auch als Liganden in homogenkatalytisch aktiven Komplexen eingesetzt worden (*Mathey*, 1994).

Was Phospha- von Azaferrocenen vor allem unterscheidet, ist die Möglichkeit des vielfachen Einbaus von Heteroatomen. Dies soll nur an einem Beispiel illustriert werden: Abhängig von Einzelheiten der Reaktionsführung liefert die Cyclooligomerisierung des Phosphaalkins t-BuC≡P in der Koordinationssphäre des Eisens mannigfaltige Produkte (*Zenneck*, 1995).

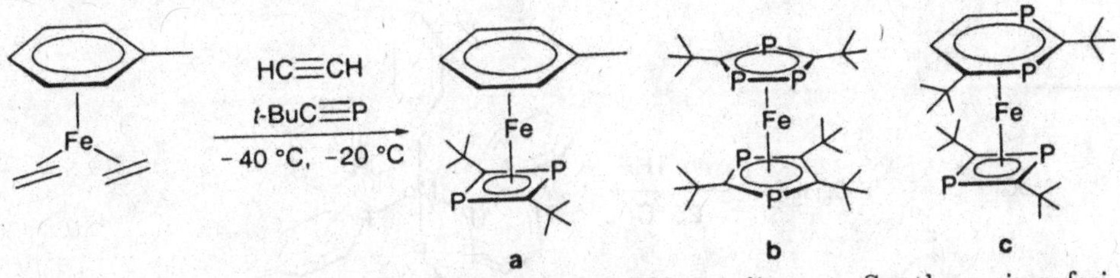

Die oxidative Dekomplexierung von **c** mittels CCl_4 ist die erste Synthese eines freien 1,3-Diphosphabenzols. Derartige Templatsynthesen sind somit vielversprechende Zugangswege zu neuen P-Heterocyclen (vergl. hierzu die Synthese eines 1,3,5-Triphosphabenzols, S. 221).

Sogar alle fünf CH-Einheiten des Cp-Rings können durch P ersetzt werden: Ein Pentaphosphaferrocen entsteht auf einfache Weise unter Verwendung von P_4 als Phosphorspender (*Scherer*, 1987):

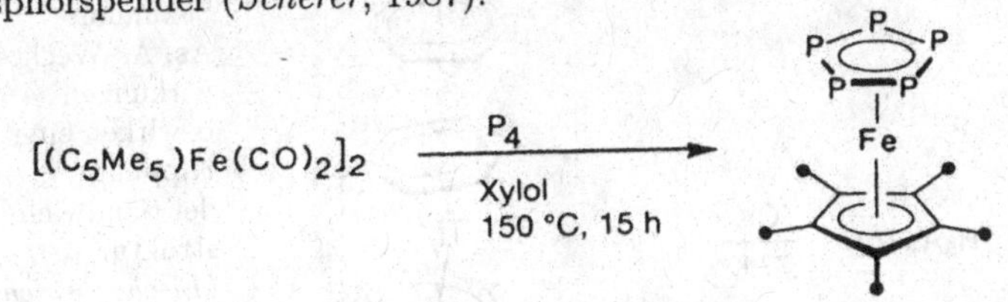

In jüngster Zeit gelang es, Kohlenstoff vollständig aus der Sandwichstruktur zu verbannen: das diamagnetische Anion $[(\eta^5\text{-}P_5)_2Ti]^{2-}$ ist für eine Ti^0-Spezies erstaunlich luft- und thermostabil (*Urnezius*, 2002).

Arsa-, Stiba- und Bismaferrocene sind ebenfalls bekannt, zum Teil allerdings nur mit Ringsubstituenten versehen (*Ashe*, 1995).

Wie bereits erwähnt (S. 217f.), sind aromatische **Sechsringe**, die Elemente der Gruppe 15 als Heteroatome enthalten, als vollständige Reihe C_5H_5E (E = N, P, As, Sb, Bi) bekannt, so daß es verlockend ist, ihre Koordinationschemie zu studieren. Aufgrund der hohen Empfindlichkeit des Stibins C_5H_5Sb und Bismins C_5H_5Bi ist dieses Bemühen vorerst auf Phosphinin C_5H_5P und Arsenin C_5H_5As konzentriert. Ein zentrales Anliegen ist hierbei die Klärung der Regioselektivität der Komplexierung, denn die Gruppe-15-Heteroarene sind **ambident**, indem sie κ^1 über das Heteroatom oder η^6 über das π-System an Metalle binden können. Binäre Komplexe $M(C_5H_5E)_n$ lassen sich durch Ligandensubstitution, durch reduktive Komplexierung oder durch CK-Synthese darstellen:

$(COD)_2Ni$ + 4 C_5H_5P $\xrightarrow[25\,°C]{MeCyHex}$

$MoCl_5$ + 6 C_5H_5P $\xrightarrow[25\,°C]{Mg,\ THF}$

V (g) + 2 C_5H_5P (g) $\xrightarrow[77\,K]{CK}$

Ti (g) + 2 C_5H_5As (g) $\xrightarrow[77\,K]{CK}$

Sekundäre As, As-Wechselwirkungen bewirken eine Kippung der Sandwichstruktur (*Elschenbroich*, 1999)

Tendenziell zeichnet sich ab, daß frühe ÜM $\pi(\eta^6)$-Koordination bevorzugen, später ÜM hingegen $\sigma(\kappa^1)$-Koordination. Für mittlere ÜM werden beide Formen angetroffen. Aus CK-Experimenten werden allerdings kinetisch kontrollierte Produkte isoliert, sodass Schlüsse auf Stabilitätsabstufungen problematisch sind.

In der Deutung dieser Trends ist zu berücksichtigen, daß, wie auch Protonierungs-experimente zeigen, die Basizität des Heteroatoms gemäß N ≫ P > As > Sb abnimmt. In dieser Folge tritt auch die κ¹-Koordination an ÜM in den Hintergrund. Wie Konkurrenzexperimente zeigen, sind die Heterocyclen C_5H_5E (E = P, As) dem Homocyclus Benzol als η⁶-Donor/Akzeptor-Liganden überlegen. Dies läßt sich verstehen, wenn man den Einfluß der Störung des 6πe-Perimeters durch Einbau des Heteroatoms E betrachtet.

Das vereinfachte Korrelationsdiagramm der **Grenzorbitale** für C_6H_6 und C_5H_5P zeigt, daß zwei Effekte an der Störung durch den Ersatz von CH durch P beteiligt sind:

① Die Zunahme der Bindungslänge von C–C nach C–P bewirkt eine Abnahme der Resonanzintegrale, $\beta_{CC} > \beta_{CP}$. Dies läßt π-MOs, die zwischen C und P nichtbindend sind, unverändert, modifiziert aber die bindenden bzw. antibindenden π-MOs, wie im Diagramm gezeigt.

② Die Zunahme der π-Orbitalnegativität EN(Cπ) < EN(Pπ) (vergl. S. 22) stabilisiert alle π–MOs in C_5H_5P relativ zu C_6H_6.

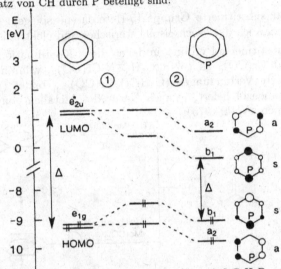

Insgesamt resultiert eine Verringerung der HOMO/LUMO-Aufspaltung Δ, so daß C_5H_5P, relativ zu C_6H_6, ein Ligand vergleichbarer π-Donor-, aber höherer δ-Akzeptorstärke ist. Dies wird experimentell durch den Befund unterstrichen, daß die Potentiale der metallzentrierten Oxidation stark anodisch verschoben sind: $E_{1/2}[(C_6H_6)_2M^{+/0}] < E_{1/2}[(C_5H_5E)_2M^{+/0}]$.

Ein spektakuläres Ergebnis ist die Bildung von **Hexaphosphabenzol** P_6 als Brückenligand in einem Tripeldeckerkomplex (*Scherer*, 1985); die Verwandtschaft zu der Verbindung μ(cyclo-As₅)[Mo(C_5H_5)]₂ (S. 216) ist offensichtlich:

$$Me_5C_5(CO)_2Mo\equiv Mo(CO)_2C_5Me_5 \xrightarrow[\text{140 °C, 5 h}]{P_4, \text{ Xylol}}$$

d(P-P) = 217 pm
d(Mo-P) = 254 pm

Die Ambidenz der C_5H_5E-Liganden manifestiert sich auch in der Klasse der Halbsandwichkomplexe; die Heteroarene mit schwererem E scheinen hier den η⁶-Modus zu bevorzugen (*Ashe*, 1977):

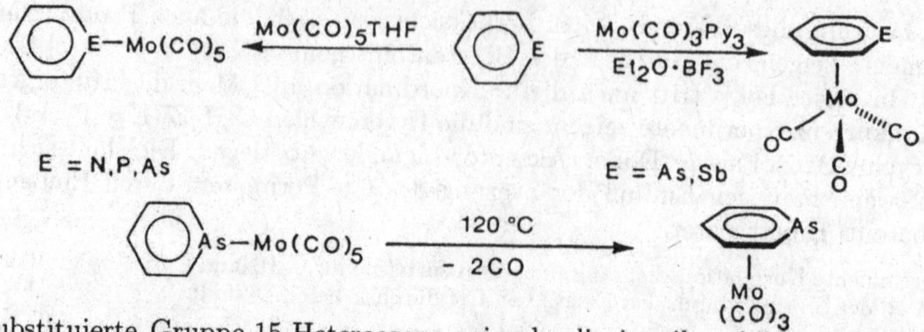

$E = N, P, As$ $E = As, Sb$

Für substituierte Gruppe-15-Heteroarene spiegeln die jeweils gebildeten Produkte aber auch das Wechselspiel sterischer und elektronischer Faktoren wider:

Substituierte Pyridine, in denen die N-Koordination sterisch blockiert ist, reagieren mit $Cr(CO)_6$ zu $(\eta^6\text{-}R_nC_5H_{5-n}N)Cr(CO)_3$, während Pyridin selbst nur N-koordinierte Verbindungen $(C_5H_5N)_nCr(CO)_{6-n}$ bildet (n = 1–3). 2,4,6-Triphenylphosphabenzol liefert, je nach Natur des Metallcarbonylspenders, beide Verbindungstypen (*Nöth*, 1973):

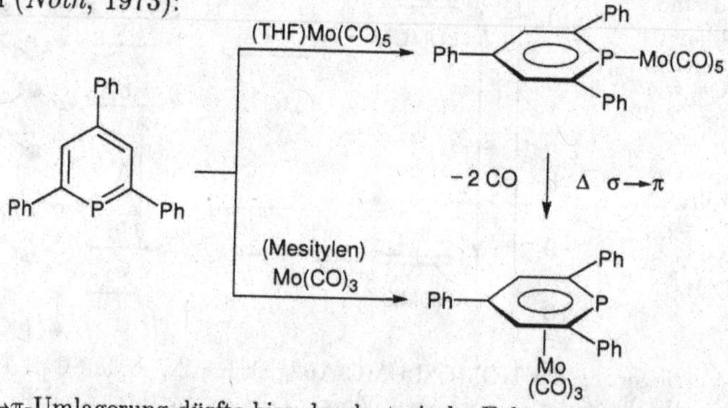

Die σ→π-Umlagerung dürfte hier durch sterische Faktoren ausgelöst werden.

Von der erwähnten energetischen Absenkung des LUMOs in C_5H_5E profitiert übrigens auch die $(\kappa^1\text{-}C_5H_5E)M$-Bindung, zumal das LUMO b_1 am Ligatoratom P einen großen Koeffizienten besitzt. Somit ist Phosphinin auch im κ^1-Modus ein vorzüglicher π-Akzeptor, auf der spektrochemischen Reihe ist C_5H_5P zwischen RNC und CO einzuordnen. Diese Tatsache macht die von *Mathey* (1996) beschriebenen 2,2′-Biphosphinine (tmbp) als Chelatliganden besonders attraktiv. Dies folgt aus der zentralen Rolle, die das leichtere Homologe, 2,2′-Bipyridin (bpy), in der modernen angewandten Koordinationschemie spielt, Stichwort: $[Ru(bpy)_3]^{2+}$, ein Komplexkation, welches einen relativ langlebigen elektronischen Anregungszustand besitzt, der es für den Einsatz als Sensibilisator in der photochemischen Wasserspaltung und in Photovoltazellen empfiehlt. Wie der folgende Selektivitätsvergleich zeigt, sind Biphosphinine, verglichen mit Bipyridinen, schlechtere σ-Donoren, aber bessere π-Akzeptoren:

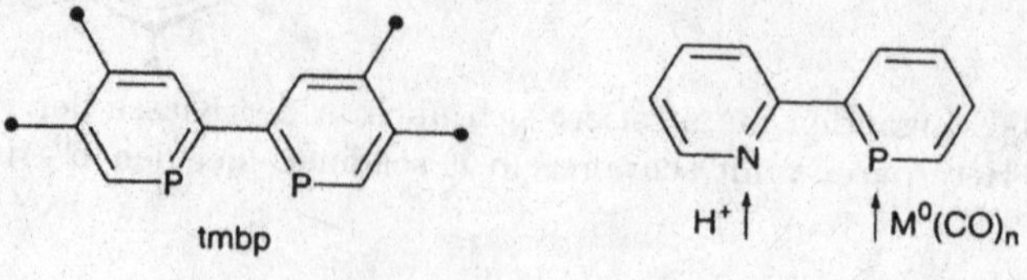

Die Überlegenheit der Phosphinine in der Stabilisierung niedriger Metall-Oxidationsstufen zeigt sich in der Verdrängungsreaktion

$$(bpy)Cr(CO)_4 + tmbp \xrightarrow[120\,°C]{Tol} (tmbp)Cr(CO)_4 + bpy$$

sowie im Gang der Redoxpotentiale:

$$\begin{array}{lll}
 & & E_{1/2}\ (GKE) \\
Ni(bpy)_2 + e^- \rightleftharpoons [Ni(bpy)_2]^{\cdot-} & & -1.97\ V \\
Ni(tmbp)_2 + e^- \rightleftharpoons [Ni(tmbp)_2]^{\cdot-} & & -1.64\ V
\end{array}$$

Ein völlig unerwartetes Ergebnis lieferte die Reaktion von tmbp mit $Mn_2(CO)_{10}$, hierbei entsteht ein **Metallacyclenkomplex**, Vertreter einer Klasse, mit der wir die Koordinationschemie der Heterocyclen abschließen werden (S. 538).

15.5.4 B-Heterocyclen

Die ersten Übergangsmetallkomplexe borhaltiger Ringsysteme wurden in Form der **Carboran-Metall-Komplexe** ab 1965 von *Hawthorne* dargestellt. Während diese Verbindungen aus Metallkationen und Carboranylanionen in vielen Fällen Parallelen zu den entsprechenden Cyclopentadienylverbindungen aufweisen (S. 103), zeichnen sich Komplexfragmente aus Metallen und einfachen Bor-Heterocyclen durch ihre Stapelfähigkeit aus (**Mehrfachdecker-Komplexe**).

Einige koordinationschemisch wichtige B,C-Heterocyclen sind nachfolgend zusammengestellt, nicht alle existieren in freier Form bzw. als unsubstituierte Grundkörper:

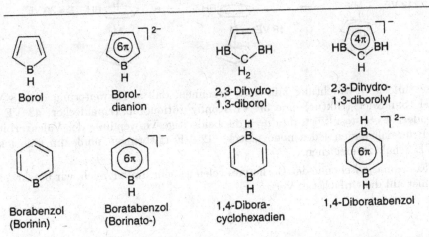

Borol Borol-dianion 2,3-Dihydro-1,3-diborol 2,3-Dihydro-1,3-diborolyl

Borabenzol (Borinin) Boratabenzol (Borinato-) 1,4-Dibora-cyclohexadien 1,4-Diboratabenzol

Bora- bezeichnet den Ersatz eines CH-Fragmentes durch B, **Borata-** den Ersatz von CH durch BH^-. Neben Borabenzol ist auch die Bezeichnung Borinin für C_5H_5B IUPAC-konform. Wie in der Literatur verwenden auch wir nachfolgend beide Namen.

Allgemein läßt sich sagen, daß neutrale Bor-Kohlenstoff-Systeme wie Borol oder Diboracyclohexadien tief liegende unbesetzte MOs besitzen. Folglich sind die neutralen Liganden starke Elektronenakzeptoren, vorausgesetzt, die Substituenten an B wirken nicht als π-Donoren. Die Existenz des Boroldianions und der Anionen Boratabenzol und 1,4–Diboratabenzol ist hiermit in Einklang. Koordiniert an Metalle können B,C-Heterocyclen als Neutralliganden (Zahl der π-Elektronen entspricht der Zahl der sp^2-Kohlenstoffatome) oder als Anionen mit 4 oder 6 π-Elektronen betrachtet werden. Entsprechend ist die formale Oxidationszahl des Zentralmetalls anzupassen. Der isolobale Ersatz CH $\longleftarrow$σ$\longrightarrow$ BH$^-$ zeigt Analogien zwischen carbocyclischen und borheterocyclischen Liganden auf:

So entsprechen sich die Paare $C_5H_5^-/C_4BH_5^{2-}$ sowie $C_6H_6/C_5BH_6^-$. Von Isolobalität im engeren Sinne (S. 551) kann hier allerdings nicht gesprochen werden, da die Symmetrieeigenschaften der π-Orbitale durch den Einbau des Heteroatoms Bor modifiziert werden.

Der Ersatz von Kohlenstoff- durch Boratome erhöht die Fähigkeit der Ringe zu beidseitiger Koordination an Metallatome, bereitwillige Bildung von **Mehrfachdecker-Komplexen** ist die Folge. Dies wird plausibel, wenn man bedenkt, daß in einem isolektronischen Paar carbocyclisch/boracyclisch der Borheterocyclus die höhere negative Ladung trägt und daher der bessere π-Donor ist, ein in Anbetracht der Dominanz der M$\xleftarrow{\pi}$ C_5H_5-Komponente in der Bindung von Metallocenen (S. 454) entscheidender Faktor. Einseitige Koordination an ein Fragment CpM erzeugt somit eine Spezies, die über weitere π-Bindungsfähigkeit verfügt:

Diese einfache Betrachtung läßt auch erkennen, daß als Erweiterung der 18 VE-Regel (Sandwichstruktur) eine **30 VE**-Konfiguration für **Tripeldecker**, **42 VE** für **Tetradecker** etc. resultiert, da durch die beidseitige Verwendung der Valenzorbitale des Brückenliganden jedes neue „Deck" 12 VE mitbringen muß, um eine lokale 18 VE-Schale zu erreichen.

Die Koordinationschemie der Borheterocyclen ist sehr umfangreich, wir beschränken uns hier auf die einfachsten Vertreter.

Fünfring-Liganden

Ein vielseitiger Zugangsweg zu (η^5-**Borol)metall-Komplexen** besteht in der dehydrierenden Komplexierung von Borolenen mit Metallcarbonylen (*Herberich*, 1987):

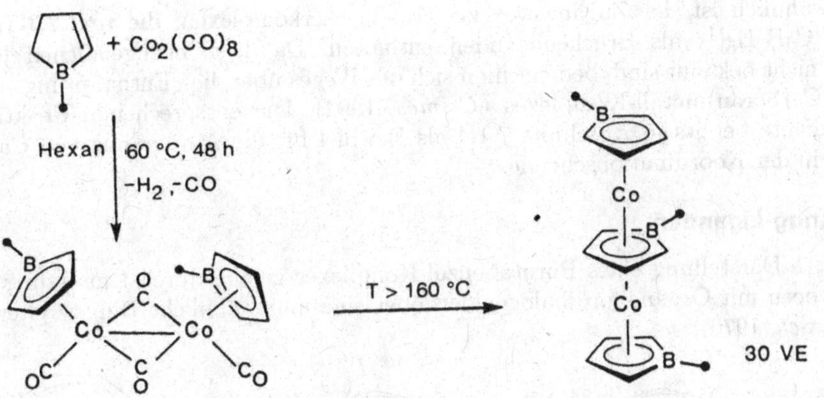

[figures showing reaction schemes]

$[(\eta^5\text{-}C_4H_4BMe)Co(CO)_2]_2$ ist isostrukturell mit $[(\eta^5\text{-}C_5H_5)Fe(CO)_2]_2$ – eine Folge der isoelektronischen Natur der Bausätze $C_4H_4BMe(4\pi)$ + $Co(d^9)$ und $C_5H_5(5\pi)$ + $Fe(d^8)$.

Auch **(η^5-1,3-Diborolyl)metall-Komplexe** entstehen via Dehydrierung einer Ligandvorstufe, Cp-metallcarbonyle dienen hier als Aufstockungsreagenzien (*Siebert*, 1977, 1978):

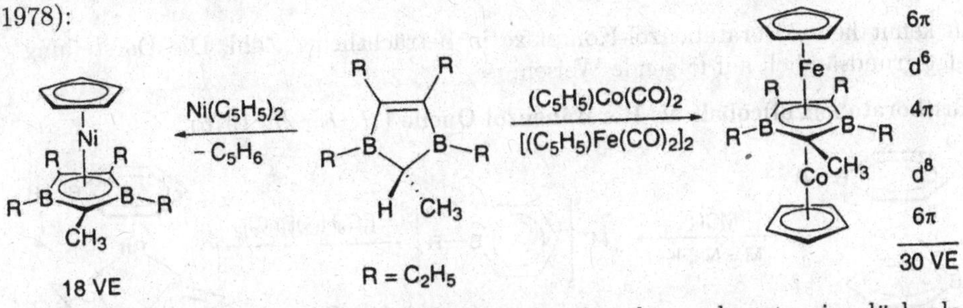

[figure showing reaction scheme with 18 VE, R = C₂H₅, and 30 VE products]

Dieser Typ ist nicht auf 30 VE-Komplexe beschränkt, es konnte eine lückenlose Reihe mit 29–34 VE realisiert werden: FeFe(29 VE), FeCo(**30 VE**), CoCo(31 VE), CoNi(32 VE), NiNi(33 VE), NiNi⁻(**34 VE**).

Die **30 VE-Regel** ist also nicht zuverlässig. Hierin liegt aber andererseits wieder eine Chance, denn offenschalige Systeme, die von der idealen Elektronenkonfiguration abweichen, sollten interessante Eigenschaften aufweisen, die auf gemischter Valenz und Elektronenbeweglichkeit längs der Stapelachse beruhen.

Neben den inzwischen in großer Zahl dargestellten **Tripeldeckerkomplexen** wurden auch **Tetra-, Penta- und Hexadeckerverbindungen** synthetisiert, in denen 1,3-Diborolyl als Brückenligand fungiert. Als krönender Abschluß dieses Teilgebietes gelang die Bereitung von **Polydecker-Sandwichkomplexen**, die für M = Ni Halbleitereigenschaften besitzen, für M = Rh resultiert ein Isolator (*Siebert*, 1986).

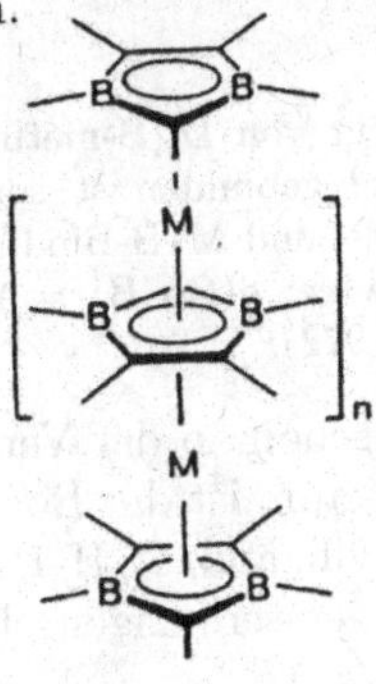

[figure showing polydecker sandwich structure]

Ungewöhnlich ist der Zugangsweg zu Tripeldeckerkomplexen, die η^5-**1,2,3-Tribo-rolyl** $[C_2B_3H_5]^{4-}$ als Brückenliganden enthalten. Da diese hochgeladenen Ionen selbst nicht bekannt sind, bedient man sich des Weges über die „Enthauptung" eines (nido-Carboran)metall-Komplexes (*Grimes*, 1992). Die entsprechende Reaktionsfolge diente bereits in Abschnitt 7.1.4 als Beispiel für die Anwendung von Carboranen in der Koordinationschemie.

Sechsring-Liganden

Die erste Darstellung eines **Boratabenzol**-Komplexes gelang durch Umsetzung von Cobaltocen mit Organobordihalogeniden über eine ungewöhnliche Ringerweiterung (*Herberich*, 1970):

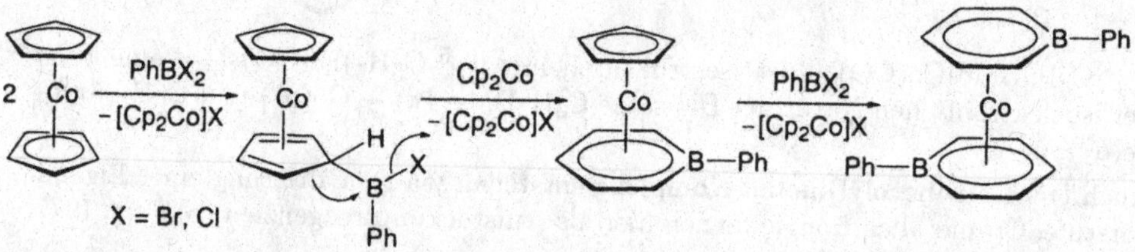

Man kennt heute Boratabenzol-Komplexe in beträchtlicher Zahl. Die Darstellung erfolgt grundsätzlich auf folgende Weisen:

1. Bis(boratabenzol)cobalt als Boratabenzol-Quelle (*Herberich*, 1976):

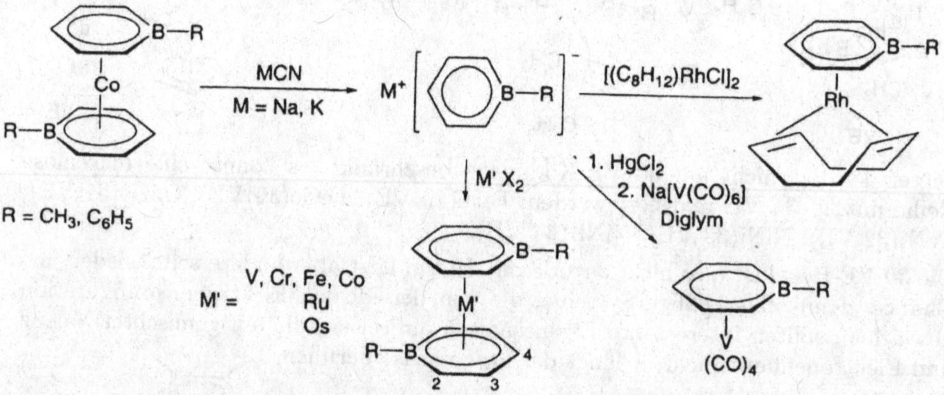

Die Struktur von **Di(B-methylboratabenzol)cobalt** zeigt, daß das Metall nicht exakt zentrosymmetrisch gebunden ist, sondern vom Bor „wegrutscht" (slipped sandwich). Die Unterschiede der M–C- und M–B-Bindungslängen sind größer als aus der Summe der Kovalenzradien zu erwarten wäre: d(Co–B) = 228, d(Co–C2) = 222, d(Co–C3) = 217, d(Co–C4) = 208 pm (*Huttner*, 1972).

Wie man schon an der Verdrängung von $C_5H_5BR^-$ aus $(\eta^6$-$C_5H_5BR)_2$Co durch CN$^-$ erkennen kann, ist der Borinatoligand schwächer an Metalle gebunden als der Cyclopentadienylligand. $C_5H_5BR^-$ ist ein schwächerer Donor, aber ein stärkerer Akzeptor als $C_5H_5^-$, erstere Eigenschaft dominiert offenbar die Bindungsenergie. Die besseren

Akzeptoreigenschaften von $C_5H_5BR^-$, verglichen mit $C_5H_5^-$, sind wohl auf die Zunahme der Ringgröße zurückzuführen, sie äußern sich in der hypsochromen Verschiebung der ν_{CO}-Frequenzen beim Übergang von $(C_5H_5)V(CO)_4$ auf $(C_5H_5BR)V(CO)_4$ und in der anodischen Verschiebung des Redoxpotentials: $E^0[(C_5H_5)_2Fe^{+/0}] = 0.40$ V, $E^0[(C_5H_5BMe)_2Fe^{+/0}] = 1.10$ V.

Trotz dieser Unterschiede ist der Borinatoligand $C_5H_5BR^-$ in Domänen des Cyclopentadienylliganden eingedrungen, so etwa als Baustein gewinkelter Sandwichkomplexe des Typs $(\eta^5\text{-}C_5H_5BR)_2ZrCl_2$.

2. Unabhängige Synthese des Liganden Boratabenzol (*Ashe*, 1975):

(*Ashe*, 1996) a b

Eine interessante Variante ist das Di(boratabenzol)zirkondichlorid, ein Analogon der homogenkatalytisch wirksamen Zirkonocendichloride (S. 659f.). Im Falle der NR_2-Gruppe als Substituent am Bor zeigt die Röntgenstrukturbestimmung η^5-Koordination des Boratabenzols an. Somit kommt der Resonanzstruktur **b** besonderes Gewicht zu. Dieser Befund zeigt auch, daß die elektronischen Verhältnisse um das Zentralmetall für Boratabenzol-ÜM-Komplexe in hohem Maße durch exocyclische Substituenten am Boratom steuerbar sind. In ihrer Leistungsfähigkeit als Katalysatoren für die Olefinpolymerisation ist Di(aminoborinato)zirkondichlorid, nach Aktivierung mittels Methylalumoxan, den Zirkonocendichloriden ähnlich.

1,4-Diboracyclohexa-2,5-dien, $C_4B_2H_6$, ist in unsubstituierter Form bislang weder frei noch komplexiert bekannt; das 1,4-Difluoro-2, 3, 5, 6-tetramethyl-Derivat hingegen ist aus Bormonofluorid und 2-Butin darstellbar (S. 93), seine Umsetzung mit Nickeltetracarbonyl führt zu einem Sandwichkomplex (*Timms*, 1975):

Röntgenstrukturdaten zeigen Bis-η^6-Koordination an, der Komplex ist – wie der isolektronische Ersatz $>C=\bar{\underline{O}}$ gegen $>B-\bar{\underline{F}}|$ erwarten läßt – isostrukturell mit Bis(durochinon)nickel (*Schrauzer*, 1964 R).

Die Synthese eines B-alkylierten Derivates, koordiniert an Co, gelingt wie folgt:

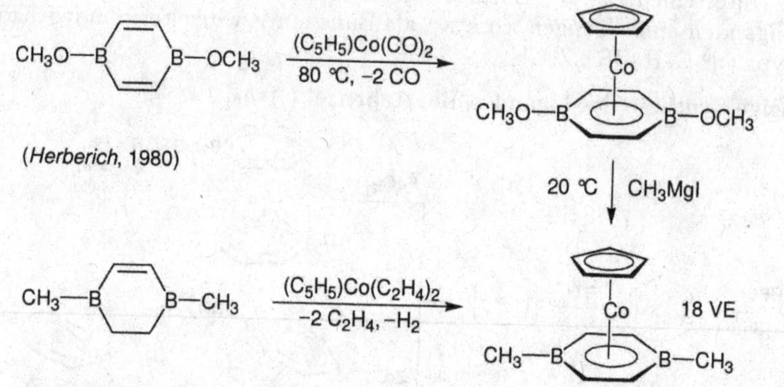

(*Herberich*, 1980)

(*Siebert*, 1987)

Der entsprechende Rhodiumkomplex geht bei Protonierung in eine zweikernige Verbindung mit Tripeldeckerstruktur über (*Herberich*, 1981):

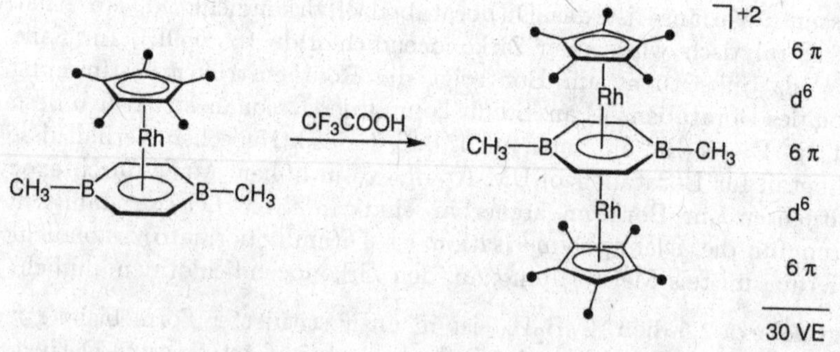

Borazin $B_3N_3H_6$ wird gelegentlich als „anorganisches Benzol" bezeichnet. Tatsächlich bilden einige Alkylderivate dieser Verbindung auch π-Komplexe (*Werner*, 1969).

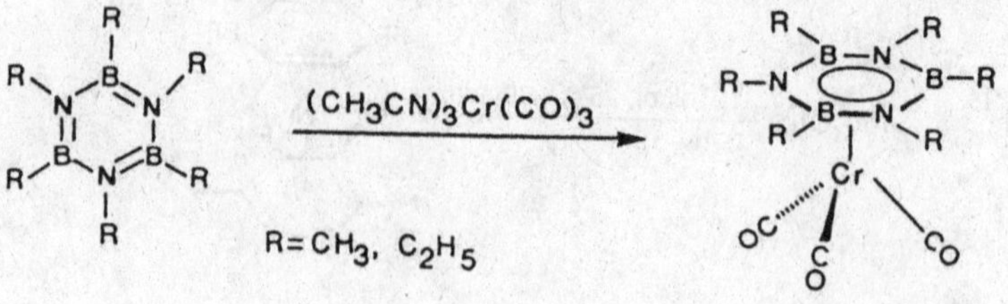

Struktur von **(Hexaethylborazin)Cr(CO)₃**:
Der Ring ist, im Gegensatz zum freien
Liganden, nicht vollständig planar. Die Ebene
der B-Atome liegt in einem Abstand von 7 pm
parallel zur Ebene der N-Atome. Die Cr–B-
und Cr–N-Abstände sind deutlich verschieden, entsprechen aber dem Unterschied
der Kovalenzradien von B und N; B ist also
nicht etwa schwächer an das Zentralatom
gebunden als N. Die Cr(CO)₃-Einheit ist so
orientiert, daß die CO-Gruppen jeweils trans
zu den N-Atomen stehen (*Huttner*, 1971).

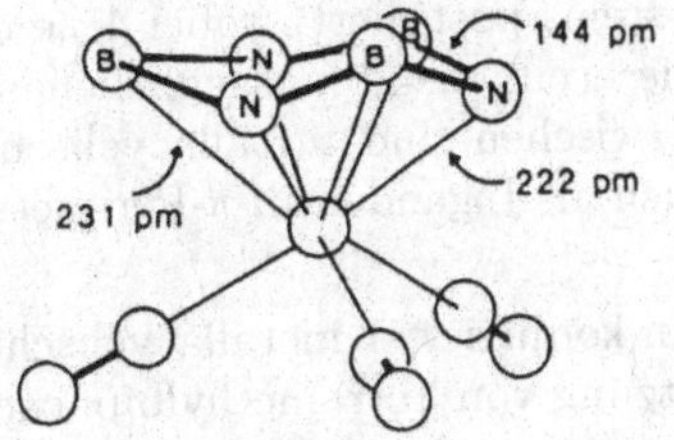

Verglichen mit carbocyclischen Aromatenkomplexen ist die Stabilität der Borazin-
komplexe gering; eine vergleichende thermochemische Untersuchung an $(Me_6C_6)Cr$
$(CO)_3$ und $(Me_3B_3N_3Me_3)Cr(CO)_3$ lieferte die Bindungsenthalpien D(Cr–Aren) =
206 und D(Cr-Borazin) ≈ 105 kJ/mol (*Connor*, 1977). Es erstaunt daher nicht all-
zusehr, daß Sandwichkomplexe des Borazins bislang nicht beschrieben wurden.

Siebenring-Liganden

Heterocyclische siebengliedrige π-Perimeter als Liganden stellen Raritäten dar, so
sind bislang Azatropyliumkomplexe, die den Liganden η^7-$C_6H_6N^+$ enthalten, unbekannt (S. 526). Auch das Azepiniumion $C_6H_6N^+$ selbst ist erst in jüngster Zeit in
Form eines Ringsubstitutionsproduktes ^{1}H-NMR spektroskopisch charakterisiert
worden (*Satake*, 2004). Wird für den Ersatz von CH$^+$ im Tropyliumring $C_7H_7^+$
anstelle von N$^+$ die isolobale Einheit BR gewählt, so gelangt man zum Borepinring
C_6H_6BR, für dessen η^7-Koordination an ÜM bereits mehrere Beispiele vorliegen.
Die Synthese des Grundkörpers der **Borepin**-Komplexchemie gelang *Ashe* (1993):

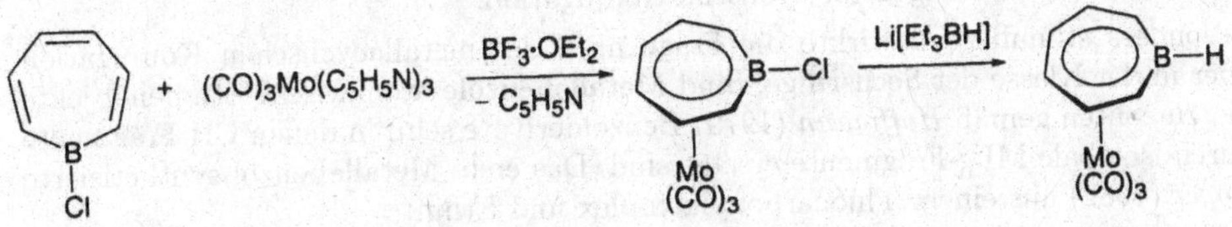

Im Gegensatz zum sehr unbeständigen, noch nicht in Substanz isolierten freien
1*H*–Borepin zersetzt sich der Komplex $(\eta^7$-$C_6H_6BH)Mo(CO)_3$ erst bei 165 °C. Sind
Borepine, so wie das Tropyliumkation, aromatisch? Ein Vergleich der Strukturdaten
für freies und Mo(CO)₃-koordiniertes 1-Chlorborepin legt dies nahe.

15.5.5 Metalla-Heterocyclen

Die Koordination eines ÜM-haltigen cyclisch konjugierten Liganden an ein weiteres
Übergangsmetall war uns bereits bei der Alkincyclooligomerisierung begegnet (S.
401), die Verbindung $C_4H_4Fe_2(CO)_6$ wurde als **Ferrolkomplex** bezeichnet. Hiermit

wurde Aromatizität im Fünfring C_4Fe im Sinne eines delokalisierten 6π-Elektronensystems postuliert, wobei 4 πe der C_4-Einheit und 2 πe dem Fe-Atom entstammen. Die weitgehend ausgeglichenen C,C-Bindungslängen stützen diese Betrachtung. Inzwischen sind metallacyclische Aromaten in beträchtlicher Zahl dargestellt und auch als Liganden in π-Perimeterkomplexen eingesetzt worden.

Ein konjugierter metallacyclischer **Fünfringligand** („**Metallol**") entsteht bei der Umsetzung von Tetramethylbiphosphinin (tmbp) mit Mangancarbonyl (*Mathey*, 1995):

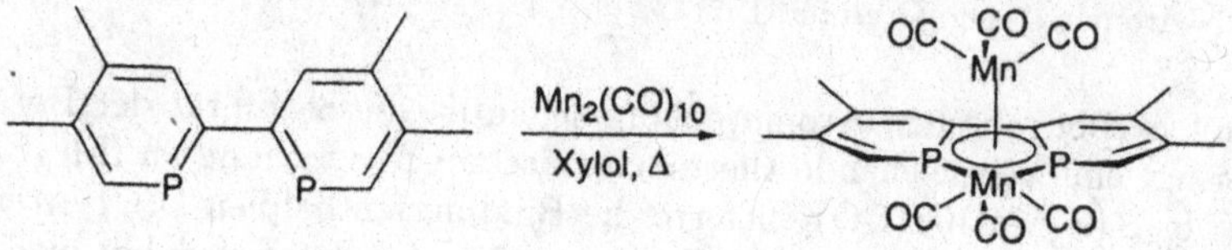

Überraschend ist die Bildung des $(\eta^5\text{-}C_2P_2Mn)$Mn-Strukturelementes, ausgehend von 1,2-Dihydro-1,2-diphosphet als 1,4-Diphosphabutadien-Äquivalent:

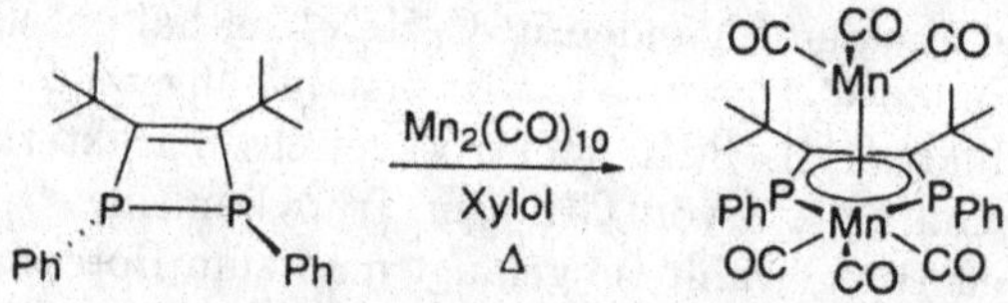

Wie im Ferrolkomplex sprechen auch in diesen **Diphosphamanganol**komplexen ähnliche C,C-Bindungslängen für cyclische Konjugation.

Besonders stimulierend wirkte die Frage nach der metallacyclischen Konjugation aber in der Klasse der **Sechsringe**: Sind **Metallabenzole** aromatisch? Studienobjekte hierzu sollten gemäß *Hoffmann* (1979) Benzolderivate sein, in denen CH-Fragmente durch isolobale ML_n-Fragmente ersetzt sind. Das erste Metallabenzol synthetisierte *Roper* (1982) aus einem Thiocarbonylkomplex und Ethin:

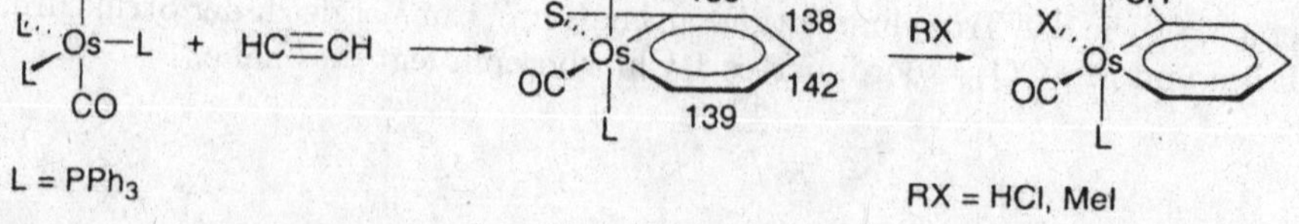

Die Planarität des OsC_5-Rings, die geringe Alternanz der C, C-Bindungslängen und die Lage der ^{1}H-NMR-Signale sprechen für cyclische Konjugation. In jüngster Zeit wurden am **Osmabenzol** sogar elektrophile aromatische Substitutionen durchgeführt (*Roper*, 2000).

Ein **Iridabenzol** gewann *Bleeke* (1991):

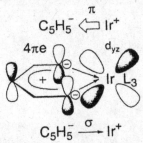

Die für Osmabenzol erwähnten Befunde zeichnen auch das Iridabenzol aus. Der ausgeprägte π-Donorcharakter dieses Heteroarens befähigt es, Xylol aus (η^6-Xyl)Mo (CO)$_3$ zu verdrängen. Das Fragment IrL$_3$ ist isolobal zu CH, die Aromatizität des Iridabenzols ist somit plausibel. Verweilen wir jedoch noch kurz bei diesem ungewöhnlichen Heteroaren, um die Bindung der Fragmente zu analysieren.

Hierzu nimmt man am besten die formale Aufteilung C$_5$H$_5^-$ und L$_3$Ir(d^8)$^+$ vor. Das offene Dehydropentadienylanion C$_5$H$_5^-$ (Σ VE = 26) besitzt, zusätzlich zu den im σ-Bindungsgerüst fixierten 18 Elektronen, je ein Elektronenpaar an den terminalen C-Atomen und 4 delokalisierte π-Elektronen. Erstere dienen der Ausbildung zweier σ-Donorbindungen an das Ir-Atom, letztere besetzen die π–MO 1b$_1$ (1π) und 1a$_2$(2π) des offenen Pentadienyls (vergl. S. 417).

Das MO 2b$_1$ (3π) von C$_5$H$_5^-$ bleibt unbesetzt und ist als π-Akzeptororbital verfügbar; zur Wechselwirkung geeignet ist das gefüllte Ir(d$_{yz}$)-Orbital, dessen Elektronenpaar die π-Elektronenkonfiguration des Rings zum Sextett ergänzt. Die verbleibenden sechs d-Elektronen des Iridium(I)-Ions stabilisieren retrodativ die drei Ir–L-Bindungen (L = σ-Donor/π-Akzeptor-Ligand).

Abschließend sei der erste binäre Metallabenzol-Sandwichkomplex vorgestellt, den *Salzer* (1998) auf überraschend einfachem Wege aus offenem Ruthenocen erhielt:

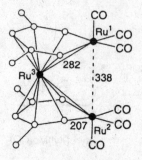

Die Art der Kippung und der Abstand $d(Ru^1 \cdots Ru^2)$ = 338 pm weisen auf schwache Intermetall-Wechselwirkungen, vergleichbar etwa mit $As \cdots As$ in $(C_5H_5As)_2Ti$ (S. 528), hin. So bleibt die syneklipti-sche Konformation des Komplexes auch in Lösung erhalten. Wesentlich kürzer sind naturgemäß die Abstände $d(Ru^3–Ru^{1,2})$ = 282 pm.

In diesem **Di(η^6-ruthenabenzol)ruthenium** ergänzt das zu IrL_3 isolobale Fragment $Ru(CO)_3^-$ die offene C_5H_5-Einheit zum Heteroaren $C_5H_5Ru(CO)_3^-$. Die Iso-lobalbeziehung (S. 551) $CH \overset{o}{\longleftrightarrow} BH^- \overset{o}{\longleftrightarrow} Ru(CO)_3^-$ läßt das Ruthenabenzolanion als Analogon des Boratabenzols $C_5H_5BH^-$ erscheinen. Demgemäß sollte auch das Fragment $C_5H_5Ni^+$ zur Schließung der Lücke im offenen $C_5H_5^-$ geeignet sein. Dies ist in der Tat der Fall (*Salzer*, 1994).

16 Metall-Metall-Bindungen und Übergangsmetall-atomcluster

Bereits *A. Werner* (1866–1919), Pionier der Koordinationschemie, beschäftigte sich mit mehrkernigen Metallkomplexen. Die Mehrkernigkeit wurde durch Brückenliganden erzielt, direkte Metall-Metall-Bindungen lagen nicht vor. In der modernen Komplexchemie spielen Metall-Metall-Bindungen eine bedeutende Rolle, u.a. sind sie auch am Zustandekommen von Metallatomclustern beteiligt.

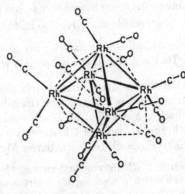

Klassische *Werner*-Komplexe

Die Eigenschaften der mehrkernigen Komplexe weichen nicht wesentlich von denen einkerniger analoger Verbindungen ab. In der Beschreibung bewährt sich die 18 VE-Regel.

Metallatom-Cluster

Diese Verbindungen zeigen, u.a. bedingt durch das Auftreten von M–M-Bindungen, neuartige Eigenschaften. Sie sind häufig nicht mit konventionellen 2e2c-Bindungen und der Anwendung der 18 VE-Regel zu beschreiben.

16.1 Bildungstendenz und Kriterien für M–M-Bindungen

Als **Cluster** bezeichnet man nach *Cotton* (1964) Moleküle, in denen eine endliche Gruppe von Metallatomen ausschließlich oder zumindest in beträchtlichem Maße von **Metall-Metall-Bindungen** zusammengehalten wird, wobei zusätzlich **auch verbrückende und terminale Nichtmetallatome** vorliegen können.

Während aus strukturchemische Sicht die Klassifizierung als Cluster bei Einheiten aus drei Metallatomen beginnt, ist es zweckmäßig, in die einheitliche Behandlung der Bindungsverhältnisse Spezies, die nur zwei Metallatome enthalten, einzubeziehen, Cluster der Hauptgruppenelemente (z.B. Pb_9^{4-}, Bi_5^{3+}, Te_4^{2+}) werden hier nicht behandelt, da bei ihnen Organometallaspekte fehlen.

Abgesehen von ihren faszinierenden Strukturen besitzen Metallatomcluster auch Eigenschaften, die für **Anwendungen** potentiell hochinteressant sind:

- $[Rh_{12}(CO)_{34}]^{2-}$ zeigt **homogenkatalytische** Aktivität in der *Fischer-Tropsch*-Synthese:

$$2\,CO + 3\,H_2 \xrightarrow[\text{Druck}]{250\,^{\circ}C} CH_2OHCH_2OH$$

   Pruett, Union Carbide

- *Chevrel*-Phasen, MMo_6S_8 (z.B. $Pb[Mo_6S_8]$), bleiben auch in starken Magnetfeldern **supraleitend**. Dies ist wichtig für die Herstellung von Elektromagneten extrem hoher Feldstärke (*Sienko*, 1983).

- Gewisse Cluster mit $M\equiv M$-Vierfachbindungen zeigen **photochemische** Eigenschaften, die für die Umwandlung von Sonnenenergie von Bedeutung sein könnten (*H.B.Gray*, 1981).

- Fe_4S_4-Clustereinheiten finden sich in dem wichtigen **Redox-Enzym** Ferredoxin (S. 551).

Übergangsmetallcluster lassen sich in vier Klassen einteilen, von denen im vorliegenden Text nur die letzte behandelt wird:

Nackte Cluster bestehen aus niedrig aggregierten Einheiten von ligandfreien Metallatomen, sie sind in inerten Matrizen bei tiefer Temperatur erhältlich und mittels physikalischer Methoden zu studieren; *Beispiel:* Ag_6 (*Seff*, 1977). Von Interesse ist hier die Frage, ab welcher Clustergöße typische bulk-Eigenschaften auftreten, wie sie einen makroskopisch beobachtbaren Metallkristall auszeichnen.

Elektronen in Leitfähigkeitsbändern von Metallen haben Teilchen- und Welleneigenschaften, letztere sind durch Wellenlängen der Größenordnung weniger Nanometer gekennzeichnet. Wird daher die Dimension einer Metallpartikel auf den Nanometerbereich verkleinert, so treten die Welleneigenschaften des Elektrons in den Hintergrund. Stattdessen ist eine Beschreibung zu bevorzugen, in der Elektronen als Teilchen diskrete Energieniveaus besetzen (sog. **quantum dots**). Bei Übergang auf derart kleine Dimensionen erfolgt also ein Metall/Nichtmetallwechsel, indem delokalisierte Bandstrukturen durch gequantelte Energieniveauschemata von Riesenmolekülen ersetzt werden, als welche die Cluster $M_{10-1000}$ zu betrachten sind. Hier liegt die Chance der Clusterchemie für die Materialforschung: Nachdem der Metall/Nichtmetallübergang gleitend erfolgt, eröffnet sich die Möglichkeit, durch Variation der Clustergröße optische Eigenschaften abzustimmen.

Bedeckte Cluster. Die hohe Reaktionsfähigkeit kann gedämpft werden, indem nackte Cluster mit einer Ligandenhülle umgeben werden, die freie Valenzen der Oberflächenatome absättigt und Metall-Metall-Wechselwirkungen benachbarter Cluster sterisch blockiert; *Beispiel:* $Au_{55}(PPh_3)_{12}Cl_6$ (*Schmid*, 1992).

Wer an Rekorden interessiert ist, dem sei der nanodimensionierte Cluster $Pd_{145}(CO)_x(PtEt_3)_{30}$ (*Dahl*, 2000) genannt, entstanden durch Reduktion von $Pd(PEt_3)_2Cl_2$. Dieses eindrucksvolle Gebilde besteht aus einem zentralen Pd-Atom, umgeben von drei konzentrischen Schalen von Pd-Atomen. Die Zahl der fehlgeordneten CO-Liganden dürfte bei 60 liegen.

Anorganische Cluster sind solche, in denen neben mehr oder weniger starken Metall-Metall-Bindungen Verbrückung durch Hal, O, S vorliegt; die Metalle besitzen hierbei mittlere bis niedrige, gelegentlich auch gemischte bzw. gemittelte Oxidationsstufen. *Beispiele:* $[Nb_6Cl_{12}]^{2+}$, $[Mo_6Cl_8]^{4+}$, $[(RS)_4Fe_4S_4]^{n-}$, $(4 \geq n \geq 1)$ (vergl. Lehrbücher der Anorganischen Chemie).

Organometallcluster umfassen mehrkernige Metallcarbonyle, Alkyliden- und Alkylidinkomplexe, binäre sowie gemischte Cyclopentadienyl- bzw. Aren(ÜM)-Ligand-Verbindungen. *Beispiele:*

$[Ni_5(CO)_{12}]^{2-}$, $Co_2(CR)_2(CO)_6$, $[(C_6H_6)_3Co_3(CO)_2]^+$. Die Metalloxidationsstufen liegen zwischen I+ und I-, sie sind auch hier häufig nicht ganzzahlig.

Günstige Bedingungen für das Auftreten von **Metall-Metall-Bindungen** sind eine **niedrige formale Oxidationsstufe** und eine **hohe Kernladungszahl**, da dann weit ausladende d-Orbitale mit guten Überlappungseigenschaften angetroffen werden. M–M-Bindungen sind dort bevorzugt, wo im metallischen Zustand **große Atomisierungsenthalpien** vorliegen. Diese Metalle neigen auch in Clusterverbindungen dazu, Struktureinheiten des metallischen Zustands beizubehalten (S. 567). Demgemäß treten in höheren Clustermolekülen in rudimentärer Form bereits charakteristische Eigenschaften elementarer Metalle auf.

Analogien zwischen Metallatomclustern und elementaren Metallen:

– *Lichtabsorption und -reflexion (viele nahe benachbarte Energieniveaus)*

– *Redoxaktivität (Bezug zur metallischen Leitfähigkeit)*

– *Verformbarkeit (große Variationsbreite der M–M-Bindungsabstände).*

Für das Vorliegen von **M-M-Bindungen** spricht eine Reihe diagnostischer Kriterien:

Thermochemische Daten. Die chemische Relevanz einer M–M-Bindung sollte sich in der thermochemisch bestimmbaren Bindungsenthalpie D(M–M) widerspiegeln. Wegen der Schwierigkeit, für den Verbrennungsvorgang eine korrekte Reaktionsgleichung aufzustellen, sind nur relativ wenige thermochemisch bestimmte M–M-Bindungsenthalpien bekannt. (Bezügl. weiterer Bestimmungsmethoden vergl. S. 27f.)

$$D(M\equiv M) \approx 400\text{–}600 \text{ kJ/mol};$$

vergl.:
$$D(N\equiv N) = 946 \text{ kJ/mol in } N_2;$$
$$D(Mn\text{–}Mn) = 160 \text{ kJ/mol in } Mn_2(CO)_{10};$$
$$D(H\text{–}H) = 454 \text{ kJ/mol in } H_2.$$

Bindungslängen d(M–M) aus Röntgenstrukturdaten. Bei der Bewertung einer gefundenen Bindungslänge sind die Oxidationsstufen der beteiligten Metalle sowie die Natur weiterer Liganden zu berücksichtigen. Die Zuordnung einer Bindungsordnung aus Strukturdaten allein wird mit zunehmender Bindungsordnung schwieriger, da der Grad der Abstandsverkürzung mit zunehmender Bindungsordnung abnimmt. *Beispiel:*

	d(Mo–Mo)	d(Mo=Mo)	d(Mo≡Mo)	d(Mo≣Mo)
Cluster:	272 pm	242 pm	222 pm	210 pm
Mo(s):	278 pm			
elementar				

Spektroskopische Daten. Ein Maß für die Bindungsstärke ist auch die Lage der Streckschwingungsfrequenz $\nu(M{\equiv}M)$ im *Raman*-Spektrum. *Beispiele:*

$\nu\,(Cr{\equiv}Cr)$	$\nu\,(Mo{\equiv}Mo)$	$\nu\,(Re{\equiv}Re)$
$556\ cm^{-1}$	$420\ cm^{-1}$	$285\ cm^{-1}$

Dies sind in Anbetracht der großen Massen erstaunlich hohe Werte.

Magnetische Eigenschaften. Die *Cotton*sche Clusterdefinition fordert Metall-Metall-Bindungen, ohne deren Stärke festzulegen. Somit fallen prinzipiell auch mehrkernige Komplexe mit sehr schwachen Metall-Metall-Wechselwirkungen in die Cluster-Kategorie; die M–M-Wechselwirkung manifestiert sich hier vor allem in den magnetischen Eigenschaften. Der Übergang von der „echten" chemischen Bindung zur magnetischen Austauschwechselwirkung ist aber gleitend, wo man die Grenze zwischen den beiden Begriffen zieht, ist Definitionsfrage. So führt die starke Wechselwirkung zweier paramagnetischer Einheiten. $Mn(CO)_5\cdot$ zum diamagnetischen Molekül $Mn_2(CO)_{10}$ mit direkter Metall-Metall-Bindung $[D(Mn{-}Mn) = 160\ kJ/mol]$. Diamagnetismus kann aber auch durch schwache Wechselwirkungen sowohl direkter (*through space*) als auch indirekter (*through bond*) Natur bewirkt werden. In letzterem Falle spricht man auch von Superaustausch: Die Wechselwirkungsenergien, gemessen als Austauschkopplungskonstante J, können dabei im Bereich 10^3–$10^{-3}\ cm^{-1}$ (1–$10^{-6}\ kJ/mol$) liegen. Sie sind mittels magnetischer Suszeptometrie oder EPR-Spektroskopie bestimmbar. Der Mechanismus der Superaustausch-Wechselwirkung sei am Beispiel des Ions $[Cl_4RuORuCl_4]^{4-}$ erläutert:

Isolierte Spezies Ru^{IV} (d^4) besitzen im Oktaederfeld die Elektronenkonfiguration $(xy)^2(xz)^1(yz)^1$, der Zweikernkomplex ist jedoch diamagnetisch.

Der Ru–O–Ru-Wechselwirkungspfad enthält hier keine orthogonalen Orbitale und der Diamagnetismus des Anions kann dadurch gedeutet werden, daß in den Überlappungsbereichen der einfach besetzten Metallorbitale mit einem doppelt besetzten Brückenligandorbital jeweils antiparallele Spinorientierung vorliegt. Hierdurch werden auch die Spins auf den beiden Metallatomen antiparallel ausgerichtet, **a (antiferromagnetische Kopplung)**. Eine alternative Beschreibung **b** geht von $4e3c$-Wechselwirkungen aus, die zu einem low-spin-Zustand für den Zweikernkomplex führen:

Analoges gilt für die Kombination $2\ M(d_{yz}) + O(p_y)$.

Es bleibt festzuhalten, daß hier Diamagnetismus ohne direkte M–M-Wechselwirkung (Bindung) auftritt.

Sind am Wechselwirkungspfad einer M–O–M-Brücke hingegen orthogonale Orbitale beteiligt, so bewirken die Spinpaarung im Überlappungsbereich und die Spinkorrelation im Orthogonalitätsbereich eine spinparallele Ausrichtung der ungepaarten Metallelektronen, **a (ferromagnetische Kopplung)**. Die alternative Beschreibung **b** durch zwei orthogonale 3e2c-Bindungen liefert für den Zweikernkomplex die Besetzung eines entarteten Paares antibindender Orbitale durch 2 Elektronen gemäß der *Hund*schen Regel, es folgt ein high-spin-Zustand:

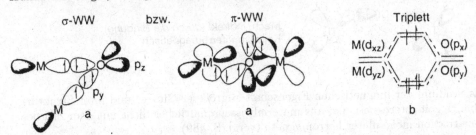

Die Begriffe ferromagnetisch und antiferromagnetisch dienten ursprünglich der Charakterisierung des magnetischen Verhaltens ausgedehnter Festkörperstrukturen, sie werden aber zunehmend auch zur Beschreibung auf molekularer Ebene verwandt. In der Deutung der Senkung oder Löschung des magnetischen Momentes eines Mehrkernkomplexes, der aus Einheiten mit ungepaarten Elektronen besteht, ist von der möglichen Beteiligung aller drei Beiträge (direkt, indirekt antiferromagnetisch, indirekt ferromagnetisch) auszugehen. So haben viele Arbeiten auf dem Gebiet der molekularen Magnetochemie die Abwägung dieser Beiträge zum Inhalt. Als Richtlinie mag dienen, daß direkte Wechselwirkungen (entsprechende räumliche Nähe der wechselwirkenden Zentren vorausgesetzt), effektiver sind als indirekte, und daß unter letzteren die antiferromagnetische Kopplung wirksamer ist als die ferromagnetische (vergl. *Gerloch*, 1979). Deutungsprobleme entstehen bei ligandverbrückten Mehrkernkomplexen mit mittlerer M-M-Distanz (300–500 pm), für die direkte und indirekte antiferromagnetische Beiträge vergleichbarer Größenordnungen vorliegen können. Eine Entscheidung für den einen oder den anderen Weg ist dann gleichbedeutend mit der Entscheidung für oder gegen eine Metall-Metall-Bindung.

Ein vieldiskutiertes Beispiel betrifft den Magnetismus des Zweikernkomplexes $[Cp_2TiCl]_2$ (*Martin*, 1965; *Stucky*, 1977). Diese Verbindung weist temperaturabhängige magnetische Eigenschaften auf, die dadurch gedeutet werden, daß bei tiefer Temperatur der Singulett-, bei hoher Temperatur hingegen der Triplettzustand bevölkert wird. Für die Austauschwechselwirkung wurde hier der Wert $J = -111 \, cm^{-1}$ (1.33 kJ/mol) bestimmt, der im Bereich der thermischen Energie bei Raumtemperatur liegt. Die Kopplung ist antiferromagnetisch. Diese Beobachtungen, für sich genommen, sagen allerdings noch nichts über den Mechanismus der Wechselwirkung aus, für den folgende Alternativen in Frage kommen:

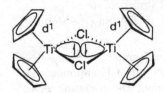

„Austausch"

Mech. direkt (*durch den Raum*)
Koppl. antiferromagnetisch

$d(Ti \cdots Ti) = 395 \, pm$

vergl.

$d(Ti\!-\!Ti)_M = 290 \, pm$

$r(Ti^{3+}) = 69 \, pm$

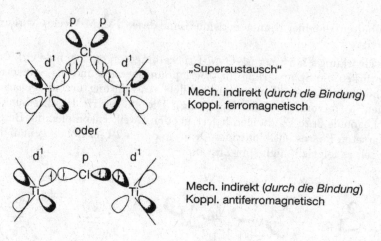

„Superaustausch"

Mech. indirekt (*durch die Bindung*)
Koppl. ferromagnetisch

oder

Mech. indirekt (*durch die Bindung*)
Koppl. antiferromagnetisch

Das Studium der magnetischen Eigenschaften größerer Cluster und ihrer Struktur-abhängigkeit interessiert u.a. aus materialwissenschaftlicher Sicht mit dem Ziel der Konstruktion molekularer Ferromagnete (vergl. S. 489).

Im folgenden werden einige Metallatomcluster aus dem Bereich der Organometall-chemie vorgestellt. Oxo- und Halogenometallcluster fallen in das Gebiet der anorga-nischen Koordinationschemie. In der Klassifizierung „n-kernig" gibt n die Zahl der Metallatome im Clustergerüst an.

16.2 Zweikernige Cluster

Das metallorganische Analogon zum altbekannten Ion $[Re_2Cl_8]^{2-}$ wurde 1976 von *F.A.Cotton* und *G.Wilkinson* beschrieben:

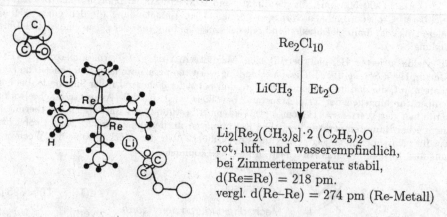

Re_2Cl_{10}

$LiCH_3$ | Et_2O

$Li_2[Re_2(CH_3)_8] \cdot 2\ (C_2H_5)_2O$
rot, luft- und wasserempfindlich,
bei Zimmertemperatur stabil,
$d(Re\equiv Re) = 218$ pm.
vergl. $d(Re-Re) = 274$ pm (Re-Metall)

Der kurze Re–Re-Bindungsabstand und die eklitptische Konformation (Symmetrie $\mathbf{D_{4h}}$) sind als Belege für das Vorliegen einer Vierfachbindung mit d-Komponente zu werten. Die aus der Ligand-Ligand-Abstoßung resultierende Bevorzugung einer gestaffelten Konformation (D_{4d}) sollte für L = CH_3 aufgrund des größeren *van der Waals*-Radius deutlicher ausfallen als für L = Cl⁻. Dennoch besitzt auch das Ion $[Re_2(CH_3)_8]^{2-}$ die Symmetrie D_{4h}.

Ein qualitatives MO-Schema für $[Re_2(CH_3)_8]^{2-}$ und für die isostrukturellen und isoelektronischen Komplexionen $[M_2(CH_3)_8]^{4-}$ (M = Cr, Mo) hat folgende Form (*Cotton*, 1978):

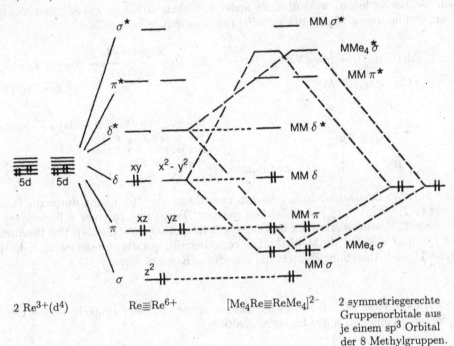

Dem Schema liegen folgende Aspekte zugrunde:

- Nur die Re(5d)AO sind berücksichtigt.
- Die Annäherung zweier Re-Atome spaltet die Basis der d-Orbitale in die Niveaus

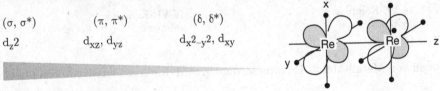

(σ, σ^*)	(π, π^*)	(δ, δ^*)
d_{z^2}	d_{xz}, d_{yz}	$d_{x^2-y^2}$, d_{xy}

Überlappung nimmt ab
Aufspaltung der Paare benachbarter Metallorbitale gleicher Symmetrie nimmt ab

- Je eine Komponente der δ,δ^*-Paare wechselwirkt mit einem symmetriegerechten Gruppenorbital aus 8 CH_3-Liganden; die andere δ,δ^*-Komponente bleibt für die Re—δ—Re-Bindung erhalten.

Weitere Beiträge zur Re–CH$_3$-Bindung können auf der Beimischung der AO Re(6s, p_x, p_y) beruhen. Die Besetzung des bindenden MO MMδ ist verantwortlich für die Ausbildung der ekliptischen Konformation von [Re$_2$(CH$_3$)$_8$]$^{2-}$. Verdrillung längs der Re-Re-Bindungsachse würde zu einer Abnahme der Überlappung der d_{xy}-Orbitale und zu einer Einbuße an Bindungsenergie führen.

Im Gegensatz hierzu wird in einer anderen wichtigen Klasse zweikerniger Cluster, den Verbindungen **M$_2$R$_6$**, die gestaffelte Konformation ausgebildet.

$$\text{Mo(NMe}_2)_4 + \text{Mo}_2(\text{NMe}_2)_6 \xleftarrow{\text{LiNMe}_2} \text{MoCl}_5 \xrightarrow[\text{Et}_2\text{O, 25 °C}]{\text{Me}_3\text{SiCH}_2\text{MgCl}} \text{Mo}_2(\text{CH}_2\text{SiMe}_3)_6$$

(*Chisholm*, 1974) (*Wilkinson*, 1972)

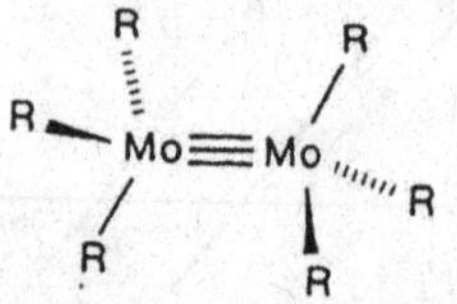

Struktur von **Mo$_2$(CH$_2$SiMe$_3$)$_6$** im Kristall, Symmetrie **D$_{3d}$** (idealisiert), d(Mo≡Mo) = 217 pm. [vergl. d(Mo–Mo) = 278 pm (Mo-Metall)].

R = CH$_2$SiMe$_3$

Die Mo≡Mo-Dreifachbindung zwischen zwei Ionen Mo^{3+}(d^3) kann durch die Besetzung $(\sigma_{z^2})^2 \, (\pi_{xz})^2 \, (\pi_{yz})^2$ beschrieben werden. Diese führt zu einer zylindersymmetrischen Elektronenverteilung längs der z-Achse (Analogie –C≡C–). Die Bindungsenergie ist, was die M≡M-Wechselwirkung betrifft, rotationsinvariant und die Ligand-Ligand-Abstoßung diktiert die gestaffelte Konformation.

Der **Aufbau** einer Metall-Metall-Mehrfachbindung aus einer Einfachbindung erfolgt gelegentlich spontan unter Ligandabspaltung:

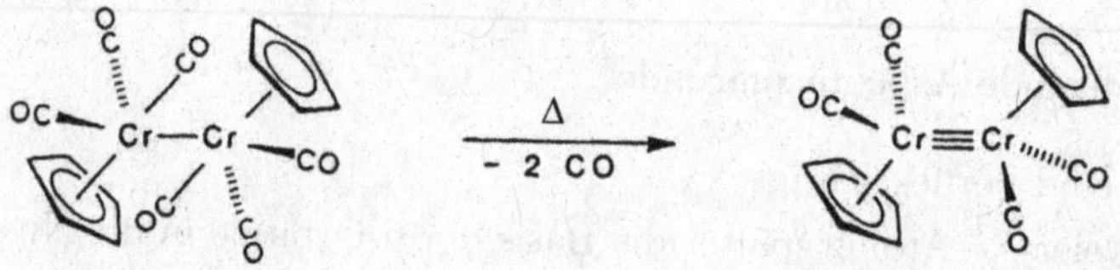

18 VE-Komplex
gedrängt

18 VE-Komplex
entspannt

Abbau von Metall-Metall-Bindungsordnung wird durch oxidative Addition bewirkt:

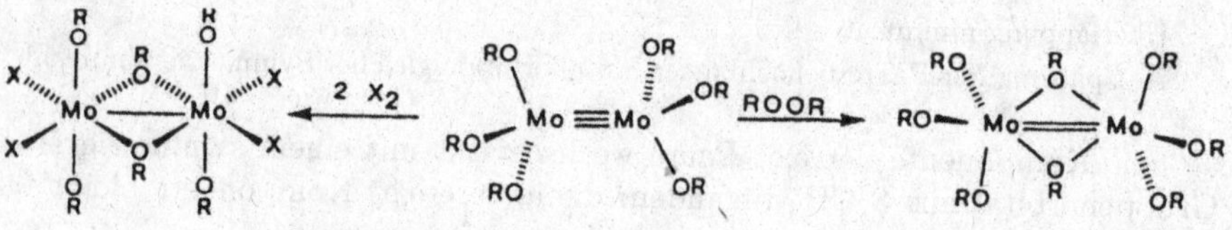

X = Cl, Br

16.3 Dreikernige Cluster

Beispiele mit **Dreiecksanordnung M₃**:

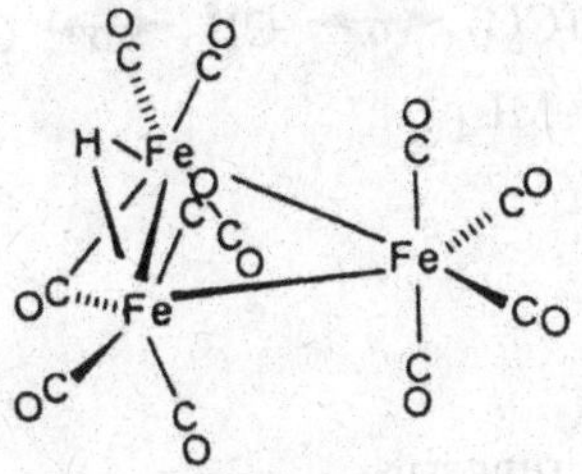

[HFe₃(CO)₁₁]⁻
[aus Fe₃(CO)₁₂ durch
Hieber-Basenreaktion]

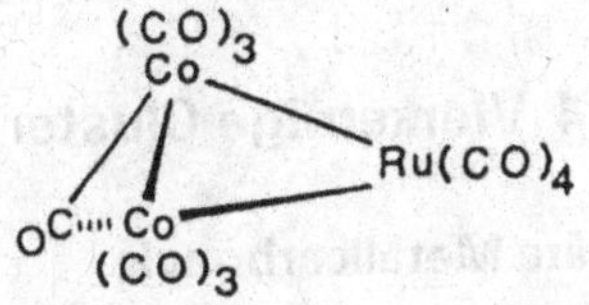

RuCo₂(CO)₁₁
[aus Ru₃(CO)₁₂ und Co₂(CO)₈]

Die 18 VE-Regel fordert für triangulare M₃-Cluster folgende Gesamtzahlen an Valenzelektronen auch „**magische Zahlen**" genannt):

48   **46**   **44**   **42**

wobei **Magische Zahl** = 18×3 − 2×k   (k = Anzahl der M–M-Bindungen)

Man erkennt, daß je nach realisierter Metall-Metall-Bindungsordnung eine große Variationsbreite der Valenzelektronenzahl zum dreieckigen M₃-Cluster führen kann, auch ungerade VE-Zahlen wurden beobachtet (*L.Dahl*, 1986):

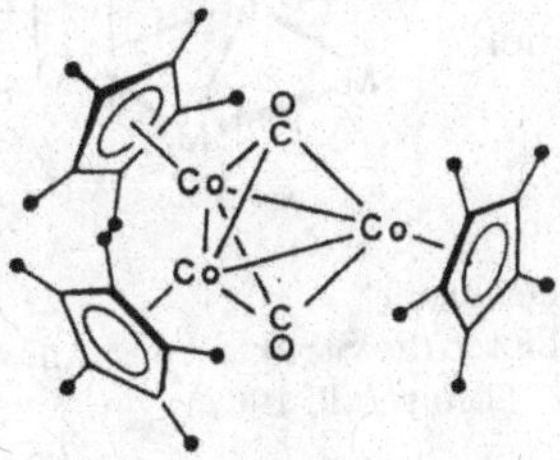

46 VE
[aus C₅Me₅Co(CO)₂, hν]

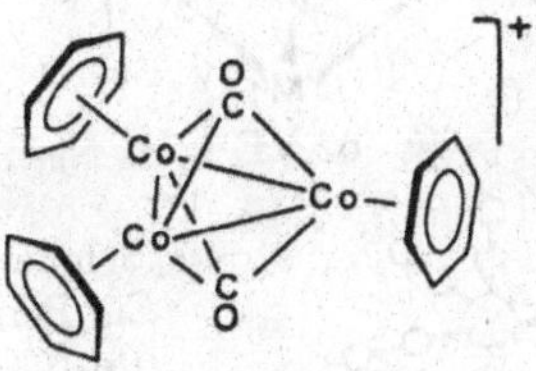

48 VE
[aus Co₂(CO)₈, C₆H₆, AlBr₃]

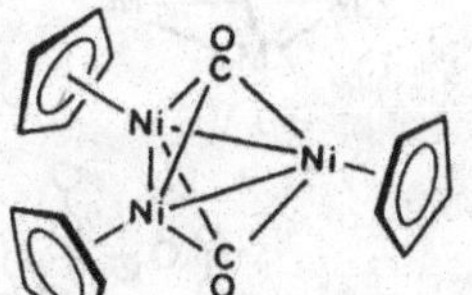

49 VE
[aus (C₅H₅)₂Ni, Ni(CO)₄]

Eine Verbindung mit **linearer Anordnung M₃** und antiklinaler Konformation entsteht auf folgendem Wege (*Herrmann*, 1985):

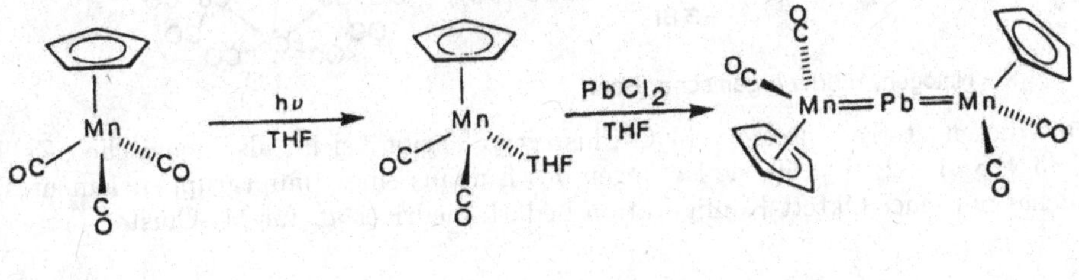

Eine entsprechende Verbindung mit der Einheit Mn=Ge=Mn erhielt *E. Weiss* (1981). Die Anwendung der Isolobalbeziehungen (S. 551) läßt $[(\eta\text{-}C_5H_5)Mn(CO)_2]_2Pb$ als Analogon zu CO_2 erscheinen, denn

$$Pb \blacktriangleleft\hspace{-2pt}\sigma\hspace{-2pt}\blacktriangleright C \quad \text{und} \quad (\eta\text{-}C_5H_5Mn(CO)_2 \blacktriangleleft\hspace{-2pt}\sigma\hspace{-2pt}\blacktriangleright Fe(CO)_4 \blacktriangleleft\hspace{-2pt}\sigma\hspace{-2pt}\blacktriangleright CH_2 \blacktriangleleft\hspace{-2pt}\sigma\hspace{-2pt}\blacktriangleright O$$
$$d^6\text{-}ML_5 \qquad\qquad\qquad d^8\text{-}ML_4$$

16.4 Vierkernige Cluster

Binäre Metallcarbonyle

Weit verbreitet ist für M_4-Cluster das Metallatetrahedrangerüst.

Für die Bildung eines tetraedrischen M_4-Clusters gilt als magische Zahl $18 \times 4 - 2 \times 6 = $ **60**. Die Gegenwart von CO-Brücken wie in $Co_4(CO)_{12}$ oder deren Abwesenheit wie in $Rh_4(CO)_{12}$, $Ir_4(CO)_{12}$ ist ohne Einfluß auf die VE-Bilanz.

Erhöhung der VE-Zahl über die jeweilige magische Zahl hinaus führt häufig zur **Öffnung eines Clusters**:

60 VE   62 VE   62 VE

„Schmetterlingscluster"
Ein Beispiel bietet die Struktur des Anions
$[Re_4(CO)_{16}]^{2-}$ (*Churchill*, 1967)

62 VE

Alkylidin-Cluster

$$XCBr_3 + 3 Co(CO)_4^- \xrightarrow[-3\,Br^-]{} XCCo_3(CO)_9$$

X = Halogen, H oder organischer Rest

Für diesen tetraedrischen M_3C-Clustertyp ergibt sich als magische Zahl $13 \times 3 + 8 \times 1 - 2 \times 6 = $ **50**; sie ist wegen des Einbaus eines Hauptgruppenelementes, welches nur einer Oktett-Konfiguration bedarf, niedriger als für M_4-Cluster.

Cubancluster $M_4(\eta\text{-}C_5H_5)_4(\mu_3\text{-}L)_4$

Vier μ_3-Liganden, welche die Dreiecksflächen eines M_4-Tetraeders überdachen, ergänzen dieses zum Würfel. Die μ_3-L-Funktion wird bei ÜM-Komplexen häufig von CO ausgeübt:

[$Fe_4(\eta\text{-}C_5H_5)_4(\mu_3\text{-}CO)_4$]
grünschwarz

Beispiele mit μ_3-L = S^{2-} sind die **Cubancluster** [$M_4(\eta\text{-}C_5H_5)_4(\mu_3\text{-}S)_4$]. Sie bilden sich aus den entsprechenden Cyclopentadienylmetallcarbonylen und Schwefel oder Cyclohexensulfid.

Gering ist die Zahl der Beispiele, in denen Wasserstoff als überkappender μ_3-Hydridligand fungiert. So konnte erst in jüngster Zeit eine Neutronenbeugungsstudie am Cubancluster $Co_4(C_5Me_4Et)_4(\mu_3\text{-}H)_4$ präzise Strukturparameter liefern (*Bau*, 2004). Die Dimensionen im Co_3H-Fragment könnten die Situation an Cobaltoberflächen chemisorbierter Wasserstoffatome widerspiegeln.

M =	Mo	Fe	Co
E =	S	S	S,H

An dem Organoeisenschwefelcluster lassen sich mittels **Cyclovoltammetrie** vier reversible Elektronenübertragungen nachweisen, bei denen das tetraedrische Fe_4-Gerüst erhalten bleibt (Fe_4 = [$Fe_4(\eta\text{-}C_5H_5)_4(\mu_3\text{-}S)_4$]):

$$Fe_4 \underset{-0.33V}{\overset{-e^-}{\rightleftharpoons}} Fe_4^+ \underset{+0.33V}{\overset{-e^-}{\rightleftharpoons}} Fe_4^{2+} \underset{+0.88V}{\overset{-e^-}{\rightleftharpoons}} Fe_4^{3+} \underset{+1.41V}{\overset{-e^-}{\rightleftharpoons}} Fe_4^{4+} \text{ (in AN gegen GKE)}$$

Die Oxidationen sind von zunehmender Verzerrung des Cubangerüsts begleitet (*Dahl*, 1977). ^{57}Fe-Mößbauerspektren deuten jedoch darauf hin, daß die vier Eisenatome äquivalent bleiben. Dieser Befund läßt auf delokalisierte Bindungen im Fe_4-Gerüst schließen. Die Bedeutung dieser Cluster mit M_4S_4-Kern liegt in ihrer Ähnlichkeit mit den aktiven Zentren in Eisen-Schwefel-**Redoxproteinen** (Ferredoxin, Rubredoxin) und möglicherweise der Nitrogenase.

....

EXKURS 11: Struktur- und Bindungsverhältnisse in Clustern, die Isolobalbeziehung

Eine einheitliche Behandlung, die alle Typen bislang dargestellter Cluster und M–M-Bindungssysteme umfaßt, ist derzeit noch nicht möglich. Man bedient sich daher unterschiedlicher Ansätze (*Owen*, 1988; *Mingos*, 1990):

Clustergröße	M_n
klein	$n \approx 2\text{--}6$
mittel	$n \approx 5\text{--}12$
groß	$n > 12$

- 18 VE-Regel (*Sidgwick*), magische Zahlen
- Skelett-Elektronenpaar-Theorie (*Wade, Mingos*), Isolobalbeziehungen (*R. Hoffmann*)
- Dichteste Packungen (Metallgitter)

Der Erfolg in der Anwendung variiert mit der Substanzklasse und mit der Clustergröße. Die Bewertung der Leistungsfähigkeit dieser Modelle setzt umfangreiche Stoffkenntnis voraus, deren Vermittlung nicht Inhalt dieser Einführung sein kann. Im folgenden werden daher nur einige Argumentationsbeispiele gebracht. Die 18 VE-Regel (S. 256f.) und die *Wade*schen Regeln (S. 98) wurden bereits angesprochen.

Die Isolobalanalogie

Anwendungen der Skelett-Elektronenpaar-Theorie (*Wade*sche Regeln) erfordern eine a priori Aufteilung der Metallorbitale in skelettbindende und ligandbindende Funktionen. Sie setzen daher die Kenntnis der Struktur des zu behandelnden Moleküls voraus. Einen anderen Weg wählte *R. Hoffmann*, in dem er die **Bindungseigenschaften von Cluster-Fragmenten ML_n** im Grenzorbitalbereich nach der Extended-*Hückel*-Methode berechnete und die ML_n-Fragmente mit den Skelettbausteinen CH_ℓ und BH_m verglich.

- Definition: „Zwei Fragmente sind **isolobal**, wenn Anzahl, Symmetrieeigenschaften, ungefähre Energie und Gestalt ihrer Grenzorbitale sowie die Anzahl der Elektronen in diesen ähnlich sind – nicht identisch, aber ähnlich".

$$\textit{Beispiel:} \quad \cdot CH_3 \xrightarrow[\text{(gleichlappig)}]{\text{isolobal}} \cdot Mn(CO)_5$$

Das Symbol ◀—o—▶ wird nachfolgend nicht nur für die Fragmente, sondern auch für die aus ihnen aufgebauten Moleküle verwendet.

Als Ausgangspunkt für die Herleitung der lobalen Eigenschaften von Organometallfragmenten dient das vereinfachte MO-Schema eines oktaedrischen Komplexes. Die Entfernung eines Liganden L verwandelt ein bindendes σ-MO des Komplexes ML_6 in ein nichtbindendes Grenzorbital ψ_{hy} des Fragmentes ML_5:

Durch Entfernung von 2 L werden 2 neue Grenzorbitale ψ_{hy} und bei Entfernung von 3 L werden 3 neue Grenzorbitale ψ_{hy} erzeugt:

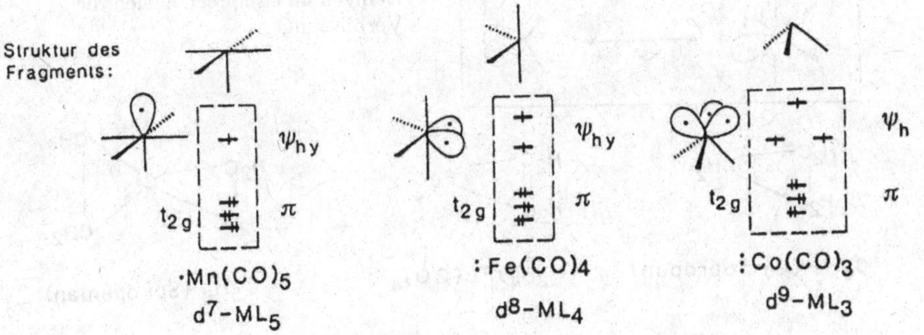

Die Besetzung der Grenzorbitale t_{2g} und ψ_{hy} erfolgt durch n Elektronen des Zentralmetalls der Konfiguration d^n. Somit verfügt $Mn(CO)_5$ über ein, $Fe(CO)_4$ über zwei und $Co(CO)_3$ über drei einfach besetzte Orbitale bestimmter geometrischer Ausrichtung. Zu diesen Organometallfragmenten gibt es isolobale Analoga der organischen Chemie:

$$d^7\text{-}ML_5 \longleftrightarrow \cdot CH_3 \qquad d^8\text{-}ML_4 \longleftrightarrow :CH_2 \qquad d^9\text{-}ML_3 \longleftrightarrow \vdots CH$$

Methyl   Methylen   Methylidin

Die Isolobalanalogie gestattet nun eine **einheitliche Betrachtung anorganischer, organischer und metallorganischer Strukturen**, indem die Moleküle als Vereinigung isolobaler Fragmente angesehen werden:

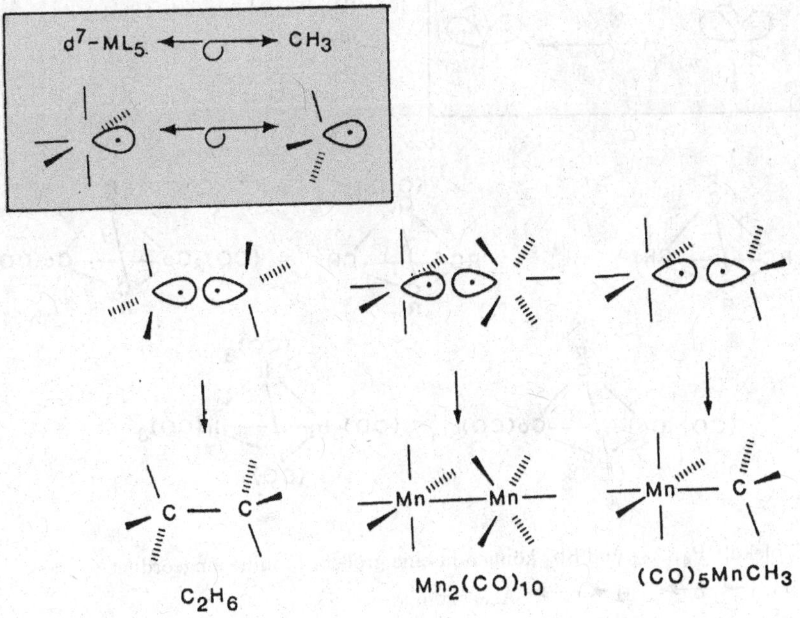

C_2H_6 $Mn_2(CO)_{10}$ $(CO)_5MnCH_3$

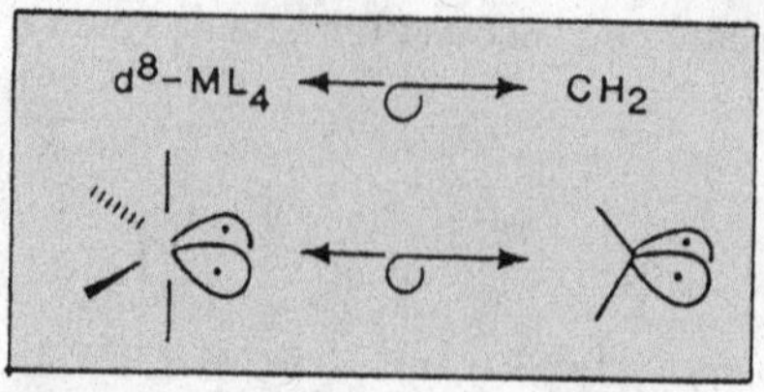

$d^8-ML_4 \longleftrightarrow_\sigma CH_2$

Demgemäß entsprechen sich die Verbindungen:

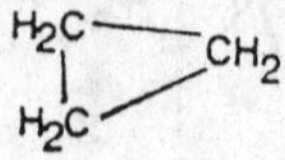

C_3H_6 (Cyclopropan)

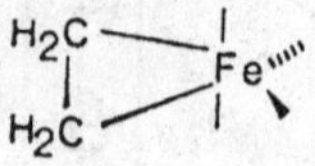

$(C_2H_4)Fe(CO)_4$

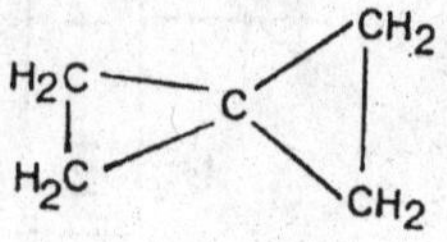

C_5H_8 (Spiropentan)

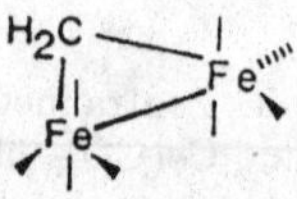

$(\mu-CH_2)Fe_2(CO)_8$

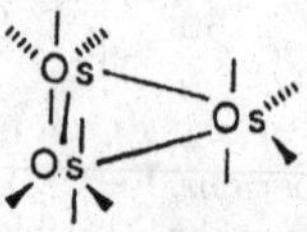

$Os_3(CO)_{12}$

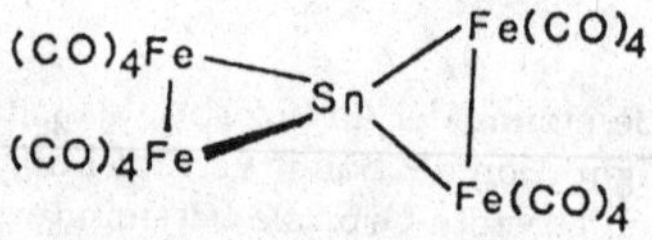

$Fe(CO)_4 \longleftrightarrow_\sigma CH_2$

$Sn \longleftrightarrow_\sigma C$

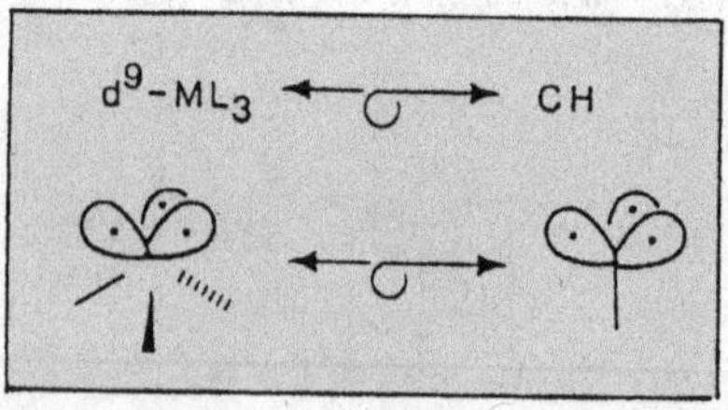

$d^9-ML_3 \longleftrightarrow_\sigma CH$

Somit sind folgende Cluster analog:

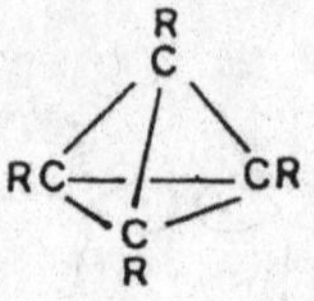

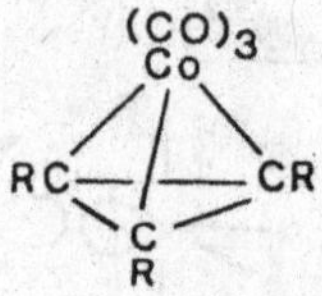

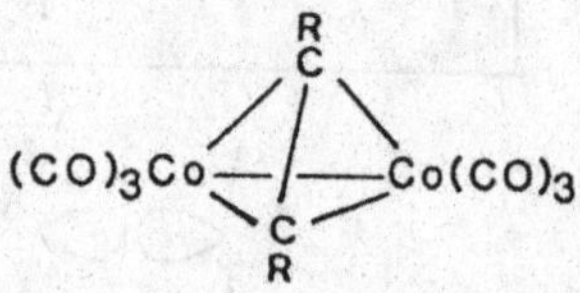

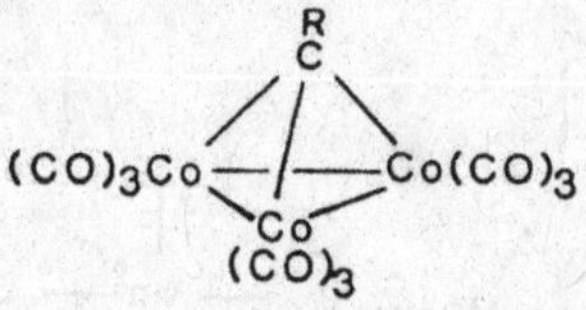

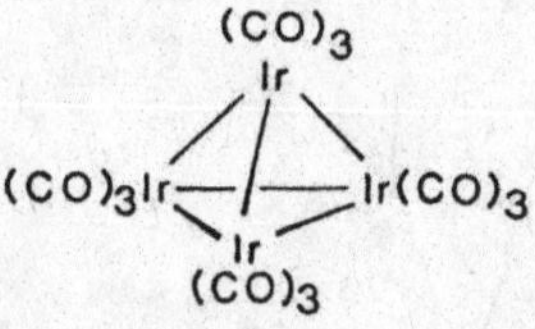

Auch die Moleküle P_4, As_4 und Sb_4 können in eine größere Familie eingeordnet werden:

$d^9-ML_3 \longleftrightarrow_\sigma CH \longleftrightarrow_\sigma As$,   somit

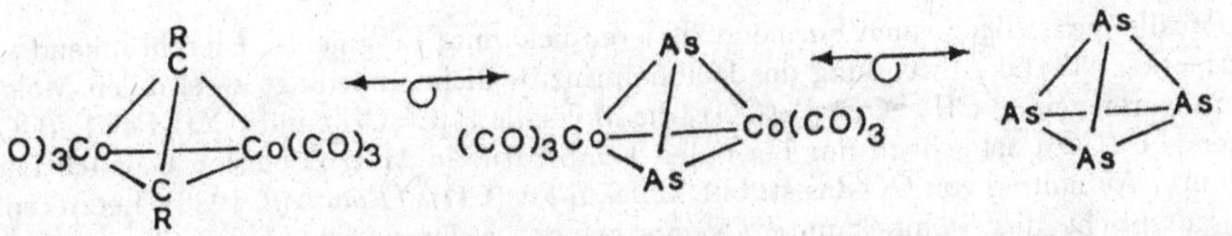

Strukturzusammenhänge zwischen Borananionen und Carboranen (S. 100f.) lassen sich letztlich auf die **Isolobalbeziehung BH⁻ ◄–σ–► CH** zurückführen.

Die Einbeziehung des Liganden η^5-$C_5H_5^-$, der bei Betrachtung als Donor von drei π-Elektronenpaaren formal drei Koordinationsstellen besetzt, führt zu der Analogie

$$Fe(CO)_4 \xleftrightarrow{\sigma} CpFe(CO)^- \xleftrightarrow{\sigma} CpRhCO \quad (d^8\text{-}ML_4).$$

Damit erscheinen folgende Moleküle verwandt:

Alken   Alkyliden Komplex   nur in Tieftemperatur-Matrix stabil

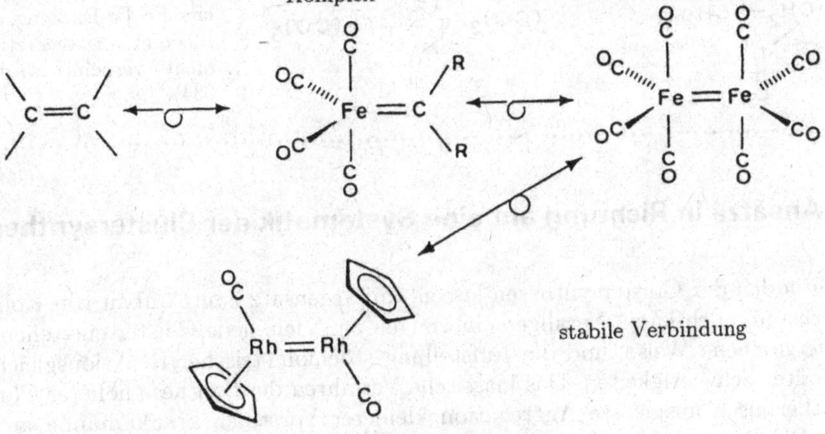

stabile Verbindung

Analog sind auch Cyclopropan und der μ-Alkyliden-Komplex:

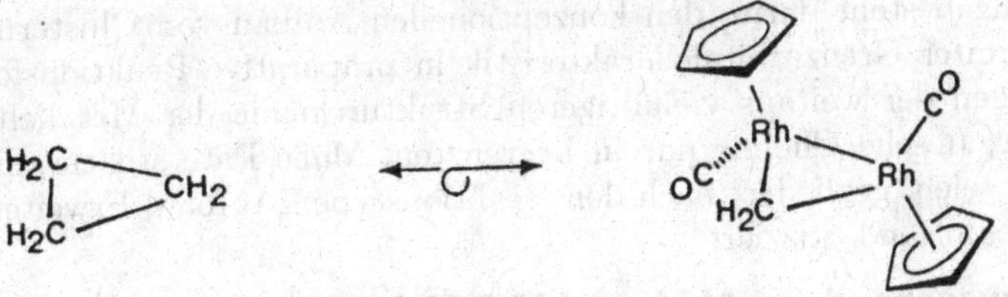

Das Feld der Isolobalbeziehungen und damit der Anwendungsbereich des Prinzips wird beträchtlich erweitert, wenn der gegenseitige Ersatz von Liganden und Metall-Elektronenpaaren eingeführt wird:

Organisches Fragment	Koordinationszahl des ÜM, auf die sich die Herleitung isolobaler Fragmente gründet				
	9	8	7	6	5
CH_3	d^1-ML_8	d^3-ML_7	d^5-ML_6	d^7-ML_5	d^9-ML_4
CH_2	d^2-ML_7	d^4-ML_6	d^6-ML_5	d^8-ML_4	d^{10}-ML_3
CH	d^3-ML_6	d^5-ML_5	d^7-ML_4	d^9-ML_3	

Nicht für alle diese allgemeinen Formen existieren bekannte Fragmente. Einschränkend sei ferner vermerkt, daß die Anwendung des Isolobalprinzips nicht unbedingt zu stabilen Molekülen führt. So wären gemäß $CH_2 \longleftrightarrow Fe(CO)_4$ die Moleküle $H_2C{=}CH_2$ und $(CO)_4Fe{=}Fe(CO)_4$ zu erwarten. $Fe_2(CO)_8$ ist jedoch nur bei tiefer Temperatur in Matrixisolation beobachtbar und bildet unter Aufnahme von CO das stabile Molekül $Fe_2(CO)_9$ (*Poliakoff*, 1986). Letzterem wiederum entspricht das wohlbekannte Cyclopropanon, welches sich aber nicht spontan aus $H_2C{=}CH_2$ und CO bildet, sondern auf anderem Wege darzustellen ist.

Dieses Beispiel markiert eine Grenze der Verwendung organischer und metallorganischer isolobaler Fragmente nach dem Baukastenprinzip. So fordert die Analogie von Cyclopropanon und $Fe_2(CO)_9$ eine Fe–Fe-Bindung, deren Existenz aus theoretischer Sicht verneint wird (S. 334).

16.5 Ansätze in Richtung auf eine Systematik der Clustersynthesen

Die Methoden der Clustersynthesen lassen, im Gegensatz zum Aufbau von Kohlenstoffgerüsten, noch kaum Verallgemeinerungen zu. Viele neue Cluster entstehen auf unvorhergesehene Weise, und die Aufstellung stöchiometrischer Reaktionsgleichungen bereitet Schwierigkeiten. Das klassische Verfahren der Synthese höherer Cluster durch thermisch ausgelöste Aggregation kleinerer Vorstufen krankt häufig an der breiten Palette gebildeter Produkte entsprechend niedriger Ausbeute. Ein Versuch der Syntheseplanung besteht darin, den konzeptionellen Aufbau von Clustern aus Fragmenten bestimmter Grenzorbitalcharakteristik in präparative Reaktionsfolgen zu übersetzen. Wegen der weitaus vielfältigeren Strukturchemie der Metallcluster kann hierbei die organische Chemie nur in begrenztem Maße Pate stehen. Einige fruchtbare Ansätze seien, gegliedert nach den Reaktionstypen Aufbau, Erweiterung und Austausch, nachfolgend skizziert.

1 Clusteraufbau ausgehend von M,M- und M,C-Mehrfachbindungen

• Addition carbenanaloger Fragmente an M=M   (*Stone*, 1983)

Trismetallacyclopropan

Aufgrund der Isolobalbeziehung $Cr(CO)_5$ ◀─o─▶ CH_2 entspricht dieser Reaktionstyp der Bildung von Cyclopropan aus Ethylen und Methylen.

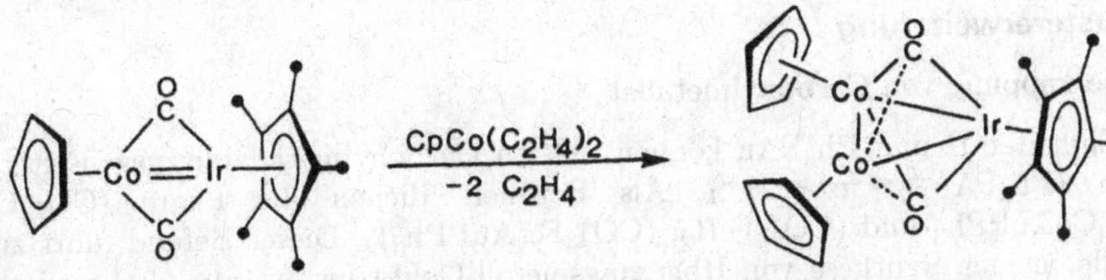

Die beiden CO-Liganden verbrücken unsymmetrisch (*Herrmann*, 1985).

- **Additionen carbenanaloger Fragmente an M≡C und an M=C**   (*Stone*, 1982)

Prinzip:

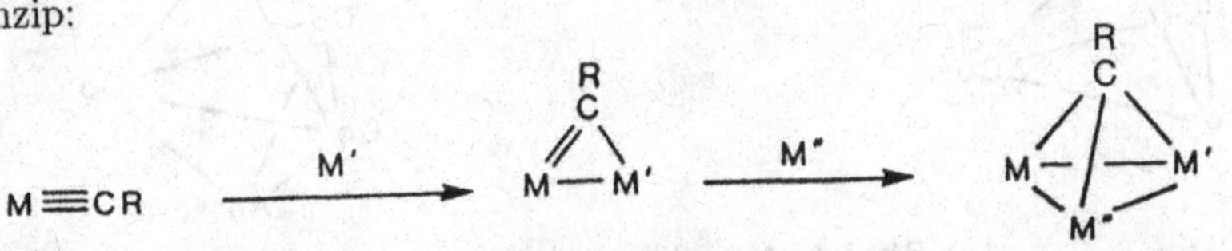

M', M'' = kordinativ ungesättigte Fragmente

Dimetalla-cyclopropen

Trimetalla-tetrahedran

Beispiel:

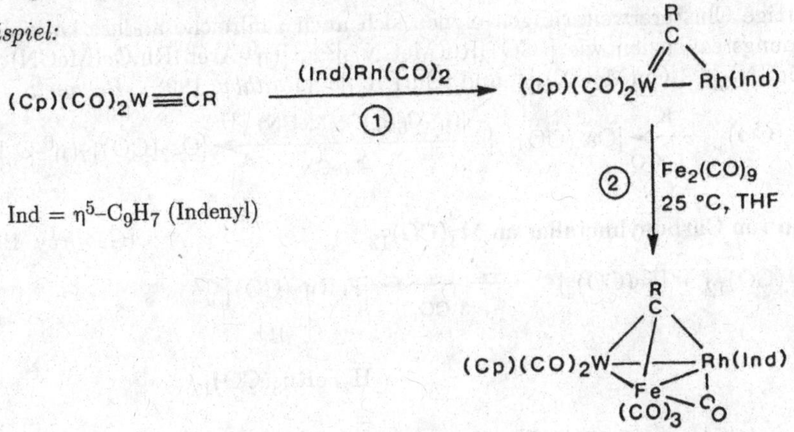

Ind = η^5–C_9H_7 (Indenyl)

In Reaktion 1 verhält sich das Fragment (Ind)Rh {d^8-ML_3} wie ein Carben, obgleich als Carbenanaloga Spezies des Typs d^8-ML_4 eingeführt wurden (S. 555). Die Sonderstellung der späten Übergangsmetalle (d^8, d^{10}), die sich in der Stabilität von 16 VE-Komplexen äußert, erfordert eine **Ergänzung in der Klassifizierung isolobaler Teilchen**. Demgemäß zeigen auch Fragmente d^8-ML_3 und d^{10}-ML_2 carbenanaloges Verhalten und sind zur Addition an Mehrfachbindungen geeignet.

Carbenanaloga:
{d^8-ML_4}
Cp(CO)Co, (CO)$_4$Fe

sowie {d^6-ML_5}
Cp(CO)$_2$Re, (η-C_6H_6)(CO)$_2$Cr

aber auch
{d^8-ML_3}
CpRh, (acac)(CO)Ir

{d^{10}-ML_2}
(R$_3$P)$_2$Pt, (1,5-Cyclooctadien)Pt

Der in Reaktion ②️ gebildete Cluster enthält je ein Element aus den drei Übergangsreihen und ist chiral. Derartige Cluster besitzen extrem hohe Werte der optischen Drehung (10^4 Grad).

2 Clustererweiterung

• Überkappung von Carbonylmetallat

Die Einheiten H und Ph_3PAu können sich an Carbonylmetallaten gegenseitig ersetzen ($Ph_3PAu^+ \xleftarrow{\sigma} \xrightarrow{} H^+$). Als Beispiele dienen die Paare $(CO)_4CoH$, $(CO)_4CoAuPPh_3$ und $(CO)_4FeH_2$, $(CO)_4Fe(AuPPh_3)_2$. Dieser Befund führt zu einer allgemeinen Synthese von Übergangsmetall-Gold-Clustern aus Carbonylmetallaten und Ph_3PAu^+ (*Lauher*, 1981):

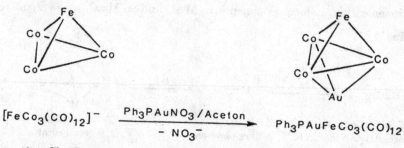

$$[FeCo_3(CO)_{12}]^- \xrightarrow[- NO_3^-]{Ph_3PAuNO_3 / Aceton} Ph_3PAuFeCo_3(CO)_{12}$$

Für derartige Clustererweiterungen eignen sich auch zahlreiche andere kationische Überkappungsreagenzien wie $[(CO)_3Ru(MeCN)_3]^{2+}$, $[(\eta^6\text{-Aren})Ru,Os(MeCN)_3]^{2+}$, $[CpRu(MeCN)_3]^+$, $[Cu(MeCN)_4]^+$ und $[Cu(PR_3)]^+$ (*Raithby*, 1998). *Beispiel:*

$$Os_6(CO)_{18} \xrightarrow[\substack{Ph_2CO \\ - CO}]{K} [Os_6(CO)_{17}]^{2-} \xrightarrow[-MeCN]{[(\eta^6\text{-}C_6H_6)Os(MeCN)_3]^{2+}} [Os_7(CO)_{17}(\eta^6\text{-}C_6H_6)]$$

• Addition von Carbonylmetallat an $M_3(CO)_{12}$ (*Geoffrey*, 1980)

$$Ru_3(CO)_{12} + [Fe(CO)_4]^{2-} \xrightarrow[-3\,CO]{} [FeRu_3(CO)_{13}]^{2-}$$
$$\downarrow H^+$$
$$H_2FeRu_3(CO)_{13}$$

$$Ru_2Os(CO)_{12} + [Fe(CO)_4]^{2-} \xrightarrow[-3\,CO]{} [FeRu_2Os(CO)_{13}]^{2-}$$
$$\downarrow H^+$$
$$H_2FeRu_2Os(CO)_{13}$$

$$Os_3(CO)_{12} + [Co(CO)_4]^- \xrightarrow[-3\,CO]{} [CoOs_3(CO)_{13}]^-$$

Auf diese Weise sind aus dreieckigen 48 VE-Clustern tetraedrische 60 VE-Cluster mit verschiedenen Kombinationen der Elemente Fe, Ru, Os und Co im Gerüst darstellbar. Die Reaktionen verlaufen selten einheitlich, die Produktzusammensetzung reagiert empfindlich auf Reaktionstemperatur und -dauer.

- **Clustererweiterung durch Hauptgruppenelemente**   (*Vahrenkamp*, 1983)

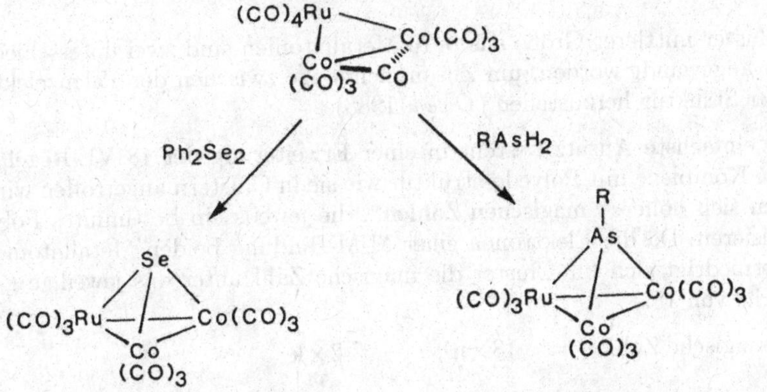

$$(CO)_4Ru - Co(CO)_3$$
$$Co - Co(CO)_3$$
$$(CO)_3 \; Co$$

Ph$_2$Se$_2$ RAsH$_2$

$$Se$$
$$(CO)_3Ru - Co(CO)_3$$
$$Co$$
$$(CO)_3$$

$$R$$
$$As$$
$$(CO)_3Ru - Co(CO)_3$$
$$Co$$
$$(CO)_3$$

Se$^+$ ⟵σ➤ RAs$^+$ ⟵σ➤ Co(CO)$_3$

[Ru(CO)$_3$]$^-$ ⟵σ➤ Co(CO)$_3$

Über diese Isolobalbeziehungen läßt sich der Co$_2$Ru-Arsinidincluster auf Co$_4$(CO)$_{12}$ zurückführen.

3 Metallaustausch mittels isolobaler Fragmente

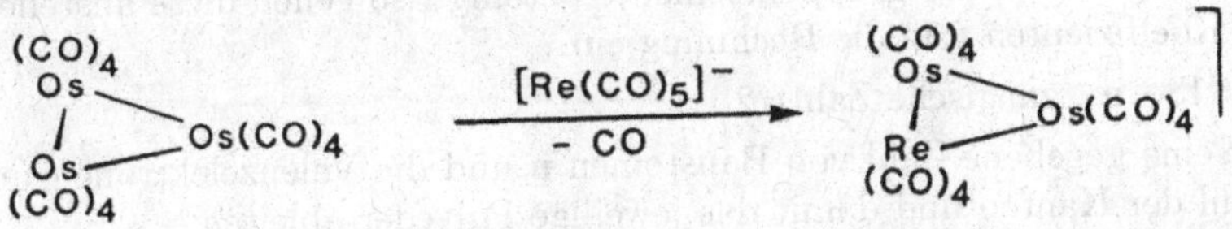

$$(CO)_4$$
$$Os$$
$$\qquad Os(CO)_4$$
$$Os$$
$$(CO)_4$$

$$\xrightarrow[- CO]{[Re(CO)_5]^-}$$

$$\left[\begin{array}{c} (CO)_4 \\ Os \\ \quad Os(CO)_4 \\ Re \\ (CO)_4 \end{array} \right]$$

(*Mays*, 1972)

d^8-ML$_4$: [Re(CO)$_4$]$^-$ ⟵σ➤ Os(CO)$_4$

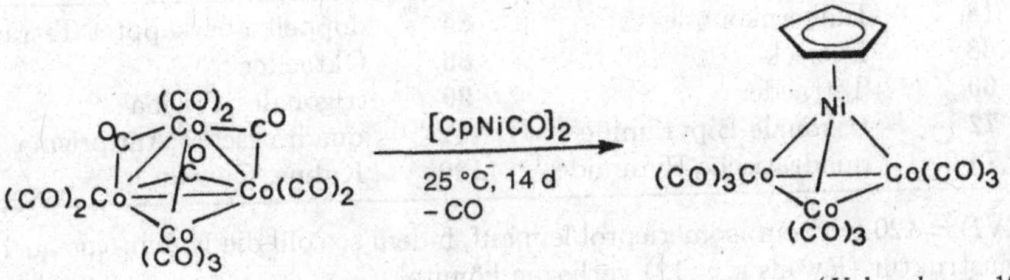

$$(CO)_2$$
$$O_C \; Co - CO$$
$$(CO)_2Co = C = Co(CO)_2$$
$$Co$$
$$(CO)_3$$

$$\xrightarrow[\substack{25\,°C, \; 14\,d \\ - CO}]{[CpNiCO]_2}$$

$$Ni$$
$$(CO)_3Co - Co(CO)_3$$
$$Co$$
$$(CO)_3$$

(*Vahrenkamp*, 1982)

d^9-ML$_3$: CpNi ⟵σ➤ Co(CO)$_3$

Diese Reaktionen verlaufen, im Gegensatz zu den Pyrolyseverfahren der Frühzeit der Clustersynthese, unter milden Bedingungen und demgemäß spezifischer. In obigen Beispielen ist einmal die hohe Nucleophilie des Carbonylmetallats [Re(CO)$_5$]$^-$, im anderen Falle die Reaktivität der im Gleichgewicht vorliegenden 17 VE-Spezies CpNiCO entscheidend. Das mechanistische Studium derartiger Metallaustauschreaktionen befindet sich erst im Anfangsstadium - unter den drei denkbaren Sequenzen Clusterfragmentierung/Wiederaufbau, Eliminierung/Addition und Addition/Eliminierung ist die dritte Variante am besten durch Experimentalbefunde belegt (*Vahrenkamp*, 1985).

16.6 Fünfkernige und höhere Cluster

Für Cluster mittlerer Größe aus 5–10 Metallatomen sind zwei unterschiedliche Verfahren angewandt worden, um Zusammenhänge zwischen der Valenzelektronenzahl und der Struktur herzustellen (*Owen*, 1988).

• Der einfachste Ansatz besteht in einer Erweiterung der 18 VE-Regel auf mehrkernige Komplexe mit Polyederstruktur wie sie in Clustern angetroffen wird. Hierbei ergeben sich höhere „**magischen Zahlen**", die jeweils ein bestimmtes Polyeder charakterisieren. Da die Elektronen einer M-M-Bindung beiden Metallatomen anteilig sind, erniedrigt sich für Cluster die magische Zahl unter das jeweilige ganzzahlige Vielfache von 18:

$$\text{magische Zahl} \quad = \quad 18 \times n \quad - \quad 2 \times k$$

Zahl der	Zahl der
ÜM-Atome	M-M-Bindungen
Zahl der Ecken	Zahl der Kanten

Sind am Clustergerüst Hauptgruppenelemente beteiligt, so gehen diese anstelle von 18 mit dem Koeffizienten 8 in die Rechnung ein.

Gemäß $k = (18 \times n - \text{magische Zahl})/2$

läßt sich für eine gegebene Zahl von Bausteinen n und die Valenzelektronensumme ΣVE die Zahl der Kanten und damit das jeweilige Polyeder ableiten:

ΣVE	Polyeder	ΣVE	Polyeder
18	Einkernkomplex	84	doppelt überkapptes Tetraeder
48	Dreieck	86	Oktaeder
60	Tetraeder	90	trigonales Prisma
72	trigonale Bipyramide	112	quadratisches Antiprisma
74	quadratische Pyramide	120	Kubus, Cunean

Für $\Sigma VE = 120$ tritt ein Isomerieproblem auf, indem sowohl die Kuban- als auch die Cuneanstruktur (jeweils $k = 12$) vorliegen könnte.

In der praktischen Anwendung bestimmt man zunächst aus der Molekülformel des Clusters die Zahl der Valenzelektronen ΣVE = Metallelektronen + Ligand-Metall-Bindungselektronen – Gesamtladung. In der Mehrzahl der Fälle trifft man hierbei auf eine der magischen Zahlen, die dann einen Strukturvorschlag gestattet.

Beispiele:

		ΣVE	Struktur
$Ir_4(CO)_{12}$	$4 \times 9 + 12 \times 2$	60	Tetraeder
$Fe_5(CO)_{15}C$	$5 \times 8 + 15 \times 2 + 1 \times 4$	74	quadr. Pyramide
$Os_6(CO)_{16}(CNBu)_2$	$6 \times 8 + 16 \times 2 + 2 \times 2$	84	doppelt überkapptes Tetraeder
$Rh_6(CO)_{16}$	$6 \times 9 + 16 \times 2$	86	Oktaeder
$[Rh_6(CO)_{15}C]^{2-}$	$6 \times 9 + 15 \times 2 + 1 \times 4 -(-2)$	90	trigon. Prisma

Die Zuverlässigkeit dieses Vorgehens leidet unter der Annahme, daß in Clustern nur 2e2c-Bindungen vorliegen und jedes Metallatom eine 18VE-Schale anstrebt (sog. **elektronenpräzise Cluster**). Für jede Doppelbindung erniedrigt sich die magische Zahl um zwei Einheiten, der Mehrfachbindungscharakter ist aber nicht a priori bekannt. Auch die Entscheidung, wieviele Valenzelektronen ein Ligand tatsächlich einbringt, ist oft nicht trivial. Ferner kann die Bereitschaft der späten ÜM, sich mit 16 VE zufrieden zu geben, die magischen Zahlen modifizieren. Schließlich nimmt mit zunehmender Clustergröße die Redoxaktivität zu, d.h. ein bestimmter Strukturtyp ist in mehreren benachbarten Oxidationsstufen stabil, er ist dann „**elektronenunpräzise**". Dies ist eine Folge der gesteigerten Delokalisationsmöglichkeiten in größeren Clustern. Diese Cluster „atmen" gewissermaßen, indem sie Elektronen aufnehmen und abgeben können und hierbei nur ihre Dimension (Bindungslängen) ändern, nicht aber ihre Symmetrie. Bei noch größeren Clustern, in denen definierte Energieniveaus der Bausteine zu Bändern verschmelzen, verlieren Abzählregeln, die auf lokalen 18 VE-Konfigurationen beruhen, naturgemäß ihre Berechtigung.

• In einem alternativen Ansatz versucht man, die Strukturen derart zu deuten, daß man die d^x-ML_y-Fragmente des Gerüstes mit Hilfe der **Isolobalanalogie** in entsprechende BH-Fragmente „übersetzt" und dann die **Wadeschen Regeln** (vergl. S. 98) anwendet. Die Vielfalt der Clustergeometrien machte es erforderlich, die Beziehungen zwischen der Zahl n der Gerüstbausteine, der Zahl der Gerüstelektronenpaare und dem jeweiligen Strukturtyp zu erweitern:

Zahl der Gerüstelektronenpaare SEP*		Typ	Struktur	
$n - 1$	superhypercloso	$(n{-}2)$- Polyeder,	2 Flächen	überdacht
n	hypercloso	$(n{-}1)$- Polyeder,	1 Fläche	überdacht
$n + 1$	closo	n- Polyeder,	regulär	
$n + 2$	nido	$(n{+}1)$-Polyeder,	1 Ecke	unbesetzt
$n + 3$	arachno	$(n{+}2)$-Polyeder,	2 Ecken	unbesetzt
$n + 4$	hypho	$(n{+}3)$-Polyeder,	3 Ecken	unbesetzt

* *skeletal electron pair (SEP)*

Einige Anwendungen dieser Betrachtungsweise werden nachfolgend skizziert.

Der klassische Zugangsweg zu höheren Clustern ist die **thermisch ausgelöste Aggregation** (*Lewis*, 1975):

$$Os_3(CO)_{12} \quad \xrightarrow[\substack{Bombenrohr \\ -\, n\, CO}]{\Delta} \quad Os_5(CO)_{16} \; + \; Os_6(CO)_{18} \; + \; Os_7(CO)_{21} \; + \; Os_8(CO)_{23}$$

Dieses Verfahren ist noch immer von Bedeutung. So konnte auf diese Weise das größte derzeit bekannte homonukleare Osmiumcarbonyl-Clusteranion dargestellt werden (*Johnson*, 1994):

$$Os_3(CO)_{10}(MeCN)_2 \xrightarrow[\substack{2.\ [N(PPh_3)_2]Cl \\ MeOH}]{\substack{1.\ 70\ h,\ 300\ °C \\ 10^{-3}\ Torr,\ -CO}}$$

$[N(PPh_3)_2]_2^+[Os_{17}(CO)_{36}]^{2-}$ 7%

+

$[N(PPh_3)_2]_2^+[Os_{20}(CO)_{40}]^{2-}$ 20%

(Struktur: S. 567)

Umwandlungen der Ligandensphäre mittels **Basenreaktion** können sich anschließen:

$$Os_5(CO)_{16} \xrightarrow[-CO_2]{OH^-} [Os_5(CO)_{15}]^{2-} \xrightarrow{H^+} [Os_5(CO)_{15}H]^- \xrightarrow{H^+} Os_5(CO)_{15}H_2$$

Die Anwendung der *Wade*schen Regel gestaltet sich folgendermaßen:

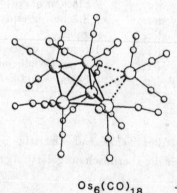

$Os_5(CO)_{16}$

$Co(CO)_3 \xleftarrow{\ \sigma\ } CH \xleftarrow{\ \sigma\ } BH^-$

$Os(CO)_3 \xleftarrow{\ \sigma\ } BH$

somit

$[Os_5(CO)_{15}]^{2-} \xleftarrow{\ \sigma\ } [B_5H_5]^{2-}$ **closo**

trigonale
Bipyramide

Die gleiche Gerüststruktur wie das Dianion $[Os_5(CO)_{15}]^{2-}$ besitzen auch die Protonierungsprodukte $[Os_5(CO)_{15}H]^-$ und $Os_5(CO)_{15}H_2$ sowie das iso(valenz)elektronische neutrale Molekül $Os_5(CO)_{16}$.

$Os_6(CO)_{18}$ $\xrightarrow{+2e^-}$ $[Os_6(CO)_{18}]^{2-}$

hypercloso

$Os_6(CO)_{18}$ besitzt für eine oktaedrische Struktur (n = 6) „ein Elektronenpaar zu wenig". Demgemäß wird eine Struktur mit höherem Grad an M–M-Verknüpfung ausgebildet: **trigonale Bipyramide**, 1 Fläche überdacht.

closo

$[Os_6(CO)_{18}]^{2-}$ ist **regulär oktaedrisch** gebaut, da für n = 6 Gerüstbausteine n + 1 Elektronenpaare verfügbar sind.

Entsprechend:

$Os_7(CO)_{21}$: Einfach überdachtes Oktaeder aus 6+1 Os-Atomen, **hypercloso**

$Os_8(CO)_{23}$: Doppelt überdachtes Oktaeder aus 6+2 Os-Atomen (verifiziert für das iso(valenz)elektronische Anion $[Os_8(CO)_{22}]^{2-}$) **superhypercloso**

Eine weitere Methode der Synthese mittelgroßer Cluster besteht in der **reduktiven Aggregation** einkerniger Vorstufen:

$$Ni(CO)_4 \xrightarrow{\text{Na/THF}} [Ni_5(CO)_{12}]^{2-} \xrightarrow{+\ Ni(CO)_4} [Ni_6(CO)_{12}]^{2-} + 4\ CO$$

(*Chini*, 1976)   (gelb)   (rot)

$$(\eta^5\text{-}C_5H_5)_2Ni \xrightarrow[\text{THF}]{\text{Na}^+C_{10}H_8^{-\cdot}} [(\eta^5\text{-}C_5H_5)Ni]_6 + \ldots$$

(*Dahl*, 1980) $d^9\text{-}ML_3$

Die Zuverlässigkeit von Aussagen, die auf der Analogie von ÜM-Carbonyl-Clustern mit Boran-Polyedern gleicher Eckenzahl basieren, ist begrenzt. Während die Strukturchemie der **höheren Borane** durch die **Ikosaedergeometrie** dominiert wird, die sich auch im elementaren Bor findet, neigen die **ÜM-Atome höherer Cluster** zu einer **dichtest gepackten Anordnung**, die dem Gitter des metallischen Zustandes entspricht.

Bereits für $[Ni_5(CO)_{12}]^{2-}$ führt ein Vergleich mit entsprechenden Boranen zu Unstimmigkeiten. So hat dieses Clusteranion trigonal bipyramidale Struktur, die gemäß

$$Ni(CO)_2\ \{d^{10}\text{-}ML_2\} \longleftrightarrow Os(CO)_3 \longleftrightarrow \{d^8\text{-}ML_3\} \longleftrightarrow BH$$
$$[Ni_5(CO)_{10}]^{2-} \qquad\qquad \longleftrightarrow [B_5H_5]^{2-} \qquad\qquad \textbf{closo}$$

eigentlich dem – bislang hypothetischen – Anion $[Ni_5(CO)_{10}]^{2-}$ zukommen sollte.

Der ansprechende Cluster $[CpNi]_6$ (S. 564), der insgesamt 90 VE enthält, besitzt im Sinne der *Wade*-Regeln (und der magischen Zahlen) für seine oktaedrische closo-Gerüststruktur „zwei Elektronenpaare zuviel":

$$(\eta\text{-}C_5H_5)Ni\ \{d^9\text{-}ML_3\} \longleftrightarrow (CO)_3Co \longleftrightarrow CH \longleftrightarrow BH^-.$$

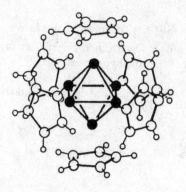

Eine Analogie zwischen [**CpNi**]$_6$ und [B$_6$H$_6$]$^{6-}$ ließe für den Ni$_6$-Cluster – im Gegensatz zum Experiment – eine arachno-Struktur, abgeleitet von einem quadratischen Antiprisma erwarten. Hier ist offenbar auch der **Raumbedarf des Liganden** C$_5$H$_5$ zu berücksichtigen, der zu der gefundenen hochsymmetrischen closo-Struktur minimaler Interligandabstoßung führt. Auch die gemäß der magischen Zahl **90** erwartete trigonal prismatische Struktur ist offenbar zu gedrängt. Dieses Beispiel illustriert den in der Chemie häufig angetroffenen Widerstreit zwischen elektronischen und sterischen Effekten.

Der Hohlraum im Inneren mittelgroßer Cluster hat eine Dimension, die den Einschluß von H-, B-, C-, N- und P-Atomen gestattet; diese **interstitiellen Hauptgruppenelemente** können zur Clusterstabilität beitragen. Hierbei ergeben sich Koordinationszahlen, die für diese Elemente völlig ungewöhnlich sind.

Im Zusammenhang mit der Bindungsform des Wasserstoffs in Zwischengitter-Metallhydriden ist die Darstellung und die strukturelle Charakterisierung des **Hydridoclusters** [HCo$_6$(CO)$_{15}$]$^-$ von Bedeutung (*Longoni, Bau,* 1979):

$$Co_2(CO)_8 \xrightarrow[\text{EtOH}]{\Delta} [Co_6(CO)_{15}]^{2-} \underset{H_2O}{\overset{\text{konz. HCl}}{\rightleftharpoons}} [HCo_6(CO)_{15}]^-$$

$$d(\text{Co–Co}) \qquad\qquad\qquad d(\text{Co–Co})$$
$$251 \text{ pm} \qquad\qquad\qquad 258 \text{ pm}$$

Struktur (Neutronenbeugung) des Clusteranions [**HCo$_6$(CO)$_{15}$**]$^-$ im Kristall: Das Co$_6$-Oktaeder trägt zehn terminale CO-Liganden, vier asymmetrische CO-Brücken und eine symmetrische CO-Brücke. Das H-Atom im Zentrum des Co$_6$-Oktaeders verläßt dieses bereitwillig bei Erhöhung des pH-Wertes. Im Gegensatz zu gewöhnlichen Metallcarbonylhydriden ist das H-Atom im Clusterzentrum stark entschirmt, δ^1H = 23 ppm (vergl. S. 432).

Die Oktaederstruktur (closo) des [Co$_6$(CO)$_{15}$]$^{2-}$-Ions (und des Hydridoclusters) ist wegen

$$[Co_6(CO)_{15}]^{2-} \longleftrightarrow [Ru_6(CO)_{18}]^{2-} \longleftrightarrow [B_6H_6]^{2-}$$

in Einklang mit den *Wade*schen Regeln.

Der **Carbidocluster** $Fe_5(CO)_{15}C$ entsteht in geringer Ausbeute, wenn $Fe_2(CO)_9$ oder $Fe_3(CO)_{12}$ in Kohlenwasserstoffen in Gegenwart von Alkinen wie 1-Pentin erhitzt wird (*Hübel*, 1962). Verbrückende CO-Gruppen sind gemäß IR-Spektrum abwesend, das fünffach koordinierte C-Atom befindet sich geringfügig unter der Fe_4-Ebene. Die formale Zerlegung in $[Fe_5(CO)_{15}]^{4-}$ und C^{4+} führt bei Anwendung der Isolobal-Analogie und der *Wade*schen Regeln zu der **nido**-Struktur des Fe_5-Gerüstes:

$Fe_5(CO)_{15}C$

$Fe(CO)_3 \longleftarrow o \longrightarrow BH$

$[Fe_5(CO)_{15}]^{4-} \longleftarrow o \longrightarrow [B_5H_5]^{4-}$

nido (n+2 Gerüstelektronenpaare)

HFe$_5$(CO)$_{14}$N

Ru$_6$(CO)$_{17}$C

Ebenfalls eine **nido**-Struktur zeigt der **Nitridocluster** $[Fe_5(CO)_{14}N]^-$ bzw. dessen Protonierungsprodukt $HFe_5(CO)_{14}N$. Die Darstellung erfolgt aus $Na_2Fe(CO)_4$, $Fe(CO)_5$ und $NOBF_4$ bei 145 °C (*Muetterties*, 1980).

Der **Carbidocluster** $Ru_6(CO)_{17}C$ (*Bianchi*, 1969) – formale Zerlegung $[Ru_6(CO)_{17}]^{4-}$ + C^{4+} – besitzt **closo**-Struktur, die auf der Grundlage folgender Isolobalbeziehungen gedeutet werden kann:

$$[Ru_6(CO)_{17}]^{4-} \longleftarrow o \longrightarrow [Ru_6(CO)_{18}]^{2-} \longleftarrow o \longrightarrow [B_6H_6]^{2-}$$

closo (n+1 Gerüstelektronenpaare)

Eine trigonal prismatische Anordnung von 6 Metallatomen ist in dem Carbidoclusteranion $[Rh_6(CO)_{15}C]^{2-}$ verwirklicht (*Albano*, 1973):

$$Rh_4(CO)_{12} \xrightarrow[\substack{2.\ CHCl_3 \\ 3.\ [Me_3NCH_2Ph]Cl}]{1.\ NaOH/MeOH,\ CO} [Me_3NCH_2Ph]_2[Rh_6(CO)_{15}C]\ (90\ VE)$$

70%

Das C-Atom sitzt im Zentrum eines trigonalen Rh_6-Prismas, dessen Kanten CO-Brücken und dessen Ecken terminale CO-Liganden tragen. Im binären Metallcarbonyl $Rh_6(CO)_{16}$ sind die Rh-Atome hingegen trigonal-antiprismatisch (= oktaedrisch) angeordnet. Offenbar diktiert das zentrale Carbido-C-Atom in $[Rh_6(CO)_{15}C]^{2-}$ die ungewöhnliche Anordnung der Metallatome. Die Struktur des Anions sei mit einem Stereobild veranschaulicht, welches gleichzeitig dazu dient, eine alternative Betrachtung des Aufbaus mehrkerniger Metallcarbonyle vorzustellen:

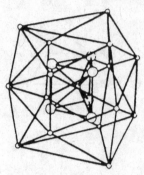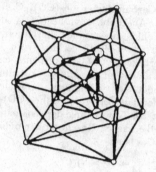

Stereobild $[Rh_6(CO)_{15}C]^{2-}$

Man erkennt die konzentrische Anordnung aus einem C-Atom, einem Rh_6-Prisma und einem $(CO)_{15}$-Deltaeder (= Polyeder mit Dreiecksflächen). Die Positionen der terminalen und der verbrückenden CO-Liganden sind leicht zu entdecken. Das Strukturmodell geht davon aus, daß die Geometrie der Ligandenhülle sowohl durch die sterisch optimale Packung der CO-Moleküle (effektiver Radius 300 pm) auf einer Kugeloberfläche, als auch durch den Raumbedarf des zentralen M_n-Moleküls geprägt wird (*Johnson*, 1981). Das Bauprinzip konzentrischer Metallkugelschalen bewährt sich ganz allgemein bei der Beschreibung besonders großer Cluster, so wie in den bereits erwähnten Molekülen $Au_{55}(PPh_3)_{12}Cl_6$ und $Pd_{145}(CO)_{60}(PtEt_3)_{30}$.

Während die Isolobalanalogie im Falle homogener Boran- bzw. Carbonylmetallcluster im allgemeinen befriedigende Strukturvoraussagen bzw. -Deutungen gestattet, treten für gemischte Organometall-Boran-Cluster gelegentlich Abweichungen von den einfachen Deltaederstrukturen und auch von den Skelettelektronenpaar/Struktur-Korrelationen auf. So besitzen die Dirhenaborancluster $(Cp^*Re)_2B_nH_n$, n = 6–10, oblate Deltaedergerüste mit hohen Re-Konnektivitäten zu benachbarten Boratomen und SEP-Summen (S. 561), welche die für *closo*-Strukturen geforderte Zahl n+1 um 3 unterschreiten (**hypoelektronische Cluster**, *Fehlner*, 2004). Da die Stauchung der Deltaeder längs der Achse $Cp^*Re\cdots ReCp^*$ erfolgt, ist es naheliegend anzunehmen, daß *trans*-Cluster-Re,Re-Bindungen vorliegen. Diese bewirken auch, daß t_{2g}-Elektronen der Cp^*Re-Fragmente d^6-ML_3, die im klassischen *Wade-Mingos*-Ansatz keinen SEP-Charakter besitzen, in den hypoelektronischen Dirhenaboranclustern durchaus die zur Realisierung von *(iso-)closo*-Strukturen „fehlenden" Elektronen liefern können. Das Isolobalkonzept und die auf ihm fußenden Abzählregeln entwickeln sich ständig fort!

Einer der interessantesten Aspekte der vielatomigen Metallatomcluster ist der **graduelle Übergang vom molekularen zum submikrokristallinen metallischen Zustand**. Dies sei abschließend an höheren Clustern des Rhodiums und des Osmiums veranschaulicht.

$$Rh_2(CO)_4Cl_2 \xrightarrow[\substack{MeOH \\ 25\,°C}]{CO,\ OH^-} [Rh_{12}(CO)_{30}]^{2-} \xrightarrow[50\,°C]{H_2,\ 1bar} 2[Rh_6(CO)_{15}H]^- \xrightarrow[10h]{80\,°C} [Rh_{13}(CO)_{24}H_3]^{2-}$$

$$H^+ \Updownarrow OH^-$$

$$[Rh_{13}(CO)_{24}H_2]^{3-}$$

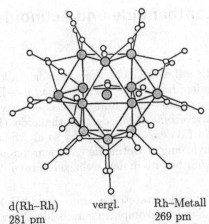

Struktur von $[Rh_{13}(CO)_{24}H_3]^{2-}$ im Kristall: Die 13 Rh-Atome liegen in drei parallelen Ebenen, bilden einen Cluster der Symmetrie D_{3h} und sind nach Art der **hexagonal dichtesten Packung** angeordnet. Das zentrale Rh-Atom ist nur an weitere Rh-Atome gebunden, die CO-Gruppen liegen je zur Hälfte terminal und verbrückend vor; H-Atome wurden in der Strukturbestimmung nicht direkt lokalisiert (*Chini*, 1979). Dieses Clusterion kann als kleiner Metallkristall mit an den Ecken und Kanten chemisorbiertem Kohlenmonoxid angesehen werden.

d(Rh–Rh)   vergl.   Rh–Metall
281 pm   269 pm

Der stufenweise Aufbau hexagonal dichtest gepackter Clustergerüste läßt sich schön an eine Serie demonstrieren, über die *Martinengo* (1986) berichtete:

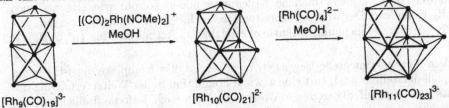

$[Rh_9(CO)_{19}]^{3-}$ $[(CO)_2Rh(NCMe)_2]^+$ / MeOH $[Rh_{10}(CO)_{21}]^{2-}$ $[Rh(CO)_4]^{2-}$ / MeOH $[Rh_{11}(CO)_{23}]^{3-}$

Noch realistischer erscheint die **Cluster/Mikrokristall-Analogie** im Falle des Clusteranions $[Os_{20}(CO)_{40}]^{2-}$ (S. 562). Die Gegenüberstellung des Clusteranions und des ligandfreien nackten Kerns demonstriert die hohe Symmetrie des Os_{20}-Gerüstes, welches nach Art der **kubisch dichtesten Packung** gebaut ist. In der ligand-bedeckten Form finden sich ecken-, kanten- und flächenfixierte terminal gebundene CO-Moleküle. Besonders für letztere ist der Bezug zur **Chemisorption** an Oberflächen und damit zur heterogenen Katalyse offensichtlich, denn die Atome Os(3), (5), (10), (16) sind, wie bei einer Os-Kristallfläche, von sechs weiteren Os-Atomen umgeben (*Johnson*, 1994).

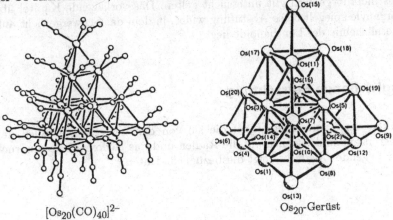

$[Os_{20}(CO)_{40}]^{2-}$ Os_{20}-Gerüst

17 Organometallchemie der Lanthanoide und Actinoide

Die außerordentliche Forschungsaktivität, die auf dem Gebiet der Organometallchemie der f-Elemente während der letzten beiden Jahrzehnte herrscht, mag den Eindruck erwecken, es handele sich hier um eine ganz neue Substanzklasse. Dies ist nicht der Fall; so sind die Cyclopentadienylverbindungen der Lanthanoide (Ln) Cp_3Ln, Ln = Sc, Y, La, Ce, Pr, Nd, Sm, Gd (*Wilkinson*, 1954), fast so alt wie der Prototyp Ferrocen und auch Cyclopentadienyle einiger Actinoide (An) wurden nach der Eröffnung durch Cp_3UCl (*Wilkinson*, 1956) bereits in den sechziger Jahren dargestellt.

Ein Paukenschlag war die Synthese des Di(η^8-cyclooctatetraen)urans, $(\eta^8\text{-}C_8H_8)_2U$ (*Streitwieser*, 1968), welche die Palette der Sandwichkomplexe entscheidend erweiterte. Die Bezeichnung „*Uranocen*" trägt der Bedeutung dieses Moleküls Rechnung. Allerdings sollte der Name *Metallocen* Sandwichkomplexen des Liganden $C_5H_5^-$ vorbehalten bleiben, denn manche f-Elemente bilden sowohl $\eta^5\text{-}C_5H_5$ als auch $\eta^8\text{-}C_8H_8$-Komplexe. Der weiten Verbreitung in der Literatur Rechnung tragend, verwenden wir die Bezeichnung „Lanthanocen" bzw. „Actinocen" für $(\eta^8\text{-}C_8H_8)_2M$ parenthetisch.

Nachdem der experimentelle Beweis erbracht war, daß π-Komplexe der f-Elemente prinzipiell darstellbar sind, trat eine gewisse Stagnation in der Weiterverfolgung des Themas ein, was auf die extreme Wasser- und oft auch Luftempfindlichkeit, die Unlöslichkeit in vielen organischen Lösungsmitteln und die hohe Neigung zu unerwünschter Adduktbildung zurückzuführen ist. Erst in jüngerer Zeit erkannte man, daß in eben diesen Besonderheiten der f-Elementorganyle Chancen liegen, die Anwendungsmöglichkeiten in der organischen Synthese und der homogenen Katalyse eröffnen.

Dies dürfte auch für die Actinoide gelten, wenngleich deren Radioaktivität und schwierige Zugänglichkeit, besonders der späten Actinoide, in makroskopischen Mengen einer gründlichen Erforschung Grenzen setzt; lediglich Thorium und Uran können als metallorganisch gut untersucht gelten. Das vorliegende Kapitel über f-Elementorganyle spiegelt diese Abstufung wider, in dem das Schwergewicht auf der Organometallchemie der Lanthanoide liegt.

17.1 Vergleichende Betrachtung

Eigenschaften der **Lanthanoide (Ln)**, die sie von den Übergangsmetallen der d-Reihen abgrenzen, sind letztlich auf die Radien und das Redoxverhalten zurückzuführen; die folgende Übersicht zeigt diesbezügliche Daten.

Lanthanoide: **Ionenradien** $r(M^{3+})^a$ (pm) und **Redoxpotentiale** $E°$(V, NWE)

88 Sc														
104 Y	$M^{IV/III}$				$M^{III/II}$							$M^{III/II}$		
	1.75 V				−1.55 V −0.35 V							−1.1 V		
	↓				↓ ↓							↓		
117 La	Ce	Pr	Nd	Pm	Sm	Eu	Gd	Tb	Dy	Ho	Er	Tm	Yb	Lu
$r(M^{3+})$	115	113	112	111	110	109	108	106	105	104	103	102	101	100 pm

[a]Kristallradien nach *Shannon* (1976) für KZ 6, bezogen auf $r(O^{2-}) = 126$ pm.

Stabilste Oxidationsstufe für die Lanthanoide sowie die leichteren Homologen des Lanthans ist Ln^{3+}. Die Zunahme des Ionenradius $Sc^{3+} < Y^{3+} < La^{3+}$ und die Abnahme $La^{3+} > Ce^{3+} > ... > Yb^{3+} > Lu^{3+}$ (*Lanthanoidenkontraktion*) rechtfertigen die gemeinsame Behandlung der 17 Elemente der *Seltenen Erden* (*SE*), dies gilt auch für deren Organometallchemie. So hat die Chemie von Y^{3+} viel Ähnlichkeiten mit der der späten Lanthanoidkationen Ho^{3+}, Er^{3+}, denn die Ladung/Radius-Verhältnisse sind identisch.

Verglichen mit anderen Haupt- und Nebengruppentrikationen [$r(Al^{3+}) = 67$, $r(Fe^{3+}) = 69$ pm] bilden die Seltenen Erden relativ **große Kationen** Ln^{3+}, die **hohe** *Lewis*-**Acidität** und die Neigung zu **hohen Koordinationszahlen** in sich vereinen. Hieraus ist schon ersichtlich, daß die Beherrschung der Chemie der Lanthanoide darin besteht, gleichzeitig elektrostatische Wechselwirkungen zu optimieren und die großen Ionen Ln^{3+} vor nucleophilem Angriff sterisch abzuschirmen. Derartige Angriffe üben vor allem harte Basen aus, die Oxophilie der Lanthanoide ist sprichwörtlich. Neben dem solvolysierenden Medium Wasser ist hier vor allem Tetrahydrofuran zu nennen, welches in der Steuerung der Reaktivität von Organolanthanoiden eine bedeutende Rolle spielt.

Überaus wichtig für das Verständnis, aber auch für die Steuerung chemischer Reaktivität, ist die Tatsache, daß in den Lanthanoidkationen Ln^{3+} eine Reihe vorliegt, die bei konstanter Ionenladung eine graduelle Kontraktion des Radius aufweist. Dies ist, wie sich nachfolgend erweisen wird, in stöchiometrischen und katalytischen Reaktionsfolgen geschickt ausgenutzt worden. Reaktivitätsabstufungen lassen sich hierbei mittels der Begriffe Untersättigung/Sättigung/Übersättigung diskutieren (*Evans*, 1987). Dies sei am Beispiel der Hydrogenolyse der $Ln^{-σ}R$-Bindung erläutert, sie zeigt abhängig von der Natur des Metalls, der Gruppe R und des Mediums charakteristische Abstufungen:

Ln = Y, Er, Yb, Lu

$$2 \ \overset{(THF)}{Cp_2Ln-\text{--}t\text{-}Bu} \ + \ 2 \ H_2 \ \xrightarrow[\text{rasch}]{\substack{\text{Toluol} \\ ②}} \ \underset{\text{(3)} \not\to}{\xrightarrow{\text{THF}}} \ \overset{(THF)}{Cp_2Ln} \diamond^{H} LnCp_2 \ + \ 2 \ t\text{-}BuH$$

$$2 \ \overset{(THF)}{Cp_2Ln-\text{--}CH_3} \ + \ 2 \ H_2 \ \xrightarrow[\text{rasch}]{\substack{\text{THF} \\ ④}} \ \underset{\substack{\text{THF} \\ ⑤ \\ \text{langsam}}}{} \ \overset{(THF)}{Cp_2Ln} \diamond^{H} LnCp_2 \ + \ 2 \ CH_4$$

Ln = Y, Er

Ln = Yb, Lu

Das sterisch gesättigte Substrat in ① ist reaktionsträge, sterische Übersättigung in ② steigert die Reaktivität. Dies scheint aber die Einstellung eines vorgelagerten Dissoziationsgleichgewichtes bezüglich des Liganden THF vorauszusetzen, denn Zurückdrängung der Dissoziation durch THF als Medium ③ stoppt die Hydrogenolyse. Wird hingegen durch den Wechsel von t-Bu zu Me die sterische Überstättigung aufgehoben ④, so erfolgt auch in THF Hydrogenolyse. Wird schließlich durch Übergang von $Ln^{3+} = Y^{3+}$, Er^{3+} auf die kleineren Kationen Yb^{3+}, Lu^{3+} die sterische Abschirmung wieder erhöht ⑤, so wird die Hydrogenolyse verlangsamt. Diese kleine Gegenüberstellung zeigt, wie subtil die Effekte sind, welche die Reaktivität von Lanthanoidorganylen steuern.

Neben der allgegenwärtigen **Oxidationsstufe Ln^{III}** sind für einige Lanthanoide auch die benachbarten Stufen Ln^{II} bzw. Ln^{IV} zugänglich, so in den Ionen $Ce^{4+}(f^0)$, $Sm^{2+}(f^6)$, $Eu^{2+}(f^7)$, $Tb^{4+}(f^7)$ und $Yb^{2+}(f^{14})$, nie aber alle drei Stufen $Ln^{II, III, IV}$ für dasselbe Element. Somit werden die für d-Metalle so wichtigen mechanistischen Schritte der oxidativen Addition (OA) und der reduktiven Eliminierung (RE) bei f-Metallen nicht angetroffen, da sie den Wechsel $M^{II \to IV}$ bzw. $M^{IV \to II}$ beinhalten würden. Stattdessen spielen in den Reaktionsmechanismen der Lanthanoidorganyle **σ-Bindungsmetathesen** (σ-BM) und **Insertionen** (INS) eine wichtige Rolle. Beide Prozesse werden durch eine Adduktbildung eingeleitet, deren Bereitwilligkeit durch den Grad der sterischen Absättigung am Zentralmetall gesteuert wird:

$$Cp_2^*Sc-R' \ \rightleftharpoons \ Cp_2^*Sc\overset{R}{\underset{R'}{\diamond}}H \ \rightleftharpoons \ Cp_2^*Sc\overset{R}{\underset{R'}{\diamond}}H \ \rightleftharpoons \ Cp_2^*Sc\overset{R}{\underset{R'}{\diamond}}H$$

σ-BM

R = H, Alkyl, Alkenyl, Alkinyl, Aryl

$$Cp_2^*Sc-R$$

Diese σ-Bindungsmetathese (*Bercaw*, 1987) wird als konzertierter Prozeß mit einem relativ unpolaren Übergangszustand betrachtet, ihre Geschwindigkeit sinkt mit abnehmendem s-Charakter der reagierenden σ-Bindung. Als erster Hinweis auf derartige Reaktionen ist die Beobachtung von *Watson* (1983) zu werten, daß $Cp^*_2LuCH_3$ mit C–H-Bindungen extrem niedriger Acidität reagiert:

$$Cp^*_2Lu–CH_3 + {}^{13}CH_4 \; \overset{\substack{70\,°C\\CyH}}{\rightleftharpoons} \; Cp^*_2Lu–{}^{13}CH_3 + CH_4 \qquad σ–BM$$

Dies ist gleichzeitig ein eindruckvolles Beispiel der Befähigung elektronenarmer Lanthanoidorganyle zur CH-Aktivierung. Die Wahl der Zentralmetalle in den beiden Beispielen ist kein Zufall, handelt es sich bei Sc^{3+} und Lu^{3+} doch um die kleinsten Seltenerdkationen, die sich somit chemisch analog verhalten.

Als Alternative zur σ-Bindungsmetathese können ungesättigte Substrate auch **Insertionen** in $Ln\overset{σ}{-}C$-Bindungen vollführen. Entscheidend ist hierbei, daß die sterischen Verhältnisse eine Annäherung des Substrat-π-Systems an das Zentralmetall gestatten. Im Falle des Komplexes Cp^*_2Sc-R blockieren die sperrigen Cp^*-Liganden für substituierte Alkene eine Wechselwirkung ihrer π-Orbitale mit dem Zentralmetall, erlauben eine solche aber für das zierlichere Ethylen selbst. Folglich wird für erstere σ-Bindungsaktivierung, für letztere hingegen Insertion beobachtet.

$$Cp^*_2Sc–R + n\ CH_2{=}CH_2 \longrightarrow Cp^*_2Sc(CH_2CH_2)_nR \qquad \textbf{INS}$$

Diese Insertion ist der entscheidende Schritt der durch Cp_2MR katalysierten Olefinpolymerisation; über die Rolle von Lanthanoidorganylen als *Ziegler-Natta*-Katalysatoren wird in Kap. 18.11.2 noch mehr zu sagen sein.

Eine vieldiskutierte Fragestellung war und ist die nach der Natur der **f-Element–C-Bindung**: ionisch oder kovalent?

Lanthanoidkationen Ln^{3+} besitzen die Elektronenkonfiguration $[Xe]4f^n$ ($1{\leq}n{\leq}14$). Die geringe radiale Ausdehnung der 4f-Orbitale bewirkt aber, daß diese durch gefüllte 5s- und 5p-Orbitale *extern* gut abgeschirmt werden und demnach nur unwesentliche Wechselwirkungen mit Ligandenorbitalen aufweisen. Das Bild einer dreifach-positiv geladenen, geschlossenen Edelgasschale beschreibt die Situation für die Kationen Ln^{3+} recht gut, es wird durch zahlreiche Befunde der Spektroskopie und Koordinationschemie der Lanthanoide bestätigt. Neben der *externen* ist auch die *interne* Abschirmung für f-Orbitale charakteristisch: Aufgrund ihrer geringen Wahrscheinlichkeitsdichte in Kernnähe wird der Zuwachs der positiven Kernladung durch f-Elektronen nur unvollständig abgeschirmt und es resultiert die Lanthanoidkontraktion.

Wesentlich für die Organometallchemie der **Lanthanoide** ist, daß partiell gefüllte f-Orbitale aufgrund ungünstiger Überlappung mit Ligandorbitalen als Partner einer $Ln\overset{π}{\rightarrow}L$-Rückbindung ungeeignet sind, was weite Bereiche der Organoübergangsmetallchemie ausklammert, soweit sie vom σ-Donor/π-Akzeptor-Synergismus leben. Typische π-Akzeptorliganden wie CO, CNR und PR_3 sind in der Organolanthanoidchemie somit exotisch. Akzeptoreigenschaften weisen auch die π-Perimeterliganden $C_5H_5^-$ und C_6H_6 auf. Während aber in der Organometallchemie der d-Elemente kovalent gebundene $η^5$-Cyclopentadienyl- und $η^6$-Arenkomplexe *beide* umfangreiche Stoffklassen darstellen, ist die Organo-f-Elementchemie eindeutig durch den anionischen Cyclopentadienylliganden beherrscht, und Komplexe ungeladener Arenliganden sind Raritäten. Hieraus ist bereits zu folgern, daß der elektrostatischen Wechselwirkung in der Organolanthanoidchemie zentrale Bedeutung zukommt, mit anderen Worten: Die Bindung Ln–C ist dominant ionisch, vergleichbar etwa mit der M–C-Bindung der Erdalkalimetalle Mg $[r(Mg^{2+})_{KZ\,6} = 86$ pm$]$ und Ca $[r(Ca^{2+})_{KZ\,6} = 114$ pm$]$.

Weniger eindeutig ist das Bindungsbild für Organometallkomplexe der **Actinoide (An)**. Dies betrifft übrigens auch Koordinationsverbindungen der Actinoide mit von C verschiedenen Ligatoratomen (*Bursten*, 1991). Genaugenommen ist die Diskussion der f-Orbitalbeteiligung an der Kovalenz für jede Oxidationsstufe getrennt zu führen, denn mit steigender Zentralmetalladung nimmt der Grad der Orbitalkontraktion mit zunehmender Nebenquantenzahl zu. Für hoch geladene Ionen sind 5f-Orbitale demnach stärker kontrahiert als 7s-, 7p- oder 6d-Orbitale. Konvalenzanteile aus 5f-Orbitalbeteiligung sind daher am ehesten für niedrige Oxidationsstufen der Actinoide zu erwarten.

Die wichtigsten Oxidationsstufen für Organoactinoidkomplexe sind $Th^{III}(f^1)$, $U^{III}(f^3)$ und $Th^{IV}(f^0)$, $U^{IV}(f^2)$. Die Ionenradien ähneln mit $r(Th^{3+}) = 119$, $r(U^{3+}) = 116$ pm denen der größten Lanthanoidkationen Ln^{3+}. Die Dominanz der Stufe Th^{IV} in der Organometallchemie dieses Elementes spiegelt, wie für das Homologe Ce^{IV}, die Stabilität der f^0-Konfiguration wider. Das häufige Auftreten von U^{IV}, welches im Gegensatz zum Homologen Nd^{IV} steht, zeigt aber, daß die Redoxchemie der Actinoide uneinheitlicher ist, als die der Lanthanoide. Vielmehr ähnelt die Variabilität der Oxidationsstufen der 5f-Metalle derjenigen der 5d-Metalle als deren Homologe sie früher gelegentlich betrachtet wurden (*Beispiel* U = Eka-W).

Eine interessante Ausprägung erfährt die Oxidationsstufe **An^{IV}** in der Reihe der „**Actinocene**" $(\eta^8\text{-}C_8H_8)_2$An (An = Th, Pa, U, Np, Pu, Am), für die es keine analogen „Lanthanocene" gibt. Die Existenz der „Actinocene" kann als Hinweis darauf gewertet werden, daß 5f-Orbitale einen wesentlicheren Beitrag zur Metall-Ligand-Bindung leisten als 4f-Orbitale. Aufgrund der höheren Hauptquantenzahl besitzen 5f-Orbitale eine größere Reichweite als 4f-Orbitale und zeigen demgemäß bessere Überlappungseigenschaften; außerdem fördert die energetische Ähnlichkeit von 5f- und 6d-Orbitalen für die frühen Actinoide Th, Pa, U die Beteiligung beider Funktionen an Hybridorbitalen. Hierauf hat schon *Coulson* (1956) hingewiesen. Die verglichen mit Ln(4f, 5d) ähnlichere Energie der An(5f, 6d)-AOs ist auch durch relativistische Effekte (S. 250) bedingt. Nach übereinstimmender Meinung ist demnach der kovalente Bindungsanteil für Organoactinoidkomplexe größer als für Organolanthanoide, wobei die Bindung zu organischen Liganden wie Alkyl$^-$, Aryl$^-$ und Cp$^-$ kovalenter ist als zu den schwächeren Donoren Hal$^-$, OR$^-$ und NR$_2^-$. Dies geht allerdings nicht soweit, daß man eine der 18 VE-Regel entsprechende 32 VE-Regel (18+14) formulieren könnte, vielmehr ist die Valenzelektronenzahl in einem weiten Bereich variabel, wie die Beispiele U[CH(SiMe$_3$)$_2$]$_3$, 9 VE, und Cp$_3$Np(THF)$_3$, 28 VE, zeigen.

Hinweise auf kovalente Bindungsanteile in Organoactinoidkomplexen lassen sich u.a. folgenden **Experimentalbefunden** entnehmen:

- Das ^{1}H-NMR-Spektrum der paramagnetischen Verbindung Cp$_4$U zeigt isotrope *Fermi*-Kontakt-Verschiebungen und damit Metall→Ligand-Spindelokalisation an.

Diese läßt sich durch die einfache Besetzung von MOs mit Metall- **und** Ligand-anteilen deuten.

- Die Isomerieverschiebung im ^{237}Np-Mößbauer-Spektrum von Cp$_4$Np unterscheidet sich deutlich von derjenigen ionischer Np^{IV}-Verbindungen. Die Isomerieverschiebung korreliert mit der s-Elektronendichte am Kernort, sie ist somit ein Maß für die Ligand→Metall-Ladungsübertragung.

- Im Gegensatz zu ionischen Cp-Metallkomplexen wie NaCp, MgCp$_2$ und LnCp$_3$ wirkt Cp$_4$U nicht als Cp$^-$-Übertragungsreagenz.

Der Schilderung einiger allgemeiner Charakteristika der Organolanthanoid- und Actinoidkomplexe schließt sich nun ein „Gang durch die Liganden" an, wie er auch für die Übergangsmetalle beschritten wurde; um den Rahmen nicht zu sprengen, kann er nur exemplarischer Natur sein. Die Rolle, die Organolanthanoide in der homogenen Katalyse spielen, kommt in Abschn. 18.11.2.4.1 zur Sprache.

17.2 Gang durch die Liganden

Die Zahl **neutraler binärer σ-Organyle** LnR$_n$ bzw. AnR$_n$ ist äußerst gering; wie auch für die entsprechenden Verbindungen der frühen Übergangsmetalle sind Folgereaktionen wie die β-Hydrideliminierung oder bimolekulare Prozesse (vergl. Ti(CH$_3$)$_4$) der Stabilität abträglich. Somit ist auf sterische Sättigung der Koordinationssphäre besonderes Augenmerk zu richten:

$$\text{LnCl}_3 + 4\,\text{LiR} \xrightarrow{\text{THF}} [\text{Li(THF)}_4]^+[\text{LnR}_4]^-$$

Ln = Yb, Lu   R = 2,6-Me$_2$C$_6$H$_3$ tetraedrisch

Ln = Sm, Er   R = t-Bu

       Y, Yb, Lu

Sie wird hier durch sperrige organische Reste R und „at"-Komplexbildung bewirkt. Kleinere Reste R, dafür in größerer Zahl, erfüllen denselben Zweck:

$$\text{LnCl}_3 + 6\,\text{LiCH}_3 \xrightarrow[\text{Et}_2\text{O}]{\text{TMEDA}} [\text{Li(TMEDA)}]_3\,[\text{Ln(CH}_3)_6]$$

Ln = Pr, Nd, Sm, Er, Tm, Yb, Lu

(*Schumann*, 1984)

Neutrale Ln-σ-Alkyle bilden die Liganden R = CH$_2$SiMe$_3$ und CH(SiMe$_3$)$_2$. Während mit ersterem noch zwei THF-Moleküle eingebaut werden,

$$\text{LnCl}_3 + 3\ \text{LiCH}_2\text{SiMe}_3 \xrightarrow[-\text{LiCl}]{\text{THF}} \text{Ln(CH}_2\text{SiMe}_3)_3(\text{THF})_2$$

Ln = Er, Tm, Yb, Lu

kommt letzterer Ligand ohne diese aus (*Lappert*, 1988):

$$\text{LnX}_3 + 3\ \text{LiCH(SiMe}_3)_2 \xrightarrow[-3\ \text{LiX}]{\text{C}_5\text{H}_{12}}$$

Ln = La, Sm
X = 2,6-t-Bu$_2$C$_6$H$_3$O

Überraschend ist die pyramidale LnC$_3$-Struktur in La[CH(SiMe$_3$)$_2$]$_3$, sie scheint aus dem komplizierten Zusammenwirken von M–L-Anziehung, L/L-Abstoßung sowie agostischer γ-C–H···La-Wechselwirkungen zu folgen.

Agostische Wechselwirkungen werden für koordinativ ungesättigte Lanthanoidkomplexe häufig, für Actinoidkomplexe seltener angetroffen (*Meyer*, 2003). Weitere Moleküle mit Ln–$^\sigma$-C-Bindung finden sich in der Klasse der ternären Cyclopentadienyllanthanoidorganyle (*vide infra*).

Noch sensibler als Lanthanoid- sind offenbar Actinoid-σ-Organyle. Im Fall des Urans bewirken Alkylierungsversuche mittels überschüssigem LiR oder RMgX statt „at"-Komplexbildung meist Reduktion. So konnten die bislang erzeugten Spezies [UR$_6$]$^{2-,3-}$ nicht vollständig charakterisiert werden. Etwas gutwilliger verhält sich hier das Thorium:

$$\text{ThCl}_4 + 7\ \text{LiMe} \xrightarrow[-78\ °C]{\substack{\text{TMEDA} \\ \text{Et}_2\text{O}}} [\text{Li(TMEDA)}]^+{}_3\ [\text{ThMe}_7 \cdot \text{TMEDA}]^{3-} + 4\text{LiCl}$$

Kristall:

(*Marks*, 1984)

gelb
pyrophor
Zers. 82 °C

Das ^{1}H-NMR-Spektrum des Heptamethylthorat(IV)-Trianions zeigt bei Raumtemperatur Äquivalenz aller Methylgruppen an, somit liegt Bindungsfluktuation vor.

Das erste neutrale, binäre Actinoid-σ-alkyl U[CH(SiMe$_3$)$_2$]$_3$ folgt dem Lanthanoidvorbild, wie dieses ist es pyramidal gebaut (*Sattelberger*, 1989):

$$\text{U(OAr)}_3 + 3\ \text{LiCH(SiMe}_3)_2 \xrightarrow[-2\ \text{LiOAr}]{\text{Hexan}}$$

Verbindungen mit **Ln,C- bzw. An,C-Mehrfachbindungen** sind aufgrund der ungünstigen Überlappungseigenschaften der f-Orbitale ausgesprochene Raritäten, aber auch hier gilt es zu differenzieren. Nach den Eingangsbemerkungen sollten Mehrfachbindungen an f-Elemente eher mit Actinoiden als Partner realisierbar sein, und in der Tat stammt das erste Beispiel aus der Chemie des Urans (*Gilje*, 1981):

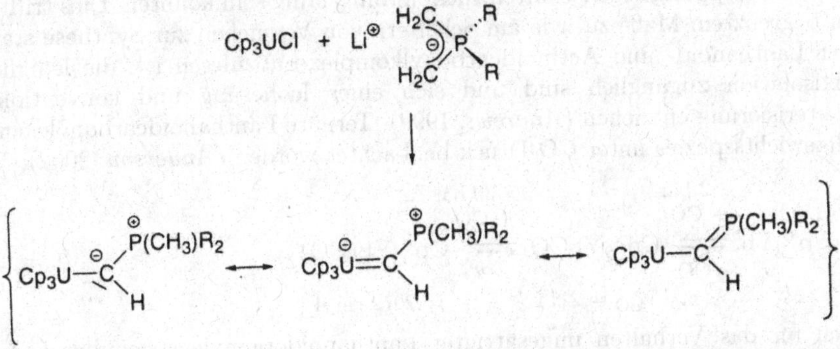

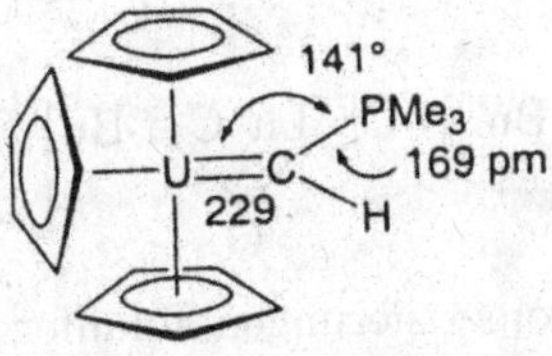

Eine Strukturbestimmung von **Cp₃UC(H)PMe₃** mittels Neutronenbeugung (*Bau*, 1990) rechtfertigt die Annahme von U=C-Doppelbindungscharakter in diesem wichtigen Molekül (vergl. Cp₃U(n-C₄H₉), d(U–C) = 243 pm). Die Lokalisierungsmöglichkeit von H-Atomen ließ auch den Schluß zu, daß hier keine C–H-agostische Wechselwirkung vorliegt.

Noch untypischer als für Actinoide ist die Bildung von **Carbenkomplexen** für Lanthanoide. Daher bedarf es hierzu des Alleskönners Imidazol-2-yliden, der dafür aber gleich zweimal als Ligand eintreten kann (*Arduengo*, 1994):

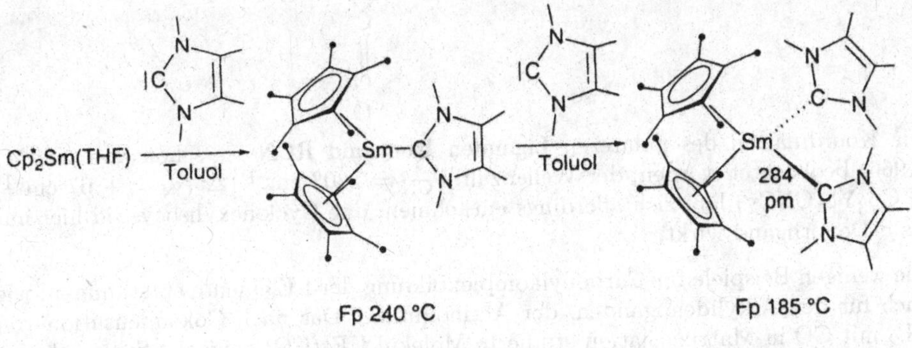

Aus der Länge der Sm–C(Carben)-Bindung läßt sich kein Doppelbindungscharakter ableiten, und auch die Dimensionen des Liganden erfahren durch die Koordination kaum eine Änderung. Offenbar gestattet die Paarung hoher Elektrophilie (Cp*₂Ln) und hoher Nucleophilie (Imidazol-2-yliden) Komplexbildung ohne eine wesentliche Stabilisierung durch Rückbindung.

Den Alkylidenen als π-Akzeptorligand überlegen ist der **Ligand CO**. 5f und, insbesondere 4f-Orbitale sind als π-Donorfunktionen schlecht geeignet. Den Atomspektren der Lanthanoide und Actinoide entnimmt man jedoch, daß in niedrigen Oxidationsstufen der Elemente energetische Ähnlichkeit der 4f/5d- bzw. 5f/6d-Orbitale besteht, so daß angeregte Konfigurationen mit höherem d-Charakter und besserer Überlappungseigenschaften rückbindungsfähig sein könnten. Dies trifft aber nur in begrenztem Maße zu, wie am Scheitern von Versuchen zur Synthese stabiler, binärer Lanthanoid- und Actinoidcarbonylkomplexe abzulesen ist, die lediglich in Matrixisolation zugänglich sind und sich einer Isolierung und konventionellen Charakterisierung entziehen (*Andrews*, 1999). Ternäre Lanthanoidcarbonyle sind als Gleichgewichtsspezies unter CO-Druck beobachtet worden (*Anderson*, 2002):

$$Cp^*_2Yb \underset{-\,CO}{\overset{\substack{<\,2\ bar \\ +\,CO}}{\rightleftharpoons}} Cp^*_2YbCO \underset{-\,CO}{\overset{\substack{>\,30\ bar \\ +\,CO}}{\rightleftharpoons}} Cp^*_2Yb(CO)_2$$

$$\nu_{CO} = 2114 \qquad\qquad 2072\ cm^{-1}$$

Typisch für das Verhalten ungesättigter Lanthanoidorganyle gegenüber CO sind Folgereaktionen, die sich einer möglichen Präkoordination anschließen (*Evans*, 1981):

$$Cp_2Lu\text{-}t\text{-}Bu(THF) + CO \longrightarrow \left\{ \underset{O}{\overset{\|}{Cp_2Lu\text{-}C\text{-}t\text{-}Bu}} \leftrightarrow \underset{O}{\overset{\diagdown\diagup}{Cp_2Lu\text{-}C\text{-}t\text{-}Bu}} \right\}$$

Neben dieser einfachen Insertion können auch CO-Oligomerisierungen ablaufen, wie im folgenden Beispiel unter Bildung eines verbrückenden Ketencarboxylates; die ungewöhnliche Reaktion wird sicher durch das stark negative Redoxpotential $Sm^{III/II}$ und durch die Oxophilie des Lanthanoids getrieben (*Evans*, 1985):

$$Cp^*_2Sm(THF)_2 + 3\ CO \longrightarrow Cp^*_2Sm \overset{\displaystyle O}{\underset{\displaystyle \underset{O}{\overset{\|}{C}}}{\overset{\diagup\diagdown}{\underset{\diagdown\diagup}{C}}}} C\text{-}O\text{-}SmCp^*_2$$

Die Koordination des polareren **Liganden Isocyanid RCN** ist schon von *Fischer* (1966) beobachtet worden; der Wellenzahl $\nu_{CN} = 2203\ cm^{-1}$ ($\Delta\nu_{CN} = +\ 67\ cm^{-1}$) in $Cp_3Yb(CNCy)$ läßt sich allerdings entnehmen, daß Cyclohexylisocyanid hier nur als σ-Donorligand wirkt.

Die wenigen Beispiele für Carbonylkomplexbildung der f-Elemente entstammen, wie auch für den Alkylidenliganden, der Actinoidreihe. Das nach Cokondensation von UF_4 mit CO in Matrixisolation studierte Molekül $UF_4(CO)$ zeigt die Streckschwingung $\nu_{CO} = 2184\ cm^{-1}$, aufgrund derer CO gegenüber U^{IV} dominant als σ-Donor fungiert. $U(CO)_6$, welches unterhalb 20 K existiert, zeigt hingegen mit $\nu_{CO} = 1961$ cm^{-1} Ähnlichkeit zu $W(CO)_6$, $\nu_{CO} = 1987\ cm^{-1}$. In Lösung und als Feststoff bei Raumtemperatur stabil ist das Addukt $(Me_3SiC_5H_4)_3UCO$, die Wellenzahl $\nu_{CO} = 1976\ cm^{-1}$ zeigt eine $U\overset{\pi}{\longrightarrow}CO$-Rückbindung an (*Anderson*, 1986). Gemessen an diesen IR-Daten ist es eigentlich verwunderlich, daß die 5f-Elemente sich der Carbonyl-komplexbildung so hartnäckig verweigern. Möglicherweise ist die sterische Abschir-mung durch den zierlichen Liganden CO zu gering, und Carbonylkomplexe der Actinoide sind daher kinetisch extrem labil. Dem könnte begegnet werden, indem die Nebenliganden in der Koordinationssphäre sperriger gemacht werden. Diese Vorstellung führte zu Synthese und vollständiger Charakterisierung des ersten f-Element-Carbonylkomplexes (*Carmona*, 1995):

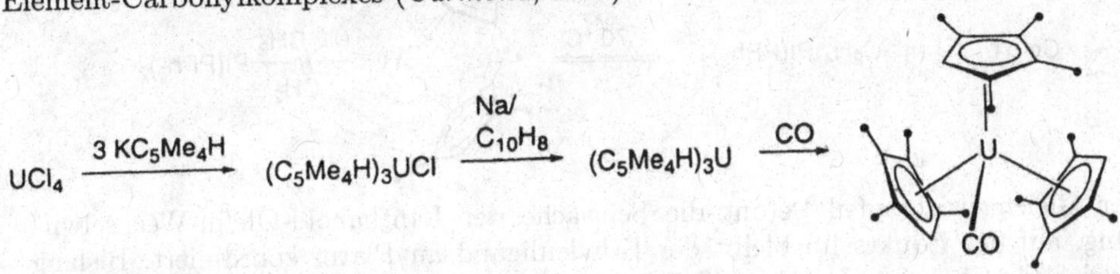

$$UCl_4 \xrightarrow{3\ KC_5Me_4H} (C_5Me_4H)_3UCl \xrightarrow[C_{10}H_8]{Na/} (C_5Me_4H)_3U \xrightarrow{CO}$$

Die Wellenzahl der Streckschwingung, $\nu_{CO} = 1880$ cm^{-1}, weist auf eine starke U$\rightarrow$CO-Rückbindung hin, und die U,C-Bindungslänge ist gegenüber dem Einfach-bindungsabstand d(U–C) = 248 pm in U(CH(SiMe$_3$)$_2$)$_3$ deutlich verkürzt, beides Befunde, die U=C-Doppelbindungscharakter andeuten.

Die Frage nach einem Ln$\dashrightarrow$C- bzw. An$\dashrightarrow$C-Doppelbindungsanteil stellt sich auch bei ungesättigten organischen Liganden (Alkenyl, Alkinyl), die das Zentralmetall möglicherweise in ein Konjugationssystem einbinden können. Über derartige Sy-steme ist, vor allem strukturell, wenig bekannt. **Alkinyl-Ln-Verbindungen** lassen sich unter Ausnutzung der elektropositiven Natur der Lanthanoide gewinnen,

$$Eu + 2\ CH_3C{\equiv}CH \xrightarrow[-H_2]{NH_3(\ell)} (CH_3C{\equiv}C{-})_2Eu$$

oder via Transmetallierung

$$Ln + (PhC{\equiv}C)_2Hg \xrightarrow{THF} (PhC{\equiv}C)_2Ln + Hg$$
$$Ln = Yb, Eu$$

Die Produkte zeigen hohe Neigung zur Aggregation, auch in Lösung, welche über μ_2-Alkinylbrücken erfolgen dürfte:

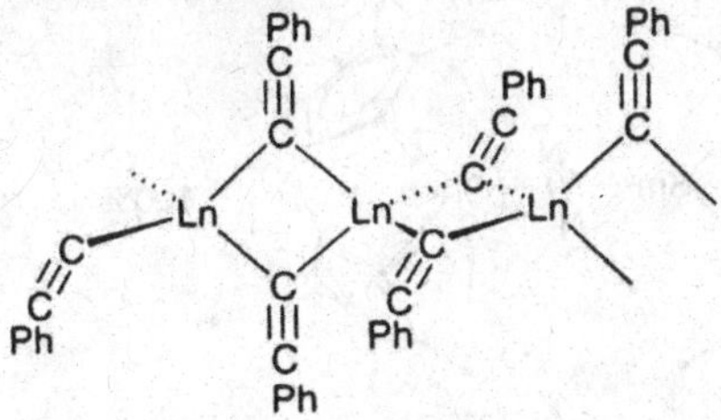

Den Alkenyl- und Alkinylkomplexen, in denen der σ-Donorcharakter des Ligator–C-Atoms dominiert, sind Komplexe gegenüberzustellen, in denen neutrale **Alkene und Alkine** im η^2-Modus über ihr π-Elektronensystem an Lanthanoide oder Actinoide gebunden sind. Das Zusammentreffen niedriger Nucleophilie der C,C-Doppel- bzw.

Dreifachbindung und geringer Rückbindungsneigung der f-Elemente ist dafür verantwortlich, daß nur wenige Beispiele für η^2-Komplexbildung ungesättigter Systeme existieren. Die erste Verbindung dieser Art wurde von *Anderson* (1987) beschrieben, bezeichnenderweise ist die niedrige *Lewis*-Basizität des Ethylens hier durch Koordination von Pt^0 erhöht:

$$Cp_2^*Yb \; + \; (\eta^2\text{-}C_2H_4)Pt(PPh_3)_2 \; \underset{-70\,°C}{\rightleftharpoons}$$

Der Gleichgewichtspfeil betont die Schwäche der Lanthanoid-Olefin-Wechselwirkung, auf der Eduktseite bleibt der Ethylenligand an Platin koordiniert. Bislang wurde kein einfacher Lanthanoid-Ethylenkomplex isoliert, Hinweise auf derartige Wechselwirkungen entstammen ^{1}H-NMR-Spektren in Lösung. Alkene höherer Elektronenaffinität können allerdings zu Produkten führen, deren Bildung ein Redoxprozeß zugrunde liegt (*Evans*, 1990):

$$Cp^*{}_2Sm^{II} + C_6H_5CH{=}CH_2 \longrightarrow [Cp^*{}_2Sm^{III}]_2^+ \, [C_6H_5CH{=}CH_2]^{2-}$$

Geringfügig stärker scheint die Wechselwirkung Lanthanoid-Alkin zu sein (*Anderson*, 1987):

$$Cp_2^*Yb \; + \; MeC{\equiv}CMe \; \longrightarrow \qquad 100\%$$

Auch hier sind die koordinationsbedingten Änderungen der strukturellen und spektroskopischen Daten jedoch gering. Somit überrascht der Befund, daß der zu Ethin iso-π-elektronische, aber chemisch wesentlich inertere Ligand N_2 einen Lanthanoidkomplex bildet, in welchem er erstmalig seitlich an zwei Metallatome gebunden ist (*Evans*, 1988):

$$2\,Cp_2^*Sm \; + \; N_2 \; \underset{\text{Toluol}}{\rightleftharpoons} \qquad 100\%$$

$$d(N{\equiv}N)_{\text{kompl.}} = 109 \text{ pm}$$
$$\text{vergl. } d(N{\equiv}N)_{\text{frei}} = 110 \text{ pm}$$

Eine Entscheidung zwischen den Beschreibungen $Sm^{II}(N_2)Sm^{II}$ oder $Sm^{III}(N_2{}^{2-})Sm^{III}$ ist schwer zu treffen, für beide Varianten gibt es strukturelle Hinweise.

Der Ligand **Allyl** zeichnet sich, an ÜM gebunden, insbesondere durch die Struktur-dynamik $\eta^3\text{-}C_3H_5 \rightleftharpoons \eta^1\text{-}C_3H_5$ und die hierdurch ermöglichten Reaktionswege aus (Kap. 15.3). Allylkomplexe sind auch für Lanthanoide und Actinoide als Zentral-atome zugänglich. Während die Lanthanoide zur Bildung von „at"-Komplexen des Typs $[\text{Li(solv)}]^+[\text{Ln}(\eta^3\text{-}C_3H_5)_4]^-$ neigen, sind für einige Actinoide neutrale, binäre Allylkomplexe erhalten worden:

$$\text{ThCl}_4 \cdot 3 \text{ THF} + 4 \text{ } C_3H_5\text{MgBr} \xrightarrow[-78\,°C]{\text{Et}_2\text{O}} \text{Th}(\eta^3\text{-}C_5H_5)_4 \cdot 2 \text{ Et}_2\text{O}$$

$$-\text{Et}_2\text{O} \downarrow \begin{array}{l} \text{Toluol} \\ \text{Pentan, } -20\,°C \end{array}$$

Das thermisch sehr empfindliche Tetra(η^3-allyl)thorium zeigt gemäß ^{1}H-NMR in Lösung Strukturfluktuation der auf S. 411 beschriebenen Art, es ist ein vorzüglicher Katalysator für die Hydrierung von Arenen (*Marks*, 1992). Noch empfindlicher ist Tetra(η^3-allyl)uran.

Wesentlich umfangreicher als für die vorstehend beschriebenen Raritäten ist die Chemie der **Lanthanoid-** bzw. **Actinoid-π-Perimeterkomplexe**, vor allem der Liganden $C_5H_5^-$ und $C_8H_8^{2-}$. Cyclopentadienylkomplexe der Seltenen Erden und der Actinoide bilden in der Tat die größte metallorganische Klasse dieser Elemente, häu-fig ermöglicht der Cp- bzw. Cp*-Ligand erst die Realisierung anderer metallorgani-scher Funktionalitäten wie vorstehend schon anklang. Bedingt durch die (Zwei-), Drei- und (Vier-)Wertigkeit bestimmter f-Elemente und die Möglichkeit der Bildung binärer, ternärer oder quaternärer Cp-haltiger Verbindungen ist die Vielfalt groß, hierzu trägt auch die derzeitig hohe Forschungsaktivität auf diesem Gebiet bei. Die folgende Betrachtung ist daher nur skizzenhaft. Vorausgeschickt sei die große Bedeutung des Cp*-Liganden, der durch seine Fähigkeit der sterischen Abschirmung die inhärent hohe *Lewis*-Acidität der Lanthanoid- und Actinoidorganyle dämpft.

Cp-Verbindungen der Lanthanoide

Die charakteristische Oxidationsstufe Ln^{III} ist in den Klassen CpLnX$_2$, Cp$_2$LnX und Cp$_3$Ln realisiert, wobei die zweite dominiert.

Der Typ **CpLnX$_2$** (X = Hal, H, Alkyl, Alkoxid etc.) stand lange im Hintergrund des Interesses. Möglicherweise war die knappe sterische Abschirmung des Zentralmetalls hierfür verantwortlich, was den bevorzugten Einsatz des Liganden Cp* und des gut solvatisierenden Lösungsmittels THF rechtfertigt. Schon lange bekannt ist das Metallat $[\text{Li(TMEDA)}_2]^+[\text{Cp*LuMe}_3]^-$, neueren Datums sind die Neutralkomplexe CpNdCl$_2$(THF)$_3$ und Cp*LnI$_2$(THF)$_3$ Ln = La, Ce (*Bruno*, 1987), von dem sich zahlreiche Derivate ableiten wie etwa das solvatfreie Cp*Ce{CH(SiMe$_3$)$_2$}$_2$. Der zierlichere Ligand X = CH$_3$ hat hingegen eine Oligomerisierung der Spezies

Cp^*ScMe_2 zur Folge, auf diese Weise die Koordinationssphäre des Scandiums absättigend (*Bercaw*, 1991).

Besser ist die Abschirmung des Zentralmetalls in Komplexen des Typs **Cp_2LnX** und insbesondere **Cp^*_2LnX**, in der Tat hat der Ligand Cp^* die Organometallchemie der Lanthanoide wesentlich beflügelt. Der Spielraum der Varianten ist außerordentlich groß: Cp, Cp(subst), Cp^*, Natur von Ln, Natur von X, Solvatationskraft des Mediums. Entsprechend vielfältig sind die Strukturen und Reaktivitäten in dieser Verbindungsklasse, sie können hier nicht im einzelnen ausgebreitet werden und einige illustrative Beispiele müssen genügen.

$$LnCl_3 + 2\,MC_5H_5 \xrightarrow{C_6H_6} \qquad \xrightarrow{THF} 2\,Cp_2LnCl(THF)$$

$$M = Na, Tl$$

$$Cp_3Ln$$

Die größeren (frühen) Zentralionen Ln^{3+} erfordern auch in der verbrückten Form $[Cp_2LnCl]_2$ zusätzliche Solvatation. Anstelle von Dimerisierung kann zur koordinativen Absättigung auch „at"-Komplexbildung erfolgen:

$$LnCl_3 + 2\,LiCp^* \xrightarrow{THF}$$

Unsolvatisiert monomer stabil ist nur der Komplex Cp^*_2ScCl des kleinsten Seltenerdtrikations Sc^{3+}. Cp_2Ln-Halogenide dienen der Gewinnung anderer Derivate gemäß

$$Cp_2LnX \xrightarrow[-MX]{MR} Cp_2LnR \xrightarrow[-RH]{H_2} Cp_2LnH \qquad \begin{array}{l}\text{monomer}\\\text{bzw.}\\\text{dimer}\end{array}$$

Cp_2Ln-Organyle eignen sich gut dazu, typische Reaktionsweisen der Ln-C-Bindung aufzuzeigen (*Evans*, 1985):

• **Hydrogenolyse** (vergl. S. 569):

$$2\,Cp_2LnR(THF) + 2\,H_2 \xrightarrow{Toluol} \qquad + 2\,RH$$

R = Me, *t*-Bu, Ph, Ln = Y, Er, Lu

Nachdem der ÜM-spezifische Mechanismus – oxidative Addition, gefolgt von reduktiver Eliminierung – wegen der Unerreichbarkeit der erforderlichen Ln-Oxidationsstufen ausscheidet, gibt man einem konzertierten Weg den Vorzug (vergl. σ-Bindungsmetathese, S. 285):

$$Ln\text{—}R + H_2 \longrightarrow \begin{matrix} H\cdots\cdots H \\ \vdots \quad\quad \vdots \\ Ln\cdots\cdots R \end{matrix} \longrightarrow Ln\text{—}H + RH$$

Die hohe Reaktivität terminaler Lanthanoidalkyle ist plausibel angesichts der Nachbarschaft eines hochelektrophilen Ln^{III}-Zentralmetalls und eines Alkylrestes, welcher, dem ionogen Bindungsanteil entsprechend, stark nucleophil wirkt.

- **Metallierungen** schwach CH-acider Substrate durch Cp_2LnR dürften mechanistisch ähnlich ablaufen:

$$2\ Cp_2Ln(CH_3)\ (THF)\ +\ 2\ HC\equiv C\text{—}t\text{-Bu}\ \xrightarrow{THF}\ [\cdots]\ +\ 2\ CH_4$$

Ln = Er, Yb

Aufgrund der relativ kleinen Radien der späten Lanthanoidkationen Er^{3+} und Yb^{3+} und – möglicherweise – der sterischen Abschirmung durch die t-Bu-Reste, nimmt die Ln^{3+}-Koordinationssphäre hier kein THF auf. Die bereits erwähnte C-H-Aktivierung an $Cp^*_2LnCH_3 + CH_4$ (S. 285) läßt sich ebenfalls als Metallierungsgleichgewicht betrachten.

- **Insertionen** in die Ln–C-Bindung sind von potentiellem praktischem Interesse; hier seien nur die von Alkenen und von CO erwähnt. So können Komplexe des Typs $Cp_2LnR(solv)$ Ethylen polymerisieren und Propen oligomerisieren (*Watson*, 1982):

$$Cp_2^*LnCH_3(Et_2O)\ \xrightarrow[-\ Et_2O]{}\ Cp_2^*LnCH_3\ \xrightarrow[INS]{}\ Cp_2^*Ln$$

Zum Erkenntnisgewinn dieser Folge für die *Ziegler-Natta*-Katalyse kommen wir bei der Besprechung letzterer zurück.

Auch CO insertiert in Ln–C-Bindungen, im folgenden Beispiel schließt sich dem Primärschritt der Einbau weiterer CO-Moleküle an, und es entsteht ein Endiondiolatkomplex (*Evans*, 1981):

Die Struktur des Produktes illustriert einmal mehr die hohe Oxophilie der Lanthanoidkationen.

Die binären Verbindungen **Cp₃Ln** waren die ersten Organometallverbindungen der Lanthanoide (*Wilkinson*, 1956), inzwischen ist die vollständige Reihe, die Elemente der Sc-Gruppe einschließt, durch einfache Salzeliminierung zugänglich.

$$LnX_3 + 3\,MCp \longrightarrow Cp_3Ln + 3\,MX$$

Als Cp-Spender dienen NaCp, KCp, MgCp₂ oder BeCp₂, als Seltenerdpartner deren Fluoride oder wasserfreie Chloride. Tri(cyclopentadienyl)lanthanoide werden als unsolvatisierte, luft- und wasserempfindliche, sublimierbare Verbindungen erhalten. Das Bestreben zur Realisierung hoher Koordinationszahlen äußert sich in der Assoziation im Kristall, entsprechend vielgestaltig ist die Strukturchemie. Wenn man von der Zähnigkeit 3 des η^5-C₅H₅-Liganden ausgeht (ein Elektronenpaar besetzt formal eine Koordinationsstelle), so lassen sich folgende Koordinationszahlen angeben, deren Verteilung über die Cp₃Ln-Reihe den abnehmenden Ionenradius Ln³⁺ widerspiegelt (vereinfacht nach *Herrmann*, 1996):

A „KZ 10"
Ln = La, Pr, Nd, Y, Er, Tm

B „KZ 9"
Ln = Pm, Gd, Tb, Yb

C „KZ 8"
Ln = Sc, Lu

Diese Aufstellung gilt für C₅H₅-Komplexe; selbstverständlich weisen ringsubstituierte Derivate eine geringere Neigung zur Assoziation auf. In diesem Zusammenhang interessiert die Struktur von Cp*₃Ln-Molekülen, zumal die Möglichkeit, drei Cp*-Liganden an Ln³⁺ zu koordinieren, als sterisch unmöglich angesehen wurde. So war die Synthese des ersten Vertreters dieser Klasse äußerst überraschend (*Evans*, 1991):

Die sterische Überfrachtung verleiht dem Molekül Cp^*_3Sm hohe Reaktivität gegenüber CO, THF, C_2H_4, H_2, RCN, Ph_3PSe u.a. (*Evans*, 1999). Das in dieser Synthese eingesetzte Cp^*_2Sm gehört der zahlenmäßig begrenzten Klasse der **Ln^{II}-Cyclopentadienyle** an, neben Sm^{II} sind nur Eu^{II} und Yb^{II} in dieser Oxidationsstufe zugänglich. Auch hier ist ein Prototyp, Europocen, schon lange bekannt:

$$Eu + 3\,C_5H_6 \xrightarrow[-H_2]{NH_3\,(l)} (\eta^5\text{-}C_5H_5)_2Eu + C_5H_8 \qquad (\textit{Fischer},\ 1964)$$

Ytterbocen gewinnt man auf analogem Wege, Samarocen u.a. durch Transmetallierung:

$$Ln + Hg(C_5H_5)_2 \xrightarrow{THF} (C_5H_5)_2Ln(THF)_n + Hg$$
$$Ln = Sm,\ Eu,\ Yb$$

Die Desolvatisierung gelingt sublimativ. Naturgemäß besitzen diese Lanthanoidocene hohe Reaktivität gegenüber Donorgruppen, sie wirken aber auch als starke Reduktionsmittel und sind daher als Vorstufen zur Synthese von Ln^{III}-Komplexen Cp_2LnX geeignet. Die Reduktionskraft wird durch Permethylierung bedeutend erhöht, und so war die Isolierung der unsolvatisierten Decamethyllanthanoidocene(II) eine präparative Meisterleistung (*Evans*, 1986):

$$LnI_2(THF)_2 + 2\,KCp^* \xrightarrow[-2\,KI]{THF} Cp^*_2Ln(THF)_2 \xrightarrow[-THF]{\substack{subl.\\HV}}$$
$$Ln = Sm,\ Eu,\ Yb$$

Die gewinkelte Sandwichstruktur ($\sphericalangle\ 140°$) ähnelt derjenigen der Erdalkalimetallocene $Cp^*_2Ca(Ba)$, und auch der Grund für die Abwinkelung dürfte ein ähnlicher sein (interannulare van der Waals-Anziehung der Methylsubstituenten). Die Chemie dieser Ln^{II}-Metallocene ist durch Adduktbildung gekennzeichnet, beim „Gang durch die Liganden" wurden hierzu bereits mehrere Beispiele angeführt.

Cp-Verbindungen der Actinoide

Die Oxidationsstufe An^{II} wird in Cyclopentadienylkomplexen bislang nicht angetroffen. In der, verglichen mit den Lanthanoiden, bevorzugten Bildung der Stufe An^{IV} findet sich der für d-Metalle bekannte Trend wieder, gemäß dessen die Stabilität höherer Oxidationsstufen mit zunehmender Ordnungszahl in einer Gruppe zunimmt. Wie auch im Falle der Lanthanoide waren es Cp-Verbindungen, welche die Organometallchemie der Actinoide eröffneten:

$$UCl_4 + 3\,NaCp \xrightarrow{THF} Cp_3UCl + 3\,NaCl \qquad (\textit{Wilkinson},\ 1956)$$

$$AnCl_4 + 4\,KCp \xrightarrow{C_6H_6} Cp_4An + 4\,KCl \qquad (\textit{Fischer},\ 1962)$$
$$An = Th,\ U,\ Np$$

Man kennt für **An^{III}** die Klassen Cp_2AnX und Cp_3An, für **An^{IV}** alle Klassen $CpAnX_3$, Cp_2AnX_2, Cp_3AnX und Cp_4An, häufig sind diese aber nur mit substituierten Cp-Liganden realisierbar. Verglichen mit der Vielzahl der Verbindungen Cp_2LnX ist der Typ $\mathbf{Cp_2AnX}$ selten. *Beispiele:*

$$2\ UCl_3 + 4\ K(t\text{-}BuC_5H_4) \longrightarrow (t\text{-}BuC_5H_4)_2U(\mu\text{-}Cl)_2U(t\text{-}BuC_5H_4)_2 + 4\ KCl$$

$$2\ BkCl_3 + 2\ BeCp_2 \longrightarrow Cp_2Bk(\mu\text{-}Cl)_2BkCp_2 + 2\ BeCl_2$$

Weiter verbreitet ist der Typ $\mathbf{Cp_3An}$, für den Vertreter der Elemente Th, U, Np sowie, im Mikromaßstab, weiterer Transactiniden hergestellt wurden. Die hohe Radioaktivität der späten Actinoidcyclopentadienyle setzt ihrer Erforschung allerdings Grenzen, Cp_3Am leuchtet im Dunkeln! Allen gemeinsam ist die hohe *Lewis*-Acidität, welche die Gewinnung solvatfreier Produkte schwierig gestalten kann. Als Synthesewege sind Salzeliminierungen aus AnX_3 und MCp, Reduktionen von Cp_4An bzw. Cp_3AnCl oder sogar Direktsynthesen aus An und C_5H_6 zu nennen. Strukturell gleichen die Verbindungen Cp_3An den frühen Lanthanoidcyclopentadienylen Cp_3Ln (Ln = Pr, Sm, Gd). Außer Lösungsmittelmolekülen binden die Spezies Cp_3An auch diverse Donor-Akzeptor-Liganden wie etwa PR_3. Ein Vergleich der Strukturdaten von Cp_3CePR_3 und Cp_3UPR_3 ist von prinzipiellem Interesse, da er auf signifikante $U \xrightarrow{\pi} PR_3$-Rückbindung schließen läßt, die dem Ce-Analogon fehlt (*Anderson*, 1988).

Für die Stufe $\mathbf{An^{IV}}$ existieren Beispiele für alle vier Reihen Cp_nAnX_{4-n} (n = 1–4). Spezies $\mathbf{CpAnX_3}$ gibt es nur als Addukte mit O- oder N-Donorliganden [*Beispiel:* $CpUCl_3(THF)_2$], Verbindungen des Typs $\mathbf{Cp_2AnX_2}$ lassen sich mit sperrigen Anionen X^- unsolvatisiert erhalten [*Beispiele:* $Cp_2Th(NEt_2)_2$, $Cp_2U(BH_4)_2$]. In der Reihe $\mathbf{Cp_3AnX}$ bewährte sich die Cp-Einführung mittels TlCp. Cp_3UCl löst sich in Wasser unter Bildung des Aquakomplexkations $[Cp_3U(H_2O)_2]^+$, dies ist ein weiterer Hinweis auf die beträchtliche Kovalenz der U-Cp-Bindung. Die Verbindungen Cp_3AnCl sind die wichtigsten Reagenzien für den Ausbau der An^{IV}-Organometallchemie. Ein Beispiel ist das Derivat Cp_3ThCH_3, für welches die Bindungsenergie D(Th–C) = 375 kJ mol^{-1} bestimmt wurde, ein erstaunlich hoher Wert, der die ÜM–C-Bindungsenergie übertrifft (*Connor*, 1977). Trotzdem geht die Bindung An–C bereitwillig Insertionsreaktionen ein (CO, RNC, CO_2, SO_2). Als Produkte der CO-Insertion entstehen η^2-Acylkomplexe:

$$Cp_3ThMe + CO \longrightarrow \left\{ Cp_3Th\text{—}\overset{\displaystyle O}{C}Me \longleftrightarrow Cp_3Th\longleftarrow\overset{\displaystyle O}{C}Me \right\}$$

Binäre Komplexe $\mathbf{Cp_4An}$ sind für An = Th, Pa, U, Np erhalten worden, sie besitzen tetraedrische Struktur und zeigen aufgeweitete An–Cp-Bindungsabstände, woraus auf sterische Übersättigung zu schließen ist. Als Folgereaktionen werden daher nicht Additionen, sondern Substitutionen von Cp^- durch anionische Gruppen X^- beobachtet. Auch für Cp_4An-Moleküle existieren Experimentalbefunde, die einen beträchtlichen kovalenten Bindungsanteil anzeigen: Cp_4U (paramagnetisch, S = 1) zeigt im ^1H–NMR-Spektrum eine isotrope *Fermi*-Kontakt-Verschiebung, aus der 24% Spindelokalisation über die vier Cp-Liganden abgelesen werden kann (*Fischer*, 1968).

Der insbesondere durch *Marks* in die Actinoidchemie eingeführte **Ligand Cp*** erfüllt hier ähnliche Funktionen wie in der Organometallchemie der Lanthanoide, indem er stärker elektronenliefernd und sterisch abschirmend wirkt als unsubstituiertes Cp. Besonders häufig eingesetzte Edukte sind die Spezies $Cp^*_2AnCl_2$ (An = Th, U). Die aus diesen gewonnenen Alkylkomplexe $Cp^*_2AnR_2$ lassen erkennen, daß β-Hydrideliminierungen verglichen mit ÜM-Komplexen in den Hintergrund treten. Wohl aber tragen α–CH-Bindungen der Alkylliganden via agostischer Wechselwirkung, identifiziert mittels Neutronenbeugung, zur kinetischen Stabilisierung der Spezies $Cp^*_2AnR_2$ bei.

Besonders interessant ist die Chemie von $Cp^*_2Th(CH_2\text{-}t\text{-Bu})_2$ (*Marks*, 1986). Diese Verbindung vollführt eine thermisch ausgelöste C–H-aktivierende Cyclometallierung:

Die unter milden Bedingungen erfolgende Spaltung des Thoracyclobutanrings durch CH_4 bzw. H_2 ist eine Folge beträchtlicher Ringspannung.

In der Diskussion der Lanthanoid- und Actinoidchemie der Liganden $C_5H_5^-$ (und $C_8H_8^{2-}$, *vide infra*) ist das Auftreten einer Metall-Ligandbindung schon auf rudimentärster, elektrostatischer Grundlage plausibel. Schwieriger ist die Betrachtung für die Kombination Ln, An + **Aren**, da dem Donor-Akzeptor-Synergismus für f-Elemente angeblich nur geringe Bedeutung zukommen soll. Dennoch existiert bereits ein umfangreiches Tatsachenmaterial zu $(\eta^6\text{-Aren})Ln^{III,II,0}$-Komplexen. Die Organometallchemie der Actinoide hat dem vorerst noch wenig entgegenzusetzen.

Der Typ **(η^6-Aren)Ln(AlCl$_4$)$_3$** wurde erstmalig in der Verbindung $(\eta^6\text{-}C_6Me_6)Sm$ $(AlCl_4)_3$ realisiert (*Cotton*, 1986), die Koordinationszahl des Samarium^{III}-Ions ist hier, je nach Betrachtungsweise, 9 oder 12.

Analoga mit Ln = Nd, Gd, Yb folgten. Ln(5d)-Orbitalen wird eine bedeutende, Ln(4f)-Orbitalen hingegen eine unwesentliche Rolle in der Ln-Aren-Bindung zugeschrieben.

Umfangreicher ist die Klasse der Neutralkomplexe **(η^6-Aren)$_2$Ln**, die durch Metallatom-Ligand-Cokondensation (CK) zugänglich sind (*Cloke*, 1993):

$$\text{Ln (g)} + 2 \ 1{,}3{,}5\text{-(t-Bu)}_3\text{C}_6\text{H}_3 \xrightarrow[\text{RT}]{\substack{\text{CK} \\ 77 \text{ K}}} \quad \text{Ln} \quad \cdots \quad d(\text{Gd—C}) = 263 \text{ pm}$$

s	Sc													
s	Y													
>0	La	Ce	Pr	Nd	Sm	Eu	Gd	Tb	Dy	Ho	Er	Tm	Yb	Lu
°C	>0	i	>40	s	>-30	i	s	s	s	s		i	i	s

s = stabil, i = instabil, °C = Zersetzungstemperatur

Die Stabilitätsabstufung ist von Interesse, da sie eine Bindungsvorstellung für diese Lanthanoid-Sandwichkomplexe stützt. Demnach wird vom MO-Diagramm für Di(benzol)chrom ausgegangen und angenommen, daß im Fall von Sc^0, Y^0, La^0 die Konfiguration d^1s^2 rückbindungsfähig ist. Dies führt zu 15 VE-Spezies mit einem $^2E(e_{2g}^3)$-Grundzustand. EPR-Messungen bestätigen diesen. Eine Übertragung dieses Bildes auf die Lanthanoidkomplexe $(\eta^6\text{-Aren})_2Ln^0$ setzt eine Promotion der jeweiligen $f^n s^2$ in eine $f^{n-1}d^1s^2$-Konfiguration voraus. Bezeichnenderweise sind gerade diejenigen Komplexe instabil, für welche die Promotionsenergie des Zentrametalls besonders hoch ist. Der dieser Deutung der Verhältnisse innewohnende Donor-/Akzeptor-Synergismus impliziert einen beträchtlichen kovalenten Bindungsanteil, der durch weitere Befunde gestützt wird:

- Der Bindungsabstand Ln–C für $(\eta^6\text{-Aren})_2Ln^0$ unterschreitet denjenigen für $(\eta^6\text{-Aren})Ln^{III}(AlCl_4)_3$ beträchtlich, obgleich $r(Ln^0) > r(Ln^{3+})$.
- Die C–C-Bindungslängen des Arens erfahren durch Koordination an Ln^0 eine Aufweitung.
- Die magnetischen Momente der Komplexe $(\eta^6\text{-Aren})_2Ln$ weichen stark von denjenigen der freien Atome Ln^0 ab, woraus auf einen gravierenden Eingriff der Liganden in die Elektronenstruktur der Zentralmetalle zu schließen ist.

Auch thermochemisch erweist sich die Bindung $(\eta^6\text{-Aren})$–Ln als relativ stark, mit dem Betrag D(Ln–Aren) = 285 kJ/mol für $[\eta^6\text{-}1{,}3{,}5\text{-}(t\text{-Bu})_3C_6H_3]_2Gd$ übersteigt sie den entsprechenden Wert (170 kJ/mol) für Di(benzol)chrom. Bis(aren)metall-Komplexe der Lanthanoide bedürfen der sterischen Abschirmung des Zentralmetalls durch Ringsubstituenten: Die beiden Liganden $(t\text{-Bu})_3C_6H_3$ erzeugen einen schützenden Gürtel von zwölf *endo*-ständigen Methylgruppen; für die besonders großen Zentralmetalle La und Ce scheint selbst diese Maßnahme nicht auszureichen, denn deren Bis(aren)komplexe konnten nicht erhalten werden. Die verglichen mit den Lanthanoiden größeren Atomradien der Actinoide mögen auch der Grund sein, warum bislang noch keine Komplexe des Typs **$(\eta^6\text{-Aren})_2An$** isoliert wurden.

Hingegen kennt man (η^6-Aren)U-Halbsandwichkomplexe und einen inversen Sandwichkomplex, in dem das Aren eine Brückenfunktion ausübt:

(*Ephritikhine*, 1989) (*Cummins*, 2000)

In beiden Fällen ist das Zentralmetall Uran sterisch wohlverpackt.

Ohne Gegenstück in der Chemie der d-Elemente ist das von *Ephritikhine* (1995) hergestellte Komplexanion [(η^7-Cycloheptatrienyl)$_2$U]$^-$:

$$UCl_4 + 2\,C_7H_8 \xrightarrow[\text{18-Krone-6}]{\text{K, THF}} [K(18\text{-Krone-6})]^+ \qquad d\,(U\!-\!C) = 253\ pm$$

Dieser neuartige Sandwichkomplex wirft interessante Fragen auf, u.a. die nach der Oxidationsstufe des Zentralmetalls bzw. der Formalladung des π-Perimeterliganden sowie die nach der Beteiligung von U(5f,6d)-Orbitalen an der Bindung. Für die geläufigen π-Perimeterliganden C_5H_5 (Cp) und C_8H_8 (COT) liefert die Annahme, sie seien in Einklang mit der *Hückel*-Regel als $C_5H_5^-$ (6πe) bzw. $C_8H_8^{2-}$ (10πe) zu betrachten, „vernünftige" Zentralmetall-Oxidationsstufen [*Beispiele:* Cp$_4$U, (COT)$_2$U, U^{IV}(f^2)]. Der Ligand C_7H_7 erzeugte aber, als $C_7H_7^+$ (6πe) formuliert, für [(C$_7$H$_7$)$_2$U]$^-$ die Stufe U^{-III} und als $C_7H_7^{3-}$ (10πe) formuliert die Stufe U^V. Eine Beschreibung als [(η^7–C$_7$H$_7^+$)$_2$U^{-III}]$^-$ ist unrealistisch, eine solche als [(η^7-C$_7$H$_7^{3-}$)$_2$U^V]$^-$ übertreibt die Ladungstrennung. Quantenchemische Rechnungen mit anschließender Populationsanalyse ergaben für [(C$_7$H$_7$)$_2$U]$^-$ die Ladungsverteilung [(C$_7$H$_7^{-1.77}$)$_2$U$^{+2.54}$]$^-$, die Beschreibung als U^{III}-Komplex kommt dieser Polarität am nächsten (*Bursten*, 1997). Eine Klassifizierung von C_7H_7 als (4n+2)πe-Ligand ist somit wenig sinnvoll. Als weiteres wichtiges Ergebnis der Rechnung ist die δ-Wechselwirkung von 6d **und** 5f AO des Urans mit e$_2$-SALCs (symmetrieangepaßten Linearkombinationen) der C_7H_7-Liganden zu nennen, ein Phänomen, welches an der im folgenden zu besprechenden Klasse der COT-Komplexe näher erläutert wird.

Während die Einheit (η^5-C$_5$H$_5$)M das in der f-Elementorganometallchemie am häufigsten angetroffene Strukturelement darstellt, ist die Einheit (η^8-C$_8$H$_8$)M von größter prinzipieller Bedeutung, indem sie mit (C$_8$H$_8$)$_2$U den Zugang zu der neuen Sandwichkomplexklasse (η^8-C$_8$H$_8$)$_2$M erschloß.

Mit **Lanthanoiden** als Zentralmetallen sind zwei Reihen, $(\eta^8\text{-}C_8H_8)LnX$ und $[(\eta^8\text{-}C_8H_8)_2Ln]^-$, zugänglich:

$$2\,LnCl_3 \;+\; 2\,K_2C_8H_8 \quad\xrightarrow{\;THF\;}$$

$$+\;4\,KCl$$

n	Ln
1	Sc, Er, Lu
2	La, Ce, Pr, Sm, Nd

$$LnCl_3 \;+\; 2\,K_2C_8H_8 \quad\xrightarrow{\;THF\;}\quad K[(\eta^8\text{-}C_8H_8)_2Ln] \;+\; 3\,KCl$$

Ln = Sc, Y, La, **Ce**, Pr, Nd, Sm, Gd, Tb

[K(diglyme)][(η⁸-C₈H₈)₂Ce]:

$[K(diglyme)][(\eta^8\text{-}C_8H_8)_2Ce]$:

Blaßgrüne Kristalle, paramagnetisch, luftempfindlich, hydrolyselabil. 2 planare Achtringe, Symmetrie D_{8d}. Das solvatisierte K^+-Ion sitzt in diesem Kontaktionenpaar zentrosymmetrisch über einem der beiden Achtringe (*Raymond*, 1972).

Die hohe Hydrolyseempfindlichkeit und die Fähigkeit der Anionen $[(C_8H_8)_2Ln]^-$, $C_8H_8^{2-}$-Ionen auf andere Metallionen zu übertragen, legen ionischen Bindungscharakter nahe. Da die Vierwertigkeit in der Reihe der Lanthanoide nur für Ln = Ce erreichbar ist, sind Neutralkomplexe $(C_8H_8)_2Ln$ auf das Cer beschränkt. Ein Beispiel ist der Sandwichkomplex $(Me\text{-}\eta^8\text{-}C_8H_7)_2Ce$ (*Streitwieser*, 1991). Hingegen hat der ternäre Neutralkomplextyp $(\eta^8\text{-}C_8H_8)Ln(\eta^5\text{-}C_5H_5)$, der die gewöhnliche Oxidationsstufe Ln^{III} aufweist, weitere Verbreitung. Der eigentliche Durchbruch auf dem Gebiet der C_8H_8-Komplexe wurde aber – historisch betrachtet – in der Reihe der **Actinoide** erzielt (*Streitwieser*, 1968):

$$UCl_4 \;+\; 2\,K_2C_8H_8 \quad\xrightarrow{\;THF\;}$$

$$U(g) \;+\; 2\,C_8H_8 \quad\xrightarrow[-196\,°C]{\;CK\;}$$

„Uranocen" $(\eta^8\text{-}C_8H_8)_2U$:
Grüne Kristalle, paramagnetisch, pyrophor, aber **hydrolysebeständig**.
Reguläre planare Achtringe, Symmetrie D_{8h}, $d(C\text{–}C) = 139$ pm, (*Raymond*, 1969).
$D(U\text{–}C_8H_8) = 347$ kJ/mol

Die Hydrolysebeständigkeit des „Uranocens" steht im Gegensatz zur Empfindlichkeit der Lanthanoidanaloga, sie läßt sich auf höheren Kovalenzgrad unter Beteiligung von 6d- und 5f-AO in der Actinoid-Reihe $(\eta^8\text{-}C_8H_8)_2An$ zurückführen.

Der Bedeutung dieser Moleküle entsprechend seien die **Bindungsverhältnisse** etwas näher betrachtet. Nach übereinstimmender Meinung sind sowohl An(6d)- als auch An(5f)-Orbitale an der η^8-C_8H_8-An-Bindung beteiligt. Eine gründliche Diskussion der Elektronenstruktur dieser Komplexe schwerer Zentralmetalle erfordert eine Berücksichtigung der Spin-Bahn-Kopplung sowie relativistischer Effekte. Das Vorgehen beim Erstellen eines MO-Diagramms für ein „Actinoidocen" gleicht dem für Ferrocen (S. 452) skizzierten Weg. Allerdings ist die Valenzelektronenzahl für die Spezies $(\eta^8$-$C_8H_8)_2$An größer als 18 [*Beispiel:* $(\eta^8$-$C_8H_8)_2$U ist ein 22 VE-Komplex, 8+8+6 bzw. 10+10+2]. Die Anwendung des MO-Schemas von Ferrocen würde somit für die Komplexe $(\eta^8$-$C_8H_8)_2$An die Besetzung antibindender MOs bedingen. Im Falle der f-Metallsandwichkomplexe können aber durch Wechselwirkungen der Symmetrien e_{2u} und e_{3u} weitere bindende MOs zur Aufnahme der zusätzlichen Elektronen gebildet werden.

Wechselwirkungen der Symmetrie e_{2u} können für Sandwichkomplexe der d-Metalle nicht auftreten. Im Falle der f-Metalle ermöglichen sie die kovalente Bindung großer, elektronenreicher π-Perimeter.

In der folgenden Übersicht (S. 590) sind symmetrieangepaßte Linearkombinationen (SALC) der π–MO zweier paralleler $C_8H_8^{2-}$-Liganden den jeweils „passenden" Metallorbitalen gegenübergestellt.

Eine quantenchemische Rechnung mittels relativistischer Dichtefunktionaltheorie führte zu einem Energieniveauschema (S. 591), welches hier in qualitativer Form wiedergegeben ist (*Bursten*, 1998). In der MO-Reihenfolge ähnelt es bis zum Niveau e_{2g} dem Schema des Ferrocens. Im Gegensatz zu letzterem folgen aber für „Actinoidocene" die Niveaus e_{2u}, e_{3u}, a_{2u}, die aus den An(5f)–C_8H_8(SALC)-Wechselwirkungen stammen. In Einklang mit ihrer geringeren räumlichen Ausdehnung ist die Aufspaltung der 5f-Orbitale kleiner als die der 6d-Orbitale. Um Komplikationen aus elektronischer Spin-Spin-Wechselwirkung zu vermeiden, wurde die Rechnung für den An($5f^1$)-Fall $(\eta^8$-$C_8H_8)_2$Pa durchgeführt, die Orbitalreihenfolge dürfte aber auch für andere „Actinoidocene" gültig sein. Neben dem Prototyp $(C_8H_8)_2$U (22 VE, para) sind bislang die Analoga mit Th (20 VE, dia), Pa (21 VE, para), Np (23 VE, para), Pu (24 VE, dia) und Am (25 VE, para) als Zentralmetall hergestellt worden, ihr Magnetismus entspricht der Grenzorbitalfolge. Die quantenchemische Rechnung liefert die – realistische – Ladungsverteilung $(C_8H_8^{-1.5})_2$An$^{+3.0}$ und auch die Moleküldimensionen, inklusive der *endo*-Abwinkelung der C–H-Bindungen, werden gut wiedergegeben; letztere ist ein Hinweis auf Kovalenzanteile in der An–C_8H_8-Bindung. Die berechnete Barriere der Ringrotation um die Sandwichachse liegt unterhalb von kT bei Raumtemperatur, die Rotation ist somit für isolierte Moleküle in der Gasphase sowie in flüssiger Lösung frei. Das MO-Schema legt nahe, daß für „Actinoidocene" eine **26 VE-Regel** postuliert werden kann, die mit dem noch zu synthetisierenden Komplex $(\eta^8$-$C_8H_8)_2$Cm erfüllt wäre gemäß der Besetzung aller bindenden und nichtbindenden MOs. Daß auch Actinoidocene mit weniger als 26 VE stabil sind, beruht auf der geringen Aufspaltung ΔE (fφ,fσ); einer entsprechenden Einschränkung unterliegt auch die 18 VE-Regel für Komplexe der d-Elemente (vergl. S. 259).

Ligand- und Metallorbitalkombinationen zur Bindung in $(\eta^8\text{-}C_8H_8)_2$An-Komplexen

$C_8H_8^{2-}$ MO Besetzung	Symmetrie	$C_8H_8^{2-}$ $C_8H_8^{2-}$ SALC	Metall-AO mit gleichem Symmetrie-verhalten wie die SALC	Metall-C_8H_8 Bindungstyp
—	b_{1u}		—	
═	e_{3g}	e_{3u}	5f	φ
═	e_{2u}	e_{2u}	5f	δ
		e_{2g}	6d	δ
⇌	e_{1g}	e_{1u}	7p	π
		e_{1g}	6d	π
—	a_{2u}	a_{2u}	7p 5f	σ
		a_{1g}	7s 6d	σ

Aus Gründen der Übersichtlichkeit sind die Ligand-π-MOs hier in Aufsicht gezeigt. Ihre Phase kehrt sich in der Papierebene um (= Knotenebene). Es sind nur diejenigen symmetrieangepaß-ten Linearkombinationen (SALC) der Liganden aufgeführt, für die symmetriegerechte Metall-AO existieren; vergl. das folgende MO-Schema. Ein neuartiger Aspekt ist das Auftreten einer φ-Wechselwirkung (e_{3u}).

Qualitatives MO-Diagramm für $(\eta^8\text{-}C_8H_8)_2Pa(f^1)$ **nach** *Bursten* **(1998)**

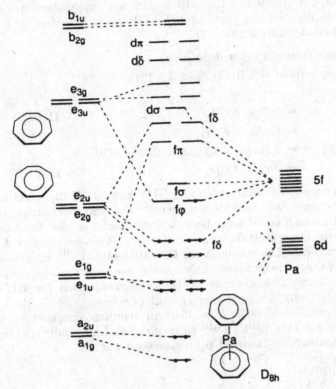

Das Diagramm läßt erkennen, daß die 5f–C_8H_8-Wechselwirkung schwächer ist als die 6d–C_8H_8-Wechselwirkung; so tragen die Grenzorbitale $e_{3u}(f\varphi)$ und $a_{2u}(f\sigma)$ dominanten Actinoidmetallcharakter; fσ ist aufgrund der großen energetischen Separierung von der SALC a_{2u} praktisch nichtbindend. Einen wesentlichen Beitrag zur Bindung An–C_8H_8 – unter Beteiligung eines An(f)-AO – liefern lediglich die MOs $e_{2u}(f\delta)$.

Der Übergang zu späteren „Actinoidocenen" dürfte aufgrund der 6d-, 5f-Orbitalkontraktion und begleitender Minderung der Überlappungseigenschaften zu einer Abnahme des Kovalenzanteils führen. In diesem Zusammenhang ist von Interesse, daß die experimentelle Bestimmung der Bindungsenergie folgenden Gang ergab: $D(C_8H_8\text{–}Th) = 410$, $D(C_8H_8\text{–}U) = 347$ kJ/mol (*Kutznetsov*, 1986).

Nach so viel „Chemie für Chemiker" stellt sich die Frage nach **praktischer Verwertbarkeit** der f-Elementorganyle. Neben der in Abschnitt 18.11.2.4.1 erläuterten Rolle in der homogenen Katalyse ist vor allem der Einsatz von Lanthanoidorganylen als Vorstufen zur Erzeugung von Materialien für die Elektronik zu nennen. In der modernen Materialforschung stellt sich häufig die Aufgabe des gezielten Aufbaus von Schichten bestimmter Morphologie, wobei die Bestandteile der Pyrolyse gasförmig angebotenen Vorstufen entstammen. Derartige Schichten sollen die Funktionen von Halbleiter-Mikrolasern in der Nachrichtentechnik, Photovoltazellen, lichtemittierenden Dioden (LED), magnetischen Halbleitern oder von Supraleitern erfüllen. Am weitesten fortgeschritten ist die Verwendung von Elementorganylen als Substrate für die Schichtbildung mittels MOCVD.

MOCVD (Metal organic chemical vapor deposition)

Das MOCVD-Verfahren bedient sich Reaktionen des Typs

$$Me_3In + PH_3 \xrightarrow{\Delta} InP + 3\ CH_4$$

$$Me_3Ga + AsH_3 \longrightarrow GaAs + 3\ CH_4$$ **III/V**

$$[Me_2GaAs(t\text{-}Bu)_2]_2 \longrightarrow 2\ GaAs + 2\ Me_2C{=}CH_2 + 2\ CH_4$$

$$Me_2Zn + H_2S \longrightarrow ZnS + 2\ CH_4$$ **II/VI** ,

die an einer heißen Trägeroberfläche ablaufen und III/V bzw. II/VI-Halbleiter bilden. Diverse Anforderungen an Schichtzusammensetzung und Schichtstruktur haben umfangreiche Entwicklungsarbeiten bezüglich der Variation der Vorstufen ausgelöst, zu denen die Organometallchemie wesentliche Beiträge geliefert hat (*Cowley*, 1989; *O'Brien*, 1992). Die Stabilität der Oxidationsstufe Ln^{III}, interessante spektroskopische und magnetische Eigenschaften sowie eine gut ausgebaute Organometallchemie haben Lanthanoidorganyle als **Dotierungsreagenzien für III/V-Halbleiter** in den Vordergrund des Interesses gerückt (*Edelmann*, 1997). Hierbei wird den eigentlichen schichtbildenden Vorstufen ein Lanthanoidorganyl beigemischt, um Dotierungen des Typs $E^{III}E^V{:}Ln^{III}$ zu erzielen. Als Ln-Spender sind insbesondere Tricyclopentadienyllanthanoide Cp_3Ln eingesetzt worden:

$$Me_3In + PH_3 \xrightarrow[-3\ Cp_3H]{\substack{600\ °C \\ MOCVD \\ Cp_3Yb}} InP{:}Yb + 3\ CH_4$$

Aufgrund ähnlicher Ionenradien besetzt Yb einen In-Gitterplatz, das Material ist ein n-Halbleiter. Auf analoge Weise kann Er unter Bildung der dotierten Halbleiter InP:Er oder GaAs:Er eingebaut werden, in letzterem besetzt er tetraedrische Zwischengitterplätze des Wirtes GaAs. Die Konzentration an Dotierungsatomen kann bis zu $10^{19}\ cm^{-3}$ betragen.

Die Verwendung von Cp-Verbindungen der Lanthanoide als Ln-Quellen in MOCVD-Prozessen profitiert von der Möglichkeit, die Schmelz- und Siedepunkte durch periphere Substitution an den Cp-Ringen zu steuern. So sinkt die Sublimationstemperatur bei 10^{-3} mbar für $(R\text{-}Cp)_3Nd$ von 220 °C (R=H) auf 80 °C (R = i-Bu). Dies ist von zentraler Bedeutung, da die Zusammensetzung des Reaktionsgases durch die Flüchtigkeit der Komponenten mitbestimmt wird.

Eine potentielle Anwendung anderer Art ist der Einsatz der ternären Sandwichkomplexe $(\eta^8\text{-}C_8H_8)Ln(\eta^5\text{-}C_5Me_5)$, Ln = Y, Dy, Er, in der Erzeugung von Oxidfilmen Ln_2O_3 mittels **PECVD** (plasma enhanced chemical vapor deposition). Der erforderliche Sauerstoff stammt hierbei aus den Plasmen Ar/O_2, Ar/H_2O, N_2O bzw. CO_2. Diese Technik könnte Bedeutung für die Aufbringung von supraleitenden Schichten aus $YBa_2Cu_3O_{7-\delta}$ erlangen.

18 Organometallkatalyse in Synthese und Produktion

Die Anwendung metallorganischer Reaktionsfolgen in der organischen Synthese, auch solcher, in der das Metallorganyl Komponente eines Katalysecyclus ist, wurde schon an diversen Stellen des Textes angesprochen, jedoch nicht vertieft, um die Besprechung der Substanzklassen nicht zu stark zu befrachten. Ziel dieses abschließenden Kapitels ist es, einen kurzen Überblick zu geben, der zeigt, auf welch vielfältige Weise die Organometallchemie zur Lösung präparativer und technisch-synthetischer Fragestellungen beiträgt.

Einführende Bemerkungen zur Natur der metallorganischen Homogenkatalyse wurden bereits in Kap. 12.2 geboten und daher hier nicht wiederholt, ihre Lektüre empfiehlt sich ebenso wie die der Betrachtungen zur C–H- und C–C-Aktivierung (Kap. 13.2.2, 13.2.3). Es sei nochmals betont, daß die vorgestellten Katalysecyclen nur in seltenen Fällen experimentell belegt sind, meist hingegen der vernunftbegabten Intuition entstammen, was ihre Nützlichkeit als Merkschemata aber nicht einschränkt.

18.1 Olefinisomerisierung

Katalysatoren der Zusammensetzung L_nMH oder Kombinationen der Art $(R_3P)_2NiCl_2 + H_2$ können in homogener Reaktion die Umlagerung zu den jeweils thermodynamisch stabilsten Olefinen beschleunigen, d.h. die Umwandlung terminal $\rightleftharpoons$ intern und isoliert $\rightleftharpoons$ konjugiert katalysieren. Entscheidende Schritte sind die folgenden:

$$L_nMH + CH_2{=}CH{-}CH_2R \rightleftharpoons L_nM{-}\underset{CH_2R}{\overset{H}{|}}{\underset{|}{\overset{CH_2}{\underset{CH}{||}}}} \rightleftharpoons L_nM{-}CH\overset{H\diagdown CH_2}{\underset{H\diagup CHR}{}}$$

$$\downarrow \; - L_nMH$$

$$CH_3{-}CH{=}CHR \qquad CH_2{=}CH{-}CH_2R$$

Nach Hydrometallierung in *Markownikow*-Richtung (H addiert an das H-reichere C-Atom) bestehen zwei Möglichkeiten der β-Eliminierung, die entweder zum Ausgangsmaterial zurückführen oder das Isomerisierungsprodukt liefern. Diese Reaktionen beschleunigen die Einstellung des Gleichgewichts terminal $\rightleftharpoons$ intern.

Anwendungsbeispiel: Allylalkohol → Propionaldehyd

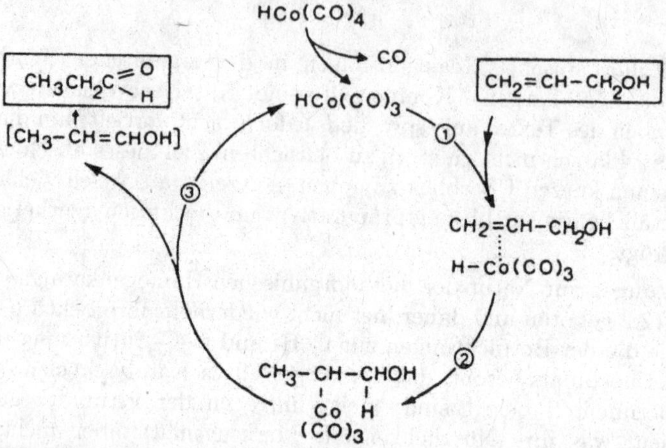

Wird als Katalysator $DCo(CO)_4$ in den Cyclus eingeschleust, so entsteht als einziges deuteriertes Produkt CH_2DCH_2CHO. Dies belegt die *Markownikow*-Richtung der Olefininsertion ②.

Für katalytisch aktive Metalle, die gerne η^3-Allylkomplexe bilden, ist eine derartige Zwischenstufe wahrscheinlich, hierzu zählen Fe, Rh und vor allem Pd. Die produktbestimmende 1,3-H-Verschiebung verläuft dann gemäß (*Wells*, 1974):

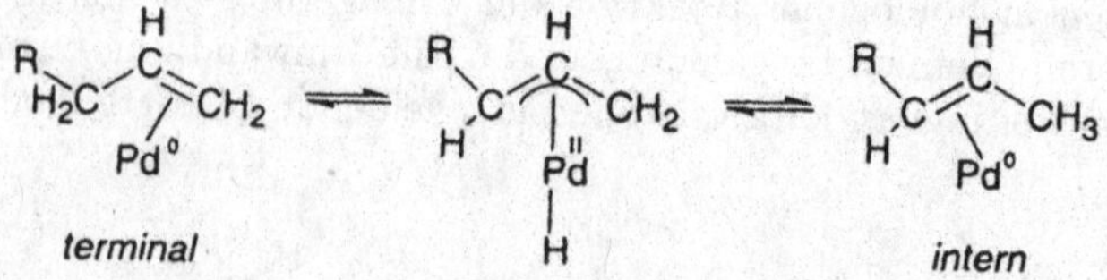

Als praktische Anwendung derartiger allylischer Isomerisierungen sei die Synthese eines internen Enons genannt, welches als Zwischenprodukt der Vitamin-A-Synthese benötigt wird (*Pommer*, 1974):

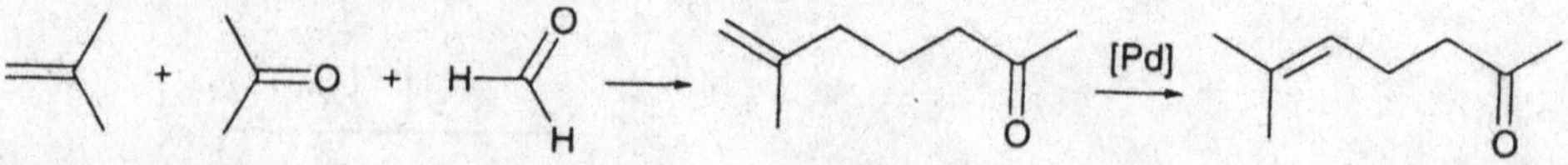

Weitere Anwendungen sind Pd-katalysierte Isomerisierungen terpenoider Substrate als Teilschritte in Duftstoffsynthesen. Derartige Isomerisierungen begleiten häufig auch andere Katalysen, an denen Alkene teilnehmen, so etwa die Hydrocyanierung (Kap. 18.2.6) und die Hydroformylierung (S. 18.8).

18.2 C–C-Verknüpfungen

Die Knüpfung von C–C-Bindungen ist sicher die vorrangige Aufgabe des Organikers, somit ist es besonders zu begrüßen, daß ihm hierfür moderne, homogenkatalytische Verfahren zur Verfügung stehen, deren wichtigste Varianten kurz skizziert seien. Sie bedienen sich vorrangig des in der metallorganischen Katalyse dominierenden Metalls Pd. Der **Siegeszug des Palladiums** in der homogenen Katalyse der C–C-Verknüpfung beruht auf seiner Befähigung zu allen als essentiell erkannten mechanistischen Teilschritten (Liganddissoziation, oxidative Addition, Insertion, reduktive Eliminierung, β-H-Eliminierung), gepaart mit günstigen Eigenschaften wie

- Toleranz zahlreicher funktioneller Gruppen
- Relativ geringer Luft- und Wasserempfindlichkeit der Pd-Organyle
- geringe Toxizität
- ökonomische Vorteile gegenüber Rh, Ir, Pt.

Als Prototyp der Pd-katalysierten C–C-Verknüpfungen ist die bereits erwähnte *Kumada*-Reaktion (S. 68) zu betrachten. Was die Organopalladiumchemie von derjenigen vieler anderer Metallorganyle unterscheidet, ist die Bindung von Nucleophilen an den organischen Rest R der Zwischenstufe RPdX unter reduktiver Eliminierung und Rückbildung von Pd^0. Hierdurch werden Katalysecyclen möglich:

$$RX + Pd^0 \longrightarrow R–Pd^{II}–X \xrightarrow[-MX]{Nu–M} R–Pd^{II}–Nu \longrightarrow R–Nu + Pd^0$$

C–C-Verknüpfungen mittels *Grignard*-Reagenzien sind hingegen nur stöchiometrisch durchführbar, weil RMgX durch C-Elektrophile angegriffen wird und die Oxidationsstufe Mg^{II} erhalten bleibt.

$$RX + Mg^0 \longrightarrow R–Mg^{II}–X \xrightarrow{El–Y} R–El + Y–Mg^{II}–X$$

Von herausragender Bedeutung sind Pd-katalysierte C–C-Verknüpfungen, die über $(\eta^3$-Allyl)palladium-Zwischenstufen verlaufen (EXKURS 12).

Neben C–C-Verknüpfungen, die Pd^0-Komplexe als Träger des Katalysecyclus erfordern, sind auch Verfahren bekannt, die Pd^{II}-Verbindungen benötigen (Olefinoxidation, dehydrierende Arylkupplung, oxidative Carbonylierung) und die dabei zu Pd^0 reduziert werden. Eine Reaktionsführung als Katalyse bezüglich Palladium gelingt dann durch Ankoppeln einer Folge, die Pd^{II} regeneriert (vergl. *Wacker*-Verfahren, S. 618):

$$2\,H^+ + \tfrac{1}{2}\,O_2 \quad\rightharpoondown\quad 2\,Cu^+ \quad\rightharpoondown\quad Pd^{2+}$$
$$H_2O \quad\leftharpoondown\quad 2\,Cu^{2+} \quad\leftharpoondown\quad Pd^0$$

Die große Bandbreite Pd-katalysierter Reaktionen hat ihnen Eingang in zahlreiche industrielle Verfahren verschafft (*Tsuji*, 1990).

18.2.1 Allylische Alkylierung

Während C–C-Verknüpfungen in α-Stellung zu einer Carbonylgruppe Grundlage vieler Verfahren der klassischen organischen Chemie sind, standen Reaktionen am allylischen C-Atom lange Zeit im Hintergrund.

α-Carbonylalkylierung

Allylische Alkylierung

Wie jedoch bereits angesprochen (S. 413), zeichnen sich Folgereaktionen am η^3-Allyl-Liganden durch eine interessante Stereochemie aus. Die Pd-katalysierte allylische Substitution läßt sich durch folgenden Cyclus beschreiben (*Tsuji*, 1986):

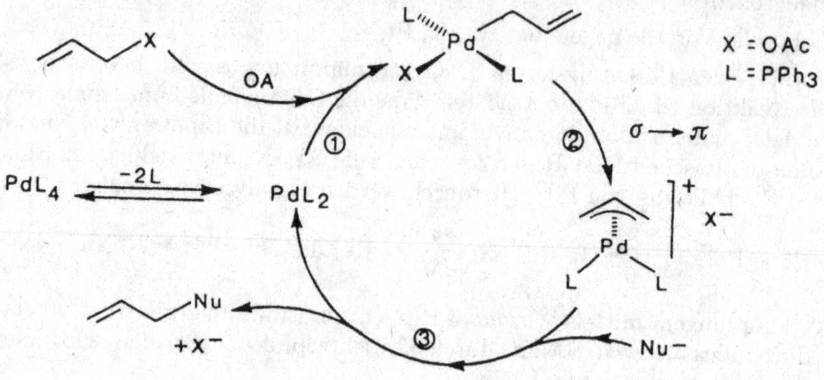

Für die als Zwischenstufen formulierten η^3-Allylkomplexe existieren vielerlei Zugangswege (S. 407f.), dies dient der Flexibilität in der Wahl der Synthone. Die hohe Reaktivität der η^3-Allylkomplexe gegenüber Nucleophilen gestattet die Knüpfung sowohl von C–C- als auch von C-Heteroatombindungen. Der stereochemische Ablauf läßt sich vorzugsweise an einem cyclischen Substrat veranschaulichen, da hier die Komplikation einer Isomerisierung via π–σ–π–Umlagerungen des Allyl-Metall-Fragmentes (S. 411) entfällt:

(*Consiglio*, 1989)

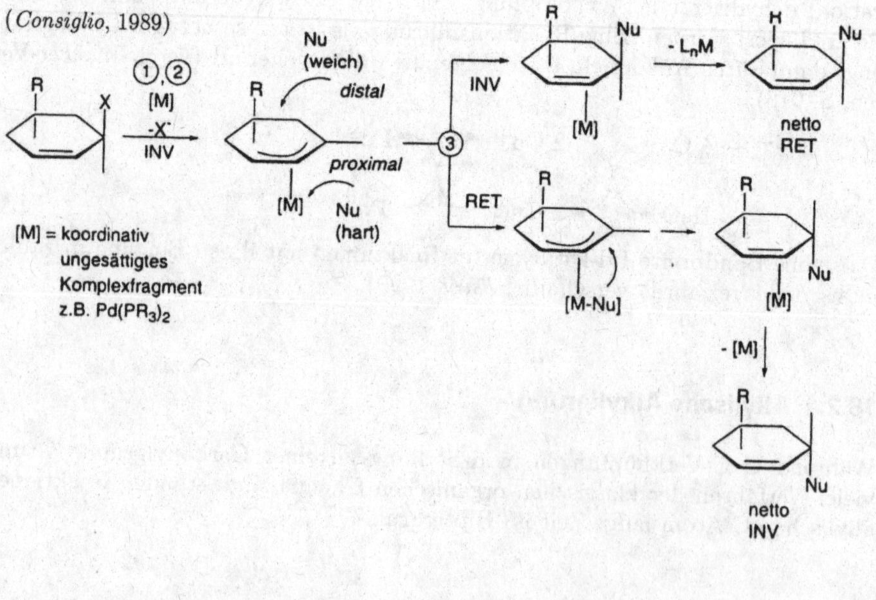

Demnach erfolgt die Bildung des η^3-Allylkomplexes, Schritte ① und ② im *Tsuji*-Cyclus, unter Inversion. Die Richtung des Angriffs des Nucleophils, ③ , hängt von dessen Natur ab: weiche Nucleophile greifen *distal* zum Metall an und bewirken für diesen Teilschritt Inversion, somit Retention für den Gesamtprozeß. Harte Nucleophile koordinieren hingegen zunächst an das Zentralmetall, um von dort aus *proximal* auf den Allylliganden übertragen zu werden. Das Ergebnis ist Retention für diesen Teilschritt und Inversion für den Gesamtprozeß. Zu den weichen Nucleophilen zählen stabilisierte Carbanionen sowie S-, N-, P- und gewisse O-Nucleophile; hart sind Grignard- und Organozinkreagentien, Schritt ③ wird dann auch als Transmetallierung bezeichnet. Diese Klassifizierung ist jedoch nicht immer zuverlässig. Als Beispiel für den Angriff eines weichen Nucleophils diene die unter Retention verlaufende Allylierung des Malonatanions (*Trost*, 1980):

Die **Regioselektivität** der allylischen Alkylierung äußert sich in zweierlei Hinsicht:

– Nu greift häufig am sterisch weniger befrachteten Ende des η^3-Allylliganden an. Allerdings ist der Grad dieser Präferenz – und sogar ihre Richtung – von der Natur des Katalysatormetalls abhängig. Tendenziell zeichnet sich ab, daß Pd-Katalysatoren bevorzugt zu linearen achiralen Produkten führen während Ir-Katalysatoren verzweigte chirale Produkte begünstigen (*Helmchen*, 2007).

– Bei Vorliegen mehrerer allylischer Substituenten befolgt deren Abgangstendenz die Folge Cl > OCO_2R > OAc > OH (*Bäckvall*, 1992).

Asymmetrische allylische Alkylierungen sind von hoher Aktualität, als Beispiel sei eine neue Synthese α-alkylierter α-Aminosäuren angeführt. Der Einsatz eines cyclischen allylischen Substrates umgeht hierbei die Komplikation der Umverteilung syn- und antiständiger Substituenten, wie sie den flexiblen, offenkettigen Allylliganden zu eigen ist (*Trost*, 1997):

R	Diastereomeren- verhältnis
Me	8.7 : 1
i-Pr	>19 : 1

R = Me
90% Ausb.
99% ee

Hierbei wird der aus dem Allylacetat und dem chiralen Katalysator gebildete η^3-Allyl-Pd-Komplex vom deprotonierten Azlacton nucleophil angegriffen. Die diastereoselektive Differenzierung dieses Angriffs beruht auf der Tatsache, daß der Chelatligand am Pd-Atom eine chirale Tasche erzeugt. Die diastereomeren Addukte können getrennt und das Hauptdiastereomer racemisierungsfrei in die α-Alkyl-α-Aminosäuren umgewandelt werden.

••

EXKURS 12: Asymmetrische allylische Alkylierung

Eine systematische Behandlung der enantioselektiven allylischen Alkylierung ist außer Reichweite dieses Textes, einige allgemeine Bemerkungen und zwei Fallstudien müssen daher genügen.

In einer **enantioselektiven Synthese** wird ein achirales oder ein chirales, racemisches Substrat in ein chirales Produkt überführt, welches eines der Enantiomeren im Überschuß enthält (*enantiomeric excess*, ee). Dieses Ziel kann auf folgenden Wegen erreicht werden:

- **Seitenwahl** des Angriffs an einem prochiralen Substrat (*enantioface selection*). Die Enantioseitendifferenzierung kann hierbei durch einen chiralen Hilfsliganden ausgelöst werden (*Beispiel:* Spartein in der enantioselektiven Carbolithiierung von Alkenen, S. 49) oder durch die Blockierung einer Seite des η^3-Allylliganden mittels Metallkoordination (S. 596).

- **Enantiomerenwahl** des Angriffs an einem chiralen, racemischen Substrat. Ein enantiomeren reines Reagens bildet mit den Substratmolekülen diastereomere Übergangszustände unterschiedlicher Energie, somit zeichnen sich die beiden Pfade, die zu den enantiomeren Produkten führen, durch unterschiedliche Reaktionsgeschwindigkeiten aus (*kinetic resolution*). Pro gebildetem chiralem Produkt ist aber ein Äquivalent an chiralem Reagens erforderlich. Ferner läßt sich auf diesem Wege das gewünschte enantiomerenreine Produkt nur in maximal 50% Ausbeute herstellen, es sei denn, die enantiomeren Edukte unterliegen rascher Racemisierung.

In einer **enantioselektiven Katalyse** überträgt hingegen ein in geringer Konzentration vorliegender enantiomerenreiner Katalysator Chiralitätsinformation auf eine große Substratmenge. Liegt ein chirales Substrat als Racemat vor, so ist es wünschenswert, **beide** Enantiomere in **ein** bestimmtes Produktenantiomeres zu überführen. Ein chiraler Katalysator kann dies unter folgenden Bedingungen bewirken:

A Die Geschwindigkeit der Enantiomerenumwandlung des Katalysator-Substrat-Komplexes übertrifft die des nucleophilen Angriffs an letzterem.

Die durch k_2' und k_2'' geprägten Pfade führen über diastereomere Übergangszustände und sind daher unterschiedlich schnell, produktbestimmend ist der Weg k_1, k_2'. Obiges Schema setzt voraus, daß der Angriff von Nu regioselektiv erfolgt, eine Forderung, die nicht immer erfüllt ist. Auch die Faktoren, welche die Geschwindigkeit der Isomerisierung (k_i) prägen, sind vielgestaltig und noch nicht gezielt manipulierbar.

B Das Problem der Regioselektivität des nucleophilen Angriffs wird vermieden, wenn das allylische Substrat in 1,3-Stellung identische Substituenten R trägt. Die beiden Enantiomeren bilden dann als gemeinsame Zwischenstufe einen η^3-Allylkomplex mit diastereotopen, terminalen C-Atomen, die vom Nucleophil selektiv angegriffen werden. Da dieser Angriff für weiche Nucleophile distal erfolgt, ist die vom chiralen Katalysator (R)-(S)–BPPFA ausgehende asymmetrische Induktion nur relativ schwach ausgeprägt. Sie kann verstärkt werden, indem an der Aminfunktion des Katalysators ein „Arm" angebracht wird, dessen Endgruppe über Wasserstoffbrückenbindungen mit dem eintretenden Nucleophil wechselwirken kann, auf diese Weise wird eine dirigierende Wirkung erzielt (*Hayashi*, 1988):

Man beachte, daß sich auch in dieser asymmetrischen Katalyse beide Enantiomere des racemischen Ausgangsproduktes im nahezu enantiomerenreinen Produkt wiederfinden!

Die beiden in diesem Exkurs vorgestellten Beispiele illustrieren besonders erfolgreiche Anwendungen der asymmetrischen Katalyse mittels chiraler Metallkomplexe neben den zugehörigen Arbeitshypothesen bzw. *ex-post-facto*-Erklärungen. Selten aber lassen sich asymmetrische Synthesen ausschließlich rational planen, zu gering sind die erforderlichen Detailkenntnisse zum Mechanismus. Dies ist vor allem durch die Kurzlebigkeit der entscheidenden Zwischenstufen bedingt, die sich häufig einer Strukturaufklärung entziehen. Erfolgreiche, asymmetrische Katalyse fußt, nach *Noyori*, noch auf der Intuition des organischen Synthesechemikers, gestützt auf einen Fundus an stöchiometrischen Organometallreaktionen sowie eine souveräne Beherrschung der organischen Stereochemie.

18.2.2 *Heck*-Reaktion

In der unabhängig von *Mizoroki* (1971) und *Heck* (1972) entdeckten Reaktion wird ein vinylisches H-Atom durch eine Vinyl-, Aryl- oder Benzylgruppe ersetzt. *Beispiel:*

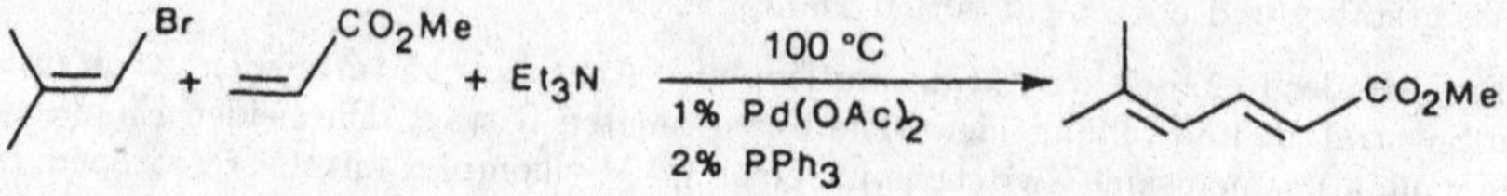

Katalysator ist ein Pd^0-Komplexe, der *in situ* aus einem Pd^{II}-Salz entsteht. Diese Reduktion kann durch das Phosphan (Bildung von Ph_3PO) oder durch das Alken bewirkt werden, sie ist für die häufig beobachtete Induktionsperiode verantwortlich.

Zum Mechanismus der *Heck*-Reaktion (1982) besteht folgende Vorstellung: Durch oxidative Addition ① von R'X bildet sich zunächst trans-$R'PdL_2X$. Um einen raschen Zerfall dieser Zwischenstufe unter β-Eliminierung zu unterdrücken, darf R'X nur ein Aryl-, Benzyl oder Vinylhalogenid sein. Nach Olefininsertion ② in die Pd–C-Bindung erfolgt die β-Eliminierung ③ unter Freisetzung des substituierten Olefins. Reaktion ④ mit Et_3N, das in stöchiometrischer Menge verbraucht wird, regeneriert den Katalysator PdL_2:

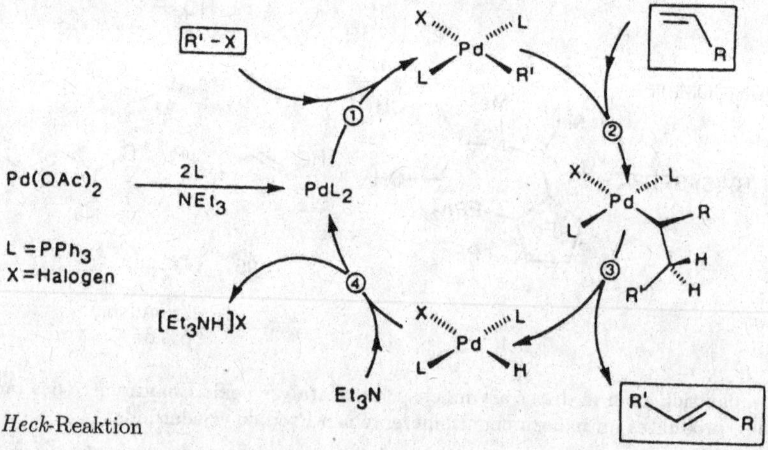

Heck-Reaktion

Eine elektrochemische Untersuchung dieses klassischen Katalysecyclus für die *Heck*-Reaktion durch *Amatore* (2000) betont die mechanistische Rolle der Anionen OAc^- bzw. X^-. Demnach sind als Zwischenstufen anstelle von Neutralkomplexen anionische Palladiumkomplexe beteiligt:

$$2\,L + Pd(OAc)_2 \xrightarrow[-OAc^-]{2e^-} [L_2Pd(OAc)]^- \xrightarrow[①]{R'X} [L_2R'PdX(OAc)]^-$$

Auf diese Weise läßt sich der Einfluß der Anionen auf die Geschwindigkeit der oxidativen Addition ① deuten.

Auch Schritt ② verdient eine nähere Betrachtung, da er die eigentliche C–C-Verknüpfung enthält und für Substratselektivität, Regio- und Stereodiskriminierung verantwortlich ist (*Beletskaya*, 2000). Ein einfaches, abschließendes Urteil ist allerdings noch nicht zu fällen, und im begrenzten Raum dieses Textes können nur einige Illustrationen wichtiger Faktoren geboten werden. So geht der Insertion eine Koordination Alkens an Pd voraus, welche auf nichtpolarem (**N**) oder polarem Wege (**P**) erfolgen kann:

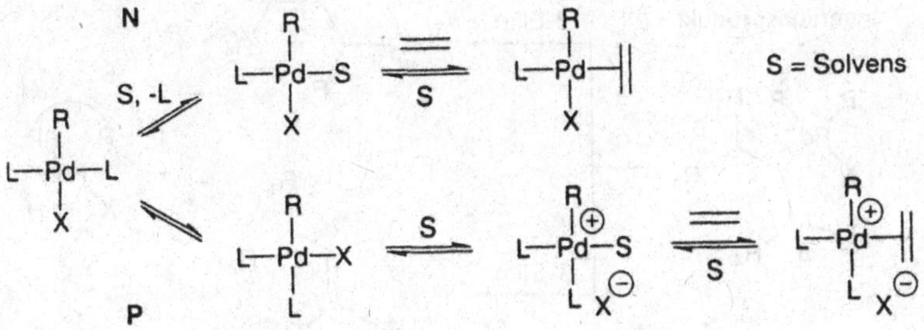

Die anschließende Insertion wird als konzertierter Prozeß betrachtet:

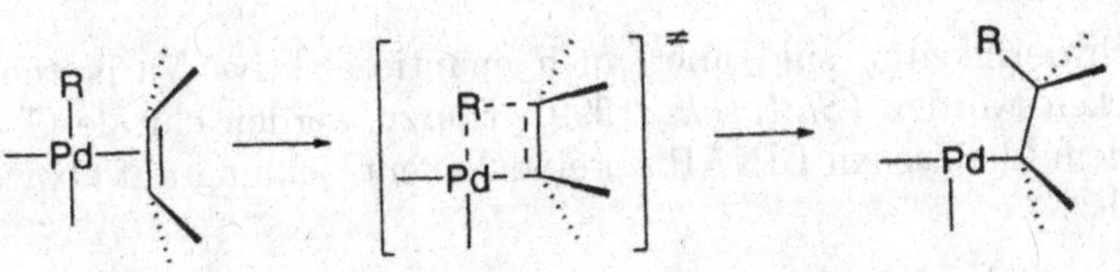

Die Alternativen **N** und **P**, die durch die Polarität des Mediums und die Natur der Liganden (2L einzähnig oder L–L chelatisierend) und des Anions X^- geprägt werden, sowie der Charakter des Insertionsschrittes lassen erahnen, daß das Produkt einer *Heck*-Reaktion durch den Elektronenreichtum und die sterische Ausstattung des Alkens geprägt wird.

So hat eine – stöchiometrisch geführte – Modellstudie der Arylierung von Styrol ergeben, daß die Regioselektivität vom Grad des kationischen Charakters der Arylpalladiumzwischenstufe abhängt. Reaktionsbedingungen, die den polaren Weg **P** fördern, sind der Regioselektivität offenbar abträglich, daneben spielt auch die konformative Beweglichkeit des Chelatliganden P–P eine Rolle (*Åkermark*, 1999):

X^-	Solvens	%	%
OTf^-	DMF/H_2O (9/1)	42	58
PF_6^-	DMF	43	57
I^-	DMF	20	80
OTf^-	THF	8	92

Das zierlichere Propen $MeCH=CH_2$ liefert hingegen, unabhängig von den Reaktionsbedingungen, die Produktverteilung $Me(Ph)C=CH_2 : MeCH=CHPh \approx 9:1$.

Weitere Regioselektivitätsprobleme der *Heck*-Reaktion sind auf konkurrierende β-Hydrideliminierungswege zurückzuführen:

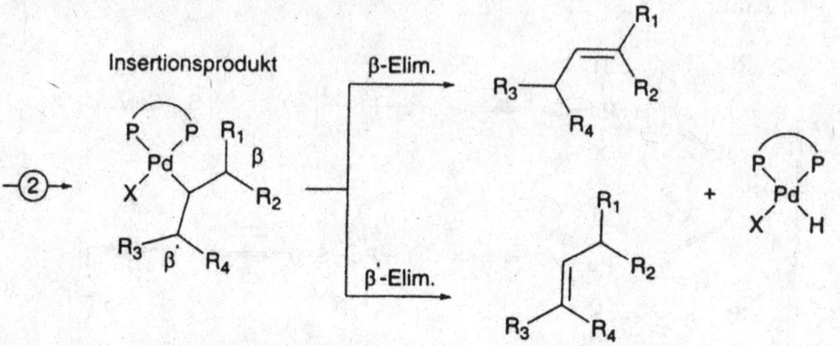

sowie auf die Möglichkeit, daß die Alkene in $(P–P)Pd(X)H$ reinsertieren können, was Isomerisierungswege eröffnet.

Ungeachtet dieser Schwierigkeiten sind aber auch enantioselektive Varianten der *Heck*-Reaktion entwickelt worden (*Shibasaki*, 1999). Hierzu werden chirale Chelatliganden verwendet, dem klassischen BINAP sei eine Neuentwicklung auf Oxazolin-basis gegenübergestellt:

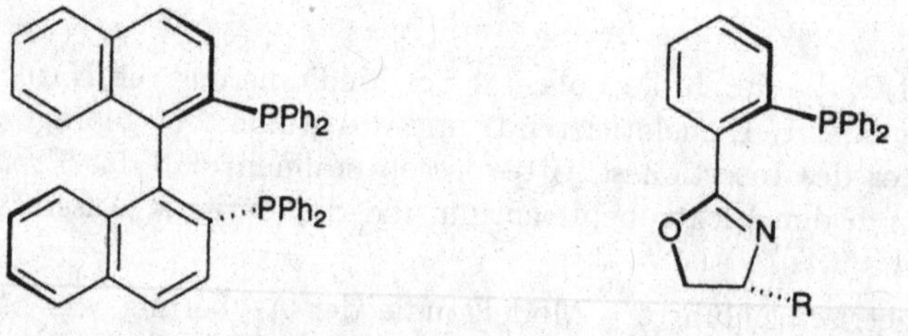

(R)-BINAP   (*Noyori*, 1990)

o-Phosphinophenyl-   (*Pfaltz*, 1996)
oxazolin

Naturgemäß wird höhere Enantioselektivität erzielt, wenn die Reaktionsbedingungen den polaren Weg **P** begünstigen, da dann der chirale Ligand zweizähnig an Pd gebunden bleibt und seine optische Induktion besser entfalten kann. Ferner wird die Zahl regiochemischer Alternativen eingeschränkt, wenn endocyclische Alkene eingesetzt werden und die *Heck*-Reaktion intramolekular geführt wird. Die ersten und – in der Tat – die meisten bekannten Beispiele asymmetrischer *Heck*-Reaktionen beruhen auf diese Strategie:

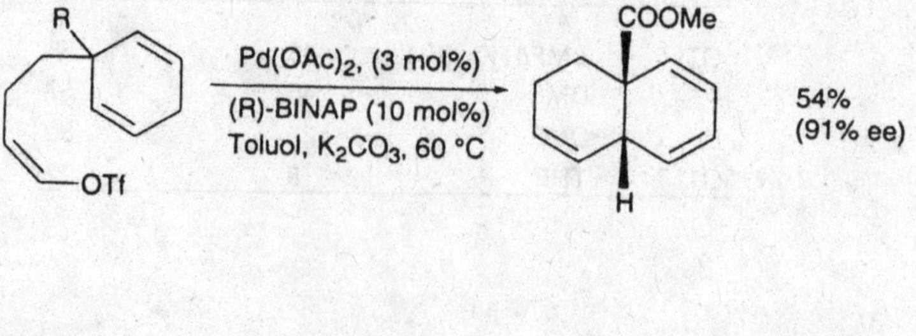

$Pd(OAc)_2$, (3 mol%)

(R)-BINAP (10 mol%)
Toluol, K_2CO_3, 60 °C

54%
(91% ee)

Inzwischen sind auch *intermolekulare* asymmetrische *Heck*-Reaktionen gelungen (*Hayashi*, 1991),

die durch Verwendung des chiralen *Pfaltz*-Liganden noch wesentlich verbessert werden konnten. Schließlich wurde in der enantioselektiven Erzeugung *quartärer C-Atome* mittels Reaktionen vom *Heck*-Typ eine der großen Herausforderungen des organischen Synthesechemikers aufgegriffen (*Overman*, 1994). Bei all dem darf aber nicht übersehen werden, daß man von einem Verständnis des Mechanismus der Chiralitätsübertragung vom Liganden auf das Substrat bei *Heck*-Reaktionen noch weit entfernt ist, entspechend empirisch geprägt ist bislang das Vorgehen.

18.2.3 *Suzuki*-Reaktion

In dieser wichtigen, häufig für Kreuzkupplungen eingesetzten Reaktion wird eine Organoborverbindung, meist eine Boronsäure, palladium-katalysiert mit einem Alkenyl-, Alkinyl- oder Arylhalogenid umgesetzt.

$$RB(OH)_2 + R'X \xrightarrow[\text{Base}]{L_nPd^0} R-R' + BX(OH)_2$$

Boronsäuren sind bequem handhabbare, luft- und wasserstabile, thermisch belastbare Verbindungen. Diese relative Inertheit erfordert aber, um sie zu Carbanionüberträgern zu machen, eine Quaternisierung am Bor zu Boronatanionen mittels Basen wie OH^-, OAc^-, OEt^- oder F^-. Der klassische Katalysecyclus der *Suzuki*-Reaktion wird über Pd^0-Neutralkomplexstufen formuliert:

Suzuki-Reaktion

Wie der *Heck*- beginnt auch der *Suzuki*-Katalysecyclus mit einer oxidativen Addition ①. Es folgt für die *Heck*-R. eine syn-Addition des Alkens, für die *Suzuki*-R. hingegen ein X^-/R'-Austausch ② (Transmetallierung). Nach trans→cis-Umlagerung ③ schließt im Falle der *Heck*-R. eine β-Hydrideliminierung, im Falle der *Suzuki*-R. hingegen eine reduktive Eliminierung den Kreis. Auch für die *Suzuki*-Reaktion werden neuerdings anionische Zwischenstufen angenommen, in denen das Anion der Pd^{II}-Vorstufe bzw. X^- aus dem Edukt R–X an Pd^0 koordiniert bleibt (*Amatore*, 2000).

Zu dem bereits erwähnten problemlosen Umgang mit Boronsäurederivaten gesellen sich als Vorzüge der *Suzuki*-Reaktion die Verträglichkeit mit funktionellen Gruppen wie –OH, 〉NH, 〉CO, –NO₂, –CN, –NO₂, die Ungiftigkeit der Reagenzien und die hohe Selektivität im Eingehen von Kreuzkupplungen. Für die erforderlichen Organoboredukte existieren vielfältige Zugangswege:

Metathese:

$$RLi + B(i\text{-}PrO)_3 \longrightarrow Li^+RB(i\text{-}PrO)_3^- \xrightarrow[\substack{-Li^+ \\ -i\text{-}PrOH}]{H_3O^+} RB(i\text{-}PrO)_2$$

R = Alkyl, Aryl, 1-Alkenyl, 1-Alkinyl

Die Verwendung von Triisopropylborat unterdrückt eine Mehrfachalkylierung des Bors.

Hydroborierung

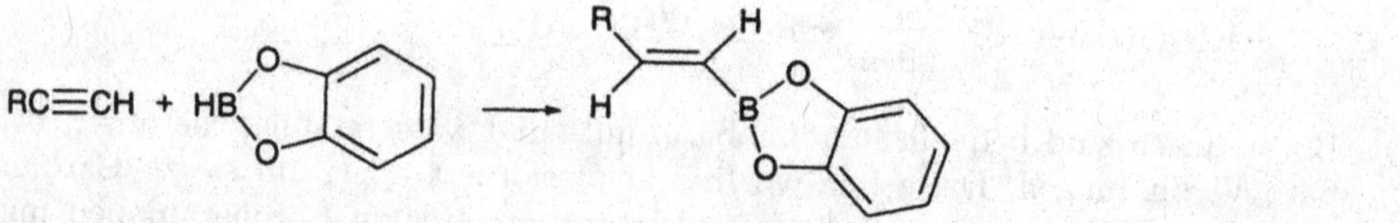

Haloborierung:

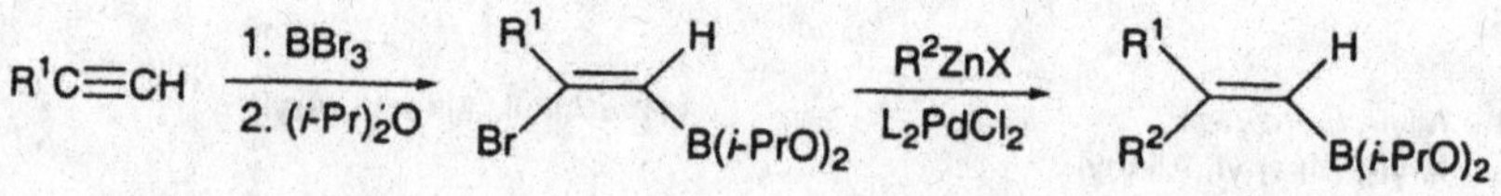

Die Vorzüge der *Suzuki*-Reaktion seien an drei Beispielen demonstriert:

- *Toleranz funktioneller Gruppen*

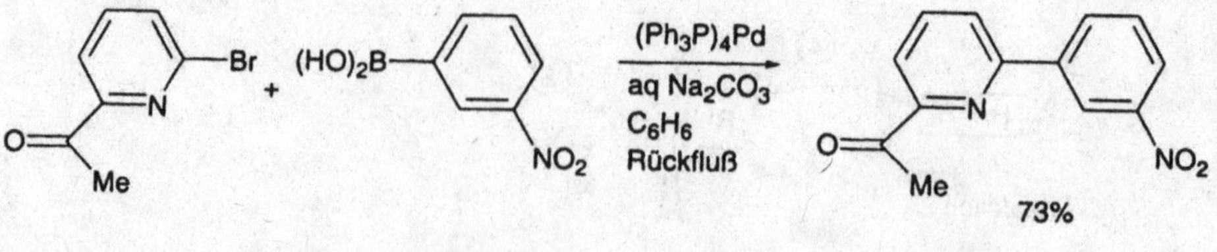

- Regio- und stereochemische Kontrolle der Polyensynthese

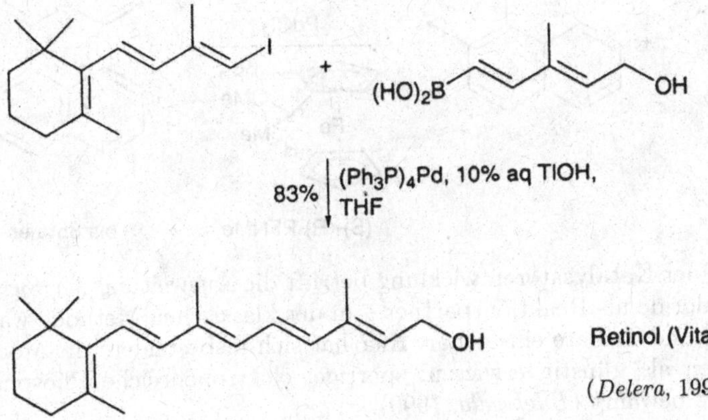

Retinol (Vitamin A)

(*Delera*, 1995)

Der entsprechende terminale Aldehyd (trans-Retinal) dient als Chromophor in Bakteriorhodopsin, dem Photosystem des *Halobacterium salinarium*.

- Vielfachkupplung zu Poly(p-phenylen)-Derivaten

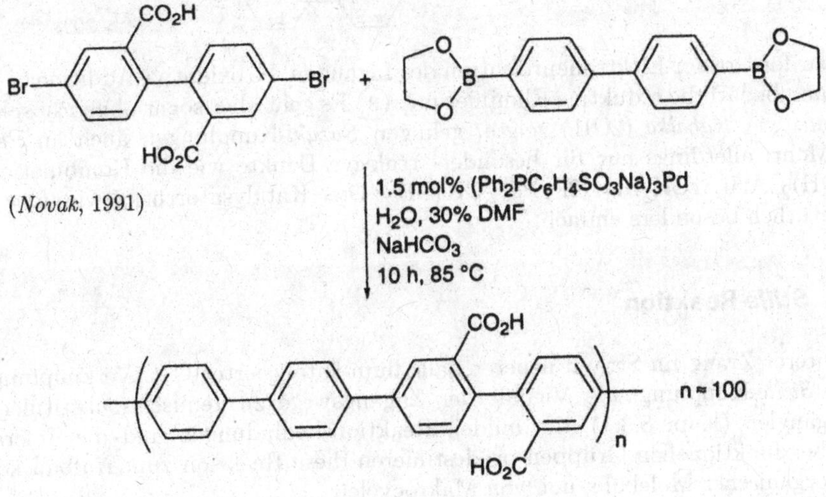

(*Novak*, 1991)

Poly-*p*-phenylene sind starre, stäbchenförmige Moleküle mit potentiell interessanten technischen Eigenschaften (elektrische Leitfähigkeit, LED, NLO). Das Beispiel zeigt die *in aquo*-Synthese eines wasserlöslichen Poly-*p*-phenylens unter Einsatz eines wasserlöslichen Katalysators. Unmodifizierte Poly-*p*-phenylene sind hingegen in sämtlichen Lösungsmitteln unlöslich, was ihre Anwendung erschwert.

Auch die *Suzuki*-Reaktion hat neuerdings ihre asymmetrische Variante. Durch Verwendung eines chiralen Katalysators gelang die enantioselektive Synthese von Binaphthylen (*Cammidge*, 2000):

(S)-(R)-PFNMe   bis 85% ee

Eine andere Facette der Katalysatorentwicklung betrifft die Ausweitung der *Suzuki*-Reaktion auf Arylchloride als Reaktionspartner – in der klassischen Methode waren nur Iodide, Bromide und Triflate einsetzbar. Hier hat sich insbesondere die Modifizierung der Liganden als günstig erwiesen: sperrige, elektronenreiche Phosphane haben sich besonders bewährt (*Buchwald*, 1999).

> 90%

Offenbar fördert der Elektronenreichtum des Liganden die oxidative Addition (1) und sein Raumbedarf die reduktive Eliminierung (3) Es geht aber sogar ohne Phosphanliganden: wie *Kabalka* (2001) zeigte, gelingen *Suzuki*-Kupplungen auch an Palladium-Mohr, allerdings nur für besonders reaktive Edukte wie die Kombinationen $ArB(OH)_2/ArI(ArCH_2Br)/KF/Pd^0/CH_3OH$. Die Katalysatorrückgewinnung ist hier natürlich besonders einfach.

18.2.4 *Stille*-Reaktion

Ein weiterer Zweig im Strauß neuerer palladium-katalysierter C–C-Verknüpfungen ist die *Stille*-Kupplung; die Vielfalt der Zugangswege zu gemischt-substituierten Zinnorganylen (Kap. 8.3.1), die milden Reaktionsbedindungen und die Toleranz gegenüber funktionellen Gruppen prädestinieren diese Reaktion zum Aufbau komplexer organischer Moleküle, u.a. von Makrocyclen.

$$R^1X + R^2SnR^3_3 \xrightarrow{Pd^0L_n} R^1\text{--}R^2 + R^3_3SnX$$

$$X = Br, I, OSO_2CF_3$$

Unter Verwendung sperriger Phosphanliganden wie $(t\text{-Bu})_3P$ und basischer Zusätze (CsF) sind auch Kreuzkupplungen von **Arylchloriden** möglich geworden (*Fu*, 1999). Das Elektrophil R^1 ist in weiten Grenzen variierbar; Strukturelemente, die eine β-Hydrideliminierung ermöglichen, dürfen in R^1 allerdings nicht vorliegen.

Die Reaktivität von $R^2SnR_3^3$ steigt gemäß

$R^{2,3}$ = Alkyl < Acetonyl < Benzyl ≈ Allyl < Aryl < Alkenyl < Alkinyl.

Somit kann durch Einsatz von R^2SnMe_3 gezielt *nur eine* wertvolle Gruppe R^2 übertragen werden. Toleriert werden u.a. die Substituenten NO_2, CN, OCH_3, COOR, COOH und sogar CHO; Luftausschluß ist nicht erforderlich.

In Gegenwart von CO entstehen Ketone:

$$R^1X + R^2SnR_3^3 \xrightarrow[CO]{Pd^0L_n} R^1\text{–}CO\text{–}R^2 + R_3^2SnX$$

Der neueste Vorschlag zum Mechanismus der *Stille*-Reaktion (*Espinet*, 2000) enthält als geschwindigkeitsbestimmenden Schritt die Übertragung des Restes R^2 von Zinn auf Palladium (Transmetallierung) unter L-Verdrängung in Form des konzertierten Prozesse (3):

Stille-Reaktion

Hierbei entsteht die Zwischenstufe R^1R^2PdL direkt in der für die reduktive Eliminierung (4) erforderlichen *cis*-Form. Schritt (3) ist langsamer, Schritt (4) hingegen rascher als typische β-Hydrideliminierungen. Somit ist die Abwesenheit von β-H-Atomen nur für die Reste R^1, nicht aber für R^2 erforderlich.

Die folgenden Anwendungsbeispiele illustrieren einige Merkmale der *Stille*-Reaktion.

$$R^1COCl + Me_3SnR^2 \xrightarrow{PdL_n} R^1COR^2 + Me_3SnCl$$

In diese **Ketonsynthese** können auch sterisch gehinderte Säurechloride eingesetzt werden sowie α, β-ungesättigte Säurechloride, da 1,4-Additionen nicht ablaufen. Ferner reagiert R^2SnMe_3 nicht mit dem gebildeten Keton. **Direkte Kupplungen** von Benzylhalogeniden mit Zinnorganylen verlaufen unter Konfigurationsumkehr am (chiralen) Benzyl-C-Atom:

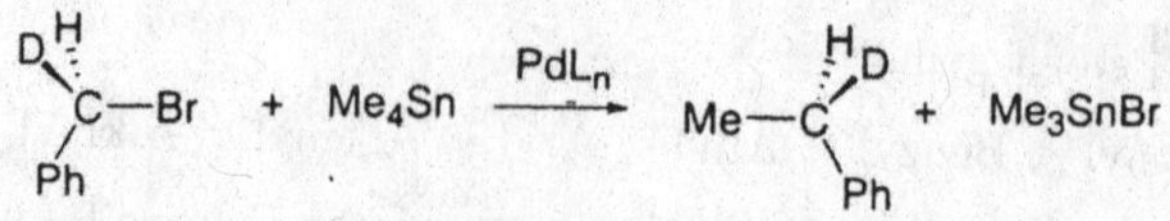

Dies liegt daran, daß die OA① (Mech. S. 607) unter Inversion erfolgt, die RE④ hingegen unter Retention.

Kupplungen von Allylbromiden mit Allylzinnverbindungen sind von Allylumlagerungen begleitet:

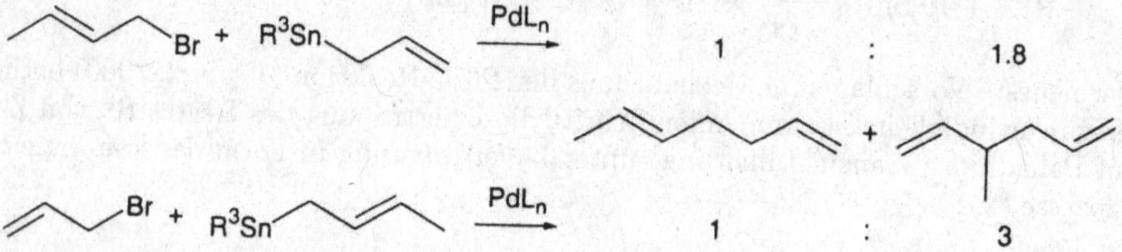

Alkenylzinnreagenzien kuppeln hingegen unter Erhalt der Konfiguration an der Doppelbindung:

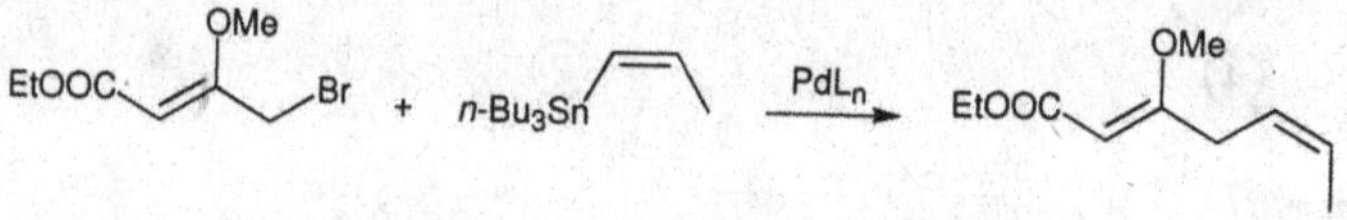

Die besonders nützliche **carbonylierende Kupplung** dürfte mechanistisch so ablaufen, daß zwischen die oxidative Addition ① und die Transmetallierung ③ noch eine CO-Insertion tritt. Derartige Ketonsynthesen tolerieren sogar die Gegenwart von OH- und NH$_2$-Gruppen, da sie auf Säurechloride verzichten:

$$ArI + RSnMe_3 + \underset{\text{1 bar}}{CO} \xrightarrow{PdL_n} ArCOR + Me_3SnI$$

Bei Einsatz von Organozinnhydriden werden Aldehyde erhalten:

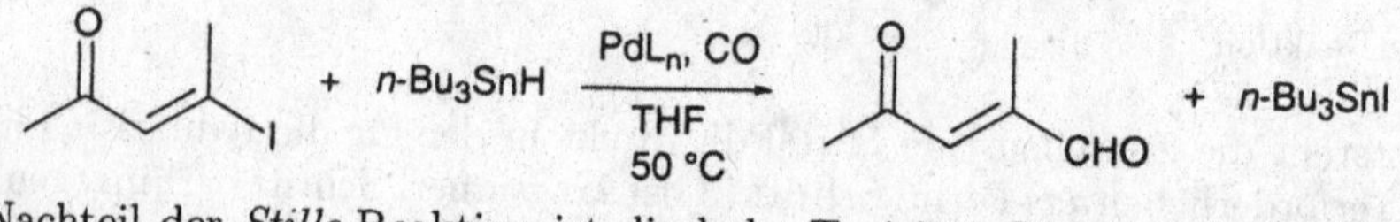

Als Nachteil der *Stille*-Reaktion ist die hohe Toxizität flüchtiger Tetraorganozinnverbindungen zu nennen. Geringere Toxizität und höhere Gruppenökonomie besitzen Organotrichlorstannane RSnCl$_3$, deren Einsatz die *Stille*-Reaktion darüber hinaus in wäßrigen Medien ausführen läßt (*Beletskaya, Collum*, 1995). Als wasserlösliche Phosphanliganden eignen sich hier Sulfonate des Typs Ph$_2$PC$_6$H$_4$SO$_3$Na(dpm). Die Kupplung dürfte über wasserlösliche Organostannate(IV) verlaufen, ein Zusatz von dpm ist manchmal sogar entbehrlich:

$$RSnX_3 \xrightarrow[\text{H}_2\text{O}]{\text{KOH}} K_n[RSn(OH)_{3+n}] \xrightarrow[\substack{\text{PdCl}_2 \\ \text{dpm}}]{\text{ArI}} Ar\text{-}R$$

R = Me, Ph, CH$_2$CH$_2$COOH u.a.   X = Cl, Br

Das Verfahren überzeugt durch die leichte Zugänglichkeit der Edukte $RSnX_3$ und die physiologische Unbedenklichkeit der rein anorganischen Zinn-Nebenprodukte. Auch die *Heck-* und die *Suzuki*-Reaktion konnten übrigens in die Wasserphase übertragen werden.

18.2.5 *Sonogashira*-Reaktion

Wie *Sonogashira* (1975) fand, lassen sich die drastischen Bedingungen der *Stephens-Castro*-Kupplung zwischen Kupferalkinylen und organischen Elektrophilen entschärfen, wenn in Gegenwart von Pd^0- und Cu^I-Spezies als Katalysatoren sowie einem Überschuß von Base gearbeitet wird, häufig ist hierbei die Base gleichzeitig das Lösungsmittel:

$$R^1X + HC\equiv CR^2 \xrightarrow[\substack{Et_3N, \, 25\ °C \\ -[Et_3NH]X}]{PdL_n, \, CuI} R^1-C\equiv C-R^2$$

X = Br, I
R^1 = Aryl, Alkenyl, Acyl, Aminocarbonyl
R^2 = in weiten Grenzen variierbar

Mechanistisch dürfte sich diese Kupplung an die vorstehend geschilderten Muster anschließen, wobei intermediär gebildetes $CuC\equiv CR^2$ den Alkinylrest auf Palladium überträgt (vergl. Schritt ② der *Suzuki*-Kupplung). Dem schließt sich die reduktive Eliminierung des Endproduktes an. Die freigesetzten Cu^I-Ionen können erneut Kupferalkinyle bilden, so daß die Reaktion auch bezüglich Cu^I katalytisch ist. Wiederum ist die Verträglichkeit mit diversen funktionellen Gruppen gut, und die Bedingungen sind milde. Entsprechend breit ist der Anwendungsbereich der *Sonogashira*-Reaktion. *Beispiel:*

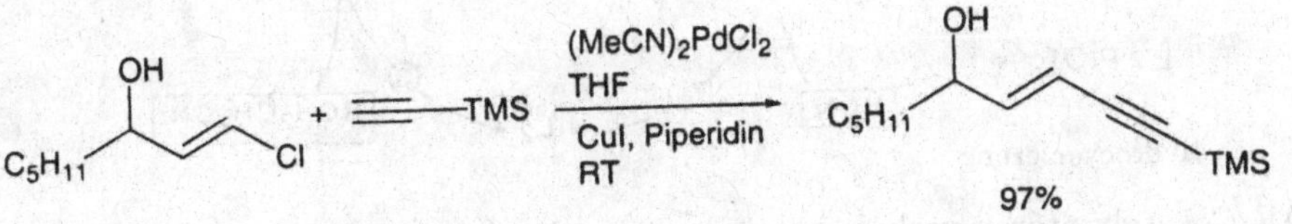

Kupplungen dieser Art haben sich im Aufbau von Endiin-Strukturelementen in der Synthese von Antibiotika bewährt (*Magnus*, 1990).

Auch die *Sonogashira*-Reaktion hat ihre carbonylierende Variante. Das folgende Beispiel zeigt eine Pyridonsynthese für die carbonylierende Kupplung und Ringschluß *in tandem* ablaufen (*Kalinin*, 1992):

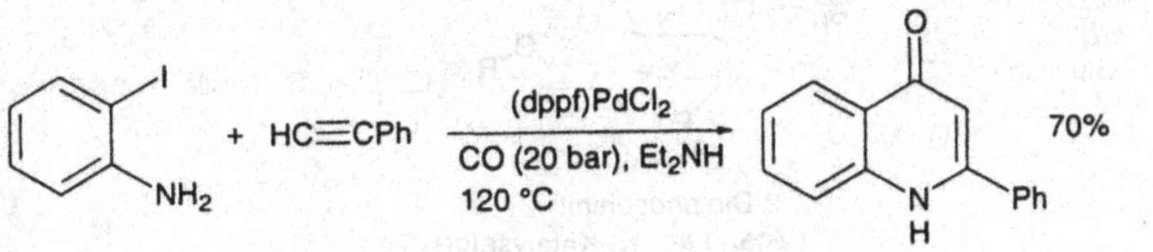

18.2.6 Hydrocyanierung

C–C-Verknüpfungen durch Addition von HCN an Alkene, Alkine und Carbonylverbindungen führen zu Nitrilen. Die leichte Umwandlung des CN-Restes in andere funktionelle Gruppen einerseits und die Verfügung über ein breites Spektrum an Olefinen, etwa aus dem SHOP-Process (S. 642, 650), eröffnen Zugangswege zu vielen wichtigen organischen Zwischenprodukten. Das im größten Maßstab praktizierte homogenkatalytische Verfahren dieser Art ist die Produktion von Adiponitril aus Butadien und HCN in Gegenwart von $[(ArO)_3P]_4Ni$ (*Du Pont*):

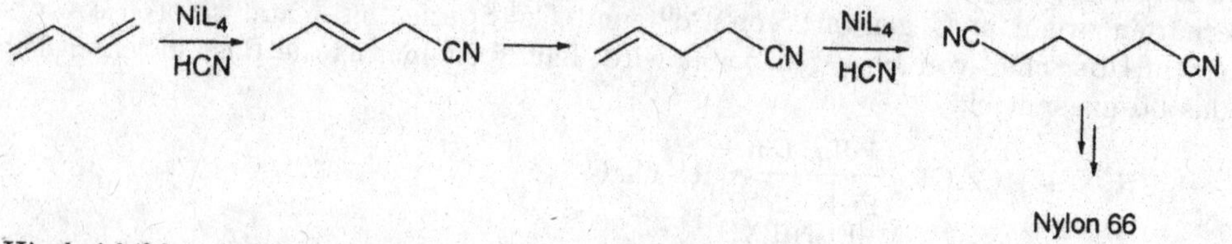

Nylon 66

Hierbei bildet der Präkatalysator NiL_4 durch Liganddissoziation und oxidative Addition von HCN den eigentlichen Katalysator $NiH(CN)L_2$. Der Cyclus zeigt die inzwischen vertraute Folge Koordination ①, Insertion ②, Reduktive Eliminierung ③ und Oxidative Addition ④ :

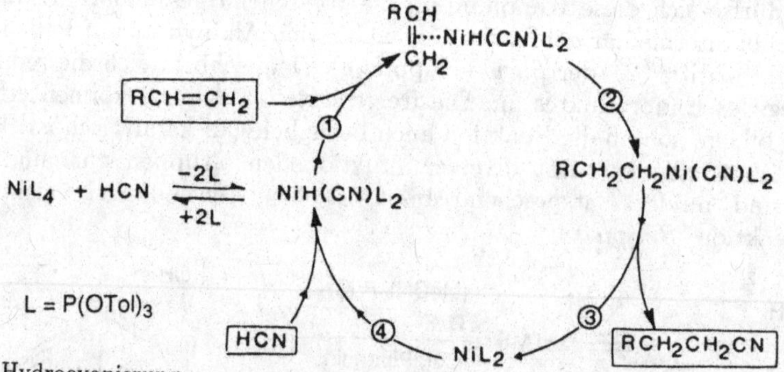

Hydrocyanierung

Als Cokatalysatoren wirken *Lewis*-Säuren, neben einer Beschleunigung der Hydrocyanierung erhöhen sie auch, sofern sie sperrig sind (BPh_3), den Anteil linearer Produkte; ihr Koordinationsort ist wahrscheinlich die CN-Gruppe (*Tolman*, 1986).

Auch die Hydrocyanierung kann enantioselektiv geführt werden. Hierzu werden als Alkoholkomponenten in den Phosphinitliganden des Katalysators enantiomerenreine Zucker eingesetzt (*RajanBabu*, 1992):

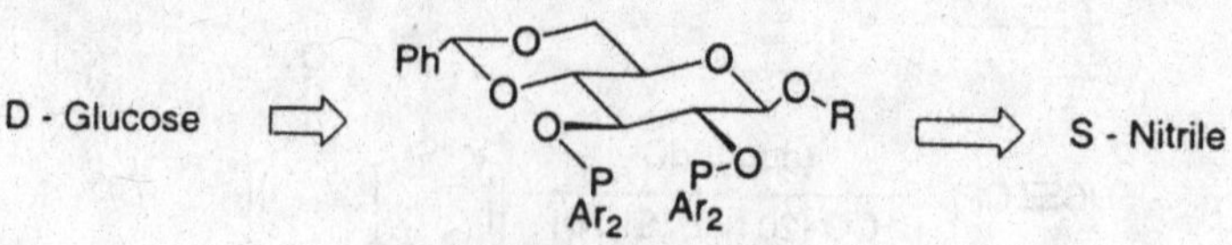

1,2-Diolphosphinit
(Ligand am Ni-Katalysator)

Als Anwendungsbeispiel diene die asymmetrische Synthese einer Vorstufe des S-Naproxens (vergl. S. 632):

95% Ausb.
85% ee, (S)-

Als enantioselektiver Schritt wird die Insertion ② angenommen. Glücksfall: Der natürlich vorkommende Zucker D-Glucose liefert, nach Einbau in den Katalysator, das pharmakologisch erwünschte Enanantiomer(S)-Naproxen!

18.3 C–Heteroatom-Verknüpfung

Der klassische Weg zu Aren-Heteroatom-Bindungen verläuft über die nucleophile aromatische Substitution, er erfordert allerdings drastische Reaktionsbedingungen oder aktivierte Arene. Alternativ lassen sich C-Heteroatom-Bindungen auch durch Addition an Alkene oder Alkine knüpfen. Beide Varianten werden im folgenden beleuchtet.

18.3.1 Aminierung von Arenen

An Arylaminen besteht hoher Bedarf, der von Feinchemikalien über Wirkstoffe bis zu Polymeren mit speziellen Eigenschaften reicht. Somit sind schonende Umwandlungen von Arylhalogeniden oder Phenolen in Arylamine von großer praktischer Bedeutung.

Die in jüngster Zeit durch *Buchwald* (1998) und *Hartwig* (1998) entwickelte palladium-katalysierte Aminierung von Arenen hat hier ein ganz neues Feld erschlossen. Grundlage des Verfahrens ist die Idee, die C-Heteroatom-Bindung, ähnlich wie die C–C-Bindung in den zuvor besprochenen Kupplungen, durch eine reduktive Eliminierung zu knüpfen:

$$Ar\text{-}M^{II}\text{-}XR_n \longrightarrow M^0 + Ar\text{-}XR_n$$

$$X = O, S \quad n = 1$$
$$X = N \quad n = 2$$

Unter diesen Varianten ist die Pd-katalysierte Aminierung von Arenen am weitesten entwickelt und bereits in umfangreichem Maße eingesetzt worden.

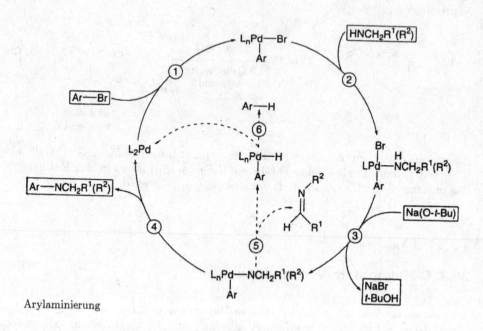

Arylaminierung

Der vorgeschlagene Katalysecyclus läßt Verwandtschaft zur *Stille*-Kupplung erkennen, anders als bei dieser sind jedoch keine Organozinnreagenzien erforderlich. Stattdessen erfolgt nach der oxidativen Addition ① die Koordination des Amins an Pd ② , Deprotonierung zum Amidoliganden ③ und reduktive Eliminierung des Arylamins ④ . Der markierte (– – –) Zweig deutet an, daß eine β-Hydrideliminierung ⑤ zu den Nebenprodukten Imin $R^1(H)C=NR^2$ und ArH führen kann, der Katalysator L_nPd wird auch hierbei regeneriert ⑥.

Die Reaktionsbedingungen derartiger Aminierungen sowie die jeweils günstigste Wahl von Katalysator, Base und Lösungsmittel beruhen noch weitgehend auf der Erfahrung.

Verallgemeinernd läßt sich aber sagen, daß

- die Toleranz gegenüber funktionellen Gruppen gut ist,
- elektronenarme Arene und elektronenreiche Amine die Kupplung fördern,
- die Kupplung primärer Amine mit Arenen die Verwendung von Chelatliganden im Pd-Komplex erfordert,
- die **inter**molekulare Kupplung an chirale Amine nur dann unter Erhalt der Konfiguration an C_α erfolgt, wenn der Katalysator einen Chelatliganden wie BINAP oder DPPF trägt. **Intra**molekulare Kupplungen verlaufen hingegen auch mit Pd-Komplexen einzähniger Liganden unter Retention an C_α.

Die folgenden Beispiele illustrieren einige Anwendungen:

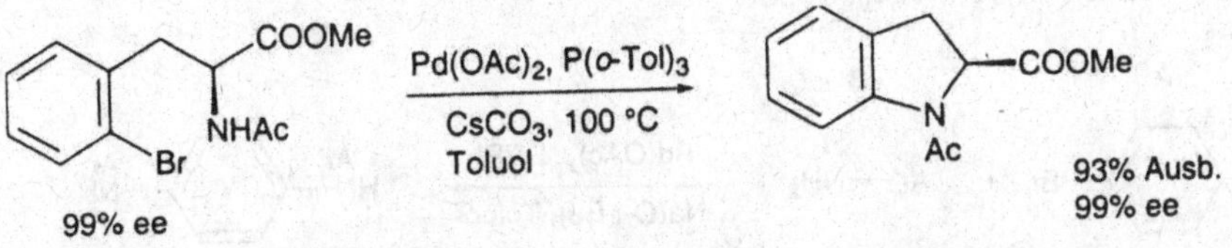

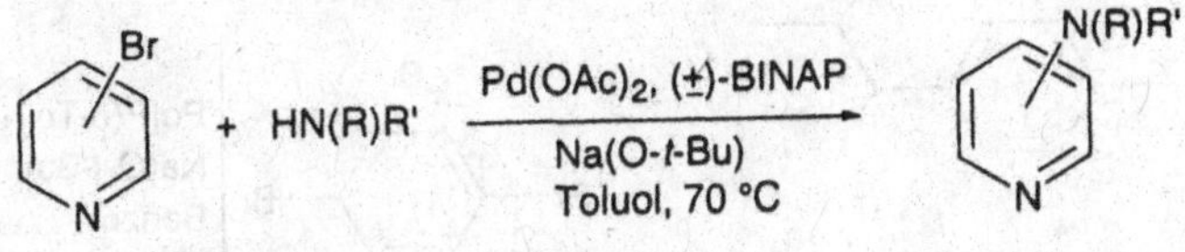

99% ee

93% Ausb.
99% ee

Diese universelle Synthese von Aminopyridinen gelingt mit *o*-,*m*-,*p*-Brompyridin und primären sowie sekundären Aryl- und Alkylaminen. Sie eignet sich u.a. zur Gewinnung von speziellen Pyridylliganden.

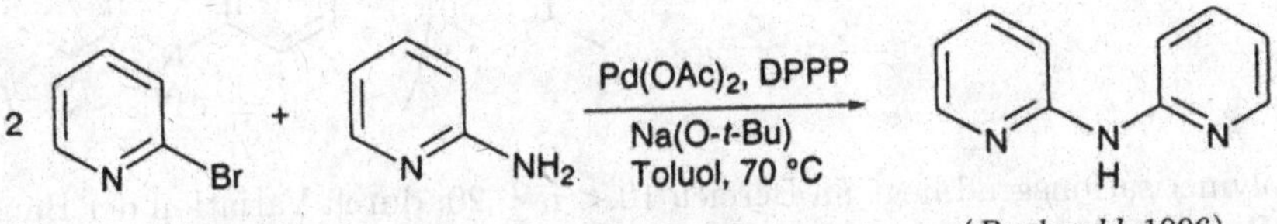

(Buchwald, 1996)

Eine wichtige Umwandlung ist die von Phenolen in Aniline; hierzu werden die Phenole zunächst in Triflate überführt und diese dann den Aminierungsbedingungen, wie sie für Arylbromide gelten, unterworfen. Als NH_3-Äquivalent eignet sich Benzophenonimin:

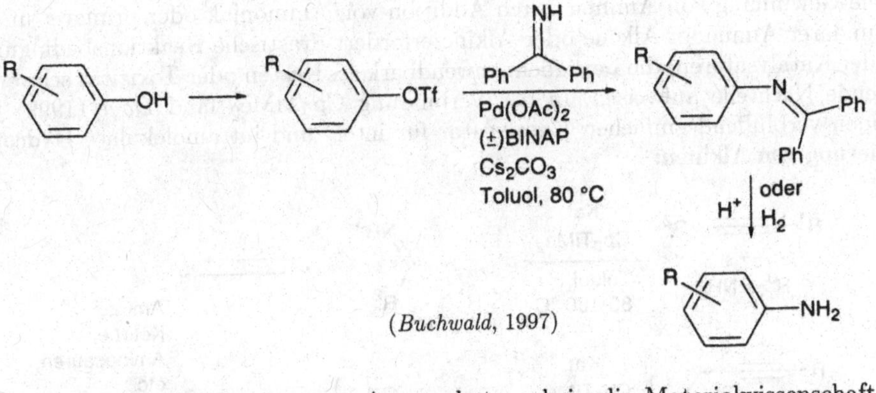

(Buchwald, 1997)

Die Pd-katalysierte Aminierung von Arenen hat auch in die Materialwissenschaft Eingang gefunden, denn oligomere und polymere Arylamine besitzen interessante elektrische und magnetische Eigenschaften (*MacDiarmid*, 1985).

Auf konventionellem, oxidativem Wege bereitete Polyaniline sind allerdings nicht streng *para*-ständig C–N-verknüpft, und die Verknüpfungsgeometrie ließ sich bislang auch nicht steuern, etwa in Richtung auf eine *meta*-ständige Verknüpfung. Polyaniline mit wohldefinierter Regiochemie sind hingegen mittels Pd-katalysierter Aminierung erhältlich (*Hartwig*, 1998):

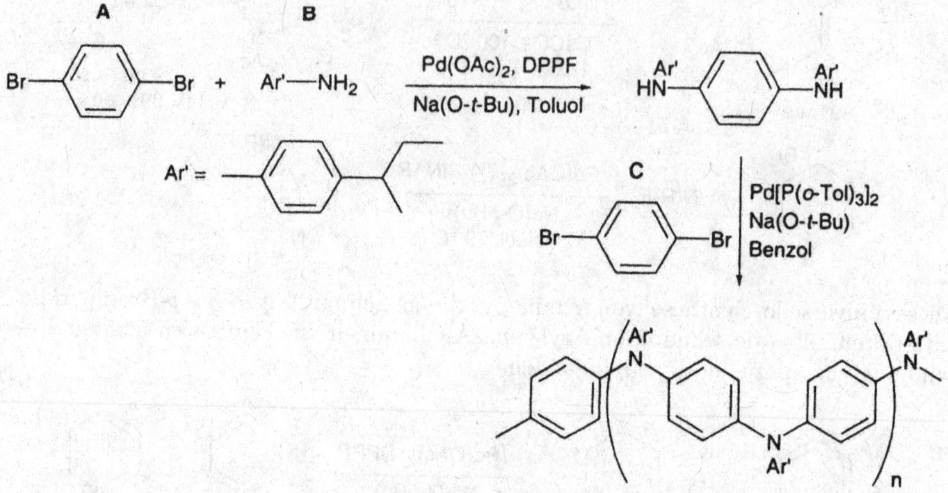

Der Polymerisationsgrad liegt im Bereich $10 < n < 20$, durch Variation der Bausteine **A**, **B** und **C** läßt sich eine Vielfalt von Oligomeren darstellen. Für C = 4,4'-Dibrombenzophenon werden beispielsweise Donor-Akzeptor-Oligomere erhalten.

18.3.2 Hydroaminierung

Die Gewinnung von Aminen durch Addition von Ammoniak oder primärer und sekundärer Amine an Alkene oder Alkine erfordert drastische Reaktionsbedingungen oder Katalysatoren, die bezüglich Anwendbarkeit, Kosten oder Toxizität schwerwiegende Nachteile aufweisen. In der Verbindung Cp_2TiMe_2 fand *Doye* (1999) jetzt einen verblüffend einfachen Katalysator für inter- und intramolekulare **Hydroaminierung von Alkinen**:

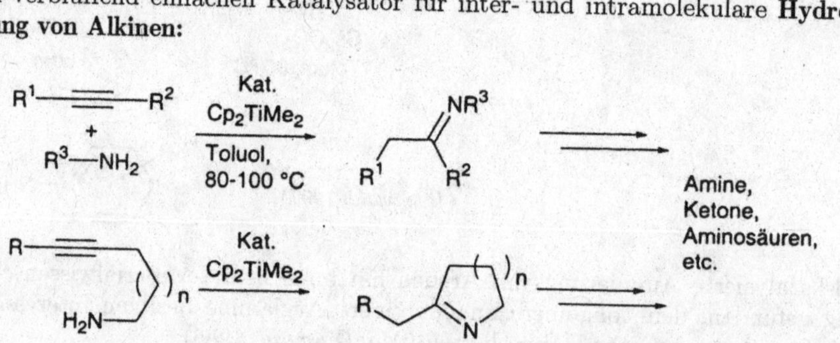

Der mechanistische Vorschlag geht von der Bildung eines Titanimidokomplexes aus, ①②, der mit dem Alkin eine [2+2]Cycloaddition vollzieht, ③. Aminolyse ④ des Azatitanacyclobutens und Enamineliminierung ⑤ schließen den Katalysecyclus:

Hydroaminierung

Dieser Mechanismus wurde inzwischen kinetisch untermauert (*Doye*, 2001).

Als Herausforderung besonderer Art gilt die Entwicklung einer homogenkatalytischen *intermolekularen* Hydroaminierung von **Alkenen**. So erfolgt die Addition von Ammoniak an Ethylen erst bei 190 °C/900 bar.

Während *Marks* (1994) über eine Organolanthanoid-katalysierte Cyclohydroaminierung berichtete, erzielte *Hartwig* (2000) möglicherweise einen Durchbruch mit der Beobachtung einer enantioselektiven Hydroaminierung nahe Raumtemperatur, bewirkt durch den *Noyori-Katalysator*:

Mechanistische Studien hierzu haben eben erst begonnen.

18.3.3 Hydroborierung

Wie *Nöth* (1985) zeigte, kann der *Wilkinson*-Katalysator die Chemoselektivität der Hydroborierung (S. 88) steuern:

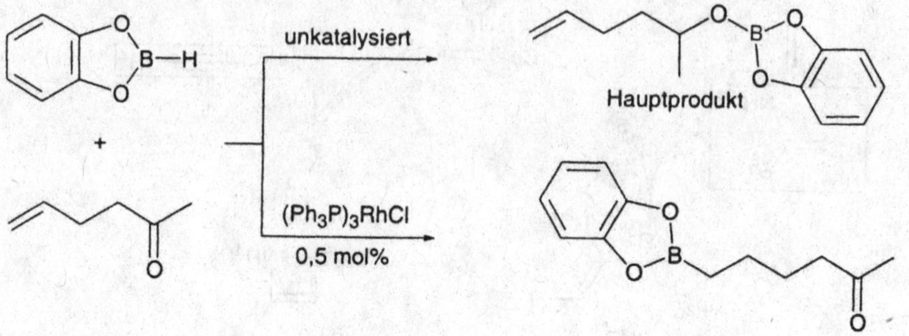

Hauptprodukt

unkatalysiert

$(Ph_3P)_3RhCl$

0,5 mol%

Ein plausibler Katalysecyclus beinhaltet die Schritte (*Burgess*, 1991)

(1) Oxidative Addition von $H-B(OR)_2$ an $(Ph_3P)_2RhCl$,

(2) η^2-Koordination des Alkens,

(3) Alkeninsertion in Rh–H oder Rh–B,

(4) Reduktive Eliminierung, $\rightarrow$ (1).

Mechanistische Feinheiten diskutiert, gestützt auf quantenchemische Rechnungen, *Grützmacher* (2000).

Asymmetrische Hydroborierungen prochiraler Alkene bedienen sich traditionell der reagenskontrollierten Diastereoselektivität, d.h. Chiralität im Substrat wird durch die Chiralität des angreifenden Borans induziert (S. 89). Günstiger wäre natürlich die enantioselektive Synthese unter Einsatz eines chiralen Katalysators:

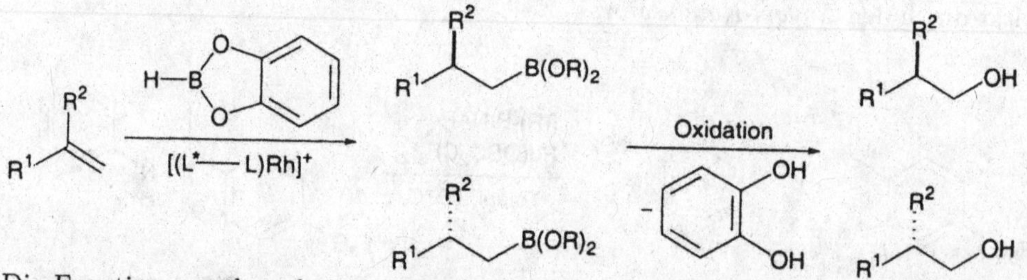

Die Enantiomerenüberschüsse dieser Reaktionen sind derzeit aber noch unbefriedigend, relativ am besten bewährt hat sich als chiraler Ligand $L^*L = BINAP$ (S. 632).

18.3.4 Hydrosilierung

Die Addition von Si–H-Bindungen an Alkene und Alkine ist eine bewährte Synthese von Alkylsilanen (S. 138):

Darüber hinaus dient sie der Vernetzung von Siliconpolymeren. Außer C=C- können auch C=O-, N=O-, N=N-, C=N- und C≡N-Mehrfachbindungen hydrosiliert werden, dabei tritt R_3Si jeweils an den elektronegativeren Bindungspartner. Katalysator der Wahl für die Si–H-Addition an nichtaktivierte C=C-Doppelbindungen ist Hexachloroplatin(IV)-Säure $H_2PtCl_6 \cdot 6H_2O$ (*Speier*-Katalysator). Terminale Alkene werden vor internen hydrosiliert, gelegentlich treten auch intern→terminal-Isomerisierungen auf. Chirale Silylgruppen behalten ihre Konfiguration bei. Die Induktionsperiode bei Durchführung von Hydrosilierungen dürfte auf die Reduktion des Präkatalysators H_2PtCl_6 durch R_3SiH zur katalytisch aktiven Pt^0-Verbindung zurückzuführen sein.

Möglicherweise läuft die Hydrosilierung an der Oberfläche kolloider Pt^0-Partikel ab, ist dann eigentlich nicht homogenkatalytisch (*Lewis*, 1986). Ein Vorschlag (*Lewis*, 1990) für den Katalysecyclus trägt dem Rechnung indem „Pt" ein Grenzflächen-Pt-Atom bedeuten kann:

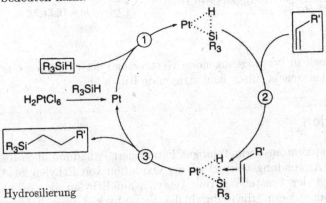

Hydrosilierung

Wesentlicher Aspekt dieses Prozesses ist die Pt-induzierte Si–H-Aktivierung. Die Charakterisierung eines η^2-SiH_4-Komplexes durch *Kubas* (1995) verleiht dem Vorschlag Plausibilität (vergl. S. 283). Ein früheres, rein homogenkatalytisches Konzept geht auf *Chalk* und *Harrod* (1965) zurück. Vor der Entdeckung der *Speier*- Katalyse wurde die Hydrosilierung radikalisch durchgeführt (*Sommer*, 1947).

Neben dem am häufigsten eingesetzten *Speier*-Katalysator sind auch $(Ph_3P)_3RhCl$, $(R_3P)_2(CO)RhX$ und andere Rh^I- und Rh^{III}-Komplexe geeignet, die Bandbreite von Hydrosilierungskatalysatoren ist beträchtlich.

Obgleich keine Hydrosilierung, sei an dieser Stelle die **dehydrierende Kupplung** als weitere homogenkatalytische Reaktion von Organosilanen erwähnt. Ihre Bedeutung bezieht sie aus den technologisch interessanten Eigenschaften der Organopolysilane (S. 148f.), Produkten derartiger Si–Si-Kupplungen. Die Neigung zur dehydrierenden Kupplung folgt der Abstufung $RSiH_3 > R_2SiH_2 \gg R_3SiH$.

Als bislang beste Katalysatoren gelten die Spezies $[CpCp^*ZrH_2]$ und $CpCp^*Zr[Si(SiMe_3)_3]Me$, sie scheinen einen Kondensationsmechanismus auszulösen, der auf σ-Bindungsmetathesen beruht (*Tilley*, 1993):

Dehydrosilylkupplung

Probleme bestehen noch in der ungenügenden Kettenlänge der erzeugten Organo-polysilane, vor allem verursacht durch konkurrierende Ringbildung.

18.4 Olefinoxidation

Neben C–C- und C-Heteroatom-Verknüpfungen katalyisiert Palladium auch Redox-prozesse. Wichtigstes Anwendungsbeispiel ist die Oxidation von Ethylen zu Acet-aldehyd. Sie entspringt der Umstellung von Acetylen auf Ethylen als Grundstoff großindustrieller Verfahren, ermöglicht durch die Verfügbarkeit über Ethylen als Produkt von Crackprozessen an leichten Erdölfraktionen. Neben der Hydroformy-lierung (S. 633) war es die Olefinoxidation, welche die metallorganische Homogen-katalyse in der Industrie heimisch gemacht hat.

Seit über 100 Jahren ist bekannt, daß Ethylen-Chlorokomplexe des Palladiums durch Wasser rasch unter Bildung von Acetaldehyd und Pd-Metall zersetzt werden. Die Reoxidation von Pd^0 zu Pd^{II} durch O_2, vermittelt durch das Paar Cu^+/Cu^{2+}, ermöglichte eine Reaktionsführung als Katalyse (*Wacker*-Verfahren, *Smidt*, 1959, *Hafner*, 1962):

$$
\begin{array}{lll}
(1) & C_2H_4 + PdCl_2 + H_2O \longrightarrow & CH_3CHO + Pd + 2\ HCl \\
(2) & Pd + 2\ CuCl_2 \longrightarrow & PdCl_2 + 2\ CuCl \\
(3) & 2\ CuCl + 2\ HCl + 1/2\ O_2 \longrightarrow & 2\ CuCl_2 + H_2O \\
\hline
\text{Summe:} & C_2H_4 + 1/2\ O_2 \longrightarrow & CH_3CHO \quad \Delta H = -221\ \text{kJ/mol}
\end{array}
$$

Die Untersuchung der Kinetik des *Wacker*-Prozesses führte zu folgendem Geschwin-digkeitsgesetz (*Baeckvall*, 1979):

$$
\frac{d[CH_3CHO]}{dt} = k \cdot \frac{[C_2H_4][PdCl_4{}^{2-}]}{[H^+][Cl^-]^2}
$$

Mit Hilfe verschiedener Markierungsexperimente und detaillierter kinetischer Studien wurde ein Katalysecyclus für den *Wacker*-Prozeß vorgeschlagen, der mit dieser Gleichung konform ist (*Henry*, 1982):

Olefinoxidation

Der *Wacker*-Prozeß verläuft demnach über die intermediäre **Oxypalladierung** ④.

Eine derartige Addition von Pd^{2+} und OH^- an die C=C-Doppelbindung erfordert die *cis*-Stellung dieser beiden Gruppen. Da aufgrund des *trans*-Effektes des Ethylenliganden an $[(C_2H_4)PdCl_3]^-$ zunächst *trans*-ständiges Cl^- gegen H_2O ausgetauscht wird, muß auf dem Weg zum angenommenen geschwindigkeitsbestimmenden Schritt ④ noch eine *trans*→*cis*-Isomerisierung ablaufen. Der nucleophile Angriff ④ am koordinierten Ethylen erfolgt dann durch OH- aus der Koordinationssphäre und nicht durch externes H_2O.

Wird die Katalyse in D_2O durchgeführt, so findet sich im Produkt Acetaldehyd kein Deuterium. Dieser Befund läßt sich durch die mechanistischen Schritte β-Hydrideliminierung ⑥, Insertion ⑦ und reduktive Eliminierung ⑧ deuten. Acetaldehyd wird also erst im Schritt ⑧ aus dem α-Hydroxyethyl-σ-Komplex gebildet und nicht etwa aus dem Vinylalkohol-π-Komplex.

Die kommerzielle Bedeutung des *Wacker*-Verfahrens sinkt zunehmend, da für Essigsäure und Butyraldehyd, die wichtigsten Folgeprodukte des Acetaldehyds, auf CO basierende Verfahren bevorzugt werden (S. 627, 633). In diesen wird u.a. das Problem chlorhaltiger Nebenprodukte umgangen.

Alkene mit drei und mehr C-Atomen werden unter *Wacker*-Bedingungen regiospezifisch zu Ketonen oxidiert, hierbei entsteht die Carbonylgruppe an dem C-Atom, welches in *Markownikow*-Richtung das Nucleophil aufnähme; terminale Alkene bilden also Methylketone:

$$R\diagdown\diagup \ + \ 1/2\ O_2 \ \xrightarrow[\text{CuCl}]{\text{PdCl}_2} \ \underset{R}{\diagup}\overset{O}{\diagup}$$

So beruht ein technisches Verfahren zur Produktion von Aceton auf der Pd/Cu-katalysierten Oxidation von Propen. Ähnlich gewinnt man höhere Ketone (*Beispiel:* Cyclohexan→Cyclohexanon). Auch in die Laboratoriumspraxis hat die *Wacker*-Oxidation Eingang gefunden:

$$\diagup\diagdown\diagup\diagdown\text{CHO} \ + \ 1/2\ O_2 \ \xrightarrow[\substack{\text{DMF/H}_2\text{O}\\25\ °\text{C}}]{\substack{\text{PdCl}_2\\\text{CuCl}}} \ \diagup\overset{O}{\diagdown}\diagup\diagdown\text{CHO} \qquad 78\%$$

Bemerkenswert ist hier die selektive Oxidation des Olefins in Gegenwart einer ungeschützten Aldehydfunktion.

Der Anwendungsbereich der *Wacker*-Oxidation wird erweitert durch den Übergang auf **nichtwäßrige Lösungsmittel**:

$$CH_2\!=\!CH_2 + \tfrac{1}{2}\ O_2 \ \xrightarrow[\text{CuCl}^2]{\text{PdCl}_2}$$

$$\xrightarrow{\text{H}_2\text{O}} \ CH_3\!-\!C\overset{O}{\underset{H}{\diagup}} \qquad \text{Acetaldehyd}$$

$$\xrightarrow{\text{ROH}} \ CH_2\!=\!C\overset{H}{\underset{OR}{\diagup}} \qquad \text{Vinylether}$$

$$\xrightarrow[\text{NaOAc}]{\text{HOAc}} \ CH_2\!=\!C\overset{H}{\underset{OAc}{\diagup}} \qquad \text{Vinylacetat}$$

Besonders die zuletztgenannte **Acetoxylierung von Olefinen** stieß unmittelbar nach ihrer Entdeckung durch *Moiseev* (1960) auf reges Interesse, welches die kommerzielle Bedeutung des Polymerbausteins Vinylacetat widerspiegelt. In der Praxis wird die Vinylacetatproduktion als heterogene Katalyse geführt:

$$CH_2\!=\!CH_2(g) + \tfrac{1}{2}\ O_2(g) + \text{HOAc}(g) \ \xrightarrow[\substack{\text{CH}_3\text{COOK}\\5\text{–}10\ \text{bar}\\140\text{–}170\ °\text{C}}]{\substack{\text{Na}_2\text{PdCl}_4,\ \text{HAuCl}_4\\\text{auf Kieselgel}}} \ CH_2\!=\!CHOAc$$

$$96\%$$

Das Verfahren läßt sich auf andere flüchtige Carbonsäuren sowie auf Diolefine ausdehnen. Aus Butadien kann so das wichtige Zwischenprodukt 1,4-Butandiol produziert werden:

$$\text{CH}_2\text{=CH-CH=CH}_2 \;+\; 2\,\text{HOAc} \;+\; 1/2\,\text{O}_2 \;\xrightarrow[\text{CuCl}]{\text{PdCl}_2}\; \text{AcO}\diagup\diagdown\diagup\diagdown\text{OAc}$$

$$\downarrow \begin{array}{l}\text{1. H}_2/\text{Ni} \\ \text{2. H}^+/\text{H}_2\text{O}\end{array}$$

$$\text{HO}\diagup\diagdown\diagup\diagdown\text{OH}$$

Dieser Prozeß ist eine interessante Alternative zu dem konventionellen, von Acetylen ausgehenden Verfahren. Er beinhaltet neben der Acetoxylierung auch eine oxidative 1,4-Addition von HOAc. Wird anstelle von HOAc HCl addiert (Chloracetoxylierung), so erhält man nützliche Synthone für die organische Synthese (*Baeckvall*, 1985), Pd-katalysierte Kupplungen können sich anschließen:

$$\text{CH}_2\text{=CH-CH=CH}_2 \;+\; \text{LiCl} \;+\; \text{LiOAc}\cdot 2\,\text{H}_2\text{O} \;\xrightarrow[\substack{\text{Benzochinon} \\ \text{HOAc, 25 °C}}]{\text{Pd(OAc)}_2}\; \text{AcO}\diagup\diagdown\diagup\diagdown\text{Cl}$$

$$\downarrow \begin{array}{l}\text{RR'NH} \\ \text{Pd(PPh}_3)_4 \\ \text{THF, 25 °C}\end{array}$$

$$\text{AcO}\diagup\diagdown\diagup\diagdown\text{NRR'}$$

Auch die Chloracetoxylierung von 1,3-Dienen verläuft mit hoher Regio- und Stereoselektivität – die katalytische Potenz von Palladiumkomplexen scheint keine Grenzen zu kennen.

Zwei weitere Prozesse dürfen bei einer noch so kurzen Besprechung des Themas Homogenkatalyse der Olefinoxidation nicht unerwähnt bleiben, obgleich in ihnen die Beteiligung von ÜM-C-Bindungen umstritten bzw. abwesend ist.

Der **Halcon/ARCO-Oxiran-Prozeß** dient der Epoxidation von Propen mittels Alkylhydroperoxid zu dem wichtigen Zwischenprodukt Propenoxid, welches in die Produktion von Glykolen, Glykolethern, Alkanolaminen, Polyestern und Polyurethanen wandert:

$$\text{CH}_3\text{-CH=CH}_2 \;+\; t\text{-BuOOH} \;\xrightarrow{\text{Mo-Kat.}}\; \triangle\!\!\!\!\diagup\text{O} \;+\; t\text{-BuOH}$$

$$3\times10^6 \text{ Jato}$$

Der aktive Katalysator enthält Molybdän in der Oxidationsstufe Mo^{VI}, welches in situ aus dem Präkatalysator Mo(CO)$_6$ gebildet wird. Ob die O-Übertragung via direktem Angriff des Olefins am elektrophilen Sauerstoffatom eines Alkylperoxometallkomplexes erfolgt (*Sharpless*, 1977):

$$\begin{array}{c}\text{O}\\ \| \\ \text{Mo}\!-\!\text{OR} \\ \diagdown\!\!\text{O}\end{array} \longrightarrow \begin{array}{c}\text{O}\\ \| \\ \text{Mo}\!-\!\text{OR}\end{array} \;+\; \triangle\!\!\!\!\diagup\text{O}$$

oder via η^2-Propen-Koordination und Insertion zu einer metallacyclischen Zwischenstufe (*Mimoun*, 1982):

ist noch strittig.

Katalytische Epoxidierungen durch t–BuOOH besitzen auch breite Anwendung in der organischen Synthese. Ein herausragendes Beispiel ist die Ti-katalysierte **Sharpless**-Epoxidierung von Allylalkoholen, ihr besonderer Wert liegt im enantio-selektiven Ablauf in Gegenwart chiraler Hilfsliganden (*Sharpless*, 1987):

DET = Diethyltartrat   Ausb. 70-90%
                       ee   > 90%

Während es naheliegt, eine stereoselektive Fixierung des prochiralen Allylalkohols, des Alkylhydroperoxides und des chiralen Tartrats in der Koordinationssphäre des Titans anzunehmen, sind mechanistische Einzelheiten zum Ablauf noch nicht be-kannt. Dennoch hat die *Sharpless*-Epoxidierung zahlreiche Anwendungen in der Synthese chiraler Wirkstoffe gefunden. Sie ist allerdings auf Alkene mit koordi-nationsfähigen Substituenten beschränkt.

Alkyl- und Aryl-substituierte Alkene lassen sich nach **Jacobsen** (1990) homogenka-talytisch enantioselektiv epoxidieren.

Als Katalysator fungiert ein chiraler (Salen)Mn^{III}-Komplex, der zunächst in die (Salen)Mn^{V}O-Form überführt wird:

Die O-Übertragung auf das Alken erfolgt wohl auch hier ohne Beteiligung von Zwischenstufen mit ÜM–C-Bindung.

18.5 Wassergas- und *Fischer-Tropsch*-Reaktionen

Gemeinsamer Aspekt dieser beiden Prozesse ist die Redoxchemie des Kohlenmonoxids, wobei die Wassergasreaktion Oxidation und die *Fischer-Tropsch*-Reaktion Reduktion von CO bewirkt.

Das *Wacker*-Verfahren (S. 618) hat der homogenen Organometallkatalyse zwar eine Eintrittskarte in die chemische Technik verschafft, es wird aber früher oder später durch Prozesse, die auf Kohlenmonoxid basieren, ersetzt werden. Dies gibt Gelegenheit, einige Bemerkungen zur sogenannten C_1-**Chemie** einzuflechten.

Zahlreiche Verfahren der industriellen Produktion organischer Zwischenprodukte bedienen sich der Ausgangsmaterialen Methan, Ethylen und Propylen, gewonnen aus Erdgas bzw. durch Cracken leichter Erdölfraktionen. In dem Maße, wie diese Quelle versiegt, werden Verfahren aktuell, die sich auf den C_1-Baustein CO gründen. CO ist Bestandteil des **Synthesegases**, zu welchem es viele Zugangswege gibt:

- Kontrollierte Verbrennung von Erdöl
- „Reforming" von Erdgas (im wesentlichen aus CH_4 bestehend)

$$CH_4 + H_2O \;\rightleftharpoons\; CO + 3\,H_2 \quad (\Delta H = +\,205\ kJ/mol)$$
$$CH_4 + 1/2\,O_2 \rightleftharpoons\; CO + 2\,H_2 \quad (\Delta H = -\,35\ kJ/mol)$$

Dies ist derzeit noch die Hauptquelle für Synthesegas.

- „Kohlevergasung"

$$C + H_2O \;\rightleftharpoons\; CO + H_2 \qquad (\Delta H = +\,131\ kJ/mol)$$

Die Gewinnung von Synthesegas aus Kohle dürfte das auf Erdgas basierende Verfahren längerfristig verdrängen. Dieser Wandel ist eng verknüpft mit der Beherrschung der **Wassergasreaktion**:

$$H_2O + CO \underset{T > 200\ ^\circ C}{\overset{Fe/Cu\text{-}Kat.(heterogen)}{\rightleftharpoons}} H_2 + CO_2 \quad (\Delta H = -\,42\ kJ/mol)$$

Die Bedeutung dieses auch als „Konvertierung" bezeichneten Gleichgewichtes liegt in der

- Ausnützung der Reduktionskraft von CO zur Gewinnung von H_2 aus H_2O unter milden Bedingungen
- Entfernung von CO aus dem Mischgas für das *Haber-Bosch*-Verfahren
- H_2-Anreicherung im Synthesegas für *Fischer-Tropsch*-Reaktionen

Die bezüglich der Gleichgewichtslage ungünstige, relativ hohe Reaktionstemperatur wird durch nicht optimale Eigenschaften derzeit verfügbarer heterogener Katalysatoren diktiert. Entwicklungsarbeiten zur homogenen Katalyse der Wassergasreaktion haben die nucleophile Aktivierung von Kohlenmonoxid zum Ziel. Diese gelingt durch koordination von CO an ein ÜM und anschließende Addition eines Nucleophils an das C-Atom unter Abbau von C,O-Bindungsordnung:

$$M + |C{\equiv}O| \xrightarrow[\text{Koordination}]{} M{-}C{\equiv}O| \xrightarrow[\text{„nucleophile Aktivierung"}]{\text{Nu}} M{-}\overset{\displaystyle O}{\overset{\|}{C}}{-}Nu$$

Im Idealfall wäre hierzu sogar das schwache Nucleophil H_2O befähigt.

Auf der *Hieber*-Basenreaktion beruhende prinzipielle Möglichkeiten sind in folgenden Cyclen dargestellt:

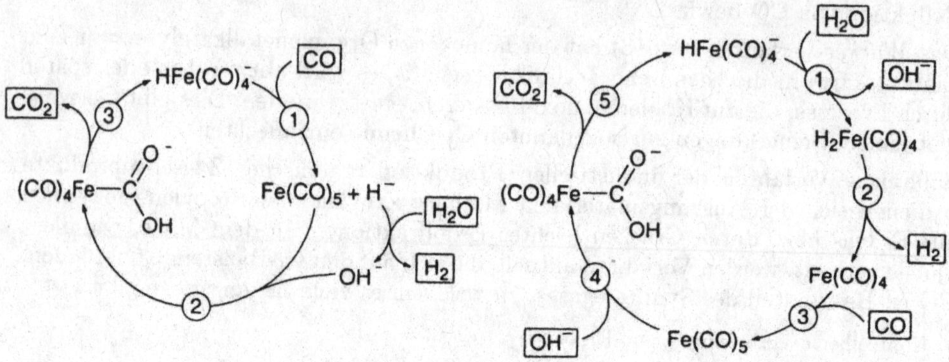

Die Fähigkeit, die Wassergasreaktion zu katalysieren, scheint eine generelle Eigenschaft von Metallcarbonylen in basischem Medium zu sein. Auch die im System $[Rh(CO)_2Cl]_2/HOAc/HCl/KI$ vorliegenden Spezies $[Rh^I I_2(CO)_2]^-$ und $[Rh^{III} I_5(CO)]^{2-}$ sind geeignet (*Eisenberg*, 1980). Als entscheidende Katalyseschritte bieten sich hier an:

$$\begin{aligned}
Rh^{III} + CO + H_2O &\longrightarrow Rh^I + CO_2 + 2H^+ \\
Rh^I + 2H^+ &\longrightarrow Rh^{III} + H_2 \\
\hline
CO + H_2O &\longrightarrow CO_2 + H_2
\end{aligned}$$

Während die Wassergasreaktion in der industriellen Praxis noch heterogenkatalytisch geführt wird, bedient sich die Natur längst homogenkatalytischer Wege. So koppelt das Bakterium *Carboxydothermus hydrogenoformans* die Oxidation von CO zu CO_2 mit der Reduktion von $2\,H^+$ zu H_2 (vergl. S. 301).

Fischer-Tropsch-**Verfahren** im engeren Sinne zielen auf die Reduktion von CO zu Kohlenwasserstoffen ab, gemäß

$$n\,CO + 2n\,H_2 \xrightarrow{\text{Kat.}} (CH_2)_n + n\,H_2O \qquad \Delta H = -165\ kJ/mol$$

Hierbei entsteht im allgemeinen aber eine breite Palette an Produkten, zu denen neben Alkanen, Olefinen und Aromaten auch Methanol, Glykole, Aldehyde und Vinylacetat zählen.

Die klassischen Varianten arbeiten heterogenkatalytisch, problematisch ist die geringe Spezifität:

$$\text{Synthesegas} \xrightarrow[\text{170--200 °C, 1 bar}]{\text{CO/ThO}_2\text{/MgO/Kieselgur}} \underset{50\%}{\text{Benzin}} + \underset{25\%}{\text{Dieselöl}} + \underset{25\%}{\text{Wachse}}$$

Dieses von der *Ruhrchemie AG* ab 1936 entwickelte Verfahren wurde nach dem 2. Weltkrieg aufgegeben. Südafrika mit billiger Kohle als Quelle für Synthesegas deckt auf diese Weise allerdings noch heute etwa die Hälfte seines Bedarfs an Motorentreibstoff (SASOL-Anlage):

$$\underset{3.5\ :\ 1}{\text{H}_2 + \text{CO}} \xrightarrow[\text{320--340 °C, 25 bar}]{\text{Fe-Oxid Kat.}} \underset{70\ \%}{\text{Benzin}} + \text{Dieselöl} + \text{Wachse etc.}$$

Für die Produktion synthetischer Treibstoffe aus Kohle ist die Einführung homogenkatalytischer Verfahren aus Gründen der erforderlichen Größenordnung der Anlagen unwahrscheinlich. Im Hinblick auf die gezielte Herstellung **anderer** *Fischer-Tropsch*-Produkte sind homogenkatalytisch arbeitende Verfahren jedoch prinzipiell interessant („Neue Ära der C_1-Chemie").

Von grundsätzlicher Bedeutung war die Beobachtung, daß lösliche Rhodiumcarbonyl-Cluster die Bildung von Ethylenglykol aus Synthesegas katalysieren (*Pruett, Union Carbide*, 1974):

$$3\,\text{H}_2 + 2\,\text{CO} \xrightarrow[\text{3000 bar/250 °C}]{[\text{Rh}_{12}(\text{CO})_{34}]^{2-}} \text{HOCH}_2\text{--CH}_2\text{OH}$$

Bei niedrigen Drücken entsteht statt Glykol bevorzugt Methanol. Dieses homogenkatalytische Verfahren wurde wegen der drastischen Reaktionsbedingungen noch nicht in die Praxis umgesetzt. An Glykol besteht jedoch hoher Bedarf (Frostschutzmittel, Baustein für Polyester etc.). Derzeit gewinnt man es durch Oxidation von Ethylen zu Ethylenoxid und anschließender Hydrolyse.

Das mechanistische Studium der *Fischer-Tropsch*-Reaktion ging, stark vereinfacht, von folgenden Reaktionswegen aus:

M soll eine aktive Stelle am Katalysator (heterogen) oder eine freie Koordinationsstelle an einem molekular gelösten Komplex (homogen) bedeuten. Offensichtlich versucht man, die an der Katalysatoroberfläche ablaufenden Vorgänge mittels molekularer Vorbilder der homogenen Phase zu beschreiben. Dieses Vorgehen ist allerdings problematisch, da sich die kooperativen Effekte in den Mischkatalysatoren der Praxis nur schwer modellieren lassen. Ferner sind auch Zweifel an der thermodynamischen Realisierbarkeit einzelner Teilschritte obigen Schemas angebracht. Daher sind zum mikroskopischen Ablauf der *Fischer-Tropsch*-Reaktion(en) alternative Vorstellungen entwickelt worden. Ironischerweise rückt heute der ursprünglich von *Fischer* und *Tropsch* (1926) gemachte Vorschlag wieder in den Vordergrund. Demnach handelt es sich im wesentlichen um eine „Polymerisation von Methylengruppen" an der Katalysatoroberfläche. Die Entwicklung der Chemie der ÜM-Carbenkomplexe hat dieser Idee Schubkraft verliehen. Wiederum in vereinfachter Form erscheint folgendes Carbido/Methylen-Muster plausibel (*Pettit*, 1981):

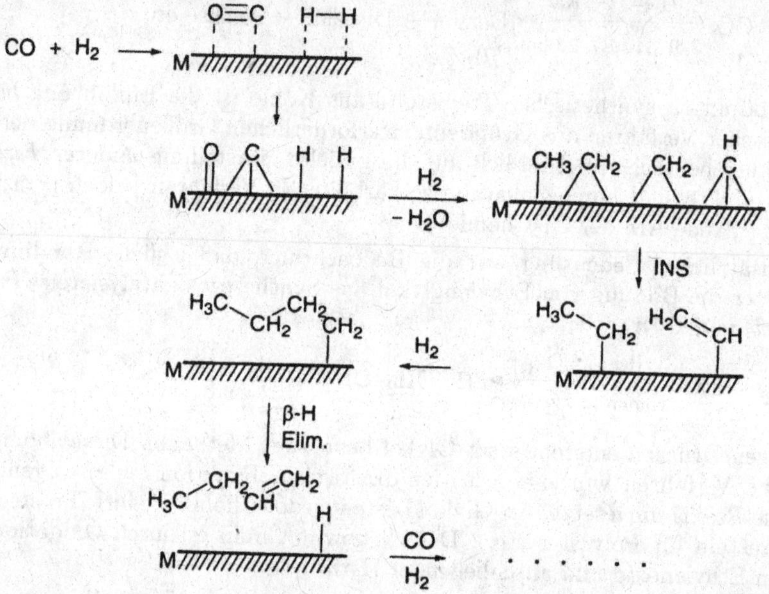

Zum Bildungsmechanismus sauerstoffhaltiger F-T-Produkte werden metallkoordinierte Hydroxymethyleneinheiten oder CO-Insertionen in bestehenden M$-\!^{\sigma}\!-$C-Bindungen vorgeschlagen. Über metallorganische Aspekte der *Fischer-Tropsch*-Reaktion unterrichtet *Herrmann* (1996). Wie in der Aufklärung von Reaktionsmechanismen üblich, versucht man auch im Falle der *Fischer-Tropsch*-Reaktion durchgezielte Synthese einzelner metallorganischer Zwischenstufen deren mögliche Rolle im Reaktionsablauf zu ergründen. Den ersten experimentellen Beleg für die Reduktion von koordiniertem CO durch H_2 lieferte *Bercaw* (1974):

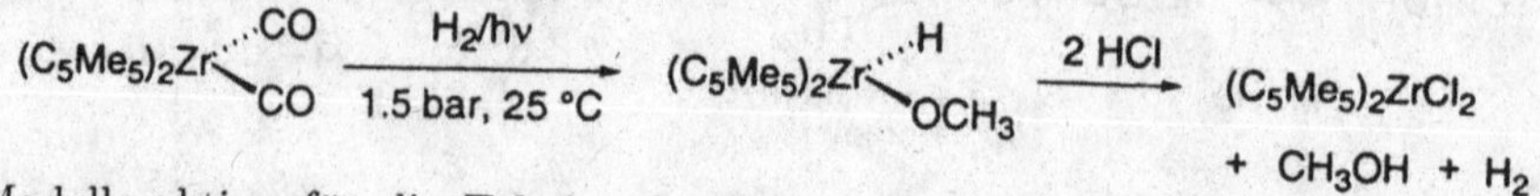

Als Modellreaktion für die Ethylenglykolbildung dient die stöchiometrische Folge (*Bercaw*, 1978).

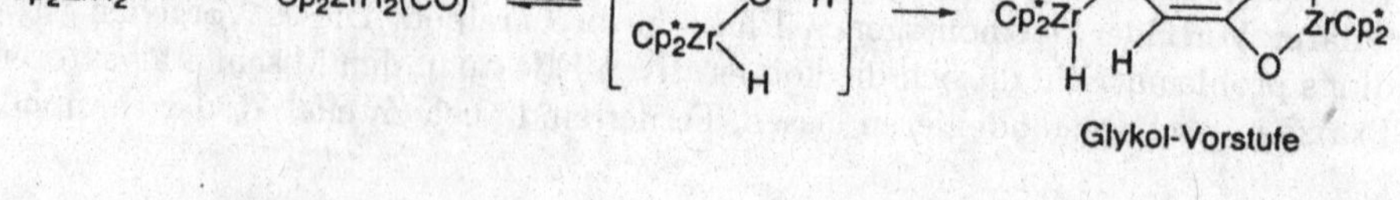

Glykol-Vorstufe

So spannend diese Untersuchungen auch sind: Die gezielte Synthese organischer Zwischenprodukte über homogenkatalytische *Fischer-Tropsch*-Reaktionen hat bislang keine praktische Bedeutung; die Produktion von Methanol aus Synthesegas wird noch heterogenkatalytisch geführt (Cu-Kontakt, 50–100 bar, 200–300 °C).

18.6 Carbonylierung von Alkoholen

Dem Bestreben, organisch-technische Synthesen auf C_1-Bausteine aus dem „Futtersack" (*feedstock*) Kohle zu gründen, genügt das **Monsanto-Essigsäure-Verfahren**. Hierbei handelt es sich um die homogenkatalytische **Carbonylierung von Methanol**.

$$CO + 2\,H_2 \xrightarrow{\text{Cu-Kat.}} CH_3OH \xrightarrow[\substack{180\,°C \\ 30\,bar}]{\substack{CO \\ Rh\text{-Kat.}/I^-}} CH_3COOH \qquad \text{Selekt.} > 99\%$$

Synthesegas Kapaz. 10^6 t/a

Die Katalyse dürfte nach folgendem Mechanismus ablaufen (*Forster*, 1979), wobei die Rolle des Iodidions darin besteht, Methanol in das stärkere Elektrophil Methyliodid zu überführen:

Methanolcarbonylierung

Das Verfahren ist auch auf höhere Alkohole anwendbar, die somit zur jeweils nächsthöheren Carbonsäure homologisiert werden können.

Da ein Großteil der industriell produzierten Essigsäure zur Herstellung von Acetanhydrid dient, war dessen direkte Gewinnung in einem homogenkatalytischen Prozeß wünschenswert. Dieses Ziel ist in dem *Tennessee Eastman/Halcon-SD*-**Verfahren**, der seit 1983 betriebenen **Carbonylierung von Methylacetat**, erreicht:

$$CO + 2\,H_2 \longrightarrow CH_3OH \xrightarrow{CH_3COOH} CH_3CO_2CH_3 \xrightarrow{CO} (CH_3CO)_2O$$

Die benötigte Essigsäure fällt u.a. bei der Acetylierung von Cellulose an. Als Katalysator wirkt – wie im *Monsanto*-Essigsäure-Verfahren – *cis*-$[(CO)_2RhI_2]^-$, der Cyclus scheint Ähnlichkeit mit dem Essigsäureprozeß aufzuweisen (*Polichnowski*, 1986).

18.7 Hydrierung von Alkenen

Das Gegenstück zur Oxidation von Alkenen ist deren Hydrierung. Die hierzu erforderliche H_2-Aktivierung gelingt, wie schon lange bekannt, durch ÜM-Komplexe; intermediäre Hydridkomplexe ließen sich dabei aber selten isolieren. Der mehrstufige Weg einer ÜM-Katalyse bewirkt, daß das Symmetrieverbot, welchem die direkte Addition von H_2 und Alken unterliegt, aufgehoben wird. H_2-Aktivierung in homogener Phase kann auf drei Reaktionstypen zurückgeführt werden:

- Homolytische Spaltung: $2\ [Co(CN)_5]^{3-} + H_2 \rightarrow 2\ [Co(CN)_5H]^{3-}$
- Heterolytische Spaltung: $[Pt(SnCl_3)_5]^{3-} + H_2 \rightarrow [HPt(SnCl_3)_4]^{3-} + H^+ + SnCl_3^-$
- Oxidative Addition: $(Ph_3P)_3RhCl + H_2 \rightarrow (Ph_3P)Rh(H)_2Cl$

Der erste in homogener Phase praktisch anwendbare Hydrierungskatalysator, **$(Ph_3P)_3RhCl$** (*Wilkinson*, 1965) folgte letzterem Prinzip, mit diesem gelingt die Hydrierung von Alkenen und Alkinen unter Normaldruck bei 25 °C. Terminale Doppelbindungen werden vor internen hydriert, und funktionelle Gruppen wie $-NO_2$, $-CHO$ werden geschont. Die H_2-Addition verläuft streng in *cis*-Richtung.

Ein gründliches mechanistisches Studium der *Wilkinson*-Katalyse unternahm *Halpern* (1976), demnach verläuft sie vereinfacht nach folgendem Cyclus:

Alkenhydrierung

Auf die oxidative H_2-Addition ① und die Alkenkoordination ② folgen die geschwindigkeitsbestimmende Insertion ③ und die *trans*→*cis*-Umlagerung ④ ; ③ und ④ werden häufig als konzertierter Einzelschritt betrachtet. Die reduktive Eliminierung ⑤ liefert das Hydrierungsprodukt und regeneriert die katalytisch aktive Spezies. Der gesamte Cyclus wurde durch *Morokuma* (1988) in einer *tour de force* quantenchemisch studiert (ab initio RHF, MP2; Alken = C_2H_4, P = PH_3). Das Ergebnis der Rechnung stützt den experimentell hergeleiteten Mechanismus. Demnach verlaufen die Schritte ① und ② exotherm und nahezu aktivierungsfrei. ③ und ④ gemeinsam verlaufen exotherm mit einer Aktivierungsbarriere von etwa 80 kJ/mol, die *trans*-Zwischenstufe besitzt offenbar geringe Stabilität. Schritt ⑤ ist nahezu thermoneutral und mit geringer Barriere behaftet. Die Natur des geschwindigkeitsbestimmenden Schrittes ③ ist plausibel, denn die Insertion erfordert die Spaltung einer Rh–H-Bindung, deren Stärke aus dem schwachen *trans*-Effekt des Chloridliganden folgt.

Direkt beobachten und charakterisieren ließen sich in einer arbeitenden *Wilkinson*-Katalyse nur die Spezies $(Ph_3P)_3RhH_2Cl$, $(Ph_3P)_3RhCl$, $(Ph_3P)_2(Alken)RhCl$, $[(Ph_3P)_2RhCl]_2$ und $[(Ph_3P)_2Rh(H)Cl]_2$ – ironischerweise Spezies, die im *Halpern*-Cyclus nicht erscheinen; sie dienen wohl lediglich als Reservoirs für katalytisch aktive Teilchen. Der Bedeutung der Reaktion entsprechend, ist der Mechanismus der *Wilkinson*-Katalyse intensiv studiert worden, und so sind auch Cyclen vorgeschlagen worden, die sich im Detail unterscheiden (*Beispiel: Brown*, 1987).

Während der Katalysator $(Ph_3P)_3RhCl$ die Hydrierung terminaler *und* interner Olefine bewirkt, letztere allerdings langsamer, wird durch **$(Ph_3P)_2Rh(CO)H$ hochselektiv** die Hydrierung **terminaler** Olefine katalysiert (*Wilkinson*, 1968). Allerdings ist in letzterem Falle mit begleitender Isomerisierung zu internen Olefinen zu rechnen (vergl. S. 593), die dann nur sehr langsam hydriert werden (*Strohmeier*, 1973).

Hydrierung terminaler Olefine

Ein anderer kationischer Katalysatortyp hat die allgemeine Zusammensetzung **$[L_2RhS_2]^+$** (*Schrock, Osborn*, 1976), wobei S ein polares Lösungsmittelmolekül wie THF oder CH_3CN ist. Diese Katalysatoren werden *in situ* aus dem leicht zugänglichen Diolefinkomplex $[(COD)RhL_2]^+$ und H_2 erzeugt. Der Koordination des Olefins ① folgt als geschwindigkeitsbestimmender Schritt die oxidative Addition von H_2 ②. Insertion ③ und Eliminierung ④ schließen den Cyclus (*Halpern*, 1977):

CH2=CH2
H2
+2 H2
C8H16
CH3—CH3
S = Solvensmolekül

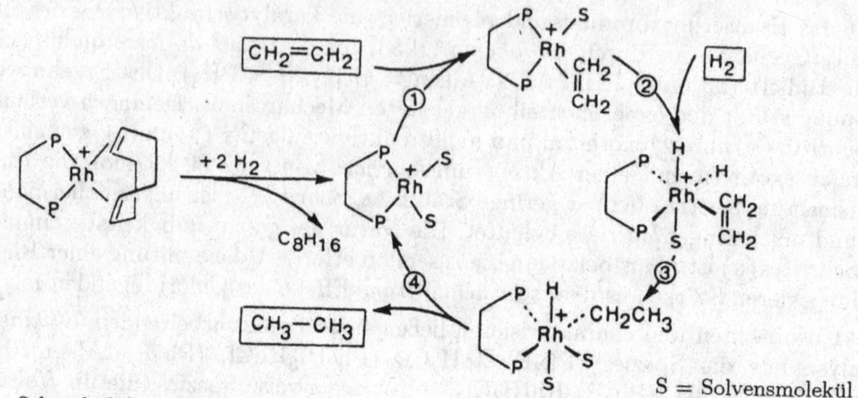

Schrock-Osborn-Hydrierung

Asymmetrische Hydrierung

Enthält der Katalysator $[L_2RhS_2]^+$ ein optisch aktives Diphosphan, so besteht die Möglichkeit, prochirale ungesättigte Moleküle zu chiralen Produkten zu hydrieren (asymmetrische Induktion). Hierbei werden oft hohe optische Reinheiten erzielt.

Beispiele chiraler Diphosphanliganden:

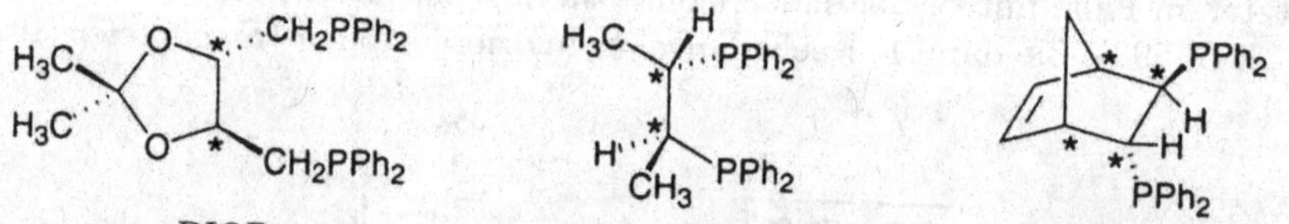

DIOP (*Kagan*, 1972) — CHIRAPHOS (*Bosnich*, 1977) — NORPHOS (*Brunner*, 1979)

Die Chiralitätszentren des Diphosphanliganden können an der Kohlenstoffkette, aber auch am Phosphor liegen. Das klassische Anwendungsbeispiel ist die Produktion (*Monsanto*, ab 1974) eines Derivats der chiralen Aminosäure L-Dopa, welche therapeutische Wirksamkeit gegen Morbus *Parkinson* besitzt:

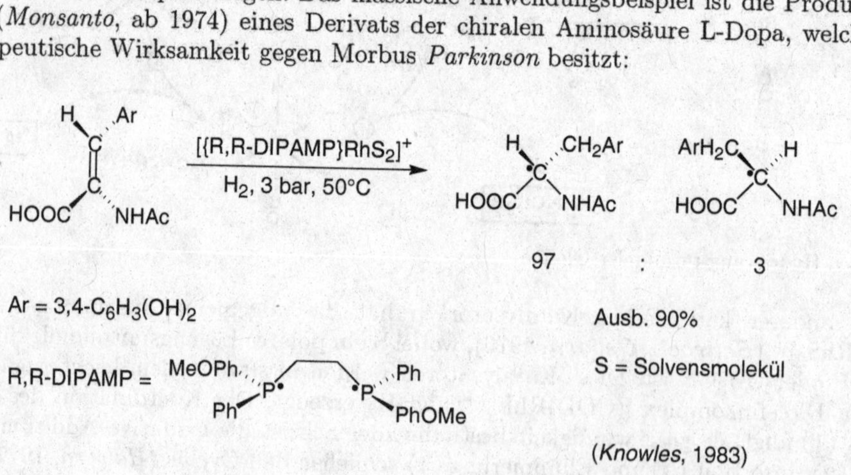

[{R,R-DIPAMP}RhS2]+
H2, 3 bar, 50°C
97 : 3
Ar = 3,4-C6H3(OH)2
Ausb. 90%
R,R-DIPAMP =
S = Solvensmolekül
(Knowles, 1983)

Als **enantioselektiver Schritt** dieser asymmetrischen Hydrierung wird die oxidative Addition ② von H_2 an die diastereomeren η^2-Olefinkomplexe betrachtet (*Halpern*, 1987). Dabei weist das in geringerer Gleichgewichtskonzentration vorliegende Diastereomere die höhere Additionsgeschwindigkeit für H_2 auf, es ist somit für den Enantiomerenüberschuß verantwortlich. Wie im *Schrock-Osborn*-Cyclus schließen sich eine Insertion ③ und eine reduktive Eliminierung ④ an, letztere regeneriert den Katalysator:

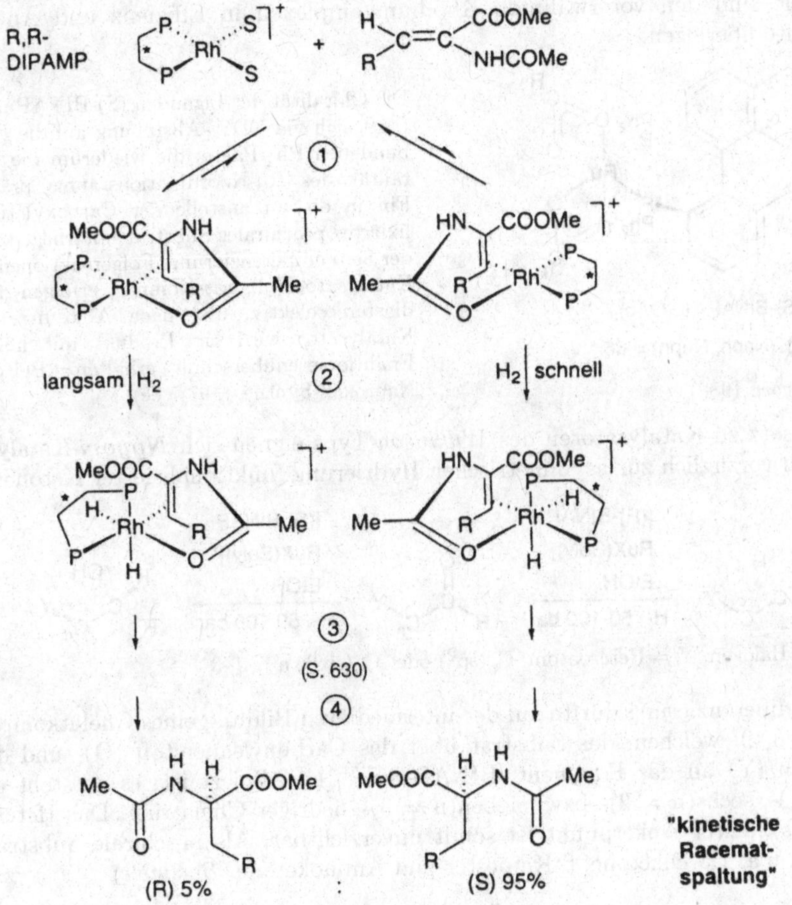

Asymmetrische Hydrierungen gelingen am besten, wenn das Substrat eine funktionelle Gruppe trägt, die bei seiner stereoselektiven Verankerung in der chiralen Lücke des Katalysators hilft (in obigem Beispiel die Carbonylgruppe des Acetylrestes). Weniger eindrucksvoll sind die Enantiomerenüberschüsse hingegen im Falle einfacher Alkene ohne polare Substituenten.

Eine weitere (geplante) Anwendung der asymmetrischen Hydrierung ist die Produktion des Entzündungshemmers Naproxen:

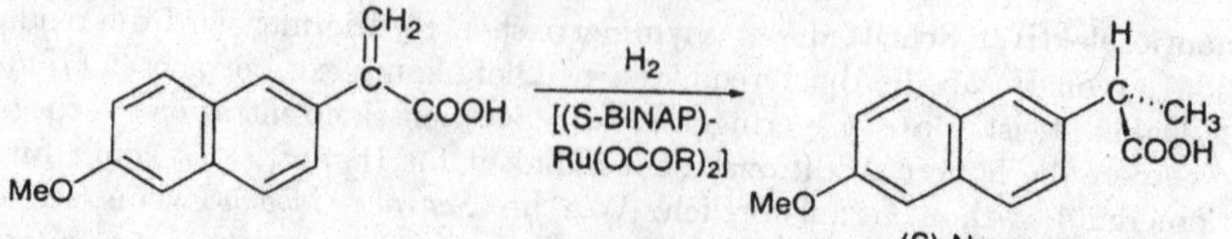

Dieses Beispiel illustriert eine andere Klasse von Katalysatoren für die asymmetrische Hydrierung, nämlich die von *Noyori* (1990) erschlossenen Komplexe [(BINAP) RuX$_2$]; sie sind den vorerwähnten Rhodiumkomplexen in Effizienz und Anwendungsbreite überlegen.

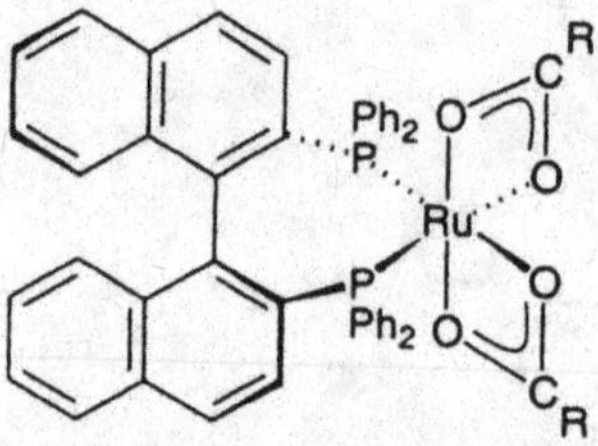

(S)-BINAP-Ru(OAc)$_2$

∡ (Naph, Naph) = 66 °

(*Noyori*, 1988)

Die Chiralität des Liganden (S)-BINAP überträgt sich via VDW-Abstoßung auf die P-gebundenen Ph$_2$-Paare, die wiederum die Chiralität des Ru-Koordinationsraums prägen. Ein in diesem anstelle der Carboxylatreste fixiertes prochirales Substrat unterliegt somit der Seitendifferenzierung. Folgereaktionen am Katalysator-Substrat-Komplex erfolgen dann diastereoselektiv, und nach Ablösung vom Katalysator wird ein Produkt mit hohem Enantiomerenüberschuß erhalten (Beispiel: Naproxen-Synthese, 97% ee).

Im Gegensatz zu Katalysatoren des *Wilkinson*-Typs eignen sich **Noyori-Katalysatoren** auch vorzüglich zur asymmetrischen Hydrierung funktionalisierter Ketone:

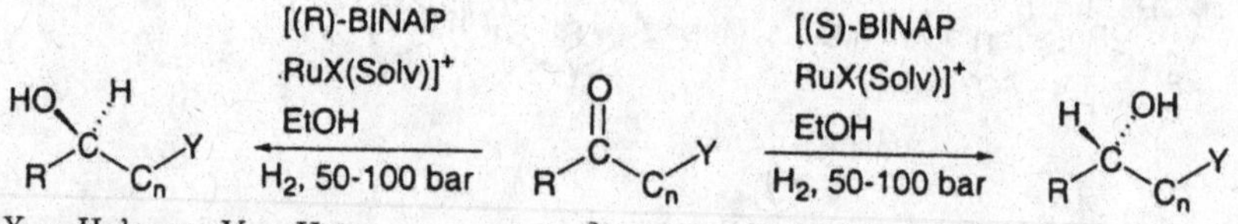

X = Halogen, Y = Heteroatom, $C_n(sp^2)$ oder $C_n(sp^3)$, n = 1–3

Die Stereodifferenzierung dürfte auf der intermediären Bildung eines Chelatkomplexes beruhen, in welchem das Substrat über das Carbonylsauerstoff (O)- und das Heteroatom (Y) an das Fragment [BINAP-Ru]$^{2+}$ koordiniert ist, es entsteht ein fünf(n = 1)-, sechs(n = 2)- bzw. sieben(n = 3)-gliedriger Chelatring. Das Heteroatom Y als zweiter Ankerpunkt ist somit unverzichtbar. Als prochirale Substrate eignen sich u.a. 1,3-Diketone, β-Ketoester und Aminoketone. *Beispiele:*

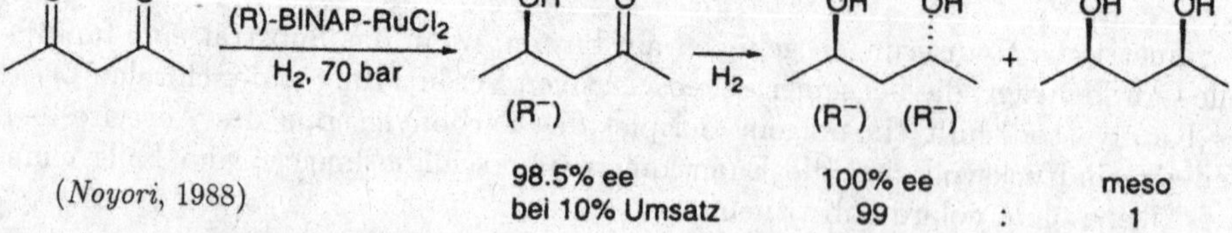

(*Noyori*, 1988)

Von besonderer Bedeutung für die Naturstoffsynthese ist der Zugang zu enantiomerenreinen β-Hydroxycarbonsäureestern:

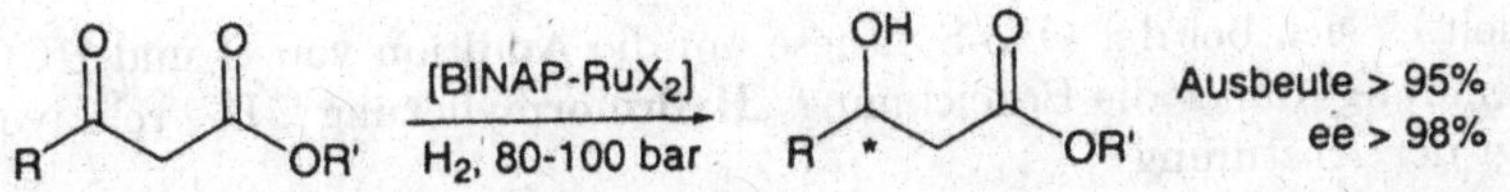

$$\text{R} \overset{O}{\underset{}{\|}} \overset{O}{\underset{}{\|}} \text{OR'} \xrightarrow[\text{H}_2,\ 80\text{-}100\ \text{bar}]{[\text{BINAP-RuX}_2]} \text{R} \overset{OH}{\underset{*}{|}} \overset{O}{\underset{}{\|}} \text{OR'}$$

Ausbeute > 95%
ee > 98%

Als Ankeratome eignen sich sogar am Substrat korrekt plazierte Halogenatome (die *m*-, *p*-Isomeren werden nicht hydriert!):

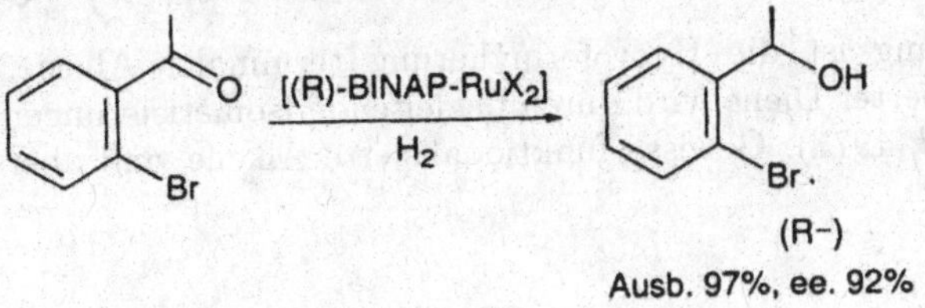

(R–)
Ausb. 97%, ee. 92%

18.8 Hydroformylierung

Die Hydroformylierung von Olefinen (**Oxo-Synthese**) ist das in größtem Ausmaß technisch durchgeführte homogenkatalytische Verfahren mit einer Produktion von etwa 7×10^6 t/a an Oxoverbindungen bzw. deren Folgeprodukten. Die Reaktion wurde 1938 von *O. Roelen* (*Ruhrchemie*) patentiert, der aus Ethylen und Synthesegas mittels heterogener Cobaltkatalysatoren zufällig Propionaldehyd herstellte. Wie rasch erkannt wurde, fungiert als eigentlicher Katalysator Cobaltcarbonylhydrid, entstanden durch reduktive Carbonylierung von Cobaltoxid mittels H_2 und CO.

$$\text{CH}_2=\text{CH}_2 + \text{CO} + \text{H}_2 \xrightarrow[\substack{90\text{-}250\ °\text{C} \\ 100\text{-}400\ \text{bar}}]{\text{HCo(CO)}_4} \text{CH}_3\text{CH}_2\text{C}\overset{O}{\underset{H}{\diagdown}}$$

Heute werden durch Oxosynthese je nach eingesetztem Olefin Aldehyde der Kettenlänge C_3–C_{15} produziert und aus diesen Amine, Carbonsäuren und vor allem primäre Alkohole. Die wichtigsten Oxo-Produkte (ca. 75%) sind Butanol und 2-Ethylhexanol:

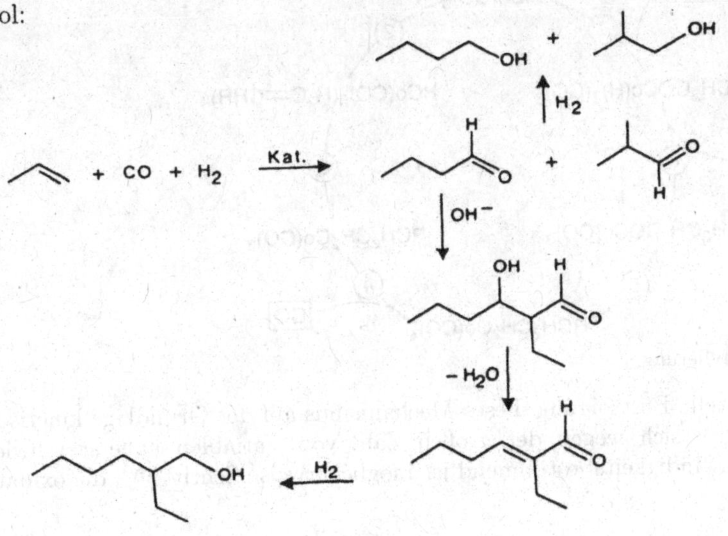

Formal handelt es sich bei der Oxo-Synthese um die **Addition von H und HCO** an eine Doppelbindung, daher die Bezeichnung „**Hydroformylierung**". Die relative Reaktivität folgt der Abstufung

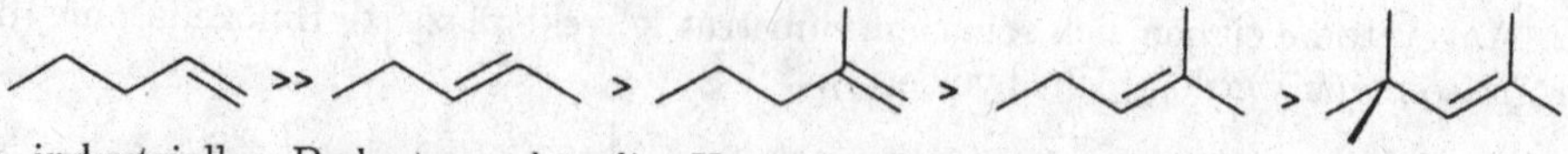

Von industrieller Bedeutung ist die Hydroformylierung terminaler Alkene. Die Hydroformylierung konjugierter Diene wird durch begleitende Isomerisierungen und Hydrierungen gestört (*Fell*, 1977). Gewisse funktionalisierte Alkene sind aber einsetzbar:

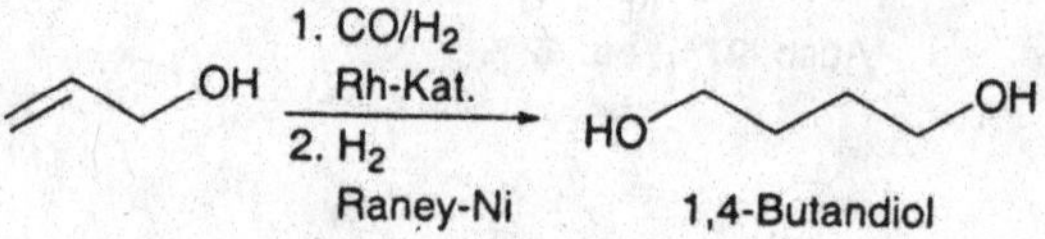

(ARCO-Verfahren, 1960)

1,4-Butandiol ist ein vielseitiges, wichtiges Zwischenprodukt etwa zur Herstellung von Tetrahydrofuran; 2-Ethylhexanol und höhere terminale Alkohole sind Rohstoffe für die Weichmacher- und Waschmittelproduktion.

Als Mechanismus der Hydroformylierung wird in großen Zügen der von *Heck* und *Breslow* (1961) vorgeschlagene Cyclus akzeptiert, Einzelheiten sind aber noch Forschungsgegenstand (vergl. *Markó*, 1984).

Alternative Vorschläge stammen von *Oltay* (1976, Studium unter praktischen Prozeßbedingungen, Annahme einer 20 VE-Zwischenstufe) und *T.L.Brown* (1980, radikalischer Mechanismus).

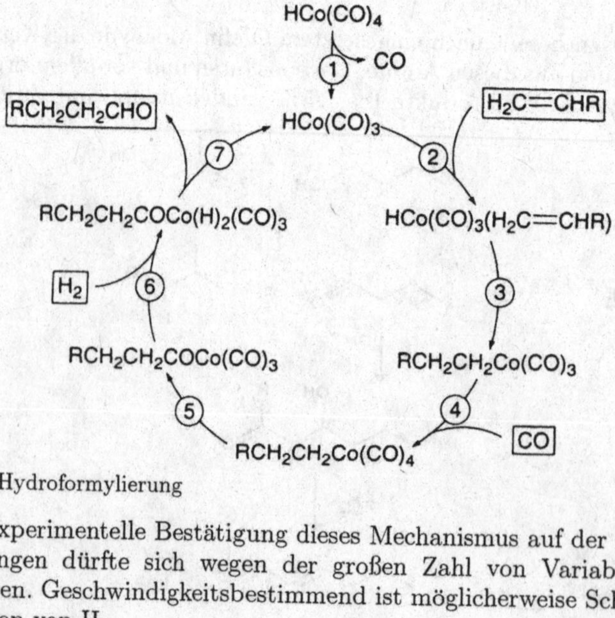

Hydroformylierung

Eine experimentelle Bestätigung dieses Mechanismus auf der Grundlage kinetischer Messungen dürfte sich wegen der großen Zahl von Variablen äußerst schwierig gestalten. Geschwindigkeitsbestimmend ist möglicherweise Schritt ⑥, die oxidative Addition von H_2.

Wie im Schema (S. 633) gezeigt, liefert die Hydroformylierung ein Gemisch linearer und verzweigter Aldehyde, wobei erstere allerdings stark überwiegen. Diese Produktverzweigung ist eine Folge des Insertionsschrittes ③, ihre Unterdrückung ist u.a. ein Ziel der Katalysatorentwicklung. So führen Phosphan-, modifizierte Cobalt, insbesondere Rhodium-Katalysatoren zu hohen Ausbeuten an linearen Produkten. Rhodium-Katalysatoren bieten darüber hinaus den Vorteil milderer Reaktionsbedingungen (100 °C, 10–20 bar). Schließlich tritt für Rh-Katalysatoren der Alkenverlust durch Hydrierung in den Hintergrund.

Die Rhodium-katalysierte Hydroformylierung wurde durch *Wilkinson* (1968, 1970) erschlossen, die technische Umsetzung erfolgte durch die Firma *Union Carbide* (1976). Dieses Verfahren, für Propen heute dominant, umgeht einige der für die Cobaltkatalyse bestehenden Nachteile, es eignet sich im Prinzip auch für die Laboranwendung im kleineren Maßstab.

Union-Carbide
Hydroformylierung

Die bevorzugte Bildung linearer Hydroformylierungsprodukte ist auf den Insertionsschritt ② zurückzuführen, der – aus sterischen Gründen – in anti-*Markownikow*-

Richtung erfolgt. Diese Präferenz kann durch Verwendung sperriger Phosphan-liganden noch gesteigert werden.

Der kostbare Rhodiumkatalysator bedingt eine effiziente Rückgewinnung. Eine elegante Problemlösung bietet das *Ruhrchemie/Rhône-Poulenc*-Verfahren (1984), in welchem die metallorganische Homogenkatalyse erstmalig in die **wäßrige Phase** übertragen wurde. Als wasserlöslicher Katalysator wird HRh(CO)(TPPTS)$_3$ eingesetzt, wobei TPPTS dreifach in *meta*-Stellung sulfoniertes Triphenylphosphan bedeutet. Die Löslichkeitseigenschaften von Katalysator und Produkt ermöglichen eine kontinuierliche **Zweiphasen-Prozeßführung**, indem der Katalysator in der wäßrigen Reaktionslösung verbleibt und das organische Produkt *n*-Butyraldehyd durch einfaches Dekantieren abgetrennt wird. Die Reaktionswärme ($\Delta H = -118$ kJ/mol) kann exportiert werden.

Keine Homogenkatalyse ohne **enantioselektive** Variante, diese Forderung machte auch vor der **Hydroformylierung** nicht halt. Dies erstaunt nicht angesichts der vielfältigen Verwendung, die chirale Aldehyde in der organischen Synthese finden könnten. Wiederum stehen Katalysatoren mit chiralen Liganden in vorderster Front. Platin als Zentralmetall erzeugt zwar gute Enantiomerenüberschüsse, ungünstig sind jedoch die begleitenden Hydrierungen und Isomerisierungen sowie ein niedriges *iso/normal*-Verhältnis. Letzteres ist aber entscheidend, denn nur Hydroformylierung im *Markownikow*-Richtung führt zu einem chiralen Aldehyd.

Die bislang besten Ergebnisse wurden mit einem gemischten Phosphan/Phosphit-Liganden an Rhodium erzielt, dessen Chiralität auf den α,α'-Dinaphthylverknüpfungen fußt (*Nozaki*, 1997):

88 : 12
Ausb. > 99%   94% ee (S–)

HRh(CO)$_2$(R,S)_BINAPHOS:

Für die Enantioseitendifferenzierung scheint vor allem die Phosphaneinheit verantwortlich zu sein.

Die asymmetrische *Nozaki*-Hydroformylierung ist auf eine breite Palette prochiraler Olefine anwendbar, zu denen auch heterofunktionalisierte und 1,2-disubstituierte Derivate zählen. Angesichts der weiten Verbreitung chiraler C_3-Strukturelemente in Natur- und Wirkstoffen ist diesem Verfahren hohe Bedeutung beizumessen.

18.9 *Reppe*-Synthesen

Vorläufer der Hydroformylierung von Alkenen waren Verfahren, die auf Acetylen als Ausgangsmaterial basieren; sie sind eng verknüpft mit **W. Reppe** (*BASF*), der grundlegende Arbeiten zur industriellen Handhabung des Acetylens leistete. Inzwischen ist Acetylen (aus Kohle) weitgehend durch Alkane und Alkene (aus Erdgas und Erdöl gewonnen) ersetzt worden. Dies muß aber nicht immer so bleiben, denn die Konkurrenz zwischen Acetylen und Olefinen als Grundstoffe für großtechnische Verfahren ist von vielen Faktoren abhängig. Hierzu zählen Preis und Verfügbarkeit der Rohstoffe Kohle, Erdöl und Erdgas, Energiekosten und die Entwicklung neuer Verfahren sowohl für die Erzeugung von Acetylen, Ethylen und Propylen als auch für die jeweiligen Zielprodukte. In der Tat kann Acetylen in der Produktion von Vinylchlorid und Vinylacetat mit Ethylen konkurrieren und in der Produktion von Acrylsäure mit Propylen. Ferner ist für Chemikalien wie 1,4-Butandiol und Vinylester höherer Carbonsäure die Acetylenroute immer noch Methode der Wahl. Es wäre also voreilig, die technische Acetylenchemie ad acta zu legen.

Einige Umwandlungen des Acetylens, mehrheitlich heterogenkatalytischer Natur, die aber derzeit nicht alle technisch genutzt werden, sind die folgenden:

Acrylsäure wird heute bevorzugt durch heterogenkatalytische Oxidation von Propen gewonnen, Acrylnitril durch Ammonoxidation von Propen (*Sohio*-Verfahren) und Vinylchlorid durch Chlorierung/Oxychlorierung und Dehydrochlorierung von Ethylen gemäß

$$2\ CH_2CH_2 + Cl_2 + 1/2\ O_2 \longrightarrow 2\ CH_2CHCl + H_2O$$

Zu *Reppe*-Synthesen im engeren Sinne zählen Carbonylierungen von Alkinen unter gleichzeitiger Addition von HX (Molekül mit protischem H). Im Falle von HX = H_2O spricht man von **Hydrocarboxylierung**, formal eine Addition von H und COOH an die C≡C-Dreifachbindung (*Reppe*, 1953):

$$HC{\equiv}CH + CO + H_2O \xrightarrow{\text{Kat.}} CH_2{=}CHCOOH$$

Als Katalysatoren können $HCo(CO)_4$, $Ni(CO)_4$ oder $Fe(CO)_5$ dienen. Ein Beispiel ist die Erzeugung von Acrylsäureester aus Acetylen, CO und ROH (*BASF, Röhm & Haas*, je 140'000 t/a).

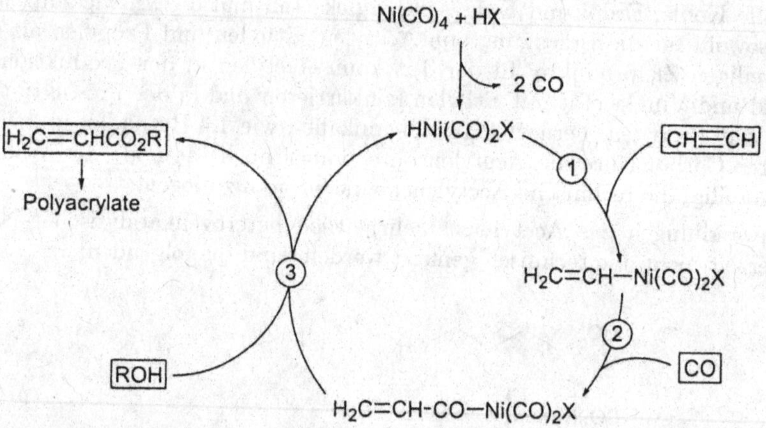

Hydrocarboxylierung

Ist die Carbonylfunktion bereits Teil der CH-aciden Verbindung, so erfolgen **Vinylierungen** wie etwa die Addition einer Carbonsäure an Acetylen unter Bildung eines Vinylesters:

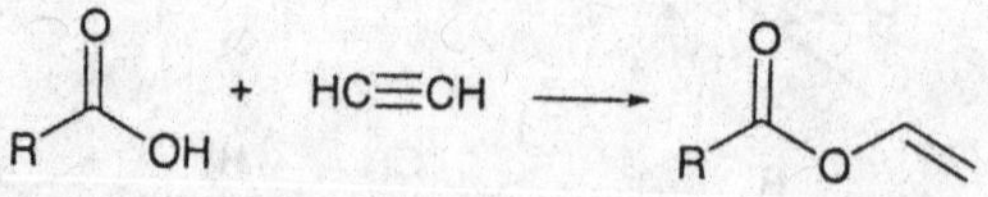

Während der Grundkörper Vinylacetat heute aus Ethylen/Essigsäure/O_2 Palladium-katalysiert in der Gasphase hergestellt wird, hat obige Vinylierung mittels Acetylen für höhere Carbonsäuren Bedeutung. Reaktionsmedium ist eine Schmelze (200–230 °C) aus $(RCOO)_2Zn/RCOOH$, das Zinksalz wirkt als *Lewis*-saurer Katalysator. Unter milderen Bedingungen erfolgt die Vinylierung – im Labormaßstab – katalysiert durch [Ru] = $(\eta^5$-Cyclooctadienyl$)_2Ru/PPh_3$/Maleinsäureanhydrid (*Watanabe*, 1987):

$$R^1-\underset{O}{\overset{O}{C}}-OH \;+\; R^2-C\equiv CH \xrightarrow[60\text{-}80\,°C]{[Ru]} \; R^1-\underset{O}{\overset{O}{C}}-O-\overset{R^2}{\underset{}{C}}=CH_2 \;+\; R^1-\underset{O}{\overset{O}{C}}-O-CH=CH-R^2$$

$$\qquad\qquad\qquad\qquad\qquad\qquad\qquad\qquad\mathbf{A}\qquad\qquad\qquad\qquad\qquad\mathbf{B}$$

Diese Katalyse umgeht die Verwendung toxischer Quecksilbersalze, sie ist hoch regioselektiv (93–99% **A**).

Kennzeichen der **Ethinylierung** nach *Reppe* ist der Erhalt der C≡C-Dreifachbindung. Hierbei addiert sich Acetylen mit seinem beweglichen Proton an Carbonylfunktionen. Die wichtigsten Ethinylierungsprodukte sind Propargylalkohol und 1,4-Butindiol:

$$HC\equiv CH \;+\; HCHO \xrightarrow[\substack{H_2O \\ 80\text{-}100\,°C \\ 2\text{-}6\ bar}]{Cu_2C_2} HC\equiv C-CH_2OH \xrightarrow{HCHO} HOCH_2-C\equiv C-CH_2OH$$

$$\qquad\qquad\qquad\qquad\qquad\qquad\qquad\qquad\qquad\qquad\qquad\qquad\qquad\qquad\quad H_2 \Big\downarrow \substack{Raney- \\ Ni}$$

(300'000 t/a) $\qquad HO\diagdown\diagup\diagdown\diagup OH$

Der als Nebenprodukt (5%) gewonnene Propargylalkohol ist ein vorzügliches Korrosionsschutzmittel, das Hauptprodukt 1,4-Butindiol wird fast vollständig zu 1,4-Butandiol, einem vielseitigen Zwischenprodukt, weiterverarbeitet.

Auch **Cyclisierungen** des Acetylens wurden bereits von *Reppe* bearbeitet; ihnen wenden wir uns in Kap. 18.11 zu. Schließlich sei bezüglich des Einsatzes von Alkinen in der organischen Synthese an die Reaktionen nach *Dötz* (S. 316), *Nicholas* (S. 402) und *Khand-Pauson* (S. 402) sowie an die Organokupfer-vermittelte Kupplung (S. 241) erinnert.

18.10 Alken- und Alkin-Metathese

Der von griechisch *metathesis* = Umstellung, Versetzung abgeleitete Begriff ist eigentlich so allgemein, daß er einer Definition der Chemie nahekommt. Im engeren Sinne dieses Kapitels ist damit aber der metallkatalysierte Austausch von Alkyliden- bzw. Alkylidineinheiten in Alkenen bzw. Alkinen gemeint. Ein einfaches Beispiel ist die Umwandlung von Propen in Ethen und 2-Buten (***Phillips*-Triolefin-Prozeß**):

$$2\ CH_3-CH=CH_2 \;\rightleftharpoons^{Kat.}\; CH_2=CH_2 \;+\; CH_3-CH=CH-CH_3$$

$$\qquad\qquad\qquad\qquad\qquad\qquad\qquad\qquad (cis\ und\ trans)$$

Derartige Metathesen können sowohl heterogen- als auch homogenkatalytisch ablaufen, ihre erste Beobachtung betraf die Umwandlung linearer Olefine in solche niedriger und höherer Kettenlänge an einem festen Molybdänkatalysator (*Banks*, 1964). Eine homogenkatalytische Variante folgte wenig später (*Calderon*, 1967). Inzwischen haben Alkenmetathesen breite Anwendung in der organischen Synthese sowohl im Labormaßstab als auch in der Technik gefunden, ihre Erforschung gehört zu den dynamischsten Gebieten der modernen Organometallchemie.

18.10.1 Alkenmetathesen

Je nach der Natur des eingesetzten Alkens und abhängig von der Reaktionsführung können Metathesen zu unterschiedlichen Ergebnissen führen, dies erlaubt gleichzeitig eine Gliederung des Gebietes:

SM	Selbstmetathese
CM	Kreuzmetathese
RCM	Ringschlußmetathese
ROM	Ringöffnungsmetathese
ROMP	Ringöffnungsmetathese Polymerisation
ADMET	Acyclische Dienmetathese Polymerisation

Alkenmetathesen sind (nahezu) thermoneutrale Gleichgewichte, die Entfernung der leichtflüchtigen Komponente, z.B. Ethylen, bewirkt eine Verschiebung in die gewünschte Richtung.

Der heute allgemein anerkannte Mechanismus der Alkenmetathese geht auf *Chauvin* (1970) zurück, ursprüngliche Vorstellungen eines konzertierten Prozesses wurden zugunsten des Weges verworfen, der Metallacyclobutan-Zwischenstufen aufweist; letzere konnten inzwischen isoliert und strukturell charakterisiert werden (*Schrock*, 1989).

$$RHC{=}CHR + H_2C{=}CH_2 \rightleftharpoons 2\,RHC{=}CH_2$$

Alkenmetathese

Als katalytisch aktives Zentrum fungiert somit eine Metallalkylideneinheit $[M]{=}CH_2$, wobei sich die Zentralmetalle Mo, W, Re und Ru besonders bewährt haben. Die Metathesekatalysatoren der ersten Stunde bildeten sich aus ÜM-Halogeniden und Carbanionspendern, wie etwa der Kombination $WCl_6/Et_2AlCl/EtOH$, möglicherweise über eine α-Eliminierung:

Gezielt dargestellt und voll charakterisiert wurden folgende, heute häufig angewandten Katalysatoren:

Ar = 2,6-(i-Pr)$_2$C$_6$H$_3$

Schrock (1990)

- Hochreaktiv, daher geringe Toleranz funktioneller Gruppen im Substrat.
- Die katalytische Aktivität steigt mit zunehmend elektronenziehender Natur von R.
- Metathese tri- und tetrasubstituierter Olefine ist möglich.

Grubbs (1995)

- Toleranz funktioneller Gruppen (CO, –OH, –NH$_2$).
- Selektiv für sterisch wenig befrachtete sowie für gespannte Olefine.
- Tri- und tetrasubstituierte Olefine werden nicht angegriffen.

Beide Komplexe besitzen die niedrige Koordinationszahl 4 (der Ru-Komplex nach Dissoziation eines Phosphanliganden) und gestatten dem Alken einen guten Zugang zum Zentralmetall, an dem sich die entscheidenden Schritte abspielen. In Metathesekatalysatoren häufig vorhandene „Zuschauerliganden" wie Imido- oder Oxofunktionen sind der Bildung der metallacyclischen Zwischenstufen förderlich; Imidogruppen weist der *Schrock*-Katalysator auf, Oxogruppen die katalytisch aktive Spezies im System WOCl$_4$/Me$_4$Sn.

Um die vielfältigen Einsatzmöglichkeiten der Alkenmetathese aufzuzeigen, seien einige Beispiele zu den einzelnen Typen (S. 640) angeführt. Während in der industriellen Anwendung heterogene Katalysen dominieren, wird im Labormaßstab bevorzugt homogenkatalytisch gearbeitet.

Neuerdings ist als Reaktionsmedium für *Grubbs*-Katalysen die ionische Flüssigkeit 1-Butyl-3-methylimidazoliumhexafluorophosphat eingesetzt worden, um die Katalysatorrückgewinnung zu erleichtern (*Buijsman*, 2001).

CM

Kreuzmetathesen werden in Form des *Shell* Higher Olefin Process (**SHOP**) seit 1977 **technisch** ausgeführt, dieses Verfahren ist eine Kombination von Oligomerisierungs- Isomerisierungs- und Metatheseschritten. Aus Ethylen werden zunächst lineare α-Olefine der Kettenlängen C$_4$ bis C$_{30+}$ erzeugt. Eine Erhöhung des für Anwendungen interessanten Anteils C$_8$–C$_{18}$ ermöglichen heterogenkatalytische Kreuzmetathesen der folgenden Art:

Aus terminalen Olefinen entstehen hierbei interne Olefine und Ethylen. Zur Bildung des aktiven Katalysators bestehen bislang nur Vermutungen. Beispielsweise ist an folgende Heterometathese an der Katalysatoroberfläche zu denken:

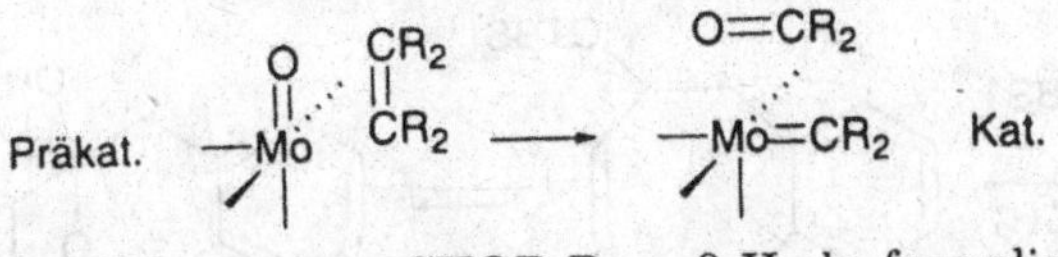

Schließen sich an einen SHOP-Prozeß Hydroformylierungen und Hydrierungen an, so werden die wichtigen Fettalkohole (1-Alkanole mit 8–22 C-Atomen) erhalten.

Im **Laboratorium** hat die Kreuzmetathese bislang nur begrenzte Anwendung gefunden. Dies ist vor allem auf die Produktverzweigung zurückzuführen; bereits im Falle der Kreuzmetathese terminaler Olefine ist neben dem erwünschten Heterodimeren mit Homodimeren zu rechnen, darüber hinaus treten die Produkte als E/Z-Isomerengemische auf:

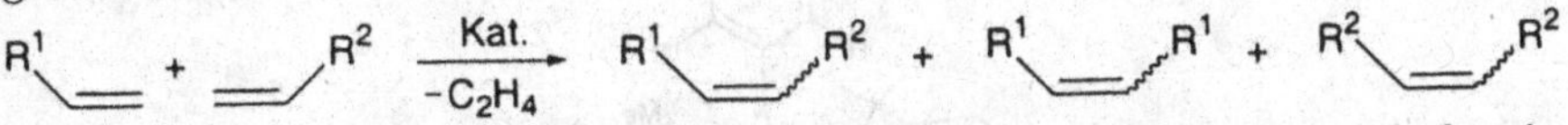

Untersuchungen zur Steigerung der Selektivität von Kreuzmetathesen sind aber im Gange; so werden nach *Grubbs* (2000) hohe Ausbeuten an Heterodimer erhalten, wenn eines der Ausgangsolefine zunächst homodimerisiert wird:

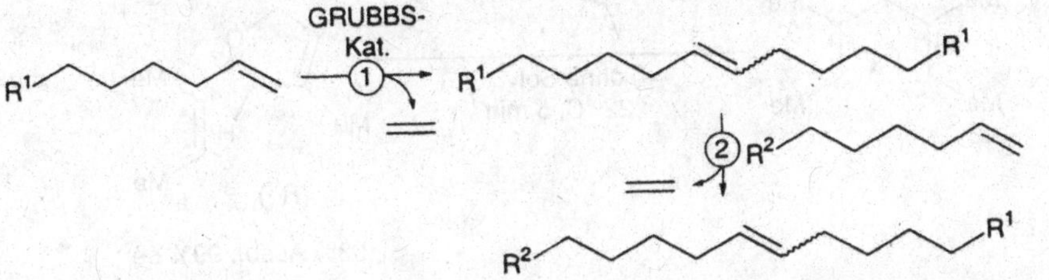

Nach *Blechert* (1997) wird einer der Kupplungspartner an ein Polymer gebunden, an diesem verbleibt auch das Kreuzprodukt, das lösliche homodimere Nebenprodukt kann dann leicht abgetrennt werden.

RCM

Im Gegensatz zur Kreuzmetathese (CM) ist die **Ringschlußmetathese (RCM)** fast schon zu einer Standardmethode im Arsenal des Organikers avanciert. Terminale Diene bilden bei Beachtung des Verdünnungsprinzips unter Ethylenentwicklung Cycloalkene.

Ein frühes Beispiel (*Tsuji*, 1980) illustriert die Synthese ungesättigter Makrocyclen:

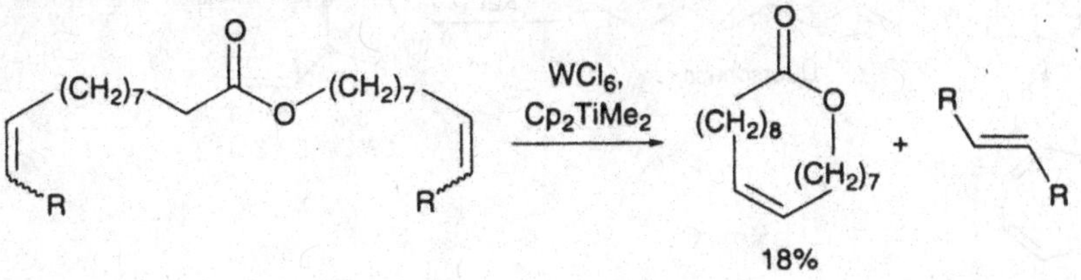

18%

Neuere Varianten bevorzugen Einkomponenten-Katalysatoren. Ihre Eignung zur Darstellung von N-Heterocyclen beflügelt die Naturstoffsynthese, das folgende Beispiel zeigt die Darstellung eines Antitumormittels (*Grubbs*, 1995):

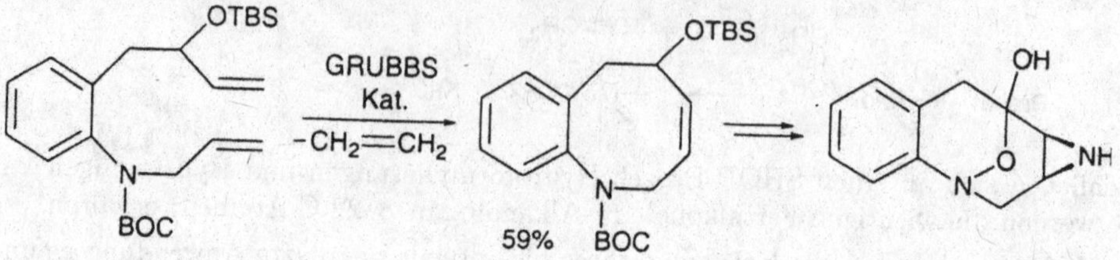

Auch **asymmetrische Ringschlußmetathesen (ARCM)** sind entwickelt worden (*Hoveyda*, 2001), erwartungsgemäß sind hierbei chirale Katalysatoren einzusetzen:

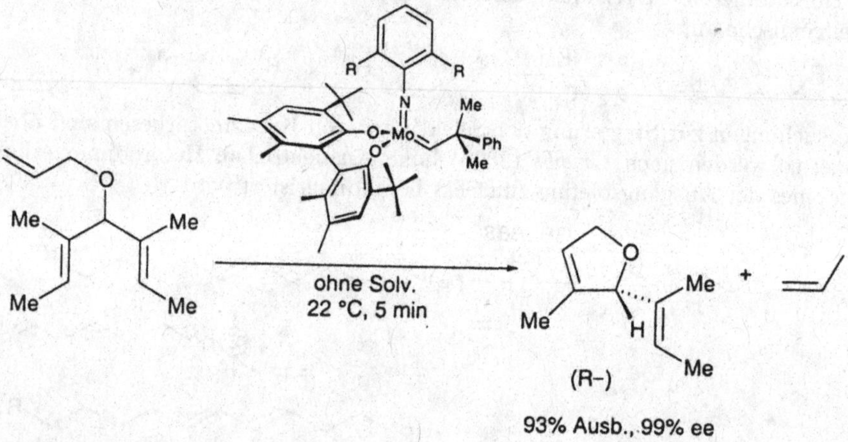

ROM und ROMP

Die **Ringöffnungsmetathese (ROM)** ist die Umkehrung der ringschließenden Variante RCM, als Kreuzmetathese unter Einsatz von Ethylen geführt, eignet sie sich prinzipiell zur Darstellung endständiger Diene. Ringspannung begünstigt Ringöffnung, somit sind ROM-Prozesse vor allem für Norbornene und Cyclobutene beobachtet worden. Die synthetische Nützlichkeit ist allerdings durch die Bildung unterschiedlicher Kreuzmetathese- und Selbstmetatheseprodukte eingeschränkt. Neuerdings konnte jedoch in einigen Fällen Selektivität erzielt werden (*Snapper*, 1995):

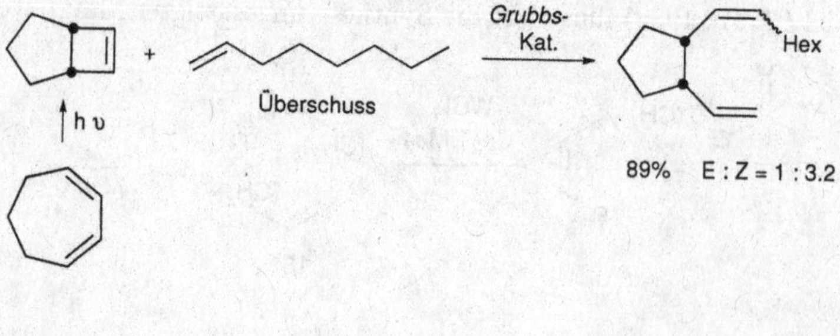

Hohe Verdünnung und überschüssiges α-Alken unterdrücken weitgehend die Selbstmetathese des Cycloalkens. Uneinheitlicher wird das ROM-Produkt bei Einsatz substituierter Bicyclooctene. Selektive ringöffnende Olefinmetathesen sind auch mit funktionalisierten monosubstituierten Olefinen möglich (*Blechert*, 1997):

83%   E : Z = 2 : 1

Während in der synthetischen Anwendung die Selbstmetathese der Reaktionspartner tunlichst vermieden wird, ist sie bei der **Ringöffnungsmetathese-Polymerisation (ROMP)** erwünscht, auf ein offenkettiges Alken als Edukt wird dann verzichtet.

ROMP-Prozesse werden industriell in großem Maßstab ausgeführt, als erstes ROMP-Produkt wird seit 1976 Polynorbornen hergestellt:

Norsorex® (Elf-Atochem), ein Elastomer für spezielle Anwendungen, 90% trans

Die C=C-Doppelbindungen in diesem Norbornenkautschuk ermöglichen eine Vernetzung (Vulkanisation). Zwei C=C-Doppelbindungen unterschiedlicher Reaktivität besitzt Poly(dicyclopentadien):

Telene® (Goodrich)

Metton® (Hercules)

Die C=C-Doppelbindung im Cyclopentenring ist noch metathesefähig und damit potentiell vernetzend.

Vestenamer® (Hüls) 60-80% trans

Mit zunehmendem trans-Anteil steigt die Kristallinität, mit dieser variieren die anwendungstechnischen Eigenschaften des Polymers.

ROMP-Prozesse haben die Besonderheit, daß die C=C-Doppelbindung des Monomers im Polymer erhalten bleibt. Die katalytisch aktive Spezies ist jeweils an das Ende der wachsenden Kette fixiert („**living polymer**"); ist ein Monomer verbraucht, so kann mit einem andersartigen Monomer fortgefahren werden (Blockpolymerisation). Durch Umsetzung mit einer Carbonylfunktion kann die Einheit [M]=CR$_2$ durch Überführung in [M]=O desaktiviert werden (*Wittig*-Reaktion); auf diese Weise lassen sich enge Molmassenverteilungen erzielen (*Schrock*, 1990).

18.10.2 Alkinmetathesen

Metathesen unter Beteiligung von C≡C-Dreifachbindungen kennt man sowohl in symmetrischer (**InInM**) als auch in gemischter Form (**EnInM**). Die erste Alkinmetathese führte *Mortreux* (1974) aus:

$$2 \; C_6H_5\text{–}C\equiv C\text{–}C_6H_4Me \; \xrightleftharpoons[160\,°C,\,3\,h]{\substack{Mo(CO)_6 \\ Resorcin}} \; C_6H_5\text{–}C\equiv C\text{–}C_6H_5 + MeC_6H_4\text{–}C\equiv C\text{–}C_6H_4Me$$

Unter milden Bedingungen gelingt diese Metathese bei Verwendung des Alkylidinkomplexes $(t\text{-BuO})_3W\equiv$–t-Bu als Katalysator, Zwischenstufe ist dann ein Trisalkoxy–Wolframcyclobutadien (*Schrock*, 1984).

Die Ringschlußmetathese **InIn-RCM** zweier Alkine unter hoher Verdünnung führt zu einem Cycloalkin und einem, vorzugsweise leichtflüchtigen, offenen Alkin; das Verfahren toleriert die Gegenwart von Ester- und Amidfunktionen in X (*Fürstner*, 1998):

Produktverzweigung durch Bildung eines E/Z-Isomerengemisches wie bei Alkenmetathesen kann hier nicht auftreten. Vielmehr lassen sich die makrocyclischen Alkine anschließend stereoselektiv zu den entsprechenden Z-Cycloalkenen hydrieren. Dieses Protokoll ist bereits mehrfach in Naturstoffsynthesen angewandt worden. Probleme kann die möglicherweise in Konkurrenz ablaufende Alkinpolymerisation bereiten.

Das Vorliegen von C=C-Doppel- **und** C≡C-Dreifachbindungen in den Edukten bietet zweierlei Herausforderungen: entweder man strebt die selektive Metathese jeweils nur eines Bindungstyps an (EnEnM, InInM) oder man interessiert sich für die Beteiligung beider Strukturelemente an selbiger (EnInM).

Ersterer Fall ist durch *Fürstner* (2000) durch entsprechende Katalysatorwahl elegant verwirklicht worden:

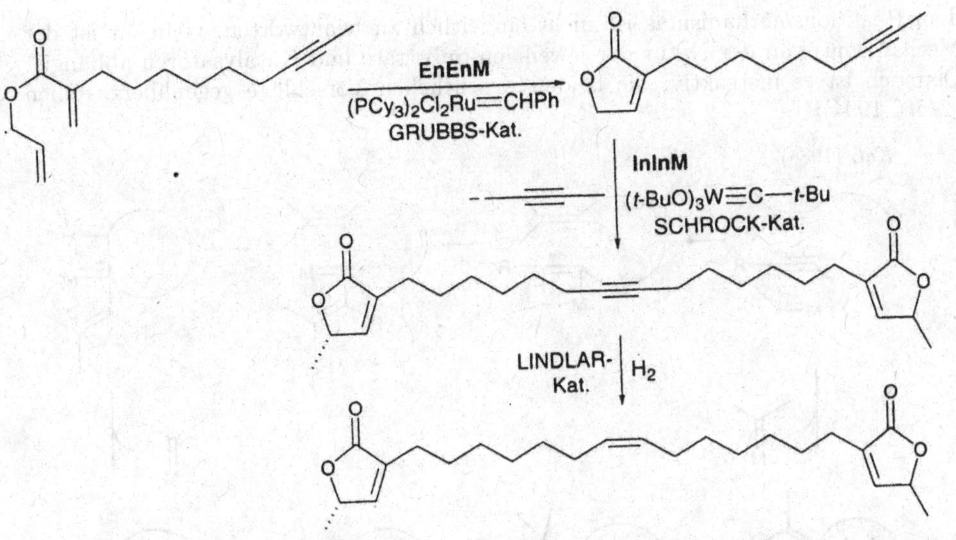

Diese Folge von Alkenmetathese, Alkinmetathese und Hydrierung zeigt die Synthese eines Abwehrstoffs der Hornkoralle *Pterogorgia citrina*.

18.10.3 Alken-Alkinmetathesen

Eine gemischte EnIn-Metathese **EnInM** tritt im letzterwähnten Beispiel nicht ein; derartige Prozesse sind aber in anderen Fällen beobachtet und auch angestrebt worden.

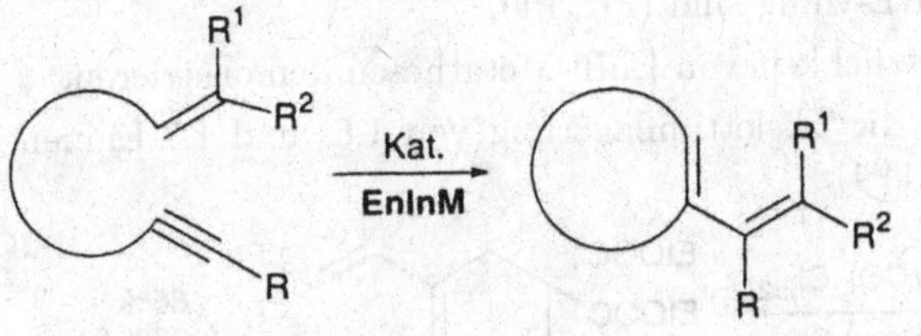

Die erste Beobachtung stammt von *Katz* (1985):

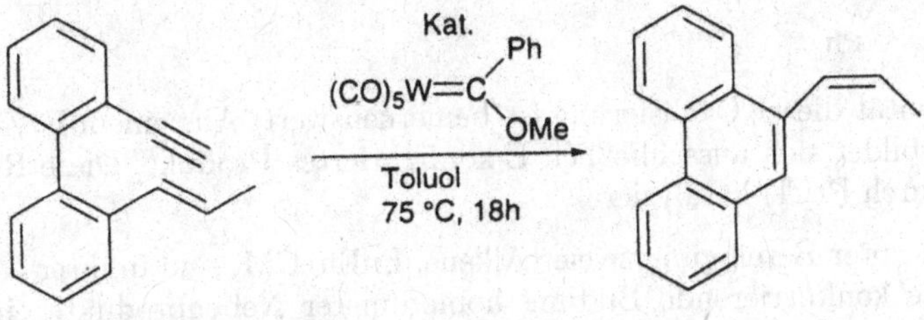

Besondere Merkmale der EnIn-Metathese sind die *Atomökonomie* (*Trost*, 1995) – alle C-Atome verbleiben im Produkt – und die Bildung eines *Butadiensegmentes*, welches für Folgereaktionen (z.B. *Diels-Alder*-Reaktion) geeignet ist. Die Frage nach dem Reaktionsmechanismus ist nicht einheitlich zu beantworten, vielmehr ist der Mechanismus von der Natur der jeweiligen Substrate und Katalysatoren abhängig. Dennoch ist es instruktiv, die beiden wesentlichen Vorschläge gegenüberzustellen (*Mori*, 1994):

Katz (1985)

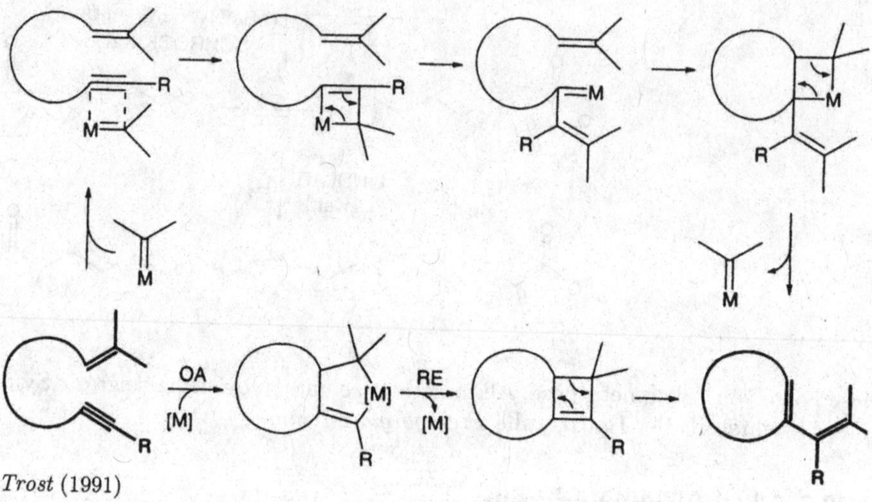

Trost (1991)

Der über eine Metallacyclobuten-Zwischenstufe verlaufende *Katz*-Mechanismus dürfte durch katalytisch aktive Metalle ausgelöst werden, die bereitwillig Alkylidenkomplexe bilden (Mo, W, Ru), der *Trost*-Mechanismus über ein Metallacyclopenten hingegen durch solche, die OA/RE-willig sind (Pd, Pt).

Zwei Beispiele mögen die Nützlichkeit von EnIn-Metathesen demonstrieren.

- $[Ru(CO)_3Cl_2]_2$ katalysiert die Skelettumlagerung von 1,6- und 1,7-Eninen in 1-Vinylcycloalkene (*Murai*, 1994):

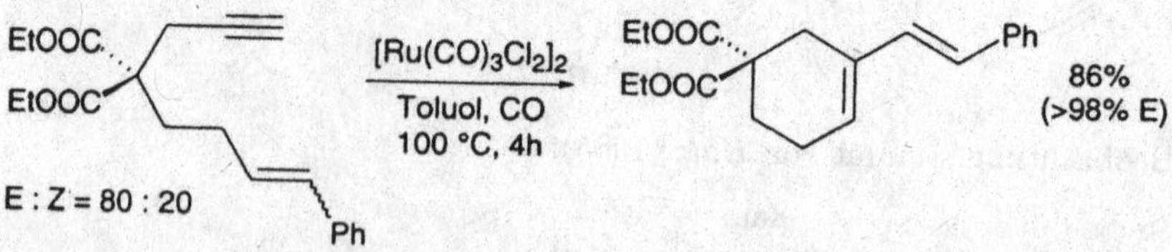

Die Stereoselektivität dieser Cyclisierung ist bemerkenswert: Aus einem E/Z-Gemisch des Enins bildet sich ausschließlich E-konfiguriertes Produkt. Diese Reaktion wird auch durch $PtCl_2$ katalysiert.

- Kreuzmetathesen unter Beteiligung zweier Alkene, **EnEn–CM**, sind in ihrer Nützlichkeit durch die konkurrierende Bildung homodimerer Nebenprodukte eingeschränkt. Wie *Blechert* (1997) fand, trifft dies auf Kreuzmetathesen des Typs **EnIn–CM** nicht unbedingt zu. Das folgende Beispiel demonstriert, neben dieser erfreulichen Tatsache, noch zwei weitere Aspekte, die Anbindung eines Metathesepartners an eine feste Phase und die Folgereaktion des in der EnIn–CM-Reaktion gebildeten Diens mit einem Dienophil (*Blechert*, 1999):

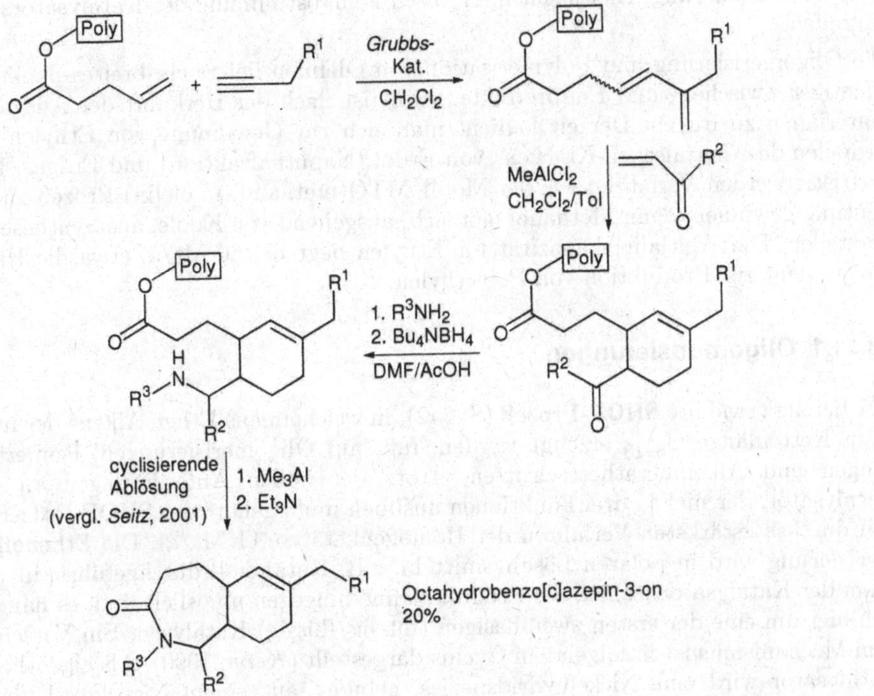

Der gebildete hochsubstituierte Bicyclus fällt als Diastereomerengemisch an, allerdings in reiner Form, da er im letzten Schritt selektiv vom polymeren Trägermaterial [Poly] abgelöst wird.

Abschließend sei bemerkt, daß die modernen homogenkatalytischen Metathesen interessante Alternativen zu den klassischen Synthesen von Molekülen mit C,C-Mehrfachbindungen, wie etwa der *Wittig*-Reaktion, der Cu-katalysierten Kupplung von Alkinen und der *McMurry*-Reaktion, darstellen.

18.11 Oligomerisierung und Polymerisation von Alkenen und Alkinen

In diesem abschließenden Kapitel wenden wir uns noch einmal C–C-Verknüpfungsreaktionen von Alkenen und Alkinen zu, die, mehrfach ablaufend, zu – meist cyclischen – Oligomeren sowie zu Polymeren führen. Viel Diesbezügliches wurde bereits angesprochen, so etwa die auf der hohen Reaktivität von Aluminiumorganylen beruhenden Verfahren (S. 108f.), der Einsatz von Cp_2ZrCl_2 und Alkinen zur Synthese von Phospholen, Arsolen und Stibolen (S. 219), ÜM-induzierte Alkin-Oligomerisierungen (S. 398f.) sowie der SHOP-Prozeß (S. 642). Dimerisierung, Oligomerisierung und Polymerisation haben als wichtigsten Teilschritt die Insertion eines η^2-Alkens in eine $M\overset{\sigma}{-}C_{alkyl}$-Bindung gemeinsam, entscheidend für das Produktspektrum ist die Konkurrenz zwischen Kettenwachstum und Kettenabbruch, z.B. durch β-Hydrideliminierung. Hier sucht man durch Feinabstimmung des Katalysators einzugreifen.

Die Oligomerisierung und Polymerisation von Olefinen liefert ein breites Spektrum wichtiger Zwischen- und Endprodukte, somit ist nach der Herkunft der Ausgangsmaterialien zu fragen. Derzeit bedient man sich zur Gewinnung von Ethylen und Propylen des thermischen Krackens von Erdöl (Naphthafraktion) und Erdgas. Längerfristig werden Verfahren wie der Mobil–MTO(methanol-to-olefin)-Prozeß an Bedeutung gewinnen, denn Methanol läßt sich, ausgehend von Kohle, aus Synthese-gas herstellen. Die Weltjahreskapazität für Ethylen liegt bei 50 Mt/a, etwa die Hälfte davon dient zur Produktion von Polyethylen.

18.11.1 Oligomerisierungen

Der bereits erwähnte **SHOP-Prozeß** (S. 642), in welchem aus Ethen Alkene der mittleren Kettenlänge C_{8-18} erzeugt werden, fußt auf Oligomerisierungen, Isomerisierungen und Alkenmetatheseschritten. Trotz der hohen Anforderungen an den Katalysator, der hier ja drei Funktionen ausüben muß, gehört der SHOP-Prozeß zu den durchsatzstärksten Verfahren der Homogenkatalyse (1 Mt/a). Die **Ethenoligomerisierung** wird in polaren Lösungsmitteln, z.B. Butandiol, durchgeführt, in welchem der Katalysator löslich, die Produktolefine hingegen unlöslich sind; es handelt sich hier um eine der ersten zweiphasigen (flüssig/flüssig) Katalysen. Ein Vorschlag zum Mechanismus ist in folgendem Cyclus dargestellt (*Keim*, 1990). Als eigentlicher Katalysator wird eine Nickelhydridspezies, gebildet aus einem Nickelalkyl via β-Hydrideliminierung, angenommen:

Interessanterweise führt der Wechsel zum Lösungsmittel n-Hexan zu hochmoleku-larem, linearem Polyethylen, der Zusatz von Ph$_3$P hingegen zu Kettenabbruch (5) unter Bildung von 1-Buten. In Crackprozessen gewonnenes 1-Buten ist zwar billiger als Ethylen, dennoch gewinnt mit zunehmendem Bedarf an Ethylen/1-Buten-Copolymeren die Produktion von 1-Buten via katalytischer Ethendimerisierung an Bedeutung, ähnliches gilt für 1-Hexen. Somit ist eine in jüngster Zeit beschriebene selektive (94–99%) Trimerisierung von Ethen zu 1-Hexen von Interesse (*Sen*, 2001). Als Präkatalysator fungiert die Mischung von TaCl$_5$ und einem Alkylierungsmittel (AlMe$_3$, SnMe$_4$, ZnMe$_2$, n-BuLi etc.), dieses scheint letztlich als Reduktionsmittel zu wirken, denn als eigentlicher Katalysator wird TaCl$_3$ angesehen:

Als weitere technisch wichtige Alkendimerisierung ist das **Dimersol-Verfahren** (IFP, Institut Français du Pétrole) zu nennen, in dem via **Propendimerisierung** verzweig-te Hexene gewonnen werden; letztere werden zu Ottokraftstoffen hoher Klopffestig-keit hydriert.

$$2n = x + y + z$$

Hierfür geeignete Katalysatoren sind vom *Ziegler-Natta*-Typ, beispielsweise aus Ni-Salzen unter Zusatz von Al-Alkylen gebildet.

Wie die Ethenoligomerisierung (S. 650) verläuft auch die Propendimerisierung (S. 652) über eine katalytisch aktive Ni-H-Spezies, die sich durch Alkylierung eines ka-tionischen Nickelkomplexes und anschließende β-Hydrideliminierung bilden kann. Nichtregioselektive Propeninsertion in die Ni–H- bzw. die dabei gebildete Ni–C-Bindung und anschließende β-H-Eliminierung führt zu einem Gemisch von Hexen-isomeren. Sterisch anspruchsvolle Phosphanliganden am Nickelatom begünstigen die Bildung des Schwanz-Schwanz-Dimeren 2,3-Dimethyl-1-buten und, nach Isomeri-sierung, 2,3-Dimethyl-2-buten. Gemäß *Wilke* (1988) kann ein Ni–H-Katalysator auch *in situ* entstehen, wenn als Präkatalysator das Addukt [(η^3-C$_3$H$_5$)(PR$_3$)Ni-Cl$\cdots$AlCl$_2$Et] eingesetzt wird.

Beeindruckend ist die enorme Aktivität dieser Nickelkatalysatoren: Für die Propen-dimerisierung, katalysiert durch das System [(η^3-C$_3$H$_5$)NiBr(PCy$_3$)]/EtAlCl$_2$ bei Raumtemperatur, wurde eine Umsatzzahl von 60000 s^{-1} bestimmt, die an die Akti-vität von Enzymen heranreicht (Katalase: 100000 s^{-1}). Auf eine Katalysatorrück-gewinnung kann hier guten Gewissens verzichtet werden.

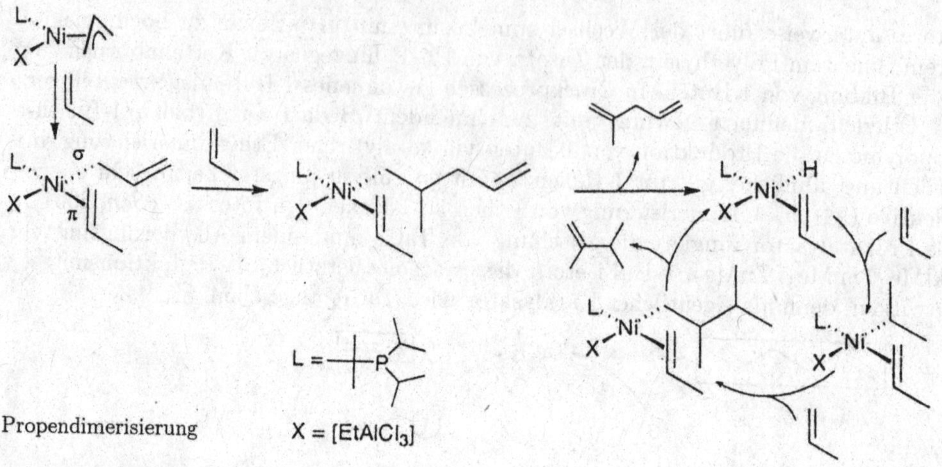

Propendimerisierung   X = [EtAlCl$_3$]

$$L = \text{—P}\big<$$

Auch die Ni-katalysierte **Butadiencyclotrimerisierung** fußt auf grundlegenden Arbeiten von *Wilke* (ab 1960). Als Präkatalysator wirkt hier Di(η^3-allyl)nickel, der Reaktionsablauf wird u.a. durch die Gegenwart weiterer Liganden geprägt, welche die Koordinationssphäre des Nickels modifizieren. Zur mechanistischen Bestätigung wurde Verbindung **3** auf unabhängigem Wege synthetisiert und in den Cyclus eingeschleust. Man verfolge den Wechsel der Koordinationszahl (3,4), Oxidationszahl (Ni^0, Ni^{II}) und der Valenzelektronenzahl.

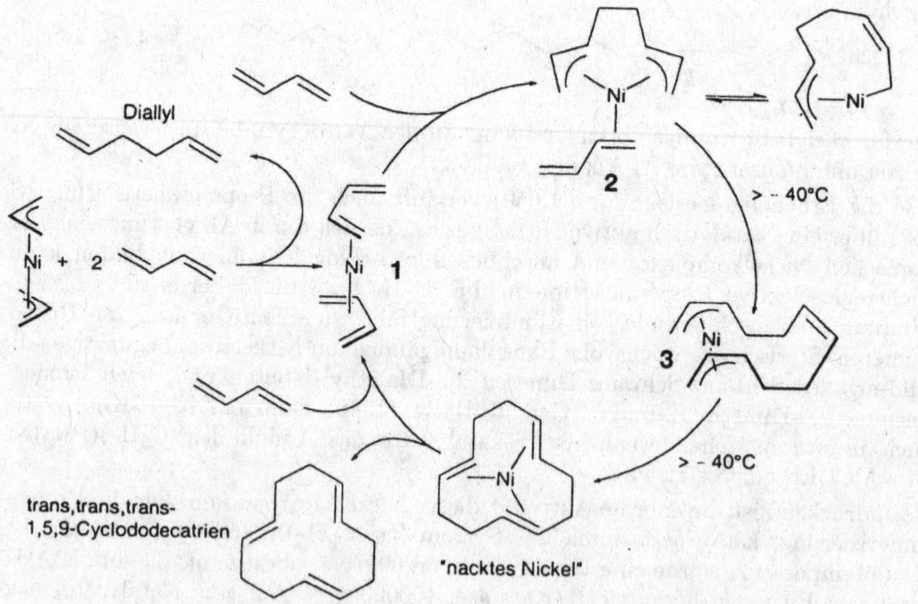

Diallyl

Ni + 2

trans,trans,trans-
1,5,9-Cyclododecatrien

"nacktes Nickel"

> – 40°C

> – – 40°C

Butadien-Cyclotrimerisierung

„Nacktes Nickel" ist ein Spender für Ni^0 in Folgereaktionen. Cyclododecatrien kann in die Dicarbonsäure $HOOC(CH_2)_{10}COOH$ (*DuPont*) bzw. in das Lactam $\overline{CH_2(CH_2)_{10}CONH}$ (*Hüls* AG) überführt werden, beides Nylon-12-Bausteine.

Großtechnisch wird allerdings nicht Ni-katalytisch gearbeitet, sondern unter Bedingungen, die der *Ziegler-Natta*-Katalyse ähneln:

cis,trans,trans-
1,5,9-Cyclododecatrien

(ca. 10000 t/a)

Sind im Ni-katalysierten Prozeß Phosphanliganden R_3P zugeben, so erfolgt **Butadiencyclodimerisierung**, die Produktverteilung läßt sich hierbei durch Variation von R steuern (*Wilke*, 1988):

18.11.2 Olefinpolymerisation

Polyolefine nehmen die Spitzenposition unter den kommerziell erzeugten makromolekularen Werkstoffen ein, ihr Produktionsvolumen hat inzwischen die 70 Mt/a-Marke überschritten. Das starke Wachstum während der letzten beiden Jahrzehnte ist vor allem auf die Erweiterung der Anwendungsbereiche von Polyolefinen zurückzuführen, die ihrerseits auf zunehmendem Verständnis der **Struktur/Eigenschafts-Beziehungen** und der Entwicklung neuer stereospezifischer Katalysatoren für die Polymerisation beruht. Bevor der Weg mittels einer Beschreibung wichtiger Durchbrüche nachgezeichnet wird, seien die Polyolefine in das Gesamtspektrum der Kunststoffe eingeordnet.

Man unterscheidet aus dem Blickwinkel der Verarbeitung grundsätzlich zwischen Thermoplasten, Duroplasten und Elastomeren und bezieht sich dabei auf das jeweils charakteristische thermische und mechanische Verhalten. Dieses ist durch die **Segmentbeweglichkeit** geprägt, welche von Anwesenheit und Ausmaß von Vernetzungen abhängt. Auch der Verzweigungsgrad der Polymerketten spielt hierbei eine wichtige Rolle.

Thermoplaste besitzen Formstabilität bei kurzzeitiger Beanspruchung, beim Erwärmen gehen sie in einen plastischen, d.h. leicht verformbaren Zustand über, diese Änderung ist reversibel. Thermoplaste sind aus linearen oder schwach verzweigten Polymeren geringer Segmentbeweglichkeit aufgebaut, die Gebrauchstemperatur liegt unterhalb der Schmelztemperatur (kristallin) bzw. Glastemperatur (amorph).

Duroplaste bleiben bei langzeitiger Belastung oder bei erhöhter Temperatur formstabil, sie bilden sich aus Präpolymeren durch – meist thermische – Vernetzung („Härtung") im Werkstück, ihre Bildung ist irreversibel. Aufgrund engmaschiger Vernetzung mittels kovalenter Bindungen ist die Segmentbeweglichkeit sehr gering, Duroplaste sind selten kristallin.

Elastomere werden oberhalb der Glastemperatur eingesetzt, sie verformen sich unter der Einwirkung von Kräften, nehmen aber nach Entfernung der Kraft wieder den Ausgangszustand maximaler Konformationsentropie ein. Elastomere werden wie Duroplaste durch Vernetzung von Präpolymeren (Kautschuke, synthetische Produkte) gebildet, die aber längerkettig sind, der Vernetzungsgrad ist weitmaschiger. Demgemäß besitzen Elastomere eine hohe Segmentbeweglichkeit, die eine parallele Ausrichtung der Bausteine unter Zugspannung gestattet. Daneben gibt es zwei Polymerklassen, die Hybridverhalten aufweisen.

Elastoplaste (thermoplastische Elastomere) stehen in ihrem anwendungstechnischen Profil zwischen den unvernetzten Thermoplasten und den vernetzten Elastomeren, die leichte Verarbeitbarkeit ersterer paart sich mit den erwünschten Eigenschaften letzterer. Dies wird in Copolymerisaten oder in Mischungen (blends) erzielt, die sowohl Domänen duroplastischer als auch solche elastomerer Natur enthalten: Bei tiefer Temperatur dominieren die mechanischen Eigenschaften des Elastomeranteils, bei höherer Temperatur wird die physikalische Vernetzung der Duroplastdomäne gelöst, und das Material wird wie ein Thermoplast verarbeitbar.

Eigenschaften sowohl von Duroplasten als auch von Thermoplasten besitzen **reversible Duroplaste**, im Gegensatz zu den echten Duroplasten sind sie reversibel vernetzbar. Die chemische Vernetzung erfolgt hier oft durch Koordination von ionischen Polymeren an Metallionen. Zu den reversiblen Duroplasten sind auch partiell kristalline Thermoplaste zu zählen, die reversible physikalische Vernetzung wird hier durch die Gitterenergie der kristallinen Domänen bewirkt. Die eingangs erwähnte Vielseitigkeit der Polyolefine äußert sich darin, daß diese inzwischen Vertreter für alle der aufgeführten Polymerklassen stellen.

Die Einteilung der Polyethylene erfolgt nach ihrer Dichte, die ihrerseits auf der Kristallinität und somit der Konstitution, d.h. der Zahl und der Natur der Verzweigung beruht.

Bezeichnung, Eigenschaften	Dichte (g/cm^3)	Schematische Darstellung der Struktur
LDPE (low density polyethylene) Polyethylen niedriger Dichte flexiblel, als Film transparent	0.90 0.925	
LLDPE (linear low density polyethylene) Lineares Polyethylen niedriger Dichte ziemlich flexibel, transparent.	0.925 0.94	
HDPE (high density polyethylene) Polyethylen hoher Dichte recht starr, trüb bis opak	0.94 0.97	

18.11.2.1 Polyethylen

Der älteste Polyethylentyp, **LDPE**, für den noch immer Neuanlagen erstellt werden, entstammt einer Zufallsentdeckung (1933) in der Firma *ICI*. Heute polymerisiert man Ethylen unter **Hochdruck** (P $\lesssim$ 2800 bar, T $\leq$ 275 °C) in Gegenwart von Radikalstartern wie Sauerstoff (0.05 %;) oder Peroxoverbindungen. Das Ethylen befindet sich hierbei im überkritischen Zustand, es löst das gebildete Polymer. Intra- und intermolekulare Radikalübertragungen führen zu Kettenverzweigungen, wobei kurze Seitenketten die niedrige Dichte und die geringe Kristallinität bewirken und lange Seitenketten für Flexibilität von LDPE sorgen.

Unter wesentlich niedrigeren Drücken (10-30 bar) arbeitet das heterogenkatalytische *Phillips*-**Verfahren** (*Hogan*, 1956), welches Polyethylen hoher Dichte **HDPE** liefert. Als Präkatalysator dient CrO_3 auf einem SiO_2/Al_2O_3-Träger. Unter den Prozeßbedingungen wird Cr^{VI} zu niedrigen Oxidationsstufen, wahrscheinlich Cr^{II} reduziert, die Natur des katalytisch aktiven Zentrums wird aber noch kontrovers diskutiert. Möglicherweise ist für die Polymerisation eine Kette von Ethyleninsertionsschritten, ausgehend von einer Cr–H-Spezies verantwortlich (vergl. *Theopold*, 1998):

Dieser mechanistische Vorschlag (S. 656) wird durch die Beobachtung gestützt, daß die Modellverbindung $[Cp^*Cr(CH_3)(THF)_2]BPh_4$ die Polymerisation von Ethylen bei 25 °C/1 bar katalysiert (*Theopold*, 1990).

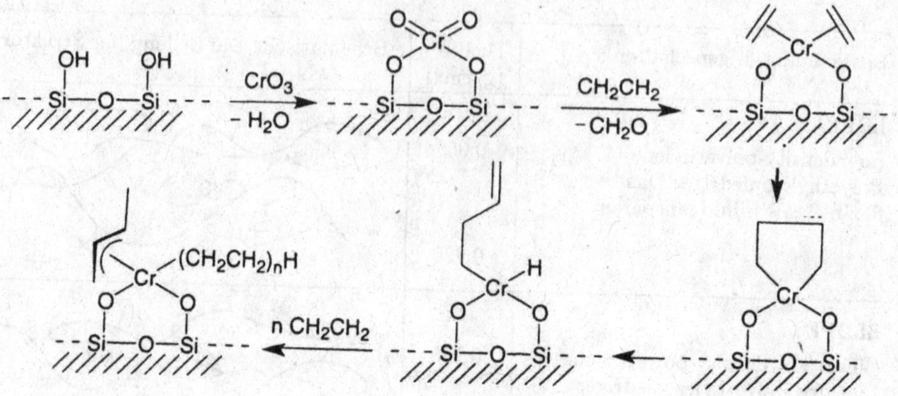

Eine von der Firma *Union Carbide* favorisierte Katalysatorvariante verwendet Chromocen als Quelle niedrigvalenten Chroms:

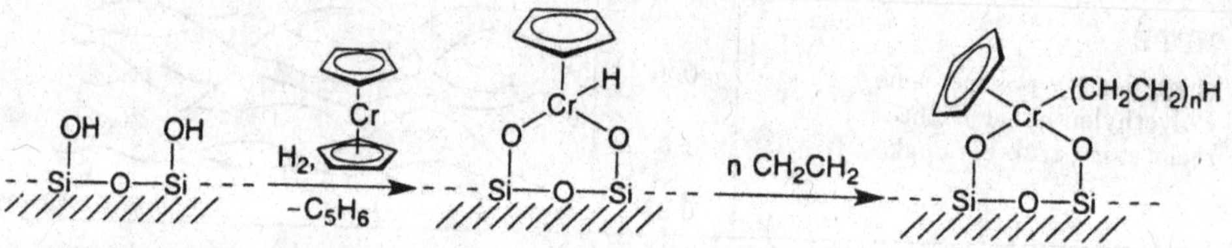

Die Kettenlänge läßt sich in *Phillips*-Katalysen durch H_2-Zudosierung steuern, wodurch eine Hydrogenolyse der Cr–C-Bindung ausgelöst und eine neue Cr-H-Bindung erzeugt wird. Kettenabbruch durch β-Hydrideliminierung liefert, neben einer Cr-H-Bindung, ein u.U. langkettiges α-Alken, welches, in eine wachsende Polyalkenkette insertierend, eine Verzweigungsstelle bildet. Auf diese Weise entstehen Materialien, die eine, verglichen mit streng linearem HDPE, geringe Dichte aufweisen. Die gezielte Zudosierung kurzkettiger α-Alkene (C_{4-8}) liefert lineares Polyethylen niedriger Dichte **LLDPE**, welches zahlreiche kurzkettige Verzweigungen und damit einhergehende Eigenschaften besitzt.

Eine verfahrenstechnische Variante sei noch erwähnt, die eine kleine Revolution in der Polyethylenproduktion ausgelöst hat: Während der klassische *Phillips*-Prozeß in Lösung (z.B. Cyclohexan) abläuft, bedient sich das **Unipol-Verfahren** (*Union Carbide*) eines Wirbelbett-Reaktors. Hierbei reagieren Ethylen und gegebenenfalls kurzkettige α-Olefine in der Gasphase bei geringem Überdruck an dem geträgerten Katalysator; im Idealfall bildet jedes Katalysatorkorn den Keim einer Polymerpartikel. Das Verfahren, welches der Produktion von HDPE und LLDPE dient, ist außerordentlich kostengünstig, weil Lösungsmittel und deren Wiederaufbereitung entfallen. Diese Technologie wird inzwischen auch auf andere Polymerisationskatalysatoren angewandt.

In die Zeit der Entwicklung der *Phillips*-Katalysatoren für die Ethylenpolymerisation fällt auch das Ziegler-Natta-Verfahren, welches auf einer der folgenreichsten Zufallsentdeckungen der Organometallkatalyse fußt.

Die „Aufbaureaktion" (S. 109)

$$R_2AlC_2H_5 + (n-1)\ CH_2{=}CH_2 \xrightarrow[100\ bar]{90{-}120\ °C} R_2Al(CH_2CH_2)_nH$$

konkurriert mit der Dehydroaluminierung,

$$R_2AlCH_2CH_2R' \longrightarrow R_2AlH + CH_2{=}CHR'$$

sie ist daher auf die Bildung linearer Aliphaten der maximalen Kettenlänge von C_{200} begrenzt. Im Rahmen systematischer Untersuchungen im Laboratorium *K. Zieglers*, mit Hilfe der Aufbaureaktion zu längerkettigen Polymeren zu gelangen, führte ein Reaktionsansatz zum entgegengesetzten Ergebnis, nämlich der quantitativen Umsetzung von Ethylen zu 1-Buten. Als Verursacher wurde eine Verunreinigung durch Spuren von Ni-Verbindungen im Autoklaven erkannt („Nickel-Effekt"). Bei der anschließenden Suche nach anderen Übergangsmetallverbindungen, die ebenfalls zu einem frühzeitigen Abbruch der Aufbaureaktion führen könnten, wurde in Gegenwart von Tris(acetylacetonato)zirkon und Triethylaluminium – wiederum völlig unerwartet – ein hochpolymeres Produkt erhalten.

In der Folgezeit wurde rasch erkannt, daß die Kombination $TiCl_4/Et_2AlCl$ zu besonders aktiven Katalysatoren führt, die eine Ethylenpolymerisation bereits bei 1 bar bewirken (**Mülheimer-Normaldruck-Polyethylen-Verfahren**, *K. Ziegler*, 1955):

$$CH_2{=}CH_2 \xrightarrow[25\ °C,\ 1\ bar]{TiCl_4/Et_2AlCl} Polyethylen \qquad \textbf{HDPE} \\ \text{Molmasse } 10^4{-}10^5\ D$$

Das auf diese Weise gewonnene Produkt HDPE ist linear und nahezu unverzweigt gebaut. Die Polymerisation ist heterogener Natur, da der aus $TiCl_4$ und Et_2AlCl gebildete Katalysator, oberflächenalkyliertes β-$TiCl_3$, in Hexan suspendiert vorliegt. Eine wesentliche Steigerung der Katalysatoraktivität ließ sich durch Aufbringen von $TiCl_3$ auf dem Träger $MgCl_2$ erzielen, die Abtrennung aus dem Produkt ist dann nicht mehr erforderlich. Zur Steuerung der Molmasse wird H_2 zugesetzt, konventionelle Polyethylene besitzen Molmassen $< 3 \times 10^5$ D, für Spezialzwecke werden aber auch Produkte mit der zehnfachen Molmasse erzeugt.

Ein Nachteil der klassischen *Ziegler*- wie auch der *Phillips*-Katalysatoren ist die relativ breite Molmassenverteilung, die durch uneinheitliche aktive Zentren an der Katalysatoroberfläche bedingt ist. Eine wesentliche Verbesserung sollten hier strukturell wohldefinierte „single site"-Katalysatoren bringen, deren Entwicklung, *vide supra*, auch tatsächlich gelang.

18.11.2.2 Polypropylen

Die radikalische Polymerisation von Propylen liefert nur niedermolekulare Öle, die aus stark verzweigten, sterisch uneinheitlichen Bausteinen bestehen. Die erste Anwendung von *Ziegler*-Katalysatoren in der Polymerisation von Propylen und das Studium des Zusammenhangs zwischen dem stereochemischen Aufbau und den Materialeigenschaften des Polymers erfolgte durch *G. Natta* (1955):

$$MeCH{=}CH_2 \xrightarrow[25\ °C,\ 1\ bar]{TiCl_4/AlEt_3} Polypropylen \qquad \textbf{iPP} \\ \text{Molmasse } 10^5{-}10^6\ D$$

Dieses nach dem Niederdruckverfahren erzeugte Polypropylen besitzt aufgrund seines regelmäßigen **isotaktischen** Aufbaus ausgezeichnete Werkstoffeigenschaften wie hohe Dichte, Härte und Zähigkeit.

Im Falle der Polymerisation von Propylen sowie anderer α-Olefine tritt also neben der Molmassenverteilung und dem Verzweigungsgrad die **Taktizität** als Parameter hinzu:

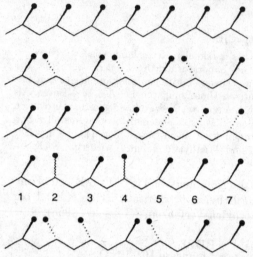

isotaktisch   **iPP**
alle C-Atome besitzen
die gleiche Konfiguration

syndiotaktisch   **sPP**
regelmäßiger Wechsel der
Konfiguration

Stereoblock   **stPP**
isotaktische Blöcke C_{4-100}
unterschiedlicher Konfiguration
wechseln sich ab

hemiisotaktisch   **hiPP**
Stereozentren
    1,3,5,7... isotaktisch
    2,4,6,8... ataktisch konfiguriert

ataktisch   **aPP**
unregelmäßiger statistischer
Wechsel der Konfiguration

Naturgemäß unterscheiden sich die Stereoisomeren in ihren physikalischen und somit anwendungstechnischen Eigenschaften. Beispielsweise sind isotaktisches und syndiotaktisches PP aufgrund ihrer helicalen Struktur gewöhnlich kristallin, ataktisches PP ist hingegen amorph.

Warum ist das nach dem *Ziegler-Natta*(**Z-N**)-Verfahren erzeugte Polypropylen isotaktisch gebaut? Das mechanistische Studium der Z-N-Polymerisation bereitet wegen ihrer heterogenen Natur Schwierigkeiten. Als wesentlich wird eine freie Koordinationsstelle cis-ständig zu einer Ti–C-Bindung betrachtet, letztere ist Teil des oberflächlich alkylierten β-TiCl$_3$ (Start) bzw. der wachsenden iPP-Kette. Diese Vorstellung prägt den ***Arlman-Cossee*-Mechanismus** (1964):

Wachstum:

Abbruch:

Eine Folge von Insertionen unter Kopf-Schwanz-Verknüpfung erzeugt Kettenwachstum, β-Hydrideliminierung bewirkt Kettenabbruch. Die Bildung isotaktischen Polypropylens zeigt an, daß das katalytisch aktive Zentrum zwischen den beiden prochiralen Seiten des Propens unterscheiden kann, also selbst chiral ist, und aus jedem Insertionsschritt stereochemisch unverändert hervorgeht. Diese Eigenschaft ist obiger Darstellung des Katalysezentrums nicht zu entnehmen, offenbar sind die Verhältnisse komplizierter. So ist die enorme Steigerung der Aktivität und der Stereoselektivität, welche durch die Trägerung des Z-N-Katalysators auf $MgCl_2$ sowie den Zusatz von *Lewis*-Basen ausgelöst wird, in das mechanistische Bild einzubinden.

Eine detaillierte Beschreibung des katalytisch aktiven Zentrums der klassischen *Ziegler-Natta*-Polymerisation ist derzeit noch nicht verfügbar, selbst das Auftreten einer (η^2-Olefin)Ti(alkyl)-Zwischenstufe ist nicht experimentell belegt. Somit ist man noch auf quantenchemische Modellstudien angewiesen (z.B. *Corradini*, 1998). In diesen wird auch der Vorschlag von *Brookhart* (1983) berücksichtigt, daß eine agostische Wechselwirkung C_α–H—Ti die sterische Fixierung der Polymerkette und die Bindungsreorganisation während des Insertionsschrittes unterstützen könnte.

Eine Karikatur, welche den Ursprung der Stereoselektivität des Kettenwachstums erahnen läßt, besteht aus einer Alkyltitaneinheit in oktaedrischer Umgebung an der Oberfläche eines $MgCl_2$-Kristalls. Der Titanort ist chiral und somit zur enantiofacialen Differenzierung der Propenkoordination befähigt, diese bewirkt den stereoselektiven Einbau der Bausteine in die wachsende Polymerkette und damit Isotaktizität (vgl. *Sobota*, 2001):

Derartige einfache Bilder lassen allerdings vergessen, daß klassische *Ziegler-Natta*-Polymerisationen in Wirklichkeit an **„multi-site"**-Katalysatoren ablaufen.

Die heute intensiv bearbeiteten „single-site"-Katalysatoren gehen auf die Beobachtung von *Natta* (1957) zurück, daß das System Cp_2TiCl_2/Et_2AlCl Ethylen homogenkatalytisch zu polymerisieren vermag; die Aktivität ist allerdings gering und die Polymerisation von α-Alkenen gelang nicht. Letztere wurde erst möglich, als *Kaminsky* (1980) den hochwirksamen **Cokatalysator Methylalumoxan (MAO)** einsetzte, eine Verbindung uneinheitlicher Struktur, die durch partielle Hydrolyse von $AlMe_3$ entsteht (S.115). Bereits in der Polymerisation von Ethylen erwies MAO seine Potenz, indem sich mit dem System Cp_2ZrMe_2/MAO bis zu 500 kg PE pro mmol Zr und Stunde erzeugen ließen; dies übertraf das Ergebnis konventioneller Z-N-Polymerisationen um ein Vielfaches. In der α-Alkenpolymerisation war die Aktivität hingegen mäßig und das Produkt ataktisch. Isotaktisches Polypropylen erhielt *Ewen* (1984) mittels Cp_2TiPh_2/MAO bei –30 °C und *Brintzinger* (1985) unter Verwendung eines chiralen ansa-Zirkonocenderivates:

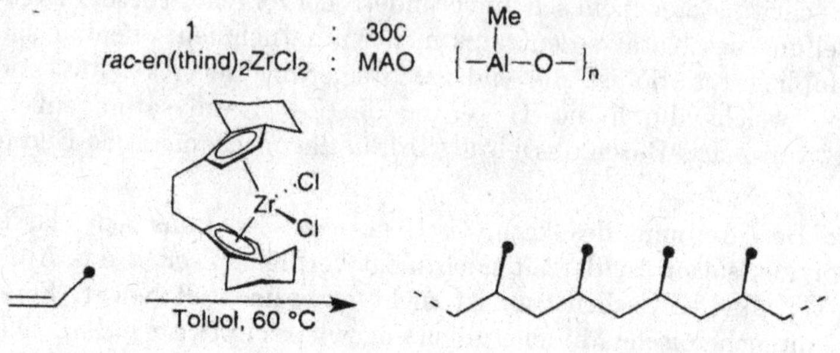

Mittels des Katalysators $(en)(thind)_2ZrCl_2$/MAO können bei einer Zr-Konzentration von 5×10^{-6} mol/l stündlich bis zu 43000 kg Polypropylen je mol Zirconocen hergestellt werden. Für mittlere Molmassen von 50000 D entspricht dies einer Wachstumsdauer von 3.8 s pro Makromolekül. Notabene weist das derart gewonnene PP eine besonders enge Molmassenverteilung auf. Die beeindruckende Aktivität und die Stereoselektivität dieses Systems rufen nach einer mechanistischen Deutung. Wichtige Faktoren sind hierbei

– die Funktion und die Dosierung von MAO

– die ansa(Henkel)-Struktur

– die chirale Natur des Metallocens.

Die Vorstellung zum Reaktionsablauf lehnt sich an den *Arlman-Cossee*-Mechanismus an, indem Olefinkoordination und migratorische Insertion in die Zr–C-Bindung als die entscheidenden Schritte betrachtet werden. MAO erfüllt hierbei drei Funktionen: als Methylierungsreagens, als *Lewis*-saurer Carbanionakzeptor und als Gegenion zum Zirkonocenkation; die Gründe für den erforderlichen hohen MAO-Überschuß (Zr:Al = 1:200 bis 1:10000!) sind noch nicht geklärt, möglicherweise spielen Gleichgewichtsverschiebungen eine Rolle.

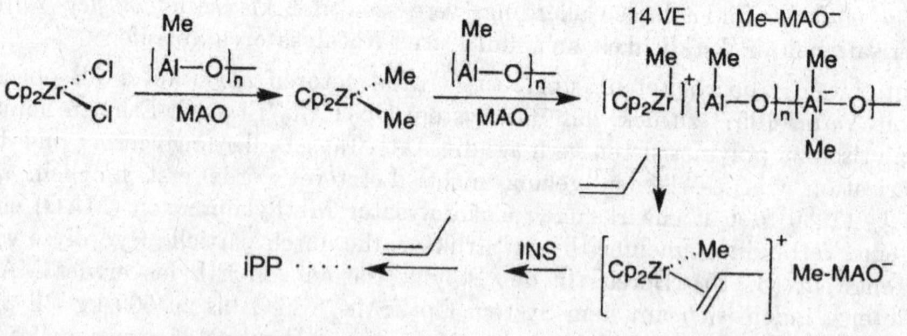

Als großvolumiges Anion geringer Ladungsdichte bildet $[Me–MAO]^-$ mit $[Cp_2ZrMe]^+$ wahrscheinlich ein Kontaktionenpaar schwacher Wechselwirkung, aus dem es auch

durch ein α-Alken leicht verdrängt wird. Hierdurch wird der Katalysecyklus eingeleitet. Für partiellen $[Cp_2ZrMe]^+$-Kationcharakter sprechen übrigens auch ^{13}C- und ^{91}Zr-NMR-Daten. Mit dem Ziel, obigen Mechanismus zu stützen und gleichzeitig zu besonders aktiven Metallocenkatalysatoren zu gelangen; wurde versucht, $[Cp_2ZrMe]^+A^-$-Salze mit Anionen extrem niedriger Basizität darzustellen. Ein Beispiel liefert der Ersatz von MAO durch die starke *Lewis*-Säure $B(C_6F_5)_3$

$$Cp_2ZrMe_2 \;+\; B(C_6F_5)_3 \xrightarrow{\text{Pentan}} \underset{\delta+}{Cp_2Zr}\overset{225}{\underset{255}{\diagup}}\overset{CH_3}{\cdots\cdots} CH_3\underset{\delta-}{-}B(C_6F_5)_3$$

Dieser „kationartige" Komplex (*Marks*, 1991) ähnelt in seiner katalytischen Aktivität dem Alumoxananalogen, im Gegensatz zu diesem ist er aber strukturell charakterisiert und somit zu Recht as **„single-site"**-Katalysator zu bezeichnen. Herausragendes Merkmal eines „single-site"-Katalysators ist die Möglichkeit, gezielt Änderungen vorzunehmen, um Struktur-Wirkungsbeziehungen auszuloten.

Das Paradebeispiel hierfür ist der Präkatalysator $C_2H_4(4,5,6,7$-Tetrahydro-1-indenyl$)_2ZrCl_2$ [(en)(thind)$_2ZrCl_2$, Sym. C_2] der nach Aktivierung durch MAO die Bildung von isotaktischem Polypropylen katalysiert (S. 660), Cp_2ZrCl_2 (Symmetrie C_{2v}) hingegen liefert unter ähnlichen Bedingungen ataktische Produkte. Offenbar ist, wie auch im Falle der klassischen Z-N-α-Alkenpolymerisation, für die stereospezifische Insertion der Propenmoleküle in die wachsende Kette die Chiralität des Katalysators verantwortlich. Dies wird durch folgendes Bild des Reaktionsablaufs plausibel.

Zunächst ist festzustellen, daß der chirale Reaktionsraum um das Zr-Atom über die Fähigkeit der Enantioseitendifferenzierung bezüglich des prochiralen Propens verfügt:

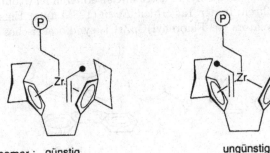

Diastereomer : günstig   ungünstig

Dem migratorischen Charakter der Insertion entsprechend wandert die wachsende Kette auf die gegenüberliegende Seite der Zr-Koordinationssphäre und setzt hierbei eine neue Koordinationsstelle identischer Konfiguration frei. Vielfache Wiederholung dieses Prozesses („Scheibenwischermechanismus") führt zu stereoregulärem Einbau der Propenmonomeren und damit zu isotaktischem Produkt:

Die interannulare Verbrückung legt die trans-Konformation der Sandwichstruktur und damit deren Chiralität fest, ferner erhöht sie den Öffnungswinkel und erleichtert die α-Alkenkoordination. Möglicherweise trägt auch die, im Formelbild gezeigte, agostische Wechselwirkung $CH_\alpha \cdots Zr$ zur Stereospezifität der Polymerisation bei.

Präkatalysatoren des ansa-Zirkonocentyps lassen sich auf vielfältige Weise modifizieren. So erhöht der Ersatz der $-CH_2CH_2-$ durch eine interannulare $-SiMe_2-$Brücke den Öffnungswinkel der gekippten Sandwichstruktur bei gleichzeitiger Zunahme der Starrheit des Molekülgerüstes; eine Steigerung des Polymerisationsgrades und der Isotaktizität ist die Folge. Auch der Ersatz des Tetrahydroindenyl- durch peripher substituierte Indenylliganden hat sich als günstig erwiesen (Spalek, 1994).

Während die beiden Koordinationshalbräume („links" bzw. „rechts") im C_2-symmetrischen (en)(thind)$_2$ZrCl$_2$ identische lokale Chiralität besitzen, ist diese in C_s-symmetrischen Derivaten – wegen des Vorliegens einer vertikalen Spiegelebene – entgegengesetzt. Eine Folge von Propeninsertionen nach dem Scheibenwischermechanismus sollte dann zu einer Polymerkette mit alternierenden Konfigurationen der tertiären C-Atome führen. In der Tat erhielt Ewen (1988) unter Einsatz des C_s-symmetrischen Präkatalysators $(\eta^5$-Fluorenyl)CpZrCl$_2$ syndiotaktisches Polypropylen sPP:

Man beachte, daß der Platzwechselprozeß der Polymerkette für die syndiotaktische Polymerisation – im Gegensatz zur isotaktischen Polymerisation – unverzichtbar ist.

Syndiotaktisches Polypropylen sPP besitzt, verglichen mit iPP, höhere Zähigkeit und Transparenz, etwas geringer sind Steifigkeit und Härte; diese Eigenschaften empfehlen sPP für die Herstellung von Folien.

Die im größten Maßstab produzierten Polypropylene sind Thermoplaste. Vielfältige neue Anwendungsbereiche würden sich aber eröffnen, wenn es gelänge, Polypropylen Elastomereigenschaften zu verleihen, auch hierfür haben sich „single-site"-Katalysatoren auf Metallocenbasis bewährt. Ein richtungweisender Beitrag stammt von *Waymouth* (1995), der zeigte, daß die konformative Beweglichkeit gewisser Zirkonocenderivate genutzt werden kann, um Stereoblock-Polypropylen herzustellen:

In der chiralen Konformation bilden sich am Katalysator isotaktische, in der achiralen Konformation ataktische Blöcke; die Stereokontrolle oszilliert mit k_i. Die beiden isomeren Formen des Präkatalysators $(2\text{-PhInd})_2\text{ZrCl}_2$ besitzen sehr ähnliche Energie (im Einkristall liegen sie nebeneinander vor), demnach sollte auch obiges Lösungsgleichgewicht ausgeglichen sein. Dies führt zu Blöcken vergleichbarer Dimension, wobei sich die Beträge von m und n und das Verhältnis m/n über den Propylendruck, die Temperatur sowie raumerfüllende Gruppen R steuern lassen. Da der isotaktische Anteil für die thermoplastischen (kristallinen) und der ataktische Anteil für den elastischen (gummiartigen) Charakter verantwortlich ist, ist man hier dem Ziel der katalytisch induzierten Steuerung von Materialeigenschaften recht nahe. Die **technische Umsetzung** ist eine andere Sache: *Natta*s grundlegender Beobachtung von 1957 folgte die erste industrielle Produktion von LLDPE via Metallocen-Katalyse erst im Jahre 1991 (*Exxon*). Dies mag u.a. darin liegen, daß man die für homogenkatalytische Anwendungen optimierten Metallocene durch Trägerung für die industriell bevorzugten Heterogenkatalysen erst anwendbar machen muß, was viel zusätzliche Entwicklungsarbeit erfordert (vergl. *Alt*, 1999).

18.11.2.3 Homo- und Copolymerisation, funktionalisierte Olefine, Cycloolefine und Diolefine

Ein weiteres Aufgabenfeld, an welchem aus anwendungstechnischer Sicht großes Interesse besteht, ist die metallocenkatalysierte **Polymerisation funktionalisierter Olefine**. Polyalkene mit polaren Gruppen in den Seitenketten besitzen attraktive Grenzflächeneigenschaften.

In Frage kommende Monomere wie Acrylate oder Vinylether neigen jedoch aufgrund der *Lewis*-Basizität ihrer Heteroatome dazu, mit dem Olefin um die freie Koordinationsstelle am Katalysator zu konkurrieren, d.h. sie wirken vergiftend. Dieser Effekt scheint für Metallocenkatalysatoren weniger ausgeprägt zu sein, als für klassische Z-N-Katalysatoren. So konnte *Waymouth* (1992) zeigen, daß sich α-Olefine, die R_3SiO- oder $-NR_2$-Substituenten tragen, mittels „kationischer" Zirkonocenkatalysatoren, wenngleich mit gedämpfter Aktivität, homopolymerisieren lassen:

Ebenfalls durch praktische Erwägungen geprägt ist die Entwicklung katalytischer Verfahren der **Copolymerisation**.

Am einfachsten Beispiel, der Ethylen/Propylen-Copolymerisation, die zu amorphen, kautschukelastischen Produkten führt (EP-Gummi), lassen sich einige Besonderheiten erläutern. Das Einbauverhältnis der Monomerkomponenten wird durch die jeweilige, spezifische Katalysatoraktivität gesteuert; bei gleichem Einbauverhältnis ist ferner zwischen blockartigem und alternierendem Einbau zu unterscheiden.

Für die Ethylen/Propylen-Copolymerisation mit heterogenen Z-N-Katalysatoren werden stark unterschiedliche Einbauraten gefunden, Ethylen polymerisiert wesentlich rascher als Propylen und der Einbau ist blockartig.

Für homogene Metallocen-„single-site"-Katalysatoren sind die Einbauraten für Ethylen und α-Olefine hingegen sehr ähnlich, was zu comonomerreicheren Produkten führt. Ferner scheint eine Art synergistischer Effekt vorzuliegen, indem die Bruttogeschwindigkeit der Copolymerisation von Ethylen mit α-Olefinen die der Ethylenhomopolymerisation übertrifft. Hier eröffnen sich zahlreiche Perspektiven der Katalysatorentwicklung.

So sind im letzten Jahrzehnt Halbsandwichverbindungen des Cyclopentadienylmetallamid-Typs entwickelt worden, die besonders hohe katalytische Aktivität in der Polymerisation von Ethylen und in der Copolymerisation von Ethylen mit α-Alkenen aufweisen:

Dieses Beispiel (*Marks*, 1997) illustriert die Bildung von Polyethylen ultrahoher Molmasse (UHMWPE) und von Ethylen/1–Hexen-Copolymeren (PE-*co*-1–Hexen) mit bis zu 70% α-Einbau des α-Alkens. Für Katalysatoren dieses Typs hat sich die Bezeichnung **constrained geometry catalysts** eingebürgert. Sie teilen mit den Metallocenkatalysatoren folgende für die Funktion als Katalysator in der **Koordinationspolymerisation** wichtigen Merkmale:

- **Elektronenmangel**, es handelt sich um Spezies mit $\Sigma VE \leq 14$
- Vorliegen einer **freien Koordinationsstelle** nahe der wachsenden Polymerkette
- **Positive Komplexladung**, hierdurch Unterdrückung der desaktivierenden Dimerisierung, gleichzeitig Steigerung der Tendenz zur einleitenden Alkenkomplexbildung
- **Sterische Ausstattung**, welche die Neigung zu Abbauwegen (z.B. via β-Hydrideliminierung) blockiert und gleichzeitig das Verhältnis von Homopolymerisation zu Copolymerisation steuern läßt.

Ein wichtiges **Terpolymer** ist das aus Ethylen, Propylen und einem nichtkonjugierten Dien, z.B. trans-1,4-Hexadien (wenige %), erzeugte EPDM, sowohl auf VOCl$_3$ basierende Z-N-Katalysatoren als auch Metallocene kommen zum Einsatz. EPDM ist ein Elastomer, dessen Struktur Seitenketten mit C=C-Doppelbindungen aufweist, die zur Vernetzung dienen können. Die Verarbeitung ähnelt somit der des Naturkautschuks.

Polycycloolefine können auf zwei Wegen gebildet werden. So gelingt es oft durch geeignete Katalysatorwahl die für Cycloolefine typische ringöffnende Metathesepolymerisation (ROMP, S. 645) zu unterdrücken. Ein Beispiel ist die Copolymerisation von Ethylen mit einem Tetracyclododecan (*Kashiwa*, 1988):

Das amorphe Polymer ist wärmeformbeständig, transparent und minimal doppelbrechend: es bietet gegenüber Polymethacrylaten und Polycarbonaten deutliche

Vorteile, z.B. als Material für Compact Disks (CDs) und magnetooptische Speicherplatten (*Nachr. Chem. Tech. Lab.* **1995**, *43*, 822).

Der andere Weg zu Polycycloolefinen führt über die Polymerisation nicht konjugierter, terminaler Diene. Zirkonocenkatalysatoren des Typs en(thind)ZrX$_2$/MAO liefern Polymethylen-l,3-cyclopentane komplizierter stereochemischer Mikrostruktur.

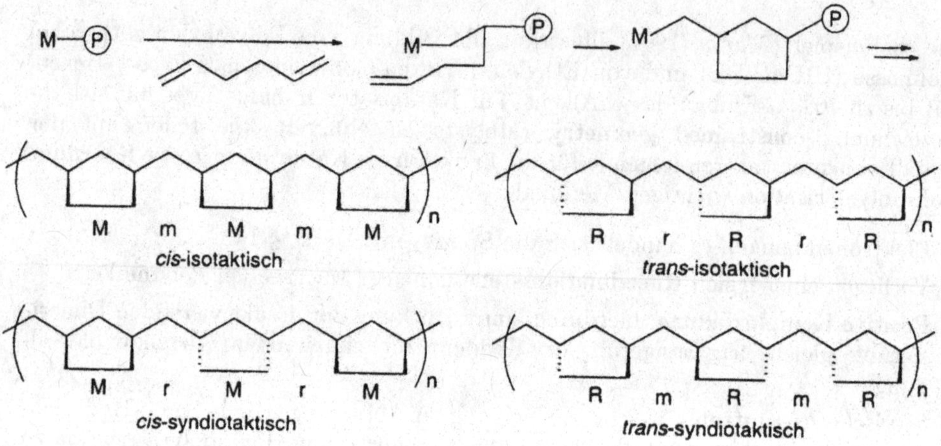

cis-isotaktisch

trans-isotaktisch

cis-syndiotaktisch

trans-syndiotaktisch

Ⓟ = Polymerkette

M, R	relative Stereochemie *meso* bzw. *racem*	innerhalb der Ringe
m, r		zwischen den Ringen

Offenbar laufen im Wechsel inter- und intramolekulare Alkeninsertionen ab. Unter den Produkten ist nur die *trans*-isotaktische Form chiral; in der Tat werden mit enantiomerenreinen *ansa*-Metallocenkatalysatoren aus 1,5-Hexadien optisch aktive Polyolefine erhalten (*Waymouth*, 1993). Im funktionalisierter Form könnten diese als stationäre Phasen für chromatographische Enantiomerentrennungen dienen.

18.11.2.4 Nicht-Gruppe-4-Katalysatoren

Dem Titel dieses Absatzes läßt sich entnehmen, daß Ti- und Zr-zentrierte Katalysatoren das Feld der Olefinpolymerisation noch beherrschen; Hafnocenderivate sind, u.a. aus Kostengründen, weniger interessant. Sowohl Erkenntnisstreben als auch Bemühungen, die starke patentrechtliche Absicherung der Gruppe-4-Katalysatoren zu umgehen. haben aber dazu geführt, daß sowohl „extrem frühe" als auch „späte" Übergangsmetalle in die Katalyseforschung der Olefinpolymersation einbezogen wurden.

Aus ersterer Gruppe interessieren Lanthanoidocenderivate, aus letzterer Neuentwicklungen mit Fe, Co, Ni und Pd als Zentralatom.

18.11.2.4.1 Lanthanoidocen-Katalysatoren

Die Vorstellung, Ionenpaare des Typs $(Cp_2MR]^+[R-MAO]^-$ (M = Ti, Zr, Hf) seien die katalytisch aktiven Spezies der Olefinpolymerisation, verleitet zu der Frage, ob hierzu nicht auch die isoelektronischen Neutralkomplexe Cp_2LnR befähigt sein sollten.

Wie *Watson* (1982) fand, katalysiert der Komplex Cp^*_2LuMe die Polymerisation von Ethylen, vollzieht aber mit Propylen nur eine einfache Insertion:

Für diese Trägheit der Lanthanoidocenalkyle lassen sich mehrere Gründe finden.

-- DFT-Rechnungen von *Ziegler* (1994) legen nahe, daß sich die beiden isoelektronischen Spezies strukturell unterscheiden:

Die Koordination von Alkenen ist aus elektrostatischen und sterischen Gründen für das Kation Cp_2ZrR^+ begünstigt.

- Im Gegensatz zu Cp_2ZrR^+-Kationen neigen die Neutralkomplexe Cp_2LnR zur Dimerisierung unter Ausbildung von μ-R-Brücken (S. 569). Hierdurch wird die, für die Auslösung eines Polymerisationsmechanismus erforderliche freie Koordinationsstelle blockiert. Dies wirkt sich auf die sterisch anspruchsvollere α-Alkenpolymerisation so stark aus, daß es bei der einfachen Insertion in die Ln–Me-Bindung bleibt. Dimere Hydride $Cp\overline{}CpLn(\mu\text{-}H)_2LnCp\overline{}Cp$ mit *ansa*-Struktur hingegen katalysieren die Polymerisation von α-Alkenen, wenngleich langsam (*Bercaw*, 1992).

- Schließlich besteht für Lanthanoidocenalkyle in der σ-Bindungsmetathese (S. 285) eine Konkurrenzreaktion zur Insertion:

Dennoch spielen die frühen ÜM (Sc, Y, Ln) insofern eine wichtige Rolle, als die Katalyse der Ethylenpolymerisation durch Cp_2LnMe eine Modellreaktion zur Stütze des *Arlman-Cossee*-Mechanismus darstellt.

Praktische Verwendung als Katalysatoren fanden diese Verbindungen bislang jedoch nicht.

18.11.2.4.2 Die Eisenzeit der Olefinpolymerisation

Auch in der Geschichte der katalytischen Olefinpolymerisation folgt auf die Epoche der Titanen die Eisenzeit:

Nach der Entdeckung der klassischen auf $TiCl_4/Et_2AlCl$ basierenden *Ziegler-Natta*-Katalysatoren verging nahezu ein halbes Jahrhundert, bevor *Brookhart* (1998) und *Gibson* (1998) Koordinationsverbindungen des Eisens entdeckten, die es in ihrer Aktivität mit Z-N-Katalysatoren aufnehmen können: als dreizähniger Chelatligand fungiert ein 2,6-Bis(imino)pyridin N͡N͡N:

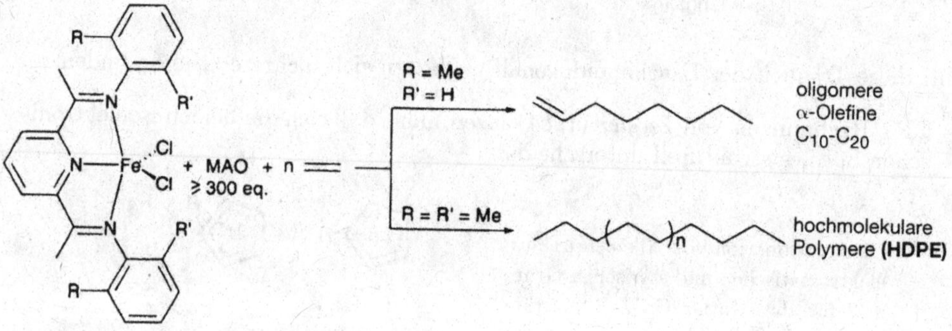

$(N͡N͡N)FeCl_2$

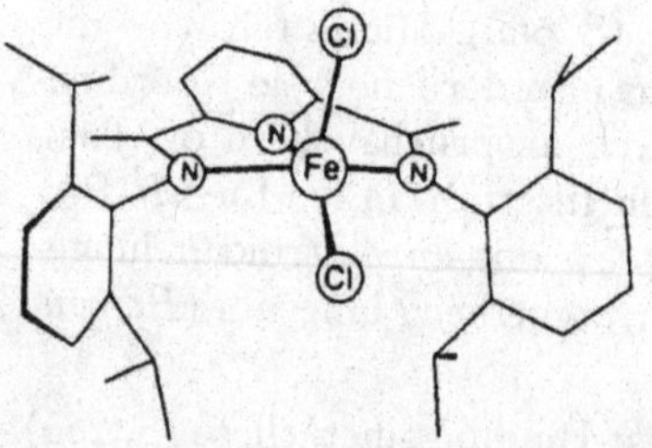

Die Struktur des Präkatalysators $(N͡N͡N)FeCl_2$, R = R' = *i*-Pr, läßt erkennen, daß die mittels MAO erzeugte katalytisch aktive Spezies $(N͡N͡NFeMe^+)$ die auf S. 665 gegebenen Kriterien für einen guten Katalysator in der Koordinationspolymerisation erfüllt.

Die Aktivität von $(N͡N͡N)FeCl_2$/MAO ist vergleichbar mit derjenigen der aktivsten Z-N-Systeme. Wie im Schema gezeigt, beeinflussen die Substitutionsmuster am 2,6-Bis(imino)pyridin-Liganden den Gang der Polymerisation entscheidend, die einfache Darstellung und Derivatisierbarkeit des Liganden kommt dessen praktischem Einsatz entgegen.

Entscheidend für den erzielten Polymerisationsgrad ist die Konkurrenz zwischen Kettenwachstum ① und Kettenabbruch ② – ④ ; die Natur der Kettenabbruchreaktionen läßt sich aus der Endgruppenanalyse der Produkte ableiten. Die Varianten des Kettenabbruchs (*Gibson*, 1999), die auch für andere MAO-induzierte Polymerisationen zu diskutieren sind, führen zu Spezies, die ihrerseits neue Ketten starten können:

Da die Bereitwilligkeit des Ablaufs der Schritte ① – ④ sicher von den sterischen Verhältnissen am Koordinationsort abhängt, läßt sich die Polymerisation durch entsprechende Arylsubstitution in Richtung auf wenige langkettige Polyethylenmoleküle oder zahlreiche kurzkettige α-Alkene steuern. In ② erfolgt β-Hydridübertragung von der wachsenden Kette auf koordiniertes Ethylen, in ③ Übertragung der wachsenden Kette auf Me₃Al und einer Methylgruppe auf das zentrale Eisenatom.

Ganz allgemein kontrolliert das Verhältnis der Raten der Kettenübertragung und des Kettenwachstums die jeweils erzielte Kettenlänge. Die Breite der Molmassenverteilung wird durch den Quotienten $\bar{M}_w/\bar{M}_n$, beschrieben, wobei $\bar{M}_w$ das Massenmittel und $\bar{M}_n$ das Zahlenmittel der Molmasse ist. Die Abweichung dieses Quotienten vom Wert 1 ist ein Maß für die Uneinheitlichkeit des Polymeren. Umgekehrt zeigt $\overline{M}_w/\overline{M}_n \approx 1$ an, daß Kettenabbruch nicht merklich mit Kettenwachstum konkurriert.

Die Weichen für diese hochaktuellen Arbeiten am Zentralmetall Eisen wurden bereits einige Jahre zuvor mit der Entwicklung entsprechender **Ni-haltiger Katalysatoren** gestellt. In der Tat ist Nickel in der Katalyse der Alkenpolymerisation das Übergangsmetall der ersten Stunde, hatte doch der „Nickel-Effekt" (S. 657) in *Ziegler*s Laboratorium die Tür zur systematischen Einbeziehung von Übergangsmetallen aufgestoßen.

Ein weiterer wichtiger Schritt war die Anwendung von Nickelkatalysatoren im SHOP-Verfahren (S. 642). Lassen sich auch Ni-Katalysatoren bauen, welche die Bildung **langkettiger** Polyolefine katalysieren?

Dies gelang *Brookhart* (1995) durch Einsatz sperrig substituierter Diiminkomplexe des Nickels und Palladiums. Die Bildung des katalytisch aktiven Alkylnickelkations $(\overset{\frown}{N N})NiMe^+$ kann hierbei auf zwei Wegen erfolgen:

Das auf dem Weg ① erzeugte amorphe Polyethylen weist extrem starke Verzweigung auf. Nach ② wird hingegen hochgradig lineares oder mäßig verzweigtes PE erhalten. Der Verzweigundsgrad läßt sich durch Temperatur, Ethylendruck und das Substitutionsmuster am Diiminliganden steuern. Dabei ist die katalytische Aktivität derjenigen von Metallocenkatalysatoren vergleichbar.

Offenbar ist die Bildung hochpolymerer Produkte an diesen Nickelkatalysatoren auf raumerfüllende Gruppen $2,6\text{-}R_2C_6H_3$ zurückzuführen, denn bei Verzicht auf 2,6-Substitution am Arylrest liefert die Katalyse lediglich α-Olefine der Kettenlängen C_4-C_{26}.

Nur eine Ethylendimerisierung bewirkt bei 0 °C ein ganz anderer, von *Bazan* (2000) beschriebener Ni-Katalysator. Er wurde aber auf erfindungsreiche Weise eingesetzt, um – **gemeinsam** mit einem *constrained-geometry*-Ti-Katalysator – gezielt das Copolymer Poly(ethylen-*co*-1-buten) herzustellen, wobei als einziges Monomer Ethylen verbraucht wird:

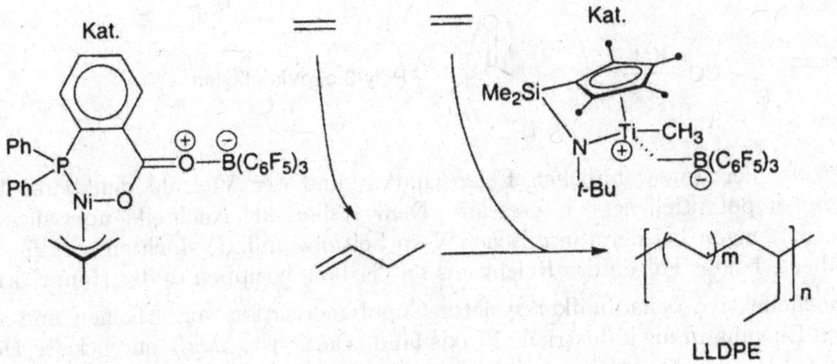

LLDPE

Hier arbeiten zwei Katalysatoren *in tandem* im selben Medium an *einem* Substrat unter Bildung *eines* Produktes (LLDPE). Bei tiefer Temperatur treten ausschließlich Ethyl-Seitenketten auf, deren Anzahl linear mit dem Verhältnis Ni/Ti korreliert. Temperaturerhöhung bewirkt den zunehmenden Einbau von Butyl-Seitenketten.

Nach wie vor ein zentrales Problem ist die Koordinationspolymerisation von polare Gruppen tragenden Vinylmonomeren, denn diese blockieren im allgemeinen die oxophilen Zentren der aktiven Spezies L_nMR^+ (frühe ÜM) oder lassen sich bestenfalls dimerisieren bzw. oligomerisieren (späte ÜM). Diiminkomplexe des Palladiums haben hier neuerdings vielversprechende Ergebnisse erbracht (*Brookhart*, 1998):

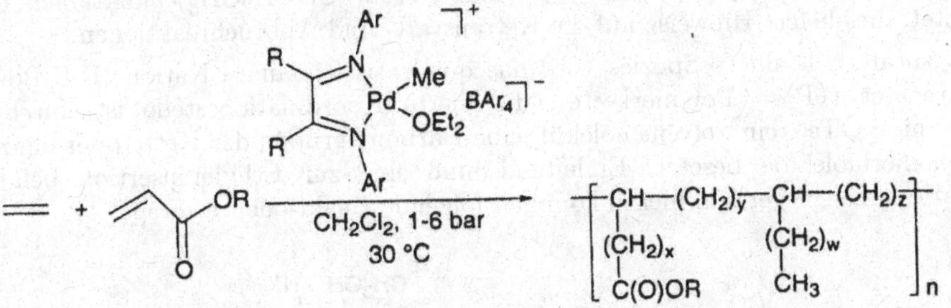

Die amorphen, stark verzweigten Produkte tragen die Estergruppen des Acrylatmonomers bevorzugt an den Enden der Seitenketten. Erwartungsgemäß sinkt die Produktivität der Copolymerisation mit zunehmendem Gehalt an Acrylat im Eduktgemisch. Immerhin liegt hier das erste Beispiel einer Koordinationspolymerisation unter Einsatz von Acrylaten oder Vinylacetaten vor; bislang ist man in der Praxis auf Radikalprozesse unter hohem Druck angewiesen.

Nachdem die Homopolymerisation des Ethylens *ad extenso* besprochen wurde und eine Homopolymerisation von Kohlenmonoxid nicht gelingt, verbleibt die Frage nach einer möglichen **C_2H_4,CO-Copolymerisation**. Wie so oft beginnt die Vorgeschichte mit Arbeiten *Reppes* (1952), der aus CO und C_2H_4 in Gegenwart von $K_2Ni(CN)_4$ neben anderen Verbindungen auch Polyketone $(C_3H_4O)_x$ erhielt. In den folgenden Jahrzehnten hat es nicht an Versuchen gefehlt, ein praktikables katalytisches Verfahren zu entwickeln, denn diese Polyketone sind aufgrund der billigen Aus-

Poly-3-oxotrimethylen

gangsstoffe, der ungewöhnlichen Eigenschaften und der Vielzahl denkbarer Umwandlungen potentiell sehr interessant. Dem stehen als Nachteile unerwünschte Quervernetzungen bei der thermischen Verarbeitung und UV-Lichtempfindlichkeit gegenüber – beides Folgen des Reichtums an Carbonylgruppen in der Hauptkette.

Eine hocheffektive palladiumkatalysierte Copolymerisation von Alkenen und CO, die auch Eingang in die industrielle Praxis fand (Carilon®, *Shell*), entwickelte *Drent* (1996):

$\overline{M}_n \approx 20000$, $T_m \approx 260\ °C$
thermoplastisch

In aprotischen Medien ist als Cokatalysator MAO erforderlich. Der Einbau von CO und C_2H_4 erfolgt praktisch fehlerfrei *alternierend*, als Endgruppen werden etwa zu gleichen Anteilen Ester(–$COOCH_3$)- und Keton(–$COCH_2CH_3$)-Funktionen beobachtet, dies liefert Hinweise auf die Kettenstart- und Abbruchreaktionen.

Als katalytisch aktive Spezies wird das quadratisch planare Kation $(P\frown P)Pd(P)^+$ betrachtet ((P) = Polymerkette), die vierte Koordinationsstelle ist durch das Gegenion OTs^-, ein Solvensmolekül, eine Carbonylgruppe der Kette oder eines des Monomermoleküle besetzt. Einleitend muß eine zur Ethyleninsertion befähigte Spezies erzeugt werden, hierzu kommen folgende Reaktionen in Frage:

Die Kette Ⓟ wächst durch die alternierenden Insertionsschritte:

Poly-3-oxotrimethylen

Der streng alternierende Charakter der CO- bzw. C_2H_4-Insertionen bedarf einer Deutung. Doppelte CO-Insertionen, d.h. CO in Pd-Acyl, verliefen thermodynamisch „bergauf" und sind daher zu vernachlässigen. Das vollständige Fehlen doppelter Ethyleninsertionen ist hingegen bemerkenswert, denn die Einschiebung von C_2H_4 in Pd-Alkyle ist mit $\Delta H = -90$ kJ/Mol deutlich exotherm. Ein quantitatives mechanistisches Studium durch *Brookhart* (2000) lieferte folgende Parameter:

Doppelte Ethyleninsertion   Alternierende Copolymeristion

Demnach wird die doppelte Ethyleninsertion vermieden, weil der hierfür erforderliche Ethylenkomplex **a** sich aufgrund der höheren Affinität von Pd^{2+} zu CO durch assoziativen Austausch rasch in den Carbonylkomplexe **b** umwandelt. Die Gleichgewichtslage (K_{eq}) und die Abstufung der Insertionsraten (k'_i versus k_i) bewirken dann, daß nur der Weg **a→b→c** beschritten wird und „Fehler" **a→d** praktisch nicht auftreten. Aus obigen Daten läßt sich ableiten, daß pro 10^5 Insertionen des Typs CO in Pd-alkyl nur ein „Fehler" in Form einer Doppelinsertion, Ethylen in Pd-alkyl, passiert.

Abschließend sei noch einmal mit *Drent* (1996) der Bogen zu den nun schon semi-klassischen, auf frühen Übergangsmetallen basierenden Katalysatoren gespannt:

	„früh"	„spät"
Zentralmetall	Ti^{IV}, Zr^{IV}, Hf^{IV}, Ln^{III}	Fe^{II}, Ni^{II}, Pd^{II}
Liganden im Präkatalysator	Cp^-, X^-	Cp^-, X^-
Gegenanionen	nicht koordinierend	schwach- oder nicht koordinierend
Koord. Geom.	pseudotetraedrisch	meist quadr. planar
Aktives Zentrum□	$\left[\begin{array}{c}Cp_{\prime\prime\prime}\textcircled{P}\\ M\\ Cp\square\end{array}\right]^{+}$	$\left[\begin{array}{c}L\textcircled{P}\\ M\\ L\square\end{array}\right]^{+}$
Toleranz funktioneller Gruppen im Monomerbaustein	nein	ja

Neben viel Ähnlichem sind auch Unterschiede der beiden Klassen zu nennen. So sind die aktiven Zentren im Falle der späten ÜM wesentlich schwächer elektrophil als die der frühen ÜM und somit toleranter gegenüber funktionellen Gruppen. Dafür rufen die quadratisch planar gebauten Komplexe der späten ÜM nach zweizähnigen Zuschauerliganden, um die für Insertionsschritte erforderliche *cis*-Stellung von Kette und insertierender Gruppe sicherzustellen, eine Forderung, die für tetraedrische Komplexe entfällt. Der größte Unterschied besteht aber im Volumen der bislang investierten Entwicklungsarbeit. Die Olefinpolymerisation unter Einsatz von Katalysatoren aus späten Übergangsmetallen läßt somit weitere interessante Durchbrüche erwarten.

"It may be a very insignificant breakthrough but it is a hell of a lot better than no breakthrough"

Anhang

A-1 Organometall-Redoxreagentien

Auch in der Organometallchemie sind präparative Redoxreaktionen prinzipiell auf elektrochemischem Wege oder unter Verwendung chemischer Oxidations- bzw. Reduktionsmittel durchführbar. Eine vergleichende Bewertung der beiden Alternativen sowie die Daten zahlreicher für präparative Verfahren geeigneter Redoxreagentien finden sich bei *Connelly* und *Geiger* (1996). Kurz gesagt sind als **Vorteile chemischer Redoxreagentien** zu nennen:

– Abwesenheit von Leitsalzen, deren Abtrennung nach vollzogener elektrochemischer Synthese Schwierigkeiten bereiten kann.

– Breitere Auswahl an Lösungsmitteln, da die Bedingung der Löslichkeit eines Leitsalzes entfällt.

– Kürzere Reaktionszeiten, wovon die Synthese von Produkten begrenzter Stabilität profitiert.

Dem stehen folgende **Nachteile** gegenüber:

– Verglichen mit elektrochemischen Methoden (*Geiger*, 2007) läßt sich die Redoxaktivität chemischer Reagentien nicht so fein abstimmen.

– Chemische Redoxreagentien können Ligatoreigenschaften besitzen und über den erwünschten Außensphären-ET-Prozeß hinaus in das Reaktionsgeschehen eingreifen (sog. nicht-unschuldige Redoxreagentien, z.B. NO^+).

– Das Folgeprodukt des eingesetzten Redoxreagenzes kann die spektroskopische Charakterisierung und die Isolierung des gewünschten Produktes der Synthese erschweren.

Einer IUPAC-Empfehlung folgend, werden die Standardreduktionspotentiale $E°(Ox + e^- \rightarrow Red)$ in den folgenden Tabellen auf das Ferrocen/Ferriciniumpaar $Fc^{+/0}$ bezogen. Dem Anschluß an die Skala der geläufigeren GKE-Bezugselektrode dienen folgende Werte (T = 298 K):

[NBu$_4$][PF$_6$] Solvens	MeNO$_2$	Propylen- carbonat	MeCN	DMF	CH$_2$Cl$_2$	Aceton	Glykol- ether	THF
$E°(Fc^{+/0})$ vs GKE	0.35	0.38	0.40	0.45	0.46	0.48	0.51	0.56

Das Potential der GKE relativ zur NWE beträgt +0.241 V.

Für praktische Erwägungen eignet sich ein grobes Raster der Oxidations- bzw. Reduktionskraft:

$E°$ (V)	Oxidans vs. $Fc^{+/0}$	Oxidans vs. GKE	Reduktans vs. $Fc^{+/0}$	Reduktans vs. GKE
sehr stark	> 0.8	> 1.2	< −2.5	< −2.1
stark	0.8 bis 0.2	1.2 bis 0.6	−1.5 bis −2.5	−1.1 bis −2.1
mittel	0.2 bis −0.5	0.6 bis −0.1	−0.5 bis −1.5	−0.1 bis −1.1
schwach	< −0.5	< −0.1	> −0.5	> −0.1

Neben ihrem stöchiometrischen Einsatz können chemische Redoxreagentien, in geringer Konzentration zugesetzt, auch ET-Katalysen einleiten. In letzterer Anwendung hilft die Zusammenstellung der Redoxpotentiale bei der Wahl eines geeigneten Initiators.

Die Daten der folgenden Tabellen beziehen sich auf reversible Redoxpaare. Darüber hinaus sind aber auch irreversibel reagierende Oxidations- bzw. Reduktionsmittel für präparative Zwecke geeignet. Wegen des Nichtbefolgens der *Nernst*-Gleichung sind dann quantitative Voraussagen der Gleichgewichtslage nicht möglich und das Peakpotential einer cyclovoltammetrischen Welle ist lediglich als qualitativer Hinweis zu werten. Als Beispiel sei die Oxidation mittels Diazoniumsalzen genannt, die aufgrund der N_2-Eliminierung nach erfolgter Reduktion des Diazoniumkations irreversibel ist.

Die hier tabellierten Redoxpotentiale fallen in den konventionellen Bereich -3.00 V $< E° < +1.5$ V vs. GKE. Das Studium von Redoxprozessen außerhalb dieses Fensters erfordert die Anwendung von Pt-Ultramikroelektroden und sorgfältige Wahl der Leitsalz/Lösungsmittel-Kombination. Für den extrem kathodischen Bereich, bis etwa $E = -3.5$ V, hat sich $[n\text{-Bu}_4\text{N}][\text{PF}_6]$/THF bewährt, für den extrem anodischen Bereich, bis etwa $E = 4.5$ V, $[n\text{-Bu}_4\text{N}][\text{AsF}_6]$/SO$_2(\ell)$ (*Bard*, 1993).

Reduktionsmittel	Solvens	$E°$ vs. Fc$^{+/0}$
$[\text{C}_{10}\text{H}_8]^-$	THF	-3.10
	Glykolether (DME)	-3.05
	DMF	-2.95
Na	THF, Glykolether	-3.04
Li	NH$_3(\ell)$	-2.64
Li(Hg)	H$_2$O	-2.60
K	NH$_3(\ell)$	-2.38
Na(Hg)	nichtwässrig	-2.36
[Anthracen]$^-$	Glykolether	-2.47
$[\text{Cp*}(\eta^6\text{-C}_6\text{Me}_6)\text{Fe}]$	DMF	-2.30
Na	NH$_3(\ell)$	-2.25
[Benzophenon]$^-$	THF	-2.30
	DMF	-2.17
[Acenaphthylen]$^-$	THF	-2.26
	Glykolether	-2.17
$[\text{Cp}(\eta^6\text{-C}_6\text{Me}_6)\text{Fe}]$	Glykolether	-2.09
$[\text{Cp*}_2\text{Co}]$	CH$_2$Cl$_2$	-1.94
	MeCN	-1.19
$[(\text{CO})_2\text{CpFe}]^-$	THF, MeCN	ca. -1.8 (irrev.)
$[\text{Cp}_2\text{Co}]$	CH$_2$Cl$_2$	-1.33
	Glykolether	-1.31
$[(\eta^6\text{-C}_6\text{H}_6)_2\text{Cr}]$	CH$_2$Cl$_2$	-1.15
$[\text{Cp*}_2\text{Fe}]$	CH$_2$Cl$_2$	-0.59
	MeCN	-0.48
Hydrazin	DMSO	-0.41
[Cp$_2$Fe]		**0.0**
NEt$_3$	MeCN	ca. 0.47

häufig eingesetzt: **Na/Hg, Na$^+$C$_{10}$H$_8^-$, Cp$_2$Co, Cp*$_2$Co**

Oxidationsmittel	Solvens	$E°$ vs. $Fc^{+/0}$
$[N(C_6H_2Br_3-2,4,6)_3]^+$	MeCN	1.36
Ce(IV)	$HClO_4$	1.30
	H_2O	0.88
$[N(C_6H_3Br_2-2,4)_3]^+$	MeCN	1.14
$[WCl_6]$	CH_2Cl_2	ca. 1.1
$[NO]^+$	CH_2Cl_2	1.00
$[Ru(phen)_3]^{3+}$	MeCN	0.87
$[NO]^+$	MeCN	0.87
$[Thianthren]^+$	MeCN	0.86
$[N(C_6H_4Br-4)_3]^+$	CH_2Cl_2	0.70
	MeCN	0.67
$[Fe(bipy)_3]^{3+}$	MeCN	0.66
Ag^+	CH_2Cl_2	0.65
$[Mo(tfd)_3]$	MeCN	0.55
$[IrCl_4(PMe_2Ph)_2]$	MeCN	ca. 0.5
$[(MeCO-\eta^5-C_5H_4)_2Fe]^+$	CH_2Cl_2	0.49
$[CuTf_2]$	MeCN	0.40
Ag^+	THF	0.41
$[Ni(tfd)_2]$	CH_2Cl_2	0.33
$[PtCl_6]^{2-}$	H_2O	0.31
$[(MeCO-\eta^5-C_5H_4)CpFe]^+$	CH_2Cl_2	0.27
Ag^+	Aceton	0.18
Cl_2	MeCN	0.18
DDQ	MeCN	0.13
Br_2	MeCN	0.07
$[N_2C_6H_4NO_2-4]^+$	Sulfolan	ca. 0.05
Ag^+	MeCN	0.04
$[C_3\{C(CN)_2\}_3]^-$	MeCN	0.03–0.06
$[Cp_2Fe]^+$		**0.0**
$[N_2C_6H_4F-4]^+$	MeCN	−0.07
$[Ph_3C]^+$	MeCN	−0.11
I_2	MeCN	−0.14
TCNE	MeCN	−0.27
TCNQ	MeCN	−0.30
$[Cp^*_2Fe]^+$	MeCN	−0.48
	CH_2Cl_2	−0.55
$[C_7H_7]^+$	MeCN	−0.65

häufig eingesetzt: Ag^+, NO^+, Cp_2Fe^+

Thianthren	Diphenylendisulfid
tfd	Bis(trifluormethyl)ethylendithiolat
Tf	Trifluormethansulfonat
DDQ	2,3-Dichlor-5,6-dicyanochinon
TCNE	Tetracyanoethylen
TCNQ	Tetracyanochinodimethan
phen	o-Phenanthrolin

A-2 Nomenklatur metallorganischer Verbindungen

Die besonderen Struktur- und Bindungsverhältnisse metallorganischer Verbindungen machten die Entwicklung neuer Regeln für deren Benennung erforderlich. In der Tat unterliegt die Organometall-Nomenklatur ständiger Revision. Ferner werden in manchen Fällen noch alternative Namensgebungen akzeptiert (vergl. *W. Liebscher, E. Fluck*, 1998). Somit kann an dieser Stelle keine systematische Anleitung gegeben werden, vielmehr sollen repräsentative Beispiele einige Grundprinzipien erläutern.

Einfach **binäre** und **ternäre** Organometallverbindungen, in denen $M \overset{\sigma}{-} C$-**Bindungen** dominieren, können auf zweierlei Art benannt werden. In der *Additionsnomenklatur* betrachtet man das Metallorganyl als Koordinationsverbindung, in der ein Zentralatom von Liganden umgeben ist. Die Liganden werden dabei in alphabetischer Reihenfolge aufgeführt, gefolgt von den Namen des Zentralatoms:

$Hg(CH_3)_2$
Dimethylquecksilber

$(C_2H_5)_2(CH_3)_2Sn$
Diethyldimethylzinn

Die alternative *Substitutionsnomenklatur* faßt die Organyle der Gruppen 13–16 als Derivate ihrer binären Hydride auf (Endung -an, vergl. Alkane):

$Ga(CH_3)_3$
Trimethylgallan

$Sb(C_6H_5)_3$
Triphenylstiban

$(C_2H_5)_2(CH_3)_2Sn$
Diethyldimethylstannan

$Te(OCOCH_3)_2$
Diacetoxytellan

Kationen werden durch die Ladung oder die Oxidationszahl des Zentralatoms bezeichnet:

$[(C_6H_{11})_3Sn]^+$
Tricyclohexylzinn(1+) oder (IV)

Anionen erhalten die Endung -at und die Ladung bzw. die Oxidationszahl:

$[(C_2H_5)_3Sn]^-$
Triethylstannat(1–) oder (II)

$Fe(CO)_4]^{2-}$
Tetracarbonylferrat(2-) oder (-II)

In der Klasse der **Organohauptgruppenelementcluster** dominieren bezüglich ihrer Strukturvielfalt die Borane. Die Benennung leitet sich von der Borhydridnomenklatur ab, wobei die topologische Lage der organischen Substituenten durch die entsprechenden Lokanten bezeichnet wird. Heteroatome, die Boratome im Cluster ersetzen, werden mittels der Austausch(„a")-Nomenklatur berücksichtigt. Heteroatome erhalten die niedrigstmöglichen Lokanten der Polyedernumerierung. Gegebenenfalls wird zur Veranschaulichung der Clusterstruktur der Präfix *closo-*, *nido-*, *arachno-* verwendet (S. 98):

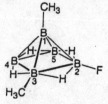

2-Fluor-1,3-dimethyl-*nido*-penta-boran(9)

3,3,3-Tricarbonyl-1,2-dicarba-3-ferra-*closo*-hexaboran(5).

Diese Nomenklatur kann im Prinzip auf die höheren Homologen – Alane, Gallane, Indane, Thallane – übertragen werden. Allerdings ist bei diesen die Struktur- und Bindungsvielfalt noch geringer, so daß in einfachen Fällen mit Deskriptoren

triangulo– (D_{3h})	*quadro*– (D_{4h})
tetrahedro– (T_d)	*octahedro*– (O_h)
triprismo– (D_{3h})	*hexahedro*– (O_h) (Würfel)
icosahedro– (I_h)	

gearbeitet werden kann.

Als Alternative bietet sich die Angabe der Struktur des Kohlenwasserstoffgrundgerüstes an (Tetrahedran, Prisman, Cuban), wobei Heteroatome als Gerüstbausteine mittels der Austausch(„a")-Nomenklatur erfaßt werden:

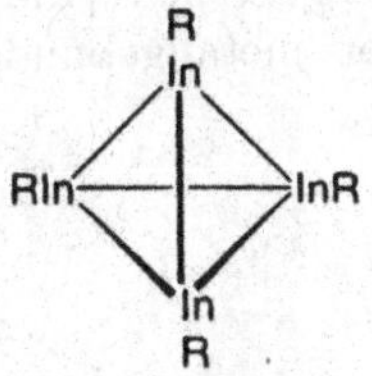

Tetrakis(trisyl)-*tetrahedro*-
tetraindium (6 *In–In*)
oder
Tetrakis(trisyl)–tetrainda-
tetrahedran

R = C(SiMe$_3$)$_3$ „trisyl"

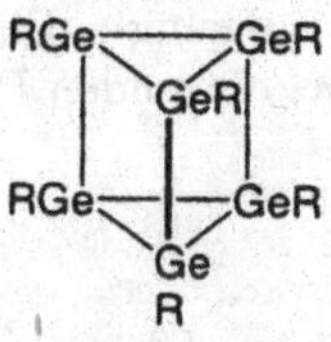

Hexakis(disyl)-*triprismo*-
hexagermanium (9 *Ge–Ge*)
oder
Hexakis(disyl)–
hexagermaprisman

R = CH(SiMe$_3$)$_2$ „disyl"

Für Komplexe, in denen **ungesättigte Moleküle oder Gruppen an ein Metallatom koordiniert** sind, ist eine spezielle Nomenklatur erforderlich. In „π-Komplexen" sind mindestens zwei Kohlenstoffatome eines Liganden an das Metall gebunden. Die Bezeichnung „π-koordiniert" allein ist jedoch zu unpräzise. Da die Art der Bindung (σ, π, δ) gelegentlich unklar ist, empfiehlt es sich, die an das Metall gebundenen Atome in einer Weise zu bezeichnen, die von theoretischen Vorstellungen unabhängig ist (*Cotton*, 1968).

Je nach der Komplexität der Struktur können Bezeichnungsweisen unterschiedlicher Aussagekraft gewählt werden.

Angabe nach stöchiometrischer Zusammensetzung:

K[PtCl$_3$(C$_2$H$_4$)]   Kalium tri<u>ch</u>loro(<u>e</u>thylen)platinat (1–)
[Fe(C$_5$H$_5$)$_2$]   Di(<u>c</u>yclopentadienyl)eisen
[Fe(CO)$_3$C$_8$H$_8$]   Tri<u>car</u>bonyl(<u>cy</u>clooctatetraen)eisen

Angaben über die Struktur

Sind alle ungesättigten C-Atome an das Metall koordiniert, so wird dem Namen des Liganden der Buchstabe η (**griech. Eta**) vorangestellt. Die Zahl der koordinierten C-

Atome kann zusätzlich mit einer hochgestellten Zahl charakterisiert werden, η^n wird dann als –hapto gelesen (also η^3 = trihapto, η^4 = tetrahapto, η^5 = pentahapto etc.).

Di(η^6-benzol)chrom

Tricarbonyl(η^6-cycloheptatrien)chrom

Genaue Bezeichnung der koordinierten Atome:

Sind an einer Bindung nicht alle ungesättigten Zentren eines Liganden beteiligt oder läßt ein Ligand mehrere Bindungsvarianten zu, so werden vor dem Zeichen η die entsprechenden Lokanten eingefügt. Eine Sequenz benachbarter metallgebundener Atome wird durch die begrenzenden Positionen gekennzeichnet:

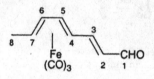

Tricarbonyl(4-7-η-octa-2,4,6-trienal)eisen

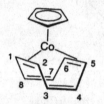

(1,2:5,6-η-cyclooctatetraen)-(η^5-cyclopentadienyl)cobalt

Nur über ein C-Atom an das Metall gebundene Liganden können mit dem Präfix η^1 oder σ versehen werden.

Dicarbonyl(η^5-cyclopentadienyl)(σ-cyclopentadienyl)eisen

Liganden, die gleichzeitig an zwei oder mehr Metallatome koordinieren (Brückenliganden), werden zusätzlich mit dem Buchstaben μ (mü) versehen. Eine Metall-Metall-Bindung wird nach dem Namen in Klammern und Kursivschrift aufgeführt:

Di-μ-carbonyl-bis(tri-carbonylcobalt) *(Co–Co)*

trans-μ[1-5:4-8-η-Cyclooctatetraen]bis[(η^5-cyclopentadienyl)ruthenium]

Mit zunehmender Komplexität der Molekülstruktur wird die Eta(η)-Notation unpraktisch, wenn nicht sogar inpraktikabel. Dies ist besonders dann der Fall, wenn neben Kohlenstoff- weitere Heteroatome an das Zentralmetall gebunden und wenn Mehrkernkomplexe unsymmetrisch verbrückt sind. Man benützt dann die **Kappa(κ)-Notation**, indem man den kursiv geschriebenen Ligatoratomen den griechischen Buchstaben κ voranstellt, der als rechte hochgestellte Zahl (n) die Anzahl jeweils identischer Ligatoratome anzeigt. Der Lokant (ℓ) des Ligatoratoms erscheint als hochgestellte Zahl nach dem kursiven Elementsymbol. Die Lokanten (m) der Metallatome in Mehrkernkomplexen werden vor die κ-Symbole geschrieben. Die komplette mκ^nElementsymbol$^\ell$-Kombination wird dann dem Teil des Ligandnamens nachgestellt, der die Funktionalität angibt, in der sich das Ligatoratom befindet. Die Kappa(κ)-Notation sei an zwei Beispielen illustriert, weitere Einzelheiten entnehme man der angegebenen Literatur.

[2-(Diphenylphosphanyl-κP)-
phenyl-κC^1]hydrido(triphenyl-
phosphan-κP)nickel(II)

trans-
[μ-1η^5-Cyclopentadiendiyl-2κC]-
[μ-2η^5-cyclopentadiendiyl-1κC]-
bis[(η^5-cyclopentadienyl)hydridowolfram]

Vereinfacht, aber nicht ganz eindeutig:
$\{(\eta^5\text{-}C_5H_5)(\mu\text{-}[\eta^1\text{:}\eta^5\text{-}C_5H_4])WH\}_2$

Nota bene: Das nur als reaktive Zwischenstufe existierende Wolframocen (η^5-C$_5$H$_5$)$_2$W (16 VE) erzielt durch Dimerisierung unter W-Insertion in die C$_5$H$_4$-H-Bindung des Partners eine 18 VE-Konfiguration (*Green*, 1978).

Literatur

G. J. Leigh (Ed.) Principles of Chemical Nomenclature (A Guide to IUPAC Recommendations), Blackwell Science, Oxford **1998**

W. Liebscher, E. Fluck Die systematische Nomenklatur der Anorganischen Chemie, Springer, Berlin **1998**

U. Bünzli-Trepp Nomenklatur der Organischen Chemie, Metallorganischen Chemie und Koordinationschemie (Chemical-Abstracts-Richtlinien, IUPAC-Empfehlungen, Trivialnamen), Logos, Berlin **2001**

A. Salzer, (Obmann und Übersetzer) Nomenklatur metallorganischer Verbindungen der Übergangsmetalle (IUPAC-Empfehlungen), *Angew. Chem.* **2002**, 114, 2043

Bezüglich Fragen stereochemischer Nomenklatur und Notation vergleiche *T.E. Sloan* in *Comprehensive Coordination Chemistry* Vol. 1, 1987, 109.

A-3 Abkürzungen und Symbole

Kürzel für chirale Liganden und für Enzyme → Sachverzeichnis

a	isotrope Hyperfeinkopplungskonstante (EPR)
A	assoziativ aktivierte Substitution (Mech.)
ab	antibindend
Ac	Acetyl
acac	Acetylacetonat
AIBN	Azoisobutyronitril
An	Actinoidelement
AN	Acetonitril
AO	Atomorbital
Ar	Aryl
Ar_F	Arylrest, perfluorierter
b	bindend
BINAP	$\alpha'\alpha'$-Binaphthyl
B.M.	Bohr'sches Magneton
bpy	2,2'-Bipyridin
Bu	1-Butyl
C	Coulomb
CID	kollosionsinduzierte Dissoziation
CIDNP	chemically induced dynamic nuclear polarization
CK	Cokondensation
COD	1,5-Cyclooctadien
COT	Cyclooctatetraen
Cp	Cyclopentadienyl
Cp'	Methylcyclopentadienyl
Cp*	Pentamethylcyclopentadienyl
CP/MAS	cross polarization/magic angle spinning
CSA	chemical shift anisotropy
Cy	*cyclo*-Hexyl
CyH	Cyclohexan
d	Bindungslänge (pm)
D	Bindungsdissoziationsenthalpie
D	dissoziativ aktivierte Substitution (Mech.)
DBPO	Di-t-butylperoxid
DBU	Diazabicycloundecen
DCD	*Dewar-Chatt-Duncanson*-Modell
DFT	Dichtefunktionaltheorie
DGM	*Davies-Green-Mingos*
$\bar{D}$(M-C)	mittlere molare Bindungsenthalpie
DME	1,2-Dimethoxyethan
DMF	Dimethylformamid
DMSO	Dimethylsulfoxid
dpm	Diphosphanomethan
dppe	1,2-Bis(diphenylphosphano)ethan

d^ippe	1,2-Bis(di-*iso*-propylphosphano)ethan
δ	chemische Verschiebung (NMR)
Δ_o	Aufspaltung t_{2g}/e_g im Oktaederfeld
$\Delta\delta$	Koordinationsverschiebung (NMR)
$\Delta G^\ddagger$	freie Aktivierungsenthalpie
ΔG^0_f	freie Standardbildungsenthalpie
$\Delta H^\ddagger$	Aktivierungsenthalpie
ΔH^0_f	Standardbildungsenthalpie
E	Bindungsenthalpieterm
E	Element, Energie
$\bar{E}$	mittlere Bindungsenthalpie
E°	Standard-Reduktionspotential für $Ox + e^- \rightarrow Red$
EA	Elektronenaffinität
EAN	effective atomic number
ee	enantiomeric excess (Enantiomerenüberschuß)
EH	Extended *Hückel* (-Methode)
El	Elektrophil
en	Ethylendiamin
EN	Elektronegativität
EN_G	Gruppenelektronegativität
EN_i	Orbitalelektronegativität
ENDOR	electron nuclear double resonance
EPR	elektronenparamagnetische Resonanz (= ESR)
Et	Ethyl
Et_2O	Diethylether
ET	Elektronentransfer
E(XAFS)	(extended) X-ray absorption fine structure spectroscopy
EXT	Extrusion (= Deinsertion)
2e3c	Zweielektronen-Dreizentren-Bindung
Fc	Ferrocen(yl)
FG	funktionelle Gruppe
Fp.	Schmelzpunkt
F-T	*Fischer-Tropsch*
Φ	Quantenausbeute
(g)	gasförmig
g	g-Wert (EPR)
GKE	gesättigte Kalomel-Elektrode
γ	magnetogyrisches Verhältnis
HGE	Hauptgruppenelement
HMPA	Hexamethylphosphorsäuretrisamid
HOMO	highest occupied molecular orbital

η	Präfix für ein koordinierendes C-Atom	Ox	Oxinat
i	iso	PAC	photoakustische Stoßkalorimetrie
I_A	interchange, assoziativ aktiviert (Mech.)	PE	Petrolether
		PE	Promotionsenergie
I_D	interchange, dissoziativ aktiviert (Mech.)	PECVD	plasma enhanced chemical vapor deposition
IE	Ionisierungsenergie	PES	Photoelektronenspektroskopie
IETS	inelastic electron tunneling spectroscopy	Ph	Phenyl
		PMDETA	Pentamethyldiethylentriamin
INS	Insertion	P-P	zweizähniger Phosphanligand
J	Elektron-Elektron-Spin-Spin-Wechselwirkung (EPR), Austauschwechselwirkung (Magnetochemie)	Pr	1-Propyl
		py	Pyridin
		QC	Quantenchemie
		r	Radius
J	skalare Kern-Kern Kopplungskonstante (NMR)	RF	Alkylrest, perfluorierter
		RE	reduktive Eliminierung
		RH	restricted $Hartree Fock$ (-Methode)
Kp.	Siedepunkt in °C	RT	Raumtemperatur
KZ	Koordinationszahl	(s)	fest
κ	Präfix für ein koordinierendes Nicht-C-Atom	S	Entropie
		SALC	symmetrieangepaßte Linearkombination
(ℓ)	flüssig		
L	Ligand (einzähnig)	sc	überkritisch
LF	Ligandenfeld	SEP	Skelett(bindungs)elektronenpaar
Ln	Lanthanoidelement	SET	single electron transfer
LUMO	lowest unoccupied molecular orbital	SHOP	Shell Higher Olefin Process
M	Metall	SOMO	singly occupied molecular orbital
MAO	Methylalumoxan	STM	scanning tunneling microscopy
MCD	Magnetischer Circulardichroismus	σ	Abschirmung
Me	Methyl	σ-BM	σ-Bindungsmetathese
Mes	Mesityl	t	tertiär
MM	Molekülmechanik	t	Tonne
MO	Molekülorbital (-Methode)	T	Temperatur, Tesla
MOCVD	metal organic chemical vapor deposition	TCNE	Tetracyanoethylen
		THF	Tetrahydrofuran
MP	$Møller-Plesset$(-Methode)	tmbp	Tetramethyl-2,2'-biphosphinin
MTO	Methyltrioxorhenium	TMEDA	N,N,N',N'-Tetramethyl-ethylendiamin
μ	elektrisches Dipolmoment		
μ	Präfix für einen verbrückenden Liganden	Tr	Tropylium, $C_7H_7^+$
		$\tau_{1/2}$	Halbwertszeit
μ_B	Bohr'sches Magneton	ÜM	Übergangsmetall(atom)
μ_0	Permittivität des Vakuums	VE	Valenzelektron
n	normal	VB	valence bond (-Methode)
nb	nichtbindend	Vi	Vinyl
NLO	nichtlineare Optik	VSEPR	valence shell electron pair repulsion ($Gillespie-Nyholm$-Modell)
Nu	Nucleophil		
NWE	Normal-Wasserstoffelektrode	$W_{1/2}$	Linienbreite (NMR)
ν	Streckschwingungsfrequenz	WBB	Wasserstoffbrückenbindung
OA	oxidative Addition	WW	Wechselwirkung
OMC	Organometallchemie	XANES	X-ray absorption near edge structure
OS	Oxidationsstufe	Z-N	$Ziegler-Natta$

Zeitschriften

AC	Angew. Chem.	DANS	Dokl. Akad. Nauk. SSR
ACP	Ann. Chim. Phys.	DAT	Dalton Trans.
ACPA	Ann. Chim. Paris		
ACR	Acc. Chem. Res.	EJIC	Eur. J. Inorg. Chem.
ACRA	Acta Crystallogr. Ser. A	EJOC	Eur. J. Org. Chem.
ACRB	Acta Crystallogr. Ser. B		
ACS	Acta Chem. Scand.	FRHC	Fundam. Res. Homogeneous Catal.
ADMA	Adv. Mater.		
AIC	Adv. Inorg. Chem.	GCI	Gazz. Chim. Ital.
AICR	Adv. Inorg. Chem. Radiochem.		
AJC	Aust. J. Chem.	HAC	Heteroatom. Chem.
AJRT	Am. J. Roentgenol. Radium. Ther.	HCA	Helv. Chim. Acta
ANC	(Liebigs) Ann. Chem.	HET	Heterocycles
ANH	Adv. Nitrogen Heterocycl.		
ANP	Ann. Phys.	IC	Inorg. Chem.
ANYC	Anal. Chem.	ICA	Inorg. Chim. Acta
AOMC	Adv. Organomet. Chem.	IEC	Ind. Eng. Chem.
APOC	Adv. Phys. Org. Chem.	IJC	Israel J. Chem.
APOM	Appl. Organomet. Chem.	IS	Inorg. Synth.
BC	Brennstoff-Chem.		
BCSJ	Bull. Chem. Soc. Jpn.	JACS	J. Am. Chem. Soc.
BDCG	Ber. Dt. Chem. Ges.	JCAT	J. Catal.
BIOC	Biochemistry	JCC	J. Coord. Chem.
BSCF	Bull. Soc. Chim. Fr.	JCE	J. Chem. Ed.
		JCOM	J. Comput. Chem.
CA	Chem. Abstracts	JCP	J. Chem. Phys.
CAI	Chem. and Ind.	JCS	J. Chem. Soc.
CB	Chem. Ber.	JCSD	J. Chem. Soc., Dalton Trans.
CC	Chem. Commun.	JCSPI	J. Chem. Soc. Perkin I
CCC	Comprehensive Coord. Chem.	JCSPII	J. Chem. Soc. Perkin II
CCR	Coord. Chem. Rev.	JHC	J. Heterocyclic Chem.
CEE	Chem. Economy & Eng.	JINC	J. Inorg. Nucl. Chem.
CEJ	Chem. Eur. J.	JMAC	J. Mater. Chem.
CEN	Chem. Eng. News	JMC	J. Mol. Catal.
CHMA	Chem. Mater.	JMR	J. Mag. Res.
CHR	Chem. Rev.	JMS	J. Mol. Struct.
CHZ	Chem. Zeitung	JOC	J. Org. Chem.
CI	Chem. Ind.	JOM	J. Organomet. Chem.
CIB	Chem. Brit.	JOML	J. Organomet. Chem. Library
CIC	Comments Inorg. Chem.	JPC	J. Phys. Chem.
CINT	The Chemical Intelligencer	JPRA	J. Prakt. Chem.
CIUZ	Ch. Unserer Zeit	JPS	J. Polym. Sci.
CJC	Can. J. Chem.	JSC	J. Struct. Chem.
CL	Chem. Lett.		
COC	Comprehensive Org. Chem.	LM	Langmuir
COMC	Comprehensive Organomet. Chem.		
CPL	Chem. Phys. Lett.	MAMO	Macromolecules
CRAC	C. R. Acad. Sci.	MBIO	Microbiol.
CREN	Compt. Rend.	MCH	Monatshefte Chem.
CSR	Chem. Soc. Rev.	MCLC	Mol. Cryst. Liq. Cryst.
CT	Chemtronics	MIOR	Mech. Inorg. Organomet. React.

MMP	Mem. Math. Phys.		RTCP	Rec. Trav. Chim. Pays Bas.
MP	Mol. Phys.			
MPC	Mol. Photochem.		SCI	Science
MRC	Magn. Reson. Chem.		SCIA	Scien. Am.
			SL	Synlett.
NAT	Nature		SPC	Surv. Progr. Chem.
NAW	Naturw.		SRIOC	Synth. React. Inorg. Organomet. Chem.
NCH	Nachr. Chem. Tech. Lab			
NJC	New J. Chem.		STBO	Struct. Bond.
NSCI	New Scientist		SYN	Synthesis
			SYNC	Synthetic Commun.
OL	Org. Lett.		SYNM	Synthetic Methods
OM	Organometallics			
OMCR	Organomet. Chem. Rev.		TCA	Theor. Chim. Acta
OMR	Org. Mag. Res.		TFS	Trans. Faraday Soc.
OMS	Organomet. Synth.		TH	Tetrahedron
OR	Org. React.		THL	Tetrahedron Lett.
OS	Org. Synth.		TMC	Transition Met. Chem.
			TMCA	Trans. Met. Chem., A Series of Advances
PAC	Pure Appl. Chem.		TOPC	Top. Curr. Chem.
PCS	Proc. Chem. Soc.		TSC	Topics In Stereochem.
PHR	Phys. Rev.			
PIC	Progr. Inorg. Chem.			
PNAC	Proc. Natl. Acad. Sci USA		WELCH	Proc. R.A.Welch Found.Chem.Res.
POL	Polyhedron			
PSC	Perspect. Supermol. Chem.		ZAC	Z. Anorg. Allg. Chem.
			ZCH	Z. Chem.
RACP	R. Acad. Sci. Paris		ZEC	Z. Elektrochem.
RAKH	Radiokhimiya		ZFK	Zh. Fiz. Khim.
RCBIE	Russ. Chem. Bull. Int. Ed.		ZHOK	Zh. Obshch. Khim
RIC	Rev. Inorg. Chem.		ZNB	Z. Naturforsch. B
RSR	Ric. Sci. Rend.			

A-4 Literatur

Studierenden der Organometallchemie wird heute der Übergang zur vertieften Behandlung von Teilaspekten durch die Existenz des Werkes Wilkinson/Stone/Abel bzw. Mingos/Crabtree Comprehensive Organometallic Chemistry (COMC I-III) bedeutend erleichtert. Nachfolgend werden als Ergänzung der Zitate des laufenden Textes Hinweise auf ein- und weiterführende Literatur gegeben.

Historie

■ K.J. Laidler *ACR* **1995**, *28*, 187 Lessons from the History of Chemistry ■ C.A. Russell Edward Frankland Cambridge University Press **1996** ■ J.S. Thayer *AOMC* **1975**, *13*, 1 Organometallic Chemistry, A Historical Perspective ■ E. Krause, A. von Grosse *Die Chemie der metall-organischen Verbindungen* Borntraeger, Berlin **1937** ■ P.Laszlo *AC* **2000**, *112*, 2151 Eine Geschichte des Diborans ■ B. Cornils, W.A. Herrmann, M. Rasch *AC* **1994**, *106*, 2219 Otto Roelen als Wegbereiter der industriellen homogenen Katalyse ■ J.J. Eisch *OM* **2002**, *21*, 5439 Henry Gilman: American Pioneer in the Rise of Organometallic Chemistry in Modern Science and Technology ■ G. Wilke *AC* **2003**, *115*, 5150 50 Jahre Ziegler-Katalysatoren: Werdegang und Folgen einer Erfindung ■ J.J. Eisch *JCE* **1983**, *60*, 1009 Karl Ziegler – Master Advocate for the Unity of Pure and Applied Reseach ■ G.W. Parshall *OM* **1987**, *6*, 687 Trends and Opportunities for Organometallic Chemistry in Industry ■ R.B. King, Ed. *CCR* **2000**, *206–207*, 1–666 Organometallic Chemistry at the Millenium ■ D. Seyferth, Portraits archetypischer Organometallspezies: *OM* **2001**, *20*, 2 $[(C_2H_4)PtCl_3]^-$; *OM* **2001**, *20*, 1488 Cacodyl; *OM* **2001**, *20*, 2940 Zinkalkyle; *OM* **2001**, *20*, 4978 Me_2SiCl_2; *OM* **2002**, *21*, 1520, 2800 $(C_6H_6)_2Cr$; *OM* **2003**, *22*, 2 $(C_4H_4)Fe(CO)_3$; *OM* **2003**, *22*, 2346, 5154 Et_4Pb; *OM* **2004**, *23*, 3562 $(C_8H_8)_2U$.

Nobel-Vorträge

■ P. Ehrlich www.nobel.se/medicine/laureates/1908/ehrlich-lecture.pdf Partial Cell Functions ■ V. Grignard www.nobel.se/chemistry/laureates/1912/grignard-lecture.pdf The Use of Organomagnesium Compounds in Preparative Organic Chemistry ■ K. Ziegler *AC* **1964**, *76*, 545 Folgen und Werdegang einer Erfindung ■ G. Natta *AC* **1964**, *76*, 553 Von der stereospezifischen Polymerisation zur asymmetrischen autokatalytischen Synthese von Makromolekülen ■ D. Crowfoot-Hodgkin *AC* **1965**, *77*, 954 Die Röntgenstrukturanalyse komplizierter Moleküle ■ E.O. Fischer *AC* **1974**, *86*, 651 Auf dem Weg zu Carben- und Carbin-Komplexen ■ G. Wilkinson *AC* **1974**, *86*, 664 Die lange Suche nach stabilen Alkyl-Übergangsmetall-Verbindungen ■ W.N. Lipscomb *AC* **1977**, *89*, 685 Die Borane und ihre Derivate ■ G. Wittig *AC* **1980**, *92*, 671 Von Diylen über Ylide zu meinem Idyll ■ H.C. Brown *AC* **1980**, *92*, 675 Aus kleinen Eicheln wachsen große Eichen - Von den Boranen zu den Organoboranen ■ R. Hoffmann *AC* **1982**, *94*, 725 Brücken zwischen Anorganischer und Organischer Chemie ■ A.H. Zewail *AC* **2000**, *112*, 2688 Femtochemie: Studium der Dynamik der chemischen Bindung auf atomarer Skala mit Hilfe ultrakurzer Laserpulse (u.a. $Mn_2(CO)_{10}$-Spaltung) ■ W.S. Knowles *AC* **2002**, *114*, 2097 Asymmetrische Hydrierungen ■ R. Noyori *AC* **2002**, *114*, 2108 Asymmetrische Katalyse: Kenntnisstand und Perspektiven ■ K.B. Sharpless *AC* **2002**, *114*, 2126 Auf der Suche nach neuer Reaktivität ■ Y. Chauvin *AC* **2006**, *118*, 3825 Olefinmetathese: die frühen Tage ■ R.M. Grubbs *AC* **2006**, *118*, 3845 Olefinmetathesekatalysatoren zur Synthese von Molekülen und Materialien ■ R.R. Schrock *AC* **2006**, *118*, 3832 Metall-Kohlenstoff-Mehrfachbindungen in katalytischen Metathesereaktionen.

Ausführliche Darstellungen und Nachschlagewerke

■ G. Wilkinson, F.G.A. Stone, E.W. Abel, Eds. *Comprehensive Organometallic Chemistry I* Vol. 1–9; *Comprehensive Organometallic Chemistry II* Vol. 1–14, Pergamon Press, Oxford **1982**, **1995** ■ D.M.P. Mingos, R.H. Crabtree, Eds. *Comprehensive Organometallic Chemistry III* Vol. 1–13, Elsevier, Oxford **2006** (in preparation) ■ G. Wilkinson, R.D. Gillard, J.A. McCleverty, Eds. *Comprehensive Coordination Chemistry I*, Vol. 1–7, Pergamon Press, Oxford **1987**; J. McCleverty, T.J.Meyer, Eds. II, Vol. 1–10, **2003** ■ R.B.King, Ed. *Encyclopedia of Inorganic Chemistry* Vol. 1–8, Wiley, Chichester **1994** ■ J.J. Zuckerman, A.P. Hagen, Eds.

Inorganic Reactions and Methods Vol. 1–18, VCH, Weinheim **1999** ■ *Gmelin, Handbuch der Anorganischen Chemie* Springer, Berlin (nach Elementen geordnete, sehr ausführliche Behandlung metallorganischer Verbindungen) ■ *Römpps Chemie Lexikon* 10. Auflage, Thieme, Stuttgart **1999** (u.a. Technische Anwendungen, Hinweise auf Übersichtsartikel) ■ J. Buckingham, Ed. *Dictionary of Organometallic Chemistry* Vol. 1–3, Chapman and Hall, London **1984** ■ F.R. Hartley, S. Patai, Eds. *The Chemistry of the Metal-Carbon Bond, 1:* The Structure, Preparation, Thermochemistry and Characterisation of Organometallic Compounds Ch. 2, H.A. Skinner, Thermochem.; *2:* The Nature and Cleavage of Metal-Carbon Bonds; *3:* Carbon-Carbon Bond Formation using Organometallic Compounds; *4:* The Use of Organometallic Compounds in Organic Synthesis, Wiley, New York **1982, 1985, 1985, 1986** ■ R.C. Larock *Comprehensive Organic Transformations* 2nd Ed., Wiley-VCH, Weinheim **1999**.

Lehrbücher
HGE + ÜM

■ G.E. Coates, M.L.H. Green, K. Wade *Organometallic Compounds* 3rd Ed., Vol. 1, 2, Methuen, London **1967**. 4th Ed.: bisher erschien Vol. 1 Part 2 Groups IV and V (B.J. Aylett), Chapman and Hall, London 1979 ■ I. Haiduc, J.J. Zuckerman *Basic Organometallic Chemistry* Walter de Gruyter, Berlin **1985** ■ A.W. Parkins, R. C. Poller *An Introduction to Organometallic Chemistry* Macmillan, London **1986** ■ P. Powell *Principles of Organometallic Chemistry* 2nd Ed., Chapman and Hall, London **1988**.

ÜM

■ A.J. Pearson *Metallo-Organic Chemistry* Wiley, New York **1985** ■ C.M. Lukehart *Fundamental Transition Metal Organometallic Chemistry* Brooks/Cole, Monterey **1985** ■ A. Yamamoto *Organotransition Metal Chemistry* Wiley, New York **1986** ■ J.P. Collman, L.S. Hegedus, J.R. Norton, R.G. Finke *Principles and Applications of Organotransition Metal Chemistry* 2nd Ed., University Science Books, Mill Valley **1987** ■ S.E. Kegley, A.R. Pinhas *Problems and Solutions in Organometallic Chemistry* (Übungen) University Science Books, Mill Valley **1986** ■ M. Bochmann *Metallorganische Chemie der Übergangsmetalle* VCH, Weinheim **1997** ■ G.O. Spessard, G.L. Miessler *Organometallic Chemistry* Prentice Hall, Upper Saddle River **1996** ■ R.H. Crabtree *The Organometallic Chemistry of the Transition Metals* 4th Ed., Wiley, New York **2005** ■ T.J. Marks, R.D. Fischer, Eds. *Organometallic Chemistry of the f-Elements* Reidel, Dordrecht **1979** ■ D. Astruc *Chimie Organométallique* EDP Sciences, Les Ulis **2000**.

ANORGANISCHE CHEMIE (mit Organometall-Passagen)

■ K.F. Purcell, J.C. Kotz *Inorganic Chemistry* Saunders, Philadelphia **1977** ■ N.N. Greenwood, A. Earnshaw *Chemie der Elemente* VCH, Weinheim **1988** ■ W.W. Porterfield *Inorganic Chemistry. A Unified Approach* 2nd Ed., Academic Press, New York **1993** ■ A.F. Hollemann, E. Wiberg *Lehrbuch der Anorganischen Chemie* 102. Aufl., Walter de Gruyter, Berlin **2007** ■ J.E. Huheey, E.A. Keiter, R.L. Keiter *Anorganische Chemie – Prinzipien von Struktur und Reaktivität* 3. Aufl., Walter de Gruyter, Berlin **2003** ■ D.F. Shriver, R.W. Atkins, C.H. Langford *Anorganische Chemie* Wiley-VCH, Weinheim **1997** ■ J. Janiak, T.M. Klapötke, H.-J. Meyer, R. Alsfasser *Moderne Anorganische Chemie 3. Aufl.* Walter de Gruyter, Berlin **2007** ■ F.A. Cotton, G. Wilkinson, C.A. Murillo, M. Bochmann *Advanced Inorganic Chemistry* 6th Ed., Wiley, New York **1999**.

Fortschrittsberichte

■ *Specialist Periodical Report* The Royal Society of Chemistry, London: *Organometallic Chemistry* (Jahresübersichten, ab **1971**) ■ *Advances in Organometallic Chemistry (AOMC)* ■ *Advances in Inorganic Chemistry (and Radiochemistry) (AICR)* ■ *Progress in Inorganic Chemistry (PIC)* ■ *Coordination Chemistry Reviews (CCR)* ■ *Mechanisms of Inorganic and Organometallic Reactions (MIOR)* ■ *Accounts of Chemical Research (ACR)* ■ *Chemical Reviews (CHR)* ■ *Chemical Society Reviews (CSR)* ■ *Comments on Inorganic Chemistry (CIC)* ■ *Topics in Organometallic Chemistry (TOMC)*.

Neben diesen reinen Review-Organen veröffentlichen heute viele Fachzeitschriften Übersichtsartikel zu Organometallthemen, so z.B. *AC, EJIC, EJOC, CC, JCSD, OM.*
Eine aktuelle Sammlung: R.B. King, Ed. *Modern Aspects of Organometallic Chemistry* JOM **2004**, *248*, 533–1158.

Fachzeitschriften

■ *Journal of Organometallic Chemistry (JOM)* ■ *Organometallics (OM)* ■ *Synthesis and Reactivity in Inorganic and Organometallic Chemistry (SRIOC)* ■ *Applied Organometallic Chemistry (APOM)* ■ *Advanced Materials (ADMA)* ■ *Chemistry of Materials (CHMA).*
Alle Journale der Anorganischen und Organischen Chemie sowie die großen allgemeinchemischen Journale publizieren auch Artikel metallorganischen Inhalts.

Präparative Organometallchemie
ARBEITSTECHNIK

■ D.F. Shriver, M. Dreszdon *The Manipulation of Air-Sensitive Compounds* 2nd Ed., Wiley, New York **1986** ■ A.L. Wayda, M.Y. Darensbourg, Eds. *Experimental Organometallic Chemistry – A Practicum in Synthesis and Characterisation* ACS Symposium Series No. 357, Washington D.C. **1987** ■ W.A. Herrmann, Ed. *Synthetic Methods of Organometallic and Inorganic Chemistry („Herrmann/Brauer")* Vol. 1, Ch. 2: *Laboratory Techniques of Organometallic Chemistry;* Vol. 1, Ch. 3: *Ausgangsmaterialien* Thieme, Stuttgart **1996** ■ B. Heyn, B. Hipler, G. Kreisel, H. Schreer, D. Walther *Anorganische Synthesechemie, ein integriertes Praktikum* Spinger, Berlin **1990** ■ M. Moskovits, G.A. Ozin *Cryochemistry* Wiley, New York **1976**

ARBEITSVORSCHRIFTEN

■ *Herrmann/Brauer* Vol. 2-10, **1996-2002** ■ J.J. Eisch, R.B. King, Eds. *Organometallic Syntheses* Academic Press, New York, Vol. 1, **1965**; Vol. 2, 1981; Vol. 3, **1986**; Vol.4, **1988** ■ *Inorganic Syntheses* Wiley, New York, Vol. 1, **1939**- ...; insbesondere Vol. 28, **1990** *Reagents for Transition Metal Complex and Organometallic Syntheses* ■ W.L. Jolly, Ed., Wiley, New York, Vol. 1, **1964** – Vol. 7, **1971** ■ M.Schlosser, Ed. *Organometallics in Synthesis. A Manual* Wiley, Chichester **2002** ■ L. Brandsma, H.D. Verkruijsse *Preparative Polar Organometallic Chemistry* Vol. 1, Springer, Berlin **1987** ■ L. Brandsma *Preparative Polar Organometallic Chemistry* Vol. 2, Springer, Berlin **1990** ■ L. Brandsma, S.F. Vasilevsky, H.D. Verkruijsse *Applications of Transition Metal Catalysts in Organic Synthesis* Springer, Berlin **2001** (desktop edition!) ■ S. Komiya, Ed. *Synthesis of Organometallic Compounds. A Practical Guide* Wiley, Chichester **1997** ■ A. Fürstner, Ed. *Active Metals: Preparation, Characterization, Applications* VCH, Weinheim **1996** ■ K.S. Suslick, Ed. *High-Energy Processes in Organometallic Chemistry* ACS Symposium Series No. 333, Washington D.C. **1987** ■ P.L. Timms, T.W. Turney *AOMC*, **1977**, *15*, 53 Metal Atom Synthesis of Organometallic Compounds ■ J.R. Blackborrow, D. Young *Metal Vapour Synthesis in Organometallic Chemistry* Springer, Berlin **1979** ■ K.J. Klabunde *Chemistry of Free Atoms and Particles* Academic Press, New York **1980** ■ P.L. Timms CSR **1996**, 25, 93 New Developments in Making Compounds and Materials by Condensing Gaseous High-Temperature Species at Atmospheric or Low Pressure ■ N.E. Leadbetter CC **2005**, 2881 Microwave Promoted Synthesis (Suzuki Coupling).

Spektroskopische Methoden
ÜBERSICHTEN

■ R.S. Drago *Physical Methods in Chemistry* 2nd Ed., Saunders College Publishing, Fort Worth **1992** ■ E.A.V. Ebsworth, D.W.H. Rankin, S. Cradock *Structural Methods in Inorganic Chemistry* Blackwell, Oxford **1987** ■ *Specialist Periodical Reports* The Royal Society of Chemistry, London: *Spectroscopic Properties of Inorganic and Organometallic Compounds* (Jahresübersichten, ab **1967**).

IR/RAMAN

■ K. Nakamoto *Infrared and Raman Spectra of Inorganic and Coordination Compounds* 5th Ed., Wiley, New York **1997** ■ S.F. Kettle *TOPC* **1977**, *71*, 111 The Vibrational Spectra of Metal Carbonyls ■ P.S. Braterman *Metal-Carbonyl Spectra* Academic Press, New York 1975

■ M.Y. & D.J.Darensbourg *JCE* **1970**, *47*, 33; **1974**, *51*, 787 Infrared Determination of Stereochemistry in Metal Complexes ■ J. Weidlein, U. Müller, K. Dehnicke *Schwingungsspektroskopie* 2. Aufl.; Schwingungsfrequenzen I, HGE; Schwingungsfrequenzen II, ÜM, Thieme, Stuttgart **1988, 1981, 1986** ■ E. Maslowsky *Vibrational Spectra of Organometallic Compounds* Wiley, New York **1977** ■ C.B. Harris *ACR* **1999**, *32*, 551 Ultrafast Infrared Studies of Bond Activation in Organometallic Complexes.

NMR

■ H. Friebolin *Ein- und zweidimensionale NMR-Spektroskopie* 3. Aufl., VCH, Weinheim **1998** ■ H.O. Kalinowski, S. Berger, S. Braun *13C-NMR-Spektroskopie* Thieme, Stuttgart **1984** ■ P.W. Jolly, R. Mynott *AOMC* **1981**, *19*, 257 Applications of ^{13}C-NMR to Organotransition Metal Complexes ■ B.E.Mann, B.F.Taylor *13C NMR Data for Organometallic Compounds* Academic Press, New York **1981** ■ B.E. Mann *AOMC* **1988**, *28*, 397 Recent Developments in NMR Spectroscopy of Transition Metal Complexes ■ L.M. Jackman, F.A. Cotton *Dynamic NMR Spectroscopy* Academic Press, New York **1975** ■ R.K.Harris, B.E.Mann, Eds. *NMR and the Periodic Table* Academic Press, New York **1978** (siehe auch: *CSR* **1976**, *5*, 1) ■ J.J. Dechter *PIC* **1982**, *29*, 285 NMR of Metal Nuclides I: The Main Group Metals; *PIC* **1985**, *33*, 393 NMR of Metal Nuclides II: The Transition Metals ■ J. Mason, Ed. *Multinuclear NMR* Plenum Press, New York **1987** ■ H. Günther, D. Moskau, P. Bast, D. Schmalz *AC* **1987**, *99*, 1242 Moderne NMR-Spektroskopie von Organolithium-Verbindungen ■ J. Mason *CHR* **1987**, *87*, 1299 Patterns of Nuclear Magnetic Shielding of Transition Metal Nuclei ■ R. Benn, A. Rufinska *AC* **1986**, *98*, 851 Hochauflösende Metallkern-NMR-Spektroskopie von Organometallverbindungen ■ W. von Philipsborn *CSR* **1999**, *28*, 95 Probing Organometallic Structure and Reactivity by Transition Metal NMR Spectroscopy ■ D. Rehder *Chimia* **1986**, *40*, 186 Applications of Transition Metal NMR Spectroscopy in Coordination Chemistry ■ G.N. Lamar, W.D. Horrocks, R.H. Holm *NMR of Paramagnetic Molecules* Academic Press, New York **1973** ■ M. Gielen, R. Willem, B. Wrackmeyer, Eds. *Physical Organometallic Chemistry*, Vol. 1: *Advanced Applications of NMR to Organometallic Chemistry*; Vol. 2: u.a. M.J. Duer *Solid State NMR* Wiley, Chichester 1999 ■ A. Jerschow *AC* **2002**, *114*, 3225 Methoden der Festkörper-NMR-Spektroskopie in der Chemie.

EPR

■ J.A. Weil, J.R. Bolton, J.E. Wertz *Electron Paramagnetic Resonance. Elementary Theory and Practical Applications* Wiley, New York **1994** ■ B.A. Goodman, J.B. Raynor *AICR* **1970**, *13*, 136 Electron Spin Resonance of Transition-Metal Complexes (nützliche Datensammlung) ■ C.P. Poole, H.A. Farach, Eds. *Handbook of Electron Spin Resonance* AIP Press, New York **1994** ■ M. Verdaguer *CIC* **1998**, *20*, 27 Spin Density Distribution in Transition Metal Complexes: Some Thoughts and Hints ■ F. Gerson, W. Huber *Electron Spin Resonance Spectroscopy of Organic Radicals* Wiley-VCH, Weinheim **2003**.

MÖSSBAUER

■ P.Gütlich *CIUZ* **1970**, *4*, 133; **1971**, *5*, 131 Mössbauer Spektroskopie ■ G.M.Bancroft, R.M. Platt *AICR* **1972**, *15*, 59 Mössbauer Spectra of Inorganic Compounds: Bonding and Structure ■ R.H. Herber, Ed. *Chemical Mössbauer Spectroscopy* Plenum Press, New York **1984** ■ R.V. Parish *CB* **1985**, *21*, 546, 740 Mössbauer Spectroscopy ■ G.J. Long, Ed. *Mössbauer Spectroscopy Applied to Inorganic Chemistry* Vol. 1–3, Plenum Press, New York **1984–1989** ■ D.P.E. Dickson, F.J. Berry, Eds. *Mössbauer Spectroscopy* Cambridge University Press, **1986** ■ J. Silver *Mössbauer Spectroscopy of Organometallic Compounds* in: M. Gielen, R. Willem, B. Wrackmeyer *Solid State Organometallic Chemistry* Wiley, Chichester **1999**.

MS

■ H.Budzikiewicz *Massenspektrometrie. Eine Einführung* 4. Aufl., Wiley-VCH, Weinheim **1998** ■ H.D. Beckey, H.-R. Schulten *AC* **1975**, *87*, 425 Felddesorptions-Massenspektrometrie (FD-MS) ■ J.M. Miller *AICR* **1984**, *28*, 1 Fast Atom Bombardment Mass Spectrometry and Related Techniques (FAB-MS) ■ J.H. Gross *Mass Spectrometry: A Textbook* Springer,

Heidelberg **2004** ■ W. Henderson, S. McIndoe *Mass Spectrometry of Inorganic and Organo-metallic Compounds* Wiley, New York **2005** ■ C.M. Barshik, D.C. Duckworth, D.H. Smith *Inorganic Mass Spectrometry. Fundamentals and Applications* Dekker, Monticello **2000** ■ J. Müller *AC* **1972**, *84*, 725 Zerfall von Organometallkomplexen im Massenspektrometer (IE-MS) ■ B.S. Freiser *ACR* **1994**, *27*, 353 Selected Topics in Organometallic Ion Chemistry.

PES

■ T.A. Carlson *Photoelectron and Auger Spectroscopy* Plenum Press, New York **1975** (PES, äußere Schalen; XPS, innere Schalen) ■ S. Huber *Photoelectron Spectroscopy* Spinger, Berlin **1995** (XPS = ESCA) ■ H. van Dam, A. Oskam *TMCA* **1985**, *9*, 125 UV-Photoelectron Spectroscopy of Transition-Metal Complexes ■ D.L. Lichtenberger, G.E. Kellog, *ACR* **1987**, *20*, 379 Experimental Quantum Chemistry: Photoelectron Spectroscopy of Organotransition-Metal Complexes ■ J.C. Green *STBO* **1981**, *43*, 37 Gas Phase Photoelectron Spectra of d- and f-Block Organometallic Compounds ■ C. Cauletti, C. Furlani *CIC* **1985**, *5*, 29 Gas Phase UV Photoelectron Spectroscopy as a Tool for the Investigation of Electronic Structures of Coordination Compounds ■ G.M. Bancroft, R.J. Puddephat *ACR* **1997**, *30*, 213 Variable Energy Photoelectron Spectroscopy.

(E)XAFS

■ B.K. Teo *EXAFS: Basic Principles and Data Analysis* Springer, Berlin **1986** ■ M.A. Fay, A. Proctor, D.P. Hoffman, D.M. Hercules *ANYC* **1988**, *60*, 1225A Unraveling EXAFS Spectroscopy ((E)XAFS, (extended) X-ray absorption fine structure, liefert Strukturhinweise auf die unmittelbare Umgebung eines Zentralmetalls) ■ Y.L. Slovokhotov *XAFS Spectroscopy of Organometallic Species and Clusters* in: M. Gielen, R. Willem, B. Wrackmeyer *Solid State Organometallic Chemistry* Wiley, Chichester **1999**.

Beugungsmethoden

■ J.P. Glusker, M. Lewis, M. Rossi *Crystal Structure Analysis for Chemists and Biologists* VCH, New York **1994** ■ W. Massa *Kristallstrukturbestimmung* 4. Aufl., Teubner, Stuttgart **2005** ■ K. Angermund, K.H. Claus, R. Goddard, C. Krüger *AC* **1986**, *97*, 241 Hochauflösende Röntgen-Strukturanalyse – eine experimentelle Methode zur Beschreibung chemischer Bindungen ■ D. Stalke *CSR* **1998**, *27*, 171 Cryo Crystal Structure Determination and Application to Intermediates ■ A.G. Orpen, L. Brammer, F.H. Allen, O. Kennard, D.G.Watson, R.Taylor *JCSD* **1989**, S1–S83 Tables of Bond Lengths Determined by X-Ray and Neutron Diffraction, Part 2. Organometallic Compounds and Coordination Complexes of the d- and f-Block Metals ■ F.H. Allen, O. Kennard, D.G.Watson *Crystallographic Data Bases: Search and Retrieval of Information from the Cambridge Structural Data Base* in: H.-B. Bürgi, J.D. Dunitz, Eds. *Structure Correlation* Vol. 1, VCH, Weinheim **1994** ■ A. Haaland *TOPC* **1975**, *53*, 1 Organometallic Compounds Studied by Gas Phase Electron Diffraction ■ R. Bau *ACR* **1979**, *12*, 176 Structures of Transition-Metal Hydride Complexes (Neutronenbeugung) ■ I. Bernal, Ed. *Stereochemistry of Organometallic and Inorganic Compounds* 1, 2, 3 ..., Elsevier, Amsterdam **1986-** ...

Bindungstheorie, Quantenchemische Rechnungen

■ J.K. Burdett *Chemical Bonds: A Dialog* Wiley, New York **1997** ■ T.A. Albright *TH* **1982**, *38*, 1339 Structure and Reactivity in Organometallic Chemistry. An Applied MO Approach ■ T.A. Albright, J.K. Burdett, H.-H. Whangbo *Orbital Interactions in Chemistry* Wiley, New York **1985** ■ T.R. Cundari, Ed. *Computational Organometallic Chemistry* Marcel Dekker, New York **2001** ■ W. Koch, M.C. Holthausen *A Chemist's Guide to Density Functional Theory* 2nd Ed., Wiley-VCH, Weinheim **2001** ■ E.R. Davidson, Ed. *CHR* **2000**, *100*, 351–818 Computational Transition Metal Chemistry ■ G. Frenking, N. Fröhlich *CHR* **2000**, *100*, 717 The Nature of the Bonding in Transition-Metal Compounds ■ P.W.N.M. van Leeuwen *JCE* **2002**, *79*, 588 Teaching Bonding in Organometallic Chemistry Using Computational Chemistry ■ D.G. Gilheany *CHR* **1994**, *94*, 1339 No d Orbitals but Walsh Diagrams and Maybe Banana Bonds ■ F. Maseras, K. Morokuma *JCOM* **1995**, *16*, 1170 IMOMM: A New Integrated Ab Initio MO + Molecular Mechanics Geometry Optimization Scheme of Equilibrium Structures and Transition States ■ O. Eisenstein, R.H. Crabtree et al. *NJC* **1998**, 1493 und dort zitierte Literatur: IMOMM-Anwendungen ■ K.K. Irikura, D.J. Frurip, Eds. *Computational Thermochemistry* ACS Symp. Ser., Washington *DC* **1998** ■ M. Kaupp, M. Bühl, V.G. Malkin, Eds. *Calculation of NMR and EPR Parameters* Wiley-VCH, Weinheim **2004**.

Kinetik und Mechanismus

■ R.G. Wilkins *Kinetics and Mechanism of Reactions of Transition Metal Complexes* 2nd Ed., VCH, Weinheim **1991** ■ R.B. Jordan *Mechanismen anorganischer und metallorganischer Reaktionen* Teubner, Stuttgart **1994** ■ R.B. Jordan *Reaction Mechanisms of Inorganic and Organometallic Systems* 2nd Ed., Oxford University Press, New York **1998** ■ J.D. Atwood *Inorganic and Organometallic Reaction Mechanisms* 2nd Ed., VCH, Weinheim **1997** ■ D.S. Matteson *Organometallic Reaction Mechanisms of the Nontransition Elements* Academic Press, New York **1974** ■ R. Brückner *Reaktionsmechanismen* 3. Aufl. Spektrum Akademischer Verlag, Heidelberg **2004** ■ J.K. Kochi *Organometallic Mechanisms and Catalysis* Academic Press, New York **1978**.

Organometall-ET-Reaktionen, Elektrochemie

■ N.G. Connelly, W.E. Geiger *AOMC* **1984**, *23*, 1 und **1985**, *24*, 87 The Electron-Transfer Reactions of Organotransition Metal Complexes ■ W.C. Trogler, Ed. *JOML* **1990**, *22* Organometallic Radical Processes ■ D. Astruc Electron Transfer and Radical Processes in Transition-Metal Chemistry VCH, New York **1995** ■ N.G. Connelly *CSR* **1989**, *18*, 153 Synthetic Aspects of Organotransition-Metal Redox Reactions ■ N.G. Connelly, W.E. Geiger *CHR* **1996**, *96*, 877 Chemical Redox Agents for Organometallic Chemistry ■ P.R. Jones *AOMC* **1977**, *15*, 273 Organometallic Radical Anions ■ W.E. Geiger *OM* **2007**, *26*, 5738 Organometallic Elektrochemistry: Origins, Development and Future.

Photochemie

■ A.W. Adamson, P.D. Fleischhauer, Eds. *Concepts of Inorganic Photochemistry* Wiley, New York **1975** ■ G.L. Geoffroy, M.S. Wrighton *Organometallic Photochemistry* Academic Press, New York **1979** ■ G.L. Geoffroy, M.S. Wrighton *JCE* **1983**, *60*, 861 Organometallic Photochemistry ■ M.S. Wrighton, Ed. Adv. Chem. Ser. *ACS* **1978**, *168* Inorganic and Organometallic Photochemistry ■ M.S. Wrighton *CHR* **1974**, *74*, 401 The Photochemistry of Metal Carbonyls ■ H. Henning, D. Rehorek *Photochemische und photokatalytische Reaktionen von Koordinationsverbindungen* Teubner, Stuttgart **1988** ■ J.J. Zuckerman, Ed. *Inorg. React. Meth.* **1986**, *15* Electron-Transfer and Electrochemical Reactions; Photochemical and other Energized Reactions ■ A. Vogler, H. Kunkely *CCR* **1998**, *177*, 81; **2000**, *208*, 321 Photochemistry Induced by Metal-to-Ligand Charge Transfer Excitation ■ N.E. Leadbeater *CIC* **1998**, *20*, 57 Organometallic Photochemistry: The Study of Short-Lived Intermediates ■ E. Kochanski, Ed. *Photoprocesses in Transition Metal Complexes, Biosystems and Other Molecules. Experiment and Theory* Kluwer Academic Publ., Dordrecht **1992** ■ D.R. Tyler *JCE* **1997**, *74*, 668 Organometallic Photochemistry: Basic Principles and Applications to Materials Chemistry.

Oberflächenchemie

■ M.R. Albert, J.T. Yates *The Surface Scientist's Guide to Organometallic Chemistry* ACS, Washington D.C. **1987** ■ D.J. Cole-Hamilton, J.O. Williams, Eds. *NATO ASI Series B (Physics)* **1989**, *198* Mechanisms of Reactions of Organometallic Compounds with Surfaces ■ G.B. Stringfellow *Organometallic Vapor Phase Epitaxy – Theory and Practice* Academic

Press, New York **1989** ▪ J.T. Spencer *PIC* **1994**, *41*, 145 Chemical Vapor Deposition of Metal-Containing Thin-Film Materials from Organometallic Compounds ▪ G.S. Girolami *ACR* **2000**, 33, 869 Mechanisms of Nucleation and Growth in Chemical Vapor Deposition Processes ▪ A.C. Jones *CSR* **1997**, *26*, 101 Developments in Metalorganic Precursors for Semiconductor Growth from the Vapour Phase ▪ G. Ertl *AC* **2008**, *120* Nobel-Vortrag.

Bioorganometallchemie (u.a. Bioanorganik-Texte mit Bioorganometall-Passagen)

▪ W. Kaim, B. Schwederski *Bioanorganische Chemie* 3. Aufl., Teubner, Wiesbaden **2004** ▪ I. Bertini, H.B. Gray, S.L. Lippard, J.S. Valentine *Bioinorganic Chemistry* University Science Books, Sausalito **1994** ▪ S.J. Lippard, J.M. Berg *Bioanorganische Chemie* Spektrum Akademischer Verlag, Heidelberg **1995** ▪ J.A. Cowan *Inorganic Biochemistry. An Introduction* 2nd Ed., Ch. 2: *Experimental Methods* Wiley-VCH, New York **1997** ▪ P.C. Wilkins, R.G. Wilkins *Inorganic Chemistry in Biology* (Chemistry Primer) Oxford University Press **1997** ▪ R. Winter, F. Noll *Methoden der Biophysikalischen Chemie* Teubner, Stuttgart **1993** ▪ J.S. Thayer *Organometallic Compounds and Living Organisms* Academic Press, New York *1984* ▪ P.J. Craig, Ed. *Organometallic Compounds in the Environment, Principles and Reactions* Longman, Harlow **1986** ▪ A.D. Ryabov *AC* **1991**, *103*, 945 Wechselwirkungen und Reaktionen von Organometallverbindungen mit Enzymen und Proteinen ▪ G. Jaouen, A.Vessieres, I.S. Butler *ACR* **1993**, *26*, 361 Bioorganometallic Chemistry: A Future Direction for Transition Metal Organometallic Chemistry? ▪ N. Metzler-Nolte *AC* **2001**, *113*, 1072 Markierung von Biomolekülen für medizinische Anwendungen – Sternstunden der Bioorganometallchemie ▪ R. Krämer *AC* **1996**, *108*, 1287 Anwendungen von π-Aren-Rutheniumkomplexen in der Peptidmarkierung und Peptidsynthese ▪ B.K. Keppler, Ed. *Metal Complexes in Cancer Chemotherapy*, VCH, Weinheim **1993** ▪ M. Hartmann, B.K. Keppler *CIC* **1995**, *16*, 339 Inorganic Anticancer Agents: Their Chemistry and Antitumor Properties ▪ P. Köpf-Maier, H. Köpf *CHR* **1987**, *87*, 1137 Non-Platinum-Group Metal Antitumor Agents: History, Current Status, and Perspectives ▪ Z. Guo, P.J. Sadler *AC* **1999**, *111*, 1610 Metalle in der Medizin ▪ Y.K. Yan *CC* **2005**, 4764 Organometallic Chemistry, Biology, and Medicine: Ruthenium Anticancer Complexes ▪ I. Brown *AIC* **1987**, *31*, 43 Astatine: Its Organonuclear Chemistry and Biomedical Applications ▪ B.E. Mann *AC* **2003**, *115*, 3850 Carbonylmetallkomplexe – eine neue Klasse von Pharmazeutika? ▪ P. Sadler *AIC* **1999**, *49*, 183 Medical Inorganic Chemistry ▪ Neutroneneinfangtherapie (NCT) → Zitate Kap. 7.1 ▪ R. Degani *CEN* **2002**, Sept. 16, 23 The Bio Side of Organometallics ▪ W. Beck *CIUZ* **2002**, *36*, 356 Biometallorganische Chemie ▪ G. Jaouen *Bioorganometallics*, Wiley-VCH, Weinheim 2005 ▪ Weitere Zitate zu speziellen Themen → S. 700.

Supramolekulare Organometallchemie

▪ R. Pfeiffer *Organische Molekülverbindungen* Enke, Stuttgart **1927** ▪ G.R. Newkome *CHR* **1999**, *99*, 1689 Suprasupermolecules with Novel Properties: Metallodendrimers ▪ I. Haiduc, F.T. Edelmann, Eds. *Supramolecular Organometallic Chemistry* Wiley-VCH, Weinheim **1999** ▪ D. Braga, F. Grepioni *CIC* **1997**, *19*, 185 Generation of Organometallic Crystal Architectures. ▪ V. Chandrasekhar *Inorganic and Organometallic Polymers* Springer, Berlin **2005**.

Ausgewählte Arbeiten zu den einzelnen Kapiteln

▪ Die folgenden Literaturangaben ergänzen und erweitern die im laufenden Text aufgeführten, essentiellen Zitate. Während für letztere der Bezug aus dem Text ersichtlich ist, wird für erstere nachfolgend auch der jeweilige Titel der Arbeit wiedergegeben.

3

▪ T.J. Marks, Ed. *ACS Symp. Ser.* **1990**, 428 Bonding Energetics in Organometallic Compounds ▪ S.P. Nolan *Bonding Energetics of Organometallic Compounds*, in: R.B.King, Ed. *Encyclopedia of Inorganic Chemistry* Wiley, Chichester **1994** ▪ C.D. Hoff *PIC* **1992**, *40*, 503 Thermodynamics of Ligand Bonding and Exchange in Organometallic Reactions ▪ P.B. Armentrout *ACR* **1995**, *28*, 430 Building Organometallic Complexes from the Base Metal: Thermochemistry and Electronic Structure Along the Way ▪ B. Fletcher, J.J. Grabowski

JCE **2000**, *77*, 640 Photoacoustic Calorimetry ■ K.S. Peters *AC* **1994**, *106*, 301 Die zeitaufgelöste photoakustische Kalorimetrie: von Carbenen bis zu Proteinen ■ P. Mulder, D.D.M. Wayner *ACR* **1999**, *32*, 342 Determination of Bond Dissociation Enthalpies in Solution by Photoacoustic Calorimetry ■ G.B. Ellison *ACR* **2003**, *36*, 255 Bond Dissociation Energies of Organic Molecules.

HAUPTGRUPPENELEMENTORGANYLE

■ M.E. O'Neill, K. Wade COMC 1982, 1, 1 Structural and Bonding Relationships among Main Group Organometallic Compounds ■ P. Jutzi *CIUZ* **1981**, *15*, 149 Die klassische Doppelbindungsregel und ihre vielen Ausnahmen ■ A.L. Rheingold, Ed. *Homoatomic Rings, Chains and Macromolecules of the Main Group Elements* Elsevier, Amsterdam 1977 ■ P. Jutzi *AOMC* **1986**, *26*, 217 π-Bonding to Main-Group Elements ■ D.G. Gilheany *CHR* **1994**, *94*, 1339 No d-Orbitals but Walsh Diagrams and Maybe Banana Bonds ■ M.S. Szwarc, Ed. *Ions and Ion Pairs in Organic Reactions* Vol. 1, 2, Wiley, New York 1972, **1974** ■ J.K. Kochi, T.M. Bockman *AOMC* **1991**, *33*, 52 Organometallic Ions and Ion Pairs ■ P. Jutzi, G. Reumann *JCSD* **2000**, 2237 Cp* Chemistry of Main-Group Elements ■ P. Jutzi, N.Burford *CHR* **1999**, *99*, 969 Structurally Diverse π-Cyclopentadienyl Complexes of the Main-Group Elements (vergl. auch *CIUZ* **1999**, *33*, 342) ■ D.J. Berkey, T.P. Hanusa *CIC* **1995**, *17*, 41 Structural Lessons from Main-Group Metallocenes ■ D. Bourissou *CSR* **2004**, *33*, 210 Unusual Geometries in Main Group Chemistry.

5

■ M. Schlosser *Alkali Chemistry* in: M. Schlosser, Ed. *Organometallics in Synthesis. A Manual* 2nd Ed., Wiley, Chichester 2002, Ch. I ■ B.J. Wakefield *The Chemistry of Organolithium Compounds* Pergamon Press, Oxford 1974 ■ B.J. Wakefield *Organolithium Methods* Academic Press, London 1988 ■ W.F. Bailey, J.J. Patricia *JOM* **1988**, *352*, 1 The Mechanism of the Lithium-Halogen Interchange Reaction: A Review of the Literature ■ P.v.R. Schleyer *OM* **1988**, *7*, 1597 Methyllithium and its Oligomers. Structural and Energetic Relationships ■ W.N. Setzer, P.v.R. Schleyer *AOMC* **1985**, *24*, 353 X-Ray Structural Analyses of Organolithium Compounds ■ E. Weiss *AC* **1993**, *105*, 1565 Strukturen alkalimetallorganischer und verwandter Verbindungen ■ E. Kaufmann, K. Raghavachari, A.E. Reed, P.v.R. Schleyer *OM* **1988**, *7*, 1597 Methyllithium and its Oligomers. Structure and Energetic Relationships ■ H.F. Ebel *Die Acidität der CH-Säuren* Thieme, Stuttgart 1969 ■ O.A. Reutov, I.P. Beletskaya, K.P. Butin *CH-Acids* Pergamon Press, Oxford 1978 ■ H. Günther *Encyclopedia of NMR* Wiley, New York 1996, 2702, *High-Resolution* $^{6,7}Li$ *NMR Spectroscopy* ■ G. Fraenkel, H.H. Su, B.M. Su *The Structure and Dynamic Behaviour of Organolithium Compounds in Solution*, ^{13}C-, ^{6}Li- and ^{7}Li NMR in: R.Bach, Ed. *Lithium Current Applications in Science, Medicine and Technology* Wiley, New York 1985 ■ L. Lochmann *EJIC* **2000**, 1115 Reaction of Organolithium Compounds with Alkali Metal Alkoxides – A Route to Superbases ■ M.T. Reetz *TOPC* **1982**, *106*, 1 Organotitanium Reagents in Organic Syntheses. A Simple Means to Adjust Reactivity and Selectivity of Carbanions ■ M.T. Reetz *Organotitanium Chemistry* in: M.Schlosser, Ed. *Organometallics in Synthesis. A Manual* 2nd Ed., Wiley, Chichester 2002, Ch. VII ■ C. Schade, P.v.R. Schleyer *AOMC* **1987**, *27*, 169 Sodium, Potassium, Rubidium, Cesium: X-Ray Structural Analysis of their Organic Compounds ■ J.D. Smith *AOMC* **1998**, *43*, 267 Organometallic Compounds of the Heavier Alkali Metals ■ A.E.H. Wheatley *CSR* **2001**, *30*, 265 The Oxygen Scavenging Properties of Alkali Metal-Containing Organometallic Compounds ■ C. Lambert, P.v.R. Schleyer *AC* **1994**, *106*, 1187 Sind Organometallverbindungen „Carbanionen"? Der Einfluß des Gegenions auf Struktur und Energie von Organoalkalimetallverbindungen.

6.1

■ P. Margl, K. Schwarz *JACS* **1994**, *116*, 11177 Fluxional Dynamics of Beryllocene ■ F. Bickelhaupt *CSR* **1999**, *28*, 17 Travelling the Organometallic Road: a Wittig Student's Journey from Lithium to Magnesium and Beyond ■ M. Westerhausen *AC* **2001**, *113*, 3063 100 Jahre nach Grignard: Wo steht die metallorganische Chemie der schweren Erdalkalimetalle heute? ■ H.G. Richey, Ed. *Grignard Reagents: Recent Developments* Wiley-VCH, Weinheim **1999** ■ G.S. Silverman, Ed. *Handbook of Grignard Reagents* Marcel Dekker, Monticello **1996** ■ H.M. Walborsky *ACR* **1990**, *23*, 286 Mechanism of Grignard Reagent Formation. The Surface Nature of the Reaction ■ G.M. Whitesides, L.M. Lawrence *JACS* **1980**, *102*, 2493 Trapping of Free Alkyl Radical Intermediates in the Reaction of Alkyl Bromides with Magnesium ■ J.F. Garst, F. Ungvary, J.T. Baxter *JACS* **1997**, *119*, 253 Definitive Evidence of Diffusing Radicals in Grignard Reagent Formation ■ R.D. Rieke *ACR* **1977**, *10*, 301 Preparation of Highly Reactive Metal Powders and their Use in Organic and Organometallic Synthesis ■ S. Harder *CEJ* **2002**, *8*, 1992 „Alkaline Earth Metals in a Box": Structures of Solvent-Separated Ion Pairs ■ S. Harder *CCR* **1998**, *176*, 17 Recent Developments in Cyclopenta-dienyl-Alkalimetal Chemistry ■ P.R. Markies *AOMC* **1991**, *32*, 147 X-Ray Structural Analyses of Organomagnesium Compounds ■ M. Melnik, C.E. Holloway *CCR* **1994**, *135/136*, 287 Structural Aspects of Grignard Reagents ■ R.W. Hoffmann *CSR* **2003**, *32*, 225 The Quest for Chiral Grignard Reagents ■ K. Faegri, J. Almlöf, H.P. Lüthi *JOM* **1983**, *249*, 303 The Geometry and Bonding of Magnesocene. An ab-initio MO-LCAO Investigation ■ A.J. Bridgeman *JCSD* **1997**, 2887 The Shapes of Bis(cyclopentadienyl)complexes of the s-Block Metals ■ M. Kaupp *AC* **2001**, *113*, 3642 Nicht-VSEPR-Strukturen und chemische Bindung in d°-Systemen ■ I. Bytheway, P.L.A. Popelier, R.J. Gillespie *CJC* **1996**, *74*, 1059 Topological Study of the Charge Density of Some Group 2 Metallocenes $M(\eta^5\text{-}C_5H_5)_2$ (M = Mg, Ca) ■ E.C. Ashby, J.T. Laemmle *CHR* **1975**, *75*, 512 Stereochemistry of Organometallic Compound Addition to Ketones ■ T. Holm *ACSC* **1983**, *B37*, 567 Electron Transfer from Alkylmagnesium Compounds to Organic Substrates ■ B. Bogdanovic *AC* **1985**, *97*, 253 Katalytische Synthese von Organolithium- und -magnesium-Verbindungen sowie von Lithium- und Magnesiumhydriden – Anwendungen in der organischen Synthese und als Wasserstoffspeicher ■ B. Bogdanovic *ACR* **1988**, *21*, 261 Mg-Anthracene Systems and their Applications in Synthesis and Catalysis ■ R.E. Mulvey *OM* **2006**, *25*, 1060 Modern Ate Chemistry (Magnesiation, Zincation).

6.2

■ E. Nakamura *Organozinc Chemistry* in: M. Schlosser, Ed. *Organometallics in Synthesis. A Manual* 2nd Ed., Wiley, Chichester 2002, Ch. V ■ G.C. Fu *JACS* **2001**, *123*, 2719 General Method for Palladium-Catalyzed Negishi Cross-Coupling ■ P. Knochel, P. Jones, Eds. *Organozinc Reagents. A Practical Approach* Oxford University Press, **1999** ■ P. Knochel *AC* **2000**, *112*, 4584 Neue Anwendungen für polyfunktionalisierte Mg- und Zn-organische Reagentien in der organischen Synthese ■ M. Melnik *JOM* **1995**, *503*, 1 Structural Analyses of Organozinc Compounds ■ E. Erdik *TH* **1992**, *48*, 9577 Transition Metal Catalyzed Reactions of Organozinc Reagents ■ P.R. Jones, P.J. Desio *CHR* **1978**, *78*, 491 The Less Familiar Reactions of Organocadmium Reagents ■ R.C. Larock *AC* **1978**, *90*, 28 Organoquecksilberver-bindungen in der organischen Synthese ■ D.L. Rabenstein *ACR* **1978**, *11*, 100 The Aqueous Solution Chemistry of Methylmercury and its Complexes ■ S. Jensen, A. Jernelöv *NAT* **1969**, *223*, 753 Biological Methylation of Mercury in Aquatic Organisms ■ D.L. Rabenstein *JCE* **1978**, *55*, 292 The Chemistry of Methylmercury Toxicology ■ M.B. Blayney, J.S. Winn, D.W. Nierenberg *CEN* **1997**, *May 12*, 7 Handling Dimethylmercury (vergl. auch *CEN* **1997**, *June 23*, 81).

7.1

■ K. Smith *Organoboron Chemistry* in: M. Schlosser, Ed. *Organometallics in Synthesis. A Manual* 2nd Ed., Wiley, Chichester **2002**, Ch. III ■ E.D. Jemmis *ACR* **2003**, *36*, 816 Analogies between Boron and Carbon ■ P. Kölle, H. Nöth *CHR* **1985**, *85*, 399 The Chemistry of Borinium- and Borenium-Ions ■ H. Nöth, B. Wrackmeyer *NMR: Basic Principles and Progress* **1978**, *14*, 1–461 *NMR of Boron Compounds* ■ R.E. Rundle *JACS* **1947**, *69*, 1327 Electron Deficient Compounds ■ E.L. Muetterties, Ed. *Boron Hydride Chemistry* Academic Press, New York **1975** ■ T.P. Onak *Organoborane Chemistry* Academic Press, New York

1975 ■ H.C. Brown, E.-I. Negishi *TH* **1977**, *33*, 2331 Boraheterocycles via Cyclic Hydroboration ■ W.E. Piers, T. Chivers *CSR* **1997**, *26*, 345 Pentafluorophenylboranes: from Obscurity to Applications ■ H. Wadepohl *AC* **1997**, *109*, 2547 Borylmetallkomplexe, Boran-komplexe und katalytische (Hydro)borierung ■ A. Suzuki *PAC* **1994**, *66*, 213 New Synthetic Transformations via Organoboron Compounds ■ H. Braunschweig *AOMC* **2004**, *50*, 163 Borylenes as Ligands to TM ■ H. Braunschweig *AC* **2006**, *118*, 5380 ÜM-Komplexe des Bors. Neuere Erkenntnisse und neue Koordinationsformen ■ M.R. Smith, III *PIC* **1999**, *48*, 505 Advances in Metal Boryl and Metal-Mediated B-X Activation Chemistry ■ D.G. Hall *Boronic Acids* Wiley-VCH, Weinheim **2005** ■ J.J. Eisch *AOMC* **1996**, *39*, 355 Boron-Carbon Multiple Bonds ■ A. Berndt *AC* **1993**, *105*, 1034 Klassische und nichtklassische Methylenborane ■ A.J. Bridgeman *JCSD*, *1997*, 1323 Structure and Bonding of Group 13 Monocarbonyls ■ A.J. Ashe III *JOM* **1999**, *581*, 92 Boratabenzenes: From Chemical Curiosities to Promising Catalysts ■ G.E. Herberich, X. Zheng, J. Rosenplänter, U. Englert *OM* **1999**, *18*, 4747 (1-Methylboratabenzene)$_2$M (M = Ge, Sn, Pb) ■ G.C. Fu *AOMC* **2001**, *47*, 101 The Chemistry of Borabenzenes ■ X. Zheng, G. Herberich *OM* **2000**,*19*, 3751 The First Carbene Adduct of a Borabenzene ■ J.M. Schulman, R.L. Dish *OM* **2000**, *19*, 2932 Borepin and Its Analogues: Planar and Nonplanar Compounds ■ P.v.R. Schleyer *OM* **1997**, 16, 2362 Aromaticity of Anellated Borepins ■ J.E. McGrady *JCE* **2004**, *81*, 733 A Unified Approach to Electron Counting in Main-Group Clusters.

■ K. Wade *NSCI* **1974**, 615 Boranes: Rule-Breakers become Pattern-Makers ■ K. Wade *AICR* **1976**, *18*, 1 Structural and Bonding Patterns in Cluster Chemistry ■ R.W. Rudolph *ACR* **1976**, *9*, 446 Boranes and Heteroboranes: A Paradigm for the Electron Requirements of Clusters ■ P. Paetzold *CIUZ* **1975**, *9*, 67 Neues vom Bor und seinen Verbindungen ■ B. Wrackmeyer *CIUZ* **2000**, *34*, 288 Carborane – Wenn Kohlenstoff und Bor sich treffen ■ J. Casanova, Ed. *The Borane, Carborane, Carbocation Continuum* Wiley, New York **1998** ■ G.M. Bodner *JMR* **1977**, *28*, 383 ^{1}H- and ^{11}B NMR Studies of Carboranes ■ R.N. Grimes *AICR* **1983**, *26*, 55 Carbon-rich Carboranes and their Metal Derivatives ■ M.F. Hawthorne *ACR* **1968**, *1*, 281 The Chemistry of Polyhedral Species derived from Transition Metals and Carboranes ■ C.A. Reed *ACR* **1998**, *31*, 133 Carboranes: A New Class of Weakly Coordinating Anions for Strong Electrophiles, Oxidants and Superacids ■ A.K. Saxena, J.A. Maguire, N.S. Hosmane *CHR* **1997**, *97*, 2421 Recent Advances in the Chemistry of Heterocarborane Complexes Incorporating s- and p-Block Elements ■ M.F. Hawthorne, Z. Zheng *ACR* **1997**, *30*, 267 Mercuracarborand Chemistry ■ R.N. Grimes *JCE* **2004**, *81*, 657 Boron Clusters Come of Age.

■ M.F. Hawthorne *AC* **1993**, *105*, 997 Die Rolle der Chemie in der Entwicklung einer Krebstherapie durch die Bor-Neutronen-Einfangreaktion ■ D. Gabel *CIUZ* **1997**, *31*, 235 Bor-Neutroneneinfangtherapie von Tumoren ■ R.L. Rawls *CEN* **1999**, *March 22*, 26 Bringing Boron to Bear on Cancer ■ A.H. Soloway *CHR* **1998**, *98*, 1515 The Chemistry of Neutron Capture Therapy ■ M.F. Hawthorne, M.G.H. Vicente *CC* **2002**, 784 Synthesis of a Porphyrin-Labelled Carboranyl Phosphate Diester: A Potential New Drug for Boron Neutron Capture Therapy of Cancer ■ J.F. Vaillant *IC* **2002**, *41*, 628 Tc(I)- and Re(I)Carboranes for Nuclear Medicine ■ R.B. King, Ed. *JOM* **1999**, *581*, 1–206 Boron Chemistry at the Millenium.

7.2/7.3

■ H. Yamamoto *Organoaluminum Chemistry* in: M. Schlosser, Ed. *Organometallics in Synthesis. A Manual* 2nd Ed., Wiley, Chichester **2002**, Ch. IV ■ T. Mole, E.A. Jeffrey *Organoaluminum Compounds* Elsevier, Amsterdam 1972 ■ A.R. Barron *CIC* **1993**, *14*, 123 Oxide, Chalcogenide and Related Clusters of Al, Ga, and In ■ J.R. Zietz *Ullmann's Encyclopedia of Industrial Chemistry* 5th Ed., A1, 1985, *Organoaluminum Compounds* ■ H.W. Roesky *ACR* **2001**, *34*, 201 Is Water a Friend or Foe in Organometallic Chemistry? The Case of Group 13 Organometallic Compounds ■ H.W. Roesky *JSCD* **2002**, 2787 Alkynylaluminum Compounds: Bonding Modes and Structures ■ H. Schmidbaur *AC* **1985**, *97*, 893 Arenkomplexe von einwertigem Gallium, Indium und Thallium ■ H. Schnöckel *AC* **2002**, *114*, 3682 Metalloide Aluminium- und Galliumcluster ■ N. Wiberg, T. Blank, H. Nöth, W. Ponikwar *AC* **1999**, *111*, 887 Dodecaindan $(t$-$Bu_3Si)_8In_{12}$ – eine Verbindung mit einem In_{12}-Deltapolyeder-Gerüst ■ G.H. Robinson *ACR* **1999**, *32*, 773 Gallanes, Gallenes, Cyclogallenes, and Gallynes: Organometallic Chemistry about the Gallium-Gallium Bond ■ W. Uhl *AOMC* **2004**, *50*, 53 Organoelement Compounds Possessing Al–Al, Ga–Ga, In–In and Tl–Tl Single Bonds ■ G.H. Robinson *AOMC* **2001**, *47*, 283 Multiple Bonds involving Aluminum and Gallium Atoms ■ H.F. Schaefer, III, P.v.R. Schleyer, G.H. Robinson *JACS* **1998**, *120*, 3773 The Nature of the Gallium-Gallium Triple Bond ■ F.G.A. Stone, R. West, Eds. *AOMC* **1996**, *39*, 1–392 Multiply Bonded Main Group Metals and Metalloids ■ R. Dagani *CEN* **1998**, March 16, 31 Gallium „Triple Bonds" under Fire ■ H. Grützmacher, T.F. Fässler *CEJ* **2000**, *6*, 2317 Topographical Analyses of Homonuclear Multiple Bonds between Main Group Elements (Ga, Si–Pb, Bi) ■ P.J. Brothers, P.P. Power *AOMC* **1996**, *39*, 1 Multiple Bonding Involving the Heavier Main Group 3 Elements Al, Ga, In, and Tl.

8.1

■ R. Walsh *ACR* **1981**, *14*, 246 Bond Dissociation Energy Values in Silicon-containing Compounds and Some of Their Implications ■ C. Eaborn *JOM* **1975**, *100*, 43 Cleavage of Aryl-Silicon and Related Bonds by Electrophiles ■ D.L. Cooper *JACS* **1994**, *116*, 4414 Chemical Bonding to Hypercoordinate Second-Row Atoms: d Orbital Participation versus Democracy ■ E.W. Colvin *Silicon in Organic Synthesis* Butterworths, London **1981** ■ W.P. Weber *Silicon Reagents for Organic Synthesis* Springer, Berlin **1983** ■ H.U. Reissig *CIUZ* **1984**, *18*, 46 Siliciumverbindungen in der organischen Synthese ■ H. Reich, Ed. *TH* **1983**, *39*, 839–1009 Recent Developments in the Use of Silicon in Organic Synthesis ■ H. Sakurai *Organosilicon and Bioorganosilicon Chemistry: Structure, Bonding Reactivity and Synthetic Applications* Horwood, Chichester **1985** ■ M.A. Brook *Silicon in Organic, Organometallic, and Polymer Chemistry* Wiley, New York **2000** ■ H. Sakurai *PAC* **1982**, *54*, 1 Reactions of Allylsilanes and Applications to Organic Synthesis ■ L.H. Sommer *Stereochemistry, Mechanism and Silicon* McGraw Hill, New York **1965** ■ R.J.P. Corriu, C. Guerin, J.J.E. Moreau *TSC* **1984**, *15*, 43 Stereochemistry at Silicon ■ J.L. Speier *AOMC* **1979**, *17*, 407 Homogenous Catalysis of Hydrosilation by Transition Metals ■ L.F. van Staden, D.Gravestock, D. Ager *CSR* **2002**, *31*, 195 New Developments in the Peterson Olefination Reaction ■ J.B. Lambert *ACR* **1999**, *32*, 183 The β-Effect of Silicon and Related Manifestations of σ-Conjugation ■ J. Ackermann *CIUZ* **1987**, *21*, 121; **1989**, *23*, 86 Chemie und Technologie der Silicone I; II ■ P.D. Lickis *AIC* **1995**, *42*, 147 The Synthesis and Structure of Silanols ■ R. West *JOM* **1986**, *300*, 327 The Polysilane High Polymers ■ R.D. Miller, J. Michl *CHR* **1989**, *89*, 1359 Polysilane High Polymers ■ I. Manners *AC* **1996**, *108*, 1712 Polymere und das Periodensystem: Neue Entwicklungen bei anorganischen Polymeren ■ D. Seyferth *JOM* **1975**, *100*, 237 The Elusive Silacyclopropanes ■ G. Fritz *AC* **1987**, *99*, 1150 Carbosilane.

■ A.G. Brook, M.A. Brook *AOMC* **1996**, *39*, 71 The Chemistry of Silenes ■ R. West *ACR* **2000**, *33*, 704 Stable Silylenes ■ M. Kira *JACS* **1999**, *121*, 9722 The First Stable Dialkyl-silylene ■ P. Jutzi *AOMC* **2003**, *49*, 1 Decamethylsilicocene: Synthesis, Structure, Bonding and Chemistry ■ R.J. McMahon *CCR* **1982**, *47*, 1 Organometallic π-Complexes of Silacycles ■ T.J. Barton *PAC* **1980**, *52*, 615 Reactive Intermediates from Organosilacycles ■ T.D. Tilley *JACS* **2000**, *122*, 3097 Synthesis and Reactivity of η^5-Silolyl-, η^5-Germolyl- and η^5-Germole Dianion Complexes of Zr and Hf ■ N. Tokitoh *ACR* **2004**, *37*, 86 Progress in the Chemistry of Stable Metallaromatic Compounds of Heavier Group 14 Elements ■ B.J. Aylett *AICR* **1982**, *25*, 1 Some Aspects of Silicon Transition-Metal Chemistry ■ E. Colomer, R.J.P. Corriu *TOPC* **1981**, *96*, 79 Chemical and Stereochemical Properties of Compounds with Silicon- or Germanium-Transition Metal Bonds ■ L.E. Gusel'nikov, N.S. Nametkin *CHR* **1979**, *79*, 529 Formation and Properties of Unstable Intermediates Containing Multiple p_π-p_π Bonded Group IVb Metals ■ H.F. Schaefer, III *ACR* **1982**, *15*, 283 The Silicon-Carbon Double Bond: A Healthy Rivalry between Theory and Experiment ■ R. West *AC* **1987**, *99*, 1231 Chemie der Silicium-Silicium Doppelbindung ■ S. Masamune AC 1991, 103, 916 Verbindungen mit Si–Si-, Ge–Ge- und Sn–Sn-Doppelbindungen sowie gespannte Ringsysteme mit Si, Ge und Sn-Gerüsten ■ A. Sekiguchi *AC* **2007**, *119*, 6716 Aromatizität von metallorganischen Verbindungen mit Gruppe-14-Elementen ■ M. Weidenbruch *AC* **2003**, *115*, 2322 Dreifachbindungen bei schweren Hauptgruppenelementen: Acetylen- und Alkylidinanaloga der Gruppe 14 ■ M. Weidenbuch *EJIC* **1999**, 373 Some Si-, Ge-, Sn-, and Pb-Analogues of Carbenes, Alkenes, and Dienes ■ H. Sakurai *AOMC* **1995**, *37*, 1 Cage and Cluster Compounds of Silicon, Germanium, and Tin ■ R. West, Y. Apeloig *JACS* **1997**, *119*, 4972 A Solid-State ^{29}Si NMR and Theoretical Study of the Chemical Bonding in Disilenes ■ P. Jutzi *AC* **2000**, *112*, 3953 Stabile Systeme mit Dreifachbindungen zu Silicium oder seinen Homologen: eine weitere Herausforderung ■ R. Okazaki, R. West *AOMC* **1996**, *39*, 232 Chemistry of Stable Disilenes ■ H. Matsumoto *OM* **1997**, *16*, 5386 Highly Stable Silyl Radicals ■ C.A. Reed *ACR* **1998**, *31*, 325 The Silylium Ion Problem, R_3Si^+, Bridging Organic and Inorganic Chemistry ■ A. Sekiguchi *ACR* **2007**, *40*, 410 Stable Silyl, Germyl, and Stannyl Cations, Radicals, and Anions ■ J. Michl, Ed. *CHR* **1995**, *95*, 1135–1674 Silicon Chemistry ■ H. Vorbrüggen *ACR* **1995**, *28*, 509 Adventures in Silicon-Organic Chemistry ■ N. Auner, J. Weiss, Eds. *Organosilicon Chemistry From Molecules to Materials* I **1994**, II **1996**, III **1998**, IV **2000**, Wiley-VCH, Weinheim (Münchener Silicontage I–IV) ■ I.N. Jung *AOMC* **2004**, *50*, 145 Synthesis of Organosilicon Compounds by New Directions ■ R. Corriu *JOM* **2003**, *686*, 32 Organosilicon Chemistry and Nanoscience.

8.2
■ W.P. Neumann *NAW* **1981**, *68*, 354 Die organischen Verbindungen und Komplexe von Germanium, Zinn und Blei ■ K.C. Molloy, J.J. Zuckerman *AICR* **1983**, *27*, 113 Structural Organogermanium Chemistry ■ J.B. Lambert *JOC* **1988**, *53*, 5422 Zum β-Effekt in der germanium- und zinnorganischen Chemie ■ S. Nagase *ACR* **1995**, *28*, 469 Polyhedral Compounds of the Heavier Group 14 Elements Si, Ge, Sn, Pb ■ N. Wiberg *AC* **1996**, *108*, 1437 $(t\text{-}Bu_3Si)_4Ge_4$: die erste molekulare Germaniumverbindung mit einem Ge_4-Tetraeder ■ J. Satge *PAC* **1984**, *56*, 137 Reactive Intermediates in Organogermanium Chemistry ■ J. Satge *AOMC* **1982**, *21*, 241 Multiply Bonded Germanium Species ■ W.P. Neumann *CHR* **1991**, *91*, 34 Germylenes and Stannylenes ■ M.F. Lappert *JCSD* **1986**, 2387 The Dimetallenes M_2R_4 [M = Ge, Sn; R = $CH(SiMe_3)_2$] ■ P.P. Power *JACS* **2000**, *122*, 650 Triple Bonding to Germanium: Characterization of Transition Metal Germylynes ■ H. Grützmacher, T.F. Fässler *CEJ* **2000**, *6*, 2317 Topographical Analyses of Homonuclear Multiple Bonds between Main Group Elements.

8.3
■ J.A. Marshall *Organotin Chemistry* in: M. Schlosser, Ed. *Organometallics in Synthesis. A Manual* 2nd Ed., Wiley, Chichester **2002**, Ch. II ■ A.G. Davies *Organotin Chemistry* 2nd Ed., VCH, Weinheim **2004** ■ M. Pereyre, J.P. Quintard, A. Rahm *Tin in Organic Synthesis* Butterworths, London **1987** ■ M. Pereyre, J.P. Quintard *PAC* **1981**, *53*, 2401 Organotin Chemistry for Synthetic Applications ■ C.J. Evans, S. Karpel, Eds. *JOML* **1985**, 16 Organotin Compounds in Modern Technology ■ L.R. Sita *ACR* **1994**, *27*, 191 Heavy-Metal Organic Chemistry: Building with Tin ■ P.A. Baguley, J.C. Walton *AC* **1998**, *110*, 3272 Flucht vor der Tyrannei des Zinns: auf der Suche nach metallfreien Radikalquellen ■ M. Veith, O. Recktenwald *TOPC* **1982**, *104*, 1 Structure and Reactivity of Monomeric, Molecular Tin(II) Compounds ■ J.W. Connolly, C. Hoff *AOMC* **1981**, *19*, 123 Organic Compounds of Divalent Tin and Lead ■ N. Wiberg, H. Nöth *AC* **1999**, *111*, 1176 $(t\text{-}Bu_3Si)_6Sn_6$: die erste molekulare Zinnverbindung mit einem Sn_6-Prisma ■ U. Edlund *CC* **1996**, 1279 On the Existence of Trivalent Stannyl Cations in Solution.

8.4 (vergl. auch Zitate für die leichteren Homologen)
■ A. Sebald, R.K. Harris *OM* **1990**, *9*, 2096 ^{207}Pb CP MAS NMR Study of Hexaorganodiplumbanes ■ D.S. Wright *CSR* **1998**, *27*, 225 p-Block Metallocenes: the other Side of the Coin (u.a. Cp–Pb-Verbindungen).

9
■ H. Schmidbaur *AOMC* **1976**, *14*, 205 Pentaalkyls and Alkylidene Trialkyls of the Group V Elements ■ D. Hellwinkel *TOPC* **1983**, *109*, 1 Penta- and Hexaorganyl Derivatives of the

Main Group V Elements ■ R. Okawara, Y. Matsumura AOMC 1976, 14, 187 Recent Advances in Organoantimony Chemistry ■ L. D. Freedman, G. O. Doak CHR 1982, 82, 15 Preparation, Reactions and Physical Properties of Organobismuth Compounds ■ A. J. Ashe III AOMC 1990, 30, 77 Thermochromic Distibines and Dibismuthines ■ H. J. Breunig CSR 2000, 29, 403 New Developments in the Chemistry of Organoantimony and -Bismuth Rings ■ C. A. McAuliffe, W. Levason Phosphine, Arsine and Stibine Complexes of the Transition Elements Elsevier, Amsterdam 1979 ■ H. Suzuki, Y. Matano Eds. Organobismuth Chemistry Elsevier, Amsterdam 2001.

■ G. Märkl CIUZ 1982, 16, 139 Phosphabenzol und Arsabenzol ■ A. J. Ashe III TOPC 1982, 105, 125 The Group V Heterobenzenes: Arsabenzene, Stibabenzene and Bismabenzene ■ H. Sun, D. A. Hrovat, W. T. Borden JACS 1987, 109, 5275 Why are π-Bonds to Phosphorus More Stable towards Addition Reactions than π-Bonds to Silicon? ■ A. H. Cowley ACR 1984, 17, 386 Stable Compounds with Double Bonding between the Heavier Main-Group Elements ■ O. J. Scherer AC 1985, 97, 905 Niederkoordinierte P-, As-, Sb-, Bi-Mehrfachbindungssysteme als Komplexliganden ■ O. J. Scherer ACR 1999, 32, 751 P_n and As_n Ligands: A Novel Chapter in the Chemistry of Phosphorus and Arsenic ■ K. H. Whitmire AOMC 1998, 42, 2 Main-Group Transition-Metal Cluster Compounds of the Group 15 Elements ■ R. J. Angelici AC 2007, 119, 334 Cyaphide C≡P⁻: das Phosphor-Analogon des Cyanids, C≡N⁻.

10

■ P. D. Magnus COC 1979, 3, 491 Organic Selenium and Tellurium Compounds ■ T. G. Back Organoselenium Chemistry: A Practical Approach Oxford University Press, ■ H. J. Reich ACR 1979, 12, 22 Functional Group Manipulation Using Organoselenium Reagents ■ C. Paulmier Selenium Reagents and Intermediates in Organic Synthesis Pergamon Press, Oxford 1986 ■ H. Reich, in: W. S. Trahanowsky, Ed. Oxidation in Organic Chemistry Academic Press, New York, Part C, 1978, 1: Organoselenium Oxidations ■ T. Wirth AC 2000, 112, 3890 Organoselenchemie in der stereoselektiven Synthese ■ K. C. Nicolaou AC, 112, 1126 New Selenium-Based Safety-Catch Linkers ■ T. Wirth, Ed. TOPC 2000, 208 Organoselenium Chemistry: Modern Developments in Organic Synthesis ■ H. Fujihara, H. Mima JACS 1995, 117, 10153 Stabilization of RSe⁺ and RTe⁺ Cations ■ R. Bentley CHR 2003, 103, 1 Biomethylation of Selenium and Tellurium ■ S. Sato, N. Furukawa CCR 1998, 176, 483 Recent Progress in Hypervalent Organochalcogenuranes Bearing Four Carbon Ligands ■ K. Bechgaard et al. JACS 1981, 103, 2440 Superconductivity in an Organic Solid: Bis(tetramethyltetraselenafulvalenium) perchlorate $(TMTSF)_2ClO_4$ ■ H. Kobayashi, P. Cassoux CSR 2000, 29, 325 BETS as a Source of Molecular Magnetic Superconductors ■ G. Mugesh, H. B. Singh CSR 2000, 29, 347 Synthetic Organoselenium Compounds as Antioxidants: Glutathione Activity ■ T. Masukawa in: S. Patai, Ed. The Chemistry of Organic Selenium and Tellurium Compounds, Wiley, Chichester 1987, Vol. 2, Ch. 9 ■ C. W. Nogueira CHR 2004, 104, 6255 Organoselenium and Organotellurium Compounds: Toxicology and Pharmacology.

11

■ B. H. Lipshutz Organocopper Chemistry in: M. Schlosser, Ed. Organometallics in Synthesis. A Manual 2nd Ed., Wiley, Chichester 2002, Ch. VI ■ R. J. K. Taylor, Ed. Organocopper Reagents. A Practical Approach Oxford University Press, 1994 ■ G. H. Posner An Introduction to Synthesis using Organocopper Reagents Wiley, New York 1980 ■ J. F. Normant PAC 1978, 50, 709 Stoichiometric versus Catalytic Use of Copper(I)-Salts in the Synthetic Use of Main Group Organometallics ■ J. F. Normant et al. PAC 1984, 56, 91 Organocopper Reagents for the Synthesis of Saturated and α, β-Ethylenic Aldehydes and Ketones ■ P. E. Fanta SYN 1974, 9 Ullmann Biaryl Synthesis ■ G. Eglinton, W. McCrae AOC 1963, 4, 225–328 The Coupling of Acetylenic Compounds ■ T. Kauffmann AC 1974, 86, 321 Oxidative Kupplungen über Organokupfer-Verbindungen ■ P. Cadiot Coupling of Acetylenes in H. G. Viehe, Ed. Chemistry of Acetylenes, Marcel Dekker, New York 1969, Kap. 9 ■ B. E. Rossiter CHR 1992, 92, 771 Asymmetric Conjugate Addition (of Organocuprates) ■ D. A. Evans THL 1998, 39, 2937 Synthesis of Diarylethers through Copper-Promoted Arylation of Phenols with Arylboronic Acids ■ N. Krause AC 1997, 109, 195 Regio- und stereoselektive Synthesen mit

·Organokupferreagentien ■ P.P. Power *PIC* **1991**, *39*, 75 The Structure of Organocuprates and Heteroorganocuprates and Related Species in Solution and in the Solid State ■ S. Woodward *CSR* **2000**, *29*, 393 Decoding the „Black Box" Reactivity that is Organocuprate Conjugate Addition Chemistry ■ E. Nakamura, S. Mori *AC* **2000**, *112*, 3902 Warum denn Kupfer? – Strukturen und Reaktionsmechanismen von Organocupratclustern in der Organischen Chemie ■ N. Krause *AC* **1999**, *111*, 83 Neues zu Struktur und Reaktivität von Cyanocupraten – das Ende einer alten Kontroverse.

■ H. Schmidbaur *ACR* **1975**, *8*, 62 Inorganic Chemistry with Ylids ■ H. Schmidbaur *AC* **1983**, *95*, 980 Phosphor-Ylide in der Koordinationssphäre von Übergangsmetallen: Eine Bestandsaufnahme ■ G.K. Anderson *AOMC* **1982**, *20*, 39 The Organic Chemistry of Gold ■ N. Rösch *JACS* **1994**, *116*, 8241 Stability of Main-Group Element-Centered Gold Cluster Cations (Relativistische quantenchemische Rechnungen) ■ S.H. Strauss *JCSD* **2000**, 1 Copper^I and Silver^I Carbonyls. To be or not be nonclassical ■ G. Frenking, S.H. Strauss *CEJ* **1999**, *5*, 2573 Trends in Molecular Geometries and Bond Strengths of Homoleptic d^{10} Metal Carbonly Cations $[M(CO)_n]^{x+}$ ($M^{x+} = Cu^+, Ag^+, Au^+, Zn^{2+}, Cd^{2+}, Hg^{2+}$; n = 1-6): A Theoretical Study.

ÜBERGANGSMETALLORGANYLE

12

■ N.V. Sidgwick *The Electronic Theory of Valence* Cornell University Press Ithaca **1927** ■ F. Mathey, A. Sevin *Molecular Chemistry of the Transition Elements. An Introductory Course* Wiley, Chichester 1996 ■ C.A. Tolman *CSR* **1972**, *1*, 337 The 16 and 18 Electron Rule in Organometallic Chemistry and Homogeneous Catalysis ■ J.A. Gladysz, Ed. *CHR* **1988**, *88*, 991–1421 (Special Issue) Transition Metal Organometallic Chemistry, 17 Aufsätze zu aktuellen Gebieten der Organo-ÜM-Chemie ■ G. Frenking *CCR* **2003**, 238–239, 55 Towards a Rigorously Defined Quantum Chemical Analysis of the Chemical Bond in Donor-Acceptor Complexes ■ M. Kaupp *AC* **2001**, *113*, 3642 Nicht-VSEPR-Strukturen und chemische Bindung in d°-Systemen.

13.1

■ G. Wilkinson *SCI* **1974**, *185*, 109 The Long Search for Stable Transition Metal Alkyls ■ R.R. Schrock, G.W. Parshall *CHR* **1976**, *76*, 243 σ-Alkyl and σ-Aryl Complexes of the Group 4-7 Metals ■ W.A. Herrmann, F.E. Kühn *ACR* **1997**, *30*, 169 Organorhenium Oxides ■ H.W. Roesky *CHR* **2003**, *103*, 2579 Organometallic Oxides of Main Group and Transition Elements ■ J. Halpern *ACR* 1982, 15, 238 Determination and Significance of Transition-Metal-Alkyl Bond Dissociation Energies ■ T.J. Marks, Ed. *Bonding Energetics in Organometallic Compounds* ACS Symposium Series No. 428, Washington D.C. 1990 ■ J.A. Martinho Simões, J.L. Beauchamp *CHR* **1990**, *90*, 629 Transition Metal-Hydrogen and Metal-Carbon Bond Strengths: The Keys to Catalysis.

13.2

■ G.J. Kubas *ACR* **1988**, *21*, 120 Molecular Hydrogen Complexes: Coordination of a σ-Bond to Transition Metals ■ J. Halpern *ICA* **1985**, *100*, 41 Activation of C-H Bonds by Metal Complexes: Mechanistic, Kinetic and Thermodynamic Considerations ■ J.-Y. Saillard, R. Hoffmann *JACS* **1984**, *106*, 2006 C-H and H-H Activation in Transition Metal Complexes and on Surfaces ■ W.D. Jones *ACR* **2003**, *36*, 140 Isotope Effects in C-H Bond Activation Reactions by TM ■ M.I. Bruce *AC* **1977**, *89*, 75 Cyclometallierungsreaktionen ■ J.D. Chappell, D.J. Cole-Hamilton *POL* **1982**, *1*, 739 The Preparation and Properties of Metallacyclic Compounds of the Transition Elements ■ O. Seitz *NCH* **2001**, *49*, 777 ÜM-katalysierte Funktionalisierung von Alkanen ■ A.E. Shilov, G.B. Shulpin *CHR* **1997**, *97*, 2879 Activation of C-H Bonds by Metal Complexes ■ M. Tilset *CHR* **2005**, *105*, 2471 Mechanistic Aspects of C-H Activation by Pt Complexes ■ R.G. Bergman *ACR* **1995**, *28*, 154 Selective Intermolecular C-H Bond Activation by Synthetic Metal Complexes in Homogeneous Solution ■ J.A. Labinger, J.E. Bercaw *AC* **1998**, *110*, 2298 Oxidation von Alkanen durch elektropositive späte ÜM in homogener Lösung ■ J.J. Schneider *AC* **1996**, *108*, 1132 Si-H- und C-H-Aktivierung durch ÜM-Komplexe: Gibt es bald auch isolierbare Alkankomplexe? ■ G.I. Nikonov *AC* **2003**, *115*, 1375 Komplexierung von Si-Si-σ-Bindungen an Metallzentren ■ J.C. Weisshaar *ACR* **1993**, *26*, 213 Bare TM Atoms in the Gas Phase: Reaction of M, M⁺, and M2⁺ with Hydrocarbons ■ H. Schwarz, D. Schröder *AC* **1995**, *107*, 2126 Aktivierung von C-H- und C-C-Bindungen durch „nackte" ÜM-Oxid-Kationen in der Gasphase ■ M. Brookhart, M.L.H. Green *JOM* **1983**, *250*, 395 Carbon-Hydrogen-Transition Metal Bonds ■ O. Eisenstein *STBO* **2004**, *113*, 1 Agostic Interactions from a Computational Perspective: One Name, Many Interpretations ■ G.S. McGrady *AC* **2004**, *116*, 1816 Agostische Wechselwirkungen in d°-Alkylmetallkomplexen ■ R.H. Crabtree *AC* **1993**, *105*, 828 An ÜM koordinierte σ-Bindungen ■ Y. Fujiwara *ACR* **2001**, *34*, 633 (844) Catalytic Functionalization of Arenes and Alkanes via C-H Bond Activation ■ G. Dyker *AC* **1999**, *111*, 1809 ÜM-katalysierte Kupplungsreaktionen unter C-H-Aktivierung ■ D. Wolf *AC* **1998**, *110*, 3545 Hohe Methanolausbeuten bei der Oxidation von Methan unter C-H-Aktivierung bei niedriger Temperatur ■ S. Murai *ACR* **2002**, *35*, 826 Catalytic C-H/Olefin Coupling ■ Z. Lin *CSR* **2002**, *31*, 239 Structural and Bonding Characteristics of Metal-Silane Complexes ■ G.J. Kubas *AIC* **2004**, *56*, 127 Heterolytic Splitting of H-H, Si-H and other σ-Bonds on Electrophilic Metal Centers ■ D. Sames *SCI* **2006**, *312*, 67 C-H Bond Functionalization in Complex Organic Synthesis ■ H.M.L. Davies *AC* **2006**, *118*, 6574 Entwicklungen in der katalytischen enantioselektiven C-H Funktionalisierung ■ D. Milstein *AC* **1999**, *111*, 918 Metallinsertion in C-C-Bindungen in Lösung ■ C.H. Jun *CSR* **2004**, *33*, 610 Transition Metal-Catalyzed C-C Bond Activation ■ D. Milstein *CHR* **2003**, *103*, 1759 u.a. Catalytic C-C Activation by Rhodium.

13.3

■ J.A. Morrison *AOMC* **1993**, *35*, 211 Trifluormethyl-Containing Transition-Metal Complexes. ■ R.Banerjee, Ed. *Chemistry and Biochemistry of B₁₂* Wiley, New York **1999** ■ R.H. Abeles, D. Dolphin *ACR* **1976**, *9*, 114 The Vitamis B₁₂ Coenzyme ■ R.G. Mathews *ACR* **2001**, *34*, 681 Cobalamin-Dependent Methyltransferases ■ K.L. Brown *CHR* **2005**, *105*, 2075 Chemistry and Enzymology of Vitamin B12 ■ F.P. Guengerich, T.L. MacDonald *ACR* **1984**, *17*, 9 Chemical Mechanisms of Catalysis by Cytochromes P 450. A Unified View. ■ P.R. Ortiz de Montellano, Ed. *Cytochrome P 450. Structure, Mechanism, and Biochemistry* Plenum Press, New York **1995** ■ M. Newcomb *ACR* **2000**, *33*, 449 Hypersensitive Radical Probes and the Mechanisms of Cytochrome P 450-Catalyzed Hydroxylation Reactions ■ I. Schlichting *CHR* **2005**, *105*, 2253 Structure and Chemistry of Cytochrome P450 ■ E.L. Hegg *ACR* **2004**, *37*, 775 Unraveling the Structure and Mechanism of Acetyl-Coenzyme A Synthase ■ M.A. Halcrow *Comprehensive Biological Catalysis* Academic Press, New York 1998, Kap. 36 ■ J.C. Fontecilla-Camps *AIC* **1999**, *47*, 283 Nickel-Iron-Sulfur Active Sites: Hydrogenase and CO Dehydrogenase ■ A.F. Kolodziej *PIC* **1994**, *41*, 493 The Chemistry of Nickel-Containing Enzymes ■ B. Jaun *AC* **2006**, *118*, 3684 A Ni-Alkyl Bond in an Inactivated State of the Enzyme Catalyzing Methane Formation ■ K.W. Kramarz, J. Norton *PIC* **1994**, *42*, 1 Slow Proton-Transfer Reactions in Organometallic and Bioinorganic Chemistry ■ A.A. Shteinman *ACR* **1999**, *32*, 763 Oxygen Atom Transfer into C-H Bonds in Biological and Model Chemical Systems. Mechanistic Aspects ■ D.J. Lowe *JACS* **1994**, *116*, 11624 First direct Evidence for a Mo–C Bond in a Biological System ■ N. Metzler-Nolte *AC* **2006**, *118*, 1534 Neue Wirkungsmechanismen in der medizinischen OMC ■ N. Metzler-Nolte *Bioorganometallchemie*, Teubner, Wiesbaden **2008**.

14.1

■ G. Erker *CIC* **1992**, *13*, 111 Planar-Tetracoordinate Carbon: Making Stable Anti-van't Hoff/ Le Bel Compounds ■ R. Nast *CCR* **1982**, *47*, 89 Coordination Chemistry of Metal Alkynyl Compounds ■ R.P. Kingsborough, T.M. Swager *PIC* **1999**, *48*, 123 Transition Metals in Polymeric π-Conjugated Organic Frameworks ■ J. Manna, K.D. John, M.D. Hopkins *AOMC* **1995**, *38*, 79 The Bonding of Metal-Alkynyl Complexes ■ N.J. Long *AC* **2003**, *115*, 2690 Metal-Alkinyl-σ-Komplexe: Synthesen und Materialien.

14.2

■ H. Fischer, F.R. Kreissl, U. Schubert, P. Hofmann, K.H. Dötz, K. Weiss *Transition Metal Carbene Complexes* VCH, Weinheim **1984** ■ R.R. Schrock *ACR* **1979**, *12*, 98 Alkylidene Complexes of Niobium and Tantalum ■ W.A. Nugent, J.M. Mayer *Metal-Ligand Multiple*

Bonds Wiley, New York **1988** ■ P.B. Armentrout, L.S. Sunderlin, E.R. Fisher *IC* **1989**, *28*, 4436 Intrinsic Transition-Metal-Carbon Double-Bond Dissociation Energies: Periodic Trends in M^+-CH_2 Bond Strengths ■ T.E. Taylor, M.B. Hall *JACS* **1984**, *106*, 1576 Theoretical Comparison between Nucleophilic and Electrophilic Transition-Metal Carbenes, Using Generalized MO and CI Methods ■ C.F. Bernasconi *CSR* **1997**, *26*, 299 Developing the Physical Organic Chemistry of Fischer Carbene Complexes ■ K.H. Dötz *AC* **1984**, *96*, 573 Carbenkomplexe in der organischen Synthese ■ F.Z. Dörwald *Metal Carbenes in Organic Synthesis* Wiley-VCH, Weinheim, **1999** ■ H.U. Reissig *NCH* **1986**, *34*, 562 Methylenierungen mit Tebbe-Grubbs-Reagenzien ■ M. Brookhart, W.B. Studabaker *CHR* **1987**, *87*, 411 Cyclopropanes from Reactions of Transition-Metal-Carbene Complexes with Olefins ■ H.G. Schmalz *AC* **1994**, *106*, 311 Carbenchromkomplexe in der organischen Synthese: neuere Entwicklungen und Perspektiven ■ L.S. Hegedus *ACR* **1995**, *28*, 299 Synthesis of Amino Acids and Peptides Using Chromium Carbene Complex Photochemistry ■ S.-T. Liu, K.R. Reddy *CSR* **1999**, *28*, 315 Carbene Transfer Reactions Between Transition-Metal Ions ■ A.J. Arduengo, III *ACR* **1999**, *32*, 913 Looking for Stable Carbenes: The Difficulty of Starting Anew ■ V.P.W. Böhm, W.A. Herrmann *AC* **2000**, *112*, 4200 Das „Wanzlick-Gleichgewicht" ■ W. Herrmann, T. Weskamp, V.P.W. Böhm *AOMC* **2002**, *48*, 1 Metal Complexes of Stable Carbenes ■ C. Bruneau *ACR* **1999**, *32*, 311 Metal Vinylidenes in Catalysis.

14.3
■ H. Fischer, F.R. Kreissl, R.R. Schrock, U. Schubert, P. Hofmann, K. Weiss *Carbyne Complexes* VCH, Weinheim **1988** ■ R. Schrock *ACR* **1986**, *19*, 342 High-Oxidation-State Molybdenum and Tungsten Alkylidyne Complexes ■ W.R. Roper *JOM* **1986**, *300*, 167 Platinum Group Metals in the Formation of Metal-Carbon Multiple Bonds ■ R.R. Schrock *CC* **2005**, 2773 High Oxidation State Alkylidene and Alkylidyne Complexes.

14.4
■ F.A. Cotton *PIC* **1976**, *21*, 1 Metal Carbonyls: Some New Observations in an Old Field ■ J.E. Ellis, W. Beck *AC* **1995**, *107*, 2695 Neue Überraschungen aus der Chemie der Metallcarbonyle ■ E.R. Davidson *ACR* 1993, *26*, 628 The Transition Metal-Carbonyl Bond ■ P. Fantucci *CIC* **1992**, *13*, 241 The Role of the d-Orbitals of the Phosphorus Atom in the Metal-Phosphine Coordination Bond ■ J.A. Connor *TOPC* **1977**, *71*, 71 Thermochemical Studies of Organo-Transition Metal Carbonyl ■ L.R. Cox, S.V. Ley *CSR* **1998**, *27*, 301 Tricarbonyliron Complexes: An Approach to Acyclic Stereocontrol ■ A.F. Hill *AC* **2000**, *112*, 134 „Einfache" Rutheniumcarbonyle: neue Anwendungsmöglichkeiten der Hieber-Basenreaktion ■ I. Wender, P. Pino *Organic Syntheses via Metal Carbonyls*, Vol. 1 **(1968)**, Vol. 2 **(1977)** Wiley, New York ■ G.R. Dobson *ACR* **1976**, *9*, 300 Trends in Reactivity for Ligand-Exchange Reactions of Octahedral Metal Carbonyls ■ F. Basolo *POL* **1990**, *9*, 1503 Kinetics and Mechanisms of CO Substitution of Metal Carbonyls ■ N. Leadbeater *CCR* **1999**, *188*, 35 Enlightening Organometallic Chemistry: the Photochemistry of $Fe(CO)_5$ and the Reaction Chemistry of Unsaturated Iron Carbonyl Fragments.

■ J.W. Hershberger, R.J. Klingler, J.K. Kochi *JACS* **1982**, *104*, 3034; 1983, 105, 61 Electron-Transfer Catalysis ■ J.K. Kochi *JOM* **1986**, *300*, 139 Electron Transfer and Transient Radicals in Organometallic Chemistry ■ D. Astruc *AC* **1988**, *100*, 662 Elektrokatalyse in der Organoübergangsmetallchemie ■ A.E. Stiegman, D.R. Tyler *CIC* **1986**, *5*, 215 Reactivity of Seventeen-and Nineteen-Valence Electron Complexes in Organometallic Chemistry ■ S.H. Strauss, G. Frenking *PIC* **2001**, *49*, 1 Nonclassical Metal Carbonyls ■ S.H. Strauss, G. Frenking *CEJ* **1999**, *5*, 2573 Trends in Molecular Geometries and Bond Strengths of the Homoleptic d^{10} Metal Carbonyl Cations $[M(CO)_n]^{x+}$. A Theoretical Study ■ T.G. Spiro *ACR* **2001**, *34*, 137 Is the CO Adduct of Myoglobon Bent, and does it Matter? ■ R. Bau et al. *ACR* **1979**, *12*, 176 Structures of Transition-Metal Hydride Complexes ■ R.G. Pearson *CHR* 1985, *85*, 41 The Transition Metal-Hydrogen Bond ■ J.P. Collman *ACR* **1975**, *8*, 342 Disodium Tetracarbonylferrate – a Transition-Metal Analog of a Grignard Reagent ■ H. Werner *AC* **1990**, *102*, 1109 Komplexe von CO und seinen Verwandten ■ P. Legzdins *CHR* **1988**, *88*, 991 Recent Organometallic Nitrosyl Chemistry.

14.5

■ P.V. Broadhurst *POL* **1985**, *4*, 1801 Transition Metal Thiocarbonyl Complexes.

14.6

■ E. Singleton, H.E. Oosthuizen *AOMC* **1983**, *22*, 209 Metal Isocyanide Complexes ■ L. Malatesta, F. Bonati *Isocyanide Complexes of Metals* Academic Press, New York **1969** ■ L. Weber *AC* **1998**, *110*, 1597 Homoleptische Isocyanidmetallate.

15.1

■ M. Herberhold *Metal π-Complexes* Vol. 2, Elsevier, Amsterdam **1974** ■ D.M.P. Mingos *COMC* **1982**, *3*, 1 Bonding of Unsaturated Organic Molecules to Transition Metals ■ G. Deganello *Transition Metal Complexes of Cyclic Polyolefins* Academic Press, New York **1979** ■ F.G.A. Stone *ACR* **1981**, *14*, 318 „Ligand-Free" Platinum Compounds ■ G. Erker *AOMC* **2004**, *50*, 109 The (Butadiene)zirkonocenes and Related Compounds ■ T.A. Albright, P. Hofmann, R. Hoffmann, C.P. Lillya, P.A. Dobosh *JACS* **1983**, *105*, 3396 Haptotropic Rearrangements of Polyene-ML$_n$ Complexes ■ T.A. Albright *ACR* **1982**, *15*, 149 Rotational Barriers and Conformations in Transition-Metal Complexes ■ B. deBruin *JACS* **2005**, *127*, 1895 IrII(ethene): Metal or Carbon Radical?

■ D.J. Darensbourg, R.A. Kudarovsky *AOMC* **1983**, *22*, 132 The Activation of Carbon Dioxide by Metal Complexes ■ R. Noyori *CHR* **1995**, *95*, 259 Homogenous Hydrogenation of Carbon Dioxide ■ S. Ogo *JCSD* **2006**, 4657 Catalytic CO_2 Hydrogenation under Acqueous Acidic Conditions ■ A. Behr *AC* **1988**, *100*, 681 Kohlendioxid als alternativer C1-Baustein: Aktivierung durch Übergangsmetallkomplexe ■ P. Braunstein *CHR* **1988**, *88*, 681 Reactions of Carbon Dioxide with Carbon-Carbon Bond Formation Catalysed by Transition-Metal Complexes ■ W. Leitner *AC* **1994**, *106*, 183 Ein Nickelkomplex zur photochemischen Aktivierung von CO_2 ■ K. Tanaka *AIC* **1999**, *43*, 409 Carbon Dioxide Fixation Catalyzed by Metal Complexes ■ W. Leitner *ACR* **2002**, *35*, 746 Supercritical Carbon Dioxide as a Green Reaction Medium for Catalysis ■ G.J. Kubas *ACR* **1994**, *27*, 183 Chemical Transformations and Disproportionation of Sulfur Dioxide on Transition Metal Complexes ■ R. Guilard Ed. www.rsc.org/dalton/CO2 CO_2 at Metal Centres.

15.2

■ N.E. Schore *CHR* **1988**, *88*, 1081 Transition-Metal-Mediated Cycloaddition Reactions of Alkynes in Organic Synthesis ■ K.P.C. Vollhardt *AC* **1984**, *96*, 525 Cobalt-vermittelte [2 + 2 + 2]-Cycloaddition: eine ausgereifte Synthesestrategie ■ H. Bönnemann *AC* **1985**, *97*, 264 Organocobaltverbindungen in der Pyridinsynthese – ein Beispiel für Struktur-Wirkungsbeziehungen in der Homogenkatalyse ■ K.M. Nicholas *ACR* **1987**, *20*, 207 Chemistry and Synthetic Utility of Cobalt-Complexed Propargyl-Cations ■ P.L. Pauson *TH* **1985**, *41*, 5855 The Khand-Reaction ■ H.G. Schmalz *AC* **1998**, *110*, 955 Neue Entwicklungen der Pauson-Khand-Reaktion ■ U. Rosenthal *ACR* **2000**, *33*, 119 What do Titano- and Zirconocenes do with Diynes and Polyynes? ■ W.M. Jones *AOMC* **1998**, *42*, 147 Transition-Metal Complexes of Arynes, Strained Cyclic Alkynes, and Strained Cyclic Cumulenes.

15.3

■ G. Wilke et al. *AC* **1966**, 78, 157 Allyl-Übergangsmetall-Systeme ■ J. Tsuji *JOM* **1986**, *300*, 281 25 Years in the Organic Chemistry of Palladium ■ S.G. Davies, M.L.H. Green, D.M.P. Mingos *TH* **1978**, *34*, 3047 Nucleophilic Addition to Organotransition Metal Cations Containing Unsaturated Hydrocarbon Ligands – A Survey and Interpretation ■ A.J. Pearson *ACR* **1980**, *13*, 463 Tricarbonyl(diene)iron Complexes: Synthetically Useful Properties ■ A.J. Pearson *Iron Compounds in Organic Synthesis* Academic Press, New York **1994** (u.a. Fe-allyl- und Fe-dienyl-Chemie) ■ R.D. Ernst *CIC* **1999**, *21*, 285 Pentadienyl Ligands: Their Properties, Potential, and Contributions to Inorganic and Organometallic Chemistry ■ P.W.

Jolly *ACR* **1996**, *29*, 544 From Hein to Hexene: Recent Advances in the Chemistry of Organochromium-π-Complexes.

15.4.2

■ A. Efraty *CHR* **1977**, *77*, 691 Cyclobutadiene Metal Complexes ■ R. Gleiter, D. Kratz *ACR* **1993**, *26*, 311 „Super" Phanes ■ D. Seyferth *OM* **2003**, *22*, 2 (Cyclobutadiene)iron Tricarbonyl – A Case of Theory before Experiment.

15.4.3

■ G. Wilkinson *JOM* **1975**, *100*, 273 The Iron Sandwich. A Recollection of the First Four Months ■ P.L. Pauson *PAC* **1977**, *49*, 839 Aromatic Transition-Metal Complexes - the First 25 Years ■ N.J. Long *Metallocenes. An Introduction to Sandwich Complexes* Blackwell Science, Oxford **1998** ■ A. Togni, R. Haltermann, Eds. Metallocenes. *Synthesis–Reactivity– Applications* Vol. 1+2, Wiley-VCH, Weinheim **1998** ■ K.D. Warren *STBO* **1976**, *27*, 45 Ligand Field Theory of Metal Sandwich Complexes ■ M. Elian, D.M.P. Mingos, R. Hoffmann *IC* **1976**, *15*, 1148 Comparative Bonding Study of Conical Fragments ■ C. Janiak, H. Schumann *AOMC* **1991**, *33*, 291 Bulky or Supracyclopentadienyl Derivatives in Organometallic Chemistry ■ J.W. Lauher, R. Hoffmann *JACS* **1976**, *98*, 1729 Structure and Chemistry of Bis(cyclopentadienyl)ML$_n$ Complexes (Bent Sandwiches) ■ J.C. Green *CSR* **1998**, *27*, 263 Bent Metallocenes Revisited ■ G. Erker *CSR* **1999**, *28*, 307 Using Bent Metallocenes for Stabilizing Unusual Coordination Geometries at Carbon ■ M. Herberhold *AC* **1995**, *107*, 1985 Verbogene Sandwich-Verbindungen: [1]Ferrocenophane und [1]Ruthenocenophane ■ H. Sitzmann *CCR* **2001**, *214*, 287 Maximum Spin Cyclopentadienyl Complexes of 3d Transition Metals ■ U.T. Müller-Westerhoff *AC* **1986**, *98*, 700 [m.m.]Metallocenophane ■ I. Manners *AC* **2007**, *119*, 5152 Gespannte Metallocenophane ■ I. Manners *AOMC* **1995**, *37*, 131 Ring-Opening Polymerization of Metallocenophanes: A New Route to Transition Metal-Based Polymers ■ M.J. Calhorda *CCR* **2002**, *230*, 49 Bonding and Structural Preferences of Indenyl Complexes.

■ D.F. Shriver *ACR* **1970**, 3, 231 Transition Metal Basicity ■ H. Werner *AC* **1983**, *95*, 932 Elektronenreiche Halbsandwich-Komplexe – Metall-Basen par excellence ■ R.J. Angelici *ACR* **1995**, *28*, 51 Basicities of Transition-Metal Complexes ■ S. Henderson, R.A. Henderson *APOC* **1987**, 23, 1 The Nucleophilicity of Metal-Complexes Toward Organic Molecules ■ R. Poli *CHR* **1991**, *91*, 509 Monocyclopentadienyl Halide Complexes of the d- and f-Block Elements ■ J. Okuda *CIC* **1994**, *16*, 185 Bifunctional Cyclopentadienyl Ligands in Organotransition Metal Chemistry.

■ J.W. Lauher, M. Elian, R.H. Summerville, R. Hoffmann *JACS* **1976**, *98*, 3219 Triple-Decker Sandwiches ■ H. Werner *AC* **1977**, *89*, 1 Neue Varietäten von Sandwich-Komplexen ■ K. Jonas *PAC* **1984**, *56*, 63; *AC* **1985**, *97*, 292 Reactive Organometallic Compounds from Metallocenes ■ J. Schwartz *PAC* **1980**, *52*, 733 Organozirconium Compounds in Organic Synthesis: Cleavage Reactions of Carbon-Zirconium Bonds ■ E.-I. Negishi *Organozirconium Chemistry*, in: M. Schlosser, Ed. *Organometallics in Synthesis. A Manual* 2nd Ed., Wiley, Chichester **2002**, Ch. VIII ■ W.E. Watts *JOML* **1979**, *7*, 399 Ferrocenylcarbocations and Related Species ■ R. Beckhaus *NCH* **1998**, *46*, 611 Reaktivitätsprinzipien von Metallocenderivaten der frühen Übergangsmetalle.

■ T. Hayashi, M. Kumada *ACR* **1982**, *15*, 395 Asymmetric Syntheses Catalyzed by Transition-Metal Complexes with Functionalized Chiral Ferrocenylphosphine Ligands ■ N.J. Long *CSR* **2004**, *33*, 313 The Synthesis and Catalytic Applications of Unsymmetrical Ferrocene Ligands ■ K.E. Dombrowski, W. Baldwin, J.E. Sheats *JOM* **1986**, *302*, 281 Metallocenes in Biochemistry, Microbiology and Medicine ■ N. Metzler-Nolte *CHR* **2004**, *104*, 5931 Biorganometallic Chemistry of Ferrocene ■ D.O'Hare, J.S.O. Evans *CIC* **1993**, *14*, 155 Organometallic Sandwich Compounds in Layered Lattices ■ D. Astruc *ACR* **2000**, *33*, 287 Electron and Proton Reservoir Complexes ■ P.D. Beer *ACR* **1998**, *31*, 71 Transition-Metal Receptor Systems for the Selective Recognition and Sensing of Anionic Guest Species ■ N.J. Long *AC* **1995**, *107*, 37 (905) Metallorganische Verbindungen für die nichtlineare Optik – ein Hoffnungsstreif am Horizont ■

S. Di Bella *CSR* **2001**,*30*,355 Second-order Nonlinear Optical Properties of Transition Metal Complexes ■ J.S. Miller, A.J. Epstein, W.M. Reiff *CHR* **1988**, *88*, 210 Ferromagnetic Molecular Charge Transfer Complexes.

15.4.4

■ D. Astruc *Modern Arene Chemistry* Wiley-VCH, Weinheim **2002** ■ M. Randić *CHR* **2003**, *103*, 3449 Aromaticity of Polycyclic Conjugated Hydrocarbons ■ D. Seyferth *OM* **2002**, *21*, 1520, 2800 Bis(benzene)chromium ■ W.E. Silverthorn *AOMC* **1975**, *13*, 47 Arene Transition Metal Chemistry ■ K.J. Klabunde *TMC* **1979**, *4*, 1 π-Arene Complexes of the Group VIII Transition-Metals ■ M.L.H. Green *JOM* **1980**, *200*, 119 The Use of Atoms of the Group IV, V, VI Transition-Metals for the Synthesis of Zerovalent Arene Compounds ■ U. Zenneck *CIUZ* **1993**, *27*, 208 Die Chemie freier Metallatome ■ D. Clack, K.D. Warren *STBO* **1980**, *39*, 1 Metal-Ligand Bonding in 3d Sandwich Complexes ■ E.L. Muetterties, T.A. Albright *CHR* **1982**, *82*, 499 Structural, Stereochemical and Electronic Features of Arene-Metal Complexes ■ T. Marks, F.G.N. Cloke *JACS* **1996**, *118*, 627 Bonding Energetics in Zerovalent Lanthanide, Group 3, Group 4 and Group 6 Bis(Arene)Sandwich Complexes ■ U. Zenneck *AC* **1995**, *107*, 59 Einkernige Tris(aren)metall-Komplexe.

■ P. Kündig *TOMC* **2004**, 7 TM Arene π-Complexes in Organic Synthesis and Catalysis ■ C. Bolm *CSR* **1999**, *28*, 51 Planar Chiral Arene Chromium(0) Complexes: Potential Ligands for Asymmetric Catalysis ■ F. Vögtle *TOPC* **1994**, *172*, 41 Cyclophane π-Complexes ■ D. Astruc, J.-Y. Saillard *JACS* **1998**, *120*, 11693 First 17,18,19-Electron Triads of Stable Isostructural Organometallic Complexes: [(Arene)Fe(C_5R_5)]$^{2+,+,0}$ ■ K. Kaya *JPC A* **1997**, *101*, 5360 Why do Vanadium Atoms Form Multiple-Decker Sandwich Clusters with Benzene Molecules Efficiently? ■ R. Gabbaï *JACS* **2000**, *122*, 8335 μ_6-η^2:η^2:η^2:η^2 :η^2:η^2 A New Bonding Mode for Benzene ■ H. Taube *IC* **1981**, *20*, 457 Aquo Chemistry of Monoarene Complexes of Osmium(II) and Ruthenium(II) ■ W.D. Harman *CHR* **1997**, *97*, 1953 The Activation of Aromatic Molecules with Pentammineosmium(II) ■ P.v.R. Schleyer *JACS* **2000**, *122*, 510 Does Cr(CO)$_3$ Complexation Reduce the Aromaticity of Benzene? ■ J. Kochi *OM* **2001**, *20*, 115 Electron Redistribution of Aromatic Ligands in (Arene)Cr(CO)$_3$ Complexes.

■ M.L.H. Green *CC* **2000**, 779 The Triple-Decker Sandwich [(η-C_5H_5)Ni(η-C_6H_6)Ni(η-C_5H_5)]$^{2+}$ ■ D.A. Sweigart *JCSD* **1996**, 4493 The Versatile Chemistry of Arenemanganese Carbonyl Complexes ■ J.J. Schneider *JOM* **1999**, *579*, 139 Bimetallische Allylkomplexe polycyclischer Kohlenwasserstoffe ■ D.A. Sweigart *CCR* **1999**, *187*, 183 Electrophilic Reactivity of Coordinated Cyclic π-Hydrocarbons.

■ A. Hirsch *AC* **1993**, *105*, 1189 Die Chemie der Fullerene: ein Überblick ■ L. Echegoyen *ACC* **1998**, *31*, 593 Electrochemistry of Fullerenes and their Derivation ■ J.R. Bowser *AOMC* **1994**, *36*, 57 Organometallic Derivatives of Fullerenes ■ J.F. Nierengarten *AC* **2001**, *113*, 3061 Fullerene mit einem geöffneten Ring: eine ganz neue Klasse von Liganden für die supramolekulare Chemie ■ J.T. Park *ACR* **2003**, *36*, 78 [60] Fullerene-Metal Cluster Complexes: Novel Bonding Modes and Electronic Communication.

15.5

■ K.H. Pannell *JHC* **1978**, *15*, 1057 Heterocyclic π-Complexes of the Transition Metals ■ F.H. Mathey, J. Fischer, J.H. Nelson *STBO* **1983**, *55*, 153 Complexing Modes of the Phosphole Moiety ■ M.O. Senge *AC* **1996**, *108*, 2051 π-Pyrrol-Metallkomplexe – der fehlende Koordinationstyp für Metall-Porphyrin-Wechselwirkungen ■ F. Mathey *CIC* **1992**, *13*, 61 Unsaturated Four-Membered Phosphorus-Carbon Rings: From Organic to Coordination Chemistry ■ A.J. Ashe III *AOMC* **1996**, *39*, 325 Diheteroferrocenes and Related Derivatives of the Group 15 Elements: As, Sb, Bi ■ U. Zenneck *AC* **2000**, *112*, 2174 P$_6$-Manganocen und P3-Cymantren ■ P. LeFloch, F. Mathey *CCR* **1998**, *178–180*, 793 Transition Metals in Phosphinine Chemistry ■ F. Mathey *AC* **2000**, *112*, 1893 Dianionic Homoleptic Biphosphinine Complexes of Group 4 Metals ■ F. Mathey, P. LeFloch *OM* **2000**, *19*, 2941 Biphosphinine Rhodium(-I) and Cobalt(-I) Complexes ■ N. Mézailles, F. Mathey, P. LeFloch *PIC* **2001**, *49*, 455 The Coordination Chemistry of Phosphinines: Their Polydentate and Macrocyclic Derivatives. ■ R.N. Grimes *CCR* **1979**, *28*, 47 Metal Sandwich Complexes of Cyclic Planar and Pyramidal Ligands Containing Boron ■ G.E. Herberich *JOM* **1987**, *319*, 9 (η^5-Borol)metall-Komplexe ■ W. Siebert *AOMC* **1993**, *35*, 187 Di- and Trinuclear Metal Complexes of Diboraheterocycles ■ G.E. Herberich *OM* **1997**, *16*, 3751 1-Methylboratabenzene Complexes of Ti, Zr, and Hf ■ A.J. Ashe, G.C. Bazan *OM* **1997**, *16*, 2492 (1-Phenyl-boratabenzene)zirconium Complexes: Tuning the Reactivity of an Olefin Polymerization Catalyst ■ G.C. Bazan *JACS* **2000**, *122*, 1371 Electron-Donating Properties of Boratabenzene Ligands ■ J. Heck *IC* **1996**, *35*, 7863 [(1-Ferrocenyl-η^6-boratabenzene)(η^5-CpCo)]$^+$: A New Heterobimetallic Basic NLO Chromophor ■ L.J. Wright *JCSD* **2006**, 1821 Metallabenzenes and Metallabenzenoids ■ G. Jia *ACR* **2004**, *37*, 479 Progress in the Chemistry of Metallabenzynes.

16

■ H. Vahrenkamp *CIUZ* **1974**, *8*, 112 Bindungen zwischen Metallen ■ F.A. Cotton *JCE* **1983**, *60*, 713 Multiple Metal-Metal Bonds ■ F.A. Cotton, R.A. Walton *Multiple Bonds between Metal Atoms* 2nd Ed., Oxford University Press **1993** ■ F.A. Cotton, D.G. Nocera *ACR* **2000**, *33*, 483 The Whole Story of the Two-Electron Bond, with the δ Bond as a Paradigm ■ J.P. Collman *AC* **2002**, *114*, 4121 Heterodinucleare Übergangsmetallkomplexe mit Metall-Metall-Mehrfachbindungen ■ M. Gerloch *PIC* **1979**, *26*, 1 A Local View in Magnetochemistry ■ M.H. Chisholm, Ed. Reactivity of Metal-Metal Bonds ACS Symposium Series No. 155, Washington D.C. **1981**.

■ D.F. Shriver, H.D. Kaesz, R.D. Adams, Eds. *The Chemistry of Metal Cluster Compounds* VCH, Weinheim **1990** ■ P. Braunstein, L.A. Oro, P.R. Raithby, Eds. *Metal Clusters in Chemistry* Vol.1–3, Wiley-VCH, Weinheim **1999**; hier insbesondere: Kap. 4.7: L. Jos de Jongh, Physical Properties of Metal Cluster Compounds. Model Systems for Nanosized Metal Particles; Kap. 7: J. Lewis, Retrospective and Prospective Considerations in Cluster Chemistry ■ B. Walther *ZCH* **1986**, *26*, 421 Metallclusterverbindungen – Chemie und Bedeutung; Synthese, Struktur, Bindung ■ D.M.P. Mingos, D.J. Wales *Introduction to Cluster Chemistry* Prentice Hall, Englewood Cliffs **1990** ■ D.M.P. Mingos *CHR* **1990**, *90*, 383 Bonding Models for Ligated and Bare Clusters ■ D.M.P. Mingos, Ed. *STBO* **1997**, *87*, 1–193 Structural and Electronic Paradigms in Cluster Chemistry ■ S.M. Owen *POL* **1988**, *7*, 253 Electron Counting in Clusters: A View of the Concepts ■ B.F.G. Johnson, Ed. *POL* **1984**, *3*, 1277 Recent Advances in the Structure and Bonding of Cluster Compounds ■ F.G.A. Stone *AC* **1984**, *96*, 85 Metall-Kohlenstoff- und Metall-Metall-Mehrfachbindungen als Liganden in der Übergangsmetallchemie: Die Isolobalbeziehung ■ H. Wadepohl *AC* **2002**, *114*, 4394 Hypoelektronische Dimetallaborane ■ H. Vahrenkamp *AOMC* **1983**, *22*, 169 Basic Metal Cluster Reactions ■ W.E. Geiger, N.H. Connnelly *AOMC* **1985**, *24*, 87 The Electron-Transfer Reactions of Polynuclear Organotransition Metal Complexes ■ M. Gielen, R. Willem, B. Wrackmeyer, Eds. *Physical Organometallic Chemistry* Vol. 2: u.a. P. Zanello Structure and Electrochemistry of Transition-Metal Carbonyl-Clusters with Interstitial or Semi-Interstitial Atoms: Contrast between Nitrides or Phosphides and Carbides, Wiley, Chichester **2002**.

■ B.F.G. Johnson, R.E. Benfield *TSC* **1981**, *12*, 253 Stereochemistry of Transition Metal Carbonyl Clusters ■ B.F.G. Johnson, J. Lewis *AICR* **1981**, *24*, 225 Transition-Metal Molecular Clusters ■ P. Chini *JOM* **1980**, *200*, 37 Large Metal Carbonyl Clusters ■ M.G. Humphrey *AOMC* **2000**, *46*, 47 „Very Mixed"-Metal Carbonyl Clusters ■ B.F.G. Johnson, D. Braga *CHR* **1994**, *94*, 1585 Arene Clusters.

■ K.H. Whitmire *AOMC* **1998**, *42*, 2 Main-Group Transition-Metal Cluster Compounds of the Group 15 Elements ■ H.D. Kaesz *JOM* **1980**, *200*, 145 An Account of Studies into Hydrido-Metal Complexes and Cluster Compounds ■ W.L. Gladfelter *AOMC* **1985**, *24*, 41 Organometallic Metal Clusters Containing Nitrosyl and Nitrido Ligands ■ J.C. Bradley *AOMC* **1983**, *22*, 1 The Chemistry of Carbido-Carbonyl Clusters ■ B.R. Heaton *JCSD* **1995**, 1985 Solution and Solid-State NMR Studies on Interstitial Atoms within Transition-Metal Carbonyl

Clusters ∎ E.L. Muetterties *SCI* **1977**, *196*, 839 Molecular Metal Clusters ∎ G. Pacchioni, N. Rösch *ACR* **1995**, *28*, 390 Carbonylated Nickel Clusters: From Molecules to Metals ∎ R.D. Adams, F.A. Cotton, Eds. *Catalysis by Di- and Polynuclear Metal Cluster Complexes* Wiley-VCH, New York **1998** ∎ G. Süss-Fink *AOMC* **1993**, *35*, 41 Transition Metal Clusters in Homogeneous Catalysis ∎ G. Schmid *JCSD* **1998**, 1077 The Role of Big Metal Clusters in Nanoscience ∎ M. Green *CC* **2005**, 3002 Organometallic Based Strategies for Metal Nanocrystal Synthesis.

17

∎ W.J. Evans *AOMC* **1985**, *24*, 131 Organometallic Lanthanide Chemistry ∎ C.J. Schaverien *AOMC* **1994**, *36*, 283 Organometallic Chemistry of Lanthanoids ∎ W.A. Herrmann *TOPC* **1996**, *179*, 1 Features of Organolanthanide Complexes ∎ H. Schumann *CHR* **1995**, *95*, 865 Synthesis, Structure and Reactivity of Organometallic π-Complexes of the Rare Earths in the Oxidation State Ln^{3+} with Aromatic Ligands ∎ K. Mashima *JCSD* **1999**, 3899 Novel Synthesis of Lanthanoid Complexes Starting from Metallic Lanthanoid Sources ∎ T.J. Marks *PIC* **1979**, *25*, 223 Chemistry and Spectroscopy of f-Element Organometallics ∎ T.J. Marks *OM* **1985**, *4*, 352 Organo-f-Element Thermochemistry ∎ C.J. Burns, B.E. Bursten *CIC* **1989**, *9*, 61 Covalency in f-Element Organometallic Complexes: Theory and Experiment ∎ T.R. Cundari, Ed. *Computational Organometallic Chemistry* Marcel Dekker, New York **2001**, Ch. 14: B.E. Bursten, Electronic Structure of Organoactinide Complexes via Relativistic DFT ∎ F.G.N. Cloke *CC* **1998**, 797 The First Stable Scandocene ∎ D. Seyferth *OM* **2004**, *23*, 3562 „Uranocene" ∎ N.M. Edelstein *JACS* **1996**, *118*, 13115 The Oxidation State of Ce in the Sandwich Molecule Cerocene (XANES-Study) ∎ B. Kanellakopulos *POL* **1996**, *15*, 1503 Oxo-Bridged Bimetallic Organouranium: $Cp_3U-O-UCp_3$ ∎ E. Carmona *CEJ* **1999**, *5*, 3000 Carbon Monoxide and Isocyanide Complexes of Trivalent Uranium ∎ G.B. Deacon, Q. Shen *JOM* **1996**, *511*, 1 Complexes of Lanthanoids with Neutral π-Donor Ligands (Alkene, Alkyne, Arene) ∎ P.W. Roesky *EJIC* **2001**, 1653 Substituted Cyclooctatetraenes as Ligands in f-Metal Chemistry ∎ F.T. Edelmann *AC* **1995**, *107*, 2647 Cyclopentadienylfreie Organolanthanoidchemie ∎ F.T. Edelmann *AC* **1995**, *107*, 1071 Buckyballs mit Inhalt: Neues von den endohedralen Metallofullerenen der Lanthanoide ∎ P.L. Watson, G.W. Parshall *ACR* **1985**, *18*, 51 Organolanthanoids in Catalysis ∎ K. Mikami *AC* **2002**, *114*, 3705 „Asymmetrische" Katalyse mit Lanthanoidkomplexen ∎ F.T. Edelmann *CIC* **1997**, *19*, 153 Organolanthanides in Materials Science ∎ P. O'Brien *Precursors for Electronic Materials* in D.W. Bruce, D. O'Hare, Eds. *Inorganic Materials* Wiley, Chichester 1992, Ch. 9 ∎ W.J. Evans *IC* **2007**, *46*, 3435 The Importance of Questioning Scientific Assumptions: Some Lessons from f-Element-Chemistry.

18

∎ N. Krause *Metallorganische Chemie. Selektive Synthesen mit metallorganischen Verbindungen* Spektrum Akademischer Verlag, Heidelberg **1996** ∎ L.S. Hegedus *Transition Metals in the Synthesis of Complex Organic Molecules* 2nd Ed., University Science Books, Sausalito ∎ M. Beller, C. Bolm, Eds. *Transition Metals for Organic Synthesis. Building Blocks and Fine Chemicals* 2nd Ed., Vol. 1+2 (60 kompakte Einführungen, umfangreiche Literaturverweise) Wiley-VCH, Weinheim **2004** ∎ S.E. Gibson, Ed. *Transition Metals in Organic Synthesis. A Practical Approach* Oxford University Press, Oxford **1997** (detaillierte Arbeitsvorschriften) ∎ C. Masters *Homogeneous Transition-Metal Catalysis – a Gentle Art* Chapman and Hall, London **1981** ∎ H. Alper *Transition Metal Organometallics in Organic Synthesis* Vol. 1 (1976), Vol. 2 (1978), Academic Press, New York ∎ S.G. Davies *Organotransition Metal Chemistry: Applications to Organic Synthesis* Pergamon Press, Oxford **1982** ∎ A. deMeijere, H. Tom Dieck, Eds. *Organic Synthesis Via Organometallics* Vol. 1, Springer, Berlin **1987** ∎ H. Werner, G. Erker, Eds. *Organic Synthesis via Organometallics* Vol. 2, Springer, Berlin **1989** ∎ K.H. Dötz, R.W. Hoffmann, Eds. *Organic Synthesis via Organometallics* Vol. 3, Vieweg, Braunschweig **1991** ∎ M.L.H. Green, S.G. Davies *Organometallic Chemistry and Organic Synthesis* RSC, London **1988** ∎ S.-I. Murahashi, S.G. Davies, Eds. *Transition Metal Catalysed Reactions* Blackwell Science, Oxford **1999** ∎ J. Tsuji *Palladium Reagents and Catalyis*

Wiley, Chichester **1995** ■ A. deMeijere, Ed. *CHR* **2000**, *100*, 2739–3282 Organometallics in Organic Synthesis (Special Issue) ■ B.M. Trost *AC* **1995**, *107*, 285 Atomökonomie – eine Herausforderung in der Organischen Chemie: die Homogenkatalyse als wegweisende Methode ■ B.M. Trost *ACR* **2002**, *35*, 695 On Inventing Reactions for Atom Economy ■ P.W.N.M. van Leeuwen, K. Morokuma, J.H. van Lenthe, Eds. *Theoretical Aspects of Homogeneous Catalysis* Kluwer, Dordrecht **1995** ■ *Catalysis & Catalysed Reactions* Royal Society of Chemistry, Cambridge **2001**- (Referateorgan, monatlich 200 graphische Abstracts aus 100 Primärzeitschriften).

■ K.-H. Hellwich *Stereochemie – Grundbegriffe* Springer, Berlin **2002** ■ A. von Zelewsky *Stereochemistry of Coordination Compounds* Wiley, Chichester **1996** ■ E.N. Jacobsen, A. Pfaltz, H. Yamamoto, Eds. *Comprehensive Asymmetric Catalysis* Vol. I–III, Springer, Berlin **1999** ■ B.S. Bosnich *TSC* **1981**, *12*, 119 Asymmetric Synthesis Mediated by Transition Metal Complexes ■ K.N. Houk, B. List, Eds. *ACR* **2004**, *37*, 487–631 Asymmetric Organocatalysis ■ W.S. Knowles *ACR* **1983**, *16*, 106 Asymmetric Hydrogenation ■ H. Brunner *AC* **1999**, **111**, 1248 Optisch aktive metallorganische Verbindungen der Übergangselemente mit chiralen Metallatomen ■ M. Nogradi *Stereoselective Synthesis* VCH, Weinheim **1987** ■ R. Noyori *SCI* **1990**, *248*, 1194 Chiral Metal Complexes as Discriminating Molecular Catalysts ■ R. Noyori *Asymmetric Catalysis in Organic Synthesis* Wiley, New York **1994** ■ I. Ojima, Ed. *Catalytic Asymmetric Synthesis* VCH, Weinheim **1993** ■ J.M.J. Williams *Catalysis in Asymmetric Synthesis* Academic Press, Sheffield **1999** ■ J.M. Brown *CSR* **1993**, *22*, 25 Selectivity and Mechanism in Catalytic Asymmetric Synthesis ■ K.B. Lipkowitz *ACR* **2000**, *33*, 555 Atomistic Modeling of Enantioselective Bindung ■ C.S. Foote, Ed. *ACR* **2000**, *33*, 323–440 Catalytic Asymmetric Synthesis (Special Issue) ■ H.U. Blaser, E. Schmidt, Eds. *Asymmetric Catalysis on Industrial Scale*, Wiley-VCH, Weinheim **2003**.

■ M. Lautens *CHR* **1996**, *96*, 49 Transition-Metal Mediated Cycloaddition Reactions ■ H.-W. Frühauf *CHR* **1997**, *97*, 523 Metal-Assisted Cycloaddition Reactions in Organotransition Metal Chemistry ■ F.Z. Dörwald *Metal Carbenes in Organic Synthesis* Wiley-VCH, Weinheim **1999** ■ A.J. Pearson *Iron Compounds in Organic Synthesis* Academic Press, London **1994** ■ N.G. Connelly *CSR* **1989**, *18*, 153 Synthetic Applications of Organotransition-Metal Redox Reactions ■ D.M. Roundhill *AOMC* **1995**, *38*, 155 *Organotransition-Metal Chemistry and Homogeneous Catalysis in Aqueous Solution* ■ F. Joó, *Aqueous Organometallic Catalysis* Kluwer, Dordrecht **2001** ■ B. Cornils, W.A. Herrmann, Eds. *Aqueous-Phase Organometallic Catalysis. Concepts and Applications* 2nd Ed., Wiley-VCH, Weinheim **2004** ■ T. Welton *AOMC* **2004**, *50*, 251 Palladium Catalyzed Reactions in Ionic Liquids ■ W. Leitner *ACR* **2002**, *35*, 746 Supercritical Carbon Dioxide as a Green Reaction Medium for Catalysis ■ F.R. Hartley *Supported Metal Complexes. A New Generation of Catalysts* Reidel, Dordrecht **1985** ■ E. Lindner *AC* **1999**, *111*, 2289 Chemie in Interphasen – ein neuer Weg für die metallorganische Synthese und Katalyse ■ J.-M. Basset *AC* **2003**, *115*, 164 Homogene und heterogene Katalyse: Brückenschlag durch Oberflächen-Organometallchemie ■ M. Moreno-Mañas *ACR* **2003**, *36*, 638 Formation of C–C Bonds under Catalysis by TM Nanoparticles.

■ B. Cornils, W.A. Herrmann, Eds. *Applied Homogeneous Catalysis with Organometallic Compounds* 2nd Ed., VCH, Weinheim **2002** ■ B. Cornils, W.A. Herrmann, M. Muhler, C.-H. Wong, Eds. *Catalysis from A to Z. A Concise Encyclopedia* 3rd Ed., Wiley-VCH, Weinheim **2007** ■ G.W.Parshall *JMC* **1978**, *4*, 243 Industrial Applications of Homogeneous Catalysis. A Review ■ J. Falbe, H. Bahrmann *CIUZ* **1981**, *15*, 37 Homogene Katalyse in der Technik ■ C.P. Casey, Ed. *JCE* **1986**, *63*, 188 Symposium: Industrial Applications of Organometallic Chemistry and Catalysis ■ W. Keim *AC* **1990**, *102*, 251 Nickel: Ein Element mit vielfältigen Eigenschaften in der technisch-homogenen Katalyse ■ J. Tsuji *SYN* **1990**, 739 Expanding Industial Applications of Palladium Catalysts.

18.2
■ J. Tsuji *Palladium Reagents and Catalysis* Wiley, Chichester **2004** ■ L.S. Hegedus, Organopalladium Chemistry, in: M. Schlosser, Ed. *Organometallics in Synthesis. A Manual* 2nd

Ed., Wiley, Chichester **2002**, Ch. X ■ N. Miyaura, Ed. *TOPC* **2002**, 219, 1–248 Cross-Coupling Reactions. A Practical Guide (mit Arbeitsvorschriften) ■ F. Diederich, A. DeMeijere, Eds. *Metal-Catalyzed Cross-Coupling Reactions* 2nd Ed., Wiley-VCH, Weinheim **2004** ■ R.F. Heck *ACR* **1979**, *12*, 146 Palladium-Catalysed Reactions of Organic Halides with Olefins ■ E. Negishi *CHR* **2003**, *103*, 1979 Palladium-Catalyzed Alkynylation ■ W. Cabri *ACR* **1995**, *28*, 2 Recent Developments and New Perspectives in the Heck Reaction ■ G.T. Crisp *CSR* **1998**, *27*, 427 Recent Developments on the Mechanism of the Heck Reaction and their Implications for Synthesis ■ I.P. Beletskaya *CHR* **2000**, *100*, 3009 The Heck Reaction as a Sharpening Stone of Palladium Catalysis ■ C. Amatore *ACR* **2000**, *33*, 314 Anionic Pd(0) and Pd(II) Intermediates in Palladium-Catalyzed Heck and Cross-Coupling Reactions ■ O. Reiser *AC* **1993**, *105*, 576 Palladium-katalysierte, enantioselektive allylische Substitution ■ C. Moberg *ACR* **2004**, *37*, 159 Molybdenum Catalyzed Asymmetric Allylic Alkylations ■ C.A. Tolman *JCE* **1986**, *63*, 199 Hydrocyanation ■ G.C. Fu *AC* **2002**, *114*, 4351 Palladiumkatalysierte Kupplungen von Arylchloriden ■ M. Lemaire *CR* **2002**, *102*, 1359 Aryl-Aryl Bond Formation One Century after the Discovery of the Ullman Reaction ■ S.P. Stanforth *TH* **1998**, *54*, 263 Catalytic Cross-coupling Reactions in Biaryl Synthesis ■ I. Cepanec Synthesis of Biaryls Elsevier, Oxford **2004**.

18.3

■ I.P. Beletskaya *CHR* **2004**, *104*, 3079 Transition-Metal-Catalyzed Addition of Heteroatom-Hydrogen Bonds to Alkynes ■ J.F. Hartwig *ACR* **1998**, *31*, 852 Carbon-Heteroatom Bond-Forming Reductive Eliminations of Amines, Ethers, and Sulfides ■ S.L. Buchwald *ACR* **1998**, *31*, 805 Rational Development of Practical Catalysts for Aromatic Carbon-Nitrogen Bond Formation ■ S. Doye *CSR* **2003**, *32*, 104 The Catalytic Hydroamination of Alkynes ■ T.J. Marks *ACR* **2004**, *37*, 673 Organolanthanide-Catalyzed Hydroamination ■ T.J. Marks *OM* **1994**, *13*, 439 Organolanthanoide – Catalyzed C-N Bond Formation: Regiospecific Cyclization of Aminoalkynes ■ S. Höger *CIUZ* **2001**, *35*, 102 Die Palladium-katalysierte Bildung von Arylaminen und -ethern ■ D.S. Matteson *Stereodirected Synthesis with Organoboranes* Springer, Berlin **1995** ■ H. Grützmacher, T. Ziegler *OM* **2000**, *19*, 2097 Comparative Density Functional Study of Associative and Dissociative Mechanisms in the Rhodium(I)-Catalyzed Olefin Hydroboration Reaction ■ J.L. Speier *AOMC* **1979**, *17*, 407 Homogeneous Catalysis of Hydrosilation by Transition Metals ■ I.E. Markó *SCI* **2002**, *298*, 204 Platinum(0)-Carbene Complexes as Hydrosilation Catalysts ■ M.A. Brook *Silicon in Organic, Organometallic and Polymer Chemistry* Wiley, New York **2000**, Ch. 12.8 Hydrosilation ■ B. Marciniec, J. Gulinski, W. Urbaniak, Z.W. Kornetka *Comprehensive Handbook on Hydrosilylation Chemistry* Pergamon, Oxford **1992**.

18.4

■ R.A. Sheldon, J.K. Kochi *Metal-Catalyzed Oxidations of Organic Compounds* Academic Press, New York **1981** ■ J.E. Baeckvall *ACR* **1983**, *16*, 335 Palladium in Some Selective Oxidation Reactions ■ A. Gansäuer *AC* **1997**, *109*, 2701 Eine neue Methyltrioxorhenium-katalysierte Epoxidierung von Olefinen.

18.5

■ S. Otsuka *JACS* **1978**, *100*, 3942 Intermediates Bearing on the Water Gas Shift Reaction Catalyzed by Platinum(0) Complexes ■ P.C. Ford *AOMC* **1988**, *28*, 139 Nucleophilic Activation of Carbon Monoxide: Applications to Homogeneous Catalysis by Metal Carbonyls of the Water Gas Shift and Related Reactions ■ R. Ziessel *AC* **1991**, *103*, 863 Photokatalyse des Wassergas-Prozesses in homogener Phase unter Normalbedingungen durch kationische Ir(III)-Komplexe ■ L.A. Oro *JOM* **1992**, *438*, 337 Carbonmonoxide Activation by Poly(1-pyrazlyl)boratoiridium Complexes (H_2O addition to CO) ■ R.B. King *JOM* **1999**, *586*, 2 Homogeneous Transition Metal Catalysis: From the Water Gas Shift Reaction to Nuclear Waste Vitrification ■ G. Frenking *OM* **1999**, *18*, 2801 Theoretical Study of Gas-Phase Reactions of

$Fe(CO)_5$ with OH^- and their Relevance for the Water Gas Shift Reaction ■ E.L. Muetterties, J. Stein *CHR* **1979**, *79*, 479 Mechanistic Features of Catalytic Carbon Monoxide Hydrogenation Reactions ■ C. Masters *AOMC* **1979**, *17*, 61 The Fischer-Tropsch Reaction ■ P. Maitlis *CC* **1996**, 1 Heterogeneous Catalysis of C-C Bond Formation: Black Art or Organometallic Science?

18.7

■ R. Eisenberg *JACS* **1994**, *116*, 10548 Observation of New Intermediates on Hydrogenation Catalyzed by Wilkinson's Catalyst, Using Parahydrogen-Induced Polarization.

18.8

■ K. Stille, L.S. Hegedus *OM* **1991**, *10*, 1183 Platinum-Catalyzed Asymmetric Hydroformylation of Olefins with (–)-BPPM/$SnCl_2$-Based Catalyst Systems (BPPM: a chiral diphosphane) ■ W.A. Herrmann *AC* **1995**, *107*, 893 Neues Verfahren zur Sulfonierung von Katalysator-Phosphanliganden (für die Zweiphasen-Prozeßführung).

18.9

■ W. Bertleff in *Ullmann's Encyclopedia of Industrial Chemistry* 5th Ed., VCH, Weinheim **1986**, *A5*, 217f.: „Reppe Carbonylierung"; ibid *A27*, 437: „Reppe Vinylierung" ■ A. Sgamellotti *OM* **2000**, *19*, 4104 Density Functional Study of the Reppe Carbonylation of Acetylene.

18.10

■ T.J. Katz *AOMC* **1977**, *16*, 283 The Olefin Metathesis Reaction ■ R.H. Grubbs *COMC* I **1982**, Vol. 8, 499 Alkene und Alkyne Metathesis Reactions ■ R.H. Grubbs *ACR* **1995**, *28*, 446 Ring-Closing Metathesis and Related Processes in Organic Synthesis ■ R.H. Grubbs *ACR* **2001**, *34*, 18 The Development of $L_2X_2Ru=CHR$ Olefin Metathesis Catalysts: An Organometallic Success Story ■ A.M. Rouhi *CEN* **2002**, 23 Dec, 29 Olefin Metathesis: Big-Deal Reaction; 34 Olefin Metathesis: The Early Days ■ P. Chen *JACS* **2000**, *122*, 8204 Mechanistic Studies of Olefin Metathesis by Ruthenium Carbene Complexes Using Electrospray Ionization Tandem Mass Spectrometry ■ R.R. Schrock *JOM* **1986**, *300*, 249 On the Trail of Metathesis Catalysts ■ R.R. Schrock *AC* **2003**, *115*, 4740 Molybdän- und Wolframimidoalkylidenkomplex als effiziente Olefinmetathesekatalysatoren ■ R.R. Schrock *CEJ* **2001**, *7*, 945 Catalytic Asymmetric Olefin Metathesis ■ W.A. Herrmann *AC* **1991**, *103*, 1704 Methyltrioxorhenium als Katalysator für die Olefinmetathese ■ H.G. Schmalz *AC* **1995**, *107*, 1981 Katalytische Ringschluß-Metathese: ein neues leistungsfähiges Konzept zur C–C-Verknüpfung in der organischen Synthese ■ S. Blechert *AC* **1997**, *109*, 2124 Die Olefinmetathese in der organischen Synthese ■ S. Blechert *CIUZ* **2001**, *35*, 24 Die Olefinmetathese – neue Katalysatoren vergrößern das Anwendungspotential ■ U.H.F. Bunz, R.D. Adams, Eds. *JOM* **2000**, *606*, 1 Special Issue on Catalytic Metathesis of Organic Compounds ■ A. Fürstner, Ed. *Alkene Metathesis in Organic Synthesis*, *TOMC* **1998**, 1 ■ A. Fürstner *AC* **2000**, *112*, 3140 Olefinmetathese und mehr ■ A. Fürstner *AC* **1998**, *110*, 1758 Ringschlußmetathese in funktionalisierten Acetylen-Derivaten: ein neuer Weg zu Cycloalkinen ■ U. Bunz *AC* **1999**, *111*, 503 Alkinmetathese als neues Synthesewerkzeug: ringschließend, ringöffnend und acyclisch ■ T.J. Donohoe *AC* **2006**, *118*, 2730 Ringschlussmetathese, ein Schlüssel zur Arensynthese ■ R.H. Grubbs, Ed. *Handbook of Metathesis* Vol. 1–3, Wiley-VCH, Weinheim **2003** ■ U. Bunz *ACR* **2001**, *34*, 998 Poly(p-phenyleneethynylene)s by alkyne metathesis ■ S. Murai *OM* **1996**, *15*, 901 $PtCl_2$-Catalyzed Conversion of 1,6- and 1,7-Enynes to 1-Vinyl-cycloalkenes ■ B.M. Trost *JACS* **2000**, *122*, 3801 An Asymmetric Synthesis via Enyne Metathesis ■ B.M. Trost *ACR* **2002**, *35*, 695 On Inventing Reactions for Atom Economy.

18.11

■ P.W. Jolly, G. Wilke *The Organic Chemistry of Nickel* Vol. 1 (**1974**), Vol. 2 (**1975**), Academic Press, New York ■ G. Wilke *AC* **1988**, *100*, 190 Beiträge zur nickelorganischen Chemie ■ J. Montgomery *ACR* **2000**, *33*, 467 Nickel-Catalyzed Cyclizations, Couplings and Cycloadditions Involving Three Reactive Components ■ B.F. Straub *CEJ* **2004**, 3081 Mechanism of Reppe's Nickel-Catalyzed Ethyne Tetramerization to Cyclooctatetraene: A DFT Study ■ B. Tieke *Makromolekulare Chemie* VCH, Weinheim **1997** ■ G. Luft *CIUZ* **2000**, *34*, 190 Hochdruckpolymerisation von Ethylen ■ H. Sinn, W. Kaminsky *AOMC* **1980**, *18*, 99 Ziegler-Natta Catalysis ■ L.L. Böhm *AC* **2003**, *115*, 5162 Die Ethylenpolymerisation mit Ziegler-Katalysatoren 50 Jahre nach der Entdeckung ■ R. Mühlhaupt *NCH* **1993**, *41*, 1341 Neue Generationen von Polyolefinmaterialien. Vergl. auch *NCH* **1995**, *43*, 822 Metallocene industriell ■ M. Aulbach *CIUZ* **1994**, *28*, 197 Metallocene – maßgeschneiderte Werkzeuge zur Herstellung von Polyolefinen ■ G. Gink, R. Mühlhaupt, H.H. Brintzinger, Eds. *Ziegler Catalysts. Recent Scientific Innovations and Technological Improvements*, Springer, Berlin **1995** (u.a. G.Wilke: „Karl Ziegler – The Last Alchemist") ■ A. Bottoni *OM* **1998**, *17*, 16 A Theoretical Study of Homogeneous Ziegler-Natta Catalysis ■ V.R. Jensen *OM* **1997**, *16*, 2514 Quantum Chemical Investigation of Ethylene Insertion into the Cr–CH_3 Bond in $CrCl(H_2O)CH_3^+$ as a Model for Homogeneous Ethylene Polymerization ■ T. Ziegler *OM* **2000**, *19*, 2756 Polymerization Catalysts with d^n Electrons (n = 1-4): A Theoretical Study ■ T. Ziegler *OM* **2001**, *20*, 905 A DFT Study of the Competing Processes *Occurring in Solution during Ethylene Polymerization by the Catalyst* $(1,2-Me_2Cp)_2ZrMe^+$ ■ H.H. Brintzinger et al. *AC* **1995**, *107*, 1255 Stereospezifische Olefinpolymerisation mit chiralen Metallocenkatalysatoren ■ A. Macchioni *CHR* **2005**, *105*, 2039 Ion Pairing in Transition Metal Organometallic Chemistry ■ R.F. Jordan *JCE* **1988**, *65*, 285 Cationic Metal-Alkyl Olefin Polymerization Catalysts ■ H.G. Alt, E. Samuel *CSR* **1998**, *27*, 323 Fluorenyl Complexes of Zirconium and Hafnium as Catalysts for Olefin Polymerization ■ M. Bochmann *JCSD* **1996**, 255 Cationic Group 4 Metallocene Complexes and their Role in Polymerisation Catalysis: the Chemistry of Well Defined Ziegler Catalysts (i.a. comparison with lanthanide catalysts) ■ G. Erker *ACR* **2001**, *34*, 309 Homogenous Single-Component Betaine Ziegler-Natta Catalysts Derived from (Butadiene) Zirconocene Precursors ■ J.A. Gladysz, Ed. *CHR* **2000**, 100, No. 4 Special Thematic Issue: Frontiers in Metal-Catalyzed Polymerization ■ L. Cavallo *ACR* **2004**, *37*, 231 Do New Century Catalysts Unravel the Mechanism of Stereocontrol of Old Ziegler-Natta Catalysts? ■ O. Starzewski *AC* **2006**, *118*, 1831 Donor-Acceptor Metallocene Catalysts for the Production of UHMW-PE (ultra-high molecular weight).

■ A. Sen *ACR* **1993**, *26*, 303 Mechanistic Aspects of Metal-Catalyzed Alternating Copolymerization of Olefins with Carbon Monoxide ■ M. Brookhart *JACS* **1996**, *118*, 4746 Mechanistic Studies of the Palladium(II)-Catalyzed Copolymerization of Ethylene with Carbon Monoxide ■ T. Ziegler *JACS* **2005**, *127*, 8765 Theoretical Analysis of Factors Controlling the Nonalternating CO/C_2H_4 Copolymerisation.

■ S. Mecking *AC* **2001**, *113*, 4507 Olefinpolymerisation durch Komplexe später ÜM: ein Wegbereiter der Ziegler-Katalysatoren erscheint in neuem Gewand ■ V.C. Gibson *CHR* **2003**, *103*, 283 Advances in Non-Metallocene Olefin Polymerisation Catalyis ■ R.H. Grubbs *SCI* **2000**, *287*, 460 Neutral, Single-Component Nickel(II) Polyolefin Catalysts that Tolerate Heteroatoms ■ M. Brookhart *OM* **1997**, *16*, 2005 Preparation of Linear α-Olefins Using Cationic Nickel(II) α-Diimine Catalysts.

■ W.A. Herrmann, B. Cornils *AC* **1997**, *109*, 1075 Metallorganische Homogenkatalyse – Quo vadis?

A-5 Personenverzeichnis

442: *JCSD* **1995**, 1985
Heck, J.
  489: *CEJ* **1996**, *2*, 100
  521: *JACS* **1983**, *105*, 2905
  705
Heck, R.F.
  17: *JOC* **1972**, *37*, 2320
  267: *JACS* **1976**, *98*, 4115
  600: *JOC* **1972**, *37*, 2320
    OR **1982**, *27*, 345
  634: *JACS* **1961**, *83*, 4023
  708
Hegedus, L.S.
  687, 701, 706, 707, 709
Hegg, E.L.
  700
Hein, F.
  16: *CB* **1919**, *52*, 195
  197: *ZAC* **1947**, *254*, 138
  306: *CB* **1919**, *52*, 195
  492: *CB* **1919**, *52*, 195
Hellwich, K.-H.
  707
Hellwinkel, D.
  697
Helmchen, G.
  597: *CC* **2007**, 675
Henderson, R.A.
  703
Henderson, S.
  703
Henderson, W.
  690
Hendrickson, D.N.
  462: *CC* **1985**, 1095
    IC **1975**, *14*, 2331
Henning, H.
  691
Henning, T.
  495: *SCI* **1998**, *282*, 2204
Henry, P.M.
  619: *JMC* **1982**, *16*, 81
    OM **1988**, *7*, 1677
Hensen, K.
  162: *AC* **1983**, *95*, 739
Herber, R.H.
  689
Herberhold, M.
  362: *JOM* **1978**, *152*, 329
  385: *AC* **1983**, *95*, 332
  461: *AC* **1995**, *107*, 1985
  702, 703
Herberich, G.E.
  526: *AC* **1981**, *93*, 471

532: *JOM* **1987**, *319*, 9
534: *AC* **1970**, *82*, 838
534: *CB* **1976**, *109*, 2382
536: *JOM* **1980**, *192*, 421
  695(2x), 705(2x)
Hercules, D.M.
  690
Herrmann, W.A.
  276: *AC* **1988**, *100*, 420
    ACR **1997**, *27*, 169
    CHR **1997**, *31*, 3197;
    CIUZ **1999**, *33*, 192
  310: *JOM* **1975**, *97*, 245
  312: *AC* **1997**, *109*, 2257
  314: *AC* **1997**, *109*, 2257
  385: *AC* **1983**, *95*, 331
  474: *POL* **1987**, *6*, 1165
  477: *AC* **1986**, *98*, 1109
  549: *AC* **1985**, *97*, 1060
  557: *OM* **1985**, *4*, 172
  582: *JOM* **1993**, *462*, 163
  626: **A-4**, 706
  686, 688(2x), 699, 701(2x),
    706, 707(3x), 709(2x), 710
Hershberger, J.W.
  701
Herskovitz, T.
  390: *JACS* **1983**, *105*, 5914
Heyn, B.
  688
Hieber, W.
  16: *CB* **1928**, *61*, 558
    NAW **1931**, *19*, 360
  348: *ZNB* **1960**, *15b*, 271
Hill, A.F.
  701
Hinze, J.
  21: *JACS* **1963**, *85*, 148;
    AC **1996**, *108*, 162
Hipler, B.
  688
Hirsch, A.
  704
Hisatome, M.
  461: *JACS* **1986**, *108*, 1333
Ho, W.
  18: *JACS* **1999**, *121*, 8479
Hoberg, H.
  447: *AC* **1978**, *90*, 138
Hoff, C.D.
  697, 692
Hoffman, D.P.
  690
Hoffmann, R.

18: *AC* **1982**, 94, 725
98: *JCP* **1962**, 37, 2872
257: *JACS* **1979**, 101, 3821
327: *IC* **1975**, 14, 1058
    JACS **1980**, 102, 7667
341: *IC* **1998**, 37, 1080
373: *JACS* **1979**, 101, 3801
421: *NJC* **1985**, 9, 41
456: *JACS* **1976**, 98, 1729
471: *JACS* **1976**, 98, 3219
505: *JACS* **1983**, 105, 3396
538: *NJC* **1979**, 3, 39
686, 699, 702, 703(3x)
Hoffmann, R.W.
  66: *CSR* **2003**, *32*, 225
  89: *AC* **1982**, *94*, 569
  140: *THL* **1978**, *13*, 1107
  694, 706
Hofmann, P.
  701(2x), 702
Hogan, J.P.
  655: *IEC* **1956**, *48*, 1152
Hogenkamp, H.P.C.
  297: *BIOC* **1991**, *30*, 2713
Höger, S.
  708
Hollemann, A.F.
  687
Holloway, C.E.
  694
Holm, R.H.
  689
Holm, T.
  694
Holthausen, M.C.
  690
Hopkins, M.D.
  700
Hoppe, D.
  47: *AC* **1997**, *109*, 2377
Horrocks, W.D.
  689
Hosmane, N.S.
  695
Houk, K.N.
  707
House, H.O.
  234: *JOC* **1966**, *31*, 3128
  244: *JOC* **1968**, *33*, 949
Hovéyda, A.H.
  483: *JACS* **1993**, *115*, 6997
  644: *CEJ* **2001**, *7*, 945
Howard, J.A.
  184: *CPL* **1972**, *15*, 322

Stang, P.J.
706
Starzewski, O.
710
Stein, J.
709
Stephan, J.W.
336: *CCR* **1989**, *95*, 41
Stephenson, T.A.
506: *JOM* **1982**, *226*, 199
Steudel, R.
231: *AC* **1967**, *79*, 649
Stevenson, S.
511: *NAT* **1999**, *401*, 55
Stiegman, A.E.
701
Stille, J.K.
175: *AC* **1986**, *98*, 504
606: *AC* **1986**, *98*, 504
709
Stock, A.
95: *CB* **1926**, *59*, 2215
100: *CB* **1912**, *45*, 3544
Stone, F.G.A.
290: *AC* **1968**, *80*, 835
369: *JCSD* **1977**, 271
556: *CC* **1983**, 759
557: *JCSD* **1982**, 2475
686, 696, 702, 704, 705
Strähle, J.
238: *AC* **1988**, *100*, 409
Straub, B.F.
400: *CEJ* **2004**, 3081
710
Strauss, S.H.
251: *JACS* **1994**, *116*,
10003
252: *IC* **1999**, *38*, 3756
699(2x), 701(2x)
Streitwieser, A.
17: *JACS* **1968**, *90*, 7364
40: *JACS* **1976**, *98*, 4778
568: *JACS* **1968**, *90*, 7364
588: *OM* **1991**, *10*, 1922
JACS **1968**, *90*, 7364
Stringfellow, G.B.
691
Strohmeier, W.
41: *ZEC* **1962**, *66*, 823
198: *ZEC* **1962**, *66*, 823
629: *JOM* **1973**, *47*, C37
Struchkov, Yu.T.
249: *JOM* **1981**, *215*, 269
Stucky, G.D.

69: *JACS* **1969**, *91*, 2538
70: *JOM* **1974**, *80*, 7
112: *JACS* **1974**, *96*, 1941
278: *JACS* **1980**, *102*, 981
545: *IC* **1977**, *16*, 1645
Studabaker, W.B.
701
Su, B.M.
693
Su, H.H.
693
Suffert, J.
36: *JOC* **1989**, *54*, 509
Summerville, R.H.
703
Sun, H.
698
Sunderlin, L.S.
700
Suslick, K.S.
688
Süss-Fink, G.
706
Sutin, N.
357: *JACS* **1980**, *102*, 1309
Suzuki, A.
695
Swager, T.M.
700
Sweigart, D.A.
704(2x)
Szwarc, M.S.
693

T

Takahshi, S.
251: *OM* **1997**, *16*, 20
Takats, J.
379: *IC* **1976**, *15*, 3140
517: *JACS* **1976**, *98*, 4810
Tamao, K.
156: *JCSD* **1998**, 3693
231: *OM* **1998**, *17*, 5796
697
Tanaka, K.
244: *CC* **1991**, 101
702
Tanaka, M.
228: *JACS* **1997**, *199*, 1795
Tate, D.P.
404: *JACS* **1964**, *86*, 3261
Taube, H.

458: *IC* **1987**, *26*, 1309
704
Taylor, B.F.
689
Taylor, R.J.K.
690, 698
Taylor, T.E.
701
Tebboth, J.A.
449: *JCS* **1952**, 632
Templeton, J.L.
404: *AOMC* **1989**, *29*, 1
OM **1984**, *3*, 535
Teo, B.K.
690
Thauer, R.K.
303: *MBIO* **1998**, *144*, 2377
Thayer, J.S.
686, 692
Theopold, K.
655: *EJIC* **1998**, 15
655: *ACR* **1990**, *23*, 263
Thiele, J.
449: *BDCG* **1901**, *34*, 68
Thomas, R.D.
38: *OM* **1986**, *5*, 1851
Tieke, B.
710
Tilley, T.D.
150: *JACS* **1998**, *120*,
11184
152: *JACS* **1988**, *110*, 7558
156: *JACS* **1998**, *120*, 8245
617: *ACR* **1993**, *26*, 22
696
Tilset, M.
699
Timms, P.L.
17: *CC* **1969**, 1033
93: *JACS* **1968**, *90*, 4585
370: *CC* **1974**, 650
495: *CC* **1977**, 912
535: *JCSD* **1975**, 1272
688(2x)
Tipper, C.F.M.
287: *JCS* **1955**, 2045
Tobias, R.S.
246: *IC* **1976**, *15*, 489
254: *IC* **1975**, *14*, 2402
Togni, A.
482: *JACS* **1994**, *116*, 4062
703
Tokitoh, N.
696

Wakatsuki, Y.
320: *JACS* **1997**, *119*, 360
321: *JACS* **1997**, *119*, 360
Wakefield, B.J.
693(2x)
Walborsky, H.M.
64: *ACR* **1990**, *23*, 286
693
Wales, D.J.
705
Walling, C.
181: *JACS* **1966**, *88*, 5361
Walsh, R.
696
Walther, B.
705
Walther, D.
393: *ZAC* **1998**, *624*, 602
688
Walton, J.C.
190: *AC* **1998**, *110*, 3272
697
Walton, R.A.
705
Wanklyn, J.A.
15: *ANC* **1866**, *140*, 353
Wanzlick, H.W.
311: *AC* **1962**, *74*, 129
AC **1968**, *80*, 154
Warren, K.D.
703, 704
Watanabe, Y.
638: *JOC* **1987**, *52*, 2230
Watson, D.G.
690(2x)
Watson, P.L.
285: *JACS* **1983**, *105*, 6491
571: *JACS* **1983**, *105*, 6491
581: *JACS* **1982**, *104*, 337
667: *JACS* **1982**, *104*, 337;
ACR **1985**, *18*, 51
706
Watts, W.E.
448: *JOML* **1979**, *7*, 399
466: *JOML* **1979**, *7*, 399
703
Waugh, J.S.
442: *JCP* **1979**, *70*, 3300
Wayda, A.L.
688
Waymouth, R.M.
663: *SCI* **1995**, *267*, 217
664: *JACS* **1992**, *114*, 9679
666: *JACS* **1993**, *115*, 91

Wayner, D.D.M.
693
Weaver, D.L.
445: *JOM* **1973**, *54*, C59
Weber, L.
702
Weber, W.P.
696
Wehrli, F.
43: *JMR* **1978**, *30*, 193
Weidenbruch, M.
158: *AC* **1997**, *109*, 2612
197: *AC* **1999**, *111*, 145
697(2x)
Weidlein, J.
689
Weil, J.A.
689
Weiss, E.
37: *JOM* **1964**, *2*, 197
40: *CB* **1978**, *111*, 3157
52: *AC* **1993**, *105*, 1565
65: *JOM* **1975**, *92*, 1
69: *CB* **1978**, *111*, 3726
151: *CB* **1973**, *106*, 1747
458: *JOM* **1975**, *92*, 65
460: *ZNB* **1978**, *33b*, 1235
550: *JOM* **1981**, *213*, 451
693
Weiss, J.
697
Weiss, K.
700, 701
Weisshaar, J.C.
700
Wells, P.B.
594: *JCSD* **1974**, 1521
Welton, T.
707
Wender, I.
701
Werner, H.
17: *AC* **1972**, *84*, 949
219: *AC* **1984**, *96*, 617
272: *AC* **1983**, *95*, 932
319: *AC* **2000**, *112*, 1691
320: *AC* **1983**, *95*, 428
321: *AC* **1993**, *105*, 1377
470: *AC* **1972**, *84*, 949
536: *CB* **1969**, *102*, 95
541: *PAC* **1988**, *60*, 1370
701, 703(2x), 706
Wertz, J.E.
689

Weskamp, T.
701
West, R.
17: *JACS* **1981**, *103*, 3049
147: *PAC* **1969**, *19*, 291
150: *JOM* **1986**, *300*, 327
156: *CC* **1983**, 1010
JACS **1981**, *103*, 3049
696(3x), 697(2x)
Westerhausen, M.
694
Whangbo, H.-H.
690
Wheatley, A.E.H.
693
Whimp, P.O.
396: *JOM* **1971**, *32*, C69
Whitesides, G.M.
64: *JACS* **1989**, *111*, 5405
241: *JACS* **1967**, *89*, 5302
242: *JACS* **1971**, *93*, 1379
279: *JACS* **1986**, *108*, 8094
280: *JACS* **1986**, *108*, 8094
694
Whitesides, T.H.
413: *JACS* **1973**, *95*, 5792
Whitmire, K.H.
698, 705
Whittall, I.R.
488: *AOMC* **1998**, *42*,
291
Wiberg, E.
687
Wiberg, N.
138: *CCR* **1997**, *163*, 217
152: *AC* **1977**, *89*, 343
153: *AC* **1993**, *105*, 1140
160: *AC* **1986**, *98*, 100
185: *EJIC* **1999**, 1211
696, 697
Wilke, G.
277: *AC* **1969**, *81*, 534
368: *AC* **1963**, *75*, 10
AC **1973**, *85*, 620
380: *AC* **1967**, *79*, 62
400: *AC* **1988**, *100*, 189
407: *AC* **1966**, *78*, 151
410: *AC* **1961**, *73*, 756
518: *AC* **1966**, *78*, 942
651: *AC* **1966**, *78*, 157
652: *AC* **1988**, *100*, 190;
AC **1963**, *75*, 10
686, 702, 709(2x)

A-6 Sachverzeichnis